Witte / Sparla / Blankenbach

Vermessungskunde für das Bauwesen mit Grundlagen des Building Information Modeling (BIM) und der Statistik

Bertold Witte/Peter Sparla/Jörg Blankenbach

Vermessungskunde für das Bauwesen mit Grundlagen des Building Information Modeling (BIM) und der Statistik

9., neu bearbeitete und erweiterte Auflage

Bibliografische Information der Deutschen Nationalbibliothek
Die Deutsche Nationalbibliothek verzeichnet diese Publikation in der Deutschen Nationalbibliografie; detaillierte bibliografische Daten sind im Internet über http://dnb.dnb.de abrufbar.

ISBN 978-3-87907-657-4 (Buch)
ISBN 978-3-87907-658-1 (E-Book)

Bismarckstr. 33, 10625 Berlin
www.vde-verlag.de
www.wichmann-verlag.de

Druck und Bindung: Medienhaus Plump GmbH, Rheinbreitbach
Printed in Germany

2020-08

Vorwort

Das vorliegende Buch ist aus den Vorlesungsmanuskripten zu den Lehrveranstaltungen für Studierende des Bauingenieur- und Vermessungswesens entstanden. Die Auswahl des Inhalts orientiert sich in erster Linie an den vermessungstechnischen Aufgaben, die mit der Erstellung und Überwachung von Bauwerken verschiedenster Art, wie z. B. Gebäuden, Talsperren, Straßen und Brücken bis hin zu den Anlagen des Maschinenbaus verknüpft sind. Vor Beginn jeder Baumaßnahme besteht die Aufgabe, den Bestand aufzumessen und das Geplante in die Örtlichkeit zu übertragen, was sich nicht ohne die Kenntnis vermessungstechnischer Verfahren und der dazu notwendigen Geräte und Instrumente realisieren lässt.

Auf der Grundlage dieser Forderungen des Berufslebens ist das Buch so abgefasst, dass es sowohl eine Einführung in die Vermessungskunde für die Fachrichtungen Vermessungs- und Bauingenieurwesen, Architektur, Geographie und der weiteren Geowissenschaften darstellt, als auch eine Vertiefung bei bautechnischen Vermessungen vermittelt.

Die Ausführungen beginnen mit einem kurzen Überblick über die Verfahren der Erd- und Landesvermessung sowie über die Koordinatensysteme und Maßeinheiten, der um ein Unterkapitel über die Ursachen von Messabweichungen und die Berechnung von Mittelwerten und Streuungsmaßen ergänzt ist. Die hier erläuterten Grundbegriffe der Statistik sind wegen ihrer Verwendung in den folgenden Kapiteln für das Verständnis des dort Dargestellten unabdingbar. Im Kapitel 2 werden die einfachen Verfahren und Instrumente zur Lageaufnahme sowie einfache Koordinaten- und Flächenberechnungen behandelt. Die Kapitel 3 bis 5 widmen sich den Instrumenten und Verfahren zur Winkel-, Höhen- und Distanzmessung sowie dem Laserscanning. In Kapitel 6 werden die klassischen Mess- und Auswerteverfahren zur terrestrischen Punktbestimmung dargelegt. Es folgen im Kapitel 7 die Verfahren der Geländeaufnahme und der Mengenberechnung, die entsprechend der Aufgabenstellung des Buches ausführlich dargestellt werden. In Kapitel 8 werden die satellitengestützten Messverfahren relativ umfassend erläutert. Die für das Bauwesen relevanten Mess- und Auswerteverfahren der Photogrammetrie folgen im Kapitel 9.

Mit der nun vorliegenden 9. Auflage wurde das Buch jeweils um ein eigenes Kapitel zu „Geoinformation und Geoinformationssysteme“ (Kapitel 10) sowie „Building Information Modeling (BIM)“ (Kapitel 11) ergänzt. Geoinformation wird in vielen Bereichen des Bauwesens (z. B. in der Planung) genutzt, so dass mit der vorliegenden Auflage nun auch ausführlicher in die Thematik eingeführt wird. Die BIM-Methode gewinnt unter dem Schlagwort „Digitales Bauen“ derzeit enorm an Bedeutung, weshalb im Buch sowohl die Grundlagen von BIM als auch dessen Bezug zur Ingenieurvermessung und der raumbezogenen Informationsverarbeitung adressiert werden. Zudem wurde die Kartographie aus dem Kapitel Photogrammetrie und Kartographie herausgelöst, um – grundlegend überarbeitet – im Kapitel 10 das kartographische Basiswissen zu Geoinformationssystemen zu vermitteln.

Im neu konzipierten und aktualisierten Kapitel 12 „Liegenschaftswesen“ werden zunächst das Grundbuch und das Liegenschaftskataster als die zentralen eigentumssichernden öffentlichen Register erläutert. Im Anschluss daran werden deren Zusammenhänge mit der Geodateninfrastruktur (GDI), der Immobilienbewertung und der Bodenordnung aufgezeigt. Ein weiterer Schwerpunkt bildet die technische Umsetzung der Nachweisführung.

Schließlich wird in Kapitel 13 die Ingenieurvermessung eingehend behandelt. Zunächst werden hier die vielfältigen Vermessungsarbeiten und die in diesem Zusammenhang zu beachtenden rechtlichen Fragen angesprochen. Es folgen die Verfahren zur Absteckung von Bauwerken mit der dazu erforderlichen netzartigen Anordnung der Vermessungspunkte sowie die Instrumente und Verfahren für spezielle Bauvermessungen. Der nächste Abschnitt behandelt die Erfassung geometrischer Veränderungen an und von Bauwerken oder zwischen Bauwerksteilen durch Deformationsmessungen. Neben den klassischen geodätischen Messverfahren kommen hierzu unterschiedliche elektrische bzw. elektronische Messverfahren zum Einsatz. Umfangreich wird die Berechnung und Absteckung von Geraden, Kreisbögen und Übergangsbögen, einschließlich der für Schnellbahnstrecken entwickelten Übergangsbögen, sowie die Kuppen- und Wannenausrundung dargelegt. Danach folgt eine Darstellung der Verfahren zur berührungslosen Vermessung. Den Abschluss dieses Kapitels bilden die verschiedenen Möglichkeiten der Baumaschinensteuerung.

Einen relativ breiten Raum nehmen die in Kapitel 14 dargelegten statistischen Auswerteverfahren ein, in denen die Grundlagen der Parameter- und Intervallschätzung, der Regression und Korrelation, des Testens von Hypothesen und der Kriterien der Messgenauigkeit behandelt werden. Statistische Verfahren sollen in der hier gewählten Form auch eine Basis für Anwendungen in anderen Fächern darstellen. Aus didaktischen Gründen wird die Matrizenschreibweise nur ergänzend benutzt, damit sich die Thematik ohne Kenntnis der Matrizenrechnung nachvollziehen lässt. Das 15. Kapitel „Messgenauigkeit und Toleranzen“ befasst sich u. a. mit Fragen zur Messunsicherheit und zur Toleranzüberschreitung.

Auf die in dieser Auflage vorgenommenen weiteren Aktualisierungen und Ergänzungen in den Kapiteln 5 und 9 „elektrooptische Distanzmessung, Tachymeter und Laserscanner“ und „satellitengestützte Messverfahren“ sei besonders hingewiesen. Die Weiterentwicklung der geodätischen Instrumente, der Messsensoren und der Auswerteverfahren hat insbesondere in den hier behandelten Bereichen zu neuen in der Vermessungspraxis nutzbaren Möglichkeiten geführt. Hier seien beispielhaft die Prüfung von Tachymetern und Laserscannern, die satellitengestützten Liegenschaftsvermessungen und das Monitoring genannt. Die anderen Kapitel sind auch unter didaktischen Gesichtspunkten in gewissem Umfang aktualisiert worden.

Mit der 7. Auflage hatte Herr Dr.-Ing. R. Schwermann das Kapitel Photogrammetrie grundlegend überarbeitet und den Inhalt dem heutigen Wissensstand angepasst. Mit der vorliegenden 9. Auflage hat Herr Dr.-Ing. S. Ostrau das Kapitel Liegenschaftswesen komplett neu gestaltet. Die Erarbeitung des neuen Kapitels „Building Information Modeling“ wurde federführend von Herrn Dr.-Ing. R. Becker übernommen. Das Kapitel „Geoinformation und Geoinformationssysteme“ wurde mit tatkräftiger Unterstützung von Herrn Dr.-Ing. R. Becker, Herrn Dr.-Ing. S. Herle und Herrn Dr.-Ing. T. Scholz erstellt. Wir möchten den zuvor genannten Herren an dieser Stelle ausdrücklich dafür danken, dass sie diese umfangreichen Arbeiten übernommen haben.

Frau S. Heinen-Fuchs, M. Eng., gilt unser Dank für die Anfertigung und Überarbeitung diverser Zeichnungen. Schließlich möchten wir uns bei Herrn Math.-Techn. Ass. J. A. Lamers für die umfangreiche Unterstützung bei der programm- und satztechnischen Realisierung dieses Buches sehr herzlich bedanken. Auch dem Wichmann Verlag sei für die stets gute Zusammenarbeit herzlich gedankt.

Aachen, im Mai 2020 *Bertold Witte, Peter Sparla und Jörg Blankenbach*

Inhaltsverzeichnis

1 Allgemeine Grundlagen

1.1 Einführung

Als Vermessungskunde oder Geodäsie ($\gamma\eta$ = *Erde*, $\delta\alpha\iota\omega$ = *ich teile*) bezeichnet man die Lehre von der Ausmessung der Erdoberfläche mit ihren Veränderungen und ihrer Darstellung in Verzeichnissen, Karten und Plänen. Sie lässt sich in drei Hauptarbeitsgebiete unterteilen.

Aufgabe der *Erdmessung*, die auch als astronomische und physikalische Geodäsie bezeichnet wird, ist die Bestimmung und Darstellung der Erdfigur einschließlich des äußeren Schwerefeldes in einem zeitabhängigen Raum, also die Schaffung eines für die gesamte Erde gültigen Bezugssystems für Lage, Höhe und Gravitation. Auf der Grundlage der durch die Erdmessung bereitgestellten geometrischen und physikalischen Erdmodellparameter befasst sich die *Landesvermessung* mit der Bestimmung von Lage-, Höhen- und Schwerefestpunkten zur Erfassung der Oberfläche eines Landes sowie der Herstellung und Laufendhaltung topographischer Karten. Bei der Erd- und Landesvermessung müssen die Krümmungsverhältnisse der Erde berücksichtigt werden.

Demgegenüber reicht bei der *Detailvermessung* im Allgemeinen als Bezugsfläche die Horizontalebene aus, da sie meist nur in relativ geringer räumlicher Ausdehnung durchgeführt wird. Ausgehend von den Festpunkten der Landesvermessung werden hierbei durch „Katastervermessungen“ die Lage der Grenzen, die Flächengröße und die Nutzungsart von Grundstücken mit den Gebäuden (Liegenschaften) zur Herstellung und Laufendhaltung von Karten und Verzeichnissen über die Eigentumsverhältnisse an Grund und Boden ermittelt. Durch „topographische“ oder „photogrammetrische Vermessungen“ lässt sich das Gelände mit seinen Formen und den auf ihm befindlichen Gegenständen (Gewässer, Wege, Gebäude, Bodenbewachsung u. a.) für die kartographische Darstellung erfassen. „Ingenieurvermessungen“ schließlich werden bei der Absteckung, Errichtung und Überwachung von Bauwerken und Maschinen ausgeführt. Hauptsächlich auf diese Verfahren der Detailvermessung wird im späteren Verlauf ausführlich eingegangen.

Zwischen den Hauptarbeitsgebieten bestehen enge Wechselwirkungen. Die Aufgabengebiete der technisch-praktischen Detailvermessung werden als „Vermessungswesen“ bezeichnet, wobei unter dem Begriff „Vermessung“ die Summe aller notwendigen Messungen bei einer einzelnen Messaufgabe verstanden werden soll.

Man unterscheidet: Horizontal- bzw. Lagemessung,
Vertikal- bzw. Höhenmessung,
kombinierte Horizontal- und Vertikalmessung.

Für die Ausführung einer Vermessung lassen sich drei Arbeitsprinzipien angeben:

1) Ordnungs- und Nachbarschaftsprinzip:
Meist gilt für die Organisation einer Vermessung als Ordnungsprinzip „die Arbeit vom Großen ins Kleine“, d. h., nachgeordnete Vermessungen werden in ein vorhandenes Netz eingepasst. Das Nachbarschaftsprinzip fordert, dass nahe beieinanderliegende, benachbarte Vermessungspunkte von den gleichen Anschlusspunkten aus anzumessen

und zu bestimmen sind. Die moderne Instrumenten- und Computerentwicklung hat dazu geführt, dass sich einerseits Vermessungspunkte mit hoher und gleicher Genauigkeit bestimmen sowie andererseits auch umfangreiche Netze von Messungslinien „in einem Guss“ berechnen lassen. Sowohl das Ordnungs- als auch das Nachbarschaftsprinzip verlieren hier ihre frühere Allgemeingültigkeit.

2) Zuverlässigkeitsprinzip (Kontrollprinzip):
Jedes Mess- oder Rechenergebnis ist durch unabhängige Kontrollen zu sichern, um eine hohe Verlässlichkeit der geodätischen Aussage zu gewährleisten. Bei der Auswertung mithilfe von ausgetesteten Computerprogrammen muss jedoch nicht die Berechnung, sondern nur die Dateneingabe überprüft werden.

3) Wirtschaftlichkeitsprinzip:
Den beiden konträren Faktoren Genauigkeit und Wirtschaftlichkeit wird durch folgende, dem Messzweck angepasste Genauigkeitsschranke entsprochen: „So genau wie möglich, aber nicht genauer als erforderlich.“

Auf der Grundlage der messtechnischen Erfassung der einzelnen Objekte und ihrer Beschreibung in Koordinatensystemen erfolgt die Speicherung und Aufbereitung der Messdaten und Informationen entweder numerisch in Verzeichnissen und Datenbanken oder grafisch in Plänen und Karten. Als Plan bezeichnet man eine Karte, die einfacher gestaltet ist und entweder der Übersicht dienen soll (z. B. Stadtplan) oder für Planungszwecke mit besonderen Inhalten, gesetzlichen Vorschriften und Texten versehen ist (z. B. Lageplan, Bebauungsplan). Das Vermessungswesen begnügt sich aber nicht mit der Bestandsaufnahme des Grund und Bodens, sondern wirkt auch bei der Bewertung und bei Verfahren zur Bodenordnung mit.

Die Bedeutung des Vermessungswesens für das Bauwesen sei im Folgenden beispielhaft anhand der Vermessungsaufgaben bei der Herstellung von Bauvorhaben angezeigt:

- Bereitstellung von Planungsunterlagen und Durchführung von Bestandsaufnahmen;
- Mitwirkung bei der Planung, Prüfung auf Einhaltung der gesetzlichen Bestimmungen des Planungs- und Bodenordnungsrechts; Erarbeitung von Absteckungsberechnungen und -plänen;
- Durchführung von Katastervermessungen zur Schaffung der eigentumsrechtlichen Voraussetzungen;
- Absteckung = Übertragung des Bauentwurfs in die Natur; Massenermittlung; Baukontrolle;
- Schlussvermessung zur Fortführung des Katasters;
- Evtl. Bauwerksüberwachung zur Feststellung von Deformationen (Rechtzeitiges Erkennen von Schäden; Schutz vor Katastrophen z. B. bei Staumauern).

1.2 Erdmessung

1.2.1 Vorstellungen über die Gestalt der Erde

Auf die Frage nach der Form der Erdgestalt liegt es nahe, als Antwort eine geometrische Fläche anzugeben. Im Laufe der Geschichte wurde die Erde zuerst als Ebene, dann als Kugel und, seit der Newtonschen Mechanik, als Rotationsellipsoid betrachtet, also immer als eine möglichst einfache Fläche. Das bedeutet natürlich nicht, dass sich der Mensch der Unregelmäßigkeiten der Erdoberfläche nicht bewusst war. Ein Blick auf die umliegende Landschaft mit ihren Bergen, Hügeln und Tälern genügt, um sich davon zu überzeugen, dass die Erde keine exakte Ebene sein kann. Man meinte aber, dass eine idealisierte horizontale Fläche, wie die ruhende Meeresoberfläche, eine Ebene, eine Kugel oder ein Rotationsellipsoid bilden müsse. Das von den Griechen überkommene Gefühl für die mathematische Vollkommenheit der Welt führte vielfach unbewusst zu einer solchen Annahme.

$$\widehat{\alpha} = \frac{1}{50}\,\text{rad}$$

$$U = \frac{S}{\widehat{\alpha}} \approx 39\,700\ \text{km}$$

$$R = \frac{U}{2\pi} \approx 6\,300\ \text{km}$$

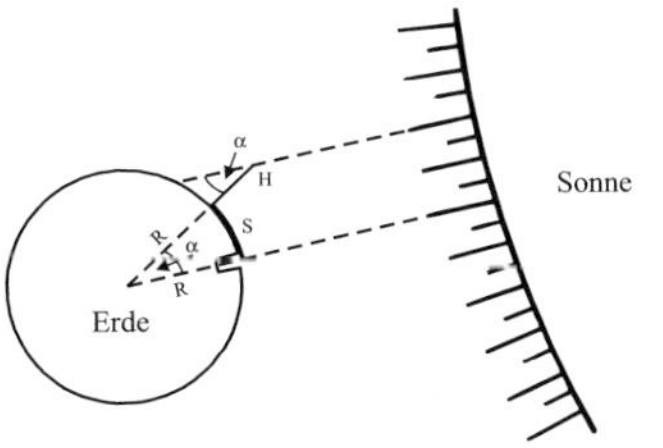

Abbildung 1.2-1: Erdradius nach Eratosthenes

Dass die Erde in erster Näherung eine Kugel ist, erkannte schon Eratosthenes. Er stellte bereits um etwa 220 v. Chr. den Umfang der Erde fest, wobei er folgendermaßen vorging: Er erfuhr von Reisenden, dass zur Zeit der Sommersonnenwende in Syene, dem heutigen Assuan, die Gegenstände keinen Schatten warfen. Angeblich soll sich die Sonne zu diesem Zeitpunkt in einem Brunnen gespiegelt haben. Also musste Syene am Wendekreis liegen. Er stellte (wahrscheinlich mit einem „Skiotheron“ (Schattenfänger[1]) oder aufgrund des Schattens einer Säule) fest, dass zur gleichen Zeit in Alexandria die Sonne um 1/50 des Vollkreises vom Zenit abwich. Eratosthenes dachte, dass in beiden Orten zur gleichen Zeit Mittag wäre (tatsächlicher Zeitunterschied 12 min). Deshalb schloss er, dass die Strecke Syene – Alexandria genau in Meridianrichtung verliefe und daher 1/50 des Erdumfangs betragen würde. Der Erdumfang errechnet sich daher zu $50 \cdot S$. Mit $S = 5\,000$ Stadien ergeben sich 250 000 Stadien, die nach der Umrechnung in das metrische System (1 Eratosthenische Stadie = 158,75 m) zu einem Wert von ca. 39 700 km führen. Das entspricht einem Erdradius von 6 300 km.

Nach Lelgemann soll Eratosthenes wohl bekannt gewesen sein, dass Alexandria und Syene nicht auf dem gleichen Meridian liegen. Die 5 000 Stadien sollen aus der Hypothenuse und der Kathete eines rechtwinkligen Dreiecks errechnet worden sein ($50000 = \sqrt{5\,300^2 - 1\,900^2}$).

1.2.2 Definition von Ersatzflächen für die Erdoberfläche

1.2.2.1 Physikalisch-dynamische Ersatzfläche

Um die Ergebnisse einer Vermessung darstellen zu können, bedarf es geeigneter Bezugsflächen, die man zweckmäßigerweise so festlegt, dass die Begriffe „horizontal“ und „vertikal“ in ihrer Bedeutung erhalten bleiben. Da man die Vertikalachsen der Vermessungsinstrumente mithilfe von Libellen lotrecht, also in Richtung der Schwerkraft ausrichtet, benötigt man eine mit dem Schwerkraftfeld der Erde verbundene Bezugsfläche.

Bereits im 18. Jahrhundert stellte man fest, dass Abweichungen zwischen Messung und ellipsoidischer Theorie auftraten, die nicht allein durch Messungenauigkeiten zu erklären

[1] Astro-geodätisches Messinstrument zur Breitenbestimmung mithilfe des Schattenwurfs der Sonne.

waren. Darüber hinaus ergab sich als einfache Folgerung der Newtonschen Potenzialtheorie, dass wegen der Anziehungskraft der Berge u. dgl. die Oberfläche eines Rotationsellipsoides gar nicht streng horizontal, d. h. überall senkrecht zur Lotrichtung sein kann. Trotzdem hielt man am Ellipsoid als „idealer“ Erdgestalt fest.

Da eine rein geometrisch festgelegte Erdfigur nicht mehr ausreichte, definierte Gauß daher eine Fläche, die überall auf der Lotrichtung senkrecht steht. Es handelt sich bei dieser Definition nicht um eine geometrisch einfache Gestalt für die Erdoberfläche, wohl aber um eine Funktion, die durch eine äußerst einfache Gleichung definiert ist:

$$W(x,y,z) = W_0 = const.,$$

worin W das Potenzial der Schwerkraft als Funktion der räumlichen Koordinaten x, y, z bedeutet, das einer Konstanten W_0 gleichgesetzt wird. Für diese Niveaufläche des Erdschwerefeldes wurde von Listing in Anlehnung an das griechische Wort für die Erde der Begriff *„Geoid“* eingeführt.

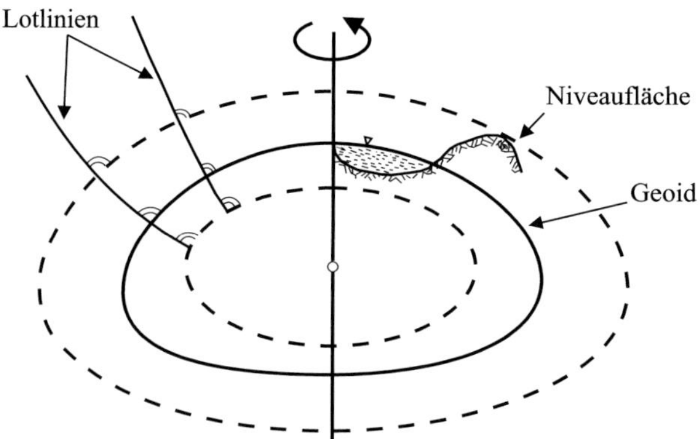

Abbildung 1.2-2: Lotlinien und Niveauflächen

Damit ist das Geoid die Niveaufläche, auf der das Lot in allen Punkten senkrecht steht (Abb. 1.2-2 und 1.2-3). Wir können sie uns als die unter den Kontinenten fortgesetzte ruhende Meeresoberfläche vorstellen. Da diese aber infolge der Massenverteilung im Erdinnern gewisse Unregelmäßigkeiten aufweist, ist das Geoid keine regelmäßige Fläche. Es eignet sich daher nicht als Bezugsfläche für Lagefestlegungen. Jedoch wird das Geoid als Bezugsfläche für Schwere- oder Höhenmessungen verwendet (Kap. 1.3.2 und 1.3.3).

1.2.2.2 Mathematisch-geometrische Ersatzfläche

Bei Lagemessungen reicht eine dem Geoid angenäherte mathematisch-geometrische Ersatzfläche aus. Je nach Ausdehnung des darzustellenden Gebiets benutzt man ein Rotationsellipsoid, eine Kugel oder eine Ebene.

1) *Rotationsellipsoid*:

- Ein *mittleres Erdellipsoid*, bei dem die Rotationsachse identisch mit der Erdachse ist, ersetzt die Erde als Ganzes. Die Zahlenwerte in Abbildung 1.2-4 entsprechen

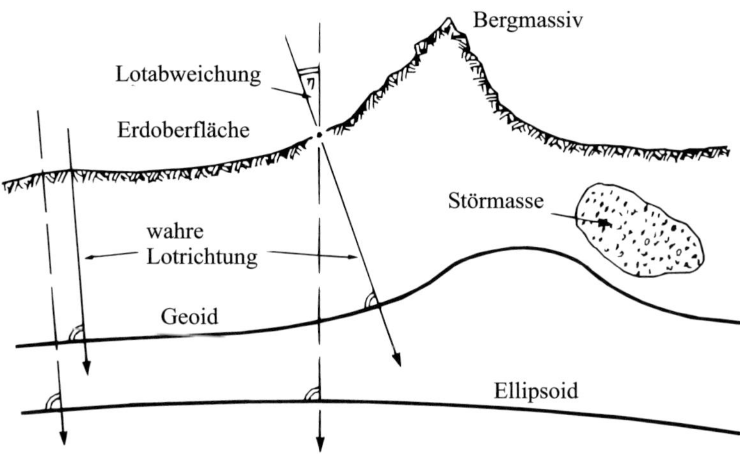

Abbildung 1.2-3: Geoid und Ellipsoid als Ersatzflächen für die Erdoberfläche

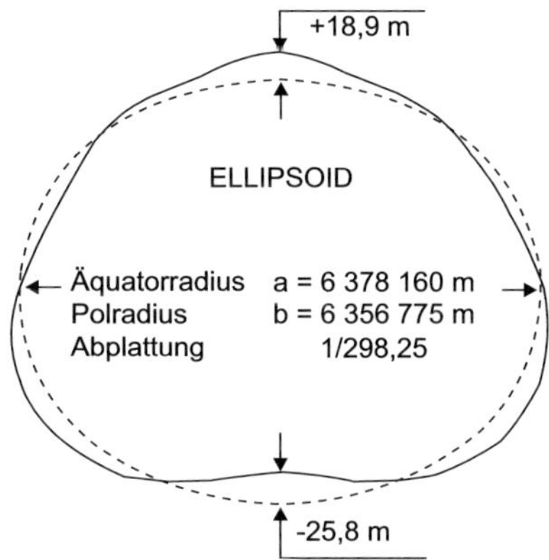

Abbildung 1.2-4: Mittleres Erdellipsoid

dem von der „ Internationalen Union für Geodäsie und Geophysik (IUGG)“ 1967 angegebenen *Internationalen Geodätischen Bezugssystem 1967*. Gestrichelte Linie = mittleres Erdellipsoid; durchgezogene Linie = globales Geoid (Meridianausschnitt). [2]

- Die Abweichungen des Geoids von dem in der Tabelle 1.2-1 zuletzt aufgeführten Ellipsoid betragen max. 100 m. Angesichts der geringen Unterschiede zwischen Geoid und mittlerem Erdellipsoid benutzt man für Lagemessungen ein Umdre-

[2] Beim Geodetic Reference System 1980 (GRS80) und dem World Geodetic System 1984 (WGS84) in Tabelle 1.2-1 sind die Werte für die Halbachse a, die geozentrische Gravitätskonstante GM und die mittlere Erdrotationsgeschwindigkeit ω identisch. Minimale Differenzen zeigen sich bei den weiteren Dimensionen, weil beim GRS80 der dynamische Formfaktor J_2 nur auf sechs signifikante Ziffern definiert wurde und beim WGS84 der normalisierte Kugelfunktionskoeffizient $\bar{C}_{2,0} = -J_2/\sqrt{5}$ mit acht signifikanten Ziffern festgelegt ist. Beispielsweise ist die Halbachse b beim WGS84 um ca. $0,1$ mm größer als beim GRS80.

Tabelle 1.2-1: Dimensionen von Erdellipsoiden (3. Dezimalstelle gerundet)

Erdellipsoid		Große Halbachse a		Kleine Halbachse b		Abplattung $(a-b)/a$		
Bessel	1841	6 377 397,155	m	6 356 078,963	m	1	:	299,153
Hayford (Internat.)	1924	6 378 388	m	6 356 912,946	m	1	:	297
Krassowskij	1944	6 378 245	m	6 356 863,019	m	1	:	298,3
Internat. System 1967	1967	6 378 160	m	6 356 774,516	m	1	:	298,247
GRS80	1980	6 378 137	m	6 356 752,314	m	1	:	298,257
WGS84	1984	6 378 137	m	6 356 752,314	m	1	:	298,257
Die Dimensionen der unteren drei Ellipsoide sind aus Satellitenbeobachtungen abgeleitet.								

hungsellipsoid als Bezugsfläche, damit man auf einer mathematisch einfachen Fläche rechnen kann.

- Ein *lokal bestanschließendes Ellipsoid*, bei dem die Rotationsachse parallel zur Erdachse ist, ersetzt ein begrenztes Stück der Geoidoberfläche.

2) *Kugel:* Ersatzfläche für kleinere Länder

3) *Ebene:* Ersatzfläche für Messgebiete 10 km · 10 km

1.3 Landesvermessung

Die Landesvermessung umfasst vornehmlich den Aufbau und die Erhaltung des Vermessungspunktfeldes (Lage-, Höhen- und Schwerefestpunktfeld). Dazu werden Vermessungspunkte (VP) bestimmt, vermarkt und in amtlichen Nachweisen geführt. Das Vermessungspunktfeld bildet die geodätische Grundlage für das Liegenschaftskataster und die topographischen Landeskartenwerke sowie für technische und wissenschaftliche Zwecke.

Seit einigen Jahren werden GNSS-Satellitenempfänger (GNSS=*G*lobal *N*avigation *S*atellite *S*ystems) dauerhaft an festen Standorten betrieben, die als Referenzstationen bezeichnet werden und grundsätzlich die bisherigen Lagefestpunktfelder substituieren können. In Deutschland ist dieses das Staatsgebiet umfassende Netz (Abb. 8.4-1) von ungefähr 260 Referenzstationen miteinander verknüpft und wird SA*POS*®-Referenzstationsnetz (*SA*telliten*POS*itionierungsdienst der deutschen Landesvermessung) genannt (Kap. 8.4). Derartige Referenzstationsnetze gibt es in vielen Ländern, wie z. B. in der Schweiz unter der Bezeichnung SWIPOS.

1.3.1 Lagefestpunktfeld

Zur Lagevermessung eines größeren Teiles der Erdoberfläche, z. B. eines Landes, wurde bzw. wird, falls die Laufendhaltung von permanenten Referenzstationen zu aufwendig ist, das gesamte Gebiet mit einem Netz von Festpunkten überzogen, die so angeordnet werden, dass die Verbindungslinien benachbarter Punkte Dreiecke bilden.

Festpunktbestimmung durch Triangulation und Trilateration (vor Einführung von GPS)

Durch eine entsprechende Aneinanderreihung von Dreiecken konnten Dreiecksketten festgelegt werden, die durch Dreiecksnetze ausgefüllt und mit anderen Ketten und Netzen so verknüpft wurden, dass sie die Fläche eines Landes überdeckten und in ihrer Gesamtheit das Hauptdreiecksnetz oder das Netz der Dreiecke 1. Ordnung mit Seitenlängen von 30 bis 70 km ergaben. (Abb. 1.3-1). Die Festpunkte werden „Trigonometrische Punkte 1. Ordnung" oder abgekürzt „TP (1)" genannt. Als Standorte mussten Berge, Anhöhen, Turmspitzen u. Ä. gewählt werden, um gegenseitige Sichtbarkeit zu erreichen. Mit Theodoliten höchster Genauigkeit bestimmte man nach dem Verfahren der *Triangulation* (lat. tres = drei, angulus = Winkel) in aufwendigen Messkampagnen, häufig auch von eigens gebauten, hölzernen bzw. stählernen Vermessungstürmen aus, die Winkel und damit die Form der Dreiecke. Dabei war zu beachten, dass die Winkelsumme in den Dreiecken 1. Ordnung 200 gon plus dem sphärischen Exzess, das ist die Differenz zwischen der Summe der Innenwinkel eines sphärischen und eines ebenen Dreiecks, betragen musste.

Zur Ermittlung der Länge der Dreiecksseiten (Dreiecksmaßstab) wurden in Abständen von etwa 200 km über das gesamte Netz verteilte Grundlinien (Basen) von 3 bis 10 km Länge mit hoher Genauigkeit ($1 : 10^6$) direkt gemessen. Zur Längenbestimmung für die nächstgelegene Dreiecksseite im Netz 1. Ordnung wurde der Maßstab der Basis durch Ausmessen aller Winkel von aneinander angehängten Dreiecken, die in aufeinanderfolgender Reihenfolge stets größer wurde, und durch Berechnen der Seitenlängen nach dem Sinussatz von Dreieck zu Dreieck übertragen *(Basisvergrößerungsnetz)*. In Abbildung 1.3-2 ist das Basisvergrößerungsnetz Bonn dargestellt, mit dem aus der Länge der Basis „Bonn N – Bonn S" (2,5 km) die Länge der Dreiecksseite 1. Ordnung „Birkhof – Löwenburg" (30,3 km) abgeleitet wurde.

Durch schrittweise Verdichtung in drei Stufen durch die Trigonometrischen Punkte 2. Ordnung (Punktabstand von 10 bis 20 km) bis 4. Ordnung (Punktabstand von 1 bis 2 km) erreichte man einen Punktabstand von 1 bis 3 km. Die Vermarkung erfolgte durch TP-Pfeiler. Zur weiteren Verdichtung wurden Polygonzüge gelegt (Kap. 6.3).

In Deutschland wurde als Bezugsfläche das Erdellipsoid von Bessel (Tab. 1.2-1) und als *Zentralpunkt* der in der Nähe der Berliner Sternwarte gelegene TP 1. Ordnung „Rauenberg" gewählt. Als Zentralpunkt (Fundamentalpunkt) bezeichnet man den Ausgangspunkt einer Landestriangulation, für den durch astronomische Messungen die geographischen Koordinaten (Kap. 1.4) bestimmt wurden. Ebenfalls durch astronomische Beobachtung ergab sich das Azimut A einer vom Zentralpunkt ausgehenden Dreiecksseite, d. h. der Winkel zwischen der geographischen Nordrichtung und der Dreiecksseite. Dadurch war die Orientierung des gesamten Netzes festgelegt und es konnten ausgehend vom Zentralpunkt die Koordinaten aller Trigonometrischen Punkte berechnet werden. Der Netzteil in den neuen Ländern der Bundesrepublik Deutschland wurde auf das Erdellipsoid von Krassowskij (Tab. 1.2-1) mit der Sternwarte Pulkovo bei St. Petersburg als Zentralpunkt bezogen.

Mit dem Aufkommen der elektronischen Distanzmesser wurde zur Punktbestimmung in der Landesvermessung mehr und mehr das Verfahren der *Trilateration* (lat. latus = Seite), d. h. der direkten Messung der Distanzen zwischen den Trigonometrischen Punkten, angewandt.

Festpunktbestimmung durch GNSS

Die bisher genannten Verfahren der Triangulation, der Trilateration und deren kombinierte Anwendung zur Bestimmung von Festpunkten wurden inzwischen durch das *Satellitennavigationssystem NAVSTAR-GPS* (*NAV*igation *S*ystem with *T*ime *A*nd *R*anging – *G*lobal

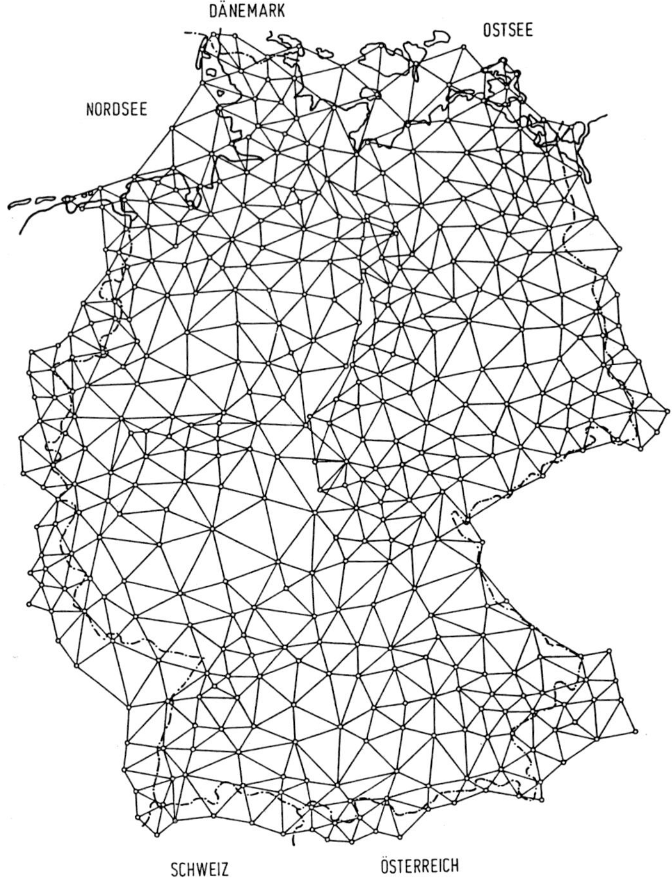

Abbildung 1.3-1: Deutsches Hauptdreiecksnetz

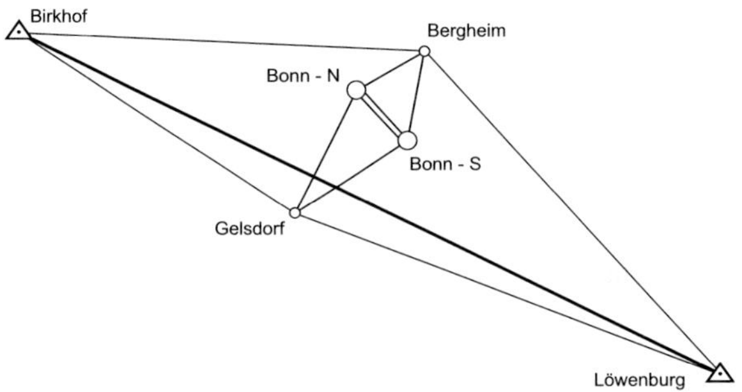

Abbildung 1.3-2: Basisvergrößerungsnetz Bonn

*P*ositioning *S*ystem) abgelöst.[3] Da es neben dem GPS noch weitere Satellitennavigationssysteme gibt, wird üblicherweise die Bezeichnung *GNSS* (*G*lobal *N*avigation *S*atellite *S*ystems) für derartige Systeme benutzt. Die Anwendung dieser Verfahren weisen den Vorteil auf, dass diese zu hohen Genauigkeiten führen, die nahezu unabhängig vom Abstand der zu bestimmenden Punkte sind. Außerdem sind keine Sichtverbindungen zwischen den Punkten erforderlich, wodurch sich Vermessungstürme und Signalbauten gänzlich erübrigen. Durch den flächendeckenden Aufbau permanenter GNSS-Referenzstationen wird der Raumbezug (Lage und Höhe) durch den Satellitenpositionierungsdienst SA*POS*® in Echtzeit bereitgestellt. Der Aufbau des GNSS-Systems und die verschiedenen Mess- und Auswerteverfahren werden in Kapitel 8 vorgestellt.

1.3.2 Höhenfestpunktfeld

Idealerweise sollten sich alle Höhenmessungen auf das *Geoid* beziehen, einer Niveaufläche in Höhe des mittleren Meeresspiegels, auf der alle Lotrichtungen senkrecht stehen. Da diese Fläche jedoch nur schwer realisierbar ist, wurde im Jahre 1879 durch ein Nivellement vom Nullpunkt des Amsterdamer Pegels nach Berlin die Höhe einer Strichmarke an der Berliner Sternwarte bestimmt. Dieser Punkt wurde zum *Normalhöhenpunkt* erklärt. Als Bezugsfläche für alle Höhenmessungen definierte man in Deutschland diejenige Niveaufläche der Erde, die 37 m unterhalb des Normalhöhenpunktes verläuft. Diese Bezugsfläche wird mit *Normalnull* (NN) bezeichnet. Sie ist dem Geoid nur relativ grob angenähert und unterscheidet sich von ihm u. a. durch ihre per Definition festgelegte Höhe. Als 1912 die Berliner Sternwarte abgerissen wurde, verlegte man den Normalhöhenpunkt in ein geologisch sicheres Gebiet 40 km östlich von Berlin nach Hoppegarten, wodurch sich an der Definition der Bezugsfläche NN nichts geändert hat.

Ausgehend vom Normalhöhenpunkt ist Deutschland mit einem maschenartig angeordneten Netz von *Nivellementpunkten* (NivP) überdeckt worden, deren Höhen durch geometrisches Nivellement bestimmt sind. Die NivP sind Höhenfestpunkte; sie bilden in ihrer Gesamtheit das NivP-Feld (Tab. 1.3-1).

Tabelle 1.3-1: Gliederung des Nivellementpunktfeldes (NivP-Feld)

Niv.-Netz	Kurzbezeichnung für die Niv.-Punkte	Durchmesser der Maschen [km]
1. Ordnung	NivP (1)	30 – 50
2. Ordnung	NivP (2)	15 – 20
3. Ordnung	NivP (3)	2 – 10

Die Höhe eines Punktes in diesem Deutschen Haupthöhensystem 1912 (DHHN12) ist definiert als sein lotrechter Abstand über Normalnull, z. B. 156,137 m über NN. Die Vermarkung eines Höhenpunktes erfolgt hauptsächlich durch *Höhenbolzen*, die entweder senkrecht, meist jedoch waagerecht in feste, gut gegründete Mauern- oder Bauwerksfundamente bzw. im unbebauten Gelände in Fels oder Steinpfeiler eingebracht werden (Abb. 1.3-3). Die höchste Stelle des Bolzens markiert die Punkthöhe. Dort ist bei Anschlussnivellements die Nivel-

[3] Das europäische System *Galileo* und das russische *GLONASS* (*GLO*bal *NA*vigation *S*atellite *S*ystem) sind ähnlich konzipiert.

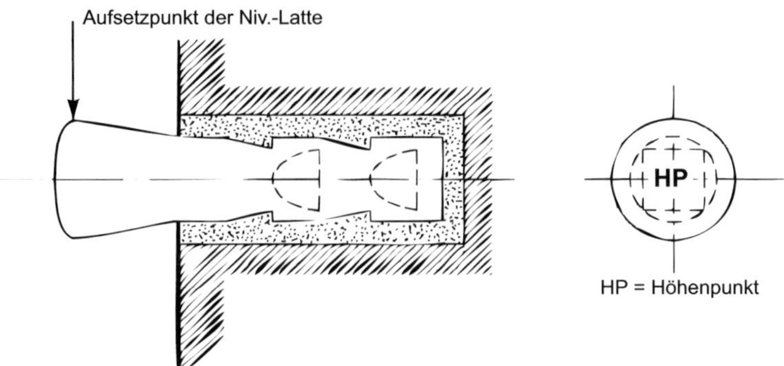

Abbildung 1.3-3: Vermarkung eines Höhenpunktes z. B. durch einen Höhenbolzen im Mauerwerk

lierlatte aufzuhalten. Will man amtliche, vermarkte Höhenpunkte zu Anschlussmessungen benutzen, so kann ihre Lage und Höhe den NivP-Übersichten und NivP-Beschreibungen bei den Katasterämtern entnommen werden.

Zum Zeitpunkt der Wiedervereinigung im Jahre 1990 bestanden in beiden Teilen Deutschlands unterschiedliche Höhensysteme. Während in den alten Bundesländern NN-Höhen (Normalorthometrische Höhen) des DHHN12 benutzt wurden, arbeitete man in den neuen Bundesländern seit 1979 mit Normalhöhen des Staatlichen Nivellementsnetzes 1976 im Niveau des Pegels Kronstadt bei St. Petersburg, der etwa 16 cm höher liegt als der Amsterdamer Pegel (Höhenwerte 16 cm kleiner als NN-Höhen). Im Jahre 1993 beschloss die Arbeitsgemeinschaft der Vermessungsverwaltungen der Bundesländer (AdV), für das gesamte Gebiet der Bundesrepublik das Deutsche Haupthöhennetz 1992 (DHHN92) einzuführen, das zum 1.12.2016 durch das Deutsche Haupthöhennetz 2016 (DHHN 2016) abgelöst wurde.

Da das Geoid nicht in jedem Punkt der Erdoberfläche als Bezugsfläche für hoch genaue Höhenmessungen exakt genug festgelegt werden kann, hat die AdV als Höhenbezugsfläche das *Quasigeoid* (nach der Theorie von Molodenski und Vignal) gewählt, welche durch den Pegel Amsterdam *NAP* (Normaal Amsterdams Peil) als Höhenbezugspunkt (Nullpunkt) verläuft (Abb. 1.3-4).Dieses Quasigeoid wurde 2016 durch das *German Combined Quasi-Geoid* (GCG) abgelöst, das aus ellipsoidischen Höhen im ETRS89 und unter Berücksichtigung von neuen Schwerewerten festgelegt wurde. Die Höhen werden als *Normalhöhen* oder auch als Höhen über der *Normalhöhennull-Fläche* (NHN-Höhen) bezeichnet. Damit wird die Höhe als Abstand von einer eindeutig reproduzierbaren Bezugsfläche erhalten, die wiederum in einer eindeutigen Beziehung zum Niveauellipsoid (vgl. Erdellipsoid, Kap. 1.2.2.2) steht. Der Abstand zwischen dem Quasigeoid und dem Ellipsoid wird *Quasigeoidundulation* genannt. Der Abstand zwischen der Erdoberfläche und dem Ellipsoid ist die *Ellipsoidische Höhe*. Man kann folglich aus GNSS-Messungen abgeleitete Höhen und terrestrisch durch Nivellement ermittelte Höhen ineinander überführen.

Beispiel 1.3.1: NN-Höhe, NHN-Höhe und Ellipsoidische Höhen des Turmbolzens am Aachener Dom

Höhensystem	Höhe [m]	Undulation [m]
NN-Höhe im System DHHN12	170,23	
NHN-Höhe im System DHHN92	170,28	
Ell. Höhe über dem Bessel-Ellipsoid (DHDN90)	169,96	DHDN90 − NHN = −0,32
Ell. Höhe über dem GRS80-Ellipsoid (ETRS89)	216,58	ETRS89 − NHN = 46,30

Alle terrestrischen Messungen unterliegen dem Einfluss der Schwerkraft und Beschleunigung (Kap. 1.3.3). Da sich Libellen oder Kompensatoren der Nivellierinstrumente nach der Schwerkraft ausrichten, muss deren Auswirkung berücksichtigt werden. Deshalb müssen bei den Präzisions-Nivellements Schwerereduktionen berechnet werden, die im Höhensystem DHHN92 als *Normalhöhenreduktionen* bezeichnet und aus zusätzlichen Messungen der lokalen Erdschwere abgeleitet werden.

Auch der aus Wiederholungsnivellements erhaltene neue amtliche Höhenbezug DHHN 2016 basiert auf Normalhöhen. Die Lagerung erfolgt jetzt nicht mehr wie 1879 bezogen auf einen Punkt (Berliner Sternwarte), sondern auf 72 „Datumspunkten", die aufgrund ihrer geologischen Stabilität und ihrer Punktlage ausgesucht wurden. Auch das DHHN 92 war nur auf einen Datumspunkt bezogen, die Kirche Wallenhorst, der jetzt im DHHN 2016 einer von 72 ist. Beim Übergang vom DHHN 92 zum DHHN 2016 waren deutschlandweit Höhenwertänderungen zwischen ±75 mm aufgetreten.

In den anderen europäischen Staaten sind unterschiedliche Höhenbezugsflächen definiert worden, sodass man sich bei Arbeiten an den Grenzen der Bundesrepublik über die Höhendifferenz zwischen der Bezugsfläche des Nachbarstaates und Normalhöhennull informieren muss. Die durchschnittlichen Höhenwerte der angrenzenden Bezugsflächen in Relation zu NHN-Höhenwerten sind:

Dänemark:	NHN-Höhenwert	− 2 cm
Niederlande:	NHN-Höhenwert	− 1 cm
Belgien:	NHN-Höhenwert	+ 230 cm
Luxemburg:	NHN-Höhenwert	+ 1 cm
Frankreich:	NHN-Höhenwert	− 50 cm
Schweiz:	NHN-Höhenwert	− 32 cm
Österreich:	NHN-Höhenwert	− 34 cm
Tschechien:	NHN-Höhenwert	+ 13 cm
Polen:	NHN-Höhenwert	+ 14 cm

1.3.3 Landesschwerenetz

Die *Schwerebeschleunigung* oder *Schwere* ist die Resultierende aus der Gravitation (Anziehungskraft der Erde und anderer Himmelskörper) und der Zentrifugalbeschleunigung, die auf der Erdrotation beruht. Die Richtung der Schwerebeschleunigung, also die *Lotrichtung*, gibt die Richtung der Niveaufläche in einem Punkt an, da die Niveauflächen senkrecht zur Lotlinie definiert sind. Schwereänderungen wirken sich unterschiedlich stark bei allen Messungen aus, besonders bei Höhenmessungen, weil sie Lotrichtungs- und Niveauflächenänderungen hervorrufen. Daher muss die Schwere für alle großräumigen Messungen hoher Genauigkeit berücksichtigt werden. Besonders ausgewählte, über das Land verstreute Festpunkte sind untereinander durch Gravimetermessungen verbunden. Sie bilden das Schwerenetz der Landesvermessung, welches mit den Schwerenetzen anderer Länder verknüpft ist und den Rahmen für weitere geophysikalische Schweremessungen bildet. Das Niveau der Netze wird durch Anschluss an ein globales Schweresystem festgelegt (International Gravity Standardisation Network).

1.3.4 Geodätischer Raumbezug

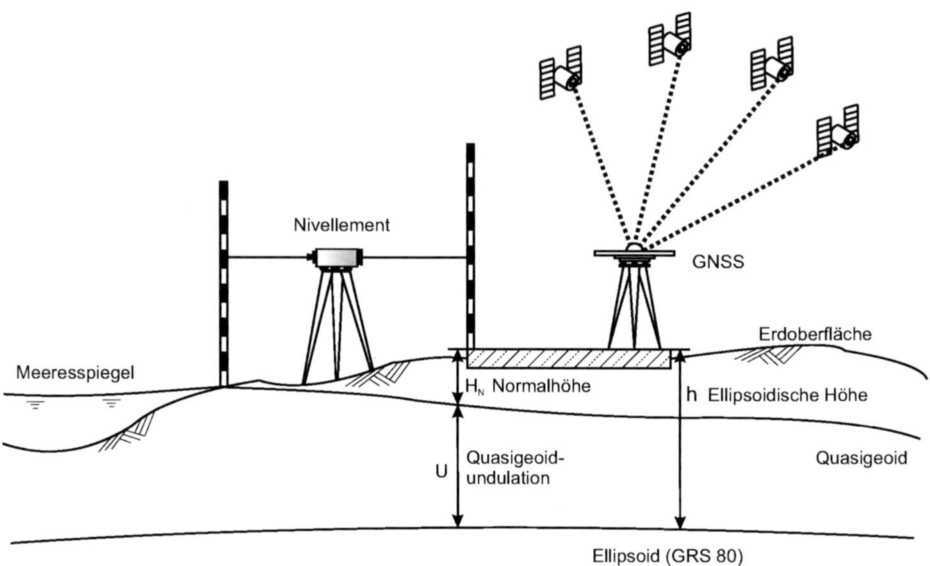

Abbildung 1.3-4: Raumbezug mit Bezugsflächen und messtechnischer Realisierung. Entn. aus: Riecken, J. u. Kurtenbach, E.: Der Satellitenpositionierungsdienst der deutschen Landesvermessung – SA*POS*®, zfv 2017, S. 293 – 300.

In der „klassischen Sicht" der deutschen Landesvermessung stellten die voneinander getrennten Festpunktfelder der Lage (Kap. 1.3.1), Höhe (Kap. 1.3.2) und Schwere (Kap. 1.3.3) als Referenznetze den Raumbezug bereit. Mit zunehmender Nutzung der GNSS-Messtechnik wurden die Triangulationsnetze abgelöst und schließlich mit der Einführung des Raumbezugs zum 1.12.2016 aufgegeben. Durch den flächendeckenden Aufbau permanenter GNSS-Referenzstationen wurde der Raumbezug in Deutschland durch den Satellitenpositionierungsdienst SA*POS*®-HEPS (Kap. 8.4) in Echtzeit ermöglicht und eine dreidimensionale Positionsbestimmung mit einer Genauigkeit von 1 bis 3 cm erreicht. Für dieses Ziel mussten zuvor physikalische Höhen- und Schwerewerte auf identischen Punkten durch epochengleiche Messungen mit verschiedenen geodätischen Messverfahren ausgeführt werden. Die von SA*POS*® zur Verfügung gestellten Koordinaten beziehen sich auf das Erdellipsoid GRS80 (Tab. 1.2-1, Abb. 1.3-4), verfahrensbedingt auf Koordinaten eines mathematisch definierten Modells der Erde, jedoch nicht unmittelbar auf das Schwerefeld der Erde. Für Höhenangaben bezogen auf den Meeresspiegel müssen aber geometrische und auf das Schwerefeld bezogene Messgrößen verknüpft werden. Nach Abb. 1.3-4 gilt:

$$H_E = H_N + U \quad bzw. \quad H_N = H_E - U$$

mit H_E = ellipsoidische Höhe,
H_N = Normalhöhe,
U = Quasigeoidundulation.

Die Wiederholungsmessungen im Deutschen Haupthöhennetz (DHHN) zwischen den Jahren 2006 und 2012, die die messtechnische Grundlage für das Deutsche Haupthöhennetz 2016 (DHHN 2016) bilden, sind neben den GNSS- und Schweremessungen die Basis für den integrierten geodätischen Raumbezug, der aus den folgenden Komponenten besteht:

- Deutsches Haupthöhennetz 2016 (DHHN 2016)
- Koordinaten und ellipsoidische Höhen des SA*POS*®-Referenznetzes
- Koordinaten und ellipsoidische Höhen der 250 neuen Grundnetzpunkte[4] des amtlichen geodätischen Grundnetzes
- German Combined Quasi-Geoid, das über die Differenz aus ellipsoidischen Höhen und Normalhöhen sowie unter Berücksichtigung von Schweremessungen festgelegt ist
- Deutsches Hauptschwerenetz 2016 (DHSN 2016) als neuer amtlicher Schwerebezugsrahmen.

Der Raumbezug 2016 kann auch als Nullmessung eines zukünftigen Monitorings, wie beispielsweise für Aufgaben beim Umwelt Monitoring, angesehen werden. Wiederholungsmessungen, wie z. B. die für 2020 geplante GNSS-Kampagne, sichern darüber hinaus die erreichte Qualität.

1.4 Geodätische Koordinatensysteme

Die Lage eines Punktes auf der Erdoberfläche lässt sich entweder in einem dreidimensionalen geozentrischen kartesischen X,Y,Z-Koordinatensystem oder in einem zweidimensionalen System geodätischer Flächenkoordinaten festlegen. Die Flächenkoordinaten sind jeweils bezogen auf ein Ellipsoid, eine Kugel oder eine Ebene, d. h. auf die für Lagemessungen definierten Ersatzflächen der Erdoberfläche. Ihre zahlenmäßigen Werte werden entweder als *zwei Winkel* oder *zwei metrische Längenmaße* oder gemischt als *ein Winkel und ein Längenmaß* angegeben. Da die zweidimensionalen Flächenkoordinaten nur die Lage eines Punktes festlegen können, wird die Höhe als dritte Dimension in einem auf das Geoid bzw. Quasigeoid bezogenen Höhensystem definiert.

Will man die Erdoberfläche in eine Ebene abbilden, so müssen die räumlichen kartesischen Koordinaten oder die ellipsoidischen bzw. sphärischen Koordinaten in ebene Koordinaten umgeformt werden. Bei dieser *geodätischen Abbildung* beschränkt man sich, im Gegensatz zur kartographischen Abbildung, auf kleine Teile der Erdoberfläche, damit die prinzipiell nicht vermeidbaren *Abbildungsverzerrungen* in Grenzen bleiben und weitestgehende Ähnlichkeit zwischen Örtlichkeit und Abbildung erreicht wird. Die in Deutschland gebräuchlichsten Abbildungssysteme, das Gauß-Krüger-Koordinatensystem, und das Universale Transversale Mercator-Abbildungssystem (UTM-Abbildung) werden in den Kapiteln 1.4.4.1 und 1.4.4.2 vorgestellt.

[4] Diese Grundnetzpunkte (GGP), die von der Grundlagenvermessung (Landesvermessung) als bundesweites Rahmennetz verwendet werden, wurden zusammen mit 34 IGS- (International GNSS Service), EPN- (European Permanent Network) und GREF-Stationen (German GNSS Reference Network, vgl. auch Kap. 8) sowie 272 SA*POS*®- und 44 weiteren Referenzstationen benachbarter europäischer Positionierungsdienste in die gemeinsame GNSS-Messkampagne einbezogen, womit der Anschluss an den übergeordneten Referenzrahmen erreicht wurde.

1.4.1 Geozentrisches Koordinatensystem

Ein dreidimensionales geozentrisches Koordinatensystem kommt ohne Bezugsflächen aus. Daher ist es besonders für die Punktbestimmung und Navigation mit satellitengestützten Messverfahren geeignet.

Die Positionen z. B. der GPS-Satelliten sind auf das „World Geodetic System 1984“ bezogen. Hierbei handelt es sich um ein mit der Erde rotierendes, geozentrisch (im Erdschwerpunkt) gelagertes, dreidimensionales, kartesisches Koordinatensystem, dessen Achsen in ihren positiven Richtungen folgendermaßen definiert sind (Abb. 1.4-1).

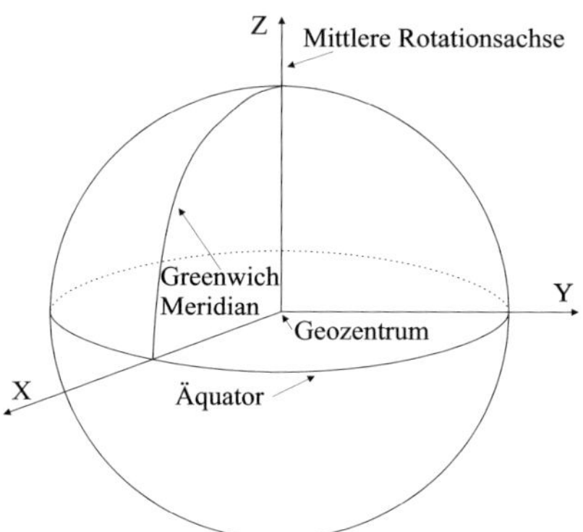

Abbildung 1.4-1: World Geodetic System 1984 (WGS84)

Z-Achse = Erdrotationsachse durch den Conventional Terrestrial (North-)Pole,

X-Achse = Schnitt der durch den Erdschwerpunkt verlaufenden Parallelfläche zur Meridianebene von Greenwich mit der zur Z-Achse gehörenden Äquatorebene,

Y-Achse = senkrecht auf der X- und der Z-Achse, mit diesen ein Rechtssystem bildend.

Das WGS84 wurde auf der Grundlage von Dopplermessungen zu TRANSIT-Satelliten des älteren „Navy Navigation Satellite System (NNSS)“ entwickelt und dann später so modifiziert, dass es mit dem vom Bureau International de l‘Heure (BIH) definierten Conventional Terrestrial System (CTS) übereinstimmt.

Mit hoher Genauigkeit werden in einem von der „International Union for Geodesy and Geophysics (IUGG)“ eingeführten „Conventional Terrestrial Reference System (CTRS)“, das in seiner Achsanordnung dem WGS84 entspricht, Jahr für Jahr die X-, Y-, Z-Koordinaten von etwa 150 „Primary Stations“ rund um die Erde durch den „International Earth Rotation and Reference System Service (IERS)“ in Paris ermittelt, und zwar über

- Very Long Baseline Interferometry (VLBI) zu Radio-Sternen,
- Satellite Laser Ranging (SLR) zu mit Retroreflektoren bestückten Satelliten,
- GPS- und GLONASS-Beobachtungen und dem
- Dopplermesssystem DORIS.

Die Gesamtheit der so an der Erdoberfläche festgelegten Primärpunkte bildet den „International Terrestrial Reference Frame (ITRF)“; das zugehörige System wird dementsprechend als „International Terrestrial Reference System (ITRS)“ bezeichnet. Die Koordinaten dieser Primärpunkte ändern sich bei den jährlichen Berechnungen infolge der Plattentektonik und anderer globaler Einflüsse in der Größenordnung von etwa 1 bis 2 cm/Jahr.

Ein derart veränderliches Bezugssystem ist sowohl für geodätische wie auch für navigatorische Zwecke denkbar ungeeignet. Deshalb wurde im Mai 1990 in der für das europäische Referenzsystem zuständigen Subkommission der „International Association of Geodesy (IAG)“ beschlossen, die ITRF-Koordinaten der europäischen Primärpunkte, wie sie sich für den Jahresbeginn 1989 (1989.0) ergeben, unverändert beizubehalten. Durch diese Werte ist der „European Terrestrial Reference Frame 1989 (ETRF89)“ festgelegt. Das zugehörige Bezugssystem wird als „European Terrestrial Reference System 1989 (ETRS89)“ bezeichnet.

Alle das ETRS89 definierenden Punkte liegen auf der eurasischen Platte, die in sich als weitgehend stabil angesehen wird. Von diesen gegenseitig als fest anzunehmenden Punkten ausgehend, wurden durch umfangreiche Messungen in ganz Europa weitere Punkte mit ETRS89-Koordinaten bestimmt. Sie bilden den Rahmen für das europaweit einheitliche Bezugssystem ETRS89.

Die europäischen Primärpunkte liegen allerdings vorwiegend ca. 1 000 km und mehr auseinander; sie sind somit für die praktische Verwendung bei Vermessungen und in der Navigation viel zu weit voneinander entfernt, weshalb durch insgesamt 93 Punkte der „European Reference Frame 1989 (EUREF89)“ geschaffen wurde. Die Abstände betragen immer noch einige hundert Kilometer, wobei die Punktdichte entsprechend den speziellen Erfordernissen der einzelnen Staaten recht unterschiedlich ist. Die Berechnung des EUREF89 erfolgte unter Federführung des Astronomischen Instituts der Universität Bern durch die sogenannte „Berner Gruppe“. Zusammen mit den Primärpunkten bilden die EUREF-Punkte in der deutschen Grundlagenvermessung die Hierarchiestufe A.

Im Bereich des ursprünglichen EUREF89 fanden 1993/94 umfangreiche Nachbeobachtungen statt, um durch seinerzeitige Empfangsstörungen bedingte Schwachstellen zu beseitigen. Damit liegt nun ein einheitlicher, hoch genauer, nahezu ganz Europa überdeckender, allerdings immer noch sehr weitmaschiger Bezugsrahmen für geodätische, kartographische und navigatorische Informationssysteme vor.

Nach dem aus ökonomischen Gründen auch für die Satellitengeodäsie geltenden Grundsatz „vom Großen ins Kleine“ haben inzwischen die europäischen Staaten eine dreidimensionale Verdichtungsstufe des EUREF-Netzes geschaffen, wie z. B. Frankreich das Reseau de Référence Français (RRF). In der Bundesrepublik Deutschland wurde als Hierarchiestufe B das EUREF-Netzwerk verdichtet und „Deutsches Referenznetz 1991 (DREF91)“ genannt. Es besteht innerhalb der Grenzen Deutschlands einschließlich der zum Anschluss benutzten Primär- und EUREF-Punkte aus 102 Punkten mit Abständen von knapp 100 km.

Der Raumbezug wird heute durch SA*POS*® satellitengestützt bereitgestellt (Kap. 8.4), wozu der einheitliche Raumbezug des amtlichen Vermessungswesens durch ein bundeseinheitliches, homogenes Raumbezugspunktfeld gebildet wird.

Die geozentrisch-dreidimensionalen Koordinaten sind jedoch für praktische Zwecke nicht so sehr erwünscht, da sie wenig anschaulich sind. Sie eignen sich insbesondere nicht für die Darstellung von Vermessungsergebnissen in Karten. Für die Lösung praktischer Aufgaben als Koordinatenbezugsfläche ist daher ein geozentrisch gelagertes Erdellipsoid zu benutzen, und zwar dasjenige, das zu dem 1980 von der „International Union for Geodesy and Geophysics

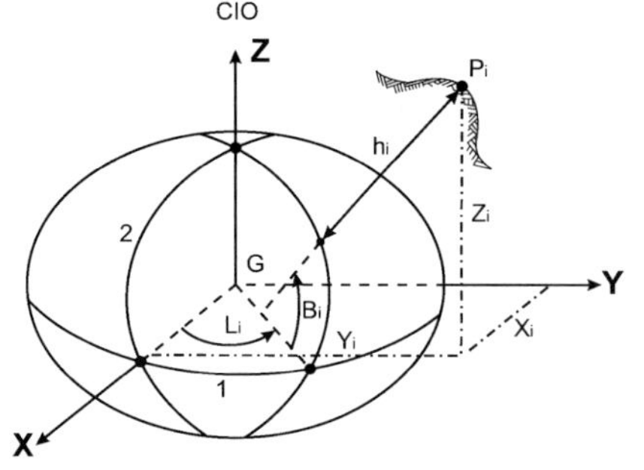

Abbildung 1.4-2: Dreidimensionale kartesische Koordinaten (X,Y,Z), geographische Koordinaten (B,L) und ellipsoidische Höhe h eines Punktes auf der Erdoberfläche; CIO = Conventional International Origin

CIO	vereinbarte mittlere Lage des Nordpols
G	Geozentrum
1	Äquator (Breite B=0°)
2	Nullmeridian (Länge L=0°)
L_i	ellipsoidische Länge von P_i
P_i	Punkt an der Erdoberfläche
B_i	ellipsoidische Breite von P_i
h_i	ellipsoidische Höhe von P_i
X_i, Y_i, Z_i	geozentrische kartesische Koordinaten

(IUGG)" festgelegten „Geodetic Reference System 1980 (GRS80)" gehört und das mit leicht modifizierten Parametern auch beim WGS84 verwendet wird (vgl. Tab. 1.2-1).

Aus den geozentrischen, kartesischen, dreidimensionalen Koordinaten X, Y, Z der Erdoberflächenpunkte lassen sich in Bezug auf dieses Ellipsoid die geodätisch-geographischen Breiten B und die entsprechenden Längen L sowie die ellipsoidischen Höhen h_{ell} eindeutig berechnen (Abb. 1.4-2). Aus B und L wiederum können die zweidimensionalen Koordinaten y, x, wie man sie für die Anschluss- bzw. Stützpunkte benötigt, ermittelt werden. Dazu bedarf es der Vorgabe eines bestimmten Abbildungsverfahrens, wie z. B. das UTM-System (vgl. Kap. 1.4.4.2)[5].

1.4.2 Koordinatensysteme zur Punktfestlegung auf der Oberfläche von Kugel und Rotationsellipsoid

1.4.2.1 Geographische Koordinaten

Geographische Koordinaten (Abb. 1.4-3) sind als Winkel definiert. Sie werden bezeichnet mit:

	Kugel	Ellipsoid
Geographische Länge	λ	L
Geographische Breite	φ	B

[5] Neben den Koordinatensystemen, die wir in Kap. 1 kennengelernt haben, können Punkte/Orte auf der Erde noch über verschiedene Angaben gefunden werden:

1) Lageangaben mit drei Worten: `///aussagen.genügt.teesieb`
2) Lageangaben mittels *Open Location Code*: `9F28Q3H9+V3`

Die erste Lageangabe wird einer Datenbank entnommen mit den dazu passenden Koordinaten, bei der zweiten werden die geographischen Koordinaten aus der Angabe berechnet. Die Genauigkeit der gelieferten Koordinaten ist jedoch nur >10 m; diese reicht aber aus, um vor Ort ein Haus oder einen Trinkbrunnen zu finden.

Die *geographische Länge* eines Punktes *P* ist der Winkel zwischen der Ebene durch einen Nullmeridian (z. B. Greenwich) und der Meridianebene im Punkt *P*. Die *geographische Breite* stellt den Winkel dar, den die in *P* errichtete Flächennormale mit der Äquatorebene bildet. Die als Winkel definierten geographischen Koordinaten können auch als Oberflächenkoordinaten (Kap. 1.4.2.2) gedeutet werden. Die Krümmungsunterschiede zwischen Kugel und Ellipsoid wirken sich bei den als Winkel definierten Koordinaten in voller Größe aus. Demgegenüber sind Oberflächenkoordinaten gegenüber Krümmungsänderungen ziemlich unempfindlich.

Der Winkel zwischen einer Oberflächenkurve und dem Meridian in einem Punkt *P* wird als *Azimut A* bezeichnet und von der Nordrichtung des Meridians im Uhrzeigersinn gezählt. Das Azimut wird ebenfalls zum System der geographischen Koordinaten gerechnet (Abb. 1.4-3).

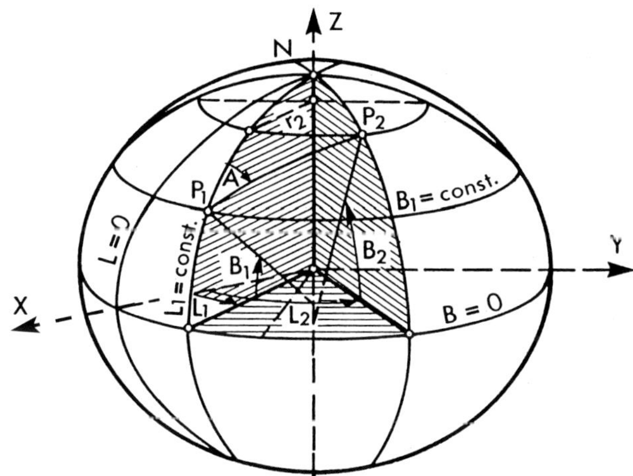

Abbildung 1.4-3: Geographische Koordinaten

1.4.2.2 Geodätische Parallelkoordinaten

Geodätische Parallelkoordinaten sind in metrischen Einheiten definierte Bogenlängen auf der Oberfläche der Kugel oder des Ellipsoids. Sie sind, wie bereits ausgeführt, gegenüber Krümmungsänderungen ziemlich unempfindlich. Man erklärt einen durch die Mitte des Vermessungsgebietes führenden *Hauptmeridian* zur *Abszissenachse (x-Achse)*. Die x-Werte werden von einem beliebig angenommenen, aber festen Koordinatenursprung 0 (z. B. Äquator) zum Nordpol hin positiv gezählt. Das sphärische bzw. ellipsoidische Lot von einem Oberflächenpunkt auf die x-Achse stellt die *Ordinate y* dar. Auf der Kugel sind die sphärischen Ordinaten Großkreise und konvergieren zu den auf dem Äquator liegenden Querpol *Q*. Das Koordinatenliniennetz wird gebildet durch die Ordinatenkreise und durch die zur Ebene des Hauptmeridians parallelen Kleinkreise $y = const.$ (= geodätische Parallelkoordinaten).

Die Nordrichtung einer geodätischen Parallelen bildet mit einer beliebigen Oberflächenkurve in einem Punkt den (im Uhrzeigersinn gezählten) *Richtungswinkel* α und vom Meridian weicht die geodätische Parallele um den Winkel γ, die *Meridiankonvergenz*, ab. Da wir das Azimut A bereits als Winkel zwischen Meridian und Oberflächenkurve definiert haben, besteht die Beziehung

$$A = \alpha + \gamma. \tag{1.1}$$

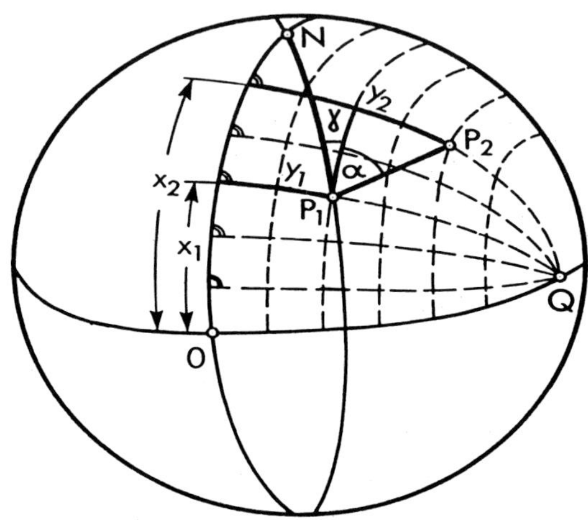

Abbildung 1.4-4: Geodätische Parallelkoordinaten

1.4.2.3 Geodätische Polarkoordinaten

Geodätische Polarkoordinaten bestehen aus einem Großkreisbogen in metrischen Einheiten zwischen zwei Punkten P_1 und P_2 auf der Kugel und dem Winkel β zwischen einer Anfangsrichtung und dem Großkreisbogen im Ausgangspunkt P_1. In den meisten Fällen ist entweder der Meridian bzw. die geodätische Parallele im Punkt P_1 Anfangsrichtung, sodass für den polaren Winkel β gilt (siehe Abb. 1.4-3 bzw. 1.4-4)

$$\beta = A \qquad \text{bzw.} \qquad \beta = \alpha. \tag{1.2}$$

Anstelle des Großkreisbogens auf der Kugel bedient man sich zur Festlegung des Abstandes zweier Punkte auf der Ellipsoidoberfläche der *geodätischen Linie*, welche die geradeste aller Kurven auf einer Fläche und gleichzeitig die kürzeste Verbindungslinie zweier Oberflächenpunkte darstellt. Als *Geodätische Hauptaufgaben* auf dem Rotationsellipsoid werden die Transformationen von geodätischen Polarkoordinaten (Streckenlänge S und Azimute A_1, A_2) in geographische Koordinatenunterschiede ($\Delta B, \Delta L$) und umgekehrt bezeichnet.

- *Erste geodätische Hauptaufgabe*
  Gegeben: Geographische Koordinaten (B_1, L_1) des Ausgangspunktes P_1, Azimut A_1 in P_1 und Streckenlänge S der geodätischen Linie P_1P_2.
  Gesucht: Geographische Koordinaten (B_2, L_2) des Endpunktes P_2, Azimut A_2 der geodätischen Linie P_2P_1 in P_2.

- *Zweite geodätische Hauptaufgabe*
  Gegeben: Geographische Koordinaten (B_1, L_1) und (B_2, L_2) der Punkte P_1 und P_2.
  Gesucht: Streckenlänge S und Azimute A_1 und A_2 der geodätischen Linie P_1P_2.

1.4.3 Koordinatensysteme in der Ebene

1.4.3.1 Rechtwinkliges Koordinatensystem

Die Festlegung eines Punktes in der Ebene geschieht am einfachsten mithilfe seiner Abstände von zwei zueinander senkrechten Geraden. Die beiden Geraden oder Achsen bilden ein rechtwinkliges Koordinatensystem. Die senkrechten Abstände eines Punktes P zu den Koordinatenachsen nennt man die *Koordinaten x und y* des Punktes P. Der mit x bezeichnete Abstand heißt die *Abszisse* und der mit y bezeichnete die *Ordinate*. Dementsprechend heißt die parallel zu x liegende Achse die Abszissenachse oder x-Achse und die parallel zu y liegende die Ordinatenachse oder y-Achse.

Der Schnittpunkt beider Achsen heißt *Nullpunkt* oder *Ursprung*. Man gibt den Koordinaten algebraische Vorzeichen $+$ und $-$ zur Unterscheidung der Richtungen, nach denen sie auf den Koordinatenachsen abzumessen sind. Die x-Achse wird als Hauptachse angesehen. Die y-Achse erhält man durch Drehen der positiven x-Achse im Uhrzeigersinn um 100 gon (Abb. 1.4-5).

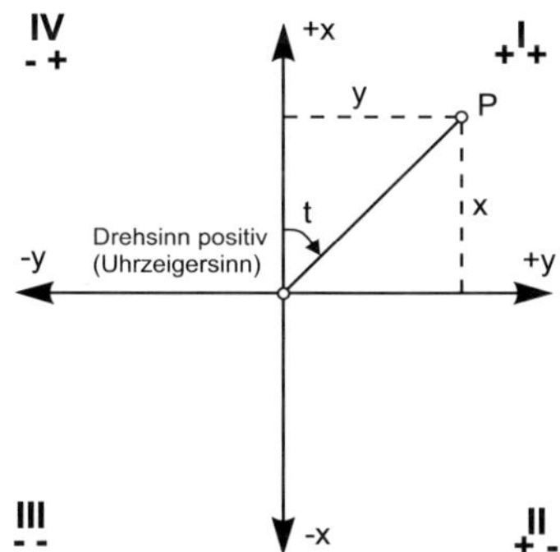

Abbildung 1.4-5: Ebenes geodätisches rechtwinkliges Koordinatensystem

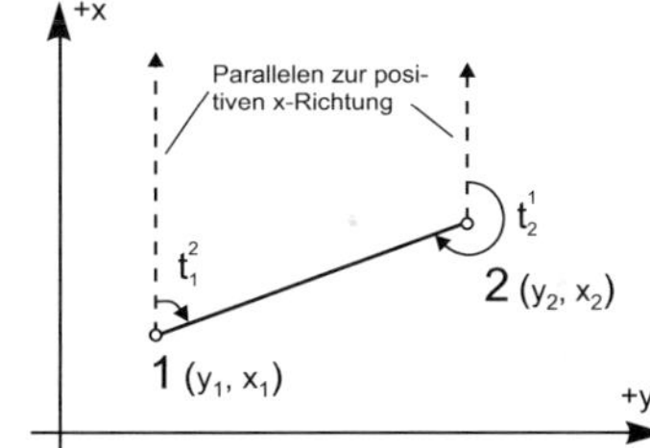

Abbildung 1.4-6: Richtungswinkel t

Die in der analytischen Geometrie übliche Lage eines Koordinatensystems mit der positiven x-Achse nach rechts und der positiven y-Achse nach oben gerichtet wird nicht verwendet, weil hierbei die Drehung der positiven x-Achse nach der positiven y-Achse nicht gleich ist mit der sonst allgemein als positiv geltenden Drehung im Sinne des Uhrzeigers, nach der auch alle Winkelmessinstrumente geteilt sind. Der im Uhrzeigersinn gemessene Winkel zwischen der Nordrichtung und einer durch zwei Punkte festgelegten Geraden wird als *Richtungswinkel t* bezeichnet. Eine Strecke mit den Endpunkten 1 und 2 hat demnach die Richtungswinkel t_1^2 und t_2^1 (Abb. 1.4-6). Zwischen diesen Größen besteht folgende Beziehung:

$$t_1^2 = t_2^1 \pm 200 \text{ gon}. \tag{1.3}$$

In Gebieten kleiner als 10 km · 10 km wirkt sich die Erdkrümmung nur unwesentlich auf die Lagemessungen aus, d. h., man kann eine Ebene als Ersatzfläche für das Erdellipsoid benutzen, welche im Koordinatennullpunkt als Berührungspunkt tangential zum Ellipsoid angeordnet ist. Bei der Abbildung der auf der ellipsoidischen Erde gemessenen Werte (Strecken, Winkel) in die Ebene treten nur geringe Verzerrungen auf und man braucht an den Messungsergebnissen keine Korrektionen anbringen. Bei Vermessungsarbeiten geringer räumlicher Ausdehnung kann man daher ein *örtliches*, auf die spezielle Aufgabe abgestimmtes *rechtwinkliges Koordinatensystem* benutzen. Dabei braucht die positive x-Achse nicht unbedingt nach Norden orientiert sein. Zweckmäßigerweise legt man sie in eine durch das Objekt bedingte Richtung (z. B. Hauptachse eines Bauwerks, Richtung einer Polygonseite, Tangente eines Kreisbogens usw.). Der Nullpunkt wird ebenfalls beliebig festgelegt. Er soll möglichst mit dem Anfangspunkt der gewählten Richtung zusammenfallen. Zur Vermeidung negativer Koordinatenwerte können dem Nullpunkt passende positive Anfangswerte für die x- und y-Richtung gegeben werden (Koordinatentranslation).

1.4.3.2 Polares Koordinatensystem

Neben der Festlegung durch rechtwinklige Koordinaten können Punkte bei räumlich begrenzten Messungen durch ebene polare Koordinaten festgelegt werden und zwar durch den *Winkel* α zwischen einer Ausgangsrichtung und der Geraden zum Neupunkt (im Uhrzeigersinn) und

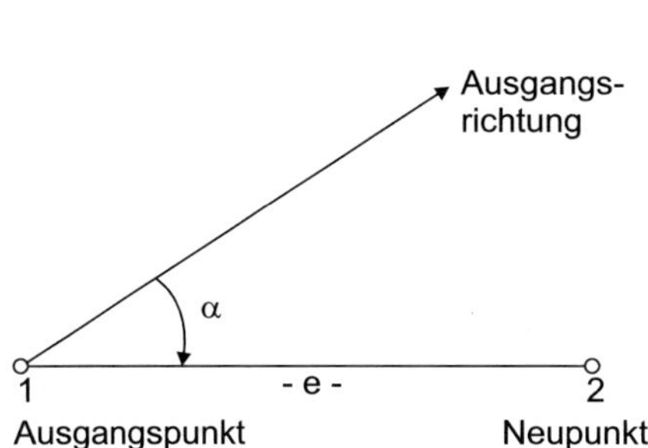

Abbildung 1.4-7: Beliebiges polares Koordinatensystem

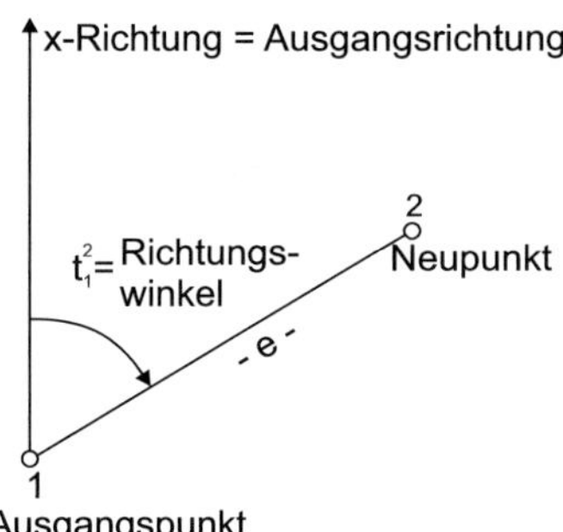

Abbildung 1.4-8: Nach Norden orientiertes polares Koordinatensystem

der *horizontalen Entfernung e* vom Ausgangspunkt zum Neupunkt (s. Abb. 1.4-7). Ist die Nordrichtung die Ausgangsrichtung, so sind der Richtungswinkel t und die Entfernung e die Polarkoordinaten (s. Abb. 1.4-8).

1.4.4 Konforme Abbildung des Erdellipsoids in die Ebene

Will man im Bereich eines ganzen Landes ein einheitliches ebenes Koordinatensystem verwenden, so ist das einfache ebene Koordinatensystem, bei dem keine Korrektionen angebracht wurden, wegen der mit wachsendem Abstand vom Berührungspunkt rasch zunehmenden Abbildungsverzerrungen ungeeignet. Zwischen 1820 und 1830 entwickelte C. F. Gauß für seine im Zuge der Hannoverschen Landesvermessung durchgeführten Gradmessungen eine mathematische (unechte) Abbildung, bei der die Winkel in möglichst geringem Maße verzerrt werden und daher das Abbild dem Urbild möglichst ähnlich ist. Ähnlichkeit lässt sich aber nicht im Ganzen, sondern nur im Differenziellen, „in den kleinsten Teilen“ (wie C. F. Gauß sagt), erreichen.

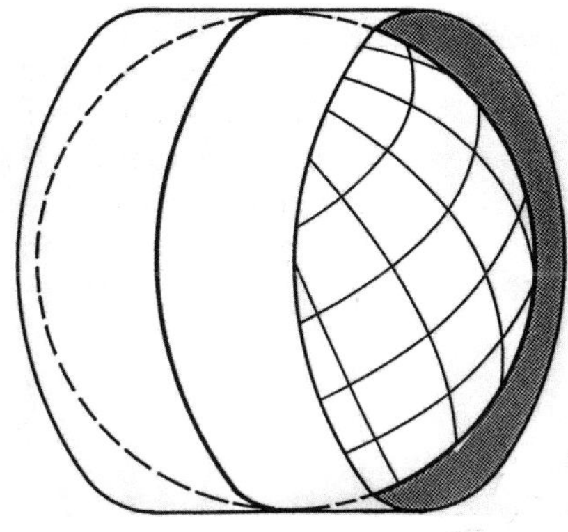

Abbildung 1.4-9: Längentreue Abbildung des Hauptmeridians bei der Transversalen Mercatorprojektion

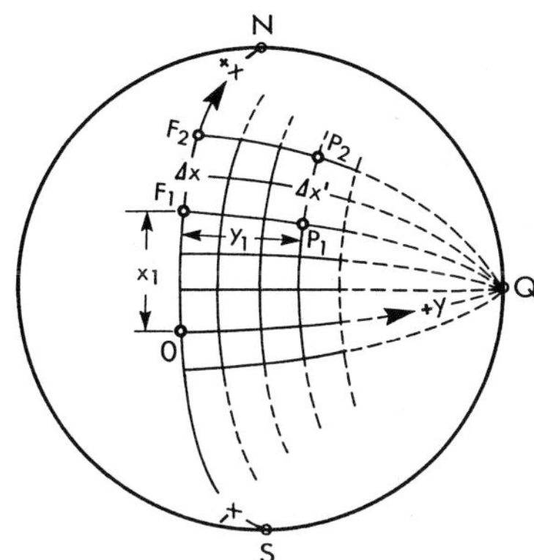

Abbildung 1.4-10: Ellipsoidische Orthogonalkoordinaten

Diese *„Gaußsche konforme Abbildung“* kann als eine ellipsoidische transversale Mercatorprojektion angesehen und näherungsweise geometrisch als Zylinderprojektion gedeutet werden. Der Zylinder in transversaler Lage berührt das Erdellipsoid im Hauptmeridian, der nach der Abwicklung des Zylindermantels in der Ebene längentreu (Maßstab 1:1) abgebildet wird (Abb. 1.4-9). Das Bild des Äquators senkrecht zum Hauptmeridian ist die zweite Hauptachse des Koordinatensystems. Die ellipsoidischen Ordinaten y stehen lotrecht auf dem Hauptmeridian, konvergieren aber untereinander mit zunehmender Bogenlänge zum Querpol Q (Abb. 1.4-10).

1.4.4.1 Das Gauß-Krüger-System

Aus didaktischen und historischen Gründen soll hier zuerst die Gauß-Krüger-Abbildung behandelt werden. Die Ordinaten werden als orthogonal zum Hauptmeridian stehende Parallelen in die Ebene abgebildet, weshalb alle Abszissenunterschiede $\Delta x'$ die Länge Δx der Abszissenunterschiede ihrer Lotfußpunkte erhalten. Dadurch erfolgt eine mit wachsendem Abstand vom Hauptmeridian zunehmende Dehnung um $\Delta x \cdot y^2/2r^2$ (r = Erdradius = Radius der Gaußschen Schmiegungskugel im Ordinatenfußpunkt). Damit nun die *Winkeltreue* gewahrt bleibt, muss auch jeder Ordinate y ein Zuschlag $y^3/6r^2$ gegeben werden (Abb. 1.4-11).

Zwischen einer aus Gauß-Krüger-Koordinaten berechneten Strecke s und der gemessenen ellipsoidischen Strecke S zwischen zwei Punkten mit der Mittelordinate y_m beträgt die *Projektionsverzerrung* $s/S \approx 1 + y_m^2/2r^2$ (zuzüglich einer *Höhenreduktion*, die in Kapitel 1.4.5 behandelt wird).

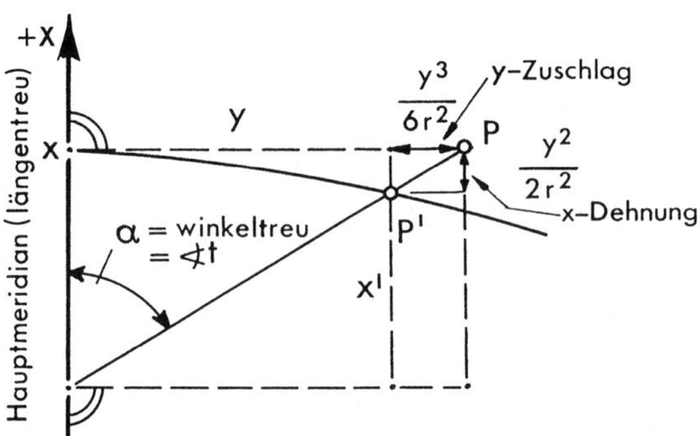

Abbildung 1.4-11: Differenzielle Abbildungs-(Projektions-)verzerrungen

Beispiel 1.4.1: Dehnung einer 1 km langen Strecke durch Projektionsverzerrung bei 50° Breite (r = 6 381 km, Gaußsche Schmiegungskugel)

Mittelordinate y_m	[km]	10	20	40	60	80	100
Dehnung	[cm]	0,1	0,5	2,0	4,4	7,9	12,3

Dieses Abbildungsverfahren von Gauß wurde von L. Krüger 1912 vervollständigt und zusammenfassend dargestellt. Daher spricht man in Deutschland vom *„Gauß-Krüger-Koordinatensystem"*.

Um die mit wachsendem Abstand vom Hauptmeridian größer werdenden Längen- und Flächenverzerrungen in praktisch annehmbaren Grenzen zu halten, beschränkte man in Deutschland die Gaußschen Systeme auf 3°-breite *Meridianstreifen.* Zur Bezugsfläche wurde das Erdellipsoid von Bessel erklärt. Als *Haupt-* oder *Mittelmeridiane* wurden die ohne Rest durch 3 teilbaren Meridiane östlich von Greenwich gewählt, z. B. liegt Nordrhein-Westfalen im 2. und 3. Streifen mit den Mittelmeridianen bei 6° und 9°.

Nullpunkt der nach Norden positiv zählenden und längentreu abgebildeten Abszissen (*Hochwerte H* (= x)) ist der Schnitt des Hauptmeridians mit dem Äquator.

Die Ordinaten (*Rechtswerte R* (= y)) zählen vom Hauptmeridian nach Osten positiv. Zur Vermeidung negativer Werte nach Westen erhält der Hauptmeridian den Rechtswert 500 000 m zugeordnet. Außerdem erhält der Rechtswert eine „Kennziffer" (1, 2, 3...), die den Meridianstreifen anzeigt.

Im Bereich von 10′ beiderseits der *Grenzmeridiane* 7°30′, 10°30′ usw. werden nach Bedarf die Lagefestpunkte in beiden Systemen koordiniert. In diesem Bereich beträgt die Längenverzerrung etwa 1,000123.

Die Koordinaten von neu zu bestimmenden Punkten erhält man durch den Anschluss der Vermessungen an Festpunkte, deren Koordinaten bereits bekannt sind. Die Anschlussmessungen und -berechnungen erfolgen nach verschiedenen Methoden, die später noch erläutert werden.

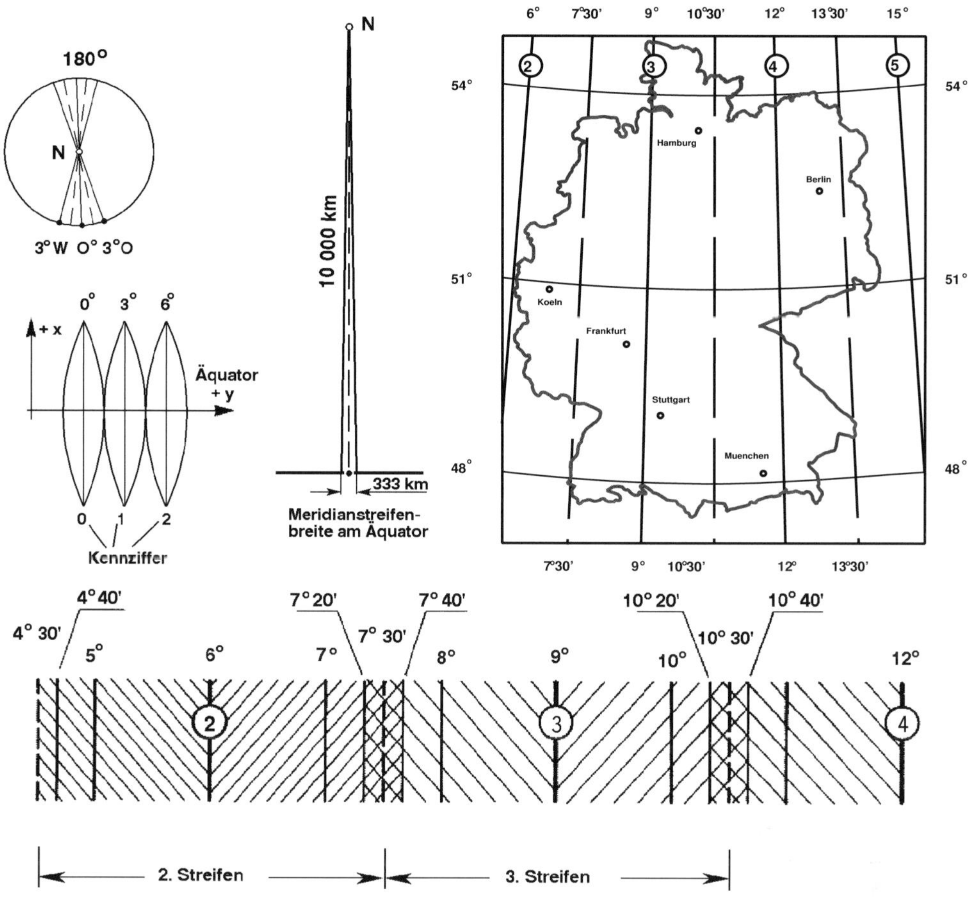

Abbildung 1.4-12: Meridianstreifen nach Gauß-Krüger

Beispiel 1.4.2: Ellipsoidisch geographische Koordinaten (L, B) und ebene rechtwinklige Gauß-Krüger-Koordinaten (R, H) des Turmbolzens am Aachener Dom (in der Nähe des Hauptmeridians im 2. Streifen). Bezugsfläche ist das Bessel-Ellipsoid.

Geographische Koordinaten	Gauß-Krüger-Koordinaten
$L = 6°05'03'',1968$	$R(=y) = 2505939,81$ m
$B = 50°46'34'',3737$	$H(=x) = 5626616,56$ m

Ordinate y = Länge des ellipsoidischen Lotes = 5 939,81 m östlich des Hauptmeridians im 2. Streifen (6° östliche Länge);
Abszisse x = Abstand des Ordinatenfußpunktes vom Äquator (auf dem Hauptmeridian gemessen).

1.4.4.2 Das UTM-System

Das *Universale-Transversale-Merkator-System* (UTM-System) ist in seinem Aufbau dem Gauß-Krüger-System ähnlich. Es unterscheidet sich hauptsächlich dadurch, dass die Meridianstreifen 6° breit sind und nicht der Mittelmeridian, sondern zwei parallele Schnittkurven im Abstand von etwa 180 km beiderseits des Mittelmeridians längentreu abgebildet werden. Der Bereich zwischen den beiden Schnittkurven wird bei der Abbildung gestaucht (bis zum Verjüngungsfaktor 0,9996 beim Mittelmeridian), während der Außenbereich bis zum Faktor 1,00015 am Grenzmeridian (für $\varphi \approx 50°$) anwachsend gedehnt wird. Trotz verdoppelter Streifenbreite weicht so der Verzerrungsfaktor um nicht mehr als 0,0004 vom Faktor 1 ab.

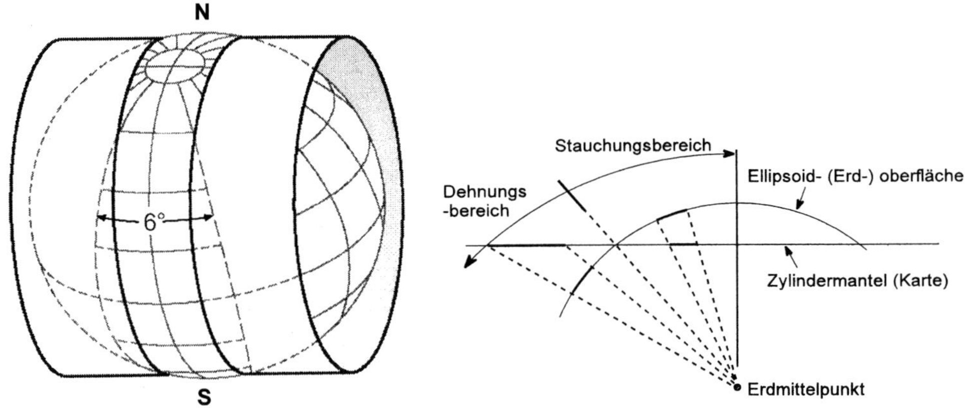

Abbildung 1.4-13: UTM-Meridianstreifen

Abbildung 1.4-14: Stauchungs- und Dehnungsbereiche der UTM-Meridianstreifen

Zwischen einer aus UTM-Koordinaten berechneten Strecke s und der gemessenen ellipsoidischen Strecke S zwischen zwei Punkten mit der Mittelordinate y_m beträgt die *Projektionsverzerrung* $s/S \approx 0,9996 + y_m^2/2r^2$ (zuzüglich einer *Höhenreduktion*, die in Kapitel 1.4.5 behandelt wird).

Beispiel 1.4.3: Stauchung und Dehnung einer 1 km langen Strecke durch Projektionsverzerrung bei 50° Breite (r = 6 383 km, GRS80-Schmiegungskugel)

Mittelordinate y_m [km]	0	50	100	150	180,4	200	220
Stauchung (−), Dehnung (+) [cm]	−40,0	−36,9	−27,7	−12,4	0,0	+9,1	+19,4

Es wird also eine am Mittelmeridian gemessene Strecke von 1 km um 40 cm verkürzt abgebildet. Die Reduktionen werden üblicherweise in den heutigen Messinstrumenten und Auswerteprogrammen automatisch berücksichtigt.

Die Zählung der Streifen, hier Zonen genannt, beginnt beim Haupt- bzw. Mittelmeridian 177° westl. Länge mit der Kennziffer 1 und erhöht sich alle 6° von West nach Ost bis zur Kennziffer 60 für den Mittelmeridian 177° östlicher Länge. Für jede Zone wird ein eigener, querachsiger (transversaler) Schnittzylinder benutzt. Die Bundesrepublik Deutschland wird

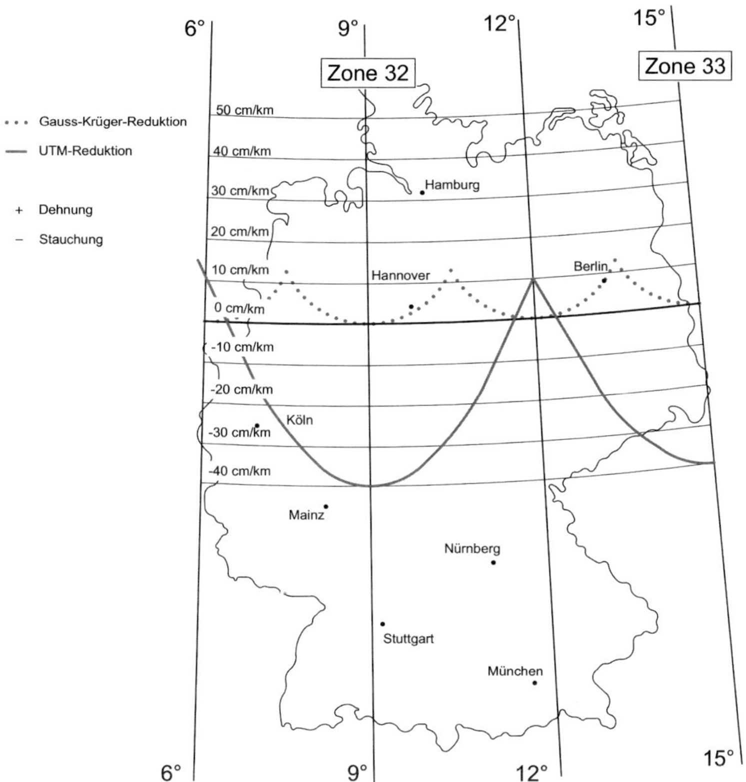

Abbildung 1.4-15: UTM- und Gauß-Krüger(GK)-Streckenverzerrung für Deutschland in cm pro 1 km Entfernung in Abhängigkeit von der geographischen Länge.

Für Hamburg (10° östliche Länge bzw. y_m ca. 65,8 km) ergibt sich für eine Distanz von 1 km eine Dehnung von 5,3 cm im Gauß-Krüger-Koordinatensystem und eine Stauchung von $-34{,}7$ cm im UTM-Koordinatensystem.

größtenteils überdeckt von der Zone 32 mit dem Hauptmeridian $L_H = 9°$ östlicher Länge und im Osten noch zu einem Teil von der Zone mit dem Hauptmeridian $L_H = 15°$ östlicher Länge. Es besteht die Beziehung:

$$\textit{Zone (Zonennummer)} = (L_H + 183°)/6° = (L_H + 3°)/6° + 30 \qquad (1.4)$$

Im Jahre 1996 entschied das Plenum der Vermessungsverwaltungen der Länder der Bundesrepublik Deutschland (AdV), einheitlich für alle Aufgabenbereiche der Landesvermessung und des Liegenschaftskatasters die UTM-Abbildung im Bezugssystem ETRS89 (siehe Kap. 1.4.1) einzuführen. Die Abszissen der UTM-Koordinaten werden als Nordwerte N (North), die Ordinaten als Ostwerte E (East) bezeichnet. Wie bei den Gauß-Krüger-Koordinaten erhält zur Vermeidung negativer Werte nach Westen der Hauptmeridian den Ostwert $E = 500\,000$ m zugeordnet. Außerdem erhält der Ostwert die Zonennummer als „Kennziffer" (in Deutschland 32 bzw. 33) vorangesetzt.

Beispiel 1.4.4: Ellipsoidisch geographische Koordinaten (L,B), ebene rechtwinklige UTM-Koordinaten (E,N) und geozentrische Koordinaten (X,Y,Z) des Turmbolzens am Aachener Dom (in der Nähe des Grenzmeridians 6° östl. Länge, Hauptmeridian 9° östl. Länge, Zone 32). Bezugssystem ETRS89.

Geographische Koordinaten	UTM-Koordinaten	Geozentrische Koordinaten
$L = 6°05'00'',9027$	$E(=y) = 32\,294\,385,70$ m	$X = 4\,018\,830,37$ m
$B = 50°46'29'',9040$	$N(=x) = 5\,628\,856,97$ m	$Y = 428\,324,51$ m
		$Z = 4\,917\,920,24$ m

Ordinate y = Länge des ellipsoidischen Lotes = −205 614,30 m
(westlich des Hauptmeridians 9° östl. Länge in der Zone 32)
Abszisse x = Abstand des Ordinatenfußpunktes vom Äquator
(auf dem Hauptmeridian gemessen).

Das UTM-System wird nur bis zu einer geographischen Breite von 80° angewandt, da die Meridianstreifen an den Polkappen zu schmal werden. Die Polkappen werden in der *Universalen Polaren Stereografischen Projektion* (UPS) abgebildet. Es handelt sich hierbei um eine echte winkeltreue Projektion auf die Berührungsebene im Nord- bzw. Südpol mit dem Projektionszentrum im gegenüberliegenden Pol.

1.4.5 Höhenreduktion und Abbildungsverzerrung mit Beispielen

1.4.5.1 Höhenreduktion

Es wurde bereits in Kapitel 1.4.4 erwähnt, dass zwischen direkten Messungen und aus Koordinaten abgeleiteten Werten Spannungen auftreten. Sie haben (außer den bei den einzelnen Messungen unterschiedlichen Messungenauigkeiten) neben der *Projektionsverzerrung*, die durch die Abbildung des Bezugsellipsoids in die Ebene bedingt ist (Gauß-Krüger-Abbildung im Kapitel 1.4.4.1 sowie für die UTM-Abbildung in Kapitel 1.4.4.2) eine weitere, durch die Höhenlage des Messgebiets bedingte Ursache. Diese sogenannte *Höhenreduktion* entsteht, weil alle Lagemessungen auf die Oberfläche des Bezugsellipsoids projiziert werden. Eine in der Höhe h gemessene Strecke l_G verkürzt sich auf die Streckenlänge l_E auf dem Bezugsellipsoid. Die Höhenreduktion Δl, die folglich von den gemessenen Strecken l_G zu subtrahieren ist bzw. zu den aus Koordinaten berechneten und in der Höhe h abzusteckenden Strecken l_E addiert werden muss, ergibt sich entsprechend Abbildung 1.4-16 aus

$$\frac{L_G}{R+h} = \frac{L_E}{R} \Rightarrow L_E = \frac{L_G \cdot R}{R+h} \tag{1.5}$$

$$\Delta L = L_G - L_E = \frac{L_G \cdot (R+h)}{R+h} - \frac{L_G \cdot R}{R+h} = \frac{L_G \cdot h}{R+h} \approx L_G \cdot \frac{h}{R}. \tag{1.6}$$

Für die Berechnung von Koordinaten sind daher die auf der Erdoberfläche gemessenen Distanzen auf das GRS80-Ellipsoid zu reduzieren; es ist also eine Höhenreduktion auszuführen. Hierfür sollten die ellipsoidischen Höhen von Anfangs- und Endpunkt vorliegen. In der

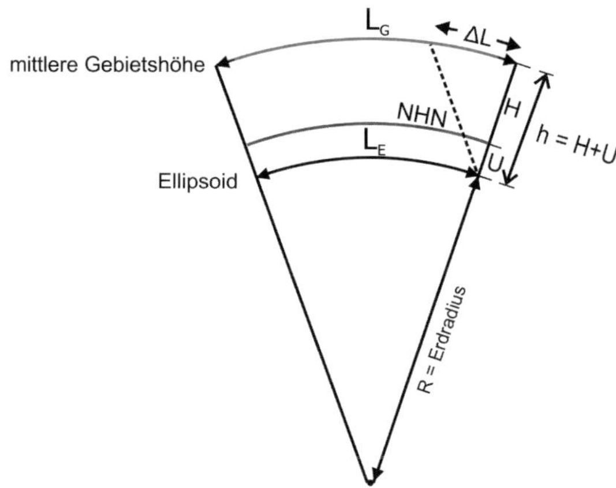

Abbildung 1.4-16: Reduktion ΔL für die in der Höhe h gemessene Strecke l_G

Regel ist die Kenntnis der mittleren Höhe des Messgebietes ausreichend. Die ellipsoidischen Höhen H_{ellp} ergeben sich aus der NHN-Höhe und der Quasigeoidundulation U wie folgt:

$$H_{ellp} = NHN + U.$$

Die Quasigeoidundulationen liegen in Deutschland zwischen 36 m im Norden und ca. 50 m im Süden. Der formale Zusammenhang zwischen einer gemessenen Distanz e_G in einer mittleren Gebietshöhe H_m und der auf das Ellipsoid reduzierten Distanz $e_{E(H)}$ ergibt sich zu:

$$e_{(E(H))} = e_G \cdot (1 - (H_M + U)/R)$$ mit R = 6 383 000 m (mittlerer Erdradius).

Beispiel 1.4.5: $e_G = 1000$ m (gemessene Distanz)

H_M [m]	U [m]	$e_{E(H)}$ [m]	Diff [mm/km]
0	36 (Küstenregionen)	999,994	−6
100	46	999,977	−23
200	46	999,961	−39
500	46	999,914	−86

Beispiel 1.4.6: Eine 25 m lange Distanz in einer Gebietshöhe von 200 ü. NHN und einer Geoidundulation von 46 m erfährt eine Verkürzung von genau 1 mm.

Alle aus Landeskoordinaten gerechneten Strecken sind wegen der Höhenreduktion verglichen mit den tatsächlichen (wahren) Strecken zu kurz. Um den tatsächlichen Punktabstand aus Koordinaten zu ermitteln, muss durch den Faktor $(1 - \frac{(H_M+U)}{R})$ geteilt werden.

1.4.5.2 Beispiele zur Projektions- und Abbildungsverzerrung

Die ETRS89/UTM-Koordinaten unterliegen nach Kap. 1.4.4.2 einer Projektionsverzerrung. Dabei erhalten alle Y-Werte einen Zuschlag in der Größe von $\frac{y^3}{(6 \cdot R^2)}$ damit die Winkeltreue (zumindest infinitesimal) gewährleistet wird. Weiter wird der zuvor erwähnte Verjüngungsfaktor (Kap. 1.4.4.2) von 0,9996 berücksichtigt, der der Projektionsverzerrung entgegenwirkt. Als Näherungsformel für die Projektionsverzerrung bei der UTM-Abbildung kann folgender Ausdruck mit ausreichender Genauigkeit benutzt werden:

$$e_{E(P)} = e_G \cdot (0,9996 + \frac{y_M^2}{2 \cdot R^2}), \text{mit R = 6383 km.}$$

y_M ist dabei der lotrechte Abstand zum Mittelmeridian. Bei den 6°-breiten Streifen nimmt y_M Werte an von ± 210 km. Bis 180,4 km werden die abgebildeten Strecken gestaucht, von 180,4 km bis ca. 210 km werden die Strecken gedehnt.

Beispiel 1.4.7: $e_G = 1000$ m (gemessene Distanz)

y_M	$e_{E(P)}$ [m]	Diff [mm]		Ortslage
(−) 210 km	1000,141	141	Dehnung	Aachen
(−) 143 km	999,851	− 149	Stauchung	Köln-Dom
35 km	999,615	− 385	Stauchung	Kassel

Beispiel 1.4.8: Gesucht ist die wahre Strecke e_G aus UTM-Koordinaten. Eine aus UTM-Koordinaten gerechnete Distanz $e_{E(P)}$ ergibt sich zu 628,792 m. Der Abstand des Messgebiets zum Mittelmeridian beträgt $y_M = -10$ km, die mittlere Gebietshöhe beträgt 180 m ü. NHN bei einer Geoidundulation U von 46 m.

$$e_G = \frac{e_E}{(\frac{1-(180+46)}{6383000} \cdot (0,9996 + \frac{10^2}{2 \cdot 6383^2}))} = \frac{628,792}{(0,999965 \cdot 0,999601)} = 629,065 \text{ m.}$$

Beispiel 1.4.9: Als Abbildungsverzerrung $e_{Abb.}$ bezeichnet man die Zusammenfassung beider Formel (mit Vernachlässigung des verschwindend kleinen Terms $(h \cdot y_m^2)/(2 \cdot R^3)$

$$e_{Abb.} = e_G \cdot \left(0,9996 + \frac{y_M^2[km]}{2 \cdot R^2[km]} - \frac{H_m[m] + U[m]}{R[m]}\right).^6$$

Bei der Anwendung von Gl. 1.6 in der Praxis ist darauf zu achten, dass die ellipsoidische Höhe h sich aus der NHN-Höhe (H_{NHN}) und der Quasigeoidundulation U (vgl. Abb. 1.3-4) zusammensetzt:

$$h = H_{NHN} + U. \tag{1.7}$$

Für die Quasigeoidundulationen kann beispielsweise in Nordrhein-Westfalen ein Mittelwert von 46 m verwendet werden, womit sich mit einem mittleren Erdradius von $r = 6383$ km und einer gemessenen Distanz von 25 m eine Verkürzung von genau 1 mm ergibt.

Die Zusammenfassung der Formeln für die Projektionsverzerrung (Kap. 1.4.4.1 u. 1.4.4.2 und für die Höhenreduktion wird als Abbildungsverzerrung bezeichnet.

[6] Man beachte die unterschiedlichen Einheiten.

1.4.6 Geographisch Nord, Gitternord, Magnetisch Nord

Stellt man in ebenen rechtwinkligen Koordinatensystemen bestimmte runde, gleichabständige Rechts- und Hochwerte in Karten durch Linien dar, so erhält man ein Quadratnetz, das sogenannte *Koordinatengitter*. Die Gitterlinien mit runden Rechtswerten verlaufen parallel zu dem nach *geographisch Nord* weisenden Hauptmeridian eines Meridianstreifens. Die als *Gitternord* bezeichnete Richtung dieser Gitterlinien weicht folglich in jedem östlich oder westlich des Hauptmeridians gelegenen Punkt von geographisch Nord um einen bestimmten Winkel ab, der als *Meridiankonvergenz* γ bezeichnet wird (s. Kap. 1.4.2). Diese wird vom Meridian aus im Uhrzeigersinn gezählt und ihre Größe hängt vom Abstand des Punktes vom Mittelmeridian, dem ellipsoidisch-geographischen Längenunterschied $(L - L_o)$ bzw. der Ordinate y und der ellipsoidisch-geographischen Breite B ab. Die Meridiankonvergenz wird berechnet nach

$$\gamma \approx (L - L_0) \cdot \sin B \approx \frac{y}{R} \cdot \rho \cdot \tan B \qquad (1.8)$$

$L - L_0$ = geograph. Längenunterschied zwischen Orts- und Hauptmeridian,
B = geographische Breite,
R = Krümmungsradius der Ordinate,
ρ = Winkelumwandlungsfaktor (Kap. 1.6.2).

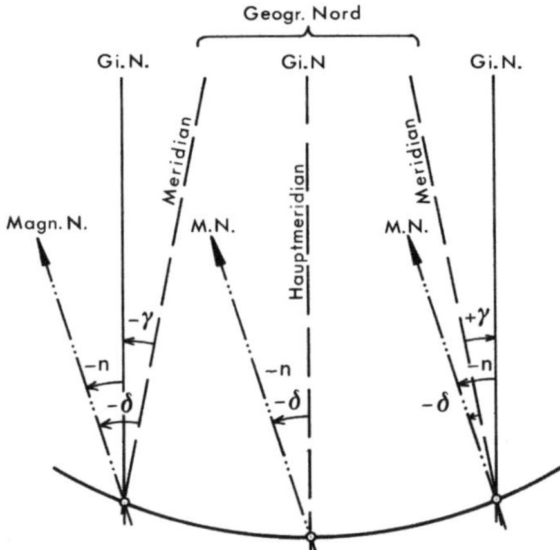

Abbildung 1.4-17: Meridiankonvergenz γ, Deklination δ und Nadelabweichung n in einem Meridianstreifensystem

Magnetisch Nord wird durch die Richtung einer freischwebenden, zum magnetischen Nordpol weisenden Magnetnadel angegeben. Der Winkel zwischen magnetisch Nord und geographisch Nord ist die *Deklination* δ (in der Nautik *Missweisung* genannt). In *Isogonenkarten* sind die Kurven gleicher magnetischer Deklination dargestellt.

Die Winkeldifferenz zwischen magnetisch Nord und Gitternord heißt *Nadelabweichung* n = Differenz von Deklination δ und Meridiankonvergenz γ. Auf Topographischen Karten 1:25 000 wird die Nadelabweichung für einen bestimmten Zeitpunkt sowie die jährliche Verbesserung angegeben.

1.5 Messabweichungen, Mittelwerte und Streuungsmaße[7]

1.5.1 Erläuterung des Begriffs Messabweichung

Geodätische Messungen müssen in Abhängigkeit von ihrem jeweiligen Zweck mit einer gewissen Genauigkeit ausgeführt und gegen Irrtümer gesichert werden. Jedes Messergebnis wird verfälscht durch die Unvollkommenheit des Messgegenstandes, der Messgeräte und der Messverfahren, außerdem durch Einflüsse der Umwelt (wie z. B. Temperatur, Luftdruck, Feuchte und fremde elektrische und magnetische Felder) oder durch persönliche, von den Eigenschaften und Fähigkeiten der Beobachter abhängige Einflüsse (wie z. B. Aufmerksamkeit, Übung, Sehschärfe, Schätzvermögen). Daher bietet eine einzige Messung keinerlei Sicherung gegen Irrtum und keine Möglichkeit der Genauigkeitsabschätzung. Dies wird erst durch Messungswiederholungen, Gegenüberstellung vergleichbarer Messungen, Berücksichtigung mathematischer Bedingungen bei Überbestimmungen oder Anpassung an gegebene Anschlusswerte erreicht. Durch Anwendung von statistischen Methoden auf der Grundlage der mathematischen Modelle der Wahrscheinlichkeitsrechnung können aus der Vielzahl der Messung plausible Werte abgeleitet und ihre Genauigkeit und Zuverlässigkeit abgeschätzt werden. Die verschiedenen, die Messung beeinträchtigenden Einflüsse lassen sich folgendermaßen unterscheiden:

a) Durch Irrtümer der Beobachter (z. B. falsche Ablesungen, Zielverwechslungen), durch die Wahl eines ungeeigneten Mess- oder Auswerteverfahrens oder durch Nichtbeachten einer Fehlerquelle entstehen Fehler. Diese Fehler (im Sinne von „falsch“) müssen durch die nötige Sorgfalt vermieden bzw. durch Kontrollmessungen und mithilfe statistischer Tests aufgedeckt und eliminiert werden. Jedes Messergebnis muss daher durch unabhängige Kontrollen gesichert werden. Trotz sorgfältiger und kontrollierter Messung wird jedoch zwischen einem Messwert und seinem zumeist unbekannten wahren Wert eine Abweichung auftreten, die sich in eine systematische und eine zufällige Komponente unterteilen lässt.

b) Die systematische (regelmäßige) Messabweichung wird hauptsächlich durch die unzureichende Kalibrierung und einseitige Handhabung der Messgeräte, die einseitig wirkende Unvollkommenheit der Messverfahren und des Messgegenstandes, in zweiter Linie von den einseitig wirkenden Einflüssen der Beobachter hervorgerufen. Sie hat einen bestimmten Betrag sowie ein bestimmtes Vorzeichen (entweder $+$ oder $-$), z. B. verursacht bei der Entfernungsmessung die Dehnung eines Messbandes durch die steigende Temperatur eine zu kurze Streckenbestimmung. Die systematischen Messabweichungen sind durch sorgfältige Kalibrierung der Messwerkzeuge, Anbringen von Korrektionen und durch geeignete Beobachtungsverfahren soweit wie möglich zu beseitigen.

c) Übrig bleibt die zufällige Messabweichung. Sie wird durch die begrenzte Schärfe des menschlichen Wahrnehmungsvermögens, durch die durch Kalibrierung nicht mehr erfassbaren zufälligen Genauigkeitsschwankungen der Messinstrumente und durch unkontrollierbare zufällige Veränderungen sowohl des Messgegenstandes als auch der Umwelteinflüsse hervorgerufen. Hat man eine Messung mehrfach wiederholt, die Ablesegenauigkeit des Messgerätes voll ausgenutzt und die eventuell aufgetretenen, zuvor genannten Fehler und systematischen

[7] Die hier behandelten Grundbegriffe der Statistik sind wegen ihrer Verwendung in den folgenden Kapiteln für das Verständnis wichtig. Eine ausführliche Darstellung der statistischen Auswerteverfahren, die insbesondere im Kapitel Ingenieurvermessung angewendet werden, erfolgt in Kapitel 14.

Abweichungen aus den Messwerten eliminiert, so werden die Ergebnisse doch noch „streuen“, weil die übrig gebliebenen zufälligen Messabweichungen unregelmäßig schwanken und ebenso oft positives wie negatives Vorzeichen annehmen. Zwar sind die zufälligen Messabweichungen im einzeln nicht erfassbar, unterliegen aber trotz ihrer scheinbaren Regellosigkeit den Gesetzen des Zufalls und können, mit steigender Anzahl der Messungswiederholungen immer zuverlässiger, in ihrer Gesamtheit zahlenmäßig abgeschätzt und gekennzeichnet werden.

1.5.2 Erwartungswert

Entsprechend den Gesetzen der Wahrscheinlichkeitsrechnung schwanken die Messergebnisse x_i um einen (theoretischen) Mittelwert, der in der Sprache der mathematischen Statistik der Erwartungswert μ genannt wird. Er ist der Durchschnittswert aller möglichen Werte einer bestimmten Messgröße, der mit Berücksichtigung ihrer Wahrscheinlichkeiten gebildet wird. Der Erwartungswert entspricht dem wahren Wert x_w einer Messgröße, wenn die Messergebnisse keine systematische Abweichung δ enthalten. Falls eine systematische Abweichung δ die Messwerte beeinflusst, weicht der wahre Wert $x_w = \mu - \delta$ vom Erwartungswert μ ab.

Die zufälligen Abweichungen $\varepsilon_i = x_i - \mu$ variieren zufällig nach Vorzeichen und Größe um den Erwartungswert μ. Zur Abschätzung ihres Verhaltens bedient man sich der Wahrscheinlichkeitsrechnung. Das „Streuen“ der Werte x_i um den Erwartungswert μ wird durch die Varianz σ_2 angegeben. Sie ist als Mittelwert aller quadrierten Differenzen $(x_i - \mu)^2$ definiert. Die positive Quadratwurzel der Varianz heißt Standardabweichung σ und hat die gleiche Dimension wie die Messwerte x_i.

Die Normalverteilung (auch Gauß-Verteilung genannt) ist die wichtigste Wahrscheinlichkeitsverteilung. Es wurde nachgewiesen, dass die bei den Messungen auftretenden zufälligen Messabweichungen sich normalverteilt verhalten. Normalverteilungen sind besonders dann zu erwarten, wenn eine Messgröße von vielen zufälligen Einflüssen geprägt wird, von denen keiner dominiert, und wenn die Abweichungen klein (im Verhältnis zur Größe des Mittelwertes) sind. Aus finanziellen und praktischen Gründen lässt sich nur eine begrenzte Anzahl von Messungen ausführen. Hat man eine bestimmte Messung, z. B. eine Streckenmessung, n-mal ausgeführt, so liegen als Ergebnis die Messwerte $x_i (i = 1, 2 \ldots, n)$ vor, die als aus der Grundgesamtheit aller theoretisch möglichen Messungen entnommene Stichprobe vom Umfang n aufgefasst werden. Die Aufgabe der Statistik besteht darin, die Eigenschaften der Grundgesamtheit anhand der Stichprobe mit möglichst guter Annäherung zu bestimmen. Voraussetzung ist, dass die Stichprobe eine Zufallsauswahl darstellt und die n Messungen voneinander unabhängig sind, d. h. keine Messung darf das Ergebnis einer anderen Messung beeinflussen.

1.5.3 Schätzwert für den Erwartungswert

Aus einer Stichprobe vom Umfang n (Messwerte $x_i; i = 1, 2 \ldots, n$) ergibt sich als Schätzwert (Näherungswert) für den Erwartungswert μ der Zufallsvariable (Messgröße) X das arithmetische Mittel

$$\bar{x} = \frac{x_1 + x_2 + \ldots + x_n}{n} = \frac{1}{n} \sum_{i=1}^{n} x_i. \tag{1.9}$$

Schätzwert für die Varianz und Standardabweichung

a) Standardabweichung σ der Grundgesamtheit vorgegeben.

Wird für die Durchführung von Messungen ein Instrument benutzt, dessen Standardabweichung vom Instrumentenhersteller nach vorgegebenen DIN-Normen (z. B. DIN 18723 zur Genauigkeitsuntersuchung geodätischer Instrumente) bestimmt und verbindlich angegeben worden ist, kann diese Standardabweichung s der Grundgesamtheit aller mit diesem Instrument durchzuführenden Messungen aufgefasst werden. Voraussetzung ist, dass der Anwender

- ein geeignetes Messverfahren einsetzt,
- das Instrument vorschriftsmäßig handhabt,
- sich durch Auswertung eigener Prüfmessungen überzeugt, dass er die angegebene Standardabweichung einhält.

b) Berechnung der Schätzwerte aus Einzelmessungen.

Falls die Varianz σ_2 bzw. die Standardabweichung nicht bekannt sind, können ihre Schätzwerte s_2 bzw. s aus den Messdaten der Stichprobe berechnet werden:

$$s^2 = \frac{1}{n-1}\sum_{i=1}^{n}(x_i - \bar{x})^2 . \tag{1.10}$$

Der Divisor wird als Freiheitsgrad f bezeichnet, der sich aus der Anzahl n der Messwerte abzüglich der in der Formel eingehenden Schätzwerte ergibt, sodass hier $f = n - 1$ gilt. Die meisten Taschenrechner verfügen über eine Funktionstaste zur Berechnung des Mittelwertes, der Varianz und der Standardabweichung nach entsprechender Eingabe der Messwerte. Meistens wird hierfür die umgestellte Formel

$$s^2 = \frac{1}{n-1}\left(\sum_{i=1}^{n} x_i^2 - \frac{1}{n}\left(\sum_{i=1}^{n} x_i\right)^2\right) \tag{1.11}$$

verwendet. Da in dieser Formel eine kleine Differenz zweier großer Summenwerte gebildet werden muss, dürfen diese nicht gerundet sein. Damit bei Zahlen mit zu viel wirksamen Stellen keine Überschreitungen der Rechnerkapazität auftreten, muss vor der Berechnung von allen Messwerten ein gleich großer Wert subtrahiert werden. So dürfen bei einem Rechner mit zehn Stellen Rechnergenauigkeit die einzugebenden Zahlen nur fünfstellig sein, da deren Quadrat zehnstellig ist. Man muss nur darauf achten, dass bei der Mittelwertberechnung der zuvor subtrahierte konstante Wert wieder addiert wird.

Beispiel 1.5.1: Bei einer Absteckung wurde eine Richtung zur Genauigkeitssteigerung achtmal mit einem elektronischen Tachymeter gemessen.

Messwert x_i [gon]	Messwert x'_i [mgon]	x'^2_i [mgon^2]
112,3876	1,6	2,56
112,3863	0,3	0,09
112,3866	0,6	0,36
112,3875	1,5	2,25
112,3869	0,9	0,81
112,3868	0,8	0,64
112,3872	1,2	1,44
112,3871	1,1	1,21
	8,0	9,36

$$\bar{x}' = \frac{1}{n}\sum_{i=1}^{n} x'_i = \frac{8,0}{8} = 1,0 \text{ mgon}$$

$$\text{Mittelwert: } \bar{x} = 112,368 \text{ gon} + 1,0 \text{ mgon} = 112,3870 \text{ gon}$$

$$\text{Varianz: } s^2 = \frac{1}{7}\left(9,36 - \frac{1}{8}(8,0)^2\right) = 0,194 \text{ mgon}^2$$

$$\text{Standardabweichung: } s = \sqrt{s^2} = 0,44 \text{ mgon}$$

Von den Messwerten x_i [gon] (sieben wirksame Stellen) wird die Konstante $c = 112,386$ gon subtrahiert, damit die Berechnung mit den Werten x'_i [mgon] (zwei wirksame Stellen) durchgeführt werden kann. Ohne diese Wertverschiebung (Berechnung mit den Originalwerten) würde man eine Standardabweichung der Einzelmessung von 0,38 mgon erhalten.

c) Varianz und Standardabweichung eines Mittelwertes
Die Standardabweichung σ bzw. der Schätzwert s sind Genauigkeitsmaße, die das Streuverhalten der einzelnen Messwerte x_i kennzeichnen. Da im Mittelwert $\bar{x}$ die Informationen aller Einzelwerte vereinigt sind, wächst seine Genauigkeit mit der Anzahl der Einzelmessungen. Die Standardabweichung $\sigma\bar{x}$ bzw. $s_{\bar{x}}$ eines Mittelwertes $\bar{x}$ wird berechnet nach

$$\sigma_{\bar{x}} = \frac{\sigma}{\sqrt{n}} \quad \text{bzw.} \quad s_{\bar{x}} = \frac{s}{\sqrt{n}}. \tag{1.12}$$

d) Standardabweichung eines Mittelwertes
Für den Mittelwert $\bar{x}$ aus obigem Beispiel ergibt sich mit der Standardabweichung $s = 0,44$ mgon der Einzelwerte und der Anzahl $n = 8$ die Standardabweichung $s_{\bar{x}}$ zu

$$s_{\bar{x}} = \frac{0,44}{\sqrt{8}} = 0,16 \text{ mgon}. \tag{1.13}$$

Der Mittelwert $\bar{x}$ ist folglich genauer als die Einzelwerte x_i.

1.6 Maßeinheiten und Maßverhältnisse

1.6.1 Definition der Maßeinheiten und ihre Ableitungen

Das „Gesetz über die Einheiten im Messwesen" vom 2.7.1969 (Änderung vom 6.7.1973, Neufassung vom 22.2.1985) hat das internationale Einheitensystem SI (Système International d'Unité) der 10. Generalkonferenz für Maß und Gewicht von 1954 übernommen.

Die *Basiseinheit 1 Meter* ist auf der 17. Generalkonferenz für Maß und Gewicht 1983 definiert worden als die Länge einer Strecke, die Licht im Vakuum während des Intervalls von 1/299 792 458 Sekunden durchläuft. Die Längeneinheit Meter wird somit durch das Festlegen des Wertes der Lichtgeschwindigkeit definiert. Dezimale Vielfache und Teile von Einheiten können durch Vorsetzen von Vorsilben (Vorsätze, z. B. *Dezi, Zenti, Milli, Micro...*) vor den Namen der Einheit bezeichnet werden.

Zuständig für die gesetzlichen Einheiten, für die Aufbewahrung von Eichnormalen und für die Verfahren zur Darstellung von Einheiten ist in der Bundesrepublik die Physikalisch-Technische Bundesanstalt in Braunschweig.

Tabelle 1.6-1: Für das Vermessungswesen wichtige abgeleitete Einheiten

Größe	Einheit	Einheitenzeichen
Fläche	Quadratmeter	m^2
Volumen	Kubikmeter	m^3
Ebener Winkel	Radiant	rad (= m/m)
Zeit	Sekunde, Minute, Stunde, Tag	s, min, h, d
Frequenz	Hertz	Hz (= s^{-1})
Kraft	Newton	N (= $kg \cdot m/s^2$)

Tabelle 1.6-2: Gebräuchliche Längen, Flächen und Volumen

Aus der Längeneinheit *Meter* [m] abgeleitete Längenmaße:			
Kilometer	$1\ km = 1 \cdot 10^3\ m$	*Millimeter*	$1\ mm = 1 \cdot 10^{-3}\ m$
Hektometer	$1\ hm = 1 \cdot 10^2\ m$	*Mikrometer*	$1\ \mu m = 1 \cdot 10^{-6}\ m$
Dezimeter	$1\ dm = 1 \cdot 10^{-1}\ m$	*Nanometer*	$1\ nm = 1 \cdot 10^{-9}\ m$
Zentimeter	$1\ cm = 1 \cdot 10^{-2}\ m$		

Aus der Flächeneinheit *Quadratmeter* [m^2] abgeleitete Flächenmaße:	
Quadratkilometer	$1\ km^2 = 1 \cdot 10^6\ m^2 = 1\,000\,000\ m^2$
Hektar	$1\ ha = 1 \cdot 10^4\ m^2 = 10\,000\ m^2$
Ar	$1\ a = 1 \cdot 10^2\ m^2 = 100\ m^2$
Quadratdezimeter	$1\ dm^2 = 1 \cdot 10^{-2}\ m^2 = 0{,}01\ m^2$
Quadratzentimeter	$1\ cm^2 = 1 \cdot 10^{-4}\ m^2 = 0{,}000\,1\ m^2$
Quadratmillimeter	$1\ mm^2 = 1 \cdot 10^{-6}\ m^2 = 0{,}000\,001\ m^2$

Aus der Volumeneinheit *Kubikmeter* [m^3] abgeleitete Raummaße:	
Kubikdezimeter	$1\ dm^3 = 1 \cdot 10^{-3}\ m^3 = 1$ Liter
Kubikzentimeter	$1\ cm^3 = 1 \cdot 10^{-6}\ m^3$

Die „Ausführungsverordnung zum Gesetz über die Einheiten im Messwesen“ vom 13. 12.1985 (DIN 1301 Teile 1 und 2, DIN 66030) gibt an, wie aus den sechs Basiseinheiten die sonstigen metrologischen Einheiten abzuleiten sind. Diese ergeben sich als Produkte oder Potenzen aus den Basiseinheiten, entweder mit dem Zahlenfaktor 1 („kohärente“ SI-Einheiten) oder mit einem von 1 verschiedenen Faktor.

1.6.2 Ebene Winkeleinheiten

Die abgeleitete SI-Einheit des ebenen Winkels ist der *Radiant* (rad). 1 Radiant ist gleich dem ebenen Winkel, der als Zentriwinkel eines Kreises vom Halbmesser $r_e = 1$ m aus dem Kreis einen Bogen $b_e = 1$ m Länge ausschneidet. Das Winkelmaß ist folglich durch die Kreiselemente „Bogenlänge“ und „Radius“ definiert.

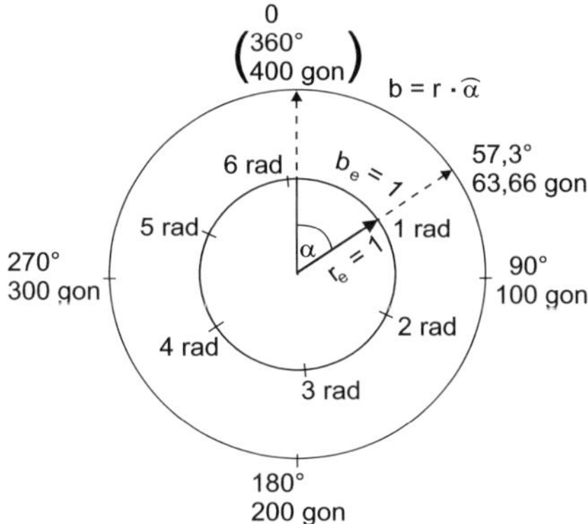

Abbildung 1.6-1: Winkelmaße in Radiant, Gon und Grad

Der Radiant ist eine Verhältniszahl [m/m] und somit dimensionslos.

$$1\ [\text{rad}] = \frac{b_e}{r_e} \tag{1.14}$$

$$\widehat{\alpha}\ [\text{rad}] = \frac{b}{r} = \frac{Bogenl\ddot{a}nge}{Radius} \tag{1.15}$$

In der Bundesrepublik Deutschland wird im Vermessungswesen die dezimale Winkelteilung „Gon“ verwendet.

Bogenmaßaufgaben

Der Winkel (in Gon oder Grad), welcher dem Bogenmaß 1 rad entspricht, wird im Vermessungswesen mit dem griechischen Buchstaben ρ (rho) bezeichnet. Er dient als *Umwandlungsfaktor* für die Berechnung kleiner Winkel oder Kreisbogenlängen, z. B. zu Genauigkeitsabschätzungen, zur Bestimmung von Bauwerksdeformationen, zum Absetzen kleiner Winkel usw., weil bei kleinen Winkeln sich die Werte für Sinus, Radiant und Tangens nicht wesentlich unterscheiden.
Wegen

$$\widehat{\alpha}\ [\text{rad}] - \frac{b}{r}$$

Tabelle 1.6-3: Weitere abgeleitete Einheiten des ebenen Winkels

Winkeleinheit	Einheitenzeichen	Umrechnungsfaktoren				
der Vollwinkel		$\hat{=}$	2π	rad		
der Grad	1°	$\hat{=}$	$\frac{\pi}{180}$	rad		
die Minute	$1'$	$\hat{=}$	$\frac{\pi}{10\,800}$	rad	$\hat{=}$	$(1/60)^\circ$
die Sekunde	$1''$	$\hat{=}$	$\frac{\pi}{648\,000}$	rad	$\hat{=}$	$(1/60)'$
das Gon	1 gon	$\hat{=}$	$\frac{\pi}{200}$	rad		
das Dezigon	1 dgon	$\hat{=}$	$\frac{\pi}{2\,000}$	rad	$\hat{=}$	0,1 gon
das Zentigon	1 cgon	$\hat{=}$	$\frac{\pi}{20\,000}$	rad	$\hat{=}$	0,01 gon
das Milligon	1 mgon	$\hat{=}$	$\frac{\pi}{200\,000}$	rad	$\hat{=}$	0,001 gon

ist für das Winkelmaß Gon (bzw. Grad)

$$\alpha\ [\text{gon}] = \frac{b}{r} \cdot \rho\ [\text{gon}]\ ; \quad \frac{b}{r} = \frac{\alpha\ [\text{gon}]}{\rho\ [\text{gon}]}\ ; \quad b = r \cdot \frac{\alpha\ [\text{gon}]}{\rho\ [\text{gon}]} \tag{1.16}$$

wobei α und ρ in der Dimension Gon (bzw. Grad) eingesetzt oder erhalten werden.

Tabelle 1.6-4: ρ (rho) in Gon und Grad

Radiant		*Gon* bzw. *Grad*						
1 rad	$=$	$(200/\pi)$	gon	$=$	$63{,}661977\cdots$	gon	$=$	ρ gon
	$=$	$(20000/\pi)$	cgon	$=$	$6366{,}1977\cdots$	cgon	$=$	ρ cgon
	$=$	$(200000/\pi)$	mgon	$=$	$63661{,}977\cdots$	mgon	$=$	ρ mgon
	$=$	$(180/\pi)$	$^\circ$	$=$	$57{,}2957795\cdots$	$^\circ$	$=$	$\rho\ ^\circ$
	$=$	$(180 \cdot 60/\pi)$	$'$	$=$	$3437{,}74677\cdots$	$'$	$=$	$\rho\ '$
	$=$	$(180 \cdot 60 \cdot 60/\pi)$	$''$	$=$	$206264{,}806\cdots$	$''$	$=$	$\rho\ ''$

Beispiel 1.6.1: Berechnung von Bogenlängen b bei kleinem Winkel α und unterschiedlicher Streckenlänge r

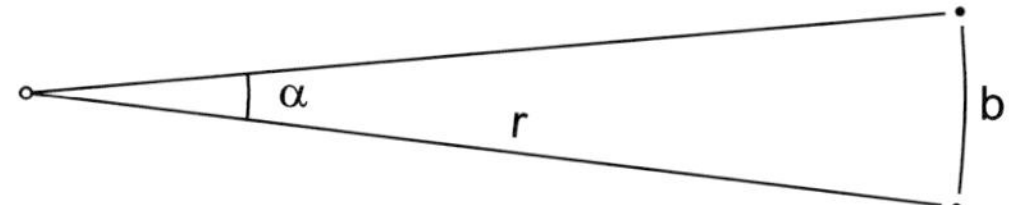

Abbildung 1.6-2: Bogenlänge b

Verschwenkungs-winkel	Strecken-länge	Umwandlungs-faktor ρ	Bogenlänge
$\alpha = 0{,}1$ mgon	$r = 100$ m	$\rho = 200\,000$ mgon/π	$b = 0{,}16$ mm
	$r = 1\,000$ m		$b = 1{,}6$ mm
$\alpha = 1$ cgon	$r = 100$ m	$\rho = 20\,000$ cgon/π	$b = 1{,}6$ cm
	$r = 1\,000$ m		$b = 16$ cm

1.6.3 Steigungsmaße (Maße für Steigung, Neigung, Gefälle)

Die Neigung einer Strecke oder Fläche kann ausgedrückt werden durch:

1) *Winkel* α = Steigungs- oder Gefällwinkel. Diese Neigungsangabe wird vor allem bei Hängen gewählt, z. B. Geländeneigung = 25 gon.
2) *Böschungsverhältnis* $h : e$.
Die Neigungsbezeichnung $h : e$ wird vor allem für Böschungen und für die Querneigung von Dämmen, z. B. Böschungsneigung $h : e = 2 : 3$, verwendet.
3) *Prozent- oder Promilleangaben*: Diese Neigungsbezeichnung gibt den Höhenunterschied bezogen auf 100 bzw. 1 000 Meter horizontaler Strecke an. Sie wird hauptsächlich für die Bezeichnung der Längsneigung von Verkehrswegen gewählt, z. B. Längsneigung $p = 10$ ‰ bzw. 1 %.
4) *Gefällverhältnis* $1 : n(n = \mathit{Anlage})$.

Umrechnung der Neigungsangaben:

$$\begin{aligned} \tan\alpha &= \frac{1}{n} = \frac{h}{e} = \frac{p\,[\%]}{100}; \\ n &= \frac{e}{h} = \frac{100}{p\,[\%]} = \cot\alpha; \\ p\,[\%] &= \frac{100\cdot h}{e} = \frac{100}{n} = 100\cdot\tan\alpha. \end{aligned} \tag{1.17}$$

Bei der Neigungsangabe als Gefällverhältnis $\frac{1}{n}$ wird der Gegenkathete und bei der Prozent- oder Promilleangabe $\left(\frac{p\,[\%]}{100}, \frac{p\,[‰]}{1\,000}\right)$ wird der Ankathete ein konstanter Wert gegeben.

Geländeneigungen können auf folgende Weise ermittelt werden:

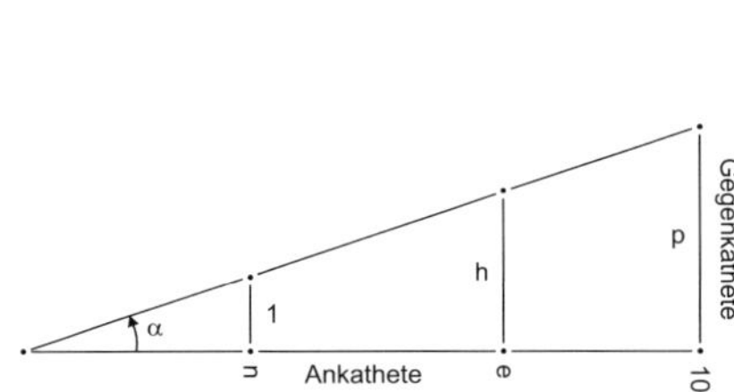

Abbildung 1.6-3: Steigungsmaße

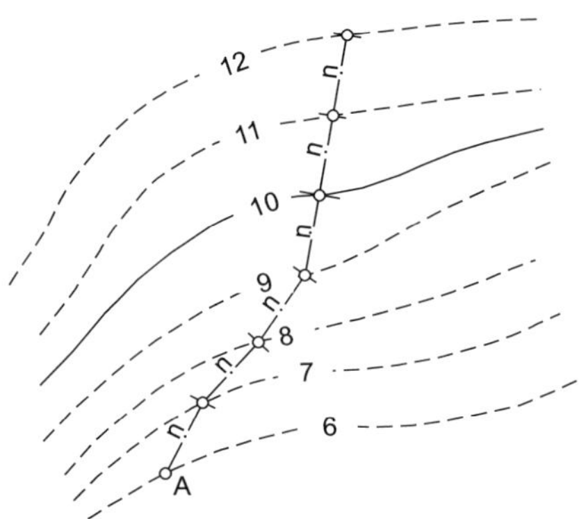

Abbildung 1.6-4: Konstruktion einer Trasse gleicher Steigung

- durch direkte Messung des Höhenwinkels mit einem Theodolit (s. Kap. 3),
- durch direkte Messung der Neigung oder der Prozente mit einem Handgefällmesser (s. Kap. 2.1),
- durch Messung des Höhenunterschiedes mit einem Nivelliergerät (s. Kap. 4) und der horizontalen Entfernung mit einem Messband (s. Kap. 2.1),
- aus der Karte (Höhenschichtlinien).

Beispiel 1.6.2: Bei gegebenem Neigungsverhältnis kann eine Trasse im Wege-, Straßen-, Wasser- und Eisenbahnbau in einem Schichtenplan konstruiert werden. Dazu berechnet man die Horizontalentfernung e, die dem Höhenunterschied Δh der Höhenlinien des Schichtenplans entsprechen. Im Beispiel sei $\Delta h = 1\,m$, sodass die Horizontalentfernung der der „Anlage“ $n = 1\ [m] \cdot \frac{100}{p[\%]}$ entspricht. Beginnend im Anfangspunkt A der Trasse wird die Anlage n mit dem Zirkel im Schichtenplan von Höhenlinie zu Höhenlinie abgetragen (Abb. 1.6-4). Es ergibt sich eine Trasse mit der vorgegebenen konstanten Steigung.

2 Messen und Berechnen bei Lagemessungen

2.1 Einfache Vermessungsgeräte und Messverfahren

Die in diesem Unterkapitel beschriebenen Geräte und Messverfahren kommen heute nur noch gelegentlich zum Einsatz, sollen aber hier wegen ihrer früheren umfangreichen Verwendung in der Stückvermessung behandelt werden, weil die Kenntnis dieser Grundlagen zum Verständnis und zur richtigen Beurteilung der Vermessungsunterlagen, wie z. B. der Risse, unbedingt notwendig ist.

Jede Vermessung setzt das Vorhandensein bzw. die Neufestlegung von *Festpunkten* der Lage und der Höhe nach voraus, um den Zusammenhang zwischen Natur und Messergebnis (Koordinaten, Karte) herstellen zu können. Bei der Lagefestlegung werden Punkte im Gelände durch Signalisierung sichtbar gemacht, durch Einfluchten ausgerichtet und durch vorübergehende oder dauerhafte Vermarkung in der Örtlichkeit festgelegt.

Signalisieren von Punkten

Sollen Punkte im Gelände für Vermessungen signalisiert werden, benutzt man meist *Fluchtstäbe*. Die Stäbe sind überwiegend aus astfreiem Holz hergestellt, 2 m lang, in 1/2-m-Intervallen mit rotweißer Farbteilung versehen und haben eine Stahlspitze. Mithilfe eines *Schnurlotes* oder eines *Lattenrichters* (Abb. 2.1-1) werden sie lotrecht gestellt und auf festem Untergrund durch *Fluchtstabstative* gehalten.

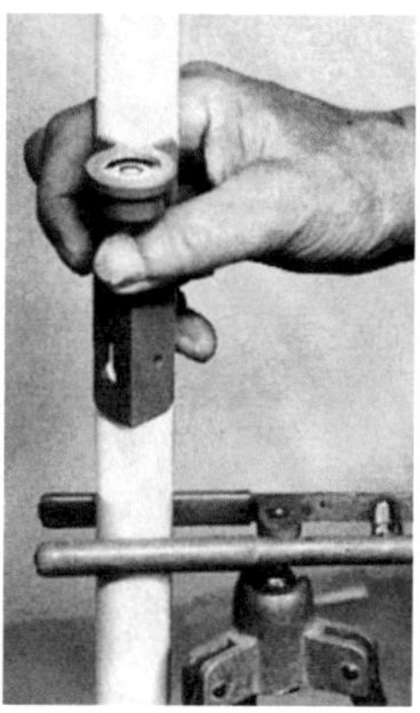

Abbildung 2.1-1: Lattenrichter

Einfluchten von Punkten in eine Gerade

Sollen zwischen den Endpunkten einer *Messungslinie* weitere Punkte eingefluchtet werden, signalisiert man die Endpunkte durch lotrecht gestellte Fluchtstäbe oder benutzt stattdessen bei kurzen Entfernungen Schnurlote. Zum *Einfluchten* visiert man mit einem Auge entlang des Lotes bzw. Fluchtstabes über dem Anfangspunkt *A* zum Lot bzw. Fluchtstab über dem

Endpunkt B und weist nacheinander die Zwischenpunkte ein. Der Messgehilfe hält beim Einfluchten das obere Drittel des Fluchtstabes pendelnd zwischen Daumen und Zeigefinger, weil die Stabspitze dabei in die Lotrichtung zeigt. Während er den Kommandos „vor" oder „an" entsprechend den Stab bewegt, achtet er auf den Bereich am Boden, über den er die Stabspitze hin- und herbewegt, um so den Einfluchtvorgang beschleunigen zu helfen. Ebenso sollte der Einfluchtende bei seinen Kommandos auch das Ausmaß der Stabbewegungen in Zentimetern oder Stabbreiten angeben, z. B.: „10 cm vor" oder „1/2 Stab an" (Abb. 2.1-2).

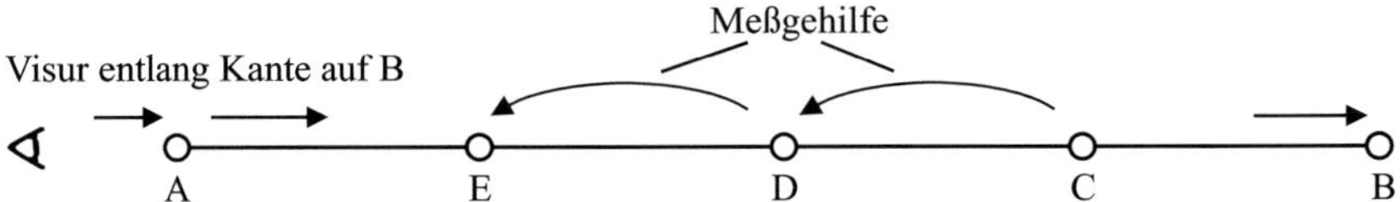

Abbildung 2.1-2: Fluchten mit einem Auge

Die *Rückwärtsverlängerung* kann von einer Person ausgeführt werden. Die Endpunkte A und B sind ausgesteckt und der Beobachter stellt einen Fluchtstab in der Verlängerung von $\overline{AB}$ lotrecht auf dem einzuweisenden Punkt auf (Abb. 2.1-3). Für eine genaue Ausfluchtung sollte der Vorgang aus einigen Metern Entfernung hinter dem vorläufig eingewiesenen und lotrecht gehaltenen oder gestellten Fluchtstab wiederholt werden. Falls die Fluchtstäbe stehen bleiben sollen, beginnt man mit dem Ausfluchten auf den entferntesten Punkten und kontrolliert anschließend durch einen Blick die gemeinsame Flucht. Eine kurze Strecke sollte bei sorgfältiger Arbeit höchstens zum Dreifachen verlängert werden.

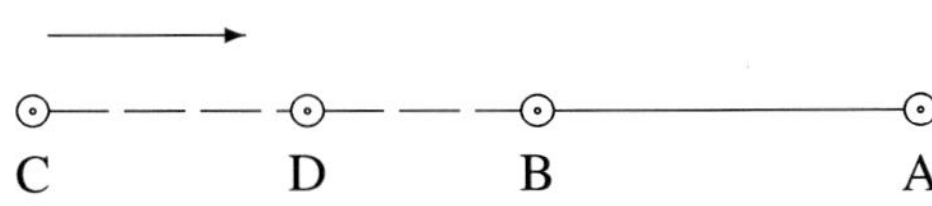

Abbildung 2.1-3: Rückwärtsverlängerung

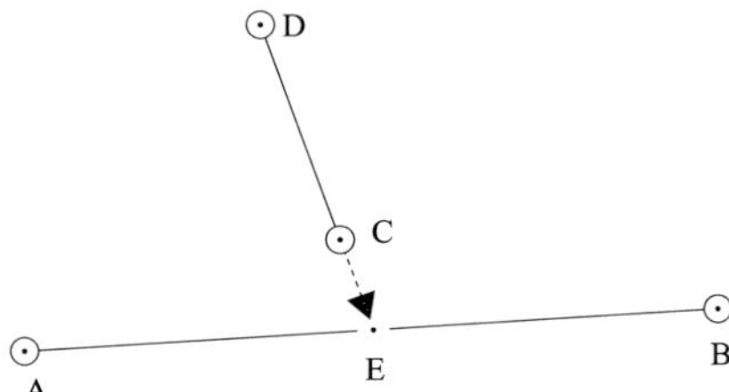

Abbildung 2.1-4: Einbinden der Geraden $\overline{DC}$ in die Gerade $\overline{AB}$ im Punkt E

Beim *Einbinden* wird durch gleichzeitiges Rückwärtsverlängern ($\overline{CD}$) und Einfluchten ($\overline{AB}$) ein Schnittpunkt (E) bestimmt (Abb. 2.1-4).

Wenn eine Gerade wegen eines Hindernisses (z. B. Gebäudeecke) in ihrem gesamten Verlauf nicht realisiert und ausgemessen werden kann, lässt sich das *Hindernis mit einer Parallele umgehen* (Abb. 2.1-5). Dazu wird als 1. Schritt der erforderliche Parallelabstand a vom Endpunkt A aus ungefähr rechtwinklig zur vermuteten Richtung der Parallelen abgesteckt und es ergibt sich der Punkt A' genähert. Als 2. Schritt wird im Parallelabstand a von B

der Punkt B' als Lotfußpunkt auf der Parallele mit einem Winkelprisma abgesteckt. Im 3. Schritt schließlich kann die Lage des Punktes A' mit dem Winkelprisma verbessert werden. Zwischenpunkte können nun rechtwinklig von der Parallelen aus abgesteckt werden. Durch Ausfluchten von den Endpunkten über die Zwischenpunkte lässt sich dann die verbaute Linie bis zum Hindernis herstellen und gegebenenfalls markieren. Längenmessungen werden entweder von den Endpunkten der verbauten Strecke oder durchlaufend auf der abgesteckten Parallelen durchgeführt.

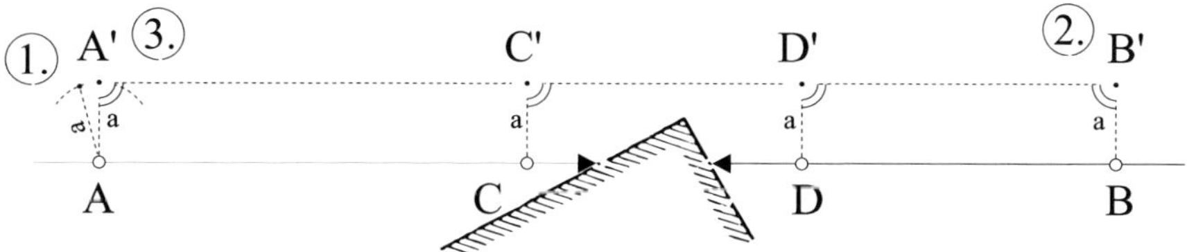

Abbildung 2.1-5: Umgehen eines Hindernisses durch paralleles Absetzen

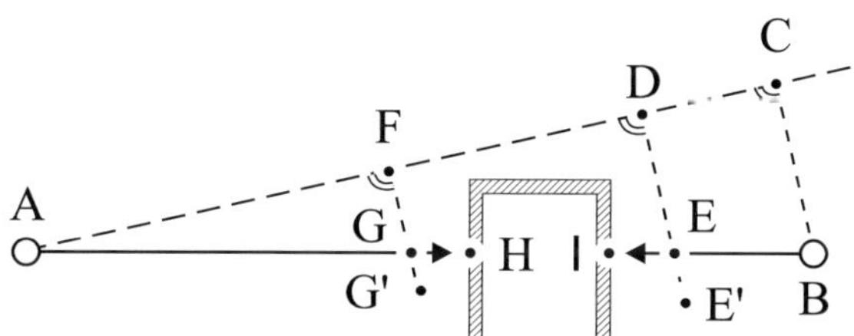

Abbildung 2.1-6: Umgehen eines Hindernisses mit einer Hilfslinie

Eine weitere Möglichkeit ist die *Umgehung eines Hindernisses mit einer Hilfslinie*. Von dem am weitesten vom Hindernis entfernt liegenden Endpunkt der Geraden $\overline{AB}$ (in Abb. 2.1-6 Punkt A) wird die Hilfslinie möglichst nah am Hindernis vorbei gelegt, wobei jedoch auf gute Sicht und Längenmessungsmöglichkeiten zu achten ist. Mit einem Winkelprisma wird der andere Geradenpunkt (hier Punkt B) auf die Hilfslinie „aufgewinkelt" (ergibt Punkt C), es wird also der Lotfußpunkt C des Lotes von B aus auf die Hilfslinie bestimmt. Danach werden auf beiden Seiten des Hindernisses Lotrichtungen mit dem Winkelprisma von der Hilfslinie $\overline{AC}$ aus abgesetzt. Die Lotfußpunkte D und F sowie die Hilfspunkte E' und G' werden ausgesteckt. Nachdem die durchlaufenden Maße auf der Hilfslinie von A bis C und die Lotlänge $\overline{CB}$ gemessen worden sind, lassen sich die Gesamtstrecke $\overline{AB}$ nach dem Pythagorassatz und die Lotlängen $\overline{DE}$ und $\overline{FG}$ über den Strahlensatz berechnen:

$$\overline{AB} = \sqrt{\overline{AC}^2 + \overline{CB}^2}; \; \overline{DE} = \frac{\overline{CB}}{\overline{AC}} \cdot \overline{AD}; \; \overline{FG} = \frac{\overline{CB}}{\overline{AC}} \cdot \overline{AF}. \tag{2.1}$$

Durch Absteckung der Maße $\overline{DE}$ und $\overline{FG}$ und Einfluchten auf den Lotrichtungen ergeben sich die Punkte E und G. Von den Endpunkten A und B aus lässt sich nun die Gerade $\overline{AB}$ über die Punkte G und E bis zum Hindernis hin verlängern und ausmessen. Die abgesteckten Maße müssen überprüft werden (siehe Kap. 2.2.1).

Vermarken von Punkten

Abgesteckte Vermessungs- und Grenzpunkte werden durch eine *Vermarkung* (Pfahl, Stein, Rohr, Bolzen u. a.) im Gelände kenntlich gemacht. Zur vorübergehenden Vermarkung auf Baustellen wird oft ein Holzpfahl eingeschlagen. Ein Nagel auf der Kopffläche gibt die genaue Punktlage an, ein Lattendreieck schützt die Vermarkung und auf einem Beipflock oder am Lattendreieck selbst kann noch eine Beschriftung angebracht werden.

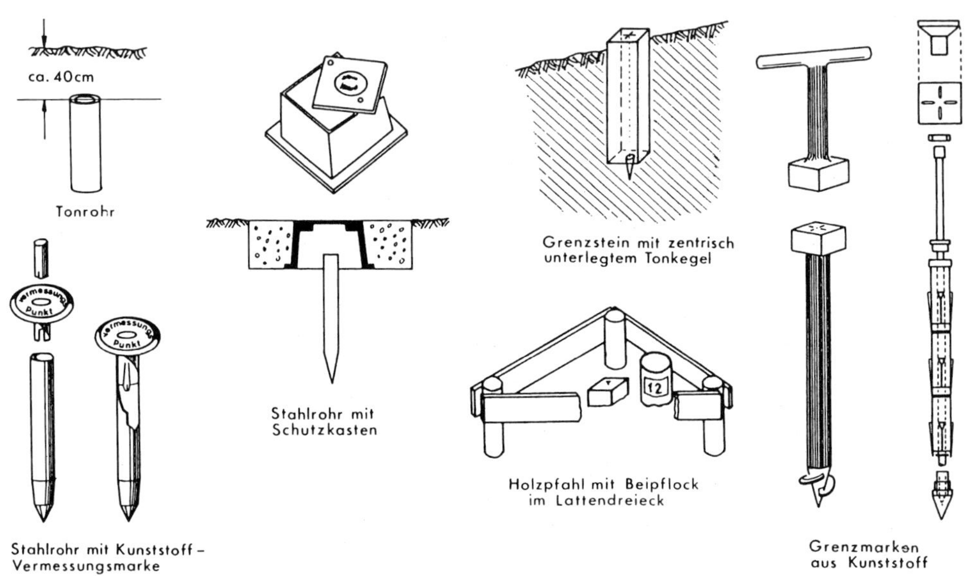

Abbildung 2.1-7: Vermarkungen für Lagepunkte

Zur sichtbaren und dauerhaften Vermarkung (Abb. 2.1-7) von Messungslinien- und Grenzpunkten werden Natursteine (Granit, Basalt), Kunststeine (Beton), Stahlrohre, -bolzen oder Kunststoffmarken verwandt; gelegentlich werden im Fels oder an Bauwerken auch ein Loch oder ein Kreuz eingemeißelt. Eine unterirdische Vermarkung besteht in der Regel aus Dränrohren, Ton- oder Plastikkegeln.

Die Lage von Festpunkten wird durch die Aufmessung auf Sicherungsmarken, Gebäudepunkte, topographische Punkte u. Ä. zusätzlich gesichert, sodass eine leichte Auffindung und, falls erforderlich, exakte Wiederherstellung möglich ist. Die Ergebnisse der Sicherungsmessung werden in einer Einmessungsskizze festgehalten (Abb. 2.1-8, 6.3-5).

Längenmessung mit Stahlmessbändern

Die Länge von Stahlmessbändern beträgt nach DIN 6403 meist 20 m, 30 m, 50 m oder 100 m, der Querschnitt 13 mm · 0,2 mm. Die Teilung beginnt entweder ca. 10 cm hinter dem Beschlag auf dem Band (Form A) oder am Beschlag (Form B). Die Teilstriche (cm) und Ziffern (m, dm) werden durch Ätzen oder Drucken aufgebracht. Meist sind die ersten 10 cm (manchmal auch bis 1 m) in Millimeter unterteilt (Abb. 2.1-10). Durch eine umklappbare Kurbel lässt sich das Messband auf einen Rahmen aufrollen (Abb. 2.1-9). Für Messungen in elektrisch gefährdeten Bereichen (z. B. Gleiskörper von Eisenbahnen) sind durch Kunststoffummantelung

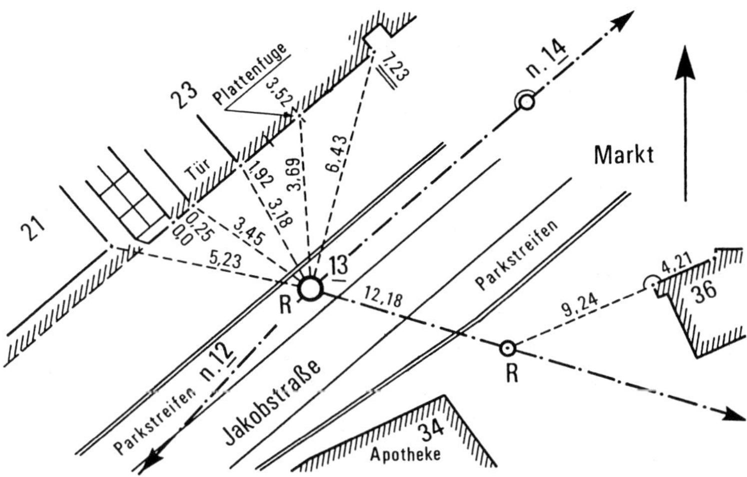

Abbildung 2.1-8: Einmessungsskizze eines Festpunktes

isolierte Stahlbänder zu verwenden. Leinenbänder sind für Vermessungszwecke nicht geeignet.

Die Nennlänge der Messbänder bezieht sich auf eine *Bezugstemperatur* $t_0 = 20\,^\circ\mathrm{C}$ und eine *Zugspannung* $p = 50$ N = 5 daN (Deka Newton) bei ebener Auflage, d. h., bei abweichenden Messbedingungen sind Korrektionen anzubringen. Die erforderliche Spannung wird in der Regel von Hand erreicht. Bei genaueren Messungen kann mit einem im Griff des Messbandrahmens eingebauten Zugspanner (Federwaage) die vorgeschriebene Messbandspannung eingehalten werden.

Eine *Temperaturkorrektion* k_t ist anzubringen, falls die geforderte Genauigkeit dies bedingt und die zum Zeitpunkt der Messung herrschende Temperatur t von der Bezugstemperatur t_0 abweicht. Sie ergibt sich mit dem Ausdehnungskoeffizienten für Stahl α_t (= 0,0115 mm pro 1 m bei Temperaturänderung um 1 °C), der Messtemperatur t [°C] und der Streckenlänge e [m] zu

$$k_t[\mathrm{mm}] = \alpha_t \cdot (t - t_0) \cdot e. \tag{2.2}$$

Um systematische Maßstabsabweichungen auszuschalten, müssen die notwendigen Korrekturwerte durch eine Kalibrierung der Längenmessgeräte ermittelt werden, wobei es für die Nutzer am günstigsten ist, ein kalibriertes Messband beim Hersteller zu kaufen.

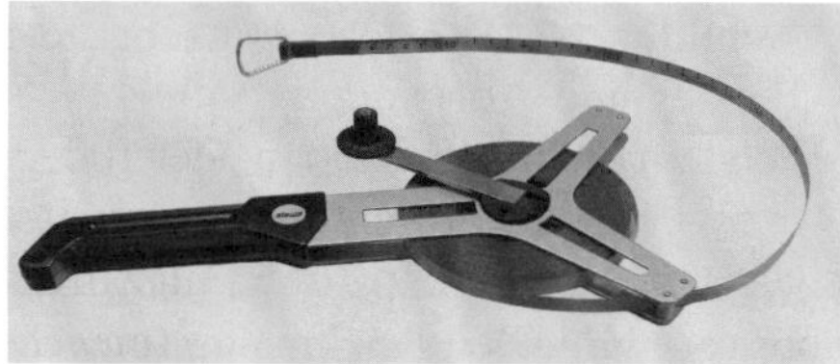

Abbildung 2.1-9: Stahlmessband im Aufrollrahmen

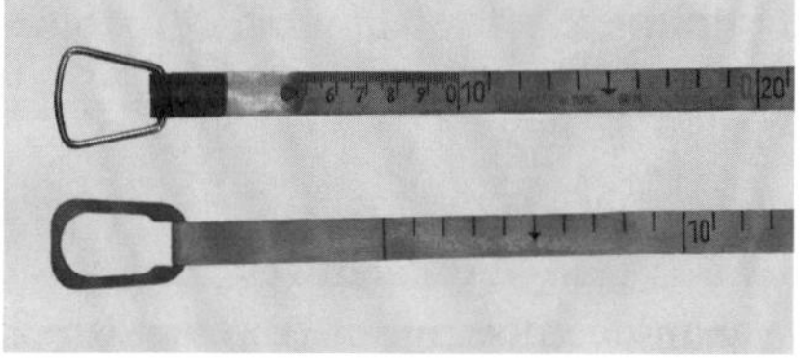

Abbildung 2.1-10: Maßanfänge bei Stahlmessbändern

Nach DIN 1319 Teil 1 versteht man unter *Kalibrieren* das Feststellen der Messabweichungen zwischen den durch das Messgerät angezeigten und den richtigen oder als richtig geltenden Werten. Es erfolgt kein technischer Eingriff am Messgerät. Demgegenüber bedeutet *Justieren*, ein Messgerät so einstellen oder abgleichen, dass die Messabweichungen möglichst klein werden oder dass die Beträge der Messabweichungen vorgegebene Grenzwerte nicht überschreiten. Das Justieren erfordert also einen Eingriff, der das Messgerät meist bleibend verändert.

Durchführung der Längenmessung

Längenmaße beziehen sich stets auf eine Horizontalebene. In horizontalem Gelände misst man daher mit aufliegendem Band. Zur Messung sind zwei Personen erforderlich. Die Nullmarke des Messbandes wird am Anfangspunkt angelegt, das Messband ausgerichtet, straff gespannt und am Endpunkt die Streckenlänge abgelesen. Sowohl am Anfangs- als auch am Endpunkt müssen Beobachter in paralleler Stellung zum Messband und senkrecht zur Messrichtung das Messband ablesen, um Längenabweichungen durch Parallaxe zu vermeiden. Ist die auszumessende Strecke länger als das Messband, wird zuvor ungefähr am Messbandende ein Zwischenpunkt eingefluchtet, das Messband anschließend straff am eingefluchteten Punkt entlang gelegt und dann der Messpunkt abgesetzt. Von diesem Punkt aus wird das Verfahren dann bis zum Streckenendpunkt fortgesetzt. Die Zwischenpunkte müssen ausreichend eingefluchtet sein, weil sich sonst durch die Querabweichung aus der Geraden systematische Längenabweichungen zeigen, die sich stets addieren.

Ist das Gelände geneigt, wendet man die *Staffelmessung* an, d. h., das Messband wird am oberen Punkt am Boden angelegt, straff horizontal gehalten, ausgerichtet, der Streckenendpunkt hochgelotet und am Band die Länge abgelesen. Das Loten geschieht entweder mittels Schnurlot oder durch einen senkrecht gestellten Fluchtstab (Abb. 2.1-11 und 2.1-12).

Ungeübtem Personal bereitet das horizontale Spannen des Bandes häufig Schwierigkeiten, weil es den Höhenunterschied geringer einschätzt, als er tatsächlich ist, und somit der Endpunkt des Bandes zu tief gehalten wird. Hier sollte der seitlich stehende Feldbuchführer die Bandhaltung kontrollieren.

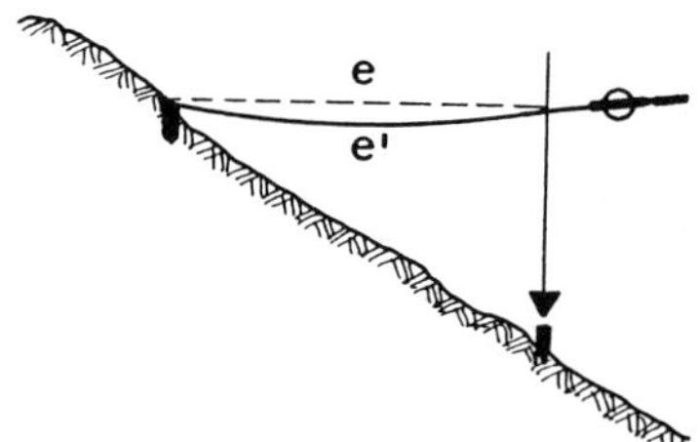

Abbildung 2.1-11: Ablotung der Ablesestelle mit Schnurlot

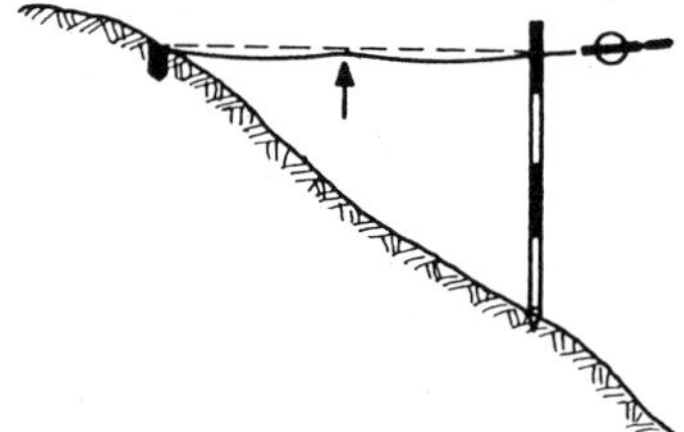

Abbildung 2.1-12: Unterstützung des Bandes und Ablesung an lotrecht stehendem Fluchtstab

Durch eine Vertikalabweichung aus der Horizontalen wird eine systematische Längenabweichung verursacht, um die die Strecke zu lang gemessen wird. Bei gleichmäßig schwach geneigten Straßen, Stollen, Rohrleitungen usw. (bis ca. 10 %) kann auch *mit aufliegendem Band* gemessen und die Schrägstrecke rechnerisch auf die Horizontale reduziert werden. Es muss jedoch die Neigung der Strecke (Neigungswinkel α oder Höhenunterschied Δh) ermittelt werden. Der Höhenunterschied Δh lässt sich mit einem Nivellier (Kap. 4) und der Neigungswinkel α mit einem Theodolit (Kap. 3) oder für diesen Zweck auch mit einem Handgefällmesser ermitteln.

Die auf die Horizontale *reduzierte Länge e* (Abb. 2.1-13) ergibt sich

- mit dem Höhenwinkel α nach:

$$e = e' \cdot \cos\alpha, \tag{2.3}$$

- mit dem Höhenunterschied Δh nach:

$$e = \sqrt{e'^2 - \Delta h^2}. \tag{2.4}$$

Beispielsweise entsteht bei 20 m Bandlänge durch einen Höhenunterschied von Δh = 0,2 m eine Längenabweichung von $e' - e$ = 1 mm.

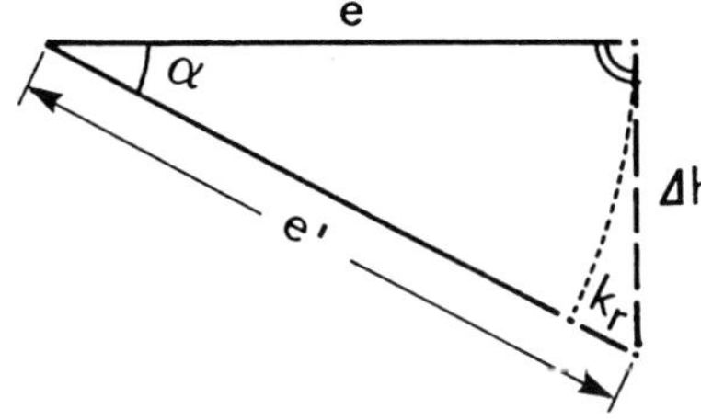

e = reduzierte, horizontale Strecke
e' = gemessene Schrägstrecke
Δh = Höhenunterschied
α = Neigungswinkel

Abbildung 2.1-13: Längenabweichung bei Schrägmessung

Weiterhin sei noch auf den *Banddurchhang* hingewiesen, der sich auch bei korrekter Zugspannung niemals ganz vermeiden lässt. Die Länge einer Strecke e ergibt sich bei einem Durchhang Δh vergrößert um den Betrag k_d als Bandablesung e'. Diese Durchhangkorrektion k_d beträgt

$$k_d = e' - e = \frac{8 \cdot \Delta h^2}{3e'}. \tag{2.5}$$

Soll bei einem derartigen Band die durch den Durchhang verursachte Längenabweichung nicht größer als 1 mm werden, darf die freihängende Bandlänge nicht größer als 12 m sein. Bei Messungen von Distanzen $>$ 12 m sollte das Band in der Mitte unterstützt werden. In diesem Zusammenhang sei darauf hingewiesen, dass immer mit einem sauberen, trockenen Messband gemessen werden soll.

Wird das Messband in der Mitte einmal unterstützt, verringert sich der Korrektionsbetrag auf $k_d/4$. Bei mehreren gleichmäßig verteilten Unterstützungen (n Teilstrecken) gilt k_d/n^2.

Die bisher genannten Einflüsse (Abweichungen von der horizontalen und vertikalen Ausrichtung, Durchhang, Abweichung der Mess- von der Bezugstemperatur) und Geländeunebenheiten bei Messungen mit aufliegendem Band bewirken immer eine systematische Verfälschung der Messergebnisse. Ebenfalls systematisch wirkt sich eine unkorrekte Zugspannung aus, und zwar je nach Sorgfalt konstant, allmählich oder unregelmäßig wechselnd. Diese Spannungsabweichung enthält die Durchhangabweichung. Sie überwiegt in aller Regel die Ausrichtungsabweichung und lässt sich nicht eindeutig von der Auswirkung einer ungenauen Bandkalibrierung trennen, die sich ebenfalls systematisch auswirkt.

Zufällig, d. h. schwankend nach Vorzeichen und Betrag, sind die Ungenauigkeiten beim Anhalten und Ablesen des Messbandes (Schätzen innerhalb der Teilung und Abloten bei der

Staffelmessung). Diese Ableseungenauigkeit wird beeinflusst durch die Art der Punktvermarkung (unbehauener Stein oder scharfe Markierung), die Teilungseinheit des Bandes sowie die Art der Ablesung bzw. Ablotung am Messpunkt.

Absetzen Rechter Winkel mit Prismeninstrumenten

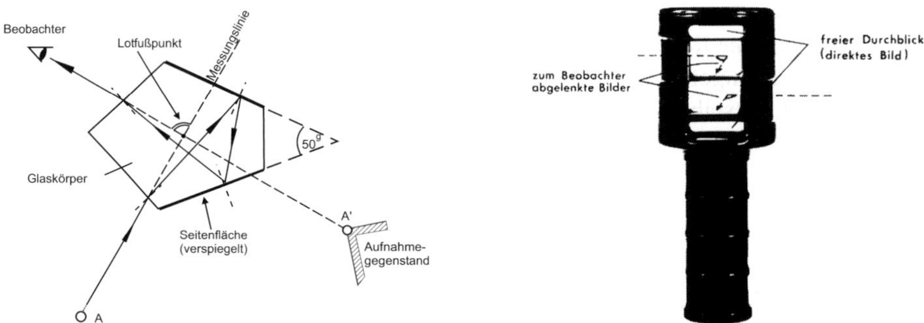

Abbildung 2.1-14: Strahlengang im Pentagonprisma

Abbildung 2.1-15: Doppelpentagon mit freiem Durchblick über und unter den Prismen

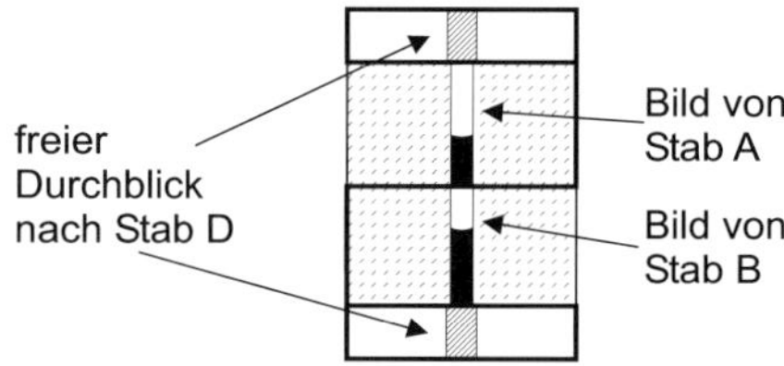

Abbildung 2.1-16: Anblick im Doppelpentagonprisma

Zum *Absetzen Rechter Winkel* von einer Messlinie aus (Abb. 2.1-17) bzw. zur Ermittlung des Lotfußpunktes eines seitwärts gelegenen Punktes auf einer derartigen Linie („*Aufwinkeln*", Abb. 2.1-18) werden *Prismeninstrumente* benutzt. Sie bestehen aus geschliffenen Glasprismen, von deren Schliffflächen je nach Bauart einige verspiegelt sind. Die Genauigkeit der Absteckung wird durch die Genauigkeit der Winkel zwischen den Schliffflächen bestimmt. Sie beträgt etwa 1 bis 2 cgon. Damit kann eine Messgenauigkeit von 3 bis 4 cgon erreicht werden. Bei einer Lotlänge unter 30 m lässt sich daher der Lotfußpunkt auf ca. 2 cm genau festlegen.

Werden im *Pentagonprisma* (Abb. 2.1-14) zusätzlich die Grund- und Deckflächen planparallel und senkrecht zu den Seitenflächen geschliffen und außerdem verspiegelt, sind auch Steilsichten möglich (*Steilsichtprisma*).

Beim *Doppelpentagon* sind zwei Prismen so übereinander verkittet, dass die Richtungen zum Beobachter (Austrittsstrahlen) übereinanderliegen und die Richtungen der Eintrittsstrahlen entgegengesetzt geradlinig verlaufen. Entweder in der Mitte zwischen beiden Prismen oder unterhalb und oberhalb der Prismen besteht ein freier Durchblick (Abb. 2.1-15). Dadurch schließt sich das direkte Bild unmittelbar an die abgelenkten Bilder an, die somit in lotrecht übereinanderstehende Stellung gebracht werden können. Damit kann sich ein Beobachter selbst in eine Gerade (Messungslinie) einfluchten und gleichzeitig den Lotfußpunkt für einen aufzunehmenden Gegenstand bestimmen.

Neben dem Doppelpentagon ist in der Praxis auch das aus zwei Wollastonprismen bestehende *Kreuzvisier* in Gebrauch.

Zum Abloten wird ein *Schnurlot* oder ein *Lotstab*, auf den sich das Prisma aufstecken lässt, benutzt.

Beim *Absetzen eines Rechten Winkels* (Abb. 2.1-17) hält man das Prisma senkrecht über dem in der Geraden eingefluchteten Lotfußpunkt vor das Auge, dreht das Prisma bis ein durch Schnurlot oder Fluchtstab signalisierter Geradenpunkt bzw. bei Verwendung eines Doppelpentagonprismas beide Geradenpunkte übereinander sichtbar sind. Danach weist man durch den freien Prismendurchblick das von einem Gehilfen gehaltene Schnurlot bzw. den freipendelnd gehaltenen senkrechten Fluchtstab so ein, dass dieses bzw. dieser mit dem Bild der Endpunkte im Prisma in einer senkrechten Linie übereinander erscheinen (Abb. 2.1-16). Sind die Bilder seitlich versetzt, befindet sich der Beobachter nicht mehr in der Geradenflucht. Erscheinen sie geneigt gegeneinander, hält der Beobachter das Prisma nicht senkrecht.

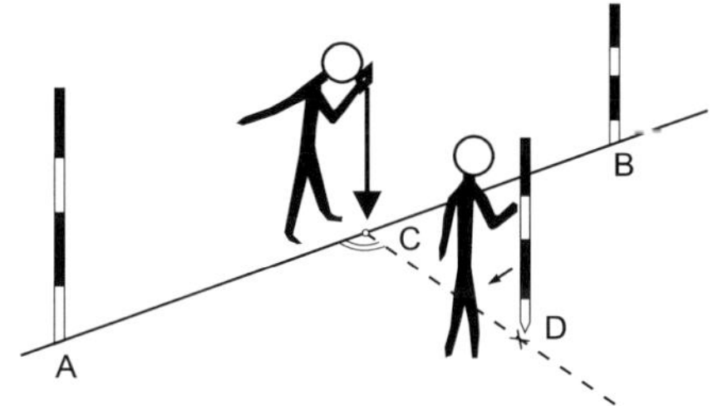

Abbildung 2.1-17: Absetzen eines Rechten Winkels (Lot errichten)

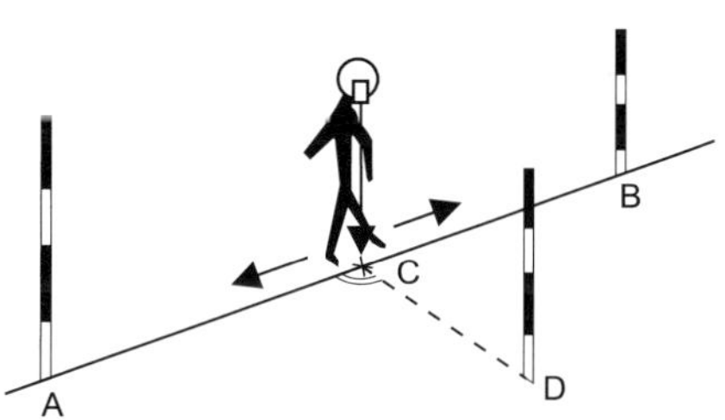

Abbildung 2.1-18: Aufwinkeln eines Punktes (Lot fällen)

Beim *Aufwinkeln* eines seitwärts liegenden, ausgesteckten Punktes auf eine Gerade (Abb. 2.1-18) verläuft der Vorgang entsprechend, nur dass sich jetzt der Beobachter mit dem Prisma selbst durch seitliches Hin- und Herbewegen in der Geraden einweisen muss, bis die Bilder übereinander erscheinen.

Das Arbeiten mit einem Prisma erfordert, zumal wenn die Punkte sich nicht nahezu auf einer horizontalen Ebene befinden, viel Sorgfalt und Übung. Wenn das genaue Absetzen eines Rechten Winkels wegen großer Höhenunterschiede sehr schwierig ist, dann winkelt man besser den zuvor grob abgesetzten Fluchtstab auf, misst das Differenzmaß zwischen dem erhaltenen Istfußpunkt und dem Sollfußpunkt, von dem aus der Rechte Winkel abgesetzt werden soll, und korrigiert die Lage des Fluchtstabes entsprechend.

2.2 Verfahren der Lageaufnahme

Mit *einfacher Lageaufnahme* oder auch *Stückvermessung* wird die Ermittlung von Maßen (Strecken und Winkel) zur Festlegung von Grenzpunkten, Hausecken usw. bezeichnet. Die *Aufmessung* geschieht in dem Umfang, wie dies zur Berechnung von Koordinaten bzw. zur Kartierung von maßstäblichen Lageplänen oder Flurkarten erforderlich und zur Verprobung

(Sicherung) notwendig ist. Dazu werden die nachfolgend aufgeführten Verfahren angewandt. Generell gilt der Grundsatz, dass die Aufmessung eines Punktes erst nach seiner endgültigen Vermarkung erfolgen soll.

Von den nachfolgend aufgeführten Verfahren werden heute überwiegend die Polaraufnahme und die in Kapitel 8.8 behandelten GNSS-Verfahren oder eine Kombination von beiden angewendet. Trotzdem sollen auch noch das Einbinde- und das Orthogonalverfahren dargestellt werden, weil diese bei früheren Messungen in großem Umfang eingesetzt wurden und daher zum Verständnis der Vermessungsunterlagen die Kenntnis dieser Methoden erforderlich ist.

2.2.1 Einbinde- und Orthogonalverfahren

Beim *Einbindeverfahren* (Abb. 2.2-1) werden über die aufzumessenden Punkte (Grenzpunkte, Hausecken usw.) neue Messungslinien gelegt, die in übergeordnete Messungslinien „eingebunden" werden. Die übergeordneten Messungslinien müssen entweder bereits vorhanden sein bzw. vor der Aufmessung der Einzelpunkte geschaffen werden. Dabei müssen die Koordinaten ihrer Endpunkte entweder im Landeskoordinatensystem oder in einem selbstgelegten örtlichen Koordinatensystem bekannt sein. Für untergeordnete Aufmessungen in kleinerem Umfang kann auch ein aus Dreiecken zusammengesetzter Rahmen gebildet werden. Das Ein-

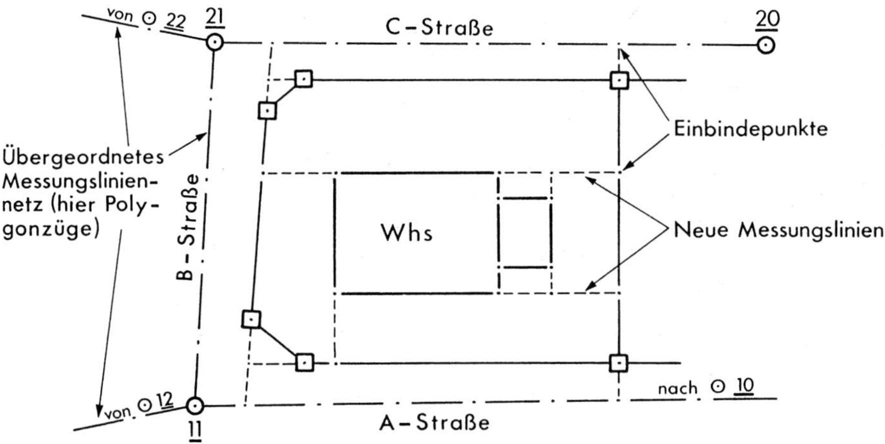

Abbildung 2.2-1: Messungsliniennetz beim Einbindeverfahren

bindeverfahren wird hauptsächlich bei geometrisch regelmäßig geformten Flächen (genäherte Rechtecke, Quadrate) angewandt.

Beim *Orthogonalverfahren* ist der Arbeitsgang prinzipiell ähnlich dem des Einbindeverfahrens. Jedoch werden nicht Linien eingebunden, sondern die aufzunehmenden Punkte durch möglichst kurze, rechtwinklige Abstände zu den Messungslinien erfasst. Das *Aufwinkeln* geschieht mit Winkelprismen (Kap. 2.1). Dazu wird der Beobachter zuerst durch einen Messgehilfen von einem Endpunkt der Messungslinie eingefluchtet bzw. der Beobachter kann sich bei Benutzung eines Doppelprismas selbst einfluchten (sollte dies jedoch anschließend durch Fluchten von einem Endpunkt kontrollieren). Dann verschiebt er seinen Standpunkt seitlich so weit, dass der Aufnahmegegenstand (z. B. Hausecke, Grenzpunkt) und die Messungslinienendpunkte im Prisma exakt in einer Linie übereinander erscheinen (Abb. 2.1-16).

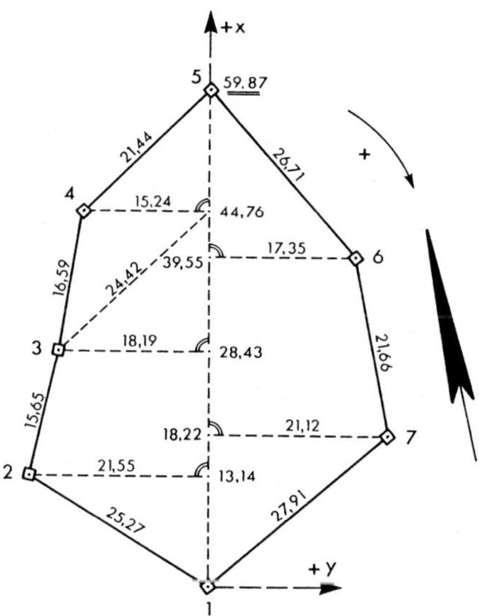

Abbildung 2.2-2: Einfache orthogonale Aufmessung. Die Aufnahmerichtung (x-Achse im örtlichen Koordinatensystem) ist frei gewählt.

Alle Rechten Winkel müssen durch wirksame Kontrollmaße gesichert werden. Nach dem Satz des Pythagoras gilt in einem rechtwinkligen Dreieck

$$c = \sqrt{a^2 + b^2}.$$

Durch Messen der Hypotenuse c' und Vergleich mit dem aus den Katheten (Fußpunktdifferenz a und Ordinatendifferenz b) berechneten Wert c ergibt sich eine Kontrolle für die Orthogonalmaße a und b. Die Differenz d zwischen c und c' darf die für die jeweilige Aufgabe vorgesehene Fehlergrenze nicht überschreiten (siehe hierzu auch Abb. 2.2-6).

Beispiel 2.2.1: Pythagorasproben zur Aufmessung in Abbildung 2.2-2

Katheten		Hypotenuse		Differenz
a gem.	b gem.	c ber.	c' gem.	d
13,14	21,55	25,24	25,27	−0,03
15,29	3,36	15,65	15,65	0,00
16,33	2,95	16,59	16,59	0,00
16,33	18,19	24,44	24,42	0,02
15,11	15,24	21,46	21,44	0,02
20,32	17,35	26,72	26,71	0,01
21,33	3,77	21,66	21,66	0,00
18,22	21,12	27,89	27,91	−0,02

Das Orthogonalverfahren wird hauptsächlich bei geometrisch unregelmäßig geformten Flächen (z. B. Straßengrenzen) angewandt. Der Abstand der aufzunehmenden Punkte von der Messungslinie sollte möglichst kurz sein und 30 m nicht übersteigen.

In der Regel werden *Einbinde- und Orthogonalverfahren kombiniert* angewendet. Der Arbeitsgang ist folgender:

1) Erkundung und Vermarkung des Messungslinienrahmens;
2) Wahl der Einbindelinien;
3) Markierung der Verlängerungs- bzw. Lotfußpunkte;
4) Messung mit Proben.

Die Aufmessung ist so durchzuführen, dass die aufzunehmenden Punkte durch kurze Ordinaten und kurze, nahezu rechtwinklig einmündende Verlängerungen mit möglichst wenig Messungszahlen erfasst werden.

Messungsproben zum Einbinde- und Orthogonalverfahren

Jeder aufgemessene Punkt ist unabhängig von den Aufnahmemaßen in den beiden Aufnahmerichtungen oder in zwei beliebigen, jedoch zueinander senkrechten Richtungen zu sichern. Die Aufmessung ohne Kontrolle genügt zwar zur Kartierung oder zur Koordinatenberechnung, enthält aber keinen Schutz gegen Messungsfehler. Kein Punkt darf fehlerhaft aufgenommen worden sein, wenn die Messung ins Kataster übernommen werden oder für ein Bauvorhaben maßgeblich sein soll. Daher sind durchgreifende Proben unerlässlich. Die Doppelmessung derselben Strecke ist beispielsweise keine derartige Probe, weil man erfahrungsgemäß einen Fehler beim zweiten Mal wiederholt, es sei denn, man beginnt bei der zweiten Messung auf dem Anfangspunkt mit einem beliebigen unrunden Maß und zieht dies dann von dem abgelesenen Endmaß ab. Außerdem sind Doppelmessungen unwirtschaftlich. Man wählt besser solche Sicherungen, die auch der Aufnahme dienen.

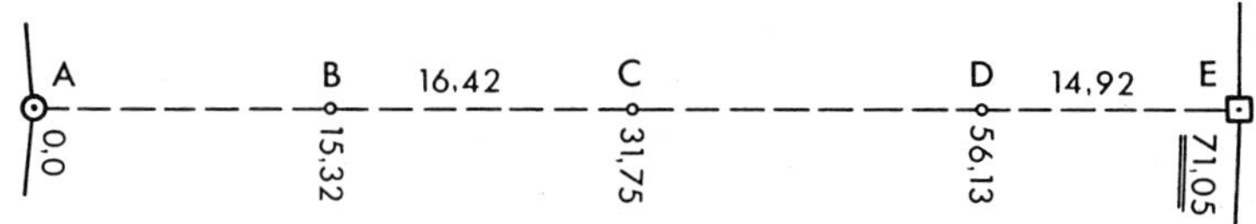

Abbildung 2.2-3: Verprobung durch „zweite Breiten“

Liegen Punkte auf einer Geraden, wird zuerst durchlaufend gemessen und anschließend jedes zweite Spannmaß, in der Abbildung 2.2-3 also $\overline{DE} = 14{,}92$ m und $\overline{BC} = 16{,}42$ m. Dann sind alle durchlaufenden Punkte in Richtung $\overline{AE}$ gesichert.

Nicht gesichert ist die Richtung senkrecht zu $\overline{AE}$, weil eine gemessene Strecke als Sicherung immer nur in ihrer eigenen Richtung wirkt. Ein Fehler beim Durchfluchten oder Vermarken eines Punktes wird nicht bemerkt, z. B. wenn Punkt C um 10 cm seitlich aus der Flucht ist. Daher müssen die Punkte auf einer Geraden nach dem Vermarken noch einmal durchgefluchtet werden.

Die Geradlinigkeit wird auch durch das Spannmaß einer Linie gesichert, die ungefähr rechtwinklig auf die Messungslinie auftrifft, z. B. sichert das Spannmaß $\overline{CG} = 23{,}39$ m in Abbildung 2.2-4 sowohl die Geradlinigkeit von $\overline{AE}$ im Punkt C als auch die Geradlinigkeit von $\overline{FH}$ im Punkt G.

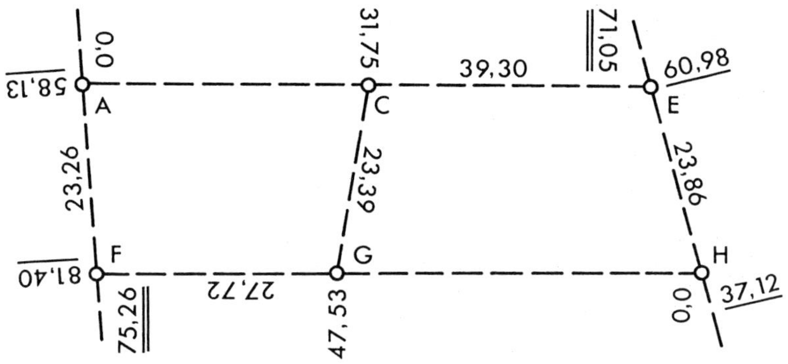

Abbildung 2.2-4: Verprobung der Geradlinigkeit durch seitliche Linie

c sichert überwiegend in Ordinatenrichtung *b*

c sichert überwiegend in Abszissenrichtung *a* (Messungslinie)

c sichert in beide Richtungen

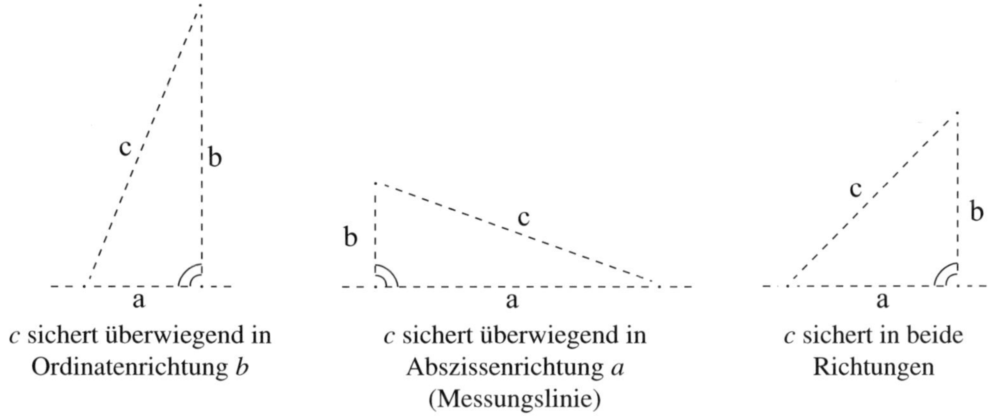

Abbildung 2.2-5: Kontrollrichtungen der Hypotenuse eines rechtwinkligen Dreiecks

Bei der orthogonalen Aufnahme müssen sowohl das Fußpunktmaß auf der Messungslinie als auch die Ordinate (Höhe) durch Kontrollmaße gesichert werden. Hierbei bildet in der Regel das Kontrollmaß die Hypotenuse eines rechtwinkligen Dreiecks, dessen Katheten die Ordinate und ein Teil der Messungslinie sind. Es muss jedoch beachtet werden, dass eine Kontrollstrecke zunächst immer nur Maße ihrer eigenen Richtung sichert. Wenn allerdings die Katheten *a* und *b* gleich lang sind oder eine höchstens doppelt so lang ist wie die andere, dann werden durch die Hypotenuse beide Katheten geprüft (Abb. 2.2-5).

Als Kontrollstrecken wählt man solche Hypotenusen, die auch für die Aufmessung nützlich sind, wie z. B. die Abstände zwischen aufgewinkelten Punkten oder Gebäudeumringungsmaße. Wenn diese Sicherungen nicht ausreichen, benutzt man Streben oder Diagonalen, die eine Ordinate seitlich abstützen.

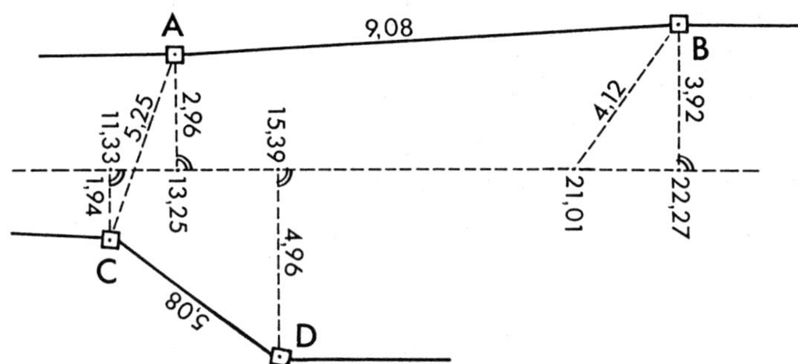

Abbildung 2.2-6: Verprobte Orthogonalaufnahme

Beispiel 2.2.2: Pythagorasproben zu Abbildung 2.2-6

Fußpunktdifferenz	a	9,02	1,26	4,06	1,92
Ordinatendifferenz	b	0,96	3,92	3,02	4,90
Kontrolle berechnet	c	9,07	4,12	5,06	5,26
Kontrolle gemessen	c'	9,08	4,12	5,08	5,25
Differenz $d = c - c'$		−0,01	0,00	−0,02	0,01

Im Beispiel werden durch die Steinbreite $\overline{AB} = 9{,}08$ m die Fußpunktmaße für den Punkt A (= 13,25 m) und für den Punkt B (= 22,27 m) verprobt. Die Strebe von 4,12 m sichert die Ordinate für den Punkt B (= 3,92 m). Die Diagonale $\overline{AC} = 5{,}25$ m sichert die beiden Ordinaten für den Punkt A (= 2,96 m) und für den Punkt C (= 1,94 m). Durch die Steinbreite $\overline{CD} = 5{,}08$ m sind sowohl die Ordinaten als auch die Fußpunktmaße der Punkte C und D ausreichend kontrolliert, weil in dem durch Parallelverschiebung der Messungslinie in dem Punkt C entstehenden rechtwinkligen Dreieck die eine Kathete (15,39 − 11,33 = 4,06 m) nicht größer als das Doppelte der anderen Kathete (4,96 − 1,94 = 3,02 m) ist.

2.2.2 Polarverfahren und Methode der Freien Standpunktwahl

2.2.2.1 Polarverfahren

Beim *Polarverfahren* werden von jeweils einem koordinatenmäßig bekannten Standpunkt S aus die *Richtungen* r_i und die *Horizontalentfernungen* e_i mit einem Tachymeter (Kap. 5) zu den aufzumessenden Punkten P_i bestimmt. Die einzelnen Aufnahmestandpunkte müssen so dicht beieinanderliegen, dass möglichst alle aufzumessenden Punkte polar erfasst werden können. Als An- und Abschluss der Richtungen werden koordinatenmäßig ebenfalls bekannte Punkte angezielt. Die *Winkel* β_i von der Anfangsrichtung r_A zu den aufzunehmenden Punkten P_i ergeben sich, indem von den einzelnen Richtungen r_i jeweils die Anfangsrichtung subtrahiert wird (Gl. (2.7)). Zum Richtungswinkel t_S^A der Anfangsrichtung müssen die Winkel β_i addiert werden, um die *Richtungswinkel* t_S^i vom Standpunkt zu den aufzunehmenden Punkten zu erhalten (Gl. (2.8)). Diese Vorgehensweise ist auch unter der Bezeichnung „Polares Anhängen" bekannt. Die polaren Koordinaten lassen sich nun in rechtwinklige Koordinaten umrechnen (Kap. 2.3.1). Zur Messungskontrolle werden die aufzunehmenden Punkte von einem

zweiten Standpunkt aus erneut bestimmt und/oder die Spannmaße zwischen den aufgenommenen Punkten gemessen. Kann die zweite polare Aufnahme nur von demselben Standpunkt aus durchgeführt werden, sind für die Winkelmessung eine andere Anschlussrichtung und eine andere Stellung des Horizontalkreises zu wählen.
Bei einer polaren Aufnahme sind

- gegeben: die rechtwinkligen Koordinaten des Standpunktes S und des Anschlusspunktes A,
- gemessen: die polaren Koordinaten für die Aufnahmepunkte (Richtungen r_i und Strecken e_i),
- gesucht: die rechtwinkligen Koordinaten y_i, x_i für die Aufnahmepunkte P_i.

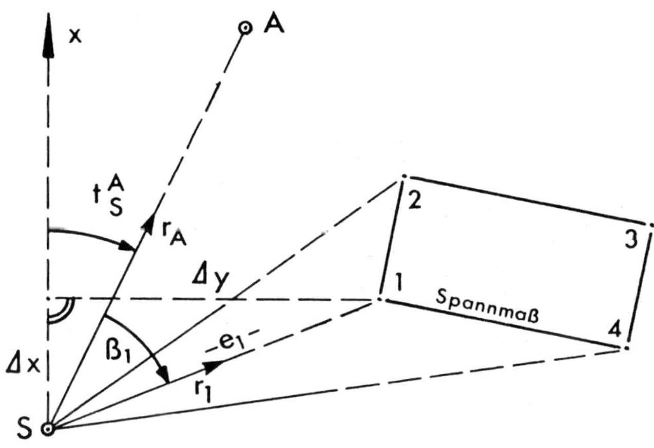

Abbildung 2.2-7: Polare Aufnahme („Polares Anhängen")

Rechengang bei der Auswertung einer polaren Aufnahme:

> Die hier und im weiteren Verlauf angegebenen *Symbole* $P \to R$ und $R \to P$ für die Umrechnung von Polar- in Rechtwinkelkoordinaten und umgekehrt (Kap. 2.3.1) sollen verdeutlichen, dass der Gebrauch des entsprechenden Unterprogramms, bei Taschenrechnern häufig als Tastenfunktion vorgegeben, günstig ist.

1) Richtungswinkel der Anschlussrichtung t_S^A (vgl. Gl. (2.16))

$$t_S^A = \arctan \frac{y_A - y_S}{x_A - x_S} \qquad R \to P. \tag{2.6}$$

2) Brechungswinkel β_i zwischen der Anschlussrichtung (Nullrichtung) r_A und der Richtung r_i zu dem jeweiligen Aufnahmepunkt P_i

$$\beta_i = r_i - r_A. \tag{2.7}$$

3) Richtungswinkel vom Standpunkt S zum Aufnahmepunkt P_i

$$t_S^i = t_S^A + \beta_i. \tag{2.8}$$

4) Rechtwinklige Koordinatenunterschiede Δy_i, Δx_i zwischen Aufnahmepunkt und Standpunkt (vgl. Gl. (2.11), (2.12))

$$\left.\begin{aligned} \Delta y_i &= e_i \cdot \sin t_S^i \\ \Delta x_i &= e_i \cdot \cos t_S^i \end{aligned}\right\} \quad P \to R. \tag{2.9}$$

5) Gesuchte rechtwinklige Koordinaten y_i, x_i für den jeweiligen Aufnahmepunkt P_i (vgl. Gl. (2.13), (2.14))

$$y_i = y_S + \Delta y_i \,, \qquad x_i = x_S + \Delta x_i . \tag{2.10}$$

Beispiel 2.2.3: Auswertung einer Polaraufnahme
Gegebene Koordinaten:

Pkt.	y[m]	x[m]
S	112,24	325,19
A	125,59	353,02

Berechnung der Anschlussrichtung:

$$\tan t_S^A = \frac{125,59 - 112,24}{353,02 - 325,19} = \frac{13,35}{27,83}\,, \quad t_S^A = 28,474 \text{ gon}$$

Messung				Berechnung					
Standpunkt	Zielpunkt	Polare Koord. Richtung r_i[gon]	Strecke e_i[m]	Brechungswinkel β_i[gon]	Richtungswinkel t_S^i[gon]	Rechtwinklige Koord. Δy_i [m]	Δx_i [m]	y_i [m]	x_i [m]
S	A	297,786	30,87	0,000	28,474			112,24	325,19
	1	345,088	8,62	47,302	75,776	8,00	3,20	120,24	328,39
	2	329,242	10,65	31,456	59,930	8,61	6,27	120,85	331,46
	3	348,048	15,46	50,262	78,736	14,61	5,07	126,85	330,26
	4	360,279	14,14	62,493	90,967	14,00	2,00	126,24	327,19

2.2.2.2 Methode der Freien Standpunktwahl (Freie Stationierung)

Während bei der üblichen Polarabsteckung der Standpunkt koordinatenmäßig bekannt sein muss (im Allgemeinen ein Festpunkt außerhalb des Aufnahme- oder Absteckungsgebiets), kann er bei der sogenannten *Freien Standpunktwahl* speziell nach den örtlichen Erfordernissen gewählt werden (z. B. für eine Bauabsteckung außerhalb oder innerhalb der Baustelle sowie auch in unterschiedlichen Geschossebenen), sodass gute Sichten sowohl zu den Anschlusspunkten als auch zu den aufzunehmenden bzw. abzusteckenden Punkten existieren. Die Standpunktkoordinaten werden anschließend durch Winkel- und Streckenmessung zu koordinatenmäßig bekannten Festpunkten und anschließender Berechnung in der Örtlichkeit bestimmt.

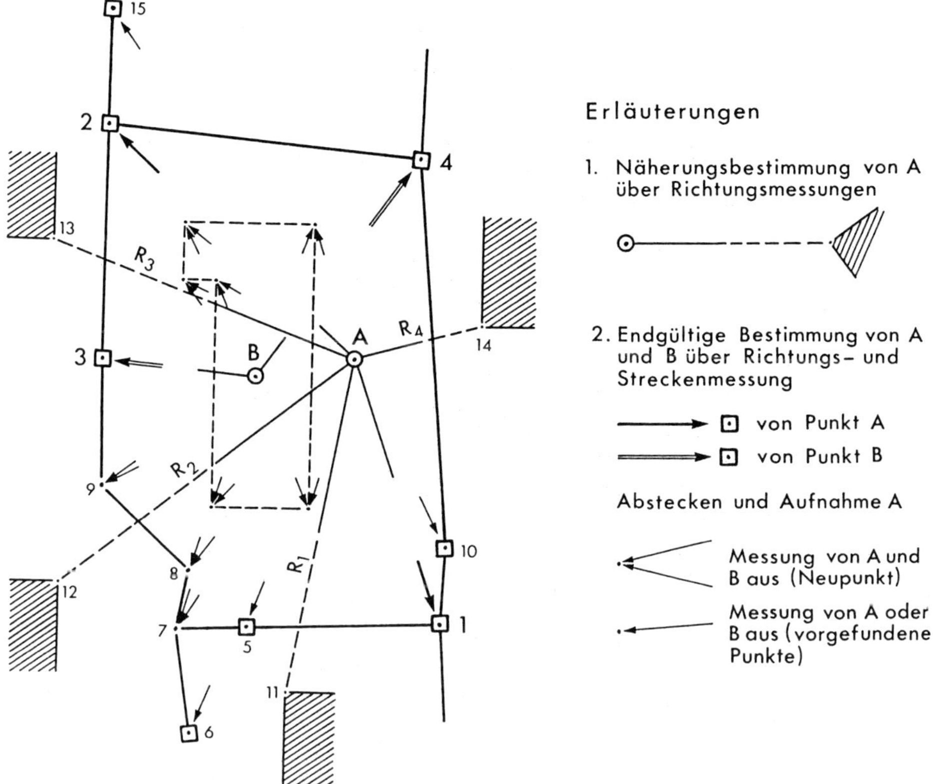

Abbildung 2.2-8: Polare Aufnahme und Absteckung von zwei Standpunkten aus nach der Methode der *Freien Standpunktwahl*

Die Festpunkte sollen möglichst nicht nur auf einer Seite des Messgebiets gewählt werden. Falls keine Festpunkte sichtbar sind, weil z. B. Grenzsteine zugewachsen unter der Grasnarbe stehen oder die Vermarkung eines Festpunktes von vornherein unterirdisch durchgeführt wurde, müssen die Standpunktkoordinaten zuerst näherungsweise durch Winkel- und / oder Distanzmessungen zu koordinierten, gut sichtbaren Zielen mit evtl. geringerer Genauigkeit (z. B. Gebäudeecken) und durch Methoden der Einzelpunktbestimmung (Kap 6.2) ermittelt werden. Mit diesen Näherungskoordinaten und den Koordinaten der nicht sichtbaren, jedoch als Anschlusspunkte vorgesehenen Festpunkte lassen sich die Absteckelemente vom Standpunkt zu den Anschlusspunkten berechnen, sodass diese dann abgesteckt und aufgesucht werden können. Anschließend folgt die endgültige Bestimmung der Standpunktkoordinaten durch Winkel- und Streckenmessung zu den aufgesuchten Anschlusspunkten, wie zuvor geschildert.

Neben den zur Standpunktbestimmung benutzten Festpunkten sind zur Kontrolle dieser Anschlusspunkte und der Berechnung zusätzliche Festpunkte anzumessen, ihre Koordinaten polar zu berechnen und mit den Sollwerten zu vergleichen. Übersteigen die Differenzen gewisse Grenzwerte nicht, kann die Standpunktbestimmung als kontrolliert angesehen werden.

Die Größe der Grenzwerte (z. B. Fehlergrenze für Katastermessungen) richtet sich hauptsächlich nach der Genauigkeit der Anschlusspunkte.

Zur Aufnahme von Neupunkten hält ein Messgehilfe einen Stab mit einem daran befestigten Reflektorprisma lotrecht nacheinander auf den Punkten auf. Der Beobachter auf dem Standpunkt richtet das Fernrohr des Tachymeters (Kap. 5.2) auf das Prisma und auf Knopfdruck misst das Instrument automatisch die Richtungen und die Strecke. Auch die anschließende Koordinatenberechnung des Neupunktes kann es selbsttätig ausführen.

Zur Punktabsteckung, z. B. der Eckpunkte eines geplanten Bauwerks, müssen aus den zuvor häuslich bestimmten Koordinaten zunächst die abzusteckenden Richtungen und Strecken errechnet werden. Bei der Übertragung in die Örtlichkeit wird die jeweilige Richtung im Tachymeter eingestellt und der Messgehilfe mit dem Reflektorprisma in der ungefähren Entfernung eingewiesen. Danach wird zu diesem Punkt der Zenitwinkel und die Schrägstrecke gemessen. Mithilfe des Zenitwinkels berechnet das Programm die Horizontaldistanz. Durch Vergleich mit der abzusteckenden Strecke ergibt sich das Zulegemaß, um das die Absteckung des Punktes in der mit dem Tachymeter angegebenen Richtung zu verbessern ist. Anschließend wird das Prisma erneut aufgehalten und angezielt, dann die Koordinaten berechnet und mit den Sollkoordinaten verglichen. Auf diese Art wird die Punktlage iterativ so lange verbessert, bis der Punkt die Sollkoordinaten aufweist.

Im einfachsten Fall lässt sich das Berechnungsverfahren der *Freien Standpunktwahl* wie folgt erläutern (vgl. Abb. 2.3-8): Von einem beliebig gewählten Standpunkt (Neupunkt) aus werden zu zwei Festpunkten die Horizontalrichtungen und die Horizontaldistanzen beobachtet. Mathematisch betrachtet steht nun ein Dreieck zur Verfügung, in dem zwei Seiten $e'_{N,i}$ und der Brechungswinkel β (Differenz der beiden Richtungen) aus Beobachtungen bestimmt wurden. Mithilfe des Kosinussatzes lässt sich die gegenüberliegende Seite $e'_{1,2}$ (Verbindungslinie zwischen den Festpunkten)

$$e'_{1,2} = \sqrt{(e'_{N,1})^2 + (e'_{N,2})^2 - 2 \cdot e'_{N,1} \cdot e'_{N,2} \cdot \cos\beta}$$

berechnen, um sie der aus Koordinaten berechneten Strecke $e_{1,2}$ gegenüberzustellen. Aus dem Verhältnis „Strecke aus Koordinaten" zu „Strecke aus Kosinussatz" lässt sich der sogenannte Maßstabsfaktor q ermitteln. In diesem Faktor können verschiedene geometrische wie auch physikalische Einflussgrößen Berücksichtigung finden wie z. B. Netzmaßstab bzw. Netzspannungen des Festpunktfeldes, Projektionsverzerrung, Höhenreduktion, atmosphärische Korrektion und instrumentell bedingte Maßstabskorrektionen des Tachymeters (Kap. 5.3.2). Obwohl die meisten dieser „Maßstabsfaktoren" durch entsprechende Eingabe am Tachymeter vorab berücksichtigt werden könnten, geschieht dies in der Praxis relativ selten. Durch Anbringung dieses globalen Maßstabsfaktors werden die gemessenen Distanzen (Ist) durch Stauchung ($q < 1$) oder Dehnung ($q > 1$) dem Maßstab des übergeordneten Netzes (Soll) angepasst. Die Geometrie des Dreiecks bleibt dabei natürlich unverändert.

Für die Berechnung der Standpunktkoordinaten (siehe Kap. 2.2.2.1 Polarverfahren) wird noch ein weiterer Innenwinkel benötigt, der sich mit dem Sinussatz ermitteln lässt:

$$\alpha = \arcsin(\sin\beta \cdot \frac{e'_{N,2}}{e'_{1,2}}).$$

Hierbei sollten alle Dreiecksseiten über eine identische Skalierung verfügen. Es sei darauf hingewiesen, dass die Anbringung des Maßstabsfaktors nicht immer erwünscht ist. Oftmals soll die Genauigkeit der eigenen Messungen nicht verschlechtert werden durch Überführung in ein übergeordnetes nicht mehr gepflegtes Systems. Dies ist z. B. der Fall bei Einführung eines lokalen Baustellenfestpunktnetzes oder Ingenieurnetzes. Für das hier aufgeführte Verfahren der Koordinatenbestimmung ist eine Anfertigung einer Skizze vorteilhaft. Die Entscheidung über die Lage des Standpunktes bezüglich der Festpunkte und die zu ermittelnden Richtungswinkel zum polaren Anhängen sind dann der Skizze zu entnehmen. In Kap. 2.3.5 sind die Grundformeln zur vereinfachten Berechnung des Freien Standpunktes durch Koordinatenumformung zusammengestellt.

Von einem zweiten freien Standpunkt aus, dessen Koordinaten von anderen Festpunkten abgeleitet werden, sollten zur Kontrolle alle Neupunkte erneut aufgenommen werden. Generell gilt der Grundsatz, dass die endgültige Aufmessung eines Punktes erst nach seiner Vermarkung erfolgen soll.

Die Genauigkeit der Punktbestimmung nach der Methode der *Freien Standpunktwahl* kann erhöht werden, wenn zur Standpunktbestimmung mehr als zwei Festpunkte als Anschlusspunkte benutzt werden. Dabei sollten die Anschlusspunkte den äußeren Rahmen der abzusteckenden oder aufzunehmenden Punkte bilden und gleichmäßig verteilt sein. Bedingt durch die unvermeidbare Ungenauigkeit der Anschlusspunkte und der Messungselemente ergeben sich jedoch bei Verwendung verschiedener Anschlusspunkte unterschiedliche Ergebnisse für die Standpunktkoordinaten, sodass eine Koordinatentransformation erforderlich ist. Weitere Verfahren sind in der Literatur zur geodätischen Ausgleichungsrechnung beschrieben. In den meisten modernen Tachymetern sind die Berechnungsverfahren einprogrammiert und können automatisch ausgeführt werden.

2.2.3 Aufnahmegegenstände und Dokumentation der Messergebnisse

Die Auswahl der bei der einfachen Lagemessung aufzumessenden Gegenstände richtet sich nach dem Verwendungszweck. Sollen eigentumsrechtliche Sachverhalte festgehalten werden, bezieht sich die Aufmessung z. B. auf Eigentums-, Flurstücks- und Kulturgrenzen mit der eigentumsrechtlich interessierenden Topographie (Grenzzäune, -mauern, Gräben) und der Grundstücksbebauung sowie auf Verkehrswege, Eisenbahnen, Wasserläufe. Dient die Aufmessung der Planung und Vorbereitung von Baumaßnahmen (Gebäude, Verkehrserschließung, Versorgungsleitungen, Erdverschiebungen), so ist auch die übrige Topographie (Geländeformen, Böschungen, Bewachsung, Lage und Verlauf von Versorgungseinrichtungen (für Trinkwasser, Abwasser, Elektrizität, Ferngas, Kabel) mit den oberirdisch sichtbaren Hydranten, Kanalschächten, Lichtmasten usw.) zu erfassen.

Die Messergebnisse werden bei der Aufmessung in einem Messungsriss in Formularen und Tabellen oder in einem Festkörperspeicher registriert und dokumentiert.

Der *Messungsriss*, auch *Handriss* oder *Feldbuch* genannt, wird auf wetterfestem Papier geführt, das in einen *Feldbuchrahmen* mit fester Unterlage eingespannt wird. Im Messungsriss wird die Situation (Grenzverlauf, Bebauung, Topographie) näherungsweise maßstäblich skizziert, das Liniennetz mit allen Messungszahlen und die Art der Punktvermarkung eingetragen. Jeder Messungspunkt ist durch einen Punkt (eventuell mit zugehöriger Signatur für die Punktvermarkung) im Linienverlauf zu bezeichnen (Abb. 2.2-9). Weiterhin wird die *Nordrichtung* durch einen Pfeil gekennzeichnet, erläuternde oder rechtliche Hinweise wie Orts- und Straßenbezeichnungen, Hausnummern, Kulturarten werden notiert und schließlich

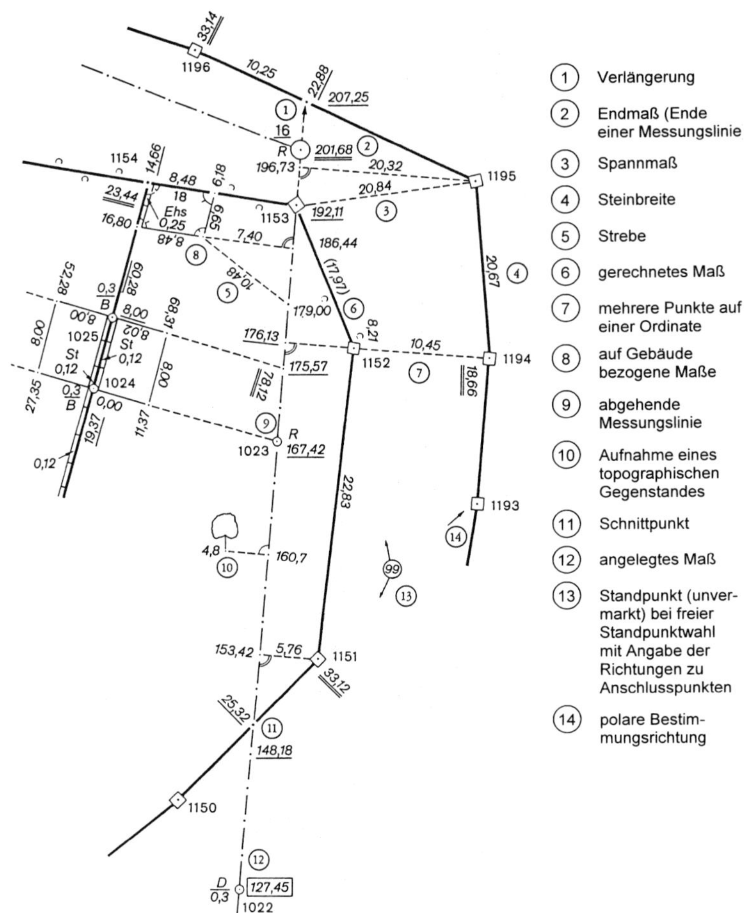

Abbildung 2.2-9: Darstellung von Vermessungslinien und Schreibweisen von Messungszahlen

unterschreibt der Feldbuchführer (Leiter der Vermessung) mit Datum den Messungsriss und übernimmt somit die Verantwortung für die Richtigkeit der Vermessung.

In Abbildung 2.2-10 ist der Messungsriss einer Polaraufnahme dargestellt. Die polare Bestimmungsrichtung ist durch einen Pfeil (→) gekennzeichnet. In der Reihenfolge der Aufmessung sind die angezielten Punkte durchnummeriert.

Es muss sichergestellt sein, dass eine Nummer sowohl im Riss als auch bei der Registrierung der Richtungen und Entfernungen im Formular bzw. im Datenspeicher den gleichen aufgemessenen Punkt bezeichnet. Die im Riss eingetragenen Maße für Kontrollen (wie Steinbreiten, Hauslängen) zur Sicherung der Aufnahmepunkte oder topographischer Gegebenheiten (wie Mauerstärken und dgl.) sind mit Messband ermittelt.

Tabelle 2.2-1: Zusammenstellung einiger gebräuchlicher Signaturen, Zeichen und Abkürzungen (nach DIN 18702).

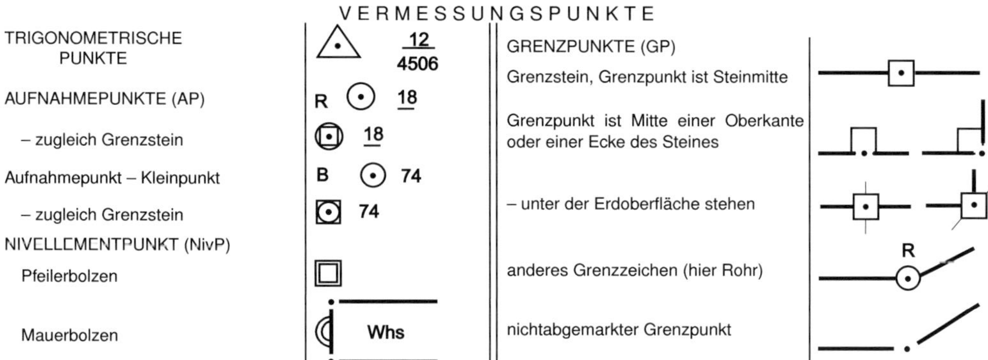

Die Vermarkungsart wird durch folgende Abkürzungen angegeben:
Bolzen - B, Dränrohr - D, Flasche - Fl, Hohlziegel - Hz, Kunststoffmarke - K, Metallmarke - M, Meißelzeichen - Mz, Nagel - N, Pfeiler - P, Pfahl - Pf, Platte - Pl, Rohr - R, Stein (Lochstein nicht Grenzstein) - St, Turmbolzen - TB, Vermessungsmarke mit besonderem Schutz - V
Bei Vermessungsmarken oder Grenzzeichen an Gebäuden, Mauern und dgl. gibt man ihre Höhe über der Erdoberfläche, bei unterirdischen Vermessungsmarken oder Grenzzeichen ihre Tiefe unter der Erdoberfläche in Metern an, z. B. $\frac{0{,}5}{N}$ (= Nagel 0,5 m über Erdoberfläche), $\frac{D}{0{,}6}$ (= Dränrohr 0,6 m unter Erdoberfläche).

NUTZUNGSARTEN (Auswahl)

Gebäude- und Freifläche - GF, Freifläche - FF, Betriebsfläche - BF, Erholungsfläche - ERH, Sportfläche - SPO, Grünanlage - GRÜ, Straße -S, Weg - WEG, Platz - PL, Bahngelände - BGL, Ackerland - A, Grünland - GR, Gartenland - G, Waldfläche - H, Laubwald - LH, Nadelwald - NH, Mischwald - LNH, Wasserfläche - WA

GEBÄUDE

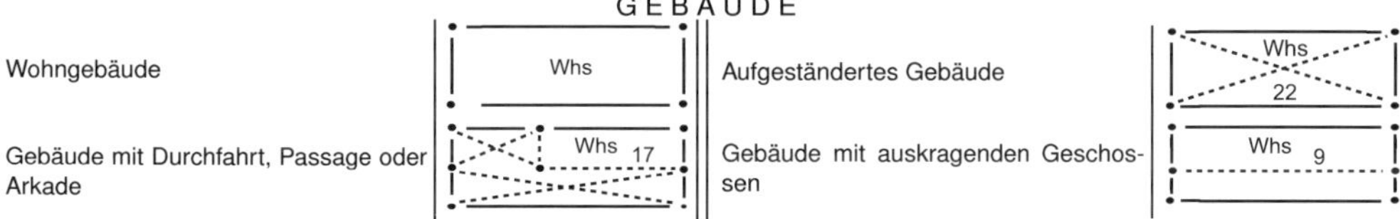

Die Gebäudebegrenzung wird durch die Begrenzungslinien der am weitesten vorstehenden wesentlichen Gebäudeteile bestimmt. Überkragende Gebäudeteile von geringer Bedeutung werden nicht dargestellt.

NORDPFEIL

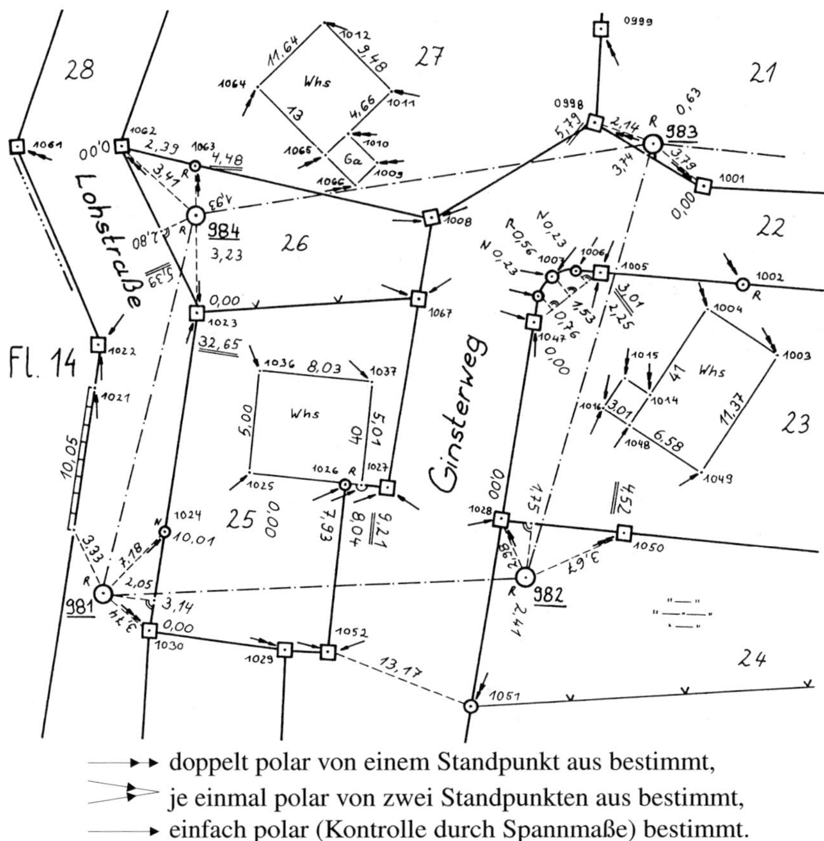

Abbildung 2.2-10: Ausschnitt aus einem Messungsriss für eine Polaraufnahme

2.3 Einfache Koordinatenberechnungen und Umformungen rechtwinkliger Koordinaten

Zur Kartierung aufgemessener Punkte und zur Flächenberechnung ist die Bestimmung rechtwinkliger Koordinaten für die Messungs- und Grenzpunkte in vielen Fällen, zumal wenn es sich um die Vermessung ausgedehnter Gebiete handelt, erforderlich. In diesem Kapitel werden diejenigen Berechnungsverfahren behandelt, die für die bei der Lageaufnahme angewandten Messverfahren hauptsächlich von Belang sind, während auf die Koordinatenberechnung für die Verfahren der Einzelpunkt- und Polygonpunktbestimmung in Kapitel 6 eingegangen wird.

2.3.1 Umrechnungen zwischen rechtwinkligen und polaren Koordinaten

2.3.1.1 Rechtwinklige Koordinaten aus Richtungswinkel und Strecke

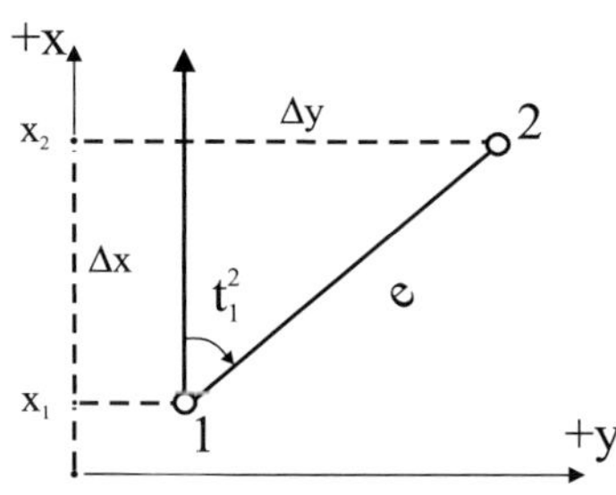

Abbildung 2.3-1: Umrechnung von Polarkoordinaten in Rechtwinkelkoordinaten

Sind die Polarkoordinaten (Strecke e und Richtungswinkel t) zwischen zwei Punkten bekannt, lassen sich die rechtwinkligen Koordinatenunterschiede Δy und Δx errechnen.

Gegeben: Polarkoordinaten = Richtungswinkel t_1^2 und Strecke e

Gesucht : Rechtwinklige Koordinatenunterschiede

$\Delta y = y_2 - y_1$ $\Delta x = x_2 - x_1$ Vorzeichen beachten!

Lösung : $P \rightarrow R$

$$\Delta y = e \cdot \sin t_1^2 \tag{2.11}$$

$$\Delta x = e \cdot \cos t_1^2 \tag{2.12}$$

Wenn die Koordinaten y_1 und x_1 des Punktes 1 bekannt sind, ergeben sich die Koordinaten des Punktes 2 zu

$$y_2 = y_1 + \Delta y = y_1 + e \cdot \sin t_1^2; \tag{2.13}$$

$$x_2 = x_1 + \Delta x = x_1 + e \cdot \cos t_1^2. \tag{2.14}$$

Dieses „Polare Anhängen“ wird auch als „Erste Grundaufgabe“ bezeichnet.

2.3.1.2 Richtungswinkel und Strecke aus rechtwinkligen Koordinaten

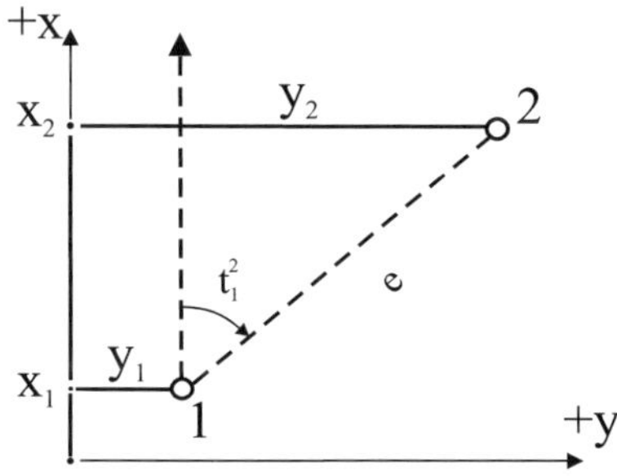

Abbildung 2.3-2: Umrechnung von Rechtwinkelkoordinaten in Polarkoordinaten

Aus den gegebenen Koordinaten zweier Punkte sind die Länge und der Richtungswinkel ihrer Verbindungsgeraden zu bestimmen. Diese Umrechnung von rechtwinkligen in polare Koordinaten wird auch als „Zweite Grundaufgabe“ bezeichnet.

Gegeben: Rechtwinkelkoordinaten y_1, x_1 und y_2, x_2 der Punkte 1 und 2

Gesucht : Polarkoordinaten = Richtungswinkel t_1^2 und Strecke e

Lösung : $R \rightarrow P$

$$\Delta y = y_2 - y_1 , \quad \Delta x = x_2 - x_1$$

$$e = \sqrt{(\Delta y)^2 + (\Delta x)^2} \tag{2.15}$$

$$t_1^2 = \arctan \frac{\Delta y}{\Delta x} \tag{2.16}$$

Richtungswinkelberechnung ohne Benutzung der Tastenfunktion $R \to P$:

Bei Eingabe von Δy und Δx in den Taschenrechner und Benutzung der (in Kap. 2.2.2 eingeführten) Tastenfunktion $R \to P$ werden durch das im Rechner vorhandene Unterprogramm die bei der Richtungswinkelberechnung auftretenden Mehrdeutigkeiten ausgeschaltet.

Falls man aber den Richtungswinkel t wie in Gl. (2.16) angegeben durch Bildung des Quotienten $\Delta y/\Delta x$ und Benutzung der arctan-Funktion berechnet, müssen je nach Vorzeichen von Δy und Δx folgende Fallentscheidungen beachtet werden. Bezeichnet man das sich zeigende Berechnungsergebnis mit t^*, gilt für das richtige Ergebnis t:

Δy	Δx	*Quadrant*	*Ergebnis*
$+$	$+$	*I*	$t = t^*$ gon
$+$	$-$	*II*	$t = t^* + 200$ gon
$-$	$-$	*III*	$t = t^* + 200$ gon
$-$	$+$	*IV*	$t = t^*$ gon

Wie ersichtlich, sind zum Berechnungsergebnis t^* immer dann 200 gon zu addieren, wenn Δx negativ ist. Im Fall des 4. Quadranten ist das Ergebnis zwar richtig, der Richtungswinkel t weist jedoch negatives Vorzeichen auf. Durch Addition des Vollkreises 400 gon lässt er sich in den entsprechenden positiven Wert umrechnen.

Weiterhin muss beachtet werden, dass $\Delta y \neq 0$ und $\Delta x \neq 0$ sind. In einem programmierten Rechenablauf lässt sich dies dadurch absichern, dass zu Δy und zu Δx jeweils ein solch kleiner Wert (hier z. B. $1\,\mu$m) addiert wird, der sicherstellt, dass das Ergebnis nicht wahrnehmbar verfälscht wird. Mit den Bezeichnungen

$$\Delta y^* = \Delta y + 0,000001,$$
$$\Delta x^* = \Delta x + 0,000001,$$

$$\operatorname{sgn}(\Delta y^*),\ \operatorname{sgn}(\Delta x^*) = \text{Signum, Vorzeichen von } \Delta y^* \text{ und } \Delta x^*$$

lassen sich alle Fallunterscheidungen ohne Quadrantenabfrage programmtechnisch berücksichtigen mit der Formel:

$$t\,[\text{gon}] = \arctan \frac{\Delta y^*}{\Delta x^*} + (-\operatorname{sgn}(\Delta y^*) \cdot 0,5 - \operatorname{sgn}(\Delta y^*) \cdot 0,5 \cdot \operatorname{sgn}(\Delta x^*) + 1) \cdot 200. \tag{2.17}$$

2.3.2 Kleinpunktberechnung

Sind die Koordinaten der Endpunkte einer Messungslinie bekannt, können die Koordinaten von Vermessungspunkten auf dieser Linie oder von seitwärts gelegenen und auf die Messungslinie rechtwinklig aufgemessenen Punkten berechnet werden, die dann *Kleinpunkte* heißen.

Die Messungslinie kann als Teilstück der positiven Abszissenachse eines *örtlichen Koordinatensystems* (h, e) aufgefasst werden, in dem die aufgemessenen Punkte durch ihre Höhen

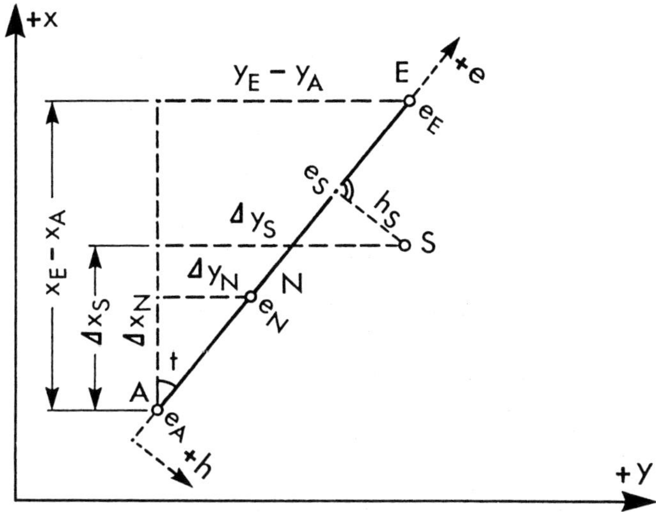

Abbildung 2.3-3: Kleinpunktberechnung

(Ordinaten) h und die Abszissen e festgelegt sind. Bei Punkten auf der Messungslinie ist die Höhe $h = 0$. Negatives Vorzeichen haben die Höhen der Punkte, die links von der Messungslinie liegen.

Zur Berechnung der rechtwinkligen Koordinaten, wie z. B. der Landeskoordinaten des Gauß-Krüger-Systems, empfiehlt es sich, die örtlichen Rechtwinkelkoordinaten des Messungsrisses in örtliche Polarkoordinaten umzurechnen. Die meisten elektronischen Taschenrechner verfügen nämlich über eine Funktionstaste für die Umrechnungen. Nach Berechnung und Berücksichtigung des Maßstabsunterschiedes und des Drehwinkels zwischen dem Landes- und dem örtlichen Koordinatensystem ergeben sich durch erneute Umrechnungen aus den Polarkoordinaten die rechtwinkligen Landeskoordinaten der Kleinpunkte.

Der Rechengang ist im Einzelnen (Abb. 2.3-4):

1) Umrechnung der rechtwinkligen Landeskoordinaten der Messungslinienpunkte A und E in Polarkoordinaten bezogen auf A ergibt die Länge $\overline{AE}_{Soll}$ und den Richtungswinkel t_A^E der Messungslinie. Der Richtungswinkel ist der Drehwinkel zwischen der x-Achse und der Messungslinie.

$$\left.\begin{aligned} \overline{AE}_{Soll} &= \sqrt{(y_E - y_A)^2 + (x_E - x_A)^2} \qquad (2.18) \\ t_A^E &= \arctan \frac{y_E - y_A}{x_E - x_A} \qquad (2.19) \end{aligned}\right\} \quad R \to P$$

2) Gemessene Länge $\overline{AE}_{Ist}$ der Messungslinie

$$\overline{AE}_{Ist} = e_E - e_A. \tag{2.20}$$

3) Streckendifferenz d_e infolge Mess- oder Koordinatenungenauigkeit, Projektionsverzerrung usw.

$$d_e = \overline{AE}_{Soll} - \overline{AE}_{Ist}. \tag{2.21}$$

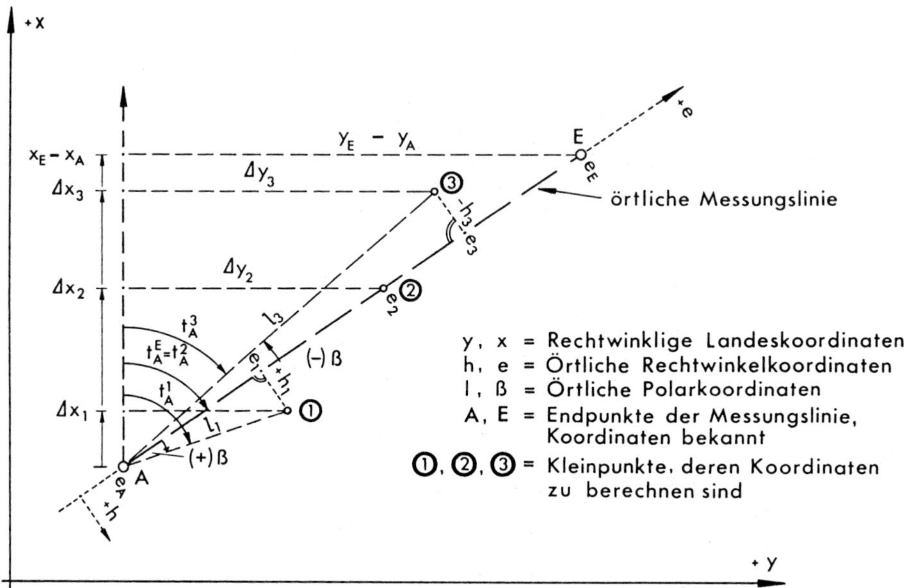

Abbildung 2.3-4: Kleinpunktberechnung mit Umrechnung zwischen Rechtwinkel- und Polarkoordinaten

Die Streckendifferenz darf die für die betreffende Messung zulässige Fehlergrenze nicht überschreiten.

4) Maßstabsverhältnis q zwischen dem Landeskoordinatensystem und dem örtlichen Koordinatensystem

$$q = \frac{\overline{AE}_{Soll}}{\overline{AE}_{Ist}}. \tag{2.22}$$

5) Örtliche Polarkoordinaten l_i und β_i

$$\left.\begin{aligned} l_i &= \sqrt{e_i^2 + h_i^2} \\ \beta_i &= \arctan \frac{h_i}{e_i} \end{aligned}\right\} \quad R \to P, \qquad \begin{aligned}(2.23)\\(2.24)\end{aligned}$$

wobei e_i die Strecke auf der Messungslinie zwischen dem Kleinpunkt bzw. dessen Fußpunkt und dem Anfangspunkt ist. Sollte beim Anfangspunkt A die durchlaufende Messung nicht mit 0,00 m, sondern mit einem von null abweichenden Anlegemaß e_A begonnen worden sein, ist e_A von allen Messwerten e_i zu subtrahieren und $\Delta e_i = e_i - e_A$ statt e_i in der Berechnung zu benutzen.

6) Richtungswinkel t_A^i vom Anfangspunkt zum Kleinpunkt

$$t_A^i = t_A^E + \beta_i. \tag{2.25}$$

7) Rechtwinklige Landeskoordinaten der Kleinpunkte

$$\left.\begin{aligned} \Delta y_i &= q \cdot l_i \cdot \sin t_A^i \;; \quad \Delta x_i = q \cdot l_i \cdot \cos t_A^i \\ y_i &= y_A + \Delta y_i \;; \quad\quad x_i = x_A + \Delta x_i \end{aligned}\right\} \begin{aligned} &P \to R \text{ mit} \\ &\text{Maßstabskorrektur.}\end{aligned} \qquad \begin{aligned}(2.26)\\(2.27)\end{aligned}$$

Zur Kontrolle werden die Kleinpunktkoordinaten ein zweites Mal unabhängig berechnet (Neueingabe der Messungsdaten in den Rechner), zweckmäßigerweise vom Endpunkt E der Messungslinie als Polarkoordinatennullpunkt.

An dieser Stelle sei darauf hingewiesen, dass für die Berechnung der seitwärts gelegenen Punkte *dasselbe Maßstabsverhältnis q*, das für die Punkte auf der Messungslinie gültig ist, unterstellt und benutzt wird. Diese Annahme trifft jedoch nur zu, wenn die Höhen nach dem gleichen Messverfahren und mit dem gleichen Messgerät wie die Maße auf der Messungslinie ermittelt werden und die Höhen nicht zu lang sind!

Beispiel 2.3.1: Kleinpunktberechnung

Gegebene Festpunktkoordinaten:

	y [m]	x [m]
Punkt A: 0020	$^{05}718,74$	$^{26}781,37$
Punkt E: 0100	$^{05}698,52$	$^{26}804,02$
	$y_E - y_A = -20,22$ m	$x_E - x_A = +22,65$ m

Schritte 1) bis 4) zur Kleinpunktberechnung:

1) $\overline{AE}_{Soll} = \sqrt{-20,22^2 + 22,65^2}$
$= 30,362$ m

$t_A^E = \arctan \frac{-20,22}{22,65}$
$= 353,60469$ gon

2) e_A = (*Anlegemaß*) = 12,31 m

e_E = (*Endmaß*) = 42,70 m

$\overline{AE}_{Ist} = e_E - e_A$ = 30,39 m

3) $d_e = \overline{AE}_{Soll} - \overline{AE}_{Ist}$ = −0,03 m

4) $q = \frac{\overline{AE}_{Soll}}{\overline{AE}_{Ist}} = 0,999089$
= Maßstabsfaktor

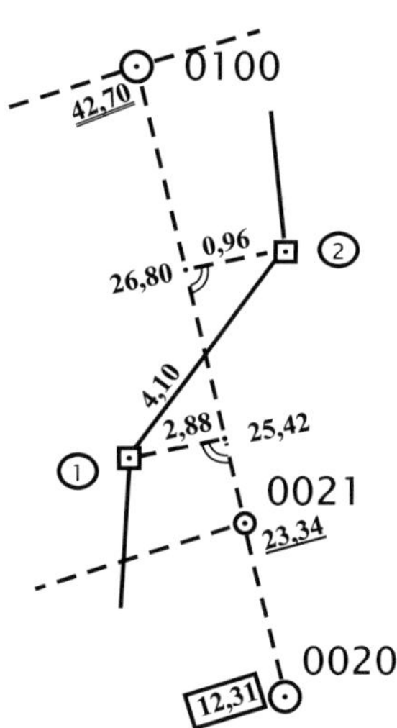

Abbildung 2.3-5: Skizze zur Kleinpunktberechnung

Schritte 5) bis 7) zur Kleinpunktberechnung:

Punkt Nr. 0021

$h =$ 0,00 m	$\beta =$ 0,0000 gon	$y_A = {}^{05}\,718,74$	$x_A = {}^{26}\,781,37$
$e =$ 23,34 m	$t_A^{21} =$ 353,6047 gon	$\Delta y = -7,34$	$\Delta x = +8,22$
$\Delta e =$ 11,03 m	$l =$ 11,03 m	$y_{21} = {}^{05}\,711,40$	$x_{21} = {}^{26}\,789,59$

Punkt Nr. 1

$h =$ −2,88 m	$\beta =$ −13,7666 gon	$y_A = {}^{05}\,718,74$	$x_A = {}^{26}\,781,37$
$e =$ 25,42 m	$t_A^{1} =$ 339,8381 gon	$\Delta y = -10,87$	$\Delta x = +7,85$
$\Delta e =$ 13,11 m	$l =$ 13,423 m	$y_1 = {}^{05}\,707,87$	$x_1 = {}^{26}\,789,22$

Punkt Nr. 2

$h =$ + 0,96 m	$\beta =$ + 4,2116 gon	$y_A = {}^{05}718,74$	$x_A = {}^{26}\,781,37$
$e =$ 26,80 m	$t_A^{2} =$ 357,8163 gon	$\Delta y = -8,92$	$\Delta x = +11,44$
$\Delta e =$ 14,49 m	$l =$ 14,522 m	$y_2 = {}^{05}709,82$	$x_2 = {}^{26}\,792,81$

Punkt Nr. 100 (Endpunktberechnung zur Kontrolle von q und t_A^E)

$h =$ 0,00 m	$\beta =$ 0,0000 gon	$y_A = {}^{05}\,718,74$	$x_A = {}^{26}\,781,37$
$e =$ 42,70 m	$t_A^{E} =$ 353,6047 gon	$\Delta y = -20,22$	$\Delta x = +22,65$
$\Delta e =$ 30,39 m	$l =$ 30,39 m	$y_{100} = {}^{05}\,698,52$	$x_{100} = {}^{26}\,804,02$

2.3.3 Umformung ebener rechtwinkliger Koordinaten

Mit *Umformung* bezeichnet man die Überführung von rechtwinkligen Koordinaten eines Systems („alt“) in ein anderes Koordinatensystem („neu“). Zweck dieser Rechnung ist es, beispielsweise die durch orthogonale oder polare Messungen entstandenen rechtwinkligen örtlichen Koordinaten („alt“) in das übergeordnete Gauß-Krüger-Koordinatennetz („neu“) oder umgekehrt für Absteckungsaufgaben die gegebenen Gauß-Krüger-Koordinaten („alt“) in örtliche Koordinaten („neu“) zu transformieren. Die Kenntnis der Koordinaten von zwei Punkten (P_A und P_E) sowohl im alten wie im neuen System ist Voraussetzung für die Umformung. P_A und P_E bilden in ihrer Verbindung die *Umformungsachse*. Eine Koordinatenumformung hat natürlich nur dann Sinn, wenn die beiden Punkte, über die transformiert wird, in beiden Systemen wirklich identisch sind und wenn die Koordinatensysteme sich in ihrer Genauigkeit entsprechen. Dies wird durch Vergleich der Länge der Umformungsachse $\overline{AE}$, die sowohl im alten wie auch im neuen System berechnet wird, überprüft. Ein *Grenzwert* für $d_e = e - e'$ soll nicht überschritten werden. Seine zulässige Größe richtet sich nach der speziellen Aufgabenstellung und muss von Fall zu Fall festgesetzt werden.

Obwohl die Formeln streng nur in der Ebene gelten, können ebene Umformungen für Punkte auf der Erdoberfläche durchgeführt werden, wenn die Umformungsachse $\overline{AE}$ nicht größer als ca. 2 km ist und eine Ungenauigkeit von 1 bis 2 cm zugelassen wird, auch wenn ein geringer Maßstabsunterschied besteht.
Beispielsweise wird die ebene Umformung angewandt:

a) an den Rändern zweier Meridianstreifen (Umformung zwischen zwei Landeskoordinatensystemen);

b) wenn von Punkten Landeskoordinaten bekannt sind und diese Punkte in der Örtlichkeit von zwei vorhandenen Festpunkten aus abgesteckt werden sollen. Die Verbindungslinie der beiden Festpunkte wird als x-Achse eines neuen, örtlichen Koordinatensystems aufgefasst. (Umformung vom Landeskoordinatensystem ins örtliche System);

c) wenn Punkte eines örtlichen Systems mit den Maßen eines anderen örtlichen Systems abgesteckt werden sollen (Umformung zwischen zwei örtlichen Systemen).

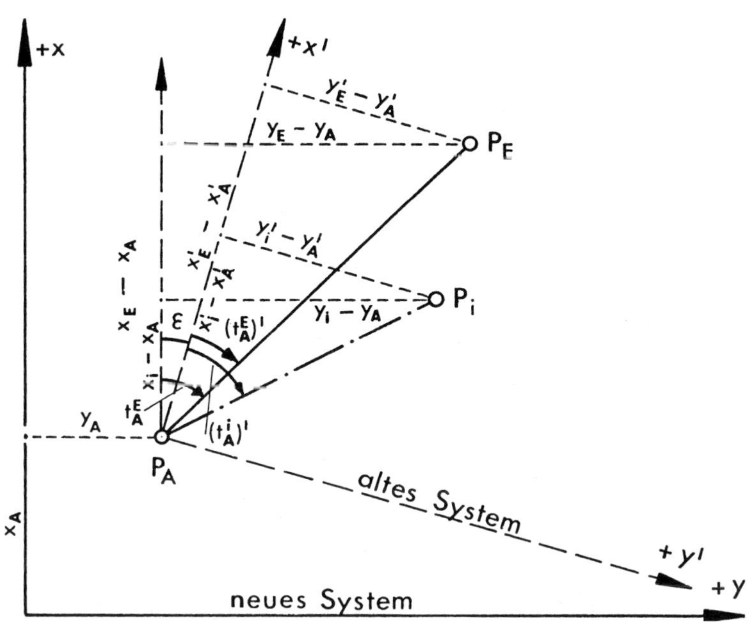

Abbildung 2.3-6: Altes und neues Koordinatensystem bei der Koordinatenumformung

Die Koordinatenumformung lässt sich als *Erweiterung der Kleinpunktberechnung* auffassen. Die x-Richtung (Abszisse) des alten Koordinatensystems ist jedoch nicht mit der Richtung von A nach E (= Messungslinie bei der Kleinpunktberechnung) identisch. Zusätzlich zur *Streckung* mit dem *Maßstabsfaktor* q erfolgt eine *Drehung* der alten Abszisse um den *Winkel* ε in die neue Abszissenrichtung mit einer *Translation des Koordinatenursprunges*.

Es empfiehlt sich, diese *Drehstreckung* mit Polarkoordinaten auszuführen. Man wandelt daher die alten Rechtwinkelkoordinaten zuerst in Polarkoordinaten um, führt die Drehstreckung mit dem Maßstabsfaktor q und dem Drehwinkel ε aus und rechnet die neuen Polarkoordinaten in neue Rechtwinkelkoordinaten um. In der Abbildung 2.3-6 sind die Koordinaten und Richtungswinkel im alten System durch einen Beistrich ($'$) gekennzeichnet.

Altes System: $y'_A,\ x'_A,\ y'_E,\ x'_E,\ y'_i,\ x'_i,\ (t_A^E)',\ (t_A^i)',\ l'_i$

Neues System: $y_A,\ x_A,\ y_E,\ x_E,\ y_i,\ x_i,\ t_A^E,\ \ t_A^i,\ \ l_i$

Rechengang:

1. Umrechnung der rechtwinkligen Koordinatenunterschiede zwischen A und E im alten wie im neuen System in Polarkoordinaten:

$$\left.\begin{aligned} \overline{AE}_{neu} &= \sqrt{(y_E - y_A)^2 + (x_E - x_A)^2} \\ t_A^E &= \arctan \frac{y_E - y_A}{x_E - x_A} \end{aligned}\right\} \quad R \to P; \tag{2.28}$$

$$\left.\begin{aligned} \overline{AE}_{alt} &= \sqrt{(y'_E - y'_A)^2 + (x'_E - x'_A)^2} \\ (t_A^E)' &= \arctan \frac{y'_E - y'_A}{x'_E - x'_A} \end{aligned}\right\} \quad R \to P. \tag{2.29}$$

2. Berechnung des Maßstabsfaktors q und des Drehwinkels ε:

$$q = \frac{\overline{AE}_{neu}}{\overline{AE}_{alt}} \quad ; \quad \varepsilon = t_A^E - (t_A^E)'. \tag{2.30}$$

Kontrolle: Berechnung der Koordinaten des Endpunktes im neuen System analog der Gl. (2.31) bis (2.33) und Überprüfung auf Übereinstimmung mit den gegebenen Werten.

3. Berechnung der Koordinaten der umzuformenden Punkte P_i im neuen System:

   a) Strecke l'_i und Richtungswinkel $(t_A^i)'$ von A zum Punkt P_i (Polarkoordinaten im alten System)

$$\left.\begin{aligned} l'_i &= \sqrt{(y'_i - y'_A)^2 + (x'_i - x'_A)^2} \\ (t_A^i)' &= \arctan \frac{y'_i - y'_A}{x'_i - x'_A} \end{aligned}\right\} \quad R \to P. \tag{2.31}$$

   b) Strecke l_i und Richtungswinkel t_A^i (Polarkoordinaten im neuen System durch Maßstabskorrektur und Drehwinkeladdition)

$$l_i = q \cdot l'_i \quad ; \quad t_A^i = (t_A^i)' + \varepsilon. \tag{2.32}$$

   c) Rechtwinkelkoordinaten y_i und x_i im neuen System

$$\left.\begin{aligned} y_i &= y_A + (y_i - y_A) = y_A + l_i \cdot \sin t_A^i \\ x_i &= x_A + (x_i - x_A) = x_A + l_i \cdot \cos t_A^i \end{aligned}\right\} \quad P \to R \text{ mit Addition.} \tag{2.33}$$

4. *Kontrolle der Neupunkte:*

   a) Umrechnung der Koordinatendifferenzen im alten System zwischen zwei Punkten (P_i und P_{i+1}) in Polarkoordinaten

$$\left.\begin{aligned} l'_{i,i+1} &= \sqrt{(y'_{i+1} - y'_i)^2 + (x'_{i+1} - x'_i)^2} \\ (t_i^{i+1})' &= \arctan \frac{y'_{i+1} - y'_i}{x'_{i+1} - x'_i} \end{aligned}\right\} \quad R \to P. \tag{2.34}$$

   b) Umformung der Polarkoordinaten mit q und ε in das neue Polarsystem:

$$l_{i,i+1} = q \cdot l'_{i,i+1} \quad ; \quad t_i^{i+1} = (t_i^{i+1})' + \varepsilon. \tag{2.35}$$

c) Umrechnung der Polar- in Rechtwinkelkoordinaten und Berechnung der Koordinaten des Punktes P_{i+1}:

$$\left.\begin{aligned} y_{i+1} &= y_i + \Delta y = y_i + l_{i,i+1} \cdot \sin t_i^{i+1} \\ x_{i+1} &= x_i + \Delta x = x_i + l_{i,i+1} \cdot \cos t_i^{i+1} \end{aligned}\right\} \quad P \to R \text{ mit Addition.} \tag{2.36}$$

Damit sind die Koordinaten *beider* Punkte (P_i und P_{i+1}) gleichzeitig überprüft und man kann fortfahren mit der Kontrolle der nächsten beiden Punkte (P_{i+2} und P_{i+3}).

Beispiel 2.3.2: Koordinatenumformung

Gegeben: Die Koordinaten der Endpunkte der „Umformungsachse" P_A und P_E im alten und neuen Koordinatensystem sowie die Koordinaten der Punkte 1 bis 3 im alten Koordinatensystem.

Gesucht : Die Koordinaten der Punkte 1 bis 3 im neuen Koordinatensystem

Pkt. Nr.	y'[m]	x'[m]	y[m]	x[m]
P_A	$^{25}73\,030,99$	$^{56}88\,361,29$	$^{33}63\,952,19$	$^{56}89\,649,62$
P_E	$72\,178,59$	$90\,491,93$	$63\,187,56$	$91\,813,42$
	$y'_E - y'_A = -852,40$ m		$y_E - y_A = -764,63$ m	
	$x'_E - x'_A = +2\,130,64$ m		$x_E - x_A = +2\,163,80$ m	

$$\begin{aligned} \overline{AE}_{neu} &= 2\,294,927 \text{ m} \\ \overline{AE}_{alt} &= 2\,294,823 \text{ m} \\ d_e &= +0,10 \text{ m} \\ &= \textit{Streckendifferenz} \end{aligned} \qquad \begin{aligned} t_A^E &= 378,37548 \text{ gon} \\ (t_A^E)' &= 375,77250 \text{ gon} \\ \varepsilon &= +2,60298 \text{ gon} \\ &= \textit{Drehwinkel} \end{aligned}$$

$$q = \frac{\overline{AE}_{neu}}{\overline{AE}_{alt}} = 1,000\,045\,3 = \textit{Maßstabsfaktor.}$$

Zur Kontrolle der richtigen Eingabe der Ausgangskoordinaten und der richtigen Ermittlung des Maßstabsfaktors q und des Drehwinkels ε werden zunächst die Koordinaten des Endpunktes P_E umgeformt und mit den gegebenen Koordinaten auf Übereinstimmung geprüft (die Überprüfung ist im Beispiel durch Abhaken im Koordinatenverzeichnis kenntlich gemacht).

Berechnung der umzuformenden Punkte 1, 2, 3:

Pkt. Nr.	altes Koordinatensystem			neues Koordinatensystem		
E	y'_E	=	72 178,59 m	y_E	=	63 187,56 m
	x'_E	=	90 491,93 m	x_E	=	91 813,42 m
1	y'_1	=	73 573,28 m	l_1	=	776,275 m
	x'_1	=	88 916,69 m	t_A^1	=	51,8427 m
	$y'_1 - y'_A$	=	+542,29 m	$y_1 - y_A$	=	+564,56 m
	$x'_1 - x'_A$	=	+555,40 m	$x_1 - x_A$	=	+532,79 m
	l'_1	=	776,239 m	y_1	=	64 516,75 m
	$(t_A^1)'$	=	49,2397 gon	x_1	=	90 182,41 m
2	y'_2	=	72 878,21 m	l_2	=	693,247 m
	x'_2	=	89 037,46 m	t_A^2	=	388,4562 m
	$y'_2 - y'_A$	=	−152,78 m	$y_2 - y_A$	=	−125,02 m
	$x'_2 - x'_A$	=	+676,17 m	$x_2 - x_A$	=	+681,88 m
	l'_2	=	693,215 m	y_2	=	63 827,17 m
	$(t_A^2)'$	=	385,8532 gon	x_2	=	90 331,50 m
3	y'_3	=	71 543,12 m	l_3	=	2155,451 m
	x'_3	=	89 920,71 m	t_A^3	=	354,0975 m
	$y'_3 - y'_A$	=	−1487,87 m	$y_3 - y_A$	=	−1422,95 m
	$x'_3 - x'_A$	=	+1559,42 m	$x_3 - x_A$	=	+1619,01 m
	l'_3	=	2155,353 m	y_3	=	62 529,24 m
	$(t_A^3)'$	=	351,4945 gon	x_3	=	91 268,63 m

2.3.4 Ähnlichkeitstransformation (Helmert-Transformation)

Falls für die Umformung *mehr als zwei identische*, in beiden Systemen koordinierte *Punkte* benutzt werden, wird zum Ausgleich der Überbestimmungen eine *Ausgleichungsrechnung* erforderlich, die (zur Unterscheidung gegenüber der eindeutigen Koordinatenumformung) hier als *Koordinatentransformation* bezeichnet wird. (Sowohl für den eindeutigen als auch für den überbestimmten Fall sind in der Fachliteratur beide Bezeichnungen „Umformung" bzw. „Transformation" gebräuchlich.)

Die identischen Punkte, auch *Anschlusspunkte* genannt, sollten den äußeren Rahmen des Transformationsgebietes bilden und gleichmäßig verteilt sein. Dadurch lässt sich eine Genauigkeitssteigerung bei der Transformation erreichen. Diese Maßnahme ist unbedingt erforderlich, wenn das *Punktfeld nicht homogen* ist, d. h. wenn die Punkte untereinander unterschiedliche Genauigkeit besitzen und somit Spannungen im Punktfeld bestehen oder wenn in den Koordinatenrichtungen die *Maßstabsverhältnisse nicht übereinstimmen.*

Bei der nachfolgend vorgestellten *Ähnlichkeitstransformation*, auch *Helmert-Transformation* genannt, unterstellt man gleiche Maßstabsverhältnisse in beiden Kordinatenrichtungen. Bestehen unterschiedliche Maßstabsverhältnisse oder werden die Koordinatenachsen nicht um unterschiedliche Winkel verdreht, sind aufwendigere Transformationsrechnungen (5-Parameter-Transformation, Affintransformation) erforderlich, die in der Literatur zur geodätischen Ausgleichungsrechnung beschrieben sind.

Der Unterschied zwischen der im vorigen Kapitel 2.3.3 erläuterten Koordinatenumformung und der hier behandelten Ähnlichkeitstransformation besteht lediglich darin, dass die für die *Drehstreckung* benötigten Parameter, der Maßstabsfaktor q und der Drehwinkel ε, nicht eindeutig wie in Gl. (2.30), sondern als Mittelwerte mehrerer q_j und ε_j zu berechnen sind. Um Fehler z. B. Punktverwechselungen zu erkennen, sollte auch der Median berechnet werden (Kap. 14.3.7.2) Die anschließende Transformation der Neupunkte erfolgt analog der Umformung nach den Gl. (2.31) bis (2.33). Die Koordinaten und Richtungswinkel im alten System sind (wie in Kap. 2.3.3) durch einen Beistrich ($'$) gekennzeichnet.

	k Anschlusspunkte $1 \leq j \leq k$	n Umformungspunkte $1 \leq i \leq n$
Altes System:	$y'_j\ ,x'_j$	$y'_i\ ,x'_i$
Neues System:	$y_j\ ,x_j$	$y_i\ ,x_i$

Rechengang:

1. Berechnung der Koordinaten der Schwerpunkte und Umrechnung der rechtwinkligen Koordinatenunterschiede in Polarkoordinaten jeweils vom Schwerpunkt zu den Anschlusspunkten in beiden Systemen.

   a) Berechnung der Koordinaten y'_S, x'_S und y_S, x_S des Schwerpunktes (Mittelpunktes) P_S der jeweiligen Anschlusspunkte P_j in beiden Systemen:

$$\begin{aligned} \text{Altes System:} \quad & y'_S = \frac{1}{k} \cdot \sum_{j=1}^{k} y'_j\ ; \quad x'_S = \frac{1}{k} \cdot \sum_{j=1}^{k} x'_j; \\ \text{Neues System:} \quad & y_S = \frac{1}{k} \cdot \sum_{j=1}^{k} y_j\ ; \quad x_S = \frac{1}{k} \cdot \sum_{j=1}^{k} x_j. \end{aligned} \tag{2.37}$$

   b) Umrechnung der rechtwinkligen Koordinatenunterschiede in Polarkoordinaten jeweils vom Schwerpunkt P_S zu den Anschlusspunkten P_j in beiden Systemen:

$$\left.\begin{aligned} \overline{P_jP_S}_{neu} &= \sqrt{(y_j - y_S)^2 + (x_j - x_S)^2} \\ t_{P_S}^{P_j} &= \arctan \frac{y_j - y_S}{x_j - x_S} \end{aligned}\right\} \quad R \rightarrow P; \tag{2.38}$$

$$\left.\begin{aligned} \overline{P_jP_S}_{alt} &= \sqrt{(y'_j - y'_S)^2 + (x'_j - x'_S)^2} \\ (t_{P_S}^{P_j})' &= \arctan \frac{y'_j - y'_S}{x'_j - x'_S} \end{aligned}\right\} \quad R \rightarrow P. \tag{2.39}$$

2. Berechnung der Maßstabsfaktoren und der Drehwinkel in beiden Systemen:

   a) Berechnung der k Maßstabsfaktoren q_j und Drehwinkel ε_j in beiden Systemen:

$$q_j = \frac{\overline{P_jP_S}_{neu}}{\overline{P_jP_S}_{alt}} \quad ; \quad \varepsilon_j = t_{P_S}^{P_j} - (t_{P_S}^{P_j})'. \tag{2.40}$$

Die Vergleiche der Maßstabsfaktoren q_j und der Drehwinkel ε_j untereinander bieten eine Kontrollmöglichkeit gegen Rechen- und Datenfehler (Ausreißer).

b) Berechnung des mittleren Maßstabsfaktors q und des mittleren Drehwinkels ε:

$$q = \frac{1}{k} \cdot \sum_{j=1}^{k} q_j \quad ; \quad \varepsilon = \frac{1}{k} \cdot \sum_{j=1}^{k} \varepsilon_j . \tag{2.41}$$

3. Berechnung der Koordinaten der n umzuformenden Punkte P_i im neuen System:

a) Strecke l'_i und Richtungswinkel $(t^i_S)'$ von Schwerpunkt P_S zum Punkt P_i (Polarkoordinaten im alten System)

$$\left.\begin{aligned} l'_i &= \sqrt{(y'_i - y'_S)^2 + (x'_i - x'_S)^2} \\ (t^i_S)' &= \arctan \frac{y'_i - y'_S}{x'_i - x'_S} \end{aligned}\right\} \quad R \rightarrow P. \tag{2.42}$$

b) Strecke l_i und Richtungswinkel t^i_A (Polarkoordinaten im neuen System durch Maßstabskorrektur und Drehwinkeladdition)

$$l_i = q \cdot l'_i \quad ; \quad t^i_S = (t^i_S)' + \varepsilon . \tag{2.43}$$

c) Rechtwinkelkoordinaten y_i und x_i im neuen System

$$\left.\begin{aligned} y_i &= y_S + (y_i - y_S) = y_S + l_i \cdot \sin t^i_S \\ x_i &= x_S + (x_i - y_S) = x_S + l_i \cdot \cos t^i_S \end{aligned}\right\} \quad P \rightarrow R \text{ mit Addition.} \tag{2.44}$$

Beispiel 2.3.3: Koordinatentransformation

Gegeben: Die Koordinaten der $k = 4$ Anschlusspunkte A, B, C, D im alten und neuen Koordinatensystem sowie die Koordinaten der $n = 2$ Punkte 1 und 2 im alten Koordinatensystem.

Gesucht : Die Koordinaten der Punkte 1 und 2 im neuen Koordinatensystem

	Ursprüngliche Koordinaten				Zentrierte Koordinaten			
	Altes System		Neues System		Altes System		Neues System	
Pkt. Nr.	y' [m]	x' [m]	y [m]	x [m]	y'-y'_S [m]	x'-x'_S [m]	y-y_S [m]	x-x_S [m]
A	585,90	830,97	979,59	1048,09	74,05	137,96	69,86	140,14
B	829,20	675,69	1227,48	900,19	317,35	−17,32	317,75	−7,76
C	489,69	441,79	895,14	656,13	−22,16	−251,22	−14,59	−251,82
D	142,61	823,59	536,71	1027,39	−369,24	130,58	−373,02	119,44
Summe	2047,40	2772,04	3638,92	3631,80	0,00	0,00	0,00	0,00
S	511,85	693,01	909,73	907,95				

Polarkoordinaten, Maßstabsfaktoren und Drehwinkel:

	Altes System		Neues System		Maßstabsfaktor	Drehwinkel
Pkt. Nr.	l' [m]	$(t_S)'$ [gon]	l [m]	t_S [gon]	q	ε [gon]
A	156,5770	31,36074	156,5875	29,44036	1,0000668	−1,920384
B	317,8223	103,47103	317,8447	101,55443	1,0000707	−1,916608
C	252,1955	205,60110	252,2423	203,68434	1,0001857	−1,916754
D	391,6495	321,63989	391,6757	319,72770	1,0000669	−1,912196
				Mittelwerte	1,0000975	−1,916486

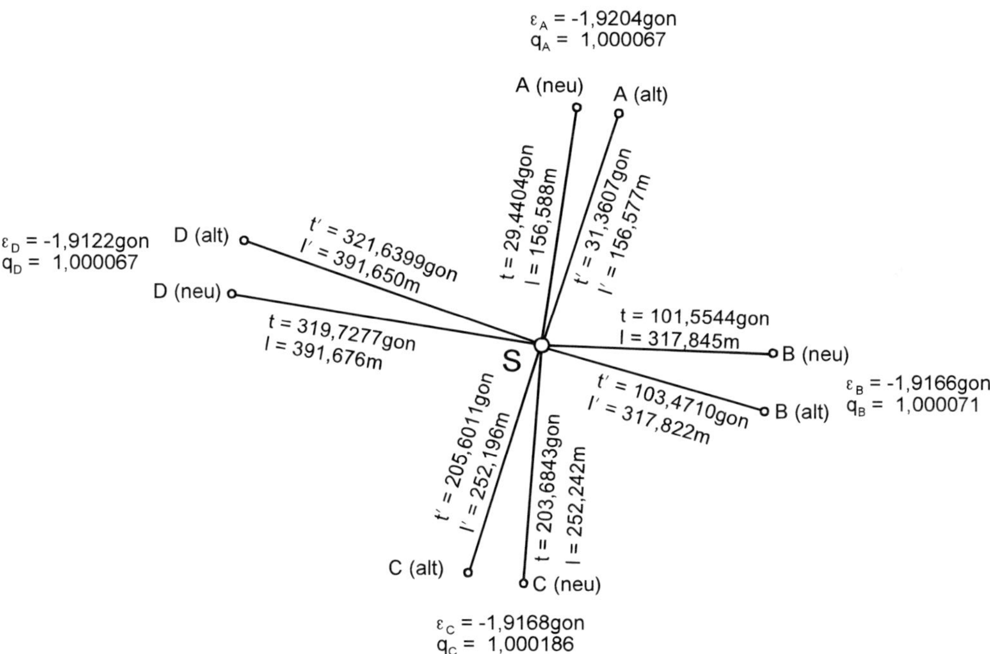

Abbildung 2.3-7: Maßstabsfaktoren und Drehwinkel der vier Anschlusspunkte

Berechnung der umzuformenden Punkte 1 und 2:

Pkt. Nr.	Altes Koordinatensystem			Neues Koordinatensystem		
S	y'_S	=	511,85 m	y_S	=	909,73 m
	x'_S	=	693,01 m	x_S	=	907,95 m
1	y'_1	=	353,32 m	l_1	=	169,939 m
	x'_1	=	754,18 m	t_S^1	=	321,5274 gon
	$y'_1 - y'_S$	=	−158,53 m	$y_1 - y_S$	=	−160,315 m
	$x'_1 - x'_S$	=	+ 61,17 m	$x_1 - x_S$	=	+ 56,38 m
	l'_1	=	169,922 m	y_1	=	749,42 m
	$(t_S^1)'$	=	323,4439 gon	x_1	=	964,33 m
2	y'_2	=	603,29 m	l_2	=	122,968 m
	x'_2	=	610,81 m	t_S^2	=	144,6990 gon
	$y'_2 - y'_S$	=	+ 91,44 m	$y_2 - y_S$	=	+ 93,88 m
	$x'_2 - x'_S$	=	− 82,20 m	$x_2 - x_S$	=	−79,42 m
	l'_2	=	122,956 m	y_2	=	1003,61 m
	$(t_S^2)'$	=	146,6155 gon	x_2	=	828,532 m

2.3.5 Koordinatenberechnung bei Freier Standpunktwahl (freier Stationierung)

Prinzipiell können die Koordinaten eines frei gewählten Instrumentenstandpunktes unter der Voraussetzung, dass lediglich zwei Festpunkte beobachtet wurden, über eine Umformung oder mit dem in Kapitel 2.2.2.2 dargelegten Ansatz berechnet werden. Der folgende Lösungsansatz ist ein Sonderfall der Koordinatenumformung.

Grundsätzlich wird ein lokales Koordinatensystem eingeführt, dessen Ursprung im Standpunkt (N) liegt, und die lokale X-Achse (') in Richtung des zuerst angezielten Festpunktes 1 zeigt. Anschließend sind die lokalen Koordinaten des Festpunktes 2 zu berechnen. Somit stehen die Koordinaten der Festpunkte sowohl im Ursprung- als im Zielsystem und die Koordinaten des Standpunktes im Ursprungsystem ($Y' = 0, X' = 0$) zur weiteren Berechnung zur Verfügung.

Die Formeln sind allgemein gültig, auch wenn der Außenwinkel im Standpunkt beobachtet wurde ($\beta > 200$ gon).

Grundformeln zur Methode der Freien Standpunktwahl (Abb. 2.3-8):

1) Polarkoordinaten (Horizontalentfernung $e_{1,2}$ und Richtungswinkel t_1^2) von Festpunkt 1 nach Festpunkt 2, bezogen auf die x-Achse des Landeskoordinatensystems im Punkt 1:

$$y_2 - y_1, x_2 - x_1 \; \} \quad R \to P \{ \; t_1^2, e_{1,2}. \tag{2.45}$$

2) Örtliche rechtwinklige Koordinaten für Standpunkt N und Festpunkt 1

$y'_N = 0,000 \quad y'_1 = 0,000;$
$x'_N = 0,000 \quad x'_1 = e'_{N,1}.$

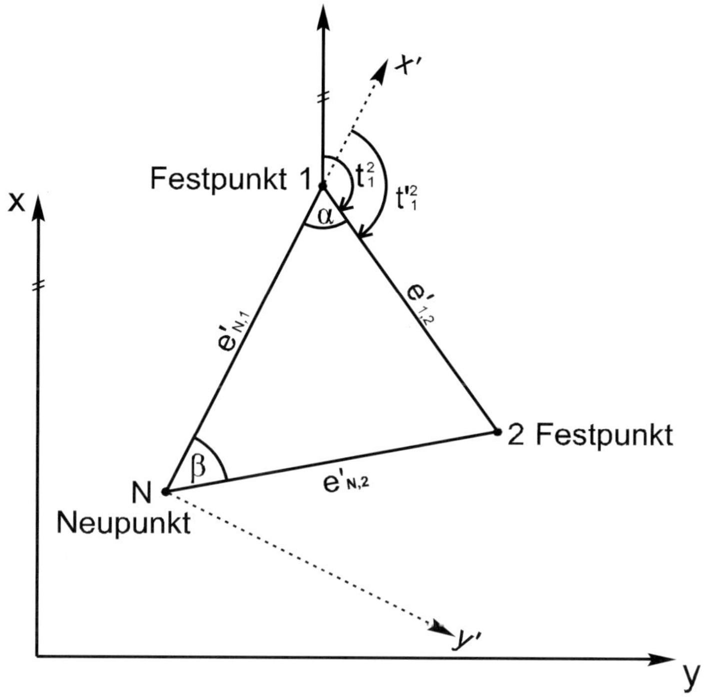

Abbildung 2.3-8: Bestimmung der Koordinaten eines Standpunktes N durch Anschluss an zwei Festpunkte

3) Örtliche Koordinaten des Festpunktes 2

$$\left.\begin{matrix} (t_N^2)' = \beta \\ e_{N,2} \end{matrix}\right\} \quad P \rightarrow R \quad \left\{\begin{matrix} y'_2 & = & e'_{N,2} \cdot \sin(t_N^2)' \\ x'_2 & = & e'_{N,2} \cdot \cos(t_N^2)'. \end{matrix}\right.$$

4) Örtliche Polarkoordinaten $e'_{1,2}$ und $(t_1^2)'$ von Festpunkt 1 zum Festpunkt 2

$$\left.\begin{matrix} \Delta y' = y'_2 - y'_1 \\ \Delta x' = x'_2 - x'_1 \end{matrix}\right\} \quad R \rightarrow P \quad \left\{\begin{matrix} (t_1^2)'. \\ e'_{1,2}. \end{matrix}\right.$$

5) Maßstabsfaktor q der aus Landeskoordinaten berechneten Strecke $e_{1,2}$ und der indirekt beobachteten bzw. hergeleiteten Strecke $e'_{1,2}$

$$q = \frac{e_{1,2}}{e'_{1,2}}. \tag{2.46}$$

6) Drehwinkel $\alpha = 200 - (t_1^2)'$ (vgl. Abb. 2.3-8).

7) Rechtwinklige Landeskoordinaten y_N und x_N des Standpunktes N:

$$\left.\begin{matrix} t_1^2 + \alpha \\ e'_{N,1} \cdot q \end{matrix}\right\} \quad P \rightarrow R \quad \left\{\begin{matrix} \Delta y & = q \cdot e'_{N,1} \cdot \sin(t_1^2 + \alpha) & y_n & = & y_1 + \Delta y \\ \Delta x & = q \cdot e'_{N,1} \cdot \cos(t_1^2 + \alpha) & x_n & = & x_1 + \Delta x. \end{matrix}\right.$$

2.3.6 Geradenschnitt

Sind zwei Geraden durch die Koordinaten ihrer Anfangs- und Endpunkte gegeben, lassen sich die *Koordinaten des Schnittpunktes* wie folgt ermitteln (Abb. 2.3-9):

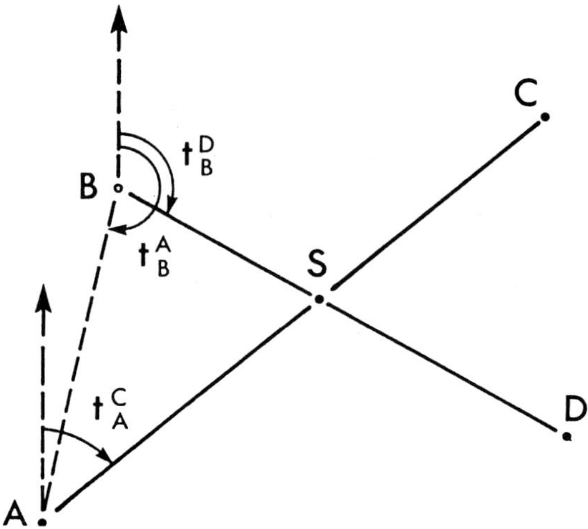

Abbildung 2.3-9: Geradenschnitt

Gegeben: Koordinaten der Geradenendpunkte A, B, C, D

Gesucht : Koordinaten des Schnittpunktes S

Rechengang:

1. Berechnung der Strecke $\overline{AB}$ und der Richtungswinkel t_B^A, t_A^C und t_B^D durch Umrechnung der rechtwinkligen Koordinaten in Polarkoordinaten mit den Gl. (2.15) und (2.16) (Kap. 2.3.1).

2. Berechnung der Seite $\overline{AS}$ nach dem Sinussatz im Dreieck ABS

$$\overline{AS} = \overline{AB} \cdot \frac{\sin(t_B^A - t_B^D)}{\sin(t_B^D - t_A^C)}. \tag{2.47}$$

3. Berechnung des Schnittpunktes durch polares Anhängen (vgl. Gl. (2.13), (2.14))

$$\left.\begin{aligned} y_S &= y_A + \overline{AS} \cdot \sin t_A^C \\ x_S &= x_A + \overline{AS} \cdot \cos t_A^C \end{aligned}\right\} \quad P \rightarrow R \text{ mit Additi-on.}$$

4. Probe durch Berechnung des Richtungswinkels t_S^D, der mit dem Richtungswinkel t_B^D übereinstimmen muss:

$$t_S^D \overset{\text{Soll}}{=} t_B^D.$$

Zur Vermeidung von Aufrundungsungenauigkeiten sollten die Zwischenergebnisse im Rechner gespeichert werden.

Streng zu unterscheiden von diesem „mathematischen“ Schnittpunkt ist der örtlich gebildete und angemessene *Kreuzungspunkt zweier Messungslinien.* Wegen der Messungenauigkeiten und Netzspannungen werden dessen Koordinaten zweckmäßig durch Kleinpunktberechnung auf den Messungslinien und Mittelbildung bestimmt.

Beispiel 2.3.4: Schnittpunkt S der beiden Geraden $\overline{AC}$ und $\overline{BC}$

Gegeben: Die Koordinaten der vier Geradenpunkte A, B, C, D

Punkt	y [m]	x [m]
A	05 063, 10	26 712, 71
B	05 064, 89	27 308, 95
C	05 506, 72	27 224, 43
D	05 464, 89	26 809, 55

Lösung:

$$\overline{AB} = 596,243 \text{ m}$$
$$t_B^A = 200,1911 \text{ gon}$$
$$t_A^C = 45,4696 \text{ gon}$$
$$t_B^D = 157,0074 \text{ gon}$$
$$t_B^A - t_B^D = 43,1838 \text{ gon}$$
$$t_B^D - t_A^C = 111,5378 \text{ gon}$$
$$\overline{AS} = 596,243 \cdot \frac{\sin 43,1838}{\sin 111,5378} = 380,368 \text{ m}$$

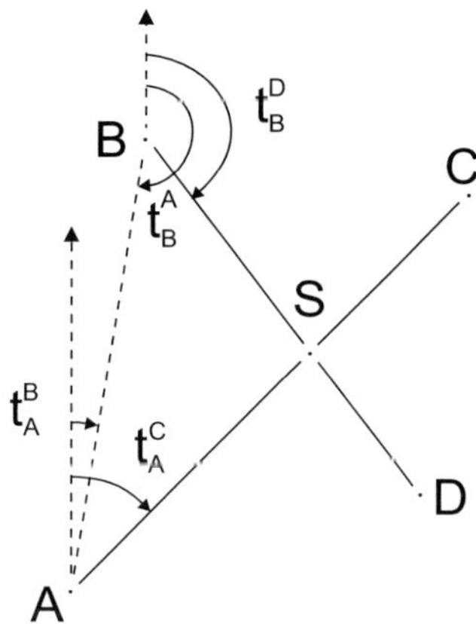

Abbildung 2.3-10: Schnitt der Geraden $\overline{AC}$ und $\overline{BD}$

$$y_S = 05\,063,10 + 380,368 \cdot \sin 45,4696 = \underline{\underline{05\,312,26 \text{ m}}}$$
$$x_S = 26\,712,71 + 380,368 \cdot \cos 45,4696 = \underline{\underline{27\,000,11 \text{ m}}}$$

Probe: $t_S^D = 157,0074 \text{ gon} = t_B^D$

Beispiel 2.3.5: Schnittpunkt S der Geraden $\overline{AC}$ mit der durch den Punkt B gehenden Parallele zur Gerade $\overline{B'D'}$

Gegeben: Die Koordinaten der fünf Punkte A, B, C (siehe Beispiel 2.3.4) und B', D'

Punkt	y	x
B'	05 074, 89	27 310, 32
D'	05 485, 73	26 811, 13

Lösung:

$$\begin{aligned}
\overline{AB} &= 596,243 \text{ m} \\
t_B^A &= 200,1911 \text{ gon} \\
t_A^C &= 45,4696 \text{ gon} \\
t_B^S &= t_{B'}^{D'} = 156,1613 \text{ gon} \\
t_B^A - t_B^S &= 44,0298 \text{ gon} \\
t_B^S - t_A^C &= 110,6917 \text{ gon} \\
\overline{AS} &= \overline{AB} \cdot \frac{\sin 44,0298}{\sin 110,6917} \\
&= 385,701 \text{ m}
\end{aligned}$$

$$\begin{aligned}
y_S &= 05\,063,10 + 385,701 \cdot \sin 45,4696 \\
&= \underline{\underline{05\,315,75 \text{ m}}} \\
x_S &= 26\,712,71 + 385,701 \cdot \cos 45,4696 \\
&= \underline{\underline{27\,004,14 \text{ m}}}
\end{aligned}$$

Probe: t_B^S = 156,1613 gon = $t_{B'}^{D'}$

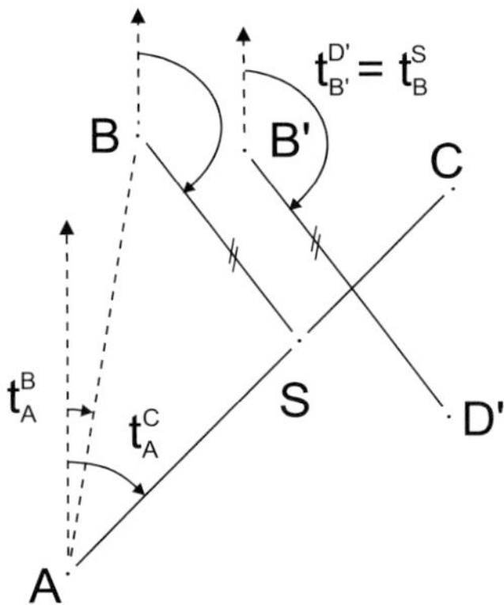

Abbildung 2.3-11: Schnitt der Geraden $\overline{AC}$ mit der Parallelen zu $\overline{B'D'}$ durch Punkt *B*

Beispiel 2.3.6: Fußpunkt *F* des Lotes vom Punkt *B* auf die Gerade $\overline{AC}$

Gegeben: Die Koordinaten der Punkte A, B, C (siehe Beispiel 2.3.4)

Lösung:

$$\begin{aligned}
\overline{AB} &= 596,243 \text{ m} \\
t_A^B &= 0,1911 \text{ gon} \\
t_A^C &= 45,4696 \text{ gon} \\
t_A^C - t_A^B &= 45,2785 \text{ gon} \\
\overline{AF} &= \overline{AB} \cdot \cos(t_A^C - t_A^B) \\
&= 596,243 \cdot \cos 45,2785 = 451,688 \text{ m}
\end{aligned}$$

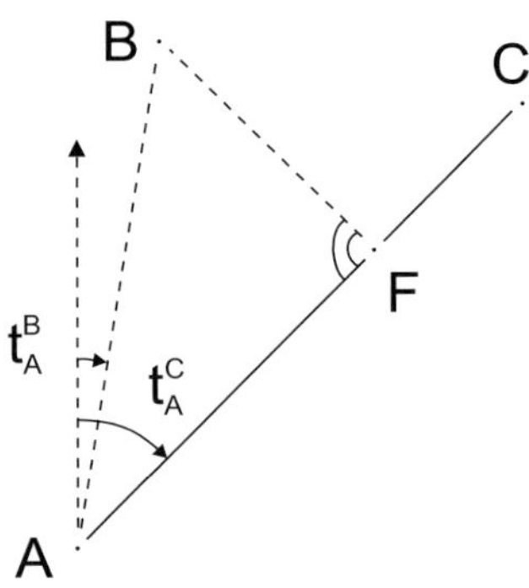

Abbildung 2.3-12: Lotfußpunkt

$$y_F = 05\,063,10 + 451,688 \cdot \sin 45,4696 = \underline{\underline{05\,358,97 \text{ m}}}$$
$$x_F = 26\,712,71 + 451,688 \cdot \cos 45,4696 = \underline{\underline{27\,054,00 \text{ m}}}$$

Probe: t_B^F=145,4696 gon = t_A^C+100 gon

2.4 Flächenberechnung und Kartierverfahren

2.4.1 Flächenberechnung aus Maßzahlen

Durch die geradlinige Verbindung aufgemessener Einzelpunkte ergeben sich Flächen. Deren ebener Flächeninhalt lässt sich unmittelbar aus den Punktbestimmungsmaßen ableiten, weil die Maße immer entweder direkt horizontal gemessen oder nach der Messung in die Horizontale umgerechnet werden.

Zerlegung in Dreiecke und Trapeze

Bei einer reinen Orthogonalaufnahme setzt sich die Gesamtfläche aus *Dreiecken* und *Trapezen* zusammen.

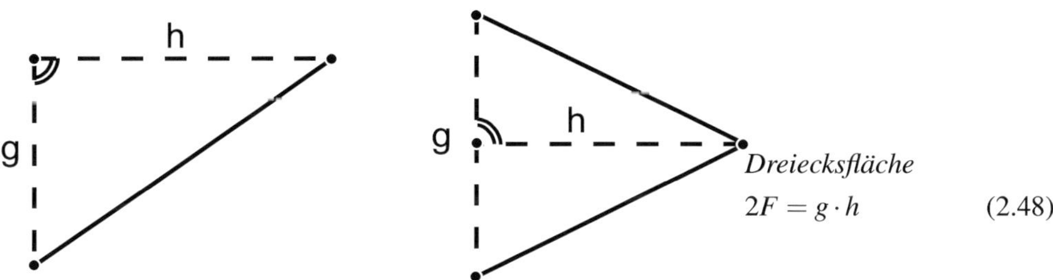

Dreiecksfläche

$$2F = g \cdot h \tag{2.48}$$

Abbildung 2.4-1: Dreiecke

Trapezfläche

$$2F = g \cdot (h_1 + h_2) \tag{2.49}$$

Abbildung 2.4-2: Trapez

Schneidet die Messungslinie die Verbindungsgerade zweier Punkte, entsteht ein *verschränktes Trapez* (Abb. 2.4-3). Die dann außerhalb der Gesamtfigur liegende Dreiecksfläche (F'') ist in dem Trapez enthalten, das auf der gleichen Seite der Messungslinie liegt (F_3 in Abb. 2.4-4). Diese Dreiecksfläche wird bei der Berechnung der auf der anderen Seite der Messungslinie und innerhalb der Gesamtfigur liegenden Dreiecksfläche (F') von dieser subtrahiert, indem man folgende Formel benutzt:

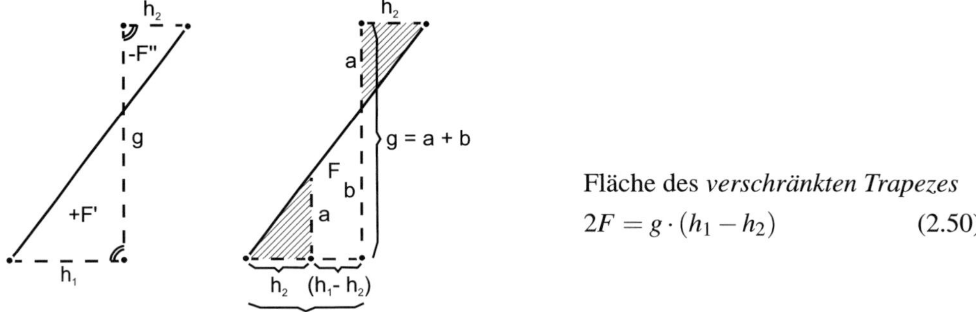

Fläche des *verschränkten Trapezes*

$$2F = g \cdot (h_1 - h_2) \tag{2.50}$$

Abbildung 2.4-3: Verschränktes Trapez

Beispiel 2.4.1: Flächenberechnung eines orthogonal aufgemessenen Grundstücks

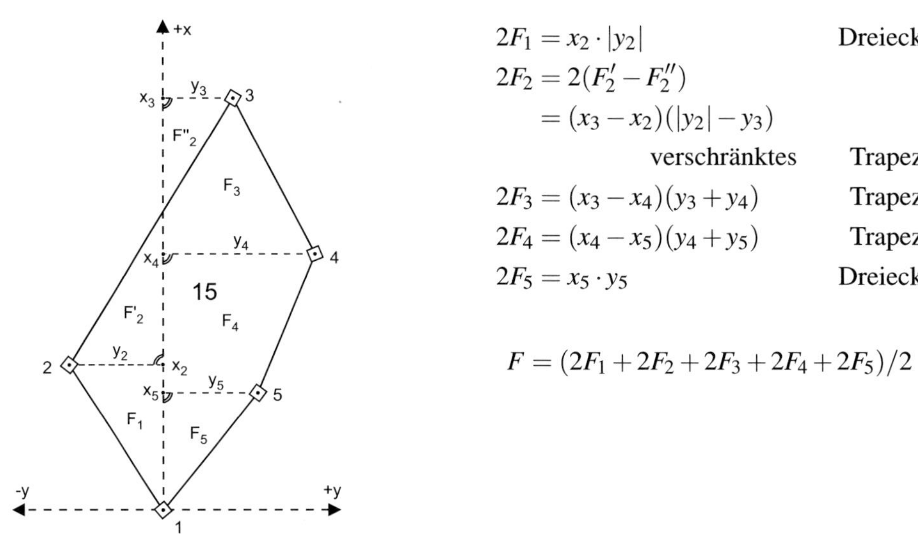

$2F_1 = x_2 \cdot \lvert y_2 \rvert$	Dreieck
$2F_2 = 2(F_2' - F_2'')$	
$= (x_3 - x_2)(\lvert y_2 \rvert - y_3)$	
verschränktes	Trapez
$2F_3 = (x_3 - x_4)(y_3 + y_4)$	Trapez
$2F_4 = (x_4 - x_5)(y_4 + y_5)$	Trapez
$2F_5 = x_5 \cdot y_5$	Dreieck

$$F = (2F_1 + 2F_2 + 2F_3 + 2F_4 + 2F_5)/2$$

Abbildung 2.4-4: Flächenberechnung aus Dreiecken und Trapezen

Flächenformel nach Heron

Sind bei einem Dreieck die Seitenlängen gemessen worden, kann der Flächeninhalt bestimmt werden nach der *Heronschen Flächenformel*

$$F = \sqrt{s(s-a)(s-b)(s-c)}, \text{ mit } s = \frac{a+b+c}{2}\,. \tag{2.51}$$

Flächenberechnung aus Koordinaten

Für die Flächenberechnung aus Koordinaten müssen die n Eckpunkte der Fläche *aufeinanderfolgend* und, bei einem rechtsläufigen Koordinatensystem, auch *rechtsläufig nummeriert* sein.

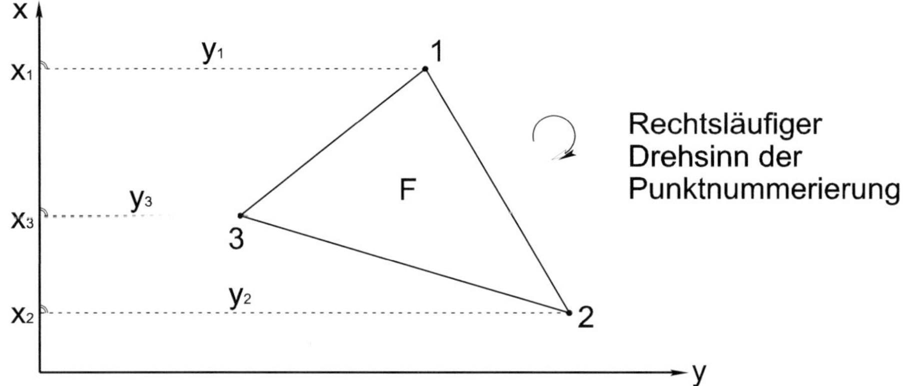

Abbildung 2.4-5: Herleitung der Gaußschen Trapezformel

Der doppelte positive Flächeninhalt F der durch die Punkte 1, 2 und 3 aufgespannten Ebene ergibt sich aus:

$$\begin{aligned} &+\text{Fläche Trapez } X_1, 1, 2, X_2 \\ &-\text{Fläche Trapez } X_3, 3, 2, X_2 \\ &-\text{Fläche Trapez } X_1, 1, 3, X_3 \qquad \textit{bzw.} \end{aligned}$$

$$\begin{aligned} 2F = \; & (y_1 + y_2)(x_1 - x_2) \\ & - (y_2 + y_3)(x_3 - x_2) \\ & - (y_3 + y_1)(x_1 - x_3) \end{aligned}$$

und nach Umstellung (Vorzeichenänderung)

$$\begin{aligned} 2F = \; & (y_1 + y_2)(x_1 - x_2) \\ & + (y_2 + y_3)(x_2 - x_3) \\ & + (y_3 + y_1)(x_3 - x_1). \end{aligned}$$

Mit der Vereinbarung: Punkt $n+1$ = Punkt 1 (Wiederholung) ergibt sich der Flächeninhalt nach der *Gaußschen Trapezformel* zu

$$2F = \sum_{i=1}^{n} (y_i + y_{i+1}) \cdot (x_i - x_{i+1}), \tag{2.52}$$

die sich gut programmieren lässt.

Reduziert man alle Koordinaten auf den ersten Punkt $P_1(y_1, x_1)$, dann werden nur noch die Produkte von Koordinatendifferenzen gebildet und man vermeidet *Ungenauigkeiten wegen begrenzter Anzahl der Rechenstellen eines Rechners* durch Verwendung der Formel:

$$2F = \sum_{i=1}^{n} (y_i + y_{i+1} - 2y_1) \cdot (x_i - x_{i+1}). \tag{2.53}$$

In der Regel ist es bereits ausreichend, wenn auf die Eingabe identischer Vorkommastellen bei den Y-Werten verzichtet wird. Multipliziert man die Klammern der einzelnen Produkte und ordnet die Gleichung entweder nach steigendem y oder nach steigendem x, ergibt sich die *Gaußsche Dreiecksformel*

$$2F = \sum_{i=1}^{n} y_i \cdot (x_{i-1} - x_{i+1}) = \sum_{i=1}^{n} x_i \cdot (y_{i+1} - y_{i-1}). \tag{2.54}$$

Diese Formeln eignen sich besonders für Berechnungen mit einem Taschenrechner, wenn die Gesamtberechnung nicht programmiert ausgeführt wird.

Die Trapez- und Dreiecksformeln gelten auch für Flächenberechnungen aus Koordinaten, bezogen auf z. B. lokale orthogonale Messungslinien oder Profile (Mengenberechnung aus Querprofilen 7.5.1). Die Koordinaten der Punkte sind teils negativ und Verbindungslinien zwischen den Punkten können die Koordinatenachse schneiden. In Abbildung 2.4-4 schneidet die Grenzlinie 2,3 die X-Achse. Für die Flächenberechnung kann auf die Berechnung der Schnittpunktkoordinaten verzichtet werden, da dies über das verschränkte Trapez in der Flächenberechnung berücksichtigt wird. Die Fläche des Dreiecks F_2' (positiv) wird mit der Fläche des Dreiecks F_2'' (negativ) verrechnet. Wären die Beträge von y_2 und y_3 gleich groß, dann wären die Dreiecke kongruent und folglich würde kein verschränktes Trapez vorliegen. Die Fläche F_2'' wird bei der Berechnung des Trapez F_3 $(X_3, 3, 4, X_4)$ bereits mit eingerechnet. Da offensichtlich $F_2' > F_2'(|Y2| > Y3)$ ist, muss noch die Fläche des verschränkten Trapezes berücksichtigt werden: $2F = (Y_2 + Y_3) \cdot (X_2 - X_3)$ unter Beachtung der entsprechenden Koordinatenvorzeichen. Für die Abbildung 2.4-4 ist der Flächenbeitrag des verschränkten Trapezes positiv; für die Abbildung 2.4-6 des Beispiels 2.4.2 negativ.

Beispiel 2.4.2: Flächenberechnung aus Koordinaten mit der Gaußschen Dreiecksformel (s. Abb. 2.4-6).

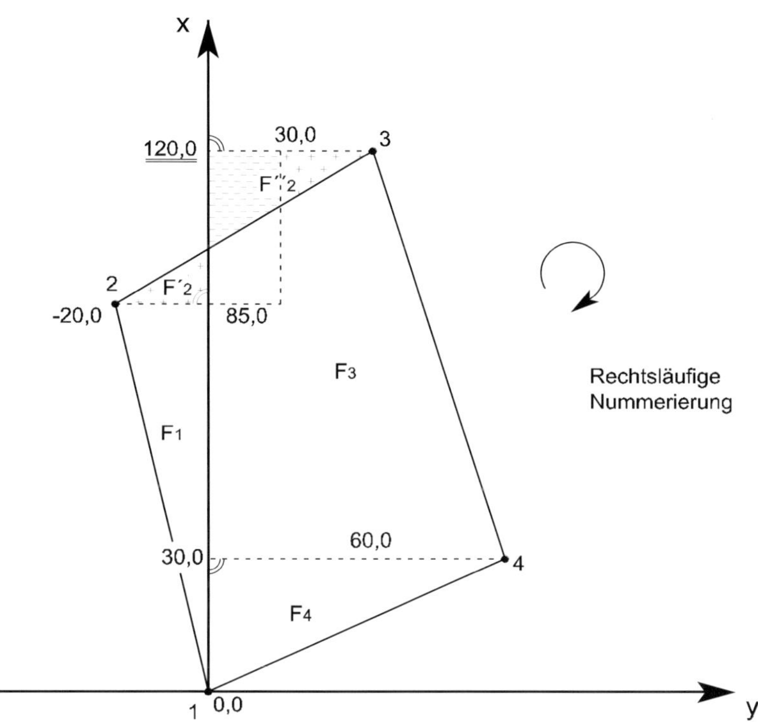

Abbildung 2.4-6: Skizze zur Flächenberechnung nach Koordinaten

Pkt.	y_i	x_i	$y_i + y_{i+1}$	$x_i - x_{i+1}$	$(y_i + y_{i+1}) \cdot (x_i - x_{i+1})$	
1	0,0	0,0	−20	−85	1 700	F1
2	−20,0	85,0	10	−35	−350	F2
3	30,0	120,0	90	90	8 100	F3
4	60,0	30,0	60	30	1 800	F4

$$2F = 11\,250 \text{ m}^2$$
$$F = 5625 \text{ m}^2 = 56,25 \text{ a}$$

Schwerpunktkoordinaten einer Fläche

Die Koordinaten x_S und y_S des Schwerpunktes S einer von n Punkten begrenzten Fläche mit dem Inhalt F (wobei der Punkt 1 als Punkt $n+1$ wiederholt wird) werden berechnet nach

$$x_S = \frac{1}{6}\sum_{i=1}^{n}(x_i^2 + x_i \cdot x_{i+1} + x_{i+1}^2)\cdot(y_{i+1} - y_i)/F; \quad (2.55)$$

$$y_S = \frac{1}{6}\sum_{i=1}^{n}(y_i^2 + y_i \cdot y_{i+1} + y_{i+1}^2)\cdot(x_i - x_{i+1})/F. \quad (2.56)$$

2.4.2 Grafische Flächenermittlung

Die *grafische Flächenermittlung* setzt das Vorhandensein eines kartierten Lageplanes voraus. Sie kann daher nicht genauer sein, als es der Lageplan ermöglicht. Die Genauigkeit der grafischen Flächenermittlung ist damit in erster Linie vom Maßstab und von der Kartiergenauigkeit des Planes abhängig.

Grafische Flächenermittlung mit Anlegemaßstab

Bei der *grafischen Flächenermittlung mit Anlegemaßstab* wird die Gesamtfigur durch Verbinden der Eckpunkte im Lageplan in Dreiecke (oder Rechtecke bzw. Quadrate) zerlegt. Man fällt das Lot auf die Grundlinie, greift die Maße für die Grundlinie und die Höhe (= Lotlänge) mit dem Maßstab ab und berechnet den Flächeninhalt der Dreiecke (bzw. Rechtecke, Quadrate). Ein eventueller *Papierverzug* (Kap. 2.4.3) muss bei jeder grafischen Flächenberechnung berücksichtigt werden. Er ergibt sich als Produkt der Verzerrungen p_x und p_y in x- und y-Richtung und ist unabhängig von den Richtungen der Strecken, aus denen die Fläche berechnet wurde:

$$F = F' \cdot (p_x \cdot p_y).$$

Wenn von den Grundlinien der durch die Zerlegung der Gesamtfigur entstandenen Dreiecke örtlich gemessene Maße bekannt sind (z. B. die Umringsmaße eines Grundstücks) und nur noch die Lote der Dreiecke abgegriffen werden müssen (*halbgrafische Flächenermittlung*), erhöht sich die Genauigkeit der Flächenermittlung. Der Genauigkeitsgewinn ist dann am größten, wenn die kurzen Strecken gemessen und nur die langen Strecken abgegriffen werden.

Flächenberechnung aus Koordinaten, die durch Digitalisierung ermittelt werden

Bei der modernen Art der grafischen Flächenermittlung werden die Eckpunktkoordinaten mithilfe von *Digitizern* ermittelt und anschließend die *Fläche nach Koordinaten* im Rechner bestimmt.

Bei *krummlinig begrenzten Flächen* (z. B. von Höhenlinien umgebene Flächen) fährt man mit dem *Cursor* entlang der Grenzlinie und bestimmt die Koordinaten von Punkten in geeigneten kleinen Abständen. Die gekrümmte Grenzlinie wird folglich durch ein Sehnenpolygon, also durch einen zwischen den Punkten geradlinig verbundenen Grenzverlauf, ersetzt. Anstelle der Einzelpunktbestimmung kann mit einigen Digitizern bei der Umfahrung auch eine *automatische Koordinatenbestimmung* und *-registrierung* nach einem zuvor festgelegten Wegabschnitt – z. B. 1,5 mm – erfolgen.

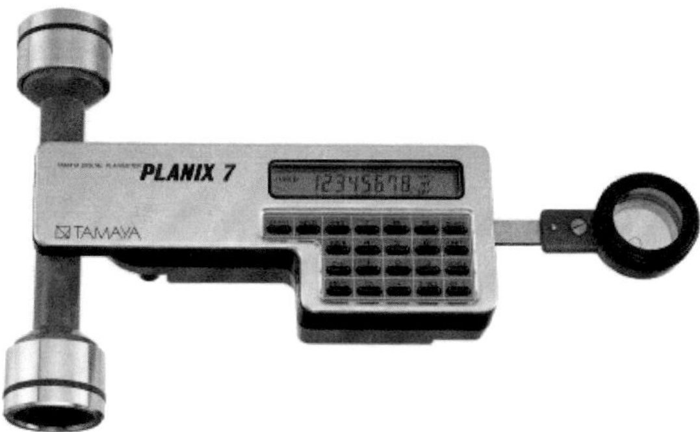

Abbildung 2.4-7: Digitales Rollplanimeter PLANIX von Tamaya Technics Inc.

Hierzu eignen sich spezielle Digital-Rollplanimeter, die man zu den Digitizern zählen kann, da mit ihnen Koordinaten bestimmt werden. Das Gerät errechnet die Koordinaten, indem bei dem Abfahren gekrümmter Linien oder bei Einstellung von geradlinig verbundenen Punkten die Umdrehungen der Laufrolle und die Winkeländerung des Armes gemessen werden (Abb. 2.4-7). Aus den Koordinaten können mit dem Rechner nicht nur Flächeninhalte bestimmt werden, sondern es lassen sich auch die Längen von Geraden und Kurven oder die Radien von Kurven ableiten und im Display anzeigen.

2.4.3 Manuelles Kartierverfahren

Kartieren ist das *maßstäbliche Auftragen* von Punkten auf einen Zeichenträger. Bei der manuellen Kartierung, die nur noch selten zur Anwendung kommt, wird, analog zur Aufmessung im Gelände, zuerst das Liniennetz aufgetragen und geprüft. Anschließend werden die Einzelpunkte abgetragen. Bei auftretenden Unstimmigkeiten ist zu prüfen, ob es sich um Kartier- oder Messungsfehler handelt. Auf diese Weise entsteht eine (meist verkleinerte) Abbildung der Natur, wobei der Maßstab vom Verwendungszweck bestimmt wird. Für kleinere Lagepläne sind die Maßstäbe 1:100, 1:250, 1:500 und 1:1 000 gebräuchlich.

Sind für die aufgemessenen Punkte Koordinaten berechnet worden, wird man die Punkte in einem *Koordinatengitternetz* kartieren. Solch ein Gitternetz stellt die Schnittpunkte runder Koordinatenwerte dar und dient in geodätischen Karten und Plänen zur gegenseitigen Positionierung aller darzustellenden Gegenstände sowie zur Feststellung von Maßstabsänderungen durch Dehnen oder Schrumpfen des Zeichenträgers. Das Gitternetz wird im Allgemeinen durch angerissene Kreuze mit 10 cm Abstand dargestellt. Die Koordinaten werden in der Randleiste angeschrieben.

Zur *manuellen Kartierung* eines Punktes *nach Koordinaten* trägt man in dem zutreffenden Gitternetzquadrat die Koordinatendifferenzen zwischen den Punktkoordinaten und dem runden y-Wert der linken Gitterlinie ($= \Delta y$) bzw. dem runden x-Wert der unteren Linie ($= \Delta x$) maßstäblich ab. Der kartierte Punkt ergibt sich dann als Schnittpunkt der um Δy und Δx versetzten Koordinatengitterlinien (Abb. 2.4-8). Damit die Maßstäblichkeit gewahrt wird und Schrumpfungsabweichungen weitgehend ausgeschaltet werden, ist die Kartierung möglichst auf einen *maßhaltigen Zeichenträger*, wie z. B. gut abgelagerter weißer Zeichenkarton, anzufertigen. Treten beim Kartieren in zeitlichen Abständen Schrumpfungen bzw. Dehnungen

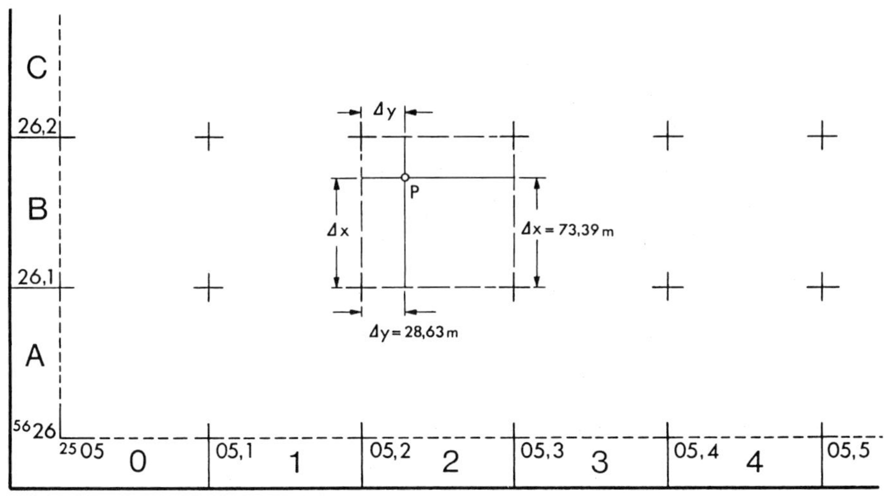

Abbildung 2.4-8: Linker unterer Bereich eines Gitternetzes mit Koordinatenbezifferung in km, Suchquadratbezifferung und mit der Darstellung des Kartiervorgangs für einen Punkt *P* (y = 2 505 228,63 m, x = 5 626 173,39 m)

auf, sind die Abweichungen proportional zu berücksichtigen. Der *Papierverzug* wird hierzu getrennt für beide Koordinatenrichtungen ermittelt. Tritt solch ein Problem auf, so sei dem Leser empfohlen, die Vorgehensweise aus einer älteren Auflage dieses Buches zu entnehmen.

Kartiergeräte

Der *Anlegemaßstab* ist ein Lineal mit abgeschrägten Längskanten, auf denen Teilungen in verschiedenen Maßstäben aufgebracht sind. Der Teilungsnullpunkt (bzw. das Anlegemaß) wird am Beginn der zu kartierenden Strecke an der Geraden angelegt und die Zwischenmaße abgesetzt. Dabei wird auf 0,1 Teilungsintervall geschätzt, wobei auf Parallaxenfreiheit geachtet werden muss. Zur Genauigkeitssteigerung werden die Punkte mit einer *Kopiernadel* gestochen, an der zur Erhöhung der Schätzgenauigkeit eine *Lupe* angebracht werden kann. Die erreichbare Kartiergenauigkeit beträgt 0,2 mm. Zur manuellen Kartierung von Hand werden weiterhin noch *Präzisionslineale* und *Rechtwinkeldreiecke* benötigt. Mit einem gut gespitzten Bleistift mittlerer Härte sind die Striche zu ziehen.

Wenn Punkte nach dem Polarverfahren aufgenommen worden sind, lassen sich die Polarkoordinaten kartieren, indem von der (eventuell nach Koordinaten kartierten) Ausgangsrichtung aus im Aufnahmestandpunkt der Winkel zum aufgenommenen Punkt abgesetzt und auf dem Schenkel die gemessene Entfernung abgetragen wird. Bei kleineren Aufnahmen trägt man den Winkel mit einem *Transporteur* (Winkelmesser) ab. Dies ist eine kreisförmige Scheibe, auf deren Rand eine rechtsläufige Winkelteilung aufgebracht ist. Hat der Transporteur an der Nullrichtung des Teilkreises einen *Maßstabsausschnitt*, dann kann in diesem Maßstabsbereich nach Anlegen des Winkels direkt die Strecke abgetragen werden. Jedoch muss die Winkelteilung dann linksläufig aufgebracht sein. Der abzusetzende Winkel wird an der Ausgangsrichtung angelegt und die Nullrichtung mit dem Maßstabsausschnitt weist zum abzusetzenden Punkt.

3 Winkelmessung

3.1 Horizontal-, Vertikal- und Positionswinkel

Betrachtet man ein Dreieck, dessen Eckpunkte P_1, P_2 und P_3 verschieden hoch sind, sodass z. B. P_2 um $\Delta h_{1,2}$ und P_3 um $\Delta h_{1,3}$ über der Höhe von P_1 liegen, bezeichnet man die in dieser schrägen Dreiecksebene liegenden Winkel γ_1, γ_2 und γ_3 als *Positionswinkel*. In der Horizontalebene x, y schließen die Projektionen der beiden von P_1 ausgehenden Dreiecksseiten den *Horizontalwinkel* β_1 ein. Die Winkel $\alpha_{1,2}$ und $\alpha_{1,3}$ zwischen den Dreiecksseiten und ihren Horizontalprojektionen, die in den zur x-y-Ebene senkrechten Ebenen liegen, heißen *Vertikalwinkel* (Abb. 3.1-1).

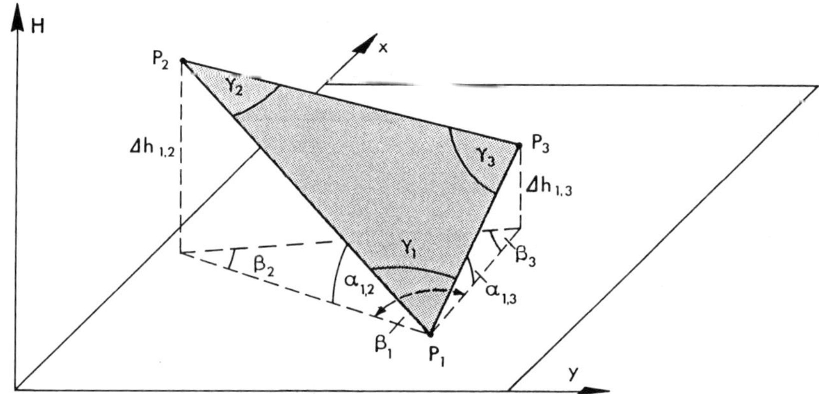

Abbildung 3.1-1: Horizontalwinkel β, Vertikalwinkel α und Positionswinkel γ

Positionswinkel können mit einem *Sextant* gemessen werden und finden hauptsächlich in der Seefahrt Anwendung. Zur Messung der in der Geodäsie verwendeten Horizontal- und Vertikalwinkel dient der *Theodolit*, das Tachymeter bzw. die Totalstation.

3.2 Bestandteile des Theodolits

3.2.1 Libellen

Libellen dienen zur Ausrichtung des Theodolits und anderer geodätischer Instrumente in Bezug auf die Lotrichtung, also der Richtung der Erdschwerebeschleunigung. Man nennt dieses Ausrichten *„Horizontieren“*, weil der zur vertikalen Umdrehungsachse rechtwinklig angeordnete Horizontalkreis des Theodolits horizontal gestellt wird. Für die Grobausrichtung wurden bisher Dosenlibellen und für die Feinausrichtung Röhrenlibellen benutzt. Heute werden für die Horizontrierung in die Instrumente integrierte Neigungssensoren verwendet, die auch als elektronische Libellen bezeichnet werden.

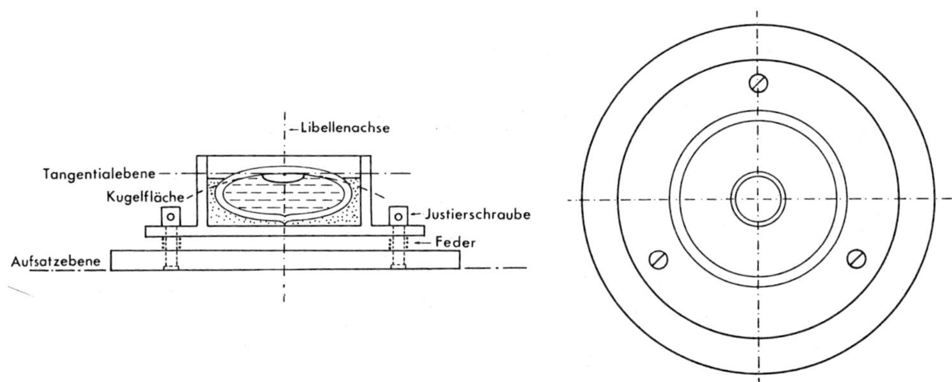

Abbildung 3.2-1: Schnitt und Aufsicht einer Dosenlibelle

Die *Dosenlibelle* (Abb. 3.2-1) besteht aus einem runden Glasgefäß, das innen oben kugelförmig ausgeschliffen ist und nach Füllung mit Weingeist oder Schwefeläther zugeschmolzen wird. Die Blase, die als Indikator zum Einstellen oder *„Einspielen"* der Libelle dient, besteht aus dem Dampf der Libellenflüssigkeit. Sie entsteht durch Abkühlung der heiß eingefüllten Flüssigkeit. Die Libelle spielt ein, wenn die Blase konzentrisch zu dem auf der Oberseite aufgezeichneten einfachen oder doppelten Kreis steht. Der einfache bzw. der innere Kreis verfügt im Allgemeinen über einen Durchmesser, der 1 bis 2 mm größer als der Durchmesser der Blase ist. Die Tangentialebene an die Blase liegt bei einspielender Libelle horizontal und die Libellenachse (= Normale auf die Tangentialebene im Zentrum des Einstellkreises) steht lotrecht. Eine Dosenlibelle ist dann richtig justiert, wenn sich die einmal vorgenommene Einstellung der Libellenblase nach Drehung um die Vertikalachse in die diametrale Stellung nicht ändert. Tangential- und Aufsatzebene liegen dann parallel und horizontal.

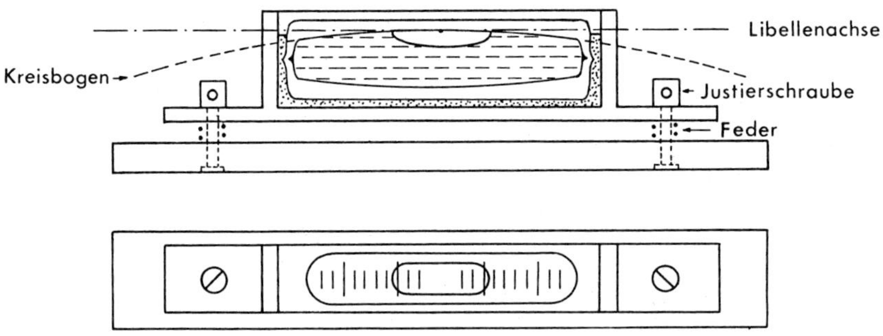

Abbildung 3.2-2: Schnitt und Aufsicht einer Röhrenlibelle

Die *Röhrenlibelle* (Abb. 3.2-2) besteht aus einer zylindrischen Glasröhre, die innen tonnenförmig ausgeschliffen (Längsschnitt somit Kreisbogenstück), oben in Längsrichtung mit einer Strichteilung versehen und ebenso wie die Dosenlibelle mit Weingeist oder Schwefeläther gefüllt ist. Der Libellenkörper wird fest in ein Gehäuse eingebaut. Dieses Gehäuse ist gegen die Unterlage justierbar gelagert.

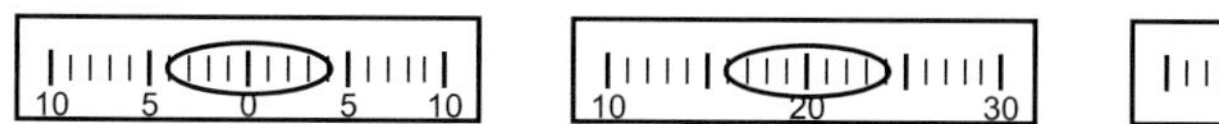

Abbildung 3.2-3: Teilung einer Röhrenlibelle mit Bezifferung

Die Röhrenlibelle spielt ein, wenn die Blase zentrisch zur Mitte der Teilung steht. Die Teilung ist entweder von der Mitte der Libelle nach rechts und links fortlaufend bzw. durchlaufend beziffert oder trägt keine Bezifferung (Abb. 3.2-3). Das Teilungsintervall ist 2 mm = 1 Pars (bei alten Libellen 2,256 mm = 1 Pariser Linie).

Eine Röhrenlibelle ist dann richtig justiert, wenn der *Spielpunkt S* mit dem *Normalpunkt M*, dem Mittelpunkt der Teilung, zusammenfällt. Unter dem Spielpunkt *S* versteht man den Mittelwert zweier Blaseneinstellungen vor und nach dem Umsetzen der Libelle um 200 gon; die Tangente an den Schliffkreisbogen im Spielpunkt liegt parallel zur Aufsatzebene.

Bei einspielender, justierter Libelle sind die Libellenachse (Tangente an den Schliffkreis im „Normalpunkt") und die Aufsatzebene in Richtung der Setzlinie (= Projektion der Libellenachse auf die Aufsatzebene) parallel und horizontal ausgerichtet. Wenn die Libelle in einer zu dieser Stellung um 100 gon gedrehten Setzlinie ebenfalls einspielt, ist die Aufsatzebene in allen azimutalen Richtungen horizontal gestellt.

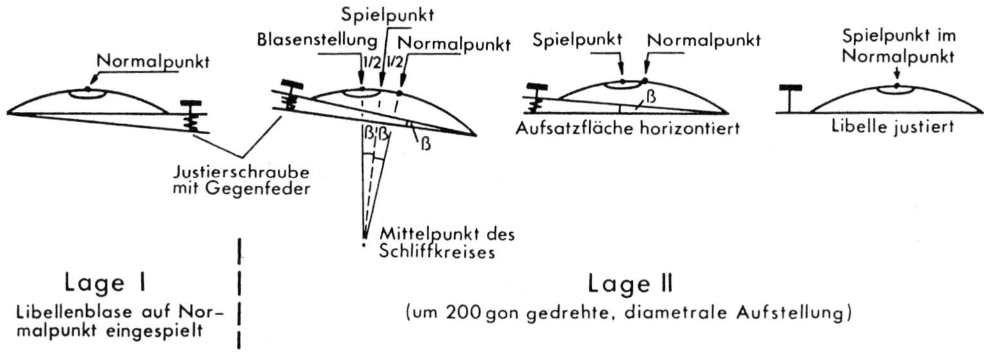

Abbildung 3.2-4: Spielpunktermittlung, Horizontierung und Justierung bei einer dejustierten Libelle

Der Winkelwert α, um den man die Libelle neigen muss, damit die Blase um ein Teilungsintervall von 2 mm weiterläuft (= Winkel zwischen den Schliffkreisradien durch zwei benachbarte Teilungsstriche), wird die *Empfindlichkeit* oder *Angabe der Libelle* genannt. Sie kann u. a. mit Libellenprüfern bestimmt werden.

Bei den in geodätischen Instrumenten eingebauten Dosenlibellen liegt die Empfindlichkeit im Allgemeinen bei $3'$ bis $5'$. Einfache Röhrenlibellen besitzen Angaben von $20''$ bis $30''$, feinere liegen im Bereich $5''$ bis $10''$. Die besten Röhrenlibellen (für astronomische Beobachtungen und feinste Neigungsmessungen) liegen mit ihrer Empfindlichkeit bei $1''$.

Wenn der Spielpunkt und der Normalpunkt einer Libelle nicht zusammenfallen, ist sie dejustiert. Falls man ein Instrument mit dejustierter Libelle horizontieren will, muss vorab der

Spielpunkt bestimmt werden, der sich als Blasenmittelstellung zwischen den Blasenablesungen bei zwei um 200 gon gedrehten Aufstellungen ergibt. Bei der Horizontierung wird dann der Spielpunkt und nicht der davon abweichende Normalpunkt verwendet, d. h. der bei der diametralen Aufstellung der Röhrenlibelle sich zeigende Blasenausschlag wird zur Hälfte durch Neigung der Aufsatzfläche (z. B. mit den Fußschrauben eines Dreifußes, Kap. 3.4.1) beseitigt. Zur Justierung muss der restliche halbe Blasenausschlag beseitigt werden. Dazu wird die nach der Horizontierung im Spielpunkt stehende Libellenblase mithilfe der Justierschrauben im Normalpunkt eingespielt, sodass der Spielpunkt mit dem Normalpunkt zusammenfällt (Abb. 3.2-4). Einige Ausführungsformen von Röhrenlibellen sind die zum Horizontieren ebener Flächen oder als Wasserwaage auch zum Ausrichten vertikaler Wände bekannte Setzlibelle und die Kreuzlibelle (Zwei Libellen, die in einem Winkel von 100 gon zueinander angeordnet sind und besonders zum Horizontieren von Flächen verwandt werden). Die Neigungssensoren (elektronische Libellen) werden in Kap. 3.2.4 behandelt.

3.2.2 Messfernrohr

Mit einem *Fernrohr*, welches aus einer Kombination verschiedener Linsen besteht, lassen sich entfernte Gegenstände scheinbar vergrößert betrachten. Bevor der Fernrohraufbau im Einzelnen behandelt wird, seien daher zunächst einige Abbildungsgesetze und -fehler der Linsen erläutert.

Optische *Linsen* bestehen aus einem durchsichtigen und brechenden Stoff, meist optisches Glas, und sind von zwei Kugelflächen oder einer Kugelfläche und einer ebenen Fläche begrenzt. Konvergiert (sammelt sich) ein paralleles Strahlenbündel nach Durchgang durch eine Linse, spricht man von einer *Sammellinse*, bei Divergenz (Auseinanderstreben) des Strahlenbündels von einer *Zerstreuungslinse*. Die ersten sind in der Mitte dicker als am Rand, die zweiten dünner. Nach außen gekrümmte Linsenflächen heißen *konvex*, nach innen gekrümmte *konkav* (Abb. 3.2-5).

Die Verbindungslinie der Krümmungsmittelpunkte beider Linsenflächen ist die *optische Achse* der Linse. Ein System von Linsen, wie es die meisten optischen Instrumente enthalten, muss so zentriert sein, dass die optischen Achsen der Linsen auf einer Geraden liegen.

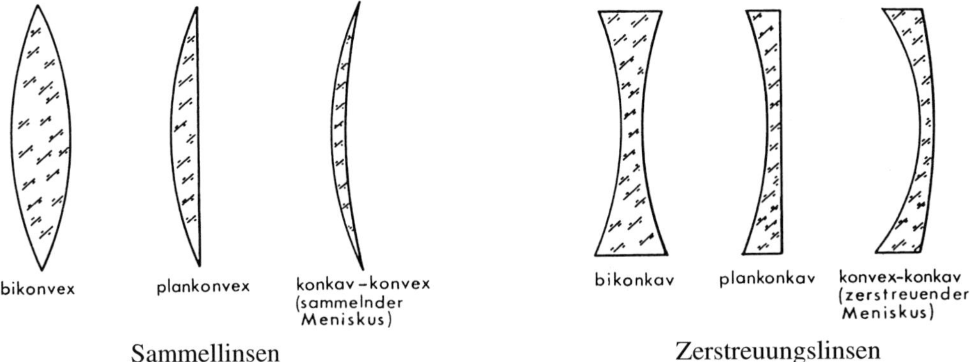

Abbildung 3.2-5: Linsenformen

Für dünne Linsen und achsnahe Strahlen gilt:
Lichtstrahlen, die parallel zur optischen Achse einer Linse verlaufen, schneiden sich nach der Brechung im *Brennpunkt* auf der optischen Achse hinter der Linse. Der Schnittpunkt von untereinander, jedoch nicht zur optischen Achse parallelen Strahlen liegt auf der im Brennpunkt senkrecht zur optischen Achse stehenden *Brennebene*. Lichtstrahlen durch den optischen Mittelpunkt (*Hauptstrahlen*) werden nicht abgelenkt. Der Abstand zwischen dem Mittelpunkt und dem Brennpunkt heißt die *Brennweite* f'. Der Kehrwert der Brennweite in Metern ist die *Brechkraft* D. Sie wird in Dioptrien (dpt) gemessen:

$$D = \frac{1}{f'} \text{ [dpt]}. \tag{3.1}$$

Bei der *Abbildung durch eine konvexe Linse* (Sammellinse) entsteht von einem Gegenstand (mit der Größe y in der Abb. 3.2-6), der um mehr als die doppelte Brennweite $\bar{f}$ (Dingweite oder Gegenstandsweite $a \geq 2\bar{f}$) von der Linse entfernt ist, ein umgekehrtes Bild (mit der Größe y') hinter der Brennebene ($f' \leq$ Bildweite $a' \leq 2f'$). Die Bezeichnungen entsprechen der DIN 1335, wonach die Abstände auf der x-Achse nach links und auf der y-Achse nach unten negativ definiert sind.
Somit ergibt sich das Abbildungsverhältnis

$$\beta' = \frac{y'}{y} = \frac{a'}{a}. \tag{3.2}$$

Ding und Bild stehen bei positivem β' gleichgerichtet und bei negativem β' umgekehrt. Unter Berücksichtigung der Vorzeichen für die Strecken (siehe Abb. 3.2-6) gilt

vor der Linse	hinter der Linse
$\frac{\bar{f}}{a} = \frac{-y'}{y+(-y')}$	$\frac{f'}{a'} = \frac{y}{y+(-y')}$.

Addiert man beide Gleichungen, zeigt sich

$$\frac{\bar{f}}{a} + \frac{f'}{a'} = 1,$$

woraus sich wegen

$$\bar{f} = -f'$$

die Abbildungsgleichung mit Dingweite a und Bildweite a' zu

$$-\frac{1}{a} + \frac{1}{a'} = \frac{1}{f'} \tag{3.3}$$

ergibt. Sie lässt sich mit den Brennpunktabständen $\bar{x}$ und x' auch angeben in der Form

$$\bar{x} \cdot x' = \bar{f} \cdot f'. \tag{3.4}$$

Unter Berücksichtigung von $f' > 0$ bei konvexen Linsen und $f' < 0$ bei konkaven Linsen *gelten die Formeln für beide Linsenarten*. Bei der *Abbildung durch eine konkave Linse* (Zerstreuungslinse) entstehen virtuelle, verkleinerte und aufrechte Bilder. Bildweite a' und Brennweite f' sind negativ (Abb. 3.2-7).

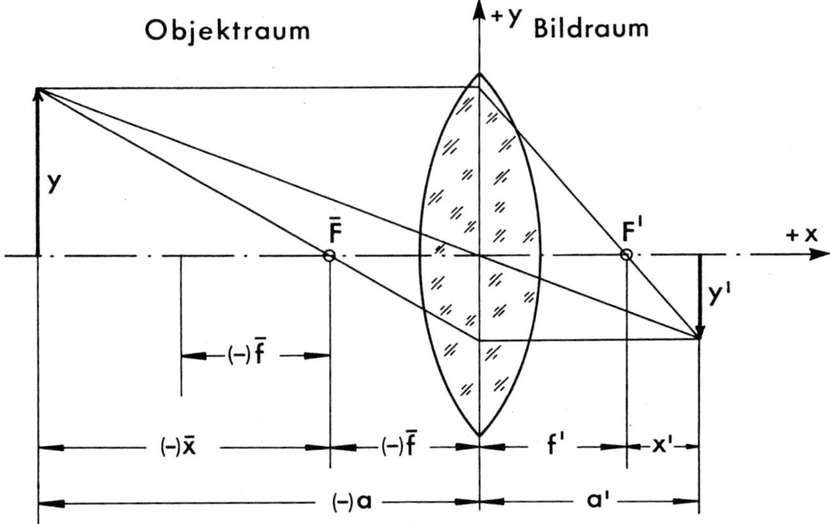

a = Dingweite oder Gegenstandsweite; a' = Bildweite
$\bar{x}$ = dingseitiger Brennpunktabstand; x' = bildseitiger Brennpunktabstand
$f' = -\bar{f}$ = Brennweite

Abbildung 3.2-6: Abbildung durch eine Sammellinse ($a > 2f$)

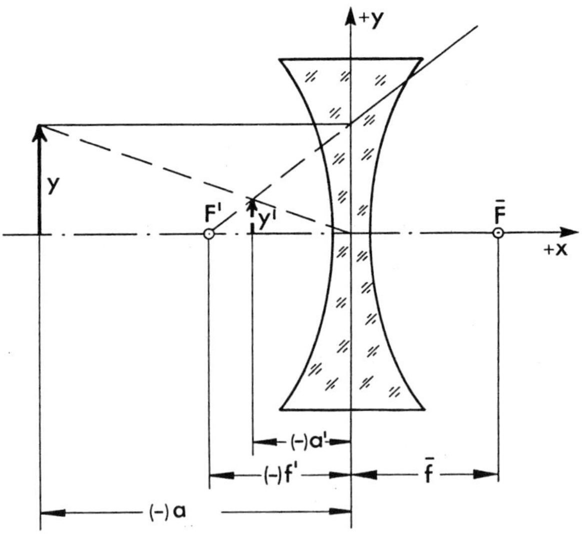

Abbildung 3.2-7: Abbildung durch eine Zerstreuungslinse

Befindet sich der Gegenstand innerhalb der einfachen Brennweite einer Sammellinse ($a < \bar{f}$), entsteht ein virtuelles Bild auf derselben Seite der Linse, auf der sich der Gegenstand befindet. Die Bildweite a' ist folglich negativ und das Bild erscheint aufrecht und vergrößert. In dieser Anordnung kann die Sammellinse daher als *Lupe* verwendet werden. Die günstigste Beobachtungsart mit einer Lupe erhält man, wenn sich der Gegenstand in der Brennebene befindet ($a = \bar{f}$), weil dann die von jedem Punkt des Gegenstandes ausgehenden Strahlen die Lupe als Parallelstrahlen verlassen und das Auge entspannt (auf unendlich akkommodiert) betrachten kann (Abb. 3.2-8).

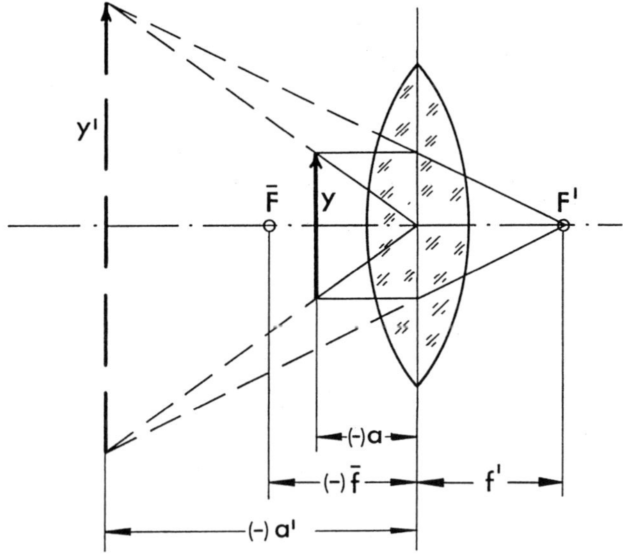

Abbildung 3.2-8: Abbildung durch eine Sammellinse ($a < f$)

Das (Tangens-)Verhältnis des Winkels φ', unter dem der Gegenstand mit der Lupe erscheint, zum Winkel φ, unter dem er mit bloßem Auge in der „deutlichen Sehweite" $s_0 = 250$ mm zu sehen ist, bezeichnet man als *Vergrößerung* v_L *der Lupe* (Abb. 3.2-9)

$$v_L = \frac{\tan\varphi'}{\tan\varphi} = \frac{y/\bar{f}}{y/s_0} = \frac{s_0}{\bar{f}} = \frac{250\text{ mm}}{\bar{f}}. \tag{3.5}$$

Lupen werden in Fernrohren zur Betrachtung des von einer vorgeschalteten Linse entworfenen Bildes benutzt.

Die bisher behandelten Abbildungsgesetze gelten streng nur für dünne Linsen, einfarbiges Licht und achsnahe Strahlen. Bei dicken Linsen muss man sich zur Konstruktion des Strahlenganges statt eines Mittelpunktes und einer Mittelebene zwei sogenannte „Hauptpunkte" und „Hauptebenen" denken. Die Brennweiten einer dicken Linse bzw. eines Linsensystems sind die Abstände der Brennpunkte von ihren Hauptebenen. Die Linsengleichung (3.3) bzw. (3.4) behält ihre Gültigkeit (Abb. 3.2-10).

Die Strahlbrechung beim Durchgang durch eine Linse erfolgt unterschiedlich stark (Dispersion), weil das natürliche Licht verschiedene Farben mit unterschiedlicher Wellenlänge

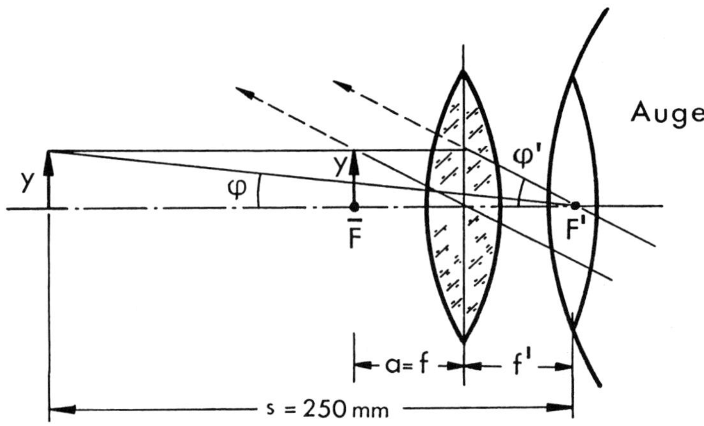

Abbildung 3.2-9: Verwendung einer Sammellinse als Lupe $(a = f)$

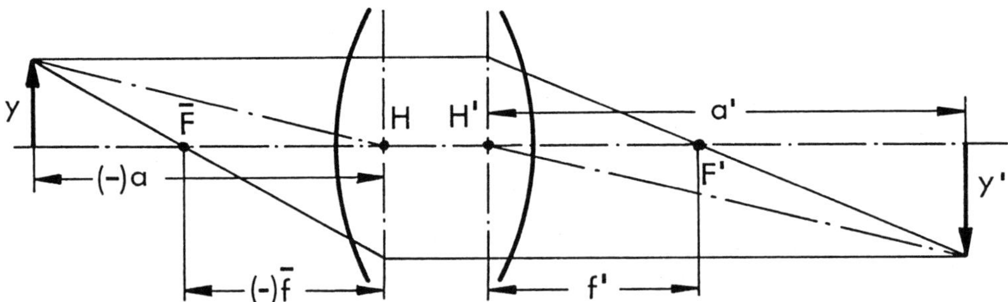

Abbildung 3.2-10: Konstruktion des Strahlenverlaufs mithilfe der Hauptebenen und Hauptpunkte

enthält. Der hierdurch entstehende Abbildungsfehler (chromatische Aberration) lässt sich für zwei oder mehr Farben weitgehend durch eine Kombination von Gläsern unterschiedlicher Dispersion (Achromate bzw. Apochromate) ausschalten. Ein Achromat besteht mindestens aus einer Sammel- und einer Zerstreuungslinse, weil die Linsen entgegengesetzte Brechkräfte haben müssen (Abb. 3.2-11).

Die weiteren, sich unterschiedlich stark auswirkenden Abbildungsfehler, wie z. B. sphärische Aberration, Astigmatismus, Bildfeldwölbung und Koma, werden durch verschiedene Linsenkombinationen in Abhängigkeit vom Verwendungszweck minimiert. Die durch achsferne Randstrahlen verursachten Abbildungsfehler lassen sich durch eine Blende im Strahlengang ausschalten, die vor oder hinter der Linse angeordnet ist (Abb. 3.2-12).

Ordnet man zwei Sammellinsen so hintereinander an, dass ihre optischen Achsen zusammenfallen, ergibt sich das *astronomische* oder *Keplersche Fernrohr*, das im Prinzip in geodätischen Instrumenten überwiegend verwendet wird. Durch die vordere *Objektivlinse* mit großer Brennweite wird von einem entfernten Gegenstand ein umgekehrtes, verkleinertes, reelles Bild entworfen, das von der hinteren *Okularlinse* mit kurzer Brennweite als Lupe vergrößert betrachtet wird (Abb. 3.2-13). Unter der Vergrößerung ist hier wieder das (Tan-

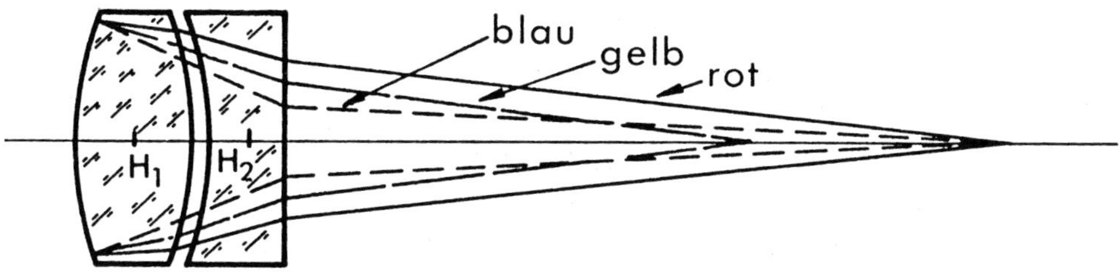

Abbildung 3.2-11: Ausschaltung der chromatischen Aberration für die Farben Rot und Blau durch ein achromatisches Doublet

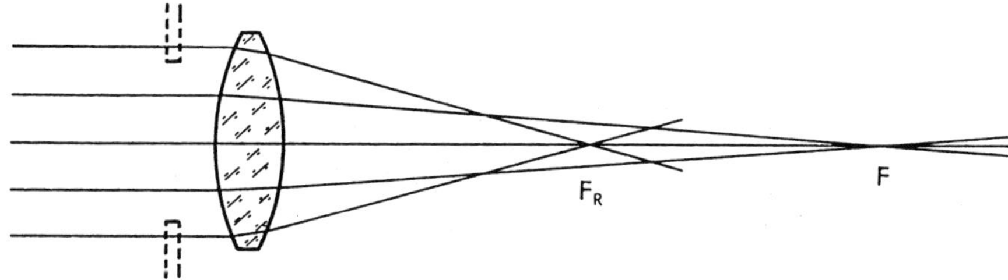

Abbildung 3.2-12: Ausschalten von Randstrahlen durch eine Blende

gens-)Verhältnis des Sehwinkels φ', unter dem der Gegenstand im Fernrohr erscheint, zu dem Sehwinkel φ, unter dem der Gegenstand ohne Fernrohr gesehen wird, zu verstehen.

Für einen im Unendlichen liegenden und in der Brennebene abgebildeten Gegenstand ($a' = f_1'$) ergibt sich als *Fernrohrvergrößerung* (vgl. Gl. (3.5))

$$v = \frac{y'/f_2'}{y'/f_1'} = \frac{f_1'}{f_2'}$$

das Verhältnis der Objektiv- zur Okularbrennweite.

Da sich bei Änderung der Gegenstandsweite a auch die Bildweite a' des Objektivs ändert, war zum Betrachten des reellen Bildes in den Fernrohren älterer geodätischer Instrumente das Okular verschiebbar angebracht (*Fernrohr mit Okularauszug*). In den heutigen Instrumenten ist zwischen Objektiv und Okular innerhalb der Brennweite des Objektivs eine Zerstreuungslinse als *Zwischenlinse* angeordnet. Durch Verschieben dieser Zwischenlinse wird erreicht, dass das reelle Bild des Gegenstandes in einem festen Abstand vom Objektiv erscheint und somit das als Lupe zum Betrachten des Bildes benutzte Okular ebenfalls fest im Abstand der Okularbrennweite von der Abbildungsebene im gemeinsamen Tubus angeordnet werden kann. Dadurch ist das *Fernrohr mit Innenfokussierung* besser gegen das Eindringen von Staub und Wasser geschützt und besitzt eine kürzere Baulänge als das ältere Fernrohr mit Okularauszug (Abb. 3.2-14). Sind im Fernrohr hinter der Zwischenlinse zusätzlich Umkehrprismen eingebaut, wird der Strahlengang gedreht, damit der Gegenstand aufrecht betrachtet werden kann.

Damit ein Fernrohr als Messfernrohr verwendet werden kann, muss ein *Strichkreuz* (früher „*Fadenkreuz*“ genannt) in der vorderen Brennebene des Okulars eingebaut sein. Dadurch

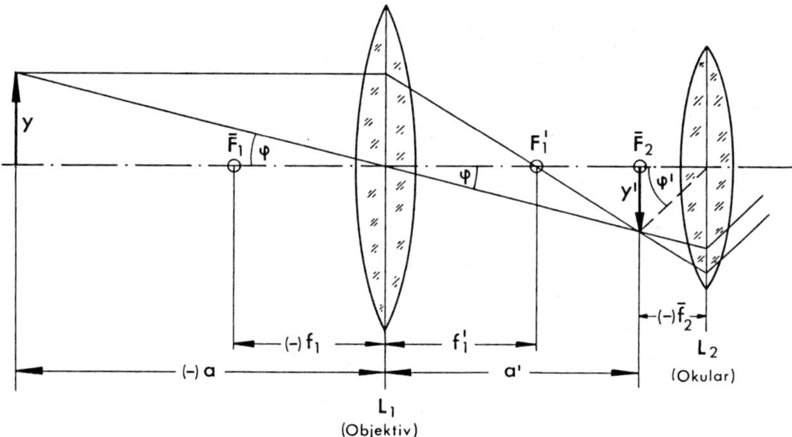

Abbildung 3.2-13: Strahlengang im astronomischen Fernrohr

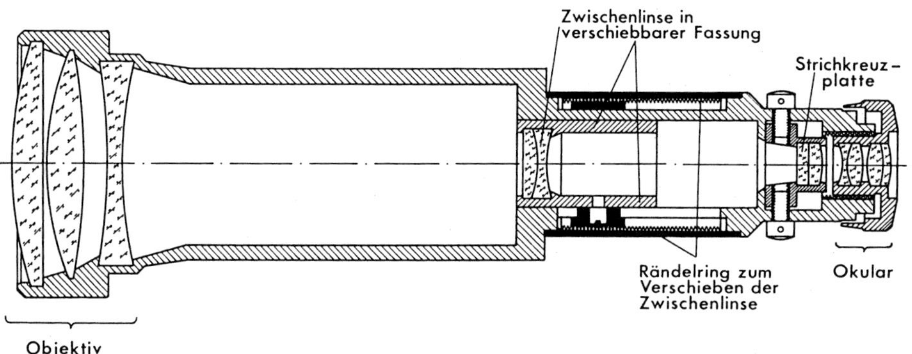

Abbildung 3.2-14: Fernrohr mit Innenfokussierung

erhält das Fernrohr eine Zielachse. Das von Objektiv und Zwischenlinse entworfene Bild wird zusammen mit dem Strichkreuz durch das Okular betrachtet. Die *Zielachse* ist definiert als die Verbindungsgerade zwischen *dem* im Unendlichen liegenden Punkt, der in der Strichkreuzmitte abgebildet wird, und der Strichkreuzmitte selbst. Weil die optischen Achsen der Linsensysteme im Fernrohr selbst bei sorgfältigster Justierung nicht vollkommen exakt zentriert eingebaut werden können und außerdem die Zwischenlinse beim Verschieben auch leichte Kippbewegungen ausführt, kann sich die Zielachse geringfügig bei der Einstellung auf unterschiedliche Zielweiten (Fokussierung) verlagern. Wegen der daraus resultierenden systematischen und unregelmäßigen Abweichungen muss man für hoch genaue Messungen von der folgenden, exakten Definition ausgehen:

> Denkt man sich alle Bilder des Strichkreuzes untereinander verbunden, die bei der Umfokussierung auf unterschiedliche Zielweiten im Objektraum abgebildet würden, ergibt sich keine Gerade, sondern eine als *Ziellinie des Messfernrohres*

bezeichnete Kurve. Die Krümmung der Ziellinie ist jedoch nur im Nahbereich erkennbar.

Neben dieser strengen Definition kann man für die meisten praktischen Zielungen die *Zielachse* vereinfacht als die *Verbindungsgerade von Objektiv- und Strichkreuzmitte* ansehen, sodass die Ziellinie und die Zielachse identisch sind.

Das Strichkreuz (Abb. 3.2-15) wird auf eine planparallele Glasplatte eingeätzt und dann geschwärzt. Es kann durch Justierschrauben sowohl horizontal als auch vertikal verschoben sowie gedreht werden.

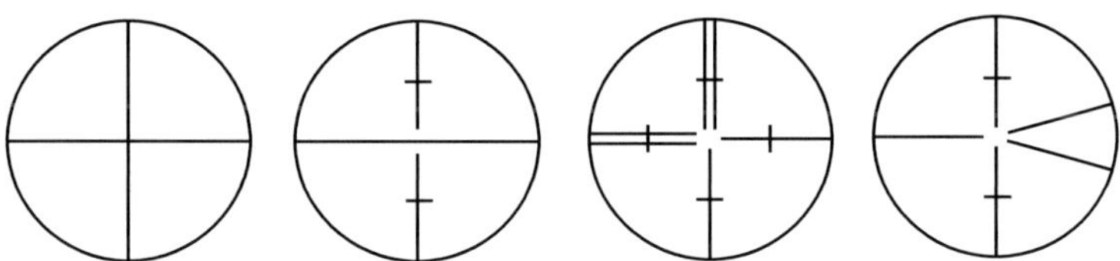

Abbildung 3.2-15: Strichkreuzformen

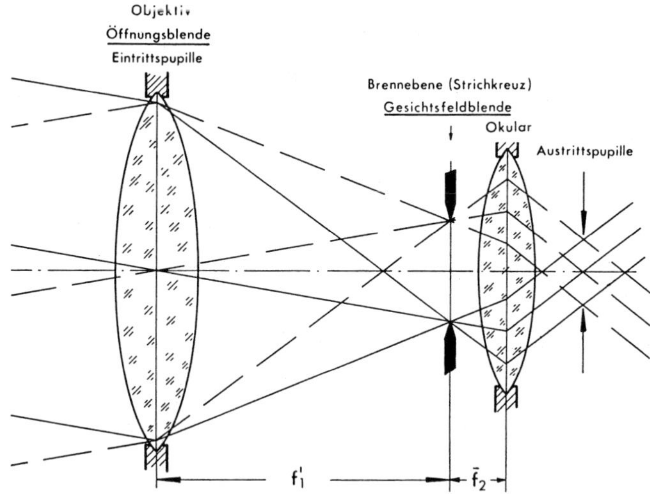

Abbildung 3.2-16: Öffnungs- und Gesichtsfeldblenden

Zur Verringerung der durch Randstrahlen bedingten Abbildungsfehler sind im Fernrohr zwei Blenden wirksam, nämlich die *Öffnungsblende*, die im Allgemeinen mit der Objektivfassung identisch ist, sowie die *Gesichtsfeldblende*, die sich durch die freie Öffnung in der Strichkreuzebene ergibt (Abb. 3.2-16).

Beim Beobachten mit einem Messfernrohr ist unbedingt zu beachten, dass zunächst das Strichkreuz scharf auf das optische System „Fernrohrokular – Auge des Beobachters" durch Drehen an der Schraubenfassung des Okulars eingestellt werden muss. Diese Einstellung ist nicht für alle Beobachter dieselbe, weil deren Augen nicht gleichsichtig sind. Auf einem Ring am Okular ist eine in Dioptrien eingeteilte Skala angebracht, die bei richtiger Montage für

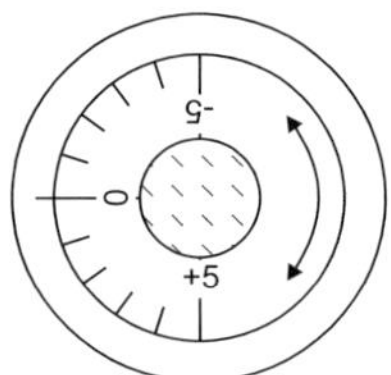

Abbildung 3.2-17: Dioptrie-Skala am Okular zur Scharfeinstellung des Strichkreuzes

ein normalsichtiges und auf Unendlich akkommodiertes Auge null anzeigt (Abb. 3.2-17).

Zur Scharfeinstellung des Strichkreuzes richtet man das auf ∞ fokussierte Fernrohr gegen einen hellen Hintergrund (z. B. Himmel) oder hält ein weißes Blatt Papier vor das Objektiv und dreht die Dioptrieteilung aus der äußersten (−) Stellung so weit zurück, bis das Strichkreuz scharf erscheint. Danach wird dann bei jeder Zielung durch Drehen an der Fokussierschraube bzw. am Fokussierring die Zwischenlinse so weit verschoben, bis das anvisierte Objekt in der Strichkreuzebene abgebildet wird. Das Bild des Zielpunktes wird nun zusammen mit dem Strichkreuz durch das Okular beobachtet. Verschieben sich Bild und Strichkreuz bei Bewegung des Auges senkrecht zur Zielrichtung gegeneinander, fallen die Bild- und die Strichkreuzebene nicht zusammen. Es liegt dann eine Einstellparallaxe vor. Die Dioptrieeinstellung und die Fokussierung des Zieles sind daher zu verbessern. Danach braucht die Dioptrieeinstellung des Okulars nur noch von Zeit zu Zeit überprüft werden.

3.2.3 Aufbau des Theodolits

Der Theodolit besteht aus dem *Unterbau*, der mit dem Stativ fest verschraubt wird, und dem um die Vertikalachse drehbaren *Oberbau* (Abb. 3.2-18). Zum Unterbau gehört der *Dreifuß* mit den drei *Fußschrauben*, das *Achssystem der Stehachse* und der *Horizontalkreis* (auch „Limbus" genannt), der für die Messung der Horizontalrichtungen mit einer Winkelteilung versehen ist. Ruht der Horizontalkreis auf einer besonderen, gegenüber der Theodolitstehachse verdrehbaren Achsbuchse, lässt sich z. B. eine im Voraus berechnete Ablesung für eine Ausgangsrichtung einstellen. Die Stehachse besteht dann aus einem sogenannten „doppelten Achssystem" (Abb. 3.2-19).
Zu dem Oberbau eines Theodolits gehört der *Fernrohrträger*, das *Fernrohr*, das *Display* und mindestens *eine Libelle* und die *Einrichtung zum Messen von Vertikalwinkeln* (Kippachse, Vertikalkreis). Die Drehung des Fernrohrs sowohl um die Stehachse als auch um die Kippachse kann für die genaue Einstellung eines Zieles mittels einer *Klemmschraube* arretiert werden. Für feinfühlige Verstellungen ist für beide Drehrichtungen je eine *Feintriebschraube* vorhanden. Neben der vertikalen *Stehachse V* und der horizontalen *Kippachse H* sind am Theodolit noch die *Libellenachse L* der Stehachslibelle und die *Zielachse Z* definiert.

Die Benutzung eines Theodolits geschieht meist von einem dreibeinigen *Stativ* aus, dessen Spitzen kräftig in den Boden eingetreten werden, um eine stabile Theodolitaufstellung zu erreichen. Der Dreifuß des Theodolits wird mit einer Anzugschraube auf die Aufsatzfläche des Stativs geschraubt (Abb. 3.2-20). Mithilfe der drei Fußschrauben lässt sich die Stehachse des Theodolits lotrecht stellen. Dieser Vorgang wird *„Horizontieren"* genannt, weil dabei gleichzeitig der Horizontalkreis horizontal ausgerichtet wird.

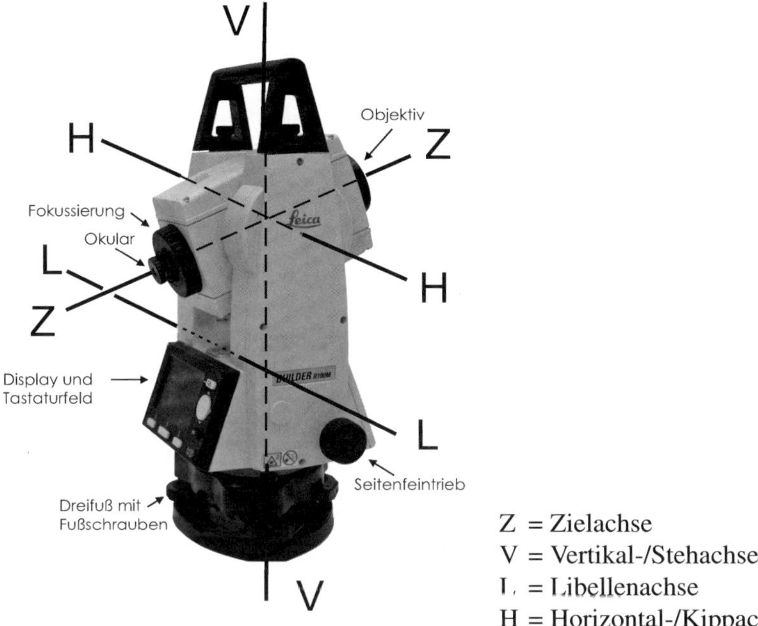

Z = Zielachse
V = Vertikal-/Stehachse
L = Libellenachse
H = Horizontal-/Kippachse

Abbildung 3.2-18: Theodolit-/Tachymeteraufbau

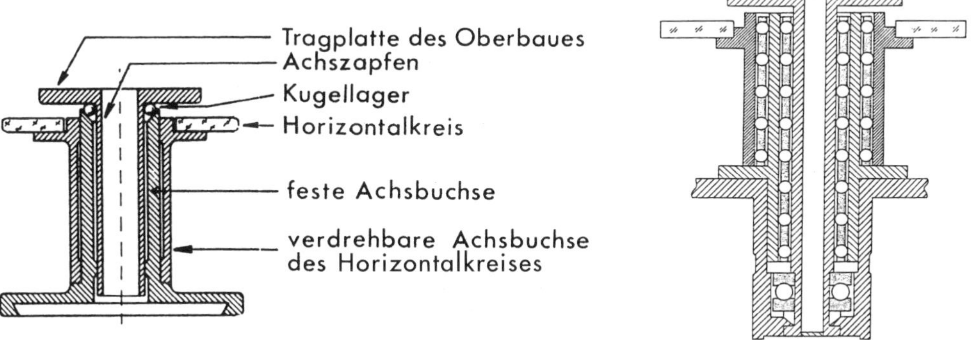

Abbildung 3.2-19: Doppelte Stehachssysteme (links: mit einem Führungsring und einem Kugellager, rechts: mit einer Kugelführungsachse)

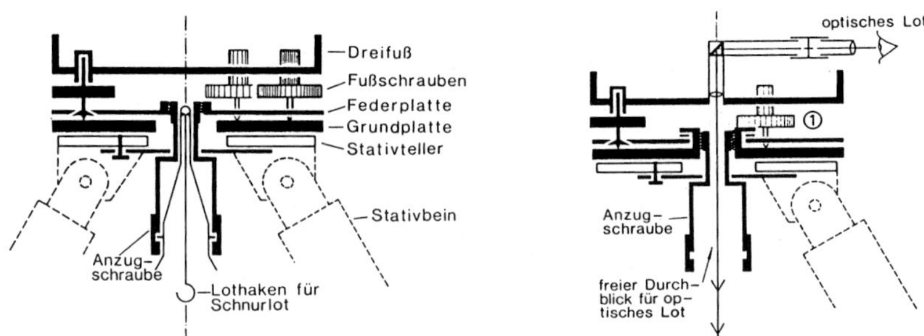

Abbildung 3.2-20: Verbindung der Stativaufsatzfläche mit Dreifuß

Zur Zentrierung des Tachymeter über einem Bodenpunkt (Kap. 3.5.1), d. h. zur lotrechten Aufstellung über dem Zentrum des Punktes, ist die Anzugschraube zum Durchblick beim Zentrieren mit einem *optischen Lot* innen hohl (Abb. 3.2-20). Die Zentriergenauigkeit mit einem optischen Lot beträgt ungefähr 0,5 mm. Die meisten Instrumente werden jedoch mit einem Laserlot ausgestattet, mit dem sich die Zentrierung einfacher erreichen läßt.

Oft ist es notwendig, dieselben Festpunkte nacheinander mit verschiedenen Geräten (z. B. Tachymeter und Prisma) zu besetzen. In solchen Fällen wählt man ein Instrumentensystem mit *Zwangszentrierung*, bei dem mittels mechanischer Einrichtungen die verschiedenen Geräte unter Beibehaltung der einmal vorgenommenen Zentrierung untereinander ausgetauscht werden können. Der Dreifuß eines Tachymeters oder Zusatzgerätes ist praktisch der Adapter zwischen dem Gerät und dem Stativ. Es ist also möglich, einen Tachymeter, der auf einem Stativ über einem Festpunkt zentriert ist, nach Lösen der Arretiervorrichtung aus seinem Dreifuß herauszuheben und an seiner Stelle z. B. ein Prisma einzusetzen (Abb 6.3-7).

Der Vorteil der Zwangszentrierung liegt einmal in der Zeitersparnis, da auf jedem Punkt, auf dem verschiedene Geräte nacheinander gebraucht werden, nur einmal zentriert werden muss, und zum anderen in der Steigerung der Messgenauigkeit, weil sich der Einfluss von Zentrierungenauigkeiten auf das Messergebnis verringert.

3.2.4 Einrichtungen zur Winkelmessung

Bei der Messung von Horizontalwinkeln wird der Oberbau mit dem Fernrohr und dem Index des Horizontalkreises so lange gedreht, bis der Zielpunkt mit dem Fernrohr genau angezielt ist. Dabei bleibt der mit der Teilung versehene *Horizontalkreis fest* stehen. Der jedem angezielten Punkt entsprechende Richtungswert wird abgelesen. Die Winkel ergeben sich als Differenz der Richtungen.

Der *Vertikalkreis* ist zusammen mit dem Fernrohr fest mit der Kippachse verbunden und *macht daher alle Drehbewegungen mit*. Die *Abtaststelle* bleibt dagegen *fest* stehen und wird bei historischen Theodoliten durch Einspielen der mit ihr fest verbundenen *Indexlibelle* in seine horizontale Sollstellung gebracht.

Die Indexlibelle ist durch *Pendel-* oder *Flüssigkeitskompensatoren* ersetzt worden. Diese werden durch die Erdschwerkraft ausgerichtet und korrigieren automatisch einen wegen einer *Stehachsschiefe* δ (= Abweichung aus der Lotrichtung) fehlerhaften Vertikalwinkel.

Da die Nullrichtung zum Zenit zeigt, werden *Zenitwinkel* z gemessen, im Gegensatz zum *Höhenwinkel* α, dessen Nullrichtung horizontal liegt. Während bei der Zenitwinkelmessung keine Vorzeichen benötigt werden, ist bei der Höhenwinkelmessung der Höhenwinkel nach oben positiv (+) und nach unten (auch *Tiefenwinkel* genannt) negativ (−) definiert.

Bei *elektronischen Theodoliten*, die in ihrem Aufbau den optischen Theodoliten entsprechen, war das Ziel der Entwicklung, die Ablesung der Teilkreise und das Aufschreiben der Messwerte durch eine automatische Erfassung der anfallenden Daten zu ersetzen.

Zum Abtasten der Teilkreise wird im Wesentlichen das Code- und das Inkrementalverfahren benutzt. Die Feinabtastung erfolgt durch Interpolation. Neben diesen beiden Methoden gab es noch das dynamische Verfahren. Wegen der grundsätzlichen Bedeutung seien diese beiden Abtastverfahren kurz erläutert. Die Anzeige der Richtungswerte bei einem elektronischen Theodolit erfolgt über ein Display, nachdem diese zuvor in einem Mikroprozessor entsprechend den vom Hersteller eingegebenen Programmen aufbereitet wurden.

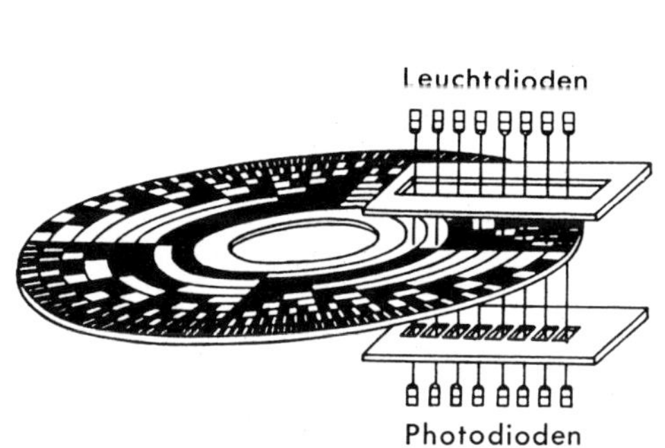

Abbildung 3.2-21: Prinzip der Abtastung eines Codekreises nach *Deumlich*

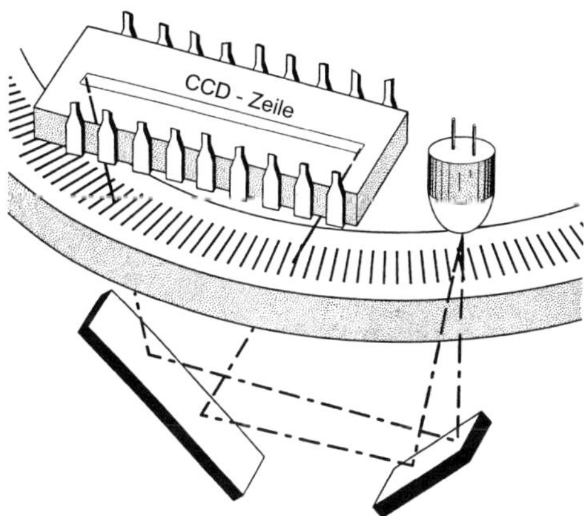

Abbildung 3.2-22: Prinzip des Winkelabgriffs bei den LEICA GEOSYSTEMS-Instrumenten

Grundlage des *Codeverfahrens* ist ein mit einer Codeteilung versehener Teilkreis, durch den jeder Teilkreisstellung eindeutig ein codiertes Ausgangssignal zugeordnet wird. Die Teilung besteht aus einer Anzahl nebeneinanderliegender radialer Spuren, die aus durchleuchtbaren und nicht durchleuchtbaren Feldern bestehen. Oberhalb jeder Spur ist jeweils eine Leuchtdiode angeordnet, deren Lichtsignal durch eine unterhalb der Codescheibe befindliche entsprechende Fotodiode in ein elektrisches Signal umgewandelt wird (Abb. 3.2-21). Je nachdem, ob sich über den Fotodioden ein durchsichtiges oder ein nicht durchsichtiges Feld befindet, wird ein Signalimpuls oder ein Nullsignal weitergegeben. Die auf diese Weise jeder Teilkreisstellung zuzuordnende Dualzahl wird in Form von Impulsen an den Mikroprozessor weitergeleitet.

Auch bei den LEICA GEOSYSTEMS-Instrumenten ist ein statischer, absoluter Winkelabgriff implementiert, bei dem die codierte Teilung eines Glaskreises optoelektronisch ausgelesen wird (Abb. 3.2-22). Im Gegensatz zu dem zuvor behandelten Winkelmesssystem, bei dem die Position aus mehreren parallelen Spuren decodiert werden muss, ist der Kreis mit

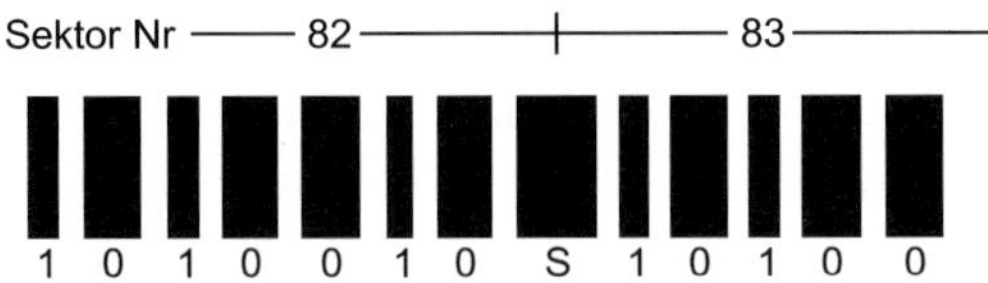

Abbildung 3.2-23: Serielle Codierung

nur einer Teilungsspur versehen, deren Code sich fortlaufend ändert (serielle Codierung) und die gesamte Positionsinformation enthält (Abb. 3.2-23). Dieser Code wird mittels eines linearen CCD-Arrays und einer 8 bit A/D-Wandlung ausgelesen und liefert die Grobposition auf ungefähr 0,3 gon genau. Der Kreis ist, wie sich aus der Abbildung entnehmen lässt, in Grobintervalle aufgeteilt, die durch einen breiten Strich (Sektor Marke) getrennt werden. Ein Grobintervall enthält sieben weitere Striche, die zwei unterschiedliche Breiten besitzen. Damit sind die insgesamt 128 Grobintervalle binär eindeutig durchnummeriert und weisen einen Bereich von je 3,125 gon auf.

Die Feinmessung ergibt sich aus der Bestimmung der Lage der Schwerpunkte der einzelnen Codestriche auf dem Array und deren Mittelbildung unter Verwendung eines entsprechenden Algorithmus. Zur Bestimmung der Position müssen mindestens zehn Codestriche erfasst werden. In der Regel sind jedoch etwa 60 Codestriche an einer Messung beteiligt. Dadurch erhöhen sich Interpolationsgüte, Redundanz und Reproduzierbarkeit. Dieses Winkelmesssystem wird vom Prinzip her bei allen LEICA GEOSYSTEMS-Theodoliten und -Tachymetern verwendet.

Der gemessene Wert für die Horizontalrichtung wird, bevor er angezeigt bzw. registriert wird, noch mit Korrekturen versehen. Diese Korrekturen werden aus den zuletzt bestimmten und im Instrument abgespeicherten Ziellinien- und Kippachsabweichungen und aus der aktuellen Komponente der Stehachsschiefe quer zur Ziellinie in Abhängigkeit des gemessenen Vertikalwinkels berechnet.

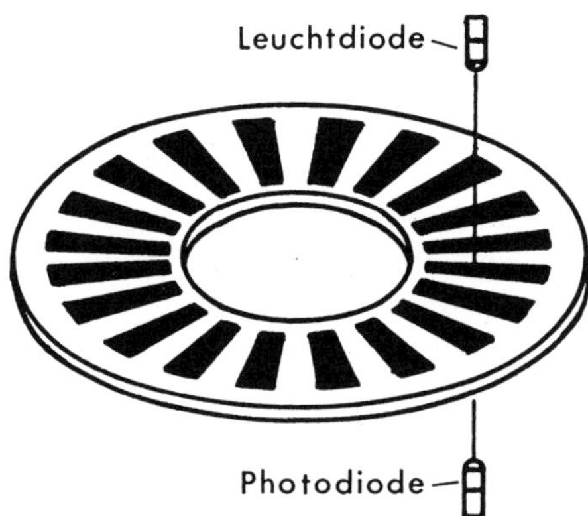

Abbildung 3.2-24: Prinzip der Kreisabtastung beim Inkrementalverfahren

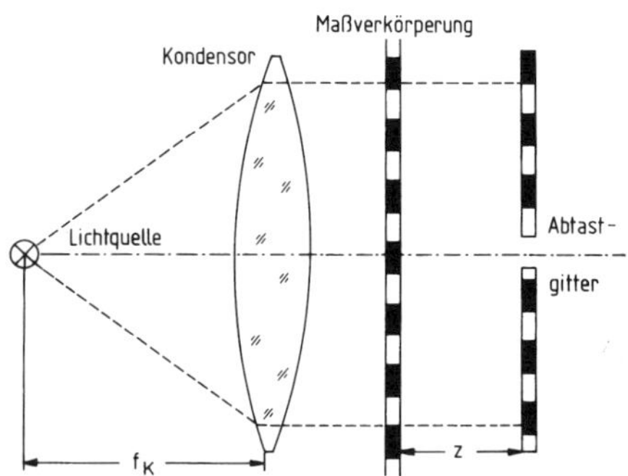

Abbildung 3.2-25: Prinzipieller Aufbau eines fotoelektrischen inkrementalen Messsystems

Beim *Inkrementalverfahren* (Abb. 3.2-24) werden Teilkreise mit einer radialen unbezifferten Strichteilung benutzt, die eine Folge von Hell-Dunkel-Feldern darstellen, aus denen mithilfe einer Leuchtdiode und einer korrespondierenden Fotodiode, ähnlich wie beim Codeverfahren, schließlich binäre Impulse erzeugt werden. Die lichtundurchlässigen Striche, die so breit sind wie die lichtdurchlässigen Lücken dazwischen, werden beim Herstellungsprozess der Teilung auf den aus Glas bestehenden Teilkreis aufgedampft. Jedoch lassen sich mit diesem Verfahren den jeweiligen Teilkreisstellungen keine Absolutwerte zuordnen, wenn die Instrumente nicht über eine zusätzlich definierte Nullposition verfügen. Es wird lediglich die Anzahl der überstrichenen Hell-Dunkel-Felder gezählt. Bewegt man den Teilkreis relativ zur Diode, erfährt die von der Fotodiode empfangene Strahlung eine Intensitätsmodulation, deren elektrisches Signal näherungsweise sinusförmig ist. Bei der Prinzipskizze Abbildung 3.2-24 fehlt das heute üblicherweise verwendete Abtastgitter, wie es in Abbildung 3.2-25 eingezeichnet ist. Der Begriff „Maßverkörperung“ in der Abbildung soll andeuten, dass ein entsprechendes System auch der präzisen Längenmessung dienen kann. Für Teilkreise mit Durchmessern von 70 bis 100 mm lassen sich Raster von 25 000 Strichen herstellen, was einem Zählintervall von 0,016 gon entspricht. Das für geodätische Zwecke erforderliche Auflösungsvermögen erreicht man durch *Interpolation*, wobei die Signalperiode durch elektronische Interpolation weiter unterteilt wird. Hierfür kommen unterschiedliche Prinzipien zur Anwendung.

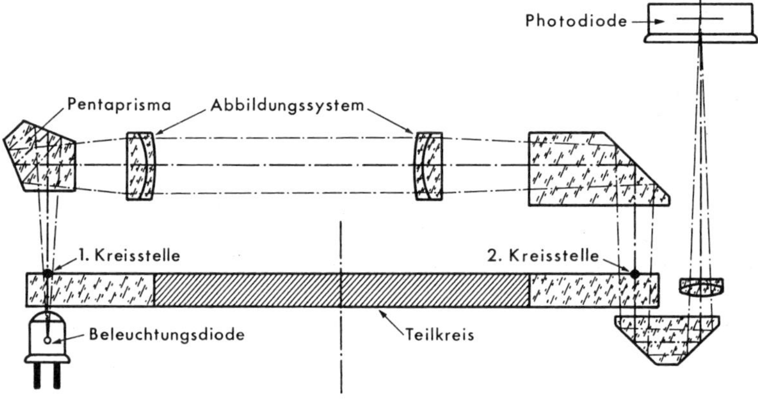

Abbildung 3.2-26: Prinzip einer diametralen Kreisabtastung

Der Teilung auf dem Teilkreis stehen vier entsprechende Teilungen auf einem Abtastgitter gegenüber (vgl. Abb. 3.2-25, hier jedoch nur zwei), die untereinander jeweils einen Versatz von 90°, also von $\frac{1}{4}$ einer Periode aufweisen. Der Abtastkopf, der Teilkreis und Abtastgitter u-förmig umschließt, trägt auf der einen Seite die Beleuchtungseinrichtung und auf der anderen Seite vier Dioden, die den vier Feldern des Abtastgitters zugeordnet sind. Bei einer Relativbewegung zwischen Gitter und Teilkreis entstehen vier Signale der Form (Abb. 3.2-27)

$$\begin{aligned} y_1 &= A \cdot \sin\varphi + C, \\ y_2 &= A \cdot \sin(\varphi + 90^\circ) + C, \\ y_3 &= A \cdot \sin(\varphi + 180^\circ) + C, \end{aligned}$$

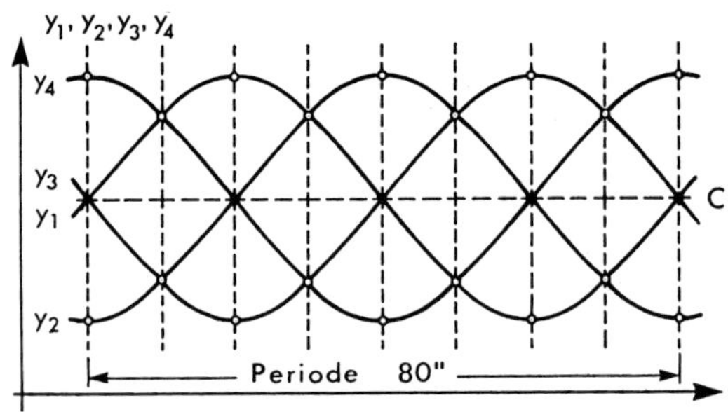

Abbildung 3.2-27: Signale der inkrementalen Winkelabtastung

$$y_4 = A \cdot \sin(\varphi + 270°) + C,$$

die digitalisiert werden.
Durch Differenzbildung entstehen Signale der Form

$$y_1^* = y_1 - y_3 \quad \text{und} \quad y_2^* = y_2 - y_4.$$

Aus der Gleichung

$$\varphi = \arctan \frac{y_1 - y_3}{y_2 - y_4}$$

wird der jeweilige Phasenwinkel φ und damit die Stellung innerhalb der Periode ermittelt. Die Perioden werden durch ein Vor-Rückwärtszähler gezählt und zum Ergebnis des Interpolationswertes addiert.

Die Auflösung beträgt je nach Instrumententyp $5''$, $2''$, $1''$ oder $0{,}3''$. Eine einfache, rein digitale Auswertung nutzt die speziellen Schaltschwellen der Sinus/Cosinus-Signale aus, die in Abbildung 3.2-27 an den durch die Nullstellen und den gleichen bzw. entgegengesetzt gleichen Amplituden der Signale gekennzeichnet sind.

Zur Orientierung der beiden Teilkreise sind diese mit einer Markierung versehen, die durch ein Diodenpaar im Abtastkopf detektiert wird. Das erfolgt nach dem Einschalten des Instruments durch Kippen des Fernrohrs bzw. Drehen der Alhidade. Teilkreisexzentrizitäten werden entweder durch diametrale Abtastung (Abb. 3.2-26), zwei unabhängige Abgriffsysteme oder durch nachträgliche Korrektion der Kreisablesungen aufgrund der gespeicherten Exzentrizitätswerte eliminiert.

An dieser Stelle sei eingefügt, wie sich eine Teilkreisexzentrizität auswirkt. Bei der Montage im Herstellerwerk ist davon auszugehen, dass die Teilscheibe zur Achse nicht exakt genau zentriert werden kann. Üblicherweise ist heute die Exzentrizität der Teilung zur Achse $< 1\ \mu$m. Zwischen der Exzentrizität e, dem mittleren Teilungsradius R und der Exzentrizitätsabweichung $\Delta\varphi$ besteht folgende Beziehung (Abb. 3.2-28):

$$\frac{e}{R} = \frac{\sin \Delta\varphi}{\sin \varphi}.$$

Da $\Delta\varphi$ ein kleiner Winkel ist, gilt:

$$\Delta\varphi = \frac{e}{R} \cdot \rho'' \cdot \sin \varphi.$$

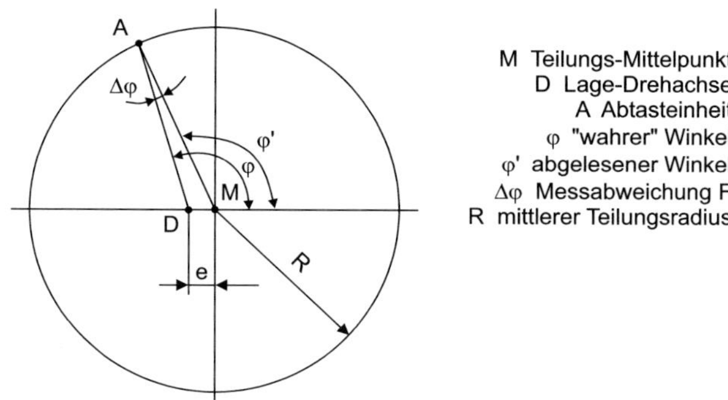

Abbildung 3.2-28: Darstellung der Teilkreisexzentrizität mit M = Teilungsmittelpunkt und D = Drehpunkt der Stehachse sowie φ' = abgelesene Richtung

Im ungünstigsten Fall wird bei Drehung der $\sin\varphi = 1$, sodass

$$\Delta\varphi = \frac{e}{R} \cdot \rho''$$

ist. Der numerische Wert, den $\Delta\varphi$ bei $R = 40$ mm und $e = 1$ μm annehmen kann, lässt sich leicht abschätzen, nämlich $\Delta\varphi = 2{,}5'' \approx 0{,}75$ mgon.

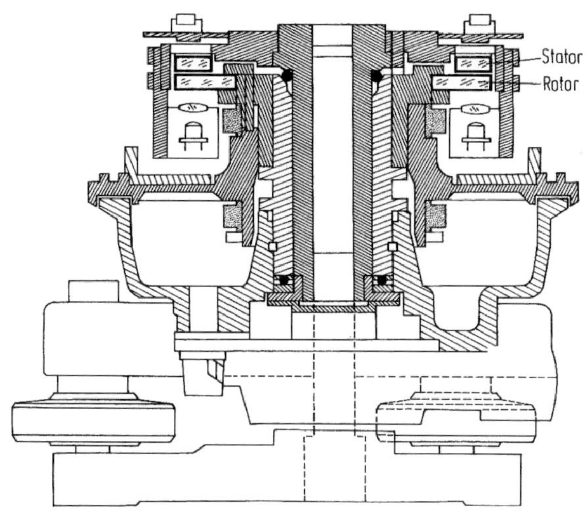

Abbildung 3.2-29: Schnittbild des TOPCON GTS-303

Bei den TOPCON-Instrumenten der GTS-Serie wird ebenfalls die inkrementelle Kreisabtastung benutzt, bei der auf einer Teilkreisscheibe eine Strichteilung von 16 200 gleich großen, transparenten und nicht durchsichtigen Feldern aufgebracht ist, die von einer feststehenden Lichtquelle beleuchtet werden (Abb. 3.2-29). Auf der gegenüberliegenden Seite befinden sich auf einer Scheibe Blenden, deren Form und Größe jeweils einem Feld entsprechen, die aber um $\pi/2$ gegeneinander versetzt sind, sodass die durchtretende Lichtstrahlung bei Bewegung der Alhidade sinus- bzw. cosinusförmig moduliert wird. Der über dieser Scheibe angebrachte fotoelektrische Detektor wandelt die Strahlung in ein elektrisches Signal um, dessen Periode einem Winkelwert von 360°: 16 200 = 80″ = 24,7 mgon entspricht. Bei Zählung der Nulldurchgänge der aufsteigenden Flanke des Sinussignals wird eine Grobauflösung in identischer Größe erreicht. Die notwendige höhere Feinauflösung geschieht durch Interpolation der beiden phasenverschobenen Signale (sin und cos) und deren um 45° bzw. 135° elektrisch konvertierten Signale (Abb. 3.2-30). Der Phasenwinkel φ ergibt sich aus der Beziehung

$$\varphi = \frac{a}{a+b} \cdot 10''$$

mit $a = \sin\varphi$ und $b = \frac{1}{2}\sqrt{2}(\sin\varphi - \cos\varphi)$. Durch die diametrale Anordnung der Abgriffsysteme wird der Einfluss einer eventuellen Teilkreisexzentrizität eliminiert.

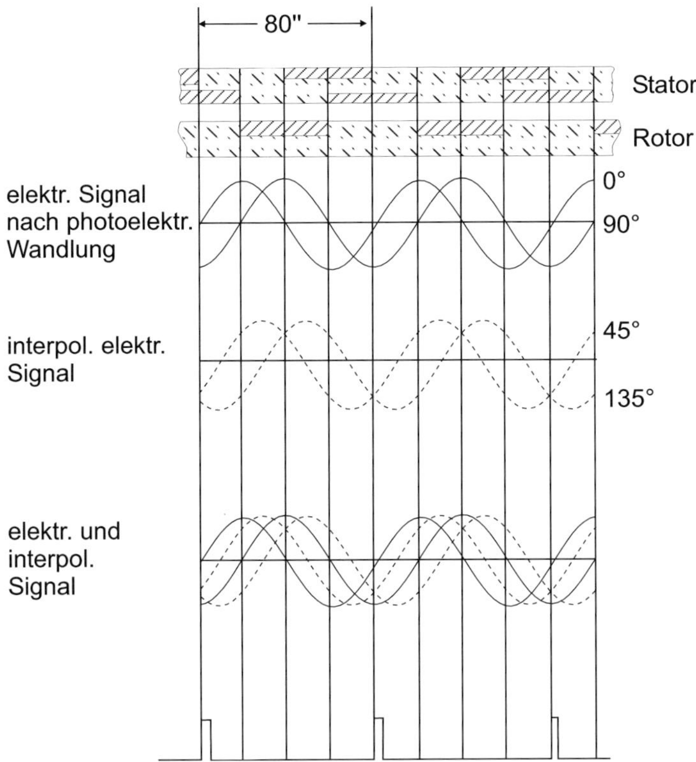

Abbildung 3.2-30: Prinzip der Interpolation der phasenverschobenen Signale bei den TOPCON-Instrumenten

An dieser Stelle sei noch ergänzt, dass der Einfluss der Stehachsschiefe (= Stehachsabweichung, Kap. 3.4) auf die Richtungsmessung bei verschiedenen Instrumenten mithilfe eines Neigungssenors erfasst, als Korrektionswert mithilfe des Mikroprozessors berechnet wird und schließlich das verbesserte Messergebnis oder wahlweise beide Neigungskomponenten angezeigt werden.

So dient bei den TRIMBLE-Instrumenten S6 und S8 die Oberfläche einer Flüssigkeit (Silikonöl) des Kompensators als Bezug, weil sich diese senkrecht zur Schwerkraft einstellt. Das Silikonöl befindet sich in einer Dose mit durchsichtigem Boden, an den eine Optik in Verbindung mit einem Prisma angekittet ist (Abb. 3.2-31). Um den Einfluss von Vibrationen und Rotationskräften zu minimieren, ist der Kompensator exakt in Verlängerung der Stehachse angeordnet. Eine LED sendet einen Strahl aus, der über das Prisma und die Optik von unten gegen die Flüssigkeit gelenkt und an der Oberfläche reflektiert wird. Entsprechend der Neigung der Stehachse wird dieser Strahl abgelenkt und trifft auf einen CMOS-Flächensensor. Aus der detektierten Position werden die Neigungen in Kipp- und Stehachsrichtung abgeleitet. Sende- und Empfangseinheit befinden sich auf einer Platine, wodurch der Kompensator eine hohe Stabilität aufweist. Beide Neigungskomponenten werden gemeinsam erfasst bei einem Arbeitsbereich von ±6'.

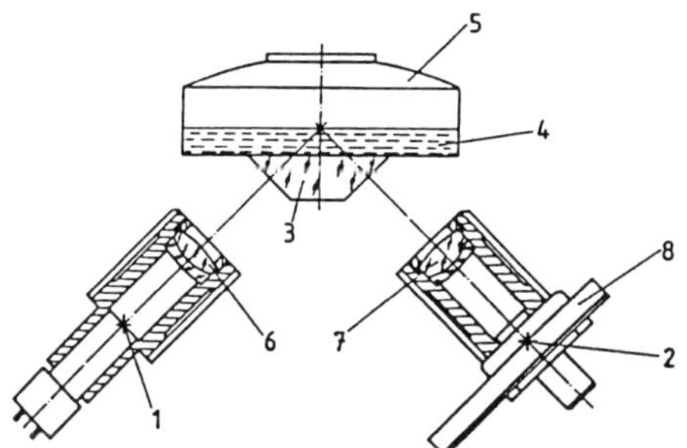

Abbildung 3.2-31: Aufbau des Kompensators beim TRIMBLE S6 nach *Köhler*

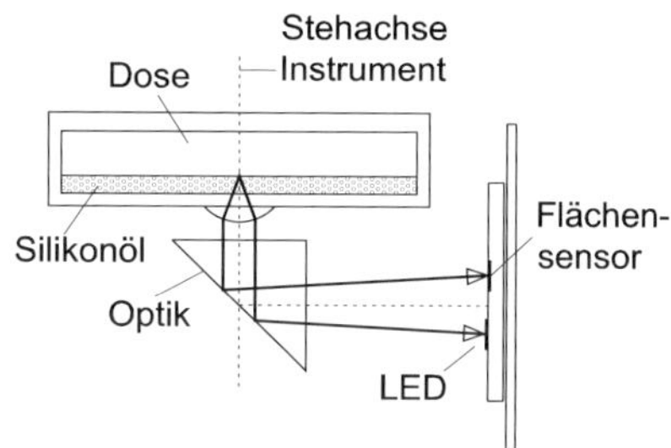

Abbildung 3.2-32: Neigungssensor bei den LEICA GEOSYSTEMS-Theodoliten

Ähnlich wie bei den TRIMBLE-Instrumenten werden auch bei den LEICA GEOSYSTEMS-Theodoliten die beiden Komponenten der Stehachsschiefe mittels eines Neigungssensors kontinuierlich gemessen. Abbildung 3.2-32 zeigt schematisch den Aufbau des Neigungssensors, bei dem ein Flüssigkeitsspiegel den Bezugshorizont darstellt.

Durch diesen Aufbau ließ sich der Neigungssensor so klein dimensionieren, dass er idealerweise zentrisch über der Stehachse platziert werden konnte. Dadurch wird der Flüssigkeitsspiegel auch beim schnellen Drehen der Alhidade nur wenig aus seiner horizontalen Lage gelenkt. Außerdem wirken sich hierdurch andere Faktoren, wie z. B. temperaturbedingte Deformationen der Theodolitstütze, nicht auf das Ergebnis der Neigungsmessung aus.

3.3 Einteilung der Theodolite

Das wichtigste Klassifizierungsmerkmal für Theodolite ist die Genauigkeit, mit der ein Winkel in einem Satz (Kap. 3.5.3) gemessen werden kann.

Die kleinste Anzeigeeinheit eines Theodolits ist auf die Gesamtgenauigkeit des Instruments abgestimmt, d. h., die kleinste Winkeleinheit am Display eines Theodolits entspricht in etwa der Messgenauigkeit. Allerdings ist zu beachten, dass sich die Gesamtgenauigkeit eines

Tabelle 3.3-1: Einteilung der Theodolite nach ihrer Genauigkeit

	Bautheodolit	Ingenieur-theodolit	Präzisions-theodolit
Kleinste Anzeigeeinheit	1 – 2 cgon	1 – 2 mgon	0,1 – 0,5 mgon
Fernrohrvergrößerung	18- bis 25-fach	25- bis 30-fach	30- bis 35-fach
Zweck	Bauabsteckung	Polaraufnahme, Absteckung	Überwachungs-, Industrievermessungen

Winkels aus der Genauigkeit der Zieleinstellung und der Instrumentengenauigkeit zusammensetzt. Durch Vergrößerung der Anzahl n der Messungen x_i mit der Standardabweichung σ erhöht sich im Allgemeinen die Genauigkeit des Mittelwertes $\bar{x}$ auf (vgl. Gl. (14.61))

$$\sigma_{\bar{x}} = \sigma/\sqrt{n}.$$

3.4 Prüfen des Theodolits

Der Theodolit als „Messwerkzeug" weist gewisse Fertigungstoleranzen auf. Diese Toleranzen stellen eine wesentliche Schranke für die erreichbare Messgenauigkeit des Theodolits dar. Die Messgenauigkeit kann jedoch erhöht werden, wenn man durch geeignete Messverfahren die Einflüsse einzelner Justierabweichungen der Instrumente verringern oder gar völlig eliminieren kann.

Instrumentell bedingte Einflüsse treten auf, wenn folgende Achsbedingungen nicht eingehalten sind (siehe hierzu auch Abb. 3.2-18):

1) Die Zielachse (Z) muss senkrecht zur Horizontal- oder Kippachse (H) stehen ($Z \perp H$).
2) Die Kippachse (H) muss senkrecht zur Vertikal- oder Stehachse (V) stehen ($H \perp V$).
3) Die Libellenachse (L) der Stehachslibelle muss senkrecht zur Stehachse (V) stehen ($L \perp V$).

Sind diese Bedingungen nicht eingehalten, spricht man bei 1) von der *Zielachsabweichung*, bei 2) von der *Kippachsabweichung* und bei 3) von der *Stehachsschiefe* bzw. *Stehachsabweichung*.
Weitere Forderungen bezüglich der Genauigkeit der Teilkreise sind:

4) Die Kreisteilung von Horizontal- und Vertikalkreis muss frei von systematischen Abweichungen sein.
5) Die Stehachse soll durch die Zielachse und durch die Mitte des Horizontalkreises gehen, ansonsten liegt eine Exzentrizitätsabweichung vor.

Die Abweichungen von den unter 4) und 5) genannten Forderungen sind zwar mit zum Teil recht erheblichem Aufwand feststellbar, können aber im Allgemeinen nur in einer Spezialwerkstatt beseitigt werden.

3.4.1 Prüfen auf Stehachsschiefe

Von den zu 1) bis 3) genannten Abweichungen stellt man zunächst fest, ob die unter 3) genannte *Stehachsschiefe* bzw. *Stehachsabweichung* vorliegt. Die Bedingung $L \perp V$ wird erfüllt durch Justierung der Stehachslibelle (Abb. 3.2-4).

Bei der Aufstellung des Instruments sollte jedoch zuerst die Dosenlibelle überprüft werden, weil sie zur Grobhorizontierung benutzt wird. Dazu spielt man die Dosenlibelle ein und dreht sie mit dem Oberbau des Instruments um 200 gon in die diametrale Stellung. Man achte darauf, dass sie in dieser Stellung in Richtung einer der drei Fußschrauben steht, weil ein sich eventuell zeigendes Auswandern der Libellenblase zur einen Hälfte mit dieser Fußschraube (= Horizontieren) und zur anderen Hälfte mit den Justierschrauben der Libelle (= Justieren) beseitigt werden kann. Beim anschließenden Drehen in verschiedene Richtungen wird jeweils überprüft, ob die Libellenblase im Normalpunkt eingespielt bleibt und die Achse L_D der Dosenlibelle somit parallel zur Stehachse V ist (L_D parallel V). Ansonsten muss der gesamte Vorgang wiederholt werden.

Zur Justierung der Stehachslibelle (Röhrenlibelle) verfährt man folgendermaßen:

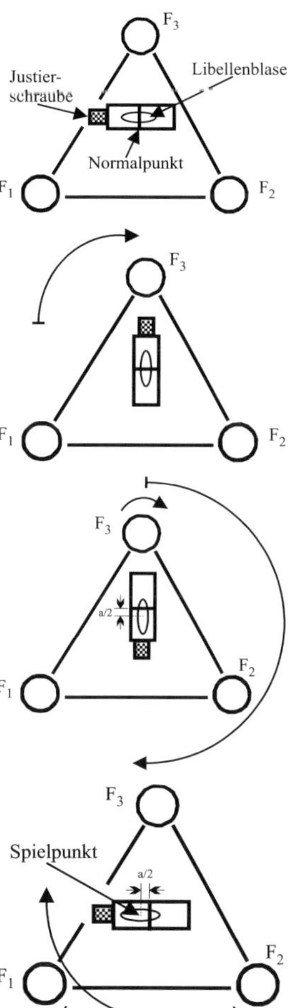

1) Grobhorizontieren mit der Dosenlibelle.

2) Stehachslibelle (Röhrenlibelle) parallel zur Verbindungslinie zweier Fußschrauben (F_1 und F_2) stellen und mit diesen die Libellenblase auf den Normalpunkt einspielen.

3) Theodolitoberbau mit der Röhrenlibelle um 100 gon drehen und die Libellenblase mit der dritten Fußschraube (F_3) auf den Normalpunkt einspielen.

4) Theodolitoberbau um 200 gon drehen. Bleibt die Libellenblase nicht im Normalpunkt, so ist die Libelle dejustiert. Durch Beseitigung des halben Libellenausschlages a mit der Fußschraube F_3 wird die Libelle in den Spielpunkt gebracht.

5) Drehung des Theodolitoberbaus mit der Libelle um 100 gon und Einstellung der Libelle mit den beiden Fußschrauben F_1 und F_2 auf den Spielpunkt. Dadurch ist die Stehachse lotrecht gestellt, der Theodolit ist horizontiert.

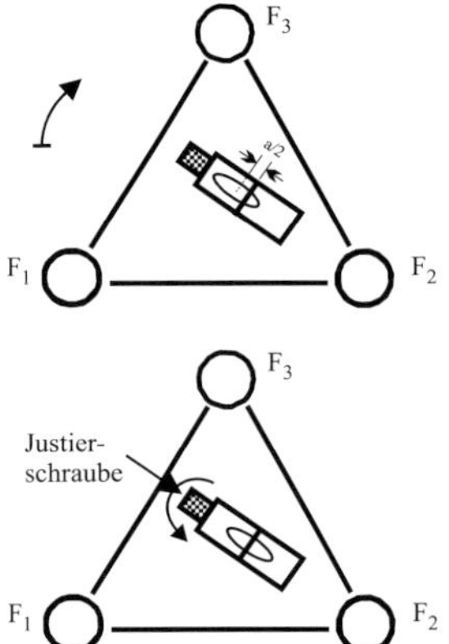

6) Überprüfen der Horizontierung durch Drehung des Theodolits um 50 gon. Wandert die Libelle aus dem Spielpunkt aus, so werden die Schritte 2) bis 6) wiederholt.

7) Mithilfe der Libellenjustierschraube kann nun die Libellenblase auf den Normalpunkt eingespielt werden. Dadurch ist der Spielpunkt in den Normalpunkt gelegt und die Libelle justiert. Zur Kontrolle der Justierung wird der Theodolit um 200 gon gedreht. Zeigt sich ein Ausschlag der Libellenblase, so sollten alle Schritte 2) bis 7) wiederholt werden.

Abbildung 3.4-1: Prüfen einer Röhrenlibelle

Bei Theodoliten mit elektronischen Libellen erfolgt die Justierung menügesteuert.

3.4.2 Prüfen auf Zielachsabweichung

Wenn die Zielachse nicht senkrecht zur Kippachse steht (Bedingung $Z \perp H$), so beschreibt die Zielachse bei der Kippung des Fernrohrs einen Kegelmantel statt einer Ebene. Es liegt dann eine *Zielachsabweichung* vor.
Prüfung auf Vorhandensein einer Zielachsabweichung (Abb. 3.4-2):

1) Einen mindestens 100 m entfernten und auf gleicher Höhe gelegenen Punkt *P* anzielen.
2) Das Fernrohr durchschlagen und den Wert a_1 an einem horizontal, in gleicher Höhe mit dem Theodolit und senkrecht zur Ziellinie angebrachten Maßstab ablesen.
3) Das Theodolitoberteil um ca. 200 gon drehen und erneut den Punkt *P* anzielen.
4) Das Fernrohr durchschlagen und den Wert a_2 am Maßstab ablesen. Die Differenz

$$(a_2 - a_1) = 4c \tag{3.6}$$

stellt den Einfluss der *vierfachen* Zielachsabweichung *c* (in Maßstabseinheiten) dar.
5) Mithilfe der Justierschrauben wird die Strichkreuzplatte so weit verschoben, bis am Maßstab die Ablesung

$$a = a_2 - \frac{a_2 - a_1}{4} \tag{3.7}$$

erscheint. Der Berichtigungsvorgang wird so oft wiederholt, bis sich keine Differenzen zwischen den Ablesungen a_1 und a_2 mehr zeigen.

Mithilfe des Horizontalkreises lässt sich die Zielachsabweichung bei Theodoliten mit zwei Ablesestellen (Sekundentheodolit) bestimmen, indem ebenfalls ein mindestens 100 m entfernter und auf gleicher Höhe gelegener Punkt *P* in beiden Fernrohrlagen angezielt (Durchschlagen des Fernrohrs nach der ersten Ablesung und erneute Anzielung und Ablesung nach

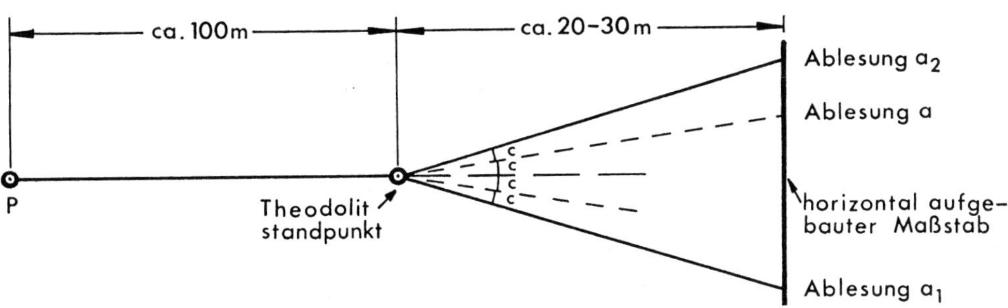

Abbildung 3.4-2: Grundrisszeichnung zur Prüfung der Zielachsabweichung mit Ablesung am Maßstab

Drehung des Theodolits um ca. 200 gon) und jeweils der Horizontalkreis abgelesen wird (s. Abb. 3.4-3). Die Differenz der beiden Ablesungen

$$a_2 - (a_1 \pm 200 \text{ gon}) = 2c \tag{3.8}$$

ergibt die *doppelte* Zielachsabweichung c. Zur Justierung wird der Theodolitoberbau mit der Feintriebschraube gedreht, bis sich am Teilkreis die mittlere Ablesung

$$a = \frac{1}{2}(a_2 + (a_1 \pm 200 \text{ gon})) \tag{3.9}$$

ergibt. Mit den Justierschrauben wird das Strichkreuz nun so weit verschoben, bis der bei der Verdrehung des Theodolits ausgewanderte Punkt P wieder in der Strichkreuzmitte erscheint (s. Abb. 3.4-4).

Für beide Prüfverfahren gilt, dass eine Justierung erst dann erfolgen sollte, wenn die Zielachsabweichung dreimal größer als die kleinste Ableseeinheit ist.

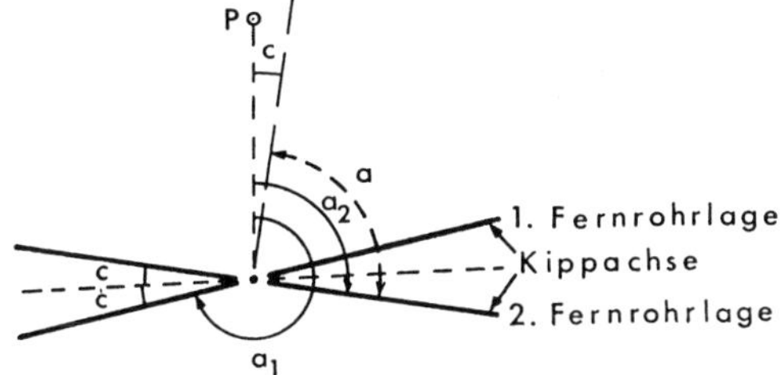

Abbildung 3.4-3: Grundrisszeichnung zur Prüfung der Zielachsabweichung mit Horizontalkreis

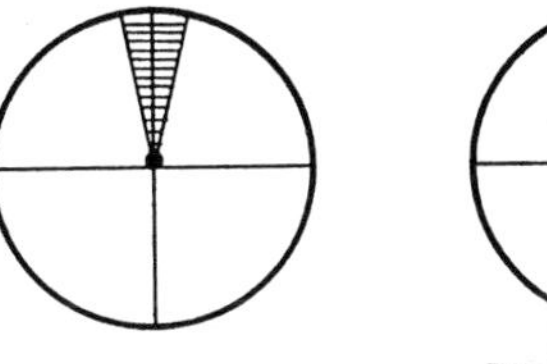

Abbildung 3.4-4: Anblick im Okular vor und nach Einstellung der mittleren Teilkreisablesung a

3.4.3 Prüfen auf Kippachsabweichung

Vor der Überprüfung auf *Kippachsabweichung* (Bedingung $H \perp V$ nicht erfüllt) sollen Steh- und Zielachsabweichung beseitigt sein, damit deren Einflüsse sich nicht auswirken können. Dann verfährt man folgendermaßen:

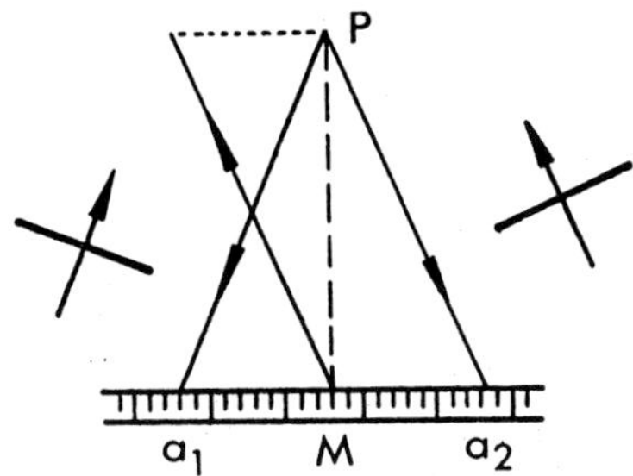

Abbildung 3.4-5: Prüfen auf Kippachsabweichung

Mit dem Fernrohr wird ein Hochpunkt P angezielt und mit dem Strichkreuz genau eingestellt. Nach Kippung bis etwa in die Horizontale erfolgt an einem in gleicher Höhe mit dem Instrument und im Bereich unterhalb des Hochpunktes rechtwinklig zur Visur angeordneten Maßstab die Ablesung a_1. Mit durchgeschlagenem Fernrohr ergibt sich nach erneuter Anzielung von P am Maßstab die Ablesung a_2. Weichen die Werte a_1 und a_2 voneinander ab, stellt die Differenz den *Einfluss der doppelten Kippachsabweichung* dar (Abb. 3.4-5).
Wird bei der Prüfung eines Theodolits eine ungewöhnlich große Kippachsabweichung festgestellt, so sollte man diesen Theodolit dem Hersteller oder einer Spezialwerkstatt zur Reparatur übergeben, weil heutige Theodolite eine dem Anwender zugängliche Justiervorrichtung für die Kippachse nicht mehr aufweisen.

3.4.4 Laborprüfmethode

Neben den vorgestellten Feldverfahren zur Prüfung von Theodoliten gibt es auch entsprechende Laborprüfmethoden, mit denen die Prüfungen unabhängig vom Wetter und von der Zugänglichkeit eines geeigneten Testgeländes erheblich schneller durchgeführt werden können. Auch der periodische Nachweis der Messgenauigkeit gewinnt immer mehr an Bedeutung, weil verschiedene Auftraggeber schon in den Ausschreibungsunterlagen einen entsprechenden Nachweis fordern. So kann es sich nicht nur für Servicewerkstätten lohnen, die für die Laborprüfung notwendigen Prüfeinrichtungen zu beschaffen und fest zu installieren.

Das zu prüfende Instrument (Theodolit oder Tachymeter) wird auf einem Beton- oder Stahlrohrpfeiler zwangszentriert aufgestellt, der mittig zu fünf Kollimatoren[1] angeordnet und fest mit dem Fußboden des Messraumes verbunden ist (Abb. 3.4-6). Zwei der Kollimatoren befinden sich etwa in Kippachshöhe, die anderen drei decken einen Höhenwinkelbereich von $+30$ gon bis -40 gon ab.

Mit dieser Anordnung der Kollimatoren lässt sich in *einem* Arbeitsgang die sonst für Genauigkeitsuntersuchungen getrennt durchgeführte Horizontal- und Zenitwinkelmessung zusammenfassen. Die Strichkreuze der Kollimatoren werden zentrisch angezielt, sodass gleichzeitig Horizontal- und Zenitwinkelmessung ausgeführt werden können. Atmosphärische Beeinträchtigungen wie Refraktion, Luftflimmern (Szintillation) und Temperaturunterschiede treten in geschlossenen Räumen üblicherweise nicht auf. Allerdings muss das Instrument sich

[1] Bei einem Kollimator handelt es sich um ein auf unendlich fokussiertes Fernrohr, dessen Strichkreuz beleuchtet wird. Das Objektiv des Kollimators erzeugt ein paralleles Strahlenbündel.

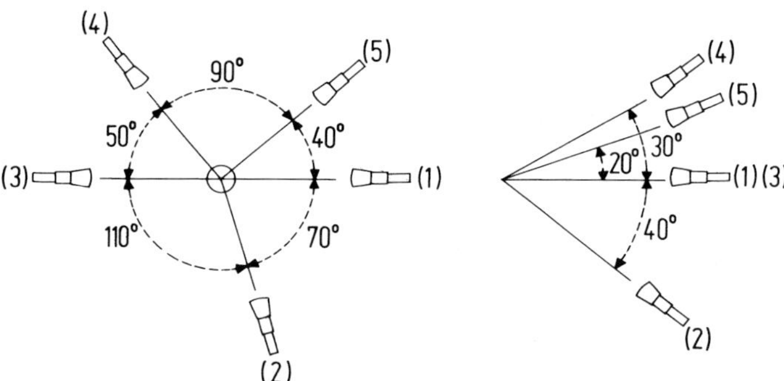

Abbildung 3.4-6: Horizontale und vertikale Anordnung der Kollimatoren für die Winkelmessung

an die Umgebungstemperatur des Labors angepasst haben. Die Anpassungszeit beträgt ungefähr zwei Minuten pro 1 °C Temperaturunterschied. Vor Beginn der Prüfmessungen müssen die Kollimatoren auf das Instrument hin ausgerichtet werden. Falls die zu prüfenden Instrumente über die gleiche Kippachshöhe verfügen, ist dies nur einmal notwendig. Auf die Messgenauigkeit des zu prüfenden Instruments haben die Ziel- und Kippachsabweichungen sowie die Indexabweichung des Vertikalkreises und die Nullpunktabweichung des Kompensators (Kap. 3.5.4) keinen Einfluss, weil in beiden Lagen gemessen wird.

Soll die Prüfeinrichtung zur Bestimmung der Ziel- und der Kippachsabweichung benutzt werden, so kann dies mithilfe je eines im Horizont bzw. eines unter einem Höhenwinkel von 40 gon befindlichen Kollimators erfolgen, falls das Instrument über diametrale Ablese- bzw. Abtaststellen verfügt. Die Messungsausführung entspricht der unter Kapitel 3.4.2 dargestellten bzw. für die Kippachsabweichung einer modifizierten Vorgehensweise nach Kapitel 3.4.3.

Bei Instrumenten mit *einer* Abtast- bzw. Ablesestelle muss zunächst mithilfe der gesamten Prüfeinrichtung eine mögliche Teilkreisexzentrizität ermittelt und bei der Achsabweichungsbestimmung in Rechnung gestellt werden.

Wie im nachfolgenden Kapitel 3.4.5 dargestellt, werden durch die Richtungsmessung in zwei Fernrohrlagen und anschließender Mittelbildung bestimmte systematische Abweichungen eliminiert, d. h. zwar sind die Messwerte aus beiden Fernrohrlagen um diese systematischen Abweichungen verfälscht, der Mittelwert ist davon jedoch frei. In den Differenzen der Messwerte zum Mittelwert können diese systematischen Abweichungen folglich enthalten sein. Falls man nicht sicher ist, dass alle wirksamen systematischen Abweichungen nicht eliminiert sind, darf die Berechnung der Präzision der Richtungsmessungen in keinem Falle mit diesen Differenzen erfolgen, da man sonst verzerrte Schätzwerte für die Standardabweichungen erhalten würde, siehe hierzu auch Kapitel 14.3.4.3c.

Die Berechnung der Standardabweichung einer in einem Satz beobachteten Horizontalrichtung bzw. eines Vertikalwinkels kann mit den in DIN 18723 Teil 3 (Feldverfahren zur Genauigkeitsuntersuchung geodätischer Instrumente; Theodolite) angegebenen Formeln bzw. analog zu den Beispielrechnungen erfolgen.

3.4.5 Eliminieren von Instrumentenabweichungen

Besonders bei der Winkelmessung mit steilen Visuren wirken sich die Instrumentenabweichungen aus. Jedoch lassen sich viele schon durch die Anwendung eines geeigneten Messverfahrens eliminieren. Durch Beobachtung von Horizontalwinkeln in zwei Fernrohrlagen und Mittelung der Messwerte heben sich die Einflüsse der Zielachsabweichung, der Kippachsabweichung sowie die Exzentrizitätsabweichung (Kap. 3.4 unter 5) genannt) auf. Wird bei der mehrmaligen Messung eines Winkels nach jeder Messung der Teilkreis so verstellt, dass an gleichmäßig über den Teilkreis verteilten Stellen abgelesen wird, verringert sich der Einfluss systematischer Teilungsungenauigkeiten, die bei der Herstellung der Teilkreise oder bei deren Einbau entstehen können (siehe auch Kap. 3.5.3).

In keinem Fall wird die Stehachsschiefe getilgt; daher muss die Stehachslibelle immer sorgfältig justiert und eingespielt werden. Dies gilt besonders für steile Visuren. Bei Präzisionsmessungen sollte der Einfluss der Kippachsneigung auf die Winkelablesung rechnerisch berücksichtigt werden, was bei Präzisionstheodoliten mithilfe von in zwei Richtungen wirkenden Sensoren (vgl. z. B. Kap. 3.2.4) möglich ist. Die Korrektionen werden aus den Messwerten der Sensoren im Computer des Instruments automatisch berechnet und berücksichtigt.

Falls eine automatische Korrektion der Achsabweichungen (wie bei einfacheren elektronischen Theodoliten und Tachymetern) nicht erfolgt, lässt sich der Einfluss einer Zielachsabweichung auf die Horizontalwinkelmessung bei steilen Visuren nach der Formel

$$k_c = \frac{c}{\sin z} \tag{3.10}$$

bestimmen. c ist die nach Kapitel 3.4.2 bestimmte Zielachsabweichung und z der bezüglich der Indexabweichung korrigierte Zenitwinkel. Für die Kippachsabweichung gilt unter der Voraussetzung, dass keine Zielachsabweichung vorliegt, die Beziehung:

$$k_i = i \cdot \cot z. \tag{3.11}$$

i ist die nach Kapitel 3.4.3 ermittelte Kippachsabweichung und z ist wieder der bezüglich der Indexabweichung korrigierte Zenitwinkel.

Um die Auswirkungen k_v einer Stehachsschiefe v auf eine gemessene Richtung angeben zu können, sei unter z wieder der korrigierte Zenitwinkel und unter u' der Winkel zwischen der Vertikalebene durch Stehachse und Lotlinie sowie der Ebene durch Zielpunkt und Stehachse im Standpunkt verstanden. Die Stehachsabweichung verursacht eine Kippachsabweichung (= Stehachsabweichung in Kippachsrichtung) unterschiedlicher Größe je nach Ausrichtung zum Zielpunkt, was sich in der unterschiedlichen Größe des Winkels u' zeigt. Die durch die Stehachsabweichung verursachte Kippachsabweichung beträgt

$$v_k = v \cdot \sin u' , \tag{3.12}$$

womit sich dann die Auswirkung k_v auf eine gemessene Richtung analog zur Auswirkung der Kippachsabweichung ergibt:

$$k_v = v_k \cdot \cot z. \tag{3.13}$$

Elektronische Theodolite mit entsprechenden Sensoren (Kap. 3.2.4) können alle drei Abweichungen korrigieren, wozu die Formeln zusammengefasst werden zu

$$r = R + k_c + (v_k + i) \cdot \cot z \tag{3.14}$$

mit r = korrigierter Hz-Kreiswert und R = unkorrigierter Hz-Kreiswert. Die Herleitung der Gl. (3.10) bis (3.13) kann der Fachliteratur der geodätischen Instrumentenkunde (z. B. *Deumlich/Staiger*) entnommen werden.

3.5 Arbeitsablauf bei der Winkelmessung

3.5.1 Aufstellen eines Theodolits

Der Theodolit wird im Allgemeinen auf einem *Stativ* befestigt und mit diesem Stativ über einem Bodenpunkt zentriert, d. h. lotrecht über dem Zentrum des Bodenpunktes aufgestellt.

Für die *Zentrierung mit einem Schnurlot* wird das Stativ zunächst so aufgestellt, dass der Stativteller möglichst horizontal steht und durch das Lot eine grobe Zentrierung angezeigt wird. Dann tritt man die Stativbeine möglichst fest in den Untergrund ein. Die Feinzentrierung erfolgt nun durch Verschieben des Theodolits auf dem Stativteller. Dazu wird die Anzugschraube so weit gelöst, dass der Dreifuß gegen einen merklichen Reibungswiderstand verschoben wird. Sobald das Lot die genaue Zentrierung anzeigt, wird die Anzugschraube angezogen. Nun folgt die *Horizontierung* des Theodolits, wobei zur Grobhorizontierung die Dosenlibelle und zur Feinhorizontierung die Röhrenlibelle benutzt wird. Der Ablauf des Horizontierverfahrens entspricht dem bei der Prüfung auf Stehachsschiefe (Kap. 3.4.1). Bei länger andauernder Winkelmessung ist die Horizontierung von Zeit zu Zeit zu überprüfen. Wird die Röhrenlibelle von der Sonne beschienen und erwärmt, läuft die Blase in Sonnenrichtung und täuscht dadurch eine Schiefstellung des Theodolits vor, daher bei sonniger Wetterlage einen Feldschirm über dem Theodolit aufspannen.

Die *Zentrierung mit einem optischen Lot* ist genauer und bei etwas Übung einfacher und rascher als die Zentrierung mit einem Schnurlot.

1) *Ausgangsstellung:*

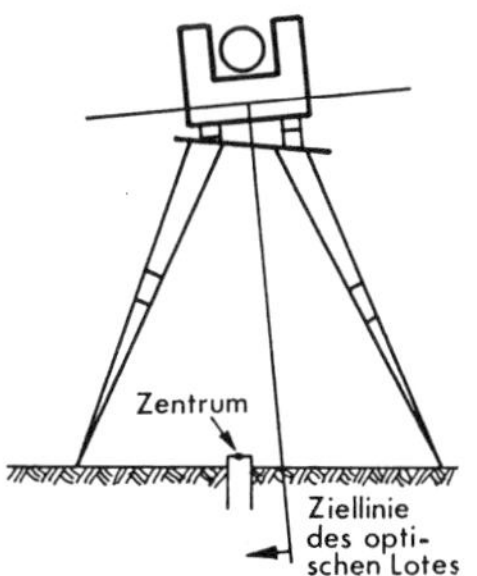

Das Stativ mit dem Theodolit wird zunächst nach Augenmaß über das Zentrum des Bodenpunktes gestellt und die Stativbeine fest in den Untergrund eingetreten. Der Stativteller soll annähernd horizontal sein. Dann dreht man den Theodolitoberbau, bis die Röhrenlibelle parallel zur Verbindungslinie zweier Stativbeine ausgerichtet ist, und arretiert ihn.

Abbildung 3.5-1: Ausgangsstellung bei der Zentrierung mit optischem Lot

2) *Grobzentrierung:*

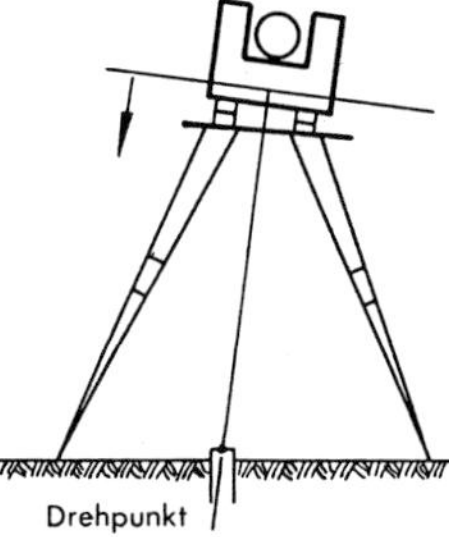

Die Einstellmarke und damit die Ziellinie des optischen Lotes wird mithilfe der Dreifußschrauben auf das Zentrum des Bodenpunktes eingestellt.

Abbildung 3.5-2: Grobzentrierung

3) *Grobhorizontierung:*
Zunächst wird die Röhrenlibelle durch Aus- und Einschieben der in ihrer Richtung stehenden Stativbeine und anschließend die Dosenlibelle mit dem dritten Stativbein eingespielt. (Falls die Stativbeine zu schwergängig und die Röhrenlibelle sehr empfindlich ist, erfordert diese Art der Grobhorizontierung jedoch viel Übung. Einfacher kann dann der ganze Vorgang nur mit der Dosenlibelle ausgeführt werden, wobei sich die anfangs genannte Parallelstellung der Röhrenlibelle zu zwei Stativbeinen erübrigt). Zum Aus- und Einschieben ist die Flügelschraube des jeweiligen Stativbeines nur leicht zu lösen und anschließend wieder festzudrehen, damit das Gerät nicht umfallen kann. Zweckmäßigerweise sichert man das gelöste Stativbein mit einer Hand (wie Abb. 3.5-4 zeigt), wobei durch Druck mit dem Daumen gegen das untere Teil des Stativbeines auch leichter Feinbewegungen zum Einspielen der Libellen ausgeführt werden können.

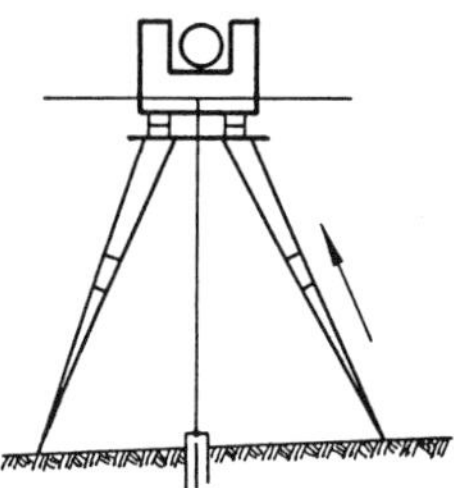

Abbildung 3.5-3: Grobhorizontierung

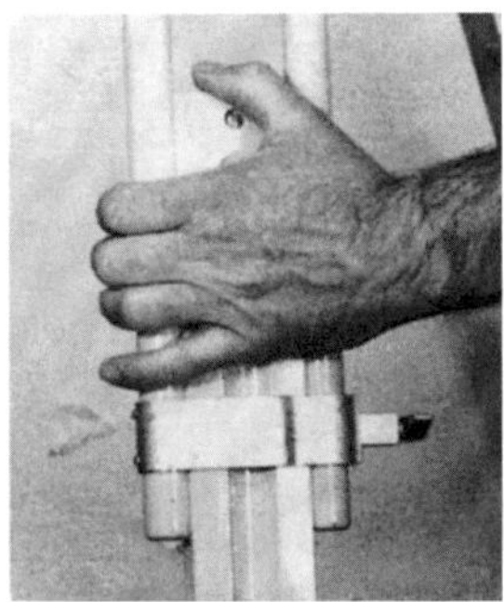

Abbildung 3.5-4: Handgriff zur Sicherung des Stativs und zur Ausführung von Feinbewegungen

4) *Feinhorizontierung:*
Einspielen der Röhrenlibelle durch Drehen an den Dreifußschrauben (siehe Kap. 3.4.1). Jede Drehung an den Dreifußschrauben bewirkt jedoch auch eine Schwenkung der Ziellinie des optischen Lotes und damit eine entsprechende Veränderung der Zentrierung.

5) *Feinzentrierung:*
Durch Verschieben des Theodolits auf dem Stativteller wird die präzise Übereinstimmung der Ziellinie des optischen Lotes und damit der Stehachse des Theodolits mit dem Zentrum des Bodenpunktes hergestellt. Um die erforderlichen Feinbewegungen zu ermöglichen, wird die Anzugschraube leicht gelöst. Beim Verschieben darf der Dreifuß gegenüber dem Stativteller jedoch nicht verdreht werden, weil sonst auf der schiefen Ebene des Stativtellers die Feinhorizontierung verloren geht. Gegebenenfalls sind Feinhorizontierung und -zentrierung zu wiederholen.

Bei dieser Art der Theodolitaufstellung mithilfe eines optischen Lotes bleibt bei der Grobhorizontierung mit den Stativbeinen die Grobzentrierung erhalten, weil trotz der Kippung um die Verbindungslinie der Spitzen zweier Stativbeine durch das Aus- und Einschieben des dritten Stativbeines sich die Ziellinie des optischen Lotes kaum aus dem Zentrum Z bewegt (Abb. 3.5-5).

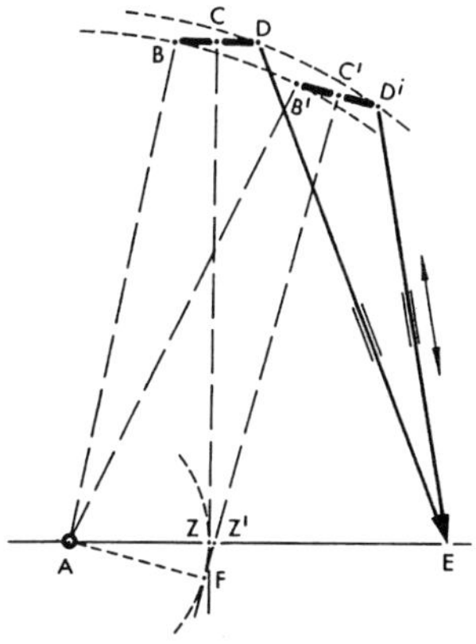

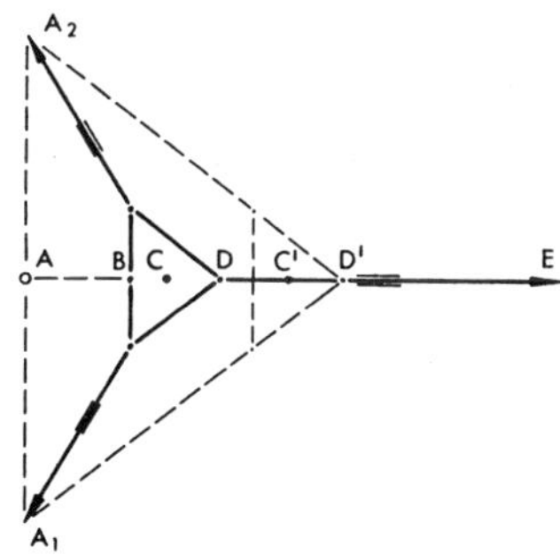

C', C	Stativkopf vor und nach der Grobhorizontierung, die durch Veränderung der Stativbeinlänge von ED' auf ED erreicht wird
B'A, BA	Aufriss der zwei unveränderten Stativbeinlängen vor und nach der Bewegung C', C
C'Z', CZ	Ziellinie des optischen Lotes vor und nach der Horizontierung; der Kreis um A durch Z wird in beiden Fällen tangiert
A	Drehpunkt der Stativkippung
F	Drehpunkt der Lot-Ziellinie
Z'Z	Abweichung gegenüber dem Zentrum

Abbildung 3.5-5: Aufriss und Grundriss der Kippbewegung bei der Grobhorizontierung

Für die Zentrierung mit dem optischen Lot wird vorausgesetzt, dass die Zielachse des Lotes und die Stehachse des Theodolits nicht schief zueinander sind. Zur Überprüfung dreht man das optische Lot bei einspielender Stehachslibelle um ca. 200 gon in die diametrale Stellung. Verändert sich die Zielung gegenüber der ersten Stellung, ist das optische Lot dejustiert. Zur genauen Zentrierung muss der Theodolit auf die Mitte der beiden Zielungen verschoben werden.

Falls das optische Lot justiert werden muss, führt man einige gleichmäßig über den Vollkreis verteilte Zielungen durch und verschiebt das Strichkreuz so weit, bis die Strichkreuzmitte mit dem Schwerpunkt der auf dem Boden markierten, fehlerzeigenden Figur zur Deckung kommt.

3.5.2 Anzielen mit dem Theodolit

Nachdem der Theodolit über dem Bodenpunkt zentriert und horizontiert ist, stellt der Beobachter die Okularoptik auf sein Auge ein (Kap. 3.2.2).

Zur Einstellung des Ziels löst man die Klemmen des Theodolits, richtet das Fernrohr ungefähr auf das Ziel aus, arretiert den Theodolit wieder, stellt mit der Fokussierschraube das Bild des Zielpunktes scharf ein und bringt mit dem Seiten- und Höhenfeintrieb das Ziel mit dem Strichkreuz zur Deckung. Wenn die Fokussierung nicht exakt durchgeführt wird, führt die Einstellparallaxe (Kap. 3.2.2) zu Ungenauigkeiten bei der Zieleinstellung. Der Ablauf des Messvorganges ist für die Horizontal- wie auch für die Vertikalwinkelmessung gleich.

Die beste Wetterlage zum Messen ist bei bedecktem Himmel und guter Luftmischung durch leichten Wind gegeben. Besonders im bodennahen Bereich entstehen bei starker Sonneneinstrahlung unterschiedlich warme und damit unterschiedlich dichte Luftschichten. Beim Durchgang durch verschiedene Luftschichten wird ein Lichtstrahl gebrochen und abgelenkt. Diesen Vorgang, der eine Verfälschung des Messergebnisses bewirkt und meist nicht einmal bemerkt wird, nennt man *„Refraktion“*. Während bei der Vertikalwinkelmessung hauptsächlich die bei horizontaler Luftschichtung entstehende Vertikalrefraktion verfälschend wirkt, kann die Horizontalwinkelmessung besonders von der Horizontalrefraktion beeinträchtigt werden, wenn ein Zielstrahl zu dicht, d. h. mit einem Abstand kleiner als 50 cm an sonnenbeschienenen Mauern, Masten und dergleichen entlanggeht, da sich hier die Luftschichtung nahezu vertikal anordnet. Auch beim *Luftflimmern*, bei dem die Luftteilchen um eine Mittellage schwingen, können Messwertverfälschungen auftreten.

3.5.3 Horizontalwinkelmessung

Obwohl von der Horizontal*winkelmessung* gesprochen wird, werden im Theodolit die Horizontal*richtungen* vom Standpunkt zum jeweiligen Zielpunkt abgelesen. Die Richtungen sind folglich die eigentlichen Messwerte, aus denen sich durch Berechnung (Differenzbildung: rechte Richtung minus linke Richtung) die Winkel im rechtsläufigen Uhrzeigersinn ergeben. Zur Ausschaltung von Justierabweichungen der Instrumente (Kap. 3.4.5) sollte möglichst in zwei Fernrohrlagen gemessen werden. Dazu beobachtet man zunächst alle Ziele in der ersten Fernrohrlage im rechtsläufigen Drehsinn, schlägt das Fernrohr durch (d. h., man dreht es um die Kippachse in die entgegengesetzte Richtung), stellt erneut das letzte Ziel ein und beobachtet nun in der zweiten Fernrohrlage die Ziele in umgekehrter Reihenfolge. Eine solche

Messungsreihe heißt ein *Satz* oder auch *Vollsatz*. Die Messung in einer Fernrohrlage bezeichnet man als *Halbsatz*.

Wenn das Stativ auf weichem und unsicherem Untergrund steht oder der Verdacht auf eine Veränderung der Aufstellung während der Messung gegeben ist, muss die zuerst angezielte Richtung nach der Beobachtung der anderen Ziele nochmals überprüft werden.

Aus didaktischen Gründen soll in einem Formular (Tabelle 3.5-1) das Prinzip der Dokumentation von Messergebnissen einer Horizontalwinkelmessung gezeigt werden. Bei den heutigen Instrumenten erfolgt dies menügesteuert. In diesem Formular für die Winkelmessung werden die Standpunkt- und Zielpunktnummern mit den zugehörigen Ablesungen in der ersten und zweiten Fernrohrlage notiert. Weiterhin sollten die zur Rekonstruktion der Messverhältnisse wichtigen Sachverhalte vermerkt werden, wie: Datum, Beobachter, Feldbuchführer, Instrumentarium mit Nr., Wetter- und Sichtverhältnisse. Aufschrieb- und Berechnungsbeispiel zur Messung von drei Richtungen in zwei Sätzen siehe Tabelle 3.5-1.

Tabelle 3.5-1: Aufschrieb- und Berechnungsbeispiel zur Horizontalwinkelmessung

Standpkt.	Zielpunkt	Ablesung Lage I	Ablesung Lage II	Reduzierte Richtungen aus I	aus II	Satzmittel	Mittel aus allen Beobachtungen	Bemerkungen (Ziel)
1	2	3	4	5	6	7	8	9
AP 8	AP 27	262,6646	62,6696	0,0000	0,0000	0,0000	0,0000	
	AP 112	377,0558	177,0608	114,3912	114,3912	114,3912	114,3906	
	AP 42	17,7014	217,7060	155,0368	155,0364	155,0366	155,3062	
	AP 27	262,6652	62,6596	0,0000	0,0000	0,0000		
	AP 112	377,0544	177,0506	114,3892	114,3910	114,3901		
	AP 42	17,7010	217,6956	155,0358	155,0360	155,0359		

Zur Auswertung werden alle Ablesungen auf die erste Richtung reduziert, d. h., von jeder Ablesung wird der jeweilige Wert der ersten Richtung subtrahiert, und aus beiden reduzierten Ablesungen je Ziel wird das Satzmittel gebildet. Die reduzierten Ablesungen dürfen sich nur um den Betrag der Messungenauigkeit des Theodolits unterscheiden. Nachdem die Horizontalwinkelmessungen eines Standpunktes beendet sind, wird in einem Taschenrechner die Summe der Ablesungen der ersten Richtung gebildet und gespeichert. Von der Summe der Ablesungen der jeweiligen anderen Richtungen wird die gespeicherte Anfangssumme subtrahiert und die Differenz durch die Anzahl der Ablesungen pro Richtung ($= 2n$, wobei n die Anzahl der Sätze ist) dividiert. Das Ergebnis wird als „Mittel aus allen Beobachtungen" niedergeschrieben. Es muss mit dem Satzmittel bzw. dem Mittel der Satzmittel mehrerer Sätze, bis auf kleine Rundungsungenauigkeiten im Satzmittel, übereinstimmen. Bei Richtigkeit der Kontrolle wird dies durch „Abhaken" kenntlich gemacht.

Bei der Aufsummierung der Ablesungen ist jedoch *unbedingt darauf zu achten*, dass zu einem Ablesewert 400 gon addiert werden muss, falls er kleiner als der betreffende Wert der ersten Richtung ist!

3.5.4 Vertikalwinkelmessung

Bei den Vertikalwinkeln wird unterschieden zwischen:

1) dem *Zenitwinkel* z (ältere Bezeichnung: *Zenitdistanz*), der auf den Zenit als Nullrichtung bezogen ist;
2) dem *Höhenwinkel* α, der von der Horizontalen als Nullrichtung aus nach oben positiv und nach unten negativ, jeweils von 0 bis 100 gon, gezählt wird;
3) dem *Nadirwinkel*, der auf die Lotrichtung als Nullrichtung bezogen ist.

Heutige Theodolite sind fast ausschließlich für die Messung von Zenitwinkeln eingerichtet. Wie in Kapitel 3.2.4 bereits erwähnt wurde, besitzen historische Theodolite eine Indexlibelle, mit der die Ablesestellen *vor jeder Ablesung* in ihre horizontale Sollstellung gebracht werden müssen (*Indexlibelle einspielen*). Bei heutigen Theodoliten wird dagegen die Ablesung mithilfe eines der Schwerkraft unterliegenden Kompensators automatisch korrigiert.

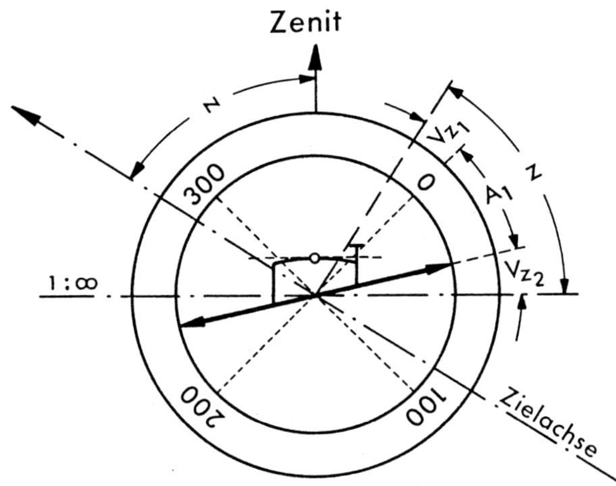

Abbildung 3.5-6: Zenitwinkel z und Indexabweichung v_z

Die in beiden Fernrohrlagen zum selben Ziel gemessenen Zenitwinkel z_I und z_{II} müssen sich zu 400 gon ergänzen.

$$\textit{Bedingung:} \qquad z_I + z_{II} = 400 \text{ gon.} \tag{3.15}$$

Ist diese Bedingung nicht erfüllt, liegt eine *Indexabweichung* v_z vor, die die beiden Ablesungen z'_I und z'_{II} verfälscht:

$$z_I = z'_I + v_z; \tag{3.16}$$

$$z_{II} = z'_{II} + v_z. \tag{3.17}$$

Die Indexabweichung v_z besteht aus zwei Anteilen (Abb. 3.5-6):

v_{z_1} = Die Projektion der Zielachse des Fernrohrs in die Ebene des Vertikalkreises ist gegenüber der Verbindungsgeraden der Teilstriche 100 gon und 300 gon verschwenkt.

v_{z_2} = Die Verbindung der Abtaststelle mit dem Vertikalkreismittelpunkt weicht von der Horizontalen (bzw. von der Vertikalen beim Kompensator) ab.

Durch Messung in zwei Fernrohrlagen (Ablesungen z'_I und z'_{II}) lässt sich die Indexabweichung bestimmen und eliminieren. Nach den Gl. (3.15) bis (3.17) gilt:

$$z = z'_I + v_z = 400 - (z'_{II} + v_z); \tag{3.18}$$

$$v_z = \frac{400 - (z'_I + z'_{II})}{2}; \tag{3.19}$$

$$z = \frac{(400 + z'_I) - z'_{II}}{2}. \tag{3.20}$$

Da die Indexabweichung instrumentell bedingt ist, muss sie auf *einem* Standpunkt bei allen Sätzen zu allen Zielen nahezu konstant sein. Die Genauigkeit der Vertikalwinkelmessung hängt, außer von der Genauigkeit der Vertikalstellung des Theodolits, weitgehend von der Einstellgenauigkeit der Indexlibelle bzw. von der Einspielgenauigkeit des Kompensators ab.

Aus didaktischen Gründen soll auch hier die Dokumentation von Messergebnissen einer Zenitwinkelmessung gezeigt werden, was bei den heutigen Instrumenten menügesteuert erfolgt. Zur Ermittlung von z werden die Gl. (3.20) und für die Kontrollberechnungen die Gl. (3.19) mit (3.16) verwendet (Tab. 3.5-2).

Tabelle 3.5-2: Aufschrieb- und Berechnungsbeispiel zur Zenitwinkelmessung

Standpkt.	Zielpkt.	Ablesung Lage I	Ablesung Lage II	Zenitwinkelmessung I + II	$v_z = \frac{400-(I+II)}{2}$	$z = \frac{(400+I)-II}{2}$	Mittel aus allen Beobachtungen	Bemerkungen (Ziel)
1	2	3	4	5	6	7	8	9
		(z'_I)	(z'_{II})	($z'_I + z'_{II}$)	(v_z)	(z)		
A	P 1	98,2730	301,7190	399,9920	+0,0040	98,2770		
	P 2	104,1120	295,8810	399,9930	+0,0035	104,1155		

Die Berücksichtigung einer nach Gl. (3.19) ermittelten Indexabweichung ist erst dann zu empfehlen, wenn diese deutlich größer als die kleinste Ableseeinheit ist. Dazu bestimmt man für ein beliebig gelegenes, aber gut einstellbares Ziel die Ablesung in beiden Fernrohrlagen und berechnet den Zenitwinkel z und die Indexabweichung v_z, die bei den meisten elektronischen Theodoliten als Korrektionswert in den dafür vorgesehenen Speicher eingegeben werden kann.

In DIN 18723 Teil 3 sind Feldverfahren zur Untersuchung (Präzision) von Theodoliten (Messanordnung, Durchführung und Auswertung) festgelegt. Die dort beschriebenen Verfahren bzw. die in Kapitel 3.4.4 geschilderte Methode sollen Kriterien für die Genauigkeit eines Instruments (oder einer Ausrüstung) oder die durch einen Beobachter im praktischen Einsatz erreichbare Genauigkeit liefern.

4 Höhenmessung

Zur Bestimmung von Höhenunterschieden zwischen zwei oder mehr Punkten wird meist das *geometrische Nivellement* angewandt. Als weitere Verfahren wären noch die *hydrostatische* und die *trigonometrische Höhenmessung* zu erwähnen. Schließt man die Messungen an Höhenfestpunkten an, deren Höhen (Kap. 1.3.2) bekannt sind, lassen sich die Höhenunterschiede nicht nur zwischen den Punkten einer jeweiligen Höhenmessung, sondern auch zu anderen Punkten, deren Normalhöhen bereits bekannt sind, bestimmen. Höhenfestpunktverzeichnisse werden bei den amtlichen Vermessungsstellen geführt. Bezieht man sich z. B. bei Bauvorhaben auf einen Anschlusspunkt mit beliebiger Höhe (z. B. Kanaldeckelhöhe = 0,00 m), erhält man ein lokales Höhennetz mit relativen Höhen, die man nicht direkt mit anderen, nicht zu diesem Netz gehörenden Punkten in Verbindung bringen darf. Daher sollte möglichst jede Höhenmessung an das amtliche Höhennetz angeschlossen werden.

4.1 Geometrisches Nivellement

4.1.1 Nivellierprinzip

Als *geometrisches Nivellement* bezeichnet man das Messen von Höhenunterschieden mithilfe eines *horizontalen Zielstrahles*, wobei an lotrecht gehaltenen Nivellierlatten mit Zentimeterteilung die vertikalen Abstände zwischen dem Zielstrahl und den Aufsetzpunkten der Latten abgelesen werden (Abb. 4.1-1).

Die Höhenunterschiede Δh_i zwischen den Punkten ergeben sich aus den Differenzen der Ablesungen beim Rückblick (r_i) und beim Vorblick (v_i)

$$\Delta h_i = r_i - v_i \; . \tag{4.1}$$

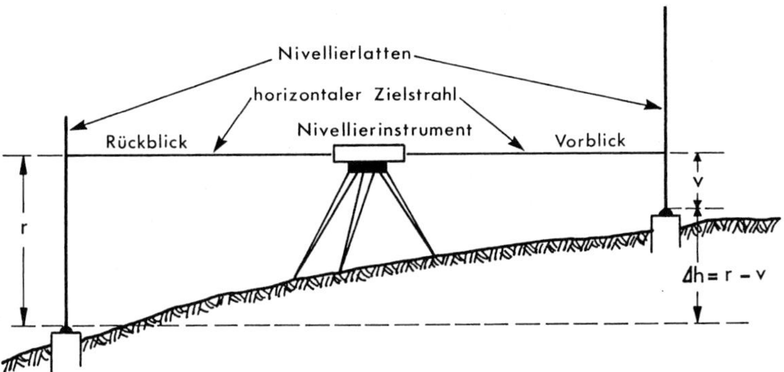

Abbildung 4.1-1: Nivellierprinzip

4.1.2 Nivellierinstrumente

Ein Nivellierinstrument besteht aus einem *Messfernrohr* (Kap. 3.2.2), dessen Zielachse mithilfe einer Röhrenlibelle oder eines Kompensators horizontal ausgerichtet wird und somit beim geometrischen Nivellement eingesetzt werden kann. Das Fernrohr ist in einem Dreifuß als Unterbau drehbar gelagert. Der Dreifuß wird mit einer Anzugschraube fest auf die Aufsatzfläche eines dreibeinigen Stativs geschraubt. Mithilfe der drei Fußschrauben lässt sich die Stehachse lotrecht stellen (Abb. 3.2-20). Von der Konstruktion her unterscheidet man zwischen den früher gebräuchlichen Libellen- und Kompensatornivellieren sowie den heutigen Digitalnivellieren.

Kompensatornivellier

Beim *Kompensatornivellier* (Abb. 4.1-2)wird zur Feinhorizontierung ein mechanisch-optisches Bauteil verwendet. Dieser sogenannte *Kompensator* wird durch die Erdschwerkraft beeinflusst und gleicht kleine Neigungen der Zielachse bei jeder Zielung selbsttätig aus. Das

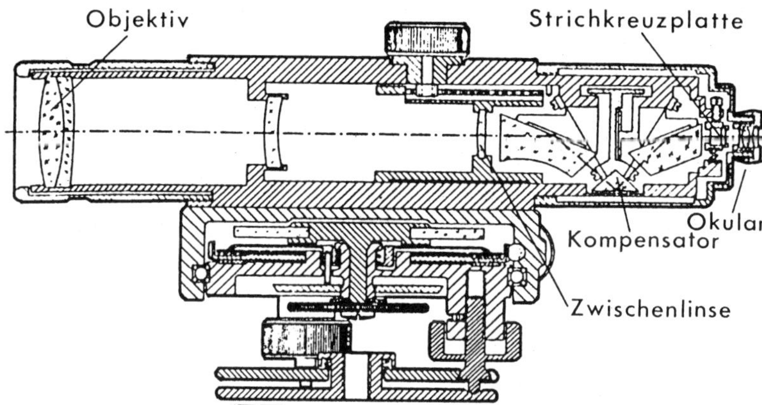

Abbildung 4.1-2: Längsschnitt durch das Kompensatornivellier `Ni 2` von ZEISS

Nivellier muss lediglich mithilfe der Dosenlibelle vorhorizontiert werden. Es kann vorkommen, dass beim Einsatz eines Kompensatornivelliers im Einflussbereich vibrierender Maschinen der Kompensator nicht in seine Ruhestellung gelangen kann und man daher in diesen Fällen für Präzisionsmessungen meist nur mit einem früher gebräuchlichen Libellennivellier brauchbare Messergebnisse erhält.

Der Kompensator (Abb. 4.1-3) besteht aus beweglichen und fest angeordneten optischen Bauteilen, aus Spiegeln, Prismen oder Linsen, wobei die beweglichen Optiken entweder an dünnen Drähten hängen oder an starren oder federnden Pendeln befestigt sind. Bei einer Neigung des Instruments pendelt sich das bewegliche optische Bauteil rasch in eine durch die Erdschwerkraft beeinflusste Ruhestellung ein, wobei die Pendelschwingungen durch spezielle Vorrichtungen gedämpft werden. Der Aufbau eines Kompensators variiert bei den verschiedenen Fabrikaten. Bei den meisten Ausführungsformen wird ein horizontaler Zielstrahl durch den Kompensator so abgelenkt, dass er durch den Horizontalstrich des Strichkreuzes verläuft (Zielstrahlsteuerung, Abb. 4.1-4) und somit eine kleine Abweichung der Zielachse des Nivelliers aus der Horizontalen ausgeglichen wird. Der erforderliche Abstand a zwischen

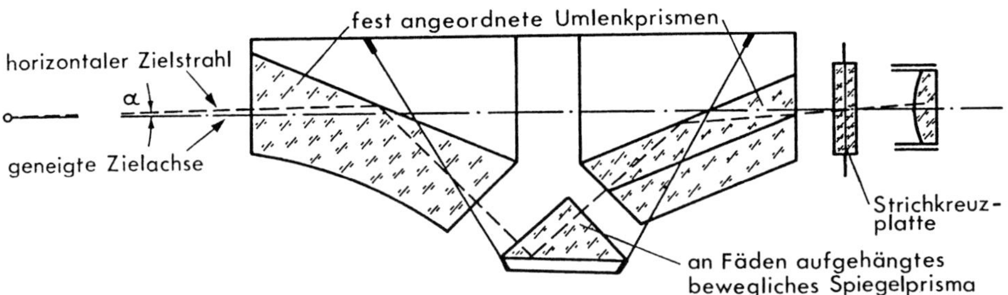

Abbildung 4.1-3: Kompensator im Nivellier `Ni 2` von ZEISS

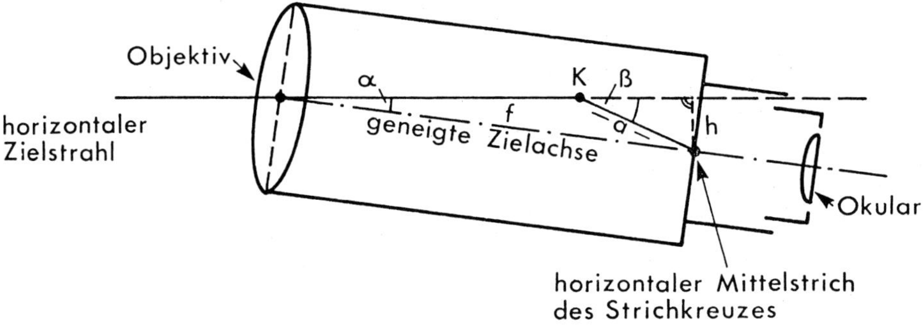

Abbildung 4.1-4: Prinzip der Zielstrahlsteuerung zur Kompensation der Zielachsneigung

dem Knickpunkt K und der Strichkreuzmitte ergibt sich mit dem Neigungswinkel α, dem Ablenkwinkel β und der Brennweite f durch Gleichsetzen

$$h = a \cdot \sin\beta = f \cdot \sin\alpha$$

und Umstellen (mit $\alpha, \beta =$ kleine Winkel) zu

$$a = f \cdot \frac{\alpha}{\beta} \,.$$

Das Kompensationsverhältnis

$$n = \frac{f}{a} = \frac{\beta}{\alpha}$$

ist von den gewählten Konstruktionselementen abhängig. Wird beim Einstellen dieses Verhältnisses n im Kompensator der erforderliche Wert nicht genau getroffen, entsteht ein mit der Größe des Neigungswinkels α wachsender Fehler im Ablenkwinkel β und damit in der Lage der Zielachse.

Digitalnivellier

Digitalnivelliere bauen optisch auf den Kompensatornivellieren auf, d. h., sie stellen im Prinzip eine Kombination einer digitalen Kamera mit einem Kompensatornivellier dar. Deshalb ist mit diesen Instrumenten auch weiterhin noch eine optische Ablesung möglich.

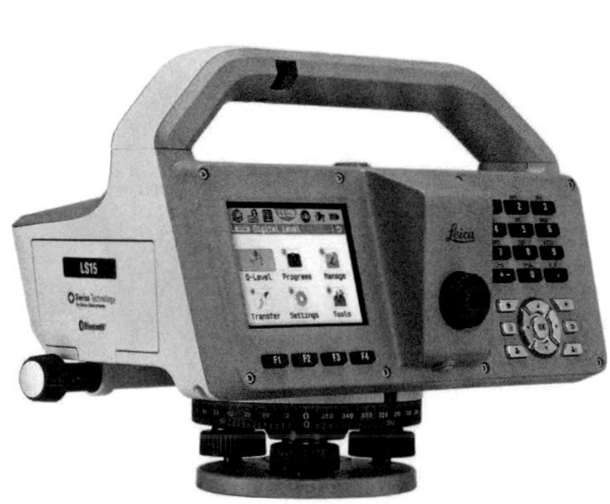

Abbildung 4.1-5: Digitalnivellier LEICA GEOSYSTEMS LS 15

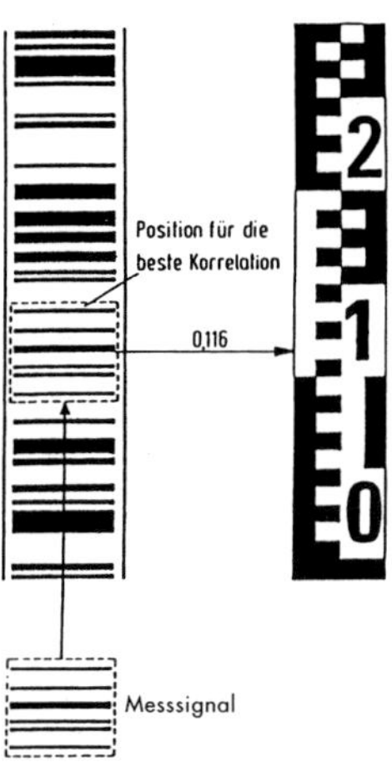

Abbildung 4.1-6: Nivellierlatte mit Codeteilung und E-Teilung auf Vorder- und Rückseite

Das Digitalnivellier LEICA GEOSYSTEMS DNA03 ist ein elektronisch messendes, automatisch rechnendes und registrierendes Nivellier, welches nicht nur die Höhe misst, sondern gleichzeitig auch die Horizontaldistanz vom Instrumentenstandpunkt zur Nivellierlatte mit einer Genauigkeit von 1 bis 2 cm (Messbandgenauigkeit) ermittelt. Da es auch wie ein herkömmliches Nivellier benutzt werden kann, besitzt die zum Instrument gehörende Kombinivellierlatte auf der einen Seite einen Strichcode für die elektronische und auf der anderen Seite eine klassische Skalenteilung für die visuelle Messung. Nachdem der Beobachter mit dem Nivellier die Latte angezielt und fokussiert hat, drückt er die Messtaste. Das im Fernrohr sichtbare Codebild der Latte wird auf eine Fotodiodenzeile abgebildet, zu einem digitalen Messsignal verarbeitet und mithilfe der Bildverarbeitung ausgewertet. Dies kann man sich so vorstellen, dass das Messsignal nach dem Prinzip der Korrelation so lange systematisch verschoben wird, bis es mit dem „bekannten“ (d. h. im Instrument gespeicherten) Referenzsignal optimal übereinstimmt. Im weiteren Auswerteprozess werden die Lattenablesung für die Höhe sowie die Horizontalentfernung berechnet und die Messwerte digital im Display angezeigt. Das Instrument wird über ein Keybord und eine seitlich angebrachte Messtaste bedient. Das LC-Display führt den Benutzer während des Nivellements und zeigt ihm die Messergebnisse und den Systemzustand an. Nivellierdaten wie Höhe, Distanz, Grundhöhe usw. werden im internen REC-Modul gespeichert. Die Weiterentwicklung des DNA03, das LS 15 (Abb. 4.1-5), verfügt über eine Weitwinkelkamera, die entfernungsunabhängig fokussiert ist. Für eine Messung muss die Nivellierlatte nicht mehr durch das Fernrohr angezielt werden, sondern ist durch auf das Display überlagerte Markierungen in eine Linie zu bringen.

Das Digitalnivellier DiNi 20 bzw. DiNi 12 der Firma ZEISS (Abb. 4.1-7) benutzt ebenfalls das Messprinzip der digitalen Bildverarbeitung in Verbindung mit einer Codelatte. Allerdings wird nicht das Korrelationsprinzip verwendet, sondern mit einem sogenannten Bi-Phasencode gearbeitet, der dem pseudostochastischen Code überlagert ist. Der Code beruht auf einem Grundraster von 2 cm (= 1 bit) und ist so aufgebaut, dass ein Lattenausschnitt von ±15 cm beiderseits der Visurlinie zu einem eindeutigen Ergebnis führt. Die eingesetzte Bi-Phasenmessung beruht auf dem Helligkeitswechsel nach jedem Bit.

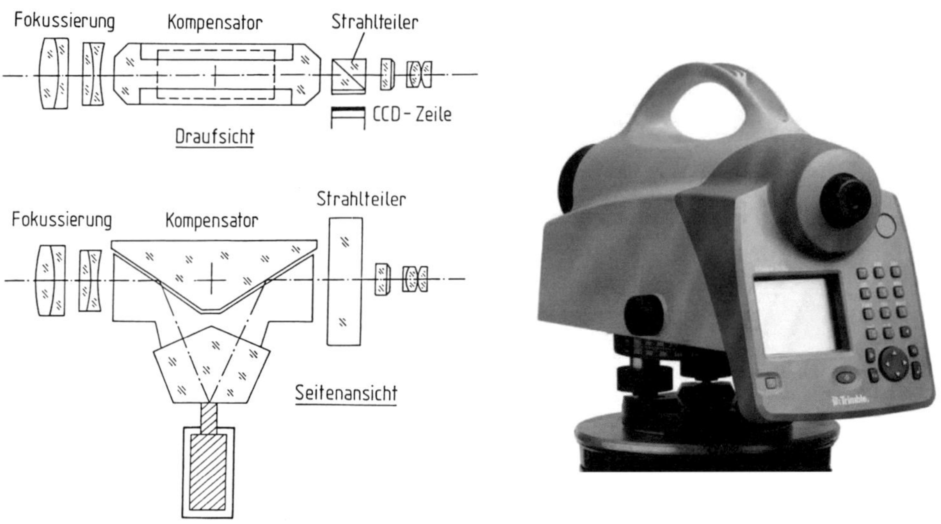

Abbildung 4.1-7: Schnittbild und Bild des Digitalnivelliers `DiNi 12/20` von ZEISS

Durch den für die Auswertung benutzten, nur 30 cm großen Lattenabschnitt wird erreicht, dass bei normaler Aufstellung bodennahe und damit stärker refraktionsbeeinflusste Teile der Lattenabbildung nicht in den Auswerteprozess gelangen. Die Kantenerkennung ist wegen der hochauflösenden CCD-Zeile und der Mittelbildung aus mindestens 15 Übergängen so genau, dass trotz Luftfluktuation und einer durch äußere Umstände aufgezwungenen eventuellen Unruhe des Pendelelements im Kompensator ein größerer Lattenabschnitt nicht erforderlich ist.

Die von der Firma TOPCON entwickelten Digitalnivelliere `DL-101` bzw. `DL-102` benutzen ähnlich wie die LEICA GEOSYSTEMS-Digitalnivelliere die Technik der digitalen Bildverarbeitung. Für die Realisierung wurde ein eigenständiges Codier- und Auswerteverfahren konzipiert. Ausgangspunkt sind die Messinformationen eines Lattenabschnitts, die von einem 1°20' großen Messkegel auf einen CCD-Zeilensensor abgebildet werden. Aus diesem Messsignal wird sowohl die (horizontale) Lage der Ziellinie als auch der Abstand zwischen Messinstrument und Nivellierlatte abgeleitet, wozu sich unabhängig von der Zielweite die Grobposition der Ziellinie *eindeutig* aus dem Code bestimmen und die Feinposition mit hoher Auflösung ($\approx$ 0,01 mm) detektieren lassen muss. Aus dem Messsignal muss zusätzlich die Zielweite ableitbar sein.

Der in Abbildung 4.1-8 dargestellte Lattenabschnitt gibt die auf der Nivellierlatte aufgetragenen, sich periodisch wiederholenden Code-Muster R, A und B wieder. Sie sind so angeordnet, dass sich in den jeweils p = 10 mm breiten Intervallen die Code-Sequenzen in der Reihenfolge R(0), A(0), B(0) - R(1), A(1), B(1) - ... - R(99), A(99), B(99) – bezogen auf eine 3-m-Latte – wiederholen. Das Referenzmuster R besteht aus einem identisch aufgebauten Balkentripel, bei dem zwischen den 2 mm breiten Balken je ein 1 mm breiter Zwischenraum angeordnet ist. Die eigentlichen Code-Informationen enthalten die beiden Code-Muster A und B. Bei jedem variiert die Balkenbreiten zwischen 2 und 10 mm sinusförmig mit einer Periode von 600 mm für das A- und von 570 mm für das B-Code-Muster. Diese gewährleisten immer eine eindeutige Positionszuordnung, da für die vorgenannten Periodizitäten das kleinste gemeinsame Vielfache bei 11 400 mm liegt. Zusätzlich werden, gerade um die Eindeutigkeit am Teilungsanfang zu gewährleisten, beide Muster mit einer Phasenverschiebung von jeweils $\pi/2$ versehen.

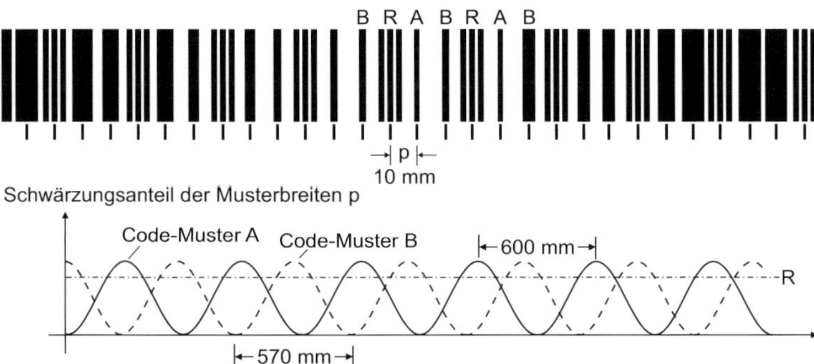

Abbildung 4.1-8: Aufbau der Codierung für das TOPCON DL-101/102

Bei der Signalanalyse mittels Fast-Fourier-Tranformation (FFT) wird das Messsignal in insgesamt drei Komponenten zerlegt, die sich auf eine Musterbreite von p = 10 mm beziehen. Bedenkt man, dass bei größeren Zielweiten innerhalb des 1°20' großen Messkegels der erfasste Lattenabschnitt größer wird, erhöht sich damit die Anzahl der ermittelten Referenzmuster R gegenüber einer kürzeren Zielweite. In Verbindung mit den Beziehungen der geometrischen Optik lässt sich für eine feste Musterbreite p gemäß

$$z = \frac{p}{l} \cdot f$$

die Zielweite z ableiten. Hier geben l die zu p korrespondierende Messsignallänge und f die Länge der Objektivbrennweite an.

Eine grobe Höhenablesung erhält man aus den Phasenlagen beider Signale, die aus dem CCD-Signal mittels der FFT ableitbar sind. Die Feinablesung erfolgt ebenfalls über eine Phasenmessung. Hier wird der Anteil der Musterbreite p in Relation zum h-ten Sensorelement ermittelt, das die Position der horizontalen Ziellinie repräsentiert. Die Verknüpfung beider Teilinformationen liefert dann den gewünschten Wert.

Ähnlich wie bei den Digitalnivellieren der anderen Hersteller wird auch beim PowerLevel SDL 30 der Firma SOKKIA der Lattencode mithilfe einer CCD-Sensorzeile ausgelesen, um Höhe und Distanz zu bestimmen. Bei der Entwicklung des Instruments wurde darauf geachtet, den Einfluss von Schlagschatten zu eliminieren sowie verdeckte und damit im Bild fehlende Codestriche automatisch zu identifizieren und zu ersetzen. Dazu wurde ein System gewählt, welches die analogen Signale der CCD-Sensorzeile in digitale umsetzt. Ein Ausschnitt des verwendeten Codes (RAB-Code = *RA*ndom *B*i-directional *Code*) ist in Abbildung 4.1-9 und seine Zusammensetzung nebst der Bildgröße auf der CCD-Sensorzeile sind in Tabelle 4.1-1 veranschaulicht. Es wurden sechs verschieden breite Striche gewählt, die sechs Stufen eines digitalen Codes bei kurzen Distanzen repräsentieren. Während für diese

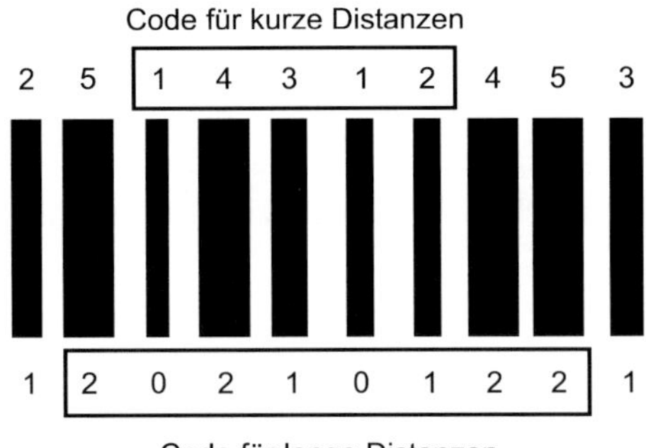

Abbildung 4.1-9: Ausschnitt aus dem Code des SOKKIA SDL 30

Tabelle 4.1-1: Beziehungen zwischen Strichbreite, Code und Distanz beim SOKKIA SDL 30

Strichbreite (mm)	0-5 code kurze Distanz	0-2 code lange Distanz	Bildgröße in 100 m	Bildgröße in 10 m
3	0	0	1,05 μm/1 Pixel	84 μm/10,5 Pixel
4	1		1,40 μm/1 Pixel	112 μm/14,0 Pixel
7	2	1	2,45 μm/3 Pixel	196 μm/24,5 Pixel
8	3		2,80 μm/3 Pixel	224 μm/28,0 Pixel
11	4	2	3,85 μm/4 Pixel	308 μm/38,5 Pixel
12	5		4,20 μm/4 Pixel	336 μm/42,0 Pixel

das Auflösungsvermögen ausreicht, ist es bei größeren Distanzen nicht mehr möglich, sechs Stufen zu unterscheiden, da die Bildgröße und die geometrischen Abmessungen der Pixel (Bildelemente) zu dicht beieinanderliegen. Für diesen Fall werden drei Stufen gebildet. In Abhängigkeit von der Entfernung sind dem Code somit zwei Bedeutungen zugeordnet. Das Basiselement weist eine konstante Breite von 16 mm auf, woraus sechs unterschiedlich breite Muster gebildet werden, nämlich ein 5-bit-Code mit sechs Ziffern für die kurzen Distanzen und ein 8-bit-Code mit sechs Ziffern für die langen.

Der Signalverbreitungsprozess gliedert sich in die folgenden Schritte (vgl. Abb. 4.1-11):

1) Das empfangene Signal wird auf ein Niveau normalisiert und das Rauschen eliminiert.
2) Die Grobdistanz lässt sich aufgrund der gleichabständigen Teilung aus dem mittleren Abstand der Teilungsstriche auf der CCD-Sensorzeile berechnen.
3) Die Mitte des abgebildeten Ausschnitts und die Breite jedes einzelnen Teilungsstriches werden bestimmt.
4) Die Musterbreiten werden in Abhängigkeit von den geschätzten Distanzen (Schritt 2) in den 5- oder in den 8-bit-Code eingeteilt und in Reihen von digitalen Zeichen umgewandelt.

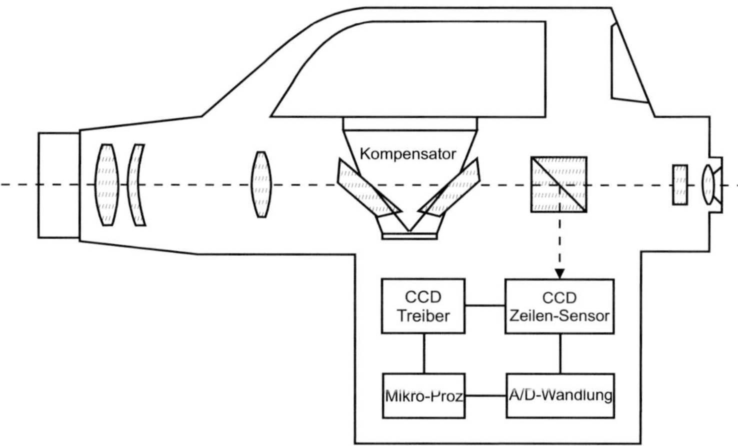

Abbildung 4.1-10: Schnittbild und Funktionsprinzip des SOKKIA SDL 30

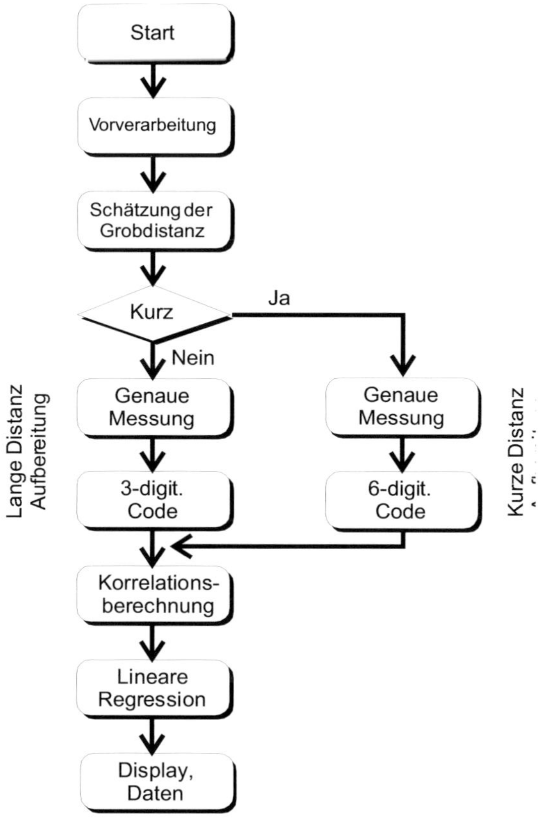

Abbildung 4.1-11: Flussdiagramm des Signalverarbeitungsprozesses beim SOKKIA SDL 30

5) Die gewonnenen Zahlenreihen und das Standard-Muster für den Maßstab werden im Mikroprozessor korreliert und die Korrelationskoeffizienten durch Aufsummierung der Absolutdifferenzen der erhaltenen Bits bestimmt. Das Beurteilungskriterium beruht auf der Länge der zum Vergleich herangezogenen Bits und der Größe der aufgetretenen Abweichungen.
6) Nachdem die Beziehung zwischen der Mittenposition jedes Lattenstriches (berechnet in Pixeleinheiten der CCD-Zeile zur absoluten Länge der CCD-Zeile) erhalten wurde, wird eine lineare Regression gerechnet. Als Ergebnis wird die Distanz mithilfe des Regressionskoeffizienten berechnet und die exakte Höhe aus dem Achsabschnitt der Regression als Mittenposition abgeleitet.

Zusatzeinrichtungen

Die Zusatzeinrichtungen erweitern die Verwendungsmöglichkeiten für Aufgaben, die über das Nivellement hinausgehen.

Horizontalkreis:
Die Verwendungsmöglichkeit eines Nivelliers wird durch einen *Horizontalkreis* erweitert, sodass in ebenem Gelände Horizontalwinkel entweder gemessen oder abgesteckt werden können, wie z. B. Rechte Winkel bei der Bauabsteckung.

Laserokular:
Wird das Fernrohrokular des Nivelliergerätes gegen ein *Laserokular*, z. B. das Diodenlaserokular `DL2` von LEICA GEOSYSTEMS, ausgetauscht, lässt sich der horizontale Zielstrahl sichtbar machen. Durch einen im Laserokular eingebauten Strahlenteiler wird das rote Licht eines Diodenlasers in den Strahlengang des Fernrohres umgelenkt. Dadurch fällt der Lichtstrahl des DL2 mit der optischen Achse des Fernrohrs zusammen und ist so mit dem Zielstrahl identisch. Die Höhenlage des Zielstrahls kann im Zielpunkt visuell oder durch einen fotoelektrischen Detektor erfasst werden. Man kann daher z. B. bei Fluchtungsaufgaben im Gelände oder auf der Baustelle am Messpunkt mit einer Auf- oder Durchlichtzieltafel den Laserstrahl erfassen und sich *selbst einweisen*, sodass am Instrument ein Beobachter nicht erforderlich ist. Weitere Ausführungen zur Fluchtung werden in Kapitel 13.5.3 gemacht.

Auf *Rotationslaser*, mit denen durch einen rotierenden Laserstrahl eine Horizontalebene erzeugt werden kann, und die sich gut für Flächennivellements (Kap. 7.3) eignen, mit denen aber auch Längs- oder Liniennivellements (Kap. 4.1.5) im Prinzip möglich sind, wird in Kapitel 13.3 eingegangen.

Klassifizierung nach Genauigkeit

Neben der Unterscheidung nach dem Aufbau in Libellen-, Kompensator- und Digitalnivelliere lässt sich auch eine *Einteilung nach der Genauigkeit*, die sich mit dem jeweiligen Instrument erreichen lässt, vornehmen. Die Genauigkeit wird ausgedrückt durch die Standardabweichung σ_h eines im Hin- und Rückgang über 1 km Nivellementsstrecke gemessenen Höhenunterschiedes. Nach ihren hauptsächlichen Verwendungszwecken ist auch die Einteilung in Bau-, Ingenieur- und Feinnivelliere gebräuchlich.

Baunivelliere setzt man für einfache technische Nivellements auf Baustellen, zur Aufnahme von Längs- und Querprofilen, für Flächennivellements und weitere derartige Aufgaben geringerer Genauigkeit ein.

Tabelle 4.1-2: Klassifizierung der Nivellierinstrumente

Einteilung nach Genauigkeitsstufen	Standardabw. σ_h für 1 km Doppelnivellement	Einteilung nach dem Verwendungszweck
Höchste Genauigkeit	$\sigma_h \leq$ 0,5 mm	Feinnivelliere
Hohe Genauigkeit	$\sigma_h \leq$ 2 mm	Ingenieurnivelliere
Einfache Genauigkeit	$\sigma_h \leq$ 6 mm	Baunivelliere

Ingenieurnivelliere werden benutzt bei amtlichen Festpunktnivellements im Netz 3. Ordnung, Nivellements und Geländeaufnahmen für Mengeberechnungen sowie beim Straßen-, Brücken- und Tunnelbau.

Mit *Präzisions-* oder *Feinnivellieren* werden die amtlichen Nivellementsnetze der 1. und 2. Ordnung beobachtet. Weitere Einsatzgebiete sind die technischen Nivellements höchster Genauigkeit, wie zur Überwachung von Staumauern, Brücken, den Fundamenten großer Maschinenanlagen usw.

4.1.3 Prüfen und Justieren von Nivellierinstrumenten

4.1.3.1 Nivellierprüfung aus der Mitte und einem Ende

Wenn der Zielstrahl eines Nivellierinstruments trotz automatischer Einstellung durch den Kompensator gegen die Horizontale um die *Zielachsabweichung* α geneigt ist, weist das Instrument einen dejustierten Zielstrahl auf. Eine Ablesung r_1 („Rückblick") an einer Nivellierlatte enthält daher die systematische Abweichung $c = z \cdot \tan\alpha \approx z \cdot \alpha\,[rad]$, die proportional zur Zielweite z wächst. Liest man nun an einer zweiten, gleich weit entfernt stehenden Nivellierlatte den „Vorblick" v_1 ab, enthält dieser wegen der gleichen Zielweite die gleich große Abweichung c. Die Differenz beider Ablesungen ergibt daher den von systematischen Abweichungen freien Höhenunterschied Δh zwischen beiden Lattenaufstellpunkten (Abb. 4.1-12)

$$\Delta h = r_1 - v_1 = (r_1' + c) - (v_1' + c) = r_1' - v_1' \qquad (4.2)$$

mit r_1', v_1' Sollablesungen für Rück- und Vorblick bei horizontalem Zielstrahl.

Folglich bekommt man auch bei einem Nivellier mit dejustiertem Zielstrahl durch „*Nivellieren aus der Mitte*", d. h. gleiche Zielweiten für Rückblick und Vorblick, von systematischen Abweichungen freie Höhenunterschiede Δh. Da zur Feststellung der Zielachsabweichung der von systematischen Abweichungen freie Höhenunterschied zwischen zwei Punkten bekannt sein muss, beginnt demzufolge die Prüfung eines Nivelliers mit der Aufstellung des Instrumentes in der Mitte zwischen zwei lotrecht gehaltenen, auf festen und eindeutigen Punkten aufgesetzten Nivellierlatten mit Zielweiten zwischen 20 m und 40 m. Bei der Aufstellung des Instruments sollte zuerst die Dosenlibelle überprüft werden, weil sie zur Vorhorizontierung benutzt wird (Kap. 3.4.1).

Anschließend werden die beiden Ablesungen r_1 und v_1 „aus der Mitte" getätigt und es ergibt sich der von systematischen Abweichungen freie Höhenunterschied Δh nach Gl. (4.2).

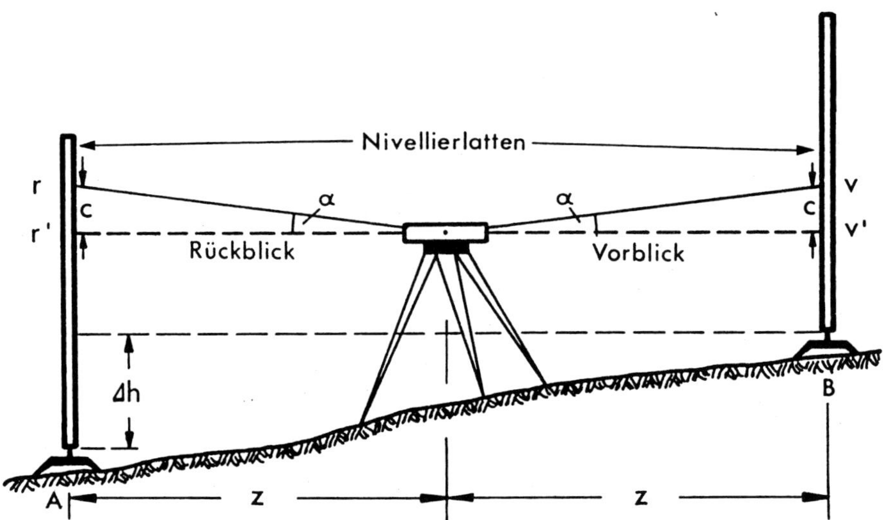

Abbildung 4.1-12: Von systematischen Abweichungen freier Höhenunterschied Δh durch „Nivellieren aus der Mitte“ mit gleichen Zielweiten z

Das Nivellierinstrument wird jetzt hinter den Lattenstandpunkt B im Abstand der kürzesten Zielweite (ca. 2 m bei den meisten Instrumenten) aufgestellt und der Beobachter führt an dieser Latte die Ablesung v_2 durch. Wegen einer eventuellen Zielstrahlneigung wird der abgelesene Wert nicht ganz exakt sein. Trotzdem setzt man ihn der Ablesung v'_2 bei horizontalem Zielstrahl gleich ($v_2 \approx v'_2$), weil sich eine Zielstrahlneigung bei dieser kurzen Zielweite praktisch nicht auswirkt (Abb. 4.1-13).

Falls die Ablesung r_2 an der Latte A von der Sollablesung r'_2 abweicht, ist die sich zeigende Differenz näherungsweise gleich der doppelten Abweichung $2c$

$$r'_2 = v_2 + \Delta h = v_2 + r_1 - v_1 \tag{4.3}$$

$$r_2 - r'_2 \approx 2c = 2z\alpha\,[rad]\ , \tag{4.4}$$

sodass sich die *Zielachsabweichung* α ergibt zu:

$$\alpha\,[rad] = \frac{r_2 - r'_2}{2z}. \tag{4.5}$$

Zum Justieren eines *Kompensatornivelliers* verschiebt man durch Drehen an den Justierschrauben des Strichkreuzes dieses vertikal so weit, bis sich die Sollablesung r'_2 zeigt. Damit ist die Bedingung erfüllt, dass der „Zielstrahl senkrecht zur Lotrichtung“ ausgerichtet sein muss.

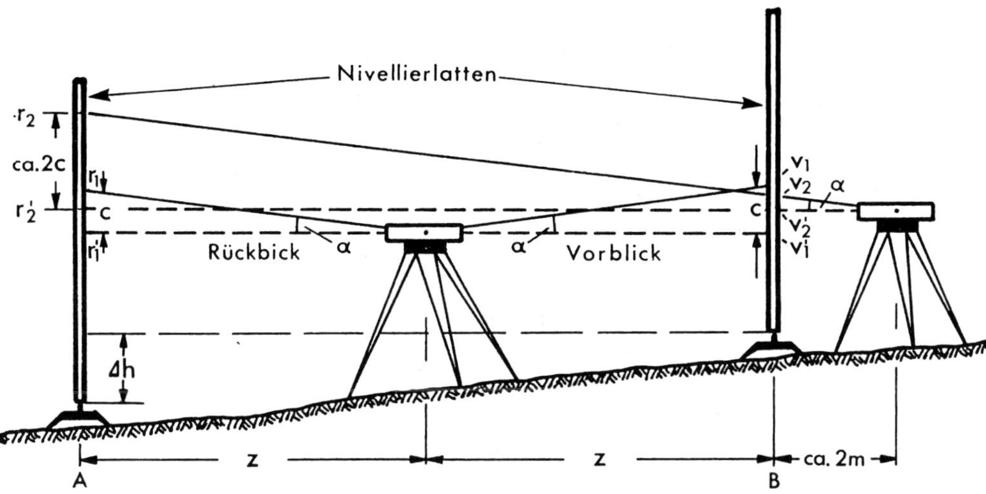

Abbildung 4.1-13: Prüfen eines Nivelliers „aus der Mitte und einem Ende"

Beispiel 4.1.1: Prüfen eines Nivelliers „aus der Mitte und einem Ende"

Standpunkt „Mitte"	Standpunkt „an einem Ende"
Rückblick r_1 = 1,973	Rückblick r_2 = 2,139
Vorblick v_1 = 1,725	Vorblick v_2 = 1,887
Höhenunterschied Δh = +0,248	Sollablesung r_2' = 1,887 + 0,248 = 2,135
	Abweichung $2c$ = 2,139 − 2,135 = 0,004

Mit der Zielweite $z = 20m$ ergibt sich die Zielachsabweichung

$$\alpha\,[rad] = \frac{0,004}{40} = 0,0001\,[rad]. \tag{4.6}$$

$$\alpha\,[''] = \alpha\,[rad] \cdot \frac{180 \cdot 60 \cdot 60''}{\pi} = 20,6\,['']. \tag{4.7}$$

Bevor man jedoch mit den Justierschrauben Korrekturen vornimmt, sollte sicher sein, dass die Differenzen nicht durch Messungenauigkeiten entstanden sind. Daher ist es besser, die Ablesungen auf den Standpunkten mehrmals zu tätigen. Nach erfolgter Justierung des Nivelliers müssen die Ablesungen v_2 und r_2 erneut vorgenommen und eine eventuell sich immer noch zeigende Differenz nach obigem Verfahren erneut beseitigt werden.

Probemessungen: Ablesung v_2 = 1,886
Ablesung r_2 = 2,134
$\Delta h = r_2 - v_2$ = +0,248 (Ablesungen korrekt)

Das Verfahren der Prüfung „aus der Mitte und einem Ende" hat jedoch den Nachteil, dass wegen der unterschiedlichen Zielweiten auf dem zweiten Standpunkt stark umfokussiert werden muss. Daher kann dieses Verfahren nur zum groben Prüfen, nicht jedoch zum Kalibrieren von Feinnivellieren angewendet werden (Feinnivellement, Kap. 4.1.5.4). Hierzu eignen sich besser die Verfahren nach *Kukkamäki* und nach *Näbauer*.

4.1.3.2 Nivellierprüfung nach Kukkamäki

Beim Verfahren nach *Kukkamäki* wird der Einfluss der Zwischenlinse weitgehend ausgeschaltet. Man nivelliert hierbei zunächst ebenfalls „aus der Mitte" (Zielweite z ca. 10 bis 15 m), um den von systematischen Abweichungen freien Höhenunterschied Δh zu bekommen (Abb. 4.1-12). Den zweiten Standpunkt wählt man jedoch in der Verlängerung der Lattenstandpunkte im Abstand der doppelten vorherigen Zielweite ($2z$) vom Punkt B entfernt und tätigt die Ablesungen „Vorblick" v_2 an der Latte B und „Rückblick" r_2 an der Latte A. Ablesung v_2 enthält die doppelte ($2c$) und Ablesung r_2 die vierfache Abweichung ($4c$). Folglich gilt

$$r_2 - v_2 = (r_2' + 4c) - (v_2' + 2c) = \Delta h + 2c; \quad (4.8)$$

$$2c = (r_2 - v_2) - \Delta h = (r_2 - v_2) - (r_1 - v_1). \quad (4.9)$$

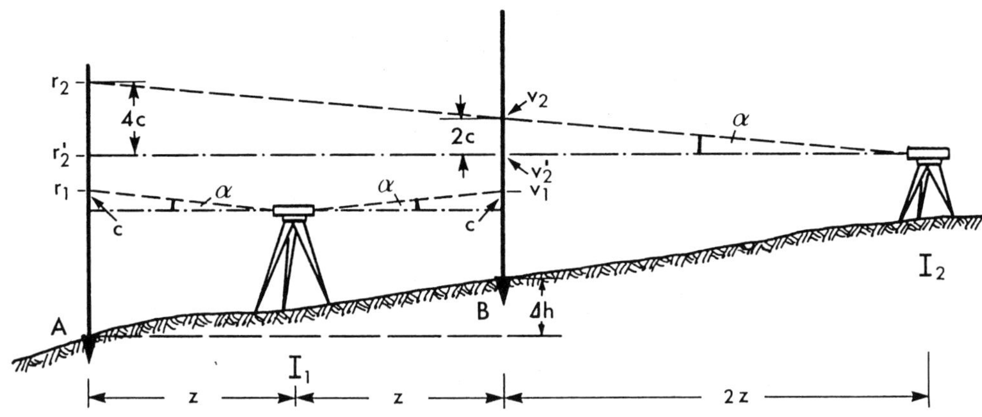

Abbildung 4.1-14: Prüfen eines Nivelliers nach *Kukkamäki*

Die Sollablesungen zum Justieren des Nivellierinstruments sind

$$r_2' = r_2 - 4c \quad (4.10)$$

$$v_2' = v_2 - 2c \quad (4.11)$$

mit der Rechenprobe $r_2' - v_2' = \Delta h$.

Beim Justieren von Feinnivellieren ist außerdem der wegen der ungleichen Zielweiten wirksam werdende Einfluss der Erdkrümmung und der Refraktion zu berücksichtigen, welcher nach *Kukkamäki* beträgt

$$p\,[\text{mm}] = -1{,}68 \cdot 10^{-4} \cdot z^2 \quad , \quad (\text{Zielweite } z \text{ in } [\text{m}])\,. \quad (4.12)$$

Für die gebräuchlichsten Zielweiten ergeben sich folgende Werte

$z =$	10	20	30	40	50	60 m
$p =$	−0,02	−0,07	−0,15	−0,27	−0,42	−0,60 mm

Beispiel 4.1.2: Prüfen eines Nivelliers nach *Kukkamäki* (ohne Berücksichtigung von Erdkrümmung und Refraktion)

Latten-standp.	Instrumenten-standpunkt 1 [m]		Instrumenten-standpunkt 2 [m]		Sollablesungen Standpunkt 2 [m]	
A	$r_1 =$	$1,627$	$r_2 =$	$1,258$	$r_2' =$	$1,262$
B	$v_1 =$	$1,192$	$v_2 =$	$0,825$	$v_2' =$	$0,827$
	$r_1 - v_1 =$	$+0,435$	$r_2 - v_2 =$	$+0,433$	$r_2' - v_2' =$	$0,435$

$$2c = 0,433 - 0,435 = -0,002 \text{ m}; \ 4c = -0,004 \text{ m}$$

Beispiel 4.1.3: Prüfen eines Feinnivelliers nach *Kukkamäki* (mit Berücksichtigung von Erdkrümmung und Refraktion)

Latten-standp.	Instrumenten-standpunkt 1 [m]		Instrumenten-standpunkt 2 [m]		Zielweite z [m]	Korrektion p [mm]
A	$r_1 =$	$1,6274$	$r_2 =$	$1,2578$	50	$-0,42$
B	$v_1 =$	$1,1918$	$v_2 =$	$0,8246$	25	$-0,10$
	$r_1 - v_1 =$	$+0,4356$	$r_2 - v_2 =$	$0,4332$		

Sollablesungen auf Standpunkt 2:

Latte A: $r_2' = 1,2578 + 0,0048 - 0,0004 = 1,2622$ m

Latte B: $v_2' = 0,8246 + 0,0024 - 0,0001 = 0,8269$ m

$0,4353$ m

4.1.3.3 Nivellierprüfung nach Näbauer

Beim Verfahren nach *Näbauer* werden die Instrumentenstandpunkte I_1 und I_2 symmetrisch in der Verlängerung der fest vermarkten Lattenstandpunkten A und B gewählt, um den Einfluss der Erdkrümmung auszuschalten. Um günstige Ablesebedingungen (geringer Einfluss des Umfokussierens) zu erhalten, sollte die Zielweite vom Instrument zur jeweils vorderen Latte zu etwa 8 m gewählt werden. Bei der Prüfung von Digitalnivellieren legt dieses Maß (8 m) dann auch den Abstand a zwischen den Lattenstandpunkten fest. Bei der Prüfung von konventionellen Nivellieren wähle man den doppelten Lattenabstand ($a = 16$ m).

Im Standpunkt I_1 werden dann nacheinander die Ablesungen r_1 und v_1 zu den Latten in A und B und nach Umsetzen des Instruments im Standpunkt I_2 die entsprechenden Ablesungen r_2 und v_2 vorgenommen. Alle Ablesungen sind durch die Zielachsabweichung α verfälscht, die sich bei den beiden vorläufigen Höhenunterschieden

$$\Delta h_1' = r_1 - v_1 \tag{4.13}$$

$$\Delta h_2' = r_2 - v_2 \tag{4.14}$$

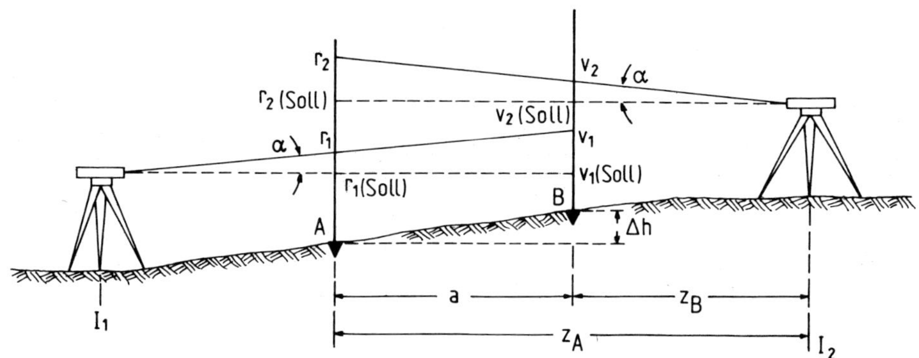

Abbildung 4.1-15: Prüfen eines Nivelliers nach *Näbauer*

mit entgegengesetztem Vorzeichen auswirkt. Der Mittelwert

$$\Delta h_{AB} = \frac{\Delta h'_2 + \Delta h'_1}{2} \tag{4.15}$$

ist folglich der berichtigte Höhenunterschied zwischen den Lattenstandpunkten von A nach B. Die Zielachsabweichung α wird berechnet nach:

$$\alpha[rad] = \frac{\Delta h'_2 - \Delta h'_1}{2a} \quad , \quad a = \text{Lattenabstand } AB. \tag{4.16}$$

Die Sollablesungen $r_2(Soll)$ und $v_2(Soll)$ (Kontrolle!), auf die zur Justierung des Nivelliers die Strichkreuzmitte mit den Justierschrauben einzustellen ist, betragen auf dem zweiten Instrumentenstandpunkt I_2:

$$r_2(Soll) = r_2 - z_A \cdot \alpha\,[rad] \quad , \quad z_A = \text{Zielweite von } I_2 \text{ nach } A; \tag{4.17}$$

$$v_2(Soll) = v_2 - z_B \cdot \alpha\,[rad] \quad , \quad z_B = \text{Zielweite von } I_2 \text{ nach } B. \tag{4.18}$$

Wählt man beispielsweise $z_B = 8\,m$, dann gilt

$$\text{bei} \quad a = 8\text{ m}: \qquad r_2(Soll) = r_2 - (\Delta h'_2 - \Delta h'_1); \tag{4.19}$$

$$\text{bei} \quad a = 16\text{ m}: \qquad r_2(Soll) = r_2 - \frac{2}{3}(\Delta h'_2 - \Delta h'_1). \tag{4.20}$$

Gegenüber dem Verfahren *Kukkamäki* weist das Verfahren *Näbauer* den weiteren Vorteil auf, dass zwischen den Ablesungen auf den beiden Standpunkten das Instrument nicht (wie bei dem Verfahren aus der Mitte und bei dem Verfahren *Kukkamäki*) gedreht werden muss. Durch das Drehen des Instruments um 200 gon muss bei Nivellieren, bei denen der quasianallaktische Punkt der Höhenmessung nicht in der Umdrehungsachse liegt, mit einer systematischen Abweichung gerechnet werden, die als Höhenversatz bezeichnet wird. Dieser tritt folglich bei dem Verfahren *Näbauer* nicht auf.
Neben den Feldverfahren zur Prüfung von Nivellieren gibt es noch ein Laborverfahren (Justieren mit Kollimator), welches in der entsprechenden geodätischen Fachliteratur nachgelesen werden kann.

4.1.4 Nivellierlatten

An *Nivellierlatten* wird der lotrechte Abstand zwischen dem horizontalen Zielstrahl und dem Aufsetzpunkt der Latte abgelesen. Sie sind genau geteilte Maßstäbe, die meist eine Länge von 4 m und eine Breite von 8 cm aufweisen. Ein wetterfester Lack schützt gegen Feuchtigkeit, Metallkappen an den Endflächen vor Beschädigungen.

Die Vorderseiten der Latten tragen überlicherweise eine Code-Strichteilung, während die Rückseiten in cm eingeteilt und nach dm beziffert sind. Die Zahlen auf den meisten Latten stehen aufrecht. Der Nullpunkt der Teilung soll mit der Unterseite der Grundplatte zusammenfallen. Die Bauart und Bezifferung der Latten sind in DIN 18703 (Nivellierlatten) und DIN 18717 (Präzisions-Nivellierlatten) geregelt.

Die *Latte mit E-Teilung* gibt eine deutliche Unterscheidung der Dezimeter, Halbdezimeter und der Zentimeter. Häufig ist die Teilung für die ungeraden Meter schwarz und für die geraden Meter rot. Die Zahlen sind in dem zugehörigen Dezimeterabschnitt aufgetragen.

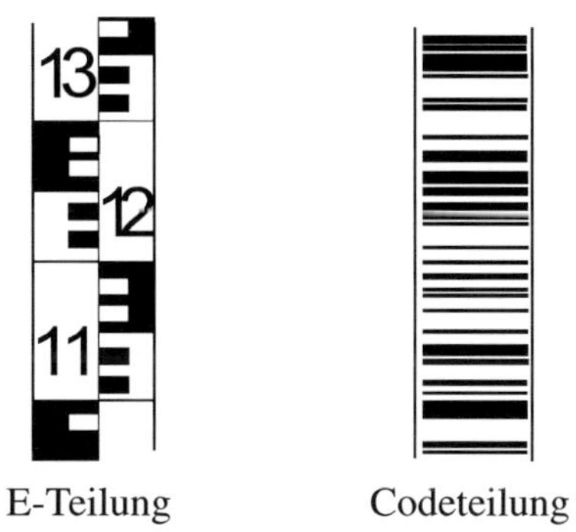

Abbildung 4.1-16: Nivellierlattenteilungen (siehe auch Abb. 4.1-6)

Zum Einsatz bei Feinnivellements sind die Codeteilungen auf einem Band aus dem weitgehend temperaturunempfindlichen Metall Invar, einer Legierung aus rund 36 % Nickel und 64 % Stahl, aufgetragen. Das *Invarband* wird in einem Leichtmetallrahmen gehalten. Es ist am unteren Ende befestigt und wird am oberen Ende durch eine Feder mit gleichmäßiger Zugkraft gespannt.

Beim *Aufstellen einer Nivellierlatte* ist darauf zu achten, dass sie immer auf einer spitzen oder runden, festen Unterlage aufgesetzt wird. Der Aufsetzpunkt muss der eindeutig höchste Punkt der Unterlage sein, damit die Latte beim Drehen um ihre Achse zwischen Rück- und Vorblick in unveränderter Höhe bleibt. Die Latte darf niemals auf einer schrägen Ebene aufgestellt werden. Bei Wechselpunkten wird die Latte auf einem *Lattenuntersatz*, auch *„Frosch"* genannt, aufgesetzt (Abb. 4.1-18). Dieser Lattenuntersatz ist eine Bodenplatte mit einem Aufsetzzapfen und drei Füßen, die fest in den Boden eingetreten werden. Durch Einspielen einer an der Latte angebrachten *Dosenlibelle* oder eines angehaltenen *Lattenrichters* (= Dosenlibelle mit Anhalteschiene, Abb. 4.1-17) wird die Latte lotrecht gehalten und kann in dieser Stellung durch Stäbe zusätzlich noch seitlich abgestützt werden. Zur Schonung der Lattenteilung sollten die Latten nicht an Zäune (Stacheldraht) gelehnt werden, beim Halten

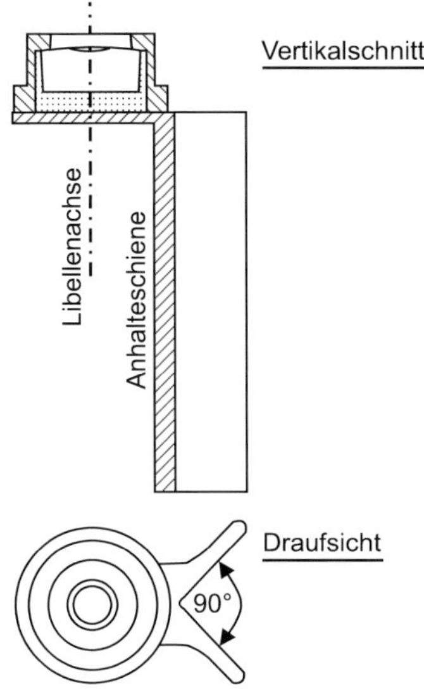

Abbildung 4.1-17: Lattenrichter

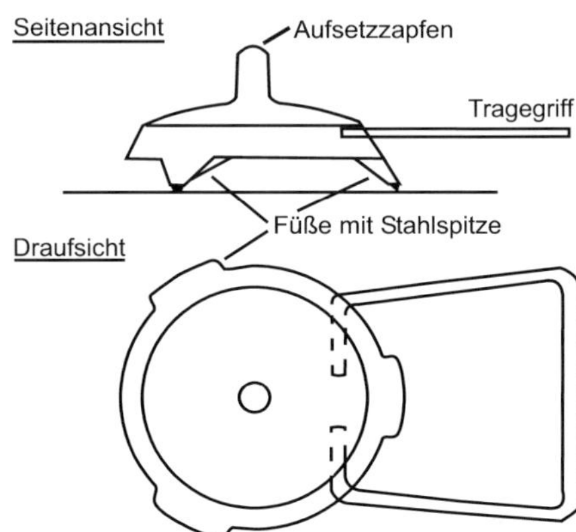

Abbildung 4.1-18: Lattenuntersatz („Frosch")

sollte nicht mit den Fingern auf die Teilung gefasst und beim Transport die Latte nicht mit der Teilung nach unten auf der Schulter getragen werden.

4.1.5 Nivellierverfahren (Festpunktnivellement)

Die Nivellierverfahren werden nach der Aufgabenstellung unterteilt. Zur Bestimmung von Höhenfestpunkten, die meist linienförmig hintereinander, z. B. entlang von Straßen, angeordnet sind, eignet sich das *Festpunktnivellement*, auch *Längs-* oder *Liniennivellement* genannt. Für die Aufmessung lang gestreckter Bauwerke nach Lage und Höhe, z. B. im Straßen-, Eisenbahn- und Kanalbau, wendet man die *Längs- und Querprofilaufnahme* an. Die zur lage- und höhenmäßigen Geländeaufnahme bei flächenhafter Ausdehnung entwickelten Verfahren werden als *Flächennivellement* bezeichnet.

Da die Längs- und Querprofilaufnahme und das Flächennivellement Anwendungen des geometrischen Nivellements bei der Geländeaufnahme sind, werden sie in Kapitel 7 bei den Verfahren der Geländeaufnahme behandelt, sodass hier nur auf das Festpunktnivellement eingegangen werden soll.

4.1.5.1 Grundlagen des Festpunktnivellements

Werden bei der Bestimmung neuer Höhenfestpunkte die Messungen an das amtliche Höhenfestpunktfeld (Kap. 1.3.2) angeschlossen, spricht man von einer *Verdichtung des Nivellementpunkt-Feldes*. Wählt man eine beliebige Höhe für den Ausgangspunkt eines Festpunktnivellements im Rahmen eines Bauvorhabens, entsteht ein *lokales Höhennetz*. Vor ihrer Bestimmung sind die Nivellementpunkte durch *Höhenbolzen* (Abb. 1.3-3) an festen Bauwerken, besonderen Pfeilern oder in hartem Felsgestein zu vermarken. Nach der Festlegung müssen die Höhenbolzen einen eindeutig höchsten Punkt zum Aufhalten der Nivellierlatte besitzen,

z. B. ist ein in eine Bodenplatte eingemeißeltes Kreuz als genaue Höhenpunktvermarkung nicht verwendbar.

Nach den Genauigkeitsforderungen, die von der Aufgabenstellung her an die Höhenmessungen gestellt werden, teilt man diese ein in *einfache Nivellements, Ingenieurnivellements* und *Feinnivellements*. Die Verfahren für die einfachen und die Ingenieurnivellements sind prinzipiell gleich. Sie unterscheiden sich nur durch die höhere Sorgfalt und die genaueren Instrumente, die beim Ingenieurnivellement angewandt werden. Für das Feinnivellement sind jedoch besondere Verfahren und Instrumente entwickelt worden.

Für das einfache Nivellement mit Zentimetergenauigkeit genügt der Einsatz eines Baunivelliers, welches hauptsächlich von Baufirmen benutzt wird. Sind sowohl einfache als auch Ingenieurnivellements durchzuführen, wie das bei Vermessungsbüros üblich ist, lohnt sich die Anschaffung eines Ingenieurnivelliers.

In der Regel kann der Höhenunterschied zwischen zwei Festpunkten nicht mit einer einzigen Instrumentenaufstellung gemessen werden. Man unterteilt daher den Nivellementweg möglichst gleichabständig durch sogenannte *Wechselpunkte* und stellt in diesen Punkten die Nivellierlatte entweder auf einen Lattenuntersatz oder einen festen Bodenpunkt mit eindeutig höchster Stelle auf. Ein Kreidekreuz auf schiefer Ebene, z. B. auf einer Teerstraße, ist für ein Nivellement mit Millimeterablesung als Wechselpunkt nicht zulässig.

4.1.5.2 Ausführung und Auswertung des Festpunktnivellements

Auf dem Anschlusshöhenbolzen hält ein Lattenträger eine Nivellierlatte lotrecht auf (Lattenstandpunkt *FA*, Abb. 4.1-19 und Tab. 4.1-3). Im Abstand der vorgesehenen und abgeschrittenen Zielweite wird das Stativ aufgestellt und das Nivellierinstrument auf der Aufsatzfläche des Stativs festgeschraubt (Instrumentenstandpunkt I_1). Bei der Aufstellung tritt man zunächst zwei Stativbeine in den Untergrund fest ein und bewegt nun das dritte Bein so weit, dass nach dem Festtreten dieses Beines die Aufsatzfläche nahezu horizontal ist. Im hängigen Gelände werden zwei Beine parallel zum Hang nach unten und das dritte Bein, im erforderlichen Maß eingeschoben, hangaufwärts gestellt. Danach wird das Nivellierinstrument horizontiert. Nach Einstellen der Okularoptik auf das Auge des Beobachters (Kap. 3.5.2) wird die auf dem Anschlussbolzen aufgehaltene Latte im *„Rückblick“* angezielt und das Lattenbild scharf eingestellt (*fokussiert*), sodass die Ablesung (r_1) mit dem horizontalen Mittelstrich getätigt werden kann. Danach dreht man das Nivellier in Richtung zum nächsten, gleich weit entfernt zu wählenden Lattenstandpunkt (dem ersten Wechselpunkt W_1) und führt die Ablesung (v_1) im *„Vorblick“* aus. Die Differenz zwischen Rückblick und Vorblick eines Instrumentenstandpunktes ergibt den Höhenunterschied Δh der beiden Lattenaufsetzpunkte.

Nach der Vorblick-Ablesung bleibt die Latte im Wechselpunkt W_1 stehen und das Nivellierinstrument wird nun im Abstand der gewählten Zielweite im Verlauf des Nivellementweges hinter dem letzten Wechselpunkt erneut aufgestellt und horizontiert (Instrumentenstandpunkt I_2). Beim Transport kann das Instrument auf dem Stativ verbleiben. Es sollte in einer möglichst aufrechten, leicht geneigten Stellung getragen werden, damit der Kompensator nicht bei jedem Schritt bis zum Anschlag pendelt. Die auf dem letzten Wechselpunkt aufgehaltene Latte wird vorsichtig zum neuen Instrumentenstandpunkt hin gewendet und von dort als Rückblick (r_2) erneut abgelesen. Danach erfolgt die Ablesung der Latte auf dem zweiten, gleich weit vom Instrument abzuschreitenden Wechselpunkt W_2 als Vorblick v_2. Die *Wechselpunkte* dienen nur der Höhenübertragung; sie werden nicht besonders vermarkt.

Das Instrument braucht nicht in der Verbindungslinie zwischen zwei Lattenstandpunkten aufgestellt werden, sondern dort, wo gute Standsicherheit und beste Sicht zu den Latten besteht. Instrumenten- und Lattenstandpunkte wechseln einander so lange ab, bis der zweite Höhenfestpunkt erreicht und als Vorblick abgelesen ist.

Die aus den Differenzen zwischen Rück- und Vorblick jedes Instrumentenstandpunktes gebildeten Höhenunterschiede Δh_i ergeben in der Summe den Höhenunterschied ΔH zwischen den beiden Festpunkten. Aus der Addition von Ausgangshöhe H_A und Höhenunterschied ΔH ergibt sich die Endhöhe

$$H_E = H_A + \Delta H = H_A + \sum \Delta h_i \,.$$

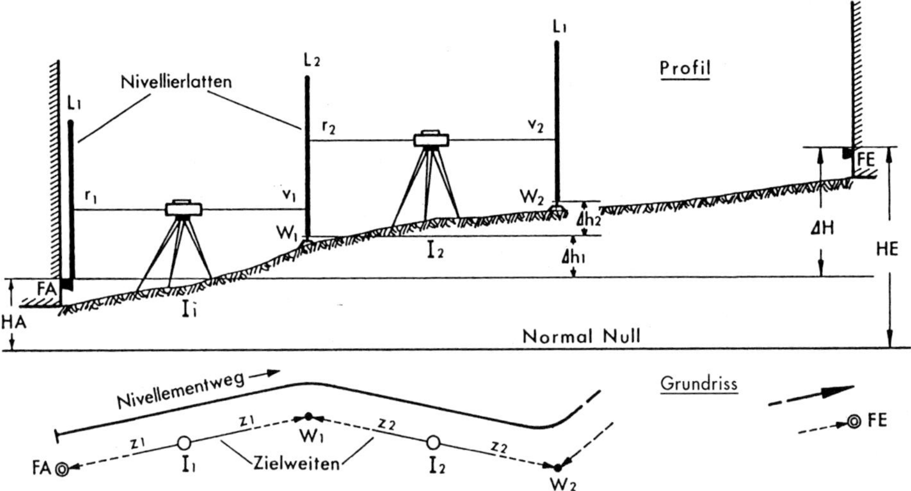

Abbildung 4.1-19: Prinzip des Festpunktnivellements (Profil und Grundriss)

Die *Zielweiten* für Rück- und Vorblick vom jeweiligen Instrumentenstandpunkt aus sollen *möglichst gleich* sein. Durch dieses *„Nivellieren aus der Mitte“* werden die wegen der Erdkrümmung und der restlichen, durch die Justierung nicht beseitigten Zielachsabweichung entstehenden systematischen Abweichungen der Messwerte eliminiert. Außerdem hebt sich der Einfluss der Refraktion (Kap. 3.5.2) weitgehend auf, wenn im Vor- und Rückblick gleiche Verhältnisse bestehen. Die günstigste Zielweite liegt bei ca. 30 m, sie sollte nicht größer als 50 m gewählt werden. Bei Steigungen richtet sich die Zielweite für Vor- und Rückblick nach der bergseitigen Ablesemöglichkeit. Damit beim Nivellement an Hängen keine zu kurzen Zielweiten auftreten, legt man hier die Instrumentenstandpunkte nicht zwischen die Lattenstandpunkte, sondern stellt das Instrument jeweils seitlich mit gleichem Abstand zu den Wechselpunkten der Latte auf (Abb. 4.1-20).

Zur *Kontrolle gegen Fehler* sollte ein Festpunktnivellement im *Hin- und Rückgang* gemessen werden, d. h., es wird nicht nur vom Ausgangshöhenpunkt zu den neuen Festpunkten, sondern über alle Punkte wieder zurück zum Ausgangspunkt nivelliert. Noch besser ist die Kontrolle, wenn vom Ausgangspunkt über die Neupunkte nivelliert wird und das Nivellement auf einem *zweiten Festpunkt* mit bekannter Höhe abgeschlossen wird, weil dann auch

Tabelle 4.1-3: Festpunktnivellement mit zwei Latten (L_1, L_2)

Latten-standpunkte	Instr.-standpunkte	Messwerte			Auswertung	
		Zielweite	Rückblick	Vorblick	$\Delta h = r - v$	Höhe über NN
FA	I_1	z_1	$r_1(L_1)$			HA
W_1	I_1	z_1		$v_1(L_2)$	$\Delta h_1 = r_1 - v_1$	
W_1	I_2	z_2	$r_2(L_2)$			
W_2	I_2	z_2		$v_2(L_1)$	$\Delta h_2 = r_2 - v_2$	
W_2	...	...	...			
...	...	...		...	...	
FE			$\sum r_i$	$\sum v_i$	$\sum(r_i - v_i)$ $= \sum \Delta h_i$ $= \Delta H$	HE

Rechenprobe: $\sum \Delta h_i = \sum r_i - \sum v_i = \sum(r_i - v_i)$

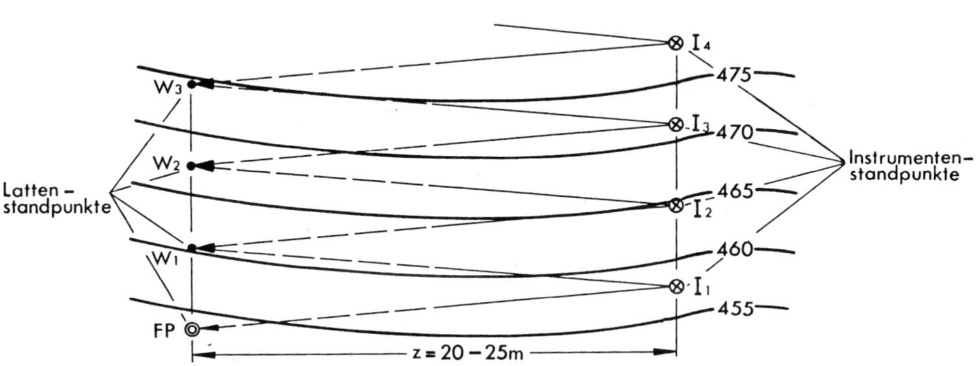

Abbildung 4.1-20: Instrumenten- und Lattenaufstellung beim Nivellieren am Hang

eine eventuelle falsche Anschlusshöhe entdeckt wird. Sieht man von zufälligen Abweichungen ab, muss die Summe der einzelnen Höhenunterschiede über die Wechselpunkte und über die wie Wechselpunkte bestimmten Neupunkte beim Nivellement im Hin- und Rückgang null bzw. beim Nivellement mit Anschluss an zwei Höhenfestpunkte gleich der Höhendifferenz der Anschlusspunkte sein

$$\sum \Delta h_i = \sum (r_i - v_i) \ .$$

Eine bei der Nivellementberechnung eventuell sich zeigende Abweichung der Summe der Höhenunterschiede von null bzw. von der Höhendifferenz $H_E - H_A$ zwischen End- und Anfangspunkt wird als *Höhenabschlusswiderspruch*

$$w = (H_E - H_A) - \sum (r_i - v_i) \qquad (4.21)$$

bezeichnet. Er ist bedingt durch Messungenauigkeiten, Mess- bzw. Aufschreibfehler sowie durch eventuelle unrichtige Höhenwerte der Festpunkte bei beiderseitigem Anschluss. Die als Fehler (Kap. 1.5) anzusehenden Anteile des Widerspruches müssen aufgedeckt und eliminiert werden. Der restliche, durch systematische oder zufällige Abweichungen entstandene Anteil am Höhenabschlusswiderspruch wird proportional zu den Zielweiten auf die einzelnen Höhenunterschiede Δh_i verteilt (Vorzeichen beachten!), wenn er innerhalb der vom Auftraggeber geforderten Genauigkeit liegt.

Beginnend mit der Höhe des Ausgangspunktes ergeben sich durch fortlaufende Addition der verbesserten Höhenunterschiede die einzelnen Höhen der Neupunkte und der Wechselpunkte. Die Verbesserungswerte können, abgerundet auf die letzte Ablesestelle, zu den einzelnen Höhenunterschieden geschrieben werden. Man vermeidet jedoch Aufrundungsunklarheiten und arbeitet automationsgerechter, wenn man den Abschlusswiderspruch w durch die Summe der Zielweiten dividiert und im Rechner speichert. Bei der fortlaufenden Addition der Höhenunterschiede wird nun jeweils der Faktor $(w/\sum z_i)$ abgerufen, mit der betreffenden Zielweite multipliziert und zum jeweiligen Höhenunterschied addiert. Als Kontrolle für die richtige Verteilung des Höhenabschlusswiderspruches und für die Berechnung muss sich exakt die Endpunkthöhe ergeben. Die endgültigen Höhen dürfen nicht mehr Nachkommastellen aufweisen als die Messwerte bzw. die Anschlusshöhen. Wenn der Höhenabschlusswiderspruch w jedoch so groß ist, dass der Verdacht auf Fehlereinflüsse, z. B. durch Verrutschen des Lattenuntersatzes oder durch ungenaues Einspielen der Röhrenlibelle beim Libellennivellier, begründet ist, muss das Nivellement im erforderlichen Umfang wiederholt und der Fehler eliminiert werden.

4.1.5.3 Nivellementgenauigkeit und Auswertebeispiele

Von den Herstellern wird die Genauigkeit eines Nivellierinstruments als Standardabweichung σ_I für 1 km Doppelnivellement angegeben, d. h. die Genauigkeit für einen Höhenunterschied ΔH, der durch ein Nivellement im Hin- und Rückgang bei einem 1 km langen Nivellementweg bestimmt wird (früher „mittlerer Kilometerfehler“ genannt). Diese Genauigkeitsangabe lässt sich theoretisch aus den optischen Daten und Eigenschaften des Instruments herleiten, z. B. nach DIN 18724. In der DIN 18723 Teil 2 ist ein Feldverfahren zur Genauigkeitsuntersuchung von Nivellieren angegeben. Eine hiernach bestimmte Standardabweichung enthält folglich neben den gerätebedingten auch die bei einer praktischen Messung wirkenden Einflüsse der Umwelt und des Beobachters. Sie ergibt also eine realistischere Aussage über die

Genauigkeit eines Nivellements, als es die nur aus den optischen Daten abgeleitete Standardabweichung vermag. Letztere stellt die für das Instrument erreichbare kleinstmögliche Standardabweichung dar, welche nur unter optimalen äußeren Bedingungen erreichbar ist. Für die folgenden Betrachtungen wird davon ausgegangen, dass die Standardabweichung σ_I für 1 km Doppelnivellement der DIN 18723 Teil 2 entspricht.

Da sich die Standardabweichung eines durch Nivellieren ermittelten, nur mit zufälligen Abweichungen behafteten Höhenunterschieds mit der Quadratwurzel des in Kilometer angegebenen Nivellementweges vergrößert („Varianzfortpflanzungsgesetz", Kap. 14.3.5), ergibt sich die Nivellementgenauigkeit als Standardabweichung σ_{h_e} für ein Doppelnivellement mit einfachem Nivellementweg der Länge e [km] zu

$$\sigma_{h_e} = \sigma_I \cdot \sqrt{e\,[\,\text{km}]}\,. \tag{4.22}$$

σ_I = vom Instrumentenhersteller angegebene Standardabweichung für 1 km Doppelnivellement

Die Differenz aus Hin- und Rückmessung ergibt den Höhenabschlusswiderspruch $w = \sum(r_i - v_i)$. Fasst man das Doppelnivellement als *einfaches* Nivellement bei *doppeltem* Nivellementweg e auf, ergibt sich die Standardabweichung σ_{w_e} des Widerspruches w nach

$$\sigma_{w_e} = \sigma_I \cdot \sqrt{2} \cdot \sqrt{2 \cdot e\,[\text{km}]} = 2 \cdot \sigma_I \cdot \sqrt{e\,[\text{km}]} = 2 \cdot \sigma_{h_e}\,. \tag{4.23}$$

Übersteigt der Betrag des Höhenabschlusswiderspruches ($|w|$) die Standardabweichung σ_{w_e} um mehr als das Dreifache, besteht der begründete Verdacht auf Fehler oder große systematische Abweichungen, weshalb das Nivellement dann wiederholt werden muss.

Beispiel 4.1.4: Genauigkeit eines Doppelnivellements
Doppelnivellement über $e = 3{,}2$ km (einfacher Nivellementweg)
Standardabweichung $\sigma_I = 1{,}5$ mm für 1 km Doppelnivellement (Herstellerangabe)
Höhenabschlusswiderspruch $w = \sum(r_i - v_i) = -8$ mm
Standardabweichung des Nivellements $\sigma_{h_e} = 1{,}5 \cdot \sqrt{3{,}2} = 2{,}7$ mm
Standardabweichung $\sigma_{w_e} = 2 \cdot 2{,}7 = 5{,}4$ mm
Wegen $|w| < 3 \cdot \sigma_{w_e} = 16$ mm ist ein Verdacht auf Fehler oder große systematische Abweichungen nicht begründet.

Zur Beurteilung der Zulässigkeit des Höhenabschlusswiderspruches w bei einem einfachen, mit Anschluss an zwei Höhenfestpunkte durchgeführten Nivellement ist zu bedenken, dass sich hier der Höhenunterschied nur aus einer und nicht als Mittel zweier Messungen ergibt

$$\sigma_{h_e} = \sqrt{2} \cdot \left(\sigma_I \cdot \sqrt{e\,[\text{km}]}\right)\,. \tag{4.24}$$

Außerdem sind auch die Anschlusshöhenwerte als mit Standardabweichungen behaftete Zufallsgrößen anzusehen. Drückt man deren Einfluss zusammengenommen durch die Standardabweichung $\sigma_A = 1{,}2$ mm aus (zur Genauigkeitsabschätzung abgeleitet von amtlichen, auf Erfahrung beruhenden Fehlergrenzen), ist ein Verdacht auf Fehler begründet, wenn gilt

$$|w| > 3 \cdot \left(\sqrt{1{,}2^2 + 2 \cdot \sigma_I^2 \cdot e\,[\text{km}]}\right)\,[\text{mm}]\,. \tag{4.25}$$

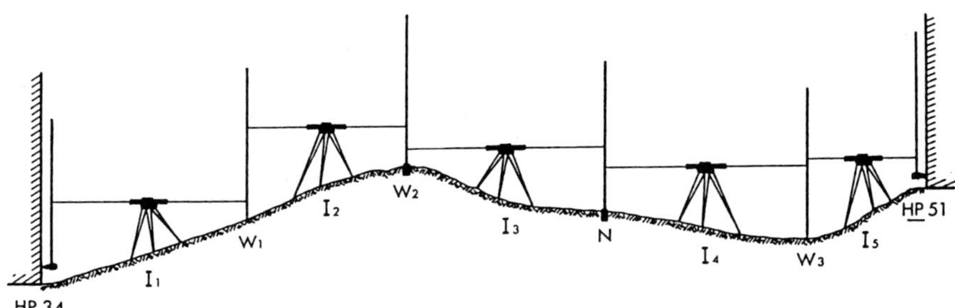

Abbildung 4.1-21: Skizze zum Festpunktnivellement

Beispiel 4.1.5: Festpunktnivellement mit einem Ingenieurnivellier zur Bestimmung eines neuen Höhenfestpunktes N
Standardabweichung $\sigma_I = 2$ mm für 1 km Doppelnivellement (Herstellerangabe)
Anschlusspunkt H_A = Mauerbolzen HP 34 (HP = Höhenpunkt)
Abschlusspunkt H_E = Mauerbolzen HP 51

Tabelle 4.1-4: Aufschrieb und Auswertung des Festpunktnivellements des Beispiels 4.1.5 (Skizze siehe Abb. 4.1-21)

Messwerte				Auswertung			
Punkt	Zielweite z [m]	Rückbl. r [m]	Vorbl. v [m]	Höhenunterschied $\Delta h = r - v$ [m] +	−	Höhe ü. NHN [m]	Bemerk.
1	2	3	4	5	6	7	8
HP 34	50	1,628				222,915	Mauerb.
W_1	50		0,416	1,212		$+1{,}212_9$	
	40	1,957				224,128	
W_2	40		0,816	1,141		$+1{,}141_7$	
	50	0,348				225,270	
N	50		1,389		1,041	$-1{,}040_1$	Mauer-
	50	1,002				224,230	bolzen
W_3	50		1,593		0,591	$-0{,}590_1$	
	28	1,738				223,639	
HP 51	28		0,615	1,123		$+1{,}123_5$	Mauer-
						224,763	bolzen
	436 m	$\sum r_i$ 6,673	$\sum v_i$ 4,829	$\sum +\Delta h_i$ 3,476	$\sum -\Delta h_i$ 1,632	$H_E - H_A$ +1,848	(Soll)

Spalten 3 und 4: $\sum r_i - \sum v_i = \sum \Delta h_i = +1,844$ m $= \Delta H$ (Istwert)
Spalten 5 und 6: $\sum \Delta h_i = +1,844$ m (Istwert, Probe)
Spalte 7: $H_E - H_A = +1,848$ m $= \Delta H$ (Sollwert)
Abschlusswiderspruch w = Soll − Ist $= 1,848 - 1,844 = +4$ mm

Nivellementweg e = Summe der Zielweiten = $0,436$ km
Weil der Höhenabschlusswiderspruch $w = +4$ mm kleiner ist als der

$$\text{Grenzwert } = 3 \cdot \sqrt{1,2^2 + 2 \cdot 2^2 \cdot 0,436} = 6,7 \text{ mm },$$

liegt kein begründeter Verdacht auf Fehler oder große systematische Abweichungen vor.

Der Höhenabschlusswiderspruch w wurde proportional zu den Zielweiten verteilt und, auf die letzte Ablesestelle (mm) abgerundet, zu den einzelnen Höhenunterschieden in Spalte 7 addiert.

Beispiel 4.1.6: Genauigkeit eines einfach durchgeführten Nivellements mit Höhenfestpunktanschluss und -abschluss
Nivellementweg $e = 0,6$ km
Standardabweichung $\sigma_l = 1,5$ mm für 1 km Doppelnivellement (Herstellerangabe)
Höhenabschlusswiderspruch $w = -8$ mm
Wegen $|w| > 3 \cdot \sqrt{1,2^2 + 2 \cdot 1,5^2 \cdot 0,6} = 6,1$ mm ist der Verdacht auf Fehler begründet. Die fehlerhaften Einflüsse müssen durch Wiederholungsmessungen und durch Überprüfung der Anschlusswerte aufgedeckt und eliminiert werden.

Im Verlauf eines Nivellements können Höhenpunkte untergeordneter Bedeutung auch durch *Zwischenblicke* mitbestimmt werden, wobei häufig schon Zentimeterablesungen ausreichend sind. Nachdem der Rückblick zum letzten Lattenwechselpunkt erfolgt ist, wird die Latte nacheinander auf den *Zwischenpunkten* aufgehalten und abgelesen. Das Nivellierinstrument bleibt an seinem Standort ohne Wechsel stehen, bis mit dem Vorblick zum nächsten Wechselpunkt als letzter Ablesung alle Messungen dieses Standpunktes durchgeführt worden sind. Es ist aber unbedingt zu beachten, dass die so bestimmten Zwischenpunkte nicht verprobt sind, es sei denn, sie werden von einem zweiten Standpunkt aus erneut bestimmt. Außerdem wirkt sich eine eventuelle Zielachsabweichung – proportional mit der Zielweite zunehmend – aus, weshalb man auf eine gute Justierung des Nivelliers achten muss.

Bei der Nivellementberechnung dürfen zur Ermittlung und Verteilung des Höhenabschlusswiderspruchs w die Zwischenblicke in keinem Fall berücksichtigt werden! Man berechnet zunächst nur die Höhenunterschiede $\Delta h_i = r_i - v_i$ für die Wechselpunkte (und für die als Wechselpunkte bestimmten Neupunkte), ermittelt und verteilt den Höhenabschlusswiderspruch, addiert fortlaufend die verbesserten Höhenunterschiede, beginnend mit der Höhe des Ausgangspunktes, und erhält die endgültigen Höhen der Wechselpunkte. Ergibt sich dabei exakt die Endpunkthöhe, ist die Auswertung kontrolliert. Nun erst berechnet man die Zwischenpunkte, wobei die Differenz zur jeweils vorstehenden Ablesung den Höhenunterschied ergibt. Man denkt sich hierbei quasi die Zwischenblicke sowohl als Rück- als auch als Vorblick hingeschrieben, bildet die Differenzen Δh_i und addiert sie fortlaufend in der vorher beschriebenen Weise, angefangen beim Rückblick des letzten Wechselpunktes (W_1) und endend beim Vorblick des folgenden Wechselpunktes (N_2), siehe nachfolgendes Beispiel 4. Ergibt sich nach dieser Addition, abgesehen von dem proportional verteilten Höhenabschlusswiderspruch, der Höhenwert des auf die Zwischenpunkte folgenden Wechselpunktes (im Bsp. 4.1.7 der Wert 202,106 m des Neupunktes N_2), ist die Höhen*berechnung* durchgreifend verprobt. (Eine Kontrolle der *Messung* ergibt sich nur bei doppelter Aufmessung der Zwischenpunkte!)

Beispiel 4.1.7: Festpunktnivellement mit einem Ingenieurnivellier zur Bestimmung von drei durch Mauerbolzen vermarkten Neupunkten und von vier Zwischenpunkten.

Standardabweichung $\sigma_I = 2,5$ mm für 1 km Doppelnivellement (Herstellerangabe)
Anschlusspunkt H_A = Mauerbolzen HP 59 (HP = Höhenpunkt)
Abschlusspunkt H_E = Pfeilerbolzen HP 76

Tabelle 4.1-5: Aufschrieb und Auswertung zu Beispiel 4.1.7

Nivellementvordruck:

Punkt Nr.	Zielweite (Vorblick / Rückblick)	Lattenablesungen Rückblick	Zwischenblick	Vorblick	Höhenunterschied Δh_i	Korrektion K	Höhe	Bemerkungen
1	2	3	4	5	6	7	8	9
HP 59	– / 50,2	1,628					199,217	Mauerbolzen
N_1	49,8 / 40,1	1,957		0,416	1,212	-0,001	200,428	Mauerbolzen
W_1	40,1 / 34,8	1,534		0,816	1,141	-0,001	201,568	
Z_1	(23,6)		1,243		(0,291)		(201,859)	
Z_2	(21,8)		1,586		(-0,052)		(201,516)	
Z_3	(22,1)		0,797		(0,737)		(202,305)	
Z_4	(27,4)		1,832		(-0,298)		(201,270)	
N_2	34,9 / 27,2	2,215		0,996	0,538	-0,001	202,105	
W2	27,8 / 24,6	1,539		1,441	0,774		202,879	
N3	25,5 / 26,5	1,113		1,876	-0,337		202,542	Mauerbolzen
HP 76	26,5			1,758	-0,645		201,897	Pfeilerbolzen

Auswertung:							$\Delta H_{soll} = H_E - H_A$ = 2,680
Spaltensummen	408	9,986		7,303	2,683	-0,003	$\Delta H_{ist} = \Sigma \Delta h_i$ = 2,683
	$\Sigma R_i - \Sigma V_i$ = 2,683			Summenprobe o.k. : $\Sigma R_i - \Sigma V_i = \Sigma \Delta h_i$		Probe $\Sigma K_i = W$	$W = \Delta H_{soll} - \Delta H_{ist}$ = -0,003

V 901 25.11.2009 Spa/Sie/Ki

Weil der Höhenabschlusswiderspruch $w = -3$ mm betragsmäßig kleiner ist als der

$$\text{Grenzwert} = 3 \cdot \sqrt{1,2^2 + 2 \cdot 2,5^2 \cdot 0,408} = 7,7 \text{ mm},$$

liegt kein begründeter Verdacht auf Fehler vor.
Zur Verteilung des Höhenabschlusswiderspruches wurden im Rechner der

$$\text{Faktor } \frac{w}{\sum z} = \frac{-0,003}{204}$$

gespeichert und die durch Multiplikation dieses Faktors mit der jeweiligen Zielweite z_i sich ergebenden Verbesserungen mit den betreffenden Höhenunterschieden $\Delta h_i = r_i - v_i$ fortlaufend addiert

$$\begin{aligned} H_i &= H_{i-1} + \Delta h_i + \frac{w}{\sum z} \cdot z_i \qquad (4.26) \\ H_{N_1} &= 199,217 + 1,212 + (-0,003/204) \cdot 50 = 200,428 \text{ m} \\ H_{W_1} &= 200,428 + 1,141 + (-0,003/204) \cdot 40 = 201,569 \text{ m} \\ &\vdots \end{aligned}$$

Da sich hierbei die Endpunkthöhe widerspruchsfrei ergab, ist die Berechnung aller Wechselpunkte (wozu auch die Neupunkte N_1, N_2 und N_3 zählen) durchgreifend verprobt. Ebenso ist die Berechnung der Zwischenpunkte verprobt, weil nach der Addition der Δh_i von W_1 aus über Z_1, Z_2, Z_3, Z_4 bis zum Punkt N_2 sich dessen Höhe bis auf 1 mm Abweichung ergab, die durch die Widerspruchsverteilung bedingt ist.

4.1.5.4 Feinnivellement

Im Vergleich mit dem einfachen Nivellement und dem Ingenieurnivellement werden beim *Fein-* oder *Präzisionsnivellement* die höchsten Anforderungen an die Genauigkeit gestellt. Anwendung findet das Feinnivellement

- in der Landesvermessung: zur Erhaltung und Verdichtung des Nivellementpunktfeldes;
- beim Bauwesen: zur Planung, Ausführung und Überwachung von Ingenieurbauten wie z. B. Eisenbahnen, Autobahnen, Brücken;
- im Wasserbau: beim Bau und Unterhaltung von Wasserstraßen, Talsperren, Wasserversorgungsanlagen, Grundwasserüberwachung;
- für den Bergbau: bei der Bergschadenfeststellung durch Senkungsnivellements.

Die Genauigkeit des Feinnivellements ist abhängig von der

- Standfestigkeit und Dauerhaftigkeit der Vermarkung mit geeigneten Höhenbolzen aus Metall;
- Verwendung besonders leistungsfähiger Nivellierinstrumente, die mit Präzisionskompensatoren, die die Ziellinie auf $0,1'' - 0,2''$ genau ausrichten, ausgerüstet sind;
- Verwendung spezieller geprüfter Latten mit Invarband;
- Anwendung besonderer Beobachtungsverfahren.

Vor der Durchführung des Feinnivellements wird der *Nivellementweg* unter Beachtung gleicher Zielweiten für Vor- und Rückblick (ca. 30 m) *dezimetergenau eingeteilt*, und die auf festem Untergrund gewählten Instrumenten- und Lattenstandorte werden durch Farbstriche gekennzeichnet. Mithilfe eines Taschengefällmessers kann im geneigten Profil die Zielweite so bestimmt werden, dass sich der Zielstrahl nicht weniger als 0,5 m dem Boden nähert. Wo Knicke im Nivellementweg erforderlich sind, lässt man sie mit den Lattenstandpunkten zusammenfallen, sodass das Instrument immer auf der Verbindungslinie der Latten aufgestellt werden kann.

Auf sorgfältige Justierung und Einspielung der Dosenlibelle ist zu achten, weil eine Schiefstellung der Stehachse auch bei sonst fehlerfrei wirkendem Kompensator eine geringe Neigung des Zielstrahls verursachen kann, wenn eine durch Hysterese beim Einschwingen des Kompensators bedingte *Über-* oder *Unterkompensation* auftritt. Eine gewisse Schiefstellung der Stehachse lässt sich jedoch nicht völlig ausschließen, weshalb dann der Zielstrahl gegenüber der Horizontalen beispielsweise im Rückblick nach unten und im Vorblick nach oben geneigt ist. Diese sogenannte *„Horizontschräge"* kann sich zu größeren Beträgen aufsummieren, wenn der Beobachter die Dosenlibelle z. B. immer mit der Objektivausrichtung zur Rückblicklatte einspielt (Abb. 4.1-22). Sie lässt sich jedoch ausschalten, wenn beim sorgfältigen Einspielen der Dosenlibelle das Fernrohrobjektiv jeweils immer zu derselben Latte, also abwechselnd zum Vorblick und Rückblick hin, ausgerichtet wird. Man bezeichnet diesen Messablauf als *„Verfahren rote Hose"*, weil bei der Entwicklung dieses Verfahrens vorgeschlagen wurde, man solle sich den betreffenden Lattenträger mit einer roten Hose bekleidet denken. Beispielsweise stellt man sich den Lattenträger des Rückblicks beim ersten Instrumentenstandpunkt mit roter Hose vor und richtet das Fernrohr beim Einspielen auf ihn aus. Beim zweiten Instrumentenstandpunkt steht diese beim Einspielen anzuzielende „rote Latte" dann im Vorblick usw. Bei gerader Anzahl von Instrumentenaufstellungen zwischen den Festpunkten und bei gleich großen Zielweiten über das ganze Nivellement hebt sich die Horizontschräge auf. Um Temperatureffekte auf den Kompensator z. B. durch zu geringe

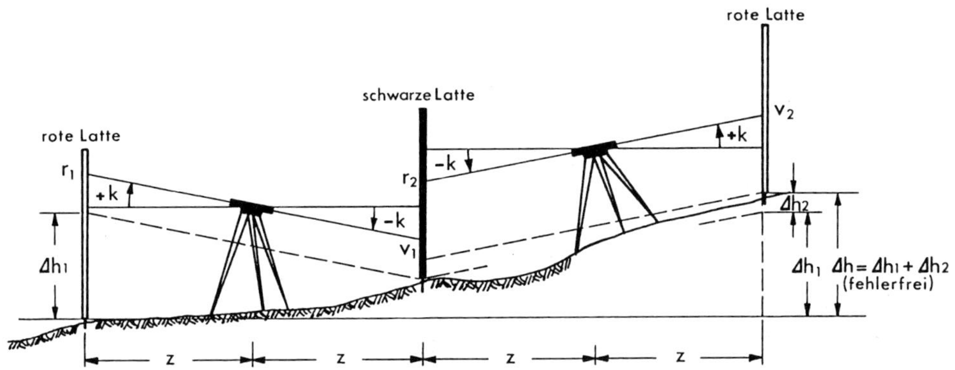

Abbildung 4.1-22: Ausschalten der Horizontschräge durch das „Verfahren rote Hose" beim Feinnivellement

Akklimatisierung (Sonneneinstrahlung) zu vermeiden, sollte stets ein Schirm benutzt werden. Durch eine gerade Anzahl von Instrumentenaufstellungen, d. h., wenn das Nivellement so eingeteilt ist, dass immer mit der gleichen Latte auf den Festpunkten (Anschluss- und Neupunkte) an- und abgeschlossen wird, kann außerdem eine *Nullpunktabweichung der Latte* (= unrichtiger Teilungsbeginn am Lattenfuß) nicht wirksam werden.

Die *Nivellierlatten* selbst müssen mithilfe einer fest angebrachten, in regelmäßigen Abständen zu überprüfenden *Dosenlibelle* (Lattenrichter, Abb. 4.1-17) streng lotrecht und durch Stäbe seitlich abgestützt gehalten werden.

Um Einsinkeffekte des Stativs zu kompensieren, erfolgt eine zeitsymmetrische Aufteilung der Beobachtungen.

Rückblick R, Vorblick V, Vorblick V, Rückblick R.
(Auf ungeraden Standpunkten)
Vorblick V, Rückblick R, Rückblick R, Vorblick V.
(Auf geraden Standpunkten)

Die Differenz der Ablesungen an einer Latte darf nur im Rahmen der Messgenauigkeit abweichen. Ebenfalls dürfen die Werte des zweimal gemessenen Höhenunterschiedes ($h_I = r_I - v_I$, $h_{II} = r_{II} - v_{II}$) nur im Rahmen der Messgenauigkeit voneinander abweichen.

Die günstigsten *witterungsbedingten Messverhältnisse* bestehen für ein Nivellement bei bedecktem, leicht windigem Wetter mit guter Luftdurchmischung. Bei starker Sonneneinstrahlung beginnt die Luft zu flimmern und das Bild der Latte schwingt mit relativ hoher Frequenz (bis zu 50 Hz). Außerdem wird eine (nicht erkennbare!) Zielstrahlkrümmung durch Vertikalrefraktion auftreten, die besonders beim Nivellement über Bodenflächen mit unterschiedlicher Beschaffenheit und Bewuchs und der damit einhergehenden Änderung der Temperaturen der darüberliegenden Luftschichten zu beachten ist. Daher strebe man einen Nivellementverlauf über festem, gleichmäßigem Untergrund an. Bei einem Wechsel, z. B. zwischen Grasfläche und Teerstraße, sollte auf die Grenzlinie niemals ein Instrumenten-, sondern nur ein Lattenstandpunkt gelegt werden, damit für den Instrumentenstandpunkt gleiche Verhältnisse bei Vor- und Rückblick herrschen.

4.2 Hydrostatische Höhenübetragung

Die *hydrostatische Höhenübertragung* basiert auf dem physikalischen Prinzip der kommunizierenden Röhren und wird mit einer *Schlauchwaage* ausgeführt. Diese besteht aus zwei Glaszylindern, die durch einen Schlauch mit ca. 1 cm Innendurchmesser miteinander verbunden und mit einer Flüssigkeit gefüllt sind. Werden die Glaszylinder in ungefähr gleicher Höhe aufgestellt, stellen sich die Flüssigkeitsoberflächen in beiden Zylindern auf die gleiche Höhe ein, wenn sorgfältig auf blasenfreie Füllung des Schlauches geachtet wird. Die Differenz der an den Skalen der Glaszylinder abgelesenen Flüssigkeitshöhen ergibt den Höhenunterschied der Teilungsnullpunkte und somit auch die Höhendifferenz zwischen den beiden Aufstell- bzw. Aufhängepunkten. Mit der „Rückablesung“ a_1 und der „Vorablesung“ a_2 in Abbildung 4.2-1 erhält man den Höhenunterschied Δh von Punkt 1 nach Punkt 2

$$\Delta h = a_1 - a_2 \; . \tag{4.27}$$

Durch Heben oder Senken eines der beiden Gefäße lässt sich an den Skalen die gleiche Flüssigkeitshöhe einstellen, sodass der Höhenunterschied zwischen den Aufstellpunkten zu null gemacht ist und beide Punkte gleich hoch sind. Das hydrostatische Nivellement kann folglich sowohl zur Höhenübertragung als auch zur Überwachung von Höhenpunkten verwendet werden. Es wird vor allem dort eingesetzt, wo die Ausführung eines geometrischen Nivellements nicht möglich oder sinnvoll ist, z. B. zur Höhenübertragung bei beengten Verhältnissen zwischen Punkten innerhalb von Bauwerken oder zwischen Außen- und Innenpunkten. Weil der Schlauch um Hindernisse herum verlegt werden kann, braucht keine Sichtverbindung zwischen den Punkten bestehen.

Im Bauwesen wird häufig die *einfache Schlauchwaage* zur Höhenübertragung z. B. bei Estricharbeiten angewandt. Sie besteht aus zwei mit einem Schlauch verbundenen Standgläsern, die jeweils so in einem Fuß befestigt sind, dass zwischen den Aufsatzflächen und den

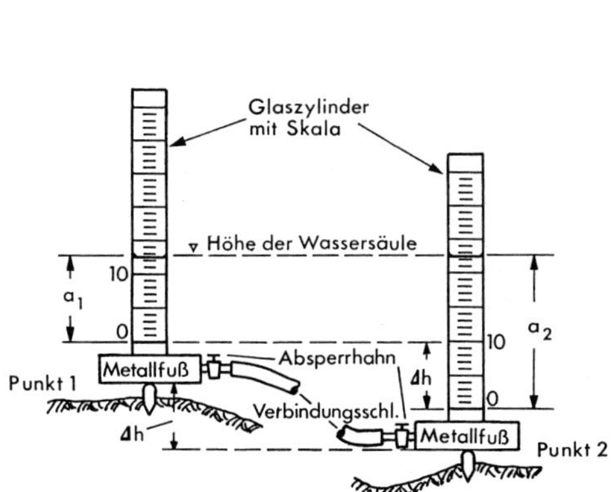

Abbildung 4.2-1: Prinzip der einfachen Schlauchwaage

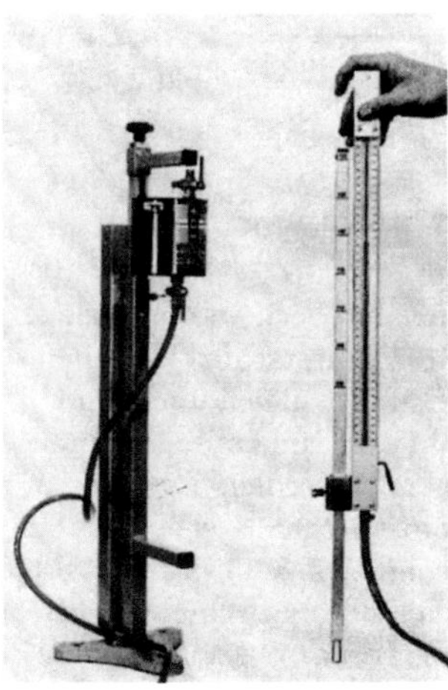

Abbildung 4.2-2: Basisgerät, Messschlauch und Messtaster des Nivelliertasters von MODUS

Teilungsnullpunkten gleiche Abstände bestehen. Als Füllflüssigkeit dient meist Wasser. Zur Höhenübertragung wird ein Standglas auf den Ausgangshöhenpunkt gestellt. Während des Transports des zweiten Standglases zum Bestimmungspunkt werden die Absperrhähne an den Standgläsern geschlossen, damit die Füllflüssigkeit nicht überläuft. Am Bestimmungspunkt wird das zweite Standglas in nahezu gleicher Höhe wie das auf dem Ausgangspunkt stehende gehalten, die Absperrhähne werden vorsichtig geöffnet und dann lässt sich die gleiche Höhe durch Heben oder Senken des zweiten Standglases ermitteln. Die Genauigkeit der Höhenübertragung liegt je nach Sorgfalt oder Ausführung und Ausrüstung der Schlauchwaage zwischen 1 mm und 1 cm.

Eine Weiterentwicklung der einfachen Schlauchwaage ist der sogenannte *Nivelliertaster*, dessen Einmannbedienung rationelle *Flächennivellements* (Kap. 7.3) auf der Baustelle erlaubt. Anstelle zweier Standgläser besitzt dieser Schlauchwaagentyp einen Basisbehälter und eine Messröhre an einem Messtaster. Der Messtaster besteht aus einem Trägerstab, dessen Unterteil auf eine konstante Länge ausziehbar ist und dessen Oberteil Markierungsstriche trägt, sowie aus dem Skalagehäuse, in welchem die Messröhre für den Flüssigkeitsstand zum Ablesen der Höhenwerte an einer Millimeter-Skala eingebaut ist (Abb. 4.2-2).

Nachdem das Messskalagehäuse auf dem Trägerstaboberteil bis auf den Markierungsstrich 100 verschoben und festgeschraubt ist, wird durch Heben und Senken des Basisbehälters der Flüssigkeitsstand in der Messröhre auf den Wert 100 gestellt. Diese Höhe ist als Meterriss im Messbereich der Schlauchwaage (ca. 40 bis 60 m) überall hin übertragbar. Ist eine Meterrissmarkierung vorgegeben, wird der Skalenstrich 0/100 am Messtaster auf den Höhenriss gehalten und durch Verstellung des Basisbehälters der Pegelstand der Flüssigkeit auf diese Höhe einreguliert. Statt auf einen vorgegebenen Meterriss einzustellen, kann der Messtaster auch auf einen Bodenpunkt aufgesetzt und bezogen auf diesen Punkt das Messniveau einreguliert werden.

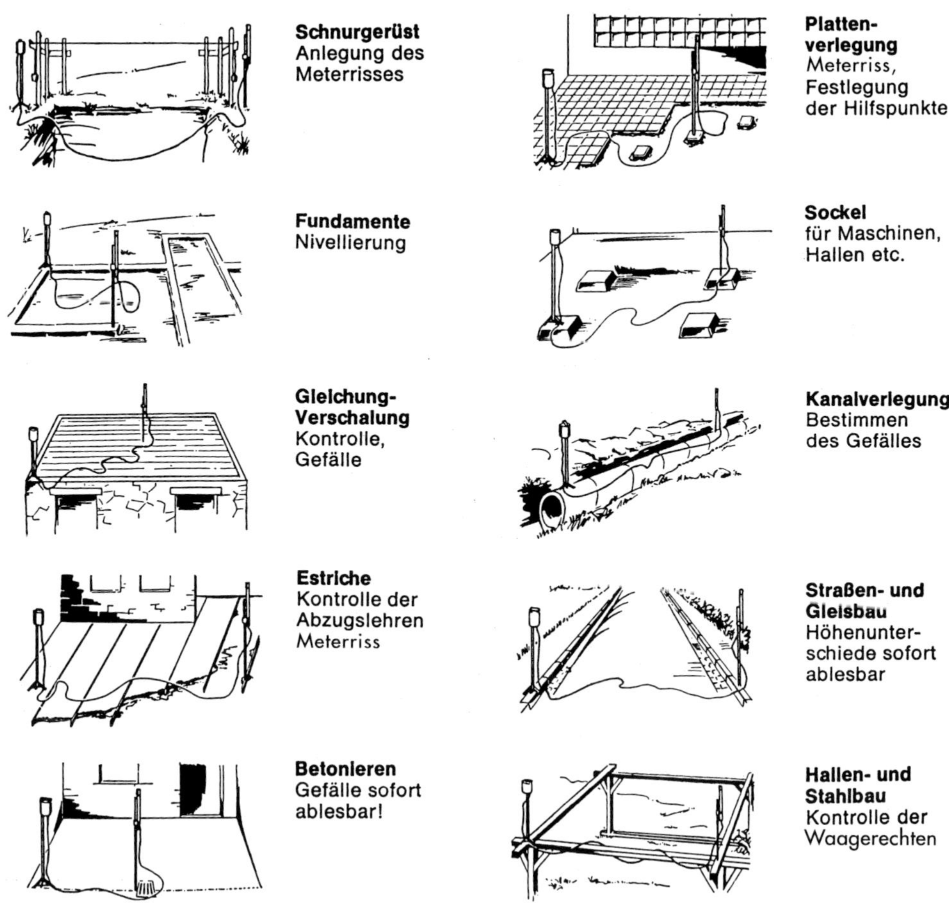

Abbildung 4.2-3: Einsatzbereiche und Handhabungsbeispiele eines Nivelliertasters

Der Standort des Basisgeräts mit dem eingestellten, daran befestigten Flüssigkeitsbehälter ist immer der Ausgangspunkt jeder Messung und muss bei jedem Messzyklus fixiert bleiben. Das Skalagehäuse hat einen Messbereich von 20 cm plus und 20 cm minus. Wird der Messtaster auf einem Punkt aufgehalten und zeigt der Flüssigkeitspegel einen Stand von mehr (bzw. weniger) als 100 cm der Skala, liegt der gemessene Punkt um diesen auf Millimeter ablesbaren Wert tiefer (bzw. höher) als der Punkt, auf den sich das eingestellte Messniveau bezieht. Absperrhähne ermöglichen, dass die Messflüssigkeit beim Transport im Nivelliertaster bleiben kann, sodass das Gerät sehr schnell messbereit ist.
Beim Messen ist darauf zu achten, dass

- mehrmals am Tag die Justierkontrolle durchgeführt wird, d. h., dass der Pegelstand an der Skala auf das Sollniveau eingestellt wird, da durch Tages-Temperaturunterschiede eine Volumenänderung der Messflüssigkeit auftreten kann;
- keine Luftblasen im Schlauch sind;

- der Messtaster beim Messvorgang nach Augenmaß senkrecht steht, da Abweichungen aus der Lotrechten zu ungenauen Ergebnissen führen;
- der konkav gewölbte Flüssigkeitsstand in der Mess-Säule immer an der gleichen Stelle, am zweckmäßigsten am oberen Rand, abgelesen wird.

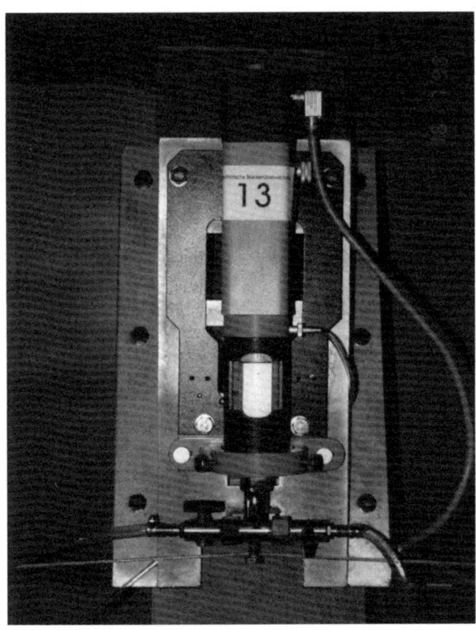

Abbildung 4.2-4: Automatische Präzisionsschlauchwaage `ASW 2000` von FPM HOLDING, Freiberg

Die Genauigkeit der einfachen Schlauchwaage und des Nivelliertasters lässt sich durch den Einsatz von *Präzisionsschlauchwaagen* (Abb. 4.2-4) und durch Anwendung besonderer Messverfahren bis auf 0,01 mm steigern. Bei den verschiedenen Konstruktionen wird im Unterschied zur einfachen Schlauchwaage die Flüssigkeitshöhe in den Messzylindern häufig nicht an einer Skala direkt abgelesen, sondern über empfindliche Abtastsysteme ermittelt. Als Füllflüssigkeit wird meist destilliertes Wasser verwandt, dem man verschiedentlich ein Netzmittel zur Verringerung der Oberflächenspannung beigibt. Neben der besonders sorgfältigen Beachtung einer blasenfreien Füllung des Schlauches müssen auch Dichteänderungen der Füllflüssigkeit durch unterschiedliche Temperaturen und Druckänderungen der Luft berücksichtigt werden. Druckunterschiede an den Messstellen lassen sich vermeiden, wenn auch die luftseitigen Teile des Systems durch einen Schlauch verbunden werden, sodass das System abgeschlossen und unabhängig von äußeren Druckunterschieden ist. Die Messzylinder werden an speziellen Mauerbolzen aufgehängt oder besitzen Steckzapfen zur Aufstellung mittels entsprechender Dreifüße. Man führt zwei Messungen mit jeweils vertauschten Messzylindern aus, um systematische Abweichungen auszuschalten.

Neben den beweglichen Schlauchwaagen verwendet man auch *stationäre Messeinrichtungen* zur höhenmäßigen Überwachung von Baukörpern (z. B. Hochhäusern, Staumauern) und anderen technischen Objekten (z. B. Auflager von großen Walzen, Turbinen). Die traditionelle Zweipunkt-Schlauchwaage wird dann zu einem hydrostatischen Mehrpunktsystem mit mehreren untereinander verbundenen Messzylindern erweitert. Zur kontinuierlichen Überwachung werden alle Messzylinder mit einem elektrischen Abgriff versehen und z. B. an einen Personalcomputer angeschlossen. Durch geeignete Rechenprogramme gesteuert, lassen sich in beliebig zu wählenden kurzen Zeitintervallen die Füllstandshöhen aller Messzylinder automatisch erfassen und auswerten sowie die Höhenbewegungen der Punkte anzeigen und speichern. Falls die Höhenbewegung eines oder mehrerer Punkte einen bestimmten Grenzwert überschreitet, kann dies durch optische oder akustische Warnzeichen deutlich gemacht werden.

4.3 Trigonometrische Höhenmessung

4.3.1 Trigonometrische Höhenmessung über kurze Entfernungen

Wird von einem Standpunkt A aus mit einem Tachymeter (Kap. 5.2) der Vertikalwinkel z zu einem Zielzeichen auf einem Punkt B gemessen und die horizontale Entfernung e bzw. die Schrägdistanz d bestimmt, lässt sich der Höhenunterschied Δh zwischen der Kippachshöhe des Theodolits und der Zielmarke trigonometrisch bestimmen. Durch Addition der Differenz zwischen Instrumenten- und Zielmarkenhöhe ergibt sich ausgehend von der Höhe des Bodenpunktes A die Höhe des Bodenpunktes B (Abb. 4.3-1).

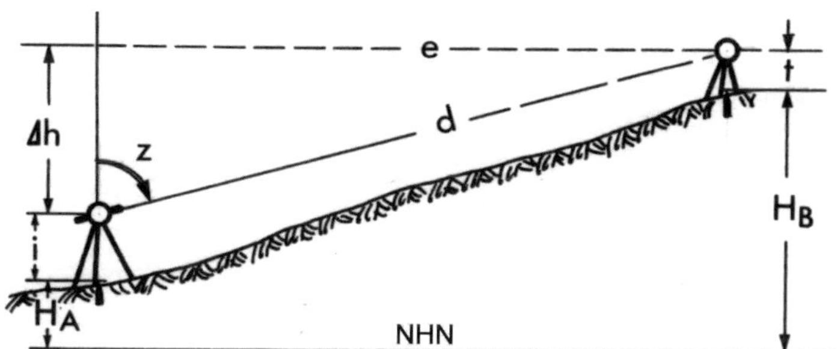

Abbildung 4.3-1: Prinzip der trigonometrischen Höhenmessung

$$\Delta h = e \cdot \cot z = d \cdot \cos z \tag{4.28}$$

$$H_B = H_A + \Delta h + i - t \tag{4.29}$$

i = Instrumentenhöhe = Höhe der Tachymeterkippachse über Punkt A

t = Höhe der Zielmarke über Punkt B

Falls die Höhe der Zielmarke t gleich der Instrumentenhöhe i gewählt wird, ist die Differenz $i - t = 0$ und der berechnete Wert Δh stellt unmittelbar den Höhenunterschied der beiden Bodenpunkte A und B dar. Für die elektrooptische Distanzmessung wird ein Reflektor als Zielmarke verwendet.

Hauptsächlich wegen der Erdkrümmung, aber auch wegen der Refraktion (Zielstrahlkrümmung infolge ungleichmäßiger Dichte der Atmosphäre) wird das Ergebnis der trigonometrischen Höhenmessung verfälscht. Soll die allein durch Erdkrümmung und Refraktion bedingte

Abweichung kleiner als 1 cm sein, sollte die Entfernung zwischen den Punkten nicht größer als 250 m gewählt werden. Für größere Distanzen muss man diese Einflüsse in jedem Fall berücksichtigen (Kap. 4.3.2 und 4.3.4).

4.3.2 Trigonometrische Höhenmessung über große Entfernungen

4.3.2.1 Einfluss der Erdkrümmung

Bei den bisher behandelten Verfahren der Höhenbestimmung denkt man sich im Instrumentenstandpunkt die Tangentialebene an die Erdkugel gelegt und die Höhenunterschiede zu den Zielpunkten, bezogen auf diese Ebene, bestimmt. Dabei vernachlässigt man den im Zielpunkt durch die Erdkrümmung entstehenden Abstand zwischen der Tangentialebene und der Erdkugel. Bei kurzen Entfernungen zwischen Standpunkt und Zielpunkt ist dies zulässig. Bei größeren Entfernungen wächst jedoch der Abstand zwischen Erdkugel und Tangentialfläche rasch an und der Einfluss der Erdkrümmung muss unbedingt als Korrektion k_E berücksichtigt werden. Fasst man die Erde als Kugel mit dem Radius r auf, ergibt sich für die Entfernung e infolge des *Einflusses der Erdkrümmung* die Korrektion k_E nach dem Pythagorassatz aus

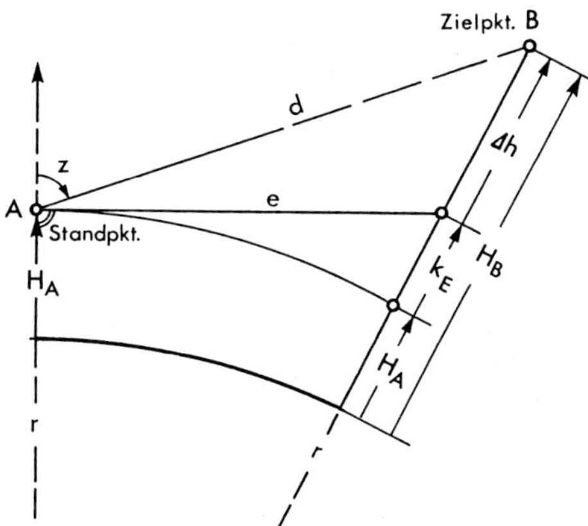

Abbildung 4.3-2: Einfluss der Erdkrümmung

Tabelle 4.3-1: Einfluss der Erdkrümmung

	Kurze Entfernung			Große Entfernung					
Entf. e	50 m	100 m	200 m	300 m	400 m	500 m	1 km	5 km	10 km
Korr. k_E	0,2 mm	0,8 mm	3,1 mm	7,1 mm	1,3 cm	2,0 cm	7,8 cm	1,96 m	7,8 m

$$(r+k_E)^2 = r^2+e^2 \; ; \quad (r+H_A \approx r)$$
$$r^2+2r\cdot k_E+k_E^2 = r^2+e^2 \, .$$

Wegen $k_E << r$ und $k_E^2/2r \approx 0$ folgt

$$k_E = \frac{e^2}{2r} \, . \tag{4.30}$$

Die um den Einfluss der Erdkrümmung korrigierte Höhe des Zielpunktes B ergibt sich dann mit Δh nach Gl. (4.28) zu

$$H_B = H_A + \Delta h + k_E \ . \tag{4.31}$$

4.3.2.2 Einfluss der Refraktion

Beim Durchgang eines Lichtstrahles durch unterschiedlich dichte Luftschichten wird dieser in seiner Richtung abgelenkt, sodass ein im Standpunkt A zum Zielpunkt B gemessener Zenitwinkel z' um den Betrag Δz verfälscht wird. Der mit $h' = e \cdot \cot z'$ berechnete Höhenunterschied muss daher um den Betrag k_R korrigiert werden. Nimmt man eine näherungsweise kreisförmige Ablenkung durch parallele Luftschichten an und bezeichnet den Lichtstrahlradius mit R_L, ergibt sich analog zur obigen Ableitung die Korrektion k_R wegen des *Refraktionseinflusses* (Abb. 4.3-3) mit $d \approx e$, bei z nahe 100 gon z. B. im Flachland zu

$$k_R = \frac{d^2}{2R_L} = \frac{e^2}{2R_L} \tag{4.32}$$

bzw. mit $e \neq d$ bei steilen Visuren, z. B. im Hochgebirge

$$k_R = \frac{d^2}{2R_L} = \frac{e^2}{(2R_L \cdot \sin^2 z)} \ . \tag{4.33}$$

Bezeichnet man das Verhältnis des Erdradius r zum Lichtstrahlradius R_L als

$$Refraktionskoeffizient\ k = \frac{r}{R_L} \ , \tag{4.34}$$

lässt sich der Refraktionseinfluss auch angeben als

$$k_R = k \cdot k_E \ . \tag{4.35}$$

Ist der Lichtstrahl im gleichen Sinne wie der Erdradius gekrümmt, hat k_R negatives Vorzeichen. Die Differenz beider Verbesserungswerte (vgl. Gl. (4.32) und Gl. (4.33)) wird bezeichnet als

$$Horizontkorrektur\ k_{HZ} = k_E - k_R = e^2 \cdot \left(\frac{1-k}{2r}\right) ; \tag{4.36}$$

$$Horizontkorrektur\ k_{HZ} = \frac{e^2}{2r} \cdot \left(1 - \frac{k}{\sin^2 z}\right) . \tag{4.37}$$

Der Wert des Refraktionskoeffizienten k hängt von den herrschenden atmosphärischen Verhältnissen ab. Der in der Literatur häufig angegebene Wert $k = 0,13$ ist aus Winkelmessungen im Hochgebirge abgeleitet worden und nicht repräsentativ für alle Messungen. Besonders in Bodennähe ist k so variabel, dass für ihn kein Erfahrungswert angegeben werden kann.

Der Einfluss der Erdkrümmung läßt sich *durch Hin- und Rückmessung* jedes einzelnen Höhenunterschiedes und Mittelbildung *eliminieren.*

$$\begin{aligned} \text{Standpunkt } A: \Delta h_{hin} &= \quad e \cdot \cot z_A + \frac{1-k}{2r} \cdot e^2 + i_A - t_B \\ \text{Standpunkt } B: \Delta h_{rück} &= -e \cdot \cot z_B - \frac{1-k}{2r} \cdot e^2 - i_B + t_A \\ \hline \Delta h &= \frac{1}{2}\left[e \cdot (\cot z_A - \cot z_B) + (i_A - i_B) + (t_A - t_B)\right] \end{aligned} \tag{4.38}$$

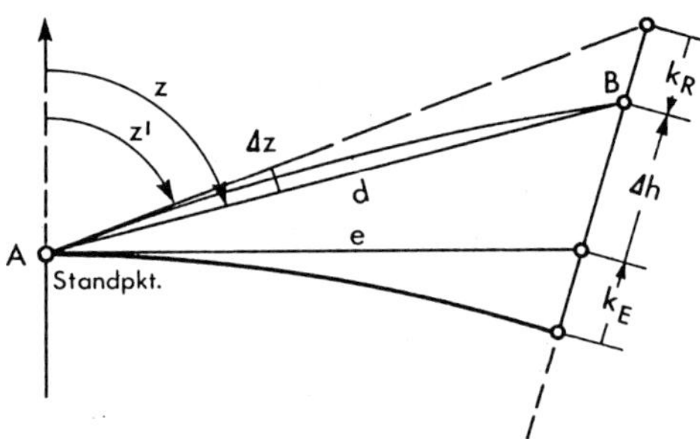

Abbildung 4.3-3: Einfluss der Refraktion und der Erdkrümmung

mit i und t = Instrumenten- bzw. Zielmarkenhöhen in den Punkten A und B.

Durch die Summenbildung fällt der Faktor mit dem Refraktionskoeffizienten k heraus, wenn dieser für beide Messungen gleich ist. Strenggenommen kann dies nur bei *gleichzeitiger gegenseitiger Zenitwinkelmessung* unterstellt werden. Durch solche Messungen kann auch ein Wert für k errechnet werden, wenn das gemittelte Ergebnis von Δh in eine der beiden Ausgangsformeln für Hin- oder Rückmessung eingesetzt wird.

Für genauere Bestimmungen bei großen Höhenunterschieden wird die horizontale Entfernung e auf die mittlere Höhe

$$H_m = \frac{1}{2}(H_A + H_B)$$

reduziert. Die strenge Formel für einen Höhenunterschied aus einseitigem Zenitwinkel lautet dann

$$\Delta h_{hin} = e\left(1 + \frac{H_m}{r}\right) \cdot \cot z + \frac{e^2}{2r}\left(1 - \frac{k}{\sin^2 z}\right) + i - t. \tag{4.39}$$

Wird e nicht gemessen, sondern aus Koordinaten berechnet, so ist für große Distanzen noch die Projektionsverzerrung (Kap. 1.4.4) zu berücksichtigen.

4.3.3 Trigonometrisches Nivellement

Als *trigonometrisches Nivellement* bezeichnet man eine Aneinanderreihung von trigonometrischen Höhenmessungen, also die Bestimmung von Höhenunterschieden zwischen Höhenpunkten durch die Messung der Zenitwinkel und Entfernungen hintereinander angeordneter Standpunkte. Gegenüber dem geometrischen Nivellement können *größere Zielweiten* gewählt werden. Daher lassen sich auch größere Höhenunterschiede mit weniger Instrumentenaufstellungen überbrücken, sodass man wirtschaftlicher arbeitet. Jedoch muss die Refraktion beachtet werden. Besonders günstig ist der Einsatz Tachymeter (Kap. 5.2), mit denen durch eine einzige Anzielung sowohl die Distanz elektrooptisch als auch die Zenit- und Horizontalwinkel (falls erforderlich) automatisch gemessen werden und im Display der Höhenunterschied und die Horizontalentfernung erscheinen. Angewandt wird das trigonometrische Nivellement z. B. bei Bauvorhaben, Trassierung von Verkehrsanlagen, Bodenbewegungs- und Wasserstandsmessungen, Tagebauen, Passpunktbestimmungen und Polygonzügen.

Man misst entweder den Höhenunterschied zwischen den Endpunkten jeder Strecke zweimal, und zwar durch Hin- und Rückmessung, und mittelt das Ergebnis (Messungsanordnung

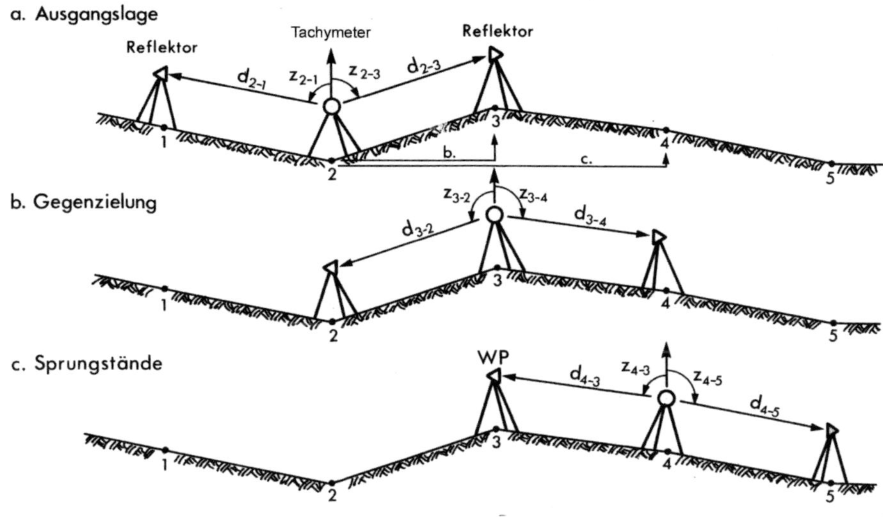

Abbildung 4.3-4: Messungsanordnung beim trigonometrischen Nivellement

a, b, c usw. in Abb. 4.3-4), oder man beobachtet in *Sprungständen*, d. h. von jedem zweiten Standpunkt aus, entweder im Rück- oder im Vorblick (Messungsanordnung a, c usw. in Abb. 4.3-4).

Bei Zielweiten bis 200 m spricht man von einem *kurzseitigen trigonometrischen Nivellement.* Man legt diese Nivellementzüge häufig entlang von Straßen. Hierbei verlaufen die Visuren meist parallel zur Erdoberfläche. Da das Refraktionsfeld relativ homogen und während der Hin- und Rückmessung jedes einzelnen Höhenunterschiedes weitgehend konstant ist, beeinflusst die Refraktion das gemittelte Ergebnis kaum. Außerdem wird der Einfluss der Erdkrümmung eliminiert. Dies gilt überwiegend auch für die Messung in Sprungständen, wenn mit gleichen Zielweiten gearbeitet wird.

Bei *langseitigen trigonometrischen Nivellements* verwendet man Zielweiten von 200 bis 600 m. Hier ist jedoch der Refraktionseinfluss auf die Zielstrahlen wegen meist wechselnder Bodenabstände und sich ändernder Bodenbewachsung größer als bei kurzen Zielweiten. Er hebt sich jedoch, wie auch der Einfluss der Erdkrümmung, nahezu vollkommen durch Hin- und Rückmessung und Mittelbildung jedes einzelnen Höhenunterschiedes auf, wenn bei bedecktem Himmel gemessen werden kann. Dies trifft annähernd auch auf die Beobachtung in Sprungständen zu, wenn die Zielweiten für Rück- und Vorblick sich nicht wesentlich unterscheiden. Die Zenitwinkel sollten hier mit Tachymetern hoher Genauigkeit gemessen werden, wobei ein Satz ausreicht (eventuell Anzielung mit den drei Horizontalstrichen des Strichkreuzes und Mittelbildung bei schlechten Zielverhältnissen).

Das trigonometrische Nivellement ist möglichst mit *Zwangszentrierung* (Kap. 3.2.3) in *Hin- und Rückmessung* durchzuführen. Auf den Zwischenpunkten brauchen die Höhen der Kippachse des Tachymeters und des Reflektors nicht bekannt zu sein (ausgenommen, man verwendet zwei Reflektoren mit unterschiedlichen Zielhöhen bei der Hin- und Rückmessung). Dies gilt ebenso für den Anfangs- und Endstandpunkt, wenn der Höhenan- und -abschluss trigonometrisch erfolgt. Nur auf den Bodenpunkten, deren Höhen bestimmt werden sollen, müssen die Kippachs- und die Reflektorhöhe gemessen werden.

Ist die Höhe eines Punktes von mehreren Anschlusspunkten aus mehrfach bestimmt worden, ist aus den n Einzelergebnissen das *gewichtete Mittel* H_m (Kap. 14.3.5, Gl. (14.67)) zu bilden:

$$H_m = \frac{g_1 \cdot H_1 + g_2 \cdot H_2 + \ldots + g_n \cdot H_n}{g_1 + g_2 + \ldots + g_n} = \frac{\sum_{i=1}^{n} g_i \cdot H_i}{\sum_{i=1}^{n} g_i} . \tag{4.40}$$

Zweckmäßigerweise zieht man von allen Höhenwerten einen konstanten Wert H_0 ab und mittelt die Restbeträge

$$H_i^* = H_i - H_0 \quad ; \quad H_m = H_0 + \frac{\sum_{i=1}^{n} g_i H_i^*}{\sum_{i=1}^{n} g_i} . \tag{4.41}$$

Die *Messungsgewichte* ergeben sich reziprok zum Quadrat der Nivellementzuglängen l_i [km] (beim trigonometrischen Nivellement) bzw. der Schrägdistanz d_i [km] (bei direkter Höhenbestimmung von den Anschlusspunkten zum Neupunkt)

$$g_i = \frac{const.}{l_i^2} \quad \text{bzw.} \quad g_i = \frac{const.}{d_i^2} . \qquad \text{vgl. (14.75)}$$

Die Konstante kann beliebig so gewählt werden, dass sich für die Gewichte einfache Zahlenwerte ergeben. Jedoch muss sie für zusammenhängende Berechnungen unbedingt identisch sein.

Tritt bei einem trigonometrischen Nivellement mit An- und Abschluss an Höhenfestpunkten ein *Höhenabschlusswiderspruch w* auf, wird er proportional zu den Quadraten der Nivellementzuglängen (l_i^2) bzw. der Schrägdistanzen (d_i^2) auf die einzelnen Höhenunterschiede $\Delta h'$ verteilt

$$\Delta h = \Delta h' - w \cdot \frac{d_i^2}{\sum d_i^2} .$$

4.3.4 Erreichbare Genauigkeiten bei der trigonometrischen Höhenmessung

Die *Genauigkeit trigonometrischer Höhenmessungen* hängt hauptsächlich ab von

1) der Genauigkeit der Bestimmung der Instrumenten- (Kippachsen-) und Zieltafelhöhe: Diese Ungenauigkeit geht voll in die Höhenbestimmung ein. Es empfiehlt sich der trigonometrische Höhenan- und -abschluss an einem günstig gelegenen, nivellitisch bestimmten Höhenpunkt. Auch auf günstige Standortwahl mit festem Untergrund ist zu achten.
2) der Streckenmessgenauigkeit: Die Distanzmessung verschlechtert die Genauigkeit des Höhenmessergebnisses nicht.
3) der Genauigkeit der Zenitwinkelmessung: Bei der Zenitwinkelgenauigkeit ist die eigentliche Messgenauigkeit von instrumentell bedingten Einflüssen zu unterscheiden. Um die durch die Zenitwinkelmessung bedingte Ungenauigkeit kleiner als 5 mm bei einem trigonometrischen Nivellement mit Hin- und Rückmessung über 1 km zu halten, genügt die Messung in einem Satz (in beiden Fernrohrlagen), und zwar für Zielweiten bis etwa 250 m mit einem Tachymeter

mittlerer Genauigkeit, für doppelt so lange Zielweiten mit einem Tachymeter hoher Genauigkeit. Nur bei schlechten Zielverhältnissen ist bei der Messung in einem Satz die Anzielung und Winkelablesung an den drei Horizontalstrichen des Strichkreuzes mit Mittelbildung zu empfehlen.

4) dem Refraktionseinfluss:
Während der Einfluss der Erdkrümmung sich bei einseitigen Visuren berechnen lässt und bei Hin- und Rückmessung durch Mittelung jedes Höhenunterschiedes herausfällt, muss insbesondere bei längeren, einseitigen Visuren der Refraktionseinfluss beachtet werden. Er wirkt sich besonders in den Morgen- und Abendstunden aus, weil dann die Änderung des Refraktionskoeffizienten am größten ist. Falls möglich, soll mit zweiseitigen Visuren gearbeitet werden, da durch Mittelung der Einfluss der Refraktion nahezu herausfällt. Mit einseitigen Visuren wird man z. B. bei nicht begehbaren Messpunkten an Bauwerken arbeiten müssen. Die Zielweiten sind jedoch meist unter 200 m und durch synchrone Beobachtung von zwei Standpunkten aus erzielt man gute Ergebnisse.

Zusammenfassend lässt sich sagen, dass bei sorgfältiger Messung für ein *trigonometrisches Nivellement* bezogen auf 1 km Zuglänge selbst bei langen Zielweiten die Standardabweichung $\sigma_{\Delta H} \leq 2$ cm und sogar $\sigma_{\Delta H} \leq 5$ mm bei kurzen Zielweiten erreichbar ist.

Für die *Messung einzelner Höhenunterschiede* liegen die Standardabweichungen unterhalb von 5 mm, je nach Länge der Zielweite.

5 Elektrooptische Distanzmessung, Tachymeter und Laserscanner

Bei der *elektrooptischen Distanzmessung* wird zur Bestimmung einer Distanz d von einem Sender eine elektromagnetische Strahlung aus dem Bereich des nahen Infrarotlichtes ($\lambda_T = 0{,}8\ \mu$m bis $0{,}9\ \mu$m) oder sichtbaren Lichtes ($\lambda_T = 0{,}65\ \mu$m) ausgesendet, von einem Prisma oder von der Objektoberfläche reflektiert und durch einen Empfänger detektiert. Sender und Empfänger sind in einem Gehäuse untergebracht. Die Distanz kann aus der Laufzeit (*Impulslaufzeitverfahren*), aus dem Unterschied zwischen der Phasenlage beim Verlassen des Senders und der Phasenlage beim Empfang (*Phasenvergleichsverfahren*) oder aus einer aus beiden Prinzipien kombinierten Methode der über die Strecke geschickten und reflektierten Strahlung abgeleitet werden.

Ein wesentliches Bauteil eines Tachymeters bzw. Laserscanners ist das verwendete Distanzmessmodul, weshalb diese Instrumententypen in diesem Kapitel gemeinsam mit den Messprinzipien der elektrooptischen Distanzmessung behandelt werden.

5.1 Messprinzipien der elektrooptischen Distanzmessung

5.1.1 Impulslaufzeitverfahren

5.1.1.1 Messprinzip

Vom Sender wird ein Lichtimpuls mit bekannter Fortpflanzungsgeschwindigkeit c ausgesandt, am Ende der Strecke reflektiert und vom Empfänger aufgenommen (Abb. 5.1-1). Durch *Messung der Laufzeit t des Impulses* lässt sich die im Hin- und Rückweg, also doppelt durchlaufene Strecke d ermitteln:

$$2d = c \cdot t \qquad \text{oder} \qquad d = \frac{c \cdot t}{2}\,. \tag{5.1}$$

Die Genauigkeit dieses Verfahrens hängt von der Genauigkeit ab, mit der zum einen die Fortpflanzungsgeschwindigkeit bekannt ist und zum anderen die Laufzeit t bestimmt werden kann. Die Fortpflanzungsgeschwindigkeit c_0 einer elektromagnetischen Welle im Vakuum wird beim Durchgang durch ein Medium hauptsächlich in Abhängigkeit von der Dichte des Mediums verringert. Mit dem durch den *Brechungsindex n* ausgedrückten Verringerungsverhältnis und der Wellengeschwindigkeit c_0 im Vakuum ergibt sich die Geschwindigkeit c des Lichtes im jeweiligen Medium zu

$$c = \frac{c_0}{n}\,. \tag{5.2}$$

Die Fortpflanzungsgeschwindigkeit c_0 im Vakuum wurde aus genauen Labormessungen zu $c_0 = 299\ 792\ 458$ m/s bestimmt und als eine universelle Naturkonstante festgelegt. Falls die Laufzeit t auf 10 Picosekunden ($1 \cdot 10^{-11} \cdot$ s) genau gemessen wird, resultiert daraus eine Streckenmessgenauigkeit von 1,5 mm für die Einzelmessung. Da diese Genauigkeit nur schwer

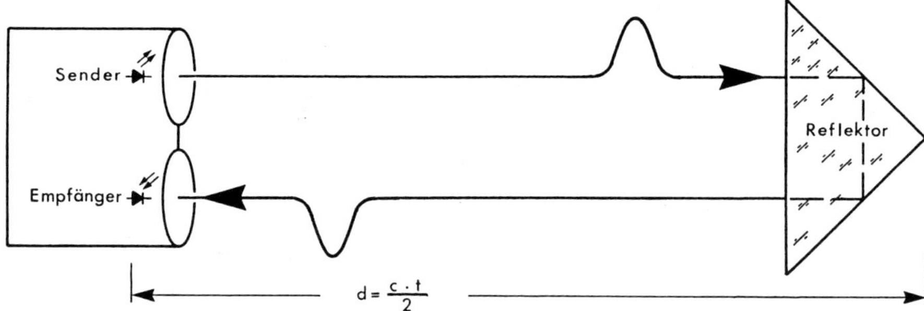

Abbildung 5.1-1: Prinzip der Distanzmessung mit Lichtimpulsen

erreichbar ist, wurde bei Vermessungsinstrumenten überwiegend das Phasenvergleichsverfahren angewandt, obwohl das Impulslaufzeit-Messverfahren durch die direkte Messung der Laufzeit einen im Prinzip einfacheren Geräteaufbau ermöglicht.

Der Einfluss der Ungenauigkeit einer Einzelmessung auf das Ergebnis der Distanzmessung wird dadurch herabgesetzt, dass durch eine *Mittelung über in schneller Folge ausgeführte Einzelmessungen* die Auflösung in den Millimeter-Bereich gebracht wird. Die erhaltenen Messwerte sind von Fluktuationen der Impulsamplituden unabhängig, da die zeitliche Mitte des Startimpulses und die zeitliche Mitte des reflektierten Impulses für die Laufzeitmessung maßgeblich sind.

Die Zeitmessung erfolgt digital, früher auch analog. Bei der *digitalen Zeitmessung* gibt der Startimpuls das Eingangstor eines Digitalzählers frei, das Stoppsignal sperrt ihn. In der Zwischenzeit gelangen von einem quarzstabilisierten Oszillator erzeugte Impulse in einen Zähler. Dieses Prinzip wird auch bei der digitalen Phasenvergleichsmessung (Abb. 5.1-10) angewandt.

Einen Laserimpuls-Distanzmesser mit Millimetergenauigkeit herzustellen ist nur mit erheblichem technischen Aufwand möglich. So seien hier nur die zur Zeitfestlegung erforderliche Impulsanalyse und die konstante Strahlungsleistung der Laserdiode über den gesamten Temperaturbereich genannt.

Gegenüber dem Phasenvergleichsverfahren (Kap. 5.1.2) ist beim Impulsverfahren kein Messen mit mehreren Frequenzen erforderlich, was zu einer kürzeren Messzeit führt. Außerdem kann bei gleichbleibender mittlerer Lichtleistung der Energieinhalt eines einzelnen Impulses erhöht und dadurch die Reichweite gesteigert werden. Somit ist dieses Messverfahren gut für die *reflektorlose Distanzmessung* geeignet.

5.1.1.2 Die WFD-Technologie der Firma LEICA GEOSYSTEMS als Beispiel für die instrumentelle Umsetzung

Die von der Firma LEICA GEOSYSTEMS in deren Pulsdistanzmessern verwendete Wellenform-Digitalisierungstechnologie (WFD), eine spezielle Form eines Laufzeit-Messsystems, das beispielsweise in der `Leica Nova MS50` implementiert ist, soll jetzt als Beispiel für die Weiterentwicklung des zuvor erläuterten Messprinzips vorgestellt werden. Wie in Abb. 5.1-1 prinzipiell dargestellt, werden Signale ausgesendet, die reflektierten Signale erkannt und als digitalisierte Signalvektoren gespeichert. Von jedem in Impulsform abgestrahlten op-

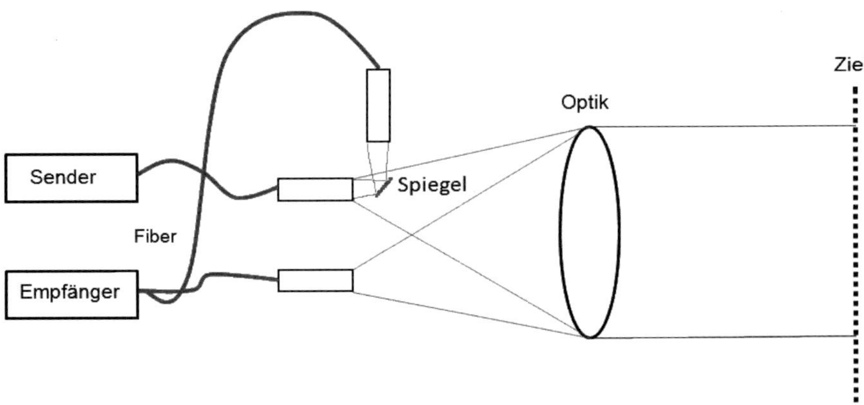

Abbildung 5.1-2: Prinzipskizze zum optischen Aufbau eines Pulsdistanzmessers nach *Köhler*

tischem Signal wird für die interne Kalibrierung ein minimaler Prozentsatz jedes Impulses direkt zum Empfänger geleitet (vgl. Prinzipskizze der Abb. 5.1-2), wodurch der Referenz- bzw. Startimpuls gewonnen wird. Der „Rest" des Impulses gelangt durch die Fernrohroptik zum Objekt und wird dort reflektiert. Der durch das Fernrohr auf den Empfänger geleitete reflektierte Impuls wird als Stopp- oder Messimpuls bezeichnet. Für jede einzelne Messung wird eine interne Kalibrierungsmessung ausgeführt. Bei größeren Distanzen verringert sich die Energie des reflektierten Signals und damit das Signal-Rausch-Verhältnis jedes einzelnen zurückkommenden Impulses, was zu Schwierigkeiten bei der Analyse des Stoppimpulses führt. Durch die WFD-Technologie werden mehrere Impulse akkumuliert; je mehr Impulse gesendet und empfangen werden, desto besser lässt sich der Stoppimpuls digitalisieren (Abb. 5.1-3). Die Distanz ergibt sich aus dem Zeitunterschied zwischen Start- und Stoppimpuls (Abb. 5.1-1). Dieser Zeitunterschied wird aus den akkumulierten, digitalisierten Signalen gewonnen. Die Form des Start- bzw. Referenzimpulses wird bei der Digitalisierung berücksichtigt. Eine gültige Messung liegt nur dann vor, wenn die Form des Stoppimpulses der des Startimpulses entspricht. Wenn das Lasersignal z. B. durch eine querende Person unterbrochen wird, dann ist die Messung ungültig. Eine längere Messzeit verbessert das Signal-Rausch-Verhältnis proportional zur Quadratwurzel aus der Messzeit. So ergibt sich ein dreimal besseres Signal-Rausch-Verhältnis, wenn anstelle von 1 Sekunde 9 Sekunden lang gemessen wird.

Die WFD-Technologie weist eine Reihe von Vorteilen auf, wie eine schnelle Messung, eine geringe Größe des Laserpunktes, eine hohe Messgenauigkeit und eine große Reichweite. Diese Vorteile sind die Voraussetzung für den Einsatz dieser Technologie im 3D-Laserscanning. Im Vergleich zum Phasenvergleichsverfahren (Kap. 5.1.2) sind die Distanzmessungen auf Prismen um 50 % schneller bei einer nur geringfügig schlechteren Messgenauigkeit.

5.1.1.3 Impulsdistanzmesssystem der Firma TRIMBLE

Als weitere Messtechnologie soll das von der Firma TRIMBLE entwickelte Impulsdistanzmesssystem erläutert werden, das in deren Pulsdistanzmessern `DR Plus` implementiert und

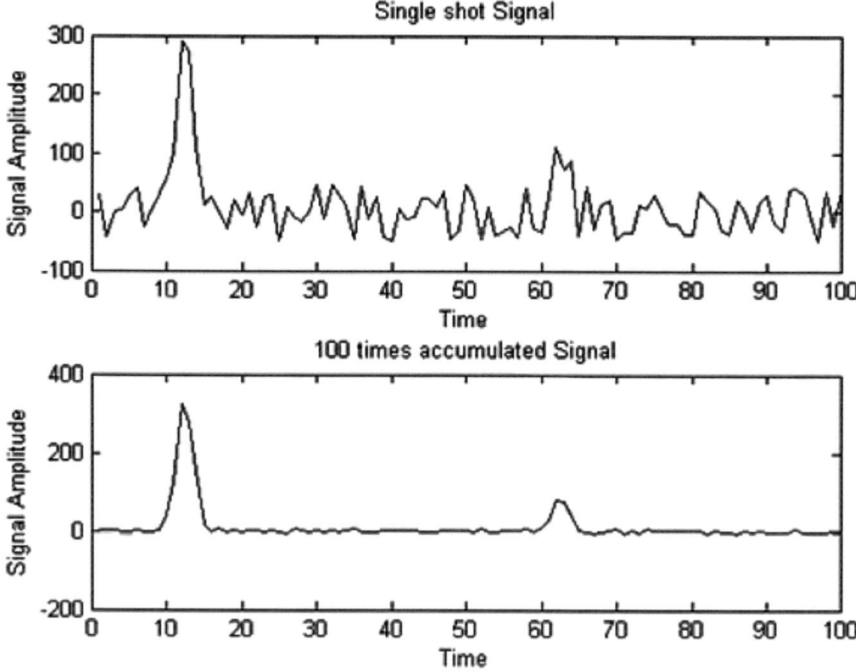

Abbildung 5.1-3: Start- und Stoppimpuls bei einem einfachen Signal und bei akkumulierten Signalen nach *Grimm u. Zogg*

in den Tachymetern dieser Firma eingebaut ist. Von dem gepulst und nicht sichtbarem Laserstrahl wird ein minimaler Prozentsatz über einen Spiegel ausgeblendet (Abb. 5.1-2) und über einen inneren Lichtweg auf den Empfänger geleitet. Damit wird der Referenzimpuls erhalten. Das am Ziel reflektierte Laserlicht wird mithilfe der Optik auch auf den Empfänger geführt und erzeugt den Messimpuls, der gegenüber dem Referenzimpuls einen Zeitunterschied t aufweist. Der Referenzimpuls wird permanent gemessen. Die Dauer der Messung ist abhängig von der Zeit, die für die Auswertung des Referenzimpulses benötigt wird.

Die Erfassung des Referenzimpulses lässt sich in sechs Schritte aufteilen (Abb. 5.1-4). Im 1. Schritt (Bild 1 in Abb. 5.1-4) wird die Pulsweite des Referenzimpulses in der halben Höhe der Maximalintensität des Pulses bestimmt. Die Pulsweite beträgt 4 ns (1 ns = 10^{-9} s), was einer Strecke von 1,2 m entspricht (c = 300 000 000 km/s; für 1 ns ergibt sich damit 0,3 m). Im 2. Schritt (Bild 2 in Abb. 5.1-4) werden mithilfe einer speziellen elektronische Schaltung (Sample&Holdschaltung = Abtast-Halteschaltung) die Amplituden an vier Stellen des Pulses simultan gemessen. Im 3. Schritt (Bild 3 in Abb. 5.1-4) werden die vier Amplituden an um 200 ps (1 ps = 10^{-10} s) verschobenen Stellen gemessen und im 4. Schritt erfolgen weitere Verschiebungen um jeweils 200 ps, sodass der ganze Impuls erfasst werden kann. Durch ein ausgleichendes Polynom wird im 5. Schritt (Bild 5 in Abb. 5.1-4) ein Teil des Impulses mathematisch bestimmt, was im 6. Schritt auch für die anderen drei Bereiche des Impulses ausgeführt wird.

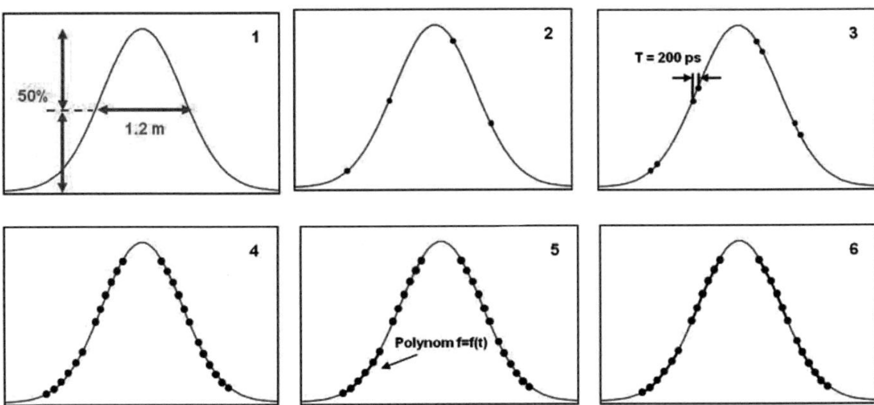

Abbildung 5.1-4: Erfassung des Referenzimpulses beim Trimble Distanzmesser DR Plus (entn. aus *Köhler*)

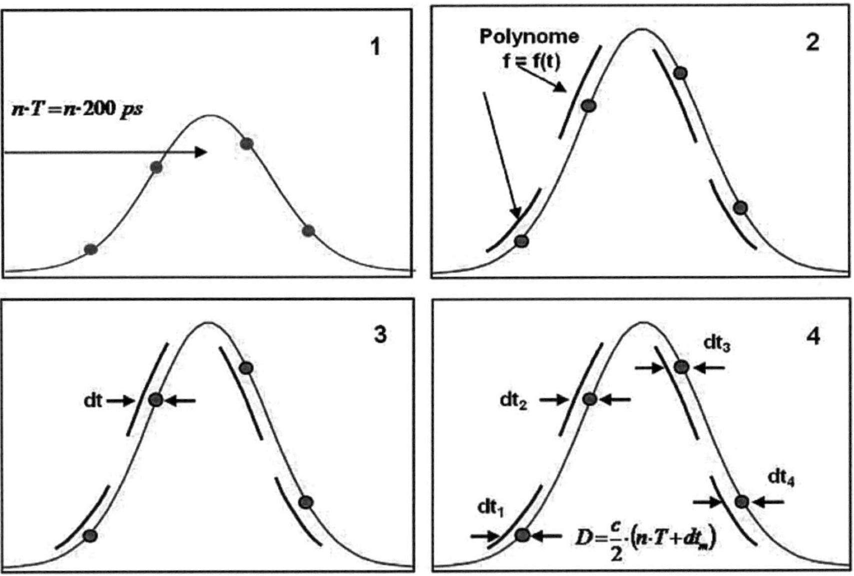

Abbildung 5.1-5: Erfassung des Messimpulses beim Trimble Distanzmesser DR Plus (entn. aus *Köhler*)

Die Erfassung des Messimpulses lässt sich in vier Schritte (Abb. 5.1-5) untergliedern: Im 1. Schritt wird der Referenzimpuls auf der Zeitachse um n 200 ps in Richtung Messimpuls verschoben, wobei die Anzahl der Verschiebungsintervalle von der Distanz abhängt, die mithilfe einer Grobdistanzmessung ermittelt wird. Wie beim Referenzimpuls wird auch beim Messimpuls an vier Stellen mit der Sample&Hold-Schaltung gemessen und das Signal integriert, um es vom Rauschen zu filtern. Sowohl der Referenz- als auch der Messimpuls werden digital abgespeichert. Im 2. Schritt wird der Messimpuls auf die gleiche Signalhöhe gebracht wie der Referenzimpuls. Für die exakte Distanz muss noch die Zeitdifferenz dt zwischen den vier Polynomen des Referenzimpulses und dem Messimpuls bestimmt werden. Diese Situation ist im Bild 3 der Abb. 5.1-5) dargestellt. Schließlich wird im 4. Schritt durch eine im Computer des Instruments berechnete Zeitverzögerung eine Position gefunden, für die die vier Messpunkte des Messimpulses mit der Form des Referenzimpulses bestmöglich übereinstimmen. Jetzt kann die Distanz über die Anzahl n der Verschiebeintervalle von jeweils 200 ps und mit dem Reststück dt berechnet werden.

Die Genauigkeit, mit der sich die Distanz bestimmen lässt, hängt direkt von der Genauigkeit der Zeitmessung ab, mit der die einzelnen Verschiebeintervalle von 200 ps ermittelt werden. Für die exakte Zeitmessung wird ein temperaturstabilisierter Quarzoszillator benutzt, der die Systemzeit mit einer Periode von 51 ns zur Verfügung stellt. In dieses Zeitintervall werden mithilfe eines elektronischen Schaltkreises (PLL = Pase-Locked-Loop = Phasenregelschleife) 255 Intervalle zu jeweils 200 ps genau eingepasst. Hierdurch lassen sich Zeitintervalle mit sehr hoher Auflösung erreichen, die zu einer distanzunabhängigen Genauigkeit von $< 0,5$ mm führen.

Diese Messtechnologie, die in TRIMBLE-Instrumenten mit `DR Plus` Distanzmessern implementiert ist, bietet den Vorteil einer hohen Pulsausgangsleistung, die dazu führt, dass die Reichweite reduzierende Einflüsse wie Regen, Nebel, Schnee u. Ä. sich weniger stark auswirken. Die Zeit zwischen den Impulsen beträgt 40 μs (1 μs = 10^{-6} s), weshalb das Laserlicht trotz hoher Intensität in den Pulsspitzen ungefährlich ist. Neben der kürzeren Messzeit für eine Standardmessung im Vergleich zum Phasenvergleichsverfahren (Kap. 5.1.2) können als Ziele wegen der höheren Pulsausgangsleistung auch dunkle Objekte angemessen werden.

5.1.2 Phasenvergleichsverfahren

5.1.2.1 Amplitudenmodulation

Bei diesem Verfahren werden kontinuierlich ausgesandte Lichtwellen in ihrer Intensität sinusförmig moduliert (Helligkeitsschwankungen durch *Amplitudenmodulation*), sodass die hochfrequente Lichtwelle mit der Länge λ_T als *Trägerwelle* für die niederfrequente *Modulationswelle* mit der Länge λ_M dient (Abb. 5.1-6).
Die Modulationsfrequenz wird in einem Schwingkreis (Hochfrequenz-Oszillator), der mit einem Quarz stabilisiert wird, erzeugt. Die Abweichungen zwischen der tatsächlichen Modulationsfrequenz und dem Sollwert können bis zu mehreren ppm (1 ppm $= 1 \cdot 10^{-6}$) betragen. Für die Länge λ_M der Modulationswelle werden Werte gewählt, die zwischen 20 m und 60 cm liegen. Da auch hier das ausgesandte Licht am Ende der Strecke wieder reflektiert wird, sie also doppelt durchläuft, wird die halbe Wellenlänge der Modulationswelle als *Feinmaßstab*

$$F = \frac{\lambda_m}{2} \tag{5.3}$$

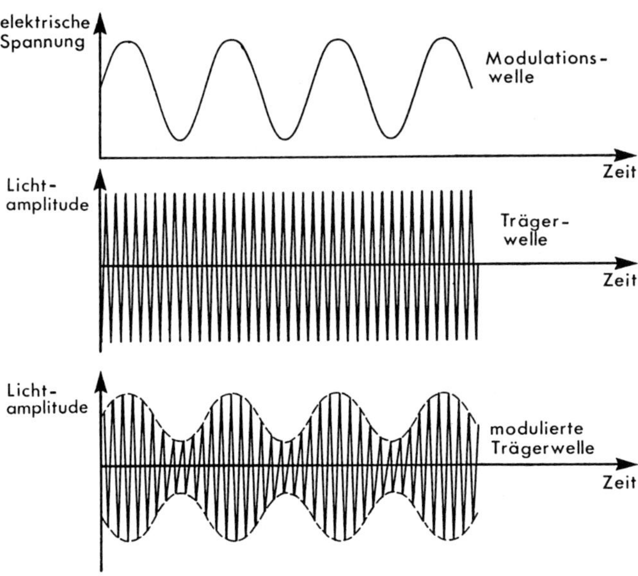

Abbildung 5.1-6: Amplitudenmodulation einer Trägerwelle

bezeichnet, der folglich zwischen 10 m und 30 cm liegt.

Als Trägerwelle lässt sich günstig Infrarotlicht verwenden, das in einer Galliumarsenid (GaAs)-Diode entsteht. Die Strahlung einer solchen Luminiszenzdiode kann durch die sinusförmige Wechselspannung des Oszillators so gesteuert werden, dass die Intensität der Infrarotstrahlung bis an den Gigahertzbereich im Takt der Wechselspannung zu- und abnimmt, d. h., die Strahlung wird durch die angelegte Spannung *direkt amplitudenmoduliert*. Für den Empfang der reflektierten Streckensignale werden Fotodioden verwandt, welche die Intensitätsschwankungen des Lichts in Spannungsschwankungen der gleichen Frequenz umwandeln.

5.1.2.2 Phasenvergleichsverfahren

Immer dann, wenn der Reflektor in einer Entfernung aufgestellt wird, die nicht einem Nulldurchgang der sinusförmigen Modulationswelle entspricht (und das wird bei praktischen Messungen die Regel sein), tritt zwischen der ausgesandten und der reflektierten Welle eine *Phasenverschiebung* $\Delta\varphi$ ($\hat{=}$ $\Delta\lambda$ als Teil der ganzen Wellenlänge) auf, die gemessen werden kann (Abb. 5.1-7). Mithilfe der *allgemeinen Wellengleichung* lässt sich eine Beziehung angeben, mit der aus der gemessenen Phasenverschiebung $\Delta\varphi$ auf die Reststrecke geschlossen werden kann. Die Amplitude (Schwingungsweite) y einer Welle mit der Winkelgeschwindigkeit $\omega = 2\pi \cdot f_M$, mit f_M = Frequenz der modulierten Welle ergibt sich nach

$$y = A \cdot \sin \omega (t - \frac{x}{c}) \quad , \tag{5.4}$$

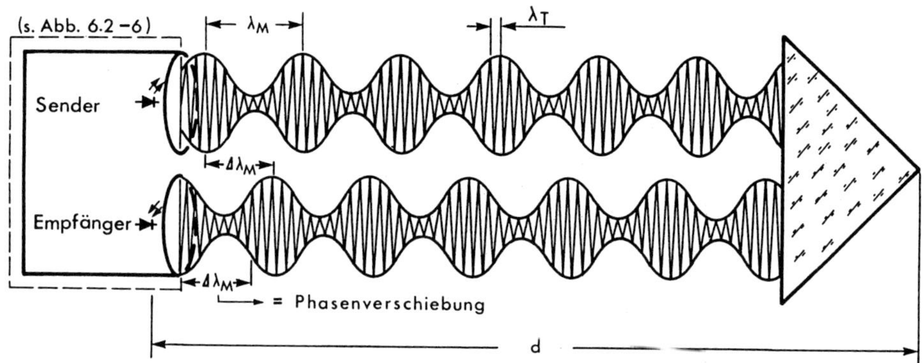

Abbildung 5.1-7: Prinzip der Distanzmessung durch das Phasenvergleichsverfahren

wobei A = maximale Amplitude, t = Laufzeit der Strahlung und x = Länge der von der Strahlung mit der Geschwindigkeit c durchlaufenen Strecke ist. Für den Sender am Beginn der Strecke gilt, da hier $x = 0$ ist,

$$y_S = A \cdot \sin \omega t \ . \tag{5.5}$$

Entsprechend gilt für den Empfänger mit $x = 2d$ (doppelt durchlaufene Strecke)

$$y_E = A \cdot \sin \omega (t - \frac{2d}{c}) \ . \tag{5.6}$$

Die Formeln (5.5) und (5.6) unterscheiden sich nur durch die Phasenverschiebung (Abb. 5.1-8)

$$\Delta\varphi = \omega \cdot \frac{2d}{c} = 2\pi \cdot f_M \cdot \frac{2d}{c} \ . \tag{5.7}$$

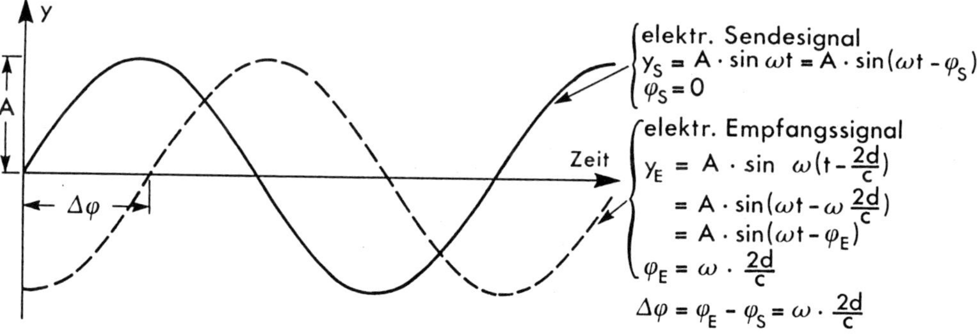

Abbildung 5.1-8: Phasenverschiebung zwischen dem elektrischen Sendesignal (Phase φ_S) und dem elektrischen Empfangssignal (Phase φ_E)

Durch Umstellung der Gleichung ergibt sich die Distanz d, wenn man beachtet, dass die (zunächst noch unbekannten) ganzzahligen Vielfachen N der modulierten Wellenlänge hinzugefügt werden müssen (Abb. 5.1-7)

$$d = \frac{c}{2 \cdot f_M} \cdot \left(\frac{\Delta\varphi}{2\pi} + N\right) . \tag{5.8}$$

Mit der *Länge λ_M der Modulationswelle* eines elektrooptischen Distanzmessers

$$\lambda_M = \frac{c_0}{f_M} \tag{5.9}$$

und mit Gl. (5.2) ergibt sich die *Distanz d* aus

$$d = \frac{\lambda_M}{2 \cdot n} \cdot \left(\frac{\Delta\varphi}{2\pi} + N\right) \tag{5.10}$$

bzw. mit dem *Feinmaßstab F* nach Gl. (5.3) zu

$$d = \frac{F}{n} \cdot \left(\frac{\Delta\varphi}{2\pi} + N\right) . \tag{5.11}$$

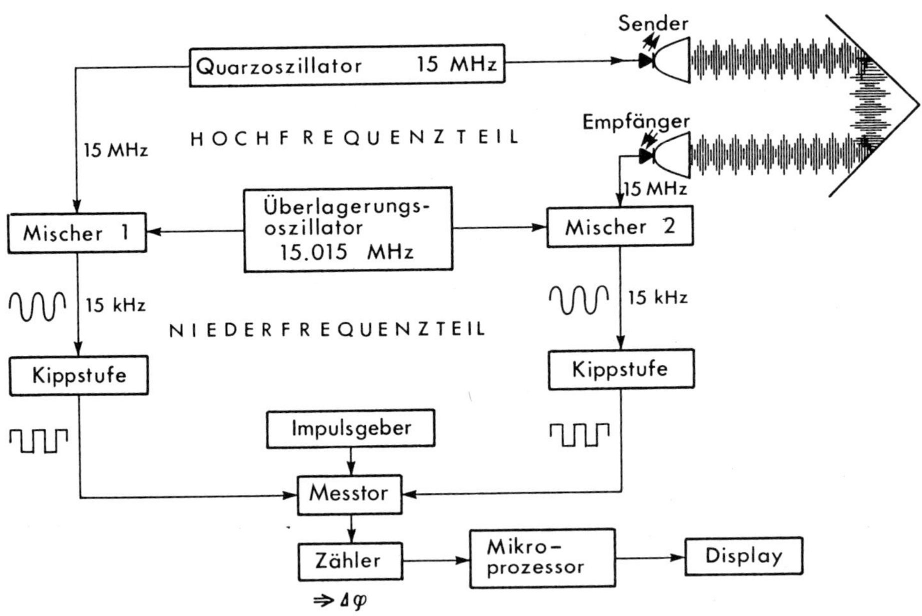

Abbildung 5.1-9: Blockschaltbild eines elektrooptischen Distanzmessers

Zur Erzeugung der Modulationswellen λ_M werden Frequenzen benötigt, die für einen 10-m-Maßstab bei 15 MHz liegen. Für die Erkennung und genaue Messung der Phasenlage wird ein Teil des *hochfrequenten Modulationssignals* abgezweigt und ebenso wie das über die Strecke gelaufene Signal durch Überlagerung und Mischung mit einem Referenzsignal in eine

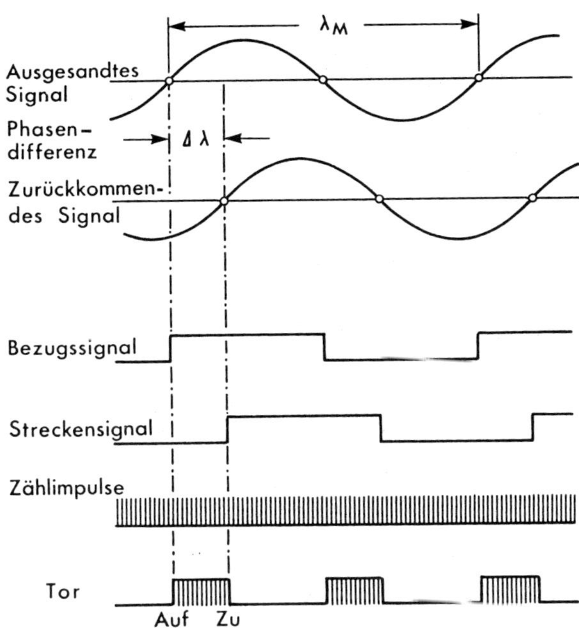

Abbildung 5.1-10: Prinzip der digitalen Phasenmessung

Niederfrequenz umgewandelt, die genau die gleiche Phasenlage hat wie die Maßstabswellen, aber besser zu verarbeiten ist (Abb. 5.1-9).

Um die Phasenverschiebung zu ermitteln, wird die *digitale Phasenmessung* (Abb. 5.1-10) benutzt, bei der die Phasenlage direkt bestimmt wird. Die Sinuswellen werden dazu mithilfe von sogenannten Kippstufen in Rechtecksignale verwandelt. Die vorderen Flanken der Ausgangssignale öffnen ein Messtor und die Flanken der über die Strecke laufenden Signale schließen es wieder. Während der Öffnungszeiten des Messtors können gleichabständige Impulse, die von einem Impulsgeber geliefert werden, durch das Tor zu einem elektronischen Zähler gelangen. Die vom Zähler registrierte Anzahl von Impulsen ist ein Maß für den Phasenunterschied und damit für die Reststrecke. Man zählt in der Regel nicht nur über eine Periode, sondern über viele. Zum Ausgleich von Unsymmetrien wird das Messtor bei der ersten Hälfte der Periode von den positiven Flanken der Rechtecksignale gesteuert und bei der zweiten von den negativen.

Aus didaktischen Gründen sei ein veralteter Distanzmesser mit einer Modulationsfrequenz von 15 MHz betrachtet, die einen 10-m-Maßstab erzeugt. Wählt man eine Niederfrequenz von 1,5 KHz und eine Impulsfolgefrequenz von 1,5 MHz, die durch Teilung 1:10 von der Modulationsfrequenz abgeleitet werden kann, kommen auf den 10-m-Maßstab 1 000 Impulse. Es werden in diesem Fall Zentimeter aufgelöst. Da man die Phasenlage nur innerhalb einer Wellenlänge bestimmen kann, erhält man als Ergebnis einer Messung auch nur die Entfernung vom Gerät bis zum ersten Nulldurchgang der Messwelle. Sie wird deshalb auch als *Reststrecke* bezeichnet. Über die Anzahl der in der Gesamtstrecke enthaltenen vollen Wellenlänge λ_M kann aufgrund dieser einen Messung noch nichts ausgesagt werden. Es können aber mit einer Reihe von niedrigeren Modulationsfrequenzen weitere Maßstäbe erzeugt werden, die immer länger werden. Für ein Gerät mit einem *Feinmaßstab* von 10 m benötigt man bei der traditionellen Methode noch die sogenannten *Grobmaßstäbe*, z. B. von 100 m und 1 000 m, wenn Strecken bis 1 km eindeutig bestimmt werden sollen. Es ist dabei ein großer Vorteil, dass die Phasenmesseinrichtung, die für den Feinmaßstab bereits vorhanden ist, auch für die Messung mit den längeren Maßstäben benutzt werden kann, weil alle Messungen auf der einmal gewählten Niederfrequenz erfolgen. Es lassen sich nämlich alle weiteren Maßstabsfrequenzen in diese umwandeln. Da die Messungen bei wachsender Länge der Maßstäbe jeweils um eine Zehnerpotenz ungenauer werden, müssen sie stets mit dem Ergebnis der nächst feineren korrigiert werden. Die in der Mikroprozessoreinheit gespeicherten Einzelergebnisse werden zu einem einzigen Wert zusammengefasst, damit man an einer Ziffernanzeigeeinheit unmittelbar die Gesamtstrecke ablesen kann.

Die verschiedenen Maßstäbe lassen sich mithilfe der entsprechenden Frequenzen unmittelbar erzeugen; aber es kann auch jeder Grobmaßstab durch die Bildung der Differenz aus zwei Messungen auf sehr nahe beieinanderliegenden Frequenzen hergeleitet werden. Für ein 10-m-Gerät ergäben sich dann für eine Reichweite bis zu 1 000 m die Werte

$$\begin{aligned} 15\text{ MHz} - 13{,}5\text{ MHz} &= 1{,}5\ \text{ MHz} \mathrel{\hat{=}} 100\text{ m} \\ 15\text{ MHz} - 14{,}85\text{ MHz} &= 150{,}0\ \text{ kHz} \mathrel{\hat{=}} 1\,000\text{ m.} \end{aligned}$$

Die hier beschriebene sequenzielle Auswertung zur Lösung des Problems der Mehrdeutigkeit und damit zur Bestimmung der Grobmaßstäbe ist inzwischen bei den meisten Herstellern geodätischer Messinstrumente dank des Fortschritts in der Entwicklung schneller Signalprozessoren durch die Heterodyning-Technologie, bei der mehrere Modulationsfrequenzen überlagert werden, abgelöst worden. Diese Technologie bestimmt quasi simultan die Mehrdeutigkeiten und verkürzt die Messzeit für die Distanzermittlung entscheidend; eine Voraussetzung für die Anwendung des Phasenvergleichsverfahrens bei den Laserscannern.

Als Beispiel für die Anwendung dieser Technologie sei das Zweifrequenz-Phasendifferenzverfahren kurz erläutert, wobei die Begriffe Phasenvergleichs- und Phasendifferenzverfahren synonym benutzt werden. Wie zuvor erklärt, bildet sich die Laufzeit $2t$ vom Sensor zum Objekt und zurück für eine einzelne Frequenz beim Phasendifferenzverfahren direkt in einer der Distanz d und der Modulationsfrequenz ω proportionalen Phasenverschiebung φ zwischen Sendesignal P_E und dem reflektiertem Streulicht P_R ab:

$$P_E(t) = P_{E0}(1 + \xi\cos(\omega t)); \tag{5.12}$$

$$P_R(t) = P_{R0}(1 + \xi\cos(\omega t + \varphi(t))). \tag{5.13}$$

In Gl. (5.12) und (5.13) gibt ξ den Modulationsgrad des nach dem AMCW-Prinzip (Amplitude Modulated Continuous Wave) intensitätsmodulierten Laserlichts wieder.

Beim Zweifrequenz-Phasendifferenzverfahren (Abb. 5.1-11) wird das ausgesandte Signal P_E (Gl. (5.14)) mit zwei unterschiedlichen Frequenzen gleichzeitig intensitätsmoduliert. Das empfangene Laserlicht P_R (Gl. (5.15)) enthält die Phasenverschiebungen für beide Modulationsfrequenzen. Die einem Messkanal zugeführte Komponente der Phasenverschiebung φ_1 auf dem Grobmaßstab dient der Bestimmung eines Distanzwertes innerhalb des durch ω_1 festgelegten Messbereichs, während die einem zweiten Messkanal zugeleitete Komponente der Phasenverschiebung φ_2 auf dem Feinmaßstab präzise, aber mehrdeutige Distanzwerte liefert. Durch frequenzselektive Berechnungen mithilfe der sog. Noniuslogik ergibt sich für die Phasendifferenzen φ_1 und φ_2 beider Messkanäle eine eindeutige und präzise Distanz. Dieses

Messprinzip ist im Laserscanner `Imager 5003` der Firma ZÖLLER UND FRÖHLICH mit einem Grobmaßstab von 26,8 m und einem Feinmaßstab von 3 m umgesetzt worden.

$$P_E(t) = P_{E0}(1 + \frac{\xi}{2}(\cos(\omega_1 t) + \cos(\omega_2 t))) \tag{5.14}$$

$$P_R(t) = P_{R0}(1 + \frac{\xi}{2}(\cos(\omega_1 t + \varphi_1(t)) + \cos(\omega_2 t + \varphi_2(t)))) \tag{5.15}$$

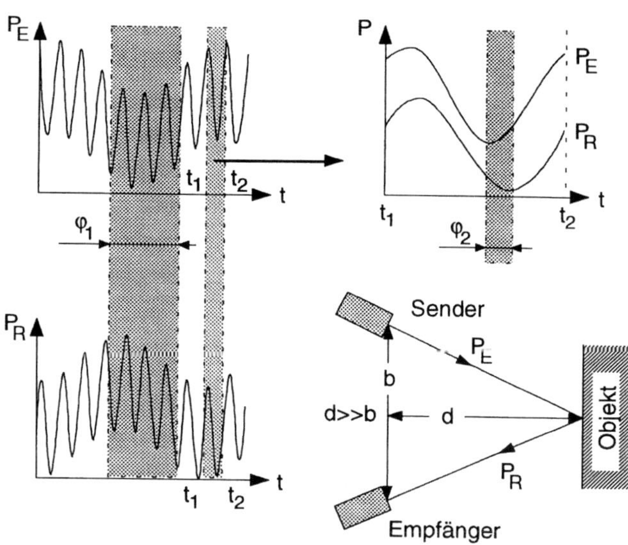

Abbildung 5.1-11: Prinzipielle Darstellung des Zweifrequenz-Phasendifferenzverfahrens (entn. Diss. *Fröhlich*)

5.1.2.3 Distanzmessung nach dem Phasenvergleichsverfahren bei der Firma TRIMBLE

Bei den Distanzmessern nach dem Phasenvergleichsverfahren der Firma TRIMBLE wird sowohl für die Messung zu Prismen als auch für die reflektorlose Messung nur eine Sendediode verwendet, die mit einer Wellenlänge von 660 nm rotes Licht emittiert. Sieben nahe bei 400 MHz liegende Maßstabsfrequenzen, die von einem temperaturstabilisierten 15-MHz-Quarzoszillator stammen, werden für die Feinmessung und für die Eindeutigkeit der Distanzbestimmung benutzt. Grobmaßstäbe werden nicht erzeugt, weil die Eindeutigkeit durch Differenzbildung zwischen den Maßstabsfrequenzen erreicht wird (Heterodyning Technologie). Die Maßstabsfrequenz von 400 MHz entspricht einem Feinmaßstab von 0,375 m.

Um thermische Drifteffekte berücksichtigen zu können, wird von dem durch die Sendelaserdiode erzeugten Signal über einen teildurchlässigen Spiegel (Referenzspiegel in Abb. 5.1-12) ein geringer Prozentsatz über den inneren Lichtweg (Referenzfaser) direkt zur Empfangsdiode geleitet (vgl. Abb. 5.1-12), sodass die Distanzmessung als nahezu frei von instrumentell bedingten Abweichungen angesehen werden kann. Von der Laserdiode wird immer die volle Leistung abgestrahlt, die über das im äußeren Lichtweg befindliche, durch einen Motor steuerbare Filter bei Messung zu Prismen reduziert wird. Das am Zielpunkt reflektierte Signal gelangt über das Objektiv, den 2. Spiegel und die Empfängerfaser zu dem mit einem Reflexkoppler verbundenen Graukeil, der mithilfe eines Motors die Amplitudenabstimmung vornimmt (vgl. Abb. 5.1-12). An der Empfängerdiode liegen über den „Pfad-Motor" (Abb. 5.1-12) wechselweise die Signale über den inneren und den äußeren Lichtweg an, die zum Transceiver Board geleitet werden, wo schließlich die Distanz berechnet wird.

Nun soll mithilfe eines von *Köhler* vorgestellten fiktiven Beispiels die zuvor erwähnte Eindeutigkeit durch Differenzbildung prinzipiell erläutert werden. Zur Vereinfachung werden statt der sieben Maßstabsfrequenzen nur drei gewählt und anstelle der Feinmaßstäbe um 0,375 m werden welche um 1 m verwendet. So werden drei Maßstabsfrequenzen mit F1 = 150 MHz (Feinmaßstab von 1 m), F2 = 135 MHz (Feinmaßstab von 1,11 m) und F3 = 148,5 MHz (Feinmaßstab von 1,01 m) eingeführt. Auf diesen drei Maßstäben ließen sich die drei Restphasenstücke von R1 = 0,56 m, R2 = 0,82 m und R3 = 0,49 m messen. Rechnerisch werden die Differenzen F4 = F1 − F2 = 15 MHZ (fiktiver Grobmaßstab von 10 m) und F5 = F1 − F3 = 1,5 MHz (fiktiver Grobmaßstab von 100 m) gebildet (vgl. Abb. 5.1-13). Diese Wellen werden nicht abgestrahlt, sondern dienen nur rechnerisch als Grobmaßstäbe. Für die Restphasenstücke ergibt sich: R4 = R1 − R2 = 0,56 − 0,82 = −0,26 + 1 = 0,74 m (negative Werte können nicht auftreten) und R5 = R1 − R3 = 0,56 − 0,49 = 0,07 m. Das Phasenreststück R1 = 0,56 m, gemessen auf der Frequenz F1, und die gerechneten Phasenreststücke R4 = 0,74 m sowie R5 = 0,07 m werden jetzt benutzt, eine genäherte Distanz zu berechnen.

Um die Vielfachen der Maßstabsfrequenzen zu bestimmen, wird von der Formel für die Distanzmessung ausgegangen:

$$d_i = M_i(N_i + R_i). \tag{5.16}$$

Nach den Vielfachen aufgelöst, ergibt sich:

$$N_i = Round\left(\frac{d_i}{M_i} + R_i\right). \tag{5.17}$$

Mit den Vielfachen N_i, den Maßstäben M_i und den Phasenreststücken R_i lassen sich die Distanzen d_i mit Formel (5.16) berechnen.

Die Vorteile der Phasendistanzmessung liegen vor allem im höheren Genauigkeitspotenzial, weil z. B. bei sieben Maßstabsfrequenzen alle Maßstäbe zur Genauigkeit der Distanzmessung beitragen.

5.1.2.4 Distanzmessung nach dem Phasenvergleichsverfahren bei der Firma LEICA GEOSYSTEMS

Elektrooptische Distanzmesser sind heute üblicherweise ein Bauteil eines Tachymeters oder werden als Handlasermessgeräte verwendet. Als Beispiel sei hier das nach dem Phasenvergleichsverfahren arbeitende Handlasermessgerät `Disto` von LEICA GEOSYSTEMS behandelt.

Ein Instrument, das für die Messung kein Prisma benötigt und als Handlasermessgerät insbesondere für Bauvermessungen große Vorteile bietet, ist mit dem Ziel entwickelt worden, berührungslos Längen, Breiten und Höhen vor allem im Innenausbau einfach und genau

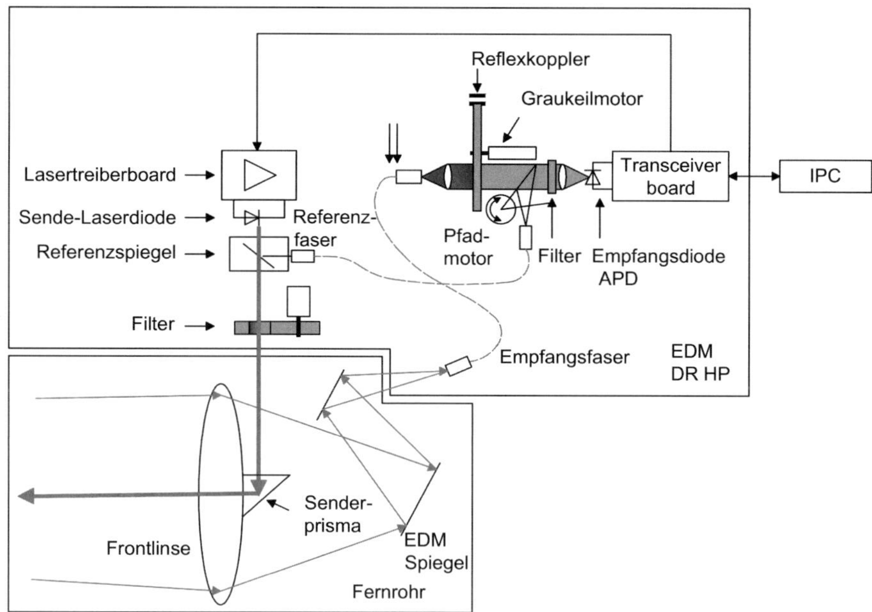

Abbildung 5.1-12: Prinzipieller Aufbau der Phasendistanzmesser der Firma TRIMBLE (entn. aus *Köhler*)

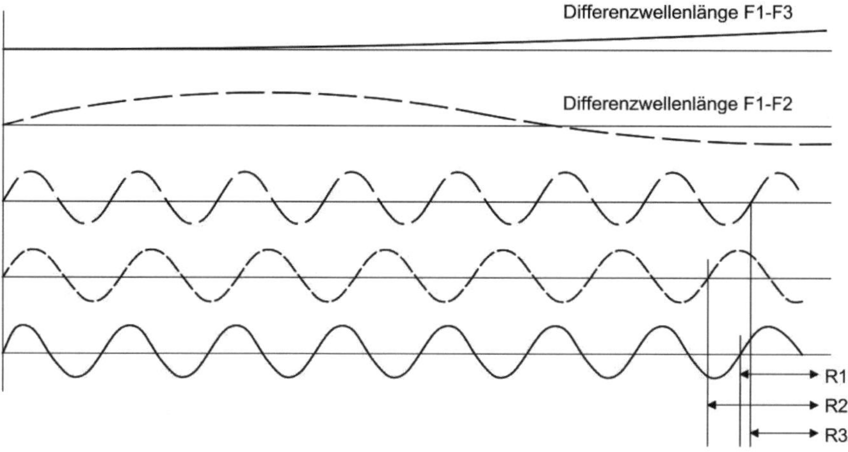

Abbildung 5.1-13: Phasenreststücke dreier nahe beieinander liegender Wellenlängen und daraus gebildeter Differenzwellenlängen (entn. aus *Köhler*)

messen zu können. Als Messstrahl dient ein sichtbarer roter Laserstrahl, der dem Benutzer eine punktgenaue Anzielung der Messstelle erlaubt. Wegen der mit diesem Instrument kurzen messbaren Distanzen ist es nicht notwendig, Werte für die atmosphärischen Parameter Luftdruck und Temperatur zu messen und als Korrektion anzubringen.

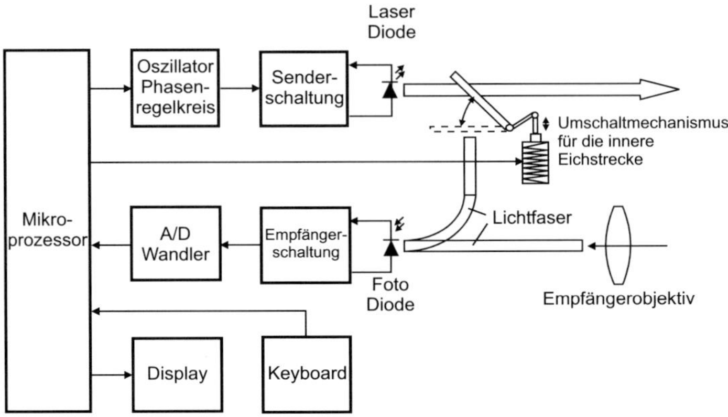

Abbildung 5.1-14: Blockschaltbild des `Disto`

Der `Disto` verfügt über einen auf der Wellenlänge von 670 nm emittierenden Diodenlaser. Ein Kollimator formt daraus einen Strahl mit einer Leistung von < 1 mW. Für die Distanzmessung wird die Laserstrahlung mit ca. 100 MHz moduliert, was einem Feinmaßstab (halbe Modulationswellenlänge) von 1,50 m entspricht. Um Distanzen über die Reichweite des Instruments von etwa 100 m eindeutig bestimmen zu können, wird auf die Feinfrequenz von 100 MHz eine Grobfrequenz durch Phasenmodulation aufmoduliert. Im Unterschied zu den nach dem bisherigen Phasenvergleichsverfahren arbeitenden Instrumenten lässt sich die Distanz bei diesem Instrument aus einem einzigen Messprozess ableiten, weil sowohl die Phasenlage der Fein- als auch der Grobfrequenz ausgewertet wird, wobei einige hundert Signalperioden berücksichtigt werden.

Die von der Messstelle reflektierte Strahlung wird vom Empfangsobjektiv auf den Eingang des Lichtleiters fokussiert und gelangt dann auf die Fotodiode (Abb. 5.1-14). Hier wird aus dem modulierten optischen Signal ein entsprechendes elektrisches Signal erzeugt. Dieses wird im Empfänger verstärkt, gemischt und gefiltert, in ein phasengleiches niederfrequentes Signal umgewandelt und von einem „Analog-Digital-Wandler“ in ein digitales Signal umgeformt. Den Phasenunterschied zwischen dem internen, ebenfalls digital vorliegenden Signal und dem über die Messstrecke gegangenen Signal ermittelt ein Mikroprozessor. Durch die innere Eichstrecke werden die verschiedenen Einflüsse auf das Messergebnis, wie z. B. die Temperatur und das Driften der verschiedenen Bauelemente sowie deren Toleranzabweichungen, berücksichtigt, sodass die auf dem Display angezeigte Distanz als „frei von instrumentell bedingten Abweichungen“ angesehen werden kann.

5.1.3 Kombiniertes Impulslaufzeit- und Phasenmessverfahren

Dieses von der Firma Leica Geosystems zuerst vorgestellte Verfahren benutzt als entscheidendes Messprinzip ein Analysesystem zur Beurteilung der gesamten Signalinformation, um die Distanz zwischen Zielpunkt und Instrument zu bestimmen. Es wird nicht nur die Phasenlage wie beim Phasendifferenz- oder die Laufzeit wie beim Impulslaufzeitverfahren für die Distanzbestimmung herangezogen, sondern die gesamte Signalinformation, die aus Impulsen und hochfrequent modulierten Wellen besteht. Dieses Messprinzip wird durch einen „schnellen" Frequenzsyntheziser ermöglicht. In verschiedenen Schritten wird die Lasersendediode nacheinander durch einen Set von Modulationsfrequenzen und durch kurze Impulse mit unterschiedlichen Pulsfolgefrequenzen moduliert. Die Auswertung erfolgt sowohl im Zeitbereich als auch im Frequenzbereich. Zusätzlich werden die Signalamplitude und der Rauschpegel erfasst. Das Messprinzip lässt sich folgendermaßen zusammenfassen:

- Es werden keine niedrigen Frequenzen mehr wie beim bisherigen Phasenvergleichsverfahren zur Bestimmung der Mehrdeutigkeiten, sondern nur noch hohe Frequenzen $\geq$ 100 MHz (ungefähr Wellenlänge von 3 m) erzeugt, um eine hohe Auflösung und Informationen über die zu bestimmende Distanz zu erhalten. Auf diese Weise ist jede Frequenz am endgültigen Ergebnis mit einem jeweils hohen Genauigkeitsanteil beteiligt und dient gleichzeitig der Mehrdeutigkeitsbestimmung. Da diese gegenüber dem bisherigen Phasenvergleichsverfahren entfällt, wird die Messzeit erheblich kürzer. Gleichzeitig erhält man wegen der benutzten hohen Frequenzen eine Auflösung von wenigen 1/10 mm.
- Die Zahl der benutzten Modulationsfrequenzen hängt von der Stärke des empfangenen Signals ab. So genügen bei starkem Signal vier Frequenzen, um die spezifizierte Genauigkeit zu erreichen, während bei schwachem Signal bis zu zehn Frequenzmessungen analysiert werden.
- Um mit einem stärkeren Signal messen zu können, werden sehr kurze Impulse im Subnanosekundenbereich (10^{-10}) innerhalb von „Pulszügen" von = 100 MHz erzeugt, die ebenfalls zu einer hohen Auflösung beitragen.
- Mithilfe der empfangenen Signale wird eine Funktion berechnet, die man mit dem Stoppsignal beim Impulslaufzeitverfahren vergleichen kann, das Maximum dieser Funktion liegt bei der gesuchten Distanz.

Auch die neue Generation der terrestrischen Laserscanner der Firma TRIMBLE arbeitet mit einer ähnlichen Methode, die als Wave-Pulse-Technologie bezeichnet wird, einem Verfahren, das ebenfalls die hohe Nahbereichsgenauigkeit des Phasenvergleichsverfahren mit der Empfindlichkeit, dem niedrigen Rauschpegel und der größeren Reichweite des Impulslaufzeitverfahrens kombiniert.

5.1.4 Reflektoren

Einfache Planspiegel eignen sich nicht sehr gut als Reflektoren, weil sie extrem genau ausgerichtet werden müssten. Man wendet deshalb *Tripelprismen* an, die die Eigenschaft haben, einfallende Lichtstrahlen parallel zu sich selbst zurückzuspiegeln (Abb. 5.1-15). Der Lichtweg im Prisma wird in die Kalibrierung des Gerätes einbezogen. Bei der Herstellung der Prismen müssen enge Toleranzen eingehalten werden. Wegen der unvermeidlichen Divergenz der Strahlung wird der Durchmesser des vom Sender ausgehenden Lichtkegels von einer bestimmten Entfernung an größer als die Basisfläche eines Tripelprismas.

Ein Prisma muss relativ genau < 5 gon in Bezug auf das Instrument ausgerichtet werden um die spezifizierte Genauigkeit der Distanzmessung einzuhalten. Bei sogenannten 360°-Prismen erübrigt sich eine Ausrichtung (Abb. 5.1-17).

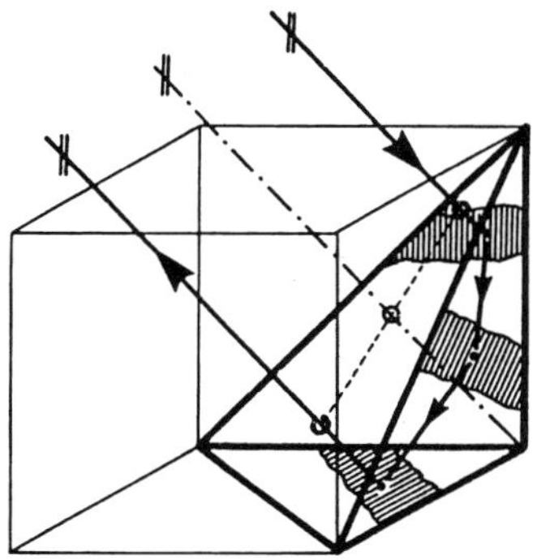

Abbildung 5.1-15: Strahlverlauf durch die Ecke eines Glaswürfels (Tripelprisma, Dreiseitprisma)

Abbildung 5.1-16: Prisma in einem Halter

Abbildung 5.1-17: 360°-Prismen GRZ 4 von LEICA GEOSYSTEMS

Abbildung 5.1-18: Reflexfolie

Kostengünstiger und leichter an Wänden oder Maschinenbauteilen und dergleichen zu befestigen sind *Reflexfolien* (Abb. 5.1-18). Auf einer derartigen Folie sind kleine Glasperlen aufgebracht, die an der Rückseite verspiegelt sind. Durch die Brechung des Lichts an der Kugelvorderfläche (beim Ein- und Austritt) und die Reflexion an der Kugelrückfläche wirkt jede Perle als Rückstrahler nach dem „Katzenaugen"-Prinzip (*Retroreflexion*).

5.1.5 Einfluss der Atmosphäre

Für die elektrooptische Distanzmessung ist die Kenntnis des vor Ort herrschenden Brechungsindexes bzw. Brechungskoeffizienten der Luft erforderlich. Dieser Index ist in erster Linie von der Temperatur, dem Luftdruck und im geringeren Maße vom Dampfdruck abhängig.

Bei der Wahl der Modulationsfrequenz wird ein *Brechungskoeffizient* zugrunde gelegt, der den *mittleren atmosphärischen Verhältnissen* entspricht. Es ist daher eine *Korrektion* zu berücksichtigen, wenn die atmosphärischen Verhältnisse von den im jeweiligen Instrument zugrunde gelegten abweichen, was durch Messung des absoluten Luftdrucks und der Temperatur festgestellt werden muss. Bei Entfernungen bis zu 1000 m bleiben die Verbesserungen jedoch verhältnismäßig gering. Sie betragen ungefähr

$$\Delta d\ [\mathrm{mm}] = (-1{,}0 \cdot \Delta t\ [^{o}\ \mathrm{C}] + 0{,}3 \cdot p\ [\mathrm{hPa}]) \cdot d\ [\mathrm{km}]\ . \tag{5.18}$$

Durch Einstellung eines Korrektionsfaktors bzw. durch Eingabe von Temperatur und Luftdruck am Instrument wird diesem Einfluss automatisch Rechnung getragen.

Der am Instrument einzugebende Luftdruck ist der sogenannte absolute Luftdruck, der nur mit absolut messenden Barometern gemessen werden kann.

Die gesetzlich gültige Einheit für den Druck ist das Pascal (Pa) [N/m^2] und das Bar (bar). Zwischen ihnen und zu älteren Einheiten bestehen die folgenden Beziehungen:

1 bar	= 1 000 mbar	= 1 000	hPa	=	100 000	Pa
1 atm	= 760 Torr	= 1,013 25	bar	=	101 325	Pa
1 mm Hg	= 1 Torr	= 1,333 224	mbar	=	133,322 4	Pa

Seit 1984 wird der Luftdruck in der international verwendeten Einheit (SI-Einheit) Pascal (Pa) oder in der noch gesetzlich zulässigen Einheit Bar (1 bar = 10^5 Pa) angegeben. Statt in der unpassend kleinen Einheit Pascal wird der Luftdruck meistens mit dem Präfix Hekto in Hektopascal (hPa) angegeben. Der mittlere Luftdruck beträgt dann in Meereshöhe 1013,25 hPa bzw. in Millibar 1013,25 mbar.

Für geodätische Monitoringsysteme (Kap. 13.6.2) sind diese meteorologischen Parameter kontinuierlich zu erfassen. Als Beispiel sei der Sensor `AT MeteoStation` von LEICA GEOSYSTEMS erwähnt.

Neben der Bestimmung des Luftdrucks als Korrektionsgröße lassen sich Barometer auch für die Höhenmessung verwenden, die auf der Bestimmung des Luftdrucks in verschiedenen Schichten der Atmosphäre beruht. Aus den Druckdifferenzen der Messstationen werden Höhenunterschiede abgeleitet.

5.2 Tachymeter (Totalstation)

Mit einem *Tachymeter*, auch „Totalstation“ genannt, lassen sich Zielpunkte mit Millimetergenauigkeit bestimmen, weil es mit einem integriert eingebauten elektrooptischen Distanzmesser ausgestattet ist (siehe auch Kap. 7.4.2). Zur Winkelmessung wird ein *elektronischer Theodolit* (Kap. 3.2.4) als Zentraleinheit benutzt, bei dem die Teilkreise durch opto- und mikroelektronische Bauteile automatisch abgelesen und die ermittelten Messwerte angezeigt werden. Die elektrooptische Distanzmessung und die automatische Ablesung der Teilkreise wird, bei gleichzeitiger Berechnung der Horizontalentfernung und des Höhenunterschieds zu dem angezielten Reflektor, von einem Mikroprozessor automatisch gesteuert.

Ist der Mikroprozessor durch zusätzliche Rechenprogramme zur Auswertung der Messungen ergänzt, werden die anfallenden Daten wie Horizontalrichtung, Zenitwinkel und Schrägdistanz und die mit ihnen auszuführenden Reduktionen automatisch gespeichert und in einem Display angezeigt. Über ein Tastenfeld können zusätzlich zu den automatisch gespeicherten Daten noch Zusatzinformationen in den Speicher eingegeben werden.

Zur weiteren Auswertung wird der Datenspeicher an einen PC angeschlossen. Anschließend können mit Berechnungsprogrammen Netz-, Polygonzugs- oder Detailberechnungen durchgeführt oder mit CAD-Programmen Karten bzw. Pläne über Plotter ausgegeben werden.

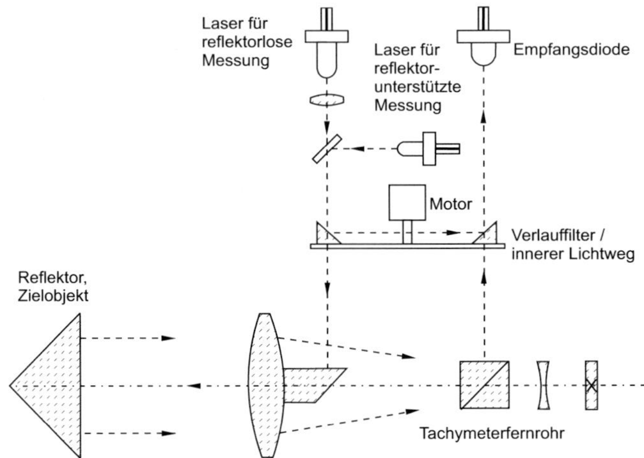

Abbildung 5.2-1: Optikschema eines mit zwei Distanzmessern messenden Tachymeters

Mit derartigen Tachymetern lässt sich folglich ein automatischer Datenfluss von der Gewinnung der Messinformationen über die gewünschten Berechnungen bis zur gezeichneten Karte realisieren. Umgekehrt lassen sich ebenso die Koordinaten der Hauptpunkte abzusteckender Objekte (Gebäude, Straßentrassen und dergleichen) in das Gelände übertragen. Der Reflektor wird zunächst näherungsweise eingewiesen, dann wird der Reflektor angezielt und der automatische Messungsablauf ausgelöst. Vom internen Rechner werden schließlich die Position des Reflektors und die erforderlichen Verschiebungsmaße zum Sollpunkt ermittelt und angezeigt.

5.2.1 Tachymeter zur reflektorlosen und reflektorgestützen Distanzmessung

Einige Tachymeter verfügen optional über zwei Distanzmesser, einen üblichen im infraroten Wellenlängenbereich arbeitenden und einen im sichtbaren roten Bereich, der für Distanzen bis zu einige hundert Metern (abhängig vom Reflektionsgrad) ohne Reflektor auskommt.

Am Beispiel der LEICA GEOSYSTEMS-Instrumente (`TPS 1100 Professional`) soll dieser Instrumententyp erläutert werden. So sind in der TCR-Ausführung zwei koaxial messende Distanzmesser integriert (Abb. 5.2-1). Beide Distanzmesser arbeiten nach dem bekannten Phasenmessprinzip (Kap. 5.1.2.2). Jedoch ist hier die sequenzielle Auswertung der unterschiedlich langen Modulationswellen zur Bestimmung der Mehrdeutigkeit durch die Heterodyning-Technik (Überlagerung mehrerer Modulationsfrequenzen) ersetzt wordem, sodass die Mehrdeutigkeit quasi simultan bestimmt wird, ein Verfahren, das schon länger beim `Disto` der Firma LEICA GEOSYSTEMS (Kap. 5.1.2.4) genutzt wird.

Der Infrarotlaser für die Distanzmessung auf Prismen und Reflexfolien hat eine Wellenlänge von 780 nm, eine Reichweite von 3 000 m mit einem Prisma und eine Genauigkeit von 2 mm + 2 ppm. Der sichtbare rote Laser hat eine Wellenlänge von 670 nm und misst reflektorlos bis max. 500 m mit einer Genauigkeit von 3 mm + 2 ppm. Die Eindeutigkeit der Distanzmessung ist bis 12 km gewährleistet. Das Frequenzmesssystem liefert 100 Mhz, was einem Feinmaßstab von 1,5 m entspricht.

Für große Entfernungen kann auf den Messmodus „Long Range“ umgeschaltet werden, bei dem mit dem roten Laser auch auf Prismen in einem Bereich zwischen 1 000 m und 5 000 m gemessen werden kann. Zwischen beiden Distanzmessern kann jederzeit mithilfe eines Tastendrucks gewechselt werden, wobei jeweils die richtige Nullpunktkorrektion (Additionskonstante) automatisch gesetzt wird.

Diese erstmals realisierte Kombination zweier Distanzmesser in einem Tachymeter bietet dort große Vorteile, wo Messpunkte nicht oder nur schwer zugänglich sind: bei Fassadenaufnahmen, Kontrollmessungen an Stahlbaukonstruktionen und beim Einmessen von Rohrleitungen. Der sichtbare rote Laser kann auch zur Zielpunktmarkierung permanent eingeschaltet werden, z. B. für Profilaufnahmen im Tunnel oder bei Innenaufnahmen. Der Laserpunkt hat dabei in einer Entfernung von 50 m eine Größe von ca. 1 × 2 cm.

Reflektorloses Messen bei Kanten – Kantendetektion

Das berührungsfreie, reflektorlose Messen unterscheidet sich bei einzelnen Messaufgaben vom Messen zu Reflektoren oder zu Reflexmarken, weil gerade diejenigen Zielpunkte, an denen die Auftraggeber besonders interessiert sind, sich häufig in räumlichen Ecken oder an Kanten befinden, die aber nicht direkt angemessen werden dürfen. Dies lässt sich leicht erklären, weil der wirksame Strahlquerschnitt, auch Messfleck genannt, d. h. die beleuchtete Fläche am Objekt kein Punkt ist, sondern eine gewisse Größe aufweist und sich in Abhängigkeit von der Entfernung Instrument – Messpunkt verändert, so z. B. bei den LEICA GEOSYSTEMS-Instrumenten der `TPS 1100`-Serie von 10 × 20 mm bei 50 m auf 30 × 60 mm bei 200 m. Beim Anzielen einer Innenecke wird der Messfleck zum Teil auf die begrenzenden Seitenflächen fallen und von dort schon vor Erreichen der Ecke reflektiert, sodass die reflektierte Strahlung ein Mischsignal darstellt, das immer zu einer verkürzten Distanz führt.

Bei einer Außenkante sind die Verhältnisse genau umgekehrt, weshalb hier eine zu große Distanz erhalten wird (Abb. 5.2-2). Fällt ein Teil des Messflecks auf eine Kante, der andere Teil auf einen weiter entfernten Hintergrund, wie z. B. beim Anmessen einer Fensterlaibung, dann kommt es auch hier zu einer Mischung der Signalanteile, die zu einer falschen Distanzanzeige führen (Abb. 5.2-3). Welche Entfernung tatsächlich auf dem Display erscheint, hängt von dem Distanzunterschied zwischen der Vorder- und Hintergrundfläche, der Reflektivitätsdifferenz dieser Flächen sowie dem Unterschied der Fleckflächen ab. Es kommt also bei derartig gewählten Punkten zu Messfehlern. Bei Punkten inmitten glatter Wände sind die Verhältnisse ganz anders, weil der Messstrahl weder von vor dem Punkt liegenden noch von dahinter liegenden Flächen reflektiert werden kann.

5.2.2 Tachymeter mit Sensoren zur automatischen Zielerfassung und Zielverfolgung (Robottachymeter)

Von der Firma GEOTRONICS wurde schon im Jahre 1990 ein System vorgestellt, das das einzustellende Ziel selbsttätig erfasste und unter dem Namen „One Man Station“ bekannt wurde. Da eine derartige Ausrüstung im Vergleich zu den üblichen Tachymetern teuer war, wurden diese Instrumente zunächst nur für spezielle Aufgaben eingesetzt. Inzwischen bieten

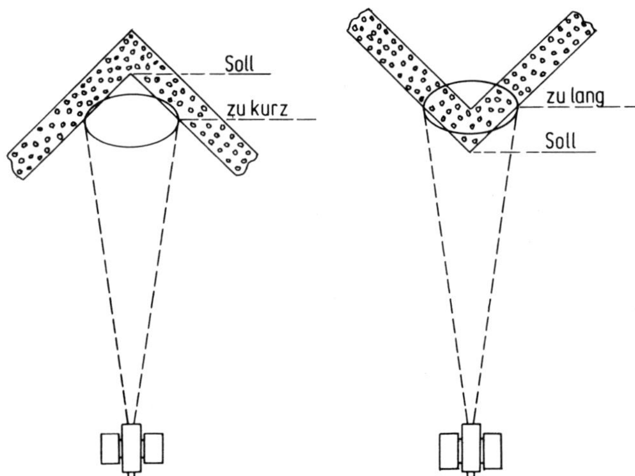

Abbildung 5.2-2: Distanzfehler bei der reflektorlosen Messung zu Innenecken und Außenkanten

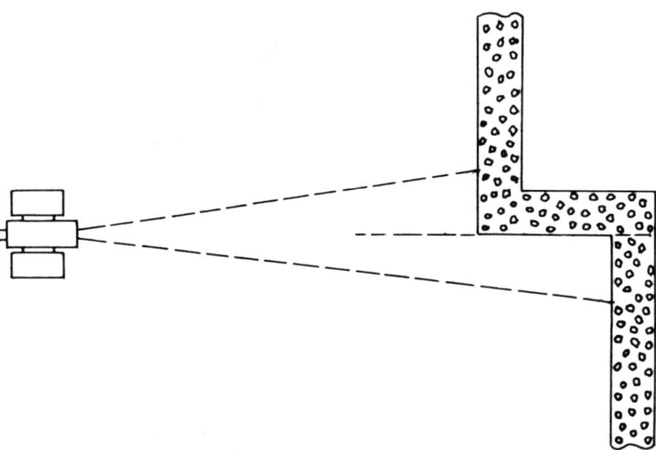

Abbildung 5.2-3: Geometrischer Strahlenverlauf beim Anzielen einer Kante mit reflektierendem Hintergrund (Stufe)

alle Hersteller geodätischer Instrumente eine automatische Zielerfassung und Zielverfolgung als optionale integrale Zusatzausrüstung für ihre Tachymeter an.

Eine automatische Zielerfassung und Zielverfolgung lässt sich nur realisieren, wenn die Tachymeter motorisiert sind, d. h., die Horizontal- und die Vertikalachse werden entweder durch einen Schritt- oder durch einen Servomotor angetrieben. Im Laufe des Entwicklungsprozesses hat sich der Servomotor durchgesetzt. Als Beispiel sei das Instrument S6 der Firma TRIMBLE (Abb. 5.2-4), vorgestellt. Es verfügt über ein Servo-Winkelmesssystem mit der sogenannten MagDrive-Technologie, die auf der Verwendung eines elektromagnetischen Antriebssystems beruht, das u. a. bei der Magnetschwebebahn zum Einsatz kommt. Bei der MagDrive-Technologie handelt es sich um einen Direktantrieb mit integriertem Servo- und Winkelsystem, bei dem ein mechanisches Getriebe nicht mehr notwendig ist.

Abbildung 5.2-4: TRIMBLE S6 Totalstation

Der Servoantrieb besteht aus einer Halterung, die verschiedene Teile aus Führungsmagneten und aus Weicheisen fasst, die in zwei konzentrischen Zylinderschalen angeordnet sind (Abb. 5.2-5). Zwischen diesen Zylinderschalen ist ausreichend Platz für einen Spulenring vorhanden, der für die Richtungskontrolle und die Steuerung der Rotationsgeschwindigkeit in drei separate Wicklungen aufgeteilt ist. Zur Steuerung des Instruments wird Strom an den Spulenring gelegt. Magnethalter und Spulenring sind gegeneinander frei beweglich, sodass die magnetische Induktion mit Anziehung und Abstoßung die gegenseitige Drehung erzeugt. Diese berührungsfreie Lagerung ermöglicht eine Endlosbewegung.

Dieses Design erlaubt eine berührungsfreie Kraftübertragung vom Antrieb zum Instrument. Das System verfügt über horizontale und vertikale Endlosfeintriebe, die komplett auf mechanische Klemmen verzichten. Diese Servotechnologie hat drei Arbeitsmodi, die den Antrieb, die manuelle Drehung und die Klemmung überwachen. Der Antriebmodus wird durch das Drehen der Servofeintriebe kontrolliert. Die Servofeintriebe sind so konfiguriert, dass sich

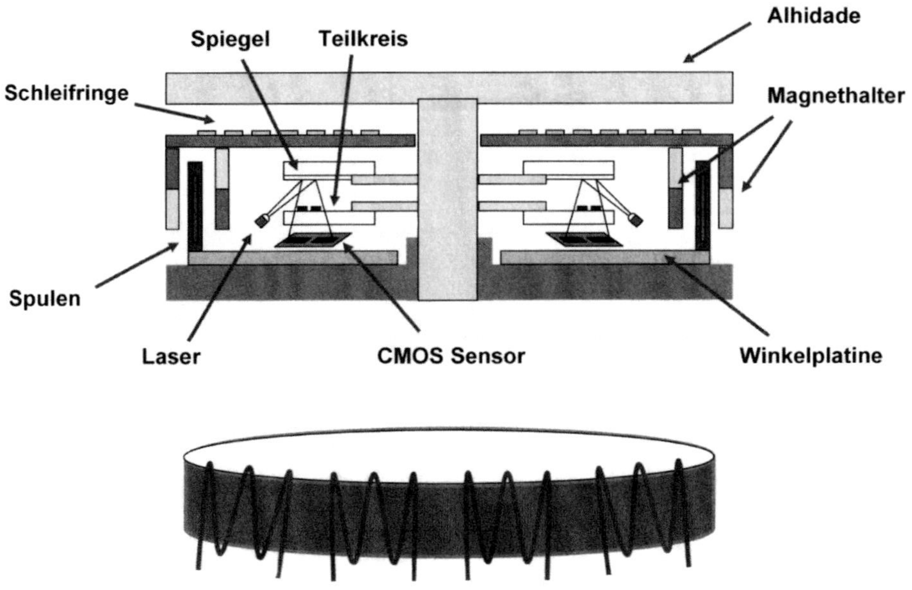

Abbildung 5.2-5: MagDrive-Antrieb und Winkelmesssystem nach *Köhler*

die Drehgeschwindigkeit des Instruments erhöht, wenn die Feintriebe kontinuierlich gedreht werden.

Der Winkelsensor der TRIMBLE S6-Totalstation ist in den Servoantrieb integriert und besteht aus einem Glaskreis, auf dem eine Grob- und Feinteilung aufgebracht sind. Von diesen beiden Spuren ist die eine absolut codiert (Grobcode) und die andere inkrementell geteilt (Kap. 3.2). Beide Spuren des Teilkreises werden von einer gemeinsamen Laserlichtquelle über einen kreisförmigen Spiegel beleuchtet und auf einen CMOS-Bildsensor projiziert. Um zu garantieren, dass das System von montagebedingten Restexzentrizitäten unabhängig ist, sind zwei Sensoren in diametraler Anordnung vorhanden (Abb. 5.2-5). Das ausgelesene Bild der Inkrementalspur wird einer numerischen Fourier-Phasenanalyse unterzogen und somit eine hohe Auflösung erzielt. Zur Berechnung des endgültigen Winkelwertes werden die Messwerte der beiden diametralen Sensoren gemittelt. Der Winkelsensor liefert auch die zur Regelung des Servoantriebs notwendigen aktuellen Winkel mit hoher Wiederholungsrate.

a) Zielerfassung

Eine derartige Zielerfassungseinheit ist üblicherweise im Fernrohr integriert. Ein infraroter, nicht sichtbarer Laserstrahl wird über eine Optik koaxial in die Zielachse des Fernrohrs eingespiegelt und durch das Objektiv ausgesendet. Die vom Ziel reflektierte Strahlung wird durch einen Strahlteiler von dem visuell erfassbaren Licht und gegebenenfalls auch von der Strahlung des EDM-Sensors getrennt und einem Video-Sensor (CCD-Kamera bei LEICA GEOSYSTEMS und TOPCON (Abb. 5.2-6 rechts), ein Quadrantendektor bei TRIMBLE (Abb. 5.2-6 links)) zugeführt.

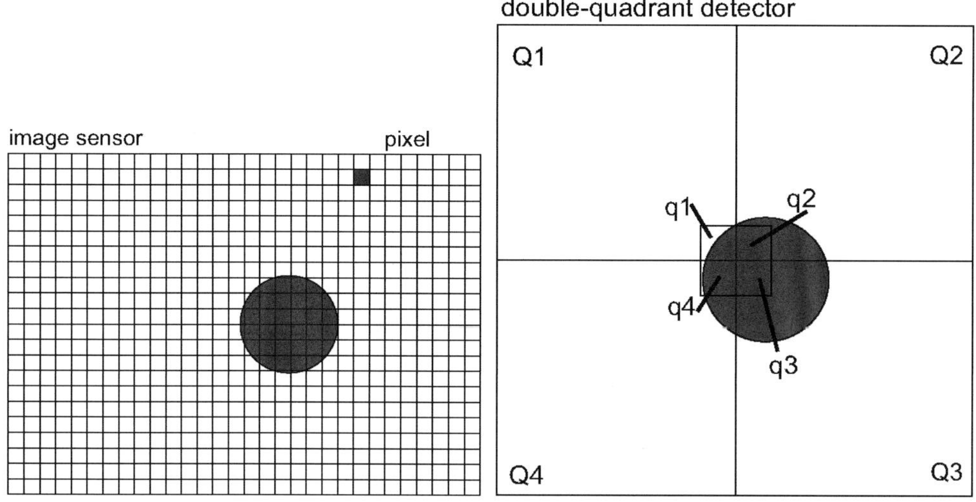

Abbildung 5.2-6: Lichtpunkt empfangen auf einem Bildsensor (links) und auf einem Quadrantendetektor (rechts) nach *Ehrhart, M. u. Lienhart, W.* (2017)

Bei Tachymetern mit automatischer Zielerfassung ist darauf zu achten, ob das Instrument über eine automatische Grobzielsuche mit anschließender Feinzieleinstellung oder wie bei älteren Instrumenten nur über eine Feinzieleinrichtung verfügt. Die grobe Zieleinstellung muss für die letztere Ausführung dann manuell oder über vorgegebene Informationen, z. B. Koordinaten, erfolgen. Die Feinzielung ist gekennzeichnet durch drei sequenziell ablaufende Prozesse: Suchprozess, Anzielprozess und Messprozess.

Die Feinzielung mithilfe der Zielerfassungseinheit erfolgt automatisch. Zunächst wird überprüft, ob sich das grob angezielte Prisma im Fernrohrgesichtsfeld befindet. Falls kein Prisma detektiert wird, startet die Zielerfassungseinheit einen Suchprozess. Während einer spiralförmigen Bewegung des Fernrohrs versucht sie kontinuierlich, das Prisma zu detektieren. Die Bewegungsgeschwindigkeit ist so ausgelegt, dass die einzelnen Bilder die überstrichene Fläche vollständig abdecken. Sobald das Prisma detektiert ist, wird die Bewegung des Fernrohrs beendet.

Die Zielerfassungseinheit verfügt entweder über einen Bildsensor (Videochip), wie bei den Instrumenten der Firmen LEICA GEOSYSTEMS und TOPCON, oder über einen Quadrantendetektor wie bei der Firma TRIMBLE (Abb. 5.2-6 rechts). Die Ladungsintensitäten der Elemente des Video-Sensors (Abb. 5.2-6 links) werden zeilen- und spaltenweise aufsummiert und mithilfe des Mikroprozessors des Instruments die Bildkoordinaten des Laserstrahlflecks bestimmt sowie die Abweichungen zwischen der momentanen Position des Fernrohrs und der exakten Richtung zum Mittelpunkt des Prismas berechnet. Diese werden in einen horizontalen und einen vertikalen Ablagewinkel mit Bezug zur visuellen Zielachse transformiert und das Ferhnrohr motorisch auf die Prismenmitte positioniert. Einerseits soll sich dadurch der Benutzer auch visuell von der korrekten automatischen Anzielung überzeugen können, andererseits soll gleichzeitig auch eine Distanzmessung möglich sein.

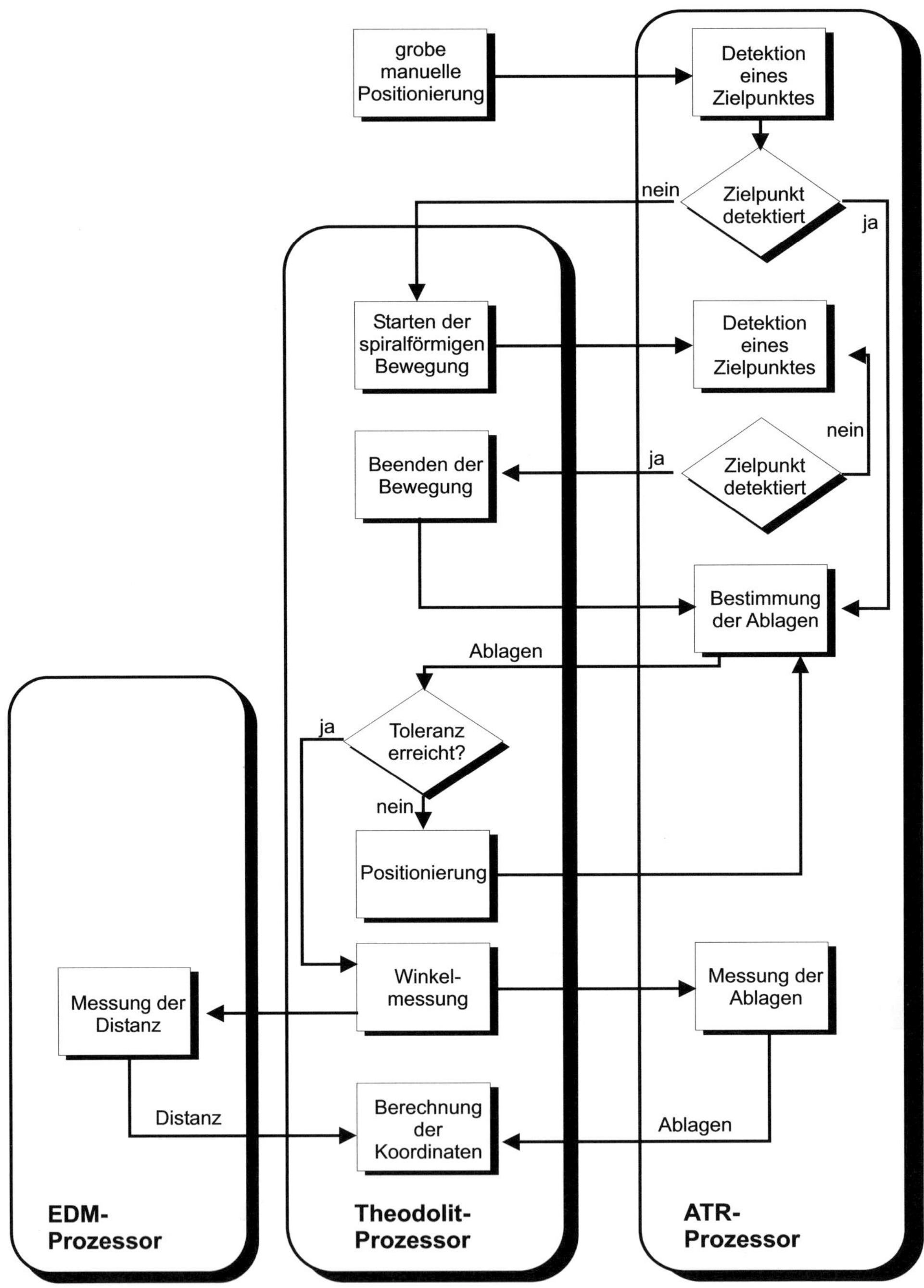

Abbildung 5.2-7: Ablauf einer Feinzielung beim ATR-System von LEICA GEOSYSTEMS

Beim Messprozess werden die Ablagewinkel neu bestimmt, Horizontalrichtung und Vertikalwinkel entsprechend korrigiert und die Distanz gemessen bzw. daraus die Zielpunktkoordinaten berechnet. Abbildung 5.2-7 zeigt den Ablauf einer Messung für das LEICA GEOSYSTEMS-System ATR (Automatic Target Recognition). Die ATR-Messgenauigkeit entspricht in ihrer Standardeinstellung der jeweiligen Winkelmessgenauigkeit des entsprechenden Instrumentenmodells. Wird jedoch ein anderer Distanzmessmodus als der Standardmodus gewählt, passt sich die Genauigkeit der ATR-Messung der Genauigkeitsklasse dieses Messmodus an. Dies bewirkt z. B. im Distanzmessmodus „Schnell" nicht nur eine Verkürzung der Messzeit, sondern ermöglicht auch ein problemloses Messen auf freihandgeführte (verwackelte) Reflektoren im Nahbereich.

Beim Feinzielen mithilfe eines Quadrantendetektors wird auch eine lichtempfindliche Fläche benutzt, die jedoch nur aus vier Elementen (für jeden Quadranten eine) besteht. Die Intensität des auftreffenden Lichtstrahls wird in jedem Quadranten gemessen. Die Position des Lichtflecks auf dem Detektor kann nur berechnet werden, wenn der Lichtfleck auf allen vier Elementen sichtbar ist. Solange dieser nicht auf jedem Quadranten erscheint, wird das Fernrohr sowohl in horizontaler als auch in vertikaler Richtung bewegt, bis diese Bedingung erfüllt ist. Die exakte Richtung zur Mitte des Prismas lässt sich dann als lineare Funktion der für jeden Quadranten bestimmten Lichtintensität berechnen.

Eine genaue Ausrichtung des Fernrohrs auf die Mitte des Prismas führt zu einer gleichen Verteilung der Intensität bei allen vier Quadranten des Detektors. Während der Zielverfolgung versucht das Feinzielmodul, diesen Zustand durch ständiges Nachführen des Fernrohrs beizubehalten. Das Feinzielmodul kann auch als ein doppelter Quadrantendetektor angesehen werden, der aus einem kleinen Quadrantendetektor mit q_1, q_2, q_3, q_4 (Abb. 5.2-6 rechts) und einem engen Gesichtsfeld besteht und im Zentrum des großen Quadrantendetektors (Q_1, Q_2, Q_3, Q_4) mit einem großen Gesichtsfeld angeordnet ist. Der „kleine Detektor" wird für das Feinzielen bei Zielen benutzt, die weiter als 25 m entfernt sind, während der „große Detektor" für das Auffinden von Zielen und für das Feinzielen bei kurzen Distanzen vorgesehen ist.

Üblicherweise ist das Gesichtsfeld der verschiedenen Totalstationen relativ klein, z. B. 1,6 gon bei den LEICA-Tachymetern oder 2,3 gon bei TOPCON, weshalb bei Messungen mit starkem Bewuchs die Zielverfolgung des Prismas, z. B. durch einen Baum, kurzzeitig unterbrochen wird. Um das Ziel schnell wieder zu finden, wird die Bewegungsrichtung des Fernrohrs ständig dokumentiert, damit das Prisma bei derartigen kurzzeitigen Verdeckungen am vorausberechneten Ziel wieder detektiert werden kann.

Da beim Messen mit der automatischen Zielerfassung das Fokussieren des Fernrohrs und die Feinanzielung des Messpunktes entfallen, erhöht sich bei konstanter Präzision die Messgeschwindigkeit wesentlich, unabhängig vom Beobachter.

b) Zielverfolgung

Die Zielverfolgung stellt nichts anderes als einen Regelkreis dar. Der Theodolitantrieb, die Regelstrecke, besteht aus zwei Achsen mit je einem Servo-Motor, einem Getriebe und einem Winkelabgriff. Als Beispiel sei das ATR- bzw. ATRPlus-Messsystem von LEICA GEOSYSTEMS gewählt, das nicht nur die Istwerte, sondern gleich die Abweichungen zwischen Soll- und Istwerten sowie die horizontale und vertikale Ablage von elektronischer bzw. optischer Zielachse liefert. Das Ziel des Regelkreises ist es, die Ablagen zu minimieren, unabhängig davon, mit welcher Geschwindigkeit und Beschleunigung sich das Ziel bewegt. Aus den Ablagen, die im Videotakt ausgelesen werden, bestimmt die Regelung die Motorströme, die notwendig sind, das Ziel zu erreichen.

Dieser Prozess läuft während der Phase der Zielverfolgung kontinuierlich ab. Tritt ein Zielverlust auf, z. B. wenn ein Reflektorträger hinter einem Hindernis vorbeiläuft, wird der Zielverfolgungsprozess abgebrochen. An die Stelle der gemessenen Ablagewerte treten Werte, die auf einem Bewegungsmodell basieren. Das Modell geht von einer konstanten horizontalen wie vertikalen Geschwindigkeit des Reflektorträgers aus. Die Geschwindigkeiten sind aus der gefilterten Bewegung vor dem Zielverlust abgeleitet. Die Filterung dient der Elimination von überlagerten Frequenzen, wie z. B. der Vertikalkomponente beim Gehen. Da das Modell nur eine Approximation der Bewegung ist, wird es nur für einige Sekunden eingesetzt.

Werden parallel zum Zielverfolgungsprozess Messungen ausgelöst, kann die Bahn des bewegten Ziels bestimmt werden. In dieser Anwendung spielt die zeitliche Synchronisation der einzelnen Sensoren des Tachymeters eine große Rolle. Dazu ist es notwendig, den eigentlichen Messzeitpunkt der unterschiedlich lang integrierenden Messsysteme zu bestimmen und auf einen gemeinsamen Zeitpunkt zu inter- bzw. extrapolieren.

Die geometrische Ausrichtung des Reflektors in Bezug auf das Instrument erfordert vom Reflektorträger eine gewisse Aufmerksamkeit, um Fehlausrichtungen und damit verbunden größere Ungenauigkeiten oder gar falsche Messwerte zu vermeiden. Wirtschaftliche Aspekte bedingen daher die Verwendung eines angemessenen Reflektortyps. Die Instrumentenhersteller haben deshalb spezielle Prismen entwickelt, die von allen Seiten angezielt werden können, sogenannte 360°-Prismen. Bei der Firma LEICA GEOSYSTEMS besteht dieses Prisma aus sechs verschachtelten Prismen (Abb. 5.1-17), die mit unterschiedlicher Ausrichtung um die Stehachse gruppiert sind, während die Firma TRIMBLE kleine Einzelprismen kranzförmig um die Stehachse angeordnet hat (Abb. 5.2-8).

Abbildung 5.2-8: 360°-Prismen von TRIMBLE

Da auch die Richtungsmessung auf dem reflektierten Signal basiert, sollte dieses hinreichend gebündelt und mit gleichförmiger Intensität wieder am Instrument eintreffen. Dies verlangt, dass die Reflexionseigenschaften über den gesamten vom ATR-System genutzten Strahlkegel homogen sein sollten. Insbesondere im kinematischen Modus wird die Ausrichtung eines normalen Reflektors zum Instrument nur mit eingeschränkter Genauigkeit möglich sein. Beispielhaft seien hier Absteckungsarbeiten oder die topographische Geländeaufnahme genannt, bei denen ein effizientes Arbeiten möglich ist, wenn nicht auf die Ausrichtung des Reflektors geachtet werden muss. Um die aufwendige Nachführung zu umgehen, werden daher die 360°-Reflektoren eingesetzt, die von allen Seiten aus mit dem ATR-System anzielbar sind. Diese machen z. B. erst eine Baumaschinensteuerung möglich, weil ein normales Prisma durch die Bewegung der Maschine sich ständig in der Ausrichtung ändert. Die optischen Eigenschaften eines 360°-Prismas reduzieren die Genauigkeit eines Tachymeters nur unwesentlich. Die aus seiner Verwendung sich ergebende Längs- und Querabweichung beträgt maximal 3 mm.

c) Fernsteuerungsmodul

Abbildung 5.2-9: Fernsteuerungseinheit von LEICA GEOSYSTEMS, © Leica Geosystems AG

Als Zusatzoption ist für die mit Zielerfassungs- bzw. Zielverfolgungseinrichtungen ausgestatteten Tachymeter üblicherweise eine Fernsteuerungseinheit erhältlich, mit der sich der Messungsablauf besonders effizient ausführen lässt. Bei vielen Messaufgaben erfolgt nämlich die Führung der Messung zweckmäßigerweise vom Reflektor aus, weil der Feldbuchführer und Leiter des Messtrupps gewisse Informationen nur dort erhält. Der Mitarbeiter übernimmt dann am Instrument die Einstellung. Damit ist verschiedenen Problematiken Rechnung getragen. Ein Tachymeter kann nicht in jeder Messsituation ohne Aufsicht gelassen werden. Wenn eine Zielverfolgung z. B. aufgrund der örtlichen Situation von vornherein nicht sinnvoll erscheint oder wenn sich bei einer laufenden Zielverfolgung ein Kontaktverlust ergibt, kann der freie Mann am Instrument eingreifen, den Kontakt schnell wiederherstellen oder aber auch jede Zielung selbst durchführen. Anweisungen hierzu sollten auf das Display des Tachymeters gegeben werden können. Das hierfür notwendige Fernsteuerungsmodul besteht aus Controller (feldtauglicher PC), Batterie, Funkgerät und Antenne und kann, wie z. B. bei den LEICA GEOSYSTEMS-Instrumenten, eine kompakte Einheit bilden, die leicht an einem Reflektorstock befestigt werden kann (Abb. 5.2-9). Anzeige und Tastatur des Controllers sind identisch mit denen des Tachymeters. Damit lassen sich alle Instrumentenfunktionen einschließlich der Applikationsprogramme vom Reflektorstandpunkt aus aufrufen.

Die Fernsteuerung erleichtert vor allem das Erfassen von wichtigen Zusatzinformationen am Messpunkt und bietet große Vorteile beim Abstecken. Nach einer Messung wird die Wegdifferenz vom Reflektorstandpunkt zum abzusteckenden Punkt gerechnet und am Controller angezeigt, was den Absteckvorgang erleichtert und beschleunigt. Außerdem kann damit die Genauigkeit der Absteckung direkt am Zielpunkt kontrolliert werden.

5.2.3 Videotachymeter (Multi-Station)

Beim schon länger in der Praxis benutzten terrestrischen Laserscanning (Kap. 5.4) werden nicht mehr spezifische Einzelpunkte, sondern eine homogene Masse von ungeheuer vielen Punkten, ähnlich einem Bild, zur Darstellung eines räumlichen Objekts, wie z. B. eines Hauses, benutzt. Diesem Trend zur Erschließung von Bildinformationen wurde auch durch die Verbindung von reflektorlos messenden und fernsteuerfähigen Tachymetern mit Digitalkameras entsprochen, einer Aufnahmemethode, die auch Phototachymetrie bezeichnet wird.

Dieses Messverfahren verknüpft aufs Engste Elemente der Photogrammetrie und der Tachymetrie mit dem Ziel, die Objektgeometrie zu bestimmen und gleichzeitig das vermessene Objekt zu visualisieren. Hierfür wurden spezielle Kameras in das Tachymeter integriert. Dieser Instrumententyp wird als Videotachymeter oder auch als Image Assisted Total Station (IATS) bezeichnet.

Ein Prototyp eines derartigen Videotachymeters wurde 2000 an der Universität Bochum durch Prof. Scherer entwickelt, bevor 2005 die Firma TOPCON das erste Serieninstrument herausbrachte und zwei Jahre später die Firma TRIMBLE mit der `VX Spatial Station` folgte. Inzwischen hat die Firma TOPCON dieses Instrument zur `Imaging Station (IS)` weiterentwickelt, die über eine Fernrohr- und eine Weitwinkelkamera sowie über WLAN-Funktionalität verfügt. Abzusteckende oder bereits aufgemessene Punkte können in das Live-Bild eingetragen werden.

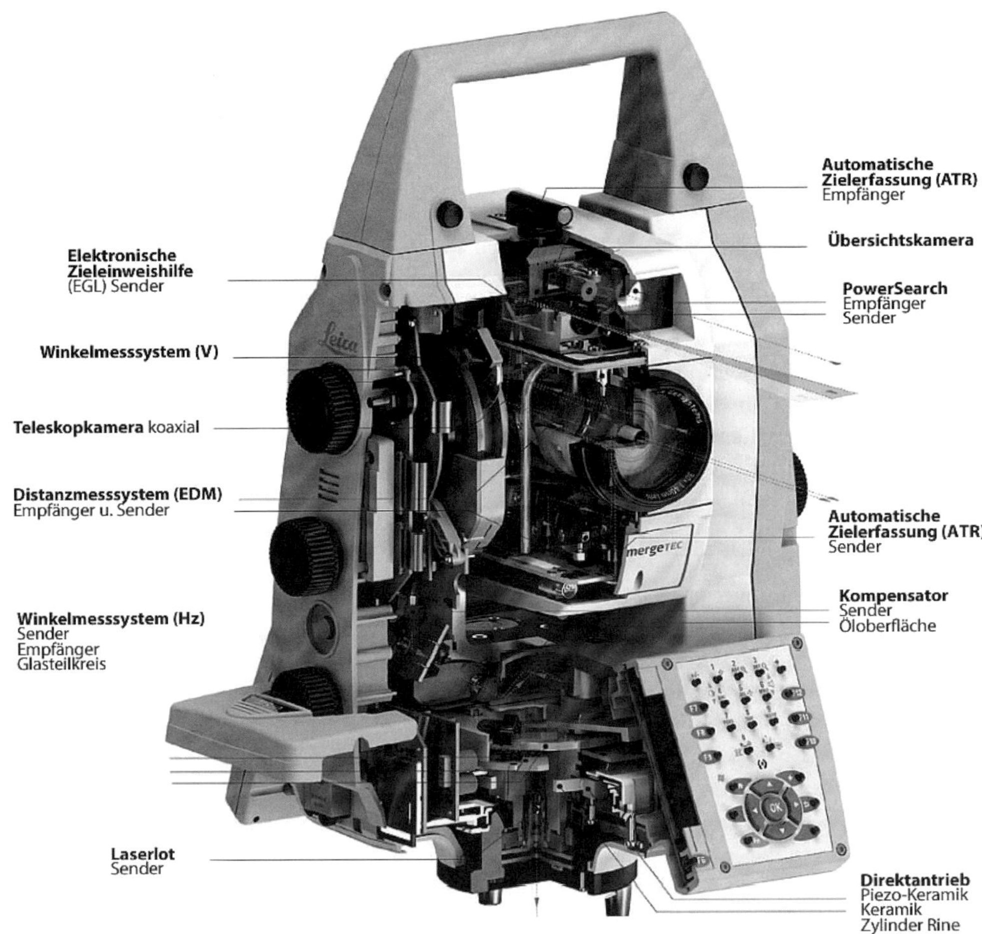

Abbildung 5.2-10: Schnittbild der `Leica Nova MS 50` (entn. aus *Grimm–Zogg*)

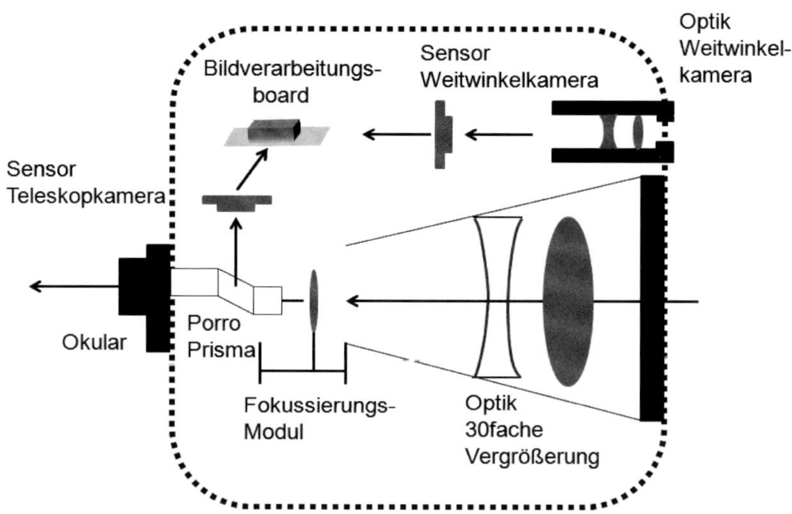

Abbildung 5.2-11: Schematische Querschnittdarstellung des Fernrohrs der `Leica Nova MS 50` (entn. aus *Grimm-Zogg*)

Videotachymeter mit Scanfunktion

Auch die Firma LEICA GEOSYSTEMS hat mit der `Viva TS 15` und später mit der `Nova MS 50`, die durch die `MS 60` abgelöst wurde, (Abb. 5.2-10 und 5.2-11) Instrumente entwickelt, die die Anwendung unterschiedlicher Aufnahmeverfahren mit einem einzigen Instrument ermöglichen. Dieser Instrumententyp kombiniert die Funktionsweise eines motorisierten Tachymeters mit digitaler Bildtechnik und 3D-Laserscanning (Kap. 5.4), weshalb auch die Bezeichnung Multi-Station gebräuchlich ist. Der zu scannende Bereich wird durch den Anwender festgelegt, der zwischen den Optionen einer rechteckigen oder polygonalen Fläche sowie zwischen einer manuellen Eingrenzung mithilfe der Horizontal- und Vertikalkreise oder ohne Begrenzungen einer rundum Aufnahme wählen kann. Mit diesem Instrument kann die Feldsoftware „Captivate" benutzt werden, die auf einer App mit Touch-optimierter Benutzeroberfläche basiert. Diese ermöglicht es dem Anwender, die Anzeige dem Bedarf anzupassen, das System übersichtlich zu halten und wie bei einem Smartphone mit den Fingern zu bedienen. Erst vor Ort muss entschieden werden, ob beispielsweise eine Einzelpunktmessung nach dem Polarverfahren durchgeführt werden soll oder ob das Objekt flächenhaft mittels Laserscanning oder mit einer der eingebauten Kameras (Weitwinkel- und Fernrohrkamera) aufgenommen wird. Die Bilder können dann im Büro photogrammetrisch (Kap. 9) ausgewertet werden. Der Vorteil der Bildaufnahme mit Videotachymetern besteht darin, dass die äußere Orientierung (Kap. 9.2) sämtlicher Bilder bekannt ist, weil die hierfür notwendigen Messgrößen mit dem Tachymeterteil des Instruments mitbestimmt werden. Die innere Orientierung

(Kap. 9.2) wurde während des Produktionsprozesses im Herstellerwerk ermittelt. Somit sind die Voraussetzungen für die photogrammetrische Auswertung der Bilder erfüllt und im Vergleich zur terrestrischen Photogrammetrie (Nahbereichsphotogrammetrie) entfallen somit die Schritte der Bildzuordnung und der Referenzierung (Kameraposition und -richtung).

Die mit diesem Instrumententyp mögliche reflektorlose Distanzmessung gestattet auch schwierige Ziele, wie Punkte auf größeren Halden, problemlos anzumessen und sich anschließend Volumina über das erzeugte 3D-Modell berechnen zulassen. Mit der Bildverarbeitungssoftware können auch mehrere Fotos kombiniert und 3D-Modelle erzeugt werden.

Abbildung 5.2-12: SX10 der Firma TRIMBLE (Vorder- und Rückseite)

Die VX von TRIMBLE ist mit dem TOPCON-Instrument vergleichbar. Sie verfügt über eine exzentrisch eingebaute Kamera mit 3,2 Megapixel. Da die Kamera kalibriert ist (Kap. 9), werden das Strichkreuz des Fernrohrs und das virtuelle der Kamera zur Deckung gebracht, sodass sich jedem Bildpixel die zugehörige Richtung zuordnen lässt, was auch für die Videotachymeter von LEICA GEOSYSTEMS zutrifft.

Gegenüber den bisher behandelten Instrumenten verfügt die neue Scanning-Totalstation SX10 von Trimble nicht nur über die Merkmale eines Videotachymeters mit Scanning-Funktion, sondern lässt sich eher mit mehr als 26 000 Punkten/sec als Scanner einsetzen. Jedoch dauert ein vollständiger „Dome Scan“ etwa zwölf Minuten, eine erheblich längere Zeitspanne im Vergleich zu den „nur“ scannenden Instrumenten, die, wie zuvor ausgeführt, mit einer Messrate von etwa 1 Million Punkten/sec arbeiten. Die entscheidend höhere Zahl von Punkten/sec gegenüber den anderen scannenden Videotachymetern wird durch ein achteckiges Prisma im Strahlengang erreicht, das mit 1 000 U/min rotiert. Die SX10 besteht aus mehreren Kernbaugruppen, von denen eine der Quarzoszillator ist, der die Laserimpulse, das rotierende Prisma, das zurückkommende Signal und die weitere Verarbeitung synchronisiert. Eine andere umfasst den Faser-Verstärker (Master Oszillator), den „Seed Laser“, und zwei Pumplaser, die das Signal verstärken. Die Strahlen werden von diesen verstärkten Signalen getrennt (isoliert) und erfüllen die Aufgaben des Scannens und des Messens mit der Totalstation. Ein weiterer Laser dient dem Tracking.

Faserspulen im Faser-Verstärker erreichen Zeitverzögerungen, die notwendig sind, um die Elektronik zwischen den emittierten und zurückkommenden Laserpulsen zu „schonen", da der Laser sehr intensiv ist. Alle diese Komponenten führen dazu, dass auf dem Objekt ein kleiner Lichtpunkt erhalten wird, der in 50 m Entfernung einen Durchmesser von 8 mm aufweist und in 100 m von 14 mm, was für die Praxis sehr vorteilhaft sein kann. Wenn beispielsweise eine Gebäudeecke anzumessen ist, würden bei einem größeren Lichtfleck Mittelwerte über einen größeren Bereich ermittelt, sodass die Position der Ecke verfälscht wird.

Bei vielen Scannern verstärkt sich das Rauschen kontinuierlich mit zunehmender Entfernung, das sich bei den meisten Instrumenten negativ auf das Ergebnis auswirkt, wie z. B. in doppelten Oberflächen. Die Scanfunktion der `SX10` ist so konzipiert, dass Rauscheffekte größtenteils gering bleiben und bei einer Distanz bis 200 m 1,5 mm betragen sowie 2 mm bei 250 m.

Bei der `SX10` fällt auf, dass sie nicht über ein herkömmliches Messfernrohr verfügt, obwohl dieses Instrument primär ein Tachymeter (Totalstation) ist. Das Okular und auch das übliche Strichkreuz fehlen. Um wie gewohnt nahe und ferne Objekte anvisieren zu können, gibt es ein aus drei Kameras bestehendes System, einer Übersichtskamera, einer primären Kamera und einer koaxialen Telekamera. Die Nutzer nehmen dieses System als eine Kamera wahr und vergrößern bzw. verkleinern das Bild. Die Kombination der Kameras ergibt ein Gesichtsfeld von 0,65° bis 57°. Die Telekamera verfügt über acht Stufen, von denen die ersten sechs eine bis zu 84-fache Vergrößerung gestatten. In den Stufen sieben und acht sind die Pixel recht klein und erlauben mithilfe des digitalen Zooms eine weitere Vergrößerung. Das sich bei den klassischen Messfernrohren auf einer Strichkreuzplatte befindliche Strichkreuz (Kap. 3.2.2) wird durch ein digitales ersetzt und auf dem Bildschirm eingeblendet, mit der Möglichkeit, verschiedene Helligkeitsstufen zu wählen. Die bei unterschiedlichen Entfernungen auftretende Parallaxe zwischen den Kameras wird beim Einblenden des Strichkreuzes ohne eine gesonderte Distanzmessung automatisch kompensiert. Dieses System aus kalibrierten Kameras bietet darüber hinaus vielfältige Einsatzmöglichkeiten in der terrestrischen Photogrammetrie. Mithilfe des Strichkreuzes lässt sich bei den üblichen Messfernrohren die Zielachse kalibrieren und durch Verschieben desselben, manchmal nur um Beträge von wenigen Mikrometern, justieren (Kap. 3.4.2). Jedoch ist der Laserfleck bei der `SX10` für kurze Distanzen nur etwa 1 Mikrometer groß. Zuerst wird die Strahlachse des Hauptlasers für die Distanzmessung kalibriert und dann als Referenz für die weiteren Justierungen genutzt.

Für die Auswertung der mit diesem Instrument generierten Daten wird zweckmäßigerweise die Office Software „Trimble Business Center" genutzt, die eine automatische Desktopanwendung für die Verarbeitung und Verwaltung von mit geodätischen Instrumenten erzeugten Daten gestattet. Diese vielseitig verwendbare Software erlaubt es auch, die als Punktwolken vorliegenden Daten aus Messungen mit Laserscannern sowie die mit bildgebenden Methoden gewonnenen auszuwerten und unterstützt die Lösung einer Vielzahl von Messaufgaben, wie die Verarbeitung der bei Festpunktmessungen anfallenden Messwerte, die Erfassung von GIS-Objektdaten, die Berechnung der Messgrößen für Bauabsteckungen und die Auswertung terrestrischer sowie aerophotogrammetrischer Messdaten. Beispielsweise lassen sich mit dem Modul „Festpunktmessungen" Daten aus GNSS-Messungen sowie Messwerte resultierend aus Beobachtungen mit Totalstationen und Nivellieren überprüfen, bearbeiten und prozessieren, die sich mithilfe von Polygonzug- und Ausgleichungsalgorithmen weiter aufbereiten lassen. Für die jeweiligen Projekte können den Aufgabenstellungen entsprechende Koordinatensysteme und Geoidmodelle ausgewählt werden.

Die Kamera als zusätzliches Modul eines motorisierten reflektorlos messenden Tachymeters bietet drei wesentliche Vorteile gegenüber den üblichen Tachymetern:

- Steuerung des Videotachymeters direkt aus dem Bild heraus, d. h. die gewünschte Position im Bild markieren und der Videotachymeter positioniert sich automatisch dorthin.
- Nutzung der Bilder als photorealistische Textur zur Visualisierung und zur Dokumentation, d. h. grafische Feldbuchführung, weil auch alphanumerische Texte überlagert werden können.
- Erstellung von Orthophotos (Kap. 9).

Mit diesem Tachymetertyp ist eine Verbindung zwischen Photogrammetrie und Laserscanning (Kap. 9 u. 5.4) geschaffen worden. Allerdings sollte man die Scanning-Funktionen nur für bestimmte Bereiche eines Objekts einsetzen, weil die Videotachymeter aufgrund ihres Konstruktionsprinzips erheblich langsamer scannen als ein Laserscanner. So gestattet z. B. die `MS 60` von LEICA GEOSYSTEMS bis zu 750 Punkte pro Sekunde zu messen, während ein Laserscanner mehr als 1 Millionen Punkte pro Sekunde bestimmt. Der zu scannende Bereich kann über das im Display dargestellte Bild festgelegt werden. Wegen der WFD-Technologie (Kap. 5.1.1.2) und der dadurch möglichen schnellen Distanzmessungen sowie wegen der Piezomotorisierung können bei der `Leica Nova MS 50` je nach Scanmodus bei Distanzen bis zu 300 m Scangeschwindigkeiten von 1 000 Punkten/s erreicht werden. Mit der für diesen Instrumententyp zur Verfügung stehenden Bildverarbeitungssoftware werden die digitalen Bilddaten der Messstelle am Objekt in Echtzeit auf dem Live-Videobildschirm gezeigt, sodass es möglich ist, eine Anzielung vorzunehmen, ohne durch das Fernrohr schauen zu müssen. Auf dem Bildschirm werden natürlich auch die 3D-Messdaten angezeigt. Die Kontrolle, ob alle erforderlichen Punkte für die richtige Erfassung eines Objekts angemessen wurden, ist mit dieser Kombination in Echtzeit leicht durchzuführen. Nicht nur die Kontrolle im Feld, sondern auch durch die Verbindung von Bild und Koordinate, wird die Dokumentation der Vermessung vereinfacht und damit effektiver. Je nach Aufgabe können auch Bilder zusammen mit den Ergebnissen dem Auftraggeber übergeben werden.

Neben der Zielachs- und der Kippachsabweichung sowie der Stehachsschiefe (Kap. 3.4) und den für den Distanzmesssensor zu bestimmenden Maßstabs-, Additions- und zyklischen-Korrektion (Kap. 5.3.2) kommen bei einer Multistation noch zwei weitere Abweichungen hinzu, die vom Benutzer dieses Instrumententyps zu ermitteln und gegebenenfalls zu korrigieren sind: Es sind dies die ATR-Nullpunkt- und die Kollimationsabweichung der Koaxial-Kamera, die als Winkeldifferenz zwischen dem Strichkreuz des Fernrohrs und dem digitalen Strichkreuz im Sichtfeld auftritt. Die ATR-Nullpunktabweichung entsteht, wenn die Ziellinie des Fernrohrs nicht mit der Achse der ATR-CCD-Kamera, die die Mitte des Prismas erfasst, übereinstimmt.

Abschließend sei bemerkt, dass Videotachymeter mit Scanfunktionen neue Anwendungen erschlossen haben, wie die schnelle und millimetergenaue Erfassung von Objekten oder Beweissicherungsmessungen bei Bauschäden, um berührungslos und ohne Signalisierung Risse in Bauwerken zu dokumentieren. Auf einen weiteren Vorteil sei noch hingewiesen: Die bewährten Verfahren der Nahbereichsphotogrammetrie (Kap. 9) können bei geeigneter Kalibrierung des Systems mit der Tachymetrie vereint werden, sodass die Bildinformationen unmittelbar in Richtungsablagen umgerechnet und so der Raumvektor jedes beliebigen Pixels bestimmt werden kann. Mit den Koordinaten des Instrumentenstandpunktes und mit den Distanzmessergebnissen des EDM-Sensors ist die direkte Überführung der Bildinformationen in ein übergeordnetes Koordinatensystem gegeben. Stereophotogrammetrische Messungen und eine entsprechende Auswertung sind möglich.

5.2.4 Multi-Kamera Rover

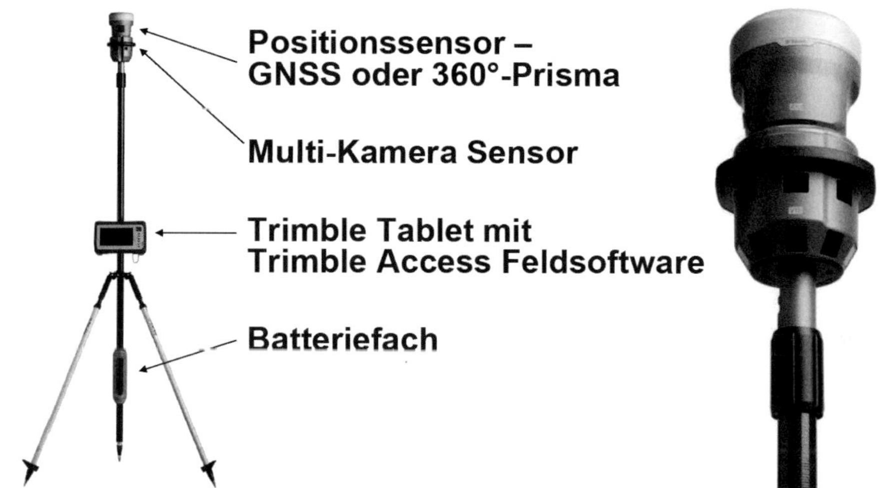

Abbildung 5.2-13: V10 Multi-Kamera Rover der Firma Trimble – Systemübersicht (entn. aus *Köhler*)

Mit dem von der Firma TRIMBLE entwickelten `V10 Multi-Kamera Rover`, einem 360° Digitalkamerasystem von zwölf kalibrierten Kameras, können Panoramafotos zur Dokumentation der Umgebung des Roverstandpunktes, aber auch für deren spätere häusliche photogrammetrische Auswertung (Kap. 9) aufgenommen werden. Das System dient der schnellen Aufnahme von Digitalbildern und erlaubt, die Umgebung des Roverstandpunktes vollständig zu erfassen. Die prinzipielle Funktionsweise dieser Kombination verschiedener Sensoren kann anhand Abb. 5.2-13 nachvollzogen werden. Auch bei diesem Instrument, dessen Position entweder über den adaptierbaren GNSS-Empfänger direkt oder über die von einem Tachymeterstandpunkt z. B. mit der `Trimble VX` oder mit einer Totalstation anzuzielenden Reflektoren indirekt bestimmt wird, zeigt sich der Entwicklungstrend der modernen Instrumentengeneration (siehe Kap. 5.2.3), Digitalkameras zur Dokumentation der aufgenommenen Punktumgebung mit der Möglichkeit einer photogrammetrischen Auswertung in den Messprozess einzubeziehen. Die mit der `V10` aufgenommenen kalibrierten Panoramabilder können per „Drag and Drop“ z. B. in das 3D-VISION-Modul des GEOgraf-Systems der Firma HHK übertragen werden. Mithilfe der Bilder lassen sich tachymetrische Messungen kontrollieren und darüber hinaus besteht die Möglichkeit, Punkte nachträglich photogrammetrisch einzufügen. Dabei kann es sich beispielsweise um eine komplette Fassade handeln oder auch nur um einzelne vergessene Punkte.

5.3 Prüfung von Tachymetern (Totalstationen)

5.3.1 Feldprüfmethoden

5.3.1.1 Feldprüfverfahren nach dem DVW-Merkblatt

Das hier im Folgenden dargestellte Verfahren, das von Herrn Dr. Juretzko vom Geodätischen Institut des KIT und von den DVW-Arbeitskreisen 3 und 4 erstellt wurde, geht davon aus, dass durch eine einfache und schnelle Feldprüfung ein sachkundiger Anwender beurteilen kann, ob das eingesetzte Instrument mit der zugehörigen Ausrüstung (z. B. Prisma und Dreifuß) unter Berücksichtigung der individuellen Beobachtungsgenauigkeit den vom Hersteller angegebenen Genauigkeiten entspricht.

Das Prüfverfahren basiert in Anlehnung an die ISO 17123-5 im Wesentlichen darauf, aus ermittelten Koordinaten Strecken und Höhenunterschiede innerhalb eines Dreiecks zu berechnen und diese zu analysieren. Zudem wird entsprechend der ISO 17123-3 (Theodolite) geprüft, ob definierte Angaben zur Unsicherheit von Horizontalrichtungen und Vertikalwinkeln eingehalten werden und ob signifikante Zielachs- bzw. Höhenindexabweichungen vorliegen. Sofern das Instrument über unterschiedliche Anziel- (visuell oder automatisch) und Distanzmessverfahren (mit Reflektor oder reflektorlos) verfügt, gelten die Ergebnisse nur für die jeweils gewählte Kombination. Der Anwender sollte daher zur Prüfung genau die Methode wählen, die er auch sonst einsetzt. Auf die atmosphärische Korrektion kann verzichtet werden, da mit diesem Verfahren der Maßstab nicht überprüft wird und nicht zu erwarten ist, dass es während des kurzen Zeitraums der Prüfungsdurchführung zu wesentlichen Änderungen der Atmosphäre kommt. Zum einen soll festgestellt werden, ob das Tachymeter den im Datenblatt spezifizierten Angaben entspricht, und zum anderen, ob sich die wichtigsten systematischen Instrumentenabweichungen (Zielachs- und Höhenindexabweichung sowie die Additionskonstante in Kombination mit einem bestimmten Prisma) verändert haben.

Die Prüfung sollte regelmäßig im Rahmen einer Qualitätssicherung nach längerer Nutzungspause, nach der Auslieferung und nach einem Firmware-Update sowie vor umfangreichen Messungen erfolgen. Es sei darauf hingewiesen, dass die systematische Instrumentenabweichungen Maßstabs- und Kippachsabweichung, die Teilkreisexzentrizität, lang- und kurzperiodische Teilkreisabweichungen, zyklische Phasenabweichungen und Phaseninhomogenitäten des Distanzmesssensors nicht geprüft werden. Abweichungen zwischen der optischen Zielachse und der Achse der automatischen Zielung werden nicht getrennt geprüft. Bei Verwendung der automatischen Zielung beziehen sich die Angaben zur Zielachs- bzw. Höhenindexabweichung auf diese Achse. Die Prüfung der Maßstabs- und der zyklischen Phasenabweichung wird in Kap. 5.3.2 behandelt. Sofern die Angaben aus dem Datenblatt des Instruments geprüft werden, sollte die Prüfung unter möglichst optimalen Bedingungen erfolgen. Soll dagegen die Eignung der kompletten Ausrüstung inklusive des Beobachters für ein bestimmtes Projekt überprüft werden, dann sollte die Prüfung bei den für das Projekt typischen äußeren Bedingungen stattfinden. Die Ausdehnung des Prüffeldes sollte dem zu erwartenden Arbeitsbereich entsprechen.

Zur Durchführung des Verfahrens werden drei Reflektoren R_1, R_2 und R_3 in einem spitzen Dreieck mit einer Seitenlänge von ca. 100 m angeordnet (Abb. 5.3-1). Das zu prüfende Tachymeter wird zunächst im Standpunkt A in einer Entfernung von ca. 5 – 10 m vom Reflektor R_1 aufgebaut, später dann im Standpunkt B in der ungefähren Mitte des Dreiecks und schließlich im Standpunkt C bei etwa 2/3 der Seitenlänge. Der Reflektor R_1 sollte auf ei-

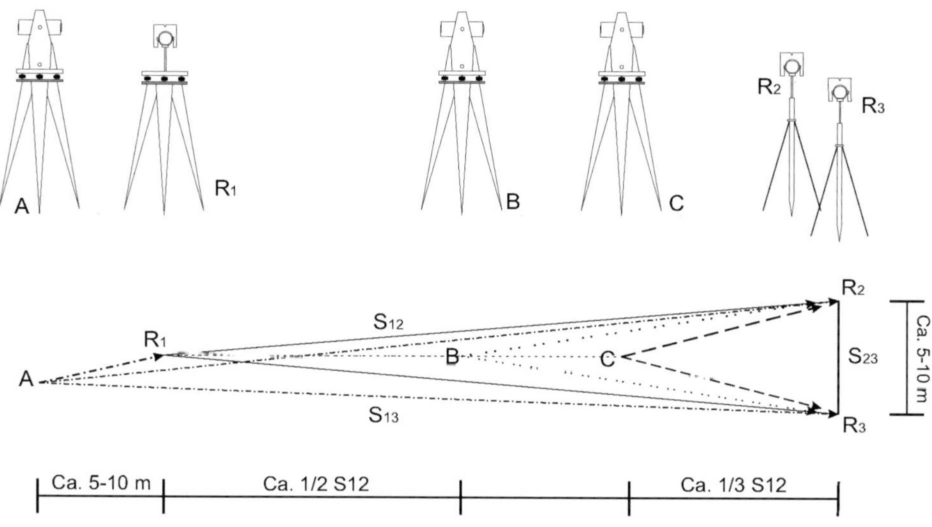

Abbildung 5.3-1: Aufbau des Prüffeldes nach dem DVW-Merkblatt

nem stabilen Stativ aufgebaut werden, damit er beim Drehen nicht verschoben werden kann. Für die Reflektoren R_2 und R_3 reicht eine Fixierung mit Stabstativen. Der Abstand zwischen den Reflektoren R_2 und R_3 sollte je nach Örtlichkeit etwa 1 bis 5 m betragen. Bei zu geringem Abstand besteht die Gefahr von Störsignalen durch das zweite Prisma. Das Verfahren ist auch für reflektorlose Messungen geeignet, wenn in R_1 z. B. ein drehbares Scanner-Target genutzt wird. Für R_2 und R_3 können im einfachsten Fall Papier-Targets an eine möglichst orthogonal zur Messrichtung ausgerichtete glatte Wand geklebt werden. Es ist zu beachten, dass verschiedene Materialien Unterschiede in der Distanzmessung hervorrufen können. Die Ergebnisse bezüglich der Additionskonstanten beziehen sich ausschließlich auf den im Reflektorstandpunkt R_1 verwendeten Reflektor.

Ausführung der Messungen:

- Die Instrumentenstandpunkte A, B und C bilden jeweils den Ursprung eines örtlichen Koordinatensystems: $Y = 0,000\ m$; $X = 0,000\ m$; $Z = 0,000\ m$ bei einer Instrumentenhöhe von $0,000\ m$.
- Eine Orientierung ist nicht erforderlich.
- Für die Zielpunkte gilt jeweils eine Reflektorhöhe von $0,000\ m$.
- In Anlehnung an die Prüfung nach ISO 17123-5 wird zu den drei Reflektoren R_1, R_2 und R_3 von den Tachymeterstandpunkten A, B und C aus in zwei Fernrohrlagen gemessen. Dabei erfolgen die Anzielungen jeweils in der Reihenfolge R_1, R_2, R_3. Auf jedem Standpunkt werden zwei Vollsätze gemessen. Zwischen den Sätzen erfolgt keine Verstellung des Teilkreises.
- Um Instabilitäten von Stativ oder Dreifuß leichter detektieren zu können, empfiehlt es sich, den Wechsel zwischen den Fernrohrlagen auf den Standpunkten A und C konsequent im Uhrzeigersinn und auf dem Standpunkt B gegen den Uhrzeigersinn vorzunehmen.

- Zur Beurteilung der Prüfergebnisse sind Messunsicherheiten als Vergleichswerte für die Koordinatenbestimmung, die Winkelmessung in Hz und V sowie für die Distanzmessung anzugeben. Hierzu können vorhandene Herstellerangaben in Betracht gezogen werden. Es können auch die empirischen Standardabweichungen der Messelemente ermittelt werden, die jedoch nur die innere Genauigkeit (Präzision, Kap. 15.1.1) widerspiegeln. Da während der Messung zahlreiche Faktoren die Messgenauigkeit beeinflussen, sind die vorzugebenden Unsicherheiten realistisch abzuschätzen, indem sämtliche Informationen zur Instrumentengenauigkeit und zum verwendeten Zubehör sowie Erfahrungswerte berücksichtigt werden. In Kap. 15.1.2 ist dargelegt, wie sich mehrere unabhängige Einflussfaktoren zu einer Gesamtunsicherheit zusammenfassen lassen.

Am zweckmäßigsten erfolgt die Auswertung der Messung mithilfe eines zum Merkblatt zugehörigen Excel-Formulars, in dem neben der Gerätebezeichnung und -nummer die verwendete Distanzmess- und Anzielmethode sowie der verwendete Prismentyp dokumentiert sowie aus der Instrumentenbeschreibung entnommene oder selbst definierte Angaben zur Unsicherheit der Horizontalrichtungs- und Vertikalwinkelmessung sowie zur Distanzmessung und zur Koordinatenbestimmung eingegeben werden. Aus den Polarelementen werden die Zielachs- und die Höhenindexabweichung sowie deren Standardabweichungen berechnet. Da diese Abweichungen, insbesondere bei kurzen Sichtweiten, nicht linear von der Distanz abhängen, werden die sehr kurzen Zielungen von Standpunkt A zum Reflektor R_1 von der Berechnung ausgeschlossen. Auf Grundlage der empirischen Standardabweichungen und einer t-Verteilung wird getestet, ob die Abweichungen in ihrem Betrag signifikant größer als null sind. Aus den Strecken-Differenzen der langen Dreiecksseiten in Bezug auf den Instrumentenstandpunkt wird die Additionskonstante berechnet. Bei hinlänglich linearer Gestalt des Testfelds wirkt sich die Additionskonstante bei Messungen vom Standpunkt A nicht auf die Länge der langen Dreiecksseiten aus, während sie bei der Messung von den Standpunkten B und C aus doppelt wirkt. Die standpunktbezogene Variation der (bereits aus zwei Fernrohrlagen gemittelten) Höhenunterschiede zwischen den Zielpunkten kann unter Umständen systematische Anteile aufweisen. Gründe hierfür können in einem mangelhaften Kompensator, aber auch in einem nicht berücksichtigten starken vertikalen Temperaturgradienten liegen. Die Auswirkung ist vergleichbar mit einer Zielachsabweichung bei Nivellieren.

In Anlehnung an eine Nivellierprüfung „aus der Mitte“ (Kap. 4.1.3) werden die Höhendifferenzen bei der Messung vom Standpunkt B aus aufgrund der gleichen Zielweiten als fehlerfrei angesehen, während sich diese bei der Messung von den Standpunkten A und C

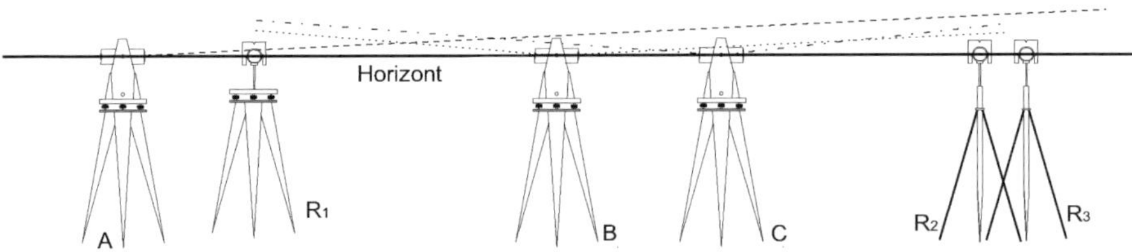

Abbildung 5.3-2: Vertikale Restabweichung

wegen der unterschiedlichen Zielweiten auswirken. Die vertikale Restabweichung wird den Messdistanzen entsprechend in eine Winkelangabe umgerechnet.

Die Untersuchungsergebnisse werden mithilfe des zugehörigen Excel-Programms aufbereitet, das die numerischen und statistischen Ergebnisse bereitstellt und grafisch veranschaulicht. Bei stark auffälligen Ergebnissen sollte sich der Anwender zunächst vergewissern, ob die Prüfung entsprechend der Beschreibung durchgeführt worden ist. Falls die Additionskonstante den vom Hersteller angegebenen Wert überschreitet, ist die hier bestimmte Additionskonstante einzuführen. Die Prüfung ist mit den korrigierten Einstellwerten zu wiederholen. Wenn eine signifikante Zielachs- bzw. Höhenindexabweichung festgestellt wird und diese die Herstellerangaben zur Unsicherheit der Horizontalrichtungs- bzw. Vertikalwinkelmessung überschreitet, sollten die Messungen nur in zwei Fernrohrlagen erfolgen oder eine Kalibrierung entsprechend den Herstellerangaben durchgeführt werden. Weitere Abweichungen lassen sich vor allem in den Grafiken der Horizontalrichtungs- und der Vertikalwinkelabweichung erkennen. Hier sollte insbesondere das Zubehör in Augenschein genommen und außerdem geprüft werden, ob die Instrumenten- und Reflektorstandpunkte hinreichend stabil waren. Im Zweifel ist die Prüfung mit anderem Zubehör und unter günstigeren Beobachtungsbedingungen zu wiederholen. Zur Zeitersparnis empfiehlt es sich, mehrere Instrumente mit demselben Stativaufbau nacheinander zu testen. Wird dabei auch ein „Referenzgerät“ mit bekanntem Maßstab eingesetzt, können die langen, um die Additionskonstante korrigierten Dreiecksseiten miteinander verglichen werden, sofern bei allen Messungen die Meteorologie berücksichtigt wird. Wenn es die räumlichen bzw. baulichen Verhältnisse zulassen, ist es sinnvoll, Aufnahmevorrichtungen für Reflektoren fest an einem Bauwerk zu installieren, um Rüstzeiten zu minimieren.

5.3.1.2 Prüfung von Tachymetern nach den Richtlinien für das öffentliche Vermessungswesen

Nach dem Gesetz „über das Inverkehrbringen und die Bereitstellung von Messgeräten auf dem Markt, ihrer Verwendung und Eichung…“ vom 25.7.2013 sind die im öffentlichen Vermessungswesen verwendeten Messgeräte (Messsysteme), die nach landesrechtlichen Regelungen regelmäßig einer Prüfung unterzogen werden, nach § 5 Abs. 2 ausgenommen. Es liegt daher im Verantwortungsbereich der öffentlichen Vermessungsstellen, dass die eingesetzten Messsysteme einschließlich des Zubehörs, wie z. B. Prismen und Lotstäbe, sich in einem einwandfreien Zustand befinden. Außerdem ist sicherzustellen, dass auch die benutzten Softwareversionen zur Erfassung und Auswertung der Messdaten den Anforderungen genügen. Man kann daher von einer Komplettprüfung sprechen.

Nach den Richtlinien für das Land Nordrhein-Westfalen (in den anderen Ländern existieren ähnliche Richtlinien zur Prüfung von Messgeräten) sind zur Durchführung einer Tachymeter-Prüfung definierte Anschluss- und Kontrollpunkte eines amtlich zur Verfügung gestellten Prüffeldes von mindestens zwei frei gewählten Standpunkten (Freie Stationierung Kap. 2.2.2.2) aufzumessen (Abb. 5.3-3).

Das Prüffeld besteht aus mindestens neun dauerhaft und frostfrei gegründeten bodengleichen Prüfpunkten, die als 3D-Vermarkung durch z. B. Messingmarken gekennzeichnet und in mit Beton ausgefülltem Kanalgrundrohr, jeweils mit Schutzkasten versehen, eingebracht sind. Alle Prüfpunkte müssen gegenseitig sichtbar sein. Mindestens fünf sollen auch zur Überprüfung von GNSS-Empfängern dienen und dafür über eine Himmelsfreiheit von $\geq 10°$ Eleva-

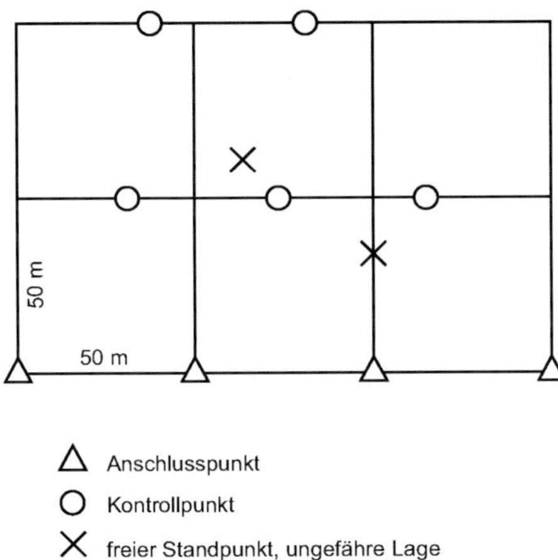

Abbildung 5.3-3: Aufbau eines Prüffeldes nach den Richtlinien NRW

tion verfügen. Sie müssen in einer Übersicht als GNSS-Kontrollpunkte gekennzeichnet sein und ihre Koordinaten im amtlichen Bezugssystem ETRS89/UTM mit einer Standardabweichung von $\leq$ 3 mm bestimmt worden sein. Alle Punkte des Prüffeldes müssen zusätzlich in einem örtlichen Koordinatensystem mit einer Standardabweichung von $\leq$ 1 mm koordiniert sein. Das Prüffeld soll möglichst entsprechend Abb. 5.3-1 angelegt werden. Die Konfiguration der Anschlusspunkte auf einer Linie wurde aus fehlertheoretischen Gründen bewusst ungünstig gewählt, um bei der Prüfung von Tachymetern etwaig vorliegende Instrumentenfehler bei der Messung der Kontrollpunkte auch tatsächlich aufdecken zu können.

Vor der Auswertung sind die gemessenen Horizontalrichtungen und Zenitwinkel bezüglich der Zielachs- und Kippachsabweichungen (Kap. 3.4) sowie die Schrägdistanzen hinsichtlich der meteorologischen Einflüsse und um eine evtl. Additionskorrektion zu korrigieren.

Für die Berechnung der Koordinaten dieser frei gewählten Standpunkte sind die Beobachtungsdaten zu den vier Anschlusspunkten zu erfassen, wobei diese jeweils in beiden Fernrohrlagen zu beobachten sind. Außerdem sind mindestens drei Kontrollpunkte des Prüffeldes so aufzumessen, wie dies in der täglichen Praxis erfolgt (z. B. Reflektor auf Reflektorstab und Stabstativ). Die Auswertung der Prüfmessung hat mit dem von den amtlichen Stellen zur Verfügung gestellten Programmen zu erfolgen, so z. B. in Nordrhein-Westfalen mit TAROT. In diesem Programm werden die bekannten Sollkoordinaten der Kontrollpunkte mit den aus den Beobachtungen ermittelten Koordinaten verglichen. Dieser Vergleich liefert die Basis für die Entscheidung, ob das zu prüfende Tachymeter für Arbeiten im amtlichen Vermessungswesen zum Einsatz kommen darf. Die zulässige lineare Lageabweichung ist dabei in NRW mit einem Grenzwert von einem Zentimeter in den Kontrollpunkten vorgegeben. Wird die zulässige Abweichung in keinem Kontrollpunkt überschritten, wird durch das Programm die Eignung des geprüften Tachymeters für einen Einsatz im amtlichen Vermessungswesen bescheinigt.

Bei diesem Verfahren wird vorausgesetzt, dass das Instrumentarium auch in derselben Zusammenstellung beim praktischen Einsatz benutzt wird. Bereits ein zusätzlicher Lotstab ist eine Veränderung des Gesamtsystems.

5.3.2 Kalibrieren elektrooptischer Distanzmesssensoren

Für hochpräzise ingenieurgeodätische Messungen ist es in gewissen Zeitabständen unerlässlich, die vom Herstellerwerk ermittelten Korrektionsgrößen eines Präzisionstachymeters zu überprüfen. Die in Kap. 5.3.1 vorgestellten Prüfverfahren reichen für die bei gewissen Ingenieurvermessungen im Millimeterbereich geforderte Genauigkeit nicht aus, sodass das im Folgenden dargestellte aufwendige Kalibrierverfahren erforderlich wird.

Nach DIN 1319 Teil 1 versteht man unter *Kalibrieren* das Feststellen der Messabweichungen zwischen den durch das Messgerät angezeigten und den richtigen oder als richtig geltenden Werten. Es erfolgt kein technischer Eingriff am Messgerät. Demgegenüber bedeutet *Justieren*, ein Messgerät so einstellen oder abgleichen, dass die Messabweichungen möglichst klein werden oder dass die Beträge der Messabweichungen vorgegebene Grenzwerte nicht überschreiten. Das Justieren erfordert also einen Eingriff, der das Messgerät meist bleibend verändert.

Für die Durchführung einer Kalibrierung ist es wichtig zu wissen, ob die Prüfeinrichtungen, die für den Kalibrierprozess benutzt werden, auch rückgeführt sind. Rückführbarkeit bedeutet, dass ein Messergebnis durch eine ununterbrochene Kette von Vergleichsmessungen auf den nationalen oder internationalen Standard der Basisgröße, wie z. B. die Basiseinheit Meter, zurückgeführt werden kann. Die Basiseinheiten gibt in Deutschland die Physikalisch-Technische Bundesanstalt (PTB) so genau wie möglich weiter und hat Verfahren für die Durchführung von Kalibrierungen entwickelt. Das Ergebnis einer derartigen Kalibrierung ist die Kalibrierabweichung mit Angabe ihrer Kalibrierunsicherheit in Bezug auf das übergeordnete Original. Für die nachfolgend beschriebene Kalibrierung der Distanzmesssensoren von Tachymetern müssen zum einen die verwendeten Frequenzzähler und zum anderen das Instrument kalibriert sein, mit dem die Vergleichsstrecken ausgemessen wurden.

Die Messwerte d' eines elektrooptischen Distanzmessers sind zunächst um die *Additionskorrektion* k_A zu verbessern. Deren Funktionsverlauf wird der Einfluss der *Maßstabkorrektion* $k_M \cdot d'$ hinzugefügt. Überlagert werden beide von einem sich periodisch ändernden Einfluss, dessen Schwingungen sich im Takt der Länge des Feinmaßstabes F wiederholen, und der durch eine *zyklische Korrektion* k_Z berücksichtigt wird. Die Gesamtkorrektion $k_{Ges.}$ für den Messwert d' ergibt sich folglich zu

$$k_{Ges.} = k_A + k_M \cdot d' + k_Z \,. \tag{5.19}$$

Im Folgenden sei die Kalibrierung elektrooptischer Distanzmesssensoren durch Ermittlung der Einzelkorrektionen k_M, k_Z und k_A dargestellt.

5.3.2.1 Maßstabkorrektion

Die Modulationsfrequenz für den Feinmaßstab wird in einem Oszillator erzeugt, der mit einem Quarz frequenzstabilisiert wird. Aufgrund der Alterung und der Temperaturabhängigkeit des Quarzes können sich systematische Frequenzänderungen ergeben. Da innerhalb gewisser Grenzen jeder Quarz und somit jeder EDM-Sensor sein eigenes Temperaturverhalten aufweist, sind durch eine Frequenzprüfung die sich aufgrund dieser Einflussfaktoren ergebenden

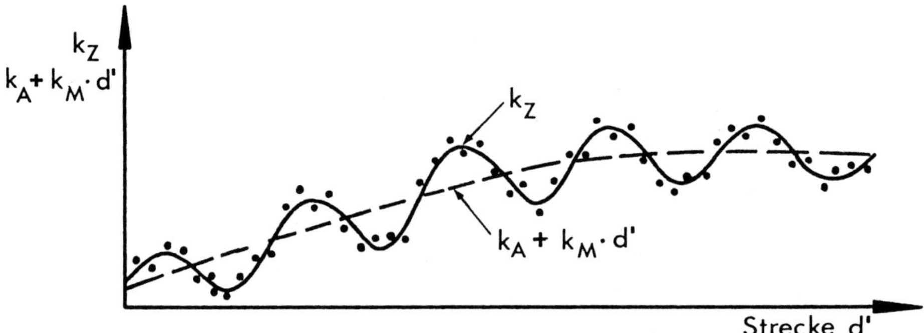

Abbildung 5.3-4: Schematische Darstellung der Kalibriergleichung

Differenzen zur Sollfrequenz zu messen und die Ergebnisse der Distanzmessung gegebenenfalls zu korrigieren. Die *Maßstabkorrektion* k_M ergibt sich nach

$$k_M = \frac{f_S - f_I}{f_I} \cdot 10^6 \text{ [ppm] oder [mm/km]}, \tag{5.20}$$

wobei f_S die Sollfrequenz des Distanzmesser und f_I die Istfrequenz sind. Mit einem kalibrierten Frequenzmesser lässt sich die Oszillatorfrequenz des zu prüfenden Distanzmessers mit einer Genauigkeit kleiner als $1 \cdot 10^{-6}$ problemlos bestimmen.

Da sich mitunter der Anschluss eines Frequenzzählers an die Abgriffspunkte für die Frequenzen im Entfernungsmesser als problematisch erweist, wurde zuerst am Geodätischen Institut der RWTH Aachen eine Einrichtung entwickelt, welche die zu messende Frequenz mittels einer im Brennpunkt einer Sammellinse montierten Fotodiode aus dem abgestrahlten Infrarotstrahl des Entfernungsmessers ableitet. Es kann also die zur Feinmessung benutzte Frequenz direkt gemessen werden. Eine verbesserte Version ist später am Geodätischen Institut der Universität Bonn entstanden.

5.3.2.2 Zyklische Korrektion

Die zyklische Abweichung kann durch Überlagerung der Hochfrequenzanteile des Senders mit denen des Empfängers hervorgerufen werden (elektrisches Übersprechen) oder durch Mischung des Sende- und Empfangsstrahls in gemeinsam durchlaufenen optischen Bauteilen bzw. durch Reflexionen (optisches Übersprechen) entstehen. Sie zeigt sich in den Messergebnissen häufig als eine Sinus-Schwingung mit der Periode des Feinmaßstabes F. Es wird sich aber nicht immer eine reine Sinus-Schwingung ergeben, weil sich verschiedene Einflüsse überlagern können.

Im Auswertebeispiel einer zyklischen Korrektion in Abbildung 5.3-5 bedeuten:

$x = \frac{2 \cdot \pi}{F} \cdot R =$ Reststrecke im Bogenmaß [rad]

$F =$ Länge des Feinmaßstabes

$R =$ Länge der Reststrecke $=$ Gesamtstrecke $-N \cdot F$

$N =$ Anzahl der in der Gesamtstrecke enthaltenen ganzen Längen des Feinmaßstabes.

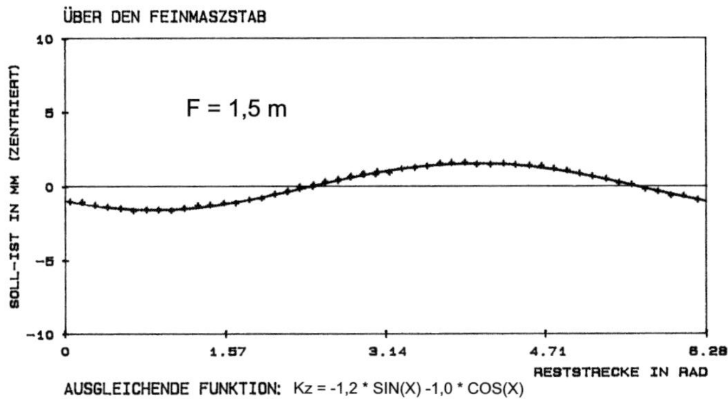

Abbildung 5.3-5: Auswertebeispiel einer zyklischen Korrektion k_Z

Zur Ermittlung der *zyklischen Korrektion* k_Z werden im Labor die Entfernungen zu Punkten, die z. B. in Abständen von jeweils 10 cm in einer Geraden liegen, sowohl mit dem zu kalibrierenden Distanzmesser als auch mit einem Messsystem bestimmt, welches eine mindestens fünffach höhere Genauigkeit besitzen muss. Aus den „Soll-Ist"-Differenzen lässt sich eine mathematische Funktion finden, deren Verlauf sich mit dem Feinmaßstab periodisch wiederholt. Bei gut justierten EDM-Sensoren ist die Amplitude dieser Funktion kleiner als 2 mm, sodass die Anbringung einer Korrektion nur bei Präzisionsmessungen erforderlich ist.

5.3.2.3 Additionskorrektion

Durch den Unterschied zwischen dem elektrischen und dem mechanischen Nullpunkt des Distanzmessers sowie durch die Differenz der Reflexionsstelle gegenüber dem Zentrierpunkt des Reflektors und durch die Laufzeitverzögerung im Glas entsteht eine Abweichung, die durch eine *Additionskorrektion* k_A berücksichtigt wird. Ihrer Bestimmung kommt eine besondere Bedeutung zu, da diese Korrektion besonders die relative Genauigkeit der kurzen Strecken beeinflusst. Sie ist u. a. abhängig von der Lage der Stehachse, der Schliffgenauigkeit und dem Durchmesser der Reflektoren sowie vom Messmodus (Standardreflektor, Minireflektor, Reflexfolie oder Reflektorlos). Die Additionskorrektion sollte deshalb immer nur für eine bestimmte Distanzmesser-Reflektor-Kombination angegeben werden.

Im Prinzip lässt sich eine Additionskorrektion als Konstante aus der Messung einer Strecke d' und der Summe ihrer ebenfalls gemessenen Teilstrecken d'_1 und d'_2 ermitteln (Abb. 5.3-6).

$$\text{Distanz} \quad d \quad = \quad k_A + d' \; = \; (k_A + d'_1) + (k_A + d'_2) \tag{5.21}$$

$$\text{Additionskorrektion} \quad k_A \quad = \quad d' - (d'_1 + d'_2) \tag{5.22}$$

Jedoch ist bei der genauen Ermittlung der Additionskorrektion zu beachten, dass sich infolge von Phaseninhomogenitäten nicht nur eine konstante Größe ergibt, sondern evtl. auch mit einem linearen bzw. polynomischen Verlauf zu rechnen ist, weshalb eine Vielzahl von Überbestimmungen erforderlich wird.

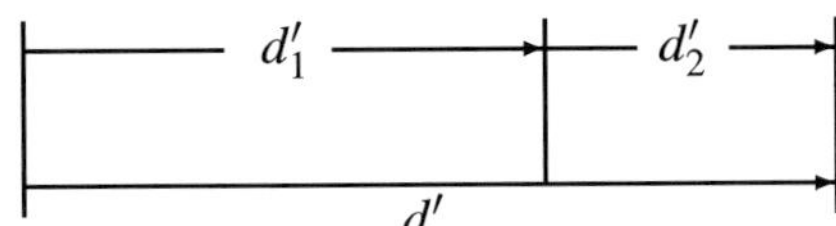

Abbildung 5.3-6: Prinzip der Additionskorrektionsbestimmung

Beim Geodätischen Institut der RWTH Aachen wird die Additionskorrektion deshalb auf einer insgesamt 640 m bzw. 990 m langen Vergleichstrecke bestimmt. Sie besteht aus Betonpfeilern, deren Abstände mit einer Standardabweichung von 0,15 mm bestimmt sind. Üblicherweise wird nur ein Teilbereich von 420 m wie in Abb. 5.3-7 benutzt, da infolge des weit verbreiteten Einsatzes von GNSS-Verfahren Tachymeter überwiegend nur im Nahbereich bis 300 m eingesetzt werden. Am Stand- und Zielpunkt sind bei jeder Teilstreckenbestimmung zu Beginn und am Ende der Messung jeweils die Lufttemperatur, der Luftdruck und die Luftfeuchte zu erfassen. Mit den gemittelten Werten sind die jeweiligen Distanzmessergebnisse zu korrigieren und werden danach um die Maßstab- und um die zyklische Korrektion verbessert. Die dann zu bildenden Differenzen zu den Sollwerten der Pfeilerabstände lassen sich in Abhängigkeit von der Streckenlänge durch eine mathematische Funktion approximieren. Es ergibt sich damit eine evtl. entfernungsabhängige Additionskorrektion die von anderen Autoren auch als „Kennlinie“ bezeichnet wird.

$$k_A = k_A(d') \,, \tag{5.23}$$

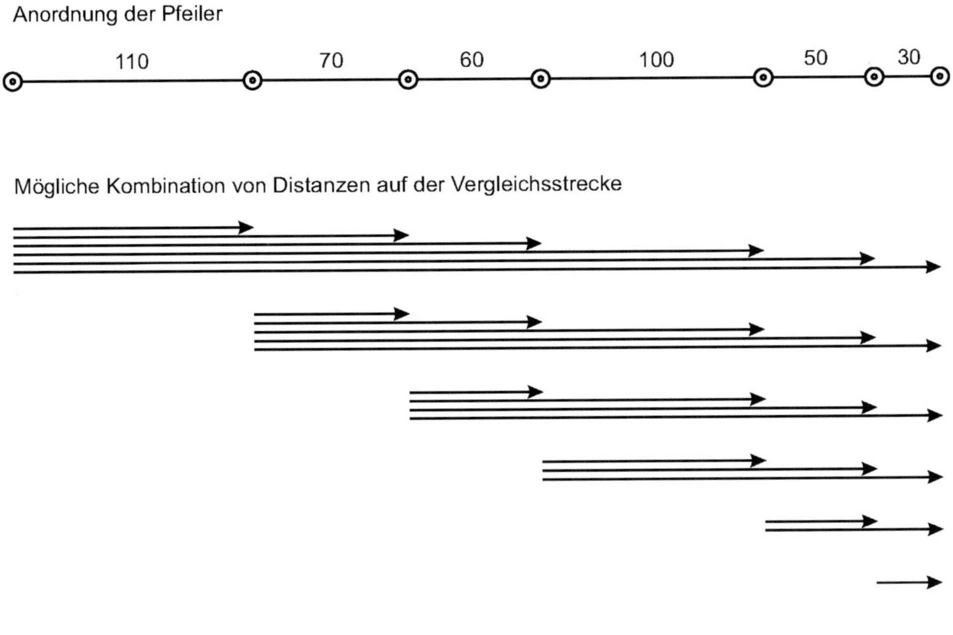

Anordnung der Pfeiler

110 70 60 100 50 30

Mögliche Kombination von Distanzen auf der Vergleichsstrecke

Abbildung 5.3-7: Vergleichstrecke des Geodätischen Instituts der RWTH Aachen

Beispiel 5.3.1: Korrektion der Messwerte eines elektrooptischen Distanzmessers
Bei einer Umgebungstemperatur von $-5\,^\circ$C und einer Einschaltdauer des Instrumentes zum Zeitpunkt der Messungen von drei Minuten ergibt sich für die Maßstabkorrektion der Wert $k_M = -3$ ppm, für die gemessene Distanz von $d' = 384{,}239$ m folglich $k_M \cdot d' = -1{,}2$ mm. Die Funktion für die zyklische Korrektion ist der Abb. 5.3-5 zu entnehmen. Die Additionskorrektion beträgt $+2{,}2$ mm.

Messwert	d'	$=$	384,239 m
Maßstabkorrektion	k_M	$=$	−0,0012 m
Additionskorrektion	k_A	$=$	+0,0022 m
zyklische Korrektion	k_Z	$=$	−0,0015 m
korrigierte Distanz	d	$=$	384,285 m

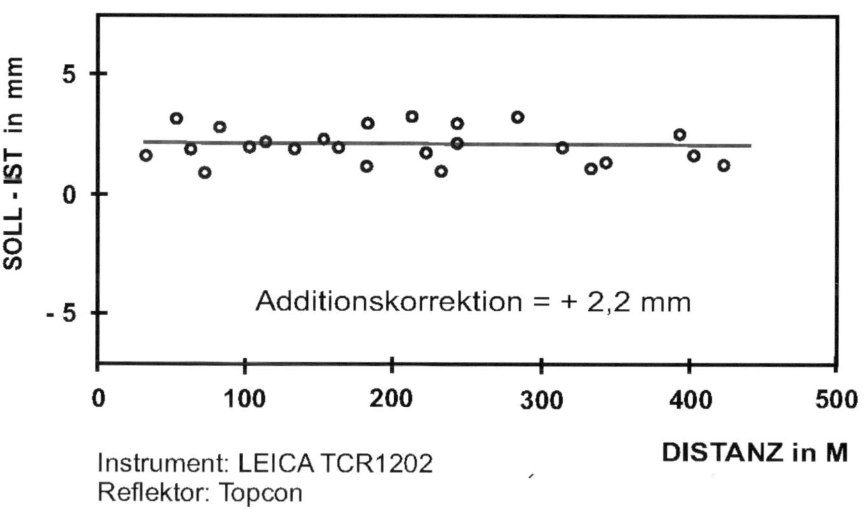

Abbildung 5.3-8: Graphische Darstellung einer EDM-Kalibrierung

Diese korrigierte Schrägdistanz d ist noch um die *atmosphärische Korrektion* zu verbessern und anschließend in die Horizontale zu reduzieren. Eventuell sind noch die *Projektionsverzerrung* (Kap. 1.4.4) und die *Höhenreduktion* (Kap. 1.4.5) zu berücksichtigen.

5.4 Terrestrisches Laserscanning

Ein Meilenstein in der Entwicklung geodätischer Messinstrumente sind die Laserscanner, die den Übergang von zeitdiskreten zu kontinuierlichen Messungen darstellen und die Möglichkeit eröffnen, statt weniger Objektpunkte zu einer ganzheitlichen, flächigen Erfassung von Objekten ohne Signalisierung von Punkten zu kommen. Mit diesem Instrumententyp ist der Übergang von den bisher punktbezogenen Messverfahren zu den elementbezogenen Methoden (z. B. geometrische Elemente einer Fassade) vollzogen worden.

5.4.1 Zur Objekterfassung

Bei der tachymetrischen Aufnahme eines Objekts werden immer diskrete Punkte aufgemessen, für die als Primärdaten die Distanz, die Horizontalrichtung und der Vertikalwinkel, also Polarkoordinaten, bestimmt werden. Die hierbei praktizierte ausschließliche Messung diskreter Punkte wird bei der photogrammetrischen Methode oder beim Laserscanning aufgegeben. Bei diesen Methoden erfolgt eine flächenhafte Erfassung der sichtbaren Oberfläche des Objekts. Üblicherweise wird bei der photogrammetrischen Lösung das Objekt wegen der nachfolgenden stereographischen Auswertung von zwei Standpunkten aus fotografiert, während beim Laserscannen die Messung von einem einzigen Standpunkt aus genügt. Bei der Auswertung der photogrammetrischen Aufnahme können im Stereobildpaar ausgewählte Punkte oder Kanten direkt angemessen werden. Demgegenüber besteht ein Laserscan zunächst nur aus einer unmodellierten Punktwolke aus x,y,z-Koordinaten sowie der Intensität der reflektierten Signale, wobei die Objektoberfläche durch den rasterförmigen Abtastvorgang des Lasers entsteht (Abb. 5.4-1). Kanten und Ecken lassen sich wie bei der reflektorlosen Tachymetrie (Kap. 5.2.1) nicht direkt erfassen, sondern werden durch Verschneiden von Ebenen berechnet.

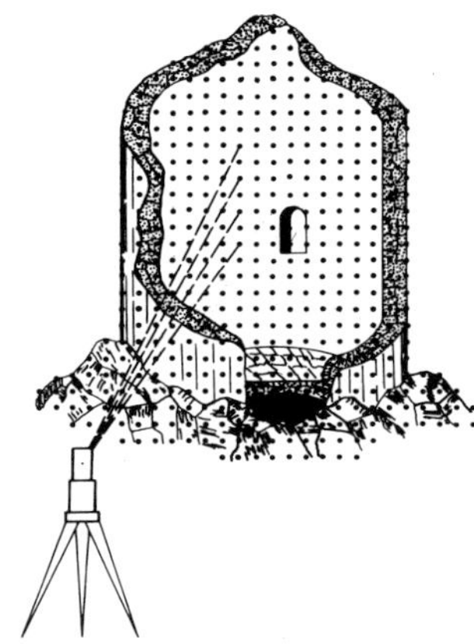

Abbildung 5.4-1: Flächenhafte Objekterfassung durch Laserscan-Verfahren

Mit dieser Messmethode (vgl. auch Kap. 9.3.4.2) sind die klassischen Aufgabenfelder und damit das Anwendungspotenzial der Ingenieurvermessung erweitert worden, weil die Erfassung des Bestandes durch geometrisches Aufmaß nicht mehr auf vereinfachte Grund- und Aufrissdarstellungen beschränkt bleibt. Es kann vielmehr ein *vollständiges* dreidimensionales Modell des realen Bauwerks oder der Ausstattung einer Maschinenhalle erstellt werden, womit zusätzlich eine Voraussetzung für Visualisierungen gegeben ist. Diese Möglichkeit der detaillierten Feststellung des Istzustandes wird auch als „reverse engineering" bezeichnet und ist für die Umplanung von bestehenden Anlagen sowie zur Optimierung der Materialzufuhr und der Produktionsabläufe eine notwendige Voraussetzung. Gerade Umbaumaßnahmen werden immer wichtiger, da häufig bestehende Anlagen im industriellen Umfeld nicht neu gebaut, sondern nur modifiziert und optimiert werden. Auch die Absteckung, definiert als die Übertragung eines geplanten Modells in die Örtlichkeit, ist jetzt nicht nur zu einzelnen Zeitpunkten möglich, sondern könnte, bei dem heute üblichen Vorhalten dieses Modells in einer Datenbank, quasi online erfolgen, wenn ein Laserscanner auf der Baustelle ständig eingesetzt würde. Gleichzeitig könnte dann auch der Baufortschritt fortlaufend dokumentiert werden.

5.4.2 Aufbau von Laserscannern

Die beim Laserscanning auszuführende, flächenhafte und bildgebende Distanzmessung mit ihrer ungeheueren Zahl von Einzelmessungen verlangt äußerst effektive und schnell arbeitende Sensoren sowohl für die Entfernungs- als auch für die Winkelmessung. Falls ein motorisiertes Tachymeter für ein Scan mit etwa 1 000 000 Messpunkten eingesetzt würde, müsste mit einer Messzeit von ungefähr sechs Tagen gerechnet werden, weil ein Tachymeter etwa eine Sekunde für die Ausführung eines Messvorgangs benötigt. Dieses Beispiel zeigt, dass die Geschwindigkeit der Bewegungsabläufe und die für die Ermittlung der einzelnen Messwerte (Distanz, Horizontal- und Vertikalwinkel) mindestens um den Faktor 1 000 gesteigert werden müsste, um die üblichen Messzeiten einhalten zu können. Moderne, reflektorlos messende, motorisierte Tachymeter, mit denen jede beliebige Raumrichtung angefahren werden kann, lassen sich daher nur dann als Laserscanner einsetzen, wenn sich die Gesamtzahl der Messpunkte erheblich reduzieren lässt, wie z. B. bei ebenen Fassaden.

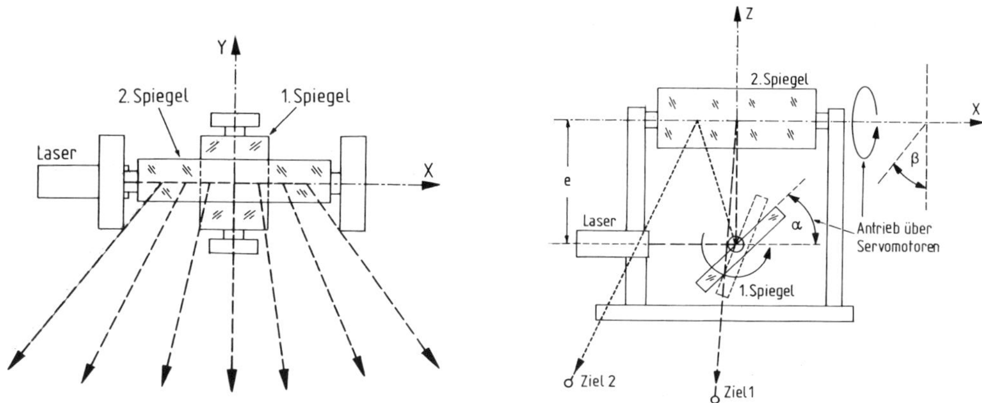

Abbildung 5.4-2: Prinzip der Strahlablenkung bei Laserscannern mit übereinander angeordneten rotierenden Planspiegeln in Grund- und Aufrissdarstellung nach *Kern* (System LEICA GEOSYSTEMS)

Für die schnelle Abtastung eines Objekts kann daher nur eine andere Lösung infrage kommen. Dazu wird von den Firmen u. a. das Prinzip der Ablenkung durch einen Planspiegel genutzt, der senkrecht zum Strahlengang des reflektorlos messenden Distanzmessers angeordnet ist und über einen Schritt- oder Servomotor gedreht wird. Mit einem einzelnen rotierenden Spiegel können allerdings nur Profile gemessen werden. Eine kontinuierliche Drehbewegung ohne Zwischenstopps für diskrete Messungen erlaubt die höchste Messgeschwindigkeit. Dieser Messmodus wird durch Abstimmen der Planspiegeldrehfrequenz mit der Abgrifffrequenz des Distanzmessers erreicht. Der einer Entfernungsmessung zuzuordnende Ablenkwinkel ist so eine Funktion der Zeit.

Um dreidimensional abzutasten, müssen zwei Planspiegel verwendet werden, deren Rotationsachsen rechtwinklig zueinander ausgerichtet sein sollten, um einen möglichst großen Abtastbereich zu erhalten. In Abbildung 5.4-2 ist der vereinfachte Aufbau zweier nach diesem Prinzip übereinander angeordneter Planspiegel dargestellt. Nachteilig wirkt sich hier die notwendige Exzentrizität e der beiden Rotationsachsen aus, weil e in die Distanzmessung eingeht. Zum Beispiel beträgt beim Instrument LEICA-CYRAX 2500 der Abstand zwischen beiden Spiegeln 10 cm, der zu Korrektionen von bis zu 6,4 mm führt.

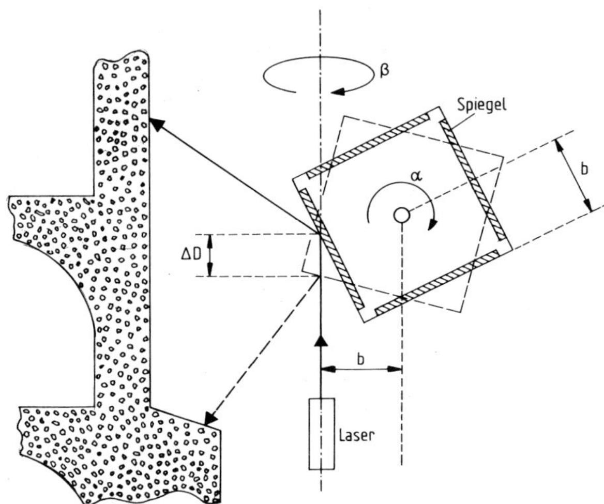

Abbildung 5.4-3: Prinzip der Strahlablenkung für Laserscanner mit rotierendem Spiegelpolygon (System RIEGL)

Anstelle eines rotierenden Planspiegels kann auch ein sich mit gleichförmiger Geschwindigkeit drehendes Spiegelpolygon genutzt werden (Abb. 5.4-3). Beim RIEGL-Scanner besteht das Polygon aus vier Spiegelflächen, die in der Kantennähe geschwärzt sind, damit eine eindeutige Trennung der vertikalen Abtastzeilen möglich ist. Diese entstehen dadurch, dass der Oberbau ähnlich wie bei einem motorisierten Tachymeter relativ langsam weitergedreht wird.

Weiterhin ist es möglich, Prismen als Ablenkeinheit zu benutzen oder eine Kombination der zuvor genannten Prinzipien. Grundsätzlich muss die primäre Rotation nach einem möglichst schnell arbeitenden Prinzip erfolgen, bei dem geringe Massen bewegt werden, während die sekundäre Drehung langsamer ausgeführt werden kann. Eine Klassifikation der verschiedenen terrestrischen Laserscanner kann nach unterschiedlichen Gesichtspunkten vorgenommen werden, ob z. B. mit dem Instrument nur kürzere und mittlere Distanzen ($<$ 100 m) oder auch größere (bis zu mehreren 100 m) gemessen werden können. Auch die erreichbare Punktgenauigkeit ist je nach Aufgabenstellung ein entscheidender Gesichtspunkt.

Wenn als Unterscheidungskriterium das Gesichtsfeld gewählt wird, lassen sich drei Bauformen von Laserscannern unterscheiden, nämlich die Panorama- und die Kamera-Scanner sowie die Hybrid-Scanner (Abb. 5.4-4). Bei einem Kamera-Scanner erfolgt die Abtastung in einem begrenzten Bereich, ähnlich wie bei einer Fotokamera. Ein derartiger Scanner wird auch wie eine Kamera auf das Messobjekt hin ausgerichtet. Ein Panorama-Scanner verfügt dagegen über ein Gesichtsfeld, das die gesamte Umgebung, also 360° umfasst, weshalb dieser

Instrumententyp sich besonders für die Vermessung von Innenräumen oder Tunneln eignet. Bei diesem Scannertyp wird der Laserstrahl horizontal auf einen Spiegel gelenkt, der gegen die horizontale Drehachse um 45° geneigt ist, wodurch eine vertikale Projektionsebene erzeugt wird, die um die vertikale Stehachse gedreht wird. Diese vertikale Umdrehungsachse lässt sich in der Regel mithilfe von Neigungssensoren nach dem Lot ausrichten. Da bei den Kamera-Scannern eine 360°-Drehung nicht möglich ist, können als Ablenkeinheiten z. B. Planspiegel verwendet werden, die, wie zuvor erläutert, hohe Abtastgeschwindigkeiten erlauben. Bei einem Hybrid-Scanner wird der Messstrahl vertikal auf ein Spiegelpolygon gelenkt (Abb. 5.4-3), das um eine horizontale Achse rotiert. Dadurch entsteht ein vertikales Segment mit einem Öffnungswinkel von ca. 60°. Diese Begrenzung ist durch ein Fenster bedingt, das das Gehäuse verschließt, während der Horizont über 360° erfasst werden kann, weil das Instrument wie bei einem Tachymeter um seine Stehachse relativ langsam gedreht wird. Hybrid-Scanner verfügen häufig über Ableteinrichtungen sowie über Neigungssensoren (Kompensatoren), mit deren Hilfe die Stehachse lotrecht gestellt werden kann.

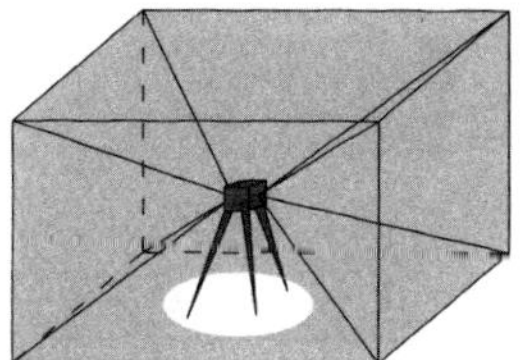
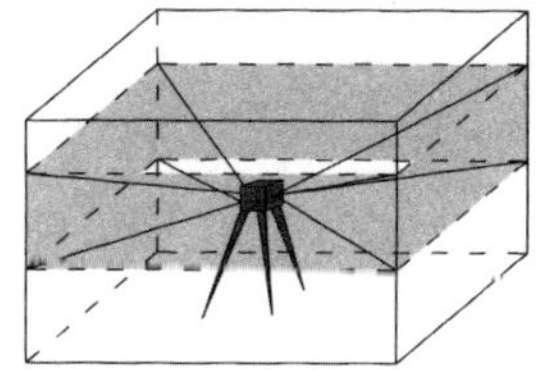
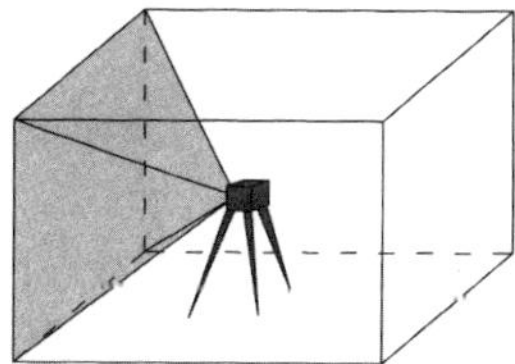

Abbildung 5.4-4: Bauarten unterschiedlicher Laserscanner: Panorama-Scanner (links), Hybrid-Scanner (Mitte), Kamera-Scanner (rechts)

Ein weiteres Unterscheidungskriterium ist das Messprinzip, das für die Distanzmessung genutzt wird, die nach dem Impulslaufzeit-, dem Phasenvergleichsverfahren oder nach einer Kombination von beiden (*Pulse-Wave-Technik*) erfolgt (Kap. 5.1). Das Distanzmessprinzip ist sowohl mit der Reichweite als auch mit der Genauigkeit korreliert. Mit dem Impulslaufzeitverfahren, das bei den meisten Laserscannern verwendet wird, lassen sich Distanzen bis zu mehreren hundert Metern mit einer Genauigkeit von 1 cm oder besser messen, während mit dem Phasenvergleichsverfahren nur Distanzen von weniger als 100 m bestimmt werden können, aber mit einer höheren Genauigkeit (mehrere Millimeter).

Tabelle 5.4-1: Klassifikation von Laserscannern

Hersteller	Modell	Reichweite	Genauigkeit Strecke/Hz/V	max. Scanrate Punkte/Sekunde
Faro	Focus ^{3D}X130	130 m	2 mm/0,009°/0,009°	122.00 – 976.000
Hexagon/Leica	ScanStation P50	bis zu 1 km	1,2 mm – 3 mm + 10 ppm/8"/8"	1 Mio.
Riegl	VZ®-400i	800 m	5 mm / 1,8" / 2,5"	42.000 – 500.000
Topcon	GLS-2000	130 – 500 m	3,5 mm / 6"/6"	120.000
Trimble	TX8	120 – 340 m	2 mm / 0,004°	1 Mio.
Zoller+Fröhlich	Imager® 5010X	187,3 m	0,3 mm – 3,3mm/0,007°/0,007°	1,016 Mio.

Abbildung 5.4-5: Laserscanner TRIMBLE TX8

Die geräteabhängige Reichweite hängt zwar primär vom Messprinzip ab, ist aber auch bestimmt durch die spezifische Leistungsdichte des Laserlichts (Laserleistung und Strahldivergenz), der Güte der Empfangsoptik, der Empfindlichkeit der Photodiode des jeweiligen Instrumententyps und auch von der Reflexionsfähigkeit des Zielobjekts und dem Auftreffwinkel.

5.4.3 Ausführung von Laserscans und Modellierung von gescannten Objekten

a) Überlegungen zur Kategorisierung von Scans

Im einfachsten Fall könnte sich ein Auftraggeber mit der räumlichen von Störeffekten befreiten Punktwolke zufriedengeben. Üblicherweise wird aber ein anspruchsvolleres Produkt gewünscht, bei dem digitale Bilder einer internen oder externen Kamera oder Texturen mit der Punktwolke kombiniert werden und so ein realistischeres Bild des gescannten Objekts erzeugen. Das Ergebnis einer derartigen Überarbeitung wird umso besser mit der Realität übereinstimmen, je höher der photogrammetrische Aufwand getrieben wird (Kap.9).

In Abhängigkeit von der Aufgabenstellung kann auch der Weg über eine sukzessive oder vollständige Konvertierung in ein CAD-Modell beschritten werden, wozu Teile der Punktwolke mithilfe von bestangepassten Flächen approximiert werden, für die geometrische Primitive (ebene Flächen, Zylinder, Kugel usw.) oder Freiformflächen gewählt werden. Die Modellierung der Freiformflächen ist noch relativ aufwendig, während für die Modellierung z. B. von Rohrleitungen eine leistungsfähige Software zur Verfügung steht. Daher ist die CAD-Modellierung in Abhängigkeit vom Objekt wesentlich arbeitsintensiver.

Auch ein Vergleich mit dem Scanergebnis einer Folgeepoche oder mit einer Sollgeometrie kann den eigentlichen Wert ausmachen.

b) Generelles zur Ausführung von Scans

Am günstigsten ist es, den Scanner senkrecht auf die Objektoberfläche hin auszurichten, sodass im Zentrum der Objektfläche eine regelmäßige, rasterförmige Anordnung der Messpunkte entsteht. Im Scanbereich des Instruments wird sich mit zunehmendem radialen Abstand vom Zentrum eine perspektivische Verzerrung der Punktanordnung ergeben. Falls eine senkrechte Ausrichtung zur Objektoberfläche nicht möglich ist, treffen die Laserstrahlen auf eine geneigte Fläche. Dann entsteht in Abhängigkeit von der Ebenenneigung und dem Abstand vom Projektionszentrum gegenüber der senkrechten Ausrichtung eine weitmaschigere und projektiv verzerrte Punktanordnung. Die Punktdichte auf einer geneigten Fläche ist daher wesentlich geringer. Die Genauigkeit der Distanzmessung hängt wie bei der reflektorlosen Tachymetrie (Kap. 5.2) entscheidend vom Einfallswinkel des Strahls auf die reflektierende Fläche ab. Während ein senkrecht auftreffender Strahl zu einem optimal auswertbaren Signal führt, wird ein sehr schräg auftreffender Messstrahl ein schwächeres Signal reflektieren, das eine geringere Streckenmessgenauigkeit erwarten lässt. Die verminderte Genauigkeit und die verringerte Punktdichte sprechen für eine senkrechte Ausrichtung des Instruments auf die Objektoberfläche. Durch eine entsprechende Anzahl und Auswahl von Aufnahmestandpunkten kann eine optimale Ausrichtung erreicht werden. Die Intensität des reflektierten Laserstrahls wird auch durch das Material der Oberfläche (z. B. Stahl, Holz, Stein, Beton) beeinflusst. Jedem Messpunkt wird als Attribut dessen Reflexionseigenschaft zugeordnet („vierte Koordinate“) und bei der Visualisierung der Ergebnisse durch eine Farbe ausgedrückt. Auf diese Weise lassen sich gemeinsame Materialeigenschaften benachbarter Punkte sichtbar machen.

Aufgrund von Mehrfachspiegelungen und Reflexionen an Menschen, Tieren oder Fahrzeugen entstehen virtuelle Punkte in der Punktwolke. Derartige temporäre Störungen lassen sich häufig während des Scanvorgangs nicht vermeiden und müssen als ersten Schritt bei der Auswertung entweder durch manuelles Löschen oder durch ein zweifaches Scannen derselben Szene mit anschliessendem Differenzbild eliminiert werden.

c) Praktische Ausführung von Scans

Die folgenden Ausführungen sollen zeigen, wie mit einem Laserscanner (Abb. 5.4-6) bei einer Bauaufnahme gearbeitet wird. Gegenüber photogrammetrischen Aufnahmen und der tachymetrischen Vermessung ist es beim Scannen – insbesondere in Innenräumen – nicht notwendig, die Objektoberfläche gleichmäßig auszuleuchten. Teile, z. B. ein Kirchengewölbe, können sogar im Dunkeln liegen.

Eine zentrische Aufstellung eines Scanners über einem vorgegebenen Punkt oder die Orientierung der Scanner-Achsen ist bei heutigen Instrumententypen nur noch bei einzelnen nicht möglich, weshalb für diese die äußere Orientierung des Scans mithilfe von Passpunkten erfolgt. Einige Scannertypen verfügen über eine zentrische Aufnahme oder einen entsprechenden Adapter, sodass auf dem Instrument auch eine GNSS-Antenne problemlos aufgesetzt werden kann. Die Koordinaten des Scannerstandpunktes können so z. B. mithilfe von SA*POS*® bestimmt werden. Die Orientierung lässt sich über einen zweiten GNSS-Standpunkt ermitteln, bei dem eine Zielmarke befestigt ist, die während des Scannens einzubeziehen ist.

An den Scanner wird ein Laptop mit der für die Steuerung des Scanvorgangs notwendigen Software angeschlossen. Da die Scanner üblicherweise über eine Digitalkamera verfügen, wird der beim Scannen erfassbare Szenenausschnitt zur Kontrolle und für die Feinausrichtung auf dem Bildschirm des Laptops gezeigt. Der gewünschte Scanbereich kann auch auf einen kleineren Ausschnitt reduziert werden. Die Maschenweite des Punktrasters ist abhän-

Abbildung 5.4-6: Laserscanner LEICA BLK 360, © Leica Geosystems AG

gig von der gewünschten Erfassungsgenauigkeit und vom Abstand Instrument – Objekt. Nach Ermittlung der mittleren Entfernung zum Objekt wird das Messraster auf diese abgestimmt. Falls z. B. die mittlere Entfernung 40 m beträgt und die Maschenweite im Zentrum 3 cm ausmachen soll, ergibt sich für den Scanvorgang ein Winkelschritt von $(0{,}03 : 40) \times (180°: \pi) = 0{,}043°$. Die Messpunkte liegen nach dem Scannen als lokale Polarkoordinaten vor, die auf das Zentrum des Scanners bezogen sind und in rechtwinklige Koordinaten umgerechnet werden.

Mithilfe von im Scan detektierten Passpunkten lassen sich, wie in der Photogrammetrie (äußere Orientierung), die lokalen Koordinaten in das Koordinatensystem der Passpunkte transformieren. Sowohl die Passpunkte für die Koordinatentransformation als auch die für die Verknüpfung mehrerer Scans notwendigen Punkte werden automatisch ohne Veränderung der Scannerausrichtung durch ein Feinscan hoher Genauigkeit mit einer Rasterweite von 1 mm abgetastet, weil es mit Laserscannern nicht möglich ist, diskrete Punkte gezielt anzumessen. Als ideale Zielmarke gilt die Kugel, die von allen Seiten gleich groß ist und gleich aussieht. Bei ebenen Zielmarken kann der Nachteil der variierenden Silhouette durch Montage auf einem um das Zentrum der Zielmarke kipp- und drehbaren Träger behoben werden. Die Marke muss dann allerdings in Bezug auf jeden Instrumentenstandpunkt neu ausgerichtet werden. Mit einer derartigen Zielmarke, deren Zielzeichenmitte aus einem weißen Kreis bestehen sollte, lassen sich optimale Ergebnisse erzielen. Für die Koordinatentransformation sind mindestens drei günstig verteilte Passpunkte notwendig, für die sowohl im lokalen als auch im übergeordneten (Ziel-)Koordinatensystem dreidimensionale Koordinaten vorliegen müssen. Eine derartige Transformation wird als Ähnlichkeitstransformation bezeichnet und benötigt sieben Parameter (drei Transformations-, drei Rotations-, einen Maßstabsparameter). Da bei drei Koordinatentrippeln insgesamt neun Elemente zur Verfügung stehen, tritt eine geringe Überbestimmung mit einer Redundanz von $r = 2$ auf. Falls möglich sollten zur Verbesserung der Redundanz weitere identische Punkte eingeführt werden. Zur Markierung der Passpunkte werden spezielle Marken verwendet, die aufgrund ihres Reflexionsverhaltens von der Auswertesoftware automatisch erkannt werden. Die Koordinaten der Passpunkte können z. B. mithilfe einer reflektorlosen tachymetrischen Vermessung bestimmt werden. Um ein Objekt ganz erfassen zu können, ist es meistens von mehreren Standpunkten aus zu scannen. Die einzelnen Scans sind zu einem Verband zusammenzuschließen. Die Verknüpfung der Scans, die jeweils eine 3D-Punktwolke darstellen, erfolgt über identische Punkte, die Passpunkte (Abb. 5.4-7).

Auch eine Verknüpfung von Punktwolken ist mithilfe von sogenannten ICP-Algorithmen (Iterative-Closest-Point) möglich, insbesondere wenn die Umgebungsbedingungen GNSS-Beobachtungen nicht zulassen, das Anbringen, Scannen und Detektieren der Verknüpfungsobjekte, der Passpunkte, entfällt. Derartige ICP-Algorithmen sind Bestandteil kommerzieller Softwarepakete. Gewisse Voraussetzungen müssen erfüllt sein, um zu befriedigenden Ergebnissen zu kommen, wie z. B. ein Überdeckungsgrad $> 10\ \%$. Die der Verknüpfung dienenden Passflächen müssen in drei näherungsweise orthogonal zu einander befindlichen Ebenen liegen. Im Überlappungsbereich zwischen zwei Punktwolken findet der ICP korrespondierende Punkte, die zur Berechnung von Transformationsparametern herangezogen werden. Anschließend werden die Transformationsparameter dazu verwendet, eine der Punktwolken zu orientieren, wodurch die relative Ausrichtung zwischen den Datensätzen verbessert wird, was so lange wiederholt wird, bis ein vorgegebenes Konvergenzkriterium erfüllt ist. Die Abhängigkeit von einer ausreichenden Vorausrichtung der beiden Datensätze ist ein Nachteil dieses Verfahrens. Um die Problematik der Vorausrichtung der Punktwolken zufriedenstellend zu lösen, eignet sich z. B. die direkte Georeferenzierung oder die Anwendung von Algorithmen zur Vorausrichtung. Ein anderer Weg besteht in der Verwendung geometrischer Informationen in Form von geometrischen Primitiven, wie z. B. Kanten oder Ebenen. Mit dieser Strategie kann die Gesamtgenauigkeit verbessert werden, indem ausgeglichene Ebenen als Eingangsgrößen für die Berechnung von Transformationsparametern anstelle der einzelnen Punkte verwendet werden. Für die Verwendung von Ebenen insbesondere bei der Erfassung von Gebäuden spricht, dass Ebenen bei den meisten Bauwerken die vorherrschende geometrische Form sind. Die Idee, extrahierte Ebenen anstelle von Punkten aus Laserscans zu verwenden, wurde zuerst bei der Kalibrierung von Laserscannern umgesetzt und führte später zur Implementierung dieses Ansatzes in eine kommerzielle Software, „Scantra". Durch das Ineinanderfügen der Scans entsteht eine Punktwolke, die auf dem Bildschirm mithilfe der Software aus allen gewünschten Richtungen betrachtet werden kann. Diese Punktwolke kann als Parallelprojektion oder perspektivisch abgebildet werden. Beim Zusammenschließen benachbarter Scans wird es immer zu Überlappungen kommen, weil in den Randbereichen die aufzunehmenden Objektflächen doppelt aufgemessen werden. Diese Überlappung dient dem Zusammenschluss und der Kontrolle der Modelle, in der Photogrammetrie als gegenseitige relative Orientierung bezeichnet. So können eventuelle Fehler aufgedeckt werden.

Die Modellbildung mithilfe der zur Verfügung stehenden Software setzt voraus, dass sich die Oberfläche des Objekts durch einfache geometrische Formen, z. B. bei einer Fassade durch eine Ebene, beschreiben lässt. Weiter wird vorausgesetzt, dass mit der 3D-Punktwolke die Oberfläche des zu modellierenden Objekts hinreichend dicht und ausreichend genau erfasst wurde. Teilmengen der Punktwolke werden genutzt, um Teile des Objekts durch infrage kommende geometrische Primitive (z. B. Ebene, Kugel, Kegel oder Zylinder) darzustellen, wobei die Begrenzung des Bereichs in der Regel durch den Anwender vorzunehmen ist. Die Anpassung der gewählten geometrischen Form an die festgelegte Teilmenge der Punktwolke geschieht mithilfe der Ausgleichungsrechnung. Ein Objekt lässt sich so stückweise modellieren und zusammenfügen.

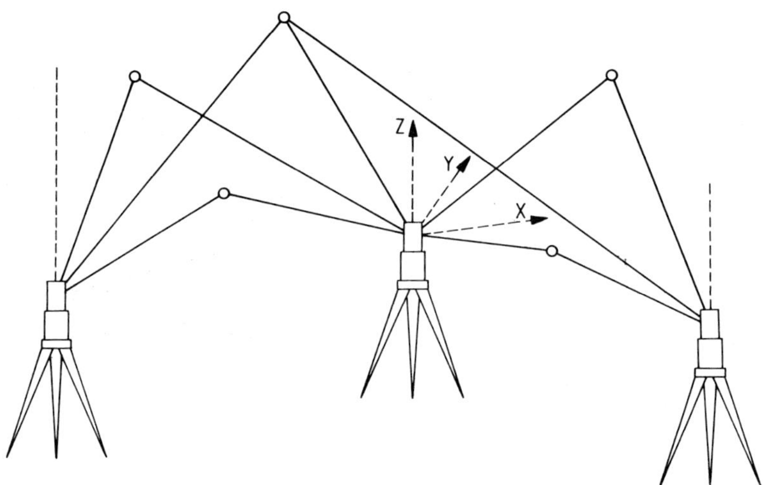

Abbildung 5.4-7: Verknüpfung der von unterschiedlichen Standpunkten ausgeführten Laserscans mithilfe von Passpunkten

Wird ein Objekt beispielsweise in einzelne Flächen zerlegt, so werden die Begrenzungen der Flächen als Kante erhalten, die durch Verschneiden zweier aneinander angrenzender modellierter Flächen entstehen. Eine vertikale Kante ergibt sich z. B. durch Verschneiden der beiden angrenzenden vertikalen Wandflächen.

Im Anlagenbau, wo häufig Systeme von Rohrleitungen aufzumessen sind, werden die räumlichen Primitiven, wie Zylinder mit vorgegebenem Durchmesser, genutzt, um die Punktwolke in Modelle umzusetzen. Auch eine Bearbeitung der Punktwolke mit CAD-Programmsystemen, wie AutoCAD oder MicroStation, ist möglich, da die Scannersoftware über eine entsprechende Schnittstelle verfügt.

d) Prinzipien zur Auswertesoftware

Abgesehen davon, dass die Strukturen moderner Ingenieurbauwerke filigraner, graziler und komplizierter geworden sind, lassen sich diese häufig nicht durch Primitive darstellen. Ein Laserscanner ermöglicht, wie zuvor dargestellt, die unmittelbare Erfassung von Oberflächen durch 3D-Punktwolken, mit der sich auch Bauwerks- und Objektveränderungen (Monitoring, Kap. 13.6.2), wie z. B. bei Brücken, Staudämmen oder Stützwänden, feststellen lassen, was allerdings eine geeignete Modellierung der 3D-Punktwolken voraussetzt, um überhaupt Verformungen detektieren zu können.

Beim Monitoring werden üblicherweise 3D-Punktwolken verschiedener Beobachtungsepochen miteinander verglichen, wozu neben den Softwarepaketen der Firmen, wie von HEXAGON METROLOGY, auch freie Software (z. B. Open-Source-Freeware Cloud Compare, `http://www.danielgm.net/cc`) verwendet werden kann. In diesen Softwarepaketen werden die Punktwolken der Beobachtungsepochen entweder direkt, was meist nicht möglich ist, oder über eine vorherige Vermaschung, Glättung oder Blockbildung verglichen. Vor dem Vergleich sollte geprüft werden, ob durch Einbauten zwischen den Epochen, wie z. B. durch Messsensoren, Verfälschungen hervorgerufen werden können. Gegebenenfalls müssen diese

Bereiche der entsprechenden Punktwolken bereinigt werden. Wird ein identischer Standpunkt zwischen den Beobachtungsepochen gewählt, wirken sich Abschattungen und systematische Abweichungen auf die Messungen ähnlicher aus als bei unterschiedlichen Standpunkten.

Ein flächenhafter Nachweis von Verformungen erfordert eine geeignete Approximation der Punktwolke des Laserscanners. Eine von mehreren Möglichkeiten besteht in der Verwendung von B-Splines. Eine ausführliche Darstellung der mathematischen Grundlagen der im Folgenden verwendeten B-Spline-Flächen findet sich beispielsweise in dem Buch von *Piegl & Tiller* (1997), ein praktisches ingenieurgeodätisches Beispiel in dem Beitrag von *Paffenholz u. a.* (2018).

Eine B-Spline-Fläche lässt sich aus einem bidirektionalen Netz von Kontrollpunkten, zwei Knotenvektoren und den Produkten der eindimensionalen Basisfunktionen $\mathbf{N}_{i,p}(u)$ und $\mathbf{N}_{j,q}(v)$ bilden:

$$S_{(u,v)} \quad = \quad \sum_{i=0}^{n}\sum_{j=0}^{m} \mathbf{N}_{i,p}(u)\mathbf{N}_{j,q}(v)\mathbf{P}_{i,j}. \tag{5.24}$$

Der Oberflächenpunkt $S_{(u,v)}$ der B-Spline-Fläche ist abhängig von einem Raster aus $(n+1)(m+1)$ Kontrollpunkten $P_{i,j}$, den Funktionsgraden p bzw. q sowie dem Knotenvektor $\mathbf{U}$ in u-Richtung und dem Knotenvektor $\mathbf{V}$ in Richtung des Parameters v. Die Anzahl der Knotenpunkte, die Knotenvektoren und die Funktionsgrade werden vor bzw. bei der Schätzung einer B-Spline Fläche festgelegt.

Der schematisierte Ablauf, wie sich eine B-Spline Fläche bestimmen lässt, ist in Abb. 5.4-8 dargestellt. Nachfolgend werden die wesentlichen Schritte gemäß dieser Abbildung behandelt.

Zuerst müssen die 3D-Punktwolken vorverarbeitet werden, wozu zum einen die zuvor erwähnte Bereinigung der Punktwolken von Störobjekten zu erfolgen hat und zum anderen durch einen vordefinierten Puffer die Punktwolke so aufbereitet wird, dass diese an den Rändern verkleinert wird, um in den Randbereichen vorhandene Datenlücken zu eliminieren und so die Berechnung der B-Spline-Fläche zu verbessern. Als letzter Schritt der Aufbereitung der 3D-Punktwolken werden diese auf ein regelmäßiges Raster projiziert.

Für ein geeignetes Modell ist der B-Spline-Grad der Basisfunktionen p bzw. q und die Anzahl der Kontrollpunkte $n+1$ bzw. $m+1$ festzulegen. Die ersten beiden Parameter entsprechen dem Grad der Basisfunktion in u-Richtung bzw. in v-Richtung. Für beide Parameter wird der Grad 3 $(p=3, q=3)$ gewählt, weil kubische B-Splines sich bei den meisten ingenieurgeodätischen Anwendungen bisher als hinreichend erwiesen haben. Neben dieser Festlegung ist auch die Anzahl der Kontrollpunkte in u- bzw. in v-Richtung zu wählen, die auf der Basis von Informationskriterien, wie z. B. die von Bayes und Akaike (vgl. *Gálvez, u. a.* (2015)), erfolgt. Danach ist eine Kontrollpunktanzahl von 20 für die hier in Betracht kommenden Aufgaben hinreichend.

Nachdem die B-Spline-Parameter festgelegt sind, können die einzelnen B-Spline-Flächen für die verschiedenen Epochen geschätzt werden. Zuerst wird die 3D-Punktwolke um ihren Schwerpunkt reduziert und dann basierend auf den zuvor bestimmten B-Spline-Parametern gerastert. Das Ergebnis sind Rasterzellen, die die entsprechenden 3D-Punktkoordinaten der 3D-Punktwolke beinhalten. Für jede dieser Rasterzellen werden die zugehörigen 3D-Punktkoordinaten gemittelt. Als Ergebnis liegen für jede Rasterzelle die Mittelwerte der drei Koordinatenkomponenten vor. Um die B-Splines berechnen zu können, müssen die Messdaten

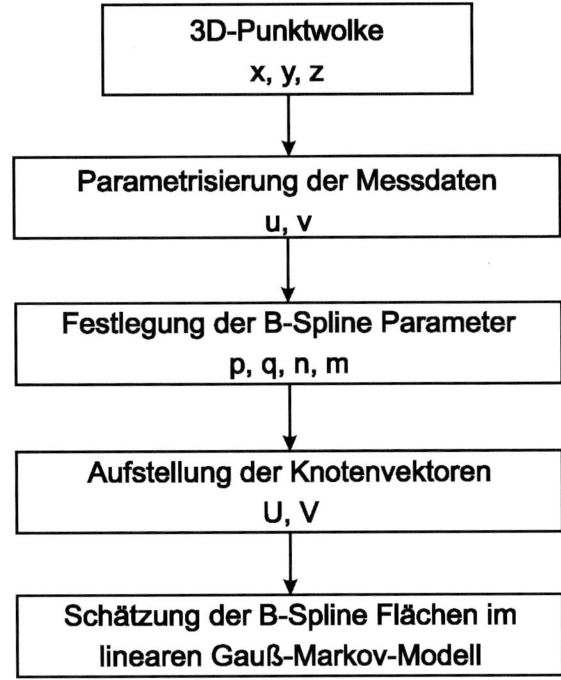

Abbildung 5.4-8: Schematischer Ablauf zur Bestimmung einer B-Spline-Fläche, modifiziert nach *Paffenholz u. a.* (2018)

parametrisiert werden, wozu die innerhalb der Messdaten vorhandenen Datenlücken zu eliminieren sind. Die Datenlücken der x-Komponente werden durch Mittelwerte der Zeile und die der y-Werte über Mittelwerte der Spalten des Rasters ersetzt. Schließlich liegen je eine Rasterstruktur für die u-Komponente und eine für die v-Komponente vor. Für beide Strukturen werden dann die Mittelwerte von Zeile bzw. Spalte basierend auf den parametrisierten Werten gebildet.

Mit den hieraus resultierenden Vektoren und den übrigen B-Spline-Parametern können die Knotenvektoren **U** und **V** berechnet werden. Anschließend müssen die Messdaten neu geordnet werden, sodass als Ergebnis eine Beobachtungsmatrix vorliegt, in der alle berechneten Mittelwerte der Rasterzeilen der x-, y- und z-Komponenten enthalten sind. Innerhalb dieser Matrix müssen die Indizes von Datenlücken bestimmt werden und anschließend mithilfe dieser Indizes Datenlücken eliminiert werden, wodurch die Größe der Beobachtungsmatrix reduziert wird. Danach können die Beobachtungen wieder um den Schwerpunkt erweitert werden. Wegen der Messdatenparametrisierung lassen sich die Strukturen der u-Komponente und der v-Komponente neu ordnen. Das Ergebnis dieser Neuordnung ist eine Matrix, die für jeden Punkt der Beobachtungsmatrix die zugehörige Parametrisierung beinhaltet.

Die Ausgleichung erfolgt mithilfe des linearen Gauß-Markov-Modells, für das ein stochastisches und ein funktionales Modell aufzustellen ist. In das stochastische Modell werden die Beobachtungen zunächst als gleichgenau und unkorreliert eingeführt. Für das funktionale Modell ist die Designmatrix aufzustellen, wozu die ausgewählten B-Spline-Parameter, die Matrix der parametrisierten Mittelwerte der Messdaten und die Knotenvektoren **U** und **V** dienen. Im Anschluss daran werden die Kofaktormatrix der Parameter, die ausgeglichenen Parameter, die ausgeglichenen Beobachtungen und die Residuen berechnet. Hier entsprechen die ausgeglichenen Parameter den Koordinaten der Kontrollpunkte.

Mit den so berechneten B-Spline-Flächen können Verformungen zwischen den einzelnen Messepochen erkannt werden, und da sich für jede geschätzte B-Spline Fläche jeder beliebige Punkt berechnen lässt, können Differenzen zwischen den Epochen bestimmt werden.

5.4.4 Zusammenfassung der wesentlichen Unterschiede zwischen Tachymetern und Laserscannern

a) Instrumentelle Unterschiede

- Laserscanner sind so konstruiert, dass hohe Messraten von > 1 Mill. Punkten pro Sekunde erreicht werden, weshalb nur geringe Massen bewegt werden können und damit u. a. auch nicht über ein Fernrohr verfügen. Die Messung ist unabhängig vom Tageslicht.
- Eine Zieleinrichtung ist somit nicht vorhanden, weshalb reproduzierbare Einzelmessungen nicht möglich sind. Es können allerdings künstliche Zielmarken erkannt werden, für die nach der Auswertung ein Koordinatentripel zur Verfügung steht.
- Nicht alle Scannertypen verfügen über eine durchschlagbare Einrichtung für das Messsignal, sodass systematische Abweichungen, die durch Achsabweichungen bedingt sind (Kap. 3.4), sich nicht durch Messen in zwei Lagen eliminieren und sich auch nicht durch einfache Prüfverfahren vorab als Korrektion bestimmen lassen.
- Die Messprinzipien für die Streckenmessung gleichen denjenigen der reflektorlosen tachymetrischen Distanzmessung. Da während der Wiederholungsmessungen der Spiegel des Scanners rotiert, treffen die Messstrahlen jeweils systematisch verschwenkt auf die Objektoberfläche auf. Da diese Oberflächen Bestandteil von Gebäudeflächen, Mauern oder natürlichen Flächen, wie z. B. Felsen, sind und unterschiedliche geometrische und physikalische Eigenschaften aufweisen, wird das Messergebnis zufällig aber auch systematisch zusätzlich zu der von den Firmen angegebenen Distanzmessgenauigkeit, die z. B. bei der LEICA GEOSYSTEMS `ScanStation P50` mit $\sigma = 1,0$ mm $+ 10$ ppm beträgt, verfälscht sein. Wegen dieser variablen Eigenschaften der mit dem Laserstrahl angemessenen Oberflächen sowie wegen der Messkonfiguration, die es üblicherweise nicht gestattet, den Zielstrahl optimal auszurichten, kann die Messgenauigkeit einer einzelnen Tachymetermessung nicht erreicht werden.
- Gegenüber einem Tachymeter erfolgt bei einem Scanner die Abtastung der Teilkreise nur für 1 % aller Messpunkte. 99 % der Messwerte werden abhängig vom Zeitintervall zwischen aufeinanderfolgenden Abtastungen interpoliert, weshalb die Standardabweichung für eine einzelne Winkelmessung $\sigma = 2.5$ mgon z. B. für die LEICA GEOSYSTEMS `Scanstation P50` beträgt, die zehnfach größer als bei einem entsprechenden Tachymeter ist.
- Die Verknüpfung der von mehreren Standpunkten ausgeführten Messungen geschieht entweder wie in der Photogrammetrie über Passpunkte oder mithilfe spezieller Algorithmen.

- Scanner, die über Kompensatoren und Abloteinrichtungen verfügen, können auch wie Tachymeter für Anschlussmessungen benutzt werden.
- Das Lasersignal wird nicht nur für die Distanzmessung genutzt, sondern gestattet auch, die unterschiedlichen Reflexionseigenschaften der angemessenen Objektoberflächen zu erkennen, weil die Intensitäten des reflektierten Signals gemessen werden.

b) Auswertetechnische Unterschiede

- Da mit einem Tachymeter wegen des relativ hohen Zeitaufwandes für eine Einzelmessung nur wenige repräsentative Punkte eines Objekts erfasst werden, kann die tachymetrische Methode zur geometrischen Bestimmung eines körperhaften Objekts ökonomisch nur eingesetzt werden, wenn sich ein derartiges Objekt in geometrische Primitive zerlegen lässt, die sich durch wenige Punkte widerspruchsfrei beschreiben lassen.
- Im Gegensatz dazu misst ein Laserscanner innerhalb kürzester Zeit eine extrem große Zahl von dicht beieinanderliegenden Punkten einer Oberfläche, die eine unstrukturierte dreidimensionale Punktwolke mit zugeordneten Intensitätswerten darstellt und das Objekt beschreibt,
- Die einzelnen gescannten Punkte folgen einem polaren Raster, für das die Rasterdichte vor der Messung festgelegt wird und dabei die feinsten aufzulösenden Objektstrukturen sowie die Distanz zum Objekt zu berücksichtigen sind.
- Im Vergleich zur tachymetrischen Aufnahme gibt es bezüglich der Punktdichte praktisch keine Variationsmöglichkeiten, weil das Scannen automatisch abläuft, sodass Bereiche redundant oder einfach strukturierte Oberflächenteile zu dicht aufgenommen werden, die bei der häuslichen Bearbeitung erst wieder ausgedünnt werden müssen.
- Wie bei der Photogrammetrie benötigt man bei mehreren Instrumentenaufstellungen Pass- und Verknüpfungspunkte, die durch spezielle Zielmarken, wie aufklebbare Kreismarken oder Kugeln, signalisiert werden. Es können auch natürliche Passpunkte genutzt werden oder es werden von verschiedenen Standpunkten überlappend aufgenommene Geometrien ausgewertet.
- Da zur Objektmodellierung sehr viele Punkte genutzt und in einer Ausgleichung verarbeitet werden, sind die Genauigkeitsansprüche an einen einzelnen gescannten Punkt geringer. Irreguläre Flächen werden wie bei der Geländeaufnahme durch digitale Oberflächenmodelle approximiert, die durch regelmäßige Gitter vermascht werden.
- Die häusliche Nachbereitungszeit (Postprocessing) ist wesentlich höher als bei der Tachymetrie und kann mehr als die zehnfache reine Messzeit betragen. Das Ziel der Modellierung ist üblicherweise der Export der Daten in CAD-Systeme.

5.4.5 Aktuelle Entwicklungen

Als Beispiel für ein Instrument, bei dem die Methode der simultanen Lokalisierung und Kartenerstellung „SLAM" (*S*imultaneous *L*ocalization *a*nd *M*apping) realisiert ist, soll das `RTC360` der Firma LEICA hier beschrieben werden. Anders als bei den meisten Scansystemen, in denen zwei aufeinanderfolgende Scans in mehr oder weniger zufällig gelagerten lokalen Koordinatensystemen erfasst und dann aufwendig in ein gemeinsames Koordinatensystem transformiert werden muss, erfolgt dieser Schritt beim `RTC360` automatisch.

Dies basiert maßgeblich auf der Fähigkeit des `RTC360` Laserscanners, automatisch seine aktuelle Position und Orientierung relativ zur letzten Aufstellung zu bestimmen, wozu ein

Multisensorsystem, das sogenannte „*V*isual *I*nertial *S*ystem (VIS)“, dient. Mit diesem System kann die relative Position und Orientierung im Raum zwischen zwei aufeinanderfolgenden Standpunkten des Scanners bestimmt werden. Die auf dem zweiten Standpunkt aufgenommene Punktwolke wird passend zur ersten rotiert und verschoben, sodass eine geometrisch korrekte Kombination der beiden Punktwolken erreicht wird. Neben einer Darstellung der kombinierten Punktwolke und damit der bereits aufgenommenen Situation im Feld dient diese „Vorregistrierung“ (netzartige, nachbarschaftliche Verknüpfung beim Laserscanning, auch Registrierung genannt) als Startwert zur späteren hoch genauen „Registrierung“ im Büro.

SLAM basiert auf einer Fusion verschiedener Sensordaten, wobei sich die Art und Anzahl der eingesetzten Sensoren je nach Methode unterscheiden können. Das VIS fällt in die Kategorie der „Visual SLAM“-Methoden, stützt sich also primär auf Verfahren der Bildverarbeitung und der Erkennung und Verfolgung von natürlichen Merkmalen in Kamerabildern. Das VIS besteht aus fünf Kameras und einer *I*nertial *M*easurement *U*nit (IMU). Die Verteilung der Kameras ist so gewählt, dass der gesamte sichtbare Teil der Umgebung rund um den Scanner abgedeckt ist. Vier der fünf Kameras befinden sich in den Ecken des Scanners, die fünfte Kamera ist an der Oberseite des Scanners angebracht und zeigt in den Zenit. Die IMU befindet sich im Inneren des Scannergehäuses (Abb. 5.4-9 rechts). Nach dem Messprinzip des VIS werden fortlaufend und abwechselnd die sechs Freiheitsgrade (drei Rotationen, drei Translationen) des Scanners durch einen räumlichen Rückwärtsschnitt basierend auf einer Hilfspunktwolke bestimmt (Lokalisierung) und unter Einbeziehung der zuvor bestimmten Freiheitsgrade durch einen Vorwärtsschnitt weitere 3D-Punkte bestimmt und die Hilfspunktwolke entsprechend erweitert (Kartenerstellung). Zu Beginn wird die Hilfspunktwolke durch ausgewählte 3D-Punkte des ersten Scans initialisiert. Für diese Punkte werden vornehmlich optisch signifikante Merkmale – sogenannte „Features“ – ausgewählt, deren Positionsänderung in den Kamerabildern während der Bewegung des Scanners durch ein „Feature-Tracking“-Verfahren bestimmt werden kann, wie z. B. Ecken und Kanten oder generell Punkte mit hohem Kontrast im Bild.

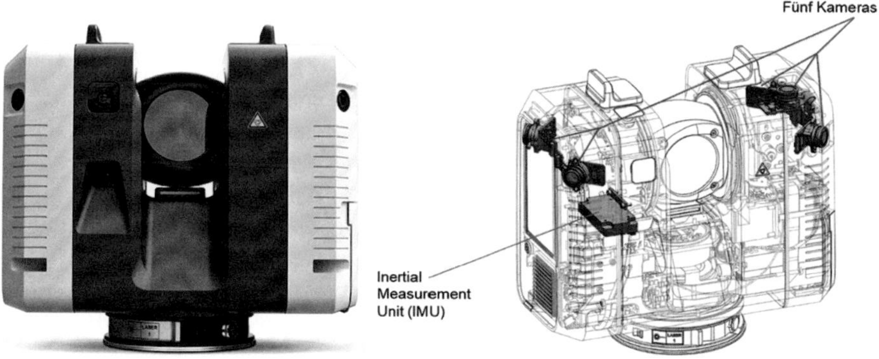

Abbildung 5.4-9: Laserscanner LEICA RTC360 (links) u. VIS-Sensoren des Instruments (rechts).

Durch die Bewegung ändert sich die unmittelbare Umgebung und einige der „Feature“-Punkte werden in den Kamerabildern nicht mehr sichtbar sein, da sie z. B. durch andere Objekte verdeckt werden. Deshalb werden die Bilddaten laufend nach neuen, signifikanten Merkmalen analysiert, welche dann in die Menge der „Feature“-Punkte aufgenommen werden. Sobald ein neuer „Feature“-Punkt von zumindest zwei Positionen aus beobachtet werden kann, wird über einen Vorwärtsschnitt der entsprechende 3D-Punkt bestimmt und zur Hilfspunktwolke hinzugefügt. Diese ständige Erweiterung soll sicherstellen, dass jederzeit ausreichend 3D-Punkte zur Bestimmung einer neuen Position zur Verfügung stehen.

Parallel zur Auswertung der Kameradaten werden mittels IMU die Beschleunigungen und Drehraten erfasst. Diese Messungen werden mit den aus der Bildauswertung stammenden Positionen fusioniert. Es wird dabei die Prädiktion mit den Daten der IMU und mit den aus der Bildverarbeitung resultierenden Werten ausgeführt. Wie bereits erwähnt, werden beim SLAM die Positionen nacheinander und somit der Bewegungsverlauf des Scanners bestimmt (Lokalisierung) und gleichzeitig die Hilfspunktwolke erweitert (Kartenerstellung). Am Ende der Bewegung, d. h., wenn der zweite Standpunkt erreicht wird, werden durch eine Bündelblockausgleichung (Kap. 9) sämtliche Positionen unter Einbeziehung aller „Feature“-Beobachtungen einem globalen Optimierungsprozess unterzogen und somit die Genauigkeit erhöht. Eine weitere Verbesserung der Genauigkeit wird dadurch erzielt, dass nach dem Scan am zweiten Standpunkt eine Cloud-to-Cloud-Registrierung der beiden Punktwolken durchgeführt wird. Mit dieser Optimierung werden die Abstände der beiden Punktwolken im Überlappungsbereich minimiert.

Das VIS ist so ausgelegt, dass die Abweichung der geschätzten Position maximal 5 % der Weglänge zwischen den beiden Standpunkten beträgt. Diese Genauigkeitsanforderung ist so gewählt, dass diese, bei ausreichender Scanüberlappung, einen genügend genauen Startwert für eine automatische Cloud-to-Cloud-Registrierung erlaubt. Es gibt jedoch Grenzen für jedes bildbasierte System, da dieses auf die Detektion von zuverlässigen Features in seiner Umgebung angewiesen ist. Wo das nicht möglich ist, z. B. in vollständiger Dunkelheit, kann auch keine Position berechnet werden. Für den seltenen Fall, dass das VIS keine zuverlässige Position liefern kann, stellt die FIELD 360 App eine einfache visuelle Methode zur Verfügung, bei der die letzte erstellte Punktwolke mit einfachen Touchscreen-Befehlen an ihre Sollposition geschoben und rotiert werden kann.

5.4.6 Prüfung von Laserscannern

Neben der Kalibrierung von geodätischen Messinstrumenten, z. B. den elektrooptischen Distanzmessern (Kap. 5.3.2), werden in der Praxis häufig Feldprüfverfahren zum Nachweis der einwandfreien Funktionsfähigkeit des Instruments angewandt, um die Frage zu beantworten, ob systematische Messabweichungen auftreten. Als Beispiel sei die Nivellierprüfung genannt (Kap. 4.1.3). Da die Kalibrierung von Laserscannern sehr aufwendig ist und geeignete Methoden noch nicht genormt sind, sollen hier Feldprüfverfahren für diesen Instrumententyp behandelt werden, die unabhängig vom Funktionsprinzip des Scanners (z. B. Panorama-Scanner oder Kamera-Scanner usw.) die sichere Erkennung systematischer Messabweichungen für Distanz und Richtung gestatten. Die im Weiteren behandelten Prüfmethoden folgen einem Vorschlag von *Gottwald* und dem vom Deutschen Verein für Vermessungswesen (DVW) herausgegebenen Merkblatt 7-2014 „Verfahren zur standardisierten Überprüfung von terrestrischen Laserscannern (TLS)“. Beide Prüfmethoden gehen von der Grundidee aus, den

Messaufbau für die Prüfung so zu konzipieren, dass sich die mit dem Prüfling zu messenden Distanzen und Richtungen (Hz/V) gegenseitig kontrollieren und als Ergebnis des Prüfprozesses die Aussage gemacht werden kann: Das Instrument entspricht der festgesetzten Spezifikation oder nicht. Als Beispiel für ein realisiertes Prüffeld dient das der Universität Bonn.

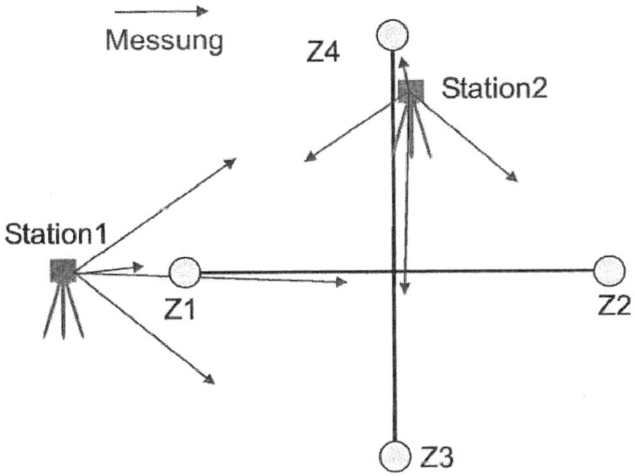

Abbildung 5.4-10: Doppel-Distanz-Prüfverfahren nach *Gottwald*

Verfahren nach *Gottwald*

Zunächst soll das sogenannte Doppel-Distanz-Prüfverfahren (DD) nach *Gottwald* vorgestellt werden, weil es sich einfach und schnell realisieren lässt und zu zuverlässigen Ergebnissen führt. Durchführung der Prüfung (siehe Abb. 5.4-10):

- Zuerst werden zwei sich rechtwinklig schneidende Linien 1-2 und 3-4 in einer Länge abgesteckt, die im Scanbereich des Instruments liegen müssen, wobei darauf zu achten ist, dass die Linie 1-4 nahezu horizontal ist und die Punkte 2 oder 3 gegenüber 1 einen signifikanten Höhenunterschied aufweisen.
- Dann wird der Scanner in Verlängerung der Punkte 1 und 2 aufgebaut (Station 1 in der Abb. 5.4-10) und zu den Punkten 1-4 gemessen.
- Danach wird der Scanner in der Linie 3-4 aufgebaut (Station 2 in der Abb. 5.4-10) und wieder die Punkte 1-4 angemessen.
- Für die Auswertung werden die Differenzen der Distanzmessungen zwischen 1 und 2 sowie zwischen 3 und 4 gebildet, die aus den Instrumentenaufstellungen „Station 1“ und „Station 2“ resultieren.
- Abschließend werden die aufgetretenen Abweichungen mit den für das Instrument spezifizierten verglichen.
- Falls durch die Prüfung auch eine von der Distanz abhängige systematische Abweichung, eine Maßstabsabweichung, nachgewiesen werden soll, müssten die Distanzen von 1 nach 2 sowie von 3 nach 4 mit einem präzisen Tachymeter ausgemessen werden.

Verfahren nach Heister und dem Merkblatt des DVW

Auch der im Folgenden behandelte Messaufbau, der auf einen Vorschlag von *Heister* zurückgeht, benutzt vier Zielzeichen wie das Prüfverfahren nach *Gottwald*. Jedoch werden die Zielzeichen so angeordnet, dass diese jeweils ein horizontales und ein vertikales rechtwinkliges Dreieck bilden, wobei beide Dreiecke eine Dreiecksseite gemeinsam haben (Abb. 5.4-11). Sowohl die beiden Instrumentenstandpunkte Sc1 und Sc2 als auch die beiden Zielmarken T1 und T2 sollen sich in einer Geraden befinden. Die Längen der Dreiecksseiten und der Abstand zwischen den beiden Instrumentenstandpunkten richten sich nach der möglichen Reichweite des zu prüfenden Laserscanners. Der vertikale Abstand zwischen den Zielpunkten T2 und T4 soll möglichst ein Drittel der Hypotenuse des horizontalen Dreiecks betragen. Die Anordnung nach Abb. 5.4-11) erlaubt eine eventuell vorhandene Additionskonstante zu ermitteln, um das Ziel einer Trennung des Einflusses von distanz- und winkelabhängigen systematischen Messabweichungen so weit wie möglich zu erreichen. Wie beim Verfahren nach *Gottwald* können auch mit dieser Methode nur die vom Hersteller angegebenen Spezifikationen überprüft werden. Allerdings lassen sich der Einfluss einer möglichen systematischen Abweichung der Additionskonstanten sowie der Gesamteinfluss von systematischen Abweichungen, die auf Abweichungen des Achssystems von dessen Sollgeometrie (Ziel- und Kippachsabweichung Kap. 3.4.2 u. 3.4.3) zurückzuführen sind, quantifizieren. Da sich die Messungsanordnung in Bezug auf das vertikale Dreieck nicht überall umsetzen lässt, behält das Verfahren nach *Gottwald* trotz seiner Defizite seine praktische Relevanz.

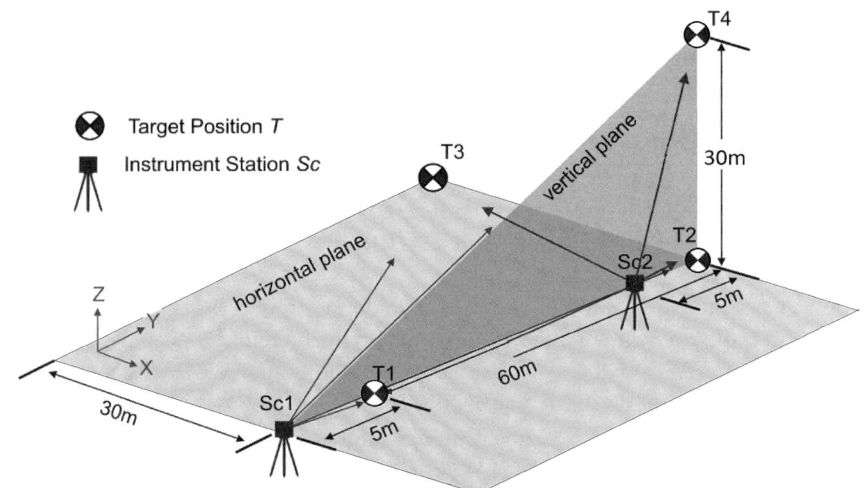

Abbildung 5.4-11: Laserscanner-Feldprüfverfahren nach *Heister*

Nach Realisierung der Prüfanordnung werden die Zielmarken T1 bis T4 mindestens jeweils dreimal von den Instrumentenstandpunkten Sc1 und Sc2 aus gescannt und anschließend die Mittelpunktskoordinaten der vier Zielmarken bestimmt. Mit den auf jeden Instrumentenstandpunkt bezogenen, aus den drei Messungen gemittelten, dreidimensionalen Koordinaten werden die Distanzen T1T2, T1T4 und T2T4 sowohl mit den Messergebnissen vom Instrumentenstandpunkt Sc1 als auch mit denen vom Instrumentenstandpunkt Sc2 berechnet. Anhand der Differenzen zwischen den von den beiden Instrumentenstandpunkten aus gewonnenen Strecken lässt sich erkennen, ob systematische Abweichungen vorliegen. Dies ist dann der Fall, wenn die aufgetretenen Differenzen sich signifikant von null unterscheiden. Die Auswertung, der Berechnungsweg für den Signifikanznachweis und das standardisierte Berechnungsformular können dem vom Deutschen Verein für Vermessungswesen herausgegebenen Merkblatt 7 – 2014 „Verfahren zur standardisierten Überprüfung von terrestrischen Laserscannern (TLS)“ entnommen werden. Für die LEICA GEOSYSTEMS `ScanStation P20` ist vom Hersteller, LEICA GEOSYSTEMS, die Funktionalität „Check&Adjust“ vorgegeben, mit der nicht nur eine Überprüfung, sondern auch eine Anpassung der Parameter vorgenommen werden kann. Durch eine Anordnung mit fünf Zielen kann innerhalb von 30 Minuten dieser Scanner überprüft werden. Abschließend sei darauf hingewiesen, dass eine Maßstabsabweichung nur mithilfe von Strecken nachgewiesen werden kann, deren Distanzen mit übergeordneter Genauigkeit bekannt sind.

Prüffeld der Universität Bonn

Das Prüffeld des Instituts für Geodäsie und Geoinformation der Universität Bonn soll als realisiertes Beispiel für das zuvor nach dem DVW-Merkblatt beschriebene Verfahren dienen (*Holst, C. u. a.* (2018)). Entsprechend den dortigen Vorgaben werden mehrere Zielzeichen von verschiedenen Standpunkten gescannt, die Strecken zwischen verschiedenen Zielzeichenkoordinaten berechnet und standpunktabhängige Abweichungen dieser Strecken dokumentiert. Zusätzlich werden im vorliegenden Feldprüfverfahren eine größere Anzahl an Zielzeichen (9) verwendet, was zu einer besseren räumlichen Verteilung führt, Sollstrecken eingebunden und eine Zwei-Lagen-Messung und Auswertung ausgeführt, wenn der Scanner eine Zwei-Lagen-Messung zulässt.

Abb. 5.4-12 zeigt den Grundriss des Prüffeldes. Hierbei sind die TLS-Standpunkte mit SP1 und SP2 bezeichnet, die Zielpunkte ZP4 bis ZP6 sind Bolzen im Boden, über denen ein Zielzeichen zentriert wird, während sich die Zielpunkte ZP1 bis ZP3 und ZP7 über Bolzen in der Häuserwand zentrieren lassen. Die Zielpunkte HP1 und HP2 sind Hochpunkte mit einer Höhe von ca. 16 m über Boden, die ebenfalls über Bolzen in der Häuserwand zentriert werden. Alle Zielpunkte lassen sich jeweils mit schwarz-weißen Tilt & Turn Targets bestücken.

Zur Prüfung, ob der Laserscanner die Genauigkeitsspezifikationen einhält oder nicht, werden die neun Zielzeichen von den zwei Standpunkten SP1 und SP2 in mehreren Vollsätzen gescannt, die Zielzeichenkoordinaten bestimmt und anschließend die Raumstrecken zwischen den verschiedenen Zielzeichen berechnet (insgesamt 36). Dann wird herausgearbeitet, wie stark sich diese Raumstrecken unterscheiden, wenn sie von SP1 oder SP2 aus bestimmt wurden, in erster oder in zweiter Lage gemessen wurde oder ein Referenzinstrument (Tachymeter) zum Vergleich dient.

Außerdem werden die Koordinaten des Zielpunktes zwischen einer Messung in erster und zweiter Lage unmittelbar miteinander verglichen. Zur Beurteilung, ob Abweichungen jeweils signifikant sind, wird jeweils ausgehend von der Unsicherheit der Zielzeichenbestimmung eine Varianzfortpflanzung mit einer Sicherheitswahrscheinlichkeit von 95 % (Kap. 14) berechnet. Die zugehörigen Gleichungen sind dem DVW-Merkblatt zu entnehmen. Die folgende Zusammenstellung vermittelt in Kurzform das Wesentliche des Prüfprozesses:

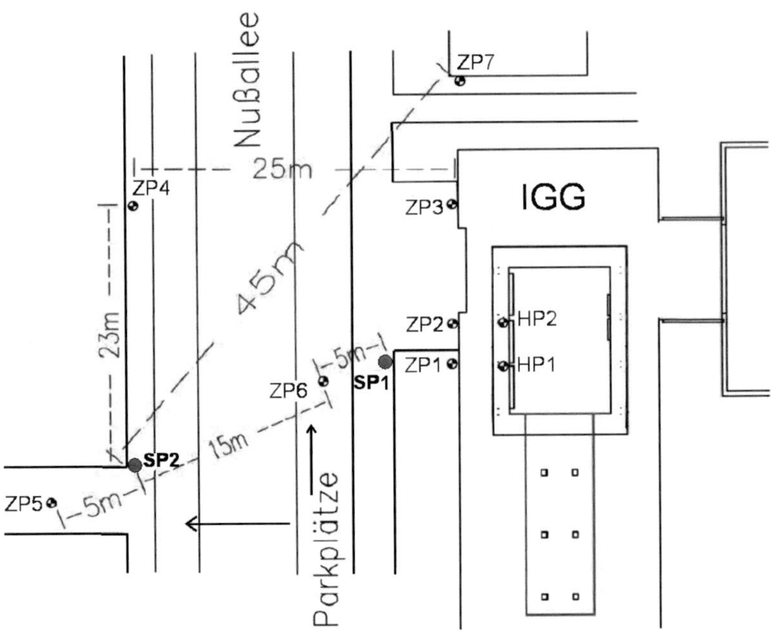

Abbildung 5.4-12: Prüffeld der Universität Bonn

Geprüfte Abweichungen:

- Additionskonstante
- Zielachs-, Kippachs-, Höhenindexabweichung Prüfgrößen
- Lage 1 vs. Lage 2 bei Zielpunkten
- Lage 1 vs. Lage 2 bei Strecken zwischen Zielpunkten
- SP1 vs. SP2 bei Strecken zwischen Zielpunkten (pro Lage)
- Ist vs. Soll bei Strecken zwischen Zielpunkten (pro SP und Lage)

Berechnung von Kalibrierparametern:	Nein
Zieldefinition:	schwarz-weiße Tilt & Turn Targets
Anzahl an Zielpunkten:	9
Vermarkungsart:	Bolzen in Boden oder Wand
Referenzwerte vorhanden?	Ja
Anzahl Instrumentenstandpunkte:	2
Geprüfte Zielweiten:	5 m bis 45 m
Geprüfter Vertikalwinkelbereich:	30 gon bis 100 gon (Horizont)
Maximaler Höhenunterschied:	15 m

Schlussbemerkung

Zu den klassischen Anwendungen dieser Methode gehören das komplette 3D-Bestandsaufmaß und die Modellierung von Fassaden und Innenräumen denkmalgeschützter Bauwerke. Im industriellen Bereich gibt es viele Beispiele für vorteilhafte Anwendungen, wobei sich gerade hier ständig neue Aufgaben ergeben. Inzwischen erfolgt auch die Bestandsaufnahme von Verkehrswegen und -anlagen mittels statischem und kinematischem Laserscanning.

Zuammenfassend sei festgestellt, dass die Anwendung dieser Technologie von der „As-Built-Dokumentation“ industrieller Anlagen über die Erfassung und Archivierung von Kulturgütern in Archäologie und Denkmalpflege, der Erstellung von Bestandsplänen und Planungsgrundlagen für das Bauwesen, speziellen Geländeaufnahmen, kinematischen Aufgabenstellungen wie bei Brückenüberwachungsmessungen bis hin zur Erstellung realitätsnaher virtueller Welten für die Unterhaltungsbranche reicht.

6 Terrestrische Verfahren zur Bestimmung von Lagefestpunkten

Die Bestimmung der Neupunkte erfolgt heute hauptsächlich mithilfe der Satellitennavigationssysteme in Kombination mit dem SA*POS*®-Messverfahren (Kap. 8.4).

Für genaueste Bauabsteckungen (z. B. beim Brückenbau, Tunnelbau) ist die Punktgenauigkeit des amtlichen Festpunktfeldes nicht ausreichend. In diesem Fall werden die Neupunkte ohne Zwangsanschluss an das amtliche Netz bestimmt und bilden dann in ihrer Gesamtheit ein *örtliches Netz*, dessen Genauigkeit ausschließlich von der Messung und der Punktvermarkung abhängig ist.

Zunächst seien jedoch einige Hilfsrechnungen zur Zentrierung von Richtungsmessungen erläutert. Diese sind dann auszuführen, wenn bei der Durchführung der Messung Standpunkt und Zielpunkt gegenseitig nicht sichtbar sind oder wenn beim Einsatz der GNSS-Methode der Empfängerstandpunkt aufgrund von Abschattungen exzentrisch gewählt werden muss.

6.1 Zentrieren exzentrisch gemessener Richtungen

Falls bei der Messung von Anschlussrichtungen infolge von Bebauung oder Bewuchs *keine direkte Sichtverbindung* vom Standpunkt zum Zielpunkt existiert, könnte man daran denken, die Sichthindernisse durch den Bau von Beobachtungstürmen oder durch Freischlagen von Bewuchs auszuschalten. Da diese Methoden jedoch sehr kosten- und zeitaufwendig sind, ist es besser, die Hindernisse durch *exzentrische Richtungsmessungen* zu umgehen. Ist eine Sicht vom ursprünglich vorgesehenen „Standpunkt“ A aus nicht möglich, wird der Theodolit zur Richtungsmessung auf einem günstig gelegenen, exzentrischen Standpunkt S aufgebaut. Durch Berechnung einer sogenannten *Standpunktzentrierung* lassen sich die Messwerte auf den Festpunkt A beziehen. Analog wird bei Sichthindernissen am „Zielpunkt“ die Zielmarke im Nebenziel N aufgestellt und die Messwerte werden durch eine *Zielpunktzentrierung* auf den Zielpunkt umgerechnet. Weitere Verfahren zur Umgehung von Sichthindernissen sind in Kapitel 13.7.2.2 erläutert.

6.1.1 Standpunktzentrierung

Bei Sichthindernissen zwischen dem ursprünglich als Standpunkt vorgesehenen Festpunkt A und dem Festpunkt C (Zielpunkt) erfolgt vom *exzentrischen Standpunkt* S aus mit dem Theodolit die Messung der Richtungen zu den Punkten A,C und P (Abb. 6.1-1). Weiterhin wird die Strecke $\overline{AS} = e$ gemessen und die Strecke $\overline{AC}$ aus Koordinaten berechnet. Damit durch die Zentrierung keine Verschlechterung der Genauigkeit der Winkelmessung eintritt, sollte die Messgenauigkeit für die Basis e im Millimeterbereich liegen.

Gegeben : Koordinaten $A(y,x)$, $C(y,x)$

Gemessen: Richtungen r'_A, r'_C, r'_P von Punkt S aus ; Basis $e = \overline{AS}$

Gesucht : Richtungen r_C und r_P bezogen auf Punkt A

Rechengang:
Umrechnung der Rechtwinkel- in Polarkoordinaten (Symbol: $R \to P$) von A nach C (vgl. Gl. (2.15), (2.16))

$$\left.\begin{aligned} \overline{AC} &= \sqrt{(y_C - y_A)^2 + (x_C - x_A)^2} \\ t_A^C &= \arctan \frac{y_C - y_A}{x_C - x_A} \end{aligned}\right\} \quad R \to P$$

$$\left.\begin{aligned} \beta_C &= (r'_C - r'_A) \\ \beta_P &= (r'_P - r'_A) \end{aligned}\right\} \quad \text{Winkel im Punkt } S \tag{6.1}$$

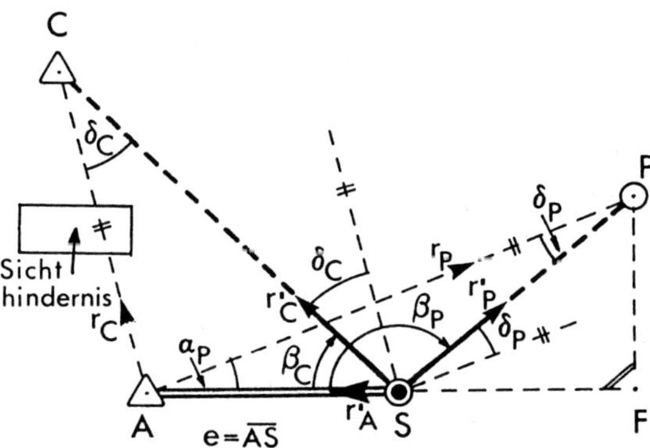

Abbildung 6.1-1: Standpunktzentrierung

Die Winkel δ_C bei Punkt C und δ_P bei Punkt P erscheinen als Wechselwinkel im Punkt S zwischen den Parallelen zu $\overline{AC}$ bzw. $\overline{AP}$ und den gemessenen Richtungen r'_C bzw. r'_P. Sie stellen somit die *Zentrierwinkel* zur Standpunktzentrierung dar. Die Berechnungsformeln mithilfe des Sinussatzes gelten für jeden Zielpunkt. Der Winkel β beim exzentrischen Standpunkt S hat die Basis e als Ausgangsrichtung. Ist $\beta > 200$ gon, wird $\sin\beta$ und somit auch δ negativ.

Zentrierwinkel δ	Zentrierte Richtungen (bezogen auf Festpunkt A)	
$\sin\delta_C = \dfrac{\overline{AS}}{\overline{AC}} \cdot \sin\beta_C$	$r_C = r'_C + \delta_C$	(6.2)
$\sin\delta_P = \dfrac{\overline{AS}}{\overline{AP}} \cdot \sin\beta_P$	$r_P = r'_P + \delta_P$	

Bei der Standpunktzentrierung zu einem Neupunkt muss die Strecke $\overline{SP}$ vom Standpunkt S zum Neupunkt P ermittelt werden. Die Strecke $\overline{AP}$ vom Festpunkt A zum Neupunkt P und der Winkel α_P ergeben sich durch Umrechnungen von Polar- in Rechtwinkelkoordinaten (Symbol: $P \to R$) und umgekehrt (Symbol: $R \to P$).

$$\left.\begin{aligned}\overline{FP} &= \overline{SP}\cdot\sin\beta_P\\ \overline{SF} &= \overline{SP}\cdot\cos\beta_P\end{aligned}\right\}\quad P\rightarrow R \qquad \text{vgl. (2.22)}$$

$$\left.\begin{aligned}\overline{AP} &= \sqrt{\overline{FP}^2+(\overline{AS}-\overline{SF})^2}\\ \alpha_P &= \arctan\frac{\overline{FP}}{(\overline{AS}-\overline{SF})}\end{aligned}\right\}\quad R\rightarrow P \qquad \text{vgl. (2.12)}$$

$$\begin{aligned}\delta_P &= 200\ \text{gon}-(\beta_P+\alpha_P) &&= \text{Zentrierwinkel}\\ r_P &= r'_P+\delta_P &&= \text{zentrierte Richtung}\end{aligned}\qquad (6.3)$$

Bei mehreren Neupunkten P_i sind entsprechend viele Zentrierwinkel δ_{P_i} und zentrierte Richtungen r_{P_i} zu berechnen. Die Standpunktzentrierung ist damit beendet. Der für die weiterführende Neupunktbestimmung erforderliche Richtungswinkel t_A^P ergibt sich nach

$$t_A^P = t_A^C + (r_P - r_C)\ . \qquad (6.4)$$

6.1.2 Zielpunktzentrierung

Kann wegen Sichthindernissen vom Standpunkt A aus die Richtung zu einem Zielpunkt (Festpunkt C oder Neupunkt P) nicht direkt, sondern nur zu einem *Nebenziel* N gemessen werden, sind neben den Richtungen r_N und r_P auf Standpunkt A, außerdem vom Nebenziel N aus die Richtungen r_{NC} bzw. r_{NP} zum Zielpunktzentrum und die Richtung r_{NA} zum Standpunkt A zu ermitteln. Weiterhin ist die Basis $e=\overline{NC}$ (Abb. 6.1-2) bzw. $e=\overline{NP}$ (Abb. 6.1-3) zu messen. Die Strecke $\overline{AC}$ zum Festpunkt C kann aus den gegebenen Koordinaten berechnet werden. Bei der Zielpunktzentrierung zu einem Neupunkt muss die Strecke $\overline{NA}$ vom Nebenziel N zum Festpunkt A gemessen werden. Die Formeln gelten für jede beliebige Anordnung. Der Winkel ε beim Nebenziel N hat die Basis e als Ausgangsrichtung. Ist $\varepsilon > 200$ gon, wird $\sin\varepsilon$ und somit auch δ negativ.

Gegeben : Koordinaten $A(y,x)$, $C(y,x)$

Gemessen: Richtungen r_N, r_P auf A und r_{NC}, r_{NA} auf N; Basis $e=\overline{NC}$

Rechengang bei der *Zielpunktzentrierung* zu einem *Festpunkt C* (Abb. 6.1-2):

$$\begin{aligned}\overline{AC} &= \sqrt{(y_C-y_A)^2+(x_C-x_A)^2}\\ \varepsilon &= r_{NA}-r_{NC}\\ \sin\delta &= \frac{\overline{NC}}{\overline{AC}}\cdot\sin\varepsilon\\ r_C &= r_N+\delta = \text{zentrierte Richtung}\end{aligned}\qquad (6.5)$$

Bei der *Zielpunktzentrierung* zu einem *Neupunkt P* ist zu unterscheiden, ob ein bereits abgesteckter, vorhandener Neupunkt aufgemessen werden soll oder ob bei der Absteckung eines Neupunktes Sichthindernisse zu umgehen sind.

Gegeben : Koordinaten $A(y,x)$, $C(y,x)$

Gemessen: Richtungen r_N, r_C auf A und r_{NP}, r_{NA} auf N
Basis $e=\overline{NP}$, Strecke $\overline{NA}$

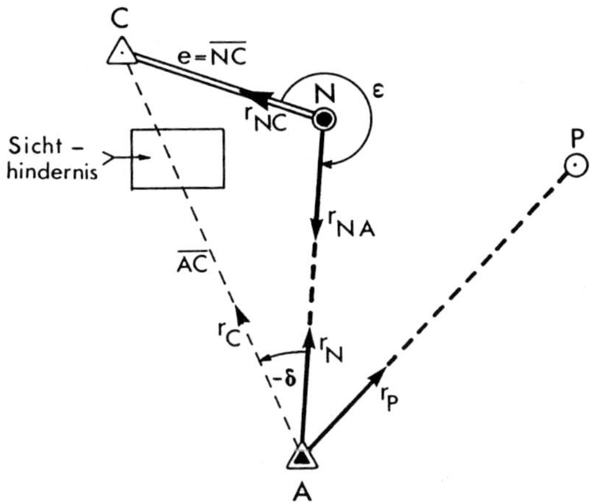

Abbildung 6.1-2: Zielpunktzentrierung zum Festpunkt C

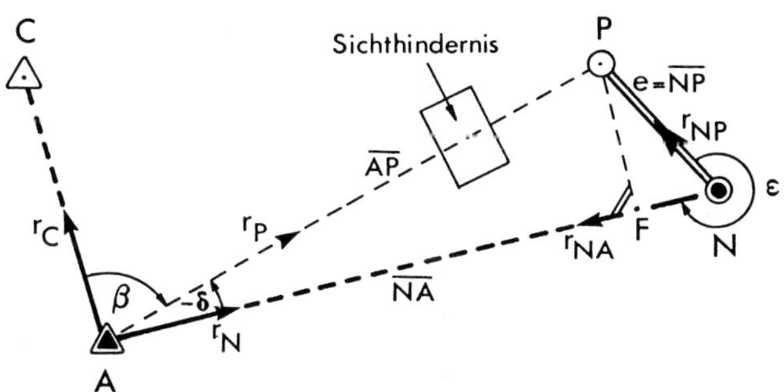

Abbildung 6.1-3: Zielpunktzentrierung zum Neupunkt P

Rechengang bei der *Zielpunktzentrierung zur Aufmessung eines* bereits abgesteckten *Neupunktes P* (Abb. 6.1-3):

$$\varepsilon = r_{NA} - r_{NP}$$

$$\left.\begin{aligned} \overline{FP} &= \overline{NP} \cdot \sin\varepsilon \\ \overline{NF} &= \overline{NP} \cdot \cos\varepsilon \end{aligned}\right\} \quad P \to R$$

$$\left.\begin{aligned} \overline{AP} &= \sqrt{\overline{FP}^2 + (\overline{NA} - \overline{NF})^2} \\ \delta &= \arctan\frac{\overline{FP}}{(\overline{NA} - \overline{NF})} \end{aligned}\right\} \quad R \to P$$

$$r_P = r_N + \delta = \text{zentrierte Richtung} \tag{6.6}$$

Die *Absteckung eines Neupunktes P bei Sichthindernissen* zählt nicht zur eigentlichen Zielpunktzentrierung. Sie sei hier jedoch auch kurz dargestellt, da die Verhältnisse ähnlich sind. Hierzu müssen die Richtung r_P und die Strecke $\overline{AP}$ vom Festpunkt A aus zum Neupunkt gegeben sein. Die Richtung r_N und die Strecke $\overline{NA}$ zu einem günstig gewählten Nebenziel N

werden gemessen und der Winkel δ berechnet. Gesucht sind der Winkel ε und die Strecke $\overline{NP}$ zur Absteckung des Neupunktes P vom Nebenziel N aus.

Rechengang: $\delta = (r_C + \beta) - r_N$

$$\left.\begin{aligned} \overline{FP} &= \overline{AP} \cdot \sin\delta \\ \overline{AF} &= \overline{AP} \cdot \cos\delta \end{aligned}\right\} \quad P \to R$$

$$\left.\begin{aligned} e &= \overline{NP} = \sqrt{\overline{FP}^2 + (\overline{AN} - \overline{AF})^2} \\ \varepsilon &= \arctan \frac{\overline{FP}}{(\overline{AN} - \overline{AF})} \end{aligned}\right\} \quad R \to P \qquad (6.7)$$

Absteckelemente: Richtung $r_{NP} = r_{NA} - \varepsilon$ und Strecke $\overline{NP}$

6.2 Verfahren der Einzelpunktbestimmung

Ausgehend von bereits vermarkten und koordinierten Festpunkten als Anschlusspunkte kann die Bestimmung neuer Festpunkte entweder durch Winkelmessung (Vorwärtsschnitt, Rückwärtsschnitt) oder durch Streckenmessung (Bogenschnitt) erfolgen. Auf die kombinierte Anwendung der Winkel- und Streckenmessung (z. B. mit einem Tachymeter) zur Punktbestimmung beim Polarverfahren (Kap. 2.2.2) und bei der Methode der *Freien Standpunktwahl* (Kap. 2.2.2.2) wurde bereits eingegangen bzw. die Absteckverfahren hierzu folgen in den Kapiteln 13.2.3.2 und 13.2.3.3.

Bei den örtlichen Messungen müssen die Ausgangs- und Anschlusspunkte sorgfältig auf ihre einwandfreie, unveränderte Lage hin geprüft werden. Die Instrumente und die Zielmarken auf den Anschluss- und Neupunkten sind scharf zu zentrieren und zu horizontieren.

6.2.1 Vorwärtsschnitt

Beim *Vorwärtsschnitt* benötigt man zwei vermarkte und koordinierte Festpunkte als Standpunkte A und B (Basispunkte), von denen aus mit einem Theodolit jeweils die Horizontalrichtungen zum Neupunkt P und zum gegenüberliegenden Standpunkt gemessen werden (*Vorwärtsschnitt über Dreieckswinkel*, Abb. 6.2-1). Aus der Differenz der Richtungen ergeben sich beim Punkt A der Winkel α und beim Punkt B der Winkel β. Durch Dreiecksauflösung lassen sich die Entfernungen von den Basispunkten zum Neupunkt und damit die Koordinaten des Neupunktes berechnen.

Kann man sich auf einem der beiden Festpunkte mit dem Theodolit nicht aufstellen, weil z. B. der Punkt B die Spitze eines Turms ist, misst man stattdessen auf dem Neupunkt P die Richtungen zu den Basispunkten A und B und erhält durch Differenzbildung hier den Winkel γ. Dieser Fall wird auch als *Seitwärtsschnitt* bezeichnet (Abb. 6.2-2). Nach der Berechnung des fehlenden Basiswinkels (hier $\beta = 200$ gon $-\alpha - \gamma$) lässt sich der Seitwärtsschnitt wie ein Vorwärtsschnitt behandeln und wird daher hier nicht weiter abgeleitet.

Falls zwischen den Standpunkten keine Sichtverbindung besteht, benötigt man mindestens einen weiteren Festpunkt C oder, falls auch dieser Punkt C nicht von beiden Standpunkten gesehen werden kann, noch einen weiteren Festpunkt D zum Richtungsanschluss (*Vorwärtsschnitt über Richtungswinkel*, Abb. 6.2-3). Werden darüber hinaus noch weitere Festpunkte von den Standpunkten aus angemessen, kann der jeweilige Richtungswinkel zum Neupunkt

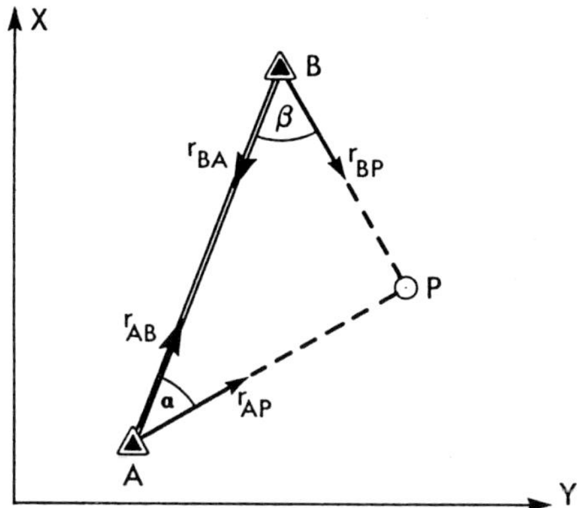

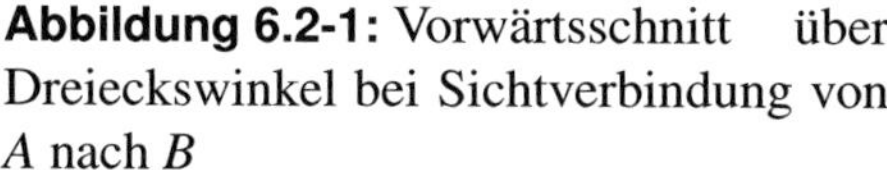
Abbildung 6.2-1: Vorwärtsschnitt über Dreieckswinkel bei Sichtverbindung von *A* nach *B*

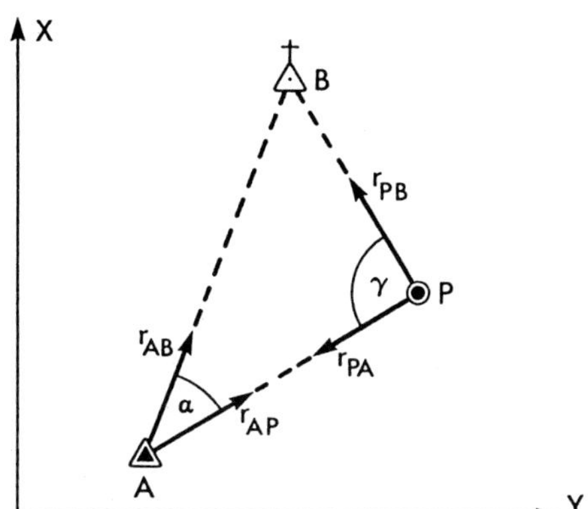

Abbildung 6.2-2: Seitwärtsschnitt (Punkt *B* nicht zugänglich)

mehrfach bestimmt werden. Dadurch ergibt sich eine durchgreifende Kontrolle für die Messung und für die Berechnung der Richtungswinkel. Falls man für alle Anschlusspunkte gleiche Genauigkeit unterstellen kann, empfiehlt es sich, zur Neupunktberechnung den jeweiligen Mittelwert der überbestimmten Richtungswinkel zu benutzen.

Bei der Auswahl der Basisfestpunkte ist darauf zu achten, dass sich die Bestimmungsstrahlen im Schnittpunkt nicht unter einem zu spitzen oder zu stumpfen Winkel γ schneiden, da sonst ein *schleifender Schnitt* entsteht, bei dem selbst kleine Ungenauigkeiten in der Zentrierung die Schnittpunktkoordinaten stark verfälschen können.

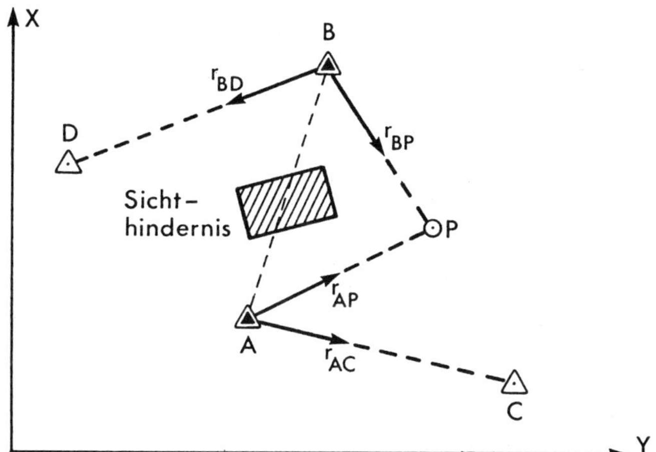

Abbildung 6.2-3: Vorwärtsschnitt über Richtungswinkel

Werden außer den Winkeln auch die Strecken gemessen (z. B. mit einem Tachymeter), liegt eine überbestimmte polare Punktbestimmung vor (Kap. 2.2.2 und Kap. 13.2.3.2). Diese

Überbestimmung, die sowohl eine Kontrolle als auch eine Genauigkeitssteigerung liefert, kann mithilfe der geodätischen Ausgleichungsrechnung eindeutig gelöst werden.

6.2.1.1 Rechengang beim *Vorwärtsschnitt über Dreieckswinkel*

Mithilfe der Winkel α und β bei den Basispunkten und der aus Koordinaten zu berechnenden Basisstrecke $\overline{AB}$ werden nach Sinussatz die Seiten $\overline{AP}$ und $\overline{BP}$ bestimmt. Ihre Richtungswinkel lassen sich vom Richtungswinkel t_A^B der Basis ableiten, sodass die Neupunktkoordinaten polar bestimmt werden können.

$$\left.\begin{aligned} \overline{AB} &= \sqrt{(y_B - y_A)^2 + (x_B - x_A)^2} \\ t_A^B &= \arctan\frac{y_B - y_A}{x_B - x_A} \end{aligned}\right\} \quad R \rightarrow P \text{ von } A \text{ nach } B \tag{6.8}$$

Dreieckswinkel bei den Basispunkten als Differenzen der gemessenen Richtungen:

$$\begin{aligned} \alpha &= r_{AP} - r_{AB} \\ \beta &= r_{BA} - r_{BP} \end{aligned} \tag{6.9}$$

Richtungswinkel von den Basispunkten zum Neupunkt:

$$t_A^P = t_A^B + \alpha \tag{6.10}$$

$$t_B^P = t_B^A - \beta = t_A^B + 200\text{ gon} - \beta \tag{6.11}$$

Strecken von den Basispunkten zum Neupunkt nach Sinussatz:

$$\begin{aligned} \overline{AP} &= \frac{\overline{AB}}{\sin(\alpha+\beta)} \cdot \sin\beta \\ \overline{BP} &= \frac{\overline{AB}}{\sin(\alpha+\beta)} \cdot \sin\alpha \end{aligned} \tag{6.12}$$

Neupunktbestimmung:

$$\left.\begin{aligned} y_P &= y_A + \overline{AP} \cdot \sin t_A^P \\ x_P &= x_A + \overline{AP} \cdot \cos t_A^P \end{aligned}\right\} \quad P \rightarrow R \text{ mit Addition der Anschlusskoordinaten} \tag{6.13}$$

Kontrolle:

$$\left.\begin{aligned} y_P &= y_B + \overline{BP} \cdot \sin t_B^P \\ x_P &= x_B + \overline{BP} \cdot \cos t_B^P \end{aligned}\right\} \quad P \rightarrow R \text{ mit Addition der Anschlusskoordinaten} \tag{6.14}$$

Wählt man für spezielle Absteckungen (z. B. beim Brückenbau) die Basis $\overline{AB}$ als x-Richtung eines örtlichen Koordinatensystems mit dem Punkt A als Koordinatenursprung, stellt die berechnete y_P-Koordinate die Höhe (Ordinate) und die x_P-Koordinate den Fußpunktabschnitt bezogen auf die Basis dar.

Beispiel 6.2.1: Vorwärtsschnitt über Dreieckswinkel

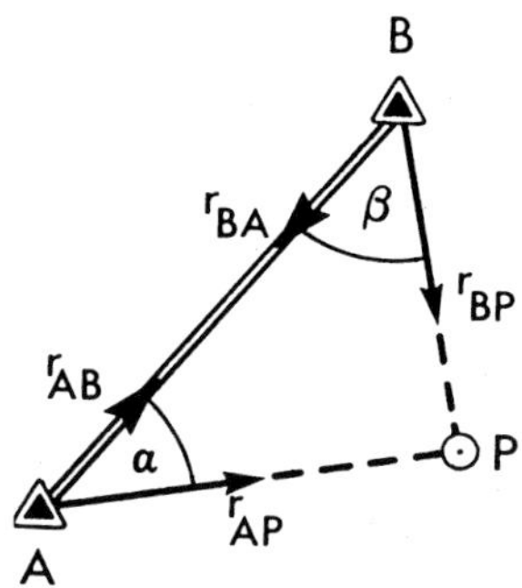

Abbildung 6.2-4: Vorwärtsschnitt über Dreieckswinkel

Gegebene Koordinaten:

Punkt	y [m]	x [m]
A	6 593,84	26 406,86
B	6 722,32	26 732,15

Gemessene Winkel:

$$\begin{aligned}\alpha = r_{AP} - r_{AB} &= 41{,}0462 \text{ gon}\\ \beta = r_{BA} - r_{BP} &= 52{,}6905 \text{ gon}\\ \alpha + \beta &= 93{,}7367 \text{ gon}\end{aligned}$$

$$\begin{aligned}\overline{AB} &= 349{,}744 \text{ m} \; ; \; t_A^B = 23{,}9473 \text{ gon} \qquad R \rightarrow P\\ t_A^P &= 23{,}9473 + 41{,}0462 = 64{,}9935 \text{ gon}\\ t_B^P &= 223{,}9473 - 52{,}6905 = 171{,}2568 \text{ gon}\\ \overline{AP} &= \frac{349{,}744}{\sin 93{,}7367} \cdot \sin 52{,}6905 = 258{,}785 \text{ m}\\ \overline{BP} &= \frac{349{,}744}{\sin 93{,}7367} \cdot \sin 41{,}0462 = 211{,}218 \text{ m}\end{aligned}$$

$$\left.\begin{aligned}y_P &= 6\,593{,}84 + 258{,}785 \cdot \sin 64{,}9935 = \underline{\underline{6\,814{,}48}} \text{ m}\\ x_P &= 26\,406{,}86 + 258{,}785 \cdot \cos 64{,}9935 = \underline{\underline{26\,542{,}10}} \text{ m}\end{aligned}\right\} \quad P \rightarrow R \text{ mit Addition}$$

Kontrolle:

$$\left.\begin{aligned}y_P &= 6\,722{,}32 + 211{,}218 \cdot \sin 171{,}2568 = 6\,814{,}48 \text{ m}\\ x_P &= 26\,732{,}15 + 211{,}218 \cdot \cos 171{,}2568 = 26\,542{,}10 \text{ m}\end{aligned}\right\} \quad P \rightarrow R \text{ mit Addition}$$

6.2.1.2 Rechengang beim *Vorwärtsschnitt über Richtungswinkel*

Hier kann ebenso wie bei Kapitel 6.2.1.1 vorgegangen werden, wobei man lediglich die Richtungswinkel zum Neupunkt nicht von der Basis aus, sondern mithilfe weiterer Anschlusspunkte ableitet. Danach können die Dreieckswinkel α und β als Differenz der Richtungswinkel bestimmt werden.

Richtungswinkel von den Basispunkten zu weiteren Festpunkten:

$$\left.\begin{aligned}t_A^C &= \arctan \frac{y_C - y_A}{x_C - x_A}\\ t_B^D &= \arctan \frac{y_D - y_B}{x_D - x_B}\end{aligned}\right\} \quad R \rightarrow P \tag{6.15}$$

Richtungswinkel von den Basispunkten zum Neupunkt:

$$t_A^P = t_A^C + (r_{AP} - r_{AC}) \tag{6.16}$$

$$t_B^P = t_B^D + (r_{BP} - r_{BD}) \tag{6.17}$$

Dreieckswinkel bei den Basispunkten als Differenz der Richtungswinkel:

$$\alpha = t_A^P - t_A^B \tag{6.18}$$

$$\beta = t_B^A - t_B^P \tag{6.19}$$

Die übrigen Berechnungen lassen sich nun wie unter Kapitel 6.2.1.1 angegeben mit den Gl. (6.8) und (6.12) bis (6.14) durchführen. Der Vorwärtsschnitt über Richtungswinkel kann jedoch auch als Geradenschnitt mit den in Kapitel 2.3.6 angegebenen Formeln berechnet werden.

Beispiel 6.2.2: Vorwärtsschnitt über Richtungswinkel

Gegebene Koordinaten:

Punkt	y [m]	x [m]
A	6 449,72	26 347,92
B	6 591,34	26 674,66
C	6 252,26	26 548,73
D	6 906,67	26 745,19

Gemessene Richtungen:

Stdpkt.	Zielpkt.	Richtung [gon]
A	C	0,0000
	P	125,1795
B	D	0,0000
	P	59,0263

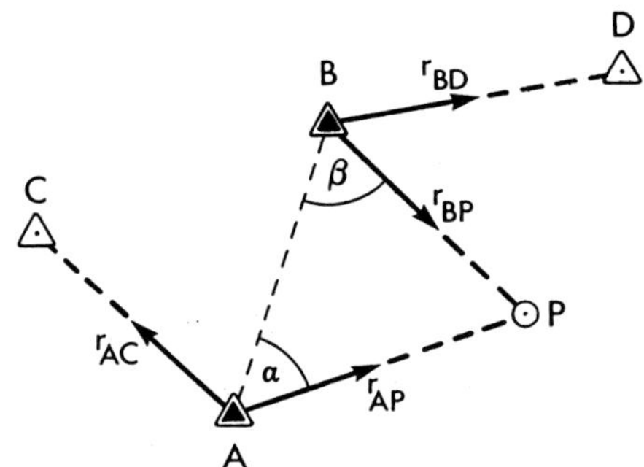

Abbildung 6.2-5: Vorwärtsschnitt über Richtungswinkel

$$\begin{aligned}
\overline{AB} &= 356{,}111 \text{ m}; & t_A^B &= 26{,}0372 \text{ gon} \quad R \to P \\
t_A^C &= 350{,}5355 \text{ gon}; & t_B^D &= 85{,}9913 \text{ gon} \quad R \to P \\
t_A^P &= 350{,}5355 + 125{,}1795 & &= 75{,}7150 \text{ gon} \\
t_B^P &= 85{,}9913 + 59{,}0263 & &= 145{,}0176 \text{ gon} \\
\alpha &= 75{,}7150 - 26{,}0372 & &= 49{,}6777 \text{ gon} \\
\beta &= 226{,}0372 - 145{,}0176 & &= 81{,}0197 \text{ gon} \\
& & \alpha + \beta &= 130{,}6974 \text{ gon}
\end{aligned}$$

$$\overline{AP} = \frac{356,111}{\sin 130,6974} \cdot \sin 81,0197 = 384,209 \text{ m}$$
$$\overline{BP} = \frac{356,111}{\sin 130,6974} \cdot \sin 49,6777 = 282,773 \text{ m}$$

$$\left.\begin{aligned} y_P &= 6\,449,72 + 384,209 \cdot \sin 75,7150 = \underline{6\,806,31 \text{ m}} \\ x_P &= 26\,347,92 + 384,209 \cdot \cos 75,7150 = \underline{\underline{26\,490,95 \text{ m}}} \end{aligned}\right\} \; P \to R \text{ mit Addition}$$

Kontrolle:

$$\left.\begin{aligned} y_P &= 6\,591,34 + 282,773 \cdot \sin 145,0176 = 6\,806,31 \text{ m} \\ x_P &= 26\,674,66 + 282,773 \cdot \cos 145,0176 = 26\,490,95 \text{ m} \end{aligned}\right\} \; P \to R \text{ mit Addition}$$

6.2.2 Rückwärtsschnitt

Wenn drei vermarkte und koordinierte Festpunkte A, M und B gegeben sind und von einem Neupunkt P aus mit einem Theodolit die Richtungen zu diesen Festpunkten gemessen werden, lassen sich die Neupunktkoordinaten durch die Berechnung eines *Rückwärtsschnittes* cindeutig bestimmen. Die Winkelmessungen müssen jedoch sorgfältig ausgeführt sowie die Lage und die Koordinaten der Festpunkte überprüft werden, da keine Kontrolle durch Überbestimmung gegeben ist. Werden mehr als drei Anschlussfestpunkte benutzt oder werden außer den Winkeln auch die Strecken gemessen (z. B. mit einem Tachymeter), liegt eine Überbestimmung vor, die mithilfe der geodätischen Ausgleichungsrechnung eindeutig gelöst werden kann (vgl. z. B. angegebene Literatur zur Ausgleichungsrechnung).

Zur Berechnung des Rückwärtsschnittes gibt es verschiedene Lösungswege. Hier sei die Lösung von *Collins* mit einem gedachten Hilfspunkt H, jedoch mit einem auf Taschenrechner mit Tastenfunktionen für Koordinatenumrechnungen ($R \to P$ und $P \to R$) abgestimmten Rechengang erläutert.

Man denke sich einen durch die beiden Festpunkte A und B sowie den Neupunkt P gelegten Hilfskreis, der die Gerade $\overline{PM}$ oder ihre Verlängerung in dem „Collins'schen Hilfspunkt" H schneidet (Abb. 6.2-6). Dann treten die beim Neupunkt P gemessenen Winkel α und β als Winkel über gleichen Sehnen auf, und zwar der Winkel α über der Sehne $\overline{AH}$ beim Festpunkt B und der Winkel β über der Sehne $\overline{BH}$ beim Festpunkt A.

Gegeben : Koordinaten der Festpunkte A, M, B

Gemessen: Auf dem Neupunkt P die Richtungen r_A, r_M, r_B zu den Festpunkten

Rechengang:
Aus den gegebenen Koordinaten werden zunächst die Strecken und Richtungswinkel von Festpunkt A zu den beiden anderen Festpunkten B und M berechnet. Danach lässt sich die Seite $\overline{AH}$ im Dreieck AHB nach dem Sinussatz mit den Winkeln α und β und der Seite $\overline{AB}$ bestimmen. Nun rechnet man die polaren Elemente von A aus nach H und nach M in rechtwinklige Koordinaten bezogen auf $\overline{AB}$ um. Mit den Koordinatendifferenzen zwischen H und M lässt sich der Winkel δ zwischen der Richtung von A nach B und der Richtung von P nach H ableiten. Mithilfe von δ ergibt sich anschließend der Richtungswinkel von H nach P und von diesem aus weiter durch Subtraktion des Winkels α der Richtungswinkel von A zum

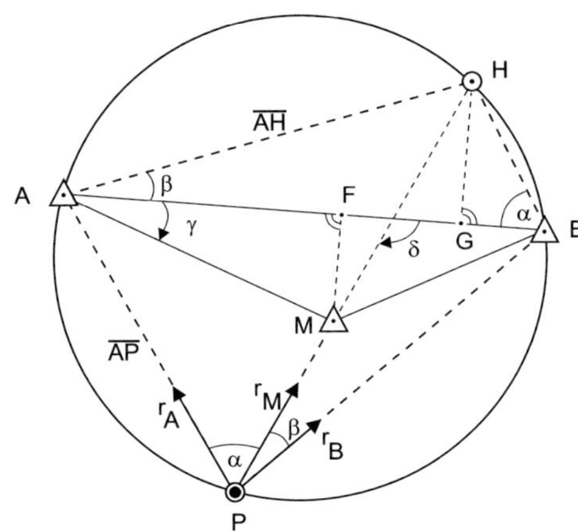

Abbildung 6.2-6: Rückwärtsschnitt nach *Collins*

Neupunkt P. Nachdem die Seite $\overline{AP}$ im Dreieck AHP nach Sinussatz berechnet ist, lassen sich die Neupunktkoordinaten polar bestimmen.

$$\alpha = r_M - r_A \quad ; \quad \beta = r_B - r_M \tag{6.20}$$

$$\left.\begin{aligned} \overline{AB} &= \sqrt{(y_B - y_A)^2 + (x_B - x_A)^2} \\ t_A^B &= \arctan\frac{y_B - y_A}{x_B - x_A} \end{aligned}\right\} \quad R \to P \quad \text{von } A \text{ nach } B \tag{6.21}$$

$$\left.\begin{aligned} \overline{AM} &= \sqrt{(y_M - y_A)^2 + (x_M - x_A)^2} \\ t_A^M &= \arctan\frac{y_M - y_A}{x_M - x_A} \end{aligned}\right\} \quad R \to P \quad \text{von } A \text{ nach } M \tag{6.22}$$

$$\gamma = t_A^M - t_A^B \tag{6.23}$$

$$\left.\begin{aligned} \overline{GH} &= -\overline{AB} \cdot \frac{\sin\alpha}{\sin(\alpha+\beta)} \cdot \sin\beta \\ \overline{AG} &= \overline{AB} \cdot \frac{\sin\alpha}{\sin(\alpha+\beta)} \cdot \cos\beta \end{aligned}\right\} \quad \begin{aligned} &\text{Sinussatz im Dreieck } AHB \text{ und } P \to R, \\ &H \text{ bezogen auf } \overline{AB} \end{aligned}$$

$$\left.\begin{aligned} \overline{FM} &= \overline{AM} \cdot \sin\gamma \\ \overline{AF} &= \overline{AM} \cdot \cos\gamma \end{aligned}\right\} \quad P \to R, \quad M \text{ bezogen auf } \overline{AB}$$

$$\left.\delta' = \arctan\frac{(\overline{GH} - \overline{FM})}{(\overline{AG} - \overline{AF})}\right\} \quad \begin{aligned} &R \to P \\ &\text{Quadrantenvorzeichen beachten!} \end{aligned}$$

$$\delta = \begin{cases} \delta' & \text{, wenn } \delta' < 200 \text{ gon} \\ \delta' - 200 \text{ gon} & \text{, wenn } \delta' > 200 \text{ gon} \end{cases} \tag{6.24}$$

$$t_A^P = t_A^B + \delta - \alpha \tag{6.25}$$

$$\overline{AP} = \overline{AB} \cdot \frac{\sin(\delta+\beta)}{\sin(\alpha+\beta)} \qquad \text{Sinussatz im Dreieck } ABP \tag{6.26}$$

$$\left.\begin{aligned} y_P &= y_A + \overline{AP} \cdot \sin t_A^P \\ x_P &= x_A + \overline{AP} \cdot \cos t_A^P \end{aligned}\right\} \quad P \to R \text{ von A nach P mit Addition der Anschlusskoordinaten} \tag{6.27}$$

Kontrolle:

$$t_P^B = \arctan \frac{y_B - y_P}{x_B - x_P} \qquad R \to P \qquad \text{von P nach B}$$

$$t_P^M = \arctan \frac{y_M - y_P}{x_M - x_P} \qquad R \to P \qquad \text{von P nach M}$$

$$t_P^B - t_P^M \overset{\text{Soll}}{=} \beta \qquad ; \qquad t_P^B - t_P^A \overset{\text{Soll}}{=} \alpha + \beta \tag{6.28}$$

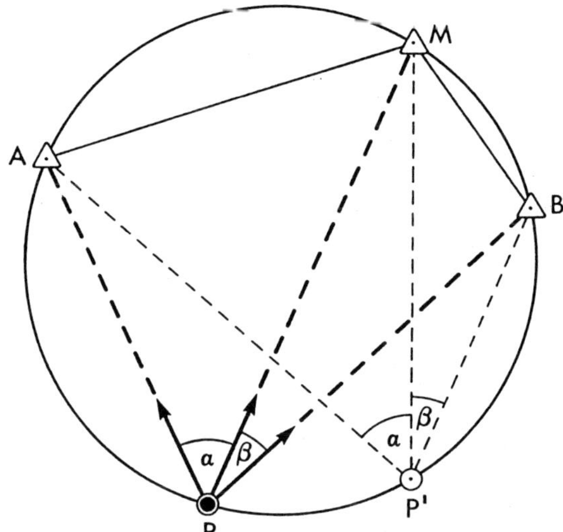

Abbildung 6.2-7: Gefährlicher Kreis

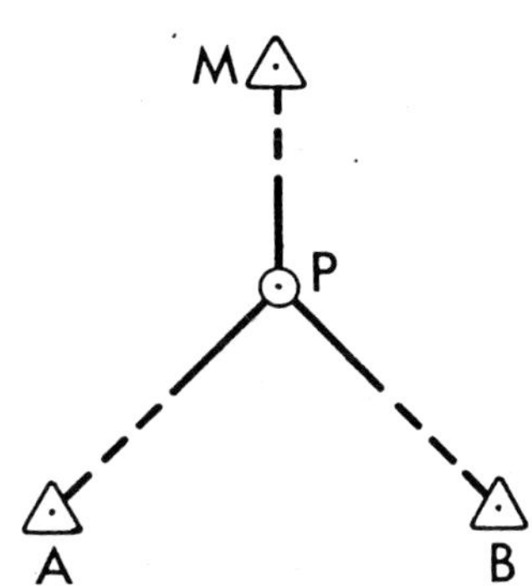

Abbildung 6.2-8: Günstige Bestimmungsrichtungen

Bei der Auswahl der Festpunkte ist unbedingt darauf zu achten, dass der Festpunkt M nicht mit dem Hilfspunkt H zusammenfällt, weil dann alle vier Punkte P, A, M und B auf einem Kreis, dem sogenannten *gefährlichen Kreis*, liegen (Abb. 6.2-7). In diesem Fall ist der Neupunkt P durch die gemessenen Winkel α und β nicht eindeutig festgelegt, weil er jede Lage auf dem Kreis annehmen kann und dadurch unbestimmt wird. Die Lösung wird bereits ungenau, wenn der Festpunkt M in der Nähe des Hilfspunktes H und damit in der Nähe des gefährlichen Kreises liegt. Der *Schnitt wird schleifend* und selbst kleine Ungenauigkeiten können dann die Schnittpunktkoordinaten stark verfälschen.

Beispiel 6.2.3: Rückwärtsschnitt

Gegebene Koordinaten:

Punkt	y [m]	x [m]
A	$^{25}05\,496,49$	$^{56}28\,245,77$
M	$06\,035,95$	$27\,926,37$
B	$05\,581,83$	$27\,532,55$

Gemessene Richtungen:

Stdpkt.	Zielpkt.	Richtung [gon]
P	A	0,0000
	M	126,3944
	B	261,0155

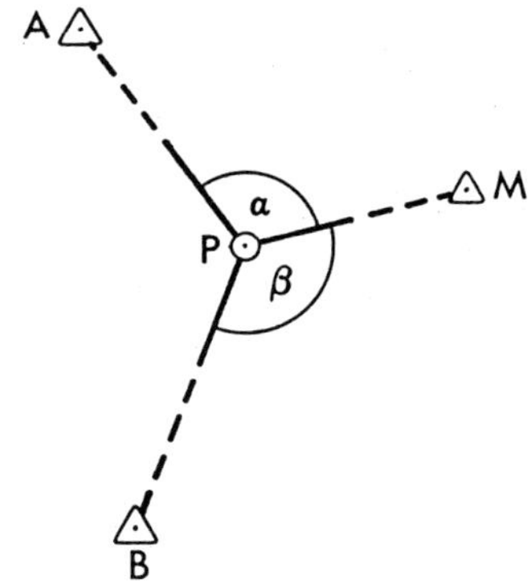

Abbildung 6.2-9: Rückwärtsschnitt

$$\alpha = 126,3944 \text{ gon} \quad ; \quad \beta = 261,0155 - 126,3944 = 134,6211 \text{ gon}$$

$$\overline{AB} = 718,308 \text{ m} \quad ; \quad t_A^B = 192,4186 \text{ gon} \qquad R \to P$$
$$\overline{AM} = 626,924 \text{ m} \quad ; \quad t_A^M = \underline{134,0318 \text{ gon}} \qquad R \to P$$

$$\gamma = t_A^M - t_A^B = -58,3868 \text{ gon}$$

$$\overline{GH} = -\overline{AB} \cdot \frac{\sin\alpha \cdot \sin\beta}{\sin(\alpha+\beta)} = +687,535 \text{ m}; \quad \overline{AG} = \overline{AB} \cdot \frac{\sin\alpha \cdot \cos\beta}{\sin(\alpha+\beta)} = 415,714 \text{ m}$$
$$\overline{FM} = \overline{AM} \cdot \sin\gamma = \underline{-497,692 \text{ m}}; \quad \overline{AF} = \overline{AM} \cdot \cos\gamma = \underline{381,229 \text{ m}}$$
$$(\overline{GH} - \overline{FM}) = 1185,227 \text{ m}; \quad (\overline{AG} - \overline{AF}) = 34,484 \text{ m}$$

$$\delta' = \arctan \frac{(\overline{GH} - \overline{FM})}{(\overline{AG} - \overline{AF})} = 98,1483 \text{ gon} \qquad R \to P$$

$$\delta = \delta' \text{ ,weil } \delta' < 200 \text{ gon}$$
$$t_A^P = t_A^B + \delta - \alpha = 164,1725 \text{ gon}$$
$$\overline{AP} = \overline{AB} \cdot \frac{\sin(\delta+\beta)}{\sin(\alpha+\beta} = 432,156 \text{ m}$$

$$\left.\begin{array}{l} y_P = y_A + \overline{AP} \cdot \sin t_A^P = \underline{\underline{05\,727,06 \text{ m}}} \\ x_P = x_A + \overline{AP} \cdot \cos t_A^P = \underline{\underline{27\,880,26 \text{ m}}} \end{array}\right\} \quad P \to R \text{ mit Addition}$$

Kontrolle:

$$t_P^B = 225,1880 \text{ gon} \qquad R \to P$$
$$t_P^B - t_P^M = 134,6211 \text{ gon} = \beta$$
$$t_P^B - t_P^A = 261,0155 \text{ gon} = \alpha + \beta$$

6.2.3 Bogenschnitt

Werden von zwei vermarkten und koordinierten Festpunkten A und B aus die Strecken $\overline{AP}$ und $\overline{BP}$ zu einem Neupunkt P bzw. umgekehrt von einem Neupunkt P diese Strecken zu zwei Festpunkten A und B gemessen, ist der Neupunkt P durch den *Bogenschnitt* zweier Kreise um die Festpunkte A und B mit den gemessenen Strecken als Radien eindeutig bestimmt (Abb. 6.2-10). Die Streckenmessungen müssen jedoch sorgfältig ausgeführt sowie die Lage und die Koordinaten der Festpunkte überprüft werden, da keine Kontrolle durch Überbestimmung gegeben ist. Günstig ist der Einsatz elektrooptischer Distanzmesser. Werden mit einem Tachymeter außer den Strecken auch die Winkel gemessen, liegt eine überbestimmte polare Punktbestimmung vor (siehe auch Kap. 6.2.1).
Aus den Koordinaten der Festpunkte berechnet man den Richtungswinkel und die Strecke der Basis $\overline{AB}$. Sodann kann aus den nunmehr bekannten Seiten des Dreiecks ABP nach dem Cosinussatz der Winkel α beim Basispunkt A und durch Addition dieses Winkels zum Richtungswinkel t_A^B der Basis der Richtungswinkel von A nach P abgeleitet werden (vgl. Gl. (6.31))

$$t_A^P \quad = \quad t_A^B + \alpha \,.$$

Liegt der Neupunkt P links der Richtung von A nach B, ist der Drehsinn des Basiswinkels α linksläufig und daher der Winkel α mit negativem Vorzeichen zu versehen! Die Koordinaten des Neupunktes lassen sich jetzt nach dem Polarverfahren bestimmen.
Die günstigste Bestimmungsfigur erhält man, wenn die Seiten im Neupunkt den Winkel $\gamma =$ 100 gon bilden und folglich der Neupunkt P auf dem Thaleskreis mit dem Durchmesser $\overline{AB}$ liegt. Das Verfahren wird immer ungenauer und versagt schließlich, wenn γ gegen 200 gon oder 0 gon geht und der Punkt P sich dabei mehr und mehr der Basis $\overline{AB}$ nähert.

Fall a: P rechts von $\overline{AB}$ $\rightarrow$ Drehsinn und Vorzeichen von α positiv

Fall b: P links von $\overline{AB}$ $\rightarrow$ Drehsinn und Vorzeichen von α negativ

Gegeben : Koordinaten der Festpunkte A und B

Gemessen: Strecken $\overline{AP}$ und $\overline{BP}$

Rechengang:

$$\left.\begin{aligned} \overline{AB}_{ber.} &= \sqrt{(y_B - y_A)^2 + (x_B - x_A)^2} \\ t_A^B &= \arctan \frac{y_B - y_A}{x_B - x_A} \end{aligned}\right\} R \rightarrow P \quad \textit{von A nach B} \tag{6.29}$$

Ermittlung des Basiswinkels α nach Cosinussatz mithilfe der berechneten Basis $\overline{AB}$ und den zum Neupunkt gemessenen Strecken $\overline{AP}$ und $\overline{BP}$

$$\alpha = \arccos \frac{\overline{AB}^2_{ber.} + \overline{AP}^2_{gem.} - \overline{BP}^2_{gem.}}{2 \cdot \overline{AB}_{ber.} \cdot \overline{AP}_{gem.}} \tag{6.30}$$

Entsprechend dem Drehsinn ist der *Winkel α mit positivem oder negativem Vorzeichen zu versehen*!

$$t_A^P = t_A^B + \alpha \tag{6.31}$$

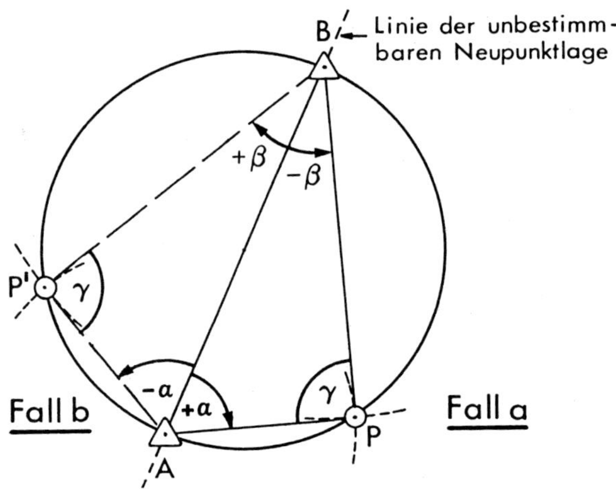

Abbildung 6.2-10: Bogenschnitt; günstigste Neupunktlage auf dem „Thaleskreis" über $\overline{AB}$

$$\left.\begin{aligned} y_P &= y_A + \overline{AP} \cdot \sin t_A^P \\ x_P &= x_A + \overline{AP} \cdot \cos t_A^P \end{aligned}\right\} \begin{aligned} &P \to R \\ &\text{von } A \text{ nach } P \text{ mit Addition der Anschlusskoordinaten} \end{aligned} \tag{6.32}$$

Kontrolle:

$$\left.\begin{aligned} \overline{BP} &\overset{\text{Soll}}{=} \sqrt{(y_P - y_B)^2 + (x_P - x_B)^2} \\ t_B^P &= \arctan \frac{y_P - y_B}{x_P - x_B} \end{aligned}\right\} \quad R \to P \text{ von } B \text{ nach } P \tag{6.33}$$

Es ist zu prüfen, ob der berechnete Wert für den Richtungswinkel t_B^P mit der gegebenen Situation (P links oder rechts von $\overline{AB}$) übereinstimmt. Dazu subtrahiert man von t_B^P den Richtungswinkel t_B^A der Basis von B nach A und erhält den zweiten Basiswinkel

$$\beta = t_B^P - t_B^A \,. \tag{6.34}$$

Dieser hat negatives Vorzeichen (*Fall a*: Punkt P rechts von $\overline{AB}$) oder positives Vorzeichen (*Fall b*: Punkt P links von $\overline{AB}$, Abb. 6.2-10). Dem negativen Vorzeichen entspricht ein Wert von β zwischen 200 gon und 400 gon.

Möglichst sollte auch die *Basis* $\overline{AB}$ *gemessen* werden, denn dann lässt sich der *Maßstabsfaktor*

$$q = \frac{\overline{AB}_{ber.}}{\overline{AB}_{gem.}} \tag{6.35}$$

zwischen der aus Koordinaten berechneten und der gemessenen Basis $\overline{AB}$ bestimmen. Durch Berücksichtigung dieses Maßstabsfaktors q bei der polaren Neupunktbestimmung erreicht man eine bessere Einpassung des Neupunktes in das hier bestehende Festpunktfeld.

Mit Gl. (6.29) wird die Länge und der Richtungswinkel der Basis $\overline{AB}$ und anschließend mit Gl. (6.35) der Maßstabsfaktor q berechnet. Der Winkel α ergibt sich wiederum nach dem Cosinussatz, jedoch sind jetzt alle Strecken einschließlich der Basis $\overline{AB}$ gemessen (vgl. Gl. (6.30)):

$$\alpha = \arccos \frac{\overline{AB}^2_{gem.} + \overline{AP}^2_{gem.} - \overline{BP}^2_{gem.}}{2 \cdot \overline{AB}_{gem.} \cdot \overline{AP}_{gem.}}. \tag{6.36}$$

Nach der Ermittlung des Richtungswinkels t_A^P mit Gl. (6.31) können die Neupunktkoordinaten berechnet werden (vgl. Gl. (6.32)):

$$\left.\begin{aligned} y_P &= y_A + (q \cdot \overline{AP}) \cdot \sin t_A^P \\ x_P &= x_A + (q \cdot \overline{AP}) \cdot \cos t_A^P \end{aligned}\right\} \quad \begin{aligned} &P \to R \quad \text{von A nach B mit} \\ &\text{Maßstabskorrektion.} \end{aligned} \tag{6.37}$$

Nach Berechnung der Strecke $\overline{BP}$ mit Gl. (6.33) ergibt sich als Kontrolle

$$\overline{BP}_{gem.} = \frac{\overline{BP}_{ber.}}{q}. \tag{6.38}$$

Wenn von *mehr als zwei Festpunkten* die Entfernungen zu einem oder mehreren Neupunkten P_i gemessen und zur Neupunktbestimmung benutzt werden, lässt sich diese Aufgabe wiederum mit den Verfahren der geodätischen Ausgleichungsrechnung eindeutig lösen. Dadurch ist eine bessere Kontrolle der Messungen und Berechnungen sowie eine Genauigkeitssteigerung möglich.

Es ist noch anzumerken, dass vor Beginn der Berechnungen an den mit elektrooptischen Distanzmessern bestimmten Schrägdistanzen selbstverständlich die notwendigen Korrektionen (Kap. 5.3.2) und Reduktionen, wie z. B. die Reduktion auf die Horizontale, anzubringen sind.

Beispiel 6.2.4: Bogenschnittberechnung (ohne und mit Berücksichtigung des Maßstabsfaktors q bei der Neupunktberechnung)

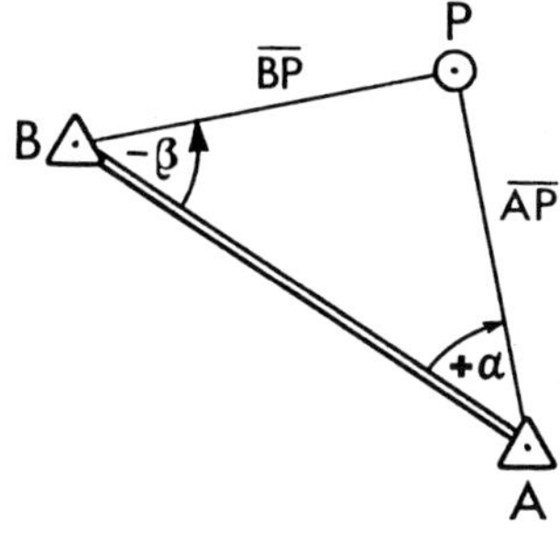

Abbildung 6.2-11: Bogenschnittberechnung

Gegebene Festpunktkoordinaten:

Punkt	y [m]	x [m]
A	[25]05 781,94	[56]27 797,27
B	05 724,87	27 845,11

Gemessene Horizontalstrecken:

$\overline{AP} = 55,737$ m
$\overline{BP} = 51,169$ m
$(\overline{AB}_{gem.} = 74,456$ m$)$

$$\left.\begin{aligned} \overline{AB}_{ber.} &= \sqrt{(y_B - y_A)^2 + (x_B - x_A)^2} = 74,469 \text{ m} \\ t_A^B &= \arctan \frac{y_B - y_A}{x_B - x_A} = 344,4134 \text{ gon} \end{aligned}\right\} \quad R \to P$$

Version 1: Berechnung *ohne* Berücksichtigung des *Maßstabsfaktors q*

$$\alpha = \arccos \frac{\overline{AB}^2_{ber.} + \overline{AP}^2_{gem.} - \overline{BP}^2_{gem.}}{2 \cdot \overline{AB}_{ber.} \cdot \overline{AP}_{gem.}} = 48,1951 \text{ gon}$$

Fall a: P liegt rechts von $\overline{AB}$, α ist positiv!

$$t_A^P = t_A^B + \alpha = 392,6085 \text{ gon}$$

$$\left.\begin{aligned} y_P &= y_A + \overline{AP} \cdot \sin t_A^P = \underline{\underline{5\,775,48}} \text{ m} \\ x_P &= x_A + \overline{AP} \cdot \cos t_A^P = \underline{\underline{27\,852,63}} \text{ m} \end{aligned}\right\} \quad R \to P$$

Kontrolle:

$$\left.\begin{aligned} \overline{BP}_{ber.} &= 51,169 \text{ m} = \overline{BP}_{gem.} \\ t_B^P &= 90,6078 \text{ gon} \end{aligned}\right\} \quad R \to P$$

$$t_B^A = t_A^B - 200 \text{ gon} = 144,4134 \text{ gon}$$

$$t_B^P - t_B^A = -53,8056 \text{ gon} = \beta$$

β negativ bzw. 200 gon $\leq \beta \leq$ 400 gon $\rightarrow$ *Fall a*

Version 2: Berechnung *mit* Berücksichtigung des *Maßstabsfaktors q*

$$q = \frac{\overline{AB}_{ber.}}{\overline{AB}_{gem.}} = \frac{74,469}{74,456} = 1,000\,176$$

$$\alpha = \arccos \frac{\overline{AB}^2_{gem.} + \overline{AP}^2_{gem.} - \overline{BP}^2_{gem.}}{2 \cdot \overline{AB}_{gem.} \cdot \overline{AP}_{gem.}} = 48,2050 \text{ gon}$$

Fall a: P liegt rechts von $\overline{AB}$, α ist positiv!

$$t_A^P = t_A^B + \alpha = 392,6184 \text{ gon}$$

$$\left.\begin{aligned} y_P &= y_A + (q \cdot \overline{AP}) \cdot \sin t_A^P = \underline{\underline{5\,775,49}} \text{ m} \\ x_P &= x_A + (q \cdot \overline{AP}) \cdot \cos t_A^P = \underline{\underline{27\,852,64}} \text{ m} \end{aligned}\right\} \quad R \to P$$

Kontrolle:

$$\left.\begin{aligned} \overline{BP}_{ber.} &= 51,178 \text{ m} \\ \overline{BP}_{gem.} &= \frac{\overline{BP}_{ber.}}{q} = 51,169 \text{ m} \end{aligned}\right\} \quad R \to P$$

$$t_B^P = 90,5959 \text{ gon}$$

$$t_B^P - t_B^A = -53,8175 \text{ gon} = \beta$$

β negativ bzw. 200 gon $\leq \beta \leq$ 400 gon $\rightarrow$ *Fall a*

6.3 Polygonometrische Punktbestimmung

6.3.1 Polygonzugarten

Zur linienweisen Bestimmung neuer Lagefestpunkte werden diese in der Örtlichkeit so ausgewählt und vermarkt, dass sie die Knickpunkte eines *Polygonzuges* (Vieleckzuges) bilden. Durch Messen der Seitenlängen zwischen den Polygonpunkten (= Knickpunkten) und der Brechungswinkel als Differenz der Richtungen in den Polygonpunkten ist die Zugform eindeutig bestimmt.

Schließt man die neuen Punkte nicht an koordinatenmäßig bekannte Festpunkte an, lässt sich nur die gegenseitige Lage der Punkte bestimmen. Man definiert hierzu die erste Polygonzugseite als Abszissenrichtung eines örtlichen, rechtwinkligen Koordinatensystems. Dieser sogenannte *freie Polygonzug* wird hauptsächlich zur Absteckung von Geraden, deren Endpunkte gegenseitig nicht sichtbar sind, angewandt (Abb. 6.3-1).

Üblicherweise schließt man den Polygonzug jedoch am Anfang und Ende an vorhandene Festpunkte an, deren Koordinaten bekannt sind. Dieser *angeschlossene Polygonzug* ermöglicht die Bestimmung der Polygonpunktkoordinaten, sodass die Abstände und Richtungen auch zu allen anderen im gleichen System koordinierten Punkten der Umgebung festgelegt sind. Wenn sowohl der Anfangspunkt A als auch der Endpunkt E des Polygonzuges bekannte Festpunkte sind, in die der Zug eingepasst werden kann, stellt die letzte Zugseite ein überschüssiges Bestimmungsstück dar. Dadurch ergibt sich eine Kontrolle für die Messungselemente (= Polygonseiten und Brechungswinkel, Abb. 6.3-2 oben). Durchgreifender wird diese Kontrolle, wenn darüber hinaus am Anfang und Ende die Anschlussrichtungen zu je einem zusätzlichen Festpunkt als Fernziel (FA und FE) gemessen werden, weil die Brechungswinkel β_A und β_E auf dem Anfangs- und Endpunkt dann zwei weitere überschüssige Bestimmungsstücke darstellen (Abb. 6.3-2 unten). Daher ist solch eine Lösung möglichst immer anzustreben.

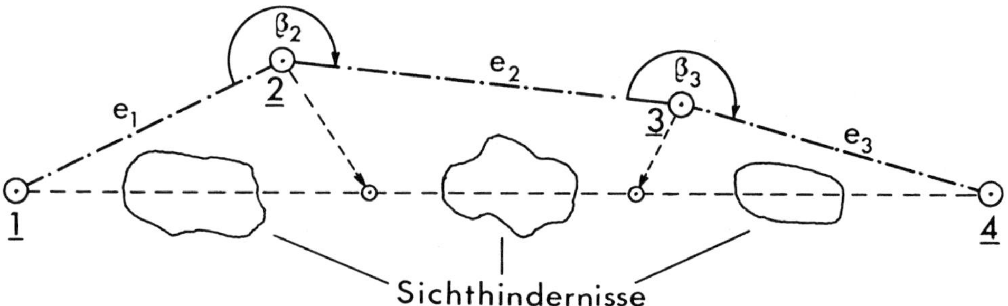

Abbildung 6.3-1: Freier Polygonzug 1-2-3-4 (hier zur Einschaltung von Zwischenpunkten in die Gerade von 1 nach 4 bei Sichthindernissen)

Diese Kontrollmöglichkeiten sind bei einem *einseitig* koordinaten- und richtungsmäßig *angeschlossenen (toten) Polygonzug* nicht gegeben (Abb. 6.3-3). Er findet dann Anwendung, wenn örtliche Hindernisse einen Festpunktabschluss am Zugende nicht ermöglichen, wie dies z. B. bei der Tunnelabsteckung oder der Aufmessung eines Hinterhofes der Fall ist. Da dieser Polygonzug nicht zwischen Festpunkte eingepasst werden kann, nimmt die Ungenauigkeit mit der Zuglänge stets zu.

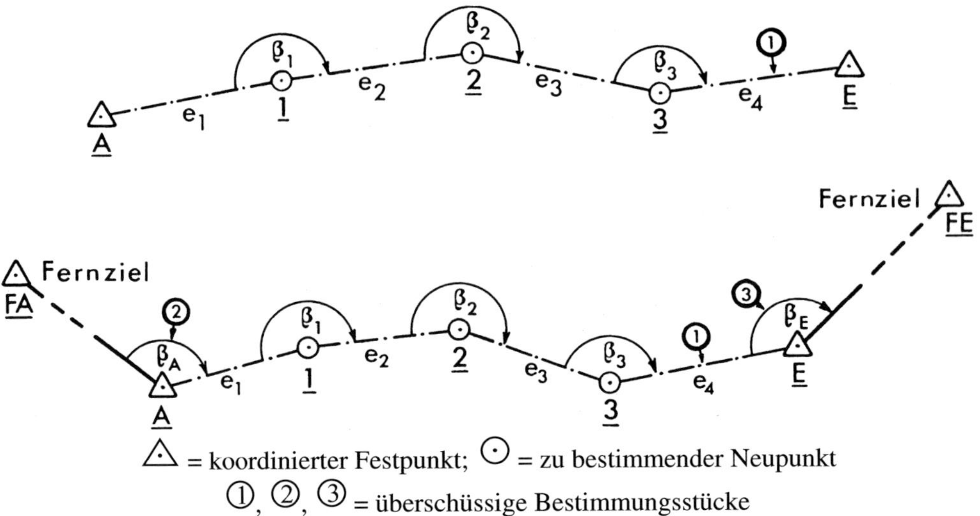

Abbildung 6.3-2: Beidseitig angeschlossene Polygonzüge; nur koordinatenmäßig angeschlossen (oben), koordinaten- und richtungsmäßig angeschlossen (unten)

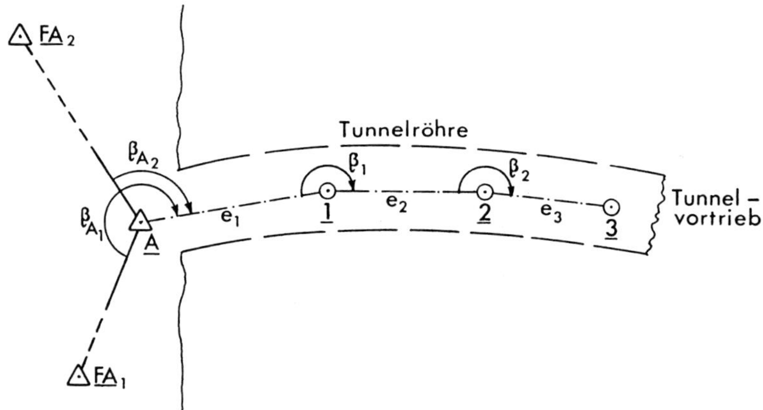

Abbildung 6.3-3: Einseitig koordinaten- und richtungsmäßig angeschlossener (toter) Polygonzug (hier beim Tunnelbau mit zwei Anschlussrichtungen am Anfang zur Steigerung der Richtungsgenauigkeit)

Wird ein Polygonzug um abzusteckende oder aufzumessende Objekte herumgelegt, sodass er am Anfangspunkt wieder endet, spricht man von einem *geschlossenen Polygonzug* oder *Ringpolygon*. Er kann als freier Polygonzug ohne Richtungsanschluss oder als einseitig angeschlossener Polygonzug angelegt werden. Seine Messungselemente im Polygonring (Polygonseiten und Brechungswinkel) sind kontrolliert, weil der erste und der letzte Brechungswinkel sowie die letzte Zugseite drei überschüssige Bestimmungsstücke darstellen. Die Summe der gemessenen, außen liegenden Brechungswinkel wird mit der

$$\text{Summe der Außenwinkel eines } n\text{-Ecks} = (n+2)\cdot 200 \text{ gon} \tag{6.39}$$

verglichen und die Differenz gleichmäßig auf die Brechungswinkel verteilt. In der Regel ist eine hohe Genauigkeit erreichbar (z. B. für Bauabsteckungen), da Ungenauigkeiten von Anschlusspunkten nicht wirksam werden können.

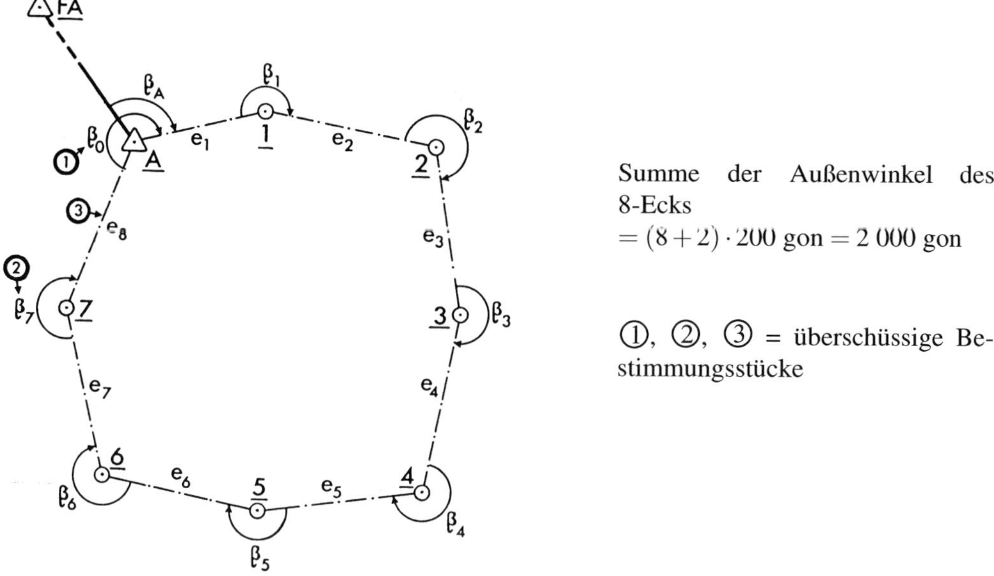

Abbildung 6.3-4: Geschlossener Polygonzug mit einseitigem Koordinaten- und Richtungsanschluss

Für den einseitigen Koordinaten- und Richtungsanschluss müssen ähnliche Vorbehalte bezüglich der Kontrollmöglichkeiten geltend gemacht werden wie beim einseitig angeschlossenen toten Polygonzug. Günstiger ist es in jedem Fall, wenn ein weiterer koordinierter Festpunkt in den Zugverlauf einbezogen werden kann. In diesem Zusammenhang sei auch auf das Nachbarschaftsprinzip (siehe Kap. 1.1) hingewiesen, nach dem in der Nähe des Ringpolygons liegende Festpunkte einer früheren Vermessung unbedingt in den Zugverlauf einbezogen werden müssen, falls zu Punkten des umgebenden Messungsliniennetzes Beziehungen hergestellt werden sollen.

An der Zusammenstellung der Polygonzugarten lässt sich schon erkennen, dass diese Methode der Punktbestimmung sehr flexibel und der jeweiligen Aufgabenstellung angepasst werden kann. So wurde mit Polygonzügen das Netz der trigonometrischen Punkte so weit verdichtet, dass Detailvermessungen entweder direkt von den Polygonpunkten aus nach dem Polarverfahren (Kap. 2.2.2) oder durch Aufmessen auf die Polygonseiten nach dem Einbinde- und Orthogonalverfahren (Kap. 2.2.1) möglich waren.

6.3.2 Messung von Polygonzügen

Lage, Vermarkung und Einmessung der Polygonpunkte

Bei der Aufmessung und Absteckung von Vermessungspunkten wird üblicherweise das Polarverfahren mit Tachymeter angewandt, häufig auch verknüpft mit der GNSS-Punktbestimmung. Daher ist bei der Anlage eines Polygonzuges vorrangig auf die sichere Lage der Polygonpunkte selbst zu achten. Diese brauchen sogar nicht mehr begehbar sein, wenn von vornherein nur Aufmessungen nach dem Polarverfahren geplant sind. Der Abstand der Polygonpunkte voneinander wird nicht von der Reichweite der elektrooptischen Distanzmesssensors, sondern mehr von den Geländeverhältnissen, dem Bewuchs, der Bebauung und dem Aufnahmezweck eingeengt. So wird bei amtlichen Vermessungen in einer bebauten Ortslage ein wesentlich engerer Punktabstand erforderlich sein als z. B. beim Bau einer neuen Verkehrsstraße, bei dem die Punkte an vom Baubetrieb nicht gefährdete Stellen gelegt werden, von denen gute Sichten zu den Trassenpunkten bestehen.

Die Polygonpunkte müssen an geschützter Stelle so erkundet und ausgewählt werden, dass eine sichere Aufstellung des Messinstruments möglich und gute Sicht sowohl zu den Anschlusspunkten als auch zu den umliegenden aufzunehmenden Punkten gegeben ist. Die *Vermarkung* wird je nach Bedeutung der Aufnahme mehr oder weniger dauerhaft vorgenommen und zwar an der *Erdoberfläche sichtbar* durch Stahlrohre und -bolzen oder *unterirdisch* durch senkrechte Tonrohre oder Stahlrohre, eventuell mit aufgesetztem Schutzkasten (Abb. 2.1-7).

Nach der Vermarkung sollte jeder Polygonpunkt auf Punkte der umgebenden Örtlichkeit (Hauswandverlängerungen, Masten, Grenzsteine) aufgemessen werden, damit ein späteres Aufsuchen erleichtert oder überhaupt möglich wird. Die *Einmessung* wird in einer Skizze dokumentiert (Abb. 6.3-5).

Üblicherweise werden Polygonpunkte in der Skizze durch einen Kreis dargestellt, die Vermarkungsart durch eine Abkürzung angegeben und die beigeschriebene Punktnummer unterstrichen. Die Signatur für eine Polygonseite ist eine strichpunktierte Linie (Signaturen, Zeichen und Abkürzungen siehe Tab. 2.2-1)

Winkel- und Längenmessung

Bei der *Winkelmessung* wird vom Standpunkt P_i aus zuerst die Richtung r_{i-1} zu dem im Zugverlauf zurückliegenden Punkt und dann die Richtung r_{i+1} zum nachfolgenden Punkt bestimmt. Aus der Differenz der nachfolgenden minus der zurückliegenden Richtung ergibt sich der auf der linken Seite des Zugverlaufs liegende Brechungswinkel

$$\beta_i = r_{i+1} - r_{i-1} \,. \tag{6.40}$$

Im Allgemeinen reichen für die Winkelmessung *ein* oder *zwei Sätze* (Kap. 3.5.3) mit einem Tachymeter entsprechender Genauigkeit aus. Für Präzisionsmessungen bei speziellen Baumaßnahmen ist ein Präzisionstachymeter erforderlich. Das Instrument muss über dem Standpunkt gut *zentriert* und *horizontriert* werden.

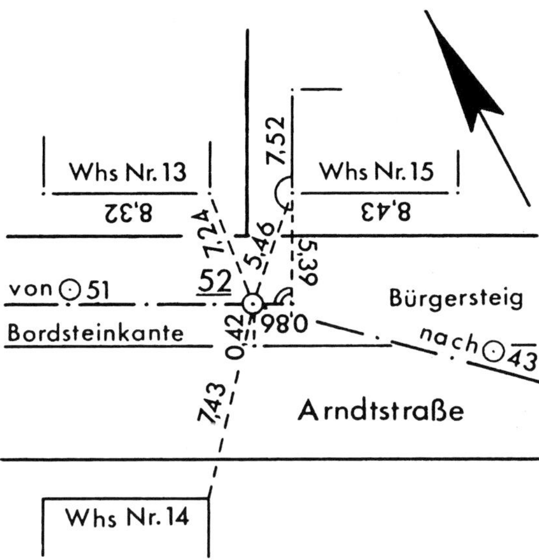

Abbildung 6.3-5: Einmessungsskizze eines Polygonpunktes in bebauter Ortslage

Besonders bei kurzen Seitenlängen wirken sich Zentrierabweichungen in den Stand- und Zielpunkten auf die Genauigkeit der Winkelmessung stärker aus. Bei unterschiedlichen Seitenlängen ergeben sich die maximalen Winkelabweichungen nach

$$\Delta\beta = 2 \cdot \Delta r = 2 \cdot \frac{b}{e} \cdot \rho \,. \tag{6.41}$$

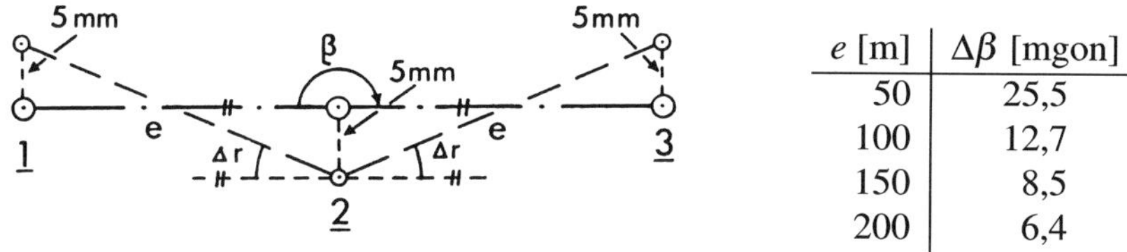

e [m]	$\Delta\beta$ [mgon]
50	25,5
100	12,7
150	8,5
200	6,4

Abbildung 6.3-6: Beispiel für die Auswirkung von Zentrierabweichungen

Bei höheren Genauigkeitsanforderungen arbeitet man daher auch mit *Zwangszentrierung* (Kap. 3.2.3). Hierbei werden über die jeweiligen am Boden vermarkten Stand- und Zielpunkte des Polygonzuges die auf Stative aufgeschraubten Dreifüße zentrisch aufgestellt und horizontiert. In die Dreifüße können der Theodolit und die Zieltafeln mit ihren Zentrierzapfen eingesetzt und auch gegeneinander ausgetauscht werden (Abb. 6.3-7). Dadurch bleibt die einmal vorgenommene Zentrierung innerhalb einiger hundertstel Millimeter erhalten. Außerdem kann mit diesem Verfahren bei umfangreicheren Polygonierungen sehr rationell gearbeitet werden.

Abbildung 6.3-7: Zwangszentrierung

Da die elektrooptische Distanzmessung die Schrägdistanz d vom Standpunkt zum Zielpunkt liefert, wird diese mithilfe des Zenitwinkel z in die Horizontalentfernung e umgerechnet. Damit ergibt sich auch sehr einfach der Höhenunterschied Δh zwischen der Reflektor- und der Distanzmesserhöhe (siehe hierzu auch „Trigonometrische Höhenmessung", Kap. 4.3 und „Längs- und Querprofilaufnahme", Kap. 7.2, Gl. (7.3), Gl. (7.4)).

$$e = d \cdot \sin z \qquad P \rightarrow R \tag{6.42}$$

$$\Delta h = d \cdot \cos z \tag{6.43}$$

Bei Einstellung des entsprechenden Modus im Instrument erfolgt diese Umrechnung automatisch.

6.3.3 Polygonzugberechnung

6.3.3.1 Polygonzug mit beidseitigem Richtungs- und Koordinatenanschluss

Berechnung der Richtungswinkel

Zur Koordinatenberechnung der Punkte eines Polygonzuges müssen zunächst die Richtungswinkel, jeweils im rechtsläufigen Drehsinn mit der Abszissenachse (x-Achse) des Koordinatensystems als Ausgangsrichtung, für jede Polygonzugseite bestimmt werden. Aus den gegebenen Koordinaten am Zuganfang wird der Richtungswinkel t_{FA}^{A} vom Fernziel FA zum Anschlusspunkt A berechnet nach

$$t_{FA}^{A} = \arctan \frac{y_A - y_{FA}}{x_A - x_{FA}} \ . \qquad \text{vgl. (2.16)}$$

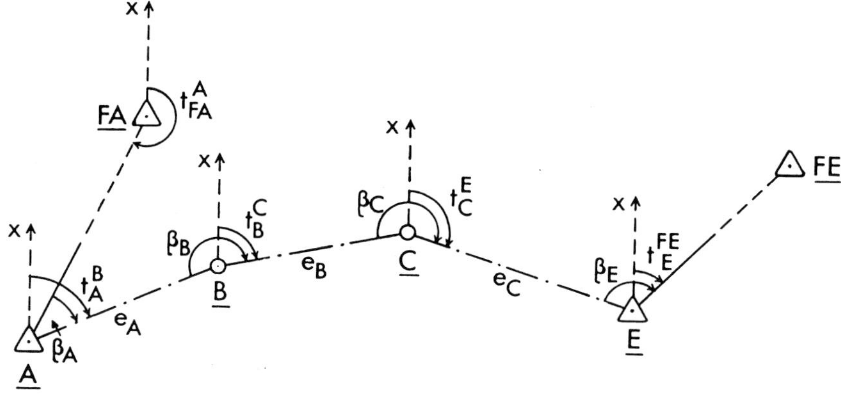

Abbildung 6.3-8: Polygonzug mit beidseitigem Richtungs- und Koordinatenanschluss

Da sich die Richtungswinkel in den beiden Endpunkten einer Verbindungsgeraden um 200 gon unterscheiden (Abb. 1.4-6), ergibt sich für einen Polygonpunkt P_i der Richtungswinkel zum Folgepunkt P_{i+1} durch *Addition* oder *Subtraktion von 200 gon* zum Richtungswinkel des zurückliegenden Punktes P_{i-1} und Addition des Brechungswinkels β_i nach der Formel (Abb. 6.3-9)

$$t_i^{i+1} = t_{i-1}^{i} + \beta_i \pm 200 \text{ gon} . \tag{6.44}$$

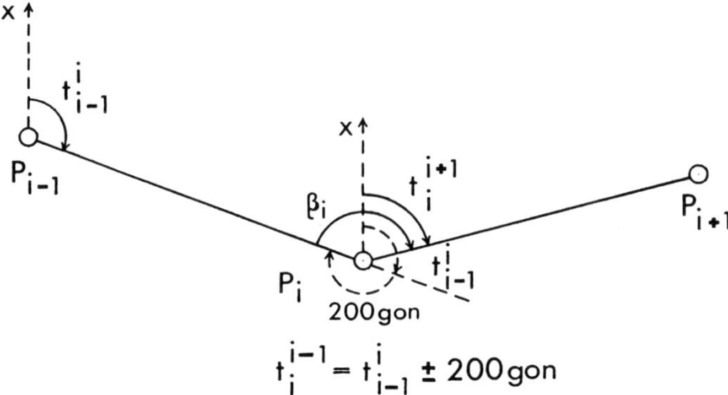

Abbildung 6.3-9: Ableitung des Richtungswinkels einer Folgeseite vom Richtungswinkel im vorhergehenden Punkt

Beginnend mit dem Richtungswinkel t_{FA}^{A} erhält man für das Polygonzugbeispiel in Abbildung 6.3-8:

$$\begin{aligned}
t_A^B &= t_{FA}^A + \beta_A \pm 200 \text{ gon} \\
t_B^C &= t_A^B + \beta_B \pm 200 \text{ gon} \\
t_C^E &= t_B^C + \beta_C \pm 200 \text{ gon} \\
t_E^{FE} &= t_C^E + \beta_E \pm 200 \text{ gon} = t_{FA}^A + \sum_{i=A}^{E} \beta_i \pm 4 \cdot 200 \text{ gon}
\end{aligned}$$

Die Addition oder Subtraktion des Wertes 200 gon nimmt man so vor, dass der Wert des Richtungswinkels t_i^{i+1} zwischen 0 gon und 400 gon liegt. In einem programmierten Rechenablauf wird man zweckmäßigerweise den Wert 200 gon immer addieren und die Abfrage vorsehen, ob der Richtungswinkel t_i^{i+1} den Wert 400 gon des Vollkreises übersteigt. Ist dies der Fall, werden 400 gon subtrahiert und anschließend die Abfrage mit eventuell erneuter Subtraktion von 400 gon wiederholt.

Beispiel 6.3.1: Berechnung des Richtungswinkels t_i^{i+1} aus dem Richtungswinkel t_{i-1}^{i} der vorhergehenden Seite und dem Brechungswinkel β_i im Standpunkt.

$$\begin{array}{rcrll}
t_{i-1}^{i} & = & 396,253 & \text{gon} & \\
\beta_i & = & 243,839 & \text{gon} & \\
 & & +\ 200 & \text{gon} & \\
\hline
(t_i^{i+1})' & = & 840,092 & \text{gon} & \geq 400 \text{ gon} \\
 & & -\ 400 & \text{gon} & \\
\hline
(t_i^{i+1})' & = & 440,092 & \text{gon} & \geq 400 \text{ gon} \\
 & & -\ 400 & \text{gon} & \\
\hline
t_i^{i+1} & = & 40,092 & \text{gon} & < 400 \text{ gon}
\end{array}$$

Der Richtungswinkel t_E^{FE} vom Endpunkt E zu seinem Fernziel FE lässt sich sowohl aus gegebenen Koordinaten errechnen (*Sollrichtungswinkel*) als auch mithilfe der gemessenen Brechungswinkel nach der vorstehend beschriebenen Methode ableiten (*Istrichtungswinkel*). Die Differenz ergibt die *Winkelabweichung*

$$w_\beta = t_{E\,Soll}^{FE} - t_{E\,Ist}^{FE} = t_{E\,Soll}^{FE} - \left(t_{FA}^{A} + \sum_{i=A}^{E} \beta_i \pm n \cdot 200 \text{ gon}\right) \tag{6.45}$$

mit $n =$ Anzahl der Brechungswinkel β_i. Überschreitet w_β die durch die Ungenauigkeiten der Winkelmessung, der Zentrierung und der Anschlusspunktkoordinaten verursachte Abweichung wesentlich, muss ein Fehler in der Messung oder Berechnung vorliegen. Ein derartiger Fehler muss in jedem Fall durch Nachprüfung und eventuelle Nachmessung eliminiert werden.

Wurde auf dem Endpunkt kein Fernziel angemessen, ist kein Richtungsabschluss möglich. Es liegt dann ein *Polygonzug mit einseitigem Richtungsanschluss* vor, bei dem die zuvor beschriebene Kontrolle der Winkelmessung nicht durchgeführt werden kann.

Berechnung der Koordinaten

Die nun vorliegenden polaren Koordinaten (Richtungswinkel t und Horizontalentfernung e von Punkt zu Punkt) lassen sich in rechtwinklige Koordinatendifferenzen Δx und Δy umrechnen (Kap. 2.3.1). Bildet man ihre Summen und rechnet diese wieder in Polarkoordinaten um, erhält man Istwerte für die Horizontalentfernung $\overline{AE}_{Ist}$ und den Richtungswinkel $t_{A\ Ist}^{E}$ vom Anfangs- zum Endpunkt. Aus den gegebenen Koordinaten werden die Sollwerte $\overline{AE}_{Soll}$ und $t_{A\ Soll}^{E}$ berechnet. Aus diesen Soll- und Istwerten ermittelt man den *Maßstabsfaktor* q und den *Drehwinkel* ε zur Einpassung des gemessenen Polygonzuges durch *Drehstreckung* (Kap. 2.3.3, Gl. (2.28) bis (2.36), Seite 68) in das Koordinatensystem der Anschlusspunkte A und E.

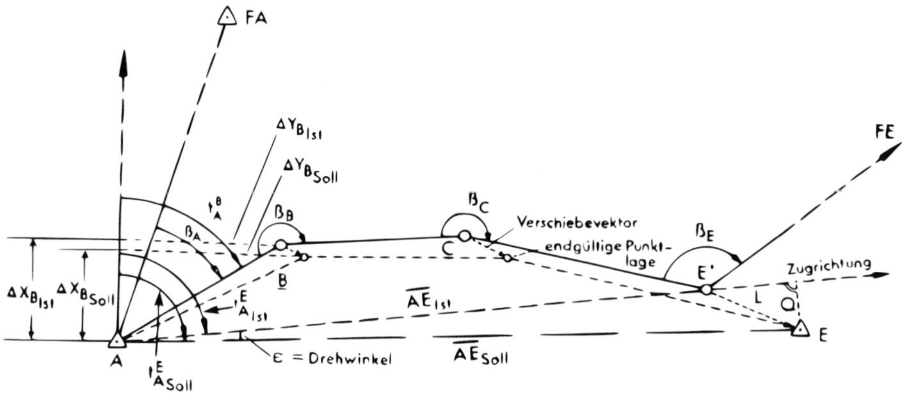

Abbildung 6.3-10: Einpassung des gemessenen Polygonzuges durch Drehstreckung in das Koordinatensystem der Anschlusspunkte A und E

$$\left.\begin{aligned} \overline{AE}_{Soll} &= \sqrt{(y_E - y_A)^2 + (x_E - x_A)^2} \\ t_{A\ Soll}^{E} &= \arctan \frac{y_E - y_A}{x_E - x_A} \end{aligned}\right\} \quad R \rightarrow P \tag{6.46}$$

$$\left.\begin{aligned} (\sum_{i=1}^{n} \Delta y_i)_{Ist} &= \sum_{i=1}^{n} (e_i \cdot \sin t_i^{i+1}) \\ (\sum_{i=1}^{n} \Delta x_i)_{Ist} &= \sum_{i=1}^{n} (e_i \cdot \cos t_i^{i+1}) \end{aligned}\right\} \quad P \rightarrow R \tag{6.47}$$

$$\left.\begin{aligned} \overline{AE}_{Ist} &= \sqrt{(\sum_{i=1}^{n} \Delta y_i)_{Ist}^2 + (\sum_{i=1}^{n} \Delta x_i)_{Ist}^2} \\ t_{A\ Ist}^{E} &= \arctan \frac{(\sum \Delta y_i)_{Ist}}{(\sum \Delta x_i)_{Ist}} \end{aligned}\right\} \quad R \rightarrow P \tag{6.48}$$

$$\begin{aligned} \textit{Maßstabsfaktor} \qquad q &= \frac{\overline{AE}_{Soll}}{\overline{AE}_{Ist}} \\ \textit{Drehwinkel} \qquad \varepsilon &= t_{A\ Soll}^{E} - t_{A\ Ist}^{E} \end{aligned} \tag{6.49}$$

$$\left.\begin{aligned} \Delta y_i &= q \cdot e_i \cdot \sin(t_i^{i+1} + \varepsilon) \\ \Delta x_i &= q \cdot e_i \cdot \cos(t_i^{i+1} + \varepsilon) \end{aligned}\right\} \quad P \rightarrow R \tag{6.50}$$

$$y_{i+1} = y_i + \Delta y_i \qquad ; \qquad x_{i+1} = x_i + \Delta x_i \tag{6.51}$$

Längs- und Querabweichung:

$$\textit{Längsabweichung} \quad L = \overline{AE}_{Soll} \cdot \cos\varepsilon - \overline{AE}_{Ist} \tag{6.52}$$

$$\textit{Querabweichung} \quad Q = \overline{AE}_{Soll} \cdot \sin\varepsilon \tag{6.53}$$

Die Längs- und die Querabweichung zeigen an, wie gut sich der gemessene Polygonzug den gegebenen Anschlusspunktkoordinaten anpasst. Sie können daher der Aufdeckung von Fehlern dienen, wenn ihre Werte wesentlich den Rahmen übersteigen, der sich aus den Ungenauigkeiten der Messungselemente und der Anschlusskoordinaten ableiten lässt. Die Größe der Längs- und der Querabweichung braucht jedoch nicht unbedingt durch zu ungenaue Messungselemente (Winkel- und Streckenmessung, Zentrierung, Punktvermarkung), sondern kann auch durch ungenaue Anschlusskoordinaten verursacht sein. Bei richtigen Anschlusskoordinaten zeigt bei einem gestreckten Polygonzug die Längsabweichung hauptsächlich die Ungenauigkeiten der Streckenmessung und die Querabweichung die der Winkelmessung an.

Bei der *Polygonzugeinpassung durch Drehstreckung* wird die Genauigkeit der Neupunktkoordinaten nicht durch Ungenauigkeiten der Richtungs- und Brechungswinkel auf den An- und Abschlusspunkten beeinflusst. Lediglich die Messungselemente, die die „innere“ Form des Polygonzuges bestimmen, wie die Streckenmessung und die Winkelmessung auf den Neupunkten, sind ausschlaggebend. Durch die Ungenauigkeiten der Richtungs- und Brechungswinkel auf den An- und Abschlusspunkten wird lediglich der Drehwinkel ε und damit auch die Längs- und die Querabweichung beeinflusst.

Beispiel 6.3.2: Polygonzugberechnung mit Einpassung durch Drehstreckung
Die gegebenen Anschlussrichtungswinkel (t_{62}^{61}, t_{67}^{34}) und die Anschlusskoordinaten (Nr. 61, Nr. 67) sind eingerahmt. Die Brechungswinkel β und die Strecken e wurden gemessen.

Punkt Nr.	Brechungswinkel β [gon]	Richtungswinkel t [gon]	e [m]	y [m]	x [m]	Punkt Nr.
$FA = 62$						62
		282,046				
$A = 61$	308,040			**23652,14**	**15405,41**	61
		390,086	153,242			
$B = 65$	200,001			23628,38	15556,82	65
		390,087	139,503			
$C = 66$	242,148			23606,76	15694,65	66
		32,235	195,837			
$E = 67$	210,328			**23701,76**	**15865,92**	67
$FE = 34$		$t_{E_{Ist}}^{FE} =$ 42,563		$L = +4,8$ cm		$n = 4$
		$t_{E_{Soll}}^{FE} =$ **42,570**		$Q = +4,0$ cm		
		$w_\beta = +7$ mgon				

Berechnung des Maßstabsfaktors q und des Drehwinkel ε (Ergebnisse abspeichern):

$$\left.\begin{array}{ll} \overline{AE}_{Soll} & = \sqrt{49,62^2+460,51^2} = 463,176 \text{ m} \\ t_{A\ Soll}^{E} & = 6,8332 \text{ gon} \end{array}\right\} R \to P$$

$$\left.\begin{array}{llr} \sum \Delta y_i & = \sum (e_i \cdot \sin t_i^{i+1}) & = 49,575 \text{ m} \\ \sum \Delta x_i & = \sum (e_i \cdot \cos t_i^{i+1}) & = 460,467 \text{ m} \end{array}\right\} R \to P$$

$$\left.\begin{array}{ll} \overline{AE}_{Ist} & = \sqrt{49,575^2+460,467^2} = 463,128 \text{ m} \\ t_{A\ Ist}^{E} & = 6,8278 \text{ gon} \end{array}\right\} R \to P$$

$$\begin{aligned} q &= \frac{463,176}{463,128} = 1,000103 \\ \varepsilon &= 6,8332 - 6,8278 = 0,00545 \text{ gon} \end{aligned}$$

Erhält man am Schluss der Berechnung exakt die gegebenen Sollkoordinaten des Endpunktes, ist die *ganze Berechnung durchgreifend verprobt*.

Anmerkung:
Neben der Einpassung durch Drehstreckung gibt es noch andere Methoden zur Verteilung von Widersprüchen. So wird von einigen Anwendern die Winkelabweichung w_β gleichmäßig auf die Brechungswinkel verteilt. Falls die Winkelmessung jedoch sorgfältig bei guter Zentrierung durchgeführt wurde, ist dies im Allgemeinen nicht erforderlich. Durch eine Verteilung der Winkelabweichung wird die Form des Zuges verändert.

Wenn sich jedoch Spannungen im übergeordneten Netz in einer Koordinatenrichtung stärker als in der anderen auswirken, ist es ratsam, vorläufige Koordinaten zu berechnen und die Differenzen zwischen den Sollwerten und den Istwerten im Endpunkt E, die sogenannten *Koordinatenabweichungen* w_y und w_x, proportional zur Zuglänge zu verteilen.

Vorläufige Koordinaten:

$$\begin{aligned} y'_{i+1} &= y'_i + \Delta y'_i = y'_i + e_i \cdot \sin t_i^{i+1} \\ x'_{i+1} &= x'_i + \Delta x'_i = x'_i + e_i \cdot \cos t_i^{i+1} \end{aligned} \tag{6.54}$$

Koordinatenabweichungen:

$$w_y = y_E - y'_E \quad ; \quad w_x = x_E - x'_E \tag{6.55}$$

Verteilung proportional zur Zuglänge ergibt die Verbesserungswerte

$$v_{y_i} = \frac{w_y}{\sum_A^E e_i} \cdot \sum_A^i e_j \quad ; \quad v_{x_i} = \frac{w_x}{\sum_A^E e_i} \cdot \sum_A^i e_j \quad ; \quad j = 1, \ldots, i \tag{6.56}$$

Endgültige Koordinaten:

$$y_i = y'_i + v_{y_i} \qquad ; \qquad x_i = x'_i + v_{x_i} \tag{6.57}$$

$$\begin{aligned} \text{Längsabweichung } L &= \frac{w_y \cdot \sum \Delta y' + w_x \cdot \sum \Delta x'}{\sqrt{(\sum \Delta y')^2 + (\sum \Delta x')^2}} = w_y \cdot \cos t^E_{A\,Ist} + w_x \cdot \sin t^E_{A\,Ist} \\ \text{Querabweichung } Q &= \frac{w_y \cdot \sum \Delta x' - w_x \cdot \sum \Delta y'}{\sqrt{(\sum \Delta y')^2 + (\sum \Delta x')^2}} = w_y \cdot \sin t^E_{A\,Ist} - w_x \cdot \cos t^E_{A\,Ist} \end{aligned} \tag{6.58}$$

Bei dieser Art der Verteilung der Abschlussabweichungen wirken sich bei der Berechnung der Neupunktkoordinaten auch Ungenauigkeiten in den Anschlussrichtungswinkeln und den Brechungswinkeln auf dem Anfangs- und Endpunkt aus.

6.3.3.2 Geschlossener Polygonzug (Abb. 6.3-4)

Vor der Berechnung der Richtungswinkel wird zunächst die Summe der Außenwinkel des n-Ecks mit dem Sollwert $= (n+2) \cdot 200$ gon bzw. die Summe der Innenwinkel mit dem Sollwert $= (n-2) \cdot 200$ gon verglichen. Die auftretende Differenz wird gleichmäßig auf alle Brechungswinkel verteilt und danach werden die Richtungswinkel berechnet. Wenn eine Anschlussrichtung gemessen wurde, ergibt sich der Richtungswinkel der ersten Seite nach

$$t_A^1 = t_{FA}^A + \beta_A \pm 200 \text{ gon}\,. \tag{6.59}$$

Durch ähnliche fortgesetzte Addition erhält man die übrigen Richtungswinkel. Man endet wieder beim Richtungswinkel der ersten Seite, wobei jedoch wegen der zuvor bereits erfolgten Differenzverteilung keine Winkelabweichung w_β auftreten darf. Falls kein Richtungsanschluss gegeben ist, erklärt man meist die erste Polygonseite zur Abszissenrichtung (x-Achse) eines örtlichen Koordinatensystems, sodass ihr Richtungswinkel $t_A^1 = 0$ gon ist. Weil der geschlossene Polygonzug auf seinem Anfangspunkt wieder endet, kann bei der Koordinatenberechnung keine Einpassung durch Drehstreckung erfolgen. Die Summen der vorläufigen Koordinatenunterschiede ($\sum \Delta y_i'$ und $\sum \Delta x_i'$) vom Anfang bis zum Ende müssten den Sollwert „null“ haben.
Die auftretenden Koordinatenabweichungen

$$w_y = \sum \Delta y_i' \qquad ; \qquad w_x = \sum \Delta x_i'$$

werden entsprechend dem bei den Anmerkungen zu Kapitel 6.3.3.1 beschriebenen Verfahren proportional zur Polygonzuglänge auf die vorläufigen Koordinaten verteilt (Gl. (6.55) bis (6.57)). Ein Berechnungsbeispiel findet sich in den älteren Auflagen dieses Buches (bis 8. Aufl.).

6.3.3.3 Polygonzug ohne Richtungsanschluss

Ist die Messung von Richtungen am Anfang und Ende eines Polygonzuges zu koordinierten Fernzielen FA und FE nicht möglich (Abb. 6.3-11), entfallen damit zwar Messungskontrollen, jedoch können trotzdem Koordinaten für die Polygonpunkte berechnet werden. Da für die erste Polygonseite kein Richtungswinkel im Landeskoordinatensystem abgeleitet werden kann, erklärt man sie zur Abszissenrichtung (x-Achse) eines örtlichen Koordinatensystems (y', x'). Der Richtungswinkel t_A^B vom Anfangspunkt zum nächsten Polygonpunkt ist dementsprechend $t_A^B = 0$ gon, wonach die weiteren sich nach der bereits erwähnten Formel

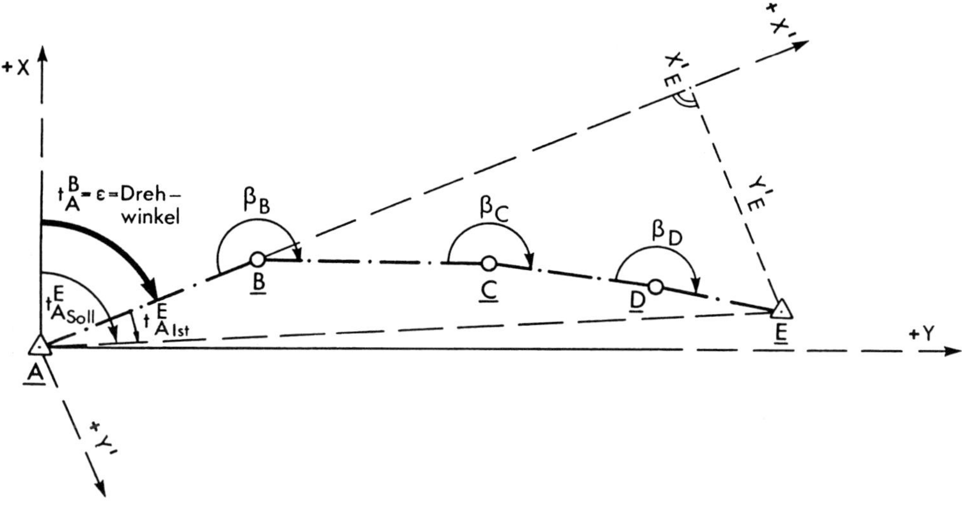

Abbildung 6.3-11: Polygonzug ohne Richtungsanschluss, jedoch mit Koordinatenanschluss (Einrechnungszug)

$$t_i^{i+1} = t_{i-1}^{i} + \beta_i \pm 200 \text{ gon} \qquad \text{vgl. (6.44)}$$

ableiten lassen.

Beginnt und endet der Polygonzug auf den koordinierten Festpunkten A und E, bezeichnet man ihn auch als *Einrechnungszug*. Seine Koordinaten können wie bei Kapitel 6.3.3.1 beim Polygonzug mit Richtungs- und Koordinatenanschluss beschrieben und, durch Drehstreckung zwischen die Festpunkte eingepasst, „eingerechnet" werden. Dazu benutzt man die „örtlichen" Richtungswinkel und erhält als Drehwinkel den Richtungswinkel ε (im Landessystem) der ersten Seite. Abgesehen von den bereits erwähnten fehlenden Kontrollen für die Winkelmessung erhält man nach diesem Berechnungsverfahren die Koordinaten des Polygonzuges mit der gleichen Genauigkeit wie bei einem Polygonzug, bei dem außer dem Koordinatenanschluss zusätzlich auch ein Richtungsanschluss gemessen wurde.

Beim *freien Polygonzug* ohne Richtungs- und ohne Koordinatenanschluss (Abb. 6.3-1) bestimmt man ebenfalls die Richtungswinkel bezogen auf die erste Polygonseite als örtliche x-Achse. Mit den Richtungswinkeln und Strecken lassen sich dann örtliche Koordinaten (x', y') für die Polygonpunkte berechnen. Dieser Polygonzug kann nicht eingepasst werden, sodass keinerlei Kontrollen möglich sind. Daher müssen die Messungselemente mit hoher Sorgfalt mehrmals bestimmt werden. Zur Kontrolle der Berechnung bildet man die Koordinatendifferenzen zwischen aufeinanderfolgende Polygonpunkte, rechnet sie in Polarkoordinaten um und vergleicht diese mit den Eingabewerten.

6.3.3.4 Auffinden von Messfehlern

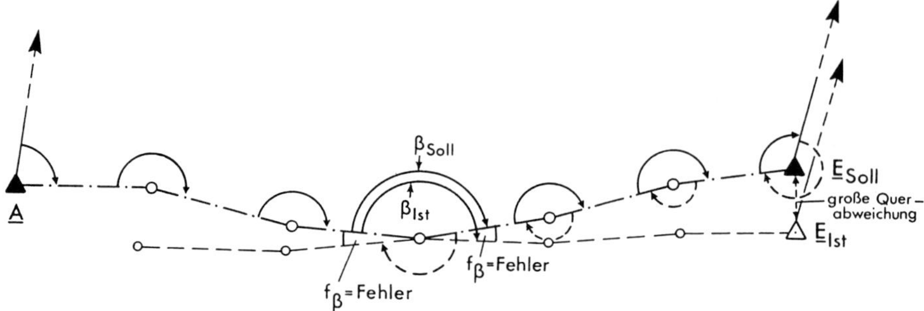

Abbildung 6.3-12: Auffinden eines Winkelfehlers f_β

Hat sich bei der Berechnung eines Polygonzuges mit beidseitigem Richtungs- und Koordinatenanschluss die Winkelabweichung w_β als so groß ergeben, dass der Verdacht auf einen (groben) *Fehler in der Winkelmessung* begründet ist, lässt sich derjenige Standpunkt lokalisieren, auf dem dieser Fehler aufgetreten ist. Man berechnet dazu die vorläufigen Koordinaten des Polygonzuges zweimal, und zwar sowohl vom Anfangs- als auch vom Endpunkt her. Bei der Berechnung vom Endpunkt her beachte man, dass die Brechungswinkel β im Zugverlauf links definiert sind, d. h., nicht die bei der „Berechnung vom Anfang her" eingesetzten Brechungswinkel, sondern ihre Ergänzungswinkel zu 400 gon sind zu benutzen. Der Winkelfehler f_β ist dann in dem Polygonpunkt zu vermuten, in dem die von beiden Seiten her berechneten Koordinaten bis auf geringe Abweichungen übereinstimmen, weil von diesem Punkt an der Polygonzug jeweils um den Fehler f_β verschwenkt wird (Abb. 6.3-12). Der Sachverhalt ist durch Nachmessung zu klären. Falls mehr als ein Winkelfehler vorliegt, ist das Verfahren nicht eindeutig, weshalb dann umfangreiche Nachmessungen vorzunehmen sind.

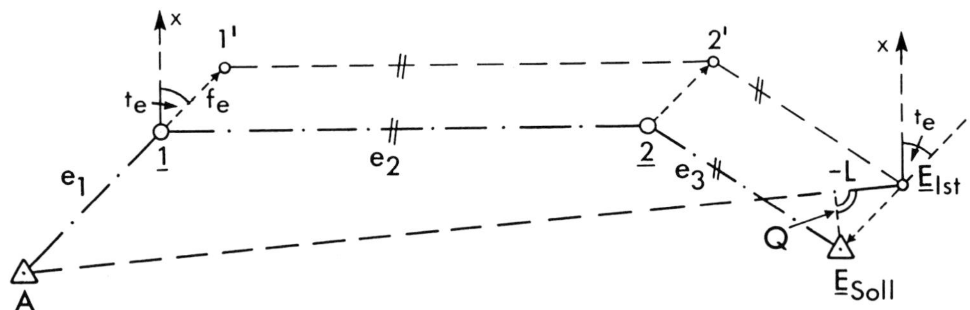

Abbildung 6.3-13: Auffinden eines Streckenfehlers f_e

Ein *Streckenmessfehler* (Abb. 6.3-13) bewirkt, dass der der fehlerhaften Seite e_i folgende Teil des Polygonzuges um den Fehlerbetrag f_e in Richtung der betreffenden Seite versetzt wird. Man kann also die Größe und Richtung solch eines Fehlers mithilfe der Differenz vom

Sollendpunkt zum Istendpunkt lokalisieren und mithilfe der Längs- und Querabweichung berechnen. Falls mehrere Seiten fehlerbehaftet sind oder annähernd gleiche Richtungen haben, lassen sich die fehlerbehafteten Seiten nicht eindeutig bestimmen, sodass auch hier umfangreiche Nachmessungen erforderlich werden.

$$\text{Streckenfehler } f_e \approx \sqrt{Q^2 + L^2} \tag{6.60}$$

Der Richtungswinkel t_e der fehlerbehafteten Zugseite ist näherungsweise

$$t_e \approx t_{E_{Ist}}^{E_{Soll}} + 200 \text{ gon} = (t_A^E)_{Ist} + \arctan\frac{Q}{L} + 200 \text{ gon}. \tag{6.61}$$

7 Geländeaufnahme und Mengenberechnung

7.1 Grundlagen und Höhendarstellung

Die Erfassung der Geländeformen nach Lage und Höhe sowie der Gewässer, Gebäude, Wege, Bodenbewachsung nebst vielen anderen wesentlichen Einzelheiten für die Darstellung in *topographischen Karten* oder in *Lage- und Höhenplänen* erfolgt durch topographische Vermessungen. Zur Planung und Ausführung von Bauvorhaben wird man neben den topographischen Karten, auf die in Kapitel 10 eingegangen wird, besonders die auf die Erfordernisse des Bauvorhabens ausgerichteten aktuellen Lage- und Höhenpläne benötigen. Als *Plan* sei eine Karte verstanden, die in einem großen Maßstab kartiert ist und einen auf den jeweiligen Zweck (hier Planung und Ausführung von Bauvorhaben) abgestimmten Inhalt besitzt. Die Verfahren zur Kartierung der Messdaten sind in Kapitel 2.4.3 erläutert.

Das zur *topographischen Vermessung* zu wählende Aufnahmeverfahren richtet sich nach der Form des Bauobjekts und den Neigungs- und Sichtverhältnissen im Gelände. Für lang gestreckte Bauwerke, wie Straßen, Eisenbahnen, Kanäle und dergleichen, wendet man die *Längs- und Querprofilaufnahme* (Kap. 7.2) an. Für Bauwerke mit flächenhafter Ausdehnung lässt sich das Gelände durch *Tachymetrie* (Kap. 7.4), *GNSS* (Kap. 8.3 u. 8.9) oder durch *Photogrammetrie* erfassen. Auf die Verfahren der Photogrammetrie, die zur Herstellung von topographischen Karten sowie von Karten und Plänen für räumlich ausgedehnte Bauvorhaben (z. B. beim Neubau von Autobahnen) fast ausschließlich angewandt werden, wird in Kapitel 9 eingegangen.

Die nach den zuvor genannten Verfahren bestimmten Geländepunkte geben die Geländegestalt in digitaler Form wieder. Werden folglich die Punktkoordinaten (Lage x, y und Höhe z) auf einem Datenträger abgespeichert, was bei der Messung mit registrierenden Tachymetern (Kap. 7.4.2) oder bei der photogrammetrischen Auswertung automatisch erfolgt, ergibt sich ein *Digitales Geländemodell (DGM)*. Speichert man zusätzlich für jeden Punkt noch Codierungen ab, aus denen erkennbar ist,

- ob aufeinanderfolgende Punkte eine Geländekante (Bruchkante) oder eine Strukturlinie im Gelände repräsentieren oder
- ob aufeinanderfolgende Punkte den Umring darstellen, in dem das Digitale Geländemodell aufzubauen ist oder sie ein Innengebiet repräsentieren, in dem kein Geländemodell gewünscht wird,

können die Messungsergebnisse digital weiterverarbeitet werden. Mithilfe geeigneter Software lassen sich dann automatisch das Volumen des durch die Messpunkte repräsentierten Geländes, die Höhenlinien, die Bruchkanten der Geländeoberfläche, die Höhen in vorgegebenen Profilen oder die Höhen in vorgegebenen Rastern ermitteln und in Tabellen zusammenstellen oder mit Zeichenautomaten grafisch darstellen.

Je nachdem, welches der zuvor genannten Aufnahmeverfahren gewählt und welche Messmethode dabei benutzt wird, ergeben sich *unterschiedliche Datenstrukturen*. Die Registrierungen können vorliegen als

- unregelmäßig verteilte Einzelpunkte (Kuppen-, Mulden- und Sattelpunkte, sonstige ausgewählte Höhenpunkte);
- Punkte auf Geripplinien (Tal- oder Rückenlinien) und Geländekanten;
- Punkte auf Höhenschichtlinien;
- Punkte entlang von Profilen oder auf den Schnittpunkten eines regelmäßigen Gitters.

Unregelmäßig verteilte Einzelpunkte – ergänzt durch Geripplinien und Geländekanten – fallen bei der tachymetrischen oder GNSS-Aufnahme an. Bei diesem Aufnahmeverfahren werden normalerweise nur gerade so viele Punkte im Gelände ausgewählt und gemessen, wie zur Darstellung des Geländes im vorgesehenen Maßstab notwendig sind. Bei den beiden zuletzt genannten Verfahren der Aufnahme und Registrierung der Daten ist die Anzahl der aufgemessenen Punkte größer als bei der Einzelpunktaufnahme, sodass dadurch mehr als die unbedingt nötigen Informationen zur Verfügung stehen.

Da die Höhen eines regelmäßigen Gitters einfach zu speichern sind und außerdem die Interpolation in einem Gitter rechentechnisch einfacher zu organisieren ist, gibt es Aufbereitungsprogramme, mit denen aus ursprünglich unregelmäßig verteilten Messpunkten die Eckpunkthöhen eines rechtwinkligen, regelmäßigen Gitters durch Interpolation abgeleitet und als Digitales Geländemodell abgespeichert werden. Der Gitterlinienabstand wird kleiner als der Abstand der Messpunkte gewählt, sodass kaum Information beim Übergang von den unregelmäßig verteilten Messpunkten auf die Gitterpunkte verloren geht.

7.1.1 Arten der Höhendarstellung

Von den drei Dimensionen des natürlichen Geländes, die durch die Aufnahmeverfahren erfasst werden (Lage: x- und y-Koordinaten, Höhe: z-Koordinate), lassen sich in einer Karte nur die zwei Dimensionen der Lage direkt abbilden. Die Höhe wird indirekt dargestellt durch:

a) *Höhenkoten* = Höhenzahlen, die neben markanten Geländepunkten und ausgewählten Punkten im flachen Gelände angegeben werden.

b) *Höhenlinien* (= Schichtlinien, Niveaukurven, Isohypsen) sind Horizontalprojektionen der Kurven, die Geländepunkte gleicher Höhe über einer Bezugsfläche (z. B. Normalnull) miteinander verbinden. Sie sind fiktive Linien, die in der Lotrichtung gleich weit voneinander abstehen (= *Schichthöhe*) und in jedem ihrer Punkte rechtwinklig zur Richtung des stärksten Gefälles verlaufen. Ist die Schichthöhe innerhalb einer Karte konstant, wird sie auch *Äquidistanz* genannt. Je steiler das Gelände ist, um so dichter liegen die Höhenlinien im Grundriss. Daher richtet sich die Auswahl einer passenden Äquidistanz hauptsächlich nach der Geländeneigung und dem Kartenmaßstab.

   Faustformel für die Wahl der Äquidistanz:

$$\Delta H\ (in\ Metern) = \frac{m\ (Maßstabszahl)}{1\,000}. \tag{7.1}$$

   Beispiel: $M = 1 : 5\,000, \quad \Delta H = 5$ m;
   $M = 1 : 1\,000, \quad \Delta H = 1$ m.

c) *Böschungsstriche* sind Schraffen zur Darstellung von Oberflächenformen, die wegen ihrer Steilheit keine genügend genaue Ermittlung von Höhenlinien gestatten, z. B. bei

Rändern von natürlichen Böschungen und von (meist künstlich angelegten) Dämmen, Aufschüttungen, Einschnitten.

d) *Schraffen und Schummern* (evtl. mit Farbgebung) sind Mittel der Kartographie zur Erzeugung eines plastischen Eindrucks durch Schattenwirkung in topographischen Karten (Kap. 10).

7.1.2 Höhenlinienkonstruktion

Die Höhenlinien werden nicht unmittelbar bei der örtlichen Aufnahme im Gelände gewonnen, sondern durch *lineare Interpolation* zwischen den höhenmäßig bestimmten Geländepunkten in der Karte konstruiert. Dazu wird neben jedem kartierten Punkt seine Höhe vermerkt, benachbarte Punkte miteinander verbunden und die Schnittpunkte der ausgewählten Höhenlinien mit den Verbindungsgeraden durch lineare rechnerische Interpolation bestimmt. In Abbildung 7.1-1 ist die Höhenlinienkonstruktion zwischen Dreieckspunkten dargestellt.

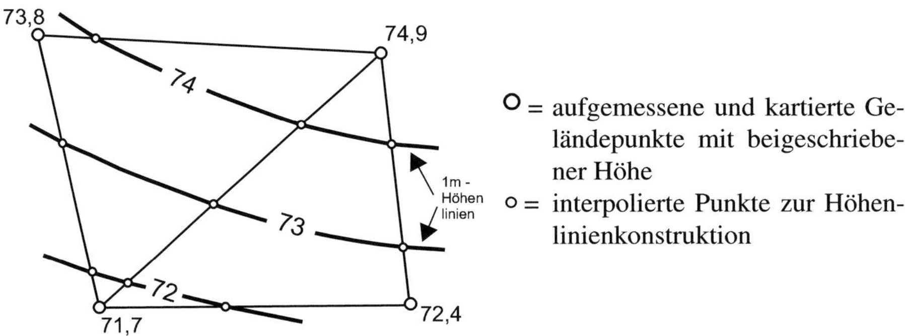

Abbildung 7.1-1: Höhenlinienkonstruktion in der Karte

Die Höhenlinieninterpolation darf nur auf solchen Verbindungslinien erfolgen, auf denen der *Feldbuchführer die Interpolation vorgesehen* hat. Dies dürfen nur die Linien sein, die die Geländeoberfläche ausreichend genau approximieren, d. h., die Verbindungslinie zwischen zwei aufgemessenen Höhenpunkten muss „im Geländeverlauf liegen" und darf nicht „durch die Luft" oder „durch den Boden" verlaufen. Bei der Interpolation in dem Schnittdreieck ABB' (Abb. 7.1-2) werden die horizontalen Abstände e_i zwischen den darzustellenden Höhenlinien und dem tiefer liegenden Geländepunkt A durch einfache Proportionalberechnung bestimmt. Dazu wird die Höhe des Punktes A sowohl von der Höhe des Punktes B als auch von der Höhe der zwischen den beiden Punkten zu interpolierenden Höhenlinie subtrahiert. Die Horizontalentfernung e_{AB} ist aus den Aufnahmedaten bzw. der Kartierung zu entnehmen. Daraus ergibt sich

$$e_i = \frac{e_{AB'}}{\Delta h_{AB}} \cdot \Delta h_i \,. \tag{7.2}$$

Voraussetzung zur linearen Interpolation ist aber, dass zwischen den aufgenommenen Geländepunkten *gleichmäßiges Gefälle* besteht, die Punktdichte also zur Erfassung der Geländeform ausreicht. Bei dem Geländeschnitt in Abbildung 7.1-3 ist verdeutlicht, wie sich durch

Beispiel 7.1.1: Höhenlinieninterpolation

$$e_2 = \frac{27,0}{3,2} \cdot 0,3 = 2,5\ \text{m}$$

$$e_3 = \frac{27,0}{3,2} \cdot 1,3 = 11,0\ \text{m}$$

$$e_4 = \frac{27,0}{3,2} \cdot 2,3 = 19,4\ \text{m}$$

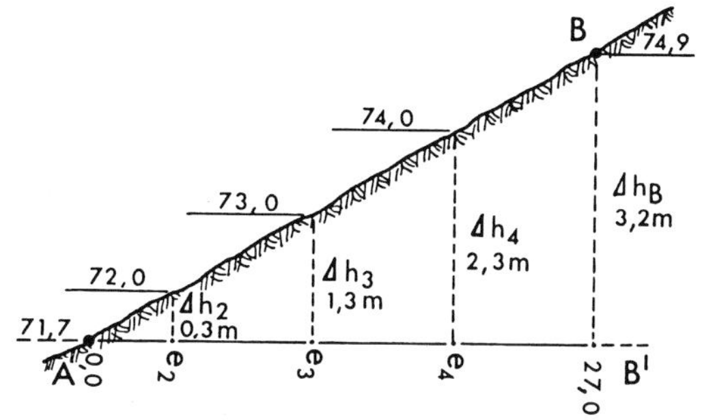

Abbildung 7.1-2: Interpolation von Höhenlinien

nicht ausreichende Punktdichte bei der Geländeaufnahme eine falsche Höhenlinieninterpolation ergibt. Die Punkte A, B, C sind zusätzlich zu bestimmen, damit die Verbindungslinien der Aufnahmepunkte das Gelände genügend genau approximieren.

Bilden die Verbindungslinien der Aufmessungspunkte Vierecke, darf man nicht ohne Weiteres auf den Diagonalen interpolieren, weil sich nur im ebenen Viereck die Diagonalen schneiden. Da die Vierecke im Gelände zumeist jedoch windschief sind, d. h., ein Eckpunkt

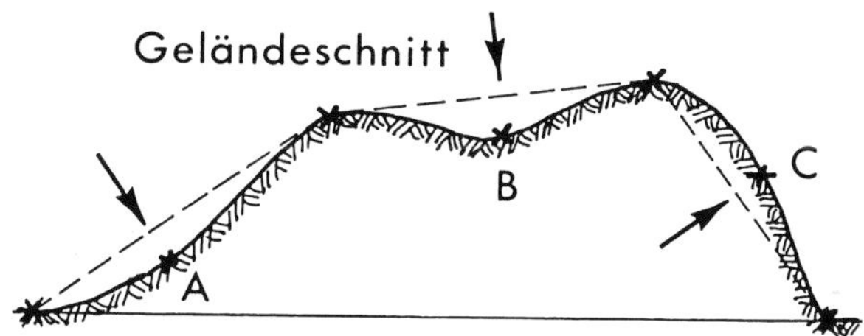

Abbildung 7.1-3: Falsche Interpolation durch nicht ausreichende Punktdichte

liegt außerhalb der durch die drei anderen Eckpunkte gebildeten Ebene, schneiden sich die Diagonalen nicht, sondern sie kreuzen sich in verschiedener Höhe, sind windschief, laufen über bzw. unter dem Gelände und dürfen zur Interpolation nicht benutzt werden. Ein *windschiefes Viereck* erhält man, wenn man zwei nicht in derselben Ebene liegende Strecken in eine gleiche Anzahl von je unter sich gleiche Teilstrecken zerlegt und die entsprechenden Punkte der beiden Strecken durch Geraden verbindet. Falls im Gelände solche windschiefen Vierecke auftreten, dürfen zur Interpolation nur solche Geraden benutzt werden, die zwei Gegenseiten im selben Verhältnis teilen. In Abbildung 7.1-4 sind die Seiten in vier bzw. zwei gleiche Teile geteilt und auf den entsprechenden Verbindungslinien die Interpolationen zur Höhenlinienkonstruktion durchgeführt.

Anschließend an die Interpolation sind die *Punkte gleicher Höhe* durch *„flüssige“ Linien* miteinander zu verbinden. Die *Höhenlinienbezifferung* wird *„freigestellt“*, d. h. in den dafür unterbrochenen Linienverlauf, mit Fuß in Gefällerichtung, geschrieben (Abb. 7.1-1,

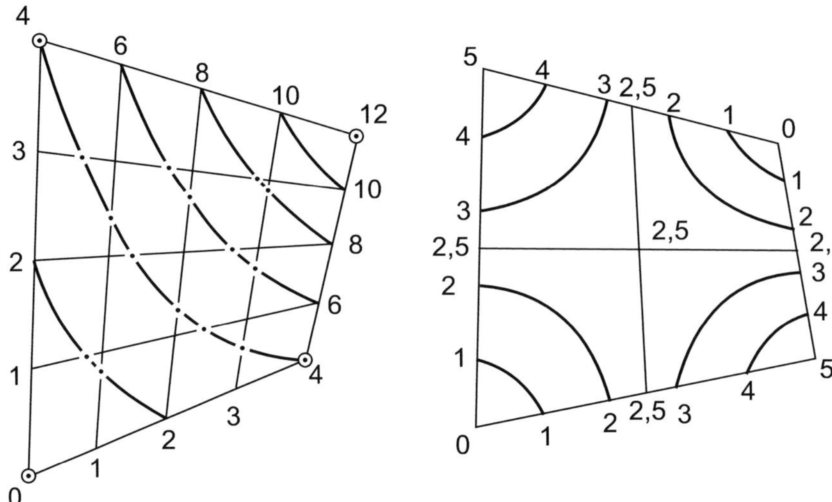

Abbildung 7.1-4: Höhenlinienkonstruktion bei windschiefen Vierecken

7.1-2). Die Höhenlinien sollen einen Eindruck von der Geländegestalt und von besonderen Geländeformen vermitteln und Massenermittlungen sowie die Entnahme von Höhenwerten zur Berechnung von Geländeneigungen ermöglichen.

Sind die aufgemessenen Geländepunkte in einem *Digitalen Geländemodell* gegeben, lassen sich, wie bereits ausgeführt, der Höhenlinienverlauf durch spezielle Auswerteprogramme ermitteln und mit Plottern die gewünschten Pläne oder auch eine gesamte topographische Karte mit Situation, Höhenlinien und Beschriftungen automatisch erstellen. Je nach Anordnung der Punkte im Digitalen Geländemodell und verwendetem Auswerteverfahren erfolgt die *Interpolation der Höhenlinien* entweder einfach *linear* zwischen benachbarten Punkten oder *nichtlinear* (durch Interpolationspolynome, Spline-Interpolation, sphärische und nichtsphärische Finite-Elemente-Interpolation) unter Berücksichtigung der Punkte eines mehr oder weniger großen Umfeldes.

7.2 Längs- und Querprofilaufnahme

7.2.1 Längsprofilaufnahme

Zur Erstellung von Planungsunterlagen für lang gestreckte Bauwerke, wie Straßen, Eisenbahnen, Kanäle, Dämme und dergleichen, erfasst man die Topographie des Geländes durch eine *Längs- und Querprofilaufnahme*. Das Verfahren sei im Folgenden am Beispiel des Straßenbaus erläutert. Hierbei muss unterschieden werden, ob eine vorhandene Straße ausgebaut bzw. verbreitert werden soll, sodass die *Trasse*, d. h. die Linienführung der Straße im Großen und Ganzen *bereits gegeben* ist oder ob eine vollkommen *neue Trasse* ins Gelände zu übertragen ist (Kap. 13.7.1).

Im ersten Fall definiert man eine markante Linie der alten Straße (meist die Straßenmitte oder eine Bordsteinkante und dergleichen) als Trasse und *stationiert* sie. Dazu teilt man die

Trasse in gleiche Abstände, wie z. B. 20, 25 oder 50 m, je nach Zweck und Gelände ein und misst auch bautechnisch wichtige Punkte, in die man Querprofile legen will (Geländebrechpunkte, Kreuzungspunkte mit anderen Wegen, Gräben usw.), im Trassenverlauf auf. Nach der Vermarkung und Markierung werden die Stationspunkte entweder orthogonal auf entlangführende bzw. neu zu legende Messungslinien aufgemessen oder von koordinatenmäßig bekannten Standpunkten aus polar durch Winkel- und Streckenmessung bestimmt.

Ist eine neue Trasse geplant, berechnet man die Koordinaten der gleichabständigen Stationspunkte und überträgt sie durch orthogonale oder polare Absteckung ins Gelände. Dabei werden gleichzeitig die zusätzlichen Punkte, in denen auch Querprofile gemessen werden sollen (siehe oben), im Gelände festgelegt und aufgemessen.

Mit dem Aufkommen der *Tachymeter* hat sich mehr und mehr die *polare Aufmessung und Absteckung* durchgesetzt. Wegen der hohen Messgenauigkeit auch über größere Entfernungen lassen sich die Messungen von sicher vermarkten *Festpunkten außerhalb des Baugeschehens* ausführen. Die Kriterien zur Auswahl der Standpunkte und ihrer Abstände untereinander sind daher vor allem die Sicherheit vor Beschädigungen sowie die Sichtverhältnisse zu den abzusteckenden Punkten und zu den benachbarten Standpunkten.

Die Stationspunkte werden bei hartem Boden (z. B. Teerstraße) gewöhnlich durch *Eisenbolzen* oder *-rohre* vermarkt und durch Farbe markiert. Bei nicht befestigtem Untergrund (z. B. Grünland) erfolgt die Vermarkung durch nahezu bodengleich eingeschlagene *Grundpfähle* mit beigestellten *Markierungs-* oder *Nummernpfählen* (Abb. 7.2-1).

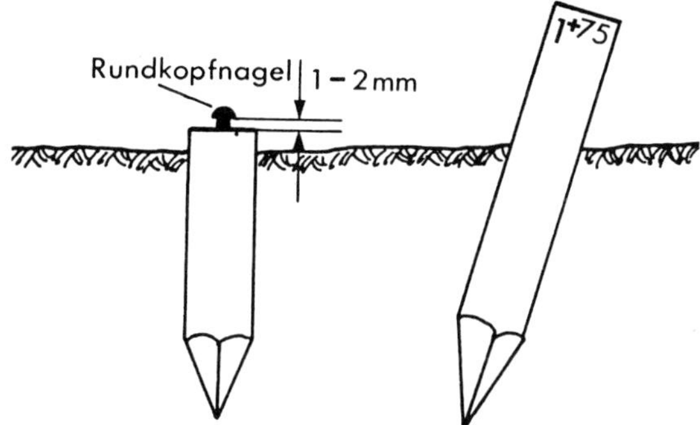

Abbildung 7.2-1: Vermarkung eines Stationspunktes mit Grund- und Nummernpfahl

Die Längen der Trasse werden vom Anfangspunkt an entlang der Leitlinie gezählt und in Kilometern [km] oder bei kleineren Bauvorhaben in Hektometern [hm] beziffert, wobei die Einheiten kleiner als Hekto- bzw. Kilometer mit einem + versehen in gleicher Höhe oder hochgesetzt geschrieben werden. Zwischenpunkte werden auf cm angegeben.

Beispiel 7.2.1: Schreibweise der Hekto- bzw. Kilometrierung:

Trassenlänge	in Hektometer [hm]	in Kilometer [km]
25,00 m	0^{+25}	0^{+025} oder $0,0^{+25}$
376,45 m	$3^{+76,45}$	$0^{+376,45}$ oder $0,3^{+76,45}$
1 236,27 m	$12^{+36,27}$	$1^{+236,27}$ oder $1,2^{+36,27}$

Der Trassenverlauf wird mit den Stationspunkten in einem *Lageplan* im Maßstab 1:200, 1:500 oder 1:1 000 kartiert, für den als Grundlage meist eine Katasterkarte dient. Die in den Karten noch nicht enthaltenen topographischen Gegenstände, wie Mauern, Bordsteinkanten, Ver- und Entsorgungsanlagen, markante Bewachsung usw., werden im Zuge der Trassenaufmessung bzw. -absteckung mit eingemessen, dabei in einem Feldbuch lagemäßig skizziert und häuslich im Lageplan dargestellt (Kap. 2.4.3).

Tabelle 7.2-1: Aufschrieb eines Längsnivellements für ein Längsprofil (Hinweg)

Punkt	Entf.	Lattenablesung Rückblick	Lattenablesung Zwischenblick	Lattenablesung Vorblick	Höhenunterschiede Steigen +	Höhenunterschiede Fallen -	Höhe	Instr.-Nr., Tag, Wetter, Beobachter, Bemerkungen
1	2	3	4	5	6	7	8	9
HP 473	38	1 925					115,412	Festpunkt
St. 0^{+00}	35 38	1 826		1 797	0 128		115,540	Wechselpunkt 1
0^{+25}			1 603		(0 223)		115,763	
0^{+50}			1 447		(0 156)		115,919	
0^{+75}	38 38	2 795		1 624	-1 0 202	(0 177)	115,741	Wechselpunkt 2
0^{+88}			2 460		(0 335)		116,076	
0^{+95}			1 820		(0 640)		116,716	
1^{+00}			1 345		(0 475)		117,191	
1^{+25}			1 420			(0 075)	117,116	
1^{+50}	38 40	2 114		1 026	(0 394) 1 769		117,510	Wechselpunkt 3
HP 487	40			1 582	-1 0 532		118,041	Festpunkt
	302	8 660 R -	V = +2,631	6 029	(R - V) = +2,631		$H_E - H_A$ =	
		W =	(+2,629) - (+2,631)	= -0,002			+2,629	

Nachdem die Stationspunkte vermarkt sind, bestimmt man ihre Höhen durch ein *Längs-* oder *Liniennivellement* mit Millimeterablesung (Kap. 4.1.5). Dabei ist an Höhenfestpunkten an- und abzuschließen (Tab. 7.2-1 und Abb. 7.2-2). Falls die Höhenbestimmung nicht durch ein Rücknivellement oder durch die polare Aufmessung der Stationspunkte mit einem Tachymeter doppelt erfolgt und damit kontrolliert ist, dürfen die Stationspunkte nicht als „Zwischenblicke“, sondern nur als „Wechselpunkte“ bestimmt werden, damit Fehler aufgedeckt werden.

Durch das Längsnivellement über die Stationspunkte erhält man ein *Längsprofil.* Es stellt einen Vertikalschnitt durch die Erdoberfläche längs der Trasse dar und gibt somit Auskunft über die Gefälleverhältnisse entlang der Leitlinie. Da das Gelände durch die geradlinige Verbindung von Stationspunkt zu Stationspunkt approximiert wird, ist die Stationierung ent-

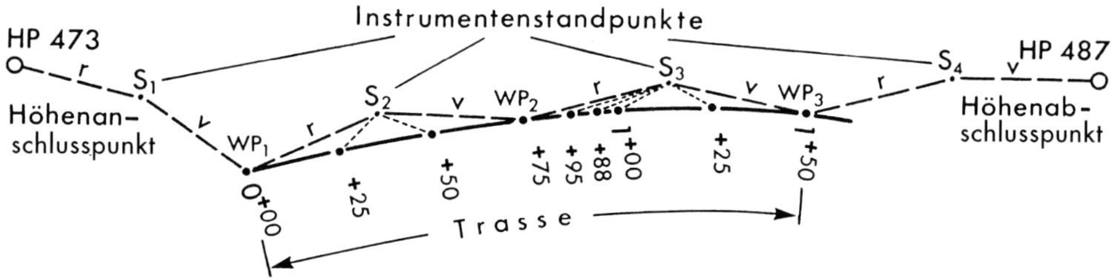

Abbildung 7.2-2: Aufnahme eines Längsprofils durch Längsnivellement mit Anschluss an zwei Höhenfestpunkten

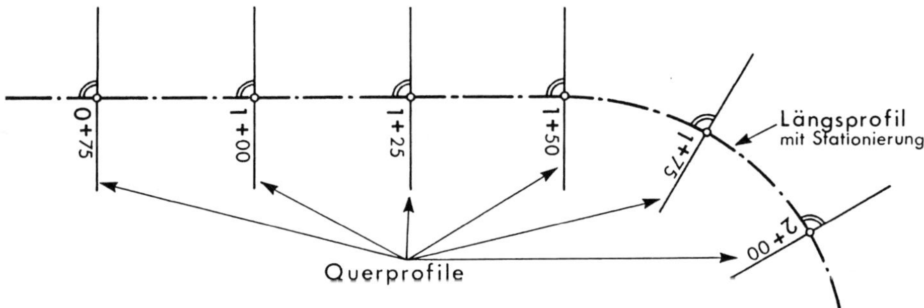

Abbildung 7.2-3: Längsprofil und Querprofile im Grundriss

sprechend zu wählen und auf vollständige Erfassung aller Geländeknicke im Trassenverlauf zu achten.

7.2.2 Querprofilaufnahme

Um die Geländeneigungen links und rechts der Trasse zu bestimmen, werden in den Stationspunkten senkrecht zur Trasse *Querprofile* aufgemessen. Im Kreisbogen oder Übergangsbogen verläuft das Querprofil radial, also senkrecht zur Tangente an die Trasse im Stationspunkt (Abb. 7.2-4).

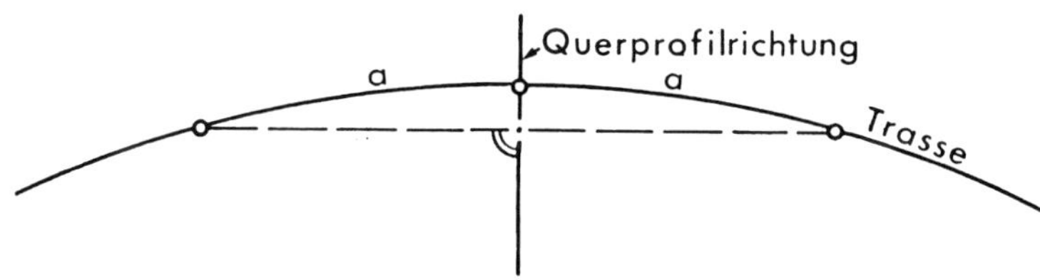

Abbildung 7.2-4: Radiale Absteckung des Querprofils in einem Kreisbogen, senkrecht zur Sehne durch gleich weit entfernte Nachbarpunkte

Beginnend beim lage- und höhenmäßig bekannten Stationspunkt als Anschlusspunkt nimmt man zu beiden Seiten hin im Querprofil die Geländeknicke (Gräben, Böschungen) und die eventuell vorhandenen alten Fahrbahn- und Bürgersteigränder auf.

Die Querprofilaufnahme mit Nivellierinstrument ist in den älteren Auflagen dieses Buches behandelt. Hier soll die messtechnische Ausführung dieser Methode mit einem Tachymeterinstrument vorgestellt werden. Die Querprofilaufnahme wird entweder gemeinsam mit der Längsprofilaufnahme oder daran anschließend ausgeführt. Der Standpunkt ist dabei entweder ein Punkt im Querprofil oder ein standsicherer Festpunkt außerhalb der Trasse. Ein Messgehilfe hält einen Lotstab mit aufmontiertem Prismenreflektor nacheinander auf dem Stationspunkt und den Querprofilpunkten auf. Der Reflektor wird jeweils mit dem elektronischen Tachymeter angezielt und die Messung ausgelöst. Aus den Messdaten (Schrägdistanz, Horizontal- und Vertikalwinkel) errechnet der Mikroprozessor des Tachymeters, unter Berücksichtigung von Korrektionswerten (Kap. 5.3.2), die dreidimensionalen Koordinaten der Aufnahmepunkte, die dann zusammen mit Codenummern zur Punktidentifizierung abgespeichert werden. Nach Aufbereitung der Daten und Überprüfung auf Fehler können dann häuslich mit einem Plotter die Längs- und Querprofile gezeichnet und beschriftet werden.

Mit einem Digitalnivellier, welches Distanzmessungen mit Zentimetergenauigkeit und Richtungsmessungen erlaubt, folglich als Nivellier-Tachymeter eingesetzt werden kann, erfolgt die Querprofilaufnahme wie mit einem Tachymeterinstrument, wobei sich jedoch direkt Horizontalentfernungen und Höhenunterschiede ergeben.

Formeln zur Berechnung von Querprofilpunkten bei der Aufnahme mit Tachymetern:

a) Grundformeln und Bezeichnungen (Abb. 7.2-5)

Horizontalentfernung	$e = d \cdot \sin z$	$P \rightarrow R$	(7.3)
Höhenunterschied	$\Delta h = d \cdot \cos z$		(7.4)
Kippachshöhe	$KH = H_{SP} + i$		(7.5)
Höhe des Zielpunktes	$H_{ZP} = KH + \Delta h - p$		(7.6)

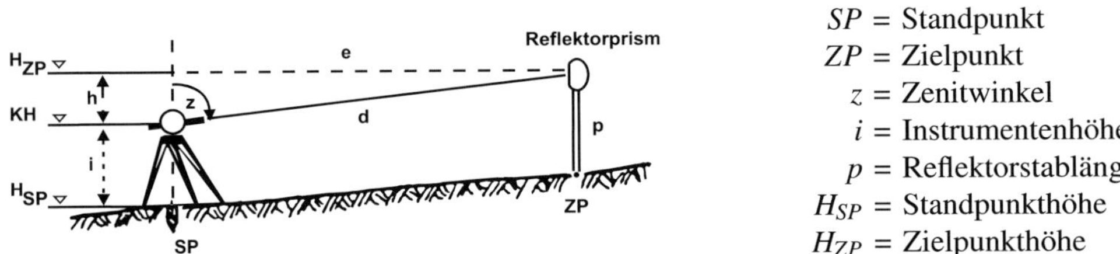

Abbildung 7.2-5: Punktaufnahme mit Tachymeter

Die Indexabweichung (Kap. 3.5.4) kann zu Beginn der Messung durch mehrfache Einstellung eines Ziels und Ablesung der Zenitwinkel z'_I und z'_{II} in den beiden Fernrohrlagen I und II bestimmt und gespeichert werden.

Bei der Höhenbestimmung über größere Entfernungen (ab 200 m) müssen die hierbei sich auswirkende Erdkrümmung und Refraktion (Kap. 4.3.2) beachtet werden.

AP = Achspunkt
H_{AP} = Achspunkthöhe
y = Achsabstand eines Querprofilpunktes
x = Station, durch Absteckung vorgegeben

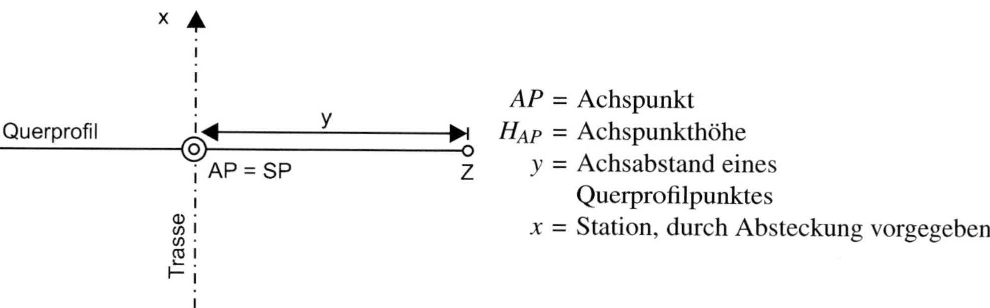

Abbildung 7.2-6: Querprofil mit Standpunkt im Achspunkt

b) Standpunkt im Achspunkt (= Stationspunkt, Abb. 7.2-6)

$$\begin{aligned} y &= e = d \cdot \sin z \\ H_{ZP} &= KH + \Delta h - p \\ &= H_{AP} + i + d \cdot \cos z - p \end{aligned} \tag{7.7}$$

c) Standpunkt seitlich im Querprofil bzw. beliebig außerhalb des Profils

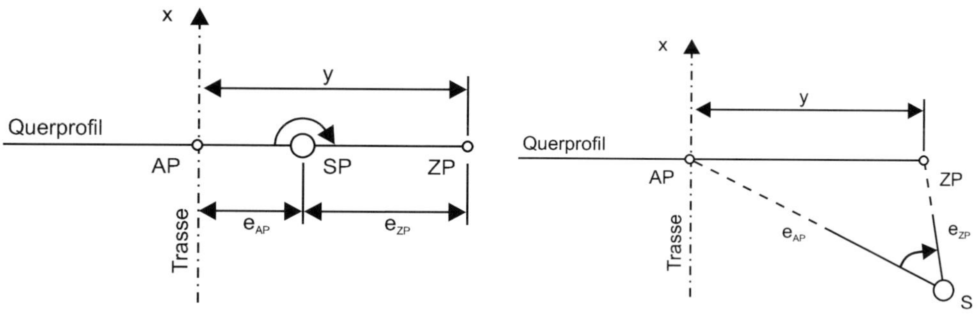

Abbildung 7.2-7: Querprofilaufnahme mit Standpunkt seitlich im Querprofil

Abbildung 7.2-8: Querprofilaufnahme mit beliebigem Standpunkt außerhalb des Profils

$\alpha = r_{ZP} - r_{AP} =$ Horizontalwinkel zwischen der Richtung r_{ZP} zum Zielpunkt und der Richtung r_{AP} zum Achspunkt

$$y = \sqrt{e_{AP}^2 + e_{ZP}^2 - 2 \cdot e_{AP} \cdot e_{ZP} \cdot \cos\alpha}$$

$e_{AP} = d_{AP} \cdot \sin z_{AP}$ $\quad P \to R$ $\quad$ vgl. (7.3)

$e_{ZP} = d_{ZP} \cdot \sin z_{ZP}$ $\quad P \to R$ $\quad$ vgl. (7.3)

$H_{ZP} = KH + \Delta h - p = H_{SP} + i + d_{ZP} \cdot \cos z_{ZP} - p$ $\quad$ vgl. (7.7)

Die Standpunkthöhe H_{SP} ist entweder durch vorherige Bestimmung bekannt oder Kippachs- und Standpunkthöhe können von der Achspunkthöhe abgeleitet werden nach

$$KH = H_{AP} + p - d_{AP} \cdot \cos z_{AP}, \qquad (7.8)$$

$$H_{SP} = KH - i. \qquad (7.9)$$

Wird die Standpunkthöhe bzw. die Kippachshöhe nicht von einem höhenmäßig bekannten Achspunkt, sondern von einem anderen Höhenfestpunkt abgeleitet, werden mit dessen Höhe und den entsprechenden Messwerten die Berechnungen analog zu den beiden vorigen Gleichungen durchgeführt.
Bei einer *mehrfachen Bestimmung eines Höhenpunktes* durch die hier beschriebene trigonometrische Höhenmessung ist aus den Messwerten das *gewichtete arithmetische Mittel* zu bilden durch (vgl. Gl. (14.67))

$$H_{ZP} = \frac{\sum (g_i \cdot H_{ZP_i})}{\sum g_i} \quad \text{mit den Gewichten } g_i = \frac{1}{d_i^2}. \qquad (7.10)$$

Die Bestimmung von Höhenpunkten durch trigonometrisches Nivellement ist in Kapitel 4.3.3 erläutert.

7.2.3 Querprofilbestimmung durch Interpolation

Eine weitere Möglichkeit ist die *Querprofilbestimmung durch Interpolation*, wenn in einem ausreichend breiten Streifen entlang der geplanten Trasse die Koordinaten und Höhen der charakteristischen Punkte der Geländeformen durch die Auswertung von Nivellements, tachymetrischen bzw. photogrammetrischen oder GNSS-Aufnahmen ausreichend genau gewonnen werden.
Eine ähnliche Ausgangslage liegt vor, wenn die Geländedaten

- in Profilen einer anderen, benachbarten Achse gemessen wurden (z. B. Trassenvariante),
- in Profilen vorliegen, die nicht senkrecht auf der Bauwerksachse stehen,
- in Profilen vorhanden sind, die nicht den gewünschten Profilabstand aufweisen oder die als Rostaufnahme (Kap. 7.3) gemessen wurden,

und diese Punkte zunächst in Landes- oder örtliche Rechtwinkelkoordinaten umgeformt werden (Kap. 2.3.3).

Diese in Rechtwinkelkoordinaten und Höhen dargestellten Geländepunkte müssen auf die Querprofile einer trassierten Bauwerksachse transformiert und in Bauwerkskoordinaten umgeformt werden. Dazu werden die Geländepunkte, zwischen denen interpoliert werden kann, durch anzugebende Linien verbunden. Die Lageschnittpunkte der Linien mit den einzelnen Querprofilen werden berechnet (Kap. 2.3.6), die Höhen der Schnittpunkte (= Profilpunkte) durch Interpolation ermittelt (Kap. 7.1.2) und danach die Landeskoordinaten in Bauwerkskoordinaten (Station, Abstand von der Achse und Höhe über Bezugshorizont) umgeformt (Abb. 7.2-9).

Dieses Verfahren der topographischen Aufnahme durch Tachymetrie, GNSS oder Photogrammetrie und der anschließenden Querprofilbestimmung durch Interpolation besitzt gegenüber der direkten Längs- und Querprofilaufnahme den Vorteil, dass der Aufmessung keine Absteckung der Achse und der Querprofile vorausgehen muss und daher mit geringerem örtlichen Aufwand verbunden ist.

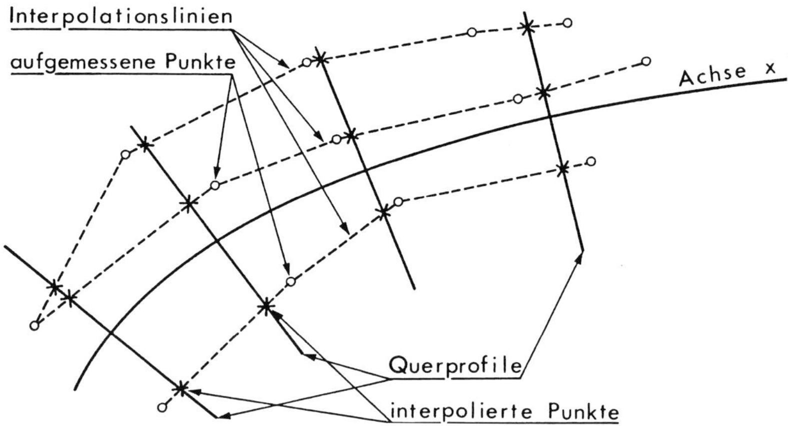

Abbildung 7.2-9: Querprofilbestimmung durch Interpolation

7.2.4 Korrespondierende Querprofile

Zur Mengenberechnung bedingt durch zwei oder mehrere Achsen, Mengentrennungen erforderlich. Günstigerweise ermittelt man hier durch Aufmessung oder im Zuge der Achsberechnung *„korrespondierende" Querprofile*. Dabei werden die Profilendpunkte der ersten Achse auf die zweite Achse aufgemessen oder rechnerisch umgeformt. In Abbildung 7.2-10 korrespondiert der Querprofilpunkt der BAB-Station 29 280 m mit 51,00 m nach links (gegeben) dem Querprofilpunkt der Trasse „Quadrant 3 außen" der Station 178,48 m mit 24,08 m nach links (berechnet) sowie dem Querprofilpunkt der Trasse „Quadrant 3 innen" der Station 331,75 m mit 38,47 m nach links (berechnet). Durch die korrespondierenden Querprofile können die Projektbreiten und die Böschungen jeweils radial angesetzt werden, Überlappungen von Massenabschnitten treten nicht auf.

7.2.5 Regeln für die Darstellung von Längs- und Querprofilen[1]

Das *Längsprofil* (Beispiel siehe Abb. 7.2-12), auch als *Höhenplan* bezeichnet, zeigt das Gelände und das geplante Bauvorhaben im Aufriss. Es erhält in der Regel den gleichen Längenmaßstab wie der *Lageplan*; die Höhen werden gegenüber den Längen 5- oder 10-fach vergrößert dargestellt. Die Teilpläne des Längsprofils sollen die gleichen Straßenabschnitte wie die Teilpläne des Lageplanes umfassen. Dargestellt werden

- der aufgemessene Geländeverlauf im Bereich der Trasse,
- die Gradiente, d. h. der vertikale Verlauf der Baumaßnahme,
- die Hekto- bzw. Kilometrierung,
- die Höhen der Bezugsachse,
- die Neigungsbrechpunkte mit den Längsneigungen und den Ausrundungshalbmessern,
- die Tangentenlängen und Stichmaße der Ausrundungen (Kap. 13.7.3 bis 13.7.5),
- die Gradientenhoch- und -tiefpunkte,

[1] Text und Abb. 7.2-12 in Anlehnung an: „Richtlinien für die Gestaltung von einheitlichen Entwurfsunterlagen im Straßenbau", Der Bundesminister für Verkehr, Abteilung Straßenbau, 1985

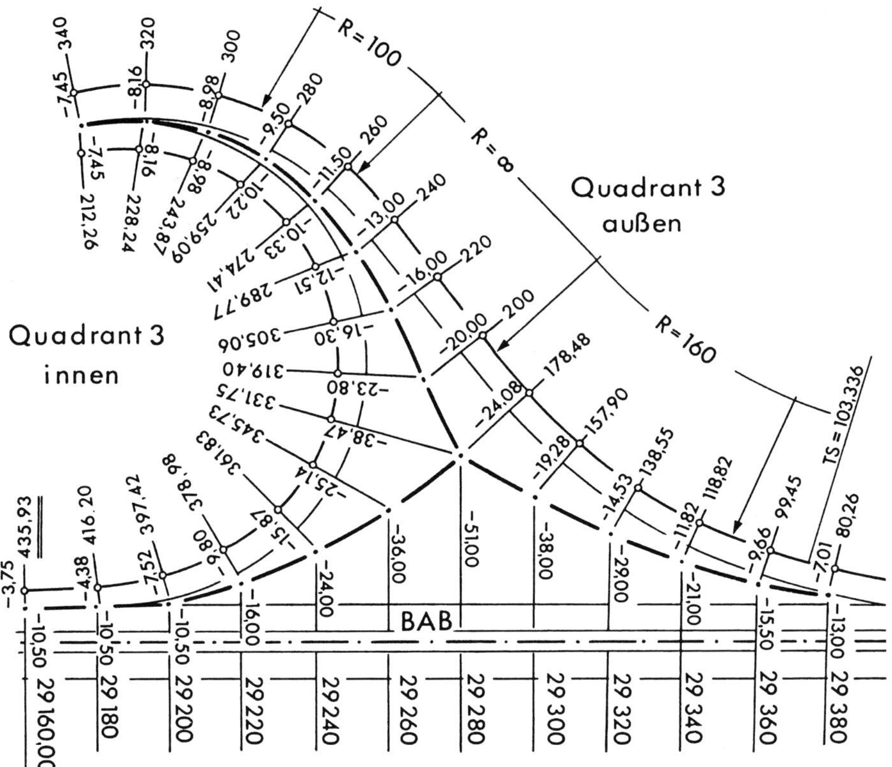

Abbildung 7.2-10: „Korrespondierende" Querprofile im Einmündungsbereich

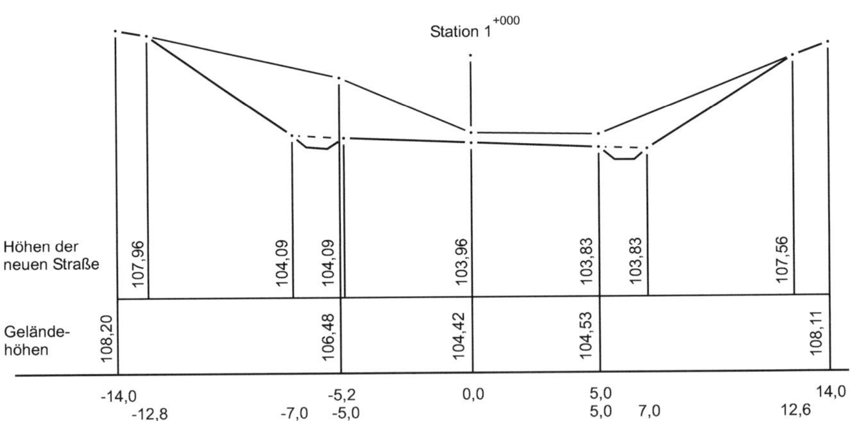

Abbildung 7.2-11: Querprofil mit Gelände sowie Straßenoberkante mit Gräben und Böschungen ($M_L = M_H$)

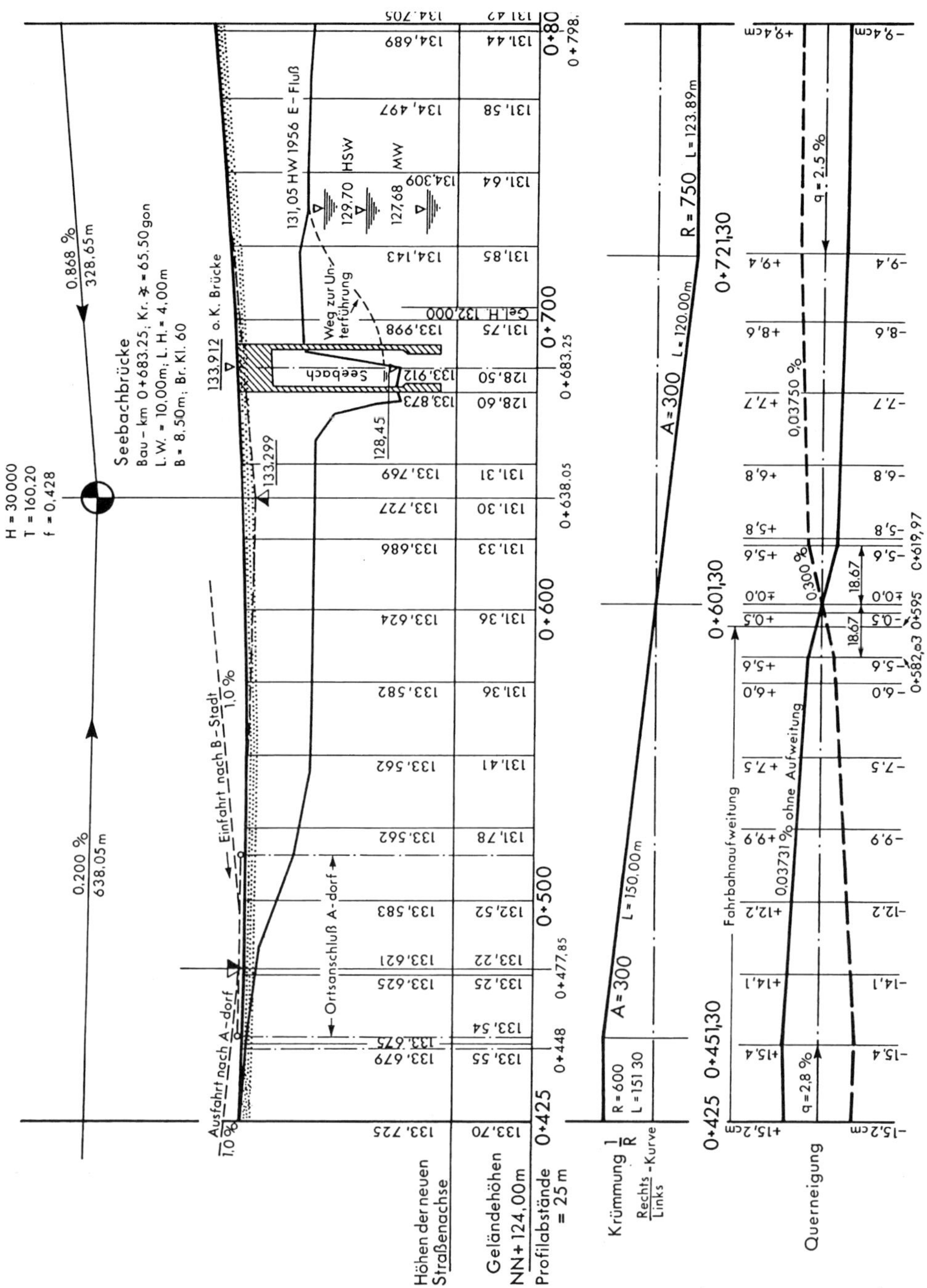

Abbildung 7.2-12: Ausschnitt eines Längsprofils mit Entwurf ($M_H = 10 \cdot M_L$)

- einmündende oder kreuzende Straßen und andere Verkehrswege,
- die maßgeblichen Wasserstände (einschließlich Grundwasserstände),
- die wesentlichen Straßenentwässerungseinrichtungen,
- zu ändernde oder zu sichernde Leitungen,
- Lärmschutzmaßnahmen,
- Bodenaufschlüsse und Damm- bzw. Einschnittshöhe an extremen Punkten.

Zur Beurteilung des räumlichen Verlaufs der Straße werden in das Längsprofil außerdem das *Krümmungs-* und das *Querneigungsband* und – soweit notwendig – die *Sichtweitenbänder* und das *Geschwindigkeitsband* aufgenommen.

Die *Querprofile* (Beispiel siehe Abb. 7.2-11) sind so dicht anzuordnen, dass die Massen genügend genau ermittelt und die Böschungskanten bestimmt werden können. Bei programmgesteuerter Mengenberechnung können an die Stelle der Querprofilzeichnungen entsprechende Tabellen treten. In den Unterlagen sind neben dem aufgemessenen Geländeverlauf mit der Stationierung und der Trassenachse alle geplanten, wesentlichen, bautechnischen Einzelheiten einzutragen, insbesondere Straßenkörper, Entwässerungsanlagen, bauliche Anlagen und andere Besonderheiten.

7.3 Flächennivellement und Absteckung von Höhenlinien

Flächennivellement

Unter einem *Flächennivellement* versteht man die Höhenbestimmung von flächenhaft verteilten Punkten mit einem Nivellier. Alle von einem Nivellierstandpunkt anzielbaren Punkte werden von diesem aus höhenmäßig bestimmt, in dem die auf jedem Punkt aufgehaltene Nivellierlatte als *Zwischenblick* abgelesen wird. Über den letzten Lattenstandpunkt dieses Bereiches als *Wechselpunkt* gelangt man zum Höhenniveau des folgenden Instrumentenstandpunktes.

Das Flächennivellement wird bei der Aufnahme mäßig geneigten Geländes zur Herstellung von *Lageplänen mit Höhenlinien* und zur *Mengenberechnung* angewandt. Existiert bereits ein Lageplan mit im Gelände identifizierbaren Punkten ausreichender Dichte, genügt es, diese Punkte und eventuell weitere, durch Verlängerung und Schnittbildung erhaltene Punkte durch Nivellement höhenmäßig zu bestimmen. Mithilfe dieser aufgenommenen Punkte lassen sich die Höhenlinien konstruieren.

Abstecken von Höhenlinien im Gelände

Wenn ein Gelände topographisch aufgemessen wurde und im Lageplan die Höhenlinien konstruiert sind, lässt sich deren Verlauf *grafisch dem Lageplan entnehmen* und durch einfache Längenmessungen von vorhandenen Geländepunkten aus abstecken.

Zur *direkten Absteckung von Höhenlinien* im Gelände wird im Verlauf eines Längsnivellements das Nivelliergerät im betreffenden Gebiet so plaziert, dass die Differenz zwischen den Höhen H_H des Instrumentenhorizontes und H_L der Höhenlinie nicht größer als die Länge der benutzten Nivellierlatte ist. Bei der Drehung des Instrumentes spannt die Ziellinie eine Horizontalebene auf. Für die gesuchte Höhenlinie H_L ergibt sich die konstante Lattenablesung $l_L = H_H - H_L$. Die Latte wird nun im Gelände aufgestellt, abgelesen und ihr Standort solange verändert, bis der errechnete Lattenwert l_L im Blickfeld am Strichkreuzmittelstrich erscheint (Abb. 7.3-1). Nach dieser Verfahrensweise lassen sich dann weitere Punkte der Höhenlinie aufsuchen und abstecken. Auf diese Art kann z. B. die berechnete Höhe der Uferlinie eines geplanten Stausees im Gelände abgesteckt werden.

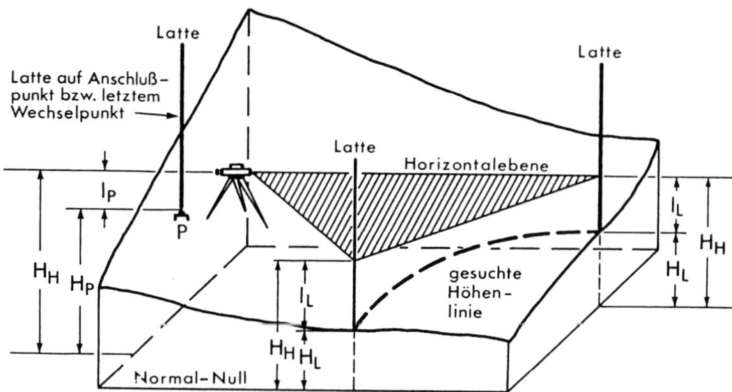

Abbildung 7.3-1: Direkte Absteckung von Höhenlinien im Gelände

7.4 Freie Geländeaufnahme mit Tachymeter

Inzwischen ist die freie Geländeaufnahme wegen der weiter entwickelten Instrumente, nämlich der Tachymeter und der GNSS-Ausrüstungen (Kap. 8), und der verbesserten Auswertemethoden in Form von Programmsystemen die gängige Aufnahmemethode, weil sie erhebliche Einsparungen gegenüber einer Querprofilaufnahme mit sich bringt. Außerdem gewährleistet eine freie Geländeaufnahme unter Berücksichtigung von Bruchlinien (Gerippelinien, Geländekante) und besonderen Punkten wie die auf Kuppen und in Mulden eine genauere Modellierung des Geländes als reine Profilmessungen. Mithilfe von entsprechenden Programmen lässt sich auf der Basis der gemessenen Werte ein Digitales Geländemodell (DGM) berechnen, aus dem sich Längs- und Querprofile sowie Höhenlinien ableiten. Die Punktdichte ist so zu wählen, dass die Geländehöhen durch das DGM hinreichend genau repräsentiert werden, wozu das Aufnahmegebiet so weit auszudehnen ist, dass auch in den Randbereichen eine gleich gute Höhengenauigkeit erreicht wird.

Im Folgenden sollen als hierfür adäquate Aufnahmemethode die Tachymetrie behandelt werden. Das GNSS-Geländeaufnahmeverfahren wird in Kapitel 8.9 vorgestellt.

7.4.1 Prinzip und Aufnahmegrundlagen der Tachymetrie

Unter *Tachymetrie* versteht man die Bestimmung von Geländepunkten nach Lage und Höhe durch gleichzeitiges Messen von Entfernung, Richtung und Höhenunterschied mit einem Tachymeterinstrument. Geht man von koordinaten- und höhenmäßig bekannten Punkten aus, lassen sich die Koordinaten und Höhen der Geländepunkte im Landeskoordinaten- und -höhensystem bestimmen. Dies hat den Vorteil, dass direkt Höhendifferenzen und Entfernungen zu bekannten Punkten der Umgebung berechnet werden können.

Tachymeteraufnahmen lassen sich durchführen mit

a) einem Tachymeter (Kap. 5.2 und 7.4.2)

und in flachem Gelände mit

b) einem Digitalnivellier mit Teilkreis (Kap. 4.1.2).

Die punktweise Erfassung der topographischen Gegenstände und der Geländeoberfläche dient als Grundlage für die Herstellung von Lage- und Höhenplänen (Tachymeterplänen) und zur Ergänzung von topographischen Karten. Die zeichnerische Verbindung entsprechender Punkte ergibt die *Begrenzungslinien der Gegenstände* und nach Interpolation zwischen den gemessenen Punkten lassen sich auch die *Höhenlinien* konstruieren. Für eine einwandfreie Darstellung der Formen durch die Höhenlinien ist es erforderlich, alle charakteristischen Geländelinien und -punkte messtechnisch zu erfassen bzw. zu berücksichtigen. Dazu wählt der Topograph im Aufnahmebereich des jeweiligen Instrumentenstandpunktes *charakteristische Geländepunkte* aus. Diese sind die höchsten Stellen der Kuppen, die tiefsten der Mulden sowie die Sattelpunkte. Sie liegen ferner auf den Geripplinien sowie in den übrigen Geländeteilen in profilartiger Anordnung. Zwischen benachbarten Punkten soll wegen der späteren linearen Interpolation konstantes Gefälle herrschen.

Zur *Durchführung einer Tachymeteraufnahme* sind ausreichend viele Tachymeterstandpunkte erforderlich. Dies können vermarkte Festpunkte sein, deren Koordinaten und Höhe bekannt sind oder vorab bzw. in Verlauf der Aufnahme bestimmt werden. Eine andere Möglichkeit bietet die Methode der *Freien Standpunktwahl* (Kap. 2.2.2.2), bei der die Lage und Höhe von frei gewählten, nicht vermarkten Standpunkten durch Winkel- und Streckenmessung zu Anschlusspunkten ermittelt werden.

Zunächst sei die Auswahl und Bestimmung von vermarkten Tachymeterstandpunkten erläutert. Die Koordinaten dieser Standpunkte lassen sich durch Polygonzüge (*Tachymeterzüge*), einfaches polares Anhängen oder mit einem GNSS-Empfänger (Kap. 8.3 und 8.4) ermitteln. Die Höhenbestimmung ist im Zuge der Lagemessung möglich, indem die Höhenunterschiede zwischen den Standpunkten mithilfe der Zenitwinkel aus den Streckenmessungen abgeleitet werden. Abstand und Lage der Tachymeterstandpunkte, d. h. die Form der Tachymeterzüge, richtet sich nach den Sichtverhältnissen im Gelände, die durch Bodenwellen, Bewuchs oder Bebauung eingeschränkt sein können. Tachymeterzüge werden wie Polygonzüge gemessen und an vorhandene Festpunkte an- und abgeschlossen. Sie unterscheiden sich von den Polygonzügen dadurch, dass sie nur zum Zweck der Tachymeteraufnahme gelegt werden und später meist keine weitere Verwendung finden. Dadurch ergeben sich geringere Anforderungen bezüglich der Messgenauigkeit.

7.4.2 Tachymetrische Aufnahmeverfahren

Als Aufnahmeinstrument wird üblicherweise ein *Tachymeter* benutzt, der ein rationelles Arbeiten, insbesondere mit automatischem Datenfluss, erlaubt. Das Tachymeterinstrument wird vom Beobachter entweder auf einem bekannten oder einen freigewählten Standpunkt aufgestellt. Als Richtungsanschluss wird zu Beginn (und zur Kontrolle auch am Ende aller Messungen auf einem Standpunkt) ein benachbarter Festpunkt angezielt. Danach zielt der Beobachter mit dem Instrument den auf den charakteristischen Geländepunkten aufzuhaltenden Reflektor an. Die Messdaten werden (zusammen mit den einzugebenden Punktnummern und zusätzlichen Codenummern zur Kennzeichnung der Punktart) automatisch gespeichert.

Die aufzumessenden Punkte werden in einem vorhandenen Lageplan oder einer Feldskizze ungefähr lagetreu eingetragen oder je nach Tachymetertyp sofort im Display visualisiert und mit einer Nummer versehen. Wenn nötig, können in die Pläne skizzenhaft erläuternde Darstellungen der Situation gebracht werden. Auf den entsprechenden Standpunkt kann durch eine Nummerierung hingewiesen werden, bei der zu der jeweiligen Nummer des Aufnahmepunktes die Nummer des Standpunktes mit angegeben wird.

Die Lageskizze enthält:

- Instrumentenstandpunkt und -nummer, Anschlussrichtungen;
- Reflektorstandpunkte = Geländepunkte;
- Linien, auf denen zu interpolieren ist;
- Zäune, Grenzen, Straßen, Wege, Gewässer etc.;
- auffallende Einzelobjekte, Nutzungsarten;
- Böschungen, Kuppen, Mulden, Geländebrüche;
- Versorgungseinrichtungen (ober- und unterirdische Leitungen wie Hochspannungsleitungen, Gas, Wasser, Abwasser);
- Gebäude (Nutzung, Hausnummer, Geschosszahl, Dachform);
- Nordpfeil, Kennzeichnung (Datum, Name des Skizzenführers).

Besonders wirtschaftlich kann die Geländeaufnahme mithilfe eines Tachymeters durchgeführt werden, das über eine automatische Zielerfassung und Zielverfolgungseinheit (Kap. 5.2.2) sowie über ein Fernsteuerungsmodul verfügt, weil sich dann die Aufnahme durch eine einzige Person ausführen lässt, die vom Geländepunkt aus den Tachymeter steuern, die Lageskizze führen und die notwendigen Eingaben von z. B. Punktnummern vornehmen kann.

Der Auftraggeber einer Tachymeteraufnahme sollte vor Auftragserteilung eine Liste aller aufzunehmenden Objekte aufstellen und diese zur Grundlage des Vertrages mit dem Vermessungsingenieur machen, da ein vergessenes Objekt nur unter erheblichen Mehrkosten nachträglich einkartiert werden kann.

Zur Geländeaufnahme wird auf jedem Geländepunkt ein Lotstab mit aufmontiertem Reflektorprisma aufgehalten, das Prisma mit dem Tachymeter angezielt und die Schrägdistanz d sowie der Zenitwinkel z gemessen.
Mit den Gl. (7.3) und (7.4) lassen sich diese (polaren) Messwerte (Abb. 7.4-2) in die Horizontalstrecke e und den Höhenunterschied Δh umrechnen (Abb. 7.2-5). Der zur Umrechnung nötige Mikroprozessor ist in den Instrumenten eingebaut, sodass die Ergebnisse beliebig abgerufen werden können (Tab. 7.4-1).

Üblicherweise lassen sich die Messungsdaten wie Horizontalrichtung, Zenitwinkel und Schrägdistanz auf USB-Stick oder (Micro)SD-Karte ablegen. Auch die Ergebnisse der gewünschten Umrechnungen können abgespeichert werden. Punktnummern und Codierungen zur Identifikation und Bezeichnung der Punkte müssen zusätzlich von Hand eingegeben werden. Die Daten werden häuslich mithilfe geeigneter Programme bis hin zur fertigen Karte ausgewertet.

Entsprechend den Formeln zur Polaraufnahme Kapitel 2.2.2 und analog den Formeln zur Berechnung von Querprofilpunkten in Kapitel 7.2 seien die Bezeichnungen und die Formeln zur Berechnung der Koordinaten und der Höhe von Tachymeterpunkten hier zusammengefasst:

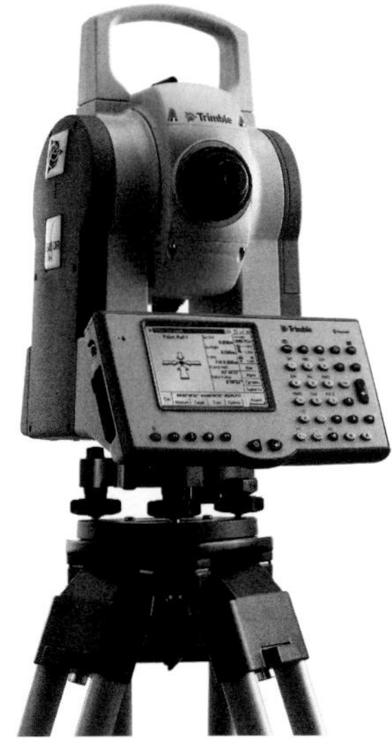

Abbildung 7.4-1: Tachymeter 3600 von TRIMBLE

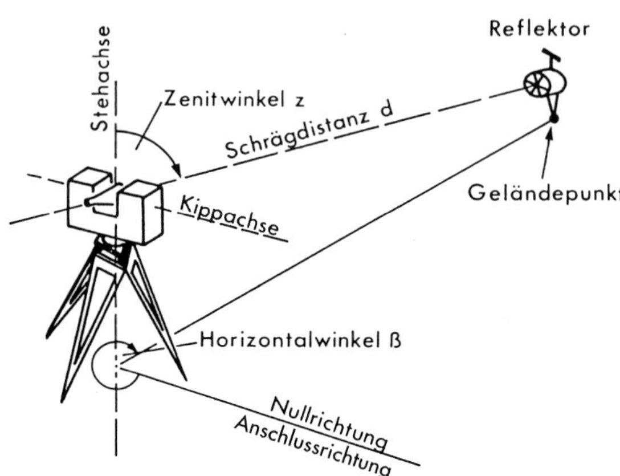

Abbildung 7.4-2: Geländeaufnahme mit Tachymeter

d = Schrägdistanz (gemessen)
β = Horizontalwinkel bezogen auf die Anschlussrichtung (gemessen)
z = Zenitwinkel (gemessen)
t_S^A = Richtungswinkel vom Standpunkt S zum Anschlusspunkt A (aus Koordinaten berechnet)
e $= d \cdot \sin z =$ Horizontalentfernung (vgl. (7.3))
Δh $= d \cdot \cos z =$ Höhenunterschied (vgl. (7.4))
H_P $= KH + \Delta h - p =$ Höhe des aufgenommenen Punktes P (vgl. (7.6))
KH = Kippachshöhe = Standp.-höhe H_S + Instr.-höhe i (vgl. (7.5))
p = Länge des Reflektorstabes
t_S^P $= t_S^A + \beta =$ Richtungswinkel von S nach P (vgl. (2.8))

$$\left.\begin{aligned} y_P &= y_S + \Delta y = y_S + e \cdot \sin t_S^P \\ x_P &= x_S + \Delta x = x_S + e \cdot \cos t_S^P \end{aligned}\right\} \text{Rechtwinkelkoordinaten (vgl. (2.10))}$$

7.5 Mengenberechnung

Bei Baumaßnahmen ist häufig die Ermittlung der zu bewegenden oder zu verbauenden Mengen (Volumen) erforderlich. So werden z. B. beim Straßenbau sowohl schon bei der Planung zur Ermittlung der Trassenführung, bei der möglichst wenig Erdmassen zu bewegen sind, als auch zur Abrechnung der abtransportierten Erdmassen und eingebauten Materialien verschiedene Mengenberechnungen benötigt. Für solche lang gestreckten Bauobjekte eignet sich besonders die *Mengenberechnung aus Querprofilen*. Bei flächenhaften Bauwerken (Flug- und Sportplatzbau, Baugruben, Staubecken) und zur Bestimmung des Abbauvolumens in Steinbrüchen oder Kiesgruben bietet sich die *Mengenberechnung nach Prismen* an.

Tabelle 7.4-1: Tachymetrische Geländeaufnahme

Tachymetrie mit einem Tachymeter

Instrument: **Leica TC 307** Instr.-Nr.: **400701** Beobachter: Sieprath
Datum: 03.08.2004 Wetter: bewölkt und windig

Ziel-punkt	Horizon-tal-richtung **r**	Zenit-winkel **z**	Schräg-distanz **d**	Korrek-tionen **Σ k**	Reflek-tor-höhe **p**	Horizon-talent-fernung **e**	Höhen-unter-schied **Δh**	**(i − p)**	Höhe **H**
Standpunkt: **PP 03**,		Instr.-Höhe: **i = 1,57 m**,			Standpunkthöhe: $\mathbf{H_{St} = 204,61}$				
PP 02	0,000								
2024	167,362				1,57	67,053	−3,84	0,00	200,77
2025	168,211				2,00	70,051	−3,37	−0,43	200,81
2026	193,592				1,57	55,484	0,96	0,00	205,57

Wenn die Punkte eines Geländes in einem *Digitalen Geländemodell* gespeichert vorliegen, kann die Mengenberechnung auch programmgesteuert automatisch erfolgen. Hierzu stehen eine Vielzahl von Softwarepaketen zur Verfügung, in denen die Grundformeln der Mengenberechnung programmiert sind. Man sollte sich anhand der Softwarebeschreibungen darüber informieren, welche Formeln benutzt werden, damit man sich über die Rechengenauigkeit und die Anwendungsmöglichkeiten ein Bild machen kann. Je nach Art der Datenstruktur im Digitalen Geländemodell empfehlen sich unterschiedliche Berechnungsverfahren. Die Punkte können registriert sein

- entlang von Profilen: Mengenberechnung aus Querprofilen;
- als Einzelpunkte bzw. in einem regelmäßigen Gitter sowie im Verlauf von Geländekanten: Mengenberechnung aus Prismen.

Die Grund- bzw. Profilflächen werden aus den Koordinaten nach der Gaußschen Trapezformel berechnet. Bei der Datenregistrierung als Einzelpunkte benötigt man jedoch zuvor einen *Algorithmus zur automatischen Dreiecksvermaschung*, sodass sich das Gesamtvolumen aus einzelnen dreiseitigen Prismen ergibt.

7.5.1 Mengenberechnung aus Querprofilen

Das Verfahren der *Mengenberechnung aus Querprofilen* ist geeignet für alle lang gestreckten Baukörper, z. B. Erdmassen im Straßen- und Wasserbau oder bei Stützmauern. Voraussetzung ist, dass eine Aufmessung nach Längs- und Querprofilen bzw. als Ersatz eine Querprofilbestimmung durch Interpolation durchgeführt worden ist (Kap. 7.2). Nach Ermittlung der Querschnittsflächen des auf- oder abzutragenden Erdkörpers kann mithilfe des Abstandes der jeweils aufeinanderfolgenden Querprofile das Volumen zwischen ihnen berechnet werden (Abb. 7.5-1). Durch Addition sämtlicher Einzelmassen, getrennt nach positiven *Auftragsmassen* (Damm) und negativen *Abtragsmassen* (Einschnitt), erhält man die positive und negative

Gesamtmasse und durch Addition dieser beiden die übrig bleibende abzutransportierende oder noch herbeizuschaffende *Differenzmasse*.

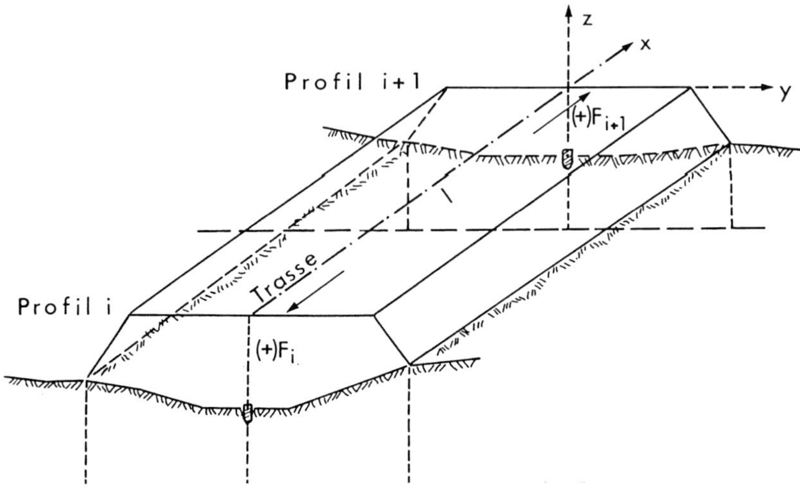

Abbildung 7.5-1: Menge (Volumen) zwischen zwei Querprofilen; Auftragsmasse eines Dammes (F_i, F_{i+1} positiv)

Bei der früher üblichen grafischen Bestimmung der Querschnittsflächen war es erforderlich, dass jedes Querprofil kartiert wurde und zwar in möglichst großem und gleichem Maßstab für die Längen und Höhen. Da heute die rechnerische Flächenbestimmung aus Maßzahlen (Koordinaten) angewandt wird, kann die Dateneingabe für die Flächenberechnung auch gleich zur automatischen Zeichnungserstellung genutzt werden. Die grafische Darstellung erlaubt eine zuverlässige und schnelle Glaubwürdigkeitskontrolle für die ermittelte Fläche. Da in diesem Fall die Querprofile (zusammen mit den in den Lageplan eingetragenen Querprofilrichtungen und den Stationsangaben) nur als Übersichtsbilder dienen, ist eine Bemaßung nicht erforderlich.

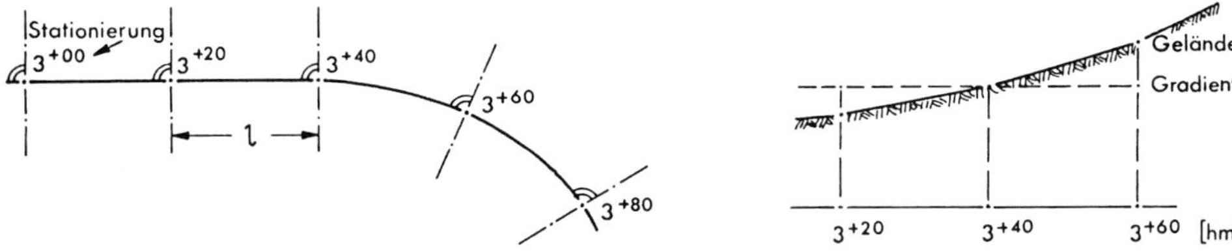

Abbildung 7.5-2: Trassenverlauf im Grundriss

Abbildung 7.5-3: Teil eines Längsprofils

Die Querprofilflächen werden für den *Auftrag positiv* und für den *Abtrag negativ* definiert. Bei der Flächenberechnung aus Koordinaten, z. B. mit der Gaußschen Trapezformel nach Gl. (2.52), muss daher auf die richtige Nummerierung der Knickpunkte des Querprofils geachtet werden, d. h. bei Auftragsflächen rechtsläufig und bei Abtragsflächen linksläufig

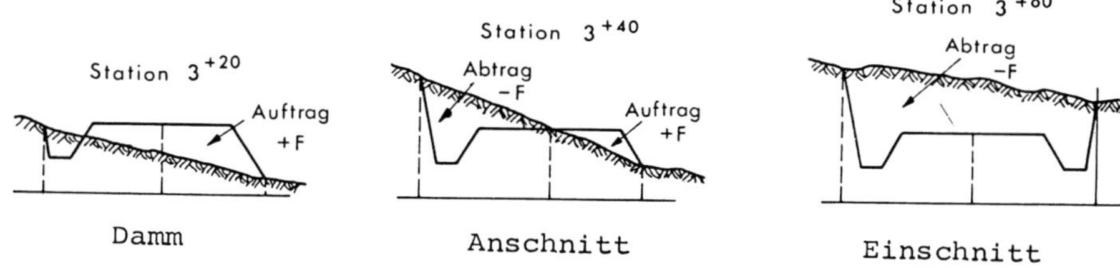

Abbildung 7.5-4: Querprofile

(Abb. 7.5-5). Die Querschnittsfläche des Anschnitts ergibt sich als Differenz der Auf- und Abtragsfläche (Abb. 7.5-4). Wie in den Abbildungen 7.5-1 und 7.5-5 verdeutlicht, definiert man die Trassenrichtung mit aufsteigender Stationierung als positve x-Richtung, die Horizontalentfernungen im Querprofil nach rechts sowie die Höhen als positive y- bzw. z-Koordinaten.

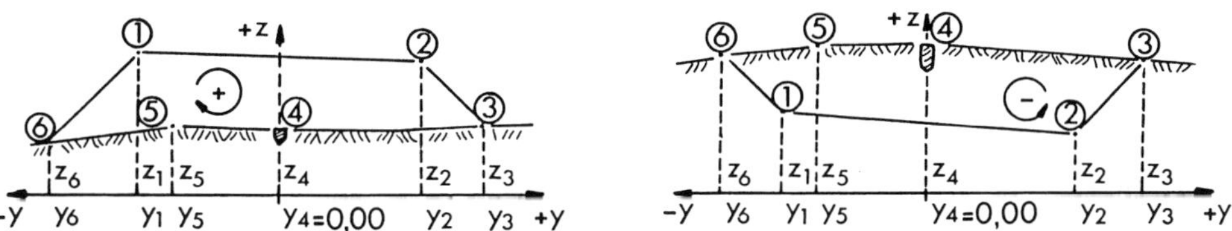

Abbildung 7.5-5: Koordinatenfestlegung und Punktnummerierung bei einer (positiven) Auftrags- und einer (negativen) Abtragsfläche

Das Volumen des Erdkörpers zwischen zwei benachbarten Querprofilen ergibt sich mit F_1, F_2 = Flächeninhalte der benachbarten Querprofile, l = Abstand der Profile (= Trassenlänge zwischen den Querprofilen), b_1, b_2 = Damm- bzw. Einschnittsbreiten und deren Verhältnis $q = b_1/b_2$ analog zur

$$\textit{Obeliskformel} \qquad V = \frac{1}{6}\left[F_1 \cdot (2+\frac{1}{q}) + F_2 \cdot (2+q)\right] \cdot l \,. \tag{7.11}$$

Bei gleichen Breiten $b_1 = b_2$ vereinfacht sich die Obeliskformel zur

$$\textit{Prismenformel} \qquad V = \frac{1}{2}(F_1 + F_2) \cdot l \,. \tag{7.12}$$

Folgen drei Querprofilflächen F_1, F_2 und F_3 in gleichem Abstand l aufeinander, ergibt sich ein gegenüber Gl. (7.11) und Gl. (7.12) genaueres Ergebnis durch numerische Integration nach der Simpsonschen Regel

$$\textit{Prismatoidformel} \qquad V = \frac{1}{6}(F_1 + 4F_2 + F_3) \cdot 2l \,. \tag{7.13}$$

Beim *Wechsel zwischen Auftrag und Abtrag* (Abb. 7.5-6) erhält man nach Gl. (7.11) bis Gl. (7.13) jedoch nur die *Differenz zwischen Auftrags- und Abtragsmasse*, weil die Querprofilfläche des Abtrags nach Definition negativ gesetzt und somit von der Auftragsfläche subtrahiert

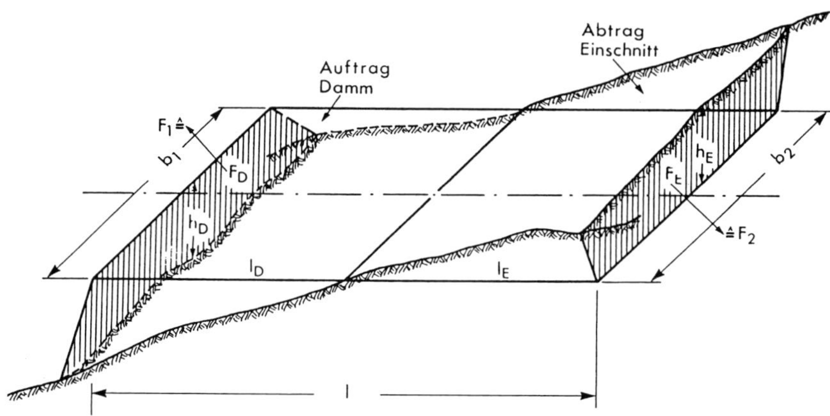

Abbildung 7.5-6: Wechsel von Auftrag zu Abtrag

wird. Hierbei wird also nur die Differenz der Erdmassen berechnet, die nach Ausgleich der beiden Querprofile übrig ist bzw. fehlt.

Will man die *Auftrags- und Abtragsmasse getrennt* ermitteln, so ergeben sich (mit den Bezeichnungen der Abbildung 7.5-6) die Längen des Dammes l_D und des Einschnitts l_E näherungsweise nach den Formeln

$$l_D = l \cdot \frac{|F_1|/b_1}{|F_1|/b_1 + |F_2|/b_2} \quad \text{und} \quad l_E = l \cdot \frac{|F_2|/b_2}{|F_1|/b_1 + |F_2|/b_2}, \tag{7.14}$$

wobei b_1 und b_2 die Damm- bzw. Einschnittbreite in den Querprofilen darstellen und beide Flächeninhalte F_1 und F_2 betragsmäßig (positiv) eingesetzt werden. Bei gleicher Breite $b_1 = b_2$ in beiden Querprofilen vereinfachen sich die Längenberechnungen zu

$$l_D = l \cdot \frac{|F_1|}{|F_1| + |F_2|} \quad \text{und} \quad l_E = l \cdot \frac{|F_2|}{|F_1| + |F_2|}. \tag{7.15}$$

Mit Gl. (7.14) bzw. (7.15) ergeben sich mit der positiven Auftragsfläche F_1 und der negativen Abtragsfläche F_2 die getrennten Volumen für

$$\text{Auftrag} \quad V_1 = \frac{1}{2} \cdot l_D \cdot F_1 \quad \text{und} \quad \text{Abtrag} \quad V_2 = \frac{1}{2} \cdot l_E \cdot F_2. \tag{7.16}$$

Beispiel 7.5.1: Querprofilflächenberechnung der Station 1^{+00} aus Koordinaten
Flächenberechnung nach der Gaußschen Trapezformel:

$$2F = \sum_{i=1}^{n} (y_i + y_{i+1}) \cdot (z_i - z_{i+1}) \qquad \text{vgl. (2.52)}$$

mit Punkt $n+1$ = Punkt 1 (Wiederholung). Bei vorgegebener Böschungsneigung (als Richtungswinkel ausgedrückt) lassen sich die Koordinaten der Böschungsfußpunkte als Schnittpunkte berechnen (Abb. 2.3-11).

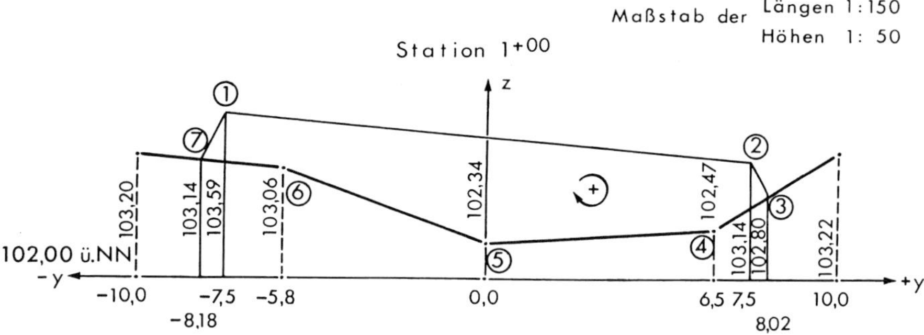

Abbildung 7.5-7: Querprofil mit Koordinatensystem und Punktnummerierung zur Flächenberechnung

Pkt. Nr.	y_i	z_i	$y_i + y_{i+1}$	$z_i - z_{i+1}$	$(y_i + y_{i+1}) \cdot (z_i - z_{i+1})$
1	−7,50	103,59	0,00	0,45	0,00
2	7,50	103,14	15,52	0,34	5,28
3	8,02	102,80	14,52	0,33	4,79
4	6,50	102,47	6,50	0,13	0,85
5	0,00	102,34	−5,80	−0,72	4,18
6	−5,80	103,06	−13,98	−0,08	1,12
7	−8,18	103,14	−15,68	−0,45	7,06
(1)	(−7,50)	(103,59)			
					$2F_1 = 23,26 \text{ m}^2$
					$F_1 = 11,63 \text{ m}^2$

Beispiel 7.5.2: Mengenberechnung
Hat das Querprofil der folgenden Station 1^{+20} den Flächeninhalt $F_2 = +24,32 \text{ m}^2$, ergibt sich mit dem Abstand $l = 20$ m zwischen beiden Stationen die Auftragsmasse:

- bei *ungleichen Querprofilbreiten* b_1 = 15,00 m und b_2 = 15,50 m, folglich mit dem Verhältnis $q = 15,00/15,50$ nach der Obeliskformel Gl. (7.11)

$$V = \frac{1}{6}\left[11,63 \cdot (2 + \frac{15,50}{15,00}) + 24,32 \cdot (2 + \frac{15,00}{15,50})\right] \cdot 20 = +358,2 \text{ m}^3$$

- bei *gleichen Querprofilbreiten* $b_1 = b_2$ nach der Prismenformel Gl. (7.12)

$$V = \frac{11,63 + 24,32}{2} \cdot 20 = +359,5 \text{ m}^3$$

Beispiel 7.5.3: Getrennte Ermittlung von Auftrag und Abtrag zwischen zwei Querprofilen
Nehmen wir die Querprofilfläche F_2 negativ an, liegt ein Wechsel zwischen Auftrag ($F_1 = +11,63 \text{ m}^2$) und Abtrag ($F_2 = -24,32 \text{ m}^2$) vor. Dann ergibt sich als Differenzvolumen die Abtragsmasse:

- bei *ungleichen Querprofilbreiten* nach der Obeliskformel Gl. (7.11)

$$V = \frac{1}{6}\left[11,63 \cdot (2 + \frac{15,50}{15,00}) - 24,32 \cdot (2 + \frac{15,00}{15,50})\right] \cdot 20 = -123,0 \text{ m}^3;$$

- bei *gleichen Querprofilbreiten* nach der Prismenformel Gl. (7.12)

$$V = 20 \cdot \frac{(+11,63) + (-24,32)}{2} = -126,9 \text{ m}^3.$$

Für die getrennte Ermittlung der Auf- und Abtragsmasse erhält man (bei gleichen Damm- und Einschnittbreiten in beiden Querprofilen):

$$\begin{array}{llr} \text{Auftragsmasse } V_1 & = \frac{20}{2} \cdot \frac{11,63}{11,63+24,32} \cdot (+11,63) & = +\ 37,6 \text{ m}^3 \\ \text{Abtragsmasse } V_2 & = \frac{20}{2} \cdot \frac{24,32}{11,63+24,32} \cdot (-24,32) & = -164,5 \text{ m}^3 \\ \hline & \text{Differenzmasse} & = -126,9 \text{ m}^3 \end{array}$$

Der Abstand l der benachbarten Querprofile ergibt sich als Differenz der Trassenstationierungen $(x_{i+1} - x_i)$. In Kurven sind die Querprofile radial, d. h. senkrecht zu den Trassentangenten ausgerichtet. Hier bildet die Bogenlänge der Trasse den Abstand l. Nach der *Guldinschen Regel* wird das Volumen V eines durch Rotation einer ebenen Fläche um eine feste Achse entstandenen Umdrehungskörper gebildet durch

$$V = \text{Querschnittsfläche} \cdot \text{Weg ihres Schwerpunktes.}$$

Für eine Querprofilfläche F ergibt sich der *Schwerpunktabstand* y_S von der Achse (mit der Vereinbarung Punkt $n+1$ = Punkt 1 (Wiederholung)) nach (vgl. Gl. (2.55))

$$y_S = \frac{1}{6}\left(\sum_{i=1}^{n} (y_i^2 + y_i \cdot y_{i+1} + y_{i+1}^2) \cdot (z_i - z_{i+1})\right) / F \,. \qquad (7.17)$$

Beispiel 7.5.4: Schwerpunktabstand y_S
Für die Querprofilfläche aus Beispiel 7.5.1 ergibt sich die y-Koordinate des Schwerpunktes zu

$$y_S = \frac{1}{6} \cdot \frac{25,53}{11,63} = +0,37 \text{ m} \,.$$

Beachtet man das Vorzeichen von y_S und gibt man dem Radius R bei einer Rechtskurve positives und bei einer Linkskurve negatives Vorzeichen, erhält man für ein Querprofil bei der Station x_i den *Verbesserungsfaktor*

$$k_i = (R - y_S)/R \qquad (7.18)$$

mit k_i = 1 bei $R = \infty$. Für zwei benachbarte Querprofile wird bei gekrümmter Achse deren Abstand $l = x_{i+1} - x_i$ mit dem *Faktormittelwert*

$$k_m = (k_i + k_{i+1})/2$$

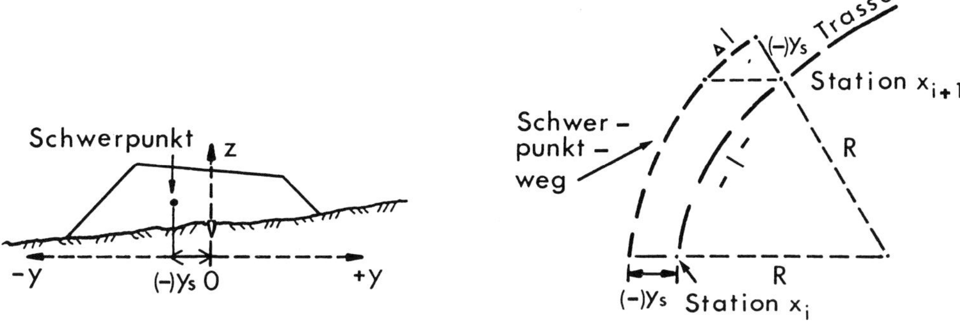

Abbildung 7.5-8: Schwerpunkt einer Querprofilfläche und Schwerpunktweg

vergrößert und somit die Teilmasse V_i zur Teilmasse V_i' korrigiert

$$V_i' = V_i \cdot k_m \,. \tag{7.19}$$

Gelten für eine Station zwei Radien, wie z. B. bei Korbbögen oder Wechsel der Krümmungsrichtung, sind hierfür auch zwei Verbesserungsfaktoren zu berechnen und bei der Berechnung von k_m entsprechend zu berücksichtigen.

7.5.2 Mengenberechnung aus Prismen

Sind von einem Gelände charakteristische Punkte nach Lage und Höhe durch ein Flächennivellement (Kap. 7.3) oder durch Tachymetrie (Kap. 7.4.2) bestimmt worden, lässt sich durch Verbinden der Aufnahmepunkte im Lageplan die Horizontalprojektion des Geländes in Dreiecke aufteilen. Die Masse zwischen der *Geländeoberfläche* und einer *Bezugsfläche* ergibt sich nach Multiplikation jeder Dreiecksfläche F_i mit der jeweiligen, aus ihren Eckpunkthöhen berechneten mittleren Höhe h_{m_i} (= Schwerpunkthöhe). Die Addition der Massen V_i der n Dreiecksprismen liefert dann die Gesamtmasse V:

$$h_{m_i} = \frac{h_{i1} + h_{i2} + h_{i3}}{3}; \tag{7.20}$$

$$V = \sum_{i=1}^{n} V_i = \sum_{i=1}^{n} F_i \cdot h_{m_i}. \tag{7.21}$$

Die Bezugsfläche braucht nicht notwendigerweise horizontal sein. In die Volumenberechnung geht als Höhe h_i die Differenz zwischen der gemessenen Höhe eines Geländepunktes und der berechneten Höhe seiner Projektion in die Bezugsfläche ein. Falls die Bezugsfläche nicht horizontal, sondern geneigt ist, eventuell sogar unterschiedliche Neigungen besitzt, empfiehlt es sich, zunächst das Volumen zwischen der Geländeoberfläche und einer (beliebigen) horizontalen „Ersatzfläche“, z. B. der Horizontalfläche durch den tiefsten Punkt der Bezugsfläche, zu berechnen und davon das Volumen zwischen der Bezugsfläche und der Horizontalfläche zu subtrahieren. Beispiele für diese Methode finden sich in den älteren Auflagen dieses Buchs.

8 Satellitengestützte Messverfahren

Am 4. Oktober 1957 begann mit dem Signal des russischen Satelliten Sputnik das Satellitenzeitalter, dessen Entwicklung bis zu den heutigen Konstellationen von GNSS *Global Navigation Satellite System* führte (Abb. 8.0-1).

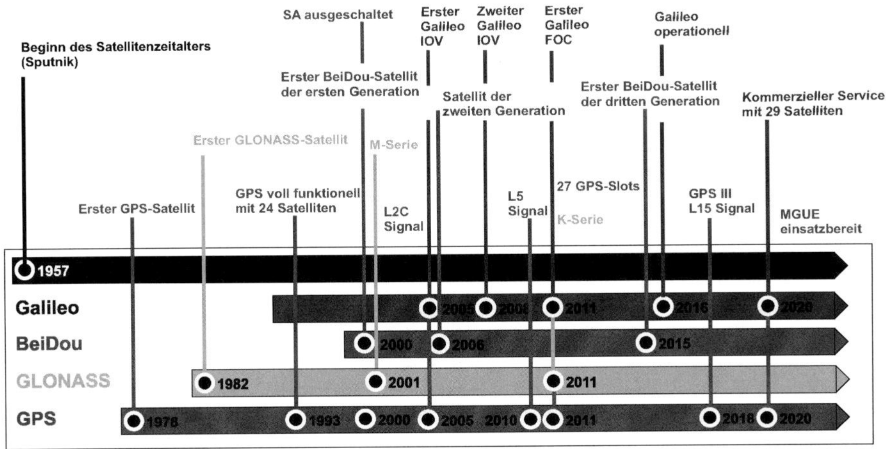

Abbildung 8.0-1: Entwicklungsstufen der Multi-GNSS-Konstellationen nach *Altiner* (2019)

Die satellitengestützten Messverfahren haben in den vergangenen Jahren breite Anwendung in der vermessungstechnischen Praxis gefunden. Die bei dieser Messmethode benutzte Vielzahl von englischsprachigen Fachbegriffen konnte wegen der für dieses Kapitel nur beschränkt zur Verfügung stehenden Seitenzahl nicht vollständig im nachfolgenden Text erklärt werden. Die Autoren haben daher zusätzlich ein Glossar (Kap. 8.10) angefügt, in dem alle vorkommenden Begriffe zur *GNSS*-Technik erläutert sind.

In den folgenden Unterkapiteln wird überwiegend das *GPS*-Messverfahren behandelt, weil das europäische *Galileo*-System, das sich noch im Aufbau befindet, und das russische *GLONASS* (Globalnaja Nawigazionnaja Sputnikowaja Sistema), das seit 2010 seinen nominellen Vollausbau erreicht hat und bis 2020 um 25 neue Satelliten erweitert werden soll, ähnlich konzipiert sind. Auch das chinesische BeiDou-System wird weiter ausgebaut und soll 2020 den Zustand des FOC (Full Operational Capability) erreichen. Die Signale dieser Navigationssatelliten können von neueren Empfängern verarbeitet werden.

Durch das *G*lobal *P*ositioning *S*ystem (GPS) und die anderen System insgesamt GNSS genannt, steht der Vermessungspraxis ein universales System zur Verfügung. Dies bedeutet jedoch nicht, dass die Anwendung der verschiedenen Messverfahren in jedem Fall möglich oder sinnvoll ist. Häufig wird es eher so sein, dass die wirtschaftlichste und sinnvollste Realisierung der konkreten Aufgabe aus der Kombination mit anderen Messverfahren besteht. Diese hybriden Messverfahren, z. B. realisierbar durch die Verbindung mit terrestrischen Methoden, prägen die Vermessungspraxis stark. Insbesondere hat die Bereitstellung von GNSS-Referenznetzen die Voraussetzung geschaffen, dass satellitengestützte Messverfahren im großen Umfang in der Vermessungspraxis eingesetzt werden können.

8.1 Grundlagen des GPS-Weltraum-, Kontroll- und Benutzersegments

Das *GPS* besteht aus dem Weltraum-, dem Kontroll- und dem Benutzersegment.

Das *Weltraumsegment* bilden 30 Satelliten, die in rund 20 200 km Höhe mit einer Umlaufzeit von ca. zwölf Stunden und einer Bahnneigung von 55° zur Äquatorebene um die Erde kreisen und ständig Signale aussenden (Abb. 8.1-1). Zwischen vier und acht Satelliten können gleichzeitig zu jeder Zeit von jedem Punkt der Erde unter einem Höhenwinkel von mindestens 15° beobachtet werden. Die Positionen der Satelliten sind zu jedem Zeitpunkt bekannt, sodass diese im messtechnischen Sinn als Festpunkte aufgefasst werden können. Die Satelliten sind mit hochpräzisen Atomuhren ausgestattet, aus denen die zwei Trä-

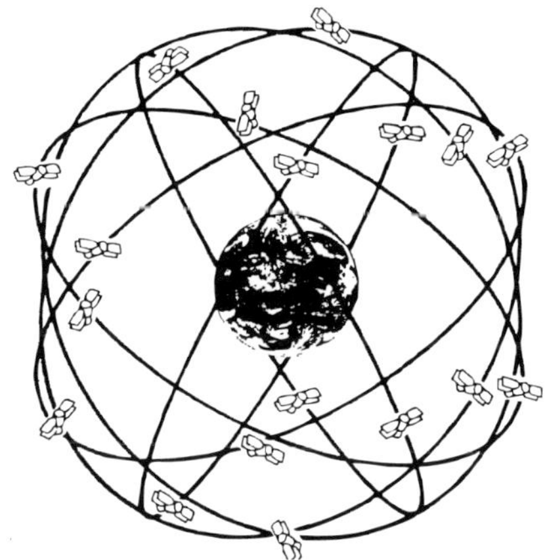

Abbildung 8.1-1: GPS-Satelliten-Konstellation

gerfrequenzen L1 = 1 575,42 MHz und L2 = 1 227,60 MHz (entspricht Wellenlängen von 19,05 cm bzw. 24,45 cm) sowie die Zeitsignale abgeleitet werden (Abb. 8.1-2). Das Verwenden einer zweiten Frequenz ermöglicht es, die Einflüsse der Ionosphäre auf die Ausbreitungsgeschwindigkeit der Signale zu erfassen. Zur eigentlichen Laufzeitmessung sind den Trägerfrequenzen sogenannte Pseudozufallscodes aufmoduliert. Die L1-Frequenz ist in eine Cosinuswelle mit dem präzisen P-Code (Precision-Code) und eine Sinuswelle mit dem C/A-Code (Coarse/Acquisition-Code = Grobcode) zerlegt. Die L2-Frequenz enthält nur eine Cosinuswelle mit dem P-Code, der derzeit zusätzlich mit dem sogenannten W-Code überlagert wird, um ihn nur autorisierten Nutzern zugänglich zu machen. Diese Maßnahme wird „Anti-Spoofing" (Maßnahme gegen Beschwindeln, abgekürzt AS) genannt. Der resultierende Code wird als Y-Code bezeichnet. Nur Nutzer mit militärischen GPS-Empfängern können den Y-Code entschlüsseln. Militärische Empfänger sind deswegen genauer, weil sie nicht den C/A-Code nutzen, um die Zeit zu berechnen, die das Signal braucht, um den Empfänger zu erreichen. Den Trägerfrequenzen ist eine Navigationsnachricht zusätzlich als Datensignal aufmoduliert, aus der die Satellitenpositionen ermittelt werden können.

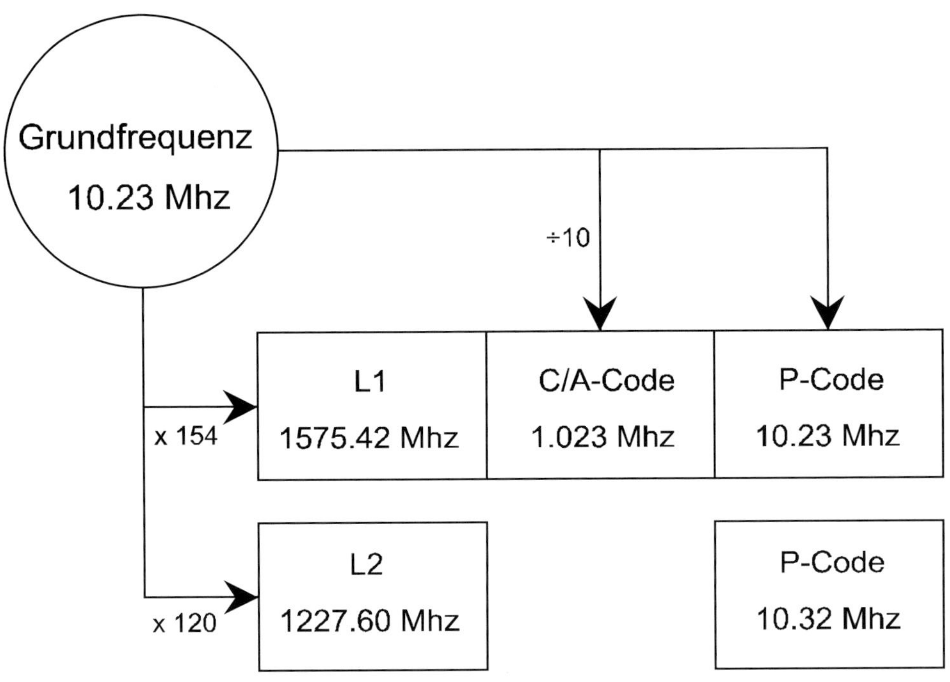

Abbildung 8.1-2: GPS-Signalstruktur

Das *Kontrollsegment* hat folgende Aufgaben:

- Beobachtung der Satelliten und Vorausberechnung der Bahndaten (Ephemeriden). Diese sind auf ein kartesisches, dreidimensionales, geozentrisches, die ellipsoidischen Halbachsen der Erde definierendes Koordinatensystem bezogen, das WGS84 (World Geodetic System 1984) (vgl. Kap. 1.4.1),
- Überwachung der Atomuhren der Satelliten und Extrapolation des Uhrenverhaltens,
- Übersendung der Ephemeriden (Bahndaten) und der Vorhersagen über das Uhrenverhalten an die Satelliten. Hierbei hat der Betreiber sowohl die Bahndaten als auch das prädizierte Satellitenuhrenverhalten manipuliert, um die bei Echtzeit-Navigationsverfahren erreichbare Genauigkeit zu verringern. Diese Maßnahme ist allgemein als SA (Selective Availability) bekannt. Sowohl AS als auch SA sollen einem technisch möglichen „Missbrauch“ vorbeugen, weil GPS ein durch das amerikanische Verteidigungsministerium finanziertes Navigationssystem ist. *SA ist seit dem 1. Mai 2000 abgeschaltet.*

Diese Aufgaben werden von einer Master-Kontrollstation und zwölf Monitorstationen ausgeführt, wobei die Masterstation die Daten bei den anderen Stationen abruft, die Berechnungen durchführt sowie die Navigationsnachricht zusammenstellt und an die Satelliten übermittelt.

Das *Benutzersegment* wird von der Gesamtheit der GPS-Navigationsempfänger gebildet. Eine Empfangsanlage besteht aus einer Antenne und dem Empfänger, die über ein Kabel miteinander verbunden sind oder eine Einheit bilden. Der Empfänger wird über einen Mikroprozessor gesteuert. Über eine Tastatur und einem Display kann der Benutzer interaktiv mit dem Empfänger kommunizieren.

Die anderen Satellitensysteme (GLONASS, Galileo, BeiDou) sind ähnlich aufgebaut. Jedoch verfügen GLONASS und BeiDou nicht über weltweit verteilte Bodenstationen.

8.2 Beobachtungs- und Auswertungsprinzip

8.2.1 Beobachtungsprinzip

Um eine Position zu erhalten, lassen sich in Abhängigkeit der geforderten Genauigkeit und dem zur Verfügung stehenden GPS-Empfänger prinzipiell drei verschiedene Funktionsweisen unterscheiden:

- *Single Point Positioning* (SPP) zur autonomen Navigation mit einem einzigen, ohne Korrekturdaten arbeitenden Empfänger, wie z. B. bei der Fahrzeugnavigation, mit einer Genauigkeit von wenigen Metern.

- *Diffential GNSS* (DGNSS), das auf der differenziellen Phasenmessung mit einer Genauigkeit im Millimeterbereich beruht, einer Technik, die für geodätische Zwecke hervorragend geeignet ist.

- *Precise Point Positioning* (PPP) benutzt gegenüber dem SPP verbesserte und zusätzliche Korrekturen, wie präzise Satellitenbahnen und – Uhreninformationen, durch die der wesentliche Genauigkeitsgewinn erreicht wird.

Alle mit GPS bestimmten Positionen basieren auf der Distanzmessung zwischen Satellit und GPS-Empfänger. Bei der *Pseudodistanz-Messung*, die für eine Einzelpunktbestimmung (absolutes GPS) genutzt wird, werden Distanzen zwischen dem Satelliten und der Antenne des Empfängers gemessen. Für die geometrische Lösung genügen drei solcher Distanzen. Die Position der Antenne erhält man als Schnittpunkt dreier Kugeln mit den Satellitenorten als Kugelzentren und den drei gemessenen Distanzen als Radien (Abb. 8.2-1). Die Distanz vom Satelliten zum Empfänger wird über eine *Laufzeitmessung mithilfe des C/A- oder P-Codes* erhalten. Der Zeitunterschied $b-a$ zwischen dem Ankunftzeitpunkt b und dem Aussendezeitpunkt a des Codes ist die Laufzeit, die mit der Lichtgeschwindigkeit multipliziert die Distanz ergibt, falls die Satelliten- und die Empfängeruhr synchronisiert sind (Abb. 8.2-2). Da dies in aller Strenge nie der Fall ist, erhält man eine proportional zur Uhrendifferenz falsche Distanz, eine Pseudodistanz, die sich folgendermaßen darstellen lässt:

$$P = (T_e - T_s) \cdot c + dT_s \cdot c \quad (8.1)$$

T_e = auf Empfängeruhr bezogener PRN-Code zum Empfangszeitpunkt (PRN = Pseudo Random Noise),
T_s = auf Satellitenuhr bezogener PRN-Code zum Sendezeitpunkt,
c = Lichtgeschwindigkeit,
dT_s = Korrektur der Satellitenuhr zur Abstimmung auf die aktuelle GPS Systemzeit:
$dT_s = a_0 + a_1 - (T_s \cdot toc) + a_2 \cdot (T_s - toc)^2$
mit
a_0, a_1, a_2 = Polynomkoeffizienten,
toc = Bezugszeitpunkt des Korrekturpolynoms.

Zur eindeutigen Bestimmung der drei unbekannten Koordinaten der Empfängerposition und der Uhrendifferenz sind folglich die gleichzeitige Messung der Pseudodistanzen zu vier Satelliten erforderlich. Mit dieser Methode lässt sich eine Genauigkeit in Lage und Höhe von besser als 10 m erzielen. Sie findet daher bevorzugt bei der kinematischen Positionsbestimmung, z. B. zur Navigation von Fahrzeugen und Schiffen, Anwendung.

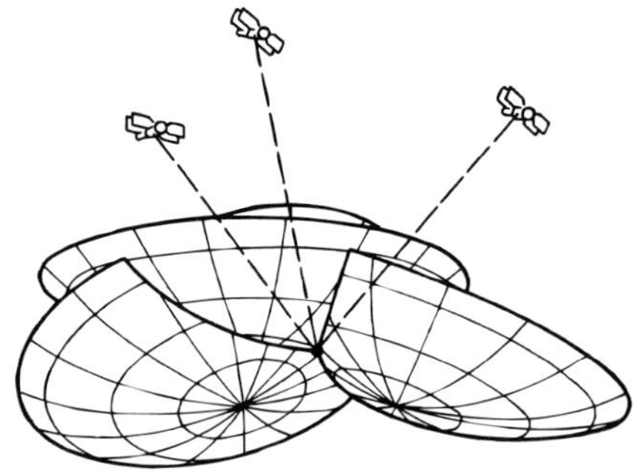

Abbildung 8.2-1: Pseudodistanz-Messung

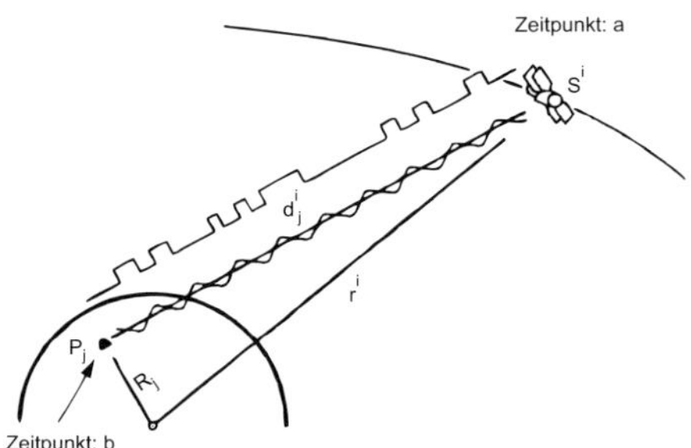

Abbildung 8.2-2: Trägerfrequenz mit aufmoduliertem Pseudozufallscode

Eine verbesserte Einzelpunktbestimmung lässt sich sogar in Echtzeit erreichen, wenn die *DGPS-Methode* (Differenzielles GPS) eingesetzt wird, die zur DGNSS-Methode weiter entwickelt wurde. Hierfür werden zwei Empfänger benötigt, wobei in einer koordinatenmäßig bekannten Referenzstation ein Empfänger fest aufgebaut ist und der zweite als mobile Station der Bestimmung von Geländepunkten dient. Mit beiden Empfängern müssen simultan die Pseudodistanzen zu mindestens vier identischen Satelliten gemessen werden. In der Referenzstation ergeben sich aus dem Vergleich der mithilfe der Pseudodistanzen bestimmten Koordinaten zu den gegebenen Koordinaten Korrekturwerte, die zu der mobilen Station über eine Funkverbindung übermittelt werden. Es können aber auch aus den bekannten Koordinaten der Referenzstation und den Koordinaten der Satellitenpositionen die Distanzen berechnet und mit den gemessenen verglichen werden. Die daraus abgeleiteten Korrekturwerte für die Pseudodistanzen werden an den mobilen Empfänger (Rover) weitergeleitet. Damit lassen sich die dort gemessenen Pseudodistanzen korrigieren, wodurch eine im Vergleich zur reinen Einzelpunktbestimmung höhere Genauigkeit erreicht wird.

Für geodätische Anwendungen sind im Vergleich zur Einzelpunktbestimmung nach der SPP-Methode wesentlich höhere Genauigkeiten erforderlich, die sich mit der *relativen Punktbestimmung* unter Verwendung der Träger(wellen)phasen erreichen lassen (Abb. 8.2-3). Mit-

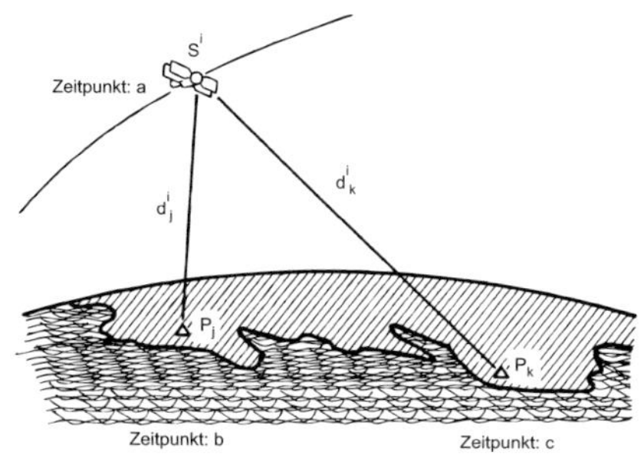

Abbildung 8.2-3: Relative Punktbestimmung

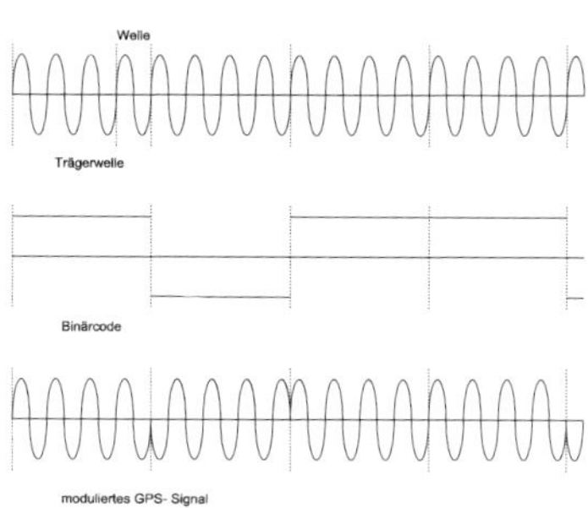

Abbildung 8.2-4: Prinzip der Phasenmodulation bei GPS-Signalen

tels geeigneter statischer oder kinematischer Mess- und Auswerteverfahren lassen sich dann sowohl in Echtzeit als auch im Postprocessing (im Nachhinein) hoch genaue Koordinaten bzw. Koordinatendifferenzen (Zentimeter- bis Millimeterbereich) ableiten. Bei der *Phasenmessung* benutzt man die Phase der Trägerwelle zur Distanzmessung und erhält so eine wesentlich bessere Auflösung (mindestens 100-fach genauer) als bei der Messung mit den aufmodulierten Codes. Die Phase der vom Satellit ankommenden Trägerwelle wird mit der Phase eines im Empfänger erzeugten Referenzsignals verglichen. Aus der Phasenverschiebung erhält man einen Teil der Distanz als Teil der Wellenlänge.

Bei der elektrooptischen Distanzmessung wird, wie in Kap. 5 beschrieben, die Phasenlage des reflektierten Signals bestimmt, was jedoch nur innerhalb der Wellenlänge möglich ist – bei GPS wäre dies beim L_1-Signal ein Teil von 19 cm bzw. beim L_2-Signal ein Teil von 24 cm. Das Problem der Mehrdeutigkeit wird dadurch gelöst, dass die zu bestimmende Distanz mit verschiedenen Frequenzen, also mit unterschiedlichen Wellenlängen bestimmt wird. Dieser Lösungsweg kann bei GPS oder auch bei den anderen Satellitennavigationssystemen nicht beschritten werden, weil der Sender (Satellit) sich gegenüber dem Empfänger ständig verändert. Die Mehrdeutigkeit kann nur über das gesendete Signal behoben werden, wozu dieses eine Struktur erhält, sodass dieses Problem nicht auftreten kann, ein Weg, der auch bei den neuesten Distanzmessern gewählt wurde. Außerdem müssen gleichzeitig die Bahndaten des Satelliten und weitere Informationen, wie z. B. die Identifikation für den jeweiligen Satelliten, zum Empfänger gelangen. Die hierfür gewählte Phasenmodulation moduliert die Phasen der Trägerwellen mit einem pseudozufälligen binären Code ($+1$ und -1) dem PRN = Pseudo Random Noise. In der Abb. 8.2-4 erkennen wir die Trägerwelle (oben), der eine PRN-Sequenz (in der Mitte) aufmoduliert wird, wodurch sich das modulierte GPS-Signal (unten) ergibt.

Die *Precise Point Positioning* (PPP-)Methode lässt sich im Postprocessing gut anwenden, weil die externen Parameter hoher Genauigkeit, wie z. B. präzise Satellitenbahnen und Satellitenuhren-Informationen, weitestgehend in standardisierten Formaten in Real-Time, z. B. vom International GNSS Service (IGS), kostenfrei bezogen werden können. Der IGS ist ein wissenschaftlicher Dienst der International Association of Geodesy (IAG) und besteht aus einem Zusammenschluss von mehreren hundert Organisationen und Gruppen, die aus Satelliten-Beobachtungs- und Navigationsdaten Ergebnisse höchster Genauigkeit gewinnen.

Bei entsprechend langer Beobachtungszeit können die Fehlereinflüsse der ionosphärischen und troposphärischen Refraktion (Kap. 8.2.3.1) sowie von Phasen-Systematiken modelliert und berechnet werden. Bei kurzen Beobachtungszeiten, also in Echtzeit, kann eine Genauigkeit, wie diese z. B. im Liegenschaftskataster gefordert wird, nur dann erreicht werden, wenn flächendeckende Beobachtungsdaten zur Verfügung stehen, die ein Netz von Bodenreferenzstationen (Kap. 8.4) voraussetzen, aus denen die Korrekturparameter abgeleitet werden müssen.

8.2.2 Modernisierung der globalen Navigationssysteme

GPS

Wie zuvor ausgeführt, werden beim GPS die Navigationsdaten mit einem speziellen Code, dem *Pseudo Random Noise Code*, „zerstückelt" und moduliert, damit alle Satelliten auf der gleichen Frequenz senden können. Das Code-Muster (C/A-Code) wird ständig wiederholt und dient zur Identifikation und zur Laufzeitmessung. Aus der Struktur des Musters kann der Empfänger erkennen, von welchem Satelliten das betreffende Signal stammt.

In Zukunft soll bei GPS und Galileo eine neue Modulationsmethode, die *Binary Offset Carrier Modulation* (BOC), genutzt werden. Das abzustrahlende Signal wird in einer weiteren Stufe moduliert, wobei die Modulationsfrequenz immer ein Vielfaches der Grundfrequenz von 1,023 MHz ist. Mit BOC wird das Signal besser über die zur Verfügung stehende Bandbreite verteilt und der Einfluss des Mehrwegeeffektes im Vergleich zur bisherigen Methode reduziert.

Am 26.7.2007 vereinbarten die EU und die USA, für Galileo und GPS das gleiche Modulationsverfahren zu verwenden. Bei diesem MBOC genannten Verfahren wird für das zivile GPS-Signal L_1C und für das Galileo-Signal L_1OS (Open Service) eine Erweiterung der BOC-Modulation benutzt, bei der zwei BOC-Modulatoren kombiniert und die von beiden Modulatoren erzeugten Signale addiert werden. Durch die Kombination von zwei BOC-Signalen wird bei höheren Frequenzen die Leistung erhöht, sodass die Empfänger unempfindlicher gegenüber Rauschen und die Mehrwegeeffekte reduziert werden. Das US Department of Defence (DoD) plant die Verbesserungen schrittweise einzuführen, wobei mit den Block IIF-Satelliten ein Teil der Neuerungen schon realisiert wurde, wie die für zivile Anwender verfügbare zweite Frequenz L_2C und die dritte Frequenz L_5. Das L_5-Signal (1176,45 MHz) ist robuster als die bisherigen zivilen Signale. Von diesem Satellitentyp sind inzwischen alle zwölf vorgesehenen Satelliten erfolgreich in Betrieb genommen worden.

Die neue Satellitengeneration, für die die Bezeichnung GPS III (Block 3) vorgesehen ist, verfügt über die folgenden Verbesserungen für zivile Nutzer. Der Start des ersten Satelliten diesen Typs erfolgte 23.12.2018.

- Verbesserung der C/A-Signalstruktur durch L_1C,
- zusätzliche L_5-Frequenz,
- Aussenden eines Integritätssignals,
- keine Möglichkeit zur künstlichen Verschlechterung der Signale durch SA (Selective Availability),
- Erneuerung der Bodenstationen des Kontrollsegments.

GLONASS

Während sich die Signale der bis 2008 und auch später verfügbaren Satelliten des russischen GLONAS-Systems über die Frequenz nach der Methode des „Frequency Division Multiple Access (FDMA)“ unterscheiden ließen, verfügen die Satelliten der Baureihe GLONASS K, wie die GPS-Satelliten und die der anderen Systeme über das offene „CDMA (Code Division Multiple Access)“. Außerdem stellen diese GLONASS-Satelliten eine dritte Frequenz zur Verfügung. GLONASS-K2-Satelliten mit verbesserten Atomuhren und zusätzlichen Signalen sollen ab 2019 die Konstellation ergänzen und für den Anwender zusätzliche Signale auf den ersten beiden Frequenzen bereitstellen. Das System ist mit 24 Satelliten voll operabel und soll bis 2034 mit 46 neuen Satelliten modernisiert werden.

Galileo

Am 15.12.2016 gab die Europäische Kommission den Start für die Galileo Initial Services bekannt und hat die Initial Operational Capability (IOC)-Phase eingeleitet. Die Konstellation verfügt derzeit (Juli 2019) über 20 FOC- (Final Operational Capability = volle Operabilität) Satelliten in korrekten Slots und zwei FOC-Satelliten in abweichenden Orbits plus vier Satelliten, die die Slots, in denen noch kein FOC-Satellit platziert wurde, auffüllen. Das gesamte Satellitensystem mit 24 Satelliten einschließlich sechs Reservesatelliten soll 2020 einsatzbereit sein.

BeiDou

Das chinesische Navigationssatellitensystem BeiDou umfasste im Frühjahr 2018 15 funktionstüchtige Satelliten des Typs BeiDou-2, die Signale von sechs geostationären Satelliten, von sechs Satelliten in geneigten geosynchronen Bahnen und von drei Satelliten in mittlerer Höhe aussenden. Für Ende 2019 sind „zwei Doppelstarts“ klassischer Navigationssatelliten angekündigt. Ab 2015 wurden Satelliten des Typs BeiDou-3 in den Orbit gebracht, von denen im Jahr 2017 drei geostationär und zwei geosynchron positioniert sind. Da sich die zusätzlichen Frequenzen dieser Satelliten mit denen der Galileo- und GPS-Satelliten überlappen, sollen diese Frequenzen so angepasst werden, dass sie mit denen der Galileo- bzw. GPS-Frequenzen zusammenfallen und damit interoperabel genutzt werden können. Das entsprechende Abkommen zwischen den USA und China wurde nach dem Muster des Vertrages zwischen den USA und der EU im Dezember 2017 unterzeichnet. Das System soll 2020 mit 35 Satelliten voll ausgebaut sein.

QZSS

Während die vier Satellitensysteme – GPS, GLONASS, Galileo und BeiDou – global benutzt werden können, lässt sich das japanische Satellitensystem QZSS, das 2018 vier Satelliten umfasst, lediglich regional nutzen. Die von den QZSS-Satelliten abgestrahlten Signale sind voll kompatibel mit GPS.

Navic

Das indische Navic ist wie das japanische Satellitensystem für eine regionale Nutzung konzipiert und verfügt über sechs operable Navigationssatelliten.

Tabelle 8.2-1: Charakteristika von GPS, GLONASS, Galileo und BeiDou-2

	GPS	GLONASS	Galileo	BeiDou-2
Große Halbachse	26 600 km	25 500 km	29 600 km	27 900 km
Flughöhe	20 200 km	19 100 km	23 200 km	21 500 km
Umlaufperiode	11 h 58 min	11 h 16 min	14 h 04 min	12 h 53 min
Bahnneigung	55°	65°	56°	55°
Anzahl der Bahnebenen	6	3	3	3

8.2.3 Auswertungsprinzip

8.2.3.1 Signalausbreitungseffekte

Ionosphäre

Wie zuvor ausgeführt, lassen sich Genauigkeiten im Zentimeterbereich und besser nur erreichen, wenn die Trägerphasen beobachtet werden, wozu meist Zweifrequenz-Empfänger benutzt werden, um den Einfluss der Ionosphäre eliminieren zu können. Das GNSS-Signal durchläuft auf seinem Weg vom Satelliten zum Empfänger die Ionosphäre und die Troposphäre und erfährt dabei eine Laufzeitverzögerung, ein Effekt, den man mit der Lichtbrechung in einem Glasblock vergleichen kann. Die beim Durchgang durch die Atmosphäre eingetretene Refraktion führt zu einem Fehler in der Distanzberechnung, weil die Geschwindigkeit des Signals beeinflusst wird und nicht konstant ist wie im Vakuum. Die Ionosphäre, die einen elektrisch geladenen, also einen ionisierter Teil der Atmosphäre in einem Höhenbereich von etwa 80 bis 1 000 km ausmacht, führt nicht zu einer konstanten Verzögerung. Das Ausmaß der durch diese Schicht bedingten Refraktion ist vom Ionisierungsgrad abhängig, der sich mit der Tages- und Jahreszeit, der unregelmäßigen geomagnetischen Aktivität sowie mit dem 11-jährigen Zyklus der Sonnenfleckenaktivität ändert. Außerdem besteht eine Abhängigkeit vom Elevationswinkel der Beobachtung, weil Signale von Satelliten mit niedriger Elevation einen längeren Weg durch die Ionosphäre zum Empfänger zurücklegen müssen (Abb. 8.2-5). Durch Nutzung des dispersiven Effekts der Ionosphäre lassen sich durch Zweifrequenz-Empfänger die Laufzeiteinflüsse korrigieren. Bekanntlich wird ein Funksignal, das die Ionosphäre durchläuft, um ein Maß umgekehrt proportional zu seiner eigenen Frequenz verlangsamt, weshalb durch Vergleich der Ankunftszeiten der beiden Signale L_1 und L_2 die Verzögerung genau geschätzt werden kann. Die gemessene Laufzeitdifferenz $\Delta\tau$ der beiden Signale L_1 und L_2 mit den zugehörigen Frequenzen f_1 und f_2 ermöglicht nach der Formel

$$\kappa = \Delta\tau \cdot \frac{(f_1^2 \cdot f_2^2)}{(f_2^2 - f_1^2)}$$

die Berechnung der ionosphärischen Laufzeitkorrektion. Diese Methode lässt sich nur mit geodätischen Zweifrequenz- oder mit militärischen Empfängern nutzen. Bei Einfrequenz-Empfängern kann dem Ionosphäreneinfluss durch eine regionale Modellierung mithilfe permanenter Beobachtungen in GNSS-Referenznetzen, wie z. B. SA*POS*® (Kap. 8.4), Rechnung getragen werden.

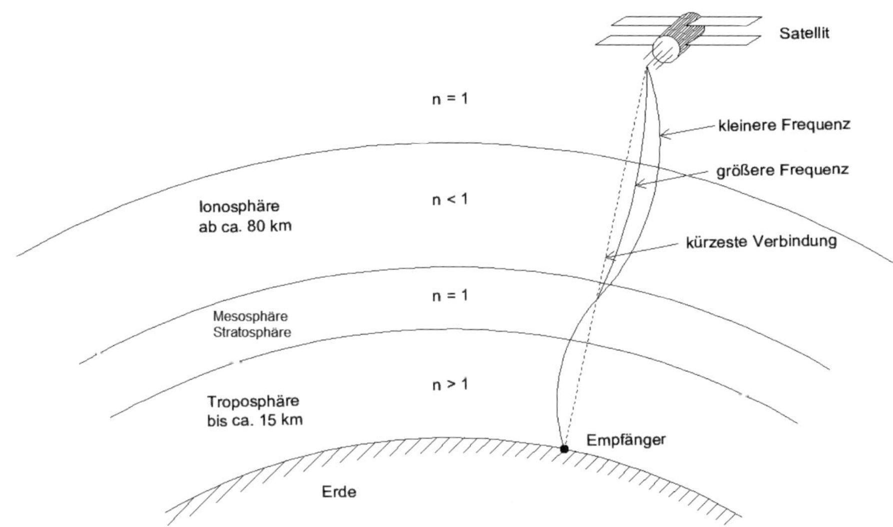

Abbildung 8.2-5: Signalausbreitung durch die atmosphärischen Schichten

Troposphäre

Im Gegensatz zur Ionosphäre ist die Troposphäre, eine Schicht der Atmosphäre zwischen dem Boden und der Ionosphäre (Abb. 8.2-5), nicht dispersiv, weshalb eine Kombination der beiden Frequenzen in L_1 und L_2 nicht zur Berechnung des Troposphäreneinflusses genutzt werden kann. Maßgeblich für die Refraktion sind die Einflussgrößen Druck, Temperatur und Feuchtigkeit. Die Troposphäre lässt sich bezüglich ihrer gasförmigen Zusammensetzung durch ein Modell beschreiben, das aus Kohlendioxyd, Wasserdampf und anderen Bestandteilen besteht. In diesem Modell wird ein konstanter Anteil für den Kohlendioxydgehalt von 0,03 % unterstellt und ordnet seinen Einfluss den „anderen Bestandteilen“ zu, sodass letztlich mit zwei Größen gearbeitet wird, nämlich der trockenen und der feuchten Komponente, wobei die Letztere dem Wasserdampfgehalt der Luft entspricht und den größten Einfluss auf das Satellitensignal ausübt. Das Verhalten von Temperatur und Luftdruck in Abhängigkeit von der Höhe über der Erdoberfläche kann gut durch Modelle simuliert werden, während der Einfluss des Wasserdampfgehalts durch entsprechende Modelle, z. B. denen von Hopfield oder Saastamoinen, mehr oder weniger gut reduziert werden kann. Für ein derartiges Modell gilt, dass es umso genauer ist, je näher die Beobachtungen am Zenit sind. In der Praxis werden üblicherweise Höhenwinkel $< 15°$ nicht verwendet, weil für flache Visuren ein derartiges Modell nicht geeignet ist.

Mehrwegeeffekte

Mehrwegeeffekte treten auf, wenn sich die Antenne des Empfängers in der Nähe einer großen reflektierenden Oberfläche befindet, wie z. B. ein Gebäude. Das Satellitensignal erreicht dann die Antenne nicht nur direkt, sondern zusätzlich noch nach Reflektion an einem Objekt, sodass sich das direkte und das reflektierte Signal überlagern, d. h. interferieren, und zu einem verfälschenden Messergebnis führen. Diese Mehrwegeeinflüsse (Abb. 8.2-6) verändern sich ständig mit den Änderungen der Satellitengeometrie und verhalten sich periodisch im Bereich von Minuten bis etwa zu einer halben Stunde. Aufgrund der Periodizität lässt sich bei entsprechend langer Beobachtungszeit der Mehrwegeeinfluss in den Beobachtungsergebnissen erkennen. Bei Echtzeitanwendungen, auch RTK (Real-Time Kinematic) genannt, wirkt sich der Mehrwegeeffekt voll aus. Auch differenzielle oder relative Beobachtungen auf zwei Stationen eliminieren diesen Einfluss nicht, der allerdings durch den Gebrauch von speziellen Antennen reduziert werden kann. Solche Antennen verfügen über eine metallische Bodenplatte in Form einer runden Scheibe. Für genaue Messungen werden sogenannte Choke-Ring-Antennen bevorzugt, die aus konzentrischen Ringen rund um die eigentliche Antenne bestehen, die die indirekten Signale absorbieren.

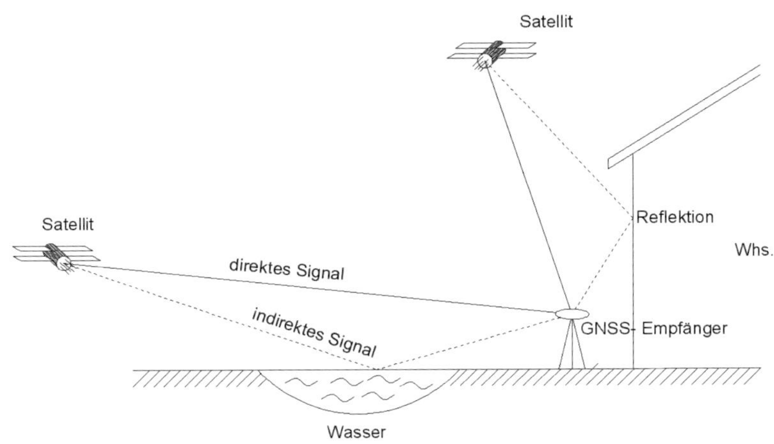

Abbildung 8.2-6: Darstellung von Mehrwegeeffekten

8.2.3.2 Auswertungsprinzip

Nachfolgend wird die prinzipielle Vorgehensweise bei der Auswertung von GPS-Messungen zur Bestimmung dreidimensionaler Koordinatendifferenzen dargestellt (Abb. 8.2-8). Sind die Koordinaten eines Referenzpunktes im GPS-Bezugssystem bekannt, so können weitere Punkte eines Netzes koordinatenmäßig bestimmt werden. Für die Lösung werden Basislinien gebildet, die aus der Verknüpfung von jeweils zwei Empfängern entstehen. Durch Differenzbildungen (Abb. 8.2-7 links, Einfachdifferenz) werden verfälschende Einflüsse wie die Abweichungen des Satellitenoszillators von der Sollfrequenz, die ionosphärischen und troposphärischen Laufzeitverzögerungen sowie Ungenauigkeiten in der Bahnvorhersage für kurze Distanzen (bis 10 km) zwischen den Satellitenempfängern eliminiert. Bei Doppeldifferenzen (Abb. 8.2-7 rechts) entfallen darüber hinaus noch die Ungenauigkeiten der Empfängeroszillatoren und gemeinsame Verzögerungen der Signallaufzeiten in den Empfängern. Schließlich werden durch Dreifachdifferenzen, die sich durch Differenzbildung von Doppeldifferenzen aufeinanderfolgender Messzeitpunkte bilden lassen, die Anfangsmehrdeutigkeiten eliminiert. Da die Anzahl der ganzen Wellenlängen in der Distanz Satellit – Empfänger unbekannt ist, muss diese Mehrdeutigkeit durch geeignete Auswertestrategien gelöst werden. Zuvor müssen aber die Messwerte von Phasensprüngen (*Cycle Slips*) bereinigt werden, die als Folge von kurzzeitigen Signalunterbrechungen auftreten. Unabhängig davon, ob Einfach-, Doppel- oder Dreifachdifferenzen genutzt werden, lassen sich durch diese Technik dank der hohen Trägerfrequenz in Abhängigkeit von der Entfernung zwischen den Empfängern relative Genauigkeiten im Bereich einiger Millimeter erreichen.

Abbildung 8.2-7: Einfachdifferenz (links) und Doppeldifferenz (rechts) zwischen Empfängern und Satelliten

Die im GPS-Bezugssystem erhaltenen Koordinaten der Netzpunkte sind anschließend ins Landessystem, z. B. *UTM* (vgl. Kap. 1.4.4.2), zu transformieren. Dazu müssen die entsprechenden Transformationsgleichungen mit den zugehörigen Transformations-Parametern zur Verfügung stehen. Es können aber auch, wenn die Transformations-Parameter nicht genau bekannt sind, unter Verwendung von „identischen Punkten", d. h. von Punkten, deren Koordinaten sowohl im Landessystem als auch im GPS-Bezugssystem bekannt sind, die erforderlichen Transformationen durchgeführt werden. Die prinzipielle Vorgehensweise bei der Auswertung von GPS-Messungen zeigt das Ablaufdiagramm in Abbildung 8.2-8.

8.3 Instrumentarium und Messverfahren

Ist die Entscheidung für den Einsatz der satellitengestützten Verfahren gefallen, sind für die Durchführung der Messung insbesondere die folgenden Aspekte von Bedeutung: Auswahl des Instrumentariums und Messverfahrens, Planung, Messungsablauf, Auswertung und Transformation in Gebrauchssysteme. Wie zuvor ausgeführt, werden die Ergebnisse von GNSS-Messungen in einem bestimmten geozentrischen Bezugssystem, z. B. dem WGS84, erhalten, welches in Kapitel 1.4.1 dargestellt ist.

Eine Ausrüstung für satellitengestützte Punktbestimmungen besteht aus einem GNSS-Empfänger mit einer GNSS-Antenne und Zubehör (Abb. 8.8-1, 8.8-2). Derzeit sind diverse Produkte verschiedener Anbieter auf dem Markt, die den Bereich der Zweifrequenzempfänger mit GPS/GLONASS/Galileo/BeiDou-Empfangsmöglichkeiten und Auswertesoftware bis hin zu Echtzeitausrüstungen inklusive Funkstrecke abdecken. Das Angebot geht von modularen Systemen mit externer Kontroll- und Steuereinheit (Controller) bis hin zu integrierten Empfänger-Antennensystemen (Blackbox) mit auf LED reduzierter Statusanzeige. In puncto Qualität, Handhabung und Service sind durchaus Unterschiede zu verzeichnen.

Zweifrequenzempfänger bieten gegenüber Einfrequenzgeräten den Vorteil, dass bei der Auswertung die zweite Frequenz verwendet werden kann und sich damit die Mehrdeutigkeiten schneller lösen lassen. Dadurch kann die erforderliche Beobachtungszeit ggf. reduziert werden. Zum anderen besteht erst durch die zweite Frequenz die Möglichkeit, die systema-

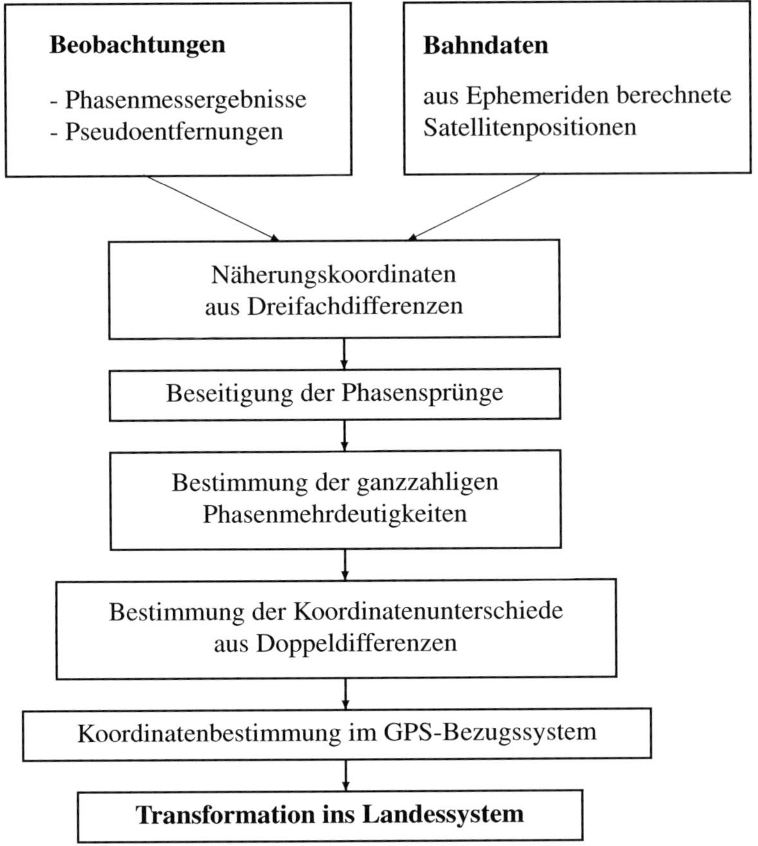

Abbildung 8.2-8: Ablaufdiagramm für die Auswertung von Phasenmessungen

tisch wirkenden ionosphärischen Laufzeitverzögerungen rechnerisch zu eliminieren. Echtzeitanwendungen sind mit Zentimetergenauigkeit komfortabel, d. h. mit kurzen Initialisierungszeiten, nur mit Zweifrequenzempfängern zu realisieren. Für geodätische Anwendungen sollte ein Empfänger über mindestens neun Kanäle je Frequenz verfügen.

Für die Auswertung von GNSS-Messungen werden von diversen Firmen überwiegend Blackbox-Softwarelösungen angeboten. Die Eingriffsmöglichkeiten sind häufig auf ein Minimum reduziert, die Wirkung der letztendlich noch veränderbaren Parameter ist knapp beschrieben. Erfahrene Auswerter schätzen jedoch die diversen Eingriffs- und Kontrollmöglichkeiten von entsprechender Software. Sie können damit die Berechnung gezielter steuern und sichere Aussagen zur Qualität einer GNSS-Messung machen, unter der Voraussetzung, dass ihnen die Wirkung der Parameteränderungen bekannt ist.

Bei einer neuartigen Entwicklung eines GNSS-Empfängers der Firma TRIMBLE, dem `Catalyst`, die für die Erfassung von GIS-Daten, für topographische Aufnahmen sowie für Katasteraufnahmen geeignet ist, erfolgt die Positionsbestimmung mithilfe von auf Smartphones oder ähnlichen Geräten zu installierende Apps in Kombination mit einer kleinen „Plug and Play"-Antenne. Zusätzlich ist der „Catalyst Dienst" zu abonnieren, um die entsprechenden Informationen ähnlich den Satelliten-Positionierungsdiensten der verschiedenen Länder (siehe Kap. 8.4) zu erhalten. Mit diesem System von Empfänger und Dienst können Genauigkeiten im Zentimeterbereich erreicht werden. Die kleine, leichte Antenne lässt sich direkt in Android-Smartphones oder in Tablet PCs einstecken.

Die GNSS-Antenne kann wohl als der wichtigste Sensor einer GNSS-Messung angesehen werden. Der unzugängliche Bezugspunkt für die Trägerphasenmessung mit der Antenne ist das mittlere Phasenzentrum (PZ), das somit den Bezugspunkt für das Ergebnis der Koordinatenbestimmung darstellt (Abb. 8.3-2).

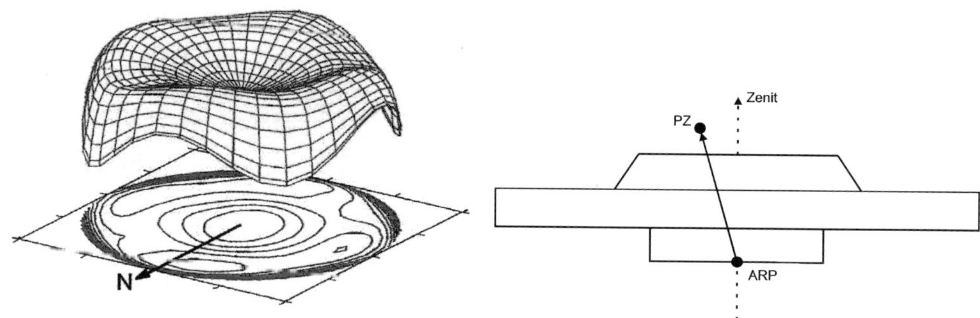

Abbildung 8.3-1: Elevations- und azimutabhängige Phasenzentrumsvariationen (PCV), entn. aus „ Die GNSS-Empfangsantenne und ihre Wechselbeziehung mit der Stationsumgebung" von B. Görres

Abbildung 8.3-2: Bezugspunkte PZ (Phasenzentrum) und ARP (Antennen-Referenz-Punkt) einer GNSS-Antenne

Im Idealfall sollte ein derartiger Punkt unveränderlich inner- oder außerhalb der Antenne sein. Tatsächlich variiert dieser Bezugspunkt in Abhängigkeit von der Einstrahlrichtung des Satellitensignals (Abb. 8.3-1, 8.3-2). Diese Abhängigkeit kann auf elektromagnetische und geometrische Eigenschaften der Antennenbauteile und des Zubehörs im Nahfeld der Antenne zurückgeführt werden, die zu einer Verformung des elektrischen Feldes und somit zu Veränderungen der idealerweise sphärischen Phasenfront führen, die sowohl von der Elevation als auch vom Azimut abhängig sind, wobei üblicherweise die Letztere eine Größenordnung kleiner ist als die Elevationsabhängigkeit. An der Antenne kann jedoch nur ein fester Punkt, der Antennen-Referenz-Punkt (ARP), festgelegt werden, auf den sich die Zentrierelemente und die Antennenhöhe beziehen. Dieser Punkt ist durch den International GNSS Service (IGS) als Schnittpunkt von vertikaler Symmetrieachse der Antenne mit ihrer Auflagefläche definiert worden.

Insbesondere für genaue Höhenbestimmungen aber auch für präzise Lagemessungen sind neben den Einflüssen der Mehrwegeeffekte (Kap. 8.2.3.1) die Resultate einer Antennenkalibrierung als Korrekturwerte zu berücksichtigen. Da die Antenneneigenschaften als zeitlich konstant angesehen werden, ist daher eine Kalibrierung der Antenne empfehlenswert. Nähere Informationen zur Ausführung einer derartigen Kalibrierung finden sich z. B. in „Die GNSS-Empfangsantenne und ihre Wechselbeziehung mit der Stationsumgebung" von *B. Görres* (2017).

Die Wahl des Messverfahrens ist immer von der konkreten Aufgabenstellung und dem vorhandenen Instrumentarium abhängig. Insbesondere Wirtschaftlichkeits- und Genauigkeitsaspekte spielen dabei die dominierende Rolle. Unterscheidungen sind hierbei zum einen bezüglich der Verfahrensweise (statische und kinematische Messverfahren) und zum anderen bezüglich des Zeitpunktes, zu dem die Punktinformationen vorliegen (Echtzeit- und Postprocessinganwendungen), möglich.

a) Statisches Messverfahren
Beim statischen Messverfahren verbleiben alle Empfänger während der simultanen Datenaufzeichnung (Session) in Ruhe. Beim Umsetzen der Empfänger ist kein permanenter Kontakt zu den Satelliten erforderlich. Die Beobachtungszeit ist abhängig von den Genauigkeitsvorgaben, den Punktabständen, der Satellitengeometrie und der Anzahl der beobachtbaren Satelliten. Bei Verwendung entsprechend hoch entwickelter Auswertesoftware sind im Postprocessing Relativgenauigkeiten im Bereich weniger Millimeter erreichbar.

b) Kurzzeitstatische Messverfahren
Die kurzzeitstatischen Messverfahren (Rapid und/oder Fast Static) zeichnen sich durch Beobachtungszeiten von etwa 5 bis 20 Minuten aus. Da für die Lösung der Phasenmehrdeutigkeiten (Ambiguities) nur über einen vergleichsweise kurzen Zeitraum Daten zur Verfügung stehen, kommen hier vorwiegend Zweifrequenzempfänger bei Punktabständen von < 10 km zum Einsatz. Bei guter Satellitengeometrie kann eine Genauigkeit von etwa $\pm$ 5 mm + 1 ppm erreicht werden.

c) Kinematisches Messverfahren
Beim kinematischen Messverfahren wird die Trajektorie einer bewegten Plattform bestimmt. Während sich der Referenzempfänger in Ruhe befindet, unterliegt der zweite Empfänger (Rover) (Abb. 8.8-1) kontinuierlichen Bewegungen. In meist kurzen Zeitabständen (Taktrate 1 Hz und weniger) werden die Trägerphaseninformationen aufgezeichnet. Für jeden Zeitpunkt lässt sich damit die Position der Plattform aus einer Beobachtungsepoche ableiten, vorausgesetzt, der Kontakt bleibt während der Bewegung zu den Satelliten erhalten. Damit hohe Genauigkeiten (ca. $\pm$ 10 mm + 1 ppm) erreicht werden können, müssen in einer Initialisierungsphase die Anfangsmehrdeutigkeiten mittels geeigneter Verfahren (On-The-Fly (OTF) oder kurzzeitstatisch oder Antennentausch) gelöst werden. Geht der Kontakt zu den Satelliten während der Bewegung verloren, muss die Initialisierung wiederholt werden.

d) Stop&Go-Verfahren
Das Stop&Go-Verfahren stellt eine Mischung aus statischem und kinematischem Verfahren dar und wird auch als Pseudokinematik bezeichnet. Nach anfänglicher Initialisierung kann die Antenne unter Beibehaltung des Satellitenkontakts von Punkt zu Punkt bewegt werden. Die eigentliche Punktaufnahme findet im statischen Modus statt. Sie zeichnet sich durch eine hohe Taktrate (üblicherweise $\leq$ 1 Hz) und eine kurze Beobachtungszeit (in der Regel ca. 5 bis 20 Sekunden) aus. Die erreichbaren Genauigkeiten liegen im Bereich weniger Zentimeter (ca. $\pm$ 10 mm + 1 ppm).

Aufgrund der Echtzeitfähigkeit mit der Möglichkeit der Punktabsteckung und weil die Ergebnisse fast ohne weiteren Bearbeitungsaufwand bereits im Feld vorliegen (Kontrolle der

Messung und Weiterverarbeitung vor Ort), konnte sich das Stop&Go-Verfahren in den letzten Jahren wachsender Beliebtheit erfreuen. Das üblicherweise mit *RTK* (*R*eal-*T*ime-*K*inematic) bezeichnete Verfahren bedingt jedoch, dass permanenter Funkkontakt zwischen Referenz- und Roverstation besteht, da die Beobachtungsdaten der Referenzstation dem Rover zum gemeinsamen Processing übermittelt werden müssen. Aufgrund der Restriktionen im Bereich der Funkdatenübertragung wurden bei der Verwendung von reinen Herstellersystemen (Referenz- und Roverstationen bilden eine Einheit) bisher üblicherweise Funkmodems im 70-cm-Band ($\approx 400 - 470$ MHz, 500 mW) eingesetzt. Diese Modems ermöglichen bei guten Bedingungen einen Aktionsradius von ca. 5 km, der bei Verwendung von Repeaterstationen vergrößert werden kann.

8.4 GNSS-Referenznetze (SA*POS*®-Messverfahren)

GNSS-Referenznetze sind konzeptionell die logistische Erweiterung des kinematischen Messprinzips (Kap. 8.3), bei dem der entscheidende Nachteil des RTK-Verfahrens, zwei hochwertige und somit teure GNSS-Empfänger zeitgleich einzusetzen, entfällt. Der permanente Betrieb eines Netzes von Referenzstationen (Abb. 8.4-1) erlaubt dem Benutzer nur mit einem Empfänger, dem Rover, auszukommen. Ein derartiges Referenzstationsnetz kann auch als Ersatz eines Festpunktfeldes angesehen werden. Aus wirtschaftlichen Gründen kam ein Abstand von 10 km für die Referenzstationen (5 km + 5 km), wie im vorigen Abschnitt beim RTK-Verfahren angegeben, nicht infrage, weshalb die Auswertealgorithmen und die Hardware verbessert werden mussten. Mit der Einsetzung der „Expertengruppe GPS-Referenzstation" der Arbeitsgemeinschaft der Vermessungsverwaltung der Länder der Bundesrepublik Deutschland (AdV) im Jahre 1994 wurde beschlossen, ein permanent arbeitendes GPS-Referenzstationsnetz für das Vermessungswesen sowie andere Bereiche (z. B. Flottenmanagement) flächendeckend für die Bundesrepublik einzurichten (SA*POS*® = *SA*telliten*POS*itionierungsdienst). Die Bereitstellung des amtlichen Raumbezugs erfolgt heute neben den Auszügen aus den Nachweisen der Vermessungsverwaltungen vor allem mit SA*POS*®. Neben den Daten des amerikanischen GPS werden auch die des russischen GLONASS und Galileo-Systems sowie der chinesischen BeiDou-Satelliten in den SA*POS*®-Dienst integriert, der den echtzeitfähigen Hochpräzisen Echtzeit-Positionierungs-Service (HEPS) und den ebenfalls echtzeitfähigen Echtzeit-Positionierungs-Service (EPS) zur Verfügung stellt.

Die Genauigkeitsforderungen des Liegenschaftskatasters von 1 bis 2 cm konnten bei einem durchschnittlichen Abstand der Referenzstationen von 70 km (bundesweit 270 Stationen) nur durch eine Vernetzung erreicht werden, bei der Korrekturdaten der einzelnen Referenzstationen, die permanent die Signale der GNSS-Sastelliten aufnehmen, durch flächenhafte Interpolationsmodelle für mehrere Stationen das Ergebnis verbessern, sodass dieser Genauigkeitsforderung entfernungsunabhängig entsprochen werden konnte. Hierzu wurden komplexe Programmsysteme mit den Ansätzen der „Flächenkorrekturparameter (FKP)" bzw. der „Virtuellen Referenzstation (VRS)" entwickelt. Mithilfe eines flächenhaften Interpolationsmodells, dessen Stützpunkte die vernetzten Referenzstationen bilden, können die ortsabhängig wirkenden Einflüsse der Ionosphäre, der Troposphäre und Ungenauigkeiten in den Satellitenbahndaten erheblich reduziert werden. Ein weiterer Vorteil dieser Art der Vernetzung sind eine erhöhte Sicherheit der Positionsbestimmung für die Mobilstation (Rover) (Abb. 8.8-1) und eine schnellere Lösung der Phasenmehrdeutigkeiten, d. h. kürzere Messzeiten. Die Mobilstation benutzt die eingehenden Korrektionen und die Flächenkorrekturparameter, die zeitlich

Abbildung 8.4-1: Übersicht der SA*POS*®-Referenzstationen © Landesbetrieb Geoinformation und Vermessung Hamburg

variabel sind, zur Verbesserung ihrer aktuellen Position. Diese Berechnungen erfolgen am Systemrechner (Server) des Positionierungsdienstes. Auch dynamische Änderungen in der Atmosphäre können wegen des Echtzeitbetriebs berücksichtig werden. Neben dem Lösungsansatz der Flächenkorrekturparameter gibt es noch das Master Auxiliary Concept (MAC), bei dem zwei verschiedene Methoden verwendet werden.

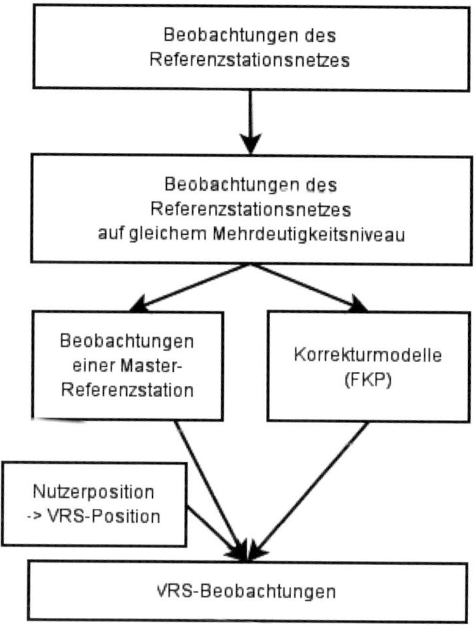

Abbildung 8.4-2: Schritte zur Berechnung von VRS-Beobachtungen nach *Wanninger*

Bei FKP-Lösungen erstellt der Server ein Modell und die Modellierungskorrekturen werden zum Rover übertragen. Der Rover wendet die Korrekturen auf die Messungen an. Bei dieser Methode wird lediglich ein Schätzwert der Netz-PPM-Korrekturen erzeugt. Bei MAC-Lösungen empfängt der Rover alle Daten vom Server, die er benötigt, um die Rohdaten der Referenzstation neu zu erzeugen und ein eigenes Modell zu generieren. Hierbei erfolgt die komplexe atmosphärische Modellierung am Rover ohne die gewaltige Rechenleistung des zentralen Servers des Positionierungsdienstes. Die vom Rover erzeugten Modelle sind normalerweise weniger komplex und berücksichtigen womöglich nicht alle Restgrößen atmosphärischer Effekte. Darüber hinaus kann es bei dieser Methode vorkommen, dass zwei Rover, die Seite an Seite arbeiten, unterschiedliche Ergebnisse berechnen. Da die Modellierung am Rover erfolgt, hängt die Qualität der atmosphärischen Modellierung in hohem Maße von der verwendeten Roverfirmware ab.

Bei dem Verfahren VRS wird eine der Mobilstation sehr nahe gelegene Referenzstation simuliert und die Näherungsposition der Mobilstation an die Rechenzentrale des Referenzstationsnetzes übermittelt, was eine bidirektionale Kommunikation erfordert. Ein kinematischer Nutzer muss die Position regelmäßig aufdatieren. In Echtzeit wird ein individueller VRS-Datensatz generiert und dem Nutzer entsprechend seiner sich verändernden Näherungsposition zugesendet. Bei dieser überwiegend genutzten Technologie werden alle Modellierungs-

und Rohdaten archiviert, sodass es möglich ist, die ursprünglichen Daten mittels *Postprocessing* erneut zu erstellen und z. B. für eine Überprüfung der Messergebnisse zu verwenden.

Die Bereitstellung der Korrekturdaten für Trägerphasen und Pseudostrecken im Hochpräzisen Echtzeit-Positionierungs-Service (HEPS) erfolgt im 1-Sekunden-Takt für beliebig viele GNSS-Nutzer unter Verwendung eines herstellerunabhängigen Standarddatenformats (RTCM, vgl. Glossar).

Die Koordinaten der Referenzstationen im ETRS89 sind deutschlandweit homogen, was durch eine gemeinsame Ausgleichung der Koordinaten aller SA*POS*®-Referenzstationen erreicht wurde. Die Genauigkeit und Homogenität der Daten werden durch vierteljährliche Wiederholungsausgleichungen sichergestellt.

Seit dem Jahr 2009 wird das Stationsnetz DREF-Online, eine Kombination des ca. 25 Stationen umfassenden deutschen geodätischen Referenznetzes (GREF = *G*erman *R*eference *F*rame) und ausgewählter SA*POS*®-Stationen, als Bezugsrahmen für das Monitoring der SA*POS*®-Stationskoordinaten vom Bundesamt für Kartographie und Geodäsie (BKG) betrieben.

Neben den GNSS-Empfängern sind diese Stationen mit einer Internetverbindung zum Netzdienstbetreiber (jeweiliges LVA) ausgestattet. Die Stationskoordinaten werden als Mittelwerte der täglichen Auswertungen einer Beobachtungswoche berechnet. Die Zusammenfassung der Wochenlösungen zu einer Zeitreihe erlaubt ein Monitoring der Koordinaten, das der Qualitätssicherung dient. Zusammen mit den nationalen Stationskoordinaten anderer europäischer Staaten werden die Koordinaten einiger GREF-Stationen in die Berechnung der Stationskoordinaten des European Permanent Networks (EPN) des EUREF eingebracht sowie in die des weltweiten Permanentstationsnetzes des International GNSS-Service. Weiterhin wurde das GREF zu einem „integrierten" geodätischen Netz ausgebaut, bei dem die Beobachtungsstationen an das Höhennetz 1. Ordnung angeschlossen wurden.

Mit dem Raumbezug 2016 (Kap. 1.3.4) kann von einer einheitlichen Betrachtungsweise für die bisher geometrisch definierten Lagekoordinaten und die physikalisch definierten Höhen gesprochen werden (Abb. 1.3-4). Die deutlich verbesserten Genauigkeiten des Deutschen Haupthöhennetzes DHHN 2016 und des Quasigeoids ermöglichen eine erhebliche verbesserte Anwendung der GNSS-Messtechnik für die Bestimmung von Gebrauchshöhen. Der HEPS-Dienst stellt seitdem eine dreidimensionale Position mit einer Genauigkeit von 1 bis 3 cm innerhalb von etwa einer Minute zur Verfügung. Die Koordinaten beziehen sich dabei auf das mathematisch definierte Modell der Erde, das Rotationsellipsoid GRS80. Für auf den Meeresspiegel bezogene Höhenangaben ist daher die Verknüpfung geometrischer und auf das Schwerefeld bezogener Messgrößen notwendig, wozu das German Combined Quasigeoid (Kap. 1.3.4) dient. Dieses Geoid wird wegen seiner hohen Genauigkeit auch als cm-Quasigeoid bezeichnet und überschreitet bei Geländehöhen von bis zu 1000 m nicht den Wert von 10 mm und bei Geländehöhen von über 1000 m nicht 25 mm.

In naher Zukunft steht auch der Übergang von der Zweifrequenzverarbeitung zum Dreifrequenzbetrieb an. Durch die dritten Frequenzen (Kap. 8.2.2) wird die Signalqualität verbessert und es ergeben sich mehr Möglichkeiten für Linearkombinationen bei der Auswertung. Danach wird wohl der Übergang von der differenziellen GNSS-Positionierung (Differenzbildung zwischen den Messungen des Rovers (Nutzer) und der Referenzstation) zum Precise Point Positioning (PPP) vollzogen. Dieses Verfahren basiert im Gegensatz zur differenziellen Positionierung auf einer autonomen Einzelpunktbestimmung des Rovers, bei der jedoch die verschiedenen Fehlereinflüsse (Satellitenbahn- und Satellitenuhrfehler, ionosphärische und troposphärische Refraktion (Kap. 8.2.3.1) sowie Phasen-Systematiken (Kap. 8.2.1) expliziert modelliert und berechnet werden. Beim PPP-Postprocessing können einige dieser Fehlereinflüsse bei entsprechend langer Beobachtungszeit in der Positionierungsberechnung mitbestimmt werden. Für die geplante PPP-Echtzeitanwendung müssen jedoch diese Fehlereinflüsse vorab ermittelt und dem Rover übermittelt werden, wozu weiterhin Referenzstationsnetze notwendig sind, um die lokalen Fehlereinflüsse in Echtzeit bestimmen zu können.

Die Verfügbarkeit von SA*POS*®-Daten beträgt ungefähr 99 %, ist aber alleine nicht hinreichend, da die Qualität der GNSS-Signale in dicht bebauten Gebieten oder im Wald durch Abschattungen beeinträchtigt ist. Weitere Informationen zum SA*POS*®-Dienst finden sich unter www.sapos.de.

Neben den hier behandelten SA*POS*®-Diensten gibt es in Deutschland noch den von der Firma AXIO-NET GmbH betriebenen ascos-Dienst sowie den von der Firma TRIMBLE aufgebauten VRS-NOW™-Dienst, mit deren Korrekturdaten sich ähnliche Genauigkeiten erreichen lassen. Außerdem gibt es noch den europaweiten Zusammenschluss von ausgewählten Stationen, das EUREF Permanent Tracking Network.

8.5 Planung von GNSS-Messungen

An die Durchführung von GNSS-Messungen werden etwas andere Anforderungen gestellt, als man es von den herkömmlichen, terrestrischen Verfahren her gewohnt ist. Die wesentlichen Aspekte, die bei der Planung von GNSS-Messungen zu berücksichtigen sind, werden im Folgenden angesprochen. Die vorbereitende Planung umfasst die Punkterkundung, die Wahl des Beobachtungsverfahrens, des Instrumentariums und die Vorbereitung der Durchführung.

8.5.1 Punkterkundung

Für die Wahl eines guten Antennenstandorts sind insbesondere die Horizontfreiheit über einer Elevation von mindestens 10° (in der Regel 15°) und die örtliche Umgebung ausschlaggebend. Im Gegensatz zu den herkömmlichen, terrestrischen Verfahren ist eine direkte Sichtverbindung zwischen den Punkten nicht erforderlich. Die örtliche Umgebung sollte reflektionsarm sein. Umwegesignale von reflektierenden Flächen (Hauswände, Fahrzeuge, Wasser) führen zu sogenannten Mehrwegeeffekten, einer Interferenzbildung des direkten und des Umwegesignals, die zu Phasenverschiebungen von mehreren Zentimetern führen kann. Obwohl versucht wird, Antennen und Empfänger sowohl vonseiten der Hard- als auch der Software gegen diese Effekte zu schützen, stellen Mehrwegeeffekte eine nur schwer beherrschbare Hauptfehlerquelle bei GNSS-Messungen dar. Sie haben in der Regel eine Periode von 10 bis 20 Minuten und wirken sich daher bei Kurzzeitmessungen erheblich stärker genauigkeitsmindernd aus als bei längeren Beobachtungszeiten. Mit Mehrwegeeffekten geht eine Reduktion des Signal-Rausch-Verhältnisses (SNR) der empfangenen Signale einher. Stärker verrauschte Signale können bei der Auswertung größere Schwierigkeiten verursachen. Standorte unter Hochspannungsleitungen und in der Nähe von Funksendern weisen ähnliche Problematiken auf und sollten aus diesem Grund möglichst vermieden werden. Interferenzbildungen sind im Feld nur schwer zu erkennen. Sie lassen sich, wenn überhaupt, dann durch reduziertes SNR und häufige Phasenabrisse (*Cycle Slips*) erkennen.

Verfügt ein Punkt über keine guten Voraussetzungen für GNSS-Messungen (z. B. Abschattungen durch Gebäude oder Bewuchs), so sollte ein Exzentrum in Erwägung gezogen werden. Der zu bestimmende Punkt ließe sich dann mittels terrestrischer Verfahren (Kap. 6) daran anschließen. Lässt es sich nicht vermeiden, einen Punkt zu bestimmen, der keine guten GNSS-Voraussetzungen mit sich bringt, so ist die Aufnahme der Abschattungssituation und Erstellung differenzierter Skyplots (Darstellung der für einen Punkt und einen bestimmten Beobachtungszeitraum sichtbaren Satelliten, vgl. Abb. 8.5-1) zu empfehlen. Aufgrund der sich im Laufe des Tages ändernden Satellitengeometrie wird es dadurch möglich, in einem späteren Schritt das günstigste Beobachtungsfenster auszuwählen.

Zeitliche Beschränkungen der Verfügbarkeit des GNSS bestehen grundsätzlich nicht, es steht weltweit rund um die Uhr zur Verfügung. Die örtliche Verfügbarkeit ist abhängig von der geographischen Breite und der örtlichen Abschattungssituation.

8.5.2 Wahl des Beobachtungsverfahrens

Die Wahl des Beobachtungsverfahrens muss primär an der Aufgabe orientiert sein. Bei reinen (Neu-)Punktbestimmungen stehen von den Genauigkeitsanforderungen her mehrere der o. g. Verfahren zur Auswahl. Diese unterscheiden sich zum einen besonders bezüglich der erreichbaren Genauigkeiten und zum anderen bezüglich der Beobachtungszeiten (Standzeiten) pro Punkt. Tendenziell lässt sich sagen, dass die zu erwartende Genauigkeit mit zunehmender Beobachtungsdauer steigt. Aus Wirtschaftlichkeitsaspekten heraus muss jedoch angestrebt werden, insbesondere die Beobachtungszeit soweit zu optimieren, dass mit hinreichender Sicherheit die angestrebte Genauigkeit erreicht werden kann. Grundsätzlich sollte jeder Punkt mindestens zweimal zu unterschiedlichen Tageszeiten und damit unter unterschiedlichen satellitengeometrischen Bedingungen aufgenommen werden, da nur dadurch eine durchgreifende Kontrolle und eine Aussage zur äußeren Genauigkeit möglich wird. Bei hybriden Messverfahren (terrestrisch und satellitengestützt kombiniert) ist es bei entsprechendem Messkonzept ggf. möglich, von dieser Grundforderung abzuweichen und eine praktisch durchgreifende Kontrolle durch gegenseitige Kombination der Verfahrensergebnisse zu erreichen.

Pauschalisierte Aussagen zur Wahl des Beobachtungsverfahrens sind insofern nicht möglich, als sich neben der konkreten Aufgabenstellung weitere Zwangspunkte aus der zur Verfügung stehenden Ausrüstung und der Logistik (Personal, Fahrzeuge etc.) ergeben. Da gerade Personalkosten einen hohen Anteil am Gesamtkostenaufwand ausmachen, ist es oftmals ratsamer, etwas längere Standzeiten pro Punkt in Kauf zu nehmen. Der Gesamtkostenaufwand dürfte geringer ausfallen als für den Fall, dass Nachmessungen mehrerer Punkte erforderlich werden, weil die geforderten Genauigkeiten nicht eingehalten werden konnten.

Bei Absteckungsarbeiten und bei der Aufnahme großer Punktmengen geringen Abstands (z. B. zwecks Erstellung eines digitalen Geländemodells) kommen Echtzeitverfahren zur Anwendung.

8.5.3 Vorbereitende Arbeiten

Eine sorgfältige Planung einer GNSS-Kampagne ist die Voraussetzung für ihre wirtschaftliche Realisierung. Der Umfang der Vorplanung ist abhängig von der konkreten Aufgabe und dem Erfahrungsschatz des Planenden. Verfügen alle Punkte über eine ausreichende Horizontfreiheit, kann sich die Planung der Sessionen (= zeitgleiche Datenaufzeichnung) auf die Berücksichtigung der Anzahl der simultan zu besetzenden Punkte, die Zeitpunkte und Reihenfolge der Punktbesetzungen, die Anfahrbarkeit und Zugänglichkeit der Punkte, die zeitliche Sessionsdauer, maximale Basislinienlängen und die Vorbereitung der Transformation beschränken. Hierbei ist in der Regel die Wahl kürzerer Basislinienlängen vorzuziehen. Die Basislinienlängen einer Session sollten nicht zu stark voneinander abweichen. Eine detaillierte Standpunktbetrachtung ist in der Regel nur dann erforderlich, wenn die Horizontfreiheit in einzelnen Punkten eingeschränkt ist. Nach der Aufnahme von Skyplots (Abb. 8.5-1) können mittels einer Planungssoftware die Zeitfenster definiert werden, in denen ausreichend viele Satelliten verfügbar sind und die Satellitengeometrie eine entsprechende Qualität aufweist (Abb. 8.5-2). Die gesamte Planung ist in diesen Fällen von den Beobachtungsmöglichkeiten auf den eingeschränkten Punkten abhängig.

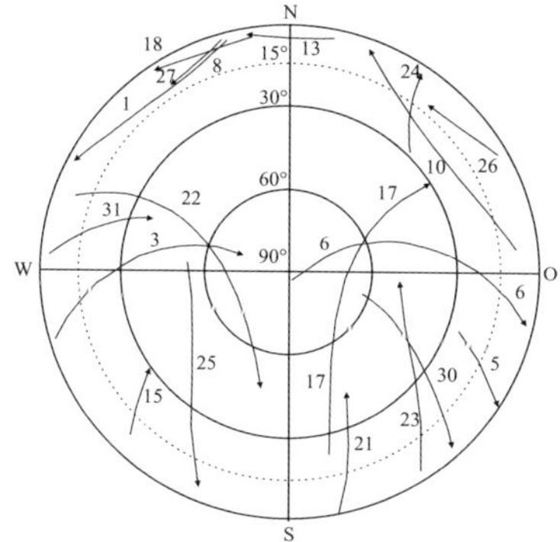

Abbildung 8.5-1: Skyplot in Polardarstellung der Satellitenbahnen für die Station Bonn, Geodätisches Institut, für den 29.03.2000, 12.00 bis 16.00 Uhr MESZ

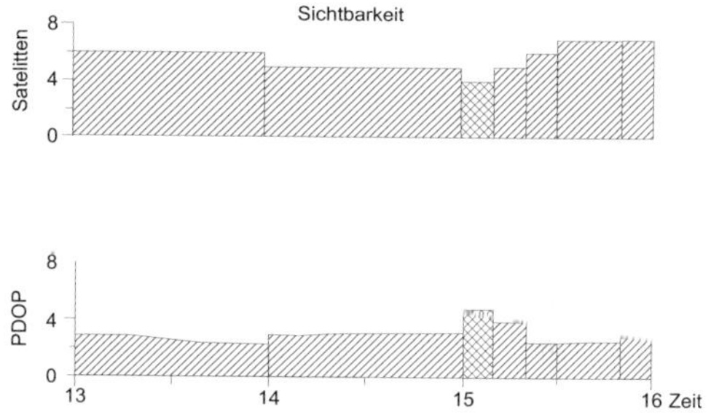

Abbildung 8.5-2: Übersicht über die simultan sichtbaren Satelliten über denselben Zeitraum

Als Qualitätsindikator hat sich bezüglich der Satellitengeometrie insbesondere der PDOP-Wert (Position Dilution of Precision) in der Praxis durchgesetzt, der infolge der sich ständig ändernden Satellitenkonstellation eine Funktion der Zeit ist und für eine Einzelpunktbestimmung abgeleitet wird. In der Literatur werden PDOP-Grenzwerte von sechs bis sieben angegeben; sind sie höher, sollten keine Messungen durchgeführt werden. Aus Erfahrung heraus zeigt es sich, dass bei PDOP-Werten kleiner als vier meist gute Bedingungen vorliegen. Der sogenannte RDOP (Relative Dilution of Position), der beide beteiligten Stationen berücksichtigt, wäre grundsätzlich aussagekräftiger, wird bisher jedoch nur selten verwendet. Zu beachten ist, dass sich die DOP-Werte durch Eingriffe bei der Auswertung nachträglich ungünstiger gestalten können, als bei der Vorplanung ersichtlich war. Dies kann dann geschehen, wenn Satelliten aufgrund gestörten Datenmaterials vollständig oder auch nur zeitweise aus der Berechnung herausgenommen werden.

Mit der Aufzeichnungsrate wird der Takt definiert, in dem Code- und Phasendaten aufgezeichnet werden. Bei langen Beobachtungszeiten sind in der Regel 15 bis 30 Sekunden, bei kinematischen Anwendungen und in Echtzeit eine Sekunde und weniger üblich. Dabei ist eine hohe Taktrate nicht gleichbedeutend mit hoher Qualität bei kürzester Beobachtungszeit. Vielmehr hat eine längere Beobachtungszeit bei geringerer Taktrate aufgrund des dominanten Einflusses der Geometrieänderung Genauigkeitsvorteile.

Die Wahl der Elevationsmaske fällt bei Standardanwendungen in den Bereich 10° bis 15°. Darunter werden die Einflüsse insbesondere der Ionosphäre und Troposphäre zu stark und führen zu einem hohen Messrauschen. Probleme bei der Auswertung sind dann die Regel.

Damit der Messungsablauf reibungslos vonstatten gehen kann, sollte ein detaillierter Einsatzplan erstellt werden. Darin sollte zumindest vermerkt sein, welcher Empfänger in welcher Session an welchem Punkt zum Einsatz kommen soll. Die Zeiten für Auf-, Abbau und die Fahrzeiten dürfen nicht zu knapp kalkuliert werden. Bei längeren statischen Messungen empfiehlt es sich, genügend Ersatzakkus mitzuführen.

Tabelle 8.5-1: Prinzip eines Einsatzplans

Datum / Tag / Uhrzeit	**Sessionsnummer**	**Punktbesetzung**		
07.02.2000 / 39		Empf. 1	Empf. 2	Empf. 3
09:00 bis 10:00	1	P1	P2	P3
10:30 bis 11:30	2	P2	P4	P1
12:00 bis 13:00	3	P3	P1	P4

Sieht die Aufgabenstellung die Transformation in ein örtliches oder Landessystem vor, sollte frühzeitig klar sein, welche Punkte ggf. zur Ableitung der Transformationsparameter (Kap. 8.7) geeignet sind. Diese Punkte sollten homogen verteilt sein und das Messgebiet möglichst umschließen.

8.6 Messungsablauf und Auswertung

Die Durchführung der Messung kann durch eine gute Planung erheblich vereinfacht werden. Konkret ist sie abhängig von der Aufgabe, dem gewählten Beobachtungsverfahren, dem Instrumentarium und logistischen Aspekten. Einige wesentliche Punkte lassen sich jedoch verallgemeinernd behandeln.

8.6.1 Antennenaufstellung

GNSS-Antennen besitzen omnidirektionale Empfangseigenschaften. Das bedeutet, dass grundsätzlich alle Signale aufgezeichnet werden, die mit ausreichend hoher Stärke empfangen werden können. GNSS-Signale sind leider auf ihrem Weg vom Satellit zur Antenne verschiedenen Störeinflüssen unterworfen. Als ortsabhängige Einflüsse sind hier insbesondere Mehrwegeeffekte, Signalbeugungen an Gebäudekanten oder durch Bewuchs und anderweitig verursachte Signalabrisse (*Cycle Slips*) zu nennen. Die in der Auswertung notwendigen Prozesse der Erkennung und rechnerischen Korrektur dieser *Cycle Slips* ist leider nicht immer einfach, insbesondere wenn zwischen Signalverlust und erneuter Signalakquisition mehrere Minuten verstrichen sind. Im Extremfall werden sie entweder nicht erkannt oder es müssen im Auswerteprozess für den betroffenen Satellit eine oder mehrere *neue* Mehrdeutigkeitsunbekannte gelöst werden. Die teilweise gestört empfangenen Signale müssen zudem bei der Auswertung in aufwendiger Arbeit von den ungestörten Daten getrennt werden. Dabei unterscheiden sich die Eingriffsmöglichkeiten der verschiedenen Auswertesoftwarelösungen erheblich. Es ist daher vorteilhaft, die Antenne möglichst hoch aufzubauen. Damit gelingt es oftmals, die örtlichen Störeinflüsse drastisch zu reduzieren und die Qualität ungünstiger Punktlagen zu verbessern.

Bei Antennen wird es immer Abweichungen zwischen dem geometrischen Antennenzentrum und dem tatsächlichen elektromagnetischen Antennenphasenzentrum geben. Diese Abweichungen werden üblicherweise in einen konstanten Offset und in elevationsabhängige Anteile zerlegt. Die Abweichungen lassen sich durch Kalibrierung (Kap. 8.3) oder bezogen auf Antennen gleicher Bauart bestimmen. In den meisten kommerziellen Lösungen sind heute bauartenbezogene Korrektionen implementiert. Die beispielsweise vom IGS (International GNSS Service) veröffentlichten Tabellen zeigen Lageoffsets überwiegend unter 5 mm, vereinzelt aber auch mehr. Beim Aufstellen der Antennen sollte daher darauf geachtet werden, dass die Orientierung bei allen Antennen identisch ist (üblicherweise in Nordrichtung). Vorausgesetzt, dass die Eigenschaften der eingesetzten Antennen von den bauartenbezogenen Korrektionen nicht signifikant abweichen, kann durch die gleiche Orientierung der größte Teil des konstanten Einflusses, bei kurzen Basislinien auch die elevationsabhängigen Anteile, eliminiert werden.

Bei Stop&Go- und bei RTK-Messungen wird die Antenne in der Regel auf einem Lotstab montiert und kann damit von Punkt zu Punkt bewegt werden. Da die Zentrierung der Antenne bei Verwendung von Lotstäben von der Horizontiergenauigkeit abhängt, sollte die üblicherweise verwendete Dosenlibelle regelmäßig überprüft werden. Die Anforderungen an die Orientierung können hier aus praktischen Gründen nicht eingehalten werden. Es muss daher gemäß der Kalibrierergebnisse je nach Antennentyp für die Lageoffsets mit Abweichungen von 5 bis 10 mm gerechnet werden! Obwohl die Bezugspunkte für die Antennenhöhenmessung bekannt und gekennzeichnet sind, wird die Antennenhöhe (vertikal oder schräg) häufig fehlerhaft bestimmt. Sie sollte daher möglichst zu Beginn und nach Ende der Messung ermittelt und in einem Feldbuch notiert werden, wobei die Bezugspunkte an der Bodenmarke und der Antenne zu benennen sind.

Da die Messergebnisse sich auf das Antennenphasenzentrum und nicht auf die Messmarke des zu bestimmenden Punktes beziehen, auf den die Spitze des Lotstabes aufgehalten wird, sind für präzise RTK-Messungen folgende Nachteile in Kauf zu nehmen:

- Das Einspielen der Dosenlibelle erfordert einen gewissen Zeitaufwand, insbesondere wenn dieser Vorgang zur Genauigkeitssteigerung zu wiederholen ist.
- Eine dejustierte Libelle führt zu Fehlern.
- Es ist nicht immer möglich, den Lotstab lotrecht über der Messmarke aufzustellen, z. B. wenn Gebäudeecken zu bestimmen sind.

Mit einer neueren Entwicklung der Firma LEICA GEOSYSTEMS (`GS 18 T`) kann der Lotstab direkt auf den zu bestimmenden Punkt aufgehalten werden, ohne die Libelle einzuspielen (Abb. 8.8-1). Um den Einfluss der dadurch auftretenden Neigung zu kompensieren, verfügt dieser Empfängertyp über ein inertiales Messsystem (IMU), über mikro-elektromechanische Sensoren (MEMS) und über ein für diesen Zweck angepasstes inertiales Navigationssystem (INS). MEMS ist ein dreiachsiger Beschleunigungssensor und IMU ein dreiachsiger Kreisel, die individuell kalibriert sind. Die exakten Messwerte von MEMS und die des Kreisels gemeinsam mit denen durch den verbesserten äußerst schnell messenden GNSS-Empfänger bestimmten Werte für die Position und die für die Schätzung der Geschwindigkeit werden zusammengeführt, um mit diesem INS-basierten Neigungsmesssystem eine vergleichbare Genauigkeit zu erreichen wie mit den Geräten, die das konventionelle Einspielen der Libelle erfordern. Den prinzipiellen Aufbau dieses Systems veranschaulicht Abb. 8.6-1.

Die entscheidende Voraussetzung für die Anwendung dieser Messmethodik ist das robuste und äußerst sensitive „Tracking" des GNSS-Signals, weil sich bei einer Neigungsrichtung „weg vom Satelliten" (Abb. 8.6-3) das Signal-Rausch-Verhältnis infolge des flacher einfallenden GNSS-Signals verschlechtert.

Unter der Voraussetzung, dass die Länge des Stabes bekannt ist, lassen sich mithilfe der im `GS 18 T` integrierten Sensoren die in Abb. 8.6-4 dargestellten Winkel $t =$ Neigung des Stabes, $\gamma =$ Richtung des `GS 18 T` bezogen auf Geographisch Nord und $\lambda =$ Richtung des geneigten Stabes bezogen auf Geographisch Nord bestimmen. Wenn der Stab senkrecht gehalten wird, existiert diese Neigungsrichtung nicht, weil dann die orthogonale Projektion in die Horizontalebene zu einem Punkt wird, während φ definiert bleibt.

Mit diesem Gerät können Gebäudeecken und verdeckte Punkte (Abb. 8.6-2) direkt bestimmt werden, sogar bei Neigungen von mehr als 30°.

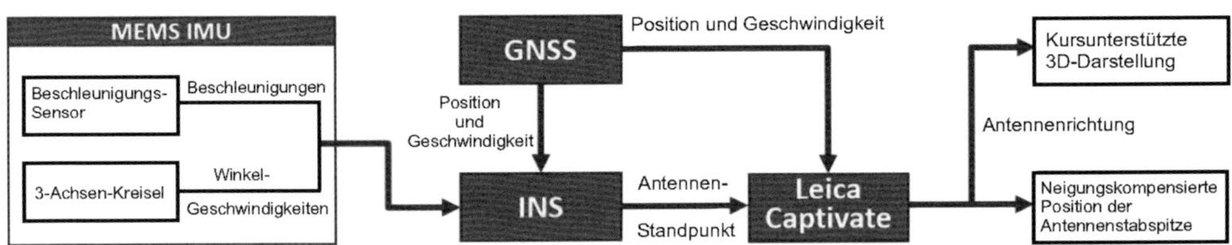

Abbildung 8.6-1: Vereinfachte und schematisierte Darstellung des GNSS-Empfangsteils mit dem integrierten inertialen Navigationssystems beim LEICA GEOSYSTEMS `GS 18 T`

8.6.2 Durchführung

Die meisten GNSS-Empfänger bieten die Möglichkeit, die für eine Kampagne wichtigsten Rahmendaten vorab einzuspeichern. Dazu zählen u. a. Punkt- und Sessionnummern, Empfänger- und Antennennummern und -typen, Beginn und Ende der Beobachtungszeit sowie Elevationsmaske und Taktrate. Im Feld muss bei *statischen* Anwendungen dann meist nach dem Aufbau nur noch die Antennenhöhe gemessen und das Feldbuch ausgefüllt werden. Treten während einer Kampagne unvorhergesehene Ereignisse ein, kann nur dann schnell und flexibel reagiert werden, wenn geeignete Kommunikationsmöglichkeiten der Teams untereinander zur Verfügung stehen. Die Erfassung von meteorologischen Daten ist nicht erforderlich. In den Standardsoftwarelösungen sind für die troposphärische Laufzeitverzögerung Korrekturmodelle implementiert, die die Fehlereinflüsse insbesondere bei Elevationen über 15° ausreichend gut modellieren. Vorsicht ist bei Gewittern und Blitzschlag geboten. In diesen Fällen empfiehlt es sich, die Empfänger auszuschalten und die Antennenkabel herauszuziehen.

8.6.3 Auswertung

Nach Abschluss einer GNSS-Messung müssen die Rohdaten bzw. Koordinatendateien von der Kontrolleinheit auf einen PC übertragen und gesichert werden. Bei Einsatz eines No-

Abbildung 8.6-2: Verdeckte Punkte, die mit dem LEICA GEOSYSTEMS `GS 18 T` direkt bestimmt werden können

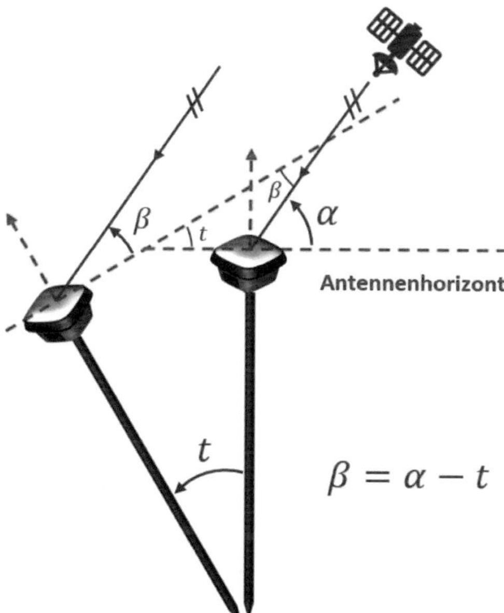

Abbildung 8.6-3: Verminderung des Elevationswinkels des eintreffenden GNSS-Signals bei einem geneigten Stab (weg vom Satelliten) im Vergleich zum Elevationswinkel bei einem lotrechten Stab; α = Elevationswinkel zum Satelliten bei lotrechtem Stab, β = Elevationswinkels zum Satelliten bei geneigtem Stab

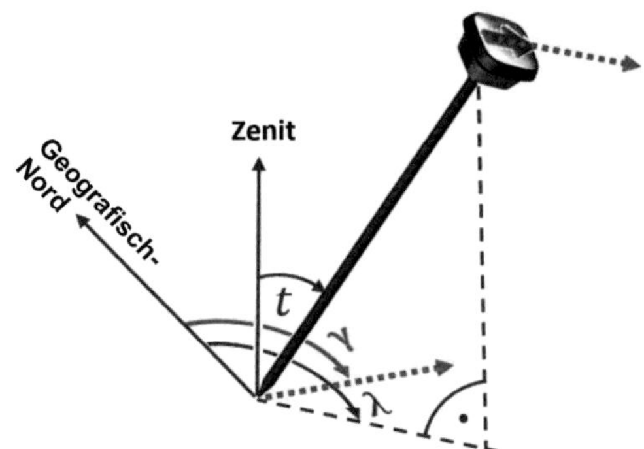

Abbildung 8.6-4: Erläuterung der zu messenden Größen t, φ, λ bei einem geneigten Stab mit dem LEICA GEOSYSTEMS `GS 18 T`: t = Neigung, φ = Richtung des `GS 18 T` bezogen auf Geographisch Nord, λ = Richtung des geneigten Stabes in Bezug auf Geographisch Nord

tebooks kann schon im Feld eine grobe Kontrolle der Messung erfolgen, indem die Daten prozessiert oder die in Echtzeit erhaltenen Koordinaten zwecks Plausibilitätskontrolle in ein anderes System (z. B. ein Geoinformationssystem, DGM) überführt werden. Da die prinzipielle Vorgehensweise bereits dargestellt wurde, folgen hier zur Auswertung nur noch einige wichtige Ergänzungen.

Vor dem Prozessieren sollten primär die wesentlichen Angaben in den Feldbüchern mit den Angaben in den Dateien verglichen und Letztere ggf. korrigiert werden. Die Koordinaten der Referenzstation sollten auf ca. 10 bis 20 m im WGS84 bekannt sein. Ist dies nicht der Fall, sollte als erster Schritt eine Einzelpunktberechnung erfolgen, da die Navigationslösung diese Genauigkeit nicht erreicht. Alternativ können bekannte Landeskoordinaten mittels vorhandener, großräumiger Transformationsparameter in WGS84-Koordinaten umgerechnet und verwendet werden (Kap. 8.7). Bei statischen Beobachtungen können die Auswertungen entweder Basislinie für Basislinie (Single-Baseline-Processing) oder als Multistation-Multisession-Auswertung im Ganzen durchgeführt werden (softwareabhängig). Beide Vorgehensweisen führen zum gleichen richtigen Ergebnis, sofern die mathematische Modellbildung während des Rechenablaufs vollständig und korrekt ist. Die Fehlererkennung und Identifizierung ist beim Single-Baseline-Processing häufig einfacher, der Informationsgehalt der Beobachtungen wird bei Multistation-Multisession-Auswertungen meist besser ausgenutzt.

Ein wesentliches Gewicht kommt bei der Auswertung der Qualitätskontrolle zu. Neben den üblicherweise ausgegebenen Ratio-Werten sollte insbesondere die Größe der Residuen mit betrachtet werden. Diese können Hinweise auf gestörten Signalempfang geben. Auch das Signal-Rausch-Verhältnis ist ein guter Indikator.

Da jeder Punkt zur Kontrolle mindestens zweimal besetzt werden sollte, liegen dann Doppelbeobachtungen derselben Basislinie vor, die verglichen werden können. Bei einer Netzbildung lassen sich aus den Koordinatendifferenzen Schleifenschlüsse rechnen. Beide Verfahren erlauben eher eine Aussage zur äußeren Genauigkeit als die von den Programmen für die Basislinienkomponenten ausgegebenen Standardabweichungen. Diese geben lediglich die innere Genauigkeit wieder und sind aufgrund der insbesondere bei langen Beobachtungszeiten hohen Freiheitsgrade regelmäßig sehr klein. Zur relativen Gewichtung der Beobachtungen in einer folgenden Gesamtausgleichung des GNSS-Netzes sind sie jedoch verwendbar.

8.7 Transformation in Gebrauchskoordinatensysteme

Die nach der GNSS-Basislinienberechnung und der Ausgleichung ausgegebenen Ergebnisse liegen primär als dreidimensionale, kartesische WGS84-, ETRS89- oder ITRFxx-Koordinaten (xx = Jahreszahl) vor. Sie beziehen sich damit auf globale Koordinatensysteme, deren Ursprung im oder nahe dem Geozentrum liegt. Koordinatenangaben in diesen Systemen sind wenig anschaulich. Für die Darstellung der Ergebnisse einer Vermessung bedient man sich daher Bezugsflächen, die einen anschaulicheren Raumbezug getrennt nach Lage und Höhe ermöglichen (vgl. Kap. 1.2.2). Ein Beispiel für eine Darstellungsart sind die ellipsoidischen Koordinaten. Die mathematischen Zusammenhänge zwischen kartesischen (X, Y, Z) und ellipsoidischen Koordinaten (B, L, h) sind bekannt und stehen für die Umrechnung als geschlossene Formeln zur Verfügung:

$$\begin{aligned} L &= \arctan\frac{Y}{X} \\ B &= \arctan\frac{Z+e'^2\cdot b\cdot\sin^3\Theta}{p-e^2\cdot a\cdot\cos^3\Theta} \\ h &= \frac{p}{\cos B}-N \end{aligned}$$

$$\text{mit}\quad p^2 = X^2+Y^2 \quad\text{und}\quad \Theta=\arctan\frac{Z\cdot a}{p\cdot b};$$

$$\begin{aligned} N &= \frac{a^2}{b\cdot\sqrt{1+(e'^2\cdot\cos^2 B)^2}} &&= \text{Querkrümmungsradius,} \\ e^2 &= \frac{a^2-b^2}{a^2} &&= \text{1. numerische Exzentrizität,} \\ e'^2 &= \frac{a^2-b^2}{b^2} &&= \text{2. numerische Exzentrizität,} \\ a &= \text{große Halbachse,} \\ b &= \text{kleine Halbachse des Ellipsoids.} \end{aligned}$$

In der Landesvermessung werden die ellipsoidischen Koordinaten in *Kartenprojektionen* abgebildet. Damit wird ein Punkt $P(B,L)$ auf dem Ellipsoid in einen Punkt $P(x,y)$ einer Ebene umgerechnet. Die Trennung von Lage- und Höhenbezug macht eine gesonderte Umrechnung der ellipsoidischen Höhen in Höhen der Landesvermessung, z. B. auf NHN bezogene Höhen (Kap. 1.3.2), erforderlich. Da sich diese Höhen, auch als Gebrauchshöhen bezeichnet, nicht auf ein Ellipsoid, sondern auf das Quasigeoid (Kap. 1.3.2) beziehen, muss noch die vertikale Differenz zwischen Quasigeoid und Ellipsoid (Quasigeoidundulation) berücksichtigt werden. Derartige Undulationen sind z. B. für Mitteleuropa mit einer Genauigkeit von 1 bis 3 cm bestimmt worden. Das Koordinatentripel (x, y, H) ist dann genauso wie die anderen aufgeführten Tripel ein vollständiger Repräsentant des Punktes. Ein geodätischer Datumsübergang wird immer dann erforderlich, wenn ein Wechsel zwischen verschiedenen Koordinatensystemen (Datumstransformation) notwendig wird. Eine Datumstransformation ist in der Regel mit einem Übergang auf ein anderes Ellipsoid verbunden. Dieses weist andere Dimensionen und eine andere Lagerung auf. Sollen Koordinaten aus GNSS-Messungen in Koordinaten eines örtlichen Netzes transformiert werden, ist ein Datumsübergang erforderlich. Diese Zusammenhänge veranschaulicht Abbildung 8.7-1.

Bei derartigen Transformationen kann zwischen Umrechnungen und Umformungen unterschieden werden. Während Umrechnungen ohne Verwendung von Stützpunkten in Start- und Zielsystem erfolgen können, müssen bei Umformungen die erforderlichen Transformationsparameter erst mithilfe von Stützpunkten abgeleitet werden. Stützpunkte, auch Passpunkte genannt, sind identische Punkte in zwei Systemen, die unterschiedliche Koordinaten aufweisen. Die Koordinatenart ist dabei unerheblich, da, wie schon dargelegt, die mathematischen Beziehungen bekannt sind.

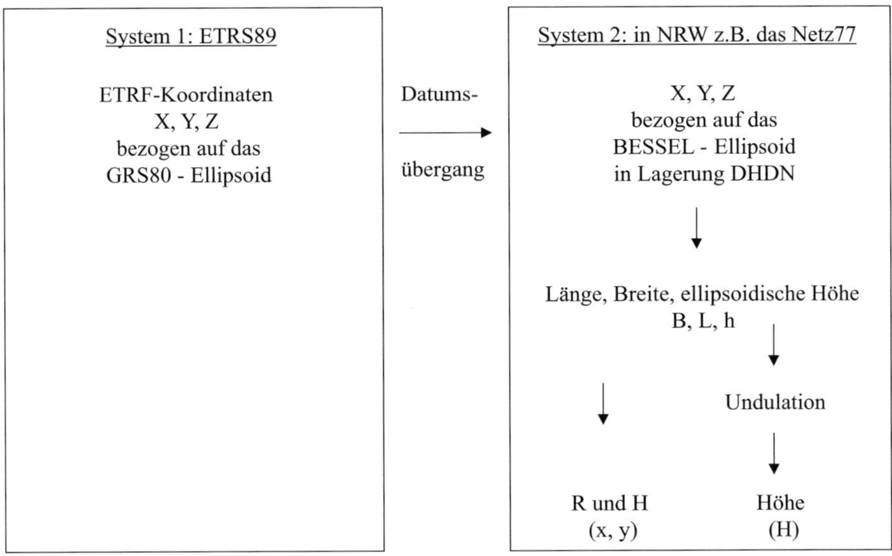

Abbildung 8.7-1: Datumsübergang und Abbildungswechsel

Wenn zwei homogene Koordinatensätze vorliegen und beide Netze als spannungsarm angenommen werden können, stellt die 7-Parameter-Transformation das genaueste Verfahren des Datumübergangs dar. Aus der Definition eines kartesischen Systems mit seinen Achsen X, Y und Z kann ein Systemübergang mittels der folgenden sieben Parameter erfolgen:

3 Translationen	T_x, T_y und T_z	(Verschiebungsvektor),
3 Rotationen	R_x, R_y und R_z	(Drehmatrix) und
1 Maßstab	m	(Maßstabsfaktor).

Für die Schätzung dieser sieben Parameter müssen mindestens drei Stützpunkte vorhanden sein. Üblicherweise werden mehr als drei identische Punkte benutzt, woraus „per Ausgleichung“ die sieben unbekannten Transformationsparameter ermittelt werden. Diese Vorgehensweise, bei der man die Quadratsumme der in den identischen Punkten verbleibenden Restklaffungen minimiert, wird nach Helmert auch Helmert-Transformation genannt. Da auch in spannungsarmen Netzen oder Netzteilen immer kleinere Abweichungen auftreten, werden sich diese Abweichungen nach der Ableitung der Transformationsparameter in den Restklaffungen an den Stützpunkten bemerkbar machen. Diese Restklaffungen werden anschließend zur Wahrung des Prinzips der Nachbarschaft mittels verschiedener Verfahren auf die Neupunkte verteilt. Dabei kann in eine freie Ausgleichung und in eine Ausgleichung unter Zwang unterschieden werden. Bei der freien Ausgleichung bleibt die Homogenität der terrestrischen und GNSS-Netze erhalten. In den Stützpunkten sind Restklaffungen zugelassen. In die Verteilung der Restklaffungen werden auch die Stützpunkte mit einbezogen, was dazu führt, dass sich bei der endgültigen Koordinatenberechnung auch die Koordinaten der Stützpunkte ändern. Bei einer Ausgleichung unter Zwang wird in der Regel das terrestrische Netz inkl. seiner Spannungen beibehalten. Die Restklaffenverteilung erfolgt ausschließlich auf die Neupunkte, die Koordinaten der Stützpunkte bleiben unverändert und das GNSS-Netz wird in Abhängigkeit von der Güte des vorhandenen Netzes „verbogen“. Die räumliche Ausdehnung homogener Netze ist leider äußerst unterschiedlich. Daher kann es ggf. erforderlich werden, größere Netze in kleinere Teilnetze zu zerlegen und jeweils eigene Parametersätze abzuleiten, um die Nachbarschaftstreue zu wahren.

Tiefer gehende Ausführungen, z. B. zu zweidimensionalen Transformationsansätzen, sind im Rahmen dieser Ausführungen leider nicht möglich. Festzuhalten bleibt, dass sich die Parametersätze in Abhängigkeit der zugrunde liegenden Systeme und Abbildungen, der Auswahl der Stützpunkte und der Größe der Netzspannungen immer unterscheiden werden. Für die praktische Vorgehensweise bleibt zu ergänzen, dass es günstiger ist, jeweils konkret aktuell neue Transformationsparameter abzuleiten. Dadurch können die je nach Lösungstyp unterschiedlich großen, restlichen systematischen Abweichungen bei der GNSS-Messung besser Berücksichtigung finden.

In der Bundesrepublik und in einzelnen Nachbarländern Deutschlands werden Normalhöhen benutzt. Diese beziehen sich auf das Quasigeoid, das sich aber im Wesentlichen nur um wenige Zentimeter vom Geoid unterscheidet. Es wird also als Höhenbezugsfläche nicht das Geoid, sondern das Quasigeoid verwendet; für dieses und damit für die Normalhöhen gilt, dass die Bezugsfläche keine echte Niveaufläche (Fläche gleichen Potenzials) ist. Welche Quasigeoidundulation im konkreten Fall zu verwenden ist, hängt daher vom Höhenbezugssystem der Anschlusspunkte ab. Die Undulationswerte können z. B. über identische Punkte, deren ellipsoidische Höhen und Gebrauchshöhen bekannt sind abgeleitet werden.

8.8 Liegenschaftsvermessungen unter Nutzung von GNSS-Referenznetzen

Zunächst seien hier generelle Forderungen in Verbindung mit satellitengestützten Messungen bei Liegenschaftsvermessungen zusammengestellt:

- Der PDOP darf den Wert 3 nicht übersteigen.
- Sowohl in Nord-Süd- als auch in Ost-West-Richtung muss eine ausreichende Zahl von Satelliten vorhanden sein.

- Bis zur Festlegung der Trägerphasenmehrdeutigkeit soll die Beobachtungszeit nicht mehr als eine Minute betragen. Falls dieser Wert überschritten wird, ist die Messung zu wiederholen.
- Messungen gelten als unabhängig voneinander, wenn zwischen den Aufstellungen über einem Punkt mindestens 15 Minuten verstrichen sind.
- Bei der Bestimmung von APs und Kontrollpunkten sind die Koordinaten bei jeder Aufstellung aus dem Mittelwert von mindestens drei Einzelmessungen zu bilden.
- Für Objektpunkte sind zwei Aufstellungen mit je einer Einzelmessung erforderlich.

8.8.1 Ausführung der Messungen

Die satellitengestützte Messmethode entwickelt ihre größte Effektivität, wenn sie mit der Tachymeteraufnahme verknüpft wird, weil bei Liegenschaftsvermessungen die örtlichen Gegebenheiten es nur selten erlauben, Grenzuntersuchung, Absteckung und Aufmaß nur satellitengestützt vorzunehmen.

Daher wird SA*POS*®-HEPS üblicherweise in Kombination mit einem Tachymeter nach der Methode der *Freien Standpunktwahl* (Kap. 2.2) eingesetzt, weil Abschattungen der Satellitensignale der aufzunehmenden Punkte durch Gebäude und Bewuchs selbst in ländlichen Bereichen häufig auftreten. Herkömmlich – ohne GNSS-Nutzung – sind in der Regel drei im jeweiligen Landesbezugssystem koordinierte Aufnahmepunkte örtlich aufzusuchen, zu überprüfen und zu signalisieren. Mit SA*POS*®-HEPS werden diese Schritte dadurch ersetzt, dass temporäre Anschlusspunkte (TAP) zum Zeitpunkt der Vermessung im ETRS89 bestimmt werden. Die weitere Vermessung erfolgt mit dem Tachymeter. Zu den zeitlichen Vorteilen dieser Anschlusspunktbestimmung mit SA*POS*® kommen die logistischen Vorteile, die Lage dieser Anschlusspunkte frei wählen zu können. In offenen Feld- oder Neubaulagen bietet sich bei Absteckungen auch ein direkter Einsatz (Rover auf dem Objektpunkt) an. Der Übergang in das Landesbezugssystem wird durch Transformation erreicht. Die Effizienz des Verfahrens hängt insbesondere bei Liegenschaftsvermessungen von der Lösung der Nachbarschaftsproblematik ab. Die Verwendung vorausberechneter, auf den Messort bezogener Transformationsparameter ist eine Möglichkeit. Die fachlich sauberste Lösung ist die Integration örtlicher Vermessungspunkte in die GNSS-Messung und die Berechnung spezifischer Transformationsparameter.

Für deren Berechnung mittels einer 7-Parameter-Transformation nach Helmert (Prinzip: Kap. 2.3.4 u. 8.7) ist zu beachten, dass die Anzahl der Überbestimmungen bei Verwendung von lediglich drei identischen Punkten minimal ist. Falls größere Abweichungen bei einem Punkt auftreten, können diese nur mit unzureichender Sicherheit aufgedeckt werden. Es ist daher günstiger, wenn die Zahl der identischen Punkte für die Bestimmung der Transformationsparameter > 3 gewählt wird.

Im Folgenden sei bei Nutzung einer LEICA GEOSYSTEMS-`SmartStation` (Abb. 8.8-2) beispielhaft gezeigt, wie sich eine entsprechende Messung praktisch ausführen lässt. Nach Aufgabenstellung sind die Grenzen eines landwirtschaftlichen Betriebes wegen vorhandener Abschattungen durch Bäume mit einem Tachymeter wiederherzustellen. Eine Einbindung in das Festpunktfeld ist gefordert; jedoch liegen die nächsten Anschlusspunkte etwa 5 km weit entfernt. Korrekturdaten können von einer Referenzstation empfangen werden. Für die Lösung einer derartigen Aufgabe ist eine Kombination von Tachymeter und GNSS-Empfänger hervorragend geeignet, weil sich beide Instrumente bestens ergänzen:

Stufe 1: Bestimmung der Standpunktkoordinaten mithilfe des Satellitenempfängers;

Stufe 2: Bestimmung der eigentlich interessierenden Grenzpunktkoordinaten über eine Polaraufnahme.

Abbildung 8.8-1: LEICA GEOSYSTEMS GNSS-Empfänger `GS 18 T` (RTK-Rover) mit LEICA GEOSYSTEMS `CS 20 Feld Kontroler` (Stab, der bei der Messung schief gehalten werden kann)

Abbildung 8.8-2: LEICA `Nova TS 50` mit GNSS-Empfänger, © Leica Geosystems AG

Die `SmartStation` wird so aufgebaut, dass möglichst mehrere vorgefundene und wiederherzustellende Grenzpunkte angezielt werden können und die Station selbst nicht durch Baumbestand oder Gebäude abgeschattet ist (Abb. 8.8-3).

Die Position wird mit dem GNSS-Empfangsteil und den Korrekturdaten der Referenzstation bestimmt. Die Orientierung lässt sich über einen zweiten, noch nicht koordinierten Punkt erreichen, der ebenfalls abschattungsfrei sein muss. Zunächst werden die Richtungen und Distanzen zu den sichtbaren Grenzpunkten gemessen und dann wird die `SmartStation` über dem zweiten Punkt aufgebaut, deren Position sich wie beim ersten Punkt ergibt. Die Orientierung erfolgt jetzt zum ersten Punkt. Die Grenzpunkte werden nochmals angemessen (doppelte Aufnahme). Die Koordinaten aller angemessenen Grenzpunkte werden im Landesbezugssystem durch Transformation automatisch erhalten. Die Koordinaten von Grenzpunkten, die sich nicht von den beiden Standpunkten aus anzielen lassen, können von weiteren

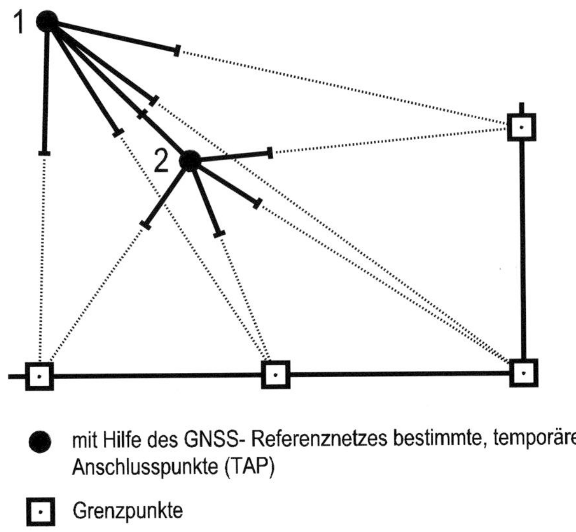

Abbildung 8.8-3: Beispiel für den Einsatz einer LEICA-`SmartStation` unter Nutzung eines GNSS-Referenznetzes

Standpunkten aus bestimmt werden, deren Position und Orientierung sich wie beschrieben gewinnen lässt.

Üblicherweise stehen nur ein Tachymeter und ein GNSS-Empfänger (Abb. 8.8-4) zur Verfügung. Dann kann die Position des Tachymeters über eine *Freie Standpunktwahl* bei Verwendung von mindestens zwei weiteren Punkten erhalten werden, deren Koordinaten mit dem Rover bestimmt wurden. Die Aufstellung des Rovers läßt sich besonders rationell erreichen, wenn die Grenzpunkte von dem frei gewählten Tachymeterstandpunkt aus wie bei der `SmartStation` angemessen werden. Zur Kontrolle werden die Grenzpunkte von einem zweiten frei gewählten Standpunkt erneut aufgemessen.

Für eine Aufnahme von einem frei gewählten Standpunkt werden heute in der Praxis üblicherweise drei temporäre Anschlusspunkte gewählt, weil sich dadurch die Zahl der überschüssigen Messgrößen erhöht und eine zuverlässigere Aussage zur Genauigkeit des Standpunktes getroffen werden kann. Auch bei Benutzung einer `SmartStation` sollte neben den beiden Instrumentenstandpunkten noch ein weiterer mit GPS bestimmter temporärer Anschlusspunkt in die Messung einbezogen werden.

Die zuvor beschriebene Punktbestimmung mit GNSS-Verfahren in Kombination mit einem GNSS-Referenznetz und einem Tachymeter ist in dieser Form nur möglich, wenn die Koordinaten der benachbarten Grenzpunkte und der Punkte der übergeordneten Vermessung mindestens über die Entfernung zur nächstgelegenen Referenzstation homogen sind. Diese Bedingung ist zurzeit nur in wenigen Gebieten erfüllt, weil die geodätischen Punktfelder über einen langen Zeitraum entstanden sind und Spannungen aufweisen, die mindestens einen Zentimeter pro Kilometer betragen und außerdem noch lokale Inhomogenitäten aufweisen können. Unter diesen Voraussetzungen ist, ähnlich wie bei der Anwendung der Polaraufnah-

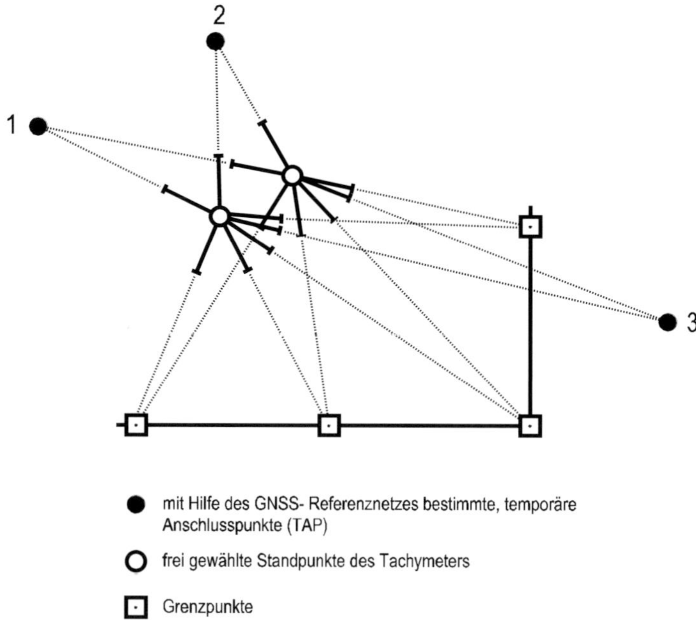

Abbildung 8.8-4: Beispiel für die kombinierte Aufnahme von Grenzpunkten mit GNSS-Empfänger und Tachymeter

me vom frei gewählten Standpunkt aus zu verfahren: Es müssen mindestens drei Passpunkte in unmittelbarer Nähe des Vermessungsobjekts für die Transformation aufgemessen werden.

Wegen der unterschiedlichen Ausgangssituation bei Fortführungsvermessungen lassen sich nach den „Arbeitsabläufen bei Liegenschaftsvermessungen mit SA*POS*®" der Bezirksregierung Köln drei Fälle unterscheiden, wenn beispielsweise eine Teilungsvermessung vorzunehmen ist.

Fall A: Im maßgeblichen Katasternachweis (KN) liegen die Koordinaten aller Vermessungspunkte (VP) in Koordinatenkatasterqualität (KKQ) vor. Eine Absteckung von VP nach Koordinaten aus dem KN oder aus vorausberechneten Sollkoordinaten kann vorgenommen werden. Diese Situation wird in der Praxis nur selten anzutreffen sein und wird nur in Erschließungsgebieten auftreten, die komplett auf ein erneuertes AP-Feld aufgemessen wurden. Aus dem Fortführungsriss zu diesem Fall (Abb. 8.8-5) kann entnommen werden, dass die dargestellte Teilungsvermessung mithilfe eines GNSS-Empfängers und eines Tachymeters erfolgte. Da die Koordinaten der neuen Grenzpunkte 5901 und 5902 nicht mithilfe der satellitengeodätischen Methode ermittelt werden konnten, wurden diese vom frei gewählten Tachymeterstandpunkt M1 polar aufgemessen. Die Koordinaten dieses Instrumentenstandpunktes ließen sich durch Anmessen der VP 1000 und 1001 berechnen, deren Koordinaten satellitengeodätisch bestimmt wurden. Zur Kontrolle musste noch zum PP 458 gemessen werden. Die Grenzpunkte 4542 und 4543 gestatteten das Aufhalten eines GNSS-Empfängers.

Auch für den **Fall B** sei anhand des Beispiels der gleichen Teilungsvermessung (Abb. 8.8-6) der Arbeitsablauf exemplarisch erläutert. Im KN liegt lediglich das AP-Feld in koordinier-

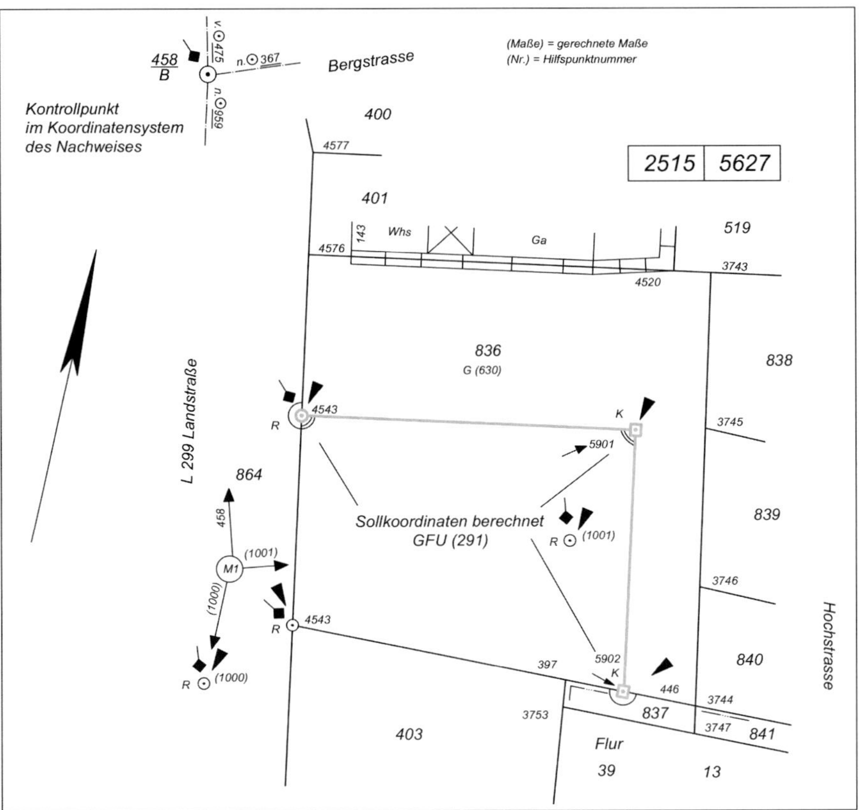

Abbildung 8.8-5: Fortführungsriss (entn. aus „Arbeitsabläufe bei Liegenschaftsvermessungen mit SA*POS*®") zu einer mit GNSS-Empfänger und Tachymeter ausgeführten Teilungsvermessung (Fall A). Die benutzten Symbole für die Punktkennzeichnung sowie die Darstellungsform der Vermessungslinien und Grenzen sind in Abb. 2.2-9 erläutert.

ter Form vor. Der restliche Punktnachweis des Katasters besitzt keine Koordinaten in KKQ. Durch die Nutzung des SA*POS*®-HEPS-Dienstes sind gegenüber einer reinen Tachymeteraufnahme erhebliche Arbeitszeiteinsparungen möglich, weil sich innerhalb weniger Minuten Hilfspunkte oder VP in KKQ als temporäre Anschlusspunkte bestimmen lassen wie im Beispiel (Abb. 8.8-6) für den Tachymeterstandpunkt (M1) über die VP 1000, 1001. Entweder werden deren Koordinaten vor Ort durch eine Echtzeitbestimmung mithilfe von SA*POS*®-HEPS ermittelt oder durch häusliche Berechnung im Postprocessing-Modus über SA*POS*®-GPPS, vorausgesetzt sind gute GNSS-Beobachtungsbedingungen. Für die Identität von KN und Örtlichkeit sind bei der Grenzuntersuchung die abgeleiteten orthogonalen Elemente und Spannmaße ggf. auch die Koordinaten dem örtlichen Aufmaß gegenüberzustellen. Für die einwandfreie nachbarschaftliche Einpassung in das ETRS89 (UTM) sind im Beispiel (Abb. 8.8-6) die drei Stützpunkte (PP 112, 959, 458) mit SA*POS*®-HEPS zu bestimmen. Als Kontrollpunkt dient der VP 390.

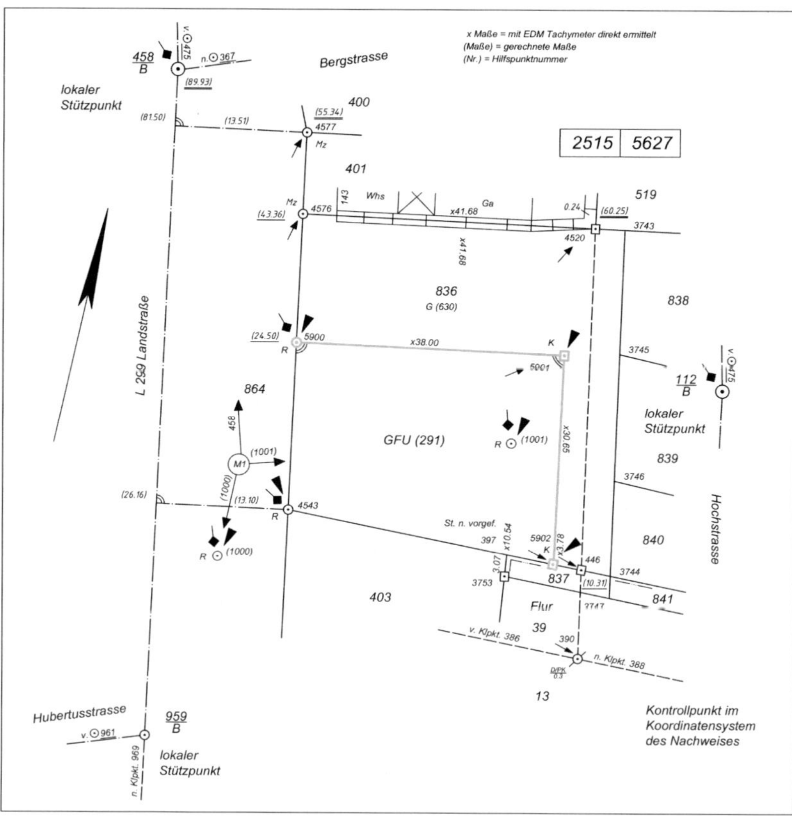

Abbildung 8.8-6: Fortführungsriss (entn. aus „Arbeitsabläufe bei Liegenschaftsvermessungen mit SA*POS*®") zu einer mit GNSS-Empfänger und Tachymeter ausgeführten Teilungsvermessung (Fall B). Die benutzten Symbole für die Punktkennzeichnung sowie die Darstellungsform der Vermessungslinien und Grenzen sind in Abb. 2.2-9 erläutert

Fall C: Im maßgeblichen KN sind keine oder nur wenige Koordinaten vorhanden, eine Situation, die eher selten anzutreffen sein wird. Es ist daher ein nachbarschaftliches Aufmaß notwendig, wozu die Abmarkungen nach orthogonalen Elementen und nach Spannmaßen aufzusuchen sind. Zur Beurteilung der Identität von KN und Örtlichkeit sind die abgeleiteten orthogonalen Elemente und die Spannmaße dem örtlichen Aufmaß gegenüberzustellen.

8.8.1.1 Prüfverfahren für GNSS-Empfänger

Wie alle geodätischen Messinstrumente müssen auch GNSS-Empfänger in gewissen Zeitabständen geprüft werden, um die einwandfreie Funktionsfähigkeit des Instruments nachzuweisen. Ein derartiger Nachweis ist bei Liegenschaftsvermessungen üblicherweise auch amtlich vorgeschrieben. Für Ingenieurvermessungen ist dies ebenfalls zweckmäßig, um die Ergebnisse abzusichern und die vom Auftraggeber geforderte Genauigkeit einzuhalten.

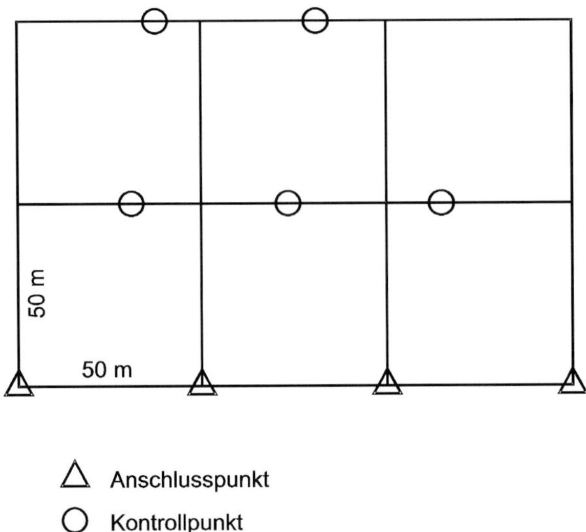

Abbildung 8.8-7: Amtliches Prüffeld zur Überprüfung von GNSS-Empängern.

Nachfolgend wird ein Feldprüfverfahren beschrieben, wie es beispielsweise das Land Nordrhein-Westfalen vorschreibt. Ähnliche Verfahren kommen auch in anderen Bundesländern zum Einsatz. Das amtliche Prüffeld (Abb. 8.8-7) entspricht dem für die Prüfung von Tachymetern (Kap. 5.3.1.2, dort Abb. 5.3-3). Es umfasst mindestens fünf GNSS-Kontrollpunkte, die über eine Himmelsfreiheit von $\geq 10^\circ$ Elevation verfügen müssen. Sie müssen in einer Übersicht als GNSS-Kontrollpunkte gekennzeichnet und ihre Koordinaten im amtlichen Bezugssystem ETRS89/UTM mit einer Standardabweichung von $\leq$ 3 mm bestimmt worden sein. Alle Punkte des Prüffeldes müssen zusätzlich in einem örtlichen Koordinatensystem mit einer Standardabweichung von $\leq$ 1 mm koordiniert sein. Neben den Beobachtungs- und Verwaltungsdaten, wie Datum, Beobachter, Vermessungsstelle, Instrumententyp und Nummer des Instruments, sind die folgenden Beobachtungsdaten zu erfassen: Koordinaten, Uhrzeit zur jeweiligen Beobachtung, Punktnummer des jeweiligen Standpunkts. Für die GNSS-Empfänger-Prüfung sind auf dem Prüffeld mindestens fünf der vorhandenen GNSS-Kontrollpunkte in zwei unabhängigen Durchgängen aufzumessen. Um die Unabhängigkeit der Messungen sicherzustellen, soll der zweite Durchgang bei einer veränderten Satellitenkonstellation stattfinden. Außerdem ist zwischen den beiden Durchgängen neu zu initialisieren. Nach dem Grundsatz des Prüfens „wie in der Praxis“ sollen der zeitliche Abstand zwischen den beiden Durchgängen und die Beobachtungsdauer auf einem Kontrollpunkt so gewählt werden, als ob eine Liegenschaftsvermessung durchgeführt würde.

Die Auswertung der Prüfmessungen erfolgt mit den von den Ländern zur Verfügung gestellten Software, so z. B. im Land Nordrhein-Westfalen mit der Web-Anwendung TAROT-online. TAROT-online bildet das arithmetische Mittel aus den Koordinatenmessungen für die jeweiligen GNSS-Kontrollpunkte und vergleicht diese mit den bekannten Sollkoordinaten. Der Vergleich liefert die Basis für die Entscheidung, ob der zu prüfende GNSS-Empfänger für Messungen im amtlichen Vermessungswesen geeignet ist. Die zulässige lineare Lageabweichung ist dabei mit einem Grenzwert von 1,5 Zentimetern in den Kontrollpunkten vorgegeben. Nach abgeschlossener Auswertung mit TAROT-online wird ein Prüfzertifikat erstellt. Wird die zulässige Abweichung in keinem Kontrollpunkt überschritten, wird direkt die Eignung des geprüften Empfängers für einen Einsatz im amtlichen Vermessungswesen bescheinigt.

8.9 GNSS-Geländeaufnahmeverfahren

Die Geländeaufnahme mit GNSS verdrängt immer mehr die Tachymeteraufnahme, weil zwischen Referenzstation und dem mobilen Empfänger (Rover, Abb. 8.8-1), eine Sichtverbindung nicht erforderlich ist, während beim tachymetrischen Messverfahren stets die Sichtverbindung zum Reflektor gegeben sein muss. Da die einzelnen Geländepunkte aus wirtschaftlichen Gründen nur kurzfristig mit dem Rover zu besetzen sind, wird als Beobachtungsmethode das kinematische Messverfahren in Echtzeit, das RTK-Verfahren oder die Referenznetzmethode (Kap. 8.4), eingesetzt. Um in einem Zeitraum von etwa einer Minute die Mehrdeutigkeitsparameter der Phasenmessung (Kap. 8.3) zuverlässig in Echtzeit zu errechnen und darüber hinaus zu einer zentimetergenauen Position zu gelangen, sind die Anforderungen höher als bei einer statischen Vermessung.

Als Voraussetzung für einen einwandfreien, ungestörten Satellitensignalempfang muss die Horizontfreiheit erfüllt sein, sodass sich nur offenes Gelände eignet. Umwegsignale von reflektierenden Flächen, wie z. B. von Hauswänden oder Fahrzeugen, führen zu Mehrwegeeffekten, einer Interferenz des direkten und des Umwegsignals, die Phasenverschiebungen bis zu mehreren Zentimetern verursachen. Standpunkte unter Hochspannungsleitungen weisen eine ähnliche Problematik auf und sollten daher vermieden werden. Schließlich ist bei den Vorüberlegungen zu bedenken, dass die Höhengenauigkeit bei dem Einsatz von GNSS-Verfahren um den Faktor 2 bis 3 schlechter ist als die Lagegenauigkeit, die etwa bei $1-2$ cm liegt.

Die zu einer RTK-Vermessung erforderlichen Hardwarekomponenten sind: eine Referenzstation oder ein Netz von Referenzstationen, wie z. B. SA*POS*® (Kap. 8.4), und ein beweglicher Empfänger (Rover). Diese Hardwarekomponenten benötigen Software, mit der die Referenzstationen mit genügender Schnelligkeit die für RTK benötigten Daten aufbereiten und sie z. B. über Internet in einem geeigneten Datenformat (z. B. RTCM 3.2) dem Rover zur Verfügung stellen muss. Der Rover muss über die Fähigkeit verfügen, diese Daten zusammen mit seinen eigenen Messwerten genügend schnell und sicher auszuwerten. Der schwierigste Teil der Auswertung ist die schnelle und zuverlässige Lösung der Mehrdeutigkeiten der Phasenmessungen. Dieser Vorgang wird als Initialisierung bezeichnet, die sowohl bei ruhendem Empfänger als auch bei bewegtem Empfänger (*on the fly*, OTF) durchgeführt werden kann. Ist die Initialisierung erfolgt und bleibt beim Transport des Rovers von Punkt zu Punkt der Kontakt zu den Satelliten erhalten, bleiben die Mehrdeutigkeitsparameter unverändert. Es reichen dann schon die Daten von einer Messepoche (üblicherweise ≤ 1 Hz), um die Koordinaten mit Zentimetergenauigkeit zu bestimmen. Falls ein Signalabriss auftritt, muss auf dem jeweiligen Geländepunkt neu initialisiert werden.

Praktischer Ablauf einer GNSS-Geländeaufnahme

- Vor Beginn der Geländeaufnahme ist eine Beobachtungsvorplanung für das Aufnahmegebiet unter Berücksichtigung einer Elevationsmaske von 15° und eines PDOP < 5 (Position Dilution of Precision) zu erstellen. Bereiche mit Baumbestand (Wald, Alleen,

Obstwiesen) sowie Häuser, Schuppen und Masten sind auszusparen und terrestrisch aufzumessen.

- In Deutschland werden entweder der SA*POS*®-Dienst HEPS oder die anderen Dienste von TRIMBLE,VRS Now^{TM} bzw. von AXIO-NET, ascos-satellite positioning services (Kap. 8.4), benutzt.
- Aufnahmeskizze erstellen; Geländebruchkanten und Aussparungsflächen kennzeichnen.
- Roverstab (Lotstab mit aufmontierter Antenne) mit einer Fußplatte (min. 8 cm Durchmesser) versehen, um ein Einsinken zu vermeiden, und Höhe des Roverstabes notieren.
- Vor Beginn der eigentlichen Geländeaufnahme mindestens einen koordinatenmäßig bekannten Punkt aufsuchen und bestimmen. Differenz zum Soll notieren. Während der Aufnahme und am Ende bekannte Festpunkte zur Kontrolle mitbestimmen.
- Koordinaten, PDOP, Uhrzeit, Koordinaten jedes Aufnahme- und Kontrollpunktes abspeichern ($\Delta E, \Delta N, \Delta H$).

Die Punktdichte für ein Digitales Geländemodell (DGM) ist so zu wählen, dass in Abhängigkeit von dem Interpolationsverfahren des DGM-Programms die Geländehöhen ausreichend genau ermittelt werden. Das Aufnahmegebiet muss soweit ausgedehnt werden, dass auch die Randbereiche sicher berechnet werden können.

Wenn sich aufgrund der Geländeverhältnisse eine kombinierte Aufnahme von Tachymeter- und GNSS-Ausrüstung als zweckmäßig erweist, lässt sich bei Signalkontakt mit einer Referenzstation des SA*POS*®-Netzes unter Nutzung temporärer Anschlusspunkte wie folgt vorgehen: Falls eine `SmartStation` der Firma LEICA GEOSYSTEMS zur Verfügung steht, wird diese an einem geeigneten Punkt (ohne Abschattungen) aufgebaut und die Standpunktkoordinaten werden mit RTK bestimmt. Die Orientierung geschieht zu einem zweiten, frei gewählten, nicht koordinierten und ebenfalls abschattungsfreien Punkt, über dem ein Stativ mit Dreifuß und Reflektor aufgebaut wird. Jetzt kann die Detailaufnahme der Geländepunkte auf dem ersten Standpunkt mithilfe des Tachymeterteils der `SmartStation` nach den zuvor in den Kapiteln 7.4.1 bis 7.4.2 genannten Kriterien erfolgen. Sobald diese Aufnahme abgeschlossen ist, wird die `SmartStation` mithilfe der Zwangszentrierungsvorrichtung auf dem zweiten Punkt gegen den Reflektor ausgetauscht und dieser auf den ersten Standpunkt gebracht. Mit RTK werden die Koordinaten des zweiten Standpunktes bestimmt. Da jetzt die Richtung zwischen den beiden Punkten bekannt ist, transformiert die Software der `SmartStation` die Koordinaten der vom ersten Standpunkt aus aufgemessenen Geländepunkte in das Landeskoordinatensystem (z. B. UTM). Nun wird als Orientierung für die Detailaufnahme der weiteren Geländepunkte vom zweiten Standpunkt aus die Richtung zum ersten gemessen.

Wenn zwei Standpunkte zur Erfassung des Geländes nicht ausreichen, können weitere Standpunkte hinzugefügt werden, wobei die Orientierung jedes zusätzlichen Standpunktes in Bezug auf einen der vorhergehenden wie beschrieben zu erfolgen hat.

Auch mit einer Messausrüstung, die aus einem Tachymeter und einem GNSS-Empfänger besteht, kann ähnlich verfahren werden. Es muss dann allerdings der GNSS-Empfänger zuerst auf mindestens zwei Standpunkten (besser drei) aufgebaut werden, deren Koordinaten über RTK zu bestimmen und anschließend in die Tachymeteraufnahme einzubeziehen sind. Die Orientierung für die auf dem ersten Standpunkt mit dem Tachymeter durchgeführte Detailaufnahme erfolgt in Bezug auf den zweiten Standpunkt. Dann wird der Tachymeter gegen die GNSS-Ausrüstung über Zwangszentrierung ausgetauscht. Jetzt kann die Transformation ins Landeskoordinatensystem erfolgen.

Eine weitere Variante ergibt sich, wenn zwei vermarkte Vermessungspunkte (Aufnahmepunkte (AP)) als tachymetrische Anschlusspunkte zur Verfügung stehen. Dann werden die Koordinaten des Instrumentenstandpunktes, von dem aus die Objektpunkte angemessen werden, entweder direkt mithilfe einer `SmartStation` oder, wie zuvor beschrieben, indirekt durch Nutzung eines GNSS-Referenznetzes (z. B. SA*POS*®) bestimmt. Die Messungen zu den APs und zu den Objektpunkten erfolgen gleichzeitig vom Tachymeterstandpunkt aus.

Falls es das Gelände zulässt, können zusätzlich auch Punkte nur mit GNSS bestimmt werden, wozu der GNSS-Empfänger der `SmartStation` abgenommen und auf einen Prismenstab adaptiert wird (Abb. 8.8-2).

Bei dem bisher geschilderten kombinierten Aufnahmeverfahren sind eventuell vorhandene Grenzpunkte oder andere Vermessungspunkte nicht berücksichtigt worden, eine Vorgehensweise, die nur in Ausnahmefällen zulässig ist, wenn z. B. das aufzunehmende Gebiet weiträumig zum Eigentum des Auftraggebers zählt. Üblicherweise kann von einer solchen Situation nicht ausgegangen werden, sodass zusätzlich zu den nach topographischen Gesichtspunkten auszuwählenden Geländepunkten über das zu vermessende Gebiet verteilte Vermessungspunkte mit aufzunehmen sind. Mit diesen Punkten kann dann eine Helmert-Transformation (Kap. 2.3.4, 8.6.3) gerechnet werden, um so dem Prinzip der Nachbarschaft zu genügen und eine optimale Verbindung zwischen alter und neuer Vermessung zu erreichen.

8.10 Glossar

Dieses Glossar basiert in seinem Ursprung auf den „Richtlinien zum Einsatz von satellitengeodätischen Verfahren im Vermessungspunktfeld" (GPS-Richtlinien vom 02.09.2002) des Landes Nordrhein-Westfalen und wurde letztmalig durch Geobasis NRW in 2019 redaktionell überarbeitet. Für weiterführende Recherchemöglichkeiten wird insbesondere auf das Glossar der European GNSS Agency verwiesen: `https://www.gsa.europa.eu/library/glossary`. Die Autoren des Buches bedanken sich herzlich bei Herrn Dr.-Ing. Jens Riecken von der Bezirksregierung Köln für die Hilfe bei der Aktualisierung dieses Glossars.

Abschattung Begrenzung der Himmelsfreiheit auf einem → GNSS-Standpunkt durch topographische Hindernisse im Sichtfeld.

Almanach Genäherte Ephemeriden (6 Keplerelemente zur Beschreibung einer Umlaufbahn) der Satelliten, die der → GNSS-Empfänger benötigt, um die Satelliten zu orten und danach deren Signale empfangen zu können.

Ambiguity Mehr-, Vieldeutigkeit; entsprechend: → Phasenmehrdeutigkeit.

Antennen-Offset Abstand (Exzentrizität, Differenzvektor) nach Lage und Höhe zwischen Antennenreferenzpunkt ARP und elektrischem Antennenphasenzentrum. Es wird jeweils als Differenzvektor mit den ebenen Komponenten Nord und Ost sowie einer vertikalen Komponente angegeben.

Antennenphasenzentrum Das elektrische Antennenphasenzentrum der → GNSS-Antenne ist der Raumpunkt, in dem aus physikalischer Sicht die → Satellitensignale zusammentreffen. Der Raumpunkt ist nicht stabil, sondern variiert mit der Richtung der einfallenden Satellitensignale horizontal und vertikal. Das geometrische Antennenphasenzentrum ist ein vom Hersteller festgelegter Raumpunkt. Der Abstand dieses Punktes zum Antennenreferenzpunkt wird als → Antennen-Offset bezeichnet.

Antennenreferenzpunkt (ARP) Vereinbarter mechanischer Bezugspunkt am Gehäuse (Unterseite) der → GNSS-Antenne, von dem aus sowohl die Exzentrizität zur Vermarkung des Vermessungspunktes als auch das → Antennen-Offset zum → Antennenphasenzentrum bestimmt wird.

Atmosphäre Zur Beschreibung der atmosphärischen Einflüsse auf die → Satellitensignale ist eine vereinfachte Modellierung der Atmosphäre in Ionosphäre und Troposphäre ausreichend.

Ionosphäre: Schicht in ca. 80 – 1 000 km Höhe über der Erdoberfläche.

Ionosphärische Störungen: In der Ionosphäre werden die Gasmoleküle durch die Sonneneinstrahlung ionisiert, d. h. in positive und negative Ionen aufgespaltet. Die Ionisation führt zu einer Veränderung des Laufzeitverhaltens elektromagnetischer Wellen. Sie ist in Zeiten starker Sonnenaktivitäten (periodisch alle elf Jahre) besonders ausgeprägt, sodass die Verarbeitung der Satellitensignale deutlich beeinträchtigt werden kann. Die Auswirkungen erreichen tageszeitlich gegen 14 Uhr ihr Maximum, im Übrigen sind sie jahreszeitlich schwankend und breitenabhängig. Langperiodische Veränderungen sind empirisch modellierbar, kurzperiodische nicht.

Ionosphärische Refraktion: Änderung der Ausbreitungsgeschwindigkeit der Satellitensignale und Brechung derselben beim Durchlaufen unterschiedlicher Schichtungen in der Ionosphäre (Strahlbeugung). Ausbreitungsgeschwindigkeit und Brechungsindex sind abhängig vom Elektronengehalt in den Schichtungen und von der Frequenz der → Trägerwelle. Alle Einflüsse zusammengenommen bewirken eine Laufzeitverzögerung der Signale, die bei Empfängern, die mehr als eine Trägerphase empfangen können, messbar ist und zur Elimination der ionosphärischen Refraktion genutzt werden kann.

Troposphäre: Schicht bis ca. 15 km über der Erdoberfläche.

In der Troposphäre gilt die Abhängigkeit des Brechungsindexes von Luftdruck, Temperatur und Feuchte. Eine Berücksichtigung dieser Daten durch Messung allein auf dem Bodenpunkt ist wenig repräsentativ, sodass die troposphärische Refraktion gewöhnlich mit Modellen, z. B. nach HOPFIELD oder SAASTAMOINEN, in der Auswerte-Software berücksichtigt wird.

Aufzeichnungsintervall Zeitabstand, nach welchem ein neuer Satz Satellitendaten bzw. Satellitensignale aufgezeichnet wird. Ein Aufzeichnungsintervall 10 s bedeutet, dass im Abstand von 10 Sekunden jeweils ein Satz der empfangenen Satellitendaten im → GNSS-Empfänger abgespeichert wird. Das Aufzeichnungsinterfall ist bei Echtzeit-Vermessungen normalerweise auf 1 Sekunde eingestellt. Bei → Postprocessing-Auswertungen sind Aufzeichnungsintervalle zwischen einer Sekunde und einer Minute üblich.

Bahndaten entsprechend: → Ephemeriden; s. a. → Präzise Ephemeriden, → Broadcast-Ephemeriden, → Almanach.

Basislinie auch: Basisvektor, Basis; Raumvektor zwischen zwei simultan beobachtenden → GNSS-Antennen.

BeiDou oder BDS globales Satellitennavigationssystem der Volksrepublik China; frühere Arbeitsbezeichnung *Compass*.

Bezugssystem Die Definition eines Bezugssystems umfasst die Gesamtheit der Modelle, Algorithmen und Parameter, die notwendig sind, um Punkte untereinander in der Ebene oder im dreidimensionalen Raum in Beziehung zu bringen.

Broadcast-Ephemeriden (engl.): senden, übertragen; gesendete, hier: prädizierte → Bahndaten / → Ephemeriden

In der Navigationsnachricht des GNSS-Satellitensignals zur Verfügung gestellte Parameter zur Angabe der Satellitenpositionen im WGS84. Es handelt sich um → präzise Ephemeriden, die für die Aussendung extrapoliert sind. Sie ermöglichen → Echtzeit-Lösungen und werden auch für alle nachträglich berechneten (Postprocessing)-Lösungen verwendet.

Code hier: Navigationssignale, die den → Trägerwellen überlagert sind; Folge von Bitsequenzen (Pseudo-Random-Folge) zur zeitlichen Markierung des → Satellitensignals oder zur Übertragung von Navigations-Informationen (→ Message).

Codephasenmessung auch: Codemessung; eine der Messgrößen. Die Messung der → Phase des → Codes liefert die sogenannte → Pseudostrecke zwischen der GNSS-Antenne und dem jeweiligen Satelliten. Sie kann z. B. bei GPS und GLONASS auf dem → C/A-Code wie auf dem → P-Code erfolgen. Codephasenmessungen sind ungenauer als → Trägerphasenmessungen. Ihre Anwendung liegt daher vor allem in der Navigation. Teilweise werden Codephasenmessungen und Trägerphasenmessungen kombiniert eingesetzt, z. B. zur Lösung der → Phasenmehrdeutigkeit (siehe → Pseudostrecke).

Cycle-Slip (engl.): → Phasensprung. Unterbrechung der kontinuierlichen Registrierung der → Phase des → Satellitensignals. Dadurch Unterbrechung der Zählung der ganzen Phasen, sodass neue → Phasenmehrdeutigkeiten zu bestimmen sind.

DGNSS Differenzielles → GNSS: Messverfahren mit einer → Referenz- und einer → Roverstation (Mobilstation). Alle für die Geodäsie interessanten Verfahren beruhen auf diesem Prinzip. Im allgemeinen Sprachgebrauch versteht man unter DGNSS jedoch inzwischen die Variante, mithilfe von Echtzeitkorrekturdaten eine gesteigerte Positionsgenauigkeit zu erzielen.

DOP-Werte (engl.): *D*ilution *o*f *P*recision (DOP): Verschlechterung der Genauigkeit.

DOP-Werte sind Größen zur Beschreibung des Einflusses der Satellitenempfänger-Geometrie auf die Genauigkeit der Positionsbestimmung. Sie geben an, um welchen Faktor sich der Positionsfehler gegenüber dem Fehler der Entfernungsmessung erhöht:

$$DOP = \frac{\text{Standardabweichung des Positionsfehlers}}{\text{Standardabweichung des Entfernungsfehlers}}.$$

Es wird unterschieden zwischen:

HDOP für die horizontale Positionsbestimmung,

VDOP für die vertikale Positionsbestimmung,

PDOP für die 3D-Positionsbestimmung,

TDOP für die Zeitbestimmung,

GDOP für 3D und Zeit.

Die praktische Bedeutung der DOP-Werte darf allerdings nicht überbewertet werden, da

- meistens eine relative Positionierung realisiert wird,
- der tatsächliche Streckenfehler unbekannt ist,
- eine optimale Geometrie noch keine guten Messbedingungen impliziert,
- die Genauigkeit der Satellitenposition nicht in die DOP-Werte eingeht.

DOP-Werte über einem Faktor von 8 lassen keine verwertbare Genauigkeit des Messergebnisses mehr erwarten.

Echtzeit-GNSS Koordinatenermittlung zum Messzeitpunkt; im allgemeinen Sprachgebrauch verwendet für geodätische Anwendungen synonym mit → RTK; setzt Korrekturdatenübermittlung durch Positionierungsdienste voraus.

Elevation auch: Elevationswinkel; bezeichnet den Winkel, in dem die Satelliten über dem Horizont des Beobachters stehen.

Ephemeriden entsprechend: → Bahndaten von Himmelskörpern,

hier: Positionen der GNSS-Satelliten im WGS84 als Funktion der Zeit. Die Kenntnis der Bahndaten ist notwendige Voraussetzung für den Empfang der → Satellitensignale und für die Koordinatenberechnung. Man unterscheidet zwischen → Almanach-Daten, → Broadcast-Ephemeriden und → präzisen Ephemeriden.

Epoche Im Gegensatz zum bürgerlichen Sprachgebrauch kein Zeitraum, sondern ein Zeitpunkt. Begriff stammt aus der Astronomie: Anfangspunkt der Bewegung eines Himmelskörpers, auf den die beobachteten Größen wie Bahnelemente, Koordinaten o. A. desselben bezogen werden; hier: → Aufzeichnungsintervall eines → GNSS-Empfängers.

ETRF89 (engl.) European Terrestrial Reference Frame 1989:

Erste Realisierung des → ETRS89, gegeben durch die in Europa gelegenen Stationen des International Earth Rotation Service (IERS) mit ihren Koordinaten zur Epoche 89.0.

ETRS89 European Terrestrial Reference System 1989:

Der an den stabilen Teil der Eurasischen Platte fixierte europäische Anteil am ITRS (International Terrestrial Reference System, Bezugsjahr 1989).

EUREF (engl.) European Reference Frame:

Bezeichnung für die im Mai 1989 in Europa durchgeführte → GPS-Kampagne zur Schaffung eines europäischen Referenznetzes (1. Verdichtungsstufe des → ETRF89).

Fixed-Lösung (engl.) ambiguity fixing: Festsetzung der ganzzahligen Anzahl der Wellenlängen bei der Lösung der → Phasenmehrdeutigkeit. Bei Echtzeitvermessungen hat sich dafür der Begriff → Initialisierung eingebürgert.

Float-Lösung → Phasenmehrdeutigkeit.

Frequenzband umfasst in der Funk-Technik zusammenhängende Frequenzbereiche, die sich durch gleiche Übertragungseigenschaften auszeichnen. Die Frequenzbänder sind in ihrem Frequenzbereich mit niedrigster und höchster Frequenz festgelegt (= Anzahl der kompletten Schwingungen pro Zeiteinheit, meist Sekunde, angegeben in Hertz: Hz, kHz, MHz, GHz). Das wichtigste Frequenzband für die Abstrahlung der → Satellitensignale ist das L-Band, es liegt im Bereich der Dezimeterwellen (s. a. → Trägerwellen).

Galileo Ist ein europäisches globales Satellitennavigationssystem unter ziviler Kontrolle (europäisches GNSS). Es liefert weltweit Daten zur genauen Positionsbestimmung und ähnelt dem US-amerikanischen GPS, dem russischen GLONASS und dem chinesischen BeiDou. Die Systeme unterscheiden sich hauptsächlich durch die Frequenznutzungs-/Modulationskonzepte, die Art und Anzahl der angebotenen Dienste und die Art der Kontrolle: GLONASS, BeiDou und GPS sind militärisch kontrolliert. Auftraggeber von Galileo ist die Europäische Union.

GDC (engl.) *G*NSS *D*ata *C*enter.

Dieses Datenzentrum vom Bundesamt für Kartographie und Geodäsie (BKG) liefert Korrekturdaten von mehr als 500 permanenten GNSS-Beobachtungsstationen für die GNSS-Positionsberechnung (Näheres: `http://igs.bkg.bund.de`).

GIS- und Geodätische Empfänger:

GIS-Empfänger → GNSS-Empfänger, meist niederer Genauigkeit im Dezimeterbereich, die in der Regel nur die Satellitensignale auf einer Trägerwelle verwenden. Keine Ausgleichung der ionosphärische Einwirkungen (→ Atmosphäre) möglich.

Geodätischer Empfänger: GNSS-Empfänger, der die Satellitensignale auf verschiedenen Trägerwellen auswertet. Ein Geodätischer Empfänger kann genauere Positionsbestimmungen über längere Strecken und unter nachteiligeren Bedingungen berechnen, da er u. a. Ionosphäreneinflüsse ausgleichen kann.

GLONASS (russ.) *GLO*bal'naya *NA*vigatsionannaya *S*putnikovaya *S*istema:

Satellitensystem des russischen Militärs für Navigationsaufgaben. Zivile Mitbenutzung ist freigegeben (s. a. → GPS, → GNSS, → Galileo).

GNSS (engl.) *G*lobal *N*avigation *S*atellite *S*ystems: Sammelbegriff für global nutzbare Navigationssatellitensysteme wie GPS, GLONASS, BeiDou und Galileo.

GPS Satellitennavigationssystem des amerikanischen Militärs.

Abkürzung von NAVSTAR GPS: *Nav*igation *S*ystem using *T*ime *a*nd *R*anging *G*lobal *P*ositioning *S*ystem; kurz GPS genannt.

GNSS-Messgrößen Die → Satellitensignale können nach verschiedenen Gesichtspunkten aufgezeichnet und ausgewertet werden. Mögliche GNSS-Messgrößen sind

- die Codephase (→ Codephasenmessung),
- die Trägerphase (→ Trägerphasenmessung).

GPS-Woche Der Starttermin für die Wochenzählung war Sonntag, der 06.01.1980, 0:00:00 Uhr → UTC = → GPS-(System-)Zeit.

Die Zählung der GPS-Wochentage beginnt mit GPS-Tag 0 für Sonntag, 0:00:00 GPS-(System-)Zeit, und endet bei GPS-Tag 6 für Samstag, 23:59:59 GPS-(System-)Zeit. Die Zeitzählung entspricht einer kontinuierlichen Sekundenzählung, die wochenweise am GPS-Tag 0 neu angesetzt wird und jeweils am GPS-Tag 6 einer GPS-Woche endet.

GPS-(System-)Zeit Für das → GPS-System gilt eine eigene Zeitskala, die als GPS-(System-)Zeit bezeichnet wird. Sie unterscheidet sich von → UTC um einige Sekunden. Beide Zeitskalen stimmten am 06.01.1980, 00:00:00 Uhr überein. Da in der GPS-Zeit keine Schaltsekunden eingeführt werden, nimmt die Differenz gegenüber UTC demzufolge zu. Darüber hinaus wird die GPS-(System-)Zeit durch systemeigene Uhren bestimmt, die nicht mit der sog. Atomzeit TAI (*T*emps *A*tomic *I*nternational) synchron laufen, die der UTC zugrunde liegt (siehe → UTC). Die GPS-Zeit wird in der Form „Nr. der GPS-Woche und laufende Sekunde in der Woche“ dargestellt.

Himmelsfreiheit entsprechend: Hindernisfreiheit.

Bezeichnung für die Gewährleistung einer „freien Sicht“ zu den Satelliten, d. h. keine Abschattungen.

IGS *I*nternational *G*NSS-*S*ervice; hier können Informationen erhalten werden über den Zustand des → GNSS-Systems, → Ephemeriden, Satellitenausfälle, Antennenparameter, etc. (Näheres: `http://www.igs.org/`).

Initialisierung Festsetzen der → Phasenmehrdeutigkeit bei Echtzeitvermessungen; mind. fünf Satelliten notwendig; nach der Initialisierung kann die Antenne bewegt und ihre Spur mit der erreichten hohen Genauigkeit aufgezeichnet werden.

Korrekturdaten allgemein: aus einem Soll-Ist-Vergleich abgeleitete Verbesserungen bzw. Korrekturen.

Bei → DGNSS-Anwendungen lassen sich bei Kenntnis der Koordinaten der → Referenzstation und der Satellitenpositionen zu jedem Satelliten die Entfernungen berechnen, wie sie sich ohne Vorhandensein von Satellitenbahn-, Uhren- und Ausbreitungsfehlern ergeben würden (→ Pseudostrecken). Die Differenzen zu den tatsächlich gemessenen Entfernungen ergeben, vereinfacht ausgedrückt, die Korrekturwerte, die zur → Roverstation (Mobilstation) übertragen werden. Hierbei ist auf der Referenzstation ein erhöhter Rechenaufwand zu betreiben.

Mehrwegeeffekte entsprechend (engl.): Multipath Error.

Mehrwegeausbreitung des → Satellitensignals aufgrund von Reflexionen z. B. an Hauswänden, Metallgittern, Wasserflächen u. dgl. Die Interferenz (Überlagerung) von direkten mit indirekten (reflektierten) Wellen im → Antennenphasenzentrum der GNSS-Antenne führt zu Phasenverschiebungen, gleichbedeutend mit fehlerhaften (zu großen) Entfernungen zwischen Satellit und GNSS-Antenne und damit zu fehlerhaften Positionen.

Message (engl.): Nachricht; hier: Navigationsnachricht.

Den → Trägerwellen überlagertes Signal zur Übermittlung der Informationen über die Satellitenbahnen (→ Ephemeriden, → Almanach), Uhren- und Korrekturparameter für die Satellitenuhr. Des Weiteren werden Korrekturwerte für den Ionosphärenzustand und allgemeine Systemmeldungen (z. B. Funktionsfähigkeit eines Satelliten) übermittelt.

Multipath entsprechend (engl.): Multipath Error → Mehrwegeeffekte.

Navigationslösung auch (engl.) Single Point Solution: Einzelpunktbestimmung.

Bestimmung der absoluten Koordinaten einzelner Punkte unter Verwendung der → Codemessung. Erreichbare Positionsgenauigkeit ca. 5 bis 10 m. Durch Verwendung von → DGNSS-→ Korrekturdaten lässt sich die Genauigkeit auf unter 1 m steigern; für geodätische Zwecke nicht geeignet.

NTRIP (engl.) *N*etwork *T*ransport of *R*TCM via *I*nternet *P*rotocol. Mithilfe dieses Übertragungsprotokolls werden GNSS-Korrekturdaten über Internet den jeweiligen Nutzern (im Feld) zur Verfügung gestellt. Über Internet verbindet sich der Anwender mit dem Datenserver, dem sogenannten NTRIP-Caster. Nach Authentifizierung, Eingabe des gewünschten HEPS-Formats (→ SA*POS*®) und Übertragung der Nutzerposition an den NTRIP-Caster werden die RTCM-Daten an den Nutzer (NTRIP-Client) zurückgesendet.

OTF/OTW entsprechend (engl.) *O*n *T*he *F*ly/*O*n *T*he *W*ay: → Initialisierung des → GNSS-Empfängers in der Bewegung.

P-Code (engl.) *P*recise → Code.

Signal bei GPS und GLONASS, welches dem L_1-Band und L_2-Band der Trägerfrequenz zur Übertragung von Navigationsnachrichten überlagert ist; bei GPS ist der P-Code die Grundlage des Y-Codes, der nur autorisierten Nutzern zur Verfügung steht, welche die Verschlüsselung dieses Codes kennen.

PDGNSS (engl.) *P*recise *D*ifferential → GNSS: Messverfahren für geodätische Vermessungen im Dezimeter- bis Millimeterbereich, beruht auf Messungen der Trägerphase (→ Trägerphasenmessung). Realisierungen sind z. B. die → SA*POS*®-Dienste.

Phase auch: Phasenlage; Schwingungszustand ϕ_i einer elektromagnetischen Welle (phasis = Zustand) zum Zeitpunkt t_i. ϕ_0 bezeichnet den Zustand zum Zeitpunkt t_0 (s. a. → Trägerphasenmessung). Die Phase wird als Winkel zwischen 0° und 360° gemessen und kann nach entsprechender Skalierung auch in Bruchteilen der Wellenlänge angegeben werden.

Phasenmessung entsprechend: → Trägerphasenmessung.

Phasenmehrdeutigkeit entsprechend (engl.) → Ambiguity.

Die → Trägerphasenmessung ist nur innerhalb der Entfernung einer einzigen Wellenlänge eindeutig. Bei größeren Entfernungen wiederholt sich die → Phase mit jeder Wellenlänge, sodass sie dann mehrdeutig ist. Die Lösung der Phasenmehrdeutigkeit ist das Hauptproblem bei der Trägerphasenmessung. Die ganzzahlige Anzahl der Mehrdeutigkeiten wird in der Auswertung geschätzt (Ambiguity Fixing) und führt auf die → Fixed-Lösung. Bei Echtzeitvermessungen hat sich dafür der Begriff → Initialisierung eingebürgert. Wird die Mehrdeutigkeit nicht eindeutig gelöst, spricht man von einer → Float-Lösung.

Phasensprung (engl.): → Cycle Slip.

Phasenzentrum entsprechend: → Antennenphasenzentrum (s. a. → Antennen-Offset, → Antennenreferenzpunkt).

Präzise Ephemeriden (engl.) Precise Ephemeries.

Präzise → Ephemeriden (präzise Bahndaten) werden nachträglich bestimmt und von verschiedenen zivilen Stellen den Interessenten zur Verfügung gestellt. Die Informationen enthalten neben den Bahndaten auch Angaben über den Zustand des → GNSS-Systems, Satellitenausfälle etc. Sie können z. B. vom → IGS (International GNSS Service) erhalten werden (s. a. → Broadcast-Ephemeriden).

Pseudostrecke Eine Strecke p aus → Codephasenmessungen ist gleich der Laufzeit t einer elektromagnetischen Welle multipliziert mit der Ausbreitungsgeschwindigkeit c der Welle (= Lichtgeschwindigkeit im Vakuum).

$$p = t \cdot c$$

Die Laufzeit ergibt sich aus einer Korrelationsberechnung, bei der der empfangene → Code mit einer im Empfänger generierten Nachbildung des Codes zur Deckung gebracht wird (Code-Mischphase). Da die Strecke p noch mit Fehlern der Uhren (Satellit, Empfänger) und der → Atmosphäre behaftet ist, wird sie als Pseudostrecke bezeichnet.

Postprocessing Die empfangenen → Satellitendaten werden durch jeden im Verfahren eingesetzten → GNSS-Empfänger gespeichert und nach Abschluss der örtlichen Arbeiten zur Auswertung und Koordinatenberechnung zusammengeführt: Koordinatenlösung zeitversetzt zur Beobachtung.

Referenzstation auch: Basisstation: koordinatenmäßig bekannte Station, während der Messung dauerhaft mit einem → GNSS-Empfänger besetzt. Bei → Echtzeit-GNSS werden → Korrekturdaten über das mobile Internet (NTRIP) an den mobilen GNSS-Empfänger (→ Roverstation) auf dem zu bestimmenden Neupunkt weitergegeben.

RINEX-Format (engl.) *R*eceiver *In*dependent *Ex*change Format: →

GNSS-Empfänger unabhängiges (Daten-)Austausch-Format für die Beobachtungsdaten und die Parameter der Navigationsnachricht.

Um Daten verschiedener Hersteller gemeinsam auswerten zu können, wurde 1989 im Rahmen der → EUREF-Beobachtungs-Kampagne von der Universität Bern ein einheitliches Datenformat entwickelt, in dem unabhängig vom jeweiligen Hersteller die GNSS-Daten als ASCII-Daten abgelegt und ausgetauscht werden können. Dieses Datenformat trägt den Namen RINEX.

Rohdaten Die vom → GNSS-Empfänger aufgezeichneten → Bahndaten und die ausgewerteten → Codephasen- und → Trägerphasenmessungen.

Roverstation auch kurz Rover (engl. = Wanderer, Umherzieher) genannt. Mobiler → GNSS-Empfänger, welcher von Neupunkt zu Neupunkt bewegt wird und simultan mit der → Referenzstation die → Satellitensignale empfängt. Mittels von der Referenzstation übermittelter → Korrekturdaten und der beobachteten Entfernung Rover-Satellit wird die → Basislinie des Neupunktes relativ zur Referenzstation in Echtzeit berechnet.

RTCM-Datenformat (engl.) *R*adio *T*echnical *C*ommission for *M*aritime Services: Amerikanische Kommission zur Entwicklung von Kommunikations-Standards für den maritimen Bereich. Das Standard RTCM-Format wurde vom RTCM Committee Nr. 104 als Standard zur GPS-Datenübertragung entwickelt und findet in nahezu allen Bereichen des → PDGNSS Anwendung. Derzeit aktuelle Version ist RTCM-3.2 Die jeweils aktuelle Version des RTCM-Standards kann bezogen werden von: `http://www.rtcm.org`.

RTK (engl.) *R*eal-*T*ime *K*inematic: → Echtzeit-GNSS.

SA*POS*® *Sa*telliten*pos*itionierungsdienst der deutschen Landesvermessung. Gemeinschaftsprodukt der AdV als über die Ländergrenzen hinausgehender Positionierungsdienst, der unterschiedliche Dienste anbietet:

EPS Echtzeit-Positionierungs-Service

Genauigkeit: $0,3-0,8$ m; echtzeitfähig.

GPPS Geodätischer Postprocessing Positionierungs-Service, Genauigkeit Lage < 1 cm und Höhe $1-2$ cm.

HEPS Hochpräziser Echtzeit-Positionierungs-Service; Genauigkeit $1-3$ cm; echtzeitfähig.

Satellitensignale, die z. B. bei GPS aus dem → C/A-Code, dem → Y-Code und den Navigationsdaten bestehen und in binärer Form den Trägerfrequenzen im L_1- und L_2-Band aufgeprägt sind. Außerdem bei neueren GPS-Satelliten die L_5-Frequenz. Die Satelliten senden aktiv Signale aus, deren Nutzung passiv erfolgt. Die Messung der Entfernung zwischen Satellit und Antenne beruht auf der Bestimmung der Signallaufzeit. Verallgemeinert lauten die Signale der Satelliten: „Ich heiße, ich habe folgende Position, ich bewege mich auf folgender Umlaufbahn, ich habe meine Signale um soundsoviel Uhr ausgesendet.“ Diese sog. → Message ist den → Trägerwellen zusammen mit den → Codes aufmoduliert.

Session Gleichzeitige statische Messung mehrerer → GNSS-Empfänger. Mehrere Sessionen werden zu einer flächenhaften Netzanlage verknüpft (Multisession).

Sky Plot Polare Darstellung der Satellitenbahnen als Funktion der Zeit.

Strahlbeugung hier:

Ablenkung der von den Satelliten ausgesandten Signale (→ Satellitensignale) durch die Atmosphäre. Beim Durchgang der elektromagnetischen Wellen durch Ionosphäre und Troposphäre werden sie abgelenkt. Dabei können Veränderungen in der Ausbreitungsrichtung, der Ausbreitungsgeschwindigkeit und der Signalstärke auftreten. Durch Modellierungen wird versucht, diese atmosphärischen Einflüsse zu erfassen und in den Auswerteprozess der Satellitensignale einzubeziehen.

Trägermischphase Die aus der Differenz von rekonstruiertem → Satellitensignal und Referenzsignal gebildete Beobachtungsgröße, auch Rohphase, Trägerphase.

Trägerphasenmessung Trägermischphasenmessung oder nur kurz Phasenmessung; eine der → GNSS-Messgrößen.

Die Entfernung zwischen einem elektromagnetischen Sender (Satellit) und dem Empfänger lässt sich physikalisch beschreiben durch eine Anzahl von ganzen Wellenlängen, die zunächst nicht bekannt ist, zuzüglich eines messbaren Reststücks einer Wellenlänge (→ Phase).

Gemessen wird die Phase der → Trägerwelle. Die Trägerphasenmessung ist genauer als die → Codephasenmessung und wird daher bei geodätischen Anwendungen eingesetzt.

Betrachtet man zunächst nur einen Anfangszeitpunkt t_0, so beträgt hier die gemessene Phasenlage ϕ_0. Da sich diese Phase mit jeder Wellenlänge wiederholt, ist die Anzahl N der ganzen Wellenlängen λ zunächst nicht bekannt (→ Phasenmehrdeutigkeit). Während der Beobachtungszeit bewegt sich der Satellit weiter, und die Entfernung zum GNSS-Empfänger verändert sich. Wird dabei ununterbrochen bis zum Zeitpunkt t_i die Phase gemessen, so werden im Phasenmesser die in der Zwischenzeit eingegangenen vollen Wellenlängen C_i aufgezählt und die neue Phasenlage ϕ_i erhalten.

Die → Pseudostrecken P können aus Trägerphasenmessungen berechnet werden. Für eine konkrete Streckenbestimmung muss noch die unbekannte Integer-Anzahl N voller Wellenlängen (→ Phasenmehrdeutigkeit) gelöst werden. Tritt während der Messung eine Signalunterbrechung (→ Cycle Slip) auf, so kommt eine weitere unbekannte Phasenmehrdeutigkeit hinzu, die es zu lösen gilt.

Trägerwellen Von einem Sender ausgestrahlte hochfrequente Grundschwingung einer elektromagnetischen Welle, mit deren Hilfe Informationen transportiert werden sollen. Die zu transportierenden Informationen werden als niederfrequente Schwingungen nach dem Verfahren der Phasenmodulation der Trägerwelle überlagert.

Das → GPS-System z. B. arbeitet bisher mit zwei hochfrequenten Trägern → L_1/L_2, deren Frequenzen im Verhältnis 1:0,78 stehen. Sie werden von der sog. Grundfrequenz f_0 = 10,23 MHz abgeleitet. Mit Frequenzvervielfachern werden aus der Grundfrequenz die beiden Träger erzeugt:

Trägerwelle L_1:

$$f_1 = 154 \cdot f_0 = 1575,42 \text{ MHz}$$

Trägerwelle L_2:

$$f_2 = 120 \cdot f_0 = 1227,60 \text{ MHz}$$

wobei:

$$L_1 < 19 \text{ cm} \qquad L_2 < 24 \text{ cm}$$

Bei der GPS-Signalmodernisierung ist (Block IIF-Modernisierung) eine dritte Trägerfrequenz $L_5 = 1176,45$ MHZ implementiert worden, die es erlaubt, entfernungsabhängige Korrekturen zuverlässiger und genauer zu schätzen.

UTC Universal Time Coordinated (engl.): koordinierte Weltzeit.

Natürlicher Bezugspunkt unserer Zeitrechnung ist der Sonnenstand am Mittag, der von der Bewegung der Erde bestimmt wird. Die sog. Weltzeit UT (Universal Time) wird aus über die Erde verteilten Stationen ermittelt.

Seit 1972 wird aus der Eigenschwingung eines Cäsium-Atoms die sog. SI-Sekunde abgeleitet, die Grundlage für die hoch genaue Atomzeit TAI ist. Da die Drehgeschwindigkeit der Erde langsam und ungleichmäßig abnimmt, muss die hoch genaue Atomzeit TAI an das tropische Jahr angepasst werden, da auch das Tagesgeschehen nach dem Sonnenstand abläuft. Differieren Atom- (TAI) und Weltzeit (UT) um mehr als 0,7 Sekunden, wird am 1. Januar oder am 1. Juli eines Jahres eine sog. Schaltsekunde eingeschoben. Die Anpassung der Atomzeit TAI wird beschrieben durch die neue Zeit UTC:

$$UTC = TAI - n(n \text{ Sekunden}).$$

Vernetzung Das Verfahren der Vernetzung ermöglicht die synchrone Nutzung der in einem Referenzstationsnetz verfügbaren Daten zur Reduktion von systematischen Fehlereinflüssen, z. B. der ionosphärischen und troposphärischen Refraktion, bei der GNSS-Vermessung. Aus den Daten der → Referenzstationen wird eine verbesserte Modellierung dieser entfernungsabhängigen Fehleranteile möglich. Das Verfahren der Vernetzung ermöglicht daher wesentlich größere Abstände der Referenzstationen.

Virtuelle Referenzstation Möglichst nahe zur → Roverstation gelegene, örtlich nicht vorhandene → Referenzstation, für die mithilfe der durch die → Vernetzung gewonnenen Fehlermodellierung virtuelle (fiktive) Beobachtungen generiert werden.

9 Photogrammetrie

9.1 Begriffe

Unter der Photogrammetrie versteht man ein berührungsloses Messverfahren, bei dem aus photographisch gewonnenen Bildern durch deren Auswertung Form und räumliche Lage von Objekten bestimmt werden. Das primäre Ziel ist also die Bestimmung von geometrischen Eigenschaften. Als Instrument für die Datenerhebung dienen hierbei Kameras, mit denen die zu vermessenden Objekte unter vordefinierten Gesichtspunkten photographiert werden. Die Photogrammetrie liefert – im Unterschied zu den meisten anderen in diesem Lehrbuch besprochenen Messverfahren – im Allgemeinen dreidimensionale Ergebnisse. Zwar werden die Objekte durch den photographischen Prozess zweidimensional in die Bildebene abgebildet, am Ende der vielschichtigen Auswerteverfahren stehen jedoch 3D-Daten. Diese Ergebnisse können beispielsweise sein:

- (X,Y,Z)-Koordinaten von diskreten Punkten und hieraus abgeleitete Maße wie etwa Länge und Breite eines Gebäudes,
- Zeichnungen mit der Darstellung der strukturbildenden Ecken und Kanten, räumliche Drahtgittermodelle von Bauwerken oder Aufrisse von Bauwerksfassaden,
- Oberflächenmodelle (Digitale Höhenmodelle, DHM) für die Erdmassenermittlung, daraus abgeleitete Längs- und Querprofile,
- topographische Geländedarstellungen und Höhenlinienpläne, wie sie z. B. für die Aufgaben des Straßen- und Ingenieurbaus benötigt werden,
- Orthophotos und Bildpläne, d. h. maßstäbliche Bilddarstellungen mit Kartencharakter als Resultat von Entzerrungen,
- 3D-Photomodelle, versehen mit realitätsnahen Oberflächentexturen, einsetzbar für Virtual-Reality-Applikationen.

Betrachtet man die Entwicklung der Photogrammetrie unter historischen Gesichtspunkten, so können drei Epochen unterschieden werden:

***Analoge* Photogrammetrie** Von den Anfängen bis zu Beginn der 1980er-Jahre wurde Photogrammetrie ausschließlich analog betrieben. Die Aufnahmen wurden photochemisch auf Film erstellt, und die Auswertung erfolgte anhand von optisch-mechanischen Instrumenten. Auch die Ergebnisse wurden analog zumeist in Form von Zeichnungen bzw. Kartierungen auf Papier festgehalten.

***Analytische* Photogrammetrie** Mit der Verfügbarkeit von leistungsfähigen Computern ging der schrittweise Einzug von rechnerbasierten Verfahren in die Auswertung einher. Wurde bis dahin der photographische Abbildungsprozess optisch oder mechanisch nachgebildet, so übernahm jetzt diese Aufgabe der Computer mit der entsprechenden Software. Hierdurch eröffnete sich die Möglichkeit, Besonderheiten, wie zum Beispiel die Objektivverzeichnung, detailliert zu modellieren und bei der Objektrekonstruktion zu berücksichtigen. Neben den klassischen Luftbildanwendungen etablierte sich die Nahbereichsphotogrammetrie als eigenständige Disziplin, die die Vermessung von kleinräumigen Szenen mit überwiegend großmaßstäbiger Ergebnisdarstellung zum Inhalt hat. Die Speicherung der photogrammetrischen Auswertungsergebnisse verlagerte sich zunehmend von analog nach digital, etwa in die Umgebung von CAD-Systemen.

***Digitale* Photogrammetrie** Nachdem der Halbleiterchip den Film als Sensor in der Photographie nahezu ganz abgelöst hat, spricht man heute von der digitalen Photogrammetrie. Mit den Digitalkameras ist man in der Lage, die für die Auswertung benötigten Aufnahmen unmittelbar digital zu gewinnen. In der analytischen Photogrammetrie wurden zuletzt zwar auch schon digitale Aufnahmen verwendet, allerdings fand deren Gewinnung zumeist indirekt durch Digitalisierung des analogen Bildmaterials statt. Die Digitalkamera, die im Hinblick auf den photogrammetrischen Einsatz bestimmte Eigenschaften (Stabilität u. Ä.) aufweisen muss, kommt heute sowohl in der Nahbereichs- wie auch in der Luftbildphotogrammetrie nahezu ausnahmslos zum Einsatz. Damit wurden alle Teilschritte – Datenerfassung, Auswertung und Ergebnisdarstellung – auf eine digitale Basis gestellt. Durch die Digitalisierung konnten viele Einzelvorgänge automatisiert werden, wobei die Entwicklungen noch nicht abgeschlossen sind. Beispiele hierfür sind die automatische Bildorientierung, die Messung von Pass- und Verknüpfungspunkten, Bildzuordnung für die automatische Generierung von *Digitalen Höhenmodellen* oder die *Differenzielle Entzerrung*.

Gliedert man die Photogrammetrie unter dem Blickwinkel von Aufnahmeort, Objektgröße und Aufnahmedistanz, so kommt man zu folgender häufig benutzten Einteilung:

Luftbildphotogrammetrie Das Haupteinsatzgebiet ist die Herstellung von topographischen Karten und Bildplänen als Bestandteil der zumeist amtlichen Kartenwerke. Die großformatigen Aufnahmen werden von einem Flugzeug aus mit analogen oder digitalen Reihenmesskameras aus großer Höhe (i. Allg. mehr als 300 m Flughöhe) aufgezeichnet. Der typische Befliegungsmaßstab hängt vom Maßstab des Zielproduktes ab und schwankt zwischen 1:10 000 und 1:50 000. Das zu vermessende Objekt ist in der Regel die Erdoberfläche mitsamt Topographie und Gebäudebestand. Die Luftbild- oder Aerophotogrammetrie kommt häufig auch bei größeren Baumaßnahmen (z. B. Straßen- und Eisenbahnbau) für die Herstellung von Planungsunterlagen zum Einsatz. Die Bestimmung der geometrischen Parameter (Lage und Höhe) erfolgt mit einer Genauigkeit von etwa 10 bis 50 cm.

Nahbereichsphotogrammetrie Von Nahbereichsphotogrammetrie spricht man in der Regel, wenn die Aufnahmeentfernung nicht mehr als 200 bis 300 m beträgt; im Durchschnitt liegt sie unter 50 m. Bisweilen wird dieses Teilgebiet auch als terrestrische Photogrammetrie bezeichnet, weil die Aufnahmen in den meisten Fällen vom Erdboden aus erstellt werden. Hierbei kommen überwiegend klein- und mittelformatige Aufnahmekameras zum Einsatz, wobei die Aufnahmerichtungen im Unterschied zu den Luftbildern mehr oder weniger beliebig konvergent sind. Die Anwendungsgebiete der Nahbereichsphotogrammetrie sind äußerst vielfältig: Bauaufnahmen und Schadensdokumentationen in Architektur und Denkmalpflege, Bestandsaufnahmen bei Industrieanlagen (As-built-Dokumentationen), Vermessungen für Beweissicherungen, forensische Anwendungen wie die Dokumentation von Verkehrsunfällen und Tatortaufnahmen, Deformationsvermessungen, Formvermessung in der industriellen Fertigung usw. Es gibt noch eine Reihe von weiteren Beispielen aus unterschiedlichsten Fachgebieten, die hier nicht alle aufgezählt werden können. Die Genauigkeit (ρ), die bei Nahbereichsvermessungen typischerweise erzielt wird, liegt in einer Bandbreite von unter 1/10 mm bis etwa 3 cm.

Fernerkundung Nahezu zeitgleich mit der Raumfahrt etablierte sich die Fernerkundung als neues Teilgebiet der berührungslosen Messverfahren. Von Fernerkundung (Remote Sensing) spricht man, wenn die Informationsgewinnung aus dem Weltraum heraus geschieht, meistens von Satelliten, Raumfahrzeugen oder extrem hoch fliegenden Flugzeugen aus. Anders als bei den beiden zuvor genannten Anwendungsgebieten steht in der Fernerkundung weniger die Ableitung von geometrischen Parametern im Vordergrund. Vielmehr liegt das Hauptaugenmerk auf der Untersuchung der physikalischen Eigenschaften von Objekten und Zuständen auf der Erdoberfläche mithilfe von multispektralen Sensoren. In diesem Lehrbuch wird auf die Fernerkundung nicht eingegangen, für nähere Einzelheiten wird auf die Speziallliteratur verwiesen (z. B. *Kraus/Schneider* (1988), *Hildebrandt* (1996)).

In Kapitel 9.2 werden zunächst die mathematischen und aufnahmetechnischen Grundlagen besprochen. Danach folgt die Beschreibung der wichtigsten photogrammetrischen Auswertemethoden in Kapitel 9.3. Neben der Luftbild- und Nahbereichsphotogrammetrie hat sich die UAV-Photogrammetrie etabliert, die in Kapitel 9.4 beschrieben wird. Die Bilderfassung erfolgt hierbei unter Einsatz von unbemannten Fluggeräten (UAV).

9.2 Grundlagen der Photogrammetrie

In diesem Kapitel sollen grundlegende Definitionen und Zusammenhänge erläutert werden. Nach der zusammenfassenden Darstellung der fundamentalen mathematischen Beziehungen (Kap. 9.2.1) wird auf die Herstellung der Aufnahmen eingegangen (Kap. 9.2.2), die als Datenspeicher elementare Bedeutung haben.

9.2.1 Mathematische Beziehungen

Mit jeder Betätigung des Auslösers an der Kamera wird das im Allgemeinfall dreidimensionale Objekt in die zweidimensionale Ebene des Films bzw. Sensors abgebildet. Das mathematische Gesetz, das diesen Vorgang beschreibt, ist die *Zentralprojektion.* Alle sichtbaren Objektpunkte P_i sind in den Messbildern als Bildpunkte P_i' wiederzufinden, wobei die abbildenden Strahlen durch einen gemeinsamen Punkt gehen, das Projektionszentrum O (Abb. 9.2-1). Zunächst entsteht hierbei das seitenverkehrte Negativ auf der anderen Seite des Projektionszentrums. Für die Beschreibung des mathematischen Abbildungsmodells ist es jedoch hilfreicher, wenn man das Positivbild heranzieht. Das Negativ wird daher gedanklich in ein Positiv umgewandelt, das exakt den gleichen lotrechten Abstand zum Projektionszentrum hat.

Für den weiteren Fortgang der Betrachtungen werden zwei *Koordinatensysteme* eingeführt, siehe auch Abbildung 9.2-1. Das dreidimensionale, kartesische Objektkoordinatensystem S_O wird in der Regel lokal definiert und dient zur Koordinierung der Objektpunkte P_i in Gestalt der Koordinaten (X_i, Y_i, Z_i). Die Ergebnisse der photogrammetrischen Auswertung werden

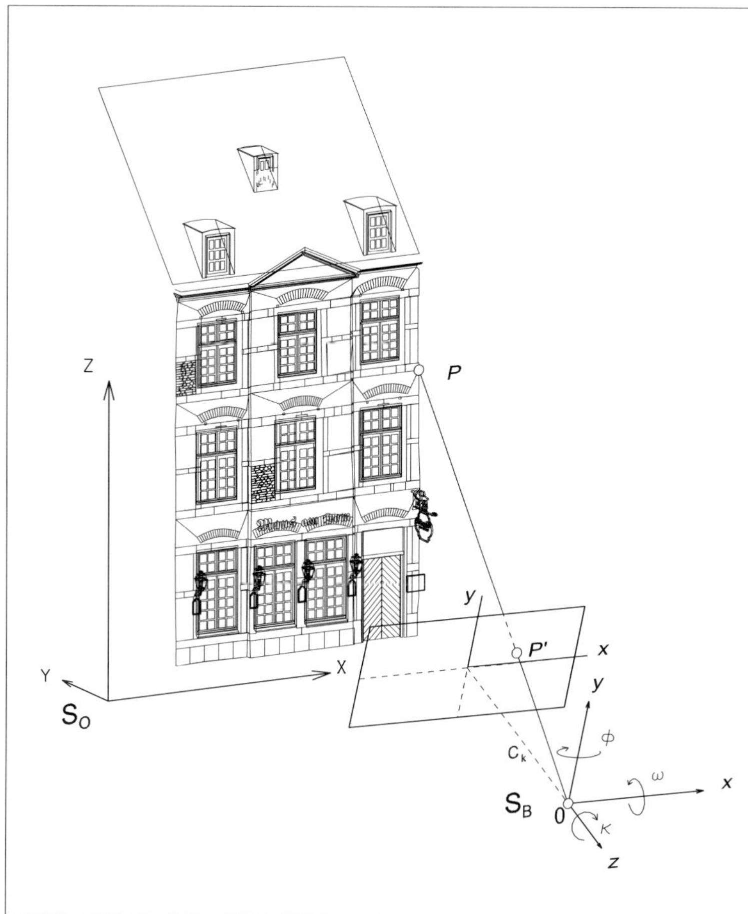

Abbildung 9.2-1: Zur mathematischen Beziehung zwischen Bild- und Objektpunkten

in diesem System dokumentiert. (Zu beachten ist, dass in der Photogrammetrie die Bezeichnung der Koordinatenachsen den Gepflogenheiten in der Mathematik folgt. Die Vertauschung der X- und Y-Bezeichnungen wie beim geodätischen Gauß-Krüger-System gibt es hier also nicht.)

Als zweites Koordinatensystem dient das Bildsystem S_B. Der Ursprung von S_B fällt mit dem Projektionszentrum O zusammen, wobei zunächst unterstellt wird, dass die senkrechte Projektion von O in die Bildebene mit dem x-y-Nullpunkt der Bildpunkte P_i' identisch ist. Die x-y-Ebene von S_B liegt parallel zur Bildebene. Auch das Bildkoordinatensystem S_B wird in diesem Zusammenhang generell als dreidimensionales Koordinatensystem behandelt, wobei die Besonderheit besteht, dass alle Bildpunkte P_i' den gleichen z-Wert aufweisen. Die (positive) z-Achse steht also senkrecht auf der Bildebene und zeigt vom Bildpositiv weg. Der senkrechte Abstand des Projektionszentrums zur Bildebene wird als Kamerakonstante[1] c_k

[1] Alte Bezeichnung: „Kammerkonstante“

bezeichnet und entspricht in erster Näherung der Brennweite des eingesetzten Objektivs. Die koordinatenmäßige Beschreibung der Bildpunkte P_i' erfolgt also durch $(x_i, y_i, -c_k)$, wobei gewöhnlich die Einheit Millimeter benutzt wird.

Das Bildsystem S_B ist im Allgemeinfall beliebig gegenüber dem Objektsystem S_O verschoben und verdreht, da die Aufnahmestandorte in gewissem Umfang frei wählbar sind. Die Verdrehung wird durch die drei Winkel ω (um X), φ (um Y) und κ (um Z) beschrieben, mit denen S_B rotatorisch in S_O überführt werden kann. Den funktionalen Zusammenhang zwischen den Objektpunkten P_i in S_O und den korrespondierenden Bildpunkten P_i' in S_B stellen die Kollinearitätsgleichungen (9.1) her (für die Herleitung dieser Gleichungen wird auf die einschlägige Literatur verwiesen, z. B. *Kraus* (2004), *Luhmann* (2018)):

$$
\begin{aligned}
x_i &= x_h - c_k \cdot \frac{r_{11} \cdot (X_i - X_0) + r_{21} \cdot (Y_i - Y_0) + r_{31} \cdot (Z_i - Z_0)}{r_{13} \cdot (X_i - X_0) + r_{23} \cdot (Y_i - Y_0) + r_{33} \cdot (Z_i - Z_0)} + dx; \\
y_i &= y_h - c_k \cdot \frac{r_{12} \cdot (X_i - X_0) + r_{22} \cdot (Y_i - Y_0) + r_{32} \cdot (Z_i - Z_0)}{r_{13} \cdot (X_i - X_0) + r_{23} \cdot (Y_i - Y_0) + r_{33} \cdot (Z_i - Z_0)} + dy.
\end{aligned}
\tag{9.1}
$$

Mit dem Begriff „kollinear" drückt man aus, dass die drei Punkte P_i, P_i' und O im Moment der Aufnahme auf einer gemeinsamen Geraden liegen. In diesen Gleichungen spielen neben den Objektkoordinaten (X_i, Y_i, Z_i) und den Bildkoordinaten (x_i, y_i) folgende Parameter eine Rolle:

- X_o, Y_o, Z_o: Koordinaten des Projektionszentrums O (= Aufnahmeort) in S_O
- r_{ij}: Komponenten der Rotationsmatrix R, die von den drei unabhängigen Drehwinkeln ω, φ und κ abhängen Gl. (9.2)
- c_k: Kamerakonstante
- x_h, y_h: Koordinaten des Bildhauptpunktes H in S_B
- dx, dy: Bildfehler

Die drei Koordinaten des Projektionszentrums (X_o, Y_o, Z_o) bilden zusammen mit den drei Drehwinkeln $(\omega, \varphi, \kappa)$ die Parameter der *Äußeren Orientierung*. Anschaulich gesprochen repräsentiert die Äußere Orientierung die Position und Drehung der Kamera ($= S_B$) gegenüber S_O zum Zeitpunkt der Aufnahme. Die Äußere Orientierung variiert mit jeder Aufnahme und muss als Voraussetzung für die Objektrekonstruktion bildindividuell bestimmt werden. Dieser Vorgang wird als *Bildorientierung* bezeichnet.

Die übrigen Parameter (Kameradaten c_k, x_h, y_h, dx, dy) werden unter dem Begriff der *Inneren Orientierung* zusammengefasst. Im Rahmen eines Projekts mit mehreren Aufnahmen wird die Innere Orientierung eines Aufnahmesystems, bestehend aus Kamera und Objektiv, gewöhnlich als konstant unterstellt. Die Bestimmung der Inneren Orientierung bezeichnet man als Kalibrierung. Sie kann vorab, zum Beispiel im Labor oder anhand eines Testfeldes, geschehen oder auch simultan im Zuge der Bildorientierung.

Rotationsmatrix R

Die Rotationsmatrix R beschreibt die Verdrehung von S_B gegenüber S_O. R ist eine 3×3-Matrix mit den neun Komponenten r_{ij}, die ihrerseits aus transzendenten Funktionen der drei unabhängigen Drehwinkel ω, φ und κ gebildet werden. Bei der Definition von Rotationsmatrizen gibt es grundsätzlich verschiedene Ansatzmöglichkeiten, die davon abhängen, welche Drehwinkel und Drehreihenfolge man wählt und ob die Achsen mitgedreht werden. In der

Photogrammetrie wird häufig folgende Darstellung benutzt, bei der die Drehungen nacheinander um die X-Achse (ω), dann um die Y-Achse (φ) und schließlich um die Z-Achse (κ) erfolgen, wobei jede Folgedrehung um die jeweils mitgedrehte Achse stattfindet (kardanische Drehungen):

$$R = \begin{pmatrix} \cos\varphi \cdot \cos\kappa & -\cos\varphi \cdot \sin\kappa & \sin\varphi \\ \cos\omega \cdot \sin\kappa + \sin\omega \cdot \sin\varphi \cdot \cos\kappa & \cos\omega \cdot \cos\kappa - \sin\omega \cdot \sin\varphi \cdot \sin\kappa & -\sin\omega \cdot \cos\varphi \\ \sin\omega \cdot \sin\kappa - \cos\omega \cdot \sin\varphi \cdot \cos\kappa & \sin\omega \cdot \cos\kappa + \cos\omega \cdot \sin\varphi \cdot \sin\kappa & \cos\omega \cdot \cos\varphi \end{pmatrix}. \tag{9.2}$$

Bildhauptpunkt H
Im Modell der photographischen Zentralprojektion müssen sich alle Bildkoordinaten auf den Bildhauptpunkt als Nullpunkt beziehen. Die Einführung eines Bildhauptpunktes H mit den Koordinaten (x_h, y_h) ist der Tatsache geschuldet, dass die senkrechte Projektion des Projektionszentrums O in die Bildebene nicht exakt in den durch die Rahmenmarken definierten Ursprung fällt. Wenn zum Beispiel Wechselobjektive eingesetzt werden, kann schon das bloße Ab- und Aufsetzen des Objektivs zu einer Veränderung der Hauptpunktlage führen. Das Bildkoordinatensystem wird bei der physikalischen Abbildung durch feste Rahmenmarken realisiert, die so definiert werden, dass der Koordinatennullpunkt in der Bildmitte liegt. Bei digitalen Kameras übernehmen die vier Detektoren in den Sensorecken die Funktion der Rahmenmarken. Die absoluten Werte von x_h und y_h betragen in der Praxis selten mehr als 0,1 – 0,2 mm.

Kamerakonstante c_k
Die Kamerakonstante c_k ist der wichtigste Parameter der Inneren Orientierung. Sie beschreibt den lotrechten Abstand des Projektionszentrums O zur Bildebene. In erster Näherung entspricht die Kamerakonstante c_k der Brennweite f des eingesetzten Objektivs. Die Kamerakonstante ist im Modell der photographischen Zentralprojektion jedoch eine rechnerische Größe und muss – wie die anderen Größen der Inneren Orientierung – im Rahmen einer Kalibrierung mit möglichst großer Präzision bestimmt werden. Der negative Wert von c_k bildet die konstante z-Koordinate der Bildpunkte im Bildkoordinatensystem S_B.

Bildfehler dx, dy
Die reine Zentralprojektion ist eine Idealvorstellung von der photographischen Abbildung. In der physikalischen Realität durchlaufen die abbildenden Strahlen ein System von Linsen mit mehr oder weniger großen Abbildungsfehlern. Diese Abbildungsfehler werden unter den Bildfehlern dx, dy subsummiert und als additive Anteile in den Kollinearitätsgleichungen zum Ansatz gebracht. In erster Linie ist die *Verzeichnung* des Objektivs als Bildfehlerquelle zu nennen, wobei die radial-symmetrische Verzeichnung wiederum die größte Rolle spielt. Die Hauptursache hierfür sind Brechungsänderungen der Objektivlinsen. Die Auswirkungen der radial-symmetrischen Verzeichnung hängen ausschließlich vom radialen Abstand ab, wobei der Abstand auf den Bildhauptpunkt H zu beziehen ist. An den Bildrändern macht sich diese Verzeichnungsform besonders stark bemerkbar; die Bildfehler dx, dy können bei handelsüblichen Objektiven mehrere 100 μm betragen. Spezialobjektive für photogrammetrische Zwecke weisen deutlich geringere Beträge auf. So ist bei Hochleistungsobjektiven für Luftbildanwendungen die Verzeichnung zum Teil so gering (weniger als 2 – 3 μm), dass

auf die Berücksichtigung der Verzeichnung ganz verzichtet werden kann. Bei der Modellierung der radial-symmetrischen Verzeichnung wird häufig ein polynomialer Ansatz mit den Koeffizienten $A_1 \ldots A_3$ benutzt:

$$\begin{aligned} dx_{rad-sym} &= x_i \cdot (r^2 - r_0^2) \cdot A_1 + x_i \cdot (r^4 - r_0^4) \cdot A_2 + x_i \cdot (r^6 - r_0^6) \cdot A_3; \\ dy_{rad-sym} &= y_i \cdot (r^2 - r_0^2) \cdot A_1 + y_i \cdot (r^4 - r_0^4) \cdot A_2 + y_i \cdot (r^6 - r_0^6) \cdot A_3. \end{aligned} \tag{9.3}$$

Hierin ist r_0 ein frei wählbarer Nulldurchgang der Verzeichnungskurve (Abb. 9.2-2), der eingeführt wird, um Korrelationen mit den übrigen Parametern der Inneren Orientierung zu vermeiden. In der Praxis wird für r_0 in der Regel ein Wert von etwa 2/3 des maximalen Bildradius festgelegt.

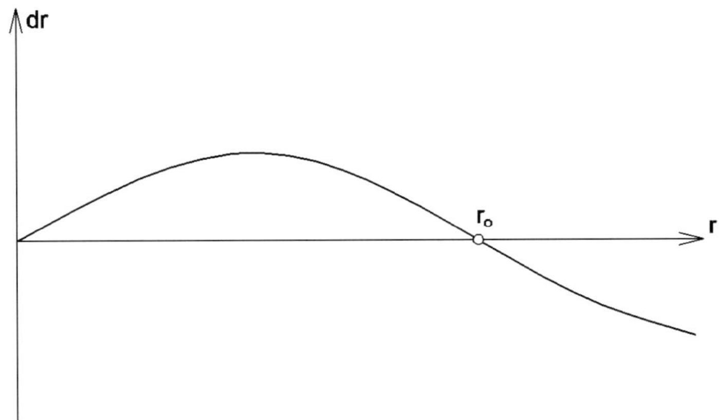

Abbildung 9.2-2: Radial-symmetrische Verzeichnung

Wenn die Parameter der Inneren und Äußeren Orientierung bekannt sind, kann anhand der Kollinearitätsgleichungen (Gl. (9.1)) zu jedem Objektpunkt P_i der entsprechende Bildpunkt P_i' bestimmt werden. Zu jedem Objektpunkt P_i gibt es genau einen Bildpunkt P_i'. Bei der photogrammetrischen Auswertung geht man jedoch den umgekehrten Weg: die Bildkoordinaten (x_i, y_i) werden gemessen, und das Ziel besteht in der Berechnung der Objektpunktkoordinaten (X_i, Y_i, Z_i). Die Umkehrung von Gl. (9.1) ergibt (ohne Herleitung):

$$\begin{aligned} X_i &= X_0 + (Z_i - Z_0) \cdot \frac{r_{11} \cdot (x_i - x_h - dx) + r_{12} \cdot (y_i - y_h - dy) - r_{13} \cdot c_k}{r_{31} \cdot (x_i - x_h - dx) + r_{32} \cdot (y_i - y_h - dy) - r_{33} \cdot c_k}; \\ Y_i &= Y_0 + (Z_i - Z_0) \cdot \frac{r_{21} \cdot (x_i - x_h - dx) + r_{22} \cdot (y_i - y_h - dy) - r_{23} \cdot c_k}{r_{31} \cdot (x_i - x_h - dx) + r_{32} \cdot (y_i - y_h - dy) - r_{33} \cdot c_k}. \end{aligned} \tag{9.4}$$

In diesen Gleichungen werden die Objektkoordinaten (X_i, Y_i, Z_i) als Funktion der Bildkoordinaten (x_i, y_i) ausgedrückt. Bei bekannter Innerer und Äußerer Orientierung stellen sie im Prinzip die Grundlage für die Objektrekonstruktion durch das photogrammetrische Vorwärtseinschneiden dar. Anhand von Gl. (9.4) wird allerdings auch klar, dass die vollständige

Bestimmung der 3D-Objektkoordinaten anhand nur eines Bildes nicht gelingen kann. Wir haben drei Unbekannte (X_i, Y_i, Z_i), aber nur zwei Bestimmungsgleichungen. Daher benötigt man für die dreidimensionale Objektrekonstruktion mindestens zwei Aufnahmen von unterschiedlichen Standorten aus.

In der Praxis benutzt man hingegen nicht Gl. (9.4), sondern die Kollinearitätsgleichungen (9.1) für die Berechnung der unbekannten Objektkoordinaten (X_i, Y_i, Z_i). Denn schon zwei Messbilder liefern vier Bestimmungsgleichungen für drei Unbekannte, und damit liegt ein überbestimmtes System vor. Redundante Gleichungssysteme werden am zweckmäßigsten durch *Ausgleichungsrechnung* gelöst. Als Voraussetzung hierfür sind die Gl. (9.1) bezüglich aller Unbekannten zu linearisieren. Strukturell gesehen haben wir also folgende Gleichungen mit den Bildbeobachtungen (x_i, y_i), dargestellt als Funktion der übrigen Parameter:

$$\begin{aligned} x_i &= f(c_k, x_h, dx, X_0, Y_0, Z_0, \omega, \varphi, \kappa, X_i, Y_i, Z_i); \\ y_i &= f(c_k, y_h, dy, X_0, Y_0, Z_0, \omega, \varphi, \kappa, X_i, Y_i, Z_i). \end{aligned} \tag{9.5}$$

Nähere Einzelheiten zur Ausgleichungsrechnung sind der Spezialliteratur zu entnehmen.

9.2.2 Herstellung der Aufnahmen

Den Aufnahmen kommt innerhalb des photogrammetrischen Messverfahrens eine besondere Bedeutung zu. Von der Güte der Messbilder hängt ab, welche Objektbestandteile erfasst werden können und welche Genauigkeit erzielbar ist. In diesem Zusammenhang sind technische (Kap. 9.2.2.1) und geometrische Aspekte (Kap. 9.2.2.3) zu unterscheiden.

9.2.2.1 Aufnahmetechnische Gesichtspunkte

Die photogrammetrischen Aufnahmen werden mit einer Kamera aufgezeichnet, wobei an dieser Stelle ausschließlich Kameras für die Einzelbilderstellung gemeint sind. Für Videokameras gelten viele der nachstehenden Feststellungen zwar auch, sie sollen hier aber nicht betrachtet werden. Grundsätzlich unterschieden werden die photo-chemische Bildaufzeichnung auf Film (analog) und die photo-elektrische Aufzeichnung mittels Bildsensor (digital).

Analoge Bildaufzeichnung

Die analoge Bildaufzeichnung auf Film ist heute im Prinzip Vergangenheit. Diese Feststellung gilt sowohl für die Nahbereichs- als auch für die Luftbildphotogrammetrie. War die Belichtung auf Filmemulsion jahrzehntelang die vorherrschende Technik, so wird sie wohl in Zukunft nur noch in Ausnahmefällen eingesetzt werden. An ihre Stelle treten die digitalen Aufnahmesysteme. Trotzdem soll kurz auf die Filmtechnologie eingegangen werden.

Der Film für die *photo-chemische Bildaufzeichnung* hat eine oder mehrere lichtempfindliche Emulsionsschichten, die in Abhängigkeit von Dauer und Menge des einfallenden Lichtes geschwärzt werden. Der Zusammenhang zwischen der Belichtungsmenge und der Schwärzung ist im Wesentlichen linear und wird anhand der Schwärzungskurve quantitativ beschrieben. Mit der Gradation bezeichnet man den Steigungswinkel der Schwärzungskurve. Die Gradation und damit die Kontraststeuerung hängt prinzipiell vom photographischen Material ab; sie kann aber auch durch den Entwicklungsprozess beeinflusst werden. Generell unterschieden werden Schwarz-Weiß- und Farbfilme, hinzu kommen noch Filme mit spezieller spektraler Empfindlichkeit wie etwa der Farbinfrarotfilm. Der normale Farbfilm hat eine Sensibilisierung für den Wellenlängenbereich von ca. 400 bis 700 nm. Neben der spektralen Empfindlichkeit ist die Korngröße ein wichtiger Parameter, die von einigen nm bis einigen μm variieren kann. Als Korn bezeichnet man die in der Emulsionsschicht verteilten Silberbromidkristalle, die auf den Lichteinfall reagieren. Je größer das Korn, umso höher ist die Lichtempfindlichkeit des Films. Allerdings sinkt mit zunehmender Korngröße auch das Auflösungsvermögen. Das Auflösungsvermögen wird gewöhnlich in Linienpaaren pro mm (Lp/mm) angegeben (= Anzahl der im Bild getrennt wahrnehmbaren Linienpaare pro mm), wobei 250 Lp/mm beispielhaft für einen Film mit einem hohen Auflösungsvermögen steht. Die Gesamtauflösung beträgt bei Luftbildern normalerweise etwa 40 bis 80 Lp/mm; hierin sind jedoch alle Einflusskomponenten des Abbildungsprozesses, wie Objektiv, Film, Atmosphäre usw., berücksichtigt. In Abhängigkeit der Einsatzbedingungen muss also bei der Auswahl des Films ein Kompromiss zwischen hoher Lichtempfindlichkeit und hohem Auflösungsvermögen gefunden werden.

Digitale Bildaufzeichnung

Die Erstellung der Messbilder anhand von digitalen Kameras oder Aufnahmesystemen ist heute der Standard. Hierbei treten *opto-elektronische Sensoren* auf Halbleiterbasis an die Stelle des Films. Der Sensor besteht aus zeilen- oder flächenhaft angeordneten Detektoren, in denen das einfallende Licht freie Elektronen erzeugt. Diese werden gemessen und sind damit ein Maß für die Lichtintensität.

Durch die Vorschaltung von Filtermasken können die Detektoren für ausgesuchte Farben, etwa für Rot, Grün oder Blau, empfindlich gemacht werden. Auf diese Weise erhält man die einzelnen Farbauszüge, die rechnerisch zu einem kompletten Farbbild zusammengesetzt werden.

Für die Belange der Photogrammetrie besonders interessant sind die *Flächensensoren*, weil diese dem klassischen Messbild auf Filmbasis am ehesten entsprechen. Sie sind von den technologischen Anforderungen her im Vergleich zu Zeilensensoren zwar deutlich aufwendiger, durch die matrixförmige Anordnung der Detektoren erhält man jedoch unmittelbar das perspektivische Bild. In Bezug auf das Ausleseverfahren und den konstruktiven Aufbau werden bei den Sensoren für gewöhnliche Digitalkameras zwei Bautypen unterschieden:

- Das Ausleseverfahren der *CCD-Sensoren* (Charge Coupled Device, ladungsgekoppelte Schaltung) beruht auf dem sog. Eimerkettenprinzip. Durch den Lichteinfall entstehen in den Detektoren freie Elektronen, also Ladungen (Photoelektrischer Effekt). Die Ladungen werden Zeile für Zeile in ein Ausleseregister geschoben, wo die Ladungsmenge schließlich ein Maß für die Lichtintensität (Helligkeit) ist. CCD-Sensoren haben grundsätzlich eine hohe Lichtempfindlichkeit und somit auch in lichtschwachen Szenen Vorteile, sie neigen aber zu einem als Blooming bezeichneten Effekt. Hierbei kommt es aufgrund von Überstrahlungen in den Bildelementen zu einem Ladungsüberlauf, der zu Verfälschungen im Intensitätsbild führt.
- Bei *CMOS-Sensoren* (Complementary Metal Oxide Semiconductor, komplementärer Metall-Oxid-Halbleiter) existiert zu jedem Detektor eine eigene Ausleseelektronik, die den Ladungsstrom und damit mittelbar die Lichtmenge erfasst. Der zyklische Transport der Ladungen zu einem gemeinsamen Ausleseregister entfällt. Durch die direkte Adressierung können CMOS-Sensoren sehr viel schneller arbeiten, allerdings wird ihnen eine höhere Rauschanfälligkeit nachgesagt. Mittlerweile werden überwiegend

CMOS-Sensoren verbaut, da sie Vorteile hinsichtlich Herstellungskosten und Energieverbrauch besitzen.

Die spektrale Empfindlichkeit von CCD- oder CMOS-Sensoren ist mit 400 bis 1100 nm gegenüber Filmemulsionen deutlich erweitert. Aus der Sicht der Photogrammetrie sind vor allem die inneren geometrischen Eigenschaften der Sensoren von Interesse. Die Sensorelemente (Detektoren) haben in der Regel eine quadratische Form und herstellerabhängig eine typische Größe von ca. 3 bis 12 μm. Die Fertigungsindustrie ist in der Lage, die Detektormatrix faktisch ohne Zwischenräume zu fertigen, sodass der Detektorabstand ebenfalls 3 bis 12 μm beträgt. Die Positionen der einzelnen Detektoren können bis auf ca. 0,1 μm genau eingehalten werden, was für photogrammetrische Anwendungen kein Problem darstellt. Aus Detektorgröße und -abstand und der Anzahl der Sensorelemente in Zeilen- und Spaltenrichtung ergibt sich das verfügbare Bildformat. Im Hinblick auf die Messgenauigkeit wünscht man sich möglichst großformatige Sensoren. Je größer der Sensor, umso mehr kann mit einem Bild abgedeckt werden, d. h. umso größer kann der Bildmaßstab gewählt werden, was wiederum unmittelbar die erzielbare Genauigkeit erhöht. Ein weiterer Vorteil stellt die Tatsache dar, dass die Detektormatrix in sich äußerst stabil ist. Effekte wie Filmverzug oder mangelnde Planlage des Films, die sich bei der analogen Technologie negativ auf die Messgenauigkeit auswirken, hat man hier also nicht. Allerdings konnten orthogonale Abweichungen des Sensors von einer exakten Ebene bis zu 10 μm nachgewiesen werden. Auch ist nicht ausgeschlossen, dass die Zeilen und Spalten der Detektormatrix eine geringfügige Scherung aufweisen, das korrespondierende Bildkoordinatensystem also nicht exakt kartesisch-orthogonal ist. Für normale photogrammetrische Anwendungen etwa im Architekturbereich mit Zentimetergenauigkeit spielen diese Dinge keine Rolle. Will man jedoch Präzisionsvermessungen durchführen, kann diese Unregelmäßigkeit zu Genauigkeitsverlusten führen, denn das mathematische Modell geht von einer exakten Bildebene aus.

Als wichtigstes Leistungsmerkmal von Digitalkameras wird oft die Anzahl der Pixel in x- bzw. y-Richtung der damit produzierbaren Bilder angegeben. Wenn handelsübliche Kameras photogrammetrisch eingesetzt werden, beträgt die geometrische Bildauflösung im Allgemeinen mindestens 3 000 – 4 000 Pixel pro Zeile oder Spalte. Weniger sollte die Kamera nicht haben, wenn man eine möglichst hohe Detailerkennbarkeit gewährleisten will. Digitalkameras für den Luftbildbereich arbeiten heute mit Auflösungen von mehr als 15 000 Pixel pro Zeile oder Spalte, wobei die Entwicklungen sicherlich noch nicht abgeschlossen sind. Berücksichtigen sollte man bei diesen Zahlen immer auch das Bildformat, also die absolute Größe des Sensors. Denn hiervon hängen letztendlich in Verbindung mit der Brennweite des eingesetzten Objektivs der Bildmaßstab und damit die erzielbare Genauigkeit ab.

Messkameras

Von einer Messkamera im photogrammetrischen Sinn spricht man, wenn folgende Eigenschaften gewährleistet sind:

- *Das Bildkoordinatensystem ist einheitlich definiert.* Die Realisierung des Bildkoordinatensystems erfolgt klassisch durch Rahmenmarken. Diese befinden sich bei analogen Filmkameras auf den Seitenmitten oder in den Ecken des Anlegerahmens und werden bei jeder Aufnahme mit abgebildet. Hierdurch wird in allen Aufnahmen die gleiche x-y-Bildkoordinatenebene definiert. Eine Sonderform der Rahmenmarkendefinition ist durch Réseau-Kameras gegeben. Hierbei ist unmittelbar vor dem Film eine dünne Glasplatte mit einem regelmäßigen, gleichabständigen Gitter aus zumeist feinen Kreuzen, dem sog. Réseau, eingebaut. Bei jeder Aufnahme werden die Réseaukreuze ähnlich wie Rahmenmarken abgebildet und definieren auf diese Art ein konstantes Bildkoordinatensystem. Gleichzeitig sorgt die Réseauglasplatte für die Planlage des Films. Für derartige Kameras wurde seinerzeit die Kategorie der Teilmesskameras eingeführt. Bei Digitalkameras mit Flächensensor ist die Bildebene implizit durch die Sensorebene verkörpert. Die Zeilen und Spalten der Sensormatrix repräsentieren ein kartesisches x-y-Pixelkoordinatensystem, das prinzipiell direkt als Bildkoordinatensystem mit dem Ursprung in einer Sensorecke benutzt werden kann. In der Praxis übernehmen jedoch die vier Pixel in den Sensorecken die Funktion der Rahmenmarken. Den Eckpixeln werden geeignete Sollkoordinaten in Millimetereinheiten zugewiesen, sodass man nach der Rahmenmarkentransformation wieder auf das gewohnte Bildsystem mit dem x-y-Ursprung in der Bildmitte kommt.

- *Die Innere Orientierung ist stabil.* Hiermit ist gemeint, dass vor allem die Kamerakonstante c_k und der Bildhauptpunkt (x_h, y_h) – zumindest während der Aufnahmephase – unveränderlich sind. In der Vergangenheit wurde dies instrumentell dadurch erreicht, indem man das Objektiv fest mit dem Kamerakörper verband, also kein Wechselobjektiv benutzt wurde. Zudem waren Fokussierung – meist auf unendlich – und Blende durch Festeinstellungen fixiert. Im Zeitalter der digitalen Photogrammetrie wird von der Forderung nach einer stabilen Inneren Orientierung zunehmend Abstand genommen. Vielmehr werden die Kameraparameter projektbezogen im Rahmen der Selbstkalibrierung bei der Bildorientierung (Kap. 9.3.3.1) simultan bestimmt. Speziell in der Nahbereichsphotogrammetrie hat dies dazu geführt, dass sich der breite Einsatz von hochauflösenden, handelsüblichen Digitalkameras mit dem Vorteil einer großen Auswahl an Wechselobjektiven durchgesetzt hat.
- *Das Objektiv verfügt über gute Abbildungseigenschaften.* Das Objektiv sollte eine hohe und gleichmäßige Abbildungsschärfe haben, damit das gegebenenfalls hohe Auflösungsvermögen des aufzeichnenden Systems (Film oder Sensor) ausgenutzt werden kann. Zudem sollte die Verzeichnung möglichst gering, im Idealfall vernachlässigbar klein sein. Die Verzeichnung kann allerdings ähnlich wie die Kamerakonstante und Hauptpunktkoordinaten häufig im Zuge der Selbstkalibrierung bestimmt werden. Weil die Verzeichnung so größtenteils rechnerisch kompensierbar ist, wird daher heute auf diese Abbildungseigenschaft weniger Wert gelegt als früher.
- *Die Kamera besitzt einen Zentralverschluss.* Diese technische Option ist vor allem dann wichtig, wenn sich das Objekt gegenüber der Kamera bewegt, wie es zum Beispiel bei Luftbildaufnahmen vom Flugzeug aus von Natur aus gegeben ist. Durch den Zentralverschluss werden alle Bereiche des Bildes zeitgleich belichtet, und es herrscht damit über die komplette Bildfläche die gleiche Äußere Orientierung.

Kameras für Luftbildanwendungen

Die in der Luftbildphotogrammetrie eingesetzten Kameras sind in der Regel Spezialkameras, zumeist für topographische Anwendungen konzipiert, und haben daher von sich aus alle oben genannten Eigenschaften einer Messkamera. In der Vergangenheit standen ausschließlich analoge Kameras zur Verfügung, sog. Reihenmesskameras (Abb. 9.2-3). Mit diesen rollfilmbasierten Kamerasystemen wurden Aufnahmen im Großformat von $23 \times 23\ \text{cm}^2$ produziert. Um Bildebenheit zu gewährleisten, verfügen die Systeme über Ansaugvorrichtungen, die den Film zum Zeitpunkt der Aufnahme plan halten. Der kürzeste zeitliche Abstand zwischen zwei Aufnahmen (Bildfolgezeit) betrug 1,5 bis 2 sec. Die Belichtungszeiten konnten von 1/100 bis 1/1 000 sec gewählt werden. Die Objektive der analogen Luftbildkameras gab es ausschließlich in Ausführungen mit Festbrennweiten, wie beispielsweise 90, 150, 210 oder 300 mm. Im Praxisbetrieb am häufigsten eingesetzt wurden 150 und 300 mm. Die Verzeichnung dieser Hochleistungsobjektive betrug in der Regel weniger als $2-3\ \mu$m.

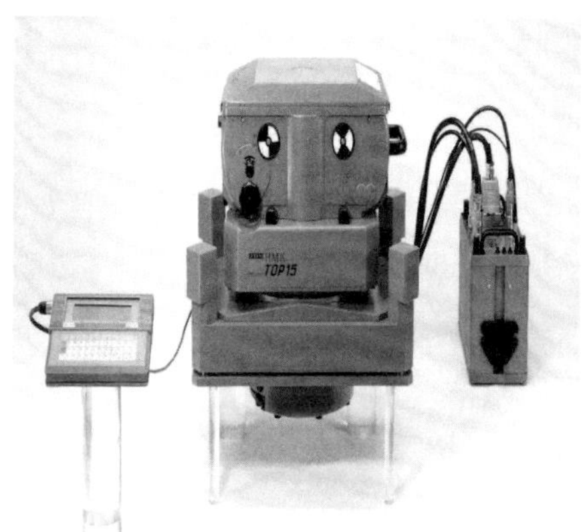

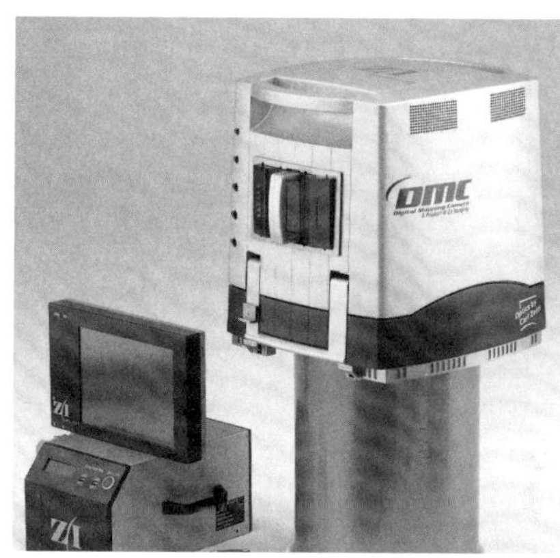

Abbildung 9.2-3: Analoge (links, `RMK TOP 15/23`) und digitale (rechts, `DMC`) Luftbildkameras von INTERGRAPH Z/I IMAGING (heute nicht mehr gebaut)

Die Entwicklung der *digitalen Luftbildkameras* hat ihre Wurzeln in den satellitengestützten Aufnahmesystemen, wo diese Art der Bildaufzeichnung aufgrund der Rückholproblematik schon früher eingesetzt werden musste. Die Schwierigkeit im Luftbildbereich liegt in der Bereitstellung von entsprechend großen Sensoren, damit eine der Analogtechnik vergleichbare Leistungsfähigkeit gegeben ist. Hinzu kommen hohe Anforderungen hinsichtlich Bildrate (mindestens 1 Bild/4 sec) und Datenmenge (200 MB/Bild und mehr). Einen Flächensensor in der Größe der analogen Filmaufnahme, also 23×23 cm^2, ist technisch bzw. wirtschaftlich bislang nicht realisierbar. Aus diesem Grund gibt es zwei Entwicklungskonzepte, die entweder auf einer Detektormatrix oder einer Detektorzeile basieren.

Die matrixbasierten Kamerasysteme setzen sich aus vier oder mehr einzelnen CCD- bzw. CMOS-Kameras zusammen. Diese Einzelkameras verfügen ihrerseits über rechteckige oder quadratische Flächensensoren mit einer Detektoranzahl von ca. 4 000 bis 8 000 Pixel pro Zeile oder Spalte. Die Größe eines Bildelementes beträgt ca. $4-6\ \mu$m. Die Einzelaufnahmen werden rechnerisch so zusammengesetzt, dass zum Schluss ein großformatiges Gesamtbild mit den geometrischen Eigenschaften der Zentralprojektion vorliegt. Das Gesamtbild hat am Ende eine Größe von ca. 5 000 bis 15 000 Pixel in Flugrichtung und bis zu ca. 38 000 Pixel quer zur Flugrichtung (Schwadbreite) pro Zeile oder Spalte. In der Regel werden panchromatische Schwarz-Weiß-(PAN) zusammen mit RGB-Farbaufnahmen aufgezeichnet. Die entsprechenden Kameraköpfe sind häufig mit unterschiedlichen Brennweiten ausgerüstet, was zu ungleichen Auflösungen der PAN- und RGB-Bilder am Boden führt. Die geometrischen Dimensionen und Auflösungen der Sensoren werden in Verbindung mit den Objektivbrennweiten so aufeinander abgestimmt, dass sich die Bilder optimal für die (automatische) Bildorientierung und Herstellung der Endprodukte (Höhenmodelle, Orthophotos etc.) ergänzen. Neben PAN-

und RGB-Sensoren verfügen Luftbildkameras oftmals über die Möglichkeit zur Aufzeichnung von Bildern im nahen Infrarotspektrum (NIR). Der NIR-Sensor besitzt zumeist eine geringere geometrische Bodenauflösung, dafür können Anwender aus Landwirtschaft, Biologie, Umweltwissenschaften usw. anhand dieser Bilder – ähnlich wie in der Fernerkundung – interpretatorische Untersuchungen etwa zur Vegetation durchführen.

Das Alternativkonzept ist die Dreizeilenkamera, bestehend aus einer vorwärts-, einer rückwärts- und einer nadirgerichteten Detektorzeile. Das überflogene Gelände wird somit im Pushbroom-Prinzip abgetastet und faktisch entstehen Aufnahmen aus drei unterschiedlichen Perspektiven. Einen Verschluss benötigt diese Art von Kamera nicht, da die Signalerfassung kontinuierlich erfolgt. Unabdingbar ist die Bestückung derartiger Aufnahmesysteme mit hoch genauen GNSS- und Inertialeinheiten (IMU). Denn jede aufgenommene Bildzeile besitzt eine andere äußere Orientierung, und für die photogrammetrische Auswertung müssen die Zeilendaten noch anhand der Positionsdaten zu zentralprojektiven Bildern zusammengesetzt werden.

In Tabelle 9.2-1 werden einige Leistungsmerkmale einer digitalen Luftbildkamera der neuesten Generation zusammengefasst.

Hierbei handelt es sich um einen auf Matrixsensoren basierenden Typ mit mehreren Kameraköpfen für PAN-, RGB- und NIR-Aufnahmen. Das Grundgerüst bilden zwei weitwinklige PAN-Aufnahmen mittels 40-mm-Objektive, die zwar nicht die größte Bodenauflösung aufbieten, dafür aber zusammengesetzt einen großflächigen Bodenausschnitt abdecken. Bei 2 000 m Flughöhe zum Beispiel beträgt dieser ca. 3 500 × 2 250 m^2. Die Aufnahmen haben in Flugrichtung etwa 80 % Überdeckung, was zu stabilen Bildverbänden als Grundlage für gute Orientierungsergebnisse führt. Bei dieser Flughöhe haben die parallel erfassten RGB-Bilder eine Bodenauflösung (GSD, Ground Sampling Distance) von etwa 10 cm, da diese Aufnahmen mit 2,5-fach längerer Brennweite (100 mm) aufgezeichnet werden. Damit ist die geometrische Auflösung der Farbaufnahmen fast dreimal so groß, was im Hinblick auf Endprodukte wie hochqualitative Orthophotos vorteilhaft ist. Die jeweils fünf Teilbilder der einzelnen RGB-Sensoren werden zu einem RGB-Gesamtbild zusammengesetzt, das nach der Prozessierung eine Größe von 38 000 × 5 000 Pixel besitzt und dann mit einer Bodenabdeckung von 3 500 × 460 m^2 korrespondiert. Nur quer zur Flugrichtung erfassen PAN- und RGB-Aufnahmen den Boden bei diesem Kameratyp also mit gleicher Schwadbreite. Die Aufnahmefrequenz ist so bemessen, dass die Bodenfläche in Flugrichtung durch die RGB-Bilder lückenlos mit einer Überlappung von 20 % erfasst wird.

Kameras für Nahbereichsanwendungen

Für Nahbereichsanwendungen werden überwiegend Kameras im Kleinbild- (36 × 24 mm^2) bzw. im Mittelformat (ca. 60 × 60 mm^2) eingesetzt. In der Vergangenheit wurden einige spezialisierte Messkameras mit stabiler Innerer Orientierung entwickelt, und zwar sowohl als Analog- wie auch als Digitalkamera. Allerdings werden heute in der Nahbereichspraxis zunehmend handelsübliche High-End-Digitalkameras mit hoher Bildauflösung (mind. 3 000 Pixel pro Zeile bzw. Spalte) aus der Serienfertigung eingesetzt. Es handelt sich dabei überwiegend um Spiegelreflexkameras im Kleinbildformat von bekannten Herstellern. Diese modernen Kameras haben deutliche Vorteile hinsichtlich Kosten, Flexibilität und Handhabung. So muss sich der Anwender beispielsweise um die Belichtungssteuerung kaum noch kümmern, da dieses die Kamera automatisch erledigt. Die fehlende Stabilität der Inneren Orientierung von Serienkameras kann oftmals hingenommen werden, da dieser Mangel rechnerisch

	PAN	RGB	NIR
Bildgröße [Pixel]	13 280 × 9 000	38 000 × 5 000	7 600 × 5 000
Sensorgröße [mm]	70 × 45	175 × 23	35 × 23
Detektorgröße [μm]	5,2 × 5,2	4,6 × 4,6	4,6 × 4,6
Brennweite [mm]	40	100	23
Blende	1 / 4,8	1 / 5,6	1 / 5,6
Bildfeld bei H=2000 m [m]	3500 × 2250	3500 × 460	3045 × 2000
GSD bei H=2000 m [cm]	26 × 26	9,2 × 9,2	40 × 40
Aufnahmerate [Bilder/sec]	0,6		
Gewicht [kg]	64		

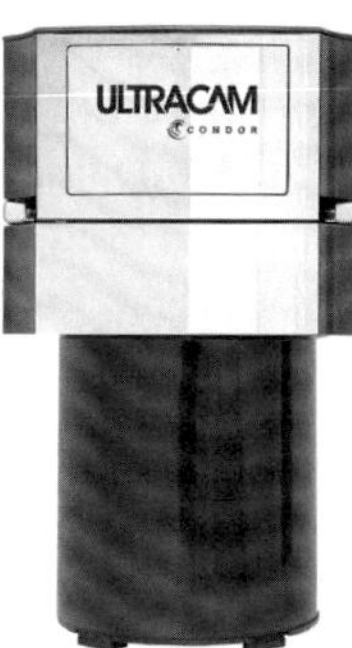

Tabelle 9.2-1: Technische Daten der digitalen Luftbildkamera `UltraCam Condor` (©VEXCEL IMAGING GMBH)

durch Selbstkalibrierung kompensierbar ist. Die Tabelle 9.2-2 verdeutlicht exemplarisch Eigenschaften und Leistungsvermögen derartiger Kameras.

Sensorgröße [Pixel]	8 256 × 5 504
Sensorgröße [mm]	35,9 × 23,9
Detektorgröße [μm]	4,34 × 4,34
Empfindlichkeit [ISO] (Std.)	64 – 102 400
Verschlusszeit [sec]	1/8 000 bis 30
Farbtiefe [bit]	14
Aufnahmerate [Bilder/sec]	bis 9
Gewicht o. Objektiv [g]	985

Tabelle 9.2-2: Technische Daten der digitalen Kleinbildkamera `D850` von NIKON

Auf zwei Eigenschaften dieses Kameratyps soll besonders hingewiesen werden, die für den photogrammetrischen Einsatz in der Praxis bedeutsam sind:

- Die Kamera verfügt über einen sog. Vollformatsensor. D. h., der Bildsensor hat eine Ausdehnung von 24×36 mm^2 und entspricht damit dem klassischen Kleinbildformat. Hierdurch können Aufnahmen mit einem möglichst großen Bildmaßstab erstellt werden, was sich günstig auf die Messgenauigkeit auswirkt. Der Vollformatsensor ist in diesem Kamerasegment zwar nicht der Standard, mittlerweile aber häufig anzutreffen, sodass man genügend Auswahl hat.
- Außerdem kann die Empfindlichkeit (*ISO-Wert*) gezielt eingestellt werden. Die Lichtempfindlichkeit wird standardisiert nach der ISO-Skala anhand von Werten wie 100, 200, 400 usw. spezifiziert. Mit jedem Schritt in der Zahlenreihe verdoppelt sich die Lichtempfindlichkeit entsprechend einer Blenden- oder Zeitstufe. Beim Film gibt es zwar Emulsionen mit unterschiedlichen Empfindlichkeiten, sie sind aber naturgemäß fest vorgegeben. Benötigt man eine andere Empfindlichkeit, muss man den Film wechseln. Fast alle Digitalkameras bieten dagegen die Möglichkeit, den ISO-Wert und damit

die Lichtempfindlichkeit einfach per Schalter einzustellen. Zudem reicht die Skala in weit größere Empfindlichkeitsbereiche, als von der Analogaufnahme her bekannt (z. B. ISO 25 600). Damit ist man in der Lage, mit Digitalkameras auch in lichtschwachen Umgebungen brauchbare Aufnahmen ohne künstliches Licht zu erstellen, was ein weiterer Vorteil ist. Generell steigt zwar mit zunehmendem ISO-Wert das Bildrauschen. Bei modernen, guten Digitalkameras ist dieser Effekt jedoch so gering, dass er die Auswertung der Aufnahmen nicht negativ beeinflusst.

9.2.2.2 Kameras für UAV-Anwendungen

In Kapitel 9.4 wird auf photogrammetrische Anwendungen mit UAV (Unmanned Aerial Vehicle, „Drohne") als Trägergerät eingegangen. Die UAV-gestützte Photogrammetrie arbeitet methodisch wie die Luftbildphotogrammetrie und hat sich mittlerweile als eigenständiges Vermessungssegment etabliert, wobei der Einsatz nur in kleinräumigen Gebieten bis ca. 10 ha wirklich sinnvoll ist. Bedingt durch gesetzliche sowie technische Limitierungen bei der Gesamtmasse und der maximalen Flugdauer von UAV spielt der Gewichtsaspekt der Kamera bei dieser Art von Anwendungen eine ausschlaggebende Rolle. Aus diesem Grund werden die Flugroboter für photogrammetrische Zwecke vorwiegend mit Kompakt- oder Systemkameras bestückt, die nur wenige Hundert Gramm wiegen und in riesiger Auswahl am Markt verfügbar sind. Zwar sind die Sensorauflösungen mit ca. 10 bis 30 MP und die optische Abbildungsqualität von derartigen Kameras durchaus ausreichend für die kleinräumigen Messaufgaben, allerdings sind die Sensorformate eher klein. Häufig haben die Kompaktkameras Sensorgrößen (z. B. 1 Zoll), die unter dem APS-C-Format ($23,6 \times 15,7$ mm^2) liegen und somit nur kleine Bildmaßstäbe und Bildabdeckungen am Boden zulassen. Auch wenn man mit kleinformatigen Bildsensoren prinzipiell photogrammetrisch arbeiten kann: Für gute Messgenauigkeiten und arbeitsökonomisch vorteilhafte Bildverbände sollten die beiden Faktoren das genaue Gegenteil sein. Außerdem sind groß dimensionierte Sensoren mit zumeist entsprechend größeren Bildelementen (Detektoren) hinsichtlich Rauschverhalten und Dynamikumfang der Digitalaufnahmen im Vorteil.

Viele Entwickler von UAV bestücken ihre Fluggeräte mit herstellereigenen Kameralösungen, die oftmals nur zusammen mit dem jeweiligen System einsetzbar sind. Tabelle 9.2-3 zeigt beispielhaft die Kenndaten einer proprietären Kamera, die für (semi-)professionelle Zwecke konzipiert ist. Die Kamera verfügt über einen APS-C-Sensor und damit über ein in dieser Kameraklasse eher überdurchschnittliches Größenformat. Auch kann die Kamera mit mehreren Wechselobjektiven von 16 bis 50 mm Festbrennweite kombiniert werden, sodass wichtige Voraussetzungen für den flexiblen Einsatz in photogrammetrischen Projekten gegeben sind.

Digitale Kameras, zumal wenn sie nicht zum höherpreisigen Segment zählen, arbeiten überwiegend mit elektronischen Verschlüssen (engl. *Shutter*), d. h. ohne mechanische Schlitz- oder Zentralverschlussvorrichtungen. Der zeitliche Ablauf des Belichtungsvorgangs wird also ausschließlich durch die elektronische Überwachung der Bildelemente gesteuert. Hierbei werden zwei Arbeitsweisen unterschieden: das Global-Shutter- und das Rolling-Shutter-Prinzip. Beim Global Shutter sind die Zeitpunkte für Beginn und Ende eines Belichtungszyklus in allen Zeilen des Sensors exakt identisch. Der Prozess der Ladungsansammlung (Integration) und damit die Belichtung finden demnach über das ganze Bild gesehen gleichzeitig statt, was dem Arbeitsprinzip von mechanischen Zentralverschlüssen entspricht. Bei

Sensorgröße [Pixel]	6016×4008
Sensorgröße [mm]	$23,6 \times 15,7$
Detektorgröße [μm]	$3,9 \times 3,9$
Empfindlichkeit [ISO] (Std.)	100– 25 600
Verschlusszeit [sec]	1/8 000 bis 8
Farbtiefe [bit]	12
Aufnahmerate [Bilder/sec]	bis 20
Gewicht o. Objektiv [g]	450

Tabelle 9.2-3: Technische Daten der UAV-Kamera `DJI Zenmuse X7` (©DJI INNOVATIONS)

den heute häufig verbauten CMOS-Sensoren erfolgt die Belichtung dagegen bauartbedingt Zeile für Zeile mit einem kleinen Zeitversatz, sodass der Rolling-Shutter-Effekt auftritt. Die Ladungsansammlung beginnt in einer Zeile erst, nachdem in der vorherigen der Ausleseprozess beendet ist. Der Belichtungsvorgang ist bei den CMOS-Kameras somit vergleichbar mit der Arbeitsweise von mechanischen Schlitzverschlüssen. Wenn sich die Kamera (oder das Objekt) während der Aufnahmen bewegt, besitzt jede Bildzeile aufgrund des Rolling-Shutter-Effektes eine andere äußere Orientierung und die Grundannahme der zentralprojektiven Abbildung über das gesamte Bild ist verletzt. In den Aufnahmen treten dann nichtlineare Bildverzerrungen auf. UAV-Anwendungen arbeiten in der Mehrzahl mit CMOS-Kameras und sind aufgrund der vergleichsweise hohen Fluggeschwindigkeiten in der Regel hochkinematisch. In Verbindung mit niedrigen Flughöhen und damit großen Bildmaßstäben kommt der Rolling-Shutter-Effekt somit voll zum Tragen und ist in der UAV-Praxis nicht zu vernachlässigen. Mathematisch lässt sich der Rolling-Shutter-Effekt in den Kollineargleichungen (Gl. 9.1) durch funktionale Erweiterungen modellieren, indem man die äußere Orientierung einer Aufnahme nicht als Konstante über das ganze Bild, sondern linear variabel in Abhängigkeit von der Bildzeile (d. h. der y-Bildkoordinate) ansetzt. Die Genauigkeit von photogrammetrisch bestimmten 3D-Objektkoordinaten in UAV-Bildverbänden kann auf diese Weise um den Faktor vier bis fünf gesteigert werden.

9.2.2.3 Geometrische Gesichtspunkte

Neben den technischen Aspekten spielen geometrische Überlegungen bei der Anfertigung der Aufnahmen eine wichtige Rolle. Durch die räumliche Anordnung der Aufnahmen, also die Aufnahmekonfiguration, und die Wahl des eingesetzten Kamerasystems (Bildmaßstab) werden Auswerteaufwand und erzielbare Genauigkeit wesentlich beeinflusst.

Grundsätzliche Überlegungen

Das Grundprinzip der photogrammetrischen 3D-Punktbestimmung basiert auf dem Verfahren der Triangulation. Abbildung 9.2-4 verdeutlicht das Prinzip. Im einfachsten Fall werden zwei Aufnahmen A und B von nebeneinander liegenden Standorten mit den Projektionszentren O' und O'' aus erstellt. Ein diskreter Objektpunkt P findet sich als Bildpunkt P' bzw. P'' in beiden Aufnahmen wieder. Die inneren und äußeren Orientierungen der Bilder A und

B seien bekannt bzw. bestimmt worden. Somit können gemäß Gl. (9.1) anhand der gemessenen Bildpunktkoordinaten (x', y') und (x'', y'') die entsprechenden räumlichen Bildstrahlen rekonstruiert werden. Die Punkte O', O'' und P bilden ein räumliches Dreieck. Durch Vorwärtseinschneiden der räumlichen Bildstrahlen erhält man die 3D-Koordinaten von P.

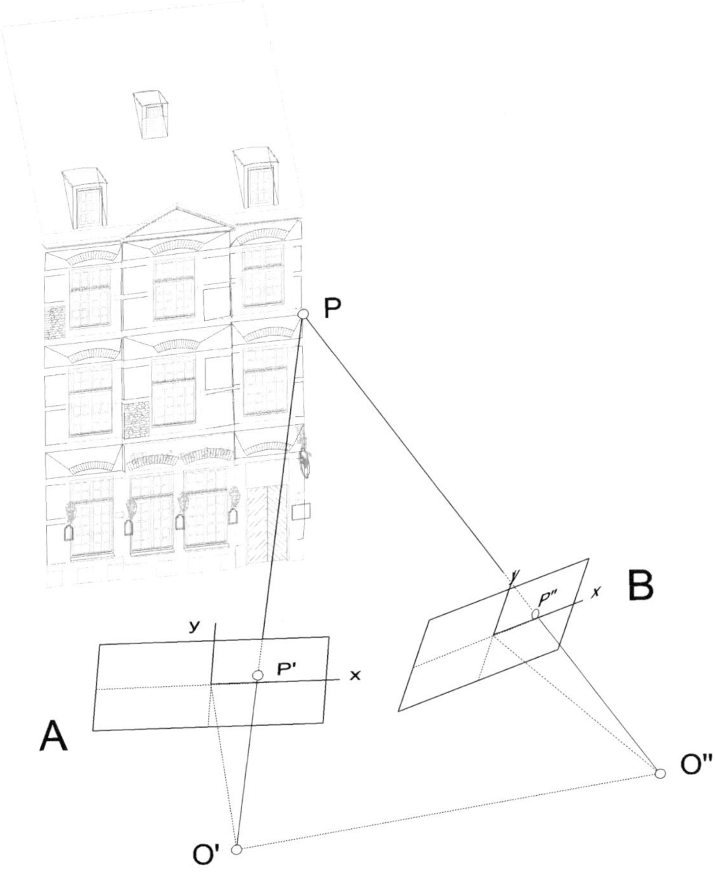

Abbildung 9.2-4: Prinzip der photogrammetrischen Punktbestimmung (3D-Triangulation)

Die Tatsache, dass die Punktbestimmung in der Photogrammetrie letztlich durch das Vorwärtseinschneiden von Raumgeraden erfolgt, hat grundlegende Bedeutung für die Anordnung der Aufnahmen. Entscheidend sind hierbei Aufnahmeort und Aufnahmerichtung. Eine optimale Punktgenauigkeit wird bekanntlich beim Vorwärtsschnitt erzielt, wenn die punktbestimmenden Strahlen möglichst senkrecht zueinander liegen, oder anders ausgedrückt, sollten die Schnitte möglichst wenig schleifend sein. Demnach würde man also die Aufnahmerichtungen von A und B stark konvergent festlegen (Schnittwinkel ca. 100 gon). Allerdings bedeutet eine starke Konvergenz andererseits, dass Objektbereiche in den Aufnahmen leicht verdeckt sein können und dann gar nicht in beiden Bildern sichtbar sind. Diese Feststellung gilt umso mehr, je stärker die Tiefengliederung des Objekts ist. Die Aufnahmestandorte müssen dann näher aneinanderrücken, und die Aufnahmerichtungen sollten weniger konvergieren, also eher parallel sein. Zusammenfassend besteht also die Aufgabe, einen Kompromiss zwischen optimaler Schnittgeometrie und niedrigem Verdeckungsgrad zu finden.

In die vorgenannten Überlegungen ist der Bildmaßstab mit einzubeziehen. Der Bildmaßstab M_b ist das Verhältnis von der Kamerakonstanten c_k zur Aufnahmeentfernung E bzw. das Verhältnis der Bildstrecke d' zur entsprechenden Objektstrecke d (Abb. 9.2-5):

$$M_b = \frac{c_k}{E} = \frac{d'}{d}. \tag{9.6}$$

Je größer der Bildmaßstab gewählt ist, umso besser können erfahrungsgemäß Details in den Bildern erkannt und lokalisiert werden. Gleichzeitig steigert man damit letztlich die Messgenauigkeit. Unter diesem Aspekt ist man daher bestrebt, den Bildmaßstab möglichst groß zu halten. Dies erreicht man, indem

- man möglichst nah an das Objekt herangeht, die Aufnahmeentfernung E also möglichst klein wählt, und/oder
- ein Objektiv mit möglichst großer Brennweite eingesetzt wird, die Kamerakonstante c_k also möglichst groß ist.

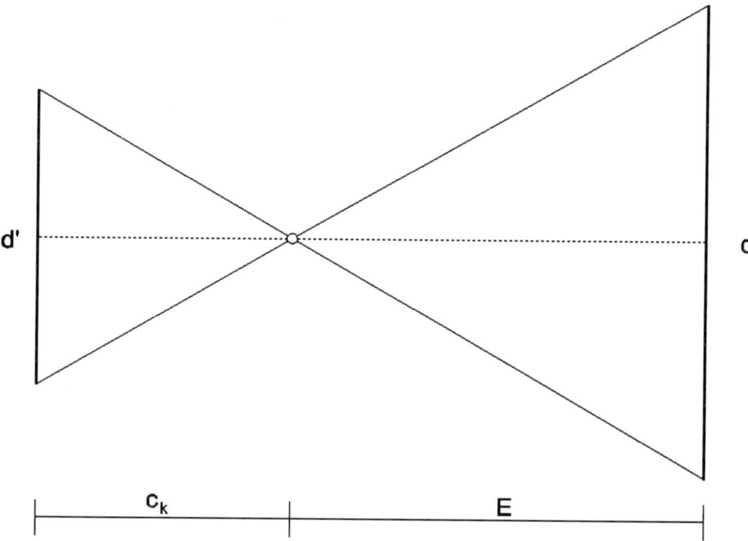

Abbildung 9.2-5: Der Bildmaßstab M_b hängt von der Kamerakonstanten c_k und der Aufnahmeentfernung E ab

Mit zunehmendem Bildmaßstab sinkt jedoch die abgedeckte Objektfläche, die pro Bild erfasst werden kann. Somit muss die Anzahl der Aufnahmen erhöht werden, was wiederum einen erhöhten Auswerteaufwand zur Folge hat. Bei der Aufnahmeplanung ist in Bezug auf den Abbildungsmaßstab daher ein Kompromiss zwischen diesen sich widersprechenden Kriterien zu suchen.

Anzumerken ist, dass der Abbildungsmaßstab nur dann überall konstant ist, wenn die Objektebene parallel zur Bildebene liegt (Senkrechtaufnahme). Wenn die Aufnahmerichtung extrem schräg ist oder eine ausgeprägte räumliche Tiefengliederung des Objekts vorliegt, schwankt der Bildmaßstab mehr oder weniger stark. Entweder plant man dann die Aufnahmekonfiguration mit Maßstabsminimum und -maximum durch, um die Extremwerte abschätzen zu können. Oder – was häufig geschieht – man benutzt für seine Überlegungen einen mittleren Maßstab, der repräsentativ für alle Objektbereiche gilt.

Aufnahmekonfigurationen bei Luftbildanwendungen
Die Luftbildphotogrammetrie dient überwiegend zur topographischen Erfassung und Darstellung der Erdoberfläche in Gestalt von Karten. Die Datenerfassung, also die Herstellung der Aufnahmen, findet in der Regel durch Befliegungen mit Flugzeugen statt, die mit speziell für Luftbildanwendungen entwickelten Kameras (analog oder digital) ausgerüstet sind.

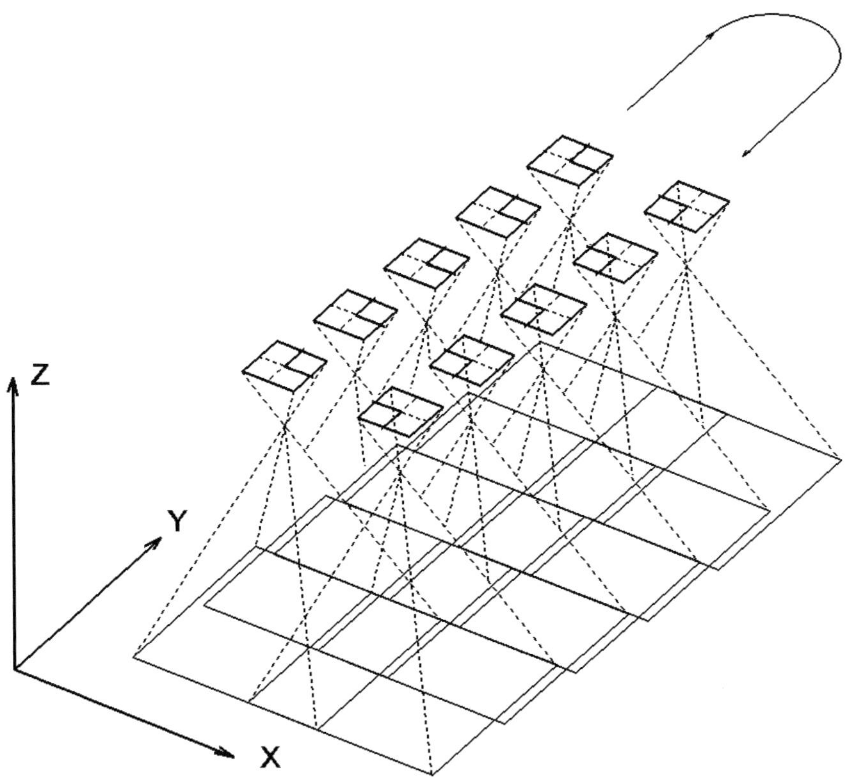

Abbildung 9.2-6: Aufnahmeanordnung bei der Luftbildbefliegung

Im Luftbildbereich ist die Aufnahmekonfiguration relativ stark standardisiert. Abbildung 9.2-6 zeigt die typische Aufnahmeanordnung einer Gebietsbefliegung. Die aufzunehmenden Luftbild-Regionen werden mäanderförmig in angrenzenden Streifen beflogen und hierbei in einem zeitlich regelmäßigen Abstand Aufnahmen erstellt. Es entsteht ein großflächiger Bildverband. Luftbildvermessungen erfolgen häufig auch im Zusammenhang mit größeren Baumaßnahmen, etwa bei Autobahnen oder Eisenbahntrassen. In diesen Fällen wird die Befliegung nicht flächenhaft, sondern linienförmig durchgeführt.

Luftbildaufnahmen erfolgen vor dem Hintergrund folgender Überlegungen:

- Das typische Auswerteverfahren für Luftbilder ist die Stereoauswertung anhand von Bildpaaren in *Normalfallanordnung* (vgl. Kap. 9.3.2). Hierfür werden Senkrechtaufnahmen benötigt, die untereinander parallele Aufnahmerichtungen aufweisen. Die Aufnahmerichtungen zeigen senkrecht zum Erdboden. Je zwei benachbarte Luftbilder erfüllen somit automatisch die Normalfallanordnung, was elementare Voraussetzung für die Stereobetrachtung ist. Aufgrund der natürlichen Bewegungen von Flugzeug und Kamera während des Fluges liegt zwar streng genommen nur der genäherte Normalfall vor; dies ist für das Verfahren aber unschädlich, da die Abweichungen nur wenige Grad betragen.
- Für die Orientierung (Aerotriangulation) und die Auswertung der Aufnahmen müssen sich die Bilder teilweise überlappen, d. h., jeder Punkt der Erdoberfläche muss in mindestens zwei Bildern abgebildet sein. Innerhalb eines Flugstreifens wird die Aufnahmefrequenz daher so bemessen, dass sich die Bilder zu 60 % überdecken (Längsüberdeckung p = 60 %). Der Flugabstand zwischen den Streifen wird zudem so gewählt, dass quer zur Flugrichtung eine Querüberdeckung von q = 20 − 30 % herrscht.
- Von der Flughöhe hängt in Verbindung mit der Objektivbrennweite (Kamerakonstante c_k) der Bildmaßstab M_b ab (Gl. (9.6)). Der Bildmaßstab ist wiederum so zu wählen, dass die Auflösung am Erdboden für die Erkennbarkeit von Details ausreicht und die gewünschte Auswertegenauigkeit in Lage und Höhe gewährleistet ist. In der Praxis haben sich in Abhängigkeit von den einzelnen Endprodukten (Karten) bestimmte Standardbildmaßstäbe bewährt. Ein Beispiel: Für die Herstellung von topographischen Karten im Maßstab 1:5 000 werden die Luftaufnahmen gewöhnlich im Bildmaßstab von 1:13 500 bis 1:21 000 erstellt.

Auf der Grundlage dieser Überlegungen findet vor Beginn einer Befliegungskampagne die Bildflugplanung statt. Bei der Bildflugplanung werden alle Flugparameter, wie Objektivwahl, Flughöhe, Basislänge (Aufnahmefrequenz), Längs- und Querüberdeckung, Bild- und Streifenanzahl usw., festgelegt bzw. berechnet. Zu den Details der Flugplanung wird auf die Spezialliteratur verwiesen (z. B. *Kraus* (2004)). Ergänzend sei erwähnt, dass moderne Befliegungen oftmals in Verbindung mit GNSS und Inertialmesssystemen (IMU) stattfinden, die an die Kamera gekoppelt sind. Hiermit erhält man während des Fluges unmittelbar Positions- und Neigungsdaten, also Daten zur Äußeren Orientierung, die in die anschließende Orientierungsberechnung als Direktbeobachtungen einfließen.

Aufnahmekonfigurationen bei Nahbereichsanwendungen

In der Nahbereichsphotogrammetrie werden Aufnahmestandorte und -richtungen sehr viel freier gewählt. In den meisten Fällen erfolgen die Aufnahmen vom Erdboden aus, sodass allein deswegen viel mehr Flexibilität gegeben ist. Häufig sind es die örtlichen Platzverhältnisse, die auf die Aufnahmeanordnung großen Einfluss nehmen und für Restriktionen sorgen. Die günstigste Aufnahmeanordnung ist nach der Art des auszumessenden Objekts und der geforderten Genauigkeit auszuwählen.

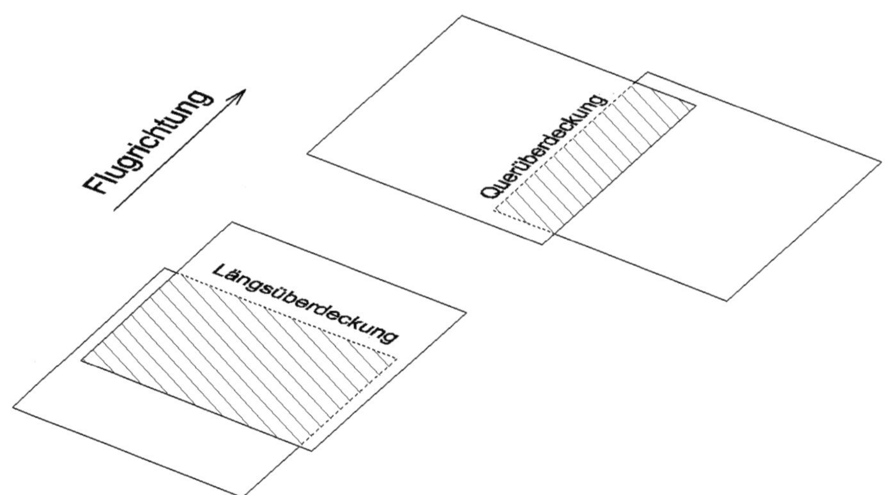

Abbildung 9.2-7: Längs- und Querüberdeckung im Luftbildverband

Aufnahmen für Einzelbildauswertungen (Entzerrungen)

Typisches Anwendungsgebiet der Einzelbildauswertung ist die Entzerrung von ebenen Objekten (siehe Kap. 9.3.1). Wird für ein ebenes Objekt, z. B. die Frontfassade eines Gebäudes, nur eine ebene Auswertung in der Breite und der Höhe (Koordinaten X und Y) benötigt, kann die Aufnahme als Einzelbild erfolgen. Man stellt sich dazu mit der Kamera so vor der Fassade auf, dass bei möglichst senkrecht zur Fassade weisender Aufnahmerichtung diese vollformatig erfasst wird. D. h., wenn im Bildformat beispielsweise die Fassadenhöhe kleiner als die Breite ist, wählt man die Entfernung des Standpunktes A so aus, dass die Fassadenhöhe das Bildformat in der Höhe ausfüllt, damit ein möglichst großer Bildmaßstab gewährleistet ist. Die restlichen Fassadenteile werden von weiteren Standpunkten $B, C, \ldots$ erfasst (Abb. 9.2-8).

Die auf die Mitte des aufzunehmenden Fassadenbereichs weisende Aufnahmerichtung sollte möglichst senkrecht zur Fassade stehen (Senkrechtaufnahme), damit das Abbild möglichst wenig verzerrt wird und der Bildmaßstab überall homogen ist. Falls es sich also mit einer Leiter oder einer Hebebühne einrichten lässt, sollte der Aufnahmestandpunkt daher in der halben Fassadenhöhe gewählt werden. Bei Hochhäusern, deren Höhe die Breite vielfach übertrifft, sind die Standpunkte A, B, C usw. übereinander anzuordnen. Man könnte hier beispielsweise von einem gegenüberliegenden Hochhaus oder einer passenden Hebeeinrichtung aus photographieren. Bei beengten Raumverhältnissen muss die Brennweite des Objektivs entsprechend kurz gewählt werden.

Befinden sich Fassadenpunkte wie bei Mauervorsprüngen oder Fensternischen in unterschiedlichen Ebenen vor oder hinter der eigentlichen Hauptfassadenfläche, müssen diese Vorsprünge durch Stichmaße dE erfasst und in die Auswertung einbezogen werden. Ignoriert man bei der Auswertung die Abweichung aus der Ebene, führt dies zu einem Fehler. Wie groß dieser Fehler sein kann, zeigt Abbildung 9.2-9. Aus Einfachheitsgründen wird eine exakte Senkrechtaufnahme angenommen, Objekt- und Bildebene sind also parallel. Aus dem Vergleich von ähnlichen Dreiecken ergibt sich:

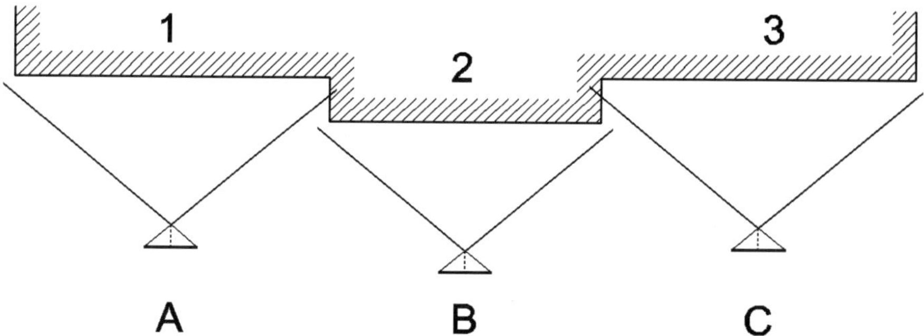

Abbildung 9.2-8: Aufnahmeanordnung für die Einzelbildentzerrung bei lang gestreckten Objekten

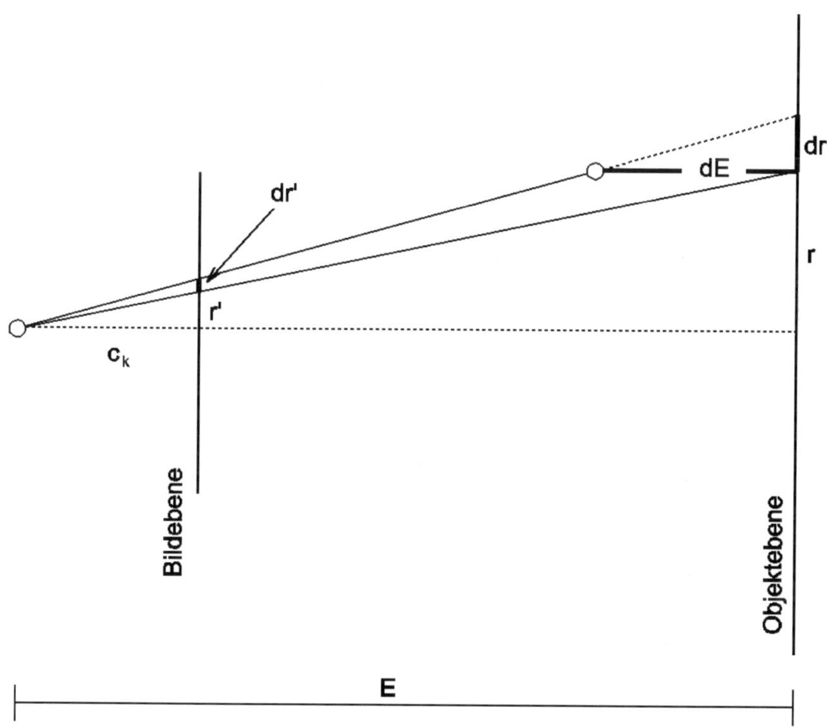

Abbildung 9.2-9: Radiale Punktverschiebung bei Punkten außerhalb der Entzerrungsebene

$$dr = dE \cdot \frac{r'}{c_k}. \tag{9.7}$$

Die radiale Punktverschiebung dr im Objektraum hängt demnach vom Stichmaß dE, der Lage im Bild (Abstand r' zur Bildmitte) und der Kamerakonstanten c_k ab.

Aufnahmen für Stereobildauswertungen
Wenn die Aufnahmen für Stereoauswertungen (Kap. 9.3.2) geeignet sein sollen, muss jedes Bildpaar (genähert) der Normalfallanordnung genügen. Vom klassischen *Normalfall* der Photogrammetrie spricht man, wenn die Aufnahmerichtungen von zwei benachbarten, sich überlappenden Aufnahmen parallel zueinander und gleichzeitig orthogonal zur Aufnahmebasis b sind (Abb. 9.2-10). Die Bilder befinden sich dann in der sog. Stereoanordnung und die stereoskopische Auswertung mit räumlicher Wahrnehmung des in beiden Bildern gemeinsam abgelichteten Objektbereichs wird dadurch möglich. Die Auswertung liefert unmittelbar 3D-Koordinaten (X, Y, Z), und zwar auch von Punkten, die nicht monoskopisch identifizierbar sind.

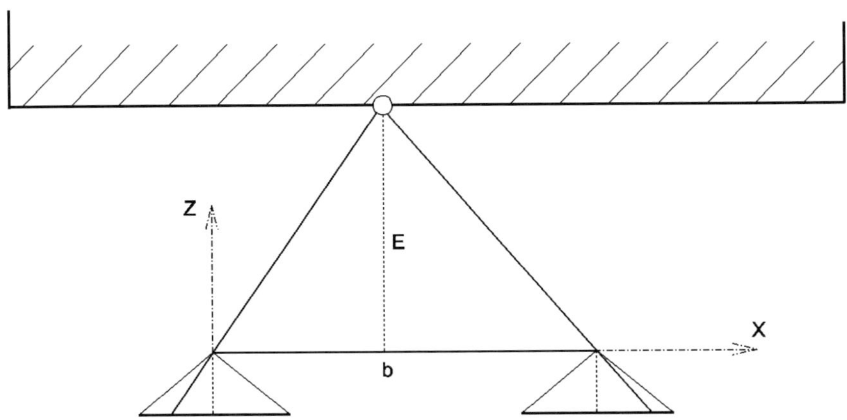

Abbildung 9.2-10: Aufnahmeanordnung im (strengen) Stereonormalfall

Bei größeren Objekten, z. B. einer längeren Häuserreihe, werden die Standpunktpaare so neben- bzw. übereinander angeordnet, dass das gesamte Objekt überlappend aufgenommen wird und überall ein Stereomodell gegeben ist. Die Basislänge b sollte einen Wert zwischen 1/4 und 1/20 der mittleren Aufnahmeentfernung E betragen (Basisverhältnis $b : E$). Das Basisverhältnis sollte generell möglichst groß sein, denn – wie noch gezeigt wird – hängt die erzielbare Messgenauigkeit, speziell die Tiefenmessgenauigkeit, entscheidend hiervon ab.

Aufnahmen für Mehrbildauswertungen
Bei der Mehrbildaufnahme wird das Objekt systematisch von allen Seiten und aus allen Richtungen photographiert (Abb. 9.2-11). Die Aufnahmestandorte und – zumeist konvergenten – Aufnahmerichtungen werden so gewählt, dass alle Objektbereiche in mindestens zwei Aufnahmen abgebildet sind. Im Durchschnitt ist ein Überdeckungsgrad von mindestens 50 % (besser sind 60 – 70 %) anzustreben. Die Anzahl der Bilder ist prinzipiell beliebig, sie richtet

sich nach der Größe und Komplexität des zu vermessenden Objekts und dem erforderlichen Bildmaßstab. Je beengter die Platzsituation vor Ort ist, umso größer ist erfahrungsgemäß die erforderliche Anzahl der Aufnahmen. Das Ergebnis ist schließlich ein Bildverband, der alle Objektbereiche abdeckt. Die Auswertung der Aufnahmen geschieht gewöhnlich durch Mehrbildtriangulation (Kap. 9.3.3). Daher ist bei der Erstellung der Aufnahmen immer das in Kap. 9.2.2.3 erläuterte Triangulationsprinzip zu berücksichtigen.

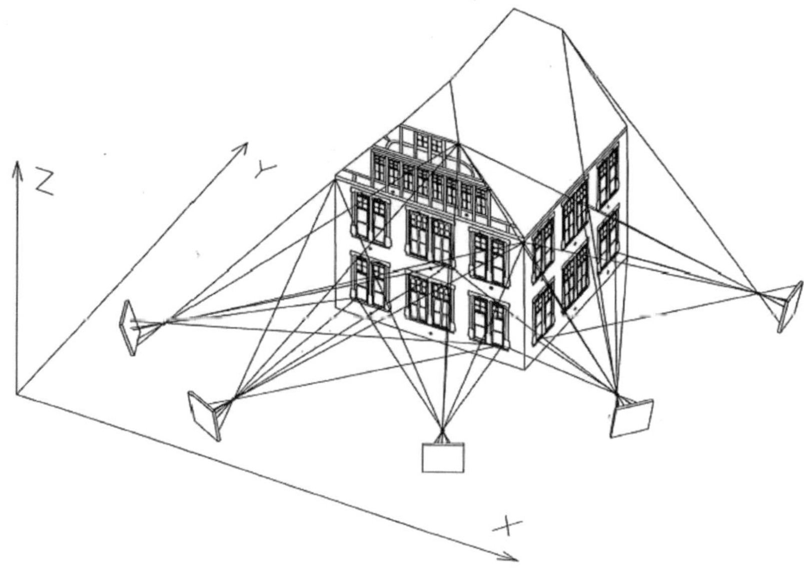

Abbildung 9.2-11: Mehrbildverband

Passpunktmessungen

Bei allen vorgenannten Verfahren wird Passinformation benötigt. Dies sind normalerweise dreidimensionale Passpunkte, also ausgesuchte Objektpunkte mit bekannten (X,Y,Z)-Koordinaten im Objektkoordinatensystem S_O. Die Passpunkte sollten so gewählt werden, dass sie gut in den Aufnahmen identifizierbar sind. Anhand der Passpunkte wird der Bezug zum Objektkoordinatensystem hergestellt, sodass die Dokumentation der Auswerteergebnisse unmittelbar hierin stattfindet. Zu den erforderlichen Außenarbeiten zählt also auch die Passpunktmessung, wobei gewöhnlich geodätische Bestimmungsmethoden mithilfe von Tachymetern und GNSS etc. eingesetzt werden.

Genauigkeitsabschätzung

Bevor man ein photogrammetrisches Projekt beginnt, möchte man sich häufig vorab einen Überblick über die zu erwartende Genauigkeit verschaffen. Hierbei interessiert vor allem die durchschnittliche Genauigkeit einzelner gemessener Objektpunkte. Für die Abschätzung der Genauigkeit gibt es drei Ansatzmöglichkeiten:

a) Ein einfacher und probater Weg zur Abschätzung der erreichbaren Genauigkeit geht über den (mittleren) Bildmaßstab. Mit der Standardabweichung $\sigma_{x,y}$ einer gemessenen Bildpunktkoordinate x oder y gilt für den Objektraum:

$$\sigma_{X,Y} = m_b \cdot \sigma_{x,y}. \tag{9.8}$$

Hierin ist m_b die Bildmaßstabszahl ($M_b = 1 : m_b$). Mit $\sigma_{X,Y}$ ist primär die Genauigkeit senkrecht zur Aufnahmerichtung gemeint. Natürliche Punkte können in den Bildern im Durchschnitt mit etwa $\sigma_{x,y} = 10$ bis $20\ \mu$m manuell gemessen werden. Wenn der Bildmaßstab beispielsweise 1:500 beträgt, kommt man hiernach auf eine Auswertegenauigkeit von 5 bis 10 mm für einen einzelnen Punkt.

Dieser Ansatz ist in der Praxis gängig, allerdings auch sehr grob. Es muss berücksichtigt werden, dass dieser Wert sowohl schlechter als auch besser sein kann. Einfluss auf die Auswertegenauigkeit nehmen Faktoren wie die Schnittqualität und Anzahl der punktbestimmenden Raumstrahlen, Genauigkeit der Orientierungselemente, Stabilität des Bildverbandes, Güte und Dichte der Passpunkte usw. Daher wird Gl. (9.8) oft durch einen Korrekturfaktor q erweitert:

$$\sigma_{X,Y} = q \cdot m_b \cdot \sigma_{x,y}. \tag{9.9}$$

Unter günstigen Verhältnissen (gute Schnittgeometrie) hat q einen Wert etwa zwischen 0,4 und 0,8. Sind die Bedingungen weniger gut als bei der Stereosituation mit nur zwei Bildern, so sollte mit einem Korrekturfaktor von 1,5 bis 3,0 gerechnet werden. Die richtige Bemessung des Korrekturfaktors setzt einige praktische Erfahrung voraus.

b) Ein anderer Ansatz geht von den Formeln für die Auswertung von Normalfallaufnahmen aus (vgl. Kap. 9.3.2.2). Wendet man auf Gl. (9.13) das Varianzfortpflanzungsgesetz (Kap. 14.3.5) an, erhält man:

$$\begin{aligned} \sigma_Z &= \frac{Z^2}{c_k \cdot b} \cdot \sigma_{px} = \frac{Z}{c_k} \cdot \frac{Z}{b} \cdot \sigma_{px}, \\ \sigma_Y &= \sqrt{(\frac{y'}{c_k} \cdot \sigma_Z)^2 + (\frac{Z}{c_k} \cdot \sigma_{y'})^2} \qquad \text{sowie} \\ \sigma_X &= \sqrt{(\frac{x'}{c_k} \cdot \sigma_Z)^2 + (\frac{Z}{c_k} \cdot \sigma_{x'})^2}. \end{aligned} \tag{9.10}$$

Zur Bedeutung der Größen siehe Kapitel 9.3.2.2; σ_{px} ist die Genauigkeit der gemessenen x-Parallaxe ($p_x = x' - x''$). Der kritische Punkt ist zumeist die Tiefenmessgenauigkeit σ_Z, weil diese in der Regel um den Faktor 2 (oder mehr) schlechter als die Lagegenauigkeiten σ_X und σ_Y ist. Anhand von Gl. (9.10) sieht man, dass σ_Z vom Bildmaßstab ($c_k : Z$) und vom Basisverhältnis ($b : Z$) abhängt; beide sollten möglichst groß sein. Zwar sind die genannten Formeln primär für die Beurteilung von reinen Stereobildpaaren gedacht, sie werden aber auch für Untersuchungen in Bildverbänden herangezogen. Denn in den Bildverbänden gibt es häufig Bildpaare, die zumindest genähert der Normalfallanordnung entsprechen, sodass die Vorgehensweise berechtigt ist.

c) Der aufwendigste Weg ist die Simulationsrechnung, die bei der Vermessung anhand von Bildverbänden bisweilen zum Zuge kommt. Hierbei werden zunächst alle Daten bezüglich der Aufnahmestandorte und -richtungen (Äußere Orientierungen), Kameradaten (Innere Orientierung), Passpunkt- und Objektpunktkoordinaten, Bildanzahl usw. unter den örtlichen Gegebenheiten in Form von Näherungswerten ermittelt. Hiermit erfolgt dann die Erzeugung von simulierten Bilddaten (x_i, y_i) anhand der Gl. (9.1), wobei die Bildkoordinaten ein künstliches Messrauschen in Abhängigkeit von vorzugebenden Standardabweichungen σ_x und σ_y erhalten. Dieser auf diese Art geschaffene Datensatz eines künstlichen Bildverbandes wird schließlich einer Bündelausgleichung unterzogen (vgl. Kap. 9.3.3). Als Ergebnis dieser Simulationsrechnung erhält man u. a. die Standardabweichungen der Objektpunkte $(\sigma_X, \sigma_Y, \sigma_Z)$, die ein differenziertes Bild von der erzielbaren inneren Messgenauigkeit abgeben. So werden beispielsweise die unterschiedlichen Genauigkeiten, die häufig zwischen Objektmitte und Objektrand auftreten, auf diese Weise deutlich sichtbar.

9.3 Photogrammetrische Auswertemethoden

Die Kernaufgabe der Photogrammetrie besteht in der Ableitung der geometrischen Informationen (dreidimensionale Koordinaten, Kanten, Linien, Flächen usw.) aus den Messbildern. Dieser Vorgang wird als Bildauswertung bezeichnet. Als Voraussetzung muss vorab die *Bildorientierung* durchgeführt werden. Unter Bildorientierung versteht man die mathematische Rekonstruktion der Aufnahmesituation, oder konkreter ausgedrückt, werden durch die Bildorientierung für alle beteiligten Aufnahmen die Äußere Orientierung $(X_o, Y_o, Z_o, \omega, \varphi, \kappa)$ und – sofern noch nicht bekannt – die Innere Orientierung (d. h. die Kameradaten wie c_k, x_h, y_h, usw.) berechnet. Wenn die Orientierungselemente schließlich vorliegen, können aus den gemessenen Bildpunktkoordinaten die räumlichen Bildstrahlen gemäß Gl. (9.4) rechnerisch hergestellt werden und das Triangulationsprinzip – wie in Kapitel 9.2.2.3 erläutert – zur Anwendung kommen. Dieser Vorgang wird als Objektrekonstruktion bezeichnet.

Die unterschiedlichen Auswertemethoden können nach der Anzahl der beteiligten Bilder eingeteilt werden. Danach unterscheiden wir folgende Verfahren:

- Einbildauswertung (Kap. 9.3.1),
- Zweibildauswertung bzw. Stereoauswertung (Kap. 9.3.2),
- Mehrbildauswertung (Kap. 9.3.3).

Im Folgenden werden die genannten Verfahren näher beschrieben. Außerdem wird auf die Präzisionsphotogrammetrie eingegangen, die ein Sonderfall der Mehrbildauswertung darstellt, und es wird die Kombination von Photogrammetrie und Laserscanning vorgestellt (Kap. 9.3.4).

9.3.1 Einbildauswertung

Wie anhand der Gl. (9.4) schon festgestellt wurde, können durch die Auswertung von Einzelbildern prinzipiell nur ebene Objekte vermessen werden, z. B. die ebene Frontfassade eines Gebäudes. Der Begriff „eben" muss in diesem Zusammenhang jedoch allgemeiner gefasst werden. Er bezieht sich nicht nur auf die klassische Ebene im mathematischen Sinn. Mit der Einzelbildauswertung können nämlich auch andere 2D-Regelflächen wie Zylinder-, Kegel-

und Kugeloberflächen vermessen werden; im Prinzip alle Flächen, für die ein Oberflächenmodell vorliegt.

Bei der Einbildauswertung ist zu unterscheiden, ob für die Aufnahmen die Elemente der Inneren und Äußeren Orientierung, also die Kameradaten sowie die Kameraposition (X_o, Y_o, Z_o) und die Kameraausrichtungen $(\omega, \varphi, \kappa)$, explizit vorliegen und benutzt werden (Kap. 9.3.1.2) oder nicht (Kap. 9.3.1.1).

9.3.1.1 Einzelbildauswertung ohne Orientierungsdaten

Hierbei handelt es sich um die klassische Einbildauswertung, die sehr häufig auch als *Ebene Entzerrung* bezeichnet wird. Weder die Innere noch die Äußere Orientierung der Aufnahmen müssen bekannt sein. Das Objekt hat jedoch die Form einer Ebene, die auch beliebig schräg im Raum liegen kann. In den umgekehrten Kollinearitätsgleichungen Gl. (9.4) kann unter dieser Annahme die Z-Koordinate konstant gesetzt werden; z. B. $Z = 0$, die $X - Y$-Ebene fallen also mit der Objektebene zusammen. Die Gl. (9.4) kann schließlich so umgeformt werden, dass die nachstehenden Abbildungsgleichungen der ebenen Zentralprojektion übrig bleiben (die Herleitung ist der einschlägigen Spezialliteratur zu entnehmen):

$$X_i = \frac{A_1 \cdot x_i + A_2 \cdot y_i + A_3}{A_7 \cdot x_i + A_8 \cdot y_i + 1} \quad \text{und} \quad Y_i = \frac{A_4 \cdot x_i + A_5 \cdot y_i + A_6}{A_7 \cdot x_i + A_8 \cdot y_i + 1}. \tag{9.11}$$

Die Gleichungen (9.11) stellen die Objektkoordinaten (X_i, Y_i) als Funktion der Bildkoordinaten (x_i, y_i) sowie von acht unabhängigen Parametern A_i dar: $(X_i, Y_i) = f(x_i, y_i, A_1 \ldots A_8)$. Die Beziehung ist ein-eindeutig, d. h., zu jedem Bildpunkt (x_i, y_i) gibt es genau einen Objektpunkt (X_i, Y_i) und umgekehrt. Die Parameter A_i müssen zunächst bestimmt werden, wozu mindestens vier Passpunkte benötigt werden. Denn jeder Passpunkt liefert je zwei Bestimmungsgleichungen der Art (Gl. 9.11). In der Praxis werden gewöhnlich mehr als vier Passpunkte benutzt (ca. $6 - 10$), damit das System überbestimmt ist. Die Parameter A_i werden dann durch Ausgleichungsrechnung ermittelt, und aufgrund der Redundanz besteht die Möglichkeit, eventuelle Fehler aufzudecken. Um ein möglichst genaues Ergebnis zu erzielen, sollten die Passpunkte gleichmäßig über die ganze Objektfläche verteilt sein, vor allem an den Rändern.

Sobald die Parameter A_i bekannt sind, kann die eigentliche Auswertung stattfinden. Hierbei sind zwei Vorgehensweisen üblich:

a) Berechnung von diskreten Objektpunkten: Im Bild werden die Bildkoordinaten (x_i, y_i) von markanten Punkten (z. B. Ecken von Fenstern oder Wänden) gemessen. Dann können hieraus in Verbindung mit den bekannten A_i sofort anhand von Gl. (9.11) die entsprechenden Objektkoordinaten (X_i, Y_i) berechnet werden. Wird dies für alle Punkte der Objektebene durchgeführt, entsteht so sukzessive ein Strukturbild. Diese Punkte können schließlich noch mit Linien verbunden werden zwecks Darstellung der vorhandenen Objektkanten (Abb. 9.3-1).

b) Berechnung von Orthophotos: Die Transformation gemäß Gl. (9.11) kann nicht nur für diskrete Strukturpunkte, sondern für alle Pixel eines digitalen Bildes angewendet werden. Man spricht in diesem Zusammenhang auch von einer Umbildung, bei der ein sog. Orthophoto entsteht. (Anm.: Bei der Umbildung erfolgt die Berechnung des entzerrten

Abbildung 9.3-1: Grafisches Ergebnis einer Einzelbildauswertung

Bildes nicht direkt anhand der Gl. (9.11), sondern indirekt auf der Grundlage der umgekehrten Beziehungen; zu Einzelheiten siehe z. B. *Luhmann* (2018)). Das Orthophoto ist das vollständig entzerrte Bild mit maßstäblichen Eigenschaften. Es entspricht mathematisch gesehen einer verkleinerten, orthogonalen Parallelprojektion der Objektebene. Bei der Umbildung ist darauf zu achten, dass nur derjenige Bildausschnitt umgerechnet wird, der zur Objektebene gehört. Wird das Verfahren mehrfach für aneinandergrenzende Objektebenen durchgeführt, etwa für die Fassaden eines lang gestreckten Gebäudekomplexes, und werden dann alle Teilflächen bildverarbeitungstechnisch zusammengesetzt, entstehen größere Bildpläne (Abb. 9.3-2). Die Teilflächen dürfen sich hierbei auch in Ebenen mit unterschiedlicher Tiefe befinden. Die Messbilder sollten grundsätzlich nicht zu schräg aufgenommen sein, damit die Abbildungsverzerrungen sich im Rahmen halten und optisch einwandfreie Orthophotos erzeugt werden können.

9.3.1.2 Einzelbildauswertung mit Orientierungsdaten

Dieses Verfahren bezeichnet man auch als *Monoplotting*, das immer dann anwendbar ist, wenn von dem zu vermessenden Objekt Informationen über die dritte Dimension vorliegen. Dies ist zum Beispiel bei einer Regelfläche wie einem Zylinder, einem Kegelstumpf oder na-

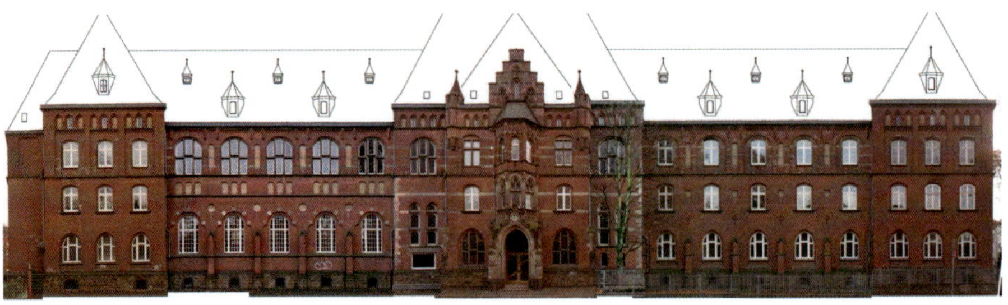

Abbildung 9.3-2: Bildplan, entstanden durch Entzerrung von Teilflächen

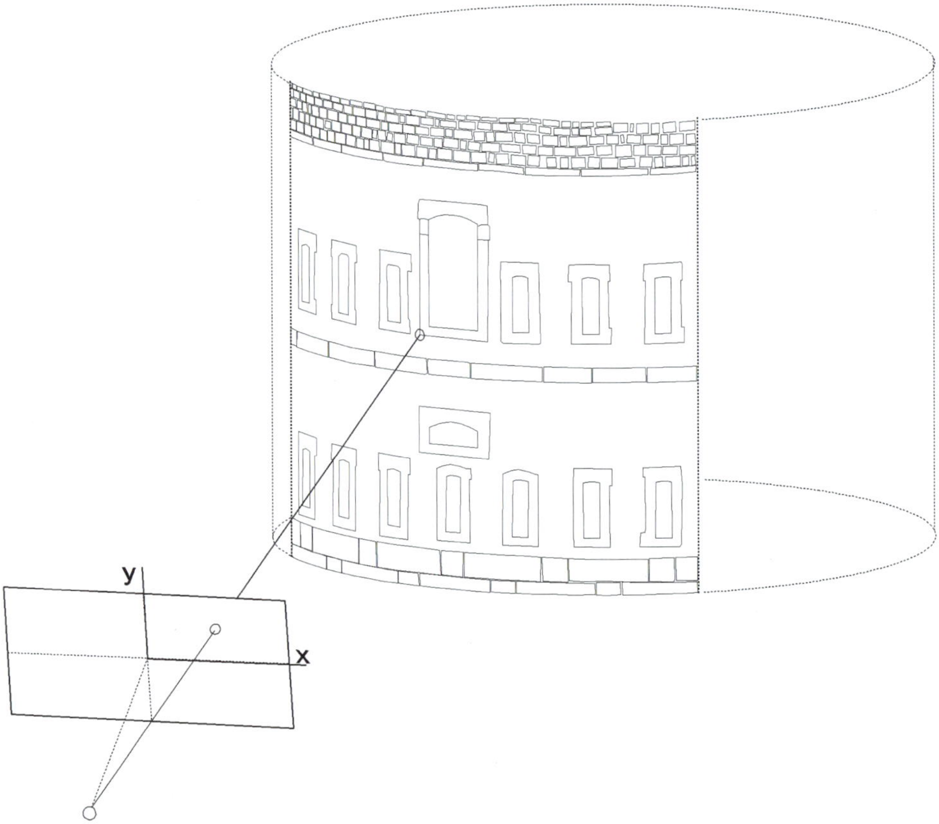

Abbildung 9.3-3: Einzelbildauswertung an einem Regelkörper bei bekannten Orientierungsdaten (hier: Zylinderoberfläche eines Turms)

türlich auch einer Ebene gegeben, von denen Form und Lage bekannt sind. Der allgemeinste Fall liegt vor, wenn ein Digitales Höhenmodell (DHM) einer unregelmäßig geformten Fläche vorhanden ist, etwa das DHM von der Erde. Wenn die Orientierungselemente bekannt sind, können zu jedem Bildpunkt (x_i, y_i) die Bildstrahlen im Raum rekonstruiert werden. Diese orientierten Bildstrahlen sind räumliche Geraden. Bringt man diese Geraden mit der bekannten Objektoberfläche zum Schnitt (z. B. der Zylinderfläche eines kreisrunden Turms), erhält man den gesuchten 3D-Objektpunkt mit seinen (X, Y, Z)-Koordinaten (Abb. 9.3-3).

Das geschilderte Prinzip kann man ähnlich wie in Kapitel 9.3.1.1 nicht nur für diskrete Strukturpunkte anwenden, sondern auch für alle Pixel des Ausgangsbildes. Es entsteht dabei das maßstäbliche Photomodell des Objekts in dreidimensionaler Flächenmodelldarstellung (Abb. 9.3-4, links). Handelt es sich bei der Objektfläche um eine abwickelbare Regelfläche (Zylinder, Kegel), kann in einem weiteren Schritt ein ebener Bildplan erzeugt werden. Abbildung 9.3-4 illustriert diesen Vorgang anhand eines zylindrischen Turms.

Abbildung 9.3-4: Abwicklung eines zylindrischen Turms nach der Einzelbildauswertung

Photogrammetrischer Rückwärtsschnitt

Das zuvor geschilderte Auswerteverfahren setzt voraus, dass die inneren und äußeren Orientierungselemente bekannt sind. In diesem Zusammenhang stellt sich die Frage, wie man die Orientierung der Einzelbilder bestimmt. Die Lösung ist der *photogrammetrische Rückwärtsschnitt.*

Abbildung 9.3-5 erläutert das Prinzip. Der photogrammetrische Rückwärtsschnitt basiert auf den Kollinearitätsgleichungen (9.1). Jeder gemessene Bildpunkt (x_i, y_i) liefert zwei Beobachtungsgleichungen des Typs

$$\begin{aligned} x_i &= f(c_k, x_h, dx, X_0, Y_0, Z_0, \omega, \varphi, \kappa, X_i, Y_i, Z_i), \\ y_i &= f(c_k, y_h, dy, X_0, Y_0, Z_0, \omega, \varphi, \kappa, X_i, Y_i, Z_i). \end{aligned} \tag{9.12}$$

Beim Rückwärtsschnitt stellen $X_0, Y_0, Z_0, \omega, \varphi$ und κ, also die Elemente der Äußeren Orientierung, die unbekannten Größen dar. Die Berechnung der Unbekannten geschieht im Rahmen einer Ausgleichungsrechnung. Damit das linearisierte Gleichungssystem lösbar ist, müssen mindestens drei Passpunkte gegeben sein (3×2 Beobachtungsgleichungen für sechs Unbekannte). Tatsächlich sollte man mehr Passpunkte verwenden (mindestens etwa $6 - 10$), die eine gleichmäßige räumliche Verteilung aufweisen. Durch die Überbestimmung können fehlerhafte Messungen aufgedeckt werden und die Orientierungsberechnung wird stabil. Anschaulich gesprochen wird das Strahlenbündel beim Rückwärtsschnitt bestmöglichst auf die gegebenen Passpunkte eingepasst.

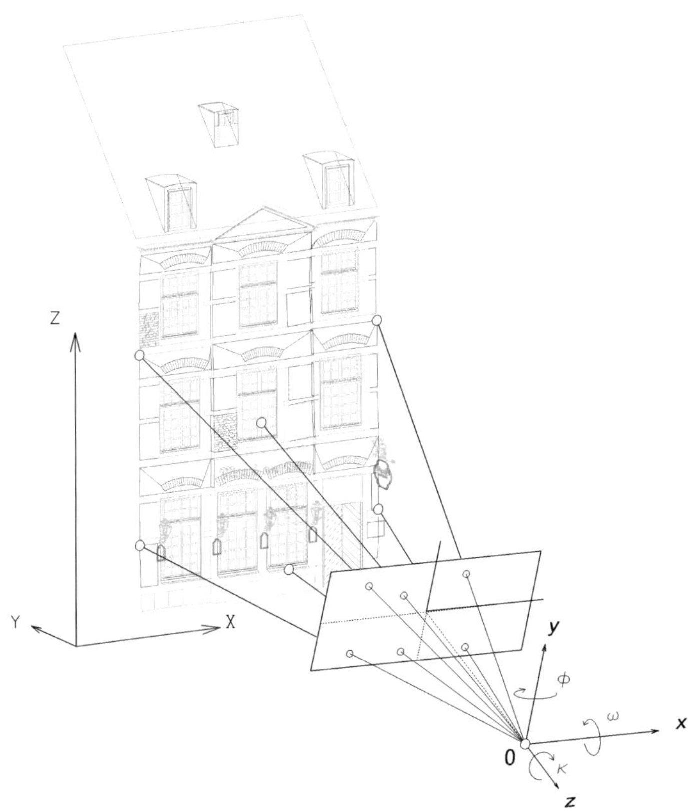

Abbildung 9.3-5: Photogrammetrischer Rückwärtsschnitt

Es wurde zunächst angenommen, dass die Kameradaten (Innere Orientierung) bekannt sind, zum Beispiel aus früheren Projekten. Ist dies nicht der Fall, werden diese ebenfalls anhand von Gl. (9.12) bzw. (9.1) bestimmt. Im Gleichungssystem werden dazu die Kameradaten $(c_k, x_h, y_h$ und ggf. Verzeichnungsparameter) zu Unbekannten deklariert. Beschränkt man sich bei den Kameradaten beispielsweise auf c_k, x_h und y_h, haben wir somit insgesamt neun Unbekannte pro Bild. Zu beachten ist, dass die Anzahl der gegebenen Passpunkte in diesem Fall noch höher sein sollte, damit die Berechnungsergebnisse zuverlässig und genau sind. Zudem dürfen die Passpunkte nicht in einer gemeinsamen Ebene liegen, sonst kann das Gleichungssystem singulär werden.

9.3.2 Zweibildauswertung (Stereophotogrammetrie)

Die Zweibildauswertung kann – mathematisch betrachtet – als Sonderfall der Mehrbildauswertung angesehen werden. In diesem Kapitel soll die Zweibildauswertung aber ausschließlich im Sinne der Stereomessung betrachtet werden. Die Auswertung findet hierbei in Verbindung mit dem Stereosehen (Stereoskopie) statt, d. h., während der Messung in einem stereoskopischen Bildpaar, dem Stereomodell, sieht der Operateur die Szene räumlich und die Messung erfolgt unmittelbar dreidimensional.

Die stereoskopische Bildauswertung ist eine Domäne der Luftbildauswertung und ein sehr umfangreiches Stoffgebiet, das hier nur verkürzt dargestellt werden kann. Für Einzelheiten zu diesem Thema wird auf die Spezialliteratur verwiesen (z. B. *Kraus* (2004)).

9.3.2.1 Stereoskopie

Das natürliche räumliche Sehen ist die Voraussetzung dafür, dass der menschliche Auswerter ein Bildpaar für stereoskopische Messzwecke nutzen kann. Die Abbildung 9.3-6 erklärt den Vorgang. Bei Betrachtung eines räumlich gegliederten Objekts entstehen in den menschlichen Augen von jedem Punkt P zwei Netzhautbilder P' und P'', die infolge der verschiedenen Projektionszentren O' und O'' an unterschiedlichen Orten der jeweiligen Netzhaut entstehen. Die beiden Bildpunkte liegen zusammen mit dem Raumpunkt P sowie O' und O'' in einer Ebene, die in diesem Zusammenhang als Kernebene bezeichnet wird. Werden zwei unterschiedliche Objektpunkte P und Q betrachtet, die in gleicher Höhe, aber in verschiedenen Entfernungen Z_P bzw. Z_Q zum Standpunkt liegen, haben deren Netzhautbilder, bezogen auf P' bzw. P'', unterschiedliche horizontale Abstände $x' = P' - Q'$ bzw. $x'' = P'' - Q''$, wobei das Vorzeichen zu berücksichtigen ist. Die Differenz bezeichnet man als Horizontalparallaxe $p_x = x' - x''$, die letztlich ein Maß für die Entfernungsdifferenz ΔZ ist. Im Gehirn des Betrachters führen die unterschiedlichen Netzhautbilder dazu, dass ein Raumeindruck entsteht, also eine stereoskopische Wahrnehmung der Szene. Aus physiologischen Untersuchungen weiß man, dass die stereoskopische Sehschärfe, also die Fähigkeit, Punkte getrennt wahrnehmen zu können, etwa vier- bis sechsmal größer ist als bei ausschließlich monoskopischer Betrachtung.

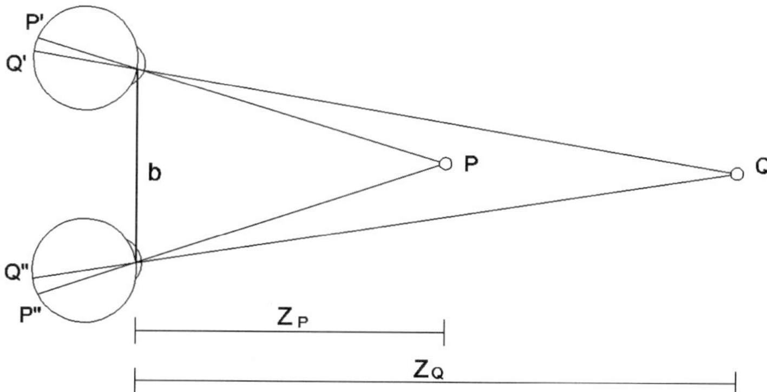

Abbildung 9.3-6: Zum natürlichen räumlichen Sehen

Unterscheiden sich die Bilder von P und Q nicht nur in x-, sondern auch in y-Richtung, so spricht man von der Vertikalparallaxe. Diese ist allerdings beim natürlichen Sehen aufgrund der biologischen Gegebenheiten im Allgemeinen ausgeschlossen.

9.3.2.2 Betrachtung von Stereobildern

Für die Stereobildmessung macht man sich die Möglichkeit zunutze, dass das räumliche Sehen auch künstlich realisiert werden kann. Damit bei der Betrachtung von zwei Messbildern gleichsam wie beim natürlichen Sehen der Stereoeffekt entsteht, müssen im Wesentlichen zwei technische Voraussetzungen eingehalten werden:

- Das Bildpaar muss perspektivisch unter ähnlichen geometrischen Verhältnissen wie beim natürlichen räumlichen Sehen entstanden sein (Normalfallanordnung).
- Die beiden Aufnahmen müssen den beiden Augen des Betrachters getrennt zugeführt werden (Bildtrennung).

Normalfall

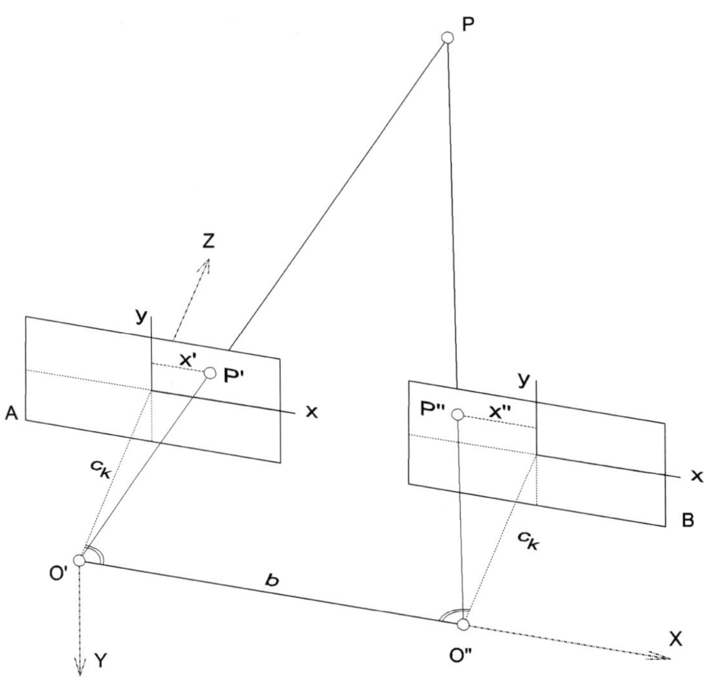

Abbildung 9.3-7: Normalfall der Stereophotogrammetrie

Als (strengen) Normalfall oder auch Stereonormalfall der Photogrammetrie bezeichnet man die Situation, wenn die beiden Aufnahmerichtungen der Bilder A und B parallel zueinander und senkrecht zur Basis b stehen (Abb. 9.3-7). Die Drehwinkel der Bilder sind dann im lokalen Basiskoordinatensystem allesamt null und Vertikalparallaxen treten – wie beim natürlichen Sehen – nicht auf. Die Bildhauptpunktkoordinaten (x_h, y_h) seien null und eine etwaige Verzeichnung (dx, dy) wird ignoriert, es sei denn die Bildkoordinaten werden alternativ vorab diesbezüglich korrigiert. Unter diesen Voraussetzungen reduzieren sich die Bestimmungsgleichungen für einen 3D-Objektpunkt auf folgende einfache Formeln:

$$
\begin{aligned}
Z_i &= \frac{c_k \cdot b}{x' - x''} = \frac{c_k \cdot b}{p_x} \qquad (= E); \\
Y_i &= -Z_i \cdot \frac{y'}{c_k} \qquad \text{und} \qquad X_i = Z_i \cdot \frac{x'}{c_k}.
\end{aligned} \tag{9.13}
$$

Hierin sind (x', y') und (x'', y'') die gemessenen Bildkoordinaten von P in den Aufnahmen A und B. Die Größe b ist die Basis (Abstand zwischen O' und O'') und c_k die Kamerakonstante, die für beide Aufnahmen als identisch unterstellt wird. Anhand des ersten Ausdrucks in Gl. (9.13) wird deutlich, dass die Entfernungskoordinate Z (Tiefenmessung, Entfernung E) von der gemessenen x-Parallaxe $p_x = x' - x''$ abhängt. Die Gl. (9.13) repräsentieren den photogrammetrischen Vorwärtsschnitt im Stereonormalfall, sind also ein Sonderfall von Gl. (9.4).

Ergänzend sei angemerkt, dass der Stereoeffekt bei der Betrachtung auch dann eintritt, wenn die beiden Bilder nicht dem Normalfall in aller Strenge gehorchen. Geringfügige Abweichungen der Drehwinkel gegenüber null bis zu ca. 5 gon stellen im Allgemeinen kein Problem dar. Die Stereobetrachtung funktioniert also auch bei Aufnahmen mit leichter Konvergenz, wie sie typischerweise in der Luftbildphotogrammetrie als Ergebnis einer Befliegung vorliegen. Allerdings gelten dann nicht mehr die einfachen Gl. (9.13) für die Objektauswertung. Es muss dann eine vollständige gegenseitige Orientierung der Stereopartner hergestellt werden (Einzelheiten siehe z. B. *Kraus* (2004)).

Bildtrennung

Die Bildtrennung als weitere Voraussetzung für das Stereosehen kann technisch folgendermaßen realisiert werden:

Anaglyphenverfahren Die beiden Stereopartner werden in unterschiedlichen Farben, in der Regel in Rot und Grün, übereinander gedruckt oder projiziert. Betrachtet man dann die Situation mit einer Rot-Grün-Brille, sieht jedes Auge jeweils nur eines der Bilder und die Bildtrennung kommt zustande. Farbbilder können auf diese Art allerdings nicht stereoskopisch betrachtet werden.

Polarisationsverfahren Die beiden Bilder werden mit Polarisationsfiltern, die eine horizontale bzw. vertikale Durchlassrichtung haben, übereinander projiziert. Die Betrachtung erfolgt mit einer Polarisationsbrille, die selbst zwei unterschiedliche, komplementäre Filterrichtungen hat und somit die Bildtrennung bewirkt. Dieses Verfahren, das es desgleichen mit zirkular links bzw. rechts polarisiertem Licht gibt, ermöglicht auch die räumliche Betrachtung von Farbbildern.

Stereoskope Bei Linsenstereoskopen oder Spiegelstereoskopen benutzt man Linsen und Spiegel für die Aufteilung der Strahlengänge. Bei Spiegelstereoskopen wird die Betrachtungsbasis so vergrößert, dass auch großformatige Aufnahmen damit betrachtet werden können. Die beiden Aufnahmen müssen so gegenseitig zueinander ausgerichtet werden, dass die Normalfallanordnung – zumindest näherungsweise – eingehalten ist.

Optische Betrachtungssysteme Ähnlich wie bei einem Fernglas existieren zwei getrennte optische Strahlengänge, die über verschiedene Linsen und Prismen zu den beiden Messbildern führen. Diese Betrachtungstechnik ist in den meisten analogen und analytischen Stereoauswertegeräten realisiert.

Wechselblende Bei den digitalen Stereoauswertesystemen kommt die Wechselblende (Shutter-Brille) zum Einsatz. Die Stereopartner werden abwechselnd mit einer Frequenz von mindestens 50 Hz (je mehr, umso besser) auf dem Bildschirm dargestellt. Betrachtet wird die Situation mit einer Shutter-Brille, die in Abstimmung mit dem Bildwechsel am Bildschirm wechselweise mal das linke und mal das rechte Brillenglas freigibt. Durch die hohe Frequenz verschmelzen die an sich getrennt dargestellten Aufnahmen zu einem virtuellen Raumbild.

9.3.2.3 Stereoskopisches Messen

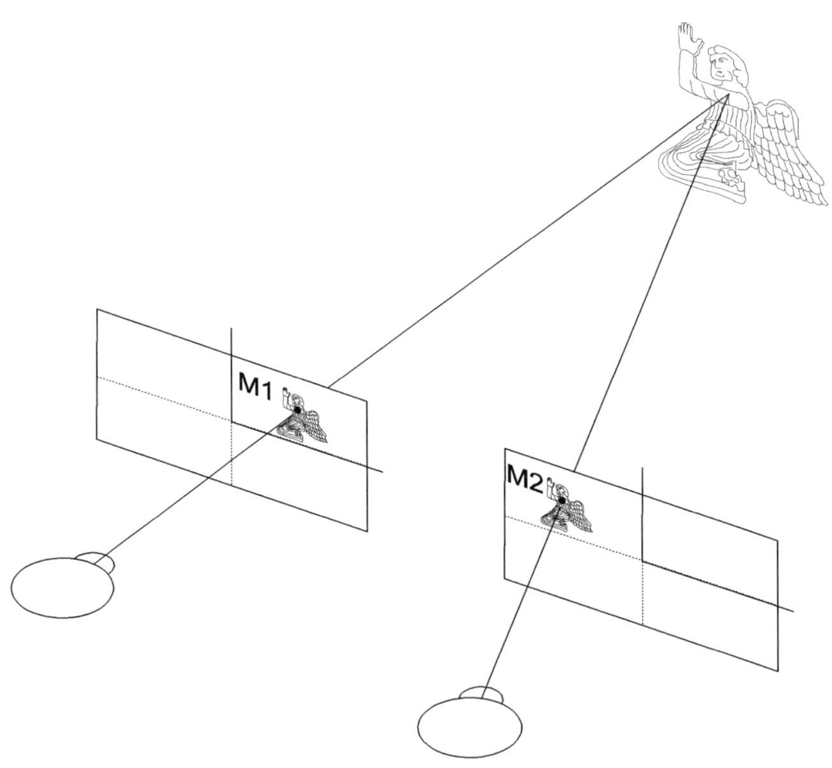

Abbildung 9.3-8: Stereoskopisches Messprinzip

Nachdem man die Bildkoordinaten (x', y') und (x'', y'') eines Punktes P in den beiden Bildern gemessen hat, können die Objektkoordinaten (X_P, Y_P, Z_P) anhand der Gl. (9.13) berechnet werden. Der strenge Normalfall sei hier vorausgesetzt. Dies wäre der nahe liegendste Weg. Doch genau diesen Rechenaufwand wollte und musste man früher vermeiden. Zudem bietet die Stereoskopie die Möglichkeit, kontinuierlich im Stereomodell zu messen, zum Beispiel die Höhenlinien eines Geländes. Es können so auch Objektoberflächen ohne markante Strukturen, auf denen keine oder nur schwer diskrete Punkte lokalisierbar sind, vermessen werden (z. B. Acker- und Grünlandflächen).

Das stereoskopische Messprinzip verdeutlicht Abbildung 9.3-8. In die beiden optischen Strahlengänge werden zwei physische Messmarken M_1 und M_2 eingeblendet. Die beiden Messmarken verschmelzen aufgrund des Stereoeffektes zu einer virtuellen Raummarke, die für den Betrachter gewissermaßen in der räumlichen Szene (z. B. einem Geländeausschnitt) schwebt. Im Allgemeinfall befindet sich die Raummarke über oder unter dem Gelände. Soll ein Geländepunkt gemessen werden, so besteht für den Operateur die Aufgabe, die virtuelle Raummarke in der Höhe zu verändern und auf das Gelände aufzusetzen. Dies geschieht, indem der x-Abstand von M_1 und M_2 verändert wird; anders gesprochen wird die x-Parallaxe so eingestellt, dass M_1 und M_2 sich exakt über korrespondierenden Punkten befinden. Im Stereomodell sitzt dann die virtuelle Raummarke auf dem Gelände, d. h., der entsprechende Objektpunkt ist damit dreidimensional gemessen.

Das zuvor erläuterte Messprinzip gilt so nur für analoge Stereoauswertegeräte. Bei den digitalen Systemen, die am Bildschirm mittels alternierender Bilddarstellung und Wechselblende arbeiten, gibt es nicht zwei physisch getrennte Messmarken M_1 und M_2, sondern nur eine einzige Marke in Gestalt des Mauscursors. Auch in dieser Situation sieht der Betrachter die Szene zusammen mit der Messmarke räumlich. Die Höhensteuerung der Messmarke erfolgt bei digitalen Systemen durch gegenseitige Verschiebung der wechselweise angezeigten Bilder in x-Richtung. Hierdurch erreicht man den gleichen Effekt wie bei den analogen Systemen, wobei nunmehr die Bilder, nicht die Messmarken beweglich sind.

Das stereoskopische Messprinzip wurde in Vergangenheit und Gegenwart in einer großen Anzahl an analogen und digitalen Auswertegeräten umgesetzt. Bezüglich der Einzelheiten zu Orientierungsverfahren, Bauformen, konstruktiven Besonderheiten und Einsatzgebieten wird an dieser Stelle auf die photogrammetrische Spezialliteratur verwiesen. Durch die Digitalisierung der Systeme können heute viele Teilaufgaben automatisiert werden. So wird beispielsweise die engmaschige 3D-Messung von Oberflächenpunkten etwa für *Digitale Höhenmodelle* (DHM), was stereophotogrammetrisch gesehen letztlich auf die Zuordnung von korrespondierenden (homologen) Punkten hinausläuft, in den digitalen Auswertesystemen durch spezielle Korrelationsalgorithmen bewerkstelligt (Image Matching).

9.3.3 Mehrbildauswertung

Die Mehrbildauswertung stellt den allgemeinsten Fall der photogrammetrischen Bildauswertung dar. Als Voraussetzung hierzu werden die Aufnahmen – wie in Kapitel 9.2.2.3 beschrieben – systematisch so angefertigt, dass jeder Objektpunkt in mindestens zwei Bildern mit unterschiedlichen Standorten abgebildet ist. Im Nahbereich haben die Aufnahmen im Allgemeinen konvergente Aufnahmerichtungen. Bei den Luftbildanwendungen ist die Aufnahmekonfiguration stark standardisiert, da es sich durchweg um Senkrechtaufnahmen handelt.

Für die Auswertung liegt in beiden Fällen ein Bildverband mit in der Regel mehr als 50 % Bildüberdeckung vor.

Damit die eigentliche Auswertetätigkeit stattfinden kann, muss zuvor die Orientierung aller Aufnahmen durchgeführt werden.

9.3.3.1 Bildorientierung (Bündelausgleichung)

Mit der Bildorientierung wird die Aufnahmesituation mathematisch rekonstruiert, d. h., die Positionen und Rotationen der Kamera zum Zeitpunkt der Aufnahme werden nachträglich rechnerisch bestimmt. Hierzu dient als Verfahren die *Mehrbildorientierung*, bei der der komplette Bildverband in einem Guss orientiert wird. Die Orientierung des Bildverbandes wird heutzutage überwiegend in Form einer *Bündelausgleichung* (auch: Bündelblockausgleichung) vollzogen, da diese das genaueste Verfahren darstellt. Bildlich gesprochen werden hierbei die Strahlenbündel der Aufnahmen im Zuge einer Ausgleichungsberechnung so aufeinander eingepasst, dass sich die Strahlen von korrespondierenden Punkten bestmöglichst schneiden (Abb. 9.3-9). Mathematisch gesehen findet eine Verkettung von räumlichen Rückwärtsschnitten statt. (Anm.: Bei der Orientierung von Luftbildverbänden ist neben der Bündelblockausgleichung noch das Verfahren der Modellblockausgleichung gebräuchlich. Näheres hierzu ist in der Spezialliteratur zu finden.)

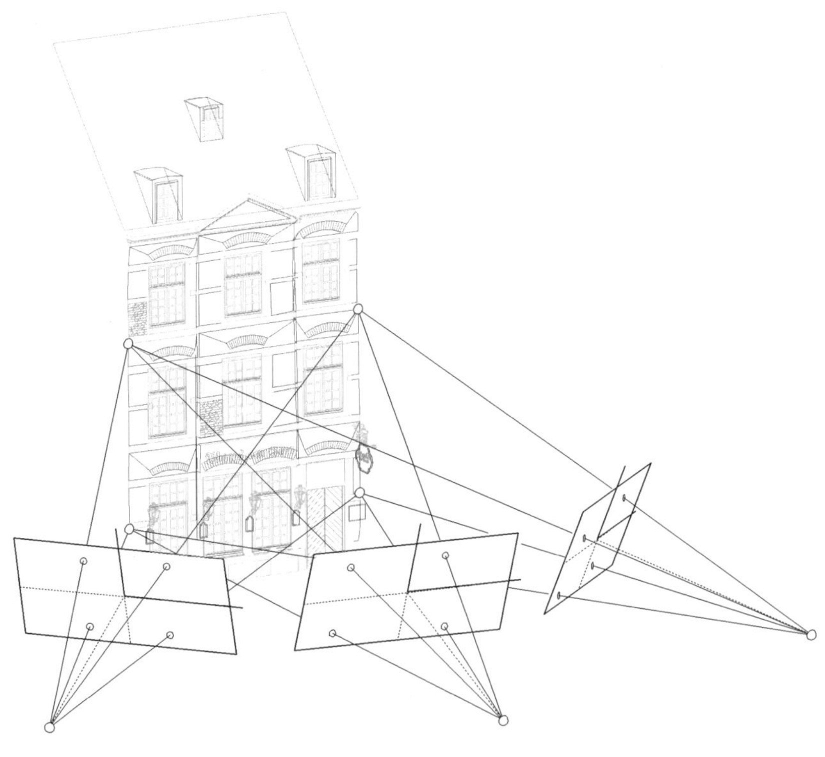

Abbildung 9.3-9: Mehrbildorientierung

Für die Orientierungsberechnung werden zunächst die Bildkoordinaten (x_i, y_i) von ausgesuchten Objektpunkten gemessen. Diese Punkte sind sowohl Passpunkte mit schon bekannten Koordinaten als auch sog. Neupunkte, die zur Verknüpfung der Bilder untereinander dienen und deren Koordinaten bei der Orientierung erst noch bestimmt werden. Speziell die Neupunkte sind so auszuwählen, dass eine hohe Stabilität im Bildverband gegeben ist. Dazu sind die Neupunkte gleichmäßig über den gesamten Bildverband zu verteilen. Je öfter ein Punkt in den Aufnahmen abgebildet ist, umso günstiger ist dies für die Genauigkeit und Zuverlässigkeit der Orientierungsergebnisse. Die Passpunkte müssen nicht in allen Aufnahmen vorhanden sein, denn für die Verknüpfung der Bilder sorgen in erster Linie die Neupunkte, die man aus diesem Grund auch als Verknüpfungspunkte bezeichnet. Daher genügen relativ wenige Passpunkte für die Orientierung. Die Passpunkte sollten lagemäßig vor allem am Rand und – je nach Komplexität der Aufnahmesituation – gegebenenfalls in der Mitte des Bildverbandes angesiedelt sein.

Die Kollinearitätsgleichungen (9.1) bilden die Grundlage für die Bündelausgleichung bzw. Bündelorientierung. Ihren strukturellen Aufbau zeigt Gl. (9.14):

$$
\begin{aligned}
x_i &= f(c_k, x_h, dx, X_0, Y_0, Z_0, \omega, \varphi, \kappa, X_i, Y_i, Z_i);\\
y_i &= f(c_k, y_h, dy, X_0, Y_0, Z_0, \omega, \varphi, \kappa, X_i, Y_i, Z_i).
\end{aligned}
\tag{9.14}
$$

Diese Gleichungen repräsentieren – in linearisierter Form – die Beobachtungsgleichungen für das Ausgleichungsverfahren. Jeder Bildpunkt liefert je zwei Beobachtungsgleichungen. Die Bildkoordinaten (x_i, y_i) werden in Gl. (9.14) bzw. (9.1) dargestellt als Funktion von drei Parametergruppen:

- *Kameradaten (Innere Orientierung)*: Kamerakonstante c_k, Hauptpunktkoordinaten (x_h, y_h) sowie den bildfehlerbeschreibenden Parametern (hauptsächlich Verzeichnung) in (dx, dy) für jede Kamera,
- *Äußere Orientierung*: Koordinaten des Projektionszentrums (X_0, Y_0, Z_0) und Bilddrehungen $(\omega, \varphi, \kappa)$ für jede Aufnahme,
- *Objektpunktkoordinaten*: Koordinatentripel (X_i, Y_i, Z_i) für jeden Objektpunkt, die sowohl bekannt (Passpunkte) als auch unbekannt (Neupunkte) sein können.

Als Unbekannte in diesem Ausgleichungssystem hat man generell pro Bild je sechs Parameter für die Äußere Orientierung und pro Neupunkt je drei Koordinatenwerte (X, Y, Z) zu berücksichtigen. Hinzu kommen noch die Kameraparameter – von einer oder mehreren Kameras – als Unbekannte. D. h., wenn diese nicht bekannt sein sollten, besteht die Möglichkeit, die Innere Orientierung im Rahmen der Mehrbildorientierung simultan mitzubestimmen. Diesen Vorgang bezeichnet man als Simultankalibrierung (calibration on the job). Von der Simultankalibrierung wird speziell in der Nahbereichsphotogrammetrie sehr häufig Gebrauch gemacht, da hier oftmals handelsübliche Digitalkameras eingesetzt werden, die keine ausreichende Stabilität hinsichtlich der Inneren Orientierung aufweisen. Voraussetzung für eine zuverlässige und genaue Simultankalibrierung ist allerdings, dass im Bildverband eine hohe Anzahl von Punkten mit einer guten räumlichen Verteilung zur Verfügung steht.

Die wichtigsten Beobachtungsgrößen sind die gemessenen Bildkoordinaten (x_i, y_i) der Pass- und Neupunkte. Da es sich bei der Mehrbildorientierung um ein Ausgleichungsverfahren handelt, können in diesem Zusammenhang relativ leicht zusätzliche, zumeist geodätische Beobachtungen und Bedingungen eingeführt werden. Typische Beispiele hierfür sind:

- Streckenmessungen zwischen Objektpunkten (2D und 3D),
- gemessene oder definierte Koordinatendifferenzen,
- gemessene oder definierte (Raum-)Winkel,
- Linienbedingungen, d. h., mehrere Objektpunkte liegen auf einer gemeinsamen Geraden oder gekrümmten Linie (z. B. B-Spline),
- Ebenenbedingungen, d. h., mehrere Objektpunkte liegen in einer Ebene.

Die transzendenten Kollinearitätsgleichungen (9.1) sowie die Funktionsgleichungen für die Zusatzbeobachtungen und -bedingungen müssen für die Ausgleichung bezüglich der Unbekannten linearisiert werden. Die Linearisierung wiederum setzt die Einführung von Näherungswerten voraus. Vor allem bei Nahbereichsanwendungen kann die Beschaffung der Näherungswerte oftmals ein sehr komplexes Problem sein. Welche Lösungsstrategien es hierzu gibt, findet man in der einschlägigen Literatur (z. B. *Luhmann* (2018)).

Am Ende der Mehrbildausgleichung stehen folgende Resultate zur Verfügung:

- die ausgeglichenen Parameter der Äußeren Orientierung $(X_0, Y_0, Z_0, \omega, \varphi, \kappa)$ für jedes Bild, die das Hauptziel der Orientierungsberechnung sind,
- die ausgeglichenen Koordinaten der Neupunkte (X_i, Y_i, Z_i),
- ggf. die ausgeglichenen Parameter der Inneren Orientierung (c_k, x_h, y_h, dx, dy) für jede Kamera, sofern eine Simultankalibrierung stattfindet,
- statistische Angaben zu Genauigkeit und Zuverlässigkeit der Ergebnisse.

Die statistischen Genauigkeitsangaben liegen in Form von Standardabweichungen (σ) vor. Sie sind ein Maß für die innere Genauigkeit des orientierten Bildverbandes. Vor allem die Standardabweichungen der ausgeglichenen Neupunktkoordinaten $(\sigma_X, \sigma_Y, \sigma_Z)$ können als metrische Maße gut interpretiert werden. Sie lassen unmittelbar Rückschlüsse auf die erreichbare photogrammetrische Vermessungsgenauigkeit zu.

9.3.3.2 Bildauswertung im Mehrbildverband

Das primäre Ziel der photogrammetrischen Auswertung ist die Ableitung der geometrischen Informationen aus den Bildern, verallgemeinernd auch als Objektrekonstruktion bezeichnet. Bei den hier besprochenen Mehrbildverbänden können je nach Anwendungsgebiet mehrere Vorgehensweisen unterschieden werden.

Luftbildphotogrammetrie
In der Luftbildphotogrammetrie bilden gewöhnlich je zwei benachbarte Aufnahmen ein Stereobildpaar. Dieses Bildpaar (Stereomodell) wird mithilfe des in Kapitel 9.3.2 erläuterten stereoskopischen Messprinzips ausgewertet. Es kommt also überwiegend die stereophotogrammetrische Zweibildauswertung zum Einsatz.

Nahbereichsphotogrammetrie
Bei Nahbereichsanwendungen stellt die Stereoauswertung eher die Ausnahme dar, weil die Aufnahmen im Allgemeinen konvergent sind. Daher ist hier die Mehrbildtriangulation das Standardverfahren für die Objektrekonstruktion, Abbildung 9.3-10 verdeutlicht das Prinzip. Bei der Mehrbildtriangulation erfolgt die Punktbestimmung rechnerisch durch das photogrammetrische Vorwärtseinschneiden von orientierten Bildstrahlen. In allen Bildern (mindestens zwei), in denen ein Objektpunkt abgebildet ist, werden hierfür die Bildkoordinaten

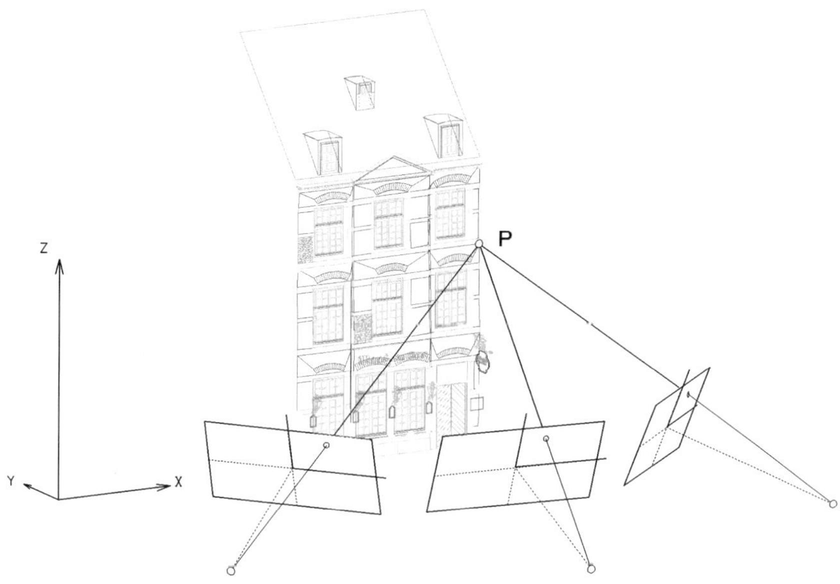

Abbildung 9.3-10: Photogrammetrisches Vorwärtseinschneiden (Mehrbildtriangulation)

(x_i, y_i) monoskopisch gemessen. Zu jedem gemessenen Bildpunkt können dann in Verbindung mit den bekannten Daten der Inneren und Äußeren Orientierung Lage und Richtung des abbildenden Strahls im Raum rekonstruiert werden. Durch den Vorwärtsschnitt dieser Raumgeraden gelangt man dann zu den 3D-Koordinaten des Objektpunktes. Dieser Vorgang wird für alle zu messenden Objektpunkte wiederholt. Die Bestimmungsgenauigkeit nimmt naturgemäß mit der Anzahl der verfügbaren Bilder zu, weil die Redundanz steigt. In der Praxis beschränkt man sich allerdings meistens auf Messungen in maximal drei bis vier Bildern, weil sonst der Aufwand zu groß ist.

Der Vorwärtsschnitt findet mathematisch betrachtet auf der Grundlage der Kollinearitätsgleichungen (9.1) bzw. (9.14) statt. Es wird – ähnlich wie bei der Orientierung – eine Ausgleichungsberechnung durchgeführt, denn schon bei zwei Aufnahmen hat man vier Beobachtungen für drei Unbekannte (X, Y, Z), also ein überbestimmtes System. In dieser Ausgleichung sind jedoch nur die drei Koordinatenparameter (X_i, Y_i, Z_i) unbekannte Größen.

Das Vorwärtsschnittverfahren kann nicht nur für diskrete Punkte angewendet werden. Die einschlägigen Auswerteprogramme stellen spezielle Funktionen bereit, mit denen Elemente, wie dreidimensionale Geraden, gekrümmte Linien (B-Splines), Kreise und Kreisbögen, Ellipsen, aber auch Regelkörper wie Zylinder, Kegelstümpfe und Kugeln nach dieser Methode gemessen werden können. Abbildung 9.3-11 zeigt beispielhaft das Prinzip einer Zylindermessung. Hierbei werden in jedem Bild vier Punkte auf den Mantelrändern gemessen, je zwei auf jeder Seite. Jeweils zwei Bildpunkte definieren orientierte Raumebenen, die ihrerseits Tangenten an den 3D-Zylinder darstellen. Sofern die Basis zwischen den Aufnahmen

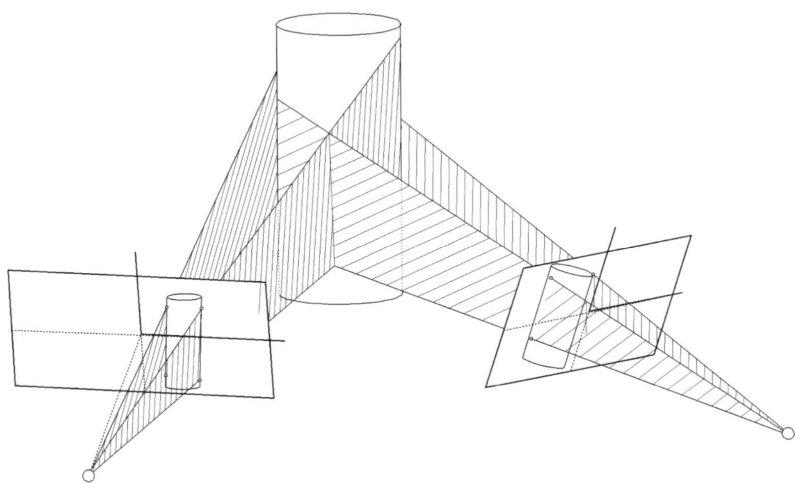

Abbildung 9.3-11: Zylindermessung

nicht parallel zur Zylinderachse liegt, erhält man dann durch Vorwärtseinschneiden Form und Lage des Zylinders.

Präzisionsphotogrammetrie

Die Mehrbildorientierung kann auch selbst für die Objektrekonstruktion herangezogen werden. Wie in Kapitel 9.3.3.1 geschildert, werden im Zuge der Bündelausgleichung unter anderem die ausgeglichenen Koordinaten der Neupunkte mit größtmöglicher Genauigkeit bestimmt. Die Neupunkte müssen also nicht mehr durch gewöhnliche, manuelle Bildauswertung gemäß Kapitel 9.3.3.2, S. 370 bestimmt werden.

In der *Präzisionsphotogrammetrie* macht man hiervon Gebrauch. Das zu vermessende Objekt wird aus allen Richtungen photographiert (Abb. 9.3-12). Die Anzahl der Aufnahmen ist dabei gegenüber einer normalen Vermessung deutlich erhöht, denn man möchte eine hohe Redundanz und damit Genauigkeit erzielen. Die Überlappungsdichte ist ebenfalls sehr hoch, damit jeder Objektpunkt in möglichst vielen Aufnahmen abgebildet wird.

Außerdem findet bei Präzisionsmessungen eine Signalisierung der Objektpunkte statt. Die (manuelle) Messgenauigkeit von natürlichen Bildpunkten (x_i, y_i) beträgt im Durchschnitt etwa 10 bis 20 μm. Signalisierte Punkte können jedoch in digitalen Bildern mit Methoden der Bildverarbeitung sehr viel genauer gemessen werden. Benutzt man etwa kreisrunde Marken als Signale, die sich in den Aufnahmen im Allgemeinfall als Ellipsen abbilden, so können deren Zentren mit einer Genauigkeit von $0,05$ μm und besser bestimmt werden. Die Signalisierungen können zudem mit Punktcodierungen verknüpft werden (Abb. 9.3-13), sodass die Identifizierung der Punkte (z. B. Punktnummer) automatisch geschehen kann.

Nach der Messung der Bildpunkte findet die Bündelausgleichung wie bei einer Mehrbildorientierung statt. Unbekannte sind die Äußeren Orientierungselemente, die Kameradaten (Innere Orientierung) und natürlich die Koordinaten der Neupunkte, die nun das primäre Bestimmungsziel darstellen. Um unerwünschte Einflüsse von Passpunkten auszuschließen,

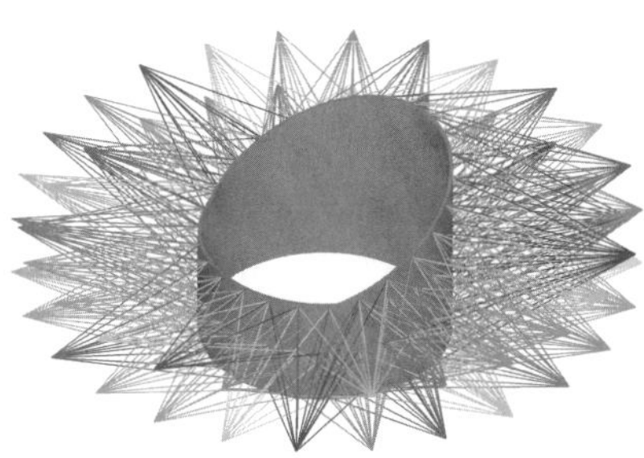

Abbildung 9.3-12: Bildverband zur präzisionsphotogrammetrischen Vermessung eines rohrförmigen Körpers

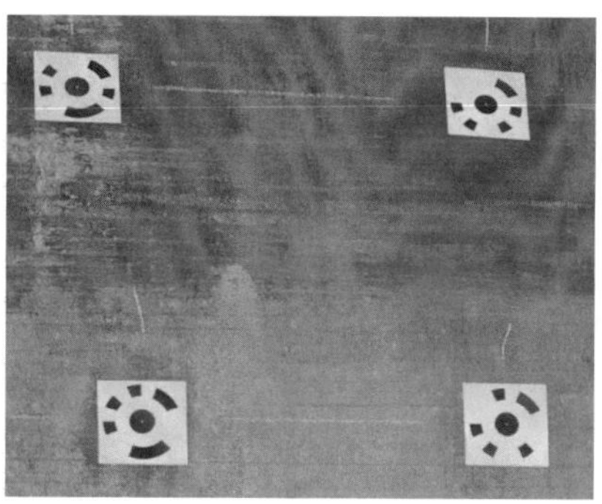

Abbildung 9.3-13: Signalisierung mit codierten Zielmarken

wird die Ausgleichung in der Regel als Freie-Netz-Ausgleichung durchgeführt. Die Innere Orientierung wird mit allen verfügbaren Parametern modelliert. D. h., für die Verzeichnung sollten neben der radial-symmetrischen Verzeichnung auch tangential asymmetrische Anteile angesetzt werden.

In der Präzisionsphotogrammetrie erreicht man deutlich höhere Genauigkeiten als bei der Standardauswertung. So kann man beispielsweise in der Architekturphotogrammetrie von Genauigkeiten $(\sigma_X, \sigma_Y, \sigma_Z)$ für gut identifizierbare Punkte in der Größenordnung von 1 bis 2 cm ausgehen, wenn man die manuelle, monoskopische Mehrbildauswertung zugrunde legt. Bezieht man dies auf die typische Objektgröße (Gebäude), dann entspricht dies einer relativen Genauigkeit von etwa 1:1 000 bis 1:2 000. Bei der photogrammetrischen Präzisionsvermessung erzielt man dagegen relative Genauigkeiten von 1:50 000 bis 1:100 000 und besser.

9.3.4 Bildauswertung in Kombination mit Laserscannerdaten

Die Laserscannertechnologie hat in jüngster Vergangenheit einen geradezu stürmischen Einzug in die Vermessungspraxis gehalten. Die Fähigkeit, unmittelbar 3D-Informationen zu erfassen, und eine enorme Datenaufzeichnungsrate haben dazu geführt, dass der Laserscanner als Vermessungsinstrument innerhalb kürzester Zeit nicht mehr wegzudenken ist.

Beim Laserscanning werden die Objekte zumeist flächenhaft, bisweilen auch profilweise mittels Laserlicht abgetastet. Laserlicht ist gebündeltes und kohärentes Licht von einer bestimmten Wellenlänge. Für das Laserscanning wird zumeist nahes Infrarotlicht (ca. 900 – 1000 nm) benutzt, weil dieses durch das natürliche Umgebungslicht der Sonne am wenigsten gestört wird. Der Laserscanner ist ein aktiver Sensor, der in der Bauart als 3D-Scanner originär dreidimensionale Polarkoordinaten registriert: gleichzeitig also zwei Richtungen und die Entfernung. Die Polarkoordinaten können, bezogen auf das Sensorsystem, direkt in kartesische (X, Y, Z)-Koordinaten umgerechnet werden. Das Ergebnis ist eine sog. 3D-Punktwolke. Einige Scanner sind in der Lage, neben der geometrischen Information zusätzlich Intensitäts- bzw. Farbwerte zu registrieren.

Das Laserscanning hat die Photogrammetrie zum Teil verdrängt. Die Erfassung von *Digitalen Höhenmodellen* (DHM), als wichtigstes Beispiel, war früher eine Schwerpunktaufgabe der Luftbildphotogrammetrie. Dieses wird heutzutage nahezu ausschließlich mittels (Airborne)Laserscanning bewerkstelligt, weil Datenerfassung und Datenauswertung hierbei in einem Maß automatisierbar sind, wie es in der Photogrammetrie trotz aller Erfolge durch den Übergang auf die Digitaltechnik nicht möglich ist.

Trotzdem gibt es auch Gemeinsamkeiten und sogar eine gegenseitige Vorteilssituation, da beide Technologien voneinander profitieren können, wenn sie kombiniert werden. Die Gemeinsamkeit besteht darin, dass beide Verfahren mit einem gerichteten Strahl arbeiten. In der Photogrammetrie basiert die Punktbestimmung auf dem orientierten Bildstrahl. Da der Bildstrahl ausschließlich richtungsmäßig definiert ist, werden mindestens zwei Aufnahmen für die Bestimmung der 3D-Position benötigt. Beim abtastenden Laserstrahl wird neben der Richtung unmittelbar auch die Entfernung gemessen, sodass die dritte Dimension direkt erfasst wird. Das Sensorsystem des Laserscanners kann in Analogie zum Bildkoordinatensystem gesetzt werden.

Die modernen Laserscanner verfügen zwar über eine außerordentlich hohe Aufzeichnungsrate (je nach Bauart bis zu 1 Mio. Punkte pro Sekunde und mehr), allerdings ist die metrische Auflösung am Objekt relativ gering, wobei verfahrensbedingt eine Abhängigkeit von der Scandistanz besteht. So beträgt die Punktdichte beispielsweise beim luftgestützten Laserscanning für die Ableitung von *Digitalen Höhenmodellen* in der Regel weniger als 1 Punkt pro m^2. Dies führt dazu, dass die geometrische Erfassung von feingliedrigen Strukturen aus Scannerdaten schwierig ist. Die Photogrammetrie hingegen verfügt hinsichtlich Detailerkennbarkeit über deutliche Vorteile, weil die Aufnahmen mit ihrer hohen geometrischen Auflösung bis zu einem gewissen Grad ohne Qualitätsverlust vergrößert werden können. Feine Strukturen können in den Aufnahmen verhältnismäßig gut lokalisiert und unterschieden werden. Das photogrammetrische Messverfahren leidet jedoch tendenziell unter einer geringen Tiefenmessgenauigkeit, die dritte Dimension ist also je nach Aufnahmekonfiguration eher schlecht bestimmt. Diesen Mangel weist wiederum die Laserscannermessung nicht auf, sodass sich beide Verfahren vorteilhaft ergänzen, wenn sie kombiniert eingesetzt werden.

Ähnlich wie in der Photogrammetrie wird auch beim Laserscanning zwischen den luftgestützten (Kap. 9.3.4.1) und den terrestrischen Anwendungen (Kap. 9.3.4.2 u. Kap. 5.4) unterschieden.

9.3.4.1 Luftgestütztes Laserscanning

Beim *Airborne Laserscanning* (ALS) wird zumeist ein Flugzeug mit einem weitreichenden Laserscanner ausgestattet, der nach unten gerichtet die Erdoberfläche aus 1 bis 6 km Höhe aktiv abtastet. Die Ablenkung des Laserstrahls erfolgt fächerförmig orthogonal zur Flugrichtung. Durch die Vorwärtsbewegung des Flugzeugs erhält man die flächenhafte Abtastung des Geländes in einer wählbaren Schwadbreite (Abb. 9.3-14). Damit bestehen verfahrenstechnische Analogien zu digitalen Luftbild- oder Satellitensensoren, die mit Detektorzeilen die Gebiete erfassen. Während des Fluges verändern sich laufend Position und Orientierung (Drehwinkel) des Laserscanners, genauer des Sensorkoordinatensystems. Daher sind die Flugsysteme zusätzlich mit GNSS und Inertialsystem (IMU) für die Aufzeichnung von Positionsdaten ausgestattet, sodass die Abtastdaten in ein einheitliches Koordinatensystem transformiert werden können. Das Resultat einer Laserscannerbefliegung ist nach dem Postprocessing (Transformationen, Fehlerbereinigung, Glättung) eine homogene Punktwolke, wobei die Lage- und Höhengenauigkeiten einzelner Punkte in Abhängigkeit von Flughöhe und Re-

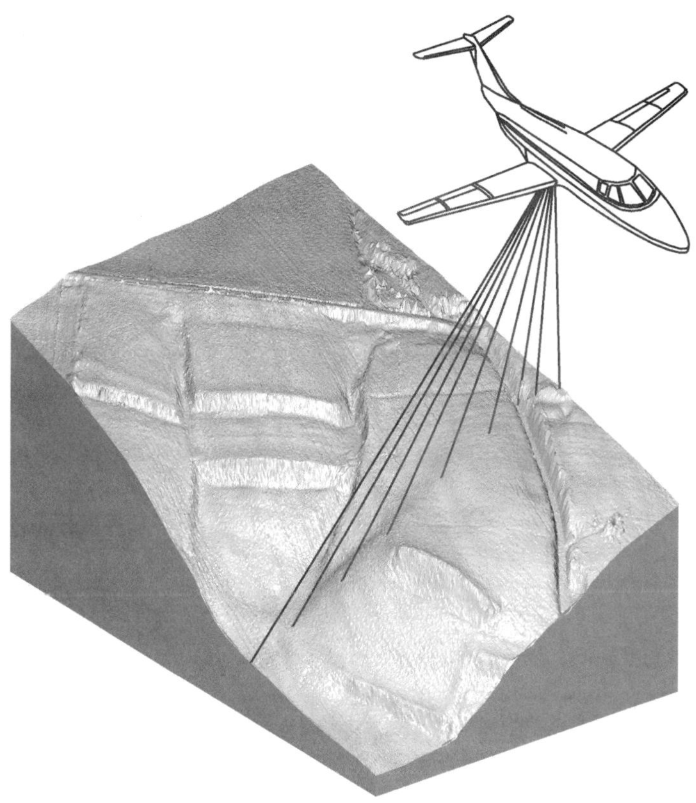

Abbildung 9.3-14: Airborne Laserscanning (ALS)

flexionsgüte durchschnittlich 10 bis 75 cm betragen. Die Laserscannersysteme zeichnen in den meisten Fällen ein erstes (z. B. von den Baumkronen) und ein letztes Signal (z. B. vom Erdboden) auf. Durch die Analyse der Signale kann daher die Vegetation vom Erdboden getrennt werden. Dies ist ein technischer Vorteil, den es so bei der reinen Bildauswertung nicht gibt. Besonders leistungsfähige Scannersysteme können nicht nur das erste und letzte Signal, sondern auch die Bestandteile dazwischen registrieren und analysieren, also eine sog. Full-Waveform-Analyse durchführen.

Die Punktwolke als Ergebnis der Laserscannererfassung stellt für sich einen Informationsspeicher dar, aus dem weitere geometrische Informationen gewonnen werden können. Die Verfahren sind überwiegend noch Gegenstand der aktuellen Forschung und Entwicklung. Das Arbeitsgebiet wird unter dem Begriff *Modellierung* zusammengefasst. Die Herstellung von *Digitalen Höhenmodellen* (DHM), die ausschließlich die Erdoberfläche ohne Bewuchs und Gebäude repräsentieren, ist ein typisches Beispiel hierfür. Die Ableitung eines DHM kann größtenteils vollautomatisch erfolgen, wobei die Herausforderung darin besteht, die nicht zur Oberfläche gehörenden Punkte zu selektieren und auszusondern. Ein anderes Beispiel sind Digitale Oberflächenmodelle (DOM) und Stadtmodelle, also die zusätzliche Modellierung von Topographie und Gebäudelandschaften. Auch hierbei bieten die Scannerdaten ein großes Automatisierungspotenzial, das genutzt wird.

Neben der isolierten Auswertung von ausschließlich Punktwolken gibt es auch Anwendungen, die photogrammetrische Aufnahmen, also digitale Bilder, und Laserscannerdaten miteinander kombinieren. Zwei Beispiele sollen genannt werden:

Abbildung 9.3-15: Texturierung eines Oberflächenmodells (Textur-Mapping)

- Nach einer Laserscannerbefliegung liegt ein Digitales Oberflächenmodell der Erdoberfläche in Gestalt einer zusammenhängenden Punktwolke vor (DHM oder DOM). Die Fläche erhält man, indem über die 3D-Punkte eine Dreiecksvermaschung durchgeführt wird. Die Erdoberfläche wird also letztlich durch lückenlos angrenzende Dreieckselemente approximiert. Damit sind die Voraussetzungen für das sogenannte *Textur-Mapping* gegeben. Hierbei wird die Textur aus einem digitalen Bild Pixel für Pixel lagerichtig auf das Oberflächenmodell übertragen. Als Ausgangsmaterial können entzerrte Orthophotos oder Originalluftbilder, deren Orientierungen bekannt sind, herangezogen werden. Es entstehen auf diese Weise texturierte Oberflächenmodelle der Landschaft (Abb. 9.3-15).
- Eine andere – beim ALS allerdings selten praktizierte – Anwendung, bei der Laserscanner- und konventionelle Bilddaten vorteilhaft zusammenwirken, ist das Monoplotting (siehe auch Kap. 9.3.1.2). Das Monoplotting kann auch als 3D-Einzelbildauswertung bezeichnet werden. Voraussetzung ist wieder, dass neben der orientierten Aufnahme eine Punktwolke als Approximation der Oberfläche, also der Erdoberfläche, vorliegt. Bringt man den orientierten Bildstrahl als Raumgerade mit der Punktwolke zum Schnitt, so erhält man die entsprechenden (X, Y, Z)-Koordinaten des Oberflächenpunktes (Abb. 9.3-16). Man kann auf diese Weise photogrammetrische 3D-Auswertung betreiben, obwohl man nur mit einem Bild arbeitet. Die dritte Dimension steuern die Laserscannerdaten bei. Im Hinblick auf eine gute Schnittgeometrie sollten die Schnittstrahlen möglichst senkrecht auf die Fläche treffen, was bei Luftbildanwendungen überwiegend gegeben ist.

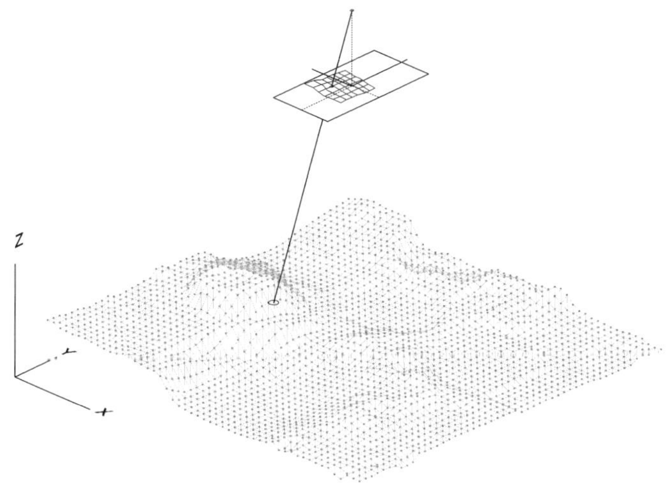

Abbildung 9.3-16: Monoplotting unter Kombination von Punktwolke und Messbild

9.3.4.2 Terrestrisches Laserscanning

In Kapitel 5.4 wird ausführlich auf Funktionsprinzip, Ausführungsgrundsätze und Datenauswertung von terrestrischen Laserscannern eingegangen. An dieser Stelle sollen nur die wesentlichen Aspekte dieser Messtechnologie angesprochen werden, die im Zusammenhang mit der Photogrammetrie bedeutsam sind.

Beim *terrestrischen Laserscanning* (TLS) befindet sich der Scanner während der Scanphase an einem festen Standort, häufig auf einem Stativ (Abb. 9.3-17). Typisches Einsatzgebiet ist die Vermessung von Gebäuden, Industrieanlagen oder Erdmassen im Tagebau, also Nahbereichsobjekte in ca. 5 bis 500 m Entfernung. Eingesetzt werden meistens 3D-Scanner, d. h., die Ablenkung des abtastenden Laserstrahls erfolgt in zwei zueinander senkrechten Richtungen. Zusammen mit der gemessenen Entfernung werden demnach dreidimensionale Polarkoordinaten registriert. Auf jedem Standort entsteht so zunächst eine unabhängige Punktwolke im lokalen Sensorkoordinatensystem, das im Allgemeinfall nicht horizontiert ist. In Abhängigkeit von der Komplexität des Objekts sind häufig mehrere Scanstandorte erforderlich, die so zu wählen sind, dass die einzelnen Punktwolken sich großzügig überlappen. Die Genauigkeit $(\sigma_X, \sigma_Y, \sigma_Z)$ einzelner Scanpunkte wird bei typischen Nahbereichsanwendungen je nach Scannerbauart und Scandistanz mit 3 bis 30 mm angegeben.

Für die Orientierung der Punktwolken in einem übergeordneten Koordinatensystem, in diesem Zusammenhang als Registrierung bezeichnet, werden über den kompletten Objektbereich vor Beginn der Scankampagne künstliche Passpunkte platziert, die mit geodätischen Verfahren (Tachymeter, GNSS) dreidimensional eingemessen werden. Hierbei handelt es sich in der Regel um Zielzeichen mit besonders guten Reflexionseigenschaften, die oftmals als kugel- oder zylinderförmige Körper gestaltet sind, damit von allen Seiten eine gleich gute Sichtbarkeit gegeben ist. Anhand dieser Passpunkte werden die einzelnen Punktwolken dann in das übergeordnete Objektkoordinatensystem transformiert. Die Registrierung der Punktwolken kann auch ohne bzw. mit nur wenigen Passpunkten erfolgen, wenn ein sog. *ICP-*

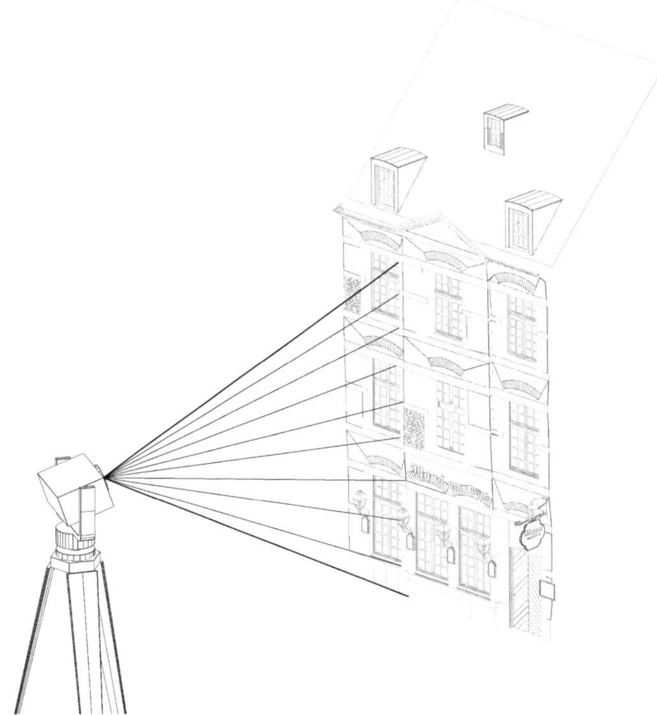

Abbildung 9.3-17: Terrestrisches Laserscanning (TLS)

Algorithmus (Iterative Closest Point) zum Einsatz kommt. Voraussetzung sind Punktwolken mit ausreichender Überlappung. Bei den ICP-Verfahren werden in einem iterativen Prozess benachbarte Punktwolken gegenseitig so verschoben und verdreht, dass schließlich in den Überlappungszonen optimale Kongruenz entsteht.

In den Nahbereichsanwendungen werden die Punktwolken verstärkt dazu herangezogen, um weitere geometrische Informationen daraus abzuleiten. Dies sind überwiegend Strukturelemente wie Ecken, Kanten und Teilflächen sowie Profile, die durch das Verschneiden der Punktwolke mit einer Ebene entstehen. Ecken und Kanten können in der Regel nur indirekt bestimmt werden, da aufgrund des großen Punktabstands in der Wolke zu wenig direkte Messpunkte zur Verfügung stehen. Daher werden zunächst die angrenzenden Ebenen segmentiert und bestimmt. Durch den Schnitt von zwei bzw. drei dieser Ebenen gelangt man dann zu den Kanten bzw. Ecken des Objekts. Große Bedeutung haben Laserscannerdaten auch bei der terrestrischen Vermessung von Industrieanlagen erlangt. Hierbei fällt u. a. die Aufgabe an, Rohrleitungen, Behälter usw. nach Lage und Form zu bestimmen. Derartige Regelkörper können relativ gut bestimmt werden, indem man zum Beispiel einen ausgleichenden Zylinder durch einen Rohrleitungsabschnitt legt. Durch die große Anzahl an verfügbaren Punkten und damit einer hohen Redundanz in der Ausgleichung erzielt man in den meisten Fällen eine sehr hohe Genauigkeit bei der Modellierung.

Abbildung 9.3-18: Photomodell einer Innenstadtsituation

Abbildung 9.3-19: Laserscanner mit fest montierter Digitalkamera (RIEGL VZ-400)

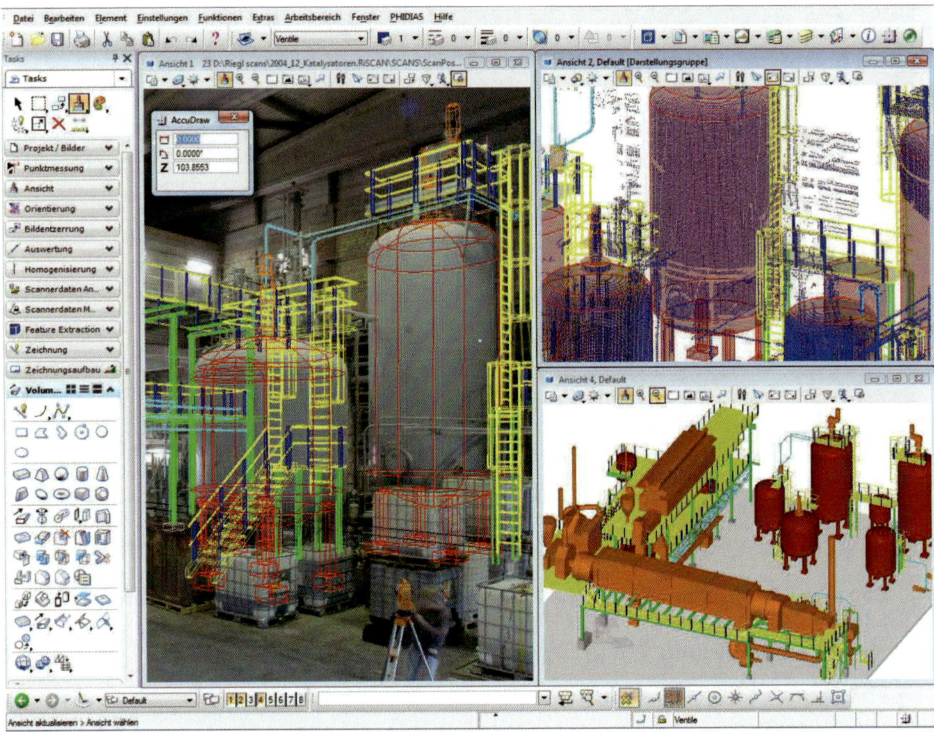

Abbildung 9.3-20: Perspektivische Überlagerung von Punktwolke, Aufnahme und Grafikelementen im Auswertesystem PHIDIAS

Analog zum Airborne Laserscanning gibt es auch bei den terrestrischen Anwendungen Beispiele, die zeigen, dass sich Photogrammetrie und Laserscanning ergänzen können.

- Das *Mapping* (Textur-Mapping), wie in Kapitel 9.3.4.1 beschrieben, ist beim terrestrischen Laserscanning analog anwendbar. Allerdings hat man im Nahbereich eher selten unregelmäßig geformte Oberflächen. Stattdessen wird diese Technik vorzugsweise für die Herstellung von sogenannten Photomodellen eingesetzt (Abb. 9.3-18). Typisches Beispiel ist die Texturierung von 3D-Gebäudemodellen, wobei die Texturen aus den Bildern auf die zumeist ebenen Teilflächen (z. B. Vertikalwände) gebracht werden. Auf diese Weise können ganze Stadtlandschaften entstehen, die dann virtuell begehbar sind. Zur grafischen Verarbeitung von Photomodellen eignen sich insbesondere leistungsfähige CAD-Systeme.
- Besondere Bedeutung haben Laserscannerdaten für die Auswertung von terrestrischen Aufnahmen in Gestalt des *Monoplottings* erlangt. Das Prinzip wurde schon in Kapitel 9.3.4.1 bzw. 9.3.1.2 erläutert. Als Voraussetzung müssen die Punktwolken und die Aufnahmen in einem einheitlichen Koordinatensystem orientiert sein. Die photogrammetrischen Aufnahmen werden entweder einzeln durch Rückwärtsschnittberechnung oder im Bildverband durch Bündelausgleichung orientiert (vgl. Kap. 9.3.1.2 und 9.3.3.1). Einige Scannersysteme verfügen auch über eine fest montierte Kamera (sie-

he Abb. 9.3-19). Wenn dann beide Sensoren, Scanner und Kamera, vorab kalibriert wurden, ist deren gegenseitige Lage bekannt. Der Vorteil ist in diesem Fall, dass die Aufnahmen nicht in einem Extraschritt orientiert werden müssen.
Bei bekannten Orientierungen von Punktwolken und Aufnahmen können diese nun – beispielsweise in einer CAD-Umgebung – simultan am Bildschirm dargestellt werden (Abb. 9.3-20). Punktwolke und Aufnahme werden also unter Beachtung der Perspektive deckungsgleich überlagert, sodass der Auswerter beides im Blickfeld hat. Mit jeder Messung im Bild wird der orientierte Bildstrahl mit der Punktwolke rechnerisch zum Schnitt gebracht und man praktiziert unmittelbar dreidimensionale Einbildauswertung. Die Messbilder stellen hierbei eine gute Detailerkennbarkeit auch von feinen Strukturen sicher, wogegen die Scannerdaten die Punktmessung mit einer relativ hohen Genauigkeit – auch in der Tiefe – ermöglichen.

9.4 UAV-Photogrammetrie

In den vorhergehenden Kapiteln wurde bei der Erläuterung der photogrammetrischen Grundlagen immer wieder zwischen Luftbild- und Nahbereichsanwendungen unterschieden. Bedingt durch die technologischen Entwicklungen, insbesondere durch die Miniaturisierung von Sensoren und der computergestützten Bilddatenverarbeitung, hat sich eine dritte Kategorie etabliert: die UAV-Photogrammetrie. Die Abkürzung UAV steht für Unmanned Aerial Vehicle(s) (oder auch: Unmanned Airborne Vehicle(s) bzw. Unmanned Aircraft Vehicle(s)) und bezeichnet die mannigfaltige Klasse von Luftfahrzeugen, die sich ohne einen Piloten an Bord in der Luft bewegen. Die Entwicklung dieser Art von ferngesteuerten Flugzeugen hat im Militärwesen ihren Ursprung – dort zumeist als „Drohnen" bezeichnet. Als alternative Bezeichnungen für UAV-Fluggeräte sind u. a. UAS (Unmanned Aerial/Airborne/Aircraft System(s)), RPA (Remotely Piloted Aircraft), RPAS (Remotely Piloted Aerial/Airborne/Aircraft System(s)), RPV (Remotely Piloted Vehicle(s)) oder etwa ROA (Remotely Operated Aircraft(s)) gebräuchlich.

Die UAV-Fluggeräte wurden gleichzeitig mit ihrem Erscheinen mit Kameras ausgestattet und für photogrammetrische Zwecke eingesetzt. Die UAV-Photogrammetrie positioniert sich von der Anwendung her betrachtet zwischen der zumeist terrestrischen Nahbereichs- und der luftgestützten Aerophotogrammetrie. Typische Einsatzbereiche sind zum Beispiel die Vermessung und Monitoring von Steinbrüchen, Deponien, Hangrutschungen, Hochspannungsleitungen, Bahntrassen oder hohen bzw. schwer zugänglichen Gebäuden, für die sich eine klassische Befliegung mit großformatigen Kameras aufgrund der geringen Flächengröße wirtschaftlich nicht lohnt. Anschaffung und Betrieb der Flugtechnik sind erheblich kostengünstiger und die Einsätze können flexibler gestaltet werden, weil bedingt durch die geringe Flughöhe bis maximal ca. 100 m über Grund ausschließlich unter der Wolkendecke operiert wird. Für diese Anwendungen ist auch der Begriff LAAP, Low Altitude Aerial Photogrammetry, eingeführt worden. Bei der LAAP-Bilddatenerfassung gelten ansonsten die gleichen Prinzipien wie bei der klassischen Luftbildphotogrammetrie (siehe Kap. 9.2.2); neben den typischen Senkrechtaufnahmen in Nadirrichtung werden allerdings sehr häufig auch Schrägaufnahmen gemacht. Die niedrige Flughöhe führt zu geringen Aufnahmeentfernungen und demzufolge zu großen Bildmaßstäben, was die photogrammetrische Genauigkeit grundsätzlich begünstigt (siehe Kap. 9.2.2. Die GSD (Ground Sample Distance) gibt an, welche Fläche am Boden durch ein Bildpixel abgedeckt wird („Footprint", Maßstabszahl × Detektorgröße).

Dieser Wert beträgt bei UAV-Aufnahmen oft nur 1 bis 3 cm und ist damit deutlicher kleiner als bei klassischen Luftbildern. Die lage- und höhenmäßige Bestimmung der Erdoberfläche mit Zentimeterauflösung ist hierdurch theoretisch möglich. Da UAV aber regelmäßig nur eine stark begrenzte Nutzlast mitführen können, ist man auf einfache, leichte Kameras mit relativ kleinen Sensorformaten angewiesen, wodurch der Maßstabsvorteil wieder zunichte gemacht und zudem eine größere Anzahl an Aufnahmen erforderlich werden. Mehrere Hundert oder gar Tausend und mehr Bilder können daher bei UAV-Projekten anfallen, zumal gewöhnlich mit hohen Überdeckungsraten von 70 bis 90 % (Längs- und Querrichtung) aufgenommen wird.

9.4.1 Technologische Aspekte von UAV

Die unbemannten Fluggeräte können in Abhängigkeit von der Art, wie der Auftrieb erzeugt wird, in vier Kategorien eingeteilt werden (*Eisenbeiß* (2009), *Eisenbeiß u. a.* (2009)):

Starrflächenflügler: Hierbei handelt es sich um kleinformatige Flugzeuge mit Tragflächen, deren Spannweiten etwa 1 bis 3 m betragen (Abb. 9.4-1). Der Vortrieb erfolgt meist durch ein oder zwei Propeller; besonders leistungsfähige UAV können auch einen Düsenantrieb besitzen. Die Flächenflugzeuge sind bauartbedingt für die Erfassung von größeren Flächen mit mehr als 100 ha geeignet, allerdings benötigen sie eine Bahn zumindest für die Landung. Die Kamera für die Bildaufnahmen wird normalerweise in den Flugzeugrumpf montiert mit senkrechter Aufnahmerichtung; hier gibt es also Analogien zur klassischen Luftbildphotogrammetrie. Die Windanfälligkeit von Starrflächen-UAV ist verhältnismäßig gering.

Rotorflügler: Die Rotorflügler werden auch als Fluggeräte mit VTOL-Eigenschaft bezeichnet: Vertical Take-Off and Landing. Sie beherrschen den Schwebeflug und sind als Senkrechtstarter besonders flexibel einsetzbar. Diese Art von UAV erlebte zuletzt die größten Fortschritte hinsichtlich der Vielfalt von Bauformen und Einsatzmöglichkeiten. Neben der Bauform als klassischer (Modell-)Helikopter haben sich die sog. Multikopter mit zwei (koaxialen), vier (Quadrokopter), sechs (Hexakopter), acht (Oktokopter) oder mehr Rotoren durchgesetzt (Abb. 9.4-1). Mit zunehmender Rotorzahl steigen zwar Flugstabilität, Ausfallsicherheit und Traglastvermögen, allerdings sind die Ansprüche an die Energieversorgung höher, was wiederum die Reichweite reduziert. Der Antrieb der Rotoren mit Drehzahlen von 8 bis 10 000 U/min erfolgt überwiegend durch Elektromotoren, die von Batterien gespeist werden. Durch Verwendung von Karbon und Aluminium für den Rahmen versucht man, zugunsten von entsprechend mehr Nutzlast und Flugdauer möglichst viel Gewicht einzusparen.

Kleinluftschiffe: Mit Kleinluftschiffen, also Ballonfahrzeugen oder Zeppelinen im Modellformat, wurde schon früh experimentiert, wobei die Positionierung überwiegend anhand von ein oder mehr Seilen vom Boden aus erfolgte. Hierdurch ist der Einsatzbereich auf kleine Objektgrößen beschränkt, etwa der Bildaufnahme von kleinflächigen Ausgrabungsstätten aus der Luft. Moderne Luftschiffe verfügen über eine Fernsteuerung und können dadurch über größere Gebiete agieren (Abb. 9.4-1). Das besondere Kennzeichen ist die Erzeugung des Auftriebs durch heiße Luft oder Helium. Der Vorteil liegt in der äußerst ruhigen und stabilen Fluglage, die eine kontrollierte Bildaufnahme begünstigt. Allerdings ist diese Art von UAV besonders windanfällig.

Gleitsegler: Diese auch als Kites bezeichnete Kategorie umfasst Fluggeräte wie Drachen, Gleitschirme oder Paraglider (Paraplanes). Sie können für den Bildflugeinsatz in Verbindung mit stetigem Wind antriebslos über Seile gesteuert werden oder der Vortrieb erfolgt durch motorgetriebenen Propeller (Abb. 9.4-1). In der UAV-Photogrammetrie haben die Gleitsegelfluggeräte nur geringe Bedeutung.

Der Antrieb der Rotoren oder Propeller erfolgt mit Verbrennungs- oder Elektromotor. UAV mit Verbrennungsmotor weisen in der Regel deutlich größere Gesamtgewichte auf und können höhere Nutzlasten aufnehmen, was den Einsatz höherwertiger Kameras – und sogar von leichten Laserscannern – ermöglicht. Reichweite und Flächenleistung sind naturgemäß höher als bei elektroangetriebenen UAV, bei denen das Gewicht und die Kapazität der Batterien den Bildflug hinsichtlich Kameranutzlast und Flugdauer zusätzlich limitieren. Die Flugdauer bei batteriegetriebenen UAV beträgt typischerweise 10 bis 30 Minuten mit einem Akku, sodass eine Bildflugkampagne wegen der Zwischenlandungen für den Batteriewechsel in Etappen durchgeführt werden muss.

UAV mit Elektromotor können oftmals nur leichte Digitalkameras mit wenigen hundert Gramm Masse mitführen, weil die Gesamtnutzlast typischerweise etwa 0,5 bis 2 kg beträgt. Häufig kommen daher gewöhnliche Consumer-Kameras zum Einsatz, die für den Bildflug modifiziert werden, aus photogrammetrischer Sicht neben der geringen Stabilität des Kamerakörpers aber zu mehreren Einschränkungen führen. Zum einen besitzen die kleinen Sensorformate dieser Kameras, die oftmals unter Kleinbildgröße (24×36 mm^2) liegen, den Nachteil, dass der erfassbare Aufnahmebereich pro Bild entsprechend klein ist und demzufolge mehr Aufnahmen erforderlich sind. Zum anderen ist die Bildqualität eingeschränkt, denn die verminderte Lichtempfindlichkeit des Digitalsensors und die begrenzte Abbildungsqualität der Objektive führen zu höherem Rauschen in den Aufnahmen. Die radiometrische und geometrische Qualität der Aufnahmen kann wiederum positiv beeinflusst werden, wenn das UAV mit einer Vorrichtung für die Kamerastabilisierung ausgerüstet ist (sog. Gimbal).

Neben der Kamera für die Bildaufnahmen werden UAV mit einer Reihe von weiteren elektronischen Komponenten und Sensoren für die Navigation und Steuerung ausgestattet. Im Einzelnen sind dies:

- Hauptplatine mit dem Prozessor für die Flugkontrolle und die Steuerung der Kamera;
- Funkmodul für die Datenübertragung (2,4 GHz) zwischen UAV und Bodeneinheit, zum Beispiel durch WiFi/WLAN;
- Inertialmesseinheit (IMU) für die Erfassung der translatorischen und rotatorischen Bewegungen in jeweils drei Richtungen, bestehend aus Accelerometern (Beschleunigungsmessern) und Gyroskopen (Kreiseln);
- Barometer für die indirekte Höhenmessung;
- Magnetometer für die magnetische Richtungsbestimmung in bis zu drei Achsen;
- GNSS/GPS-Empfänger für die Bestimmung der absoluten Position;
- Speicher für die Aufzeichnung von Flug- und Bilddaten.

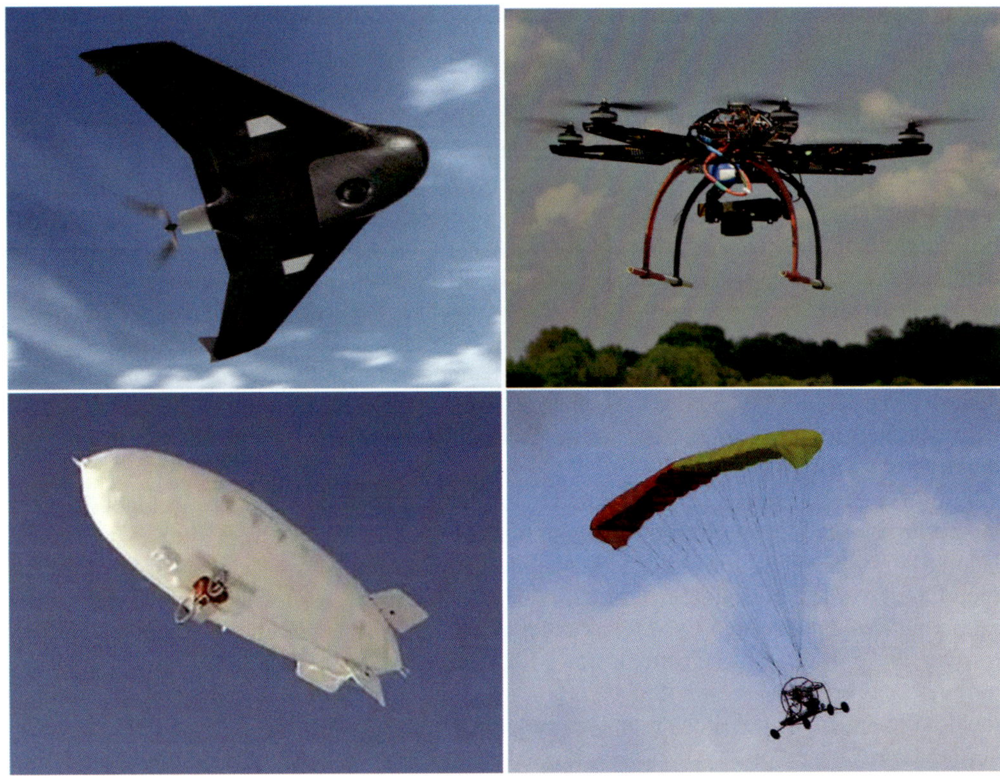

Abbildung 9.4-1: Bauformen von UAV: (l. o.) Flächenflugzeug (© Fa. TRIMBLE NAVIGATION LTD.), (r. o.) Multikopter, (l. u.) Minizeppelin/Blimp (© Fa. ANABATIC AERO), (r. u.) Paraglider

Die GNSS- und Inertialsensoren sowie die Steuerungsmodule sind durchgängig in Mikrosystemtechnik (MEMS, Micro-Electro-Mechanical-Systems) ausgeführt, was zu wertvoller Platz- und Gewichtsersparnis führt. Das Zusammenwirken der Komponenten ist soweit optimiert, dass die kontrollierte Steuerung und Navigation von UAV-Fluggeräten im Prinzip auch von Laien durchführbar ist. Typische Steuerungsmanöver, die in der Fliegersprache mit *Position Hold*, *Coming Home*, *Follow Me* oder *Way Point Navigation* bezeichnet werden, sowie der (teil-)autonome Flug nach Vorgabe der Trajektorie sind dadurch verhältnismäßig einfach.

Die GNSS/GPS-Empfänger arbeiten bei der Positionsbestimmung in den meisten Fällen mit dem C/A-Code auf dem L1-Band, was die Positionierungsgenauigkeit auf etwa 2 bis 10 m begrenzt. In neuesten Entwicklungen wird auch mit Empfängern experimentiert, die Trägerphasenbeobachtungen auf der L1- und L2-Frequenz ermöglichen. Hierdurch sind in der Zukunft mit RTK-GNSS-Genauigkeiten im Zentimeterbereich zu erwarten, die den Weg ebnen für eine direkte Georeferenzierung des UAV – und damit auch der photogrammetrischen Aufnahmen –, wie sie von der Luftbildphotogrammetrie her bekannt ist. Im Versuchsstadium befinden sich noch Trackingsysteme, die das Fluggerät – als Alternative zu GNSS – vom Boden aus mit zielverfolgendem Tachymeter oder zielverfolgender Kamera lokalisieren.

Die unbemannten Flugrobotor unterscheiden sich hinsichtlich Reichweite, Betriebsdauer, Wind- und Wetteranfälligkeit, Manövrierbarkeit, Flugstabilität und Nutzlast.

Beim Betrieb vor Ort sind in Deutschland die rechtlichen Regelungen der Luftverkehrsordnung des Bundes (*LuftverkehrsVO* (2017), „Drohnenverordnung") zu beachten. Hiernach wird der Einsatz von – insbesondere batteriebetriebenen – UAV grundsätzlich unterstützt, jedoch müssen verschiedene Gewichts- und Abstandsgrenzen eingehalten werden. Beim Gewicht gilt unabhängig von der Antriebsart generell ein Betriebsverbot für unbemannte Fluggeräte mit einer Gesamtmasse über 25 kg. Liegt das Gewicht zwischen 5 und 25 kg, unterliegt der Einsatz einer speziellen Erlaubnispflicht, wobei die Luftfahrtbehörden der Länder zuständig sind. Für den UAV-Einsatz hat die 5-kg-Grenze eine besondere Bedeutung erlangt, denn das Vorliegen einer allgemeinen oder besonderen Flugerlaubnis wie früher ist bis zu diesem Limit entfallen (sofern unter Sicht und maximal 100 m hoch geflogen wird). Dies vereinfacht die UAV-gestützten Bildflüge aus rechtlicher Sicht wesentlich und trägt zur dauerhaften Etablierung der UAV-Photogrammetrie als neues Messverfahren bei. Allerdings muss der Steuerer eines UAV nunmehr einen besonderen Kenntnisnachweis („Drohnenführerschein", alle fünf Jahre zu erneuern) für Fluggeräte mit mehr als 2 kg vorweisen. Außerdem müssen alle Fluggeräte über 0,25 kg mit einer feuerfesten Plakette ausgestattet sein, die den Betreiber identifiziert. Neben den Gewichtsgrenzen gilt es, während eines UAV-Bildfluges unterschiedliche Abstandsgrenzen einzuhalten. So ist der erlaubnisfreie Einsatz nur unter Sicht und bis zu einer Flughöhe von 100 m gestattet; ein Flug in größerer Höhe oder etwa bei Nacht bedingt wiederum eine spezielle Erlaubnis wie beim Überschreiten der 5-kg-Grenze. Eine 1,5-km-Grenze gilt allgemein für den (horizontalen) Abstand zu Flugplätzen aller Art sowie zu Wohngebieten, Letzteres, sofern das Fluggerät mit einem Verbrennungsmotor betrieben wird. In diesen Fällen darf die Distanz nur nach Einholung einer entsprechenden Genehmigung unterschritten werden. Schließlich kann die 100-m-Abstandsgrenze einzelne photogrammetrische UAV-Anwendungen nachdrücklich einschränken, denn ein allgemeines Betriebsverbot herrscht für UAV-Flüge über und einem seitlichen Abstand weniger als 100 m zu Menschenansammlungen, Einsatzorten von Polizei und Rettungskräften, Fern- und Wasserstraßen des Bundes, Bahn-, Militär- und Industrieanlagen, Krankenhäusern oder Gebäuden der oberen Bundes- und Landesbehörden (weitere siehe einschlägige Bestimmungen des Bundes und der Länder). Auch der Flug über Naturschutzgebiete und private Wohngrundstücke ist prinzipiell verboten und bedarf der ausdrücklichen Zustimmung durch die Behörden bzw. Betroffenen. Die rechtlichen Rahmenbedingungen für den UAV-Betrieb können sich in naher Zukunft schließlich noch durch die Auswirkungen von entsprechenden Gesetzgebungsaktivitäten auf EU-Ebene ändern.

9.4.2 Arbeitsablauf von UAV-gestützten Photogrammetrieprojekten

UAV bieten die Möglichkeit, auch für kleinere Gebiete und Objekte einen qualifizierten Bildflug durchzuführen. Abbildung 9.4-2 zeigt den typischen Arbeitsablauf (Workflow) von derartigen photogrammetrischen Projekten, der mit der Bildflugplanung sowie der Erstellung der Aufnahmen beginnt und mit den photogrammetrischen Folgeprodukten endet.

Die ersten drei Schritte werden nachstehend beschrieben. Kapitel 9.4.3 geht danach auf die Ergebnisse ein, die durch Auswertung der UAV-Bilddaten gewonnen werden können.

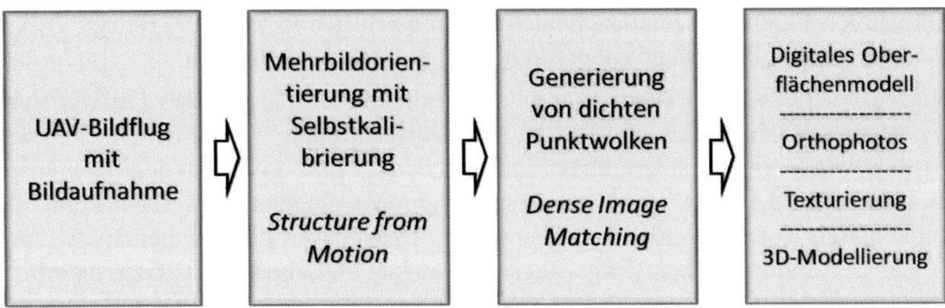

Abbildung 9.4-2: Arbeitsablauf von photogrammetrischen Vermessungen mit UAV

9.4.2.1 UAV-Bildflug

Die Erstellung von photogrammetrischen Luftaufnahmen mit einem UAV unterscheidet sich grundsätzlich nicht gravierend von der Vorgehensweise, die man von der klassischen Aero-Photogrammetrie her kennt (siehe Kap. 9.2.2). Die Besonderheiten der unbemannten Trägerplattform für die Kamera führen zu einigen Restriktionen, die zu beachten sind.

Für die später folgende Bildorientierung sowie Georeferenzierung werden zumeist Passpunkte benötigt. Im Vorfeld einer Bildflugkampagne werden daher über das Objektgebiet verteilt, vor allem am Rand, Punkte so signalisiert, dass deren Erkennbarkeit in den Aufnahmen gewährleistet ist. Die Einmessung, also Koordinatenbestimmung, dieser Passpunkte erfolgt bevorzugt mit GNNS-Instrumenten, in Einzelfällen auch tachymetrisch.

Für die Planung der Flugkampagne wird von den UAV-Herstellern oder Drittanbietern einschlägige Software bereitgestellt. In Abhängigkeit der verfügbaren Kamera und der Gebietsgröße sind im Vorfeld die spezifischen Parameter eines Bildfluges, wie beispielweise gewünschter Bildmaßstab bzw. GSD (Ground Sampling Distance), Bodenabdeckung der Bildfläche, Länge der Basislinien oder Abstand der Fluglinien, zu definieren. In den meisten Fällen wird mit hohen Längs- und Querüberdeckungen von 70 bis 90 % operiert, damit eine dichte Bildfolge entsteht. Aus diesen Daten ergeben sich die Wegpunkte der Flugtrajektorie in Lage und Höhe, die von der Flugplanungssoftware berechnet werden. Die Navigationsdaten werden üblicherweise im WGS84 koordiniert.

Wie bei klassischen Aero-Anwendungen wird das aufzunehmende Gebiet im Regelfall mäanderförmig beflogen, wobei hinsichtlich der Kameraausrichtung der Nadirfall als Standard angestrebt wird (siehe Abb. 9.2-6). Durch einen zweiten Mäanderflug um 90° gedreht kann das Fluggebiet aus allen vier Richtungen erfasst werden. In Einzelfällen wird die Flugbahn auch (genähert) kreisförmig gewählt, um den Objektbereich ringsum zu erfassen. Zusätzlich – oder auch ausschließlich – werden oftmals Schrägaufnahmen (Oblique-Aufnahmen) erstellt, was die Kamerakalibrierung begünstigt und zudem den Vorteil besitzt, dass die Tiefenkoordinate mit höherer Genauigkeit bestimmt werden kann. Um möglichst viel Spielraum bei der Belichtungszeit zu haben, sollte die horizontale Fluggeschwindigkeit möglichst niedrig sein (2 bis 6 m/s), was insbesondere mit Multikopter-Fluggeräten leicht realisiert werden kann.

Wegen der stark begrenzten Nutzlast von UAV müssen leichte Kameras eingesetzt werden. Hierbei werden häufig Kompakt- oder Systemkameras aus der Serienfertigung montiert, die vielfach ein fest eingebautes Objektiv besitzen. Zusätzlich einschränkend wirkt sich die oftmals geringe Sensorgröße dieser Kameras aus, weil die Bildfläche nur einen entsprechend kleinen Bodenbereich abdeckt und infolgedessen mehr Aufnahmen für die Objekterfassung notwendig sind. Nur bei stärkeren Trägerplattformen ist der Einsatz von Spiegelreflexkameras möglich, die wegen des größeren Sensors (z. B. Kleinbild- oder Mittelformat) und der Möglichkeit zum Objektivwechsel mehr Flexibilität in der Aufnahmeplanung bieten. In Abhängigkeit von der Fluggeschwindigkeit werden in Verbindung mit der Blende die Belichtungszeit und Bildfolgezeit, also der zeitliche Abstand zwischen den Aufnahmen, so festgelegt, dass die Scharfabbildung der Aufnahmen gewährleistet ist und der gewünschte Überdeckungsgrad eingehalten wird. Die Steuerung der Kamera erfolgt entweder durch die kameraeigenen Funktionen oder – sofern seitens Kamera und UAV diesbezügliche elektronische Komponenten vorhanden sind – ferngesteuert durch die Software für die Flugkontrolle. Die Flughöhe über Grund liegt gewöhnlich (schon aus rechtlichen Gründen) unter 100 m, oft nicht mehr als 50 bis 60 m. Eine Besonderheit von UAV-Aufnahmen besteht darin, dass die Tiefenausdehnung des Objektes im Verhältnis zur Aufnahmeentfernung relativ groß sein kann; bei 20 m hohen Gebäuden beträgt dieser Wert beispielsweise etwa 1/3 der Flughöhe. Daher muss bei der Bildflugdurchführung gegebenenfalls auf die Schärfentiefe ein besonderes Augenmerk gelegt werden.

Bei der konkreten Durchführung des UAV-Fluges erfolgen Start und Landung in der Regel manuell. Multikopter-Fluggeräte können mit der Fernsteuerung per Schwebeflug an die ungefähre Startposition manövriert werden. Dann wird auf Automatikmodus umgeschaltet und das UAV führt den Bildflug entlang der errechneten Wegepunkte autonom durch. Parallel erstellt die Kamera regelmäßige Aufnahmen gemäß der eingestellten Bildfolgezeit. Die Möglichkeit des autonom gelenkten Bildfluges nach Navigationsdaten ist wichtig, weil die vollständig manuelle Steuerung des UAV auf der geplanten Solltrajektorie vom Boden aus nahezu unmöglich ist; aus rechtlicher Sicht muss hierbei der Pilot ständig Sichtkontakt haben und jederzeit eingreifen können. Sogenannte Immersionsflüge, bei denen das Livebild der Kamera zur Bodenstation übertragen und zum Beispiel mit einer Datenbrille kontrolliert wird, konnten sich für photogrammetrische Anwendungen bislang nicht durchsetzen. Wird das UAV von Elektromotoren angetrieben, reicht die Batteriekapazität häufig nicht für das komplette Gebiet aus. Sobald die Batterieladung zur Neige geht, sorgt die Coming-Home-Funktion des UAV für die automatische Rückkehr zum Ausgangspunkt, damit der Batteriewechsel durchgeführt und der Bildflug fortgesetzt werden können.

9.4.2.2 Bildorientierung und Kamerakalibrierung

Als Voraussetzung für die geometrische Auswertung muss der photogrammetrische Bildverband orientiert werden. Hierbei wird oftmals simultan die Kamerakalibrierung durchgeführt, sofern diese nicht im Vorhinein schon stattgefunden hat (siehe Kap. 9.3.3.1). Dieses Prinzip gilt für alle photogrammetrischen Vermessungen. UAV-Projekte sind in vielen Fällen – trotz der verhältnismäßig kleinen Objektgrößen – von Bildverbänden mit einer hohen Bildanzahl gekennzeichnet. Dies ist durch die hohen Überlappungsraten in Längs- und Querrichtung in Verbindung mit der gleichzeitig geringen Geländefläche pro Bild bedingt. Die Orientierung mit manueller Messung der Pass- und Verknüpfungspunkte scheidet aus diesem Grund schon aus. Erschwerend hinzu kommen Abweichungen der Aufnahmerichtung vom Nadirfall, die wegen der Windanfälligkeit der UAV-Trägerplattform durchschnittlich 15 bis 20°, im Extremfall bis zu 60° betragen können. Obwohl Luftaufnahmen mit parallelen Aufnahmerichtungen geplant waren, hat man hierdurch fast eine ähnliche Situation wie in der terrestrischen Nahbereichsphotogrammetrie: Die konvergenten Aufnahmen weisen starke Verzerrungen, im Extremfall sogar Verdeckungen auf, die das Zuordnungsproblem, also die Bestimmung von korrespondierenden Punkten, erschweren.

Bildzuordnung

Die Kernaufgabe der Orientierung von Bildverbänden besteht in der Bestimmung von korrespondierenden (homologen) Bildpunkten, die ein und den gleichen Punkt im Objektraum repräsentieren. Denn wenn in allen Bildern genügend identische Punkte gefunden sind, kann die Orientierungsberechnung des Bildverbandes – einschließlich einer eventuellen Kamerakalibrierung – durch Bündelausgleichung stattfinden (siehe Kap. 9.3.3). Diese als Bildzuordnung (Image Matching) bezeichnete Aufgabe löst der menschliche Operateur relativ sicher, für einen auf Bildverarbeitung basierenden Algorithmus kann dies jedoch äußerst schwierig sein. Neben Problemfaktoren wie Texturarmut, identische Wiederholungsmuster oder radiometrische Differenzen verschärfen konvergente Aufnahmen das Korrespondenz- bzw. Zuordnungsproblem zusätzlich wegen der perspektivischen Verzerrungen, die stark unterschiedliche Muster in den Bildern produzieren.

Die Bildzuordnung ist ein umfangreiches Themengebiet, das an dieser Stelle nicht in Gänze dargestellt werden kann. Nachfolgend werden nur die wesentlichen Prinzipien beschrieben, für tiefer gehende Erläuterungen wird auf die einschlägige Spezialliteratur verwiesen.

In der Vergangenheit sind in der Photogrammetrie eine Vielzahl an Zuordnungsverfahren entwickelt worden, von denen die Verfahren der merkmalsbasierten Zuordnung (Feature Based Matching, FBM) und flächenbasierten Zuordnung (Area Based Matching, ABM) die größte Bedeutung erlangt haben. Bei der merkmalsbasierten Zuordnung werden markante Bildstellen anhand von Bildmerkmalen wie Kanten, Ecken oder andere hervorstechende Bildmuster bestimmt. Die Merkmalseigenschaften werden in Merkmalsvektoren gespeichert, die dann die Grundlage für die Identifizierung von korrespondierenden Punkten bilden. Je umfangreicher der Merkmalsvektor ist, umso sicherer gelingt die Zuordnung; allerdings steigt auch der Aufwand bei der Suche nach dem korrespondierenden Partner in den anderen Bildern. Die Extraktion der Bildmerkmale geschieht mit sog. Interest-Operatoren wie beispielsweise dem Moravec- oder dem Förstner-Operator, die die unmittelbare Umgebung einer auffälligen Bildstelle analysieren und robuste, gut unterscheidbare Merkmale berechnen.

Die merkmalsbasierte Zuordnung liefert gewöhnlich Korrespondenzen mit relativ groben Bildkoordinaten, die für die exakte Berechnung der Orientierungsdaten nicht ausreichen. Daher schließt sich die flächenbasierte Zuordnung (ABM) an, die homologe Bildpunkte mit höherer Genauigkeit bestimmt. Bei der ABM werden die Pixelmuster in Such- und Referenzbild unmittelbar verglichen und die subpixelgenaue Position mit der größten Übereinstimmung berechnet. Die im Zuge des FBM bestimmten Bildpunkte dienen hierbei als Näherungswerte. Häufig eingesetzte Algorithmen sind die Kreuzkorrelation sowie die Kleinste-Quadrate-Zuordnung (Least Squares Matching, LSM).

Structure from Motion

Die vorstehend geschilderten Zuordnungsverfahren liefern gewöhnlich nur dann zuverlässige Ergebnisse, wenn die (relative) Orientierung der Aufnahmen schon ausreichend bekannt ist. Denn dann können die Suchräume wirksam eingeschränkt werden, indem die Korrespondenzanalyse nur auf den Epipolarlinien (Kernlinien) stattfindet. Zumindest sehr gute Näherungswerte der Orientierungsdaten sind Voraussetzung, was in der Aero-Photogrammetrie beim Einsatz von direkten Georeferenzierungstechniken (GNSS und IMU) heute meistens gegeben ist. Die Bilder von UAV-Befliegungen erfüllen diese Voraussetzung – wie die meisten Nahbereichsbildverbände – grundsätzlich nicht. Unter der Bezeichnung Structure from Motion (SfM) wurden in der Computer-Vision-Forschung spezielle Bildzuordnungsalgorithmen entwickelt, die das Korrespondenzproblem auch in ungeordneten Bildverbänden mit konvergenten Aufnahmen erfolgreich lösen. Eine der wichtigsten Voraussetzungen ist bei diesen Verfahren, dass dichte Bildverbände mit hohen Überdeckungsraten vorliegen (Abb. 9.4-3). Denn in diesen sind die Ähnlichkeiten der Bildinhalte von benachbarten Bildern zumeist so groß, dass die Bestimmung von korrespondierenden Punkten zuverlässig gelingt. Bekannte Verfahren basieren zum Beispiel auf dem SIFT-Operator (Scale Invariant Feature Transform, *Lowe* (2004)), SURF-Operator (Speeded Up Robust Features, *Bay u. a.* (2006)) oder SGM (Semi-Global-Matching, *Hirschmüller* (2008)), wobei es eine nahezu unüberschaubare Anzahl an Varianten sowie weiteren Operatoren gibt. Viele dieser Operatoren zeichnen sich durch eine ausgeprägte Invarianz hinsichtlich Maßstab und Rotation aus.

Abbildung 9.4-3: Bildverband einer UAV-Befliegung mit den Aufnahmepositionen

Mehrbildzuordnung und -orientierung

Bei der Orientierung von Bildverbänden, die auf manueller Bildpunktmessung basieren, ist aus praktischen Gründen die Anzahl der Verknüpfungspunkte begrenzt. Die SfM-Algorithmen setzen – wie die automatischen Orientierungsverfahren in der Airborne-Photogrammetrie – bewusst auf eine Bildzuordnung mit einer sehr großen Anzahl von homologen Punkten, die oft mehrere Tausend pro Bildpaar beträgt. Hierdurch können die gegenseitigen Orientierungen der Bilder untereinander trotz partieller Fehlzuordnungen mit einer hohen Stabilität bestimmt werden. Aufgrund der hohen Bildüberdeckungen bis zu 95 % ist jeder Objektpunkt in vielen Aufnahmen abgebildet; es ist dadurch keine Seltenheit, dass ein und der gleiche Objektpunkt in zehn oder mehr Bildpaaren als Verknüpfungspunkt dient. Diese hohe Redundanz nutzt man beim Multi-Viewstereo (MVS) Matching aus. Die Korrespondenz der Verknüpfungspunkte wird nicht nur in einem Bildpaar, sondern in mehreren bestimmt und durch die Fusionierung und Konsolidierung der Zuordnungen erzielt man am Ende ein zuverlässiges Zuordnungsergebnis. Begleitet werden diese Prozesse durch verschiedene Algorithmen für die robuste Ausreißersuche, zum Beispiel RANSAC.

Solange wie nur mit Verknüpfungspunkten gearbeitet wird, kann der Bildverband nur in einem lokalen Koordinatensystem orientiert werden. Erst mit Passpunkten können die Maßstabsfestlegung (Skalierung) und Georeferenzierung stattfinden. Die Messung und Identifizierung der Passpunkte geschieht trotz großer Fortschritte in der Bildverarbeitung auch heute vorwiegend manuell, insbesondere wenn es sich um natürliche Passpunkte handelt. Ob die Passpunktmessungen unmittelbar in der Orientierungsberechnung berücksichtigt werden, hängt von der Software ab. Wenn diese Möglichkeit nicht direkt gegeben ist, muss der orientierte Bildverband in einem weiteren Schritt – beispielsweise durch eine 3D-Helmerttransformation – auf das Passpunktsystem transformiert werden.

Die Orientierung von dichten Bildverbänden – bestehend aus im Allgemeinfall ungeordneten Aufnahmen, wie sie sowohl in der UAV-Photogrammetrie als auch in der Nahbereichsphotogrammetrie anfallen – hat einen hohen Automatisierungsgrad erreicht. Speziell die Structure-from-Motion-Verfahren haben dazu beigetragen, dass auch Anwender ohne photogrammetrisches Fachwissen die einschlägigen Softwarelösungen einsetzen können. Im Prinzip müssen nur die digitalen Aufnahmen übergeben werden, von denen vorab die unscharfen und unzureichend belichteten Exemplare aussortiert wurden. Als Ergebnis erhält man den orientierten Bildverband sowie eine erste Punktwolke mit 3D-Koordinaten zurück, die sich implizit aus den durch Zuordnung bestimmten Verknüpfungspunkten mittels Vorwärtsschnittberechnung ergibt. Diese Punktwolke ist noch sehr dünn; sie repräsentiert die Objektoberfläche und -struktur allerdings schon in einer ersten Näherung. Die Verdichtung dieser Punktwolken hin zu einer Vorstufe eines lückenlosen Oberflächenmodells (DOM) geschieht in einem weiteren Schritt; siehe hierzu Kapitel 9.4.2.3.

Der hohe Automationsgrad in der Bildorientierung, der durch Computer-Vision-Verfahren in jüngster Zeit realisiert wurde, sollte nicht die kritische Betrachtung der Ergebnisse überflüssig machen. Die SfM-Entwicklungen haben primär eher die Automation, zum Beispiel für die Robotik, und Visualisierungsanwendungen als die quantitativ hochwertige Beschreibung der Objektgeometrie im Fokus. Im Unterschied zur klassischen Photogrammetrie benutzt Computer Vision häufig sehr einfache Kameramodelle, die sich beispielsweise auf die Kamerakonstante und ein oder zwei Parameter für die Verzeichnung beschränken. Längst nicht alle SfM-Lösungen greifen zum Beispiel auf das Brownschen Kameramodell zurück, das in der Nahbereichsphotogrammetrie etabliert ist (siehe Kap. 9.2.1). Hinzu kommt, dass Computer-Vision-Lösungen bei der Bildorientierung oftmals für jedes Bild einen eigenen Kameradatensatz ansetzen und schätzen. Dies setzt grundsätzlich Bildverbände mit einer sehr guten Aufnahmegeometrie voraus. Bei lang gestreckten Objekten können sonst, vor allem in Verbindung mit einer ungünstigen Passpunktkonstellation, unerwünscht starke Deformationen des Bildverbandes auftreten, sodass – trotz hoher innerer – die äußere Genauigkeit sehr schlecht ist. Auch kann die Situation eintreten, dass bei der simultanen SfM-basierten Kamerakalibrierung die Kamerakonstante von Bild zu Bild stark unterschiedliche Werte annimmt, was der physikalischen Realität und dem bisherigen Verständnis von Photogrammetrie widerspricht. Computer-Vision-Lösungen verlangen also eine fachlich fundierte Beurteilung der Ergebnisse, speziell was die geometrische Qualität und Quantität betrifft.

9.4.2.3 Dense Image Matching

In enger Verbindung zu den zuvor geschilderten Structure-from-Motion-Verfahren für die Bildorientierung steht die Bestimmung von bildbasierten Punktwolken durch Dense Image

Matching, denn auch hierbei besteht die Grundaufgabe in der Lösung des Zuordnungsproblems. Allerdings geht man hierbei von bekannten Werten für die Inneren und Äußeren Orientierungen aus. Die Aufgabe besteht darin, in den orientierten Bildern möglichst viele korrespondierende Punkte zu finden, aus denen dann durch Vorwärtseinschneiden (Triangulationsprinzip, siehe Kap. 9.3.3.2) die entsprechenden 3D-Objektpunkte berechnet werden. Das Ergebnis sind dichte Punktwolken, die die Oberfläche lückenlos repräsentieren (Abb. 9.4-4); im Extremfall gibt es zu jedem Bildpixel einen Objektpunkt. Damit tritt die Photogrammetrie in Konkurrenz zu aktivsensorischen Verfahren wie dem Laserscanning (LiDAR) (siehe Kap. 9.3.4) oder der Streifenprojektionsmethode, die ebenfalls Punktwolken erzeugen, jedoch vom instrumentellen Aufwand her aufwendiger und teurer sind. Im Vergleich zum terrestrischen Laserscanning (TLS) weisen die UAV-Punktwolken zudem regelmäßig eine höhere Homogenität auf.

Bei der Korrespondenzanalyse im Rahmen des Dense Image Matching werden grundsätzlich die in Kapitel 9.4.2.2 geschilderten Algorithmen und Verfahren verwendet. Es können die Zuordnungsmethoden aus der klassischen Photogrammetrie (merkmals- oder flächenbasierte Zuordnung) wie auch die neueren Computer-Vision-Lösungen (SGM, SIFT, SURF etc.) eingesetzt werden. Da die Software für Orientierung- und Punktwolkenberechnung oftmals ein und die gleiche ist, findet das Dense Image Matching häufig mit letztgenannten, vom Grundsatz her robusteren Verfahren statt. Diese haben Vorteile, wenn die Aufnahmen stark unterschiedliche Maßstäbe und größere perspektivische Verzerrungen aufweisen.

Wie bei der Bildorientierung (Kap. 9.4.2.2) nutzt man bei der Generierung der dichten Punktwolken die hohen Überdeckungsgrade der Aufnahmen aus und führt ein Multi-View-Stereo Matching durch. D. h., durch die Existenz von vielen redundanten Bildpaaren können bei der 3D-Punktbestimmung anhand der Überbestimmungen viele Fehlzuordnungen (Ausreißer) eliminiert und die Genauigkeit gesteigert werden. Um den Rechenaufwand zu minimieren, werden die Bildpaare bei einigen Softwaresystemen vor dem eigentlichen Matching-Prozess in Normalbilder umgerechnet (z. B. die Lösung SURE, *Rothermel u. a.* (2012)). Hierbei werden jeweils die beiden Originalaufnahmen anhand der gegebenen Orientierungsdaten so umgebildet, als wenn sie mit einem Stereokamerasystem in strenger Normalfallanordnung aufgenommen worden wären. Der Vorteil liegt darin, dass die Korrespondenzen ausschließlich in den Zeilen (d. h. Epipolarlinien) der Bilder gesucht werden müssen, was die Zuordnungsaufgabe vereinfacht.

Alle modernen Image-Matching-Verfahren sind sehr rechenintensiv, nicht zuletzt wenn die Korrespondenzanalyse in mehreren Bildern gleichzeitig stattfindet. Die hierfür entwickelten Softwaresysteme greifen daher oftmals auf Multi-Core-Implementierungen zurück, bei denen die Berechnungen parallel auf mehrere Kerne des Computerprozessors verteilt werden. Auch die Einbindung des Grafikprozessors, der sog. GPU, trägt zur Beschleunigung der Mehrbildzuordnung bei. Unter den Programmen für Structure-from-Motion und Dense Image Matching gibt es kostenfreie Open-Source-Lösungen (z. B. VisualSFM, Bundler/PMVS2, Apero/MicMac) oder auch kommerzielle Produkte. Teilweise stehen diese als Webservice-Applikationen zur Verfügung, bei denen die Bilddaten per Internet in eine „Cloud“ übertragen werden und dort dann Korrespondenzanalyse, Bildorientierung, Kamerakalibrierung und Punktwolkengenerierung stattfinden (z. B. Photosynth, Arc3D). Wegen der Parallelisierung der Berechnungsvorgänge zeichnet sich dieses Verfahren oft durch eine hohe Verarbeitungsgeschwindigkeit aus.

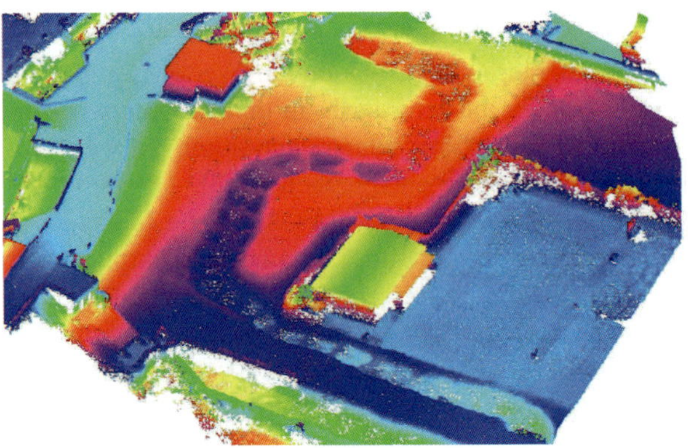

Abbildung 9.4-4: Punktwolke als Ergebnis von Dense Image Matching (Höhenstufen in Falschfarbendarstellung)

9.4.3 Ergebnisse und Endprodukte der UAV-Photogrammetrie

Nach dem Dense Image Matching (Kap. 9.4.2.3) liegen dichte Punktwolken vor, die die Oberfläche des Objektes geometrisch beschreiben. Im Prinzip ist die gleiche Situation wie beim Airborne Laserscanning (ALS) gegeben (siehe Kap. 9.3.4.1), nur dass dort die Punktwolke mit LiDAR erzeugt wird. Im Unterschied zum ALS, bei dem im Regelfall nur ein bis zwei Punkte pro m^2 erfasst werden, ist die bildbasierte Punktwolkendichte bei den UAV-Aufnahmen sehr viel höher. Die Punktabstände am Objekt können auf nur wenige Zentimeter gesteigert werden.

Wegen der Analogie zum Airborne Laserscanning sind die Nachfolgeprodukte aus den UAV-Punktwolken sehr ähnlich (siehe Kap. 9.3.4.1). Der erste Schritt ist meistens die Bestimmung des Digitalen Oberflächenmodells (DOM). Dabei findet eine Dreiecksvermaschung in der Punktwolke statt (TIN, Triangulated Irregular Network). Es bilden also je drei benachbarte 3D-Punkte ein Dreieck, und durch die lückenlose Aneinanderreihung erhält man das DOM der Erdoberfläche bzw. des Objektes in Gestalt einer Polyederfläche, die das Geländerelief approximiert (Abb. 9.4-5). Mit entsprechender Visualisierungssoftware können daraus beispielsweise Schummerungsdarstellungen erzeugt werden.

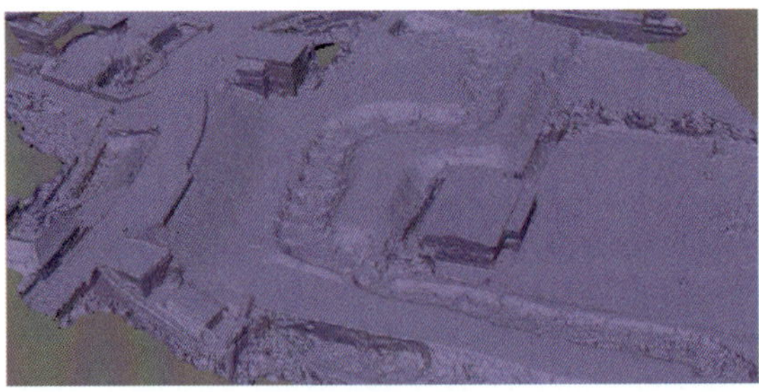

Abbildung 9.4-5: Digitales Oberflächenmodell (DOM) aus UAV-Punktwolken

Wenn von dem Objekt – also meistens der Erdoberfläche – das DOM vorliegt, kann in Verbindung mit den Orientierungsdaten die Differenzialentzerrung durchgeführt werden (siehe Kap. 9.3.1.1). Pixel für Pixel wird das Originalbild dabei so umgerechnet, dass die perspektivischen Verzerrungen verschwinden und Digitale Orthophotos (DOP) entstehen. Orthophotos verfügen über die geometrischen Eigenschaften einer Karte, da sie eine – maßstäblich verkleinerte – Parallelprojektion der Erdoberfläche sind. Im Unterschied zu den meisten klassischen DOP aus Luftbildern können bei UAV-Anwendungen oftmals auch sog. True-Orthophotos erzeugt werden, was in der hohen Punktdichte begründet ist. Für alle Objekte wie Gebäude und Brücken, die aus der Geländeoberfläche herausragen, bleibt ein Lagefehler im DOP erhalten, weil von diesen keine ausreichenden DOM-Daten für die Differenzialentzerrung vorliegen; das Dach eines Hochhauses zum Beispiel liegt dadurch nicht senkrecht über dem Grundriss am Boden. Die UAV-Punktwolken liefern oftmals ein so hoch aufgelöstes DOM, dass nun auch derartige Objekte lagerichtig zu einem True-DOP umgerechnet werden können.

Ähnlich wie die Berechnung von Orthophotos kann mit relativ einfachen Mittel das 3D-Oberflächenmodell texturiert werden (Textur-Mapping, siehe Kap. 9.3.4.1). Die Farbinformationen werden hierbei anhand der Orientierungsdaten aus den Originalaufnahmen auf das DOM pixelweise übertragen. Das Ergebnis sind texturierte Oberflächenmodelle, wie Abbildung 9.4-6 beispielsweise zeigt.

Die Verfahren wie DOM-Generierung, Orthophotoumbildung und Textur-Mapping sind durch einen relativ hohen Automatisierungsgrad gekennzeichnet. Neben einschlägigen Spezialprogrammen beherrschen auch die Softwaresysteme für Structure-from-Motion und Dense Image Matching zum Teil diese Bearbeitungsschritte. Sehr viel schwieriger ist nach wie vor die 3D-Modellierung durch Ableitung von Strukturen wie Flächen, Kanten und Ecken aus den Punktwolken bzw. Oberflächendaten, zum Beispiel Gebäudemodelle für CityGML in den Detaillierungsgraden LOD2 oder LOD3. Die manuelle Auswertung herrscht hierfür noch vor. Da neben den orientierten UAV-Aufnahmen auch Punktwolken zur Verfügung stehen, bieten sich die in Kapitel 9.3.4.2 für das Laserscanning geschilderten Methoden gleichermaßen an, zum Beispiel die kombinierte Auswertung mit dem System PHIDIAS (Abb. 9.3-20).

Abbildung 9.4-6: Texturiertes DOM (Fischauf- und -abstiegsanlage am Staubecken Obermaubach/Wasserverband Eifel-Rur)

10 Geoinformation und Geoinformationssysteme

Für die Planung, den Bau und den Betrieb von Bauwerken werden vielfach raumbezogene Informationen (Geoinformationen) benötigt. Das vorliegende Kapitel gibt eine kompakte Einführung in Geoinformation und Geoinformationssysteme. Für weitergehende Informationen sei auf die existierende Fachliteratur, z. B. *Bill* (2016), *De Lange* (2013), *Bartelme* (2005) oder *Reinhardt* (2004) verwiesen.

10.1 Definition und Einführung

Nach der Norm DIN ISO 19101 sind Geoinformationen

> „[...] Informationen über geographische Phänomene, die direkt oder indirekt mit einer auf die Erde bezogenen Position verbunden sind."

So werden für die Planung von Bauwerken bspw. Informationen über den Geländeverlauf, die Topographie, die Eigentumsverhältnisse oder die bestehende Bebauung benötigt. Bei allen genannten Beispielen handelt es sich um *Geoinformationen*, d. h. um Informationen mit Bezug zum geographischen Raum. Der Wortanteil „Geo" spiegelt dabei den *Raumbezug*, auch Georeferenz genannt, wider. Die Herstellung des Raumbezugs kann entweder direkt oder indirekt erfolgen. Letzteres erfolgt in der Regel durch Namen (z. B. Ortsnamen), Lagebezeichnungen, Adressen oder Kennziffern (z. B. Postleitzahl). Der direkte Raumbezug wird durch die Angabe von Koordinaten in räumlichen Referenzsystemen, z. B. in globalen, geozentrischen Koordinaten (X, Y, Z), Polar- oder Winkelkoordinaten (geographische Länge und Breite) oder in Projektionskoordinaten (z. B. ETRS89/UTM, siehe Kap. 1.4) gegeben.

Geoinformation wird für die rechnergestützte Verarbeitung durch *Geodaten* repräsentiert, d. h. Geodaten sind die durch maschinenlesbare Zeichen und mit einer Syntax versehene Form der Geoinformation.

Für den Umgang mit Geoinformation bzw. Geodaten werden i. d. R. spezielle computergestützte Systeme, sogenannte *Geoinformationssysteme* (GIS), verwendet. Ein GIS unterscheidet sich von einem generischen Informationssystem durch die Fokussierung auf die Verarbeitung von Geodaten zur Beantwortung raumbezogener Fragestellungen:

> „Ein GIS ist ein Instrument in Gesellschaft, Politik, Verwaltung, Recht, Wirtschaft für die Dokumentation, Planung und Entscheidungsfindung bei Sachverhalten, die auf Grund und Boden – den Raum – bezogen sind" (Féderation Internationale des Géomètres (FIG) 1984)

Im technischen Sinne handelt es sich bei einem GIS um

> „... ein rechnergestütztes System, das aus Hardware, Software und Daten besteht und mit dem sich raumbezogene Problemstellungen in unterschiedlichsten Anwendungsgebieten modellieren und bearbeiten lassen. Die dafür benötigten

raumbezogenen Daten/Informationen können digital erfasst und redigiert, verwaltet und reorganisiert, analysiert sowie alphanumerisch und graphisch präsentiert werden. GIS bezeichnet sowohl eine Technologie, Produkte als auch Vorhaben zur Bereitstellung und Behandlung von Geoinformationen." (*Bill* (2016))

Durch die Ausrichtung auf verschiedene Anwendungsbereiche entstehen GIS-basierte Fachinformationssysteme mit speziellen thematischen Ausprägungen, z. B. Land-/Liegenschaftsinformationssysteme (LIS), Rauminformationssysteme (RIS), Umweltinformationssysteme (UIS), Netzinformationssysteme (NIS), Gebäudeinformationssysteme (GebIS) etc.

10.2 GIS-Software

Die ersten Entwicklungen zum Aufbau von Geoinformationssystemen gehen bis in die 1960er-Jahre zurück. Als erstes GIS im operationellen Einsatz gilt das 1971 in Betrieb genommene Canadian Geographic Information System (CGIS) des kanadischen Umweltministeriums (*Bill* (2016)). In den letzten 50 Jahren haben sich GIS-Produkte weitverbreitet und neue Softwarelösungen wurden entwickelt. So existieren heute eine Fülle von kommerziellen und nichtkommerziellen Systemen, die für unterschiedliche Aufgaben geeignet sind.

Traditionelle GIS wurden als monolithische Systeme für den Einsatz auf Desktop-Computer konzipiert (*Desktop-GIS*). Kontinuierlich weiterentwickelt und neben Desktop-PC heute auch auf Laptops/Notebooks betrieben, sind Desktop-GIS immer noch verstärkt im Einsatz. Die zwei bekanntesten kommerziellen Desktop-GIS-Produktfamilien sind ArcGIS von ESRI und GeoMedia von INTERGRAPH. Weitere Produkte sind Autocad Map3D von AUTODESK und

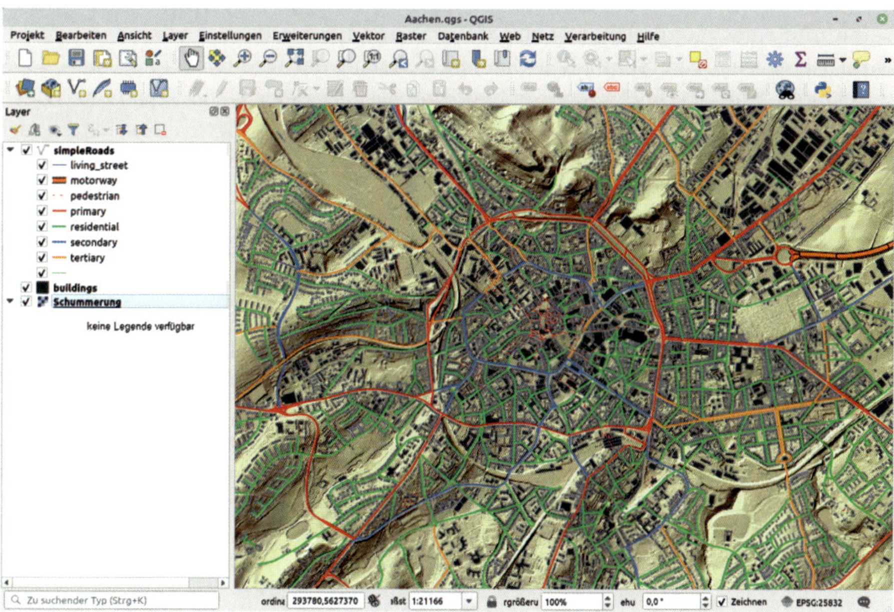

Abbildung 10.2-1: QGIS - ein Open-Source-Desktop-GIS

Smallworld GIS von GENERAL ELECTRIC (GE). Daneben existieren eine Reihe von Open-Source-Projekten, welche GIS-Produkte kostenlos zur Verfügung stellen. Das bekannteste Open-Source-Desktop-GIS ist QGIS (Abb. 10.2-1), das eine Vielzahl von Erweiterungen (Plug-ins) bietet und mittlerweile über eine große Community verfügt. Andere bekannte Open-Source-Produkte im Desktop-GIS-Bereich sind GRASS GIS oder Saga GIS.

Neben den Desktop-GIS-Lösungen werden auch GIS-Produkte für mobile Endgeräte wie Smartphones oder Tablet-Computer angeboten (*Mobile GIS*). Im Bereich Mobile GIS bieten, zusätzlich zu den großen Desktop-GIS-Unternehmen, auch die Hersteller für geodätische Messinstrumente Lösungen an. Dazu zählen bspw. das `Zeno Field` von LEICA oder das `Terra Sync` von TRIMBLE. Durch die mittlerweile weite Verbreitung des Internets und die Entwicklung von Webtechnologien werden Geoinformationssysteme zunehmend als Webanwendungen umgesetzt (siehe Kap. 10.10). Bei den Web-GIS-Lösungen sind ebenfalls kommerzielle und Open-Source-Produkte auf dem Markt verfügbar. Die oben genannten Hersteller bieten daher mittlerweile auch entsprechende Softwarelösungen für Web-GIS an. Ein *Web-GIS* wird i. d. R. nach dem Client-Server-Prinzip (siehe Kap. 10.10) als mehrschichtiges Soft- und Hardwaresystem umgesetzt. Neben dem Web-GIS-Client, die in der Regel als Softwareanwendung im Webbrowser (z. B. mittels JavaScript und entsprechender Bibliotheken) umgesetzt sind, kommen Web-Applikationsserver (oder kurz Web-GIS-Server) (z. B. ArcGIS Server von ESRI oder GeoServer) sowie Geodatenbanken (z. B. ORACLE Spatial oder PostgreSQL/PostGIS) zum Einsatz. Auch Map- und Earth-Viewer wie MICROSOFT Bing Maps oder GOOGLE Earth können zu dieser Kategorie gezählt werden (siehe Kap. 10.4).

10.3 Raumbezogene Modellierung

Für das Arbeiten mit GIS muss die real existierende Welt bzw. ein Realwelt-Ausschnitt zunächst mithilfe eines räumlichen Datenmodells abstrahiert werden.

Das Basiskonstrukt von räumlichen Datenmodellen ist das *Geoobjekt* oder *Spatial Feature* (kurz: Feature). Ein Geoobjekt repräsentiert eine Instanz einer *Geoobjektklasse* oder *Geoobjektart* für unterschiedliche Objekttypen. Jedes Geoobjekt besitzt Eigenschaften in Form von Attributen, die sich in unterschiedlichen Kategorien klassifizieren lassen (siehe auch *Bill* (2016)):

- Schlüsselattribute als eindeutiger Objektidentifikator oder zur Verknüpfung mit anderen Geoobjekten.
- Geometrische Eigenschaften zur Beschreibung der Lage (= Raumbezug) und Form des Geoobjekts.
- Topologische Eigenschaften zur Beschreibung der räumlichen Nachbarschaftsbeziehungen zu anderen Geoobjekten.
- Thematische Eigenschaften (Sachinformationen), wie Klassifizierungen (z. B. Wohngebäude) sowie nominale (z. B. Gebäudebezeichnung), quantitative (z. B. Geschossanzahl) oder qualitative Eigenschaften (z. B. Gebäudetyp).
- Temporale Eigenschaften, z. B. zur Beschreibung der Gültigkeitsdauer oder Dynamik (z. B. zeitliche Veränderung der Lage) eines Geoobjekts.

- Grafische Beschreibung (z. B. Linienfarbe) für die Visualisierung und Präsentation des Geoobjekts (siehe Kap. 10.9).
- Metainformationen wie Angaben zur Qualität, Aktualität, Herkunft oder dem Bezug.

Die Attribute, d. h. die Bezeichnung, die Art und der mögliche Inhalt, werden durch die Definition der Geoobjektklasse vorgeben und sind zeitinvariant. Die Attributwerte werden hingegen bei der Instanziierung des Geoobjekts zugewiesen und können sich im Lebenszyklus ändern (zeitvariant).

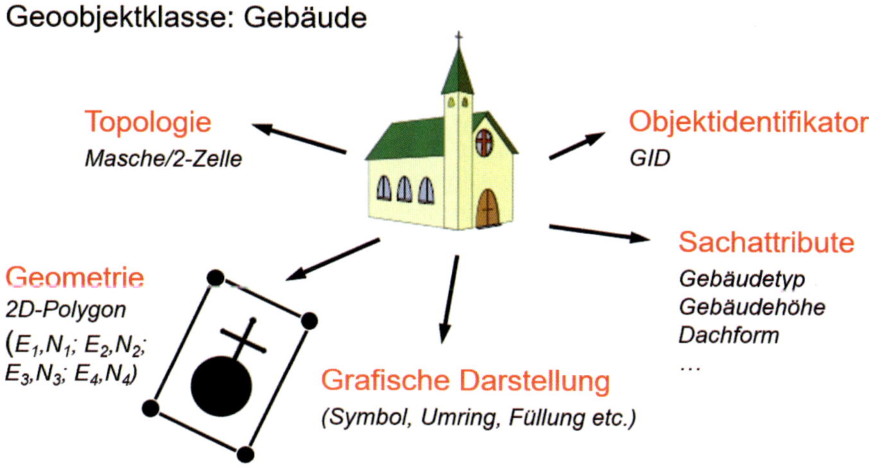

Abbildung 10.3-1: Abstrahierung eines Wohngebäudes in eine Geoobjektklasse

Ein einfaches Beispiel (Abb. 10.3-1) sei die Geoobjektklasse „Gebäude“. Das Gebäude besitzt Sachattribute wie einen Objektidentifikator (hier: GID), den Gebäudetyp, die Dachform, die Anzahl der Geschosse, die Gebäudehöhe etc. Die Geometrie wird vektoriell mit einer zweidimensionalen Fläche (Polygon) beschrieben. Im Modell wird festgelegt, in welchem Koordinatenreferenzsystem die Geometrie zu speichern ist, z. B. ETRS89/UTM, womit auch der Raumbezug definiert ist. Topologisch handelt es sich um eine Masche bzw. 2-Zelle. Die grafische Beschreibung wird als Umring mit Linienfarbe (schwarz), -stärke (0,5), -art (durchgezogen) und einer Symbolik festgelegt.

Geoobjekte können in Beziehung zu anderen Geoobjekten stehen (Abb. 10.3-2), was durch die Verknüpfung mithilfe verschiedener Beziehungstypen realisiert werden kann. Unter Verwendung der für den Entwurf von Datenmodellen weitverbreiteten *Unified Modeling Language* (UML) (siehe u. a. *Booch* (1999)), sind neben der Assoziation (allgemeiner Beziehungstyp), Aggregations-, Kompositions- und Vererbungsbeziehungen möglich. Zusätzlich kann die Anzahl der in Beziehung stehenden Geoobjekte beider Geoobjektklassen als *Kardinalitätsangabe* in allgemeiner Form (1:1, 1:N oder N:N) erfolgen. Alternativ oder ergänzend kann die Kardinalität in der *Min-Max-Notation* als Konkretisierung der allgemeinen Angabe (in UML auch als Multiplizität bezeichnet) definiert werden, d. h. die Angabe, wie viele Beziehungen ein Geoobjekt einer Geoobjektklasse minimal oder maximal mit Geoobjekten der anderen Geoobjektklasse besitzen kann (z. B. 0..1; 1..1; 1..N etc.). Alle Geoobjektklassen mit ihren Attributen und Beziehungen definieren das *Datenmodell*.

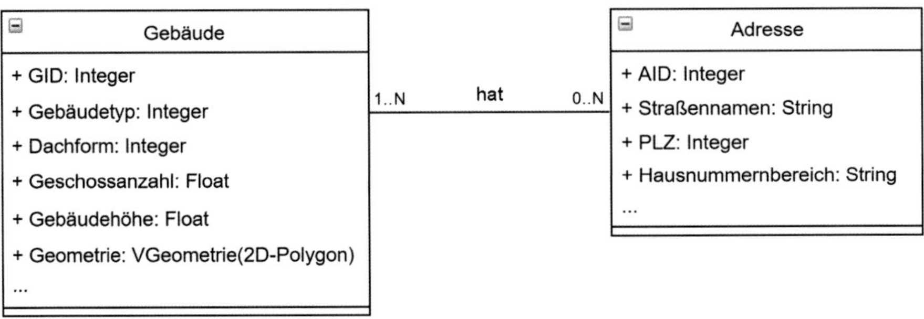

Abbildung 10.3-2: UML-Klassendiagramm für die Objektklassen „Gebäude" und „Adresse". Ein Gebäude hat eine oder mehrere Adressen (z. B. Wohnblock mit mehreren Hausnummern), wobei eine spezielle Adresse auch mehreren Gebäuden (Wohngebäude mit Nebengebäuden) zugeordnet werden kann (N:N-Beziehung). Die hier verwendete Min-Max-Notation der Kardinalität konkretisiert, dass jedes Gebäude mindestens eine Adressangabe benötigt, nicht aber jede Adresse einem Gebäude zugeordnet werden muss.

10.3.1 Geometrische Dimension

Geoinformationssysteme arbeiten häufig mit zweidimensionalen (2D) Geodaten, d. h. Raumbezug und Form der Geoobjekte werden in einem ebenen Koordinatensystem als reine Lagegeometrie definiert (z. B. die Gebäudegeometrie als zweidimensionaler Umring). GIS muss sich aber nicht auf zwei Dimensionen beschränken, auch wenn die Präsentation vielfach zweidimensional ist. Die dritte Dimension (i. d. R. die Höhe) kann attributiv, mitunter nur an diskreten Punkten (z. B. in Form von Geländehöhenwerten), ergänzt werden (2,5D). Werden der Raumbezug und die Form der Geoobjekte vollständig in allen drei Dimensionen (Lage + Höhe) abgebildet, spricht man von einem 3D-GIS (siehe Kap. 10.11). Durch attributive Ergänzung der Zeit oder durch Definition zeitlicher Layer wird es zum spatiotemporalen GIS (4D), wobei die Zeit auch als weitere Dimension zu 2D oder 2,5D geführt werden kann.

10.3.2 Raster und Vektordaten

Grundsätzlich kann in Bezug auf die Repräsentation von räumlichen Phänomenen zwischen Raster- und Vektordaten (Abb. 10.3-3) unterschieden werden.

Bei *Vektordaten* wird die Form des Geoobjekts durch geometrische Grundformen wie Punkte, Linien, Polylinien, Polygone etc. abstrahiert, die durch Stützpunkte mit räumlichen Koordinaten beschrieben sind. So kann beispielsweise eine Gebäudegeometrie in 2D als Grundrisspolygon (siehe Abb. 10.3-1) repräsentiert werden, dessen Punkte bzw. Ecken durch Koordinaten in einem räumlichen Lagereferenzsystem (z. B. ETRS89/UTM) beschrieben sind. Vektordaten können topologisch durch Knoten, Kanten, Maschen und Volumenelemente abgebildet werden (siehe Kap. 10.3.3). Die Verwendung von Vektorgeometrie eignet sich insbesondere für abgrenzbare Realwelt-Objekte, was insbesondere für anthropogene Strukturen (z. B. Bauwerke) zutrifft.

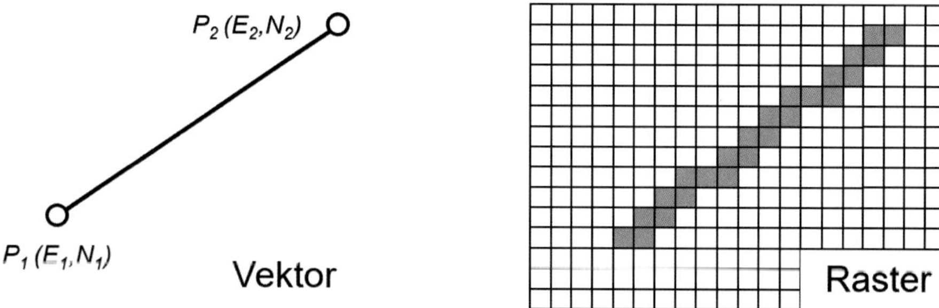

Abbildung 10.3-3: Beschreibung der Geometrie in Vektor- bzw. Rasterform

Im Gegensatz zu Vektordaten wird bei *Rasterdaten* das Phänomen flächenhaft bzw. raumbasiert beschrieben. Dazu wird die darzustellende Gesamtfläche in regelmäßige geometrische Einheiten (Punkte, Rasterzellen, Pixel oder Voxel) aufgeteilt, die zeilen- und spaltenweise in einer Matrix angeordnet sind. Jeder geometrischen Einheit werden Werte zugeordnet, die definierte Informationen über den von ihr überdeckten Raum repräsentieren. So beinhalten bspw. die Pixel eines digitalen Luftbilds die Farbinformation in der Rasterzelle, die einer Infrarotaufnahme die Temperaturwerte und bei Digitalen Geländemodellen wird in jedem Rasterpunkt ein Höhenwert gespeichert. Durch die strukturierte Anordnung der Rasterzellen wird implizit die Topologie (siehe Kap. 10.3.3) abgebildet. Die Rasterdatenbeschreibung eignet sich vor allem für kontinuierliche räumliche Phänomene, die häufig nicht anthropogen sind (z. B. Temperaturverteilung). Anstelle eines objektbasierten Datenmodells tritt ein raumbasiertes Datenmodell, bei dem jede Rasterzelle neben dem Attributwert auch mit einer Funktion (z. B. Interpolationsfunktion) verknüpft sein kann (siehe z. B. *Bill* (2016)). Die Geometrie eines Geoobjekts ergibt sich direkt oder indirekt aus den Rasterzellen, z. B. als Summe benachbarter Pixel mit gleichem oder ähnlichem Farbwert (Abb. 10.3-3, rechts).

10.3.3 Topologie

Die Topologie beschreibt die räumlichen Nachbarschaftsbeziehungen zwischen Geoobjekten unabhängig von der Geometrie. Ein Beispiel für eine topologische räumliche Modellierung sind Netzpläne. In einem Liniennetzplan werden beispielsweise die Haltestellen (Stationen) und die Linien des öffentlichen Verkehrsnetzes schematisch dargestellt. Die schematische Darstellung dient dazu, die Nachbarschaften, d. h. welche Linie verkehrt über welche Stationen und in welcher Reihenfolge werden die Stationen angefahren, zu dokumentieren. Die tatsächliche räumliche Lage der Stationen oder der geometrische Verlauf der Linienstrecke sind dagegen unerheblich.

Zur expliziten Beschreibung der Topologie werden *topologische Primitive* (Abb. 10.3-4) verwendet:

- *Knoten* (0-Zelle) sind Punkte und definieren die Lage des Geoobjekts im Raum (z. B. Grenzpunkt).
- *Kanten* (1-Zelle) sind Linien, welche die Verbindung zwischen zwei Knoten beschreiben und damit der Träger der topologischen Information sind (z. B. eine Flurstückgrenze zwischen zwei Grenzpunkten). Die tatsächliche geometrische Form der Verbindung zweier Knoten ist dabei nicht relevant.
- *Maschen* (2-Zelle) als geschlossene Linienpolygone zur Beschreibung von Flächen (z. B. Flurstück). Eine Masche wird dabei durch die umgrenzenden Kanten definiert.
- *Volumenelement* (3-Zelle) zur Beschreibung dreidimensionaler Phänomene.

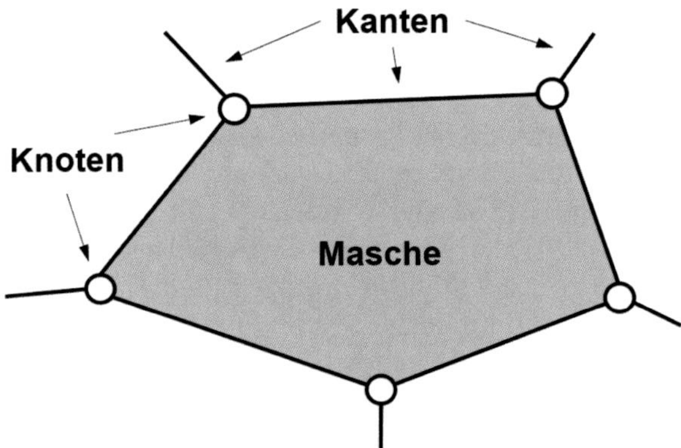

Abbildung 10.3-4: Topologische Primitive: Knoten, Kanten und Masche

Mathematisch lässt sich die Topologie in *Graphen* ausdrücken. Unter Berücksichtigung von graphentheoretischen Bedingungen, wie der *Inzidenz* (eine Kante beginnt und endet an einem Knoten) und *Adjazenz* (zwei Knoten sind durch eine Kante verbunden), können damit topologische Fragestellungen gelöst werden. Ein Straßennetzwerk lässt sich beispielweise durch Knoten (Kreuzungen) und Kanten (Verbindungswege zwischen den Kreuzungen) topologisch modellieren, um anschließend *Kürzeste-Wege-Berechnungen* (siehe Kap. 10.8.2) in einem Graphen durchzuführen.

Die Topologie lässt sich vielfach auch implizit aus der Geometrie ableiten, sodass keine explizite Modellierung erfolgen muss. Für andere Fragestellungen wird sowohl die Geometrie als auch die Topologie explizit modelliert. Zum Beispiel wird in Navigationssystemen die Topologie für die Berechnung der Route verwendet, während die Geometrie für Visualisierungszwecke in einer Kartendarstellung dient.

10.4 Geodaten

Geodaten sind die computerlesbare Repräsentation von Geoinformation; sie stellen im übertragenen Sinne den „Treibstoff“ für Geoinformationssysteme dar. Grundsätzlich kann dabei zwischen Geobasis- und Geofachdaten unterschieden werden (Abb. 10.4-1).

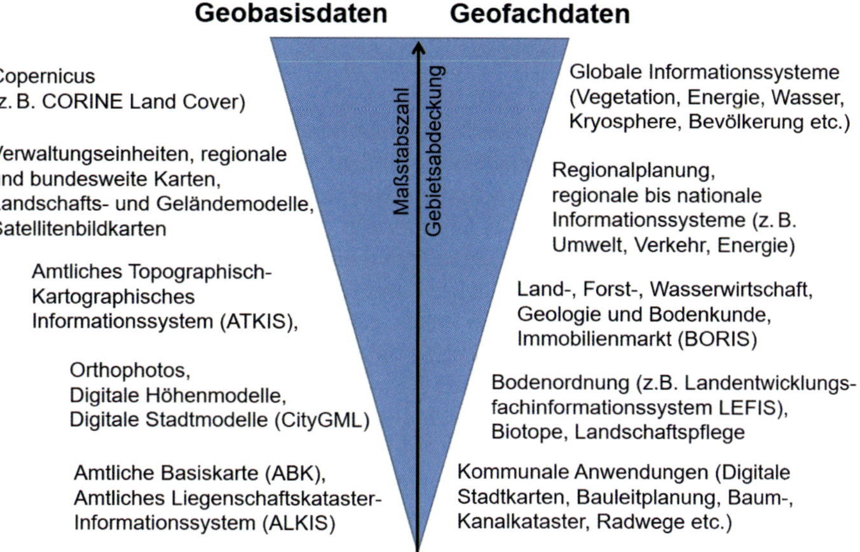

Abbildung 10.4-1: Geobasis- und Geofachdaten

Geobasisdaten bilden vielfach den räumlich einordnenden Hintergrund bei der Visualisierung (siehe Kap. 10.9) oder die Basis durchzuführender räumlicher Analysen (siehe Kap. 10.8). Die Arbeitsgemeinschaft der Vermessungsverwaltungen der Länder der Bundesrepublik Deutschland (AdV) definiert Geobasisdaten folgendermaßen:

> „Geobasisdaten sind Daten des amtlichen Vermessungswesens, welche die Landschaft, die Liegenschaften und den einheitlichen geodätischen Raumbezug anwendungsneutral nachweisen und beschreiben. Sie sind Grundlage für Fachanwendungen mit Raumbezug." (*AdV* (2020)).

Kennzeichen amtlicher Daten ist ihre hohe Qualität bezogen auf Vollständigkeit, Zuverlässigkeit und Genauigkeit. Angestrebt wird außerdem eine hohe Aktualität durch möglichst kurze Fortführungsintervalle. Zu den Geobasisdaten in Deutschland gehören u. a. folgende Daten (siehe u. a. *AdV* (2020)):

ALKIS – Amtliches Liegenschaftskatasterinformationssystem
Als Informationssystem des hoheitlichen Vermessungswesens beinhaltet ALKIS die Daten des Liegenschaftskatasters, insbesondere den geometrischen Nachweis über Grund und Boden. ALKIS ist somit neben dem Grundbuch Teil der Eigentumssicherung. ALKIS enthält Daten zu Flurstücken, Gebäuden, Punkten, Tatsächlicher Nutzung und der Bodenschätzung in Form von Vektordaten. Um den Ansprüchen aus Verwaltung, Planung, Wirtschaft und Justiz gerecht zu werden, werden die Liegenschaftsdaten, meist in städtischen Bereichen, um Objektklassen zur Topographie (Bauwerke, Reliefformen), der Bodenbedeckung (Gewässer und Vegetation) und um öffentlich-rechtliche Festlegungen ergänzt. Die ALKIS-Datenstruktur wird dabei durch das *AAA*-(AFIS-ATKIS-ALKIS-)Datenmodell (siehe *AdV* (2018)) verbindlich vorgegeben. In dieser Form liegen die ALKIS-Daten für Deutschland flächendeckend

vor. Die Fortführung der Daten erfolgt durch die Liegenschaftsvermessung, die Führung von ALKIS durch die zuständigen Katasterverwaltungen (z. B. Ämter für Vermessung und Geoinformation).

ATKIS – Amtliches Topographisch-Kartographisches Informationssystem

ATKIS bildet die Geotopographie bundesweit einheitlich in objektstrukturierten Vektordaten ab. Erfasst werden in ATKIS vornehmlich Bauwerke und Anlagen, die Landnutzung, Vegetations- und Geländeformen sowie Böschungen. ATKIS-Objekte werden in verschiedenen maßstabsabhängigen Digitalen Landschaftsmodellen (DLM) vorgehalten. Aus einem Basis-DLM, in dem die Objekte eine angestrebte Lagegenauigkeit von ca. 3 m besitzen, werden durch Generalisierungen weitere Landschaftsmodelle in kleineren Maßstäben abgeleitet. So entstehen die Landschaftsmodelle DLM50, DLM250 und DLM1000 für die Maßstäbe 1:50.000, 1:250.000 und 1:1.000.000, die sich in ihrer Inhaltsdichte und geometrischen Genauigkeit unterscheiden. ATKIS-Daten liegen flächendeckend für Deutschland vor und werden regelmäßig mithilfe von Luftbildern, Fernerkundungsdaten und veränderten ALKIS-Daten von den Vermessungsverwaltungen fortgeführt. Die ATKIS-Daten werden wie im ALKIS einheitlich nach dem AAA-Datenmodell strukturiert.

DOP – Digitale Orthophotos

Digitale Orthophotos sind Rasterdaten, die aus regelmäßigen Befliegungsdaten entstehen. Durch Entzerrung werden die zentralperspektivischen Luftbilder in eine Orthogonalprojektion überführt (siehe Kap. 9.3.1). Digitale Orthophotos gehören zu den ATKIS-Produkten und werden in verschiedenen Auflösungen (z. B. DOP20 oder DOP40) angeboten. Bei DOP20 hat ein Pixel im Bild eine Bodenauflösung von 20 cm, bei DOP40 entsprechend von 40 cm. Die absolute Lagegenauigkeit von Orthophotos liegt bei ca. 1 m.

DGM – Digitale Geländemodelle

Digitale Geländemodelle approximieren die Geländeoberfläche über ein regelmäßiges Punktraster. Für jeden Punkt liegt neben der Lagekoordinate (in ETRS89/UTM) auch ein Höhenwert (als NHN) vor. Die Punkte sind, unabhängig von der tatsächlichen Geländestruktur, äquidistant angeordnet, was die numerische Weiterverarbeitung erleichtert. Durch Vermaschung der Punkte (z. B. in ein Dreiecksnetz) kann daraus eine flächenhafte Repräsentation der Geländeoberfläche abgeleitet werden. Aus den Höhenangaben der Rasterpunkte können für beliebige Punktkoordinaten die Höhenwerte durch Interpolation bestimmt werden. Abgeleitete Produkte sind Höhenlinienmodelle, Schummerungskarten und Reliefbilder. DGMs werden durch turnusmäßiges luftgestütztes Laserscanning (Airborne Laserscanning, ALS) (Kap. 9.3.4.1) gewonnen, wobei die ALS-Daten verschiedene Nachbearbeitungsschritte (u. a. Filterung von Punkten, die nicht zur Geländeoberfläche gehören wie Bauwerke oder Vegetation) erfahren. DGM werden in verschiedenen Auflösungsstufen (Gitterweite der Rasterpunkte) und Höhengenauigkeiten angeboten. Das DGM1 hat beispielsweise ein Gitterweite von 1 m und wird mit einer Höhengenauigkeit von $0,5 - 2$ m bereitgestellt, während das DGM1000 eine Gitterweite von 1 km bei einer Höhengenauigkeit von $20 - 30$ m aufweist. Neben dem DGM sind auch 3D-Oberflächendaten in unregelmäßiger Punktverteilung erhältlich.

Copernicus

Das europäische Erdbeobachtungsprogramm *Copernicus* (*Copernicus* (2020)) ist ein Gemeinschaftsprojekt der Europäischen Kommision (EU) und der Europäischen Weltraumorganisation (ESA) und liefert satellitenbasierte Fernerkundungsdaten zu sechs verschiedenen Themenbereichen (Landüberwachung, Meeresumwelt, Katastrophen- und Krisenmanagement, Sicherheit, Atmosphäre und Klima). Die Daten werden von Satelliten der Sentinel-Reihe (Sentinel-1, Sentinel-2 usw.) erfasst, die je nach Aufgabenstellung mit unterschiedlichen Erfassungssensoren (z. B. Radar, Multispektralkamera, Altimeter) bestückt sind (*Freund u. a.* (2019)). Genauigkeit und Abdeckungsgrad variieren bei den Sentineldaten zwischen 10 m und 50 km Bodenauflösung und einer Wiederholrate von 1 bis 7 Tagen. Die Rohdaten stehen kostenfrei für jedermann zur Verfügung.

Die Erfassung und Pflege der Geobasisdaten liegt in Deutschland in der Hoheit der Bundesländer. Einige Bundesländer (z. B. Nordrhein-Westfalen und Brandenburg) haben die Katasteraufgaben zudem kommunalisiert. Dementsprechend werden Geobasisdaten an recht unterschiedlichen Stellen geführt und vertrieben: ALKIS-Daten bei den lokal zuständigen Katasterverwaltungen, ATKIS-Daten, DGM und Orthophotos bei den Vermessungsverwaltungen der Länder und Produkte mit bundesweiter Bedeutung, wie kleinmaßstäbige Übersichtskarten, beim Bundesamt für Kartographie und Geodäsie (BKG). Allerdings haben sich alle Stellen dem Projekt „Geodateninfrastruktur Deutschland“ (GDI-DE) angeschlossen, über das online (*GDI-DE* (2020)) Geodaten von Bund, Ländern und Kommunen bezogen werden können.

In Abgrenzung zu Geobasisdaten dienen *Geofachdaten* fachspezifischen Zwecken oder Anwendungen, z. B. von Raum- und Stadtplanung, Umwelt- und Naturschutz, der Land- und Forstwirtschaft oder auch der Ver- und Entsorgungsnetzinfrastruktur. Geofachdaten werden sowohl von öffentlichen Verwaltungen (z. B. Umweltamt, Bauamt) als auch von Unternehmen (z. B. Energieversorger) erhoben und gepflegt sowie in anwendungsspezifischen Datenmodellen und -formaten gespeichert.

Der Trend bei der Geodatenbereitstellung geht bei behördlich erfassten Daten zur entgeltfreien Bereitstellung im Rahmen der *Open-Data*-Politik im Sinne der Geodatenzugangsgesetze des Bundes (*GeoZG* (2009)) bzw. der einzelnen Bundesländer. Auf EU-europäischer Ebene werden Geodaten im Rahmen der Initiative und Richtlinie INSPIRE (*INSPIRE* (2007)) über das Internet zugänglich gemacht. Unternehmerisch erfasste und bereitgestellte Daten sind in der Regel entgeltpflichtig, z. B. für Navigationssysteme.

Zur breiten Nutzung durch jedermann werden die Geobasisdaten über webbasierte Portale mit interaktiven Viewern (siehe z. B. *GeoportalNRW* (2020)) bereitgestellt. Daneben existieren Angebote von Internetkonzernen wie GOOGLE, MICROSOFT oder APPLE, die Geodaten im Rahmen ihrer Geschäftsmodelle in sogenannten Earth- oder Map-Viewern (GOOGLE Maps, GOOGLE Earth, MICROSOFT Bing Maps, APPLE Maps etc.) über unterschiedliche Lizenzmodelle bereitstellen.

Außer durch behördliche Einrichtungen und Unternehmen werden Geodaten mittlerweile zunehmend im Rahmen des Crowdsourcing durch Freiwillige erfasst. Ein Beispiel dafür ist die Plattform OpenStreetMap (OSM) (*OSM* (2020)), bei der jedermann als Geodatenerfasser („Mapper“) zur Vervollständigung und Aktualisierung der OSM-Daten beitragen kann. Für viele GIS-Anwendungen stellen die OSM-Daten eine hinreichende Datenquelle dar, wobei die Qualität im Gegensatz zu behördlich oder unternehmerisch erfassten Daten stärker variieren kann. Die Brauchbarkeit derartiger Daten sollte daher vor der Verwendung für den jeweiligen Zweck geprüft werden.

10.5 Datenerfassung

Bevor Geodaten in ein GIS Eingang finden können, müssen diese erfasst werden. Die Datenerfassung kann *originär* (direkt) vor Ort oder *sekundär* (indirekt) auf der Basis bereits vorhandener analoger oder digitaler Daten erfolgen.

10.5.1 Originäre (direkte) Datenerfassung

Hierfür stehen unterschiedliche Techniken und Datenerfassungsgeräte bzw. Vermessungsinstrumente (kurz: Sensoren) zur Verfügung. Zur Erfassung der räumlichen Lage und Höhe (Geometrie) sind verschiedenste Sensoren in Gebrauch. Zur Funktionsweise und Verwendung der geodätischen Erfassungssensoren sei auf die Kapitel 4, 5, 8 und 9 verwiesen. Die Erfassung der Sachdaten kann z. B. über die alphanumerische Eingabe an einer Tastatur, Auswahlmenüs oder automatisiert erfolgen.

Die Datenerfassung erfolgt je nach Sensor in unterschiedlicher geometrischer Dimension. Die Messung mit einem Messband bzw. Laserdistanzmesser ist eindimensional (nur eine Streckenlänge), während man mit einem Tachymeter dreidimensionale Polarkoordinaten misst, die vielfach in eine Lage (x, y) und Höhe (h) umgerechnet werden. Bei der Photogrammetrie erhält man eine Bildaufnahme mit Bildkoordinaten (2D), während der Laserscanner ähnlich einem Tachymeter durch die Messung von Polarkoordinaten mit zwei Winkeln und einer Strecke dreidimensionale Koordinaten liefert.

Messband/Laserdistanzmesser, Tachymeter, Satellitenvermessung (GNSS) liefern Einzelpunkte als Ergebnisse. Daher sind die zu messenden Punkte vor Ort repräsentativ auszuwählen. Photogrammetrie, Fernerkundung und Laserscanning sind Massenaufmaßverfahren, die ein Messobjekt flächenhaft erfassen. Hier ist darauf zu achten, dass keine wichtigen Objektbereiche durch Hindernisse verdeckt sind und unerfasst bleiben. Bildmessung kann handgehalten, stativgebunden montiert auf jeder Art bemannter oder unbemannter Fahrzeuge (USV/UAV) oder auch vom Satelliten (z. B. Copernicus, siehe Kap. 10.4) aus erfolgen.

Aktuelle Technik (Smartphone, Tablet etc.) ermöglicht es heute, GIS an den Ort der Datenerfassung mitzunehmen (mobiles GIS). Alle oder mindestens die für die Erfassung sinnvollen Informationen sind damit am Ort der Datenerfassung verfügbar.

10.5.2 Sekundäre (indirekte) Datenerfassung

Bei der sekundären oder indirekten Datenerfassung wird auf bereits vorhandene Informationen zurückgegriffen. Analoge Karten/Pläne können durch *Scannen* (engl. to scan = abtasten, rastern) in Rasterdaten überführt werden. Dabei wird der analoge Plan rasterförmig in Pixel zerlegt und liegt danach als digitale Bildmatrix vor. Jedem Pixel wird mit der im Scanner eingebauten Fotozelle der entsprechende Grau- bzw. Farbwert des Plans zugeordnet. Auch alphanumerische Informationen, z. B. analoge Listen oder Tabellen können auf diese Weise digitalisiert werden.

Die Umwandlung von Rasterdaten in Vektordaten ist dagegen ein komplexes Problem. Mit Algorithmen zur Musterkennung können Rasterdaten grundsätzlich automatisiert bzw. halbautomatisiert nach dem Prinzip der Operateur-gestützten *Linienverfolgung* vektorisiert werden. Vielfach muss jedoch, z. B. aufgrund von Mehrdeutigkeiten, zumindest ergänzend auf die manuelle Vektorisierung zurückgegriffen werden. Dabei wird die in Rasterdaten überführte Geometrie mit einem Eingabegerät (z. B. der Maus) am Bildschirm abgefahren und an markanten Stellen (z. B. Anfangs-, Knick- oder Endpunkt einer Grenzlinie) jeweils ein Stützpunkt erfasst (*rechnergestützte* oder *On-Screen-Digitalisierung*). Gleichermaßen werden auch der Umring von flächenförmigen (z. B. Flurstück) oder punktförmige Geometrien (z. B. Kanaldeckel) mit der Maus lokalisiert. Neben der Registrierung durch individuellen Knopfdruck ist bei der Erfassung von Linien und Kurven auch die automatische Stützpunktregistrierung nach Zeit- oder Wegintervall möglich. Die entsprechende Digitalisierungssoftware verfügt häufig noch über ergänzende Assistenzfunktionen, wie der selbstkorrigierenden Messmarke, bei der die Maus nur näherungsweise entlang der Linie geführt werden muss, da mittels Bildverarbeitung die Linienachse anschließend automatisch detektiert werden kann. In der Vergangenheit wurde die Vektorisierung von analogen Plänen zunächst überwiegend ohne vorheriges Scannen, d. h. ohne die Überführung in Rasterdaten durchgeführt. Dazu wurden die Pläne auf einem Digitalisierungstisch bzw. Digitalisierungstablett eingespannt und mittels einer Messlupe, die an einen Computer angeschlossen war, nach dem oben beschriebenen Prinzip abgefahren. Die „analoge" Digitalisierung ist jedoch mittlerweile durch die rechnergestützte Digitalisierung obsolet geworden.

Auch gescannte Tabellen und Listen lassen sich durch spezielle Texterkennungsalgorithmen *(Optical Character Recognition, OCR)* mit mittlerweile hohem Automatisierungsgrad in digitale alphanumerische Daten umsetzen. Ergänzend oder alternativ bleibt hier ebenfalls die Option, die nicht automatisch erkannten Daten durch manuelle Eingaben über die Tastatur von der analogen Vorlage zu übernehmen, was allerdings fehleranfällig ist.

10.6 Datenspeicherung und -austausch

Die Verwaltung von Geodaten erfordert eine dauerhafte, strukturierte Datenspeicherung, die entweder *dateibasiert* oder mithilfe eines *Geodatenbanksystems* erfolgen kann.

Für die dateibasierte Speicherung können verschiedene Formate eingesetzt werden, wobei zwischen proprietär, also herstellerspezifisch, oder offen (standardisiert) bzw. maschinen- (z. B. binär) oder auch menschenlesbar (z. B. ASCII) unterschieden werden kann (siehe Tab. 10.6-1).

Ein in der Praxis weitverbreitetes proprietäres Datenformat stellt beispielsweise das *Shapeformat* (.shp) der Firma Esri dar. Offene Standards im GIS-Umfeld werden vor allem von der Non-Profit-Organisation Open Geospatial Consortium (OGC) (*OGC* (2020)) entwickelt und veröffentlicht. Unter den offenen Standards des OGC besonders zu erwähnen ist die *Geography Markup Language* (GML) (*OGC* (2007)) als Standard zur Beschreibung und zum

Tabelle 10.6-1: Beispiele für GIS-Austauschformate

Format	proprietär/offen	ASCII/binär
Autodesk DXF/DWG	proprietär	ASCII/binär
Esri Shape (.shp, .dbf, .shx)	proprietär	binär
OGC GML	offen	ASCII
LandXML/OGC InfraGML	offen	ASCII
OGC CityGML	offen	ASCII
NAS	offen	ASCII
XPlanung/XBau	offen	ASCII

Austausch von Geodaten. Beispiele offener Standards in Deutschland sind die *Normbasierte Austauschschnittstelle* (NAS) zum Austausch von Daten (z. B. ALKIS-Daten) der deutschen Geoinformations- und Vermessungsverwaltung und *XPlanung/XBau* (*XLeitstelle* (2020)) im Bereich der Bauleitplanung und Bauaufsicht.

Dem Vorteil der einfachen Handhabung stehen dateibasierten Formaten einige Nachteile, z. B. die fehlende Netzwerkfähigkeit oder kein Mehrbenutzerzugriff, entgegen. Alternativ zu dateibasierten Formaten können daher Geodatenbanksysteme eingesetzt werden, die folgende Eigenschaften besitzen:

- effiziente Verwaltung großer Datenmengen,
- Mechanismen für die performante Abfrage und das Laden von Datensätzen,
- Netzwerkfähigkeit und Mehrbenutzerzugriff,
- Transaktionskonzept zur Wahrung der Datenkonsistenz bei Datenmanipulationsoperationen,
- Mechanismen zur Gewährleistung des Datenschutzes und der Datensicherheit.

Geodatenbanksysteme kommen aufgrund ihrer Eigenschaften insbesondere bei sehr großen Geodatensammlungen sowie bei GIS-Anwendungen mit vielen Nutzern (z. B. verteilte GIS-Anwendungen, siehe Kap. 10.10) zum Einsatz. Es sind sowohl kommerzielle (z. B. ORACLE Spatial) als auch freie Produkte (z. B. PostgreSQL/PostGIS) auf dem Markt verfügbar.

Alle gängigen GIS-Softwareprodukte bieten heute Schnittstellen sowohl zur dateibasierten als auch datenbankgestützten Geodatenverwaltung. Auch für die *Datenkonvertierung* zwischen verschiedenen Dateiformaten bzw. zur *Datenmigration* in andere Daten(bank)modelle existieren eine Reihe von Werkzeugen (z. B. FME von SAFE SOFTWARE, CITRA von CISS TDI).

10.7 Standardisierung und Normung

Neben standardisierten Methoden zur Modellbeschreibung werden im GIS auch die Modelle zur Abbildung der Realwelt standardisiert. Dies ist sinnvoll, um einen von Softwareherstellern unabhängigen Datenaustausch und damit die *Interoperabilität* zwischen verschiedenen GIS zu ermöglichen. Für die Standardisierung haben sich auf unterschiedlichen Ebenen und Anwendungsgebieten Konsortien zusammengefunden. Mitglieder in diesen Konsortien können je nach Interesse mehrheitlich Unternehmen (z. B. beim OGC) oder auch staatliche Organisationen (z. B. bei der Geodateninfrastruktur der EU (INSPIRE) sein. In Deutschland schafft z. B. die AdV mit der *GeoInfoDok* (*AdV* (2018)) einheitliche Geodatenmodelle für das Liegenschaftskataster. Standardisierungsorganisationen, wie die Internationale Organisation für Normung (ISO), das Europäische Komitee für Normung (CEN) und das Deutsche Institut für Normung (DIN), schaffen offizielle und damit verbindliche Standards – dann als Normen bezeichnet – auf internationaler bzw. nationaler Ebene. ISO- und CEN-Normen werden in einem automatisierten Prozess in die deutsche DIN-Normung übernommen. Als Beispiel sei die ISO 19107: Spatial Schema genannt. Die ISO 19107 beschreibt ein konzeptionelles Basisschema für die Geometrie und Topologie von Geodaten. Sie stützt sich dabei auf Normen für Koordinaten (ISO 19111) und Basistypen (ISO 19103) (Abb. 10.7-1).

Abbildung 10.7-2 zeigt beispielhaft einen Auszug aus dem Basisschema zur Geometriemodellierung.

Ein vereinfachtes Schema nur für den zweidimensionalen Raum bietet die ISO 19125: Simple Features Access (Abb. 10.7-3). Sie bildet entsprechend nur die zweidimensionalen Grundformen Punkte, Linien und Flächen ab. Daten dieser Schemata können bspw. mit GML (siehe Kap. 10.6) ausgetauscht werden.

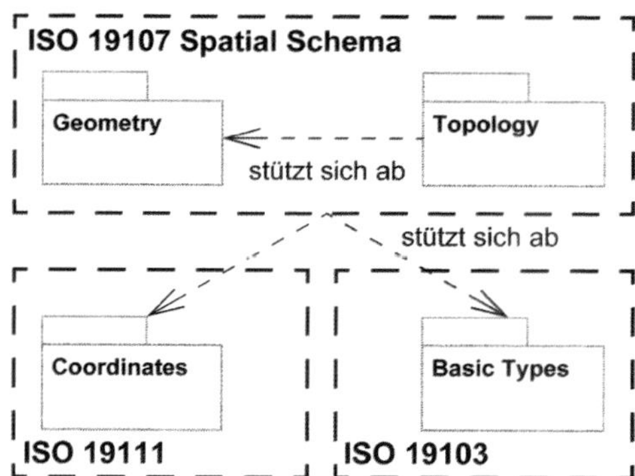

Abbildung 10.7-1: Zusammenhang von ISO-Normen 19107 „Spatial Schema“, ISO 19111 „Geographic Information – Spatial referencing by coordinates“ und ISO 19103 „Geographic information – Conceptual schema language“

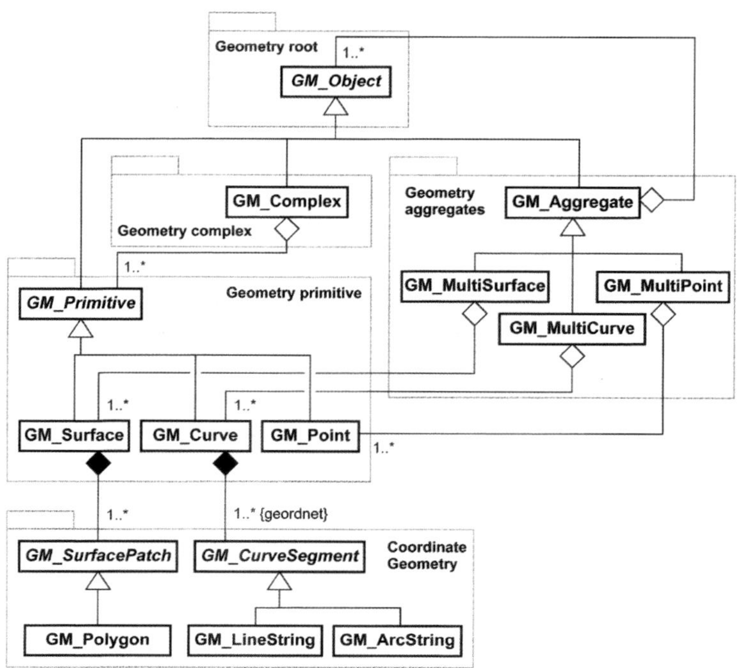

Abbildung 10.7-2: Auszug der Geometrieklassen der ISO-Norm 19107

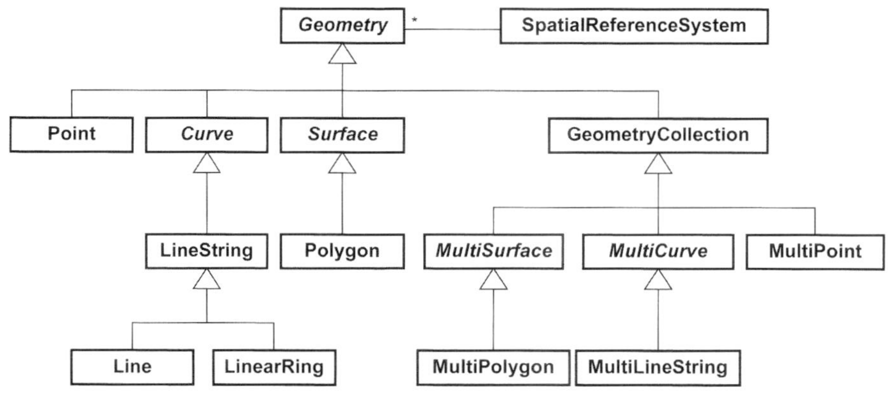

Abbildung 10.7-3: ISO-Norm 19125 „Simple Features“

10.8 Analyse

Die Analyse von raumbezogenen Daten ist eine zentrale Funktion von Geoinformationssystemen. Bereits vor der Entwicklung von GIS wurden räumliche Analysemethoden z. T. in unterschiedlichen Disziplinen entwickelt und erst später in GIS integriert. Zweck der räumlichen Analyse ist die Beantwortung von Fragen zu räumlichen Phänomenen. Dazu zählen z. B. räumliche Muster wie die Verteilung und Anordnung sowie Formen von geographischen Objekten (z. B. Punkte, Linien oder Flächen), räumliche Prozesse und Interaktion. Dabei können räumliche Analysefunktionen in mehrere Teilbereiche untergliedert werden (Abb. 10.8-1).

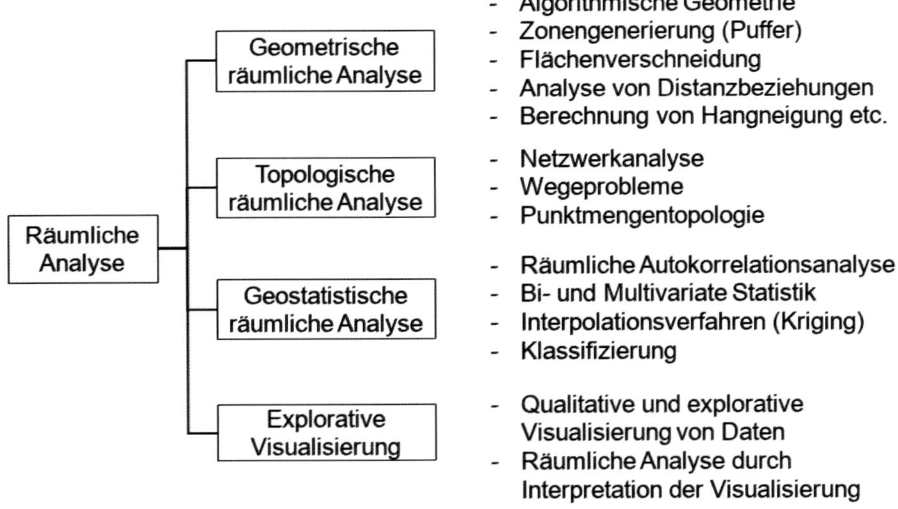

Abbildung 10.8-1: Klassifizierung räumlicher Analysefunktion im GIS

10.8.1 Geometrische räumliche Analyse

Die geometrisch-räumliche Analyse beschäftigt sich mit Methoden zur Lösung von geometrischen Fragestellungen. Dazu zählen die Methoden der *algorithmischen Geometrie*, bei denen es darum geht, Abstände, Winkel, Höhenunterschiede, Flächen oder den Umfang etc. aus Geodaten abzuleiten. Auch komplexere Algorithmen, wie die Berechnung der konvexen Hülle von Punkten oder der Punkt-im-Polygon-Test, fallen unter diese Kategorie.

Die *Zonengenerierung*, auch Pufferbildung genannt, wird oft z. B. für Planungsmaßnahmen verwendet. Dabei werden Puffer um ein oder mehrere geometrische Primitive erstellt, um z. B. Einflussberechnungen durchzuführen. In Abbildung 10.8-2 ist exemplarisch eine Kreispufferbildung um zwei Krankenhäuser in Aachen dargestellt. Eine typische Fragestellung könnte hier sein: Welche Wohngebäude liegen in einem Einzugsgebiet von 1 km um die Krankenhäuser?

Abbildung 10.8-2: Pufferbildung um zwei Krankenhäuser in Aachen

Weitere Verfahren der geometrischen räumlichen Analyse sind bspw. die *Flächenverschneidung* (engl. Polygon Overlay), in der neue Informationen durch Verschneidung von zwei oder mehreren Flächen gewonnen werden, oder die Erstellung eines *Voronoi-Diagramms* (oder Thiessen-Polygone) mittels Delauney-Triangulation. Das Voronoi-Diagramm partitioniert einen Raum in sogenannte Voronoi-Regionen mit genau einem Zentrum. Jeder Punkt in einer Voronoi-Region liegt in Bezug zur euklidischen Metrik näher an dessen Zentrum als zu jedem anderen Zentrum. Die Erstellung eines Voronoi-Diagramms benötigt demnach eine Menge von Punkten als Eingabe. In Abbildung 10.8-3 wurde ein Voronoi-Diagramm für Nordrhein-Westfalen auf Basis der Standorte von Niederschlagsmessern erstellt.

Abbildung 10.8-3: Voronoi-Diagramm von NRW mit Niederschlagsmesspunkten als Zentren

10.8.2 Topologische räumliche Analyse

Neben der rein geometrischen Analyse können auch die räumliche Beziehungen zwischen geometrischen Elementen analysiert werden. Diese Beziehungen spielen beispielsweise in der *Netzwerkanalyse* und der Wegfindung eine große Rolle. Fragen wie „Welcher ist der kürzeste Weg von Punkt A nach Punkt B?“ können mit verschiedenen effizienten Graphenalgorithmen in GIS analysiert werden. Eines der bekanntesten Verfahren zur *Ermittlung der kürzesten Wege* ist der Algorithmus von Dijkstra (*Dijkstra* (1959)). Die Eingabe ist ein kantengewichteter Graph und ein gegebener Startknoten. Innerhalb des Netzwerks wird anschließend der kürzeste Weg vom Startknoten zu einem (oder allen) anderen Knoten berechnet. Die eigentliche Geometrie bzw. Koordinaten der Knoten sind für die Berechnung dabei unerheblich.

Ein spezielles Problem der Wegfindung ist das Problem des Handlungsreisenden (engl. Traveling Salesman Problem). Zu einer gegebenen Anzahl von Orten soll eine Rundreise berechnet werden, sodass kein Ort doppelt besucht wird und die gesamte Reisestrecke möglichst kurz ist. Diese Aufgabe kann mit GIS gelöst werden, auch wenn bis heute kein effizienter Algorithmus zur Lösung des Problems existiert.

Die topologische Beziehung zwischen geometrischen Primitiven (Punkt, Linie, Polygon) kann über topologische Operatoren in der *Punktmengentopologie* beschrieben werden. Hierbei werden die Geometrien als Menge von Punkten definiert, wobei einige dieser Punkte auf dem Rand, einige innerhalb und einige außerhalb der Geometrie liegen. Die topologische Beziehung zwischen zwei räumlichen Objekten kann über die Schnittmenge zwischen allen Paaren dieser drei Punktemengen definiert werden. Das zugrunde liegende Modell wird *Dimensionality Extended 9-Intersection Model (DE-9IM)* genannt (*Clementini u. a.* (1994)). Im folgenden Beispiel (Abb. 10.8-4) sind Punkte (grün) und Polygone (rot) gegeben. Betrachtet man den Kreis auf der rechten Seite, so liegen die vier grünen Punkte innerhalb des Kreises. Daher ist die Schnittmenge nicht leer. Jedoch liegen die grünen Punkte weder auf dem Rand, noch außerhalb des Kreises. So kann die topologische Beziehung in diesem Fall als „covered by" bezeichnet werden: Die grünen Punkte werden vom roten Kreis überdeckt.

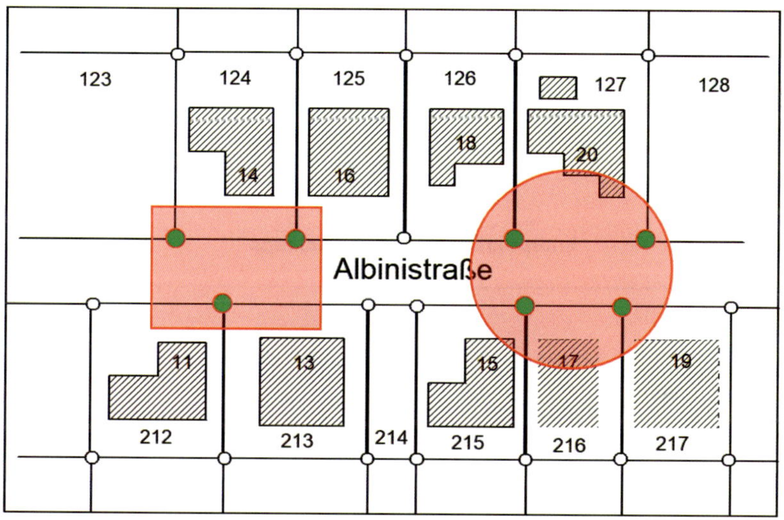

Abbildung 10.8-4: Topologische Beziehung „covered by" von Punkten und Polygonen

10.8.3 Geostatistische räumliche Analyse

Die geostatistische räumliche Analyse befasst sich mit der Analyse von räumlich verteilten (Zufalls-)Variablen. Dazu werden sowohl Methoden der beschreibenden (*deskriptiven*) als auch der schließenden (*induktiven*) *Statistik* verwendet. Verfahren der uni-, bi- oder multivariaten Statistik wie zur Charakterisierung von Stichproben oder Zusammenhangsanalysen können verwendet werden, um Stichproben zu beschreiben oder auf die Grundgesamtheit zu schließen.

Verfahren der *räumlichen Autokorrelation* bieten die Möglichkeit, die räumliche Ähnlichkeit anhand von Attributdaten zu untersuchen. Wenn die Werte eines Prozesses in benachbarten Regionen miteinander korrelieren, dann spricht man von einer räumlichen Autokorrelation. Durch den Moran's I (*Moran* (1950)) oder den Geary's C (*Geary* (1954)) kann die räumliche Autokorrelation in einer Messgröße berechnet und ausgedrückt werden.

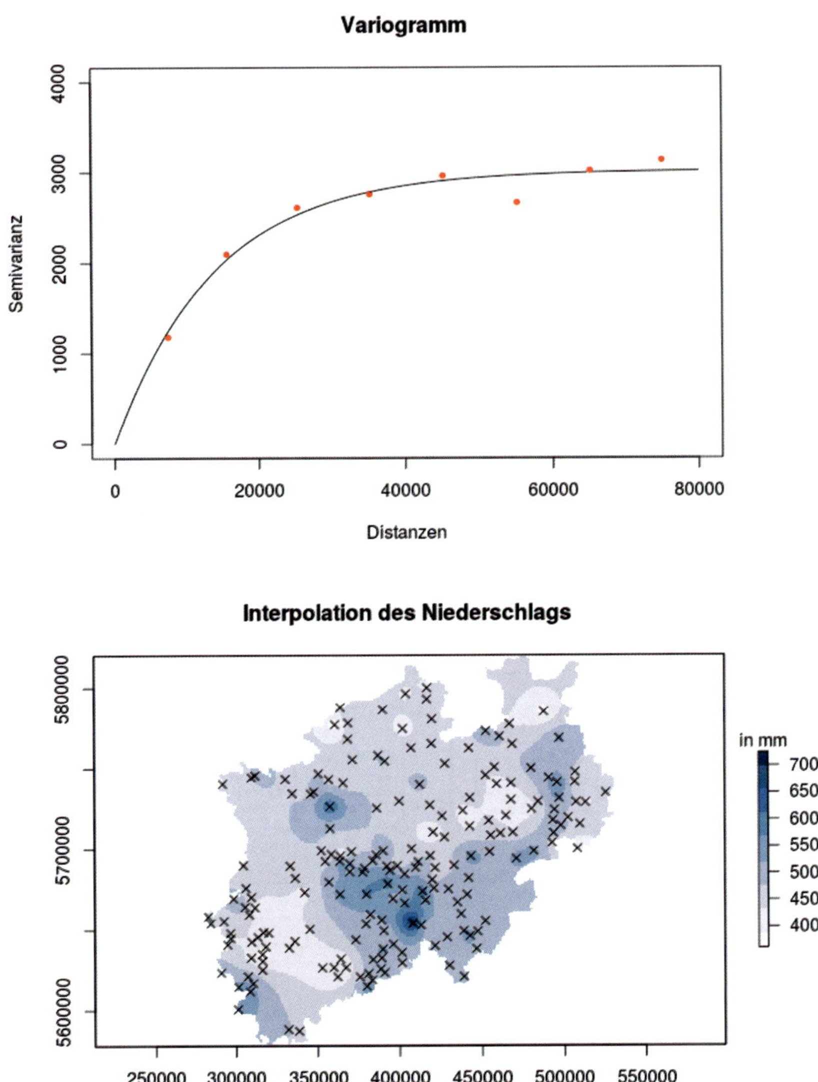

Abbildung 10.8-5: Kriging-Variogramm (oben) und Interpolationsergebnis (unten)

Räumliche Interpolationsverfahren dienen dazu, aus punkthaft gemessenen Daten Werte von unbekannten Datenpunkten in der Umgebung zu ermitteln. Dabei ist *Kriging* (*Oliver und Webster* (1990)) das bekannteste geostatistische Interpolationsverfahren. Beim Kriging-

Verfahren wird zunächst die räumliche Abhängigkeit der räumlich verteilten (Zufalls-)Variablen geschätzt. Dazu wird ein empirisches Semivariogramm erstellt, das mithilfe einer Ausgleichsfunktion in ein theoretisches Semivariogramm überführt wird. Hieran lässt sich nun der räumliche Zusammenhang bestimmen. Anschließend wird auf Grundlage der Stichprobe und des geschätzten räumlichen Zusammenhangs die räumliche Interpolation durchgeführt. In Abbildung 10.8-5 wurde eine Niederschlagskarte für NRW mittels Kriging-Interpolation erstellt.

Eine Reihe von weiteren Verfahren zur Erkennung von Mustern oder Zusammenhängen baut auf der Statistik auf. Insbesondere zählen dazu verschiedene Methoden der *Klassifizierung*, z. B. zur Erfassung der Bodenbedeckung, der *Clusterbildung* oder der *Regression* (bspw. Geographische gewichtete Regression (GWR)).

10.8.4 Explorative räumliche Visualisierung

Die Analyse mittels explorativer räumlicher Visualisierung dient der Generierung von Visualisierungen und deren Interpretation. Dabei ist das Verfahren rein visuell und qualitativ, sodass es nur einen beschreibenden, aber keinen bestätigenden Charakter hat. GIS-Anwender können insbesondere diese Methode benutzen, um unbekannte Datensätze kennenzulernen, Ausreißer zu entdecken oder Hypothesen zu formulieren. Verschiedene Mittel zur Visualisierung werden detaillierter im nachfolgenden Kapitel beschrieben.

10.9 Präsentation

Neben der Analyse stellt die Präsentation von räumlichen Sachverhalten eine Hauptfunktionalität von GIS dar. Neben der Präsentation oder Visualisierung der Geodaten selbst, sind sie häufig das Ergebnis einer räumlichen Analyse oder Selektion in Form einer Kartendarstellung, in tabellarischer bzw. textlicher Form oder als Diagramm. Die kartographische Form ist bei Daten mit Raumbezug ein äußerst anschauliches Darstellungsmittel. Die Visualisierung in Kartenform erfordert Präsentationsregeln, z. B. die Präsentation eines linearen Objekts als Linie mit einer bestimmten Breite, Farbgebung und Ausprägung (z. B. gestrichelt), die Präsentation eines punktförmigen Objekts durch ein Symbol oder eine Signatur, oder die Visualisierung eines Flächenobjekts durch eine Definition der Umrandung und der Füllung. Grundsätzlich kann zwischen zwei Arten von Karten, *amtlichen* und *thematischen* Karten, unterschieden werden.

10.9.1 Amtliche Kartenwerke

Zu den Amtlichen Kartenwerken gehören nach *Bill* (2016) im Wesentlichen die topographischen Kartenwerke sowie Katasterkarten.

Unter *topographischen Karten* versteht man die komplexe kartographische Abbildung der Landschaft. Das heißt, der Inhalt topographischer Karten sind insbesondere Geländeformen und andere sichtbare Details der Erdoberfläche wie Gewässer, Bodenbedeckung, Siedlungen oder Verkehrswege. Beschriftungen dienen der Erläuterung von markanten Strukturen. Abbildung 10.9-1 zeigt einen Ausschnitt der DTK10 im Maßstab 1:10.000.

Topographische Karten werden meist von den Behörden als Bestandteil der Geobasisdaten (siehe Kap. 10.4) herausgegeben. In der Bundesrepublik Deutschland werden die amtlichen topographischen Kartenwerke von den Vermessungsverwaltungen sowie für die kleineren Maßstäbe (ab 1:200.000) vom BKG hergestellt. Die mittlerweile digitalen topographischen Karten (DTK) existieren in verschiedenen Maßstäben. Darunter fallen u. a. die Digitale Topographische Karte 1:10.000 (DTK10), die DTK25, die DTK50 oder die DTK100. Topographische Karten werden oft auch in Webportalen zur Orientierung und Ortssuche als Hintergrundkarte angezeigt.

Abbildung 10.9-1: Ausschnitt der DTK10 (Bildquelle: *GeoportalNRW* (2020))

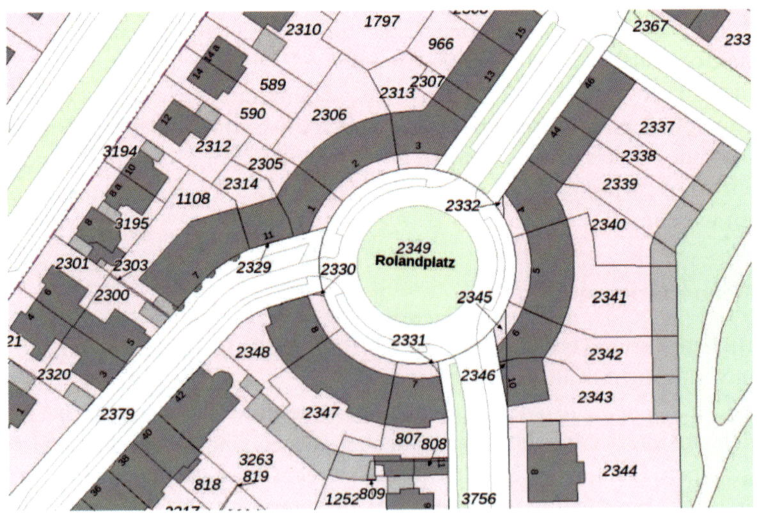

Abbildung 10.9-2: Ausschnitt einer Flurkarte (Bildquelle: TIM-online, *GeoportalNRW* (2020))

Katasterkartenwerke dienen dagegen zur Visualisierung der auf Grund- und Boden bezogenen Sachverhalte. Dazu gehört die Liegenschafts- oder Flurkarte (Abb. 10.9-2), d.h. die grafische Darstellung der Objekte des Liegenschaftskatasters, die u.a. Grenzpunkte, Flurstücke und Gebäude enthält. Die *Amtliche Basiskarte* (ABK) ist ein topographisches Kartenwerk im Maßstab 1:5000, die aus dem Liegenschaftskataster bzw. den ALKIS-Daten abgeleitet wird. Die ausschließlich in NRW existierende ABK bildet damit den Übergang zwischen den (verhältnismäßig) kleinmaßstäbigen DTK und der großmaßstäbigen Liegenschaftskarte.

10.9.2 Thematische Karten

Thematische Karten oder Themakarten beinhalten über die Inhalte der amtlichen Karten hinausgehende fachspezifische Sachverhalte. Dabei kann es sich um Aspekte der natürlichen Umwelt oder wirtschaftliche und soziale Aspekte der Gesellschaft handeln. Mit GIS lassen sich abstrakte räumliche Sachverhalte mit unterschiedlichen Visualisierungsformen als thematische Karte abbilden. Abgebildete Darstellungsgegenstände können zum Zweck des Erkenntnisgewinns verschieden eingefärbt, mit Grafiken und Diagrammen gestützt oder durch Beschriftungen annotiert werden. Die große grafische Gestaltungsvielfalt erlaubt es, die dargestellten Sachverhalte möglichst klar zu visualisieren.

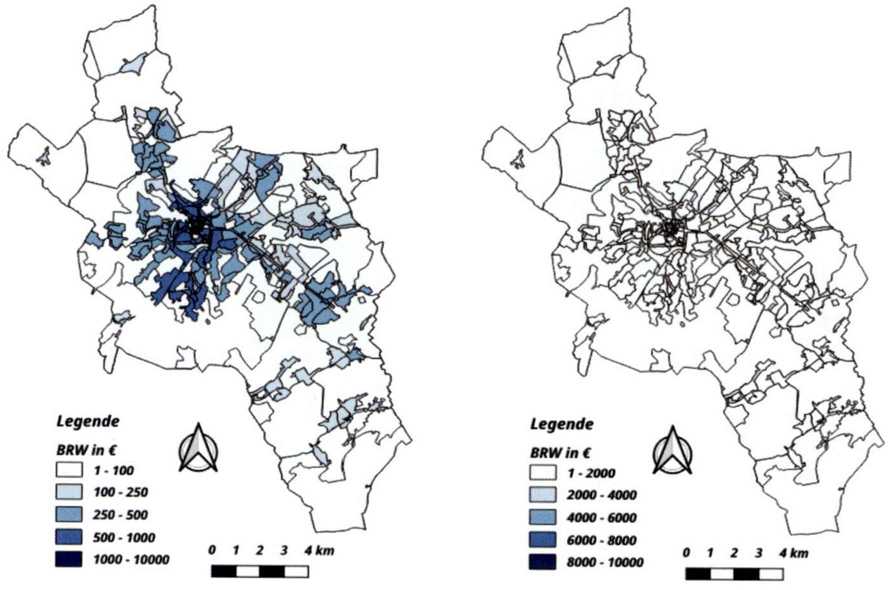

Abbildung 10.9-3: Bodenrichtwerte im Aachener Stadtgebiet mit unterschiedlichen Klassifizierungen

Flächige thematische Analyseergebnisse oder Sachdaten werden vielfach durch werteabhängig abgestufte Einfärbungen der Gebietseinheiten verdeutlicht. Abbildung 10.8-5 (unten) zeigt ein Beispiel für die Einfärbung eines kontinuierlichen räumlichen Phänomens (hier Niederschlag) gegeben als Rasterdaten mithilfe eines Farbverlaufs. Typischerweise werden jeweils eine Farbe dem minimalen und dem maximalen Wert zugeordnet. Die zwischenliegenden Werte werden interpoliert. Ebenso ist es möglich, jedem Wert oder klassifizierten Werten eine eigene Farbe zuzuordnen. In Abbildung 10.9-3 wurden als Vektordaten beschriebene Zonen (Polygone) genutzt, um die Bodenrichtwerte der Stadt Aachen darzustellen. In dem Beispiel wurden die Bodenrichtwerte zunächst in fünf Klassen eingeteilt und den Klassen anschließend je eine Farbe zugewiesen. Die rechte Karte zeigt eine Einteilung in gleich große Klassen, während bei der linken Darstellung die Klassengrenzen angepasst wurden. Die kartographische Bearbeitung mit GIS ist somit auch von den Präferenzen des Anwenders und der gewünschten Aussage abhängig.

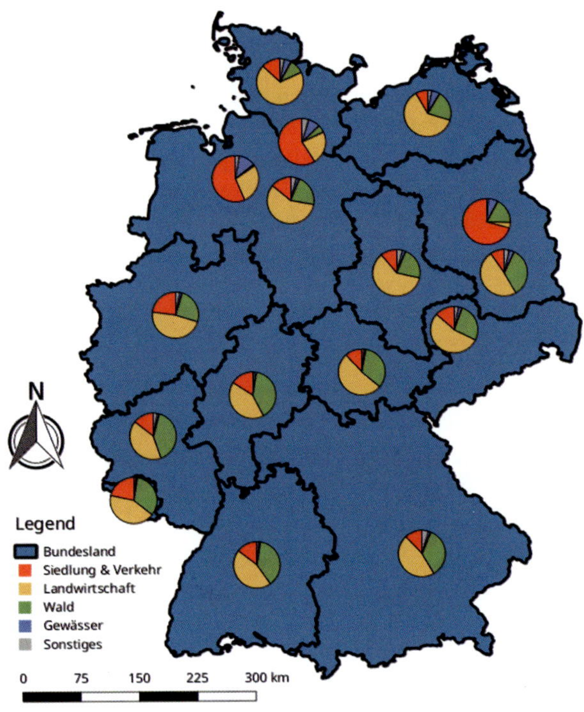

Abbildung 10.9-4: Darstellung der Flächennutzung je Bundesland mittels Kreisdiagramm

Neben der reinen Einfärbung von Symbolen, Linien oder Flächen können auch weitere Gestaltungsformen und/oder Diagramme verwendet werden. In Abbildung 10.9-4 wird für die Bundesländer der Bundesrepublik Deutschland die jeweilige Flächennutzung dargestellt. Dazu wurde je ein Kreisdiagramm mit den Anteilen der Flächen in die Bundesländer eingefügt.

Geoinformationssysteme bieten zahlreiche weitere Möglichkeiten für die Präsentationen räumlicher Daten. Für die Visualisierung von Daten in gedruckte Karten, Poster oder als PDF-Dokument werden häufig Plot-Templates oder Layouts verwendet. Diese bestimmen neben den Präsentationsregeln für die darzustellenden Geometrien auch die Größe des Kartenausschnitts, den Kartenrahmen, die Ausrichtung, den Maßstab, die Kartentitel, die Legende und andere Kartenelemente (z. B. Nordpfeil) fest. Ein Plot-Template/Layout erlaubt auch die Definition mehrerer Kartenfenster, z. B. neben dem Hauptkartenfenster eine Übersichtskarte zur Orientierung.

10.10 Verteilte Geoinformationssysteme

Durch die zunehmende Verbreitung des *World Wide Web (WWW)* und die Internet-basierte Vernetzung von Maschinen sind Geoinformationen und GIS-Anwendungen nicht mehr nur auf lokale Ressourcen beschränkt. Geodaten werden auf verschiedenen Servern im Internet zum Abruf bereitgestellt und GIS-Werkzeuge zur Darstellung und Analyse können im Webbrowser aufgerufen werden *(Web-GIS)*. Ebenfalls können Geodaten über entsprechende Geodienste auf Servern erstellt und verändert werden. Aufgrund der „Verteilung" der Komponenten des GIS auf mehreren Rechnern im Netzwerk spricht man von „*Verteilten Geoinformationssystemen*". Ein verteiltes GIS ist in der Regel als Webanwendung nach dem Client-Server- Prinzip (Abb. 10.10-1) konzipiert: Der *Web-GIS-Client* (i. d. R. im Webbrowser) dient als Benutzerinterface und kommuniziert über das Netzwerk – i. d. R. das Internet – mittels Webprotokollen und -formaten (HTTP, XML etc.) mit einem (oder mehreren) Servern, welche die Funktionalitäten und Daten bereitstellen.

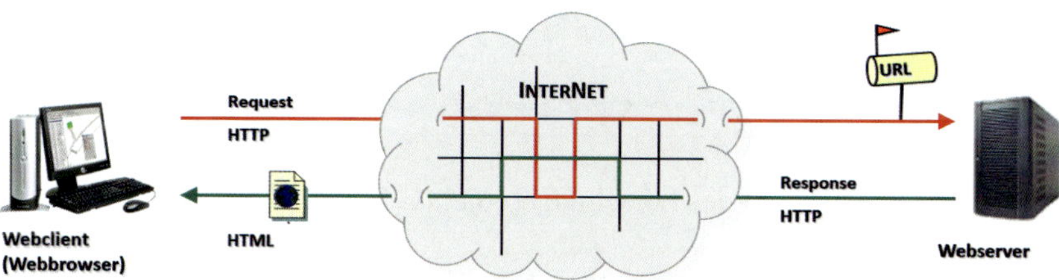

Abbildung 10.10-1: Client-Server-Prinzip für Web-GIS (Bildquelle: *Blankenbach* (2007))

Web-GIS-Clients reichen von einfachen Kartenviewern bis hin zu sogenannten *Geoportalen* (Abb. 10.10-2). Zur Umsetzung der Clients werden zumeist Erweiterungsbibliotheken (z. B. OpenLayers) von Skriptsprachen (z. B. JavaScript) genutzt. Die Bibliotheken enthalten verschiedene Komponenten (z. B. Kartenviewer, Layertree) und Funktionalitäten (z. B. zum Einlesen von Geodaten).

Die Bereitstellung der Daten erfolgt über den Webapplikations- bzw. *Web-GIS-Server* (z. B. den Geoserver). Die Daten können vom Web-GIS-Server dabei auch unter Nutzung von standardisierten Geodiensten (Geo Web Services) abgerufen werden. Standardisierte Geodienste zum Datenabruf werden dabei vom OGC entwickelt. Zum Abruf kartographischer Darstellungen in den üblichen Bildformaten (z. B. JPEG, TIFF) dient der *Web Map Service* (WMS). Objektinstanzliche Auszüge mit Vektordaten und attributiver Informationen können mit dem *Web Feature Service* (WFS) abgerufen werden. Es lassen sich sowohl Abfragen selektiv bezüglich gewünschter Tabellen, Attribute und deren Werte (durch z. B. Vergleichsoperatoren) wie auch der Geometrie (durch räumliche Vergleichsoperatoren) gestalten. Mit dem transactional WFS-Dienst können, soweit zugelassen, auch Datensätze erstellt oder manipuliert werden. Auch die Analyse und Prozessierung von Geodaten ist in einem Web-GIS möglich, d. h. im Webapplikationsserver werden GIS-Analysefunktionalitäten (z. B. Puffererstellung) mit variablen Ein- und Ausgangsparametern zur Verfügung gestellt, die ggf. standardisiert über eine Schnittstelle des OGC *Web Processing Service* (WPS) angesteuert werden können.

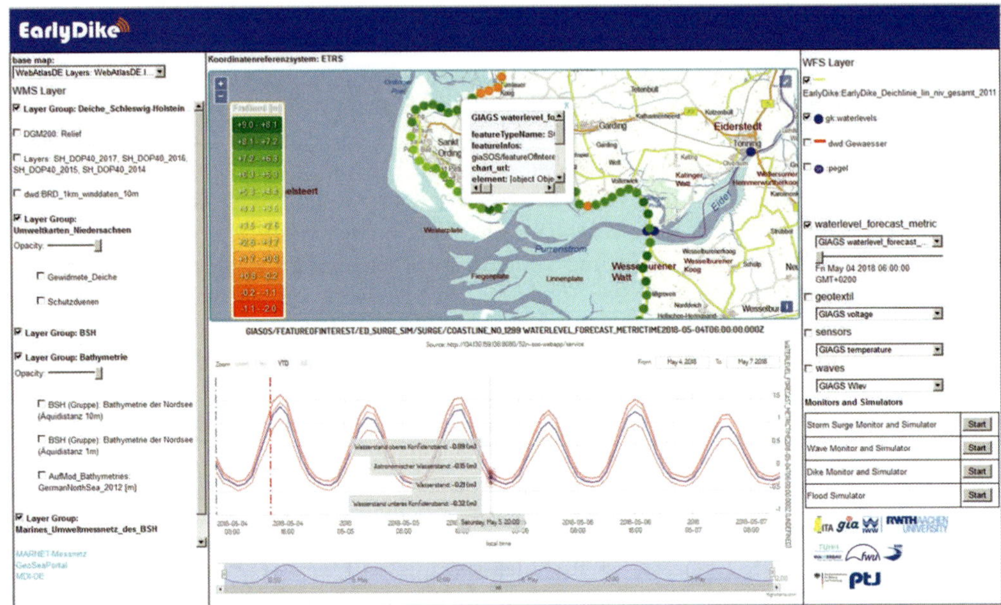

Abbildung 10.10-2: Geoportal des Forschungsprojekts „EarlyDike" (Bildquelle: gia, RWTH Aachen)

Die Geodatenspeicherung kann bei verteilten GIS grundsätzlich sowohl dateibasiert als auch in einem *Geodatenbanksystem* erfolgen, wobei für professionelle und komplexere verteilte GIS-Lösungen nur Letztgenanntes infrage kommt. Das Geodatenbanksystem wird aus Gründen der Last- und Aufgabenverteilung dann häufig auf physikalisch separierten Servern installiert.

Auch Desktop-GIS oder mobile GIS können als Web-GIS-Client auftreten, wenn z. B. über Geodienste (WFS, WMS) Daten Dritter eingelesen werden. Dieses Vorgehen erfordert für diese Daten einerseits keine eigene lokale Datenhaltung und gewährleistet andererseits eine stets hohe Datenaktualität.

Durch die INSPIRE-Initiative der EU (European Commission 2020) ist jeder Mitgliedstaat dazu verpflichtet, eine *Geodateninfrastruktur* (siehe *GDI-DE* (2020)) aufzubauen, über welche Geodaten der 34 INSPIRE-Themen webbasiert zur Verfügung gestellt werden. Die Datenbereitstellung erfolgt dabei über die oben aufgeführten Webdienste, welche dann ebenfalls in Web-, Desktop- oder mobile GIS eingebunden werden können. Ein Beispiel für ein Web-GIS zeigt Abbildung 10.10-3 mit dem Geodatenportal des Landes NRW. Im Kartenviewer wurde die DTK100 als WMS-Layer eingeladen.

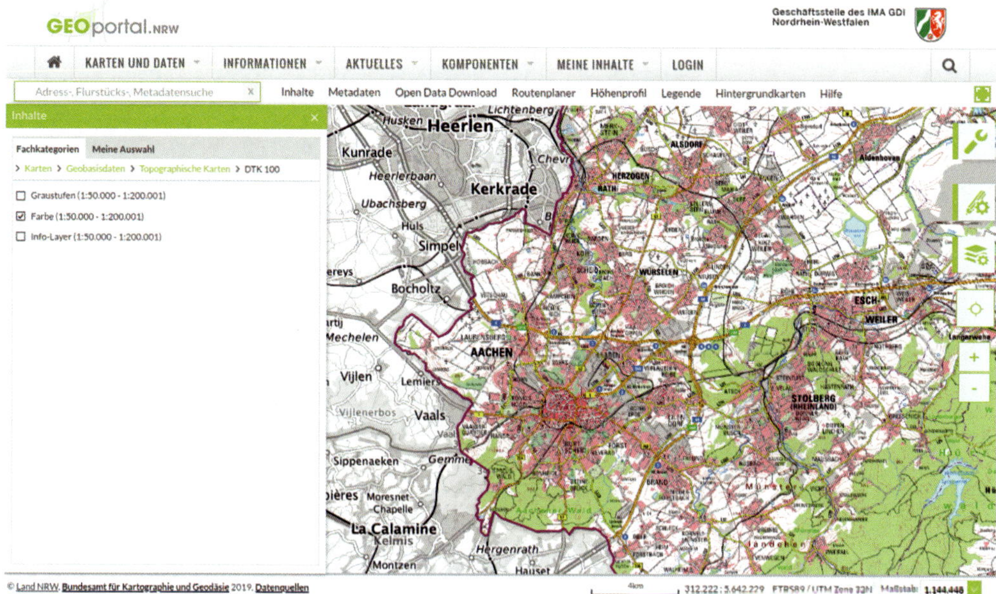

Abbildung 10.10-3: Geoportal NRW mit eingebundenem Webdienst (WMS) (Bildquelle: *GeoportalNRW* (2020))

10.11 3D-Geoinformation

Geoinformationssysteme trennen traditionell die geometrische Dimension nach Lage und Höhe. Die Höhe wird mitunter als attributive Komponente den zweidimensional verorteten Objekten beigefügt (2,5D). Zunehmend werden jedoch auch dreidimensionale Geodaten bzw. Daten erzeugt, bei denen neben der Lage für jeden Objektpunkt die Höhenkoordinate bekannt ist. Getrieben wird diese Entwicklung nicht zuletzt durch Aufnahmeverfahren wie das Laserscanning, das eine schnelle und flächenhafte 3D-Erfassung der Umwelt ermöglicht. Beim luftgestützten Laserscanning (ALS) (siehe Kap. 9.3.4.1) entstehen unregelmäßig verteilte, dreidimensionale Punktobjekte mit Lage plus Höhenkoordinate. Sie werden vielfach in regelmäßigen Gittern aufbereitet, um eine spätere Rasterverarbeitung zu erleichtern. Je nach verfolgtem Zweck und entsprechender Filterung der 3D-Messdaten entsteht ein *Digitales Höhenmodell* der natürlichen Geländeoberfläche (DGM, siehe Kap. 10.4) oder der tatsächlichen Oberfläche bestehend aus Vegetation, Bauwerken etc. (*Digitales Oberflächen-* oder *Situationsmodell*, DOM, DSM) (Abb. 10.11-1). Zur plastischeren Darstellung können z. B. auch Geländeschummerungen erzeugt werden. Die unregelmäßig verteilten zweidimensionalen Punktobjekte können unter Anwendung von Triangulationsalgorithmen zu einer aus einer Vielzahl von ebenen Dreiecken bestehenden Oberfläche vermascht werde. Hierbei sind Strukturinformationen wie Böschungskanten oder Geripplinien zu berücksichtigen. Geeignete Viewer ermöglichen hierfür auch eine dreidimensionale Visualisierung.

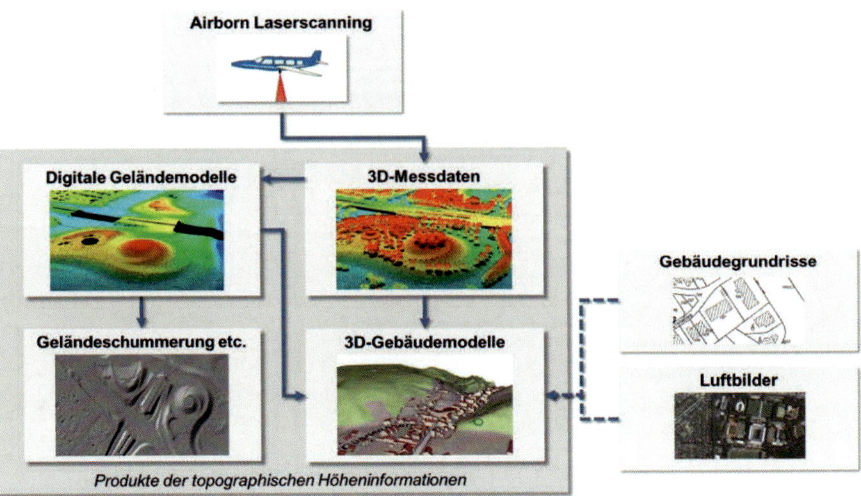

Abbildung 10.11-1: Produkte der topographischen Höheninformation (Bildquelle: Geobasis NRW)

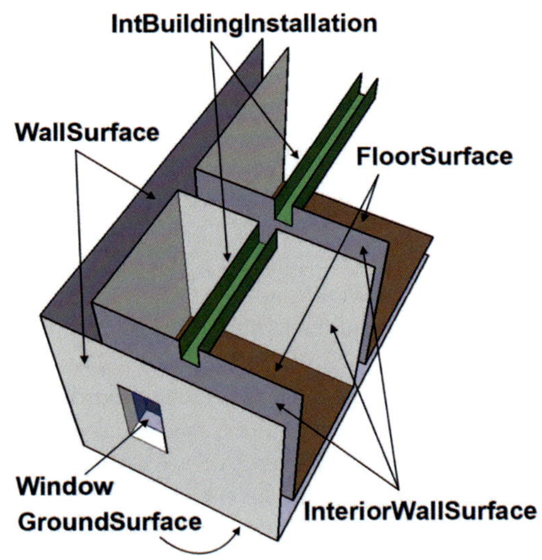

Abbildung 10.11-2: Randflächenbegrenzungsmodellierung der Geometrie mit CityGML (Bildquelle: *Nagel u. a.* (2009))

Strukturierte, objektorientierte dreidimensionale Repräsentationen von Gebäuden und weiterer z. B. Landschaftsinformationen bieten digitale *Stadt-* und *Landschaftsmodelle*. Dreidimensionale Gebäudemodelle werden heute auch durch das amtliche Geoinformationswesen der Länder in Deutschland aus ALS- und Liegenschaftsdaten erzeugt (Abb. 10.11-1) und im offenen Format *CityGML* Nutzenden bereitgestellt. Das Modellierungs- und Austauschformat CityGML (*OGC* (2012)) folgt im Gegensatz zum Building Information Modeling (siehe Kap. 11) dem Gedanken des Zusammensetzens der Gebäudeteile (z. B. der Wände) aus den begrenzenden Oberflächen (indirekt und explizit durch Knoten-, Kanten- und Flächenmodelle (Boundary Representation, B-Rep)) (Abb. 10.11-2). Die geometrische Repräsentation basiert auf der Geography Markup Language (GML) (*OGC* (2007)).

CityGML wurde ebenfalls vom OGC entwickelt und um Aspekte wie Geländemodell, Bodenbedeckung, Vegetation erweitert (siehe u. a. *Coors u. a.* (2016)). Der derzeitige Standard (Version 2.0) definiert fünf Detailstufen (Level of Detail, LOD) (Abb. 10.11-3).

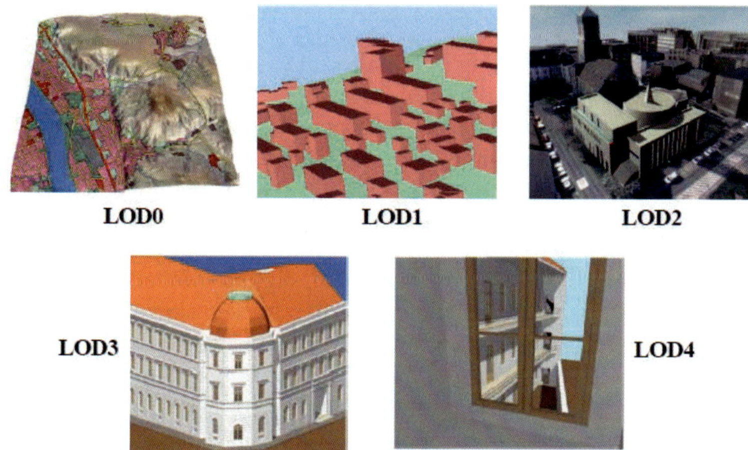

Abbildung 10.11-3: Die fünf Detailstufen (LOD) von CityGML (Bildquelle: IGG Uni Bonn, *OGC* (2008))

Mit der GeoInfoDok 7 (*AdV* (2018)) ist auch für das deutsche Liegenschaftskataster die dreidimensionale Modellierung von Gebäuden basierend auf CityGML und GML vorgesehen.

Unter der Nutzung der dreidimensionalen Modelle lassen sich mit geeigneter, oftmals für 3D-Anwendungen erweiterter Software (z. B. ESRI ArcScene) weitreichende Analysen und Visualisierungen (z. B. zu Sichtbarkeiten, Schattenwurf) durchführen. Dies kann bei entsprechendem Datenaustausch auch in Kombination mit *BIM-Modellen* erfolgen. Ein Beispiel zur Sichtbarkeitsanalyse wird in Kapitel 11.3.4 gezeigt.

11 Building Information Modeling

Die Digitalisierung ist ein globaler Megatrend, der in vielen Branchen zu neuen Methoden und veränderten Prozessen führt. Das *Building Information Modeling (BIM)* ist eine solche neuartige digitale Arbeitsmethode und eine wesentliche Komponente der digitalen Transformation im Bauwesen.

Definition:

> „Building Information Modeling bezeichnet eine kooperative Arbeitsmethodik, mit der auf der Grundlage digitaler Modelle eines Bauwerks die für seinen Lebenszyklus relevanten Informationen und Daten konsistent erfasst, verwaltet und in einer transparenten Kommunikation zwischen den Beteiligten ausgetauscht oder für die weitere Bearbeitung übergeben werden." (Stufenplan Digitales Planen und Bauens, *BMVI* (2015a))

Der Grundgedanke von BIM – die ganzheitliche, digitale Modellierung von Bauwerksdaten – existiert in Wissenschaft und Forschung bereits seit einigen Jahren, u. a. bei *van Nederveen u. Tolman* (1992). Seitens des US-amerikanischen National Institute of Building Sciences (NBIM) wurde BIM bereits 2007 als Produkt, kollaborativer Prozess und als Facility Lifecycle Requirement beschrieben (NBIM 2007). Aktuell definiert NBIM: BIM „is a digital representation of physical and functional characteristics of a facility. As such, it serves as a shared knowledge resource for information about a facility, forming a reliable basis for decisions during its life cycle from inception onward" (*NBIM* (2015)).

BIM als wesentlicher Teil der zunehmenden Automation und Digitalisierung in der Bauwirtschaft (AECO industry) wird häufig synonym für das digitale Planen, Bauen sowie Betreiben verwendet und verspricht Effizienzsteigerungen bei der Erfassung, Verwaltung und dem Austausch von bauwerksbezogenen Daten während des gesamten Bauwerkslebenszyklus.

11.1 Einführung

Aus der obigen Definition ergeben sich die wesentlichen Aspekte von BIM:

- kooperative Arbeitsmethodik,
- digitale Modelle (Datenbasis),
- Lebenszyklus,
- Datenkonsistenz und
- Datenaustausch.

Kooperative Arbeitsmethodik

Auch vor der Verwendung von BIM konnten Planung, Bau und Bewirtschaftung von Bauwerken nur unter Zusammenarbeit der verschiedensten beteiligten Fachdisziplinen (u. a. Architektur, Bauingenieurwesen, Vermessung, Haustechnik) gelingen. Vielfach erfolgte die Zusammenarbeit jedoch lediglich bilateral. Ziel von BIM ist die frühzeitige, zentrale Abstimmung der Gewerke durch Kooperation. So lassen sich beginnend mit den frühen Planungsphasen und nicht erst während der Bauausführung, Kollisionen (z. B. zwischen dem Tragwerk und der technischen Gebäudeausrüstung) erkennen und korrigieren.

Digitale Modelle

Zentrales Element von BIM ist eine gemeinsam genutzte digitale Datenbasis als Grundlage der Kooperation zwischen den Beteiligten. Die Datenbasis muss daher auch ganzheitlich und einheitlich sein. In definierten und standardisierten Prozessen speisen die am Prozess Beteiligten diese digitale Datenbasis und greifen gleichermaßen darauf zu (Abb. 11.1-1). Neben den dreidimensionalen geometrischen und konstruktiven Informationen werden auch technische, funktionale und kaufmännische Aspekte wie das Zeit- und Kostenmanagement etc. in BIM integriert, sodass eine multidimensionale Datenbasis durch BIM entsteht.

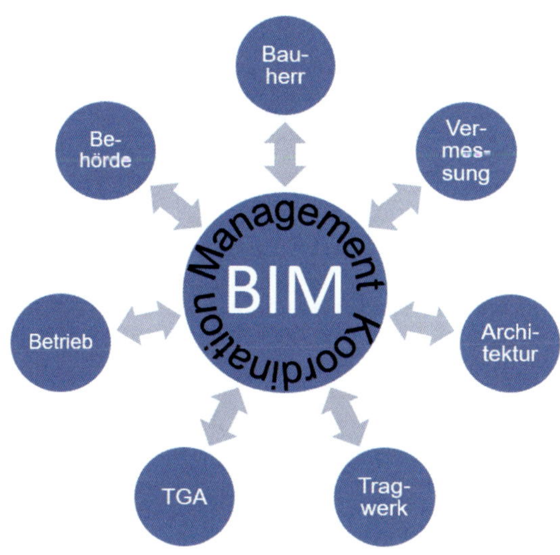

Abbildung 11.1-1: BIM und die Gewerke am Bau

Lebenszyklus

BIM beschränkt sich nicht auf die Planungs- und Herstellungsphase eines Bauwerks, sondern erstreckt sich idealerweise über den gesamten Lebenszyklus, also auch auf den Betrieb und die Bewirtschaftung (z. B. das Facility- bzw. Unterhaltungs-Management) bis hin zu Um- oder Rückbau, also den gesamten Lebenszyklus eines Bauwerks (Abb. 11.1-2) (*Becker u. a.* (2018)).

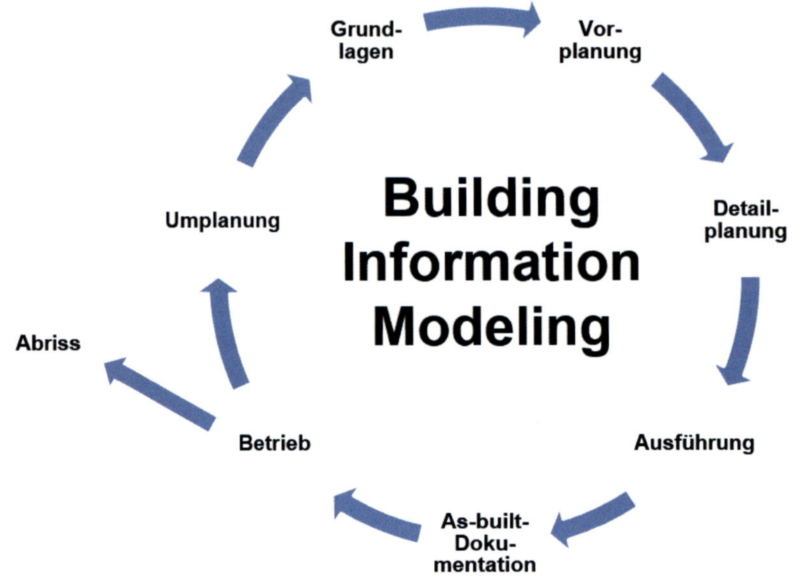

Abbildung 11.1-2: BIM im Bauwerkslebenszyklus

Die *BIM-Anwendungsfälle* sind vielfältig (vgl. u. a. *BIM4INFRA2020* (2019)), z. B.:

Planung:

- Bestandserfassung,
- Visualisierungen sowie die Ableitung von 2D-Schnitten und -Plänen aus 3D-Modellen,
- Bauteillisten, Flächen-, Volumen- und Mengenermittlungen, Leistungsverzeichnisse,
- Modellbasierte Kostenermittlung und modellbasiertes Zeitmanagement,
- 3D-Gewerkekoordination, Kollisionsprüfungen,
- Simulationen/Variantenstudien.

Bauausführung:

- Erstellung von 2D-Ausführungsplänen und Baustellenmanagement,
- Baumaschinensteuerung und Logistik,
- 4D-Bauablaufplanung,
- 3D-Bau(fortschritts)dokumentation/-kontrolle,
- 5D-Kostenüberwachung,
- Mängelmanagement und -dokumentation.

Übergabe/Inbetriebnahme/Abnahme:

- As-built-Dokumentation,
- Abrechnung von Bauleistungen.

Betriebsphase:

- As-is-Dokumentation,
- (Computer Aided) Facility Management (CAFM),
- Erhaltungsmanagement,
- Rückbauplanung/Recycling.

Ein Beispiel für eine Anwendung von BIM beim Übergang in die Betriebsphase zeigt Abbildung 11.1-3. Aus Laserscanner- und Bilddaten wurde ein *As-built-Modell* eines neu erstellten Infrastrukturbauwerks (Schiffsschleuse) abgeleitet, um damit einerseits einen Abgleich mit der Planung zu ermöglichen und es andererseits in der Betriebsphase als Abbild des tatsächlich gebauten Zustands, z. B. für das Unterhaltungsmanagement, nutzen zu können.

Abbildung 11.1-3: Neue Schleuse Trier: eingefärbte Punktwolke eines Laserscanneraufmaßes (links), digitales As-built-Modell (rechts)

Datenkonsistenz

Digitale Prozesse verlangen ein hohes Maß an Konsistenz bzw. Integrität der Daten, d. h., die Daten müssen korrekt, d. h. entsprechend den Vorgaben und Datenmodellen, gespeichert werden. Nur dann lassen sich automatisierte Prozesse auf die Daten korrekt anwenden.

Datenaustausch

Kooperation bedeutet auch Datenaustausch zwischen den Beteiligten. Hierzu sind Datenschnittstellen bzw. Datenaustauschformate erforderlich. Sie sind entweder proprietär, also herstellerspezifisch, oder basieren auf offenen Standards. Insgesamt ist mit BIM die Erwartung verbunden, dass durch das gemeinsame Arbeiten auf einer ganzheitlichen, konsistenten Datenbasis die Kommunikation und Koordination zwischen den Fachdisziplinen verbessert wird. Informationsverluste bei der Übergabe von Daten von einem Beteiligten zum nächsten bzw. zwischen den Lebenszyklusphasen (Abb. 11.1-4) werden vermieden. Unstimmigkeiten und Fehler sollen bereits in frühen Planungsphasen aufgedeckt und behoben werden.

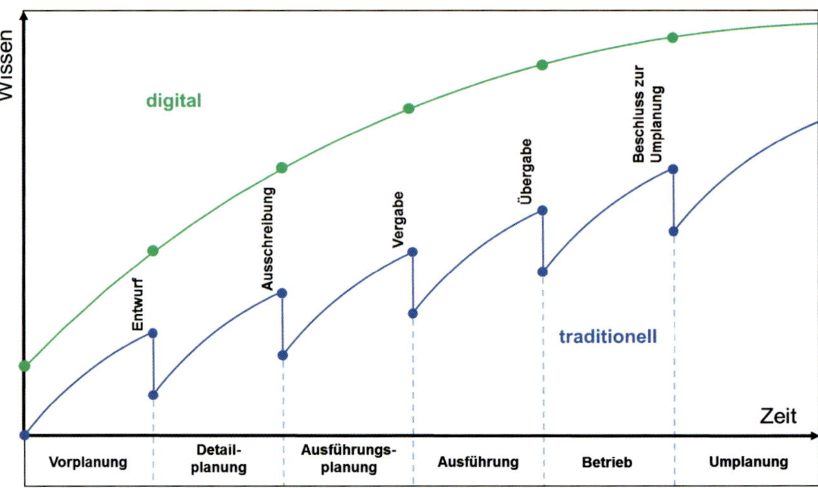

Abbildung 11.1-4: Informationsverlust durch Medienbrüche bei der Übergabe von Daten (eigene Darstellung in Anlehnung an *Eastman u. a.* (2008) und *Borrmann u. a.* (2015))

11.2 Modellierung

Im Unterschied zur Modellierung in BIM wird traditionell beim Entwurf und bei der Planung von Bauwerken in zweidimensionalen Grundrissen und Schnitten gedacht und gearbeitet. Sie bestehen – heute üblicherweise digital in CAD-Systemen erstellt – aus geometrischen Primitiven wie Punkten, Linien und Flächen, die ausschließlich durch die Layerbelegung sowie die grafische Ausprägung ihre Bedeutung erhalten. Weitere Informationen werden bestenfalls durch Beschriftungen angefügt, die jedoch außer der Platzierung keinerlei direkten Bezug zum Objekt aufweist. Je nach CAD-Software können Grundrisse und Schnitte zu dreidimensionalen Visualisierungen zusammengefügt werden.

11.2.1 Bauteilorientiertes Modellieren

Das Modellierungsparadigma von BIM basiert im Gegensatz zum zeichnungsbasierten CAD-Ansatz auf einer objektorientierten Herangehensweise und semantischen Datenmodellen. Der Basisinformationsträger ist das *Bauwerksobjekt* oder *Bauteil* (z. B. Wand, Träger, Stütze), das verschiedene Eigenschaften besitzt: Semantik, geometrische Eigenschaften, nichtgeometrische Eigenschaften sowie Relationen (Nachbarschaft, Gruppenzugehörigkeit) zu anderen Bauwerksobjekten (Abb. 11.2-1). Das Bauteil in der digitalen Bauwerksmodellierung kann daher als Analogie zum Geoobjekt in der raumbezogenen Informationsmodellierung (vgl. Kap. 10.3) gesehen werden. Während die geometrischen Eigenschaften die dreidimensionale Geometrie des Bauteils definieren, werden durch die nichtgeometrischen Attribute (im Folgenden in Analogie zu GIS als Sachattribute bezeichnet) physikalische, funktionale oder technische Informationen beschrieben.

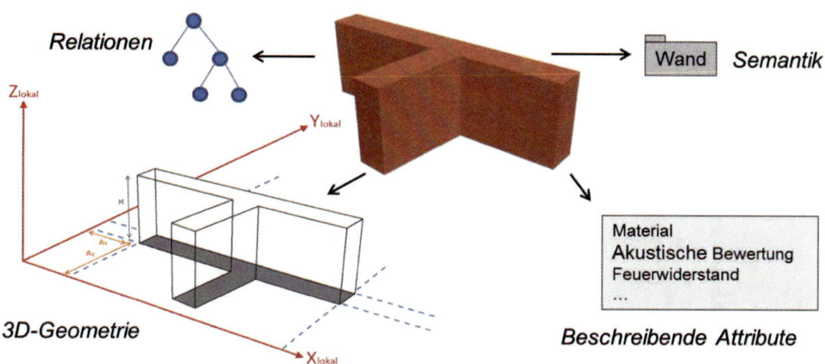

Abbildung 11.2-1: Semantische Datenmodelle – Wand mit Attributen und Relationen

Ein Beispiel aus dem Hochbau zeigt Abbildung 11.2-2 für einen Gebäudeausschnitt.

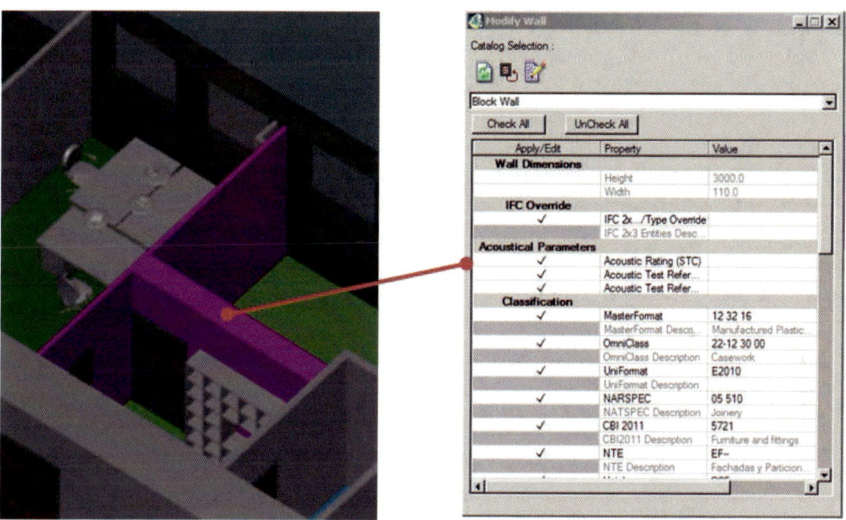

Abbildung 11.2-2: Bauteil „Wand“ mit Sachattributen in der BIM-Software (hier: Bentley AECO BuildingDesigner)

Auch Daten, wie Zeit- und Kostenpläne, Dokumentationen etc. können mit den Bauteilen auf diese Weise verknüpft werden. Die Modellierung der Geometrie folgt im Gegensatz zu Modellierung im GIS (siehe Kap. 10.3) i. d. R. einer impliziten Vorgehensweise: Die einzelnen Bauelemente werden durch volumetrische Grundkörper wie Quader, Zylinder, Kugel etc. repräsentiert und häufig parametrisch (z. B. durch Länge, Breite Höhe) beschrieben. Die Festlegung der Lage und Ausrichtung der Bauelemente erfolgt im Gegensatz zur raumbezogenen Informationsmodellierung (siehe Kap. 1.4) in lokalen kartesischen Koordinatensystemen (Abb. 11.2-3).

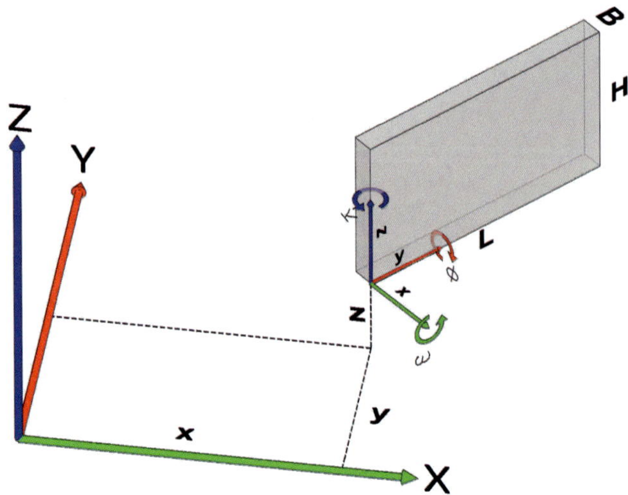

Abbildung 11.2-3: Koordinatensysteme – Festlegung der Lage eines Bauelements

Komplexere Körper können z. B. unter Nutzung der *Constructive Solid Geometry (CSG)*-Technik, d. h. durch Anwendung boolescher Operatoren wie Vereinigung, Differenz und Schnitt auf die Grundkörper, erzeugt werden. Abbildung 11.2-4 (links) zeigt das Prinzip des CSG anhand eines Würfels mit abgerundeten Ecken und Aussparungen, Abbildung 11.2-4 (rechts) zeigt die Anwendung auf einen fiktiven Raum mit Fenster und Balken.

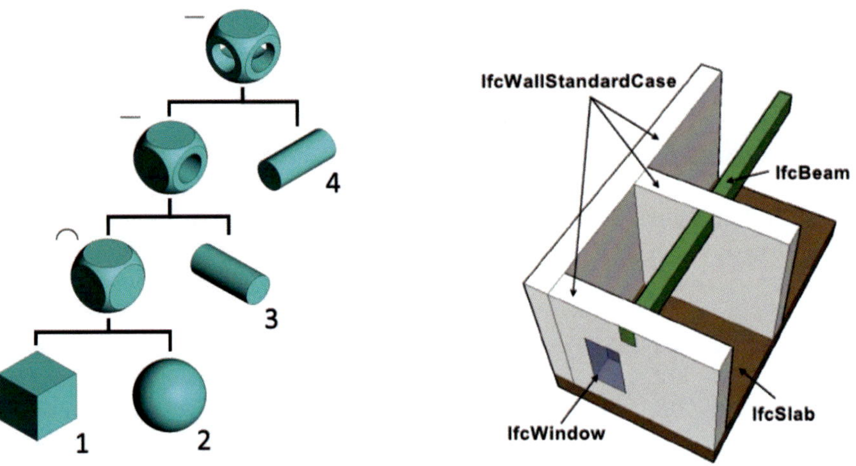

Abbildung 11.2-4: Prinzip der Constructive Solid Geometry (CSG)-Technik; links: boolesche Operatoren, rechts: Anwendung auf einen fiktiven Raum (Quelle: *Kolbe* (2016))

Andere Möglichkeiten sind Extrusions- und Sweep-Techniken, bei denen Körper durch Parallelverschiebung ebener, geschlossener Flächenpolygone entlang einer orthogonalen Achse oder entlang von (gekrümmten) Linien gebildet werden.

11.2.2 BIM-Software

BIM ist somit keine Software – auch wenn es in der Praxis gelegentlich auf die softwaregestützte Modellierung reduziert wird –, sondern eine Lebenszyklus-umspannende Arbeitsmethode.

Gleichwohl erfordert das BIM-basierte Arbeiten den Einsatz geeigneter Software. Dabei muss zwischen verschiedenen Arten von Software unterschieden werden: Dies beginnt mit BIM-*Autorensoftware*, die zur Erstellung der Fachmodelle dient. BIM-Autorensoftware wird von verschiedenen Herstellern angeboten (z. B. AUTODESK Revit, BENTLEY OpenBuildings Designer, NEMETSCHEK Allplan, GRAPHISOFT ArchiCAD). Vielfach sind die Hersteller bzw. ist die Software auf bestimmte Gewerke oder Anwendungen (z. B. den Verkehrswegebau) spezialisiert. Kollaborationssoftware dient zum Aufbau einer gemeinsamen Datenumgebung (engl. Common Data Environment, CDE), in der alle Daten für den gemeinsamen, aber auch mit Rechten geregelten Zugriff, der Beteiligten ggf. cloudbasiert gespeichert sind. Weitere Software dient z. B. zur Verwaltung der Modellinhalte (Content Management Software), dem Projektmanagement, der Modellvalidierung und *Kollisionsprüfung*, zur Kalkulation und Abrechnung (4D/5D), für die modellgestützte Analyse und Simulation, zur Modellvisualisierung und Betrachtung (*BIM-Viewer*), für BIM in der Ausführung (z. B. BIM-to-Field-Software) oder dem Einsatz im Bauwerksbetrieb (z. B. CAFM-Software). Neben kostenpflichtiger Software existieren auch kostenfreie Produkte.

Im Beispiel (Abb. 11.2-5) wird in der Autorensoftware Autodesk Revit ein Bauteil, hier eine Wand, auf den Rand einer bereits vorhandenen Bodenplatte aufgesetzt, d. h. relativ zur bereits vorhandenen Geometrie der Bodenplatte festgelegt: Zunächst wird eine vorkonfigurierte Wand im Bauteilkatalog ausgewählt. Damit ist die Stärke der Wand analog zu anderen Attributen bereits festgelegt. Für die Höhe der Wand kann festgelegt werden, dass sie automatisch der Geschosshöhe entspricht. Alternativ kann sie attributiv frei festgelegt werden. Damit ist der Querschnitt bereits definiert. Die Lage der Wand wird durch geometrisches Fangen von zwei Eckpunkten der Bodenplatte definiert. Damit ergibt sich auch die Länge der Wand. Alternativ können Anfangs- und/oder Endpunkt auch frei im Raum gesetzt werden. Die relativen Maße sind in Form der Länge von 7000 mm bei einem Winkel von 90° gegenüber dem Ausgangspunkt und der Ausgangsrichtung angegeben. Die relative Lage der Basislinie der Wand ist im Attribut „Location Line", hier an der Außenkante der Bodenplatte („Core Face: Exterior"), angegeben. Die Höhe der Wand ist attributiv mit 3000 mm („Unconnected Height") festgelegt. Im Hochbau wird in der Regel geschossweise (level) gearbeitet, sodass man festlegen kann, zu welchem Geschoss die Wand gehört und dass sich eine Wand z. B. immer über die gesamte Geschosshöhe erstreckt. Die Wandstärke liegt hier bereits mit dem in einem Bauteilkatalog gewählten Wandtyp (hier „Basic Wall Generic-200 mm") fest. Im Element des Bauteilkatalogs (Abb. 11.2-6) sind auch bereits alle weiteren Eigenschaften des Bauteils vordefiniert. Sie sind änderbar oder können Grundlage selbst definierter Bauteilkatalogobjekte sein. Jedes Bauteil ist parametrisch in seinem eigenen lokalen Koordinatensystem definiert. Der geometrische Bezug zum übergeordneten Bauteil wird jeweils durch eine Translation für die Position und eine Achsrichtung für die Rotation beschrieben.

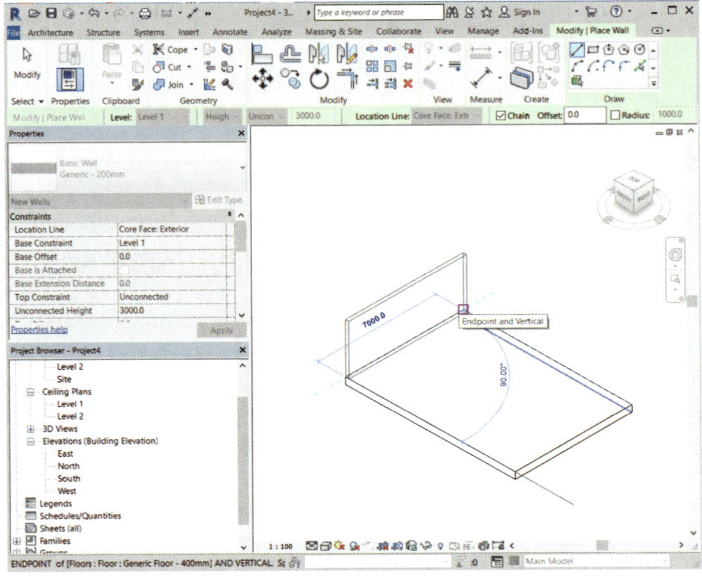

Abbildung 11.2-5: Modellierung eines Bauteil Wand in der Software Autodesk Revit

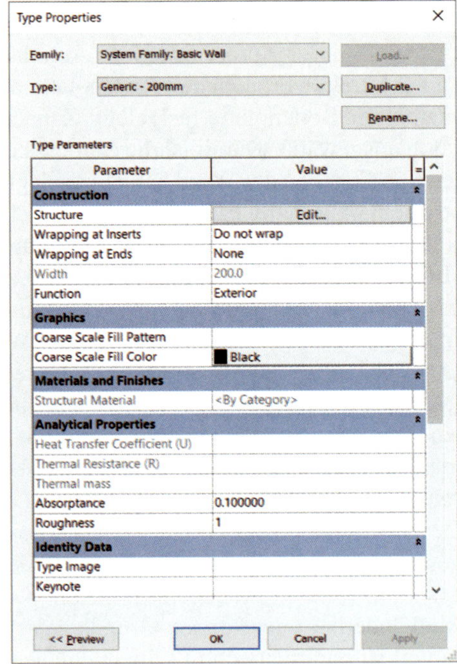

Abbildung 11.2-6: Bauteil Wand im Bauteilkatalog der Software Autodesk Revit

11.2.3 Industry Foundation Classes (IFC)

Für die Datenspeicherung und den Datenaustausch verwendet jede Software in der Regel eigene (proprietäre) Formate (z. B. RVT, DGN). Beim Austausch der Daten zwischen Beteiligten, welche die gleiche Software verwenden, ist dies unproblematisch. Zwar besitzt BIM-Software vielfach auch Schnittstellen, um auch Formate fremder Software zu lesen bzw. zu schreiben. Es kann in der Praxis dennoch nicht vorausgesetzt werden, dass ein fehlerfreier Datenaustausch auf diese Weise gelingt („Schnittstellenproblematik"). Daher wurde von der Non-Profit-Organisation buildingSmart das offene, d. h. hersteller- und softwareunabhängige Datenmodell und Datenaustauschformat *Industry Foundation Classes (IFC)* entwickelt (*IFC* (2019)). In IFC können sowohl die Projektstruktur als auch die Modellelemente mit ihrer Geometrie, den Sachattributen sowie den Beziehungen zwischen den Bauteilen (Relationen) beschrieben werden. Abbildung 11.2-7 zeigt einen Grobausschnitt aus dem IFC-Gebäudemodell.

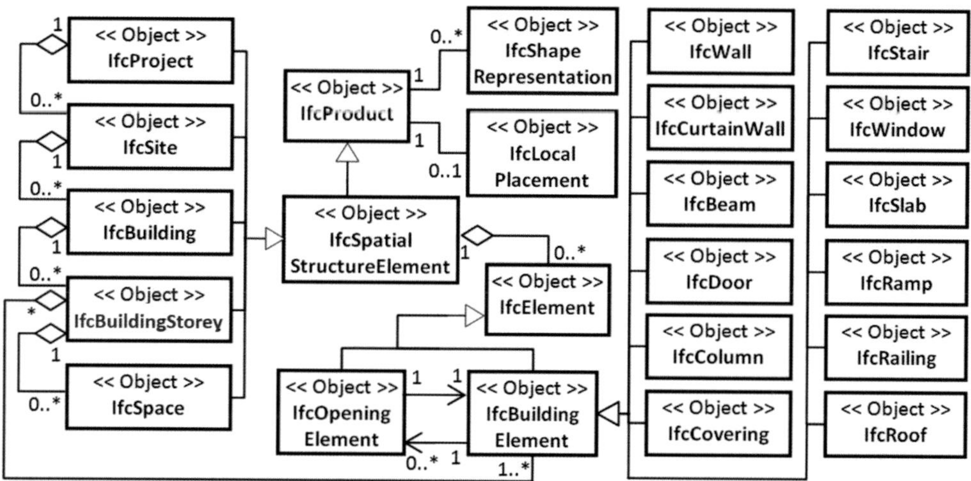

Abbildung 11.2-7: Grobausschnitt aus dem IFC-Gebäudemodell (Bildquelle: *El-Mekawy* (2010))

IFC ist hierarchisch aufgebaut und basiert auf der Datenmodellierungssprache EXPRESS. Die Speicherung und der Austausch erfolgen meist mit dem ASCII-basierten STEP-Dateiformat, wobei auch eine Ausgabe in XML (IFCXML) möglich ist. Die wesentliche Struktur einer IFC-Datei gibt Abbildung 11.2-8 wieder.

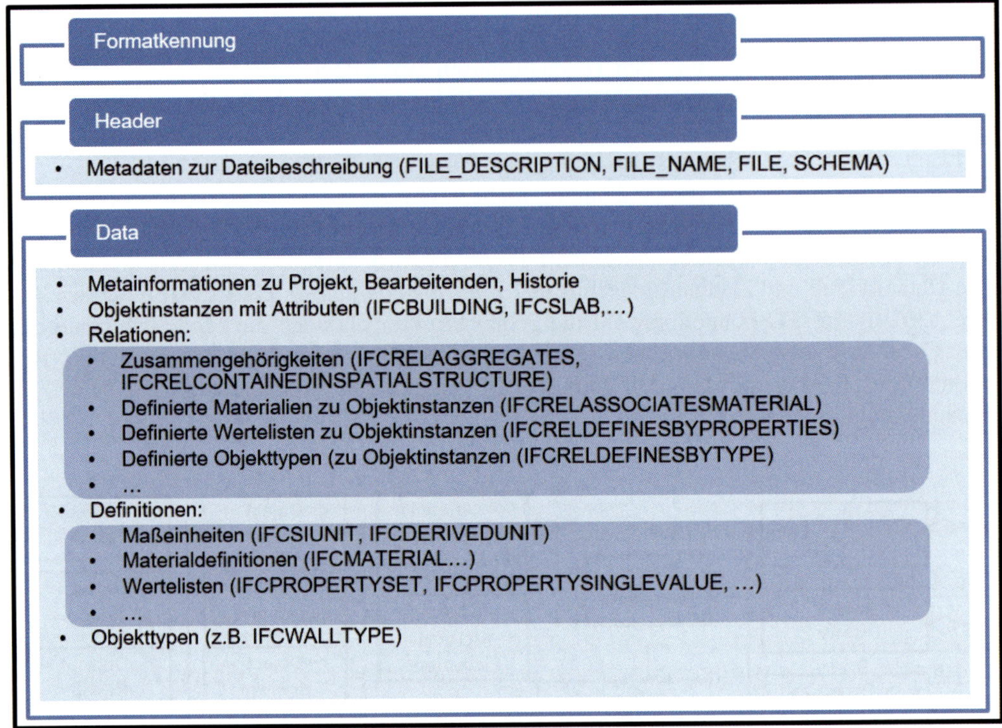

Abbildung 11.2-8: Wesentliche Struktur einer IFC-Datei

Beispiel 11.2.1: Im Folgenden wird anhand des einfachen Wandelements aus Kapitel 11.2.3 der Aufbau der IFC-Datei im alphanumerischen STEP-Format (ISO-10303-21) gezeigt: Der Dateiinhalt beginnt nach der Formatkennung (ISO-10303-21) mit einem HEADER mit Metadaten aufgeteilt in FILE_DESCRIPTION, FILE_NAME und FILE_SCHEMA. In der FILE_DESCRIPTION sind die enthaltenen Model View Definitions (MVD), z. B. das Koordinationsview „CoordinationView_V2.0“ plus Ergänzungen für Mengenangaben („QuantityTakeOffAddOnView“) und das Facility Management („FMHandOverView“) beschrieben sowie Kommentare möglich. In den MVDs wird festgelegt, welche Inhalte und welche geometrischen Repräsentationen aus dem Gesamtmodell enthalten sind. Der Eintrag FILE_NAME kann Informationen zum Dateinamen, zum Datum der Dateierstellung, zum Benutzer, zur Organisation des Benutzers, zur verwendeten Software und zur bevollmächtigten bzw. weisungsbefugten Person enthalten. Im FILE_SCHEMA wird die Version des IFC-Standards (z. B. IFC4) benannt. Anschließend folgen die tatsächlichen Daten (DATA).

Beim STEP-Format enthält jede Zeile im Abschnitt DATA genau eine Instanz einer Elementklasse gemäß der folgenden Struktur (Beispiel in Abb. 11.2-9):

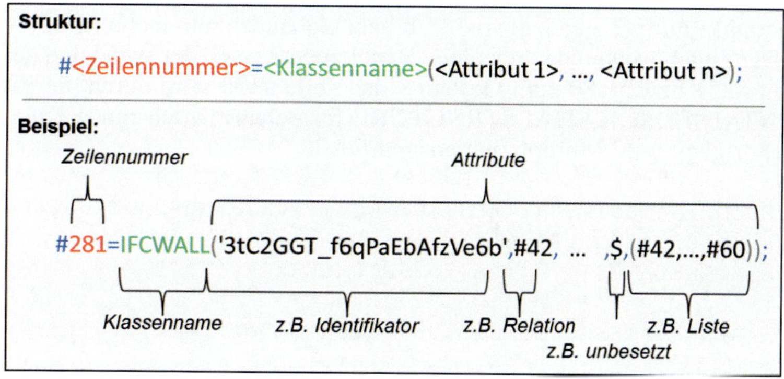

Abbildung 11.2-9: Struktur des STEP-Formats (oben) mit Beispiel (unten)

Jede Zeile ist durch eine Nummer mit führendem #-Zeichen eindeutig identifiziert. Wird in den Attributen einer Instanz auf andere Instanzen verwiesen, so wird die entsprechende Zeilennummer mittels eines führenden #-Zeichens benannt. Im Abschnitt DATA stehen zu Beginn noch Metainformationen zum Projekt und bezüglich der für den Export verwendeten Software (IFCAPPLICATION), z. B. Autodesk Revit 2018 (ENU), und der ausführenden Organisation (IFCORGANIZATION) mit Adresse (IFCPOSTALADDRESS). In den Klassen IFCPERSON, IFCPERSONANDORGANIZATION und IFCOWNERHISTORY werden Angaben zur benutzenden Person abgelegt. Kerninhalte sind die tatsächlichen Daten des Modells. Das folgende Beispiel zeigt die Wand (IFCWALLSTANDARDCASE, #281) auf der Grundplatte (IFCSLAB, #180) aus Abbildung 11.2-5 im IFC-Format eingebettet in die hierarchische IFC-Modell-Struktur (Abb. 11.2-6) von Geschoss (IFCBUILDINGSTOREY, #136), Gebäude (IFCBUILDING, #123), Baufeld (IFCSITE, #317) und Projekt (IFCProject, #108):

```
#99=IFCGEOMETRICREPRESENTATIONCONTEXT($,'Model',3,0.01,#96,#97);
#108=IFCPROJECT('1tMyx_U5X2_vNbWA6tRDBx',#42,'Project Number',$,$,
   'Project Name','Project  Status',(#99),#94);
#123=IFCBUILDING('1tMyx_U5X2_vNbWA6tRDBw',#42,'',$,$,#33,$,'',
   .ELEMENT.,$,$,#119);
#136=IFCBUILDINGSTOREY('1tMyx_U5X2_vNbWA58anu4',#42,'Level 1',$,$,
   #134,$,'Level 1',.ELEMENT.,0.);
#180=IFCSLAB('3tC2GGT_f6qPaEbAfzVePw',#42,'Floor:Generic Floor -
   400mm:201012',$,'Floor:Generic Floor -
   400mm',#148,#175,'201012',.FLOOR.);
#281=IFCWALLSTANDARDCASE('3tC2GGT_f6qPaEbAfzVe6b',#42,'Basic
   Wall:Generic - 200mm:202475',$,'Basic Wall:Generic - 200mm:249',
   #252,#277,'202475', .NOTDEFINED.);
#317=IFCSITE('1tMyx_U5X2_vNbWA6tRDBv',#42,'Default',$,'',#316,$,$,
   .ELEMENT.,(42,21,31,181945),(-71,-3,-24,-263305),0.,$,$);
```

Zusammengehörigkeit kann durch Instanzen der Elementklasse IFCRELAGGREGATES festgelegt werden. Im folgenden Beispiel besteht das Projekt der Zeile #108 aus dem Baufeld der Zeile #317, das Baufeld der Zeile #317 aus dem Gebäude der Zeile #123, das Gebäude der Zeile #123 aus dem Geschoss der Zeile #136, wobei die letzteren Elemente immer (durch die

Klammersetzung) multipel angelegt sind, d. h., ein Gebäude kann mehrere Geschosse aggregieren usw. Die Zugehörigkeit der einzelnen Bauelemente (z. B. der Wand und der Grundplatte) der Zeilen #281 bzw. #180 zum Geschoss der Zeile #136 wird durch die Elementklasse IFCRELCONTAINEDINSPATIALSTRUCTURE festgelegt. Durch runde Klammersetzung bei der Zugehörigkeit wird Multiplizität ausgedrückt.

```
#330=IFCRELCONTAINEDINSPATIALSTRUCTURE('1vK3KfqgSHqv5Y0066FnIY',
   #42,$,$,(#180,#281),#136);
#335=IFCRELAGGREGATES('17jfonD353$RC0HtKKz1Ky',#42,$,$,#108,
   (#317));
#339=IFCRELAGGREGATES('0i9MaIF1v8$OCtUan5o5dF',#42,$,$,#317,
   (#123));
#343=IFCRELAGGREGATES('3ioAY2VOL1QOEtMGyzl4Rh',#42,$,$,#123,
   (#136));
```

Für jedes Bauelement ist im zweiten Attribut das benutzte Katalogobjekt angegeben, z. B. 'Basic Wall:Generic - 200mm:202475'. Jedes Bauelement wie die Wand in Zeile #281 muss implizit (vgl. Kap. 11.2.1) dimensioniert (Zeile #277) und in seiner Position im Raum (Zeile #252) festgelegt sein. Dabei werden die Objekte nicht wie im GIS üblich in absoluten, raumbezogenen Koordinaten, sondern relativ zueinander in ihrer Position definiert, d. h. die Wand relativ zum Geschoss, das Geschoss relativ zum Gebäude usw. In diesem Fall ist die Wand (#281) durch die IFCLOCALPLACEMENT-Instanz #252 relativ zum Ort #134 mit der Richtung #251 positioniert. Das IFCLOCALPLACEMENT #134 bildet gleichzeitig die Positionierung des Geschosses. Das Element IFCAXIS2PLACEMENT3D (#251) definiert die Rotation der Wand (#281) gegenüber dem Bezugsobjekt, bei der Wand gegenüber dem Geschoss durch drei Attribute, nämlich den Ort (IFCCARTESIANPOINT), die Richtung der lokalen z-Achse und die Richtung der lokalen x-Achse.

```
#252=IFCLOCALPLACEMENT(#134,#251);
#134=IFCLOCALPLACEMENT(#33,#133);
#251=IFCAXIS2PLACEMENT3D(#249,#20,#16);
```

Die implizite Dimensionierung der Wand erfolgt durch einen, der im Standard zulässigen Repräsentationstypen. Im Beispiel (#275, #277) ist dies ein „SweptSolid“ eine extrudierte Fläche (#265), die wiederum durch ein Rechteck (#263) der Maße 7000 mal 200 definiert ist. Die Richtung der Extrusionskörpers (#265) (hier nach oben in z-Richtung) wird in #20, die Länge (oder hier Höhe der Wand) durch den letzten Parameter (hier 3000.) angegeben. Die Maßeinheit wird separat festgelegt.

```
#20=IFCDIRECTION((0.,0.,1.));
#263=IFCRECTANGLEPROFILEDEF(.AREA.,$,#262,7000.,200);
#264=IFCAXIS2PLACEMENT3D(#6,$,$);
#265=IFCEXTRUDEDAREASOLID(#263,#264,#20,3000.);
#275=IFCSHAPEREPRESENTATION(#105,'Body','SweptSolid',(#265));
#277=IFCPRODUCTDEFINITIONSHAPE($,$,(#257,#275));
```

Die verwendeten Maßeinheiten (SI-Einheiten) werden in Instanzen des Elements IFCSIUNIT, im Beispiel für die Geometrie (Länge (#43) in Millimeter, Fläche (#45), Volumen (#46), Winkel (#47)), angegeben. Es können aber auch physikalische Einheiten (z. B. in #71, #72, #356 für den elektrischen Strom, die elektrische Spannung, die Leistung oder die Kraft) für die Sachinformation definiert werden:

```
#43= IFCSIUNIT(*,.LENGTHUNIT.,.MILLI.,.METRE.);
#44= IFCSIUNIT(*,.LENGTHUNIT.,$,.METRE.);
#45= IFCSIUNIT(*,.AREAUNIT.,$,.SQUARE_METRE.);
#46= IFCSIUNIT(*,.VOLUMEUNIT.,$,.CUBIC_METRE.);
#47= IFCSIUNIT(*,.PLANEANGLEUNIT.,$,.RADIAN.);
#71= IFCSIUNIT(*,.ELECTRICCURRENTUNIT.,$,.AMPERE.);
#72= IFCSIUNIT(*,.ELECTRICVOLTAGEUNIT.,$,.VOLT.);
#73= IFCSIUNIT(*,.POWERUNIT.,$,.WATT.);
#74= IFCSIUNIT(*,.FORCEUNIT.,.KILO.,.NEWTON.);
```

Abgeleitete Einheiten werden mit der Klasse IFCDERIVEDUNIT festgelegt, z. B. die thermische Durchlässigkeit.

```
#52=IFCSIUNIT(*,.MASSUNIT.,.KILO.,.GRAM.);
#57=IFCSIUNIT(*,.TIMEUNIT.,$,.SECOND.);
#59=IFCSIUNIT(*,.THERMODYNAMICTEMPERATUREUNIT.,$,.KELVIN.);
#61=IFCDERIVEDUNITELEMENT(#52,1);
#62=IFCDERIVEDUNITELEMENT(#59,-1);
#63=IFCDERIVEDUNITELEMENT(#57,-3);
#64=IFCDERIVEDUNIT((#61,#62,#63),.THERMALTRANSMITTANCEUNIT.,$);
```

IFCUNITASSIGNMENT fasst alle verwendeten Einheiten zusammen.

```
#94=IFCUNITASSIGNMENT((#43,#45,#46,#50,#52,#55,#57,#58,#60,#64,
  #69,#71,#72,#73,#74,#75,#76,#77,#82,#86,#88,#92));
```

Das einfache Beispiel illustriert die Struktur und Lesbarkeit einer IFC-Datei im gängigen STEP-Format. Auf dieser Grundlage lassen sich ebenso komplexere Bauwerke – auch der in den folgenden Kapiteln beschriebenen Erweiterungen für die Infrastruktur – abbilden und austauschen.

11.2.4 BIM bei Bauwerken der Verkehrsinfrastruktur

Zunächst auf den Hochbau ausgelegt, ist IFC inzwischen als ISO 16379 in der Version IFC 2x3 und IFC4 normiert. Durch die zunehmende Verwendung von BIM auch im Infrastrukturbau wird derzeit intensiv an der Ausweitung des Standards in allen Bereiche der Infrastruktur (Brücke, Straße, Schiene, Tunnel, Maritim (auch Ports & Waterways, Häfen & Wasserstraßen genannt)) (IFC Version 5) gearbeitet (Abb. 11.2-10).

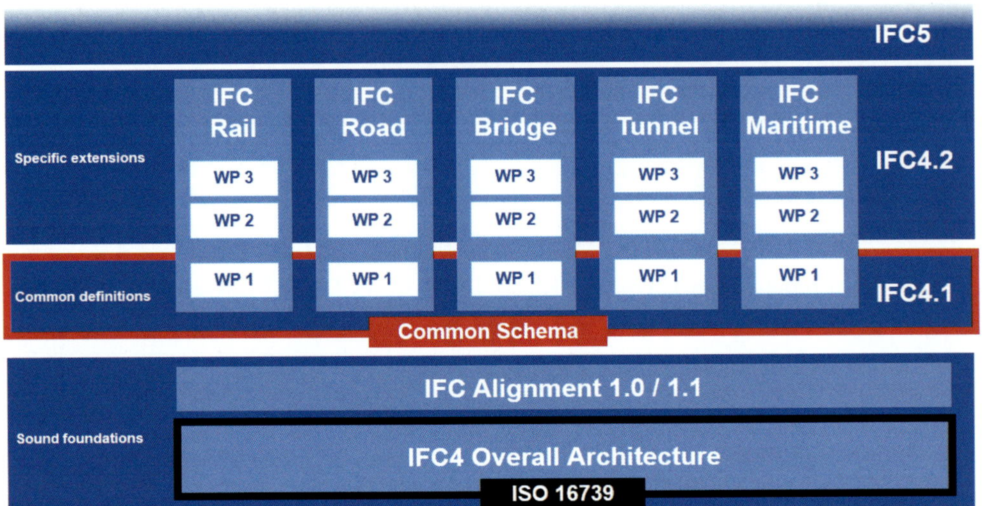

Abbildung 11.2-10: Schrittweise Erweiterung des IFC-Datenschemas um Elemente des Infrastrukturbaus (Bildquelle: in Anlehnung an *buildingSMART InfraRoom* (2017))

Bei den Überlegungen zur Erweiterung des Standards wurde festgestellt, dass die verschiedenen Bereiche der Infrastruktur viele gemeinsame Elemente enthalten wie die Erdarbeiten (Earthworks) etc., zusammengefasst in IFC Overall Architecture oder – ein wesentliches Element – die Trassierungselemente (Alignment). Der Entwicklung der speziellen Standards wurden daher diese gemeinsamen Elemente vorgezogen. Der Standard für das Alignment wurde mit der IFC-Version 4x1 auch bereits veröffentlicht. Damit wurden die klassischen Vorgehensweisen bei der Trassierung basierend auf Trassierungsachse, Längs- und Querprofilen in den IFC-Standard übernommen. Die Standards für Schiene, Straße, Brücke und Maritim werden derzeit (Stand: 03/2020) in internationalen Arbeitsgruppen von buildingSmart entwickelt. Die Erweiterungen zu IFC Bridge sind als Version 4.2 (Candidate Standard) bereits veröffentlicht. Auch IFC Rail, IFC Road und IFC Maritime sollen zu Beginn des Jahres 2020 abgeschlossen sein und Ende 2020 gemeinsam den Standard in der Version IFC 5 bilden. IFC Tunnel soll 2021 folgen. Vorschläge für Standards in weiteren Bereichen sollen dann in der Version 5.1 Eingang finden (*Anderson* (2019)). Der aktuelle Stand der Schema-Veröffentlichungen ist auf der Homepage von buildingSmart einsehbar.

Beispiel 11.2.2: Das folgende Beispiel zeigt eine Objektinstanz IFCALIGNMENT (#26), das, analog zum Bauelement eines Gebäudes, Bestandteil einer IFCRELCONTAINEDINSPATIALSTRUCTURE (#21) ist. Die Trassierungsachse IFCALIGNMENTCURVE (#81) besitzt ein horizontales Trassierungselement IFCALIGNMENT2DHORIZONTALSEGMENT (#82), das wiederum aus einer Abfolge horizontaler Trassierungssegmente (#83 ff.) besteht. Im jeweils letzten Attribut der Segmente ist die Geometrie abgelegt, hier einer Folge von Gerade (IFCLINESEGMENT2D, #88), Klotoide (IFCTRANSITIONCURVESEGMENT2D, #89), Kreisbogen (IFCCIRCULARARCSEGMENT2D, #90), Klotoide (#91) und Gerade (#92) mit ihren jeweiligen definierenden Parametern.

```
#21=IFCRELCONTAINEDINSPATIALSTRUCTURE('3tIYk51o55xPKurco3fZNN',$,
   $,$,(#22,#23,#24,#25,#26,#27),#19);
#26=IFCALIGNMENT('16Fo5QckLFRxbhYqRIrjQT',$,$,'Alignment - (8)',
   $,#20,$,#81,$);
#81=IFCALIGNMENTCURVE(#82,$,$);
#82=IFCALIGNMENT2DHORIZONTAL(0.,(#83,#84,#85,#86,#87));
#83=IFCALIGNMENT2DHORIZONTALSEGMENT(.F.,$,$,#88);
#84=IFCALIGNMENT2DHORIZONTALSEGMENT($,$,$,#89);
#85=IFCALIGNMENT2DHORIZONTALSEGMENT($,$,$,#90);
#86=IFCALIGNMENT2DHORIZONTALSEGMENT($,$,$,#91);
#87=IFCALIGNMENT2DHORIZONTALSEGMENT(.F.,$,$,#92);
#88=IFCLINESEGMENT2D(#93,0.414280772209167,270.944595460571);
#89=IFCTRANSITIONCURVESEGMENT2D(#94,0.414280742406845,200.,$,700.,
   .F.,.F.,.CLOTHOIDCURVE.);
#90=IFCCIRCULARARCSEGMENT2D(#95,0.271423518657684,
   647.196265852736,699.999999999999,.F.);
#91=IFCTRANSITIONCURVESEGMENT2D(#96,5.63004302978516,200.,700.,$,
   .F.,.F.,.CLOTHOIDCURVE.);
#92=IFCLINESEGMENT2D(#97,5.48718595504761,357.636320526265);
#93=IFCCARTESIANPOINT((144.995,-682.815));
#94=IFCCARTESIANPOINT((393.019,-573.751));
#95=IFCCARTESIANPOINT((579.555,-502.114));
#96=IFCCARTESIANPOINT((1192.61,-620.563));
#97=IFCCARTESIANPOINT((1339.03,-756.531));
```

In ähnlicher Weise wurden Klassen zur Beschreibung von Längs- und Querprofilen geschaffen.

11.2.5 Fertigstellungsgrade

Bei jeder Form der Modellierung, sei es zur Planung oder auf der Grundlage eines Vor-Ort-Aufmaßes für die Bestandsdokumentation, stellt sich die Frage nach dem Detaillierungsgrad. Dies gilt bei der objektbezogenen Modellierung im Datenmodell des BIM sowohl für den geometrischen als auch für den semantischen Anteil. Im Entwurfs- und Planungsprozess eines Bauwerks, das in der Realität noch nicht existiert, wächst der Detaillierungsgrad mit den einzelnen Planungsstufen schrittweise beginnend mit der Vor- bzw. Entwurfsplanung bis hin zur Ausführungsplanung. Dies gilt gleichermaßen für die GIS- und BIM-basierte Planung, im Tief- wie auch im Hochbau. Es beginnt mit konzeptuellen Studien bzw. Trassenvarianten, die zunächst beispielweise nur einen visuellen Eindruck erzeugen sollen, wie eine Planung sich in das Landschafts- bzw. Stadtbild einfügt. Hierfür bedürfen die Modelle und damit die Bauteile zunächst nur einer geringen Detaillierung. Mit zunehmend konkreter werdender Planung (Einreichung der Unterlagen zum Bauantrag bzw. der Planfeststellung, der Massen- bzw. Mengenermittlung, der Kostenschätzung) steigen die Anforderungen an die Detaillierung sowohl für die geometrische als auch die Sachinformation. Zur Berücksichtigung der unterschiedlichen Anforderungen an die Detailierung der Modellobjekte in der Planung wurde das Konzept der Fertigstellungsgrade (engl. *Level of Development, LOD*) entwickelt. Beispiele finden sich in unterschiedlichen Spezifikationen, z. B. in *NATSPEC* (2013) für Australien (Abb. 11.2-11) oder der US-amerikanischen LOD-Spezifikation (*BIMFORUM* (2016)).

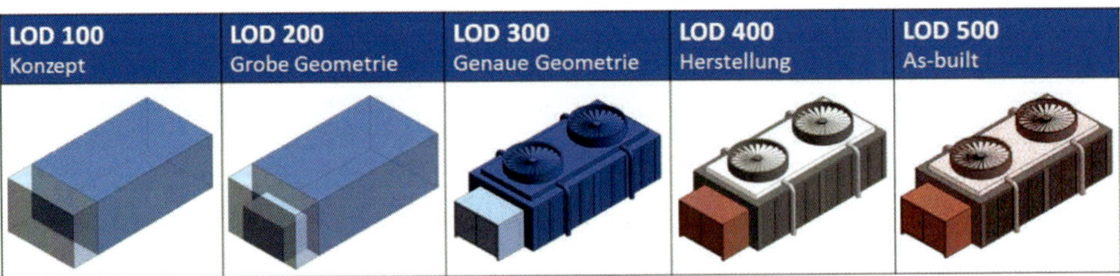

Abbildung 11.2-11: Level of Development (LOD) (in Anlehnung an *NATSPEC* (2013))

In Deutschland wurden und werden von unterschiedlichsten Organisationen, z. B. dem Bau- und Liegenschaftsbetrieb NRW (*BLB NRW* (2018)), der Arbeitsgruppe Hochbau im Arbeitskreis Digitalisiertes Bauen im Hauptverband der Deutschen Bauindustrie (Arbeitsgruppe Hochbau im Arbeitskreis Digitalisiertes Bauen im Hauptverband der Deutschen Bauindustrie e. V. (2019)) oder auch der Architektenkammer NRW (*AK NRW* (2016)) Muster und Vorlagen erarbeitet. Erste Ideen für die Beschreibung von LODs im Infrastrukturbereich wurden an der TU München entwickelt (*König u. a.* (2016)). Finaler Fertigstellungsgrad ist häufig „As-built". Gegenüber den Planungsfertigstellungsgraden spiegelt „As-built" den tatsächlich ausgeführten Zustand wider, der sich in der Praxis häufig von der Ausführungsplanung unterscheidet und sich erst durch Vor-Ort-Vergleich mit dem finalen Planungsstand erzielen lässt. Die Differenzierung in geometrische und sachliche Informationsanteile findet sich in den Begriffen Level of Geometry (LOG) und Level of Information (LOI) wieder. Diese Fertigstellungsgrade sind nicht zu verwechseln mit den Level of Detail (LOD), wie sie bei Stadtmodellen in der raumbezogenen Informationsmodellierung verwendet werden (siehe Kap. 10.11).

11.2.6 As-is-Dokumentation

Wird ein Bauwerk vermessungstechnisch zur Erstellung eines Bestandsmodells als Abbild der Realität (*digitaler Zwilling*) erfasst, so kann man von einem sogenannten *As-is-Modell* sprechen. In diesem Fall sind die Fertigstellungsgrade in der Anwendung oft nicht optimal, da das Bauwerk bereits vollständig existiert und der Fertigstellungsprozess der Planung fehlt. Der Detaillierungsgrad ist vielmehr stark von der geplanten Anwendung, die mit dem fertigen BIM-Modell verfolgt werden soll, abhängig. Für BIM im Bestand könnte daher ein separates Schema, z. B. eines sogenannten Level of As-is-Dokumentation (LOAD), eine sinnvolle Weiterentwicklung darstellen (*Wollenberg* (2018), *Becker u. a.* (2019a)).

11.2.7 Geometrische Genauigkeit

Vom Fertigstellungsgrad zu unterscheiden ist der Grad der geometrischen Genauigkeit, mit der ein Bauteil zur Erstellung eines Bestandsmodells (As-built- oder As-is-Modells) vor Ort vermessungstechnisch erfasst und – getrennt zu betrachten – anschließend modelliert werden soll. Hiernach richten sich die zu nutzenden vermessungstechnischen Aufnahmeverfahren und -geräte sowie die zu verwendende Modellierungssoftware und -technik. Das U. S. Institute of Building Documentation (USIBD) hat dazu den in fünf Klassen (Level, LOA) gegliederten USIBD Level of Accuracy Specification Guide herausgegeben (*USIBD* (2016),

Tabelle 11.2-1). Die Angaben zur Genauigkeit basieren auf der in der Geodäsie bekannten Standardabweichung. Es wurden fünf Klassen (Level, LOA) gebildet, die mit den Klassifizierungen für die Messgenauigkeit in der deutschen Norm DIN18710-1 Ingenieurvermessung (Tabelle 11.2-2) übereinstimmen.

Tabelle 11.2-1: Level of Accuracy; (*) Specified at the 95 percent level (Quelle: *USIBD* (2016))

Level	Upper Range	Lower Range
LOA10	User defined	5 cm *
LOA20	5 cm *	15 mm *
LOA30	15 mm *	5 mm *
LOA40	5 mm *	1 mm *
LOA50	1 mm *	0*

Tabelle 11.2-2: Klassifizierung der Messgenauigkeit bei Lagevermessungen nach der DIN18710-1 Ingenieurvermessung

Klasse	Standardabweichung σL bei Lagevermessungen	Bemerkung
L1	50 mm $< \sigma_L <$ 0 mm	sehr geringe Genauigkeit
L2	15 mm $< \sigma_L <$ 50 mm	geringe Genauigkeit
L3	5 mm $< \sigma_L <$ 15 mm	mittlere Genauigkeit
L4	1 mm $< \sigma_L <$ 5 mm	hohe Genauigkeit
L5	0 mm $< \sigma_L <$ 1 mm	sehr hohe Genauigkeit

11.2.8 Fachmodelle und Koordinations-(Gesamt-)modell

BIM-Modelle werden für verschiedene Anwendungsfälle (siehe Kap. 11.1) genutzt. Aber auch innerhalb eines Anwendungsfalls sind thematisch verschiedene Gewerke zu unterscheiden, so z. B. Architektur, Tragwerk, Technische Gebäudeausrüstung (TGA) und Fassade. Für jedes dieser Gewerke wird ein separates *Fachmodell* erzeugt, das die spezifischen Anforderungen der einzelnen Fachplanung berücksichtigt. Dazu ist ggf. auch unterschiedliche bzw. spezielle Software erforderlich. Die einzelnen Fachmodelle werden schließlich für die Kooperation zu einem *Koordinations*- oder auch *Gesamtmodell* zusammengeführt (Abb. 11.2-12).

Exemplarisch seien die folgenden Fachmodelle genannt (*Egger u. a.* (2013), *Reif* (2017), *Tulke* (2018), *DB Station&Service AG* (2019)):

- Umgebungsmodell (Geländemodell, Umgriff aus dem Stadtmodell) ,
- Bestandsmodell (topographische, bauliche und technische Anlagen, Fachmodell Vermessung, Geländemodell),
- Baukörper- oder Massenmodell (städtebauliche Einordnung),
- Antragsmodell (Lageplan) zum Baugesuch,
- Architekturmodell (in verschiedenen Fertigstellungsgraden),

- Tragwerksmodell (in verschiedenen Fertigstellungsgraden),
- TGA-Modelle (in verschiedenen Fertigstellungsgraden und Fachbereichen),
- Baustelleneinrichtungsmodell,
- Bauablaufmodell (4D-Modell),
- Bau- und Montagemodell,
- Bauübergabe- bzw. Dokumentationsmodell,
- As-built-Modell,
- CAFM-Modell.

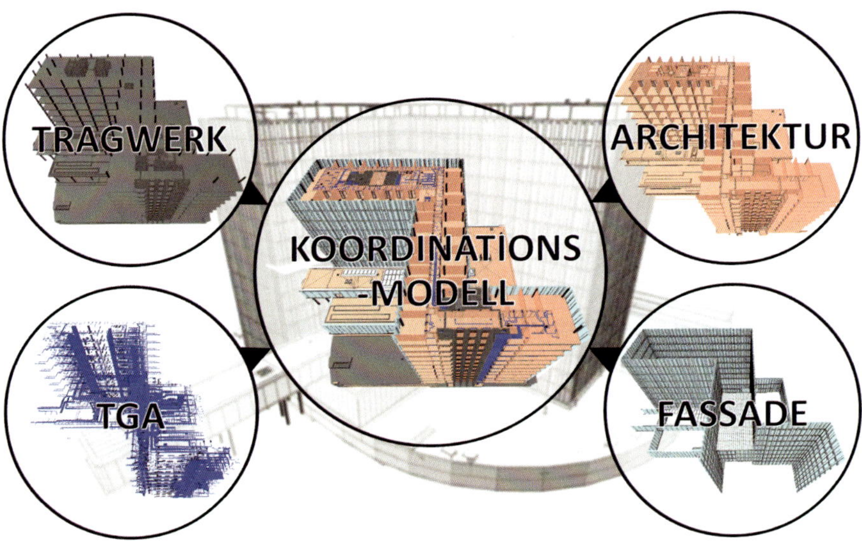

Abbildung 11.2-12: BIM – Fachmodelle und Koordinations-(Gesamt-)modell

11.2.9 Modellüberprüfung und Kollisionskontrolle

Mit der Zusammenführung der Fachmodelle zu einem Koordinationsmodell werden geometrische und fachliche Prüfungen zwischen den Fachplanungen möglich, beispielsweise um Kollisionen oder Regelverletzungen aufzudecken. Der Austausch von Modellprüfungsinformationen kann dabei z. B. unter Nutzung des standardisierten *BIM-Collaboration-Format (BCF)* erfolgen (*BCF* (2019)). Das BCF gewährleistet einen softwareunabhängigen Datenaustausch. Ein BCF-Bericht besteht aus drei Dateien. Die erste Datei enthält Metadaten wie einen Titel, das Erstellungsdatum, den Autor, den Adressaten und eine Beschreibung, die zweite Datei ist ein Bildausschnitt (Snapshot) des Modells zur Visualisierung der Information und die dritte Datei enthält Informationen insbesondere zum Aufnahmeort (CameraViewpoint) und zur Betrachtungsrichtung (CameraDirection) des Snapshots (Abb. 11.2-13).

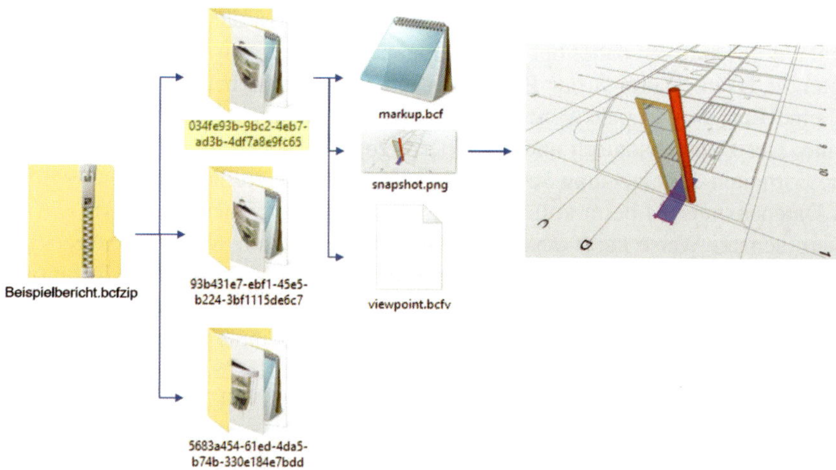

Abbildung 11.2-13: BIM-Collaboration-Format

11.3 BIM in der Ingenieurvermessung

Die Ingenieurvermessung (siehe Kap. 13) leistet im Rahmen von Planung, Errichtung, Betrieb bis zu Umbaumaßnahmen und Rückbau, also im gesamten Lebenszyklus von Bauwerken, eine Vielzahl von Aufgaben (siehe Kapitel 13.1. Diese Leistungen der Vermessung müssen auf die Prozesse und Modelle des BIM abgestimmt sein. Sie ergänzen die bekannten, klassischen Methoden oder lösen sie gar ab. Beispielsweise kommt zur Datenmodellierung in CAD bzw. im GIS die bauteilorientierte Modellierung in BIM-Modellen bzw. das Arbeiten mit BIM hinzu. Damit einher geht auch die Verwendung der einschlägigen BIM-Software. Auch Instrumente für Aufmaß und Absteckung (z. B. Tachymeter) werden zunehmend mit BIM-Modellen verarbeitender Software ausgestattet.

11.3.1 Georeferenzierung, geodätischer Raumbezug

Zur Herstellung des geodätischen Raumbezugs sowie beim Zusammentragen aller Grundlagen für die Bauplanung, sei es aus bestehenden Datenbeständen oder durch örtliche Vermessung (z. B. Erstellung von Lageplänen), ist die Kenntnis der *Georeferenzierung* bzw. des geodätischen Raumbezugs notwendig. In der Landesvermessung wird beim Raumbezug nach Lage und Höhe getrennt (siehe Kap. 1.4 bzw. 1.3). Die Höhe wird der zweidimensionalen Lage meist lediglich als attributives Element beigegeben (2,5 D). In BIM hingegen arbeitet man mit einem vollständig dreidimensionalen Modell in einem (lokalen) kartesischen Koordinatensystem (XYZ). Um bei der Arbeit im lokalen kartesischen Koordinatensystem den geodätischen Raumbezug festzulegen, wird z. B. in der BIM-Autorensoftware Autodesk Revit mit einem Projekt-Basispunkt gearbeitet, der mit dem geodätischen Raumbezug in Lage und Höhe sowie zusätzlich einer Rotation um die Z-Achse belegt werden kann. Der Projekt-Basispunkt definiert den Ursprung des Projektkoordinatensystems. Alternativ kann unabhängig ein Vermessungspunkt (survey point) festgelegt und mit Koordinaten im geodätischen Bezugssystem belegt werden, der z. B. einen örtlichen vermarkten Festpunkt repräsentiert.

Bei der Zusammenführung von georeferenzierten Daten ist die Kenntnis der Bezugssysteme essenziell. Sie müssen daher bei der Übergabe mit angegeben bzw. es muss zwischen den Beteiligten, z. B. im Rahmen der Prozesse zur organisatorischen Kollaboration (vgl. Kap. 11.4.1), eine Einigung erzielt werden, in welchen Bezugssystemen Koordinaten auszutauschen sind. Der Datenaustausch und die Übertragung der Georeferenzierung können in proprietären Formaten der einzelnen Software bzw. Softwarehersteller, sollten aber im Sinne des offenen Datenaustauschs beim kollaborativen Arbeiten in offenen Standards wie IFC erfolgen. In einfachster Weise kann ein BIM-Projekt in IFC durch Angabe von geographischen Koordinaten und der Höhe eines Referenzpunkts sowie der Angabe einer Rotation zur Nordrichtung mit einer Georeferenzierung versehen werden. Dazu sieht das IFC-Modell in der Elementklasse IFCSITE für die geographische Lage die Attribute IFCSITE.REFLATITUDE, IFCSITE.REFLONGITUDE und für die Höhe das Attribut IFCSITE.REFELEVATION vor. Die Rotation des lokalen Systems zur Nordrichtung wird in der Elementklasse IFCGEOMETRICREPRESENTATIONCONTEXT im Attribut TRUENORTH mit einem Richtungsvektor (IFCDIRECTION) beschrieben. Diese Art der Georeferenzierung eignet sich allerdings aufgrund des fehlenden Bezugs zu den Modellkoordinaten nicht für ingenieurgeodätische Aufgaben.

Das folgende Beispiel zeigt die Angabe der geographischen Breite (50,46,47,102966) und Länge (6,4,5,34599) in (Grad, Minute, Sekunde, millionstel Sekunde) und der Höhe (hier: 100.) in der Elementklasse IFCSITE. Die Ausrichtung zur Nordrichtung als zweidimensionaler Richtungsvektor (Element #97) ist in der Elementklasse IFCGEOMETRICREPRESENTATIONCONTEXT angegeben.

```
#410=IFCSITE('1Yns4XXBr2pQcCqTZ_0z78',#42,'Default',$,'',#409,$,$,
   .ELEMENT.,50,46,47,102966),(6,4,5,34599),100.,$,$)
#99=IFCGEOMETRICREPRESENTATIONCONTEXT($,'Model',3,0.01,#96,#97);
#97=IFCDIRECTION((0.25881904510252,0.965925826289068)
```

Diese Art der Georeferenzierung kann für die Platzierung des BIM-Projekts als Punktsignatur in einem GIS genutzt werden. Sie ist auch hinreichend für kleinräumige vermessungstechnische Aufgaben, d. h., wenn die Transformationsparameter projekteinheitlich verwendet werden und mit einem lokalen, maßstabsfreien Vermessungskoordinatensystem gearbeitet wird. Bei großräumigeren Projekten, z. B. der Infrastruktur, muss hingegen häufig in Landeskoordinatensystemen (z. B. der UTM-Abbildung bei ETRS89/UTMxx) gearbeitet werden, bei denen durch die Abbildung der Erdoberfläche in diese nicht längentreuen Koordinatensysteme Abbildungsverzerrungen und Höhenreduktionen entstehen (siehe Kap. 1.4). Abbildungskorrektion und Höhenreduktion nehmen am höchsten Punkt Nordrhein-Westfalens, dem Langenberg (843 m NHN) nahe Winterberg, der auch im Bereich der größten Auswirkung der Abbildungsverzerrungen liegt, Werte von 40 cm/km für die Abbildungsverzerrung und 16 cm/km für die Höhenreduktion an. Selbst in günstiger gelegenen Bereichen, wie z. B. im Bereich einer 500 m langen Schleuse in Trier, sind die Werte mit 2 cm bzw. 1,4 cm, zusammen 3,4 cm auf 500 m von Relevanz. Um diese Informationen übermitteln zu können, wurde der Standard IFC in der Version 4 erweitert: IFC enthält für die Angabe des Bezugssystems die Möglichkeit, mit der Klasse IFCCOORDINATEREFERENCESYSTEM ein geodätisches Datum und mit dem Subtyp IFCPROJECTEDCRS eine konkrete Projektion zu definieren. Diese Klasse enthält Attribute für die Kartenprojektion in der Lage (u. a. Angabe der Codes der *European Petroleum Survey Group Geodesy* (EPSG-Codes) (vgl. z. B. *AdV*

(2012)) und der Zone (z. B. UTM32)), zum Höhenbezug sowie zu den Einheiten (z. B. Meter durch Verweis auf ein Element IfcNamedUnit, hier in Zeile #18) der Koordinatenachsen, z. B. in STEP-Format nur mit Angaben für die Lage, der Höhenbezug ist nicht angegeben ($-Zeichen):

```
#17=IFCPROJECTEDCRS('EPSG:25832,'EPSG:25832 - ETRS89 / UTM Zone
    32N','EPSG:25832',$,UTM,'32', #18);
```

Wenn das Projektkoordinatensystem ein örtliches ist, müssen die Landeskoordinaten ggf. in dieses transformiert werden. Dies muss entweder vor der Datenübergabe erfolgen, sodass die Koordinaten für die BIM-Software bereits im Projektkoordinatensystem vorliegen, oder auf der Grundlage der bei der Übergabe mitgelieferten Informationen zum Koordinatenreferenzsystem in der BIM-Software. Zu Letzterem dienen ggf. in der Software enthaltene Funktionen zur Transformation (z. B. in den AUTODESK-Produkten Autocad Map 3D und Autocad Civil 3D). In Programmierschnittstellen kann ggf. auf Klassen zur Transformation von Einzelobjekten (z. B. zur 3D-Affin-Transformation in der AUTODESK Revit-API) zugegriffen werden.

Neben der Angabe des Koordinatenreferenzsystems (IFCCOORDINATEREFERENCESYSTEM bzw. IFCPROJECTEDCRS) können in IFC mit der IFCMAPCONVERSION auch Transformationen z. B. zwischen örtlichen und geodätischen Landeskoordinatenreferenzsystemen beschrieben werden (*bS Australasia* (2017)).

```
#Zeilennummer=IFCMAPCONVERSION(<SOURCECRS>,<TARGETCRS>,<EASTINGS>,
    <NORTHINGS>,<ORTHOGONALHEIGHT><XAXISABSCISSA>,
    <XAXISORDINATE>,<SCALE>)
```

Hierbei werden neben der Benennung von Quell- und Zielkoordinatensystem die Translationen in Lage (EASTINGS, NORTHINGS) und Höhe (ORTHOGONALHEIGHT) beschrieben. Mit den Attributen (XAXISABSCISSA, XAXISORDINATE) kommt eine Rotation um die Z-Achse sowie mit dem Attribut SCALE ein Maßstab hinzu. Ein Beispiel (ohne Maßstab) zeigt der folgende Codeauszug aus *bS Australasia* (2017) für einen Punkt (E 458870,063, N 5438773,629) im UTM-Streifen 32 des ETRS89:

```
#62=IFCGEOMETRICREPRESENTATIONCONTEXT($,'Model',3,1.00000000000E-5,
    #59,#60);
#66=IFCPROJECT('01Y6P5Ur90TAQnnnI6wtnb',#12,'Beispielhaus',
    'Projekt Beispielhaus',$,$,$,(#62,#374), #49);
#100001=IFCCOORDINATEREFERENCESYSTEM('EPSG:25832','UTM Zone 32N',
    'ETRS89',$);
#100002=IFCMAPCONVERSION(#62,#100001,458870.063,5438773.629,113.7,
    0.270600445976,0.962691746426,$)
```

Insgesamt ist damit eine Helmert-Transformation (siehe Kap. 2.3.4) in der Lage realisiert. IFCMAPCONVERSION kann aber auch lediglich für die Beschreibung von Koordinatenkürzungen (Translationen) verwendet werden, die vorrangig dazu dienen, in Software mit beschränkter Dezimalstellenanzahl sehr große Koordinatenwerte, wie sie z. B. bei einem Landeskoordinatensystem auftreten, zu handhaben.

Aufgrund der Wichtigkeit einer geordneten Darstellung des Raumbezugs im BIM ist zu erwarten, dass die neuen geodätischen IFC-Datentypen IFCCOORDINATEREFERENCESYSTEM bzw. IFCPROJECTEDCRS und IFCMAPCONVERSIONK künftig von BIM- und GIS-Software unterstützt werden und in der Praxis zum Einsatz kommen.

11.3.2 Grundlagenermittlung, Bauplanung und Bauvorbereitung

Vor Beginn der Bautätigkeit ist für Bauplanung und -vorbereitung häufig eine Vielzahl von georeferenzierten Grundlagen aus bestehenden, vielfach CAD- oder GIS-basierten Datenbeständen zusammenzutragen oder durch örtliche Bestandsaufnahme zu erfassen (siehe Kap. 13.1). Zur Grundlagenermittlung, Bauplanung und Bauvorbereitung gehören aber auch Arbeiten und Produkte, die Eingang in öffentliche Verzeichnisse und Genehmigungsanträge finden, wie die Grenzfestlegung von Bebauungsgebieten, Grenzen für den öffentlichen Verkehrsraum aus der Tiefbauplanung (Straßen, Leitungen, Versorgungseinrichtungen), Parzellierung (Festlegung der Grundstücksgrenzen), Bodenordnungsverfahren, Teilungsgenehmigung und Baulasten, (amtlicher) Lageplan und Abstandsflächenberechnung, Nachweis der baulichen Nutzung (GRZ, GFZ, BMZ) (*Möser u. a.* (2012)). Vielfach erfolgen diese Arbeiten bisher in CAD- oder GIS-Software. Dies führt zur Notwendigkeit der Verknüpfung von BIM- und GIS-Anwendungen (vgl. Kap. 11.3.4). Mit der zunehmenden Verbreitung von BIM ist aber damit zu rechnen, dass einige diese Arbeiten künftig im dreidimensionalen Raum des BIM ausgeführt werden. Gerade für die auf der dritten Dimension gründenden Werte wie Abstandsflächen, GFZ, BMZ und in der Folge die Parzellierung kann die dreidimensionale Ausrichtung von BIM wertvoll sein. Erste Untersuchungen zum BIM-basierten Bauantrag unter Nutzung von *XPlanung* finden z. B. in der Stadt Hamburg statt (*Tulke* (2018)). Das Ziel ist die nahtlose Integration von BIM in das behördliche Bauantragsverfahren. Dabei werden moderne Standards aus der Bauleitplanung wie *XPlanung* und der Bauaufsicht *(XBau)* berücksichtigt. XPlanung und XBau sind bundesweit einheitliche Datenformate für ein digitales Bauantragsverfahren. Mit der Einführung von BIM soll die Genehmigungsplanung künftig BIM-basiert in einem eigenen Fachmodell erfolgen. In welcher Form tatsächlich der Nachweis gegenüber der Genehmigungsbehörde zu erfolgen hat – sei es als digitales BIM-Modell oder als konventioneller 2D-Plan – wird von der Genehmigungsbehörde festgelegt. Ziel eines kollaborativen BIM muss es sein, dass die Genehmigungsbehörde auf den ihr frei gegebenen Teil des digitalen BIM-Datenbestands zugreift. Bis dahin wird allerdings die Generierung eines konventionellen 2D-Plans, z. B. der Baupläne oder des Lageplans zum Baugesuch, aus dem BIM erforderlich sein, um ggf. entsprechende Anforderungen der Genehmigungsbehörde zu erfüllen.

Bei in der Örtlichkeit neu zu erfassenden Gegebenheiten kann bei entsprechender Definition des Grundlagennetzes die Georeferenzierung (siehe Kap. 11.3.1) unmittelbar im Projektkoordinatensystem erfolgen, z. B. bei der ergänzenden Erfassung in der Örtlichkeit zur Erstellung des Lageplans zum Baugesuch. Andernfalls sind die Daten in der Regel in das Projektkoordinatensystem zu transformieren. Dies gilt z. B. bei der Einbettung insbesondere großräumiger Planung (z. B. Straße, Eisenbahn) in weiträumigere Umgebungen wie die Landnutzung oder die Geländemorphologie. Die Datenformate richten sich nach der zur Weiterverarbeitung verwendeten Software, die mit der Weiterverbreitung von BIM verstärkt BIM-Software sein wird.

11.3.3 Aufmaß/Bestandserfassung für BIM

BIM wird derzeit vor allem als zentrale Methode für die digitale Planung eines Bauwerks verstanden. Für die Neuplanung werden die Objektinstanzen durch Auswahl aus den Bauteilbibliotheken unter Hinzufügen der spezifischen Sachattribute (ggf. anhand von Enumeratorsätzen), relationalen und geometrischen Information gebildet. Vielfach sind jedoch auch Bestandsbauten Gegenstand der Planung („Planen und Bauen im Bestand“) und müssen daher für die Anwendung von BIM zunächst erfasst werden („As-is-Dokumentation“). Wesentlicher Aspekt jeder Bestandserfassung ist die Kenntnis der zu erfassenden Informationen und der geforderten Detailliertheit. Im BIM wurden für den Planungsprozess die Fertigstellungsgrade (LOD) (siehe Kap. 11.2.5) definiert. Für die As-is-Dokumentation, das Aufmaß und die darauf basierende Modellierung, kommen eher Detaillierungsgrade, wie sie in Kap. 11.2.6 beschrieben werden, zum Tragen. Hinzu kommt die gewünschte Genauigkeit (Kap. 11.2.7 und Kap. 15), die sich aus einem Teil aus dem Messverfahren (Kap. 5 und 9) und einem Teil aus der Modellierung (Kap. 11.2) zusammensetzt. Diese Festlegungen müssen zwischen Auftraggeber und Auftragnehmer vorab in sogenannten *Auftraggeber-Informationsanforderungen (AIA)* festgeschrieben werden (vgl. Kap. 11.4). Der Bestand kann grundsätzlich auch auf der Basis von noch vorhandenen analogen, bildhaften (z. B. PDF), CAD- oder GIS-Plänen in BIM neu modelliert werden (sekundäre Datenerfassung). Die Übereinstimmung dieses Planungsmodells mit der tatsächlichen Situation vor Ort ist jedoch immer kritisch zu hinterfragen und sollte im Zweifel überprüft werden. Häufig ist eine neue oder ergänzende Datenerfassung vor Ort erforderlich. Für die Erfassung der Geometrie und Semantik eignen sich in erster Linie vermessungstechnische Aufmaßverfahren (siehe Kap. 5 und 9 sowie z. B. *Blankenbach* (2015), *Blankenbach* (2016)) wie Einzelpunkt-basierenden Verfahren der Tachymetrie oder die flächenhafte Datenerfassung mittels Laserscanning. Entscheidend bei der Datenerfassung für BIM ist, dass die verwendete Messmethodik

1. zielgerichtet auf den Zweck und das Datenmodell abgestimmt ist,
2. die Messwerte mit hohem Automatisierungsgrad direkt in die Modellgeometrie des BIM überführt werden können und
3. möglichst viel Sachinformation miterfasst wird.

Die Methoden zur flächenhaften Datenerfassung – insbesondere 3D-Laserscanning (Abb. 11.3-1) – bieten den Vorteil einer vollständigen und sehr detaillierten 3D-Datenerfassung in kürzester Zeit und erscheinen daher als eine gut geeignete Erfassungsmethode für BIM. Dies ist z. B. in zeitlich nur begrenzt zugänglichen Bereichen oder bei stark strukturierten Bauwerken von Vorteil. Die Modellierung in die Klassen des Modells erfolgt dann jedoch im Post-Processing und mit – heute in der Regel noch – hohem manuellem Aufwand.

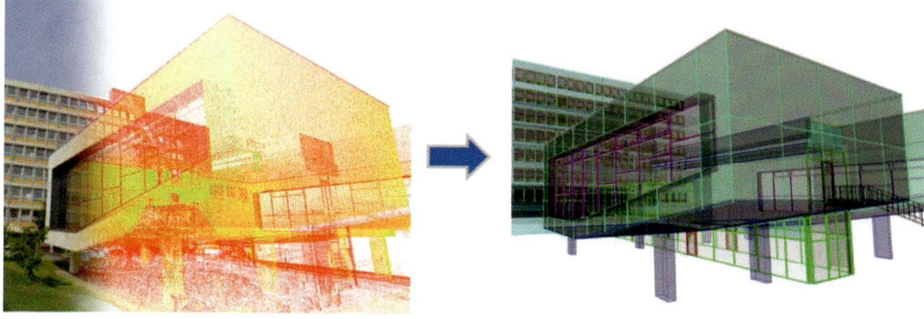

Abbildung 11.3-1: Flächenhafte Datenerfassung und Modellierung

Dabei muss nicht die Messmethodik, die am schnellsten die meisten Rohdaten liefert, die effizienteste Methodik für die BIM-Bestandsdatenerfassung sein. Idealerweise erfolgt die Geometriebildung bereits während des Aufmaßes und mit direkter Zuordnung zu den anhand der Bauteilbibliotheken gebildeten Instanzen bei gleichzeitiger Erfassung der Semantik. Einzelpunkt-basierende Verfahren benötigen durch die Diskretisierung der Objektgeometrie einen deutlichen höheren Zeitaufwand bei der Datenerfassung, haben im Zusammenhang mit BIM jedoch den Vorteil, die Bauteilbildung – bestenfalls ohne Nachbearbeitung – vor Ort vornehmen zu können (z. B. *Blut und Görtz* (2015)).

11.3.4 Interoperabilität von BIM und GIS

Vielfach müssen bei Planung, Errichtung und Betrieb von Bauwerken auch fachspezifische Daten und Informationen von Fachdomänen berücksichtigt werden, die nicht BIM-basiert gehalten werden oder für die andere Datenhaltungsformen, z. B. GIS (Kapitel 10), etabliert und auch weiterhin sinnvoll sind. Insbesondere bei der Planung lang gestreckter Bauwerke der Infrastruktur bedarf es auch Informationen über den Baugrund, den Geländeverlauf und die Topographie oder die bestehende Bebauung. Syntaktisch unterscheiden sich Daten von BIM und GIS jedoch, z. B. im Modellierungsansatz und der damit verbundenen Datenaustauschformate, z. B. IFC (siehe auch Kap. 11.2) und CityGML (siehe Kap. 10.11) *Becker u. a.* (2017). Semantisch müssen die verknüpften Elemente bzw. Objektklassen und deren Attribute einander zugeordnet bzw. ineinander überführt werden. Prozessual sind z. B. bei georeferenzierten Daten unterschiedliche Koordinatensysteme zu berücksichtigen. In diesem Fall müssen die Daten in das jeweils andere Koordinatensystem umgerechnet oder transformiert werden (*Becker u. a.* (2019b)). Zur Sicherstellung der Interoperabilität können grundsätzlich verschiedene Ansätze verfolgt werden (vgl. *Herle u. a.* (2020), *Hijazi und Donaubauer* (2017), s. Abb. 11.3-2):

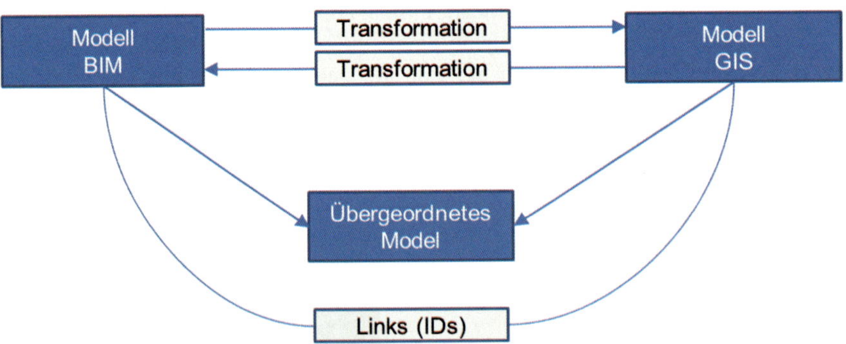

Abbildung 11.3-2: Interoperabilität von BIM und GIS

- Bei der Modelltransformation wird ein fachdomänenspezifisches Modell (z. B. CityGML) durch Umwandlung und Mapping in ein anderes Modell (z. B. IFC) transformiert. Die Modelltransformation wird in der Praxis am häufigsten genutzt, kann jedoch wegen unterschiedlicher Modellierungsgrade bzw. Modellierungstiefen zu Informationsverlust bzw. -lücken führen.

- Übergeordnete Modelle enthalten die Modelle beider Welten, z. B. IFC und CityGML *El-Mekawy u. a.* (2012). Transformationen werden vermieden und sämtliche Informationen bleiben erhalten.
- Bei einer Verlinkung bleiben die originären Datenstrukturen erhalten und werden auf Anwendungsebene fallbezogen im Sinne eines Multimodells/Link-Modells verknüpft.

Übergeordnete Modelle und Link-Modelle wurden bisher jedoch nur vereinzelt in Forschungsarbeiten umgesetzt und werden in der Praxis (noch) nicht verwendet.

Im Beispiel (Abb. 11.3-3) wird ein BIM-Modell (das mehrgeschossige Gebäude im Vordergrund) im IFC-Format durch Schematransformation mit einem ETL (Extract, Transform, Load)-Werkzeug in ein GIS-Modell überführt. Anschließend können die BIM-Daten zusammen mit Geodaten im GIS analysiert werden. Im vorliegenden Fall wurden das transformierte BIM-Modell, ein 3D-Stadtmodell im CityGML-Format sowie ein Digitales Geländemodell mit aufprojizierten Orthophotos im GIS-3D-Viewer Esri ArcScene geöffnet. Auf dieser Grundlage können GIS-Analysen, z. B. Sichtbarkeitsanalysen mithilfe von BIM-Modellen für die Stadtplanung, durchgeführt werden.

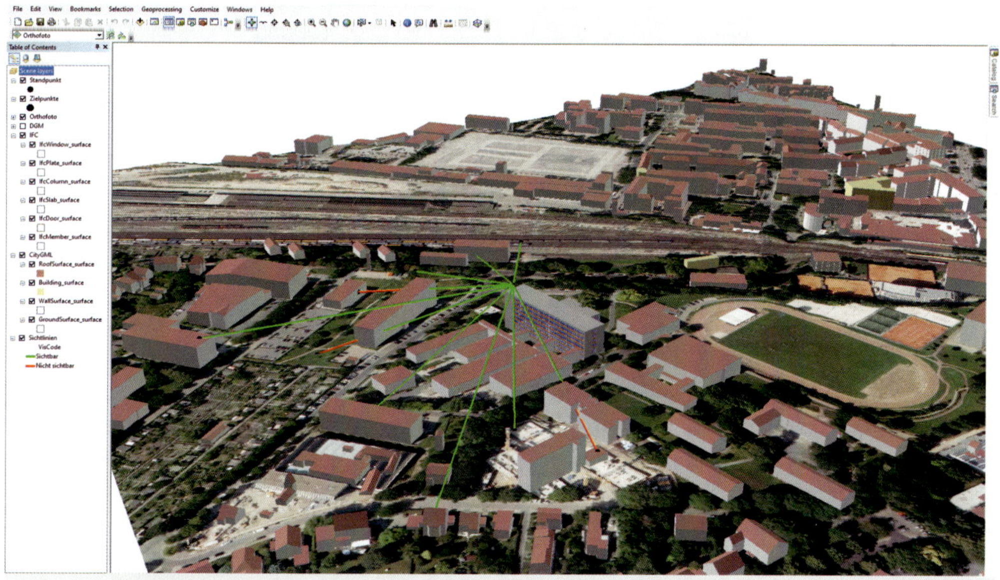

Abbildung 11.3-3: BIM- und Geodaten im GIS-Viewer Esri ArcScene, hier: Visualisierung einer Sichtbarkeitsanalyse

11.3.5 Absteckung/Ausführungsvermessung

Wie bei der Absteckung auf der Basis von CAD- oder GIS-Umgebungen ist auch bei der BIM-basierten Bauausführung der automatisierte Datenfluss aus dem BIM-Modell bis zur tatsachlichen Absteckung mit dem Vermessungsinstrument (z. B. des Tachymeter) anzustreben *(modellbasierte Absteckung), BIM-to-Field* (Abb. 11.3-4).

Abbildung 11.3-4: BIM-360-Layout mit stationiertem LN-100 (*Gierlich u. a.* (2019))

Die Absteckelemente oder die abzusteckenden Punkte mit ihren Koordinaten werden dazu direkt in der BIM-Software generiert und auf das Vermessungsinstrument übertragen. Im anderen Fall werden die Absteckelemente in der Software des Vermessungsinstruments auf der Basis des in die Instrumentensoftware portierten (Auszugs des) BIM-Modells erzeugt. Detaillierte BIM-Modelle bieten die Möglichkeit, über äußere Schnurgerüste und ggf. die Bauachsen und einzelne Höhen hinausgehend die einzelnen Bauelemente selbst am Bau abzustecken (was bei komplexen Bauprojekten auch bisher üblich war). Für die Absteckung relevant ist der geometrische Anteil der BIM-Objekte. Gleichwohl können Semantik und Sachattribute zur Selektion der abzusteckenden Objekte herangezogen werden. In ihnen können auch einzuhaltende Toleranzen abgelegt sein.

Für die Absteckung von entscheidender Bedeutung sind wieder die Bezugssysteme, sowohl im Modell als auch für den Bezug in der Örtlichkeit (siehe auch Kap. 11.3.1). Bei großen, aber örtlich begrenzten Bauprojekten üblich ist ein speziell für das Vorhaben angelegtes verzerrungsfreies, lokales Bauwerkskoordinatensystems. Es besteht in der Regel in einer Festlegung für die Lage und separat einer Festlegung für die Höhe. Die X-Achse wird dabei zur Vereinfachung meist parallel zur Hauptachse des Bauwerks eingerichtet. Die Festlegung erfolgt häufig so, dass keine negativen Koordinatenwerte entstehen. Das Baukoordinatensystem wird vor Baubeginn in der Örtlichkeit durch ein Festpunktfeld getrennt nach Lage und Höhe realisiert (siehe auch Kap. 13.2). Dann kann mit BIM im Maßstab 1:1 geplant werden. Die Absteckung kann dann direkt im Bauwerkskoordinatensystem ohne Abbildungskorrektionen (aber ggf. unter Berücksichtigung vermessungstechnischer Korrekturen wie der Erdkrümmung) erfolgen. Erfolgte die Planung im BIM (z. B. bei langgestreckten oder großräumigen

Anlagen) in einem überörtlichen Koordinatenreferenzsystem (z. B. ETRS89/UTMxx) bzw. wenn Absteckungsmaße in ein überörtliches Koordinatensystem (z. B. das Landeskoordinatensystem) übertragen werden müssen, dann müssen die Verfahren zur Berücksichtigung von Abbildungskorrektion und Höhenreduktion (siehe Kap. 1.4.4.2 und 1.4.5) zur Anwendung kommen.

11.3.6 Kontrollvermessungen, Betrieb und Unterhaltung

Kontrollvermessungen dienen bei der Errichtung eines Bauwerks oder einzelner Teile dem Nachweis, ob der Bau gemäß der Planung erfolgt ist bzw. ob Planvorgaben eingehalten wurden, um ggf. (zeitnah) nachbessern zu können. Die vermessungstechnische Erfassung von Abweichungen dient zudem der Beweissicherung bzw. der Dokumentation von Mängeln *(Field-to-BIM)*. Mit den Ergebnissen der Vermessung zur Bauüberwachung bis hin zum verformungsgerechten Aufmaß lässt sich die Bauausführung korrigieren oder aber das BIM-Modell an die tatsächliche Bauausführung anpassen bzw. im besten Fall im BIM die Zustandsaussage „Planung" in „Ist-Zustand" ändern. Man erhält das As-built-Modell, das dann die aktuelle Basis für den BIM-basierten „Betrieb" des Bauwerks bildet. Auch bei den Kontrollvermessungen kommen zweckbezogen die bekannten Verfahren zum vermessungstechnischen Aufmaß zum Einsatz (siehe Kap. 11.3.3). Hinzu kommen hier Vergleichsmöglichkeiten zwischen Modell und Realität wie die in Abbildung 11.3-5 dargestellte Visualisierung einer Punktwolke gegenüber einem BIM-Modell der Planung.

Abbildung 11.3-5: Vergleich einer TLS-Punktwolke mit einem As-planned-Modell am Beispiel des Schleusenbauwerks „Neue Schleuse Trier"

BIM ist eine digitale Arbeitsmethodik über den gesamten Lebenszyklus hinweg, d. h. auch bei Umbauten und Ertüchtigungen, bei Wartungen und im Facility Management. Für den optimalen Nutzen bedarf das BIM-Modell daher immerwährender Aktualität, die nur durch ständige Fortführung gewährleistet werden kann, wie sie für das Liegenschaftskataster wohlbekannt ist und durchgeführt wird.

11.4 BIM – Prozesse der kollaborativen Zusammenarbeit

Zentraler Bestandteil des Arbeitens mit BIM sind die Kooperation und der transparente Datenaustausch zwischen den Beteiligten. Damit verbunden sind

Prozesse organisatorischer wie auch informationstechnischer Art (Abb. 11.4-1), die inzwischen durch die internationale Norm ISO 19650 standardisiert sind und derzeit auf der Grundlage internationaler Normungsabkommen in die europäische und deutsche Normung überführt werden. Die Norm beschreibt Konzepte und Grundsätze für das erfolgreiche Management von Information mit einem Reifegrad, der als „*BIM nach ISO 19650*" bezeichnet werden kann.

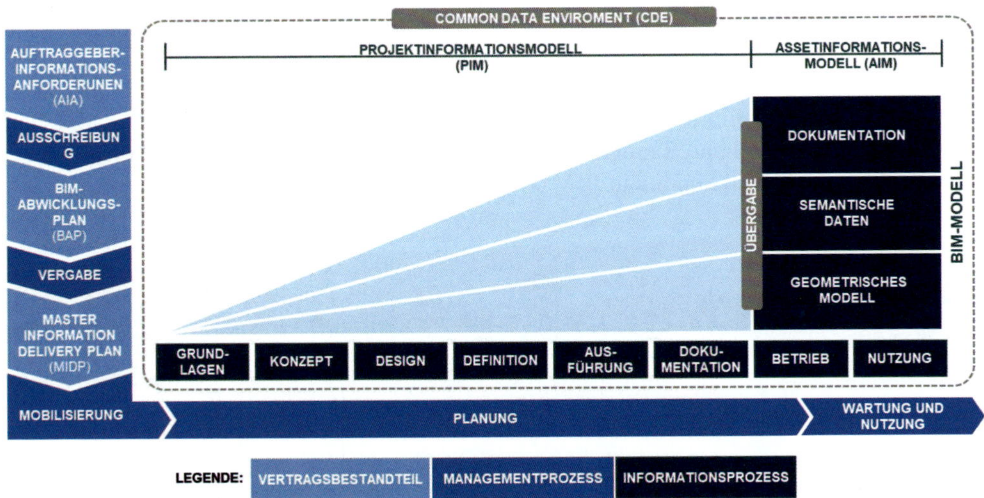

Abbildung 11.4-1: BIM – Prozesse der kollaborativen Zusammenarbeit, in Anlehnung an *BSI* (2013)

11.4.1 Organisatorische Kollaboration

Auf organisatorischer Ebene stehen am Beginn des BIM-Prozesses die sogenannten *Auftraggeber-Informationsanforderungen (AIA)* (engl. Employer's Information Requirements, EIR), in denen der Auftraggeber gegenüber den potenziellen Auftragnehmer, z. B. in der Ausschreibung seine Anforderungen (Detailliertheit, Meilensteine, Datenformate, verwendete Koordinatensysteme und Projektreferenzpunkt, notwendige Vorabvermessungen etc.), definiert. Im Zuge der Auftragsvergabe wird der *BIM-Abwicklungsplan (BAP)* (engl. BIM Execution Plan, BEP) zwischen Auftraggeber und Auftragnehmer erarbeitet und festgelegt. Er beschreibt den Prozess zur Herstellung der geforderten Daten unter Festlegung aller dafür notwendigen Rollen, Funktionen, Abläufe, Schnittstellen, Interaktionen sowie der genutzten Technologien.

Am Ende des Vergabeprozesses steht das BIM-Pflichtenheft (engl. Master Information Delivery Plan, MIDP), das die zu liefernden Informationen zusammenfasst. buildingSmart hat mit dem *Information Delivery Manual (IDM)* ein Rahmenwerk entwickelt, wie Prozesse und Datenübergabepunkte einheitlich beschrieben werden können.

11.4.2 Informationstechnische Kollaboration

Die informationstechnische Kollaboration basiert auf einer zentralen, gemeinsamen *Projektplattform*, einem Datenraum (engl. Common Data Environment, CDE), in den alle Beteiligten ihre Fachmodelle und Daten zur modellbasierten Koordination überführen. Mit der Zusammenführung der verschiedenen Teilmodelle in einem Gesamt- oder Koordinationsmodell in der CDE werden unabhängige geometrische und fachliche Prüfungen zur Qualitätssicherung (z. B. Kollisionsprüfungen) technisch möglich. Die Freigabe und Versionierung der Modelle sowie Modellbesprechungen können ebenfalls über die CDE erfolgen (Abb. 11.4-2).

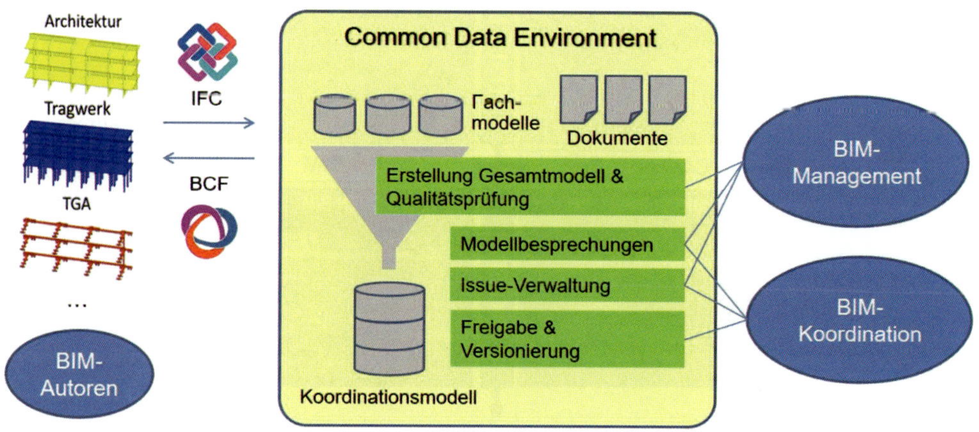

Abbildung 11.4-2: Funktionsweise einer Projektplattform

Die in der CDE enthalten Informationen sollten von allen Beteiligten verstanden und verknüpft werden können, d. h., es bedarf der Abstimmung bezüglich

- der Formate der gespeicherten Informationen,
- der Austauschformate,
- der Struktur des Informationsmodells,
- der Struktur und Klassifizierung der Daten und
- der Attributnamen für Metadaten.

11.5 Stand der Einführung und Verbreitung von BIM

Die Einführung von BIM stellt einen Paradigmenwechsel in der Bauindustrie dar. Sie ist ein Prozess stufenweise zunehmender Digitalisierung bei Daten, Datenspeicherung, Datenaustausch und (kollaborativer) Prozesse. Die Arbeitsweise ändert sich von der Verwendung analoger Pläne über dateibasierten Datenaustausch bis hin zur Nutzung von Datenclouds. Ebenfalls mit der Einführung von BIM verbunden ist der sich steigernde Grad und die Art des kollaborativen Arbeitens zwischen den Beteiligten, was sich in der Unterscheidung zwischen closed/open bzw. little/big BIM und deren Permutationen widerspiegelt (Abb. 11.5-1). Der Begriff „closed" steht hierbei für die Verwendung nur einer einzigen Software gegenüber „open" für den Einsatz von Software verschiedener Hersteller und der Verwendung offener Formate für den Datenaustauch. „little" bezeichnet die Anwendung von BIM lediglich für einzelne Gewerke gegenüber dem Einsatz von BIM von mehreren bzw. idealerweise allen Fachdisziplinen („big").

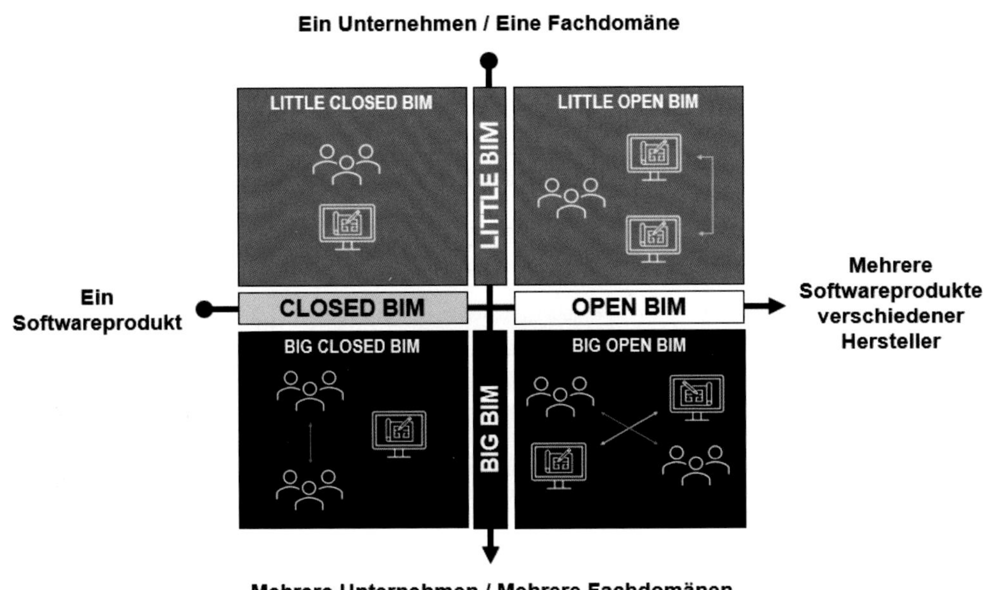

Abbildung 11.5-1: Darstellung von „little closed" und „big open" BIM

11.5.1 International

Der Prozess zur Einführung von BIM wird in vielen Ländern weltweit betrieben und ist unterschiedlich weit entwickelt. Weit fortgeschritten sind insbesondere Singapur, Skandinavien, Großbritannien, die USA und Australien (*McAuley u. a.* (2017), *NBS* (2016), *McGraw Hill* (2014)). In diesem Zuge sind Richtlinien, mitunter bereits in einer zweiten oder dritten Version, entstanden, die bei Bauvorhaben – ggf. in Abhängigkeit von Bauvolumen oder Auftraggeber – die Verwendung von BIM verpflichtend vorschreiben (*May* (2015), *Tulke* (2017)). Beispielhaft sei hier die Reihe BS 1192 britischer Richtlinien genannt, die inzwischen nahezu die komplette Zielsetzung von BIM von der Planungs- und Bauphase (PAS 1192-2:2013) über das Asset Management (PAS 1192-3:204) bis zu sicherheitsrelevanten Informationen (PAS 1192-5:2018) und zur Schadensinformation (PAS 1192-6:2018) abdeckt. Auch andere Staaten befinden sich derzeit in der Einführung der Methode BIM.

11.5.2 In Deutschland

In Deutschland wurde im Jahr 2013 im Rahmen des Forschungsprogramms ZukunftBAU des Bundesministeriums für Verkehr, Bau und Stadtentwicklung ein BIM-Leitfaden für Deutschland erstellt (*Egger u. a.* (2013)). Inzwischen wird die Verwendung von BIM zur Projektabwicklung im gesamten Projektverlauf für Großprojekte im Infrastrukturbau ausdrücklich empfohlen (*BMVI* (2015a)). Im Hochbau gilt bislang die Vorgabe, bei Projekten ab fünf Mio. Euro Baukostenvolumen die Eignung von BIM als Planungsmethode zu prüfen (*BMUB* (2017)). Zur Etablierung der Nutzung digitaler Methoden in Form von BIM wurde ein Stufenplan (*BMVI* (2015b)) zur etappenweisen Einführung von BIM in Deutschland im Wirkungsbereich des BMVI, d. h. für Infrastrukturprojekte, erarbeitet. Der Stufenplan ist dreistufig, bestehend aus einer Vorbereitungsphase (2015-2017), einer erweiterten Pilotphase (2017-2018) und schließlich der Einführung des BIM-Leistungsniveau 1 für neu zu planende Projekte ab 2020. In 2017 wurde seitens des BMVI der Masterplan Bauen 4.0 (*BMVI* (2017)) beschlossen, um die Einführung von BIM weiter voranzutreiben.

Der Verein Deutscher Ingenieure (VDI) hat sich im Rahmen eines Koordinierungskreises BIM (KK-BIM) zur Aufgabe gesetzt, den normativen Rahmen für das BIM in einer VDI-Richtlinie (Nummer 2552) zu schaffen (*VDI* (2019)).

Normen zu BIM werden für Deutschland durch das Deutsche Institut für Normung (DIN) in Liaison mit dem VDI und der deutschsprachigen Sektion der buildingSMART aufgestellt. Dabei sind die Regelungen auf europäischer Ebene (Technisches Komitee für BIM (TC 442) des CEN) und weltweit (ISO in den Organisationseinheiten TC59 „Buildings and civil engineering works“ und SC13 „Organization of information about construction works“) zum Thema zu beachten, da sie in die nationalen Normungen der Mitgliedsstaaten der Vereinigungen übernommen werden müssen.

12 Liegenschaftswesen[1]

12.1 Einführung

Angesichts der aktuellen Diskussionen um die bodenpolitischen Herausforderungen und die bedarfsgerechte Wohnraumversorgung ist der Begriff „Liegenschaftswesen“ stark in den Vordergrund gerückt. Das Liegenschaftswesen umfasst die Gesamtheit der Einrichtungen und Maßnahmen, die der Verwaltung, Bewirtschaftung, Gestaltung und Ordnung von Grund und Boden dienen (Fachwörterbuch). Es ist demzufolge ein querschnittsorientiertes Aufgabenfeld, das unter anderem die Themenbereiche Vermessung, Liegenschaftskataster und dessen Verbindung zum Grundbuch, Bodenordnung, Geodateninfrastrukturen und Geodatenmanagement sowie die Immobilienbewertung beinhaltet. Das Liegenschaftswesen steht in engem Zusammenhang mit dem Land- und Immobilienmanagement, das die handlungsorientierte Komponente der Raumentwicklung und Bodenpolitik darstellt und alle Planungs- und Entwicklungsprozesse sowie Bewertungs- und Ordnungsmaßnahmen für die Nutzung von Grundstücksflächen und baulichen Anlagen umfasst (*Kötter u. a.* (2015)). Nachfolgend werden ausgewählte Aspekte des Liegenschaftswesens erläutert, interdisziplinäre Gesamtzusammenhänge aufgezeigt und der Stand der Automatisierung kurz beschrieben.

12.2 Eigentumssicherung durch öffentliche Register

Ein erfolgreiches Land- und Immobilienmanagement erfordert flächendeckend und eindeutig bestimmte Eigentums- und Besitzverhältnisse an Immobilien, die auch bei räumlichen Entwicklungen unabdingbar sind (*Kötter u. a.* (2015)). In der Bundesrepublik Deutschland wird das Eigentum verfassungsrechtlich garantiert (Artikel 14 GG). Das öffentliche Eigentumsregister wird in geteilter Form geführt: Der Nachweis der örtlichen Lage des Grundstücks durch das Liegenschaftskataster, die Rechte und eigentumsmäßige Zuordnung von Grundstücken im Grundbuch, wobei die Nachweise permanent in Übereinstimmung gehalten werden müssen (Abb. 12.2-1).

Dieses staatliche Grundstückssicherungssystem bildet einerseits die Grundlage für ein erfolgreiches Land- und Immobilienmanagement und stellt andererseits die maßgebliche Grundlage zur raumbezogenen Speicherung und Analyse räumlicher Planungsprozesse dar. Immobilien als wertbeständige Sicherungsobjekte haben zudem erhebliche volkswirtschaftliche Bedeutung für die Vergabe von Krediten.

12.2.1 Grundbuch

Die Eigentumsverhältnisse, dinglichen Rechte und Belastungen der einzelnen Grundstücke gehen aus den Grundbüchern hervor, die bei den Grundbuchämtern in Form von digitalen Registern geführt werden. Das Grundbuch stellt ein öffentlich geführtes Register dar, in das

[1] Dieses Kapitel wurde in der 9. Auflage durch Herrn Dr.-Ing. Stefan Ostrau grundlegend überarbeitet.

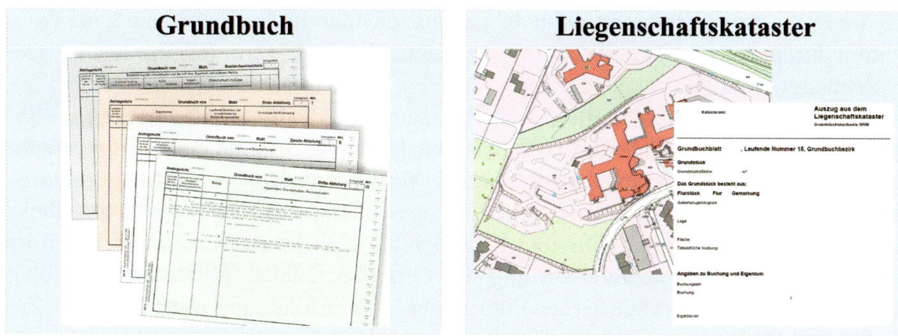

Abbildung 12.2-1: Öffentliche Register (Grundbuch, Liegenschaftskataster)

alle Beurkundungen und Tatsachen aufgenommen werden, die die dinglichen Rechtsverhältnisse an Grundstücken betreffen. Es bildet damit die Grundlage des Grundeigentums und des Rechtsverkehrs. Hauptfunktionen des Grundbuches sind:

- Rechtsbegründungs- bzw. Rechtsänderungsfunktion (§§ 873 bis 877 BGB),
- Vermutungsfunktion (§§ 891 BGB),
- Gutglaubensfunktion (§§ 892, 893 BGB).

Sieben grundlegende Prinzipien bestimmen das Grundbuchsystem:

- Buchungsprinzip,
- Eintragungs- und Publizitätsprinzip,
- Grundsatz der Voreintragung des betroffenen Rechts und seines Inhabers,
- Antragsprinzip,
- Bewilligungsprinzip,
- Legalitätsprinzip,
- Prioritätsprinzip.

Für jedes einzelne Grundstück wird ein Grundbuchblatt geführt, das mit einer laufenden Nummer versehen ist (§ 3 GBO, sog. Realfolium). Für mehrere Grundstücke desselben Eigentümers kann ein gemeinschaftliches Grundbuchblatt geführt werden. Jede Person, die ein rechtliches (berechtigtes) Interesse hat, kann das Grundbuch einsehen (§ 12 GBO). Dieses kann anhand einer Vollmacht beim zuständigen Amtsgericht dargelegt werden. Das Grundbuch genießt öffentlichen Glauben (§ 892 BGB) und die darin dokumentierten Tatbestände gelten Dritten gegenüber als richtig. Die öffentlichen Zwecken dienenden Grundstücke sind von der Buchungspflicht befreit. Jedes Grundbuchblatt besteht aus der Aufschrift, dem Bestandsverzeichnis und den Abteilungen I bis III. In der Aufschrift, dem sogenannten Grundbuchdeckblatt, sind Grundbuchblattnummer, Grundbuchbezirk und das zuständige Amtsgericht vermerkt. Sofern es sich um einen besonderen Eintrag handelt (z. B. Erbbaurechte), wird diese durch die Ergänzung „Erbbaugrundbuch“ gekennzeichnet. In Analogie dazu wird Wohnungseigentum durch den Vermerk „Wohnungsgrundbuch“, „Teileigentumsgrundbuch“ oder „Wohnungserbbaugrundbuch“ gekennzeichnet.

Das Bestandsverzeichnis enthält nähere Angaben zum Grundstück wie Gemarkung, Flur- und Flurstücksnummer, die Flächengröße sowie die laufende Nummer des Grundstücks. Diese sog. Liegenschaftskatasterangaben bilden die Verbindungsdaten zum Liegenschaftskataster. Dabei handelt es sich um ein amtliches Verzeichnis, das sämtliche Grundstücke nach Nummern aufführt. Die sog. „Flurstücke“ stellen die kleinste Numerierungseinheit im Liegenschaftskataster dar. Die erste Abteilung des Grundbuchblatts enthält Angaben über den/die Eigentümer und die Gründe seiner Eintragung (z. B. Auflassung, Erbfolge oder Zuschlagsbeschluss im Versteigerungsfall). Der Begriff Auflassung beschreibt dabei die Einigung zwischen Verkäufer und Käufer über den Übergang des Eigentums. Aufgrund der Eintragung der Auflassung kann nachvollzogen werden, wann ein Eigentumswechsel stattgefunden hat. Die zweite Abteilung des Grundbuches beinhaltet die Lasten und Beschränkungen ohne die Grundpfandrechte. Lasten können in Form von Nießbrauch, Vorkaufsrechten, Auflassungsvormerkungen, Erbbaurechten, Reallasten sowie Dauerwohn- und Dauernutzungsrechten und Grunddienstbarkeiten im Grundbuch eingetragen werden. Mögliche Beschränkungen sind Sanierungs- und Zwangsverwaltungs-, Testament-, Vollstreckungs-, Nacherben-, Insolvenz-, Sanierungs- und Umlegungsvermerke sowie Verwaltungs- und Benutzungsregelungen bei Miteigentum. Die dritte Abteilung des Grundbuches beinhaltet die Grundpfandrechte in Form von Hypotheken, Grundschulden und Rentenschulden.

12.2.2 Liegenschaftskataster

Das Liegenschaftskataster hat in erster Linie registrierende Aufgaben und bildet mit den digitalen Karten und Verzeichnissen die rechtliche Grundlage für den Nachweis der Grundstücke im Sinne der Grundbuchordnung. Inhalt und Zweckbestimmung des Liegenschaftskatasters gehen aus den Vermessungs- und Katastergesetzen der Länder hervor (z. B. Vermessungs- und Katastergesetz – VermKatG NRW). Das Liegenschaftskataster als öffentliches Register wird von den Vermessungs- und Katasterverwaltungen der Länder geführt. Es bildet das amtliche Verzeichnis der Liegenschaften und weist Grundstücke sowie Gebäude und diverse weitere Sachverhalte nach. Zudem werden auch die Eigentumsangaben des Grundbuches nachrichtlich im Liegenschaftskataster geführt. Das Liegenschaftskataster besteht aus (digitalen) Kartendaten, Vermessungszahlen und weiteren Angaben über Lage, Größe und Nutzung der Flurstücke. Zu dessen Einsicht ist ebenfalls das berechtigte Interesse erforderlich. Das Liegenschaftskataster ist nach Gemeindebezirken bzw. Gemarkungen geordnet, die Gemarkungen sind wiederum in Fluren unterteilt. Die Fluren setzen sich aus mehreren Flurstücken zusammen. Flurstücke sind „Teile der Erdoberfläche, die von einer geschlossenen Linie begrenzt werden und unter einer besonderen Nummer“ (Flurstücksnummer) geführt werden. Für jedes Flurstück werden digitale Bestandsangaben (Gemarkungsname, Flurbezeichnung, Flurstücksnummer) und Eigenschaften (Lagebezeichnung, Nutzungsart, Fläche) geführt. Bei Grundstücksteilungen erhält das abgetrennte Grundstück eine neue Flurstücksnummer. Das Liegenschaftskataster beinhaltet drei grundlegende Zweckbestimmungen (AdV 2019):

- Es bildet das amtliche Verzeichnis der Grundstücke im Sinne der Grundbuchordnung und weist u. a. die Ergebnisse der amtlichen Bodenschätzung nach (klassische Hauptfunktion).

- Es liefert die (Geo)basisdaten für den Aufbau der Geodateninfrastruktur (GDI). Erreicht werden soll eine länder- und ressortübergreifende Vernetzung von Geodaten in Deutschland, um Geoinformationen verstärkt in politische, wirtschaftliche und gesellschaftliche Entscheidungsprozesse einzubeziehen.

- Es soll den Anforderungen des Rechtsverkehrs, der Verwaltung und der Wirtschaft gerecht werden und übt insoweit Basisfunktion für andere Bereiche aus. Berücksichtigt werden sollen insbesondere bei der Ermittlung von Grundstückswerten die Bedürfnisse der Landesplanung, der Bauleitplanung, der Bodenordnung sowie des Umwelt- und Naturschutzes.

12.3 Bauleitplanung, Bodenordnung und Flurbereinigung

12.3.1 Bauleitplanung

Die Bauleitplanung stellt das wichtigste Planungsinstrument zur Steuerung der baulichen und sonstigen Nutzung des Grund und Bodens auf Ortsebene und somit der städtebaulichen Entwicklung dar. Sie ist im Baugesetzbuch (BauGB) und in den einschlägigen bundesrechtlichen Verordnungen (u. a. Baunutzungsverordnung – BauNVO) geregelt. Die Bauleitplanung ist 2-stufig aufgebaut und besteht aus dem vorbereitenden Bauleitplan (Flächennutzungsplan) sowie dem verbindlichen Bauleitplan (Bebauungsplan) (§§ 5 – 10 BauGB) (Abb. 12.3-1).

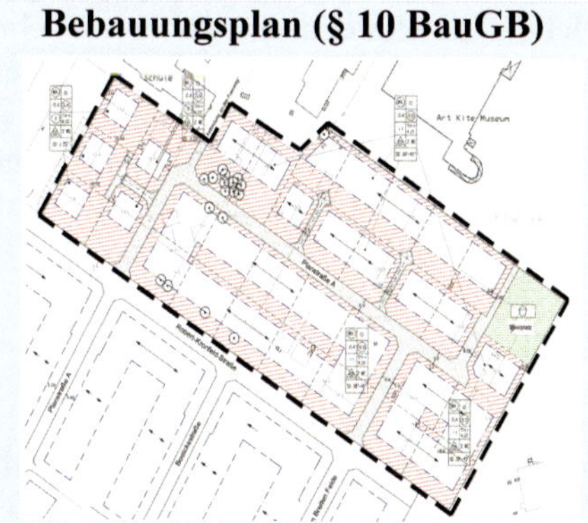

Abbildung 12.3-1: Bauleitpläne

Vom Rechtscharakter her beinhaltet der Flächennutzungsplan nur behördenverbindliche Darstellungen über die Bodennutzung, während Bebauungspläne die Bebauung und die sonstige Nutzung des Gemeindegebietes planungsrechtlich verbindlich festlegen. Die Aufstellung der Bauleitpläne ist Aufgabe der Gemeinden, die im Rahmen der Satzungshoheit ihre städtebauliche Entwicklung eigenverantwortlich steuern. Sie unterliegen dabei der Rechtsaufsicht der höheren Verwaltungsbehörden sowie der Normenkontrolle (kommunale Planungshoheit, Art. 28 GG). Bauleitpläne werden jeweils in einem förmlichen Verfahren aufgestellt, geändert, ergänzt oder aufgehoben. Bei ihrer Aufstellung müssen die Gemeinden die Ziele der Raumordnung beachten (§ 1 Abs. 4 BauGB, Anpassungspflicht). Die Bebauungspläne beinhalten bauplanungsrechtliche Tatbestände, auf deren Grundlage u. a. die Bauaufsichtsbehörden für Bauvorhaben Baugenehmigungen erteilen.

12.3.2 Bodenordnung und Flurbereinigung

Raumwirksame Planungen, z. B. in Form von Bebauungsplänen, Straßenplanungen sowie planfeststellungsbezogenen Fachplanungen, decken sich oftmals nicht mit der bestehenden Grundstücksstruktur und demzufolge nicht den Zielen der jeweiligen Planung. In den Fällen ist eine Neuordnung der Grundstücks- und Eigentumsstruktur erforderlich. Die hoheitliche Umgestaltung von Grund und Boden und deren Eigentums- und Besitzverhältnisse wird als Bodenordnung bezeichnet. Unterschieden wird zwischen Bodenordnung im ländlichen und Bodenordnung im städtischen Raum. Die Bodenordnung im ländlichen Bereich wird als Flurbereinigung bzw. Flurneuordnung bezeichnet; gesetzliche Grundlage bilden das Flurbereinigungs- bzw. das Landwirtschaftsanpassungsgesetz. Die Bodenordnung im städtischen Raum wird als Umlegung bezeichnet; gesetzliche Grundlage bildet das Baugesetzbuch. Die Aufgabe der Bodenordnung im städtischen Raum ist es, entsprechend den gesetzlichen Zielsetzungen nach Lage, Form und Größe zweckmäßig gestaltete Grundstücke zu schaffen. Umlegungen und vereinfachte Umlegungen werden in der Regel von gemeindlichen, weisungsfreien Umlegungsausschüssen durchgeführt. Die Geschäftsstellen der Umlegungsausschüsse sind i. d. R. bei den Vermessungs- und Katasterämtern bzw. kommunalen Vermessungsstellen angesiedelt. Eine Umlegung wird durch einen Umlegungsbeschluss der Umlegungsstelle (Gemeinde bzw. ein durch die Gemeinde gebildeter Umlegungsausschuss) eingeleitet. Die Umlegungsstelle erstellt einen Umlegungsplan auf Grundlage eines Bebauungsplanes. Eine Umlegung ist zudem innerhalb der im Zusammenhang bebauten Ortsteile (§ 34 BauGB) möglich. Flurbereinigungs- und Flurneuordnungsverfahren dienen u. a. dazu, konkurrierende Nutzungsansprüche an Grund und Boden zu entflechten, eine markt- und umweltgerechte bäuerliche Landwirtschaft zu sichern und eine vielfältige, ökologisch leistungsfähige Kulturlandschaft zu bewahren oder zu entwickeln. Gleichzeitig werden infrastrukturelle Vorhaben der Gemeinden oder Regionen unterstützt (`https://www.landentwicklung.de/`).

12.4 Automatisierung und Datenaustausch

Gestiegene Nutzeranforderungen an bundesweite Einheitlichkeit und Zugänglichkeit der Daten sowie die rasant fortschreitende Digitalisierung erfordern eine digitale Führung und Vernetzung der Liegenschaftsnachweise. Nachfolgend wird kurz auf den Stand der digitalisierten Nachweisführung eingegangen.

12.4.1 Grundbuch

Bereits 2008 ist auf Grundlage einer Vereinbarung die Entwicklung eines bundeseinheitlichen Datenbankgrundbuches beschlossen worden. Zielsetzung ist ein vollstrukturierter Grundbuchdatenbestand, der zukünftig als Grundbuch im Rechtssinne dient. Umgesetzt werden sollen zudem funktionale Optimierungen sowie der digitale, prozessorientierte Datenaustausch der Grundbuchämter mit den Kataster- und Bodenordnungsbehörden (*Constantin* (2012)).

Der Zugriff auf das Grundbuch erfolgt heutzutage über das Internet. Erforderlich ist allerdings die rechtliche Zulassung und Teilnahme am automatisierten Grundbuchabrufverfahren.

12.4.2 Liegenschaftskataster

2008 hat die Arbeitsgemeinschaft der Vermessungsverwaltungen der Länder der Bundesrepublik Deutschland (AdV) ein einheitliches technisches Regelwerk (Dokumentation zur Modellierung der Geoinformationen des amtlichen Vermessungswesens – GeoInfoDok) zur Umsetzung des Amtlichen Liegenschaftskatasterinformationssystems (ALKIS®) erarbeitet. Zielsetzung von ALKIS® war es, raumbezogene (Karten-) und nicht raumbezogene (Buch-) Daten systematisch zu verbinden, in einem System redundanzfrei zu führen sowie die Einheitlichkeit des Liegenschaftskatasters in Deutschland auf der Basis internationaler Standards und Normen (ISO, OGC) zu erreichen. Umgesetzt werden sollten zudem durchgängige Prozesse von der Erfassung über die Datenführung bis zur Bereitstellung. ALKIS® wurde im Zeitraum 2008 – 2015 schrittweise in der Bundesrepublik Deutschland eingeführt und endete mit der Einführung in Berlin und Bayern Ende 2015 (Abb. 12.4-1).

Deutschlandweit wurden unter anderem rund 64,4 Millionen Flurstücke, 21,5 Millionen Gebäude mit georeferenzierter Adresse (Hauskoordinaten) sowie Millionen von Eigentümerdaten und Angaben über die tatsächliche Nutzung auf die neue Technologie umgestellt. Den Nutzern steht mit der Einführung von ALKIS® ein bundesweit einheitlicher Grunddatenbestand zur Verfügung, der länderübergreifend als Mindestinhalt festgelegt worden ist. Neben deutschlandweiter Einheitlichkeit schafft ALKIS® erhebliche Synergieeffekte in den Verwaltungsprozessen und bildet die wesentliche Grundlage für den dienstebasierten Ausbau der Geodateninfrastruktur (GDI-DE). Diese ermöglicht die technische Vernetzung einer Vielzahl von Geoinformationen und deren Bereitstellung über Internet.

12.4.3 Landentwicklungsfachinformationssystem LEFIS

Im Jahr 2000 wurde eine Expertengruppe der Arbeitsgemeinschaft „Nachhaltige Landentwicklung – ARGE Landentwicklung –“ beauftragt, ein neues, auf internationalen Normen und Standards basierendes, objektorientiertes Fachdateninformationssystem Landentwicklung zu entwickeln. Technische und konzeptionelle Grundlage dafür bildete das 3A-Datenmodell der AdV. Zielsetzung des sog. Landentwicklungsfachinformationssystems LEFIS ist die redundanzfreie Ablage von Grafik- und Sachdaten in einer gemeinsamen Datenbank. Sieben Bundesländer (BB, HE, MV, NI, NW, RP und ST) haben sich zu einer Implementierungsgemeinschaft zusammengeschlossen und die Realisierung von LEFIS im Rahmen einer europaweiten Ausschreibung beauftragt. Inzwischen wird LEFIS in den Mitgliedsländern mit unterschiedlichen Einführungskonzepten implementiert. LEFIS unterstützt alle Verfahrensschritte zur Bearbeitung von Bodenordnungsverfahren. Neben umfangreichen Konsistenzprüfungen und prozessorientierten Arbeitsabläufen ist die durchgehend automatisierte Berichtigung der öffentlichen Bücher (Liegenschaftskataster und Grundbuch) vorgesehen. Zielsetzung ist es, in der Endstufe ein umfassendes Landentwicklungs-, Bearbeitungs- und Informationssystem unter Berücksichtigung von GDI-Strukturen und des E-Governments einzuführen (`https://www.landentwicklung.de/`).

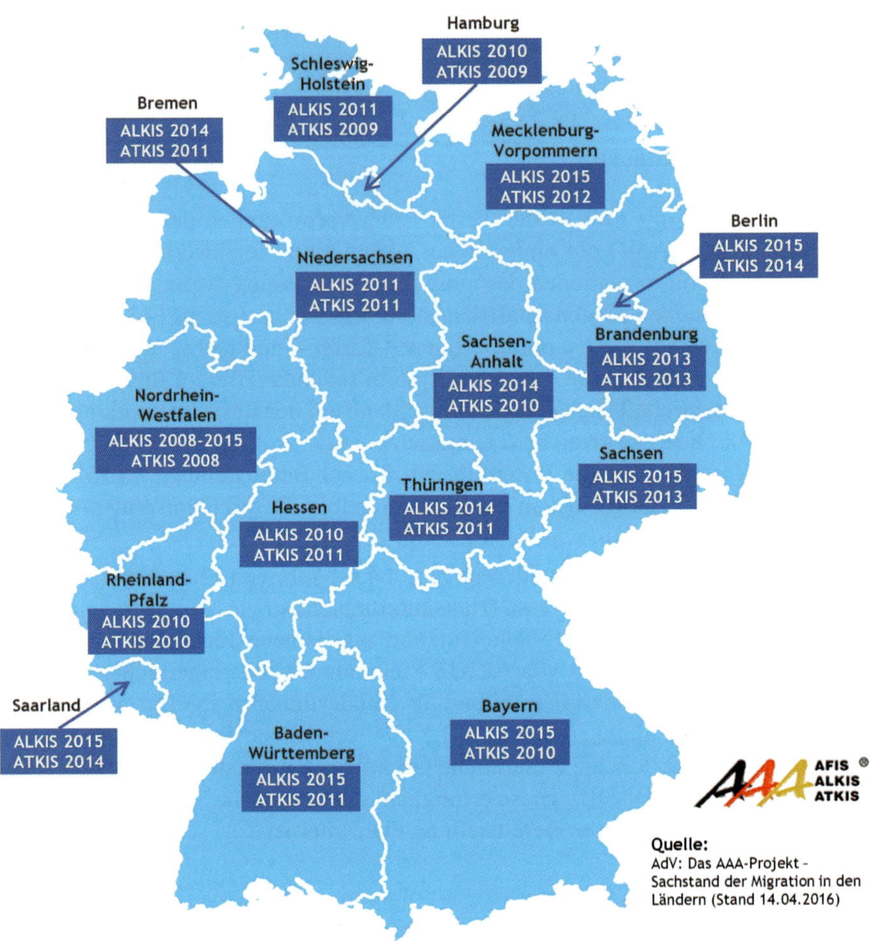

Abbildung 12.4-1: Beginn Echtbetrieb von ALKIS® und ATKIS® in den Bundesländern

12.4.4 Standardisierte Digitalisierung von Planungsgrundlagen

Seit Jahren wird die Standardisierung von XML-basierten Datenaustauschformaten in der öffentlichen Verwaltung vorangetrieben. Die Koordinierungsstelle für IT-Standards (KoSIT) hat das XÖV-Standardisierungsrahmenwerk erstellt, das Methodik und Technik für die Modellierung von Datenmodellen der öffentlichen Verwaltung definiert (XÖV-Standards). `XPlanung` als Datenaustauschformat unterstützt beispielsweise den Austausch von Bauleit-, Raumordnungs- und Landschaftsplänen zwischen unterschiedlichen IT-Systemen und `XBau` ermöglicht den Datenaustausch von Bauantragsdaten. Mithilfe dieser Standards können Planungs- und Genehmigungsprozesse beschleunigt und die digitale Vernetzung über Schnittstellen verlässlicher gestaltet werden. In der kommunalen Praxis werden derzeit insbesondere „teilvektorielle“ Planwerke verwendet (Erfassung der Geltungsbereiche der Bebauungspläne in Vektordatenform, Planinhalt in Form von Rasterdaten). Anzustreben sind allerdings „vollvektorielle“ Planwerke, um die aufgezeigten Mehrwerte voll ausschöpfen zu können. Um die digitale Vernetzung zu forcieren, ist die Interoperabilität zwischen GDI-DE/INSPIRE-basierten und XÖV-basierten Datenmodellen erforderlich. Darüber hinaus sind die Datenmodelle unter Berücksichtigung aktueller Entwicklungen (z. B. BIM – Building Information Modeling; Kap. 11) weiterzuentwickeln (*Krause u. Munske* (2016)).

12.4.5 Weiterentwicklung der Datenintegration

Langfristiges Ziel der AdV ist es, bis 2030 die GeoBasisDE aufzubauen und somit die weitere vertikale Datenintegration zu forcieren (Abb. 12.4-2). Hierbei handelt es sich um einen bundesweit einheitlichen, neutralen und weitgehend redundanzfreien Geobasisdatenbestand (*Schlegel* (2014)). Eine Projektgruppe wurde eingesetzt, die die Vision eines bundeseinheitlichen Geobasisdatenbestandes GeoBasisDE formulierte (*Schlegel* (2014)). Zur Ableitung dieses Datenbestandes wurde eine Reihe von Maßnahmen identifiziert:

- Einheitliche Erfassungskriterien für ALKIS® und ATKIS®;
- Vereinheitlichung der Grunddatenbestände von Liegenschaftskataster und Landesvermessung;
- Umstellung der uneinheitlichen Erfassung der Tatsächlichen Nutzung auf eine Erfassung von semantisch streng getrennten Datenbeständen der Landnutzung (LN) und Landbedeckung (LB).

Dieses Konzept GeoBasisDE wurde in der AdV hoch kontrovers aufgenommen. Es hat allerdings eine Reihe wichtiger Anstöße gegeben, die bereits in Teilen umgesetzt werden. Beispiel hierfür ist die Einführung von LB und LN.

In den Bundesländern diskutiert werden allerdings nach wie vor die Erfassungskriterien. Die Spannbreite reicht hier von der Vorhaltung eines hoch genauen ALKIS®-Datenbestandes bis hin zur vollständigen Angleichung in ALKIS® und ATKIS®. Unabhängig von der konkreten Antwort wird die Umsetzung der vertikalen Integration für einen Umbruch in der Katasterverwaltung sorgen und fundamental neue Arbeitsabläufe mit sich bringen. Vor diesem Hintergrund bleiben die weiteren Entwicklungen abzuwarten.

Zudem wird bundesweit seit Längerem daran gearbeitet, den Datenaustausch mit anderen Verwaltungen umzusetzen: von der Bundesstatistik mit dem Projekt Zensus 2021 über die Steuerverwaltung (steuerrelevante Grundstücksdatenbank) bis hin zur Anbindung an das Datenbankgrundbuch.

In NRW ist im Vorgriff auf die GeoBasisDE geplant, die vertikale Integration von Daten des Liegenschaftskatasters und der Landesvermessung auf Grundlage der Amtlichen Basiskarte (ABK) vorzunehmen, die bis 2019 aufgebaut wird. Zudem werden noch weitere Entwicklungen aufgegriffen, wie beispielsweise die Einführung der dritten Dimension im Liegenschaftskataster (3D), mobile Lösungen für Smart Devices sowie die Integration von Fernerkundungsdaten (Copernicus-Programm) in die Katasterdaten.

12.5 Geodateninfrastrukturen und Geodatenmanagement

Im digitalen Zeitalter ist die Einsatzbreite amtlicher Geoinformationen erheblich gestiegen. Aufgrund ihrer Querschnittsfunktion und Allgegenwärtigkeit bilden sie mittlerweile unver-

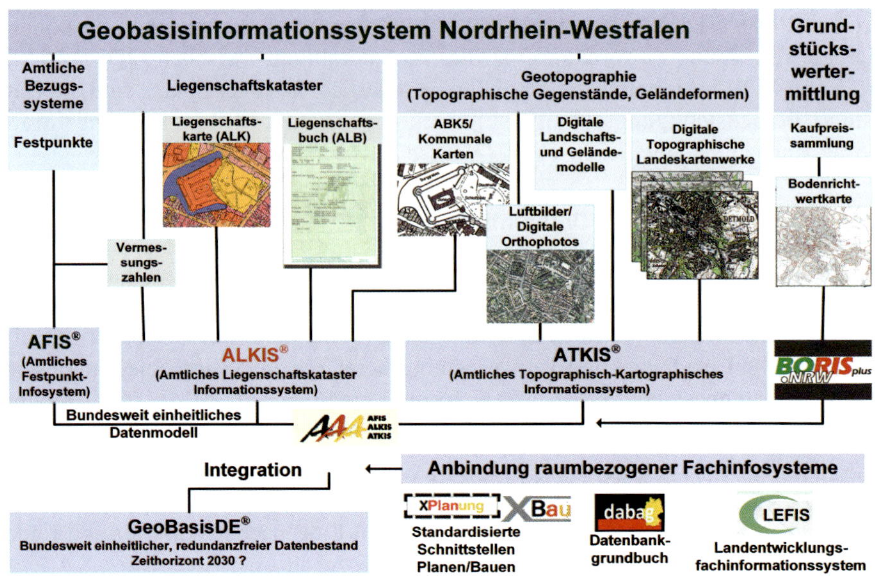

Abbildung 12.4-2: Geobasisinformationssystem NRW mit Zielsetzung GeoBasisDE

zichtbare Grundlage zur Bewältigung gesellschaftlicher Herausforderungen und politischer Entscheidungen (4. Geo-Fortschrittsbericht 2017). Bereits 2003 ist der Aufbau der Geodateninfrastruktur in Deutschland (GDI-DE) als gemeinsames Vorhaben von Bund, Ländern und Kommunen beschlossen worden. Zielsetzung ist es, die Vernetzung von raumbezogenen Daten (Geodaten) länder- und ressortübergreifend zu erreichen. Wesentliche Bestandteile offener internetbasierter Geodatennetzwerke sind Standards für den Austausch der Geobasis-, Geofach- und Geometadaten. Die GDI-DE ist zudem Bestandteil der europäischen Geodateninfrastruktur (INSPIRE) und somit auch der Digitalisierungsstrategien des Bundes und der Länder. Aufbau und Betrieb der GDI sind in den Geodateninfrastruktur- bzw. Geodatenzugangsgesetzen des Bundes und der Länder geregelt (z. B. Geodatenzugangsgesetz NRW). Die GDI-DE trägt damit den technischen und organisatorischen Anforderungen Rechnung, die sich aus der Richtlinie 2007/2/EG zur Schaffung einer Geodateninfrastruktur in der Europäischen Gemeinschaft (INSPIRE) ergeben. Eine Geodateninfrastruktur (GDI) besteht aus Geobasisdaten, Geofachdaten und Metadaten, die von den jeweils fachlich zuständigen Stellen als standardisierte Geo-Web-Dienste über IT-Netze bereitgestellt werden. Das Geodatenmanagement umfasst dabei die Querschnittsaufgabe, raumbezogene Daten zu erheben, diese zu verarbeiten und aufzubereiten. Die Zielsetzungen einer zukunftsweisenden und nachhaltigen Geoinformationspolitik sind in der Nationalen Geoinformations-Strategie (NGIS) beschrieben, die das Lenkungsgremium GDI-DE bereits 2015 beschlossen hat. Zentrale Aspekte sind dabei die Grundversorgung mit Geoinformationen zu sichern, deren Mehrfachnutzung zu erleichtern und Innovationen zu fördern. Die Mehrwerte von Geoinformationen und GDI liegen auf der Hand: Sie dienen dem Wissensmanagement, bilden wichtige Führungsinformationen beispielsweise für Infrastrukturplanungen oder für räumliche Entscheidungsprozesse und sind anschauliches Hilfsmittel, „Politik zu erklären" sowie Bürgerinformationen und

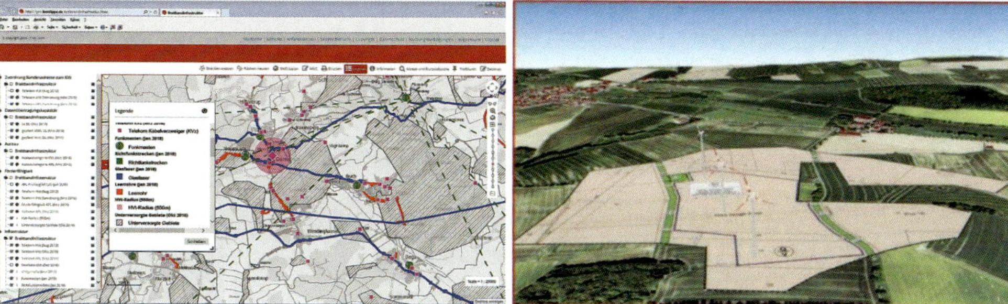

Abbildung 12.5-1: Mehrwerte von Geoinformationen (Breitband (li) und Windenergie (re))

-partizipation in der Praxis umzusetzen (Abb. 12.5-1). Zudem ermöglichen sie raumbezogene Untersuchungen unterschiedlichster Fragestellungen sowie das Monitoring eintretender Veränderungen.

12.6 Immobilienbewertung

Der Immobiliensektor zählt zu den größten und dynamischen Wirtschaftszweigen in Deutschland und hat gleichzeitig eine hohe volkswirtschaftliche Bedeutung. Laut Immobilienmarktbericht Deutschland 2017 (Immobilienmarktbericht 2017) wurden von den Gutachterausschüssen für Grundstückswerte in den Jahren 2015 und 2016 jeweils ca. 1 Million Verkäufe registriert. Das Transaktionsvolumen betrug allein im Jahr 2016 rund 237,5 Mrd. Euro und hat damit den höchsten Stand seit 2007 erreicht. Auch angesichts der aktuellen bodenpolitischen Herausforderungen und der bedarfsgerechten Wohnraumversorgung sind aktuelle und interessenunabhängige Informationen über den Grundstücksmarkt (Markttransparenz) für politische Entscheidungsträger, Wirtschaft, Verwaltung sowie die Bürgerinnen und Bürger unverzichtbar. Die Markttransparenz ist primäre Aufgabe der Gutachterausschüsse, deren Aufgaben insbesondere im Baugesetzbuch (BauGB) sowie in den einschlägigen Gutachterausschussverordnungen (z. B. GAVO NRW) geregelt sind. Zur Umsetzung der Aufgaben führt der Gutachterausschuss eine Kaufpreissammlung (KPS). Dazu haben die beurkundenden Stellen (u. a. Notare) dem zuständigen Gutachterausschuss Abschriften der Verträge über Eigentumsübertragungen sowie die Bestellung von Erbbaurechten zu übersenden. In der KPS werden insbesondere die Vertragsdaten, die Ordnungsmerkmale sowie die preis- und wertbestimmenden Merkmale im erforderlichen Umfang erfasst. Ergänzt werden zudem Informationen über Bauleitpläne (Bebauungs- und Flächennutzungspläne), Liegenschaftskatasterangaben, Mitteilungen der Gemeinden über Erschließungsbeiträge und Abgaben nach dem Kommunalabgabengesetz (KAG). Zurzeit werden noch unterschiedliche Kaufpreissammlungen und Erfassungsparameter geführt. Die Bundesländer sind aber seit Längerem dabei, zentrale Kaufpreissammlungen aufzubauen. Aus diesen sollen (Standard-)Statistiken und Grundstücksmarktberichte sowie der Immobilienmarktbericht Deutschland abgeleitet werden. Die Gutachterausschüsse stellen zudem Daten aus der KPS bereit, leiten Bodenrichtwerte ab und veröffentlichen turnusmäßig Grundstücksmarktberichte. Außerdem fertigen sie auf Antrag Verkehrswertgutachten an und leiten sonstige für die Wertermittlung erforderliche Daten ab. Rechtlich sind Gutachterausschüsse Behörden im Sinne der Verwaltungsverfahrensge-

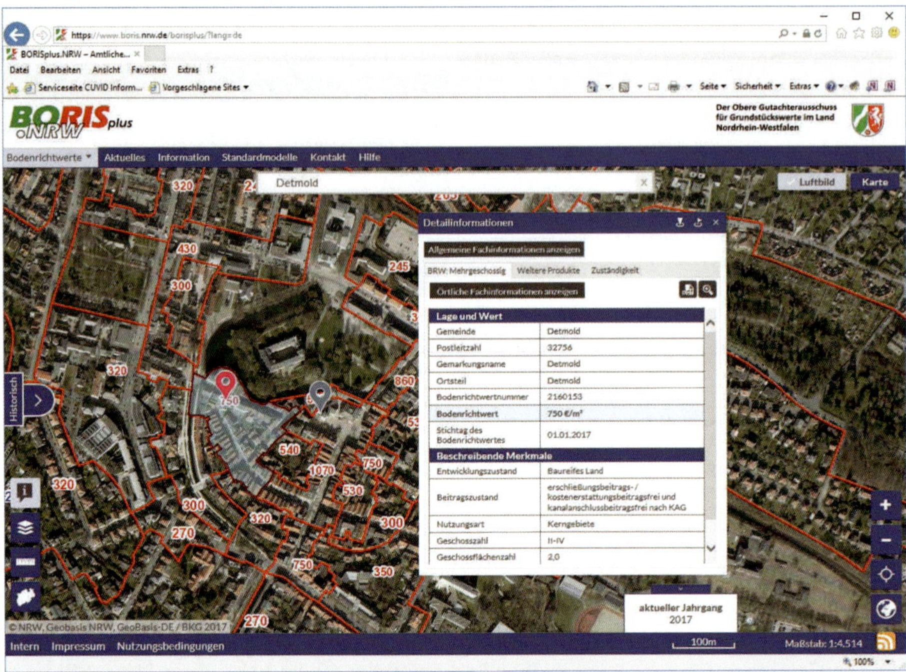

Abbildung 12.6-1: Auszug aus der Bodenrichtwertkarte (Auszug BORIS NRW)

setze der Länder. Die Bundesländer werden auf Grundlage des Baugesetzbuches (BauGB) ermächtigt, für die Gutachterausschüsse landesrechtliche Vorschriften zu erlassen. Demzufolge sind in den Bundesländern verschiedene Organisationsformen mit unterschiedlichem Grad der Aufgabenwahrnehmung vorzufinden. Zur Anwendung gleicher Grundsätze bei der Ermittlung des Verkehrswertes für Immobilien hat die Bundesregierung u. a. die Immobilienwertermittlungsverordnung – ImmoWertV, die Bodenricht-, die Sachwert- sowie die Ertragswertrichtlinie beschlossen. Auf Grundlage der Kaufpreissammlung ermittelt der Gutachterausschuss Bodenrichtwerte sowie sonstige zur Wertermittlung erforderliche Daten. Zu den erforderlichen Daten gehören neben den Bodenrichtwerten insbesondere Indexreihen, Umrechnungskoeffizienten, Vergleichsfaktoren für bebaute Grundstücke sowie Marktanpassungsfaktoren und Liegenschaftszinssätze. Bodenrichtwerte sind durchschnittliche Lagewerte für den Boden, die flächendeckend unter Berücksichtigung des unterschiedlichen Entwicklungszustands auf Grundlage der Kaufpreissammlung zu ermitteln sind. Sie tragen zur Transparenz auf dem Immobilienmarkt bei und dienen der öffentlichen Information über die Situation am Immobilienmarkt. Die Dokumentation erfolgt in Form von Bodenrichtwertzonen, in denen Art und Maß der Nutzung weitgehend übereinstimmen. Dabei sind die wertbeeinflussenden Merkmale des Bodenrichtwertgrundstücks jeweils anzugeben. Die Ermittlung der Bodenrichtwerte und der sonstigen für die Wertermittlung erforderlichen Daten hat insbesondere auf Grundlage einer ausreichenden Zahl geeigneter Kaufpreise aus der Kaufpreissammlung zu erfolgen. Abbildung 12.6-1 veranschaulicht einen Auszug aus der Bodenrichtwertkarte für den Bereich Detmold (NRW).

Mittels Kapitalisierungszinssätzen, auch als Liegenschaftszinssätze bezeichnet, wird bestimmt, mit welchen Werten die Verkehrswerte von Grundstücken im Durchschnitt marktüblich verzinst werden. Sie werden für die verschiedenen Grundstücksarten bestimmt, insbesondere für Mietwohn- und Geschäftsgrundstücke sowie für gemischt genutzte Grundstücke. Umrechnungskoeffizienten geben die Wertverhältnisse von sonst gleichartigen Grundstücken an, z. B. bei unterschiedlichem Maß der baulichen Nutzung. Bei Sachwertfaktoren handelt es sich um Faktoren zur Anpassung der Sachwerte an die jeweilige Lage auf dem Grundstücksmarkt, insbesondere für Ein- und Zweifamilienhäuser. Mithilfe von Indexreihen werden die allgemeinen Wertverhältnisse auf dem Grundstücksmarkt erfasst, beispielsweise für Preisentwicklungen von Grund und Boden, Eigentumswohnungen und Einfamilienhäusern. Vergleichsfaktoren werden für bebaute Grundstücke bestimmt, insbesondere bezogen auf eine Raum- oder Flächeneinheit der baulichen Anlage (Gebäudefaktor) oder auf den nachhaltig erzielbaren jährlichen Ertrag (Ertragsfaktor). Immobilienrichtwerte sind durchschnittliche Lagewerte eines bebauten Grundstücks oder einer Eigentumswohnung (einschließlich Bodenwertanteil) pro Maßeinheit (Wohn- oder Nutzfläche) in einem Gebiet mit im Wesentlichen gleichen Lage- und Nutzungsverhältnissen. Ihre Ableitung erfolgt aus Vergleichspreisen.

12.7 Fazit und Ausblick

Das Liegenschaftswesen hat in Verbindung mit dem Land- und Immobilienmanagement fundamentale Bedeutung für den Rechtsverkehr und für eine Vielzahl interdisziplinärer, praxisorientierter Aufgabenstellungen. Von besonderer Wichtigkeit ist dabei der weitere Aufbau der Geodateninfrastruktur (GDI), um eine länder- und ressortübergreifende Vernetzung von Geoinformationen und deren verstärkte Einbindung in politische, wirtschaftliche und gesellschaftliche Entscheidungsprozesse zu erreichen. Nur auf diese Weise können im digitalen Zeitalter die bodenpolitischen Herausforderungen der Zukunft gelöst werden.

13 Ingenieurvermessung

Definition:

Als Ingenieurvermessung oder Ingenieurgeodäsie wird die Disziplin von der Aufnahme, der Absteckung und dem Monitoring lokaler und regionaler geometriebezogener Phänomene mit besonderer Berücksichtigung von Qualität, Sensorik und Bezugssystemen bezeichnet (*Kuhlmann, H., Schwieger, V. u. Niemeier, W.* (zfv 2013, S. 391 – 399)).

Somit zählen alle technischen Vermessungen zur Ingenieurvermessung, die im Zusammenhang mit der Planung, der Absteckung und der Überwachung von Objekten aus dem Bereich des Bauwesens oder des Maschinenbaus durchzuführen sind. Sie reichen von einfachen Bauabsteckungen oder Geländeaufnahmen bis zu Absteckungen höchster Präzision, z. B. für Teilchenbeschleuniger. Es sei hier nur auf die teils recht umfangreichen Vermessungsarbeiten beim Eisenbahn-, Straßen- und Wasserbau, beim Bau von Energieversorgungsleitungen, bei der Errichtung von Talsperren und anderen großen Bauobjekten, z. B. Brücken und Funktürme, sowie beim Aufstellen und Einrichten von Großmaschinen hingewiesen. Die messtechnische Erfassung der Objektgeometrie, die eine Zustandsdokumentation oder eine Überwachungsaufgabe (Monitoring) sein kann, ist ein wesentlicher Teil der Ingernieurvermessung. Das Monitoring erfordert einserseits eine zeitlich geometrische Modellierung und andererseits eine statistische Analyse der Veränderungen bezogen auf einen Ausgangszustand.

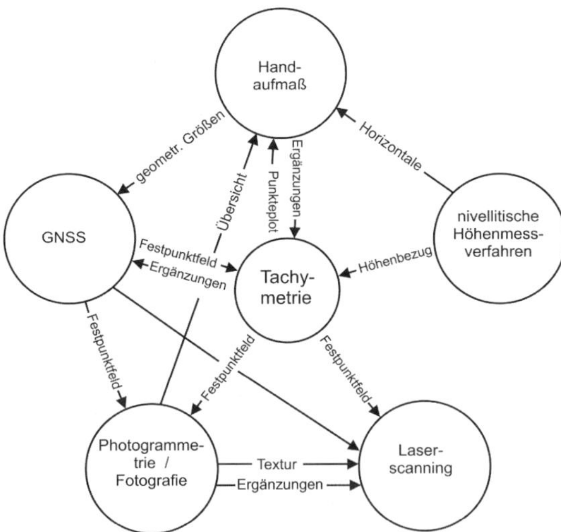

Abbildung 13.0-1: Beziehungen zwischen geodätischen Messmethoden bei Ingenieurvermessungen

Wesentliche Verbindungen zwischen den einzelnen Messmethoden sind in Abb. 13.0-1 grafisch veranschaulicht.

Mit Ausnahme der Tachymetrie und der satellitengestützten Messverfahren liefern alle anderen Messmethoden nur lokale Ergebnisse, die i. d. R. in ein übergeordnetes Koordinatensystem überführt werden müssen, was üblicherweise mithilfe von zusätzlichen GNSS- oder tachymetrischen Messungen erfolgt.

Im Folgenden werden neben der Anwendung von bereits in den vorigen Kapiteln behandelten Messverfahren für Absteckungsaufgaben beim Bau von Gebäuden, Straßen und dergleichen einige Messverfahren und Instrumente für spezielle Ingenieurvermessungen erläutert.

13.1 Übersicht über Vermessungsarbeiten bei Bauvorhaben

13.1.1 Vor Beginn der Bautätigkeit

a) Kartenunterlagen

Die Durchführung einer Baumaßnahme erfordert für die verschiedenen Stufen Vorplanung, Vorentwurf, Entwurf und Detailplanung die entsprechenden Karten. Zur *Vorplanung* bzw. *generellen Planung* eignen sich die topographischen Karten TK 25, TK 50 oder TK 100 (Kap. 10).Für den *Entwurf* der detaillierten Planung sind großmaßstäbige topographische Karten, z. B. Deutsche Grundkarte 1:5 000 (DGK 5), Flurkarten (1:1 000, 1:500) oder der amtliche Lageplan (1:500 oder größer), günstig, evtl. topographisch ergänzt durch Höhenlinien. Für lang gestreckte Bauvorhaben (Straßenbau, Fluss- oder Kanalbauvorhaben) werden anhand der vorhandenen oder durch Neuaufnahme entstandenen Kartenunterlagen Entwurfspläne angefertigt, z. B. empfehlen sich für Autobahnen und Straßen außerhalb von Ortschaften die Maßstäbe 1:1 000 bis 1:5 000, für Ortsdurchfahrten oder in schwierigem Gelände bis zu 1:250. Sind *Ausführungspläne* erforderlich, eignen sich als Grundlage topographisch ergänzte Flurkarten (1:500, 1:1 000), amtliche Lagepläne (1:500 oder größer) oder selbstangefertigte Pläne aufgrund einer Geländeaufnahme.

Der Aufriss lang gestreckter Bauvorhaben wird in einem *Längsprofil*, auch *Höhenplan* genannt, dargestellt (Kap. 7.2). Der Maßstab der Längen M_L sollte mit dem Lageplanmaßstab übereinstimmen. Den Maßstab der Höhen M_H wählt man gegenüber dem der Längen fünf- bis zehnfach vergrößert. Für die Querprofile wird häufig für M_L und M_H der Höhenmaßstab des Längsprofils benutzt.

Die topographischen Karten und Flurkarten können mit den *Katasterangaben* der Baugrundstücke beim zuständigen Katasteramt beschafft werden. Einem *Grundbuchauszug* vom Amtsgericht werden die *rechtlichen Daten* entnommen, insbesondere, ob und welche Dienstbarkeiten auf den zu bebauenden Grundstücken lasten. Vor allem ist zu prüfen, ob das Recht der Zufahrt für den Neubau gegeben ist. Bei einem größeren Bauvorhaben ist es zweckmäßig, ein *Verzeichnis der beanspruchten Grundstücke und Rechte* aufzustellen. Art und Umfang des zu tätigenden Grunderwerbs (z. B. für den Straßenbau) kann in einem Grunderwerbsplan, der in geeignetem Maßstab die zu erwerbenden Flächen und Gebäude enthält, und in einem Grunderwerbsverzeichnis dargestellt werden.

b) Bestandsaufnahme

Die topographischen Karten, Flurkarten und Pläne im Baubereich müssen daraufhin überprüft werden, ob sie auf dem neuesten Stand sind und die Örtlichkeit vollständig nachweisen.

So können z. B. zur Fortführung von Flurkarten, die keine oder nur wenig Topographie enthalten, die topographischen Gegebenheiten teilweise aus anderen topographischen Karten übernommen werden. Meist sind jedoch ein Vergleich in der Örtlichkeit und die Erfassung der Veränderungen (Straßen, ober- und unterirdische Leitungen usw.) durch eine topographische Vermessung erforderlich.

Weiterhin ist zu prüfen, ob die Planung den geltenden Gesetzen und Verordnungen des Planungs- und Bodenrechts nicht widerspricht. Ausführungen zur Bauleitplanung, Bodenordnung und Flurbereinigung sind in Kapitel 12.3.1 und zum Bauantrag in Kapitel 13.2.1 enthalten.

c) Katastervermessung und Grundbuchumschreibung

Sind Flurstückteilungen erforderlich, muss eine *Teilungsgenehmigung* beantragt sowie das Liegenschaftskataster durch eine *Katastervermessung* und Übernahme der Vermessung in das Kataster fortgeführt werden. Bei Grunderwerb sowohl von Teilflächen als auch ganzer Flurstücke erfolgt die Sicherung des Eigentums und der hypothekarischen Rechte durch *Auflassung* und *Eintragung in das Grundbuch*, soweit das Bauland nicht im Rahmen eines *Bodenordnungsverfahrens* bereitgestellt wird, bei dem der Eigentumsübergang mit Bekanntmachung des Zeitpunktes der Unanfechtbarkeit kraft Gesetzes erfolgt. Grundbuch und Liegenschaftskataster werden hierbei anschließend von Amts wegen berichtigt. Teilung und Erwerb von Baugrundstücken sind in Kapitel 12 erläutert.

d) Beweissicherungsaufnahmen

Unter *Beweissicherung* nach §485 Zivilprozessordnung (ZPO) versteht man eine „vorsorgliche Beweisaufnahme bei drohendem Verlust des Beweismittels“. Dies dient u. a. der Klärung von Haftungsfragen, der Schadensregulierung (Schadensersatz, Entschädigung), der Stützung von Vertragsregelungen oder der Beurteilung von Wertermittlungsverfahren im Zuge des Grunderwerbs. Neben dem *gerichtlichen* gibt es auch das *private* und das *öffentlichrechtlich angeordnete* (bei Planfeststellungsverfahren) *Beweissicherungsverfahren*, wobei jedoch private Maßnahmen, deren Ergebnisse von der Gegenseite nicht akzeptiert werden, vor Gericht nur geringe Beweiskraft besitzen. Bei der Durchführung von Baumaßnahmen ist damit eine baubegleitende qualitative (also beschreibende) und quantitative (also messende) Bestandsaufnahme zur Zustandsfeststellung und zur Erfassung von Veränderungen über kürzere Zeiträume, insbesondere auch in Abhängigkeit des Baufortschrittes, verbunden.

Unter *geodätischen Beweissicherungsmaßnahmen* zur quantitativen Bestandsaufnahme werden alle Messungen verstanden, die geeignet sind, Zustände oder Zustandsänderungen von Objekten mit hinreichender Genauigkeit festzuhalten und beweiskräftig darzulegen. Es handelt sich hierbei um die lage- und höhenmäßige Erfassung eines Zustandes oder die Erfassung von zeitabhängigen Veränderungen („Deformationsmessungen“, Kap. 13.6). Nach der Festlegung des zu sichernden Istzustandes sind aus den vorweg abzuschätzenden Einflüssen der Baumaßnahme Art, Umfang und Größe möglicher Veränderungen abzuleiten. Das *Messprogramm* zur Erfassung der Veränderungen beinhaltet meistens

- die Festlegung des absoluten oder relativen Bezugssystems,
- das Messverfahren (geodätische, photogrammetrische und physikalische Verfahren),
- die Auswahl der Objektpunkte,
- Messungsbeginn, Wiederholungshäufigkeit der Messungen und Genauigkeitsfestlegungen,
- das Auswerteverfahren,

- die Dokumentation und Archivierung der Messergebnisse.

Eine photogrammetrische Bestandsaufnahme (Kap. 9) vor Baubeginn kann sich besonders für Beweissicherungsaufnahmen zur Beurteilung von Schadensfällen, wie z. B. Versumpfung durch Straßenbau, Versiegen von Quellen oder Gebäuderisse durch Tunnelbau, als geeignet erweisen. Mit den Messbildern kann eine photogrammetrische Bauregistratur (dokumentarisch ausmessbares Bildarchiv), z. B. von den Fundamenten einer Talsperre, aufgebaut werden. Bisweilen ist eine Ergänzung der Bestandsaufnahme durch einen Geologen oder Botaniker (pflanzensoziologische Aufnahme) erforderlich.

e) Vermessungstechnische Regelungen im Bauvertrag

In einem Bauvertrag können die vom Auftragnehmer zu erbringenden, vermessungstechnischen Leistungen je nach Erfordernis frei festgelegt werden oder man orientiert sich an der Verdingungsordnung für Bauleistungen (VOB), die bei der Auftragsvergabe durch die öffentliche Hand bindend ist. Im Teil B der VOB besagt der §3 (Ausführungsunterlagen) in den Nr. 2 und 3:

- Das Abstecken der Hauptachsen der baulichen Anlagen, ebenso der Grenzen des Geländes, das dem Auftragnehmer zur Verfügung gestellt wird, und das Schaffen der notwendigen Höhenfestpunkte in unmittelbarer Nähe der baulichen Anlagen sind Sache des Auftraggebers.
- Die vom Auftraggeber zur Verfügung gestellten Geländeaufnahmen und Absteckungen und die übrigen für die Ausführung übergebenen Unterlagen sind für den Auftragnehmer maßgebend. Jedoch hat er sie, soweit es zur ordnungsgemäßen Vertragserfüllung gehört, auf etwaige Unstimmigkeiten zu überprüfen und den Auftraggeber auf entdeckte oder vermutete Mängel hinzuweisen.

Falls weitere vertragliche Regelungen fehlen, sollten in den „Vorbemerkungen zum Leistungsverzeichnis" nähere Angaben übernommen werden, wie z. B.

„Der Auftraggeber übergibt dem Auftragnehmer

- zur Festlegung des Achsensystems (Bauwerksachse) die im Gelände vermarkten Lagefestpunkte,
- die im Gelände vermarkten Nivellementpunkte samt Höhenverzeichnis,
- Tabellen oder Skizzen für die Absteckung der Bauwerksachse,
- Einmessungsskizzen der Festpunkte,
- eine Karte im Maßstab 1: . . . . oder Skizzen mit eingetragenem Bestand im Baufeld, geplanten Bauwerksachsen und den Festpunkten sowie alle unterirdischen Anlagen, soweit sie dem Auftraggeber bekannt sind."

Diese Regelungen sind der gegebenen Situation anzupassen. So können z. B. die festzulegenden Achsen, die Art der Festpunktvermarkungen sowie die speziellen Koordinaten- und Höhenverzeichnisse konkret aufgeführt werden.

Zu empfehlen ist weiterhin die Aufstellung eines *Messprogramms*, in dem die Absteckgenauigkeit rechtzeitig mit den Toleranzforderungen vonseiten der Bau- und Maschinenbauingenieure in Einklang gebracht werden kann. Das Messprogramm zwingt sowohl Auftraggeber als auch Auftragnehmer, sich rechtzeitig vor Baubeginn über den Umfang der Messungen, über freizuhaltende Sichten und über den notwendigen Zeitbedarf Klarheit zu verschaffen.

Die Aufstellung des Messprogramms veranlasst den Auftragnehmer, die Vermessungsarbeiten vor Beginn der Vermessung zu durchdenken und auf die Forderungen der für die Bauausführung verantwortlichen Baufachleute, des Prüfungsingenieurs, des Geologen, des Maschinenbauers und des Auftraggebers abzustimmen. Somit werden Anlage, Umfang, Genauigkeit und die auf den Bauzeitenplan abgestimmte chronologische Reihenfolge der Vermessungsarbeiten nicht erst von Fall zu Fall festgelegt.

In der Regel hat der Auftraggeber das *geodätische Grundlagennetz* vorher bestimmt oder er hat es durch einen Sondervertrag bestimmen lassen. Dieses Grundlagenetz wird dem Auftragnehmer in der Örtlichkeit übergeben. Die Festpunkte für die Detailabsteckung und die Folgemessungen bis zur Abnahme (z. B. zur Beweissicherung, Kontrollmessungen usw.) sind vom Auftragnehmer zu bestimmen.

13.1.2 Während der Bautätigkeit

1) Ausführung der Absteckung = Übertragung von Punkten, Linien oder Flächen des Bauentwurfs (Projektierung) in das Gelände (Kap. 13.2)
2) Mengenermittlung (Kap. 7.5)
3) Fundament- und Baudokumentation (evtl. durch photogrammetrische Bauregistratur)
4) Baukontrolle (siehe DIN 4107 „Baugrund, Setzungsbeobachtungen an entstehenden und fertigen Bauwerken“) durch Deformations- oder Setzungsmessungen (Kap. 13.6)

Deformationsmessungen = Bestimmung von Lage- und Höhenänderungen (drei Dimensionen)

Setzungsmessungen = Bestimmung von Höhenänderungen des Bauwerks und des Bodens (eine Dimension)

13.1.3 Nach Ende der Bautätigkeit

1) Schlussvermessung (Abrechnungsaufnahme, soweit nicht bereits während des Bauens für Abschlagszahlungen Messungen erfolgen).
2) Bauwerksüberwachung und -prüfung (evtl. bereits während der Bauarbeiten) z. B. nach DIN 1076 „Ingenieurbauwerke im Zuge von Straßen und Wegen, Überwachung und Prüfung“.
3) Bei Bauvorhaben, bei denen (wie z. B. bei Straßenverbreiterungen) von anliegenden Grundstücken nur Teilflächen benötigt werden und der exakte neue Grenzverlauf erst nach Fertigstellung feststeht (z. B. durch den Randsteinverlauf eines Bürgersteiges), erfolgt die Fortführung des Katasters durch eine Katasterschlussvermessung. Nach der Übernahme der Vermessung in das Kataster erfolgt die Sicherung des Eigentums und der hypothekarischen Rechte durch Auflassung und Eintragung in das Grundbuch.

13.2 Absteckung von Bauwerken

13.2.1 Rechtliche Voraussetzungen

Mit Ausnahme von Anlagen des öffentlichen Verkehrs, von Ver- und Entsorgungsleitungen, von kleineren oder nur kurzzeitig errichteten baulichen Anlagen bedürfen nach den Bauordnungen der Länder die Errichtung, die Änderung, die Nutzungsänderung und der Abbruch baulicher Anlagen (wie z. B. Wohn- und Industriegebäude, aber auch Gebäude, Überbrückungen und Stützmauern von Verkehrsanlagen) einer *Baugenehmigung*. Dadurch soll die Beachtung der rechtlichen Vorschriften gesichert werden.

Die Bauleitplanung zur Baureifmachung von Grundstücken ist durch Bundesrecht geregelt und vollzieht sich im Flächennutzungs- und im Bebauungsplan (Kap. 12). Das Bauen selbst unterliegt dem Länderrecht. Beispielsweise ist nach der „Bauordnung für das Land Nordrhein-Westfalen“ (BauO NW) vom 17. Dezember 2009 ein *Bauantrag* schriftlich mit den erforderlichen Unterlagen (*Bauvorlagen*) bei der Gemeinde einzureichen, die ihn mit ihrer Stellungnahme an die Bauaufsichtsbehörde weiterleitet.

Nach der „Verordnung über bautechnische Prüfungen“ (BauPrüf VO) vom 6. Dezember 1995 gehört zu den Bauvorlagen neben den Bauzeichnungen, der Baubeschreibung, dem Nachweis der Standsicherheit und den anderen bautechnischen Nachweisen ein *Lageplan*. Dieser ist auf der Grundlage der amtlichen Flurkarte im Maßstab 1:500 oder größer anzufertigen. Die Bauaufsichtsbehörde kann, wenn es die besonderen Grundstücks-, Gebäude- oder Grenzverhältnisse erfordern, verlangen, dass der Lageplan vom Katasteramt oder einem Öffentlich bestellten Vermessungsingenieur (ÖbVI) beglaubigt oder erstellt wird.

Der Lageplan muss insbesondere enthalten:

- Lage-, Höhen- und Besitzangaben des Grundstücks; Maßstab und Nordrichtung; Grundstücksbezeichnungen und Eigentümerangaben; rechtmäßige Grenzen mit Umringsmaßen und Flächeninhalt; Höhenlage des Grundstücks im Baubereich.
- Breite und Höhenlage angrenzender Straßen; Lage der Abwasserleitungen mit Sohlenhöhe.
- Rechtliche Leitlinien zur baulichen Nutzung:
  Festsetzungen im Bebauungsplan über Art und Maß der baulichen Nutzung mit den Baulinien oder Baugrenzen.
- Bestandsaufnahme der vorhandenen Anlagen, der Denkmäler und der geschützten Baumbestände auf dem Grundstück und auf den Nachbargrundstücken.
- Beabsichtigte bauliche Veränderung und Nutzung:
  Geplante bauliche Anlagen mit Grenzabständen und Abstandsflächen (= Flächen vor Gebäudeaußenwänden, die von oberirdischen Gebäuden freizuhalten sind); Abstände zu öffentlichen Verkehrs-, Grünflächen usw.; Stellplätze für Kraftfahrzeuge; Feuerwehrzufahrten; Kinderspielflächen; Plätze für Abfallbehälter; Baulastflächen; Brunnen, Abfallgruben usw.; Fernmeldeleitungen und Versorgungsleitungen für Elektrizität, Gas, Wärme und Wasser; Öl- und Gasbehälter; Hydranten.

Bevor mit der Bauabsteckung begonnen wird, muss sichergestellt sein, dass man sich auf die rechtmäßigen Eigentumsgrenzen bezieht. Eine evtl. erforderliche Wiederherstellung der Eigentumsgrenzen erfolgt durch eine *Katastervermessung* (Kap. 12). Der Architekt bzw. der Bauingenieur hat darauf zu achten, dass er nur das seinem Bauherrn gehörende Grundeigentum in Anspruch nimmt. Unbefugte Inanspruchnahme fremden Eigentums kann unangenehme Folgen haben, wie z. B. Besitzstörungsklage, Bauverzögerung, Bauverbot, Überbaurente.

13.2.2 Lagefestpunkte, Absteckungsnetze und Punktvermarkung

13.2.2.1 Lagefestpunkte

Um die Absteckung von Punkten, Linien oder Flächen des Bauentwurfs im Gelände vornehmen zu können, müssen die Absteckungsmaße sich auf solche Punkte und Linien beziehen, die im Gelände vermarkt sind. Die Absteckungsmaße werden in einen Absteckungsplan eingetragen. Dieser muss den neuesten Stand aufweisen und sollte die einzuhaltenden Genauigkeiten enthalten. Bei der Auswahl der Standpunkte für die Absteckung muss eine eventuelle Benutzung für spätere Folgemessungen (Sichtverbindungen, Zugänglichkeit) beachtet werden. Hierzu müssen wichtige Punkte dauerhaft und sicher vermarkt sowie durch Einmessung auf andere Festpunkte und auf die örtliche Topographie gesichert werden. Die Anlage einer *Festpunktdatei* ist bei jeder größeren Baustelle zu empfehlen. Eine derartige Datei soll neben Koordinaten und Höhe der Festpunkte alle Angaben über örtliche Lage, Entstehung, Vermarkung und eventuelle Sicherung enthalten.

Soll die Absteckung von gegebenen Festpunkten aus durchgeführt werden, so muss zuvor deren unveränderte Lage durch Nachmessen der Kontrollmaße zu den Sicherungspunkten überprüft werden. Für die Absteckung eines Wohnhauses können z. B. diejenigen Grenzpunkte und Grenzen als Standpunkte bzw. Ausgangsrichtungen genutzt werden, von denen das Haus um bestimmte Mindestabstände entfernt sein soll. Im erforderlichen Ausmaß sind zuvor die Grenzpunkte durch eine Katastervermessung zu überprüfen.

13.2.2.2 Absteckungsnetze

Umfangreiche, ausgedehnte Bauobjekte lassen sich nicht von wenigen einzelnen Festpunkten aus abstecken. Man benötigt hierzu eine Vielzahl von Festpunkten, die netzartig über das Baugebiet so verteilt sind, dass von ihnen aus die Absteckung der Objektpunkte durch Richtungsmessungen oder kombinierte Verfahren (Kap. 13.2.3 bis 13.2.3.3) erfolgen kann. Für viele Bauvorhaben, wie z. B. beim Bau einfacher Wohn- oder Fabrikgebäude, beim Straßenbau, beim Bau von Energieversorgungsleitungen und bei Flussregulierungen, kann man die vorhandenen, durch Verdichtung des TP-Netzes geschaffenen Festpunkte des *amtlichen Festpunktfeldes* (Kap. 1.3.1) benutzen. Eventuell erforderliche weitere Festpunkte lassen sich nach den in Kapitel 6 besprochenen Verfahren (Triangulation, Trilateration, Polygonzüge oder GNSS) bestimmen. Beispielsweise können neue Festpunkte zur Absteckung der Trasse einer Autobahn durch GNSS-Messungen oder durch einen Polygonzug entlang der Trasse geschaffen werden (Kap. 13.7.1).

Einige Bauvorhaben, wie z. B. der Bau von Brücken, Tunnel, Wasserkraftanlagen, Fernsehtürmen und insbesondere Teilchenbeschleuniger, erfordern jedoch eine so hohe Absteckgenauigkeit, dass die Punktgenauigkeit des amtlichen Festpunktfeldes nicht ausreicht. In diesen Fällen bestimmt man die Neupunkte in einem sogenannten *örtlichen* oder *lokalen Netz* ohne Zwangsanschluss an das amtliche Netz. Die Genauigkeit der Punkte dieses örtlichen Netzes ist nur von der Messung und der Punktvermarkung (einschließlich der geologisch bedingten Standsicherheit) abhängig.

Die von der Art der Punktbestimmung abhängige *Lagegenauigkeit* von Punkten eines Netzes muss bei seiner Anlage berücksichtigt werden. So wirkt sich bei einer polaren Festlegung bekanntlich die Ungenauigkeit der Winkelmessung in Querrichtung (σ_q) und die der Distanzmessung in Längsrichtung (σ_l) aus. Diese Ungenauigkeiten weisen eine unterschied-

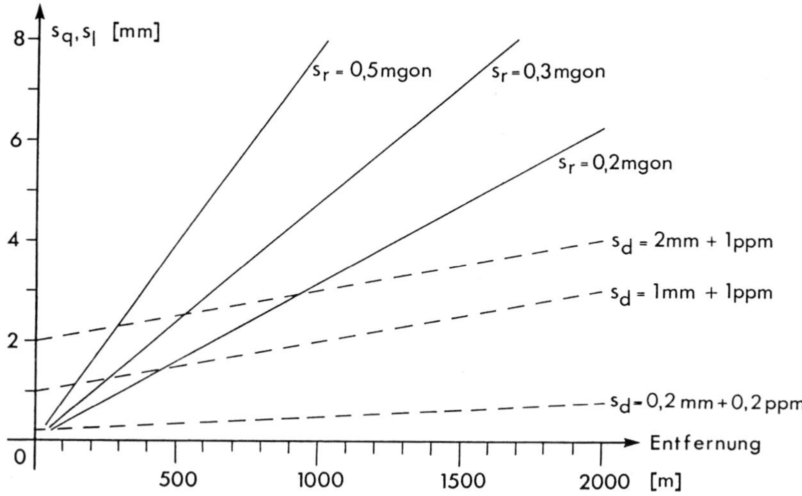

Abbildung 13.2-1: Entfernungsabhängige Genauigkeiten bei sehr genauen Richtungsmessungen und elektrooptischen Distanzmessungen

liche Entfernungsabhängigkeit auf. Man erkennt anhand der Abbildung 13.2-1, dass bei einer Punktbestimmung durch Vorwärtsschnitt (Kap. 6.2.1) mit sich nahezu rechtwinklig schneidenden, bis ca. 250 m langen Bestimmungsstrahlen eine reine Winkelmessung mit $\sigma_r = 0,3$ mgon der Bestimmung durch eine reine Distanzmessung mit $\sigma_d = 1$ mm + 1 ppm überlegen wäre. (Hierbei wird unterstellt, dass die Standardabweichungen der Festpunktkoordinaten null sind.) Zur Erreichung einer sehr hohen *homogenen* Punktgenauigkeit im Nahbereich, beispielsweise zur Absteckung der Magnete eines Teilchenbeschleunigers, muss man die Genauigkeit der Streckenmessung der der Winkelmessung angleichen, z. B. durch Verwendung eines elektrooptischen Präzisionsdistanzmessers.

In der Abbildung 13.2-1 ist ebenfalls zu erkennen, von welchen Entfernungen ab die durch die elektrooptische Distanzmessung verursachte Ungenauigkeit kleiner als die durch die Winkelmessung bedingte Ungenauigkeit ist. Da in einem Lagenetz unterschiedliche Bestimmungsrichtungen und -elemente miteinander verknüpft sind, ist jedoch unbedingt die *kombinierte Richtungs- und Streckenmessung* zu empfehlen. Bei der Beurteilung der Lagegenauigkeit muss jedoch auch die geometrische Anordnung der Bestimmungselemente beachtet werden. Trotz hoher Winkel- und Streckengenauigkeit nimmt die Lagegenauigkeit bei ungünstigen Bestimmungsrichtungen ab („schleifender Schnitt“, Kap. 6.2). Bei der Berechnung der Punktkoordinaten (Netzausgleichung nach der Methode der kleinsten Quadrate) werden die unterschiedlichen Bestimmungselemente entsprechend ihren Genauigkeiten anteilsmäßig gewichtet berücksichtigt.

Für bandförmige, oberirdische Trassenabsteckungen benötigt man günstig gelegene, trassennahe Absteckpunkte. Daher wären hier flächendeckende Lagenetzfiguren nur bedingt geeignet. Wegen der ungünstigen Fehlerwirkung bei der Rekonstruktion verloren gegangener Punkte sollte man sich jedoch über längere Bereiche nicht auf einfache Polygonzüge beschränken, sondern möglichst beiderseits der Trasse verlaufende parallele Polygonzüge vorziehen, die wiederum zu Diagonalvierecken vervollständigt werden können. Zur Stabilisie-

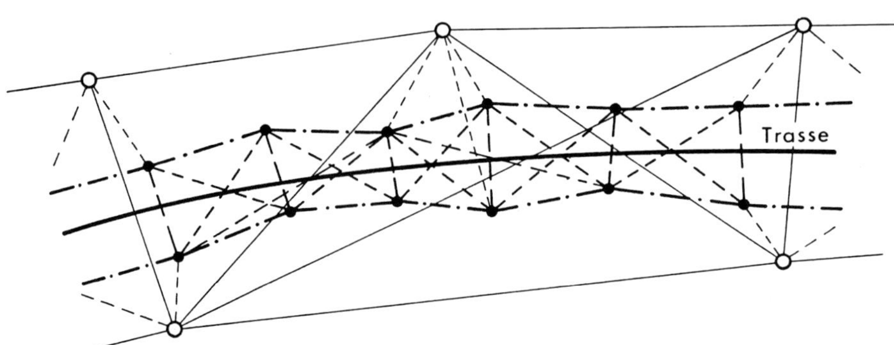

Abbildung 13.2-2: Trassenabsteckungsnetz mit übergreifendem GNSS-Stabilisierungsnetz

rung eines Bandes von aneinander gereihten Diagonalvierecken, d. h. zur Absicherung gegen Durchbiegungen quer zur Hauptnetzrichtung, bindet man diese in ein nach dem GNSS-Verfahren bestimmtes Netz ein (Abb. 13.2-2). Zum Erreichen einer hohen Netz- und Absteckgenauigkeit ist auf sorgfältige Punktvermarkung und laufende ausführliche Prüfung der Messgeräte und des Zubehörs zu achten.

Absteckungsnetze für Brücken und Tunnel erfordern andere spezielle Netzformen, auf die im Folgenden eingegangen wird.

a) Absteckungsnetze für Brücken

Bei der Absteckung einer Brücke wird zunächst die Länge der Brückenachse mit Zwischenpunkten übertragen, danach die Schnittpunkte der Brückenachse mit den Pfeiler- und Widerlagerachsen ermittelt und schließlich die Pfeiler- und Widerlagerachsen abgesteckt.

Zur Absteckung großer *Talbrücken* legt man das Absteckungsnetz als trassenbegleitende Festpunktkette an, die das Brückenbauwerk umschließt. Die Netzpunkte werden im Allgemeinen im Abstand von 100 m links und rechts der Brückentrasse und mit etwa 150 m Abstand oder größer untereinander so ausgewählt, dass sich günstige Bestimmungsrichtungen sowohl zu den abzusteckenden Brückenpunkten (Pfeiler, Widerlager) als auch zwischen den Netzpunkten untereinander ergeben. Durch messtechnische Verbindungen zwischen Anfangs- und Endbereich mithilfe des GNSS-Verfahrens lässt sich eine Stabilisierung des Netzes errei-

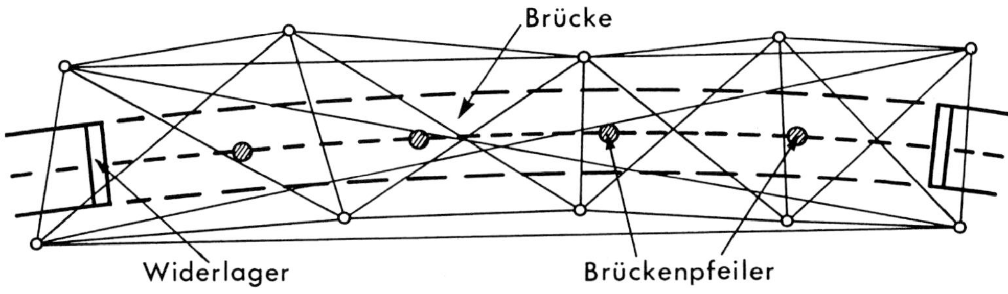

Abbildung 13.2-3: Absteckungsnetz für eine Talbrücke mit unmittelbarer Verbindung der Anfangs- und Endbereiche

chen. Häufig wird man wegen der vorhandenen Örtlichkeit (Bebauung, Bewuchs, Hanglage) jedoch zu Kompromissen gezwungen sein. Auf jeden Fall empfiehlt es sich, die Netzpunkte durch bodengleich gesetzte, in Ortbeton eingelassene Markierungen oder durch Beobachtungspfeiler (Abb. 13.2-8 und 13.2-9) zu vermarken.

Für die Bauwerksabsteckung wird jeder Pfeiler und jedes Widerlager in seinen Stationspunkten rechtwinklig oder radial zur Streckenachse in einer besonderen Achse festgelegt. Die Vermarkung der Achse erfolgt meist durch 25 m rechts und links der Straßenachse angeordnete Sicherungspunkte, die von den außerhalb des Baugeschehens befindlichen Festpunkten des Brückennetzes präzise eingemessen werden. Sie können von diesen Festpunkten aus jederzeit überprüft und gegebenenfalls reproduziert werden (Abb. 13.2-4).

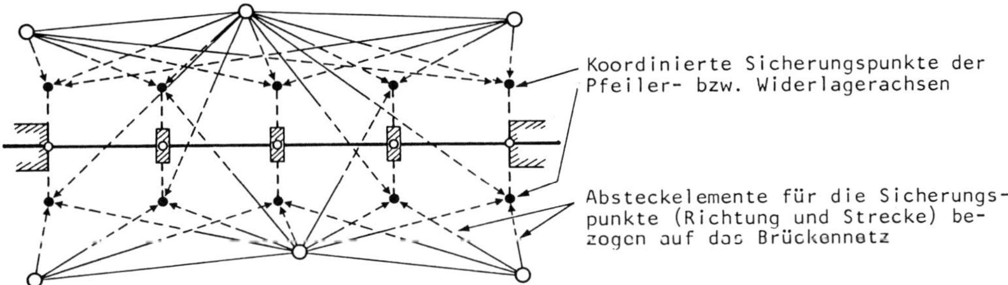

Abbildung 13.2-4: Absteckung der Pfeiler- und Widerlagerachsen

Zur Absteckung von *Strombrücken* werden auf beiden Uferseiten Festpunkte vorzugsweise durch GNSS-Messverfahren bestimmt, von denen aus die Pfeiler- und Widerlagerpunkte abgesteckt werden. Die Achspunkte von Pfeilern, die sich im Strom befinden, werden von den Uferfestpunkten aus nach der Methode des Einweisens durch Vorwärtsschnitt zunächst vorläufig ermittelt. Die endgültige Punktbestimmung erfolgt entweder durch GNSS oder durch Winkel- und Streckenmessung nach der Gründung der Pfeiler. Speziell beim Stahlbau sollten die Koordinatenachsen der Stahlbauberechnung und der Vermessung übereinstimmen.

b) Absteckungsnetze für Tunnel

Gebirgstunnel und im Flachland tief liegende Bauten (wie z. B. Tunnel für Untergrundbahnen, falls nicht in offener Bauweise erstellt) werden im bergmännischen Vortrieb erschlossen. Außer den Verkehrstunneln für Eisenbahn und Straße gibt es auch Leitungstunnel. Die Tunnelröhre wird häufig von beiden Seiten, also von den Mundloch- oder Portalpunkten *A* und *E* aus, aufgefahren. Bei längeren Tunneln wird zur Beschleunigung des Baufortschritts die Tunnelachse zusätzlich durch Zwischenschächte oder -stollen angefahren, von wo aus der Tunnelvortrieb in beiden Richtungen erfolgt (Abb. 13.2-5).

Zur Übertragung der räumlichen Tunnelachse in die Örtlichkeit sind übertägige und untertägige Vermessungsarbeiten auszuführen. Die übertägigen Arbeiten beinhalteten vor der Anwendung von GNSS-Verfahren die Anlage eines *Hauptnetzes* hoher Genauigkeit, welches die Achspunkte an den Tunnelportalen *A* und *E* sowie an den eventuellen Zwischenportalen miteinander verbandt, sowie die Anlage von *Portalnetzen* zur Bestimmung von Vermessungspunkten in den Portalbereichen (Abb. 13.2-6). Tunnelnetze sollten ebenfalls als „örtliche Netze“ ohne Zwangsanschluss an das amtliche TP-Netz bestimmt und berechnet werden.

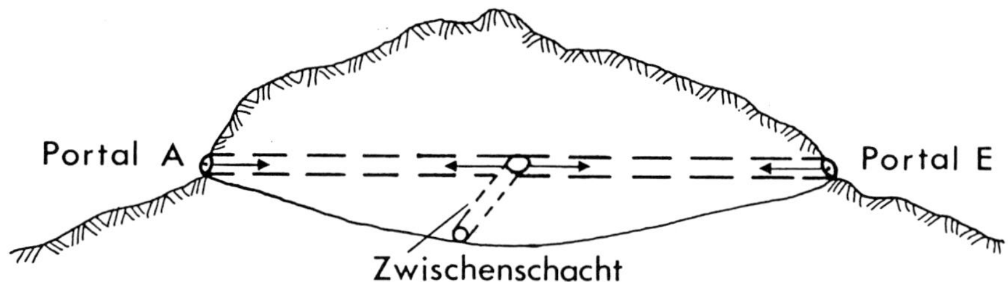

Abbildung 13.2-5: Tunnelvortrieb bei einem Gebirgstunnel

Bei den heute mit GNSS-Messmethoden erzielbaren Genauigkeiten reicht es in der Regel aus, nur Portalnetze anzulegen und sie mit GNSS-Verfahren zu verbinden (Kap. 8). Die Portalnetze bestehen aus einer Gruppe von mindestens drei in der Portalzone zu bestimmenden Netzpunkten. Ihre Lage muss so gewählt sein, dass sie nach Möglichkeit vom Baugeschehen nicht berührt werden und von ihnen aus die Sichtverbindung untereinander und zum Tunnelmund sichergestellt ist. Die Vermarkung der Hauptnetz- und der Portalnetzpunkte soll durch Pfeiler (Abb. 13.2-8 und 13.2-9) erfolgen, damit bei Ergänzungs- oder Wiederholungsmessungen während der Bauphase Zentrier- und Aufstellungenauigkeiten möglichst klein sind. Die mit der GNSS-Technik bestimmte gegenseitige Höhenlage der Netzpunkte an den Tunnelportalen *A* und *E* sowie an den Zwischenportalen wird durch ein geometrisches Feinnivellement überprüft und die hiermit gewonnenen Ergebnisse zur Genauigkeitssteigerung benutzt.

An den Tunnelportalen werden von den Portalnetzpunkten aus die Richtungen und Entfernungen ins Tunnelinnere übertragen, womit dann die untertägigen Vermessungen beginnen. Zum Tunnelvortrieb legt man von den Portalpunkten und den eventuellen Zwischenportalen aus zwangszentrierte, offene *Polygonzüge* (Kap. 6.3.1). Beim Durchschlagpunkt des von beiden Endpunkten durchgeführten Tunnelausbruchs zeigt sich die *Durchschlagabweichung*. Ihre Größe wird hauptsächlich durch die ungünstige Form der offenen Polygonzüge und die schlechten Messbedingungen im Tunnel beeinflusst. Besonders die thermischen Verhältnisse an den Tunnelwänden können zu systematischen Abweichungen bei der Richtungsmessung infolge von *Refraktion* (Horizontalrefraktion) führen. Daher sollten die Polygonseiten einen Mindestabstand von 2 m von den Tunnelwänden aufweisen. Das Absteckpolygon muss durch Kontrollmessungen grundsätzlich überprüft werden. Jede Hauptvortriebskontrolle schließt an das oberirdische Netz (Portalnetz) an und mit jeder Kontrollvermessung entsteht ein weiterer Teil des *unterirdischen Netzes*, welcher auch den Teil überdeckt, der bei den vorherigen Messungen entstanden ist. Das unterirdische Netz besteht in der Regel aus verschränkten Polygonzügen oder schmalen Richtungs- und Streckenketten. Hierzu wählt man die Lage der Punkte von zwei parallelen Polygonzügen so, dass die Verbindungslinien benachbarter Punkte Dreiecke ergeben und misst die Horizontalwinkel aller dieser Verbindungsrichtungen. Man erreicht durch diese Anordnung nicht nur eine Versteifung der Absteckpolygonierung, sondern der Vergleich der Summe der Dreiecksinnenwinkel mit dem Sollwert 200 gon liefert auch eine wertvolle Kontrolle gegen Messungsabweichungen, besonders gegen den Refraktionseinfluss.

Durch den Einsatz eines hoch genauen automatischen *Kreiseltheodolits*, der die Bestimmung der Richtungsabweichung einer Strecke bezüglich *astronomisch Nord* erlaubt, lässt

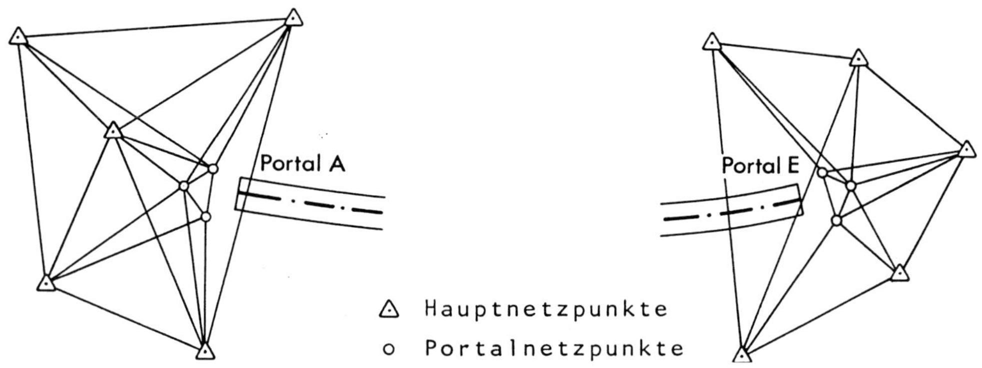

Abbildung 13.2-6: Portalnetze

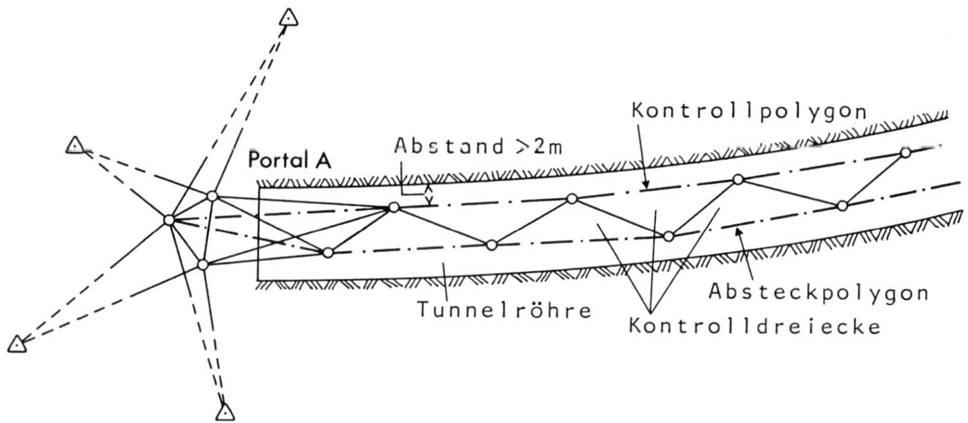

Abbildung 13.2-7: Absteck- und Kontrollpolygon in der Tunnelröhre mit Anschluss an das Portalnetz

sich eine Richtungsstabilisierung des unterirdischen Netzes und damit eine Verkleinerung der Querkomponente der Durchschlagabweichung erreichen.

Die Ausführung einer Kreiselmessung verlangt viel Erfahrung und Verständnis der Funktionsweise eines Vermessungskreisels, weshalb hier nur kurz auf das Messprinzip eingegangen werden soll. Bei einer Messung ergibt die Kreiselanzeige in Verbindung mit dem Eichwert des Kreisels die Nordrichtung:

$$N = U + E = Z - A$$

mit N = Nordrichtung
U = Kreiselanzeige
E = Kalibrier- oder Eichwert
Z = Zielung
A = astronomisches Azimut

und damit den Zusammenhang zwischen astronomisch Nord und dem Nullwert des Teilkreises des richtungsgebenden Systems. Da üblicherweise große Bauvorhaben in einem eigenen, gesonderten Koordinatensystem projektiert und realisiert werden, dem Funktionsprinzip eines Vermessungskreisels aber das auf den Erdkörper bezogene Koordinatensystem zugrunde liegt, müssen die gesuchten Richtungswinkel durch Korrektionen und Reduktionen in das gewählte Koordinatensystem überführt werden. Neben den durch das Instrument bedingten Korrektionen sind die durch die Messsituation erforderlichen Reduktionen, wie z. B. die Laplace-Reduktion, die durch Lotabweichungen im Beobachtungsstandpunkt hervorgerufen werden, oder die Meridiankonvergenz (Kap. 1.4.2) zu berücksichtigen.[1]

Geht man davon aus, dass zur Winkelmessung Präzisionstachymeter benutzt werden, kann die besonders interessierende Querkomponente der Durchschlagabweichung im Schwankungsbereich von 5 bis 10 mm/km Zuglänge gehalten werden.

13.2.2.3 Punktvermarkungen

Zur Vermarkung der Festpunkte für einfache Bauabsteckungen verwendet man Materialien wie Steine, Rohre, Bolzen oder Pfähle (Abb. 2.1-7), die bereits in Kapitel 2.1 als Vermarkung für Lagepunkte genannt wurden. Bei höheren Genauigkeitsanforderungen sind diese Vermarkungen jedoch nicht ausreichend. Beispielsweise ist für die Vermarkung der Portalpunkte eines Tunnelnetzes oder der Basispunkte eines Brückennetzes die Errichtung eines *Messpfeilers* erforderlich. Ein Messpfeiler besteht aus einem Pfeilerrohr, welches mit armiertem Beton verfüllt ist. Das Pfeilerrohr ruht entweder in einem Betonfundament (Abb. 13.2-8) oder wird in einem Bohrloch durch die obere Erddeckschicht hindurch bis mehr als 2 m tief in den festen Untergrund eingelassen (Abb. 13.2-9). Durch ein Schutzrohr und durch Dämmmaterial zwischen beiden Rohren werden äußere Einflüsse, insbesondere die Sonneneinstrahlung, weitgehend vom Pfeilerrohr ferngehalten. Bei Pfeilergründungen in kritischen Gebieten, wie z. B. Flussniederungen, sollten Bodenmechaniker oder Geologen zurate gezogen werden. So können Tiefen bis 20 m erforderlich sein, bis man zum festen Untergrund gelangt und Hebungen bei Hochwasser vermieden werden. Auf der Kopffläche des Pfeilers ist eine Abschlussplatte angebracht, in deren Mitte in einer Vertiefung sich eine lotrecht einzementierte Zentrierhülse befindet. Nach Einschrauben einer Zentrierkugel in das Dreifußgewinde eines Instruments (Tachymeter, Reflektor) lässt sich die Kugel passgenau in die Öffnung der Hülse stecken und so das Instrument auf wenige Hundertstelmillimeter zwangszentriert aufstellen. Neben der hier beschriebenen *Zwangszentrierung* nach dem „Prinzip der Freiberger Kugel“ (Abb. 13.2-11) kann auch die Zentrierplatte der Firma KERN (Abb. 13.2-13) auf Pfeilern fest angebracht werden, die über Adapter auch die Verbindung zu Zwangszentriersystemen anderer Firmen erlaubt.

Mithilfe von *Adapter-Bolzen* (Abb. 13.2-10) lassen sich Vermessungspunkte an Bauwerken vermarken. Der Bolzen wird ins Mauerwerk einzementiert. Nachdem der Blindstopfen aus dem Innengewinde des Bolzens entfernt ist, kann je nach Vermessungsverfahren ein 100-mm-Adapter (Festlegung des Bezugspunktes zur Anzielung mit einem Tachymeter) oder ein Adapter für den 100-mm-Reflektor (elektrooptische Distanzmessung) eingeschraubt werden. Der Bezugspunkt der Vermarkung liegt also immer 100 mm vor dem Bolzenflansch. Der Adapter-Bolzen sollte mindestens ca. 1,3 m hoch eingebracht werden.

[1] Eine detaillierte Darstellung mit weiterführenden Literaturangaben findet sich bei *Heunecke, O. u. Liebl, W.* (2017).

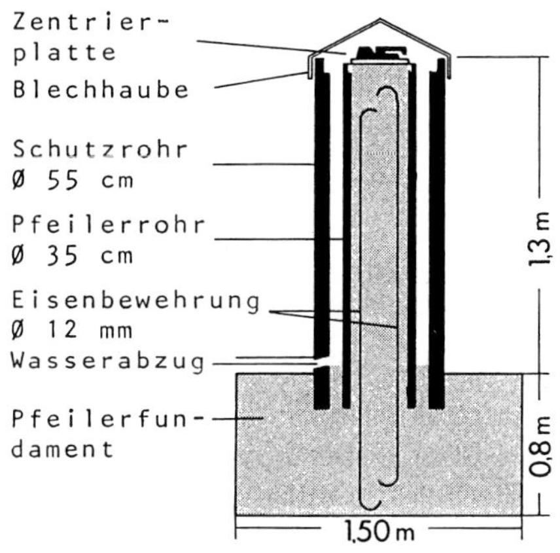

Abbildung 13.2-8: Messpfeiler mit Betonfundament

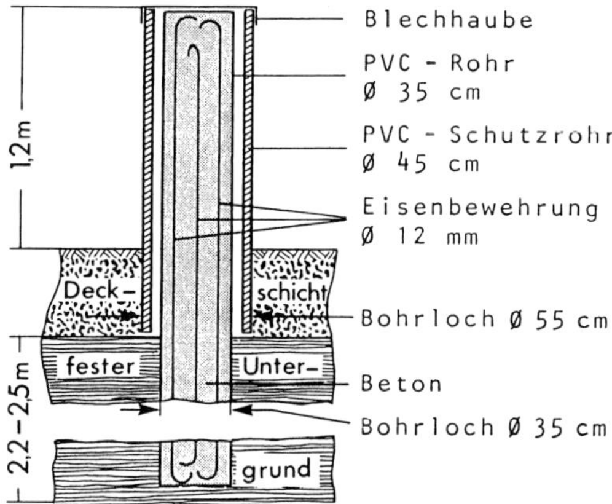

Abbildung 13.2-9: Messpfeiler im Bohrloch

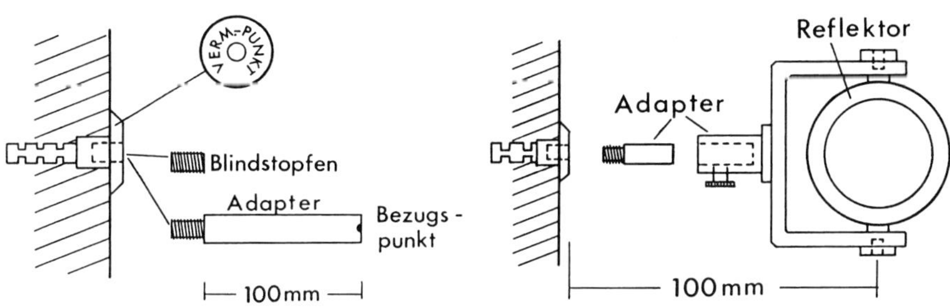

Abbildung 13.2-10: Im Mauerwerk einzementierter Bolzen mit 100-mm-Adapter und mit Reflektor-Adapter

Für Vermessungen im Bau- und Maschinenbereich, bei denen zur Aufstellung und Zentrierung von Instrumenten (Nivelliere, Theodolite, Distanzmesser, Lotgeräte oder Zielausrüstungen) kein Dreibein-Stativ verwandt werden kann, ist evtl. der Einsatz eines *Klemmstativs* möglich.

Zur Vermarkung von Zielpunkten an Bauwerken benutzt man *Zielmarken*, die mit Dübeln oder durch Kleben befestigt werden.

13.2.3 Absteckung von Gebäuden

Die Absteckung erfolgte früher häufig nach der Einbinde- und Orthogonalmethode (Kap. 2.2.1), bei der die Bauwerkspunkte lotrecht mit Rechtwinkelprisma, Messband und Fluchtstäben von einer Ausgangslinie aus abgesetzt wurden. Durch Einfluchten auf den Absteckungslinien ergaben sich weitere Punkte. Für eine Hausabsteckung benutzte man meist eine Grundstücksgrenze als Ausgangslinie, steckte von ihr aus die sich aus den einzuhaltenden Mindestabständen zu den Nachbargrundstücken ergebenden Zwangspunkte ab und bildete die Schnittpunkte der Hausfrontlinien zu *der* Nachbargrenze, zu der ein bestimmter

Abbildung 13.2-11: Zwangszentrierung mit Zentrierkugel

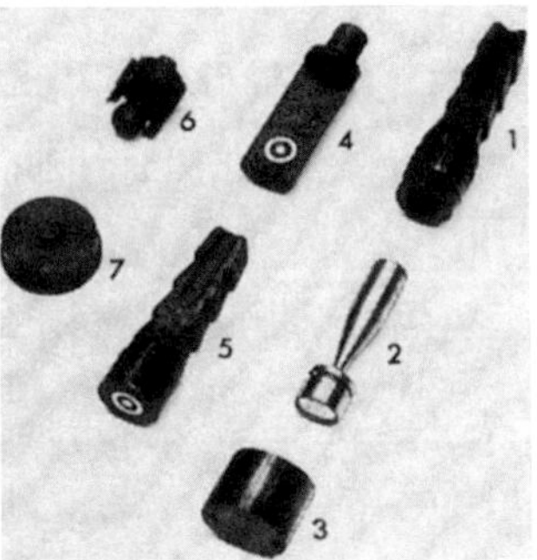

1 Zentrierhülse
2 Einstecklibelle zum Lotrechtstellen der Zentrierhülse
3 Deckel für Zentrierhülse
4 Einsteck-Zielmarke
5 Mauer-Zielbolzen
6 Zentrierkugel
7 Auflageteller

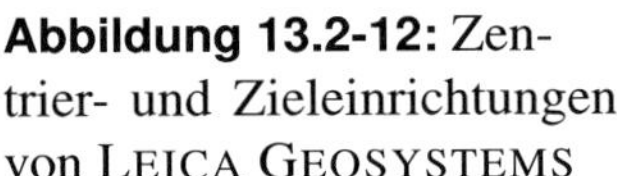

Abbildung 13.2-12: Zentrier- und Zieleinrichtungen von LEICA GEOSYSTEMS

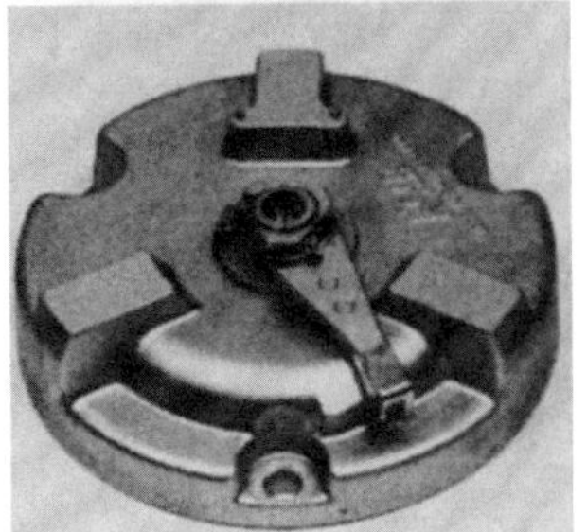

Abbildung 13.2-13: Zentrierplatten von KERN

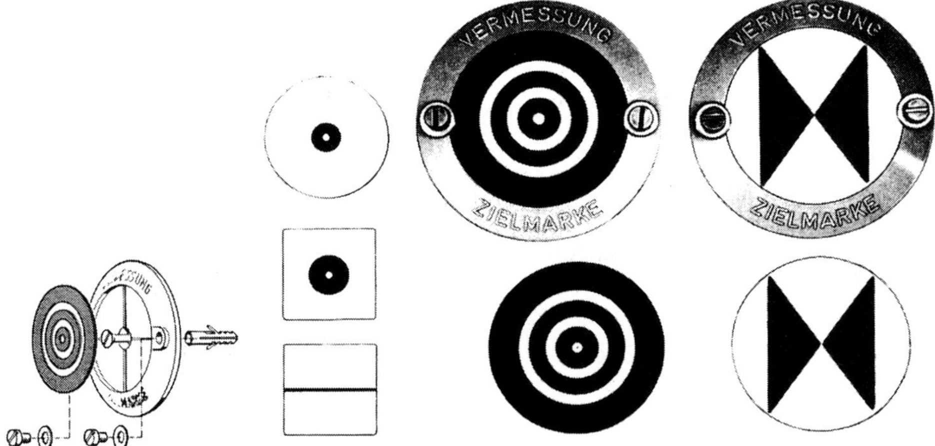

Abbildung 13.2-14: Dübelbefestigung einer Zielmarke und einige Zielmarkenausführungen von GOECKE

Mindestabstand eingehalten werden muss. Von diesen aus konnte dann die weitere Absteckung der Hauseckpunkte erfolgen. Anschließend vermarkte man die abgesteckten Punkte durch kleine Pfähle.

Für das Ausschachten der Baugrube kann man die Gebäudeeckpunkte zunächst roh abstecken und provisorisch durch Pfähle vermarken. Der Arbeitsraum wird vom Bauunternehmer je nach Bodenbeschaffenheit zugeschlagen. Die Feinabsteckung erfolgt dann nach Aushub der Baugrube.

Da mit dem Bau der Fundamente die Vermarkung der Gebäudepunkte verloren geht, werden zur Sicherung der Absteckung für die Dauer des Baues die Punkte auf *Schnurgerüste* „aufgeschnürt". Dazu werden parallel zu den Baufluchten in geeignetem Abstand von der Baugrube oder in der Baugrube, falls genügend Arbeitsraum vorhanden und die Standfestigkeit nicht gefährdet ist, Bretter horizontal an kräftige, fest in den Boden geschlagene Pfähle angenagelt. Durch Ausfluchten über die abgesteckten Gebäudeeckpunkte mithilfe von Schnurloten werden die Baufluchten auf die Oberkanten der Bretter übertragen und durch Kerben oder Nägel (um die Schnurbreite versetzt eingeschlagen) vermarkt. In die Kerben eingehängte oder um die Nägel gewickelte, von einem Schnurgerüst zum gegenüberliegenden Schnurgerüst gespannte und durch angehängte Ziegelsteine o. a. beschwerte Schnüre stellen nun die Baufluchten dar. Die Kreuzungspunkte der Schnüre realisieren die Eckpunkte. Die Schnüre dürfen sich nicht berühren. Durch zusätzliche Kerben oder Nägel auf den Schnurgerüstbrettern können auch Fundament- oder Sockelfluchten usw. dargestellt werden.

Die Bauwerksabsteckung erfolgt überlicherweise mit einem Tachymeter polar nach dem nachfolgend beschriebenen Verfahren, bei dem die Gebäudefluchten häufig direkt auf den Schnurgerüsten angegeben und durch eingehängte Schnüre sichtbar gemacht werden. Man

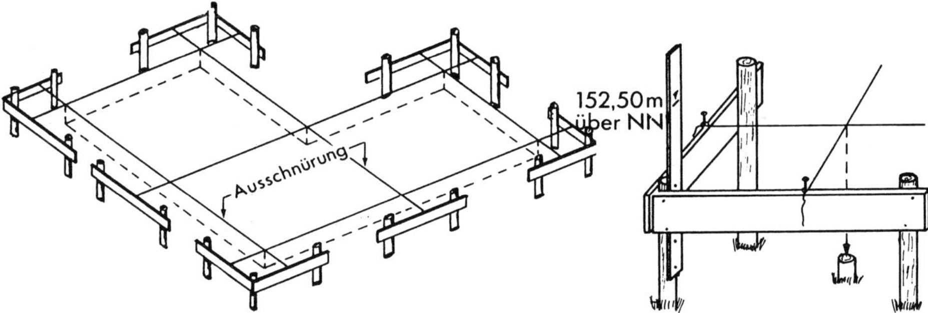

Abbildung 13.2-15: Sicherung der Absteckung durch Schnurgerüst

Abbildung 13.2-16: Schnurgerüst mit Höhenmarkierung

markiert dazu zuerst auf allen Schnurgerüstbrettern zwei Punkte mit Stiften im Abstand von 1 m bis 3 m so, dass die Flucht jeweils zwischen diesen beiden Punkten zu liegen kommt. Mithilfe einer speziellen Haltevorrichtung kann der Reflektor genau zentrisch über den Stiften befestigt werden, sodass man alle diese Gerüstpunkte von vorhandenen Fixpunkten aus polar einmessen und koordinatenmäßig bestimmen kann. Mit einem im Tachymeter implementierten Programm lassen sich anschließend die Geradenschnitte aller Fluchten mit den Verbindungsgeraden der jeweils zwei Gerüstpunkte sowie die Stichmaße (a, b, c, d, ...) zu den Schnittpunkten bestimmen. Die Stichmaße können nun mit einem einfachen Zollstock abgesetzt werden (Abb. 13.2-17).

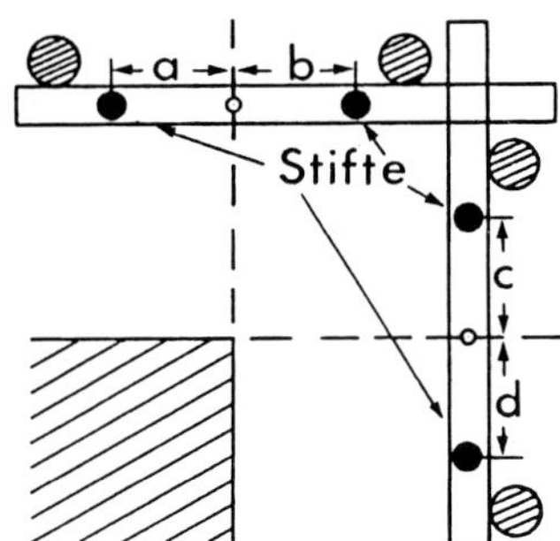

Abbildung 13.2-17: Direkte Bestimmung der Fluchtpunkte auf dem Schnurgerüst

13.2.3.1 Absteckung nach der Polarmethode

Hierfür müssen zuerst die polaren Absteckelemente, nämlich die Horizontalwinkel β_i und die Horizontalstrecken e_i, berechnet werden (siehe auch Kap. 2.2.2). Als Instrumentenstandpunkt wählt man einen günstig gelegenen vermarkten Punkt aus, z. B. für die Absteckung eines Wohnhauses den gemeinsamen Grenzpunkt derjenigen Grundstücksgrenzen, in deren Nähe das Gebäude errichtet werden soll. Voraussetzung ist jedoch, dass vom Standpunkt aus sowohl zu den für die Anschlussmessungen benötigten Grenzpunkten als auch zu den abzusteckenden Punkten im Baubereich freie Sicht besteht. Eventuell muss der Standpunkt verlegt und auf das Messungsliniennetz oder auf die Grundstücksgrenzen aufgemessen werden. Eine sorgfältige Auswahl, Einmessung und Vermarkung eines oder mehrerer Standpunkte ist erforderlich, wenn bei umfangreicheren Bauvorhaben während der ganzen Bauzeit Absteckungs- bzw. Kontrollmessungen erforderlich sind. Entsprechendes gilt für den Punkt bzw. die Punkte, die mit dem Standpunkt zusammen die Ausgangsrichtung für die Winkelmessung bilden.

Das Anschlussziel wird anvisiert und die Anschlussrichtung abgelesen bzw. ein Ausgangswert (0 gon oder der Richtungswinkel t bezogen auf die x-Richtung) eingestellt. Durch Addition der Winkel β_i zur Ausgangsrichtung ergeben sich die abzusteckenden Richtungen. Diese werden im Tachymeter eingestellt und mit dem Fernrohr in den Abständen e_i die abzusteckenden Punkte eingefluchtet. Der Reflektorträger wird am Zielpunkt iterativ so lange eingewiesen, bis die mit dem Tachymeter ermittelte Horizontalstrecke mit der Sollstrecke im Absteckungsplan übereinstimmt.

Beispiel 13.2.1: Polare Absteckung eines Wohnhauses mit dem Grenzpunkt A als Standpunkt und der Straßengrenze $(\overline{AB})$ als Ausgangsrichtung (x-Richtung) für die Horizontalwinkel β_i. Im örtlichen Koordinatensystem sind gegeben

$$y_M = y_N = (t - \frac{c}{2}) \quad \text{und} \quad y_H = y_K = y_L = (t - \frac{c}{2}) + b \,.$$

Lösung:

1) Auf dem Standpunkt A wird mit einem Tachymeter der Horizontalwinkel $\beta_{AC} = r_{AC} - r_{AB}$ gemessen.

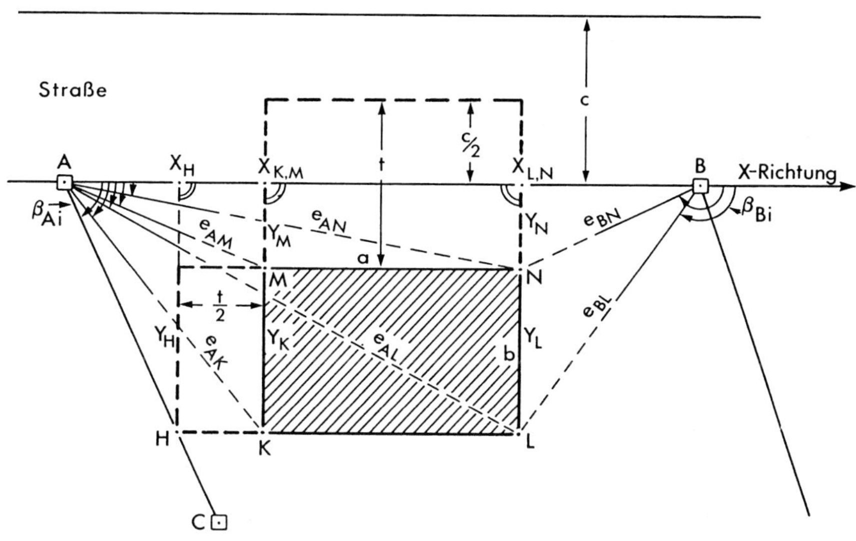

Abbildung 13.2-18: Absteckung nach der Polarmethode

2) Berechnung der Absteckelemente

$$x_H = y_H \cdot \cot\beta_{AC}$$

$$x_K = x_M = x_H + t/2 \quad ; \quad x_L = x_N = x_H + t/2 + a$$

$$\left.\begin{aligned} e_{Ai} &= \sqrt{y_i^2 + x_i^2} \\ \beta_{Ai} &= \arctan\frac{y_i}{x_i} \end{aligned}\right\} R \to P \qquad \begin{aligned} &\text{vgl. (2.15)} \\ &\text{vgl. (2.16)} \end{aligned}$$

mit i = Punkte H, K, L, M oder N.

3) Absetzen der Richtungen zu den Gebäudeecken $r_{Ai} = r_{AB} + \beta_{Ai}$;
Absetzen der Strecken e_{Ai} und Einfluchten in die Richtungen.
4) Vermarkung der abgesteckten Punkte.
5) Zur Kontrolle polare Aufmessung der Punkte von einem zweiten Standpunkt aus (z. B. vom Grenzpunkt B), Messen der Basis $\overline{AB}$, Berechnung der rechtwinkligen Koordinaten y_i', x_i' und Vergleich mit den Sollwerten y_i, x_i. Bei zu großen Differenzen muss die Absteckung korrigiert werden.

$$\beta_{BL} = 200 \text{ gon} - (r_{BA} - r_{BL})$$

$$\beta_{BN} = 200 \text{ gon} - (r_{BA} - r_{BN})$$

$$\beta_{BK} = 200 \text{ gon} - (r_{BA} - r_{BK})$$

$$\beta_{BM} = 200 \text{ gon} - (r_{BA} - r_{BM})$$

$$\beta_{BH} = 200 \text{ gon} - (r_{BA} - r_{BH})$$

$$\left.\begin{aligned} (y_i)' &= e_{Bi} \cdot \sin\beta_{Bi} \\ (x_i)' &= \overline{AB} + e_{Bi} \cdot \cos\beta_{Bi} \end{aligned}\right\} \mathrm{R} \to \mathrm{P} \qquad \begin{aligned} &\text{vgl. (2.11)} \\ &\text{vgl. (2.12)} \end{aligned}$$

$$(\beta_{AC})' = \arctan\frac{(y_H)'}{(x_H)'}$$

13.2.3.2 Absteckung durch Vorwärtsschnitt

Die Absteckung kann von den Endpunkten einer Basis $\overline{AB}$ aus entweder allein durch Winkelmessung oder allein durch Streckenmessung oder durch kombinierte Winkel- und Streckenmessung erfolgen. Vor Beginn der Absteckung müssen die Basispunkte auf ihre unveränderte, richtige Lage durch Messen der Entfernungen oder Winkel zu Kontrollpunkten überprüft werden.

Vorwärtsschnitt mit kombinierter Winkel- und Streckenmessung

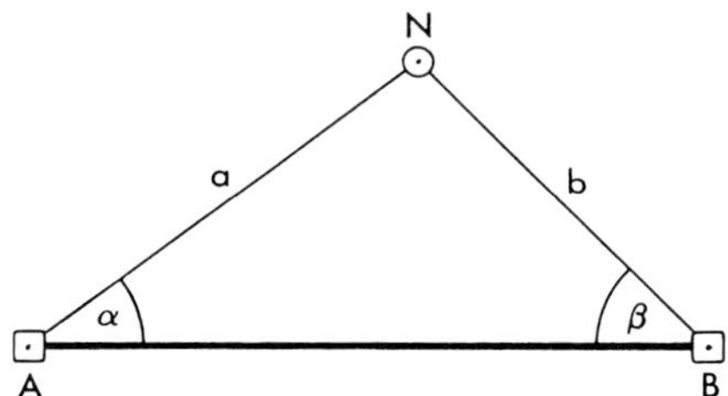

Abbildung 13.2-19: Absteckung durch Vorwärtsschnitt mit kombinierter Winkel- und Streckenmessung

Diese Aufgabe ist ein Sonderfall der polaren Absteckung. Hierbei werden die Neupunkte von zwei Standpunkten A und B aus mit den polaren Absteckelementen „Winkel" und „Strecke" mit einem Tachymeter (Kap. 5.2) abgesteckt. Die Absteckung vom zweiten Standpunkt dient aber hierbei nicht nur der Kontrolle, sondern soll auch eine Genauigkeitssteigerung bewirken. Zur Erreichung dieser höheren Genauigkeit müssen die Absteckungsstandpunkte A und B so ausgewählt werden, dass die Schnittstrahlen für die Neupunkte sich möglichst im Rechten Winkel schneiden (d. h., die Standpunkte dürfen nicht dicht beieinanderliegen, wie es bei der Kontrolle der einfachen polaren Absteckung vorkommen kann). Außerdem sollte auch hier ein Maßstabsfaktor q berücksichtigt werden, der sich aus dem Verhältnis der gemessenen Distanz $\overline{AB}$ zu der aus den Koordinaten von A und B berechneten ergibt:

$$q = \frac{\overline{AB}(ber)}{\overline{AB}(gem)}. \tag{13.1}$$

Bei einer kleinen Differenz zwischen den beiden Absteckungen wählt man als endgültige Neupunktlage den Mittelwert auf der Verbindungslinie zwischen beiden Absteckungspunkten.

13.2.3.3 Absteckung nach der Methode der Freien Standpunktwahl

Wenn das Baugelände von den Grenzpunkten oder sonstigen bekannten Festpunkten aus nur schlecht einzusehen ist oder Absteckungen im Rahmen eines größeren Bauvorhabens vorzunehmen sind, wird diese Methode vorteilhaft benutzt, weil der Instrumentenstandpunkt beliebig im Gelände so ausgewählt werden kann, dass gute Sichten (auch während des Baufortganges) bestehen. Bei gleicher Genauigkeit der Anschlusspunkte ist die optimale Lage für den Standpunkt im Schwerpunkt der Anschlusspunkte. Für spezielle Punktvermarkungen siehe Abbildung 13.2-10 bis 13.2-14. Weitere Einzelheiten sind in Kapitel 2.2.2.2 dargelegt.

Beispiel 13.2.2: Absteckung von einem frei gewählten Standpunkt aus
Auf einem Baugrundstück soll ein Gebäude (Eckpunkte $E1$ bis $E4$) von einem freien Standpunkt A aus abgesteckt werden (Abb. 13.2-20). Von den fünf Grenzpunkten des Grundstücks sind die Punkte 1, 4 und 5 überdeckt bzw. überwachsen. Der Grenzpunkt 2 kann von der südlichen Grundstückshälfte wegen Sichthindernissen nicht angemessen werden. Die Koordinaten der Hauseckpunkte 10, 11, 12 der benachbarten Gebäude sind bekannt bzw. zuvor häuslich berechnet worden. Durch Messung eines Rückwärtsschnittes zu den Gebäudeecken lassen sich die Standpunktkoordinaten genähert bestimmen, sodass die Messungselemente zum Abstecken und Aufsuchen der zwar verdeckten, koordinatenmäßig jedoch bekannten Grenzpunkte berechnet werden können. Nach endgültiger Bestimmung der Standpunktkoordinaten werden die Hauseckpunkte abgesteckt. Anschließend wird die Absteckung von einem zweiten freien Standpunkt B aus überprüft. Für die auszuführenden Berechnungen können bestehende Rechenprogramme benutzt werden, die in den meisten elektronischen Tachymetern bereits implementiert sind.

Koordinatenverzeichnis:

Pkt.	y [m]	x [m]	Bemerkungen
1	5 713,61	26 845,23	Grenzpunkte
2	5 737,24	26 846,12	
3	5 744,56	26 801,61	
4	5 723,87	26 801,49	
5	5 711,07	26 811,34	
10	5 754,90	26 822,78	Eckpunkte benachbarter Gebäude
11	5 708,74	26 802,98	
12	5 703,58	26 828,82	
E1	5 720,51	26 835,66	Eckpunkte des neu abzusteckenden Gebäudes
E2	5 732,50	26 835,17	
E3	5 731,93	26 821,18	
E4	5 719,94	26 821,67	

Arbeitsgang:

1) Auswahl eines günstig gelegenen Standortes für den Standpunkt A und Aufstellung des elektronischen Tachymeters bzw. Theodolits. Messung der Horizontalwinkel zu den Eckpunkten 10, 11 und 12 der benachbarten Gebäude. Berechnung von Näherungskoordinaten für den Standpunkt A durch Rückwärtsschnitt (Kap. 6.2.2).
Horizontalwinkelmessung:

Standpunkt	Zielpunkt	Richtungsablesung
A	12	82,763 gon
	10	242,226 gon
	11	22,293 gon

Berechnete Näherungskoordinaten für den Standpunkt A:

$$y'_A = 5\,731{,}59 \text{ m}; \qquad x'_A = 26\,817{,}08 \text{ m}.$$

Genäherte Orientierung:

o'_A = 242,51 gon = Richtungswinkel der Nullrichtung des Teilkreises.

Durch Addition der Orientierung o' mit den jeweiligen Richtungsablesungen ergeben sich die Richtungswinkel t^i_A vom Standpunkt A zu den Hauseckpunkten, z. B. t^{12}_A = 242,51 gon + 82,763 gon = 325,27 gon.

2) Berechnung der polaren Absteckelemente der Grenzpunkte 1, 4 und 5 aus den Koordinaten des Standpunktes und der Grenzpunkte. Anschließend Abstecken und Aufsuchen der Grenzpunkte.

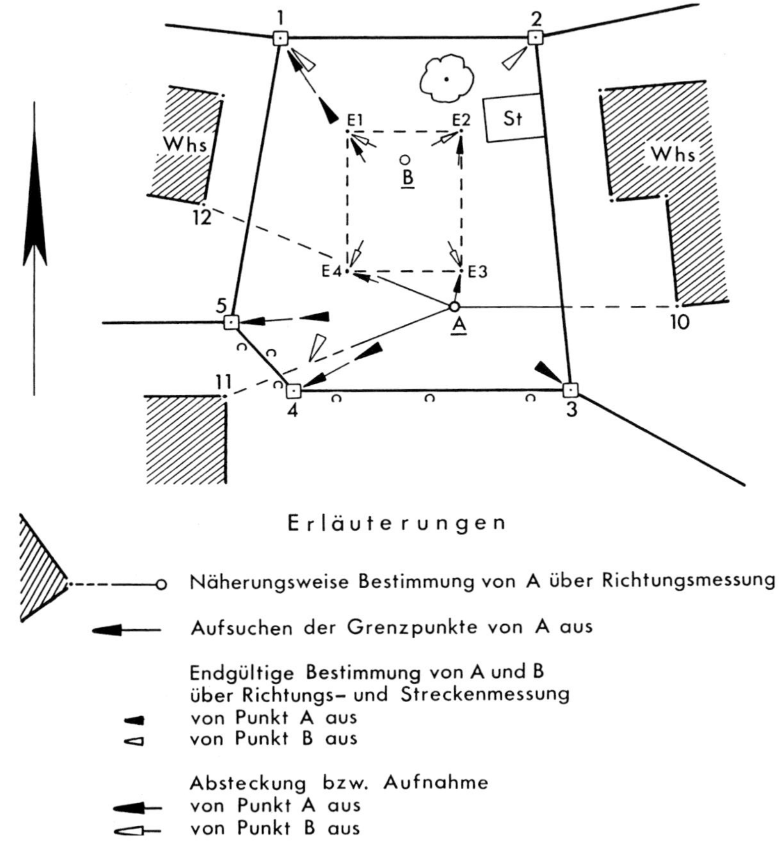

Abbildung 13.2-20: Absteckung eines Gebäudes nach der Methode der *Freien Standpunktwahl*

Standpunkt	Zielpunkt	Horizontalentfernung e_{Ai}	Richtungswinkel t^i_A	Richtungseinstellung am Teilkreis $r_i = t^i_A - o'_A$
A	1	33,39 m	363,82 gon	121,31 gon
	4	17,39 m	229,27 gon	386,76 gon
	5	21,30 m	282,64 gon	40,13 gon

Das Absetzen der Horizontalentfernungen erfolgt mit dem Distanzmesser iterativ. Nachdem der Messgehilfe mit dem Reflektorprisma genähert eingewiesen worden ist, wird die Schrägdistanz d gemessen und mit dem gleichfalls gemessenen Zenitwinkel z die Horizontalentfernung e ermittelt. Die Punktlage wird so lange korrigiert, bis die jeweils aus der Schrägdistanz und dem Zenitwinkel berechnete und im Display angezeigte Horizontalentfernung mit dem Sollwert übereinstimmt. Die unter einer Grasnarbe vorgefundenen Grenzsteine der Punkte 1, 4 und 5 standen korrekt. (Wenn ein Grenzstein schief steht oder nicht vorgefunden wird, kann der jeweilige Grenzpunkt nach Bestimmung der endgültigen Standpunktkoordinaten durch einen für Katastervermessungen Befugten exakt abgesteckt und neu vermarkt werden (Kap. 12).)

3) Bestimmung der endgültigen Koordinaten y_A und x_A des Standpunktes A durch kombinierte Richtungs-und Streckenmessung zu den Grenzpunkten 1, 3, 4 und 5. Da mehr als zwei Bestimmungsstücke für die beiden Unbekannten gemessen wurden, erhält man durch Ausgleichung nach der Methode der kleinsten Quadrate eindeutige Standpunktkoordinaten (siehe Literatur zu Kap. 14).
Messwerte:

Standpkt.	Zielpunkt	Richtung r_i [gon]	Schrägdistanz d_i [m]	Zenitwinkel z_i [gon]	Horizontalentfernung e_i [m]
A	1	121,385	33,335	101,213	33,329
	3	313,464	20,231	99,876	20,231
	4	386,830	17,485	102,314	17,473
	5	40,063	21,348	101,076	21,345

Ergebnisse der Ausgleichungsrechnung:
Endgültige Koordinaten des Standpunktes A

$$y_A = 5\,731{,}602 \text{ m}\,; \qquad x_A = 26\,817{,}164 \text{ m}$$

Endgültige Orientierung o_A = 242,328 gon

Die Ausgleichung ergab folgende Längs- und Querabweichungen, bezogen auf die Richtungen vom Standpunkt zu den Grenzpunkten, die eine Beurteilung der Lagegenauigkeit der Grenzpunkte und der Messgenauigkeit erlaubt.

Zielpunkt	Längsabweichung	Querabweichung
1	$+0{,}9$ cm	$-0{,}3$ cm
3	$+1{,}4$ cm	$-0{,}3$ cm
4	$+0{,}4$ cm	$+0{,}4$ cm
5	$-0{,}3$ cm	$+0{,}4$ cm

Demzufolge sind keine unerlaubten Abweichungen erkennbar. Der aus der Ausgleichung sich ergebende Maßstabsfaktor q = 1,0003 zwischen den gemessenen und berechneten Strecken wird bei der folgenden Berechnung der Absteckelemente berücksichtigt.

4) Berechnung der polaren Absteckelemente für die Gebäudeeckpunkte $E1$ bis $E4$ aus den Koordinaten des Standpunktes A und der Gebäudeeckpunkte. Anschließend erfolgt das Abstecken und Vermarken der Gebäudeeckpunkte.

Standpunkt	Zielpunkt	Horizontalentfernung e_{Ai}	Richtungswinkel t_A^i	Richtungseinstellung am Teilkreis $r_i = t_A^i - o_A'$
A	$E1$	21,561 m	365,609 gon	123,281 gon
	$E2$	18,023 m	3,171 gon	160,843 gon
	$E3$	4,028 m	5,185 gon	162,857 gon
	$E4$	12,499 m	323,470 gon	81,142 gon

Kontrollmessungen:

5) Bestimmung der Koordinaten eines zweiten Standpunktes B durch kombinierte Richtungs- und Streckenmessung zu den Grenzpunkten 1, 2 und 4.

Standpkt.	Zielpunkt	Richtung r_i [gon]	Schrägdistanz d_i [m]	Zenitwinkel z_i [gon]	Horizontalentfernung e_i [m]
B	4	67,318	31,982	99,353	31,980
	1	208,544	17,708	98,418	17,702
	2	305,459	16,558	97,418	16,544

Ergebnisse der Ausgleichungsrechnung:
Koordinaten des Standpunktes B

$$y_B = 5\,726,720 \;\; \text{m} \, ; \qquad x_B = 26\,833,340 \;\; \text{m}$$

Orientierung o_B = 138,360 gon

Zielpunkt	Längsabweichung	Querabweichung
4	$-0,3$ cm	$+0,2$ cm
1	$-0,4$ cm	$-0,3$ cm
2	$+0,2$ cm	$-0,1$ cm

Maßstabsfaktor q = 0,9999

6) Aufmessung der abgesteckten Gebäudeeckpunkte $E1$ bis $E4$ vom Standpunkt B aus.

Standpkt.	Zielpunkt	Richtung r_i [gon]	Schrägdistanz d_i [m]	Zenitwinkel z_i [gon]	Horizontalentfernung e_i [m]
B	$E1$	1 184,406	6,908	81,806	6,628
	$E2$	342,104	6,076	95,427	6,060
	$E3$	35,852	13,268	95,034	13,228
	$E4$	95,153	13,582	92,825	13,496

Berechnung der Koordinaten der Gebäudeeckpunkte und Vergleich mit den Sollkoordinaten.

Punkt	y_{Soll} [m]	y_{Ist} [m]	y_{Soll}-y_{Ist}	x_{Soll} [m]	x_{Ist} [m]	x_{Soll}-x_{Ist}
$E1$	5 720,51	5 720,512	$-0,2$ cm	26 835,66	26 835,660	0 cm
$E2$	5 732,50	5 732,497	$+0,3$ cm	26 835,17	26 835,171	$-0,1$ cm
$E3$	5 731,93	5 731,933	$-0,3$ cm	26 821,18	26 821,184	$-0,4$ cm
$E4$	5 719,94	5 719,940	0 cm	26 821,67	26 821,673	$-0,3$ cm

Die Absteckung ist durchgreifend verprobt, da sich keine unzulässigen Abweichungen zeigen.

13.2.4 Absteckung mit GNSS

Für Absteckungsaufgaben bei räumlich begrenzten Projekten ist das GNSS-Messverfahren gegenüber den Anwendungen in der Landesvermessung erst viel später eingesetzt worden, obwohl bei Großprojekten, wie z. B. beim Bau der Öresundbrücke, die Vorzüge dieser Methode schon früh erkannt wurden. Allerdings war hier auch eine wesentliche Forderung für die Anwendung dieses Verfahrens als RTK-Methode erfüllt: keine Abschattung durch Bäume oder Bauwerke. Auch beim Neubau von Autobahnen, Bundes- oder Landstraßen kann dieser Forderung weitgehend entsprochen werden, während bei kleinen Bauobjekten oftmals die Abschattungsproblematik den direkten Einsatz des GPS-Messverfahrens nicht erlaubt, weshalb in diesem Kapitel die kombinierte Absteckungsmethode von Tachymeter und GNSS vorgestellt werden soll.

Die bei einer RTK-Vermessung (Kap. 8.3, Kap. 8.4, Kap. 8.9) im freien Gelände erreichbare Genauigkeit für die Lage von etwa 1 – 2 cm lässt sich schnell und ohne großen Aufwand erreichen, weil lediglich die vorausberechneten Koordinaten der abzusteckenden Bauwerkspunkte in den Speicher des Rovers übernommen und dann auf die Baustelle durch Markieren übertragen werden müssen.

Da beim Absteckungsvorgang ständig ein Vergleich zwischen den vorausberechneten Koordinaten und den Koordinaten der momentanen Position erfolgt, muss permanent Funkkontakt zwischen der eigenen lokalen Referenzstation, die über einem bekannten Vermessungspunkt aufzubauen ist, und dem Rover bestehen. Die eigene Referenzstation kann eingespart werden, wenn z. B. die nächst gelegene Referenzstation des in Deutschland von den Vermessungsverwaltungen betriebenen Netzes von Referenzstationen *SAPOS*® (Kap. 8.4) benutzt wird. Sobald die Position erreicht ist, die den für einen Punkt vorausberechneten Koordinaten entspricht, ist der Absteckungsvorgang für diesen Punkt abgeschlossen. Für die anderen abzusteckenden Punkte wird ebenso verfahren.

Wenn wie häufig in der Praxis Baumbestand oder existierende Bebauung diese Vorgehensweise nicht zulässt, muss die kombinierte Methode gewählt werden. Die Situation vor Ort stellt sich oft so dar, dass eine große Zahl von Punkten abzustecken ist, eine GNSS-Referenzstation zur Verfügung steht, aber eine direkte Absteckung mit RTK wegen der speziellen Verhältnisse auf der Baustelle nicht möglich ist.

Falls eine `SmartStation` der Firma LEICA GEOSYSTEMS verfügbar ist, wird diese an einer geeigneten Stelle (ohne Abschattung) in der Nähe des zu errichtenden Bauwerks aufgebaut, und die Standpunktkoordinaten werden mit RTK bestimmt. Dann wird die `SmartStation` über einem zweiten, ebenfalls abschattungsfreien Punkt aufgebaut. Dessen Koordinaten werden über RTK ermittelt. Als Orientierung für die nun folgende Absteckung der Gebäudepunkte mit der Tachymetereinheit der Ausrüstung wird die Richtung zum ersten Standpunkt gemessen. Üblicherweise werden sich nicht von einem Standpunkt aus alle Punkte abstecken lassen, sodass ein weiteres Punktepaar bzw. Punktepaare oder Punktgruppen zu bilden sind.

Falls keine `SmartStation` zur Verfügung steht, kann auch mit einer Messausrüstung, die aus einem Tachymeter und einem GNSS-Empfänger besteht, ähnlich verfahren werden. Es muss dann der GNSS-Empfänger jeweils über beiden Punkten mithilfe je eines Stativs aufgebaut, die Koordinaten dieser Punkte über RTK bestimmt und der Empfänger gegen den Tachymeter über Zwangszentrierung ausgetauscht werden. Jetzt wird mit dem Tachymeter abgesteckt, in dem die Orientierung bezogen auf den zweiten Standpunkt erfolgt.

Eventuell vorhandene Grenzpunkte oder andere Vermessungspunkte sollten zur Kontrolle mit aufgemessen werden. Diese Punkte sind über eine Helmert-Transformation (Kap. 2.3.4, 8.6.3) in das Koordinatensystem umzurechnen, dass für die Absteckung benutzt wird.

13.3 Höhen-, Ebenheits- und Neigungsmessungen

13.3.1 Höhenanschluss

Sollen sich die Höhenangaben für ein Bauvorhaben (Geschosshöhen, Planungshöhen usw.) auf Normalhöhennull (NHN, Kap. 1.3.2) beziehen, vermarkt man in der Nähe des Bauwerks einen oder mehrere *Höhenfestpunkte* und bestimmt sie durch Festpunktnivellement mit Anschluss an (mindestens) zwei Höhenfestpunkte des *amtlichen Nivellementnetzes* (Kap. 4.1.5). Eventuelle Höhenänderungen eines Anschlusspunktes lassen sich lokalisieren, wenn an mindestens drei Festpunkten angeschlossen wird. Im Gegensatz zum amtlichen Lagefestpunktfeld ist die Genauigkeit des amtlichen Höhenfestpunktfeldes auch für präzise Höhenübertragungen bei Ingenieurvermessungen (von seltenen Ausnahmen abgesehen) ausreichend. Man wählt die Lage der neuen Höhenfestpunkte so, dass sie durch den Baubetrieb nicht beeinträchtigt werden können, und vermarkt sie in Mauerwerk oder festem Untergrund. Dabei sollte auch darauf geachtet werden, dass eine möglichst einfache Übertragung auf das Bauwerk möglich ist.

Bei größeren Bauvorhaben, wie z. B. Brücken, Stauanlagen oder Tunnel, ist die Anlage eines umfangreichen Netzes von Höhenfestpunkten erforderlich. Häufig werden die Lagefestpunkte so vermarkt, dass sie gleichzeitig auch als Höhenfestpunkte benutzt werden können. Allgemein richtet sich die Art der Vermarkung nach der geforderten Genauigkeit, verwendet man z. B. bei hohen Genauigkeitsansprüchen *Nivellementbolzen*, die in Beton, in festem Mauerwerk oder in fest und frostsicher gegründeten Nivellementpfeiler eingebracht werden (Abb. 1.3-3, 13.3-1 und 13.3-2).

Die Nivellementpfeiler sind rechtzeitig und weit genug von Baugruben entfernt zu vermarken, da sowohl vor Messungsbeginn die Setzung abgewartet als auch die Beeinflussung durch Massenentzug (Grundwasserabzug) vermieden werden muss.

Zur *einfachen Höhenvermarkung* dient die Kopffläche eines in einen Pfahl eingeschlagenen Nagels oder eine Höhenmarkierung an einem Schnurgerüst (Abb. 13.2-16). Für Präzisionsmessungen sind einbetonierte *Bolzen mit polierter Oberfläche* zu empfehlen.

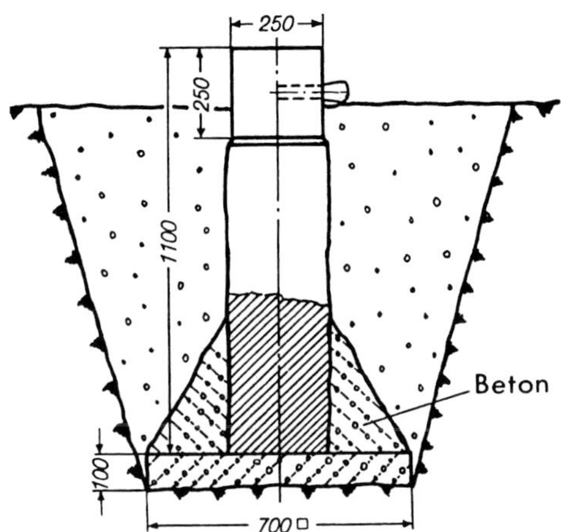

Abbildung 13.3-1: Nivellementpfeiler mit seitlich waagerecht eingelassenem Bolzen

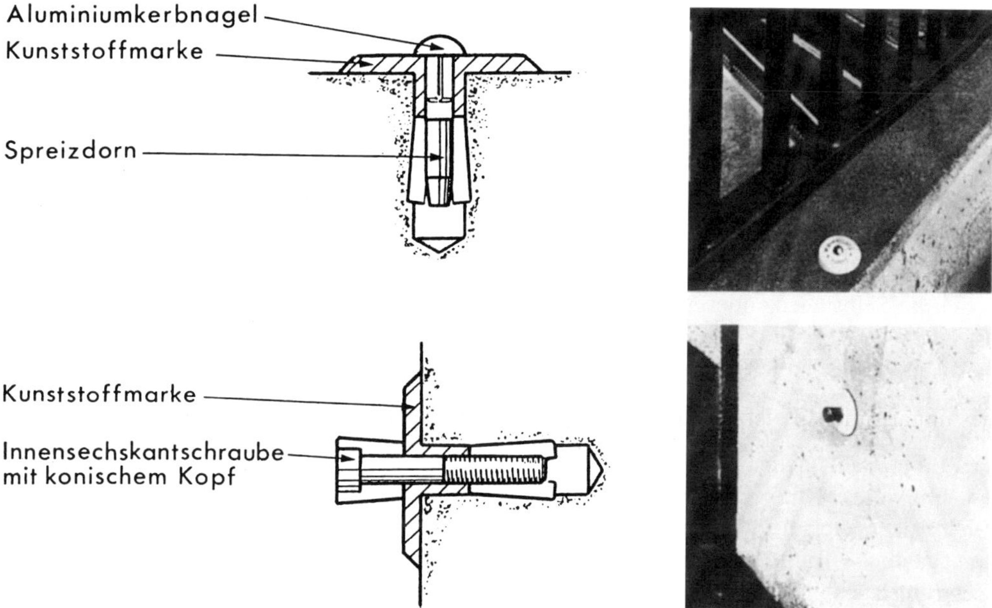

Abbildung 13.3-2: Vertikal und horizontal eingebaute Nivellementbolzen mit Kunststoffmarke von GOECKE

13.3.2 Instrumente zur Höhenmessung

Die Höhenmessung kann je nach Aufgabenstellung mit unterschiedlichen Geräten erfolgen. Für die meisten Aufgaben eignen sich *Nivellierinstrumente*, deren Aufbau, Genauigkeiten und Anwendungsmöglichkeiten in Kapitel 4.1 ausführlich beschrieben sind.

Für Fundament- und Estricharbeiten wird von Bauleuten eine *einfache Schlauchwaage* oder ein *Nivelliertaster* benutzt, deren Einsatzmöglichkeiten in Kapitel 4.2 angegeben sind.

13.3.2.1 Rotationslaser

Ebenfalls für Estricharbeiten, für das Gießen einer Decke, für Planierungsarbeiten, Einrichten von Schalungen und ähnliche Aufgaben lassen sich besonders rationell *Rotationslaserinstrumente* einsetzen, bei denen ein Laserstrahl durch die Rotation eines Umlenkprismas eine Bezugsebene erzeugt. Die Bezugsebene lässt sich mithilfe eines Kompensators horizontal (Abb. 13.3-3) oder auch gegen die Horizontale um einen festen Winkel geneigt ausrichten. Im Zielpunkt kann die Höhenlage des Laserstrahls durch einen *fotoelektrischen Detektor* erfasst werden. Somit können gleichzeitig an mehreren Stellen die Höhen beliebiger Gelände- oder Bauwerkspunkte übertragen oder kontrolliert werden (Flächennivellement, Kap. 7.3). Bei lotrechter Ausrichtung des Laserstrahls kann ein Rotationslaser auch für Lotungs- oder Fluchtungsaufgaben eingesetzt werden (Kap. 13.4.2). Auf weitere Anwendungen von Lasergeräten wird in Kapitel 13.5.3 eingegangen.

Als Beispiel für den *Aufbau und die Arbeitsweise von Rotationslasern* sei der Diodenlaser `QL320` der Firma QBL vorgestellt, der mit einer Halbleiterlaserdiode den Laserstrahl erzeugt (Abb. 13.3-5). Der von der Laserdiode ausgesandte Strahl erzeugt nach Umlenkung durch ein rotierendes Pentagonprisma eine Referenzebene. Der Rotationskopf, der Antriebsmotor und die Laserdiode sind zusammen mit zwei kreuzweise angeordneten Elektrolytlibellen an einer kardanisch gelagerten Platte montiert. Am äußeren Rahmen sind zwei Stellmotoren so befestigt, dass sowohl der äußere Rahmen wie auch die innere Platte waagerecht ausgerichtet werden können. Die von den Elektrolytlibellen kommende Spannung, mit der die Stellmotoren gesteuert werden, liegt so lange an, bis das System horizontiert ist. Ein elektronischer Regelkreis schaltet die Laserdiode erst dann ein, wenn die Rotationsachse durch die automatische Selbsthorizontierung mit einer Genauigkeit von besser als $\pm\ 10''$ lotrecht gestellt ist und außerdem die Sollumdrehungsgeschwindigkeit erreicht ist. Der relativ große Selbsthorizontierungsbereich von $\pm\ 7^\circ$ macht die sonst üblichen Fußschrauben entbehrlich. Der Laserstrahl des `QL 320` ist sichtbar. Im Außeneinsatz und bei größeren Entfernungen ist dennoch ein *Detektor* zu empfehlen. Nach Einrichtung bis auf 2,5 cm ober- oder unterhalb des Laserstrahls geben Pfeile in der Anzeige die Verschieberichtung des Detektors `QL314` an. Ein waagerechter Doppelbalken erscheint bei annähernder Zentrumslage, ein einzelner Lichtbalken gibt die genaue Zentrumslage an. Ein zuschaltbarer Tongeber gibt durch unterschiedliche Tonfrequenzen ebenfalls die Verschieberichtung und mit einem Dauerton die Zentrumslage an. Häufig wird aber der Detektor `Storm` eingesetzt, bei dem die Abweichung zum Sollniveau digital in mm abgelesen werden kann.

Neben diesem Instrument sei aus der Vielzahl der auf den Baustellen benutzten Rotationslasertypen das Gerät `TAL S` der Firma THEIS kurz erläutert, auch weil es wegen der Vorhorizontierung mithilfe der üblichen Fußschrauben einfach aufgebaut ist (Abb. 13.3-6 und Abb. 13.3-7). Wie bei dem zuvor beschriebenen Instrument wird auch bei diesem durch einen rotierenden sichtbaren Laserstrahl (635 nm) eine „Laserebene“ erzeugt, die bis zu ei-

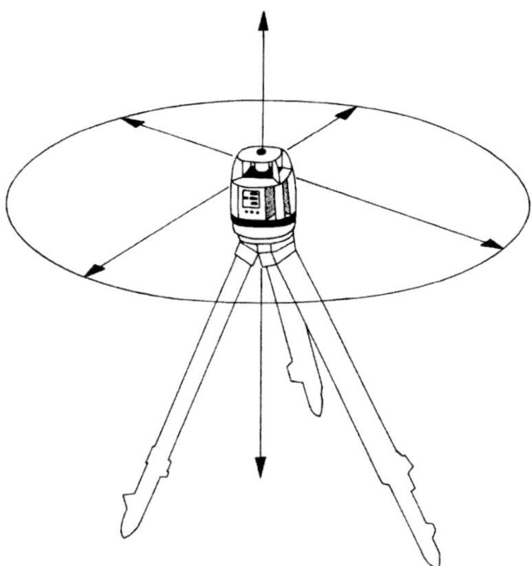

Abbildung 13.3-3: Horizontale Ebene erzeugt durch einen Rotationslaser

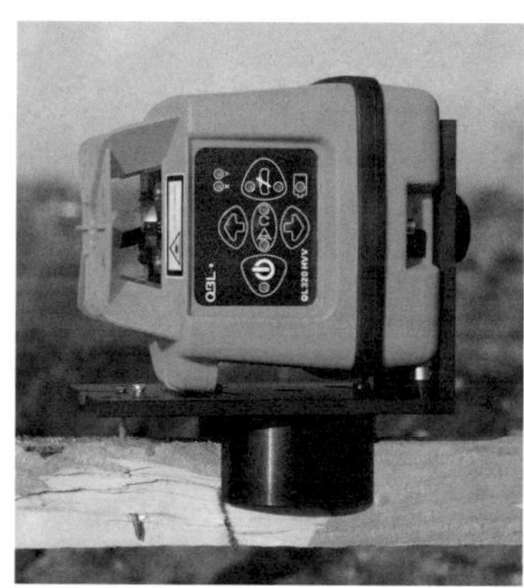

Abbildung 13.3-4: Rotationslaser von QBL `QL 320 HVV`

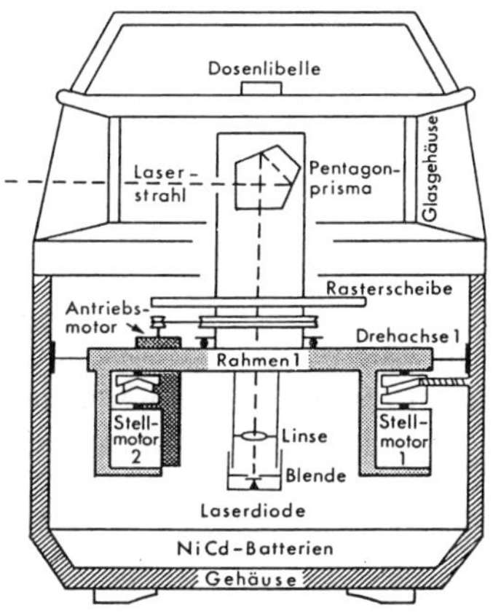

Abbildung 13.3-5: Vertikalschnitt durch den `QL 320`

ner Entfernung von 50 m vom Instrumentenstandpunkt aus ohne und bis 250 m mit einem Empfänger erfasst werden kann. Die Rotationsgeschwindigkeit kann zwischen 100 und 420 Umdrehungen/Minute gewählt werden.

Auch für dieses Instrument gilt, dass im vom Hersteller angegebenen Arbeitsbereich der durch den Kompensator lotrecht gerichtete Strahl und die durch das rotierende Pentagonprisma erzeugte Ebene für alle Distanzen sowie alle Neigungen der Rotationsachse horizontal sein muss. Diese Bedingung ist, wenn von den kleinen Abweichungen, die im Genauigkeitsrahmen des Herstellers liegen, abgesehen wird, in gewissen Zeitabständen zu überprüfen (Kap. 13.3.2.2).

Abbildung 13.3-6: Rotationslaser THEIS `TAL S`

Um eine geneigte Ebene eines bestimmten Winkels zu erzeugen, ist der konstruktive Aufwand für das Rotationslaserinstrument erheblich höher als bei den beiden bisher vorgestellten Geräten. Am Beispiel des TOPCON `RL - HIS` Rotationslaser soll dies erläutert werden (Abb. 13.3-8). Der Neigungs-Schrittmotor übermittelt den Schritt, der einem bestimmten Winkelwert entspricht, an die sogenannte elektronische Libelle (Elektrolytlibelle). Wenn diese Libelle geneigt ist, wird der Winkel zur Horizontalen mithilfe des elektrischen Ausgangssignals der Libelle gemessen, und die optische Laserachse gemäß dem eingestellten Winkelwert mithilfe der Rückkopplungsschleife zwischen dem Schrittmotor für die Horizontale und der eingestellten Neigung der Libelle geneigt.

Rotationslaser können auch als Steuerungshilfe zum Führen von Baumaschinen, z. B. im Straßen-, Garten-, Landschafts- und Sportplatzbau für Drainagen und Aushube, Aufschüttungen, Fein- und Grobplanierungen, eingesetzt werden (Abb. 13.3-9). Dazu wird ein Rundum-Detektor mithilfe eines Rohrmastes an der zu steuernden Maschine angebracht, z. B. auf dem

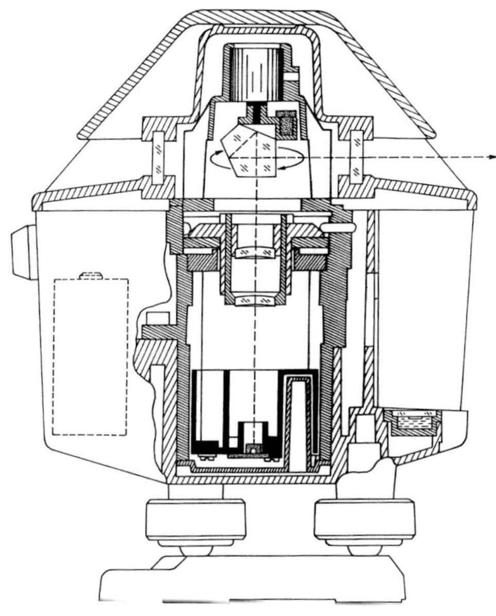

Abbildung 13.3-7: Schnittzeichnung des THEIS TAL S

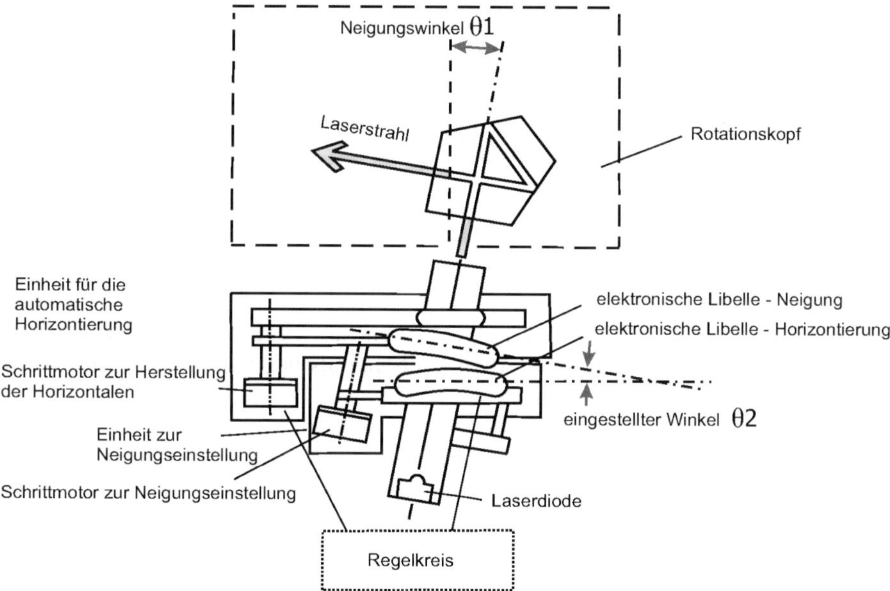

Abbildung 13.3-8: Messprinzip des TOPCON RL – HIS auf der Basis von Schrittmotoren und elektronischen Libellen

Schneidewerkzeug einer Planierraupe, eines Baggers oder eines Graders. Die von dem außerhalb des Fahrbereichs aufgestellten Rotationslaser erzeugte horizontale Laserebene wird vom Detektor erfasst, der die Steuersignale „zu hoch", „zu tief" oder „auf Höhe" über eine Fernanzeige zur manuellen Steuerung an den Baumaschinenführer gibt. Hat die Maschine Elektro-Magnetventile, kann die Höhensteuerung auch vollautomatisch erfolgen. Mit zwei Detektoren auf der rechten und linken Seite einer Schar kann diese mit einer gewünschten Querneigung gefahren werden. Verfügt der Rotationslaser zusätzlich über die Möglichkeit, die Laserebene in bestimmter Richtung einstellbar zu neigen, ist dies für Drainage- und Planierarbeiten vorteilhaft, bei denen leichte Neigungen gefordert sind.

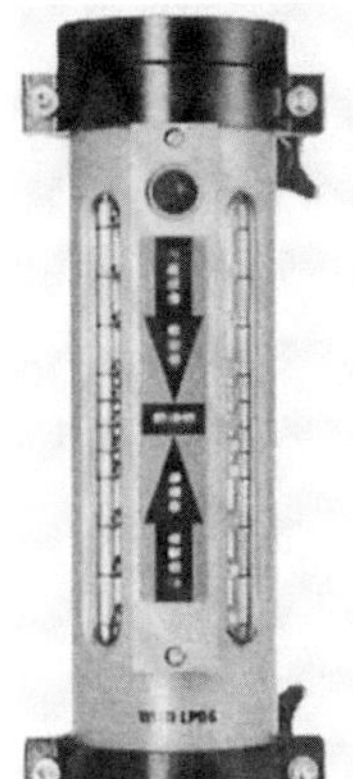

Abbildung 13.3-9: Rundum-Detektor und Steuerung einer Planierraupe mit Rotationslaser

13.3.2.2 Prüfung von Rotationslasern

Bekanntlich gibt es keine perfekten Messsysteme mit absoluter und konstanter Genauigkeit, weshalb jedes Instrument in gewissen Zeitintervallen zu prüfen ist (vgl. Kap. 5.3.2 „Kalibrieren elektrooptischer Distanzmesser"). Dementsprechend sind auch Rotationslaser regelmäßig zu überprüfen. Die auf Unvollkommenheiten bei den mechanischen, optischen und elektronischen Komponenten zurückzuführenden Messabweichungen lassen sich durch Justieren in den von den Herstellern vorgegebenen Grenzen halten. Dies setzt aber geeignete Prüfverfahren und die Kenntnis der Ursachen über die instrumentell bedingten und in der Regel sich systematisch auswirkenden Abweichungen voraus. Hier sind vor allem die proportional zur Entfernung sich auswirkende *Horizontabweichung*, auch als *Horizontschiefe* bezeichnet, und eine Abweichung, welche die Form eines Kegels annimmt, zu erwähnen.

Die durch den rotierenden Laserstrahl aufgespannte Ebene (Abb. 13.3-3) kann gegenüber einer idealen Horizontalebene um einen kleinen Winkel geneigt sein. Diese Abweichung wird entweder durch einen nicht exakt arbeitenden Kompensator oder durch die nicht richtig in ihrer Lage justierte Laserdiode hervorgerufen. Da die hierdurch bedingte Abweichung mit zunehmender Distanz vom Instrument anwächst, gibt es gemäß Abbildung 13.3-10 zwei Punkte, in denen die Abweichung ein positives und ein negatives Maximum annimmt, und zwei Punkte, in denen sich beide Ebenen schneiden.

Der lotrecht ausgerichtete Laserstrahl wird durch ein Pentagonprisma rechtwinklig in die Horizontale umgelenkt. Falls der Umlenkwinkel infolge von Schliffabweichungen des Prismas nicht genau 90° beträgt, wird bei der Rotation des Prismas durch den Laser keine Ebene, sondern eine Fläche in Form eines Kegelmantels aufgespannt, deren Mittelpunkt sich in der Rotationsachse befindet (Abb. 13.3-11). Diese *Kegelabweichung*, auch *Ablenkabweichung* genannt, wird mit zunehmender Distanz vom Instrument größer.

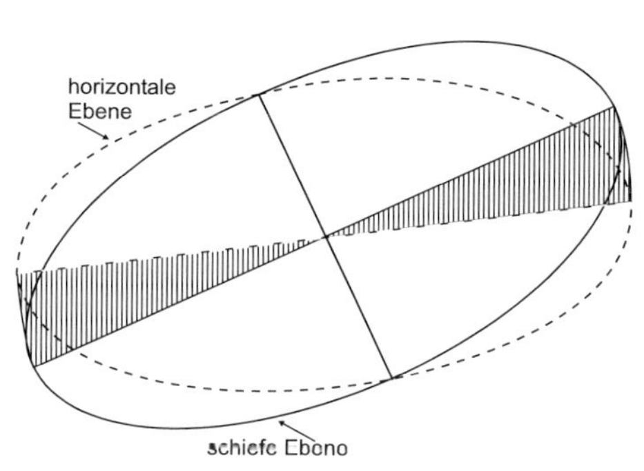

Abbildung 13.3-10: Horizontschiefe

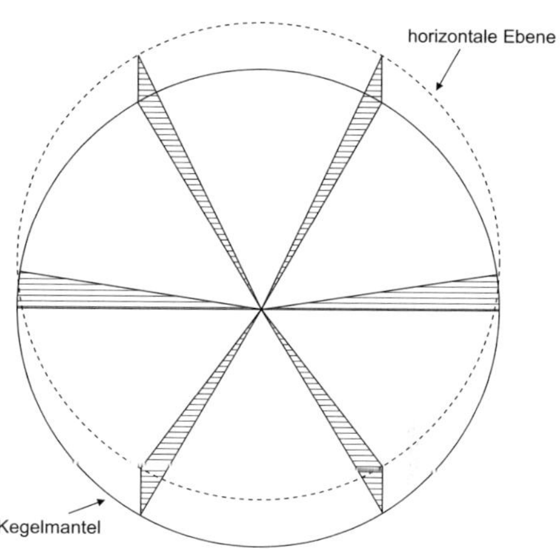

Abbildung 13.3-11: Kegel- bzw. Ablenkabweichung

Die Prüfung zur Bestimmung der Horizontschiefe und der Ablenkabweichung erfolgt in einem gemeinsamen Verfahren, weil sich beide Einflüsse nicht unmittelbar trennen lassen. Der Prüfprozess wird üblicherweise auf die horizontale Anwendung beschränkt, kann aber, je nach Instrumententyp, auch für die vertikale oder geneigte Applikation durchgeführt werden.

Hier soll aber nur die für den horizontalen Gebrauch nach DIN 18723-8 gebräuchliche Prüfmethode (Abb. 13.3-12) behandelt werden, wozu das Instrument auf einem Stativ mit der vom Hersteller vorgesehenen Genauigkeit horizontiert werden muss. Gemäß Abbildung 13.3-13 treten drei Abweichungen (a, b_1, b_2) auf, die auf eine Lattenablesung bei einer Zielweite von 40 m bezogen werden. Der Einfluss der Abweichungen auf die einzelnen Lattenablesungen hängt von der Instrumentenorientierung und vom Abstand ab. Unter „Lattenablesung" ist die an einem Maßstab, z. B. an einer Nivellierlatte, abgelesene Höhe eines Detektors oberhalb des Aufstellpunktes und unter „Zielweite" der Abstand vom Instrument zum Detektor zu verstehen. Wenn keine Präzisionsanalyse beabsichtigt ist, reicht es aus, auf den Instrumentenstandpunkten A, B und C je eine Messreihe zu beobachten.

Das Prüffeld besteht aus zwei Lattenstandpunkten im Abstand von 40 m. Sie werden für die Dauer der Messung markiert und mit zwei Latten **I** und **II** bestückt. Die Höhen der Laserstrahlebenen auf den drei Instrumentenstandpunkten A, B und C werden jeweils an den beiden Latten abgelesen. Die Abstände von den Instrumentenstandpunkten zu den beiden Latten sind gemäß Abbildung 13.3-12 zu wählen.

Die Ablesungen an den beiden Latten sind für jeden Instrumentenstandpunkt viermal durchzuführen, wobei das Instrument nach jeder Ablesung jeweils um 90° gedreht wird. Auf jedem

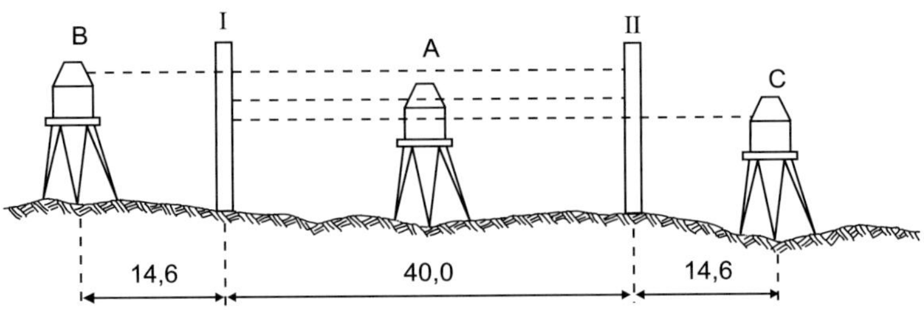

Abbildung 13.3-12: Messanordnung zur Prüfung von Rotationslasern

Standpunkt ist das Instrument immer in derselben Orientierung aufzustellen, damit die Instrumentenabweichungen immer in dieselbe Himmelsrichtung weisen. Die Drehrichtung ist beizubehalten. Die Richtungen sollten in Übereinstimmung mit den eventuell vorhandenen Achsen des Instruments gewählt werden. Bei jeder Instrumentenaufstellung ist sorgfältig neu zu horizontieren. Wenn das Instrument Kompensatoren hat, muss deren einwandfreies Arbeiten sichergestellt sein. Die vier Instrumentenorientierungen auf den drei Standpunkten und die Nummerierung der zwölf Messungen sind in Abbildung 13.3-14 im Grundriss dargestellt.

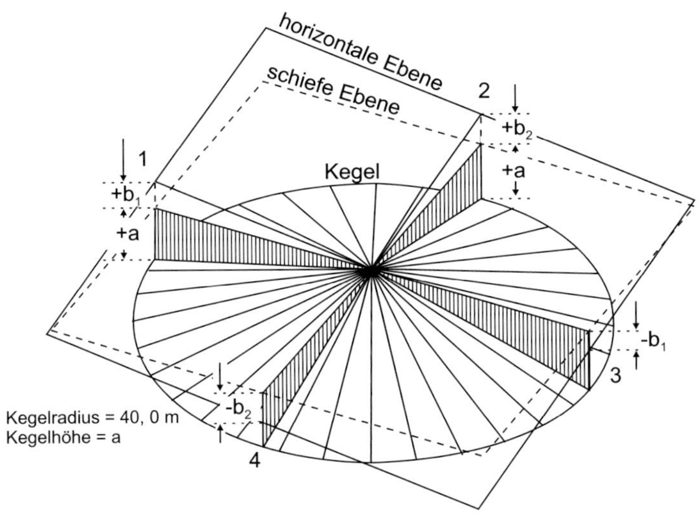

Abbildung 13.3-13: Horizontschiefe und Ablenkabweichung

Die *Horizontschiefe b* mit den zueinander senkrechten Komponenten b_1 und b_2 und die *Ablenkabweichung a* (Abb. 13.3-13) werden auf eine Lattenablesung mit 40 m Zielweite bezogen. Der Einfluss der Horizontschiefe und der Ablenkabweichung auf die einzelnen Lattenablesungen hängt vom Abstand und der Instrumentenorientierung (Richtung 1, 2, 3 oder 4) ab. Um die Ablenkabweichung a aufdecken zu können, werden für das Prüfverfahren auch stark unterschiedliche Zielweiten vorgesehen, denn bei gleichen Zielweiten und diametralen

Lattenaufstellungen wird der Einfluss von a durch die Differenzbildung der Lattenablesungen $l = l^I - l^{II}$ eliminiert und ist dann nicht erkennbar.

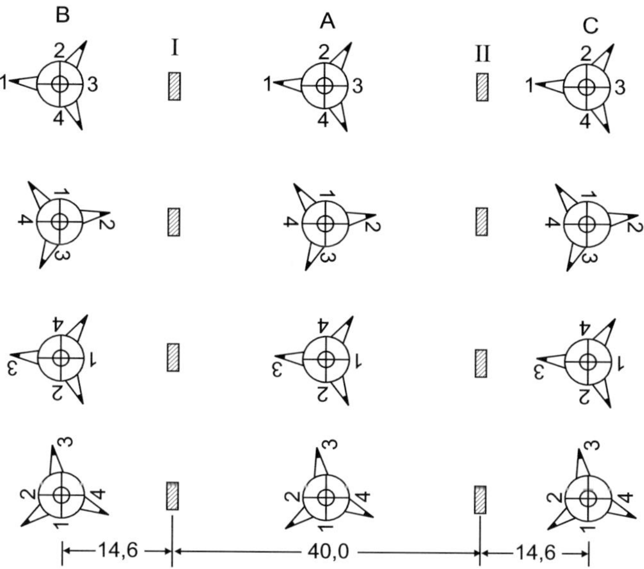

Abbildung 13.3-14: Schema der Instrumentenaufstellungen

Bei Aufstellung auf Punkt A (Zielweite 20 m) und einem Abstand der beiden Nivellierlatten von 40 m hat der einmal gemessene Höhenunterschied l wegen

$$\sigma_l = \sqrt{\left(\tfrac{20}{40}\sigma_{40}\right)^2 + \left(\tfrac{20}{40}\sigma_{40}\right)^2} = \frac{\sigma_{40}}{\sqrt{2}}$$

das Gewicht

$$p = \frac{(\sigma_{40})^2}{(\sigma_l)^2} = 2\,. \tag{13.2}$$

Die Abstände 14,6 m bzw. 54,6 m für die Aufstellungen auf Punkt B oder C sind so gewählt, dass sich ein Gewicht von $p = 0,5$ für die Differenz $l = l^I - l^{II}$ der beiden Lattenablesungen ergibt.

Nachfolgend ist nur die vereinfachte Messungsanordnung und Auswertung zur Überprüfung der Funktionsfähigkeit des Rotationslasers dargestellt. Die Aufstellung des Instruments erfolgt hierbei nur auf den Standpunkten A und B, wobei sich aus den jeweils vier Ablesungen an den Latten **I** und **II** mit den Quasi-Beobachtungen

$$l_i = l_i^I - l_i^{II}\,, \quad i = 1, \ldots, 8 \tag{13.3}$$

die *Parameter* h, b_1, b_2 und a ergeben:

$$h = \frac{1}{4}[l_1 + l_2 + l_3 + l_4]; \tag{13.4}$$

$$b_1 = \frac{1}{5}[2(-l_1 + l_3) + 0,5(-l_5 + l_7)]; \tag{13.5}$$

$$b_2 = \frac{1}{5}[2(+l_2 - l_4) + 0,5(+l_6 - l_8)]; \tag{13.6}$$

$$a = \frac{1}{4}[-l_1 - l_2 - l_3 - l_4 + l_5 + l_6 + l_7 + l_8]. \tag{13.7}$$

Der Aussagewert einer solchen vereinfachten Überprüfung ist natürlich geringer als beim vollen Verfahren, dessen Formeln und Berechnungen DIN 18723-8 entnommen werden können. Mit dem vereinfachten Verfahren kann die Präzision der Höhenmessungen des Rotationslasers nur grob abgeschätzt werden. Mit den *Verbesserungen* v_i:

$$\begin{aligned} v_1 &= h - b_1 - l_1, & v_5 &= h - b_1 + a - l_5 \\ v_2 &= h + b_2 - l_2, & v_6 &= h + b_2 + a - l_6 \\ v_3 &= h + b_1 - l_3, & v_7 &= h + b_1 + a - l_7 \\ v_4 &= h - b_2 - l_4, & v_8 &= h - b_2 + a - l_8 \end{aligned} \tag{13.8}$$

und der gewichteten Quadratsumme der Verbesserungen

$$p \cdot v^2 = 2\sum_{i=1}^{4} v_i^2 + 0,5\sum_{i=5}^{8} v_i^2 \tag{13.9}$$

ergibt sich die *Standardabweichung s einer Höhenablesung über 40 m Zielweite*:

$$s = \sqrt{\frac{p \cdot v^2}{8-4}} = \sqrt{\frac{p \cdot v^2}{4}}. \tag{13.10}$$

Beispiel 13.3.1: Berechnung der Justierungsparameter h, b_1, b_2 und a eines Rotationslasers sowie die Standardabweichung s einer Höhenablesung über 40 m Zielweite

Standpunkt	i	l^I	l^{II}	l	p	h $(+)l$	b_1 $(\pm)p \cdot l$	b_2 $(\pm)p \cdot l$	a $(\pm)l$
A	1	1,537	1,779	−0,242	2	−0,2420	+0,4840		+0,2420
	2	1,536	1,780	−0,244	2	−0,2440		−0,4840	+0,2440
	3	1,535	1,783	−0,248	2	−0,2480	−0,4960		+0,2480
	4	1,536	1,783	−0,247	2	−0,2470		+0,4940	+0,2470
B	5	1,352	1,596	−0,244	0,5		+0,1220		−0,2440
	6	1,352	1,600	−0,248	0,5			+0,1240	−0,2480
	7	1,353	1,604	−0,251	0,5		−0,1255		−0,2510
	8	1,353	1,601	−0,248	0,5			−0,1240	−0,2480
					Σ	−0,9810	−0,0155	+0,0060	−0,0100

$h = -0,2453$ m, $b_1 = -0,0031$ m, $b_2 = 0,0012$ m, $a = -0,0025$ m

Stand-punkt	i	p	v [mm]	$p \cdot v^2$ [mm^2]
A	1	2	$-0,15$	$0,045$
	2	2	$-0,05$	$0,005$
	3	2	$-0,35$	$0,245$
	4	2	$+0,55$	$0,605$
B	5	$0,5$	$-0,65$	$0,211$
	6	$0,5$	$+1,45$	$1,051$
	7	$0,5$	$+0,15$	$0,011$
	8	$0,5$	$-0,95$	$0,451$
			Σ	$2,625$

Die Standardabweichung $s = \sqrt{2,625/4} = 0,8$ mm stellt nur eine grobe Abschätzung der Präzision dar, da sie nur mit vier Freiheitsgraden bestimmt ist.

13.3.3 Höhenmessungen in und an Bauwerken

13.3.3.1 Turmhöhenbestimmung

Falls die für die Höhenbestimmung notwendige Distanz vom Standpunkt zum Zielpunkt nicht direkt berührungslos gemessen werden kann, muss diese indirekt aus einem horizontalen oder vertikalen Hilfsdreieck abgeleitet werden. Dies trifft bei der Höhenbestimmung von Türmen und anderen großen Bauwerken zu, weshalb ein derartiges Verfahren als *„Turmhöhenbestimmung“* bezeichnet wird. Im Folgenden soll daher unter der Bezeichnung „Turm“ auch jedes andere Bauwerk, dessen Höhe zu bestimmen ist, verstanden werden. Die Messung erfolgt zu einem Punkt am Bauwerk, z. B. zum Knauf an der Spitze eines Mastes, zu einer Dachkante oder zu einem anderen markanten und von verschiedenen Richtungen aus identifizierbaren Punkt.

Turmhöhenbestimmung mit *horizontalem Hilfsdreieck*

Zunächst legt man vor dem Turm eine Basis $\overline{AB}$ an und vermarkt ihre Endpunkte. Ihre Lage wähle man so, dass die Basis eine Länge von ca. dem dreifachen Betrag der Turmhöhe besitzt und der Abstand zwischen Turm und Basismitte ungefähr der einfachen Turmhöhe entspricht (Abb. 13.3-15). Die Länge der Basis wird mit einem Tachymeter auf wenige Millimeter genau bestimmt, weil ihre Genauigkeit einen großen Einfluss auf die Genauigkeit der Turmhöhenbestimmung ausübt. Zur allgemeinen Genauigkeitssteigerung sowie zur Messungs- und Rechenkontrolle legt man ein zweites Hilfsdreieck an, das einen der Standpunkte (z. B. Punkt A) und den Zielpunkt (die Turmspitze T) gemeinsam mit dem ersten Hilfsdreieck umfasst. Wenige Meter neben dem zweiten Standpunkt B_1 vermarkt man zusätzlich einen dritten Standpunkt B_2 und misst mit einem Tachymeter von den Standpunkten zum Zielpunkt jeweils in einem Satz die Horizontalwinkel $(\alpha_1, \alpha_2, \beta_1, \beta_2)$ sowie die Zenitwinkel (z_A, z_{B_1}, z_{B_2}). Die Messung in zwei Fernrohrlagen ist hier besonders wichtig, damit die bei steilen Visuren sich stärker auswirkenden Kipp- und Zielachsfehler eliminiert werden.

Falls die Höhenübertragung nur von einem einzigen Punkt aus erfolgen soll, werden auch nur auf diesem Punkt die Zenitwinkel und die Kippachshöhe gemessen. Bei der Zenitwinkel messung sollte dann jedoch der Zielpunkt mit allen drei Horizontalstrichen des Strichkreu-

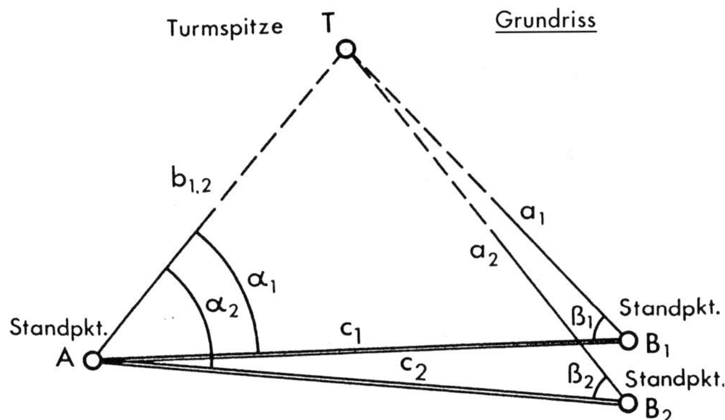

Abbildung 13.3-15: Turmhöhenbestimmung mit horizontalen Hilfsdreiecken im Grundriss

zes nacheinander eingestellt, abgelesen und die Ergebnisse zum Mittelwert zusammengefasst werden. Weil die horizontalen Hilfsdreiecke hier lediglich der Bestimmung der Strecke $\overline{AT} = b$ dienen, wählt man die Länge der Basis besser so, dass die Bestimmungsstrahlen im Zielpunkt T rechtwinklig aufeinander stehen.

Der Zielpunkt T muss scharf definiert sein und darf nicht schwanken, weil sonst die Ergebnisse verfälscht werden. Zum Beispiel ist die Spitze einer im Winde schwankenden Fahnenstange auf einem Turm als Zielpunkt ungeeignet.
Rechenformeln zur Dreiecksauflösung nach Sinussatz:

Gemessen: Horizontalentfernungen c_1 und c_2
Horizontalwinkel α_1, α_2, β_1 und β_2

Gesucht : Horizontalentfernungen a_1, a_2 und b

$$a_1 = c_1 \cdot \frac{\sin \alpha_1}{\sin(\alpha_1 + \beta_1)} \; ; \qquad a_2 = c_2 \cdot \frac{\sin \alpha_2}{\sin(\alpha_2 + \beta_2)}$$

$$b_1 = c_1 \cdot \frac{\sin \beta_1}{\sin(\alpha_1 + \beta_1)} \; ; \qquad b_2 = c_2 \cdot \frac{\sin \beta_2}{\sin(\alpha_2 + \beta_2)}$$

$$b = \frac{1}{2} \cdot (b_1 + b_2) \tag{13.11}$$

Die *Höhen der Basisendpunkte* ergeben sich durch ein Nivellement entweder von einem Höhenfestpunkt aus (= Anschluss an Normalnull) oder von einem Punkt am Fuße des Bauwerks (= relative Turmhöhenbestimmung). Durch Addition der Instrumentenhöhen i_A, i_{B_1}, i_{B_2} erhält man die *Kippachshöhen* des Tachymeters in den Standpunkten A, B_1 und B_2. Genauer erhält man die Kippachshöhe, wenn man einen Höhenpunkt in der Nähe der Standpunkte nivellitisch bestimmt, auf diesen die Nivellierlatte oder einen anderen Maßstab hält und zu einem runden Wert der Teilung von den Standpunkten aus die Zenitwinkel misst, sodass sich die Kippachshöhen trigonometrisch von der Höhe des Teilungswertes aus ableiten lassen. Wenn die Sichtverhältnisse es erlauben, können die Zenitwinkel auch direkt zu einem auf dem Höhenanschlusspunkt aufgehaltenen Maßstab gemessen werden, sodass sich das Nivellement erübrigt (Abb. 13.3-16).

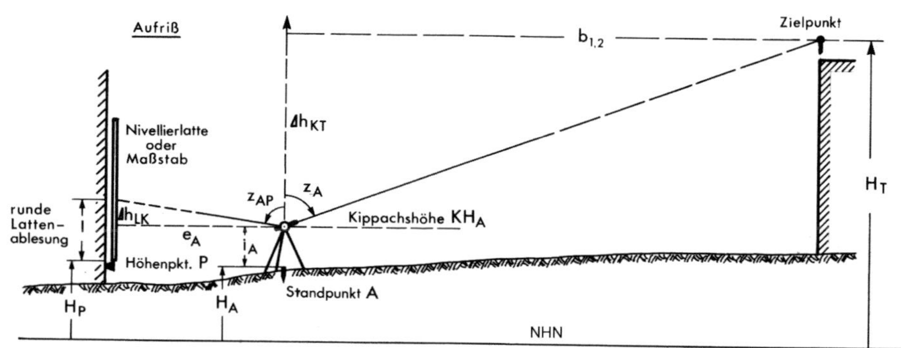

Abbildung 13.3-16: Turmhöhenbestimmung (Aufriss in Standpunkt A)

Berechnung der Kippachshöhen KH:

über die nivellierten Höhen der Bodenpunkte	durch trigonometrische Höhenübertragung	
$KH_A = H_A + i_A$	$KH_A = H_P + l - e_A \cdot \cot z_{AP}$	
$KH_{B_1} = H_{B_1} + i_{B_1}$	$KH_{B_1} = H_P + l - e_{B_1} \cdot \cot z_{B_1P}$	(13.12)
$KH_{B_2} = H_{B_2} + i_{B_2}$	$KH_{B_2} = H_P + l - e_{B_2} \cdot \cot z_{B_2}$	
$i =$ Instrumentenhöhe im Standpunkt	$l =$ runde Lattenablesung $e =$ Horizontalentfernung zum Höhenpunkt P	

Berechnung der Turmhöhe H_T:

$$H_{T_A} = KH_A + b \cdot \cot z_A$$

$$\left.\begin{aligned} H_{T_{B_1}} &= KH_{B_1} + a_1 \cdot \cot z_{B_1} \\ H_{T_{B_2}} &= KH_{B_2} + a_2 \cdot \cot z_{B_2} \end{aligned}\right\} \quad H_{T_B} = \tfrac{1}{2}(H_{T_{B_1}} + H_{T_{B_2}})$$

$$H_T = \frac{1}{2}(H_{T_A} + H_{T_B}) \tag{13.13}$$

Beispiel 13.3.2: Turmhöhenbestimmung

Gegeben: Festpunkthöhe $H_P = 197{,}647$ m ü. NN (Höhenbolzen am Fuß des Turms)

Messwerte:

Stdpkt.	Zielpkt.	Horizontal-richtung [gon]	Zenitwinkel z [gon]	Lattenab-lesung l [m]	Horizontal-entfernungen [m]
A	T	0,0000	73,3081	——	——
	B_1	39,3052	——	——	93,440
	B_2	43,4249	——	——	85,219
	HP	——	101,0306	1,800	50,023
B_1	A	0,0000	——	——	——
	T	40,0697	74,5963	——	——
	HP	——	102,8317	2,000	54,042
B_2	A	0,0000	——	——	——
	T	47,0135	73,2183	——	——
	HP	——	102,9632	1,900	48,670

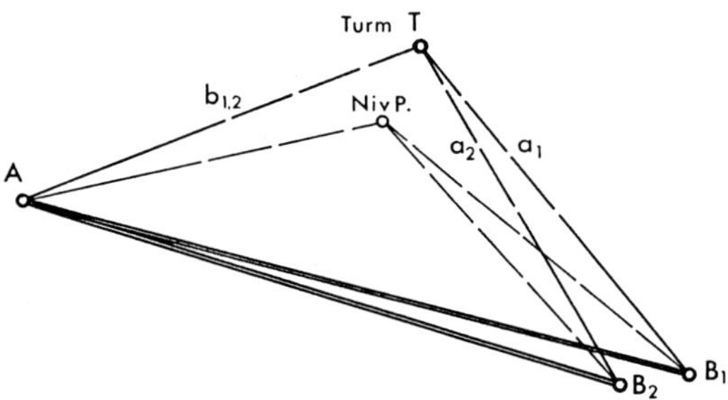

Abbildung 13.3-17: Skizze zur Turmhöhenbestimmung (Grundriss)

Dreiecksseitenberechnung nach Gl. (13.11):

$$a_1 = 93,440 \text{ m} \cdot \frac{\sin 39,3052 \text{ gon}}{\sin 79,3749 \text{ gon}} = 57,063 \text{ m}$$

$$a_2 = 85,219 \text{ m} \cdot \frac{\sin 43,4249 \text{ gon}}{\sin 90,4384 \text{ gon}} = 54,337 \text{ m}$$

$$\left.\begin{array}{ll} b_1 = 93,440 \text{ m} \cdot \dfrac{\sin 40,0697 \text{ gon}}{\sin 79,3749 \text{ gon}} & = 58,024 \text{ m} \\ b_2 = 85,219 \text{ m} \cdot \dfrac{\sin 47,0135 \text{ gon}}{\sin 90,4384 \text{ gon}} & = 58,020 \text{ m} \end{array}\right\} b = 58,022 \text{ m}$$

Kippachshöhenberechnung (durch trig. Höhenübertragung nach Gl. (13.12)):

$KH_A = 197,647 + 1,800 - 50,023 \cdot \cot 101,0306 = 200{,}257$ m

$KH_{B_1} = 197,647 + 2,000 - 54,042 \cdot \cot 102,8317 = 202{,}052$ m

$KH_{B_2} = 197,647 + 1,900 - 48,670 \cdot \cot 102,9632 = 201{,}814$ m

Turmhöhenberechnung nach Gl. (13.13):

$$
\begin{aligned}
H_{T_A} &= 200,257 + 58,022 \cdot \cot 73,3081 = 200,257 + 25,861 = 226,117_5 \\
H_{T_{B_1}} &= 202,052 + 57,063 \cdot \cot 74,5963 = 202,052 + 24,061 = 226,113_7 \\
H_{T_{B_2}} &= 201,814 + 54,337 \cdot \cot 73,2183 = 201,814 + 24,310 = 226,124_2 \\
H_{T_B} &= \tfrac{1}{2}(226,113_7 + 226,124_2) \qquad = 226,118_9
\end{aligned}
$$

$$
H_T = \tfrac{1}{2}(226,1175 + 226,1189) \qquad = 226,118 \text{ m}
$$

Höhenunterschied Turmspitze T – Festpunkt $HP = 226,118 - 197,647$

$$= \underline{\underline{28,471 \text{ m}}}$$

Ist aus Platzgründen die Anlage eines horizontalen Hilfsdreiecks nicht möglich, z. B. weil nur aus einer schmalen Straße heraus der Turm gesehen werden kann, wird die Turmhöhenbestimmung mit *vertikalem Hilfsdreieck* angewandt, die in den älteren Auflagen dieses Buches behandelt ist.

13.3.3.2 Höhenmessungen in Bauwerken

Höhenübertragungen, d. h. die Bestimmung der Höhenunterschiede zwischen den durch Bolzen oder Farbmarkierungen festgelegten Höhenniveaus in den verschiedenen Geschossebenen von Bauwerken, lassen sich nach unterschiedlichen Verfahren durchführen. Während für einfache Aufgaben die direkte Messung der Abstände von lotrecht übereinanderliegenden Punkten an einer Wandfläche mit einem Maßstab (Zollstock oder Messband) ausreichend ist, wird man die Bestimmung der Höhenunterschiede zwischen Punkten, die sich auf unterschiedlichen Geschossebenen befinden und nicht lotrecht übereinander angeordnet sind, am einfachsten durch *geometrisches Liniennivellement* (Kap. 4.1.5) vornehmen. *Schlauchwaagenmessungen*, z. B. mit einem Nivelliertaster (Kap. 4.2), werden wegen der zu großen Höhenunterschiede rationell zumeist nicht ausführbar sein.

Bei bereits fertiggestellten Treppenhäusern kann das geometrische Liniennivellement mit kurzen Zielweiten zur Anwendung kommen (Abb. 13.3-18). Bei Verwendung von *ausreichend langen Nivellierlatten* oder *Teleskop-Maßstäben* können die Vor- und Rückblicke auch direkt durch die Fensteröffnungen übereinanderliegender Geschossebenen erfolgen (Abb. 13.3-19). Wichtig ist, dass jedes Nivellement nicht nur im Hinweg, sondern zur Kontrolle auch wieder zurück zum Ausgangshöhenpunkt erfolgt, wobei die Gesamtsumme der gemessenen Höhenunterschiede bekanntlich null sein muss. Alle Höhenmessungen auf den verschiedenen Geschossen sollten sich auf *dieselbe Ausgangshöhe* beziehen. Selbstverständlich muss vor der Ausführung der Messungen die Justierung des Nivelliers überprüft werden.

Bei Verwendung eines *Stahlmessbandes* lassen sich auch größere Höhenunterschiede ohne Zwischenpunkte direkt bestimmen. Dazu wird das Stahlmessband mit Anfang oben im Treppenhausschacht oder besser – weil ungefährlicher – durch Deckendurchlässe, die für den späteren Einbau von Versorgungsleitungen vorgesehen sind, aufgehängt und durch Anhängen eines Gewichts auf die vom Hersteller vorgesehene Zugspannung gebracht. Das Band muss frei hängen und darf nicht anstoßen. Im Erdgeschoss wird zuvor die Höhe eines Punktes P_u von einem Höhenfestpunkt außerhalb der Baustelle durch Nivellement bestimmt. Nun liest man mit einem Nivellierinstrument zuerst an der auf dem Punkt P_u aufgestellten Nivellierlatte (Ablesung l_u) und dann am Messband (Ablesung b_u) ab. Dann stellt man auf dem gewünschten Geschoss die Nivellierlatte auf einen vermarkten Punkt P_o und liest mithilfe des Nivellierinstrumentes an der Latte den Wert l_o und am Messband den Wert b_o ab (Abb. 13.3-20).

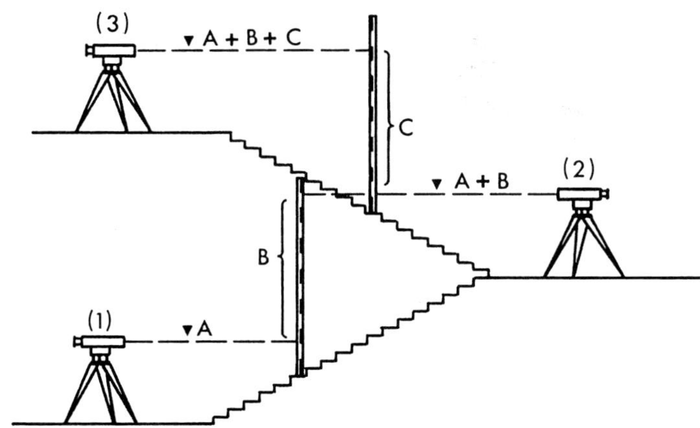

Abbildung 13.3-18: Geometrisches Nivellement im Treppenhaus

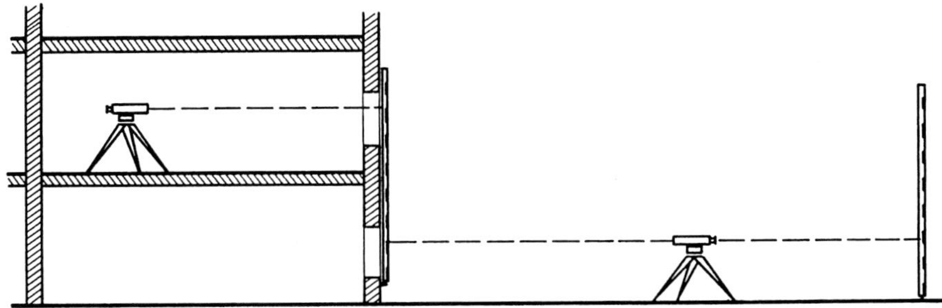

Abbildung 13.3-19: Höhenübertragung mit ausreichend langen Nivellierlatten durch Fensteröffnungen

Bei der Erstellung von Silos, Treppenhauskernen, Brückenpfeilern, Schornsteinen, Fernsehtürmen usw., die in *Gleitschalbauweise* errichtet werden, ergibt sich die jeweilige Bauhöhe auf einfache Weise, wenn an zwei Ecken auf dem Fundament befestigte, lotrecht nach oben geführte und über eine Rolle gespannte *Stahlmessbänder* mit dem Anfang unten mit *einbetoniert* werden (Abb. 13.4-11). Zu Beginn der Arbeiten muss man den Höhenunterschied zwischen der Nullmarke des gespannten Messbandes und dem Ausgangshöhenpunkt durch Nivellement bestimmen. In der jeweiligen Bauebene lassen sich von der Messbandskala aus die Höhen zu weiteren Punkten z. B. mit einer Schlauchwaage, einem Rotationslasernivellier oder mit einem Nivellierinstrument rationell übertragen.

Die Ermittlung der Höhen im Geschossbereich erfolgt nach dem in Kapitel 7.3 erläuterten Verfahren des *Flächennivellements* mit einem Nivellierinstrument, einem Rotationslasernivellier oder einer Schlauchwaage.

Die Höhe eines Raumes, d. h. der Abstand zwischen Decke und Fußboden, wie auch weitere Gebäudeinnenmaße (Raummaße oder die Innenmaße von Fenstern, Türen u. a.) lassen sich sehr einfach entweder mit einem Hand-Distanzmesser (z. B. `Disto` von LEICA GEOSYSTEMS (s. Kap. 5.1.2.4)) oder einem *Teleskop-Messstab* (Abb. 13.3-21) ermitteln.

Höhenunterschied: $\Delta h = (b_u - b_o) + (l_u - l_o)$
Höhe des oberen Punktes: $P_o = P_u + \Delta h$

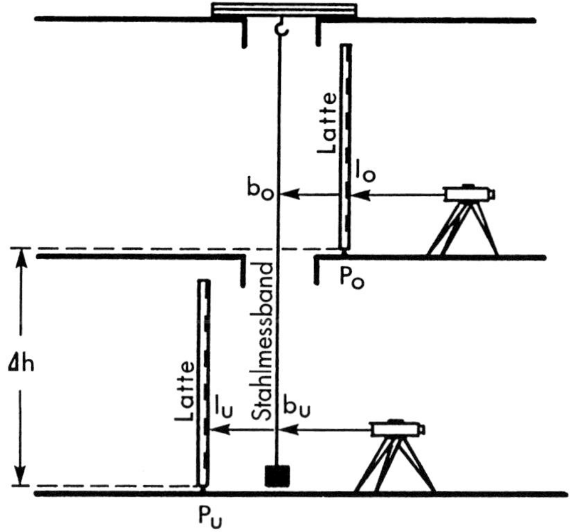

Abbildung 13.3-20: Höhenübertragung mit Stahlmessband

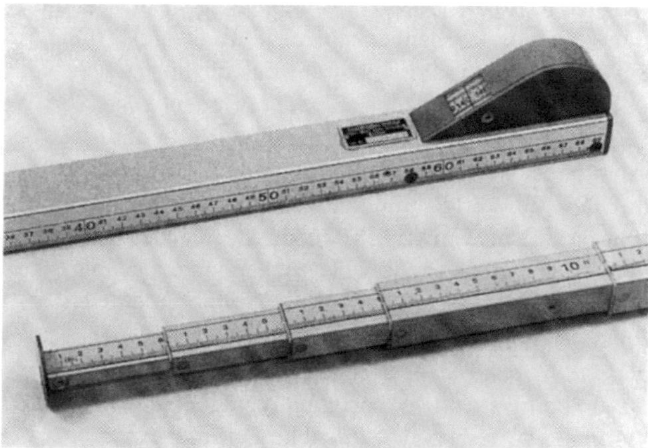

Abbildung 13.3-21: Teleskop-Messstäbe. Teilung auf innen mitlaufendem Band und Ablesung im Sichtfenster am unteren Stabende (oben) und oberes Ende eines teilweise ausgezogenen Stabes mit außen angebrachter Teilung (unten)

Für genauere Messungen zwischen exakt markierten, lotrecht übereinander befindlichen Punkten kann man außer einem Hand-Distanzmesser auch ein *Nivellierinstrument* verwenden. Man macht dann die Ablesungen an einer *Nivellierlatte*, die über dem Bodenpunkt und umgekehrt unter die Decke gehalten wird. Bei der letzteren Ablesung ist auf die umgedrehte Teilungsrichtung zu achten. Der Punktabstand zwischen Boden und Decke ist gleich der Summe beider Ablesungen.

Während bei Einsatz eines Nivellierinstrumentes mit Nivellierlatte zwei Personen zur Durchführung der Arbeiten notwendig sind, ist bei einem *Rotationslasernivellier* (Abb. 13.3-5 bis 13.3-9) nur eine einzige Person erforderlich. Nach Aufstellung und Horizontierung des Instrumentes hält man den mit einer Teilung versehenen Stab auf den Messpunkten auf und verschiebt den am Stab befestigten Detektor in senkrechter Richtung, bis er die Erfassung der Laserebene anzeigt. Die Stellung des Detektors auf der Stabteilung stellt den Ablesewert dar.

Wenn eine Höhenübertragung mit einem Nivellierinstrument wegen zu großer Höhenunterschiede oder unzugänglicher Ziele unwirtschaftlich oder unmöglich ist, kann die *trigonometrische Höhenmessung* (Kap. 4.3) mit einem Tachymeter, das den Höhenunterschied Δh und die Horizontalentfernung e vom Standpunkt zum Zielpunkt direkt angibt, angewendet werden.

13.3.4 Feststellung der Ebenheit und der Neigung von Flächen

Ebenheitsmessungen fallen bei Bauvorhaben an, wenn die fachgerechte Ausführung einer Arbeit, wie das Gießen einer Decke, das Aufbringen eines Estrichs oder das Errichten einer Wand, bezüglich ihrer Ebenflächigkeit kontrolliert werden soll. In diesem Zusammenhang wird auch häufig die *Neigung* einer Fläche zu bestimmen sein.

In DIN 18202 „Toleranzen im Hochbau – Bauwerke“ sind Stichmaße als Grenzwerte für Winkelabweichungen und für Ebenheitsabweichung festgelegt. Sie sind in den Tabellen 13.3-1 und 13.3-2 wiedergegeben und gelten sowohl für horizontale und vertikale Flächen (wie die Ober- und Unterseite von Decken, Estriche, Bodenbeläge und Wände) als auch für geneigte Flächen (wie Rampen). Sollen die in der Tabelle ebenfalls festgelegten Grenzwerte für „erhöhte Anforderungen an die Ebenheit“ maßgeblich sein, ist dies im Leistungsverzeichnis zu vereinbaren. Die Grenzwerte für diejenigen Messpunktabstände, die zwischen den in der Tabelle aufgeführten (0,1 m; 1 m; 4 m; 10 m; 15 m) liegen, ergeben sich durch lineare Interpolation zwischen den Grenzwerten der entsprechenden benachbarten Spalten. Sie können auch grafisch den Abbildungen 13.3-22 und 13.3-23 entnommen werden.

Die Ebenheit einer Fläche kann entweder durch *Einzelmessungen*, z. B. durch Stichproben mit einer *Richtlatte* (*Richtscheit*), oder durch ein *Flächennivellement* (Kap. 7.3) über regelmäßig verteilte und eingemessene Rostpunkte erfolgen. Man muss hier unterscheiden, ob nur die Beurteilung der ausreichenden Ebenheit gefordert wird oder ob auch die Winkelabweichung, d. h. die Neigung einer Fläche aus der Horizontalen (z. B. bei Deckenober- und -unterseiten) bzw. aus der Vertikalen (bei Wänden) oder aus einer vorgegebenen Neigung (bei Dachschrägen oder Rampen), festgestellt werden soll und ob auch das Niveau einer Fläche zu überprüfen ist.

Wenn es nur darauf ankommt, die *Ebenheit* zu prüfen, wird man mit einer Richtlatte die horizontale, vertikale oder schräge Oberfläche abtasten, indem man die Richtlatte in ausgewählten, kritischen Bereichen auf den Hochpunkten der Fläche auflegt. Man misst sowohl den Abstand l zwischen den Hochpunkten (mithilfe einer an der Richtlatte aufgetragenen Skala, einem Messband oder einem Zollstock) als auch das Stichmaß t (durch Einschieben eines Messkeils an der tiefsten Stelle zwischen Latte und Fläche).

Tabelle 13.3-1: Grenzwerte für Winkelabweichungen

Spalte	1	2	3	4	5	6	7	8
Zeile	Bezug	Stichmaße als Grenzwerte in [mm] bei Nennmaßen in [m]						
		bis 0.5	über 0.5 bis 1	über 1 bis 3	über 3 bis 6	über 6 bis 15	über 15 bis 30	über 30
1[2]	Vertikale, horizontale und geneigte Flächen	3	6	8	12	16	20	30

Diese Messstelle muss zwischen, jedoch nicht unbedingt in der Mitte der beiden Hochpunkte sein, und es ist auch nicht notwendig, ihre Lage zu ermitteln. Entscheidend ist nur der Messpunktabstand l (= Abstand der Hochpunkte). Man vergleicht das Stichmaß mit dem für diesen jeweiligen Messpunktabstand geltenden Grenzwert der Tabelle 13.3-2 bzw. der Abbildung 13.3-22 oder 13.3-23.

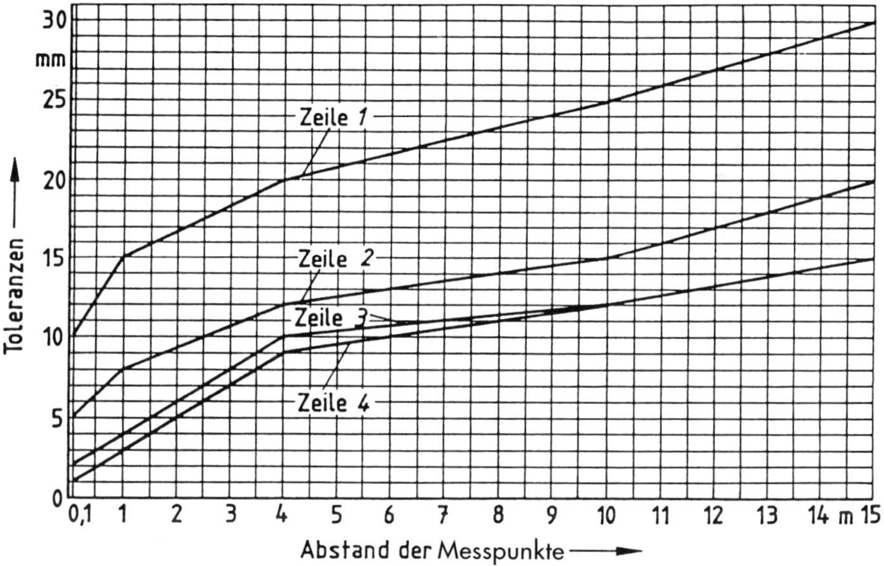

Abbildung 13.3-22: Grenzwert für Ebenheitsabweichungen von Oberseiten von Decken, Estrichen und Fußböden (Angaben der Zeilen 1 bis 4 nach Tabelle 13.3-2)

[2]Diese Grenzabweichungen können bei Nennmaßen bis etwa 60 m angewendet werden. Bei größeren Abmessungen sind besondere Überlegungen erforderlich.

Tabelle 13.3-2: Grenzwerte für Ebenheitsabweichungen

Spalte	1	2	3	4	5	6
		Stichmaße als Grenzwerte in [mm] bei Messpunktabständen in [m] bis				
Zeile	Bezug	0,1	1	4	10	15
1	Nichtflächenfertige Oberseiten von Decken, Unterbeton und Unterböden	10	15	20	25	30
2a 2b	Nichtflächenfertige Oberseiten von Decken, Unterbeton und Unterböden mit erhöhten Anforderungen, z. B. zur Aufnahme von schwimmenden Estrichen, Industrieböden, Fliesen- und Plattenbelägen, Verbundestriche Fertige Oberflächen für untergeordnete Zwecke, z. B. in Lagerräumen, Kellern	5	8	12	15	20
3	Flächenfertige Böden, z. B. Estriche als Nutzestriche, Estriche zur Aufnahme von Bodenbelägen Bodenbeläge, Fliesenbeläge, gespachtelte und geklebte Beläge	2	4	10	12	15
4	Wie Zeile 3, jedoch mit erhöhten Anforderungen, wie z. B. selbstverlaufende Massen	1	3	9	12	15
5	Nichtflächenfertige Wände und Unterseiten von Rohdecken	5	10	15	25	30
6	Flächenfertige Wände und Unterseiten von Decken, z. B. geputzte Wände, Wandbekleidungen, untergehängte Decken	3	5	10	20	25
7	Wie Zeile 6, jedoch mit erhöhten Anforderungen	2	3	8	15	20
Zwischenwerte sind den Abb. 13.3-22 und 13.3-23 zu entnehmen und auf ganze [mm] zu runden.						

Die Zuordnung des Stichmaßes t zum Messpunktabstand l ist in der aus DIN 18202 entnommenen Abbildung 13.3-24 dargestellt. Beispielsweise ergibt sich für den Messpunktabstand $l = 2,3$ m aus Abbildung 13.3-22 bei einer „nichtflächenfertigen Oberseite einer Decke" (Zeile 1) für die Stichmaße ein Grenzwert von 17 mm, während nach Abbildung 13.3-23 bei einer „flächenfertigen Wand mit erhöhten Anforderungen" (Zeile 4) der Grenzwert nur 5 mm beträgt. Die Ergebnisse der Überprüfung und die Lage der zugehörigen Punkte sollten in einer Messskizze notiert werden.

Will man mit der *Richtlatte* auch die *Horizontale* kontrollieren, muss man die Latte mit der Wasserwaage horizontal ausrichten und am niedrigen Hochpunkt das Stichmaß zur Feststellung der Neigung ermitteln. Die gleiche Vorgehensweise gilt analog auch für die Kontrolle der Ebenheit und der Neigung senkrechter Wände. In Abbildung 13.3-25 ist die Überprüfung auf Ebenheit mit einer aufliegenden Richtlatte dargestellt.

Nach Abbildung 13.3-22 ergibt sich für den Abstand l = 3,60 m bei flächenfertigen Böden (Zeile 3) als Grenzwert für das Stichmaß t_{max} = 9 mm, wonach mit dem Messwert t = 6 mm der Grenzwert für die *Ebenheitsabweichung* nicht überschritten ist.

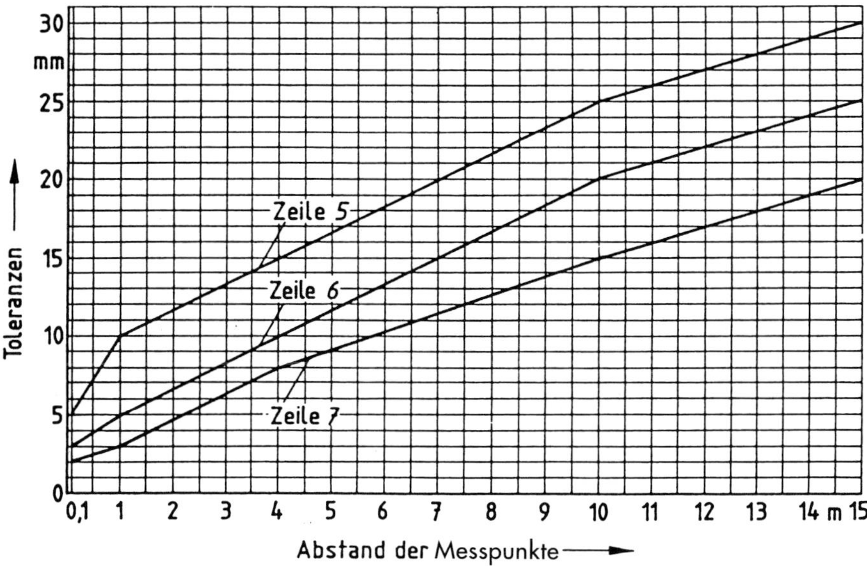

Abbildung 13.3-23: Grenzwerte für Ebenheitsabweichungen von Wandflächen und Unterseiten von Decken (Angabe der Zeilen 5 bis 7 nach Tabelle 13.3-2)

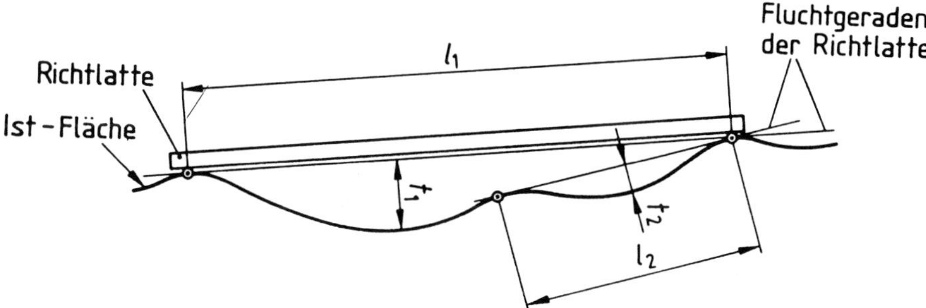

Abbildung 13.3-24: Zuordnung der Stichmaße zum Messpunktabstand bei Überprüfung z. B. durch Messlatte und Messkeil

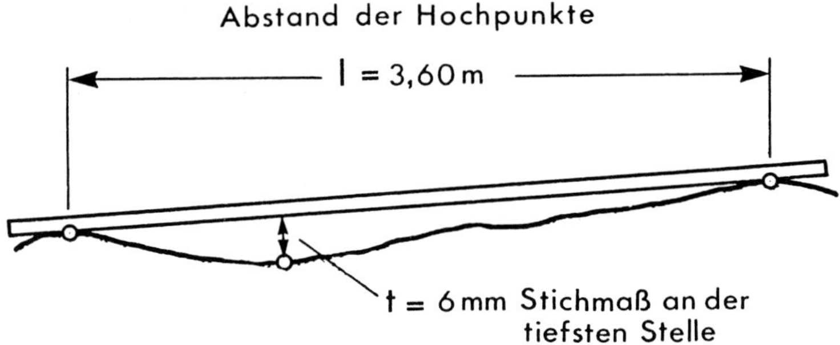

Abbildung 13.3-25: Überprüfung auf Ebenheit mit aufliegender Richtlatte

In Abbildung 13.3-26 ist die Überprüfung der Neigung mit horizontal gehaltener, auf dem oberen Hochpunkt aufliegender Richtlatte und Messung des Stichmaßes t am niederen Hochpunkt dargestellt. Nach Tabelle 13.3-1 ergibt sich für den Abstand l = 3,60 m als Grenzwert das Stichmaß t_{max} = 12 mm, wonach mit dem Messwert t = 4 mm der Grenzwert für die *Winkelabweichung* nicht überschritten ist.

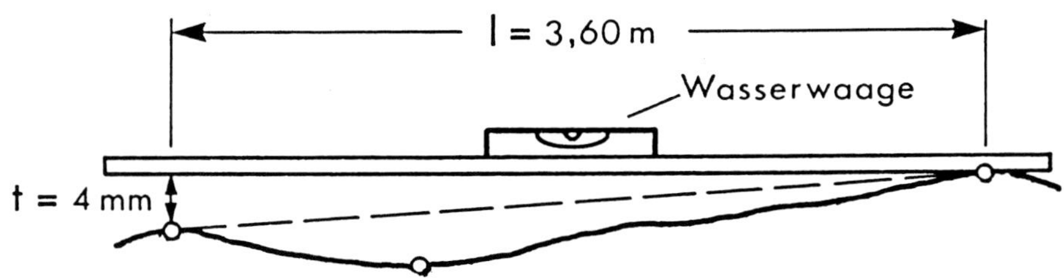

Abbildung 13.3-26: Überprüfung der Neigung mit horizontaler Richtlatte

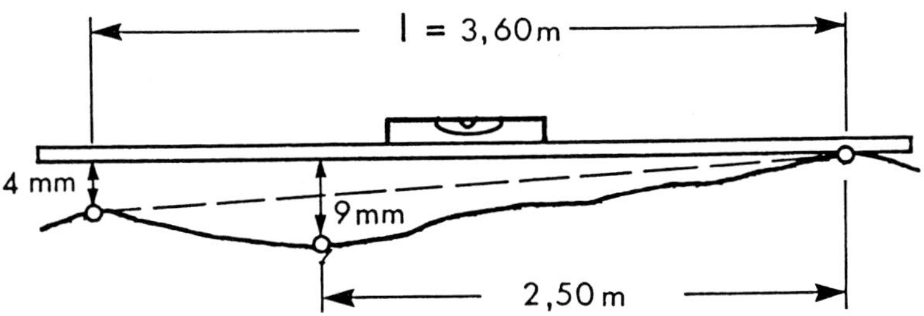

Abbildung 13.3-27: Stichmaße zur Überprüfung der Ebenheit und der Neigung bei horizontal gehaltener Richtlatte

Neben dem Stichmaß am niedrigen Hochpunkt zur Beurteilung der Neigung kann bei horizontal gehaltener Richtlatte auch das Stichmaß an der tiefsten Stelle (breitester Spalt) zwischen beiden Hochpunkten zur Beurteilung der Ebenheit gemessen werden. Da jedoch das Stichmaß unterhalb der Verbindungslinie der Hochpunkte benötigt wird, muss man hier zusätzlich die Länge zwischen der Messstelle und dem oberen Hochpunkt messen. Durch lineare Interpolation wird der Abstand zwischen der Richtlatte und der Verbindungslinie berechnet und dieser vom gemessenen Stichmaß subtrahiert. Für die Werte der Abbildung 13.3-27 ergibt sich das Stichmaß t unterhalb der Verbindungslinie der Hochpunkte zu

$$t = 9 \text{ mm} - 4 \text{ mm} \cdot \frac{2,50 \text{ m}}{3,60 \text{ m}} = 6 \text{ mm}\,.$$

Der berechnete Wert stimmt mit dem nach Abbildung 13.3-25 gemessenen Stichmaß überein. Da die Ermittlung des Stichmaßes zur Überprüfung der Ebenheit bei horizontal gehaltener Latte zusätzliche Mess- und Rechenarbeit erfordert, sollte man zunächst bei aufliegender Latte das Stichmaß für die Ebenheitsüberprüfung (Abb. 13.3-25) und anschließend bei horizontal gehaltener Latte das Stichmaß zur Neigungsbestimmung (Abb. 13.3-26) messen.

Mit einem *Flächennivellement* nach dem Verfahren der *Rostaufnahme* (Kap. 7.3) lässt sich nicht nur die *Ebenheit*, sondern auch die *Neigung* und das *Niveau* einer Fläche überprüfen. Man steckt dazu ein regelmäßiges Rost (Raster) ab. Auf den Außenlinien der Fläche werden gleich lange Abstände abgetragen und markiert, von diesen Außenpunkten aus die Innenpunkte durch Abmessung oder Schnittbildung der Rostlinien (durch Einfluchten oder mithilfe von Schnüren) festgelegt und die Punkte entsprechend den Gegebenheiten und Erfordernissen (mit Kreide, Eisenbolzen usw.) markiert. Da die Unebenheiten durch regelmäßig verteilte Messpunkte erfasst werden sollen, muss das Raster ausreichend dicht sein, z. B. mit Rasterlinienabständen von 10 cm, 50 cm, 1 m, 2 m usw. Es kann auch ein zunächst nur grobmaschig angelegtes Raster nur in den während des Nivellements festgestellten oder von vornherein bekannten kritischen Bereichen verdichtet werden.

Die Messung erfolgt mit einem Nivellierinstrument, einem Rotationslasernivellier, einem Theodolit oder einem Nivelliertaster. Will man mit einem Nivellierinstrument Unebenheiten mit hoher Genauigkeit im Bereich einiger Millimeter feststellen, sollte ein Ingenieurnivellier und eine Nivellierlatte mit Millimeterteilung (Nivellierzollstock) eingesetzt werden. Benutzt man ein Digitalnivellier (Kap. 4.1.2) und zugehörige Nivellierlatte, kann man bei sorgfältiger Arbeit davon ausgehen, dass die Messgenauigkeit ≤ 1 mm ist. Die Nivellierlatte wird auf jedem Rostpunkt aufgehalten und vom Nivellierstandpunkt aus die Latte abgelesen, wodurch sich jeweils der Abstand zwischen dem Zielstrahl des Nivelliers und dem Aufsetzpunkt ergibt. Für die Ebenheitsüberprüfung der Unterseite einer Decke wird die Nivellierlatte umgedreht mit dem Nullpunkt gegen die Decke und lotrecht über den am Boden abgesteckten Rasterpunkten gehalten.

Rationelles Arbeiten erlaubt besonders ein *Rotationslasernivellier*, welches schnell aufgestellt und eingerichtet ist. Wie in Kapitel 13.3.2 bereits erläutert, sendet dieses Instrument einen rotierenden, horizontalen Laserstrahl aus, der eine horizontale Ebene erzeugt und mit einem Detektor erfasst wird. Nach Befestigung des Detektors an einem Maßstab, z. B. einem Teleskop-Messstab, lässt sich der Abstand zwischen der horizontalen Laserebene und dem Aufsetzpunkt des Maßstabes messen (Abb. 13.3-28). Folglich können die Höhen von Punkten sowohl unterhalb der Laserebene als auch oberhalb, dann jedoch mit einem umgedreht gegen die Unterseite einer Decke gehaltenen Maßstab, bestimmt werden.

Bei einigen Instrumenten (Abb. 13.3-29) kann die *Laserebene* durch Zusatzeinrichtungen auch *vertikal* ausgerichtet werden, sodass sich die *Ebenheit und die Neigung von Wänden* überprüfen lassen. Dazu stellt man das Lasernivellier vor der Wand auf, wählt links und rechts an jedem Ende der Wand jeweils einen Bezugspunkt aus, zu deren Verbindungslinie man die

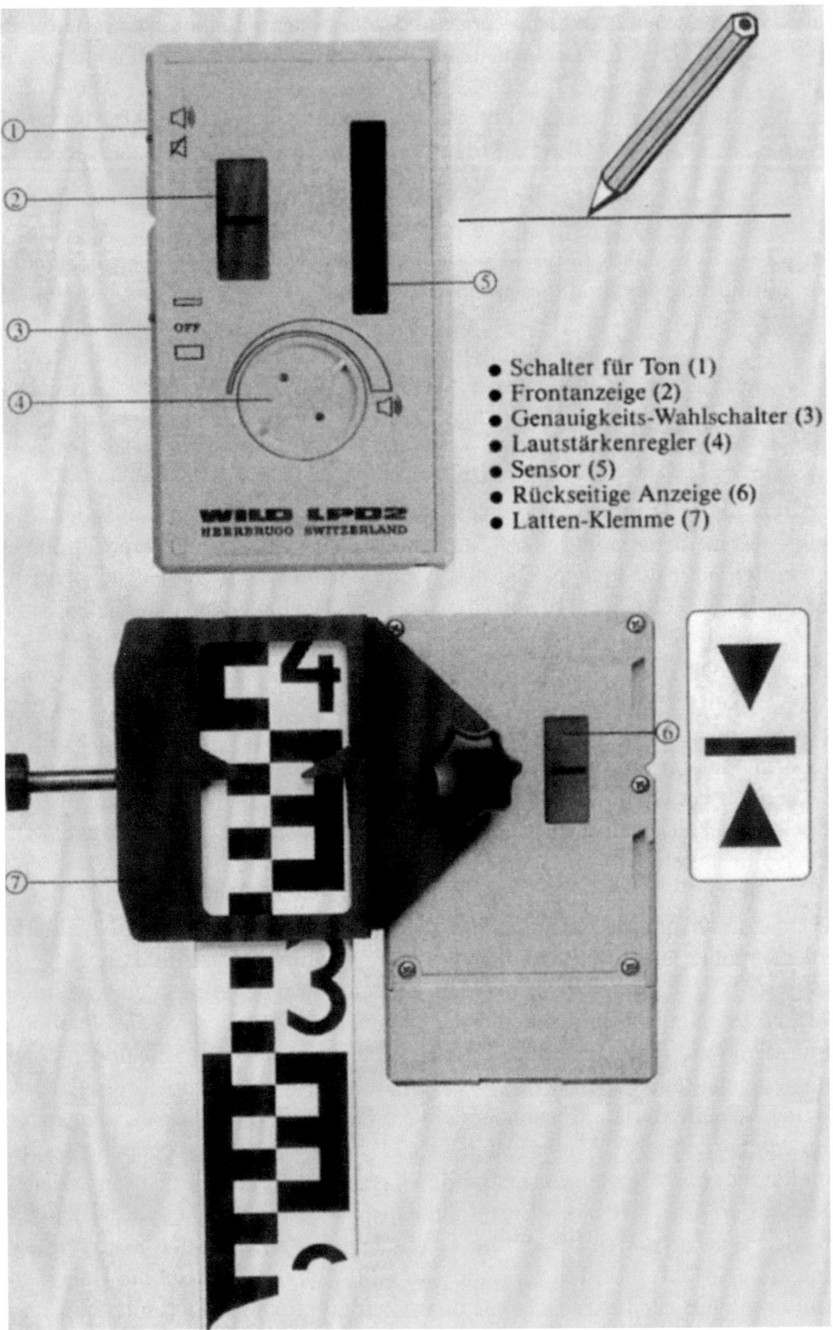

Abbildung 13.3-28: Vorder- und Rückseite eines an eine Nivellierlatte angeklemmten Detektors

Vertikalebene parallel ausrichten will, und bestimmt an dem senkrecht zur Wand waagerecht gehaltenen Maßstab mit einem Detektor die Abstände zwischen diesen Wandpunkten und der vertikalen Laserebene. Mithilfe einer Feintriebschraube kann die Vertikalebene soweit gedreht werden, bis sich an beiden Wandpunkten die gleiche Maßstabsablesung ergibt. Nachdem die Vertikalebene ausgerichtet ist, können die Stichmaße entweder für verstreut liegende Einzelpunkte oder regelmäßig verteilte Rostpunkte ermittelt werden. Die Rostpunkte lassen sich meist durch ein in regelmäßigen Abständen aufgehängtes Schnurlot realisieren, entlang dem im ebenfalls regelmäßigen Abstand der Maßstab mit Detektor senkrecht zur Wandfläche angehalten wird. Durch Subtraktion des an beiden Bezugspunkten ermittelten Stichmaßes von allen Stichmaßen der übrigen Wandpunkte ergeben sich deren Abweichungen von der Vertikalebene durch die Bezugspunkte.

Abbildung 13.3-29: Einsatzbeispiele eines Rotationslasernivelliers bei vertikal und horizontal ausgerichteter Laserebene

Die *Genauigkeit*, mit der die Stichmaße zwischen der horizontalen bzw. vertikalen Laserebene und den Aufsetzpunkten des Maßstabs mit dem Detektor erfasst und abgelesen werden können, hängt zunächst einmal von der genauen Ausrichtung der Ebene durch das Lasernivellier und der Empfindlichkeit des Detektors ab. Die Genauigkeitsangaben der Hersteller hierzu liegen meist zwischen 2,5 und 5 mm bezogen auf 100 m Entfernung. Für den in Gebäuden üblicherweise anzutreffenden Entfernungsbereich folgt daraus die gerätebedingte Genauigkeit von 1 bis 2 mm. Dazu ist jedoch noch die Art der Verschiebung des Detektors zu beachten, ob er freihand an einer Nivellierlatte geführt und seine Stellung mithilfe einer Kerbe an der

Latte abgelesen wird oder ob durch eine Feinverstelleinrichtung die Lage der Laserebene wesentlich genauer erfasst werden kann. Bei der Zentimeterteilung einer Nivellierlatte müssen außerdem die Millimeter geschätzt werden, während ein Teleskop-Messstab zwar eine Millimeterteilung besitzt, jedoch auf ein mögliches Spiel beim Ein- und Ausschieben des Stabes geachtet werden muss.

Die Überprüfung der *Ebenheit und Neigung einer Wandfläche* kann auch mit einem *Theodolit* erfolgen, wenn der Aufnahmestandpunkt in Verlängerung der Wand mit seitlichem Parallelabstand von ca. 30 cm gewählt werden kann. Falls der Zielstrahl entlang von sonnenbeschienenen Wänden verläuft, muss zur Vermeidung von Refraktionseinflüssen mindestens ein Parallelabstand von 50 cm eingehalten werden. Nach Aufstellung und Horizontierung des Theodolits und ungefährer Parallelausrichtung des Zielstrahls liest man zunächst an zwei an beiden Enden der Wand ausgewählten Bezugspunkten am Maßstab die Werte a_2 und a_1 ab (Abb. 13.3-30). Mit dem Abstand d zwischen beiden Punkten und dem Abstand c des Theodolitstandpunktes S in der Verlängerung beider Punkte lässt sich der zur Ausrichtung des Zielstrahls erforderliche Parallelabstand b errechnen nach

$$b = a_2 - (c+d) \cdot \frac{(a_2 - a_1)}{d} \ .$$

Dieser Parallelabstand b wird beim hinteren Punkt 2 am Maßstab eingestellt und beim vorderen Punkt 1 zur Kontrolle abgelesen. Falls beide Werte nicht übereinstimmen, wird mit den neuen Ablesewerten der Berechnungs- und Einstellvorgang wiederholt.

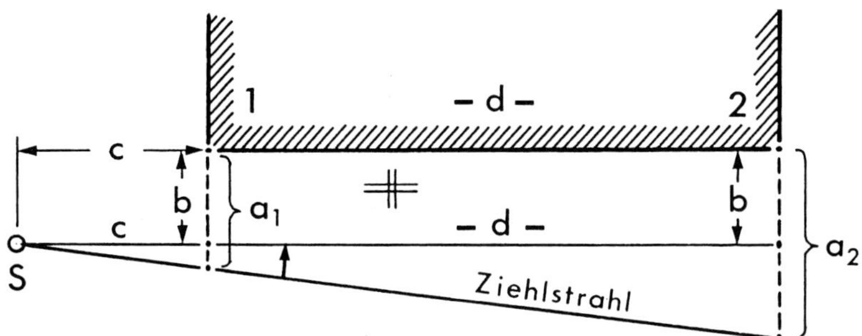

Abbildung 13.3-30: Parallelausrichtung eines Zielstrahls

Bei guter Horizontierung (und unter Vernachlässigung eines Kippachsfehlers) beschreibt der Zielstrahl beim Kippen des Fernrohres eine Vertikalebene, von der aus mit dem Theodolitfernrohr am Maßstab die Stichmaße zu den Messpunkten an der Wandfläche abgelesen werden (Abb. 13.3-31). Diese Messungsanordnung mit dem Theodolitstandpunkt seitlich der Wandverlängerung wird man jedoch hauptsächlich nur bei Außenwänden anwenden können, weil Innenwände in der Regel nicht frei stehen. Man könnte sich zwar dicht vor einer Wandfläche aufstellen und den Zielstrahl parallel zu ihr ausrichten, jedoch lassen sich Maßstabsablesungen nahe beim Standpunkt nicht durchführen, da der Fokussierbereich der meisten Theodolitfernrohre erst bei 1 bis 2 m beginnt (= kürzeste Zielweite). Außerdem können die Punkte oberhalb des Standpunktes wegen der steilen Sichten nicht abgelesen werden, es sei denn, man tauscht für diese Zielungen das Okular des Fernrohres gegen ein *Zenitokular* aus, welches Steilzielungen bis zum Zenit ermöglicht (Abb. 13.4-10).

Schließlich sei noch der Einsatz eines *Nivelliertasters*, einer Weiterentwicklung der einfachen Schlauchwaage, erwähnt, dessen Funktionsweise in Kapitel 4.2 erläutert ist. Mit ihm können die Höhen von Bodenpunkten sowie, bei entsprechend hoher Aufstellung des Basisbehälters und mit auf dem Messtaster nach oben aufsteckbaren Verlängerungsstäben, die Höhen an der Unterseite von Decken bestimmt werden.

Für die *Beurteilung der Ebenheit* werden die Istabweichungen bei einem Flächennivellement entsprechend DIN 18202 wie in Abbildung 13.3-32 ermittelt. Entlang der Rostlinien wird die Differenz der Höhe jedes Rostpunktes mit dem Mittelwert der Höhen seiner beiden (gleich weit entfernten) Nachbarpunkte (d. h. die Höhe, die sich auf der Verbindungslinie der Nachbarpunkte oberhalb bzw. unterhalb des Rostpunktes ergibt) gebildet und diese Dif-

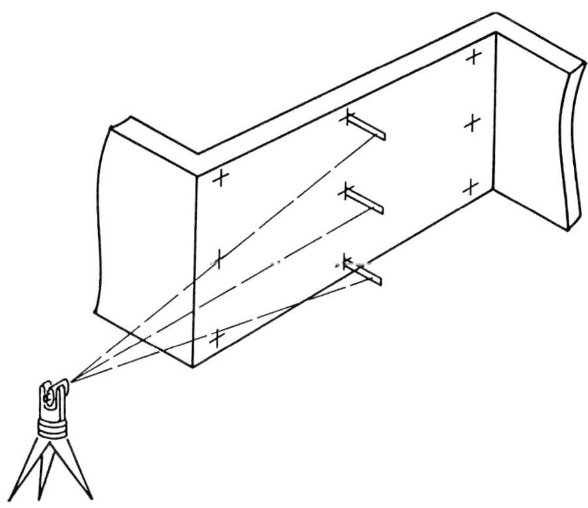

Abbildung 13.3-31: Maßstabsablesungen zur Überprüfung der Ebenheit und Neigung einer Wandfläche mit einem Theodolit/Tachymeter

ferenz mit dem für den Abstand der Nachbarpunkte (= doppelter Rasterabstand) geltenden Grenzwert der Ebenheitsabweichung nach Tabelle 13.3-2 verglichen. Außerdem kann auf der Verbindungslinie der beiden höchsten (bzw. niedrigsten) Punkte im Verlauf einer Rostlinie durch lineare Interpolation der Höhenwert ober- oder unterhalb des zwischen diesen beiden Punkten liegenden tiefsten (bzw. höchsten) Punktes errechnet und die Höhendifferenz ermittelt werden. Der Grenzwert der Ebenheitsabweichung der Tabelle 13.3-2 ist hier auf den Abstand der beiden Hoch- bzw. Tiefpunkte zu beziehen.

Beispiel 13.3.3: Überprüfung der Ebenheit durch ein Flächennivellement
Der Estrichboden in einer Halle soll durch ein Flächennivellement mit Rasterabständen von 2 m bezüglich der *Ebenheit* und der *Neigung* überprüft werden. Die Rasterlinien mit den Punkthöhen sind in Abbildung 13.3-33 dargestellt.

Als Auszug aus der Ebenheitsprüfung sind die Zahlenwerte der Rasterlinien A und 1 sowie der Diagonalen $A1 - G7$ angegeben. Das Stichmaß in der Rasterlinie A beim Punkt $A2$ ergibt sich z. B. zu

$$t = \left| \frac{4,295\ \text{m} + 4,290\ \text{m}}{2} - 4,293\ \text{m} \right| = 0,5\ \text{mm}$$

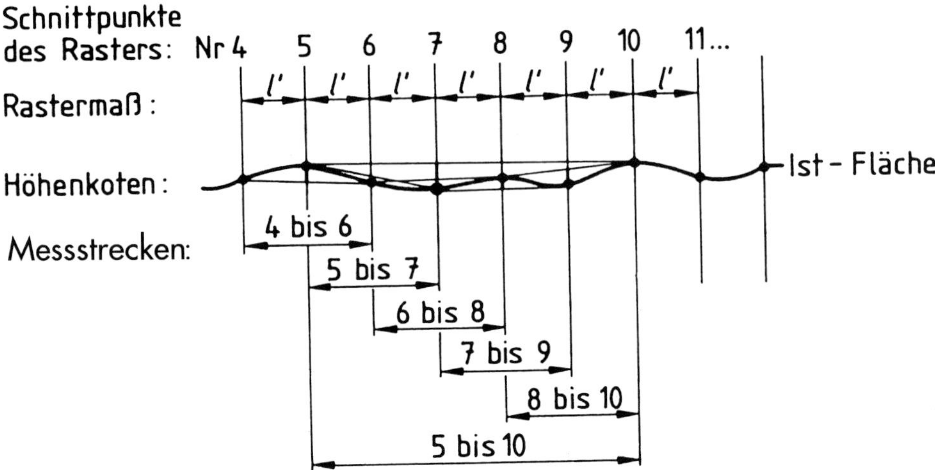

Abbildung 13.3-32: Ermittlung der Istabweichungen durch ein Flächennivellement

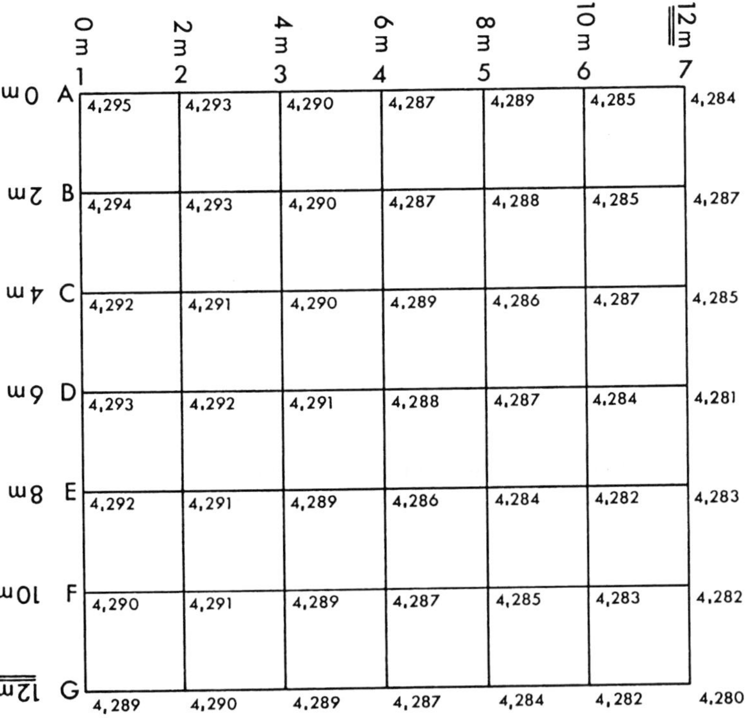

	1 (0 m)	2 (2 m)	3 (4 m)	4 (6 m)	5 (8 m)	6 (10 m)	7 (12 m)
A (0 m)	4,295	4,293	4,290	4,287	4,289	4,285	4,284
B (2 m)	4,294	4,293	4,290	4,287	4,288	4,285	4,287
C (4 m)	4,292	4,291	4,290	4,289	4,286	4,287	4,285
D (6 m)	4,293	4,292	4,291	4,288	4,287	4,284	4,281
E (8 m)	4,292	4,291	4,289	4,286	4,284	4,282	4,283
F (10 m)	4,290	4,291	4,289	4,287	4,285	4,283	4,282
G (12 m)	4,289	4,290	4,289	4,287	4,284	4,282	4,280

Abbildung 13.3-33: Höhen von Rostpunkten auf einem Estrichboden

Rasterlinie *A*		Unebenheit
Pkt.	Höhe [m]	[mm]
*A*1	4,295	
*A*2	4,293	0,5
*A*3	4,290	0
*A*4	4,287	2,5
*A*5	4,289	3
*A*6	4,285	1,5
*A*7	4,284	

Rasterlinie 1		Unebenheit
Pkt.	Höhe [m]	[mm]
*A*1	4,295	
*B*1	4,294	0,5
*C*1	4,292	1,5
*D*1	4,293	1
*E*1	4,292	0,5
*F*1	4,290	0,5
*G*1	4,289	

Diagonale A1-G7		Unebenheit
Pkt.	Höhe [m]	[mm]
*A*1	4,295	
*B*2	4,293	0,5
*C*3	4,290	0,5
*D*4	4,288	1
*E*5	4,284	1,5
*F*6	4,283	1
*G*7	4,280	

Als Grenzwerte für *Ebenheitsabweichungen* nach Tabelle 13.3-2 gelten in den Rostlinien beim Abstand $l = 4$ m (= doppelter Rasterabstand) das Stichmaß $t_{max} = 10$ mm und in der Diagonalen beim Abstand $l = \sqrt{4^2 + 4^2} = 5,7$ m das (gerundete) Stichmaß $t_{max} = 11$ mm. Diese Stichmaße werden hier in keinem Fall überschritten.

Zur Beurteilung der *Neigung* werden in den Rostlinien und Diagonalen die größten Höhendifferenzen ermittelt und den ihren Abständen entsprechenden Grenzwerten für *Winkelabweichungen* nach Tabelle 13.3-1 gegenübergestellt.
Für die Profillinie von *A*1 nach *G*1 gilt: $t = 6$ mm bei 12 m Punktabstand; der Grenzwert für das Stichmaß $t_{max} = 16$ mm wird nicht überschritten.
Für die Diagonale von *A*1 nach *G*7 gilt: $t = 15$ mm bei 16,97 m Punktabstand; der Grenzwert für das Stichmaß $t_{max} = 20$ mm wird nicht überschritten.

Die *Nennhöhe* dieses Estrichbodens sollte 4,29 m betragen. In DIN 18202 sind in der dort angegebenen Tabelle 1 „Grenzabweichungen" angegeben. Der Zeile 2 entnimmt man für „Maße im Aufriss, z. B. Geschosshöhen, ..." in Spalte 3 die Grenzabweichung ± 16 mm. Daraus ergeben sich für das *Niveau* der Fläche das Kleinstmaß = 4,274 m und das Größtmaß = 4,306 m, welche von den in Abbildung 13.3-33 aufgeführten Punkthöhen in keinem Fall unter- oder überschritten werden.

13.4 Lotung

Unter *Lotung* versteht man das Einweisen von Punkten in die Lotlinie ober- oder unterhalb eines gegebenen Punktes bzw. die Bestimmung von Größe und Richtung der Abweichungen vorhandener Punkte von der Lotlinie. Man unterscheidet zwischen der *mechanischen Lotung* mit Lotschnur oder -draht und Lotgewicht und der *optischen Lotung*, bei der die Lotlinie durch die Ziellinie eines Fernrohres (*zentrische Lotung*) oder durch die Schnittlinie zweier „Zielebenen" (*exzentrische Lotung*) realisiert wird.

13.4.1 Mechanische Lotung

Ein *mechanisches Lot* in seiner einfachsten Ausführung stellt das *Schnurlot* dar, welches z. B. zum Lotrechtstellen von Fluchtstäben benutzt wird. Im Hochbau wird die Lotung meist angewandt, um das im Fundament eines Bauwerks (z. B. Turm oder Schornstein) festgelegte Zentrum auf die jeweilige Bauhöhe zu übertragen, damit beispielsweise die Schalung eingerichtet werden kann. Hierzu wird ein Lotdraht durch eine feine Metallhülse in der Mitte eines stabilen Lattenkreuzes geführt, welches im oberen Bauwerkszentrum befestigt ist. Am unteren

Ende des Lotdrahtes hängt ein ca. 25 kg schweres *Lotgewicht*, dessen Spitze durch Verschieben des Lattenkreuzes über dem Bauwerkszentrum in Fundamenthöhe zentriert wird. Zur besseren Dämpfung der Lotschwingungen kann das Lotgewicht in einen mit Öl oder Wasser gefüllten Behälter gehängt werden. Dazu wird zuvor das Bodenzentrum oberhalb des Behälters durch einen Kreis von 3 bis 5 cm Durchmesser exakt markiert. Bis 100 m Bauwerkshöhe lässt sich das Zentrum mit 1 bis 2 cm Genauigkeit übertragen.

Da mit zunehmender Pendellänge und dem stärkeren Luftzug sich die Schwingungsdauer und -amplitude vergrößern, wird die mechanische Lotung bis über 100 m unbequem und zu ungenau. Eine etappenweise Übertragung des Lotzentrums auf immer höhere Bauhorizonte hat den Nachteil, dass die jeweilige neue Zentrumslage die Bewegungen des Bauwerks mitmacht. Man muss dann entweder durch trigonometrische Verfahren oder durch optische Lotung die Lage der übereinanderliegenden, übertragenen Zentren bestimmen und berücksichtigen.

Mechanische Lotungen lassen sich jedoch bei entsprechendem Aufwand auch über größere Höhenunterschiede mit hoher Genauigkeit ausführen, z. B. in 800 m tiefen Schächten wie im Schacht Sedrun im Zuge der Auffahrung des Gotthard-Basistunnels (57 km). Für diese Punktübertragungen wurden Mehrgewichtslotungen gewählt, um möglichst alle systematischen Einflüsse auf das Messergebnis wie Luftzug, Tropfwasser und Krümmung des Drahtes zu eliminieren. Diese Einflüsse verhalten sich umgekehrt proportional zum Gewicht und können daher durch eine Mehrgewichtslotung, z. B. mit vollem, mit halben und wieder mit vollem Gewicht, berücksichtigt werden. Das „volle" Gewicht betrug bei der Lotung im Schacht Sedrun 390 kg. Trotz eines derart hohen Gewichts und einer längeren Einschwingzeit schwingen die Lote mit einer so großen Amplitude weiter, dass eine gewisse Zahl von Umkehrpunkten der Pendelbewegungen zweckmäßigerweise mit einem Theodolit zu bestimmen sind.

Ein mechanisches Lot wird auch in Talsperren benutzt, um Lageveränderungen der Mauerkrone gegenüber dem Mauerfuß festzustellen (Abb. 13.4-2 links). Hier eignet sich auch der Einsatz eines *Umkehr-* oder *Schwimmlotes*, bei dem der Befestigungspunkt im Fundament oder im unveränderlichen Gründungsfels liegt (Abb. 13.4-1 und 13.4-2 rechts). Der Lotdraht wird oben so an einem ringförmigen Schwimmkörper befestigt, dass der Auftrieb des Schwimmkörpers die erforderliche Spannung erzeugt. Nach künstlicher Auslenkung kehrt der Schwimmkörper fast augenblicklich in seine Ruhelage zurück. Bei einer Drahtlänge bis 100 m lässt sich bei entsprechend aufwendiger Einrichtung die Lotrichtung millimetergenau einstellen.

Ein Verfahren zur Übertragung einer Richtung von über nach unter Tage ist die aus dem Bergbau bekannte *Doppellotung* mithilfe zweier in einem Schacht aufgehängter Lote, die auch für unterirdisch auszuführende Bauvorhaben Anwendung finden kann. Von einer oberirdischen Richtung, die z. B. durch die Anschlussseite eines Polygonzuges gegeben ist, wird die Richtung der unterirdischen Anschlussseite abgeleitet. Dabei werden die Längen b und c vom nächstgelegenen Polygonpunkt zu den beiden Loten und ihr Abstand a sowie auf dem Polygonpunkt der Winkel α zwischen den Loten jeweils ober- und unterirdisch gemessen (Abb. 13.4-3). Die Lotruhelage wird durch Beobachtung der Umkehrpunkte der Pendelschwingungen und durch Mittelbildung bestimmt.

Die Anschlussrichtungen sollten in ungefährer Verlängerung der beiden Lote liegen, damit der Einfluss der Längenabweichung auf die berechneten Winkel klein ist. Zur Koordinatenübertragung wird eines der beiden Lote als gemeinsamer Polygonpunkt des über- und unter-

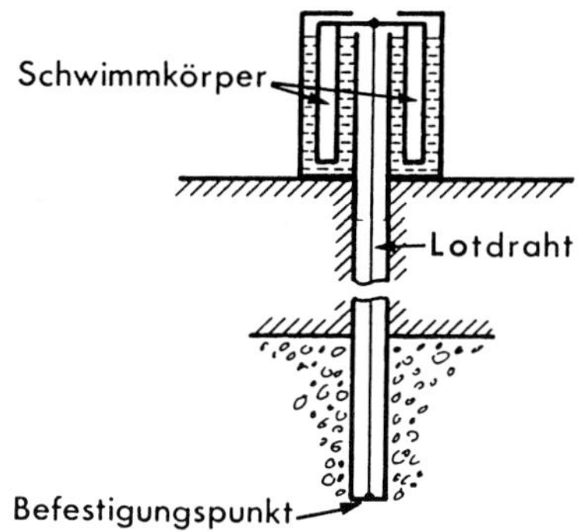

Abbildung 13.4-1: Prinzip des Umkehr- oder Schwimmlotes

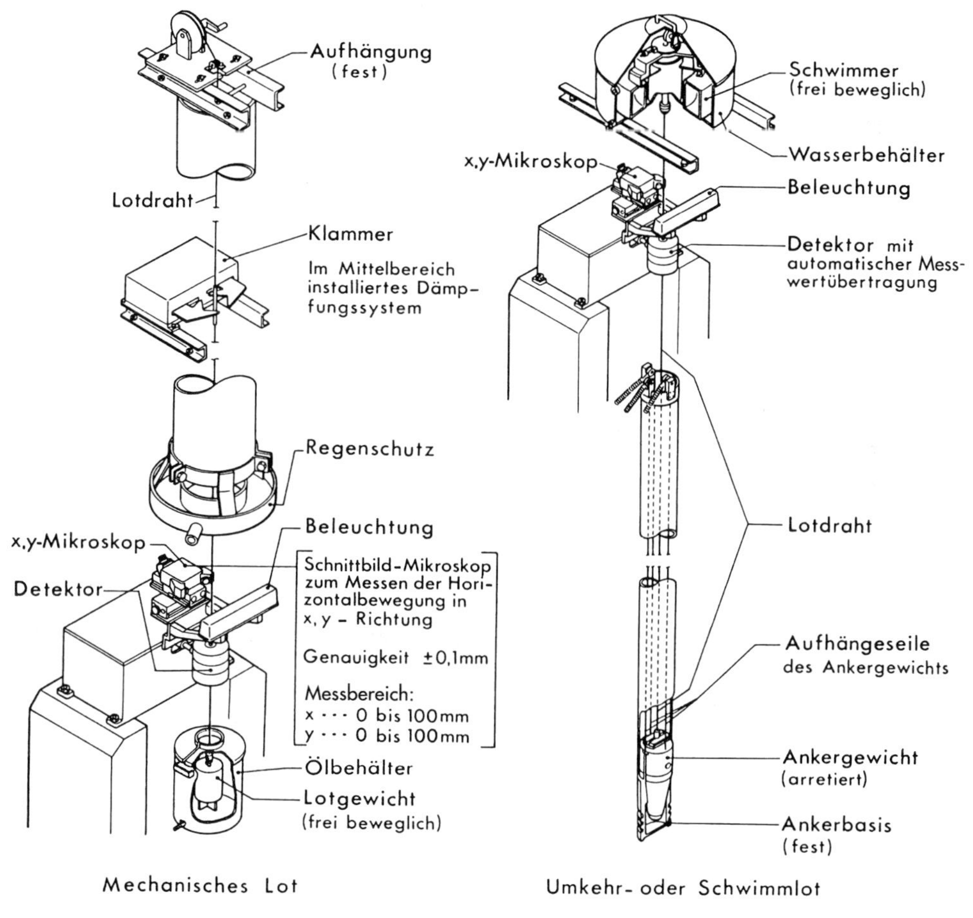

Abbildung 13.4-2: Systeme zur mechanischen Lotung

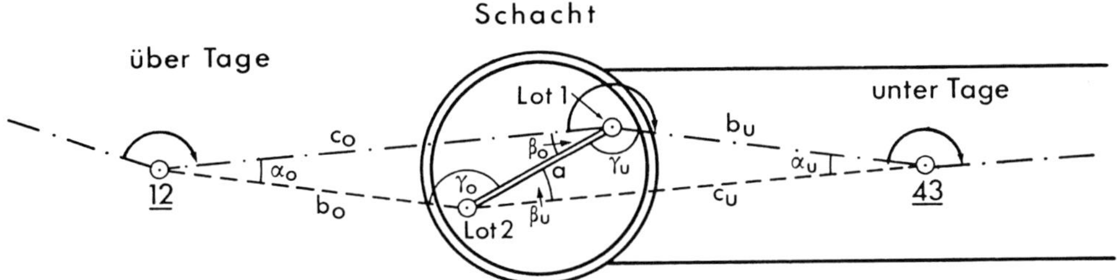

Abbildung 13.4-3: Doppellotung zur Richtungsübertragung

tägigen Polygonzuges angesehen, auf dem der Brechungswinkel zwischen der Richtung der letzten Polygonseite über Tage und der der ersten Polygonseite unter Tage zu berechnen ist. Man kann dann unter Tage im übertägigen Koordinatensystem weiterrechnen.

Berechnungsformeln zur Richtungsübertragung durch Doppellotung:

über Tage	unter Tage
$\sin\beta_o = \frac{b_o}{a} \cdot \sin\alpha_o$	$\sin\beta_u = \frac{b_u}{a} \cdot \sin\alpha_u$
$\sin\gamma_o = \frac{c_o}{a} \cdot \sin\alpha_o$	$\sin\gamma_u = \frac{c_u}{a} \cdot \sin\alpha_u$
Kontrolle:	Kontrolle:
$\alpha_o + \beta_o + \gamma_o \overset{\text{Soll}}{=} 200$ gon	$\alpha_u + \beta_u + \gamma_u \overset{\text{Soll}}{=} 200$ gon

Brechungswinkel bei Lot 1:

$$\sphericalangle\,(12 - L_1 - 43) = 400\ \text{gon} - (\beta_o + \gamma_u)$$

Es ist zu beachten, dass bei einem nur einseitig angeschlossenen Polygonzug jede Richtungsabweichung einer Seite eine Verschwenkung des ganzen nachfolgenden Zuges und damit eine wachsende Querabweichung in der Lage der Punkte hervorruft. Die Größe der Abweichung hängt ab von der Länge des Lotes, dem Gewicht, den auf das Lot wirkenden Kräften (Luftzug, Traufwasser) und insbesondere von der Länge der Lotbasis. Beim Richtungsanschluss an eine nur wenige Meter kurze Lotbasis *a* würde selbst eine Abweichung im Millimeterbereich in der Lage der Lotpunkte beim Anschluss eines langen Polygonzuges zu einer großen Lageabweichung des Endpunktes führen. Daher sollte man möglichst immer an einem koordinatenmäßig bekannten (evtl. ebenfalls herabgeloteten) Punkt abschließen (Einrechnungszug, Abb. 6.3-11).

Falls dies nicht möglich ist, empfiehlt es sich, bei langen unterirdischen Polygonzügen die Orientierung durch einen *Präzisionsvermessungskreisel*, z. B. GYROMAT 2000 der Firma DMT, Essen, vorzunehmen.

13.4.2 Optische Lotung

13.4.2.1 Zentrische Lotung

Bei der *zentrischen Lotung* befindet sich der Gerätestandpunkt in der Lotlinie, d. h., die Lotlinie wird durch die mithilfe von Libellen oder einem Kompensator vertikal ausgerichtete Ziellinie eines Messfernrohrs realisiert.

Optische Lotinstrumente besitzen eine zentrische Ziellinie, d. h., die Ziellinie fällt (genähert) mit der Vertikalachse des Instruments zusammen. Ist die Visurrichtung eines aufgestellten Lotes nach oben gerichtet, spricht man von *Zenitloten* und andernfalls, bei Visurrichtung nach unten, von *Nadirloten*. Es gibt auch Lotinstrumente, die sowohl für die Zenit- als auch für die Nadirlotung eingerichtet sind. Bei Absteckungsmessungen im Hochbau wird ein Zenitlot über dem Lotfußpunkt zentriert aufgestellt und die Lotrichtung mit dem Lotfernrohr oberhalb in der jeweiligen Bauhöhe eingewiesen. Das Nadirlot wird in der jeweiligen Bauhöhe genähert, in der Lotlinie aufgestellt und mit dem Lotfernrohr wird entweder die Zentrierung über dem unten liegenden Lotfußpunkt vorgenommen oder die Abweichung aus der Lotrichtung bestimmt. Aus Arbeitsschutzgründen sollte während der Bauarbeiten den Nadirloten der Vorzug gegenüber den Zenitloten gegeben werden, da beim Einsatz eines Zenitlots sowohl der Beobachter als auch das Instrument durch herabfallendes Baumaterial u. Ä. gefahrdet sind.

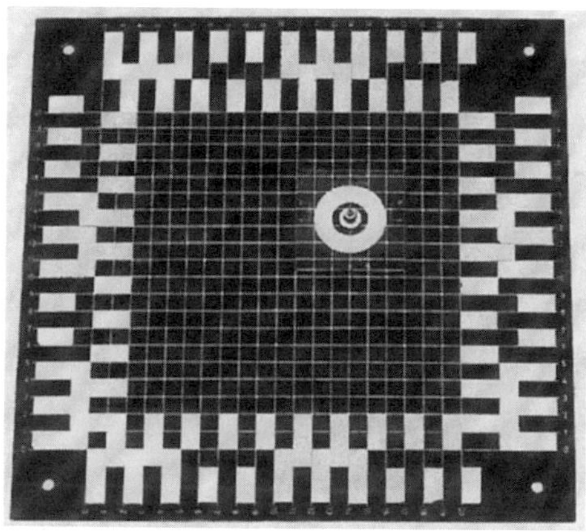

Abbildung 13.4-4: Zieltafel mit Schätzfelderteilung von BREITHAUPT. Der Lotfußpunkt ist durch ein besonderes Zielzeichen markiert, damit es richtungs- und entfernungsmäßig festgelegt werden kann.

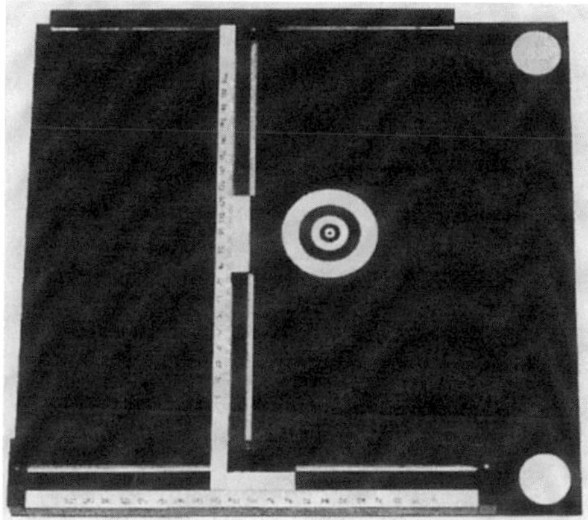

Abbildung 13.4-5: Zieltafel für die Einweisemethode

Für bautechnische Lotungen reichen häufig *behelfsmäßige Zielzeichen* aus, während für Präzisionslotungen über größere Höhenunterschiede, die eine gute Abstimmung des Zielzeichens auf die gestellte Aufgabe erfordern, auch *spezielle Lottafeln* mit genauen Zielmarkierungen notwendig sind. Außerdem müssen Zielweite, Mechanik und Optik des Lotinstruments auf die Beleuchtungs- und Sichtverhältnisse abgestimmt sein. Man verwendet entweder *Skalentafeln* oder *Zielmarken*. Skalentafeln ermöglichen es, die Zielrichtung mittels Ablesung festzulegen (*Schätzfeldermethode*, Abb. 13.4-4).

Die Zielmarken sollen einen Punkt signalisieren und sind daher als Loch, Kreuz, einzelne oder mehrere konzentrische Kreise ausgebildet. Bei der *Einweisemethode* (Abb. 13.4-5) wird die Zielmarke in die (wie bei der Schätzfeldermethode feste) Ziellinie eingewiesen. Für Präzisionslotungen wird die Zielmarke auf einem Kreuzschlitten befestigt. Bei der *Einstellmethode* ist sie fest und die Ziellinie wird durch horizontales Verschieben auf die Zielmarke eingestellt.

Ein *optisches Lot* in der *einfachsten Ausführung* wird bei der Zentrierung geodätischer Instrumente über Bodenpunkten (Kap. 3.2.3) verwendet. Es ist unempfindlich gegen Wind und genauer als das einfache Schnurlot, jedoch für Lotungen über größere Höhenunterschiede nicht geeignet.

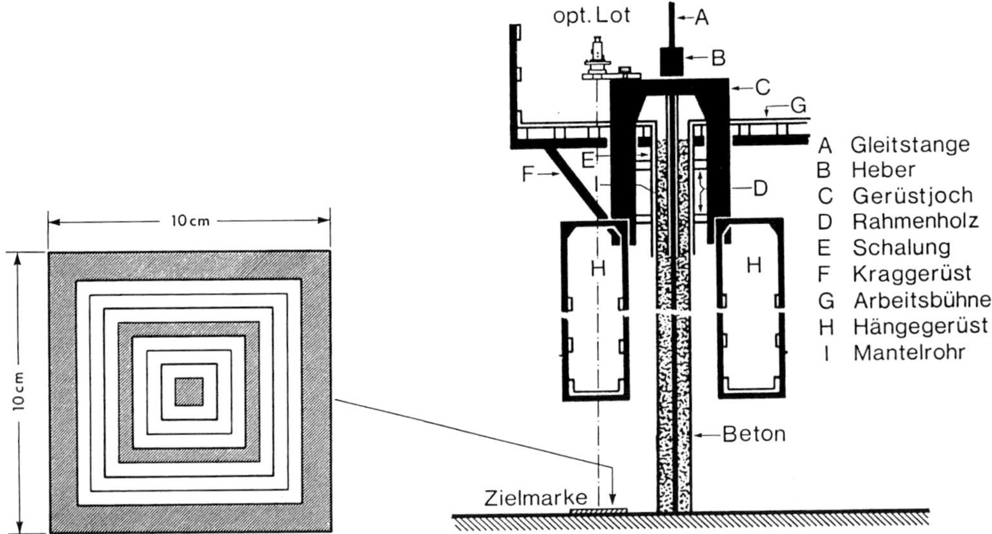

Abbildung 13.4-6: Optische Lotung im Gleitschalbau. Zentrische Nadirlotung mit zentrischer Ziellinie.

Optische Präzisionslote werden als Zenit- oder Nadirlote gebaut. Manche Fabrikate gestatten auch die Lotung in beiden Richtungen. Eventuell vorhandene instrumentell bedingte Abweichungen werden durch Messung in diametralen Lagen ausgeschaltet. Generell ist die Messung in vier um je 100 gon differierende Lagen zu empfehlen.

Bei optischen Loten mit Kompensatorausrichtung der Ziellinie (*Kompensatorlote*) ist zu beachten, dass ein Kompensator, der nur in einer Richtung schwingt, nur *eine* vertikale Ziel*ebene* erzeugen kann. Die Ziellinie wird daher entweder mithilfe von zwei eingebauten Kompensatoren (z. B. `Wild ZL` bzw. `NL` von LEICA GEOSYSTEMS, Abb. 13.4-7) oder bei Loten mit einem Kompensator (z. B. `FG-L 100` von FPM) durch zwei um 100 gon verdrehte Zielungen als Schnittlinie der beiden Zielebenen realisiert. Für Messungen von festen Standpunkten aus (Pfeiler, Kellergeschosse, Decken in Türmen und im Flachbau), d. h. ohne Einfluss von Erschütterungen, sind Lotgeräte mit Kompensator sehr geeignet. Mit ihnen lassen sich Genauigkeiten von 1:100 000 bis 1:200 000 (≙ 1 mm bis 0,5 mm auf 100 m Lothöhe) erreichen. Jedoch können bei Messungen von Traggeschossen oder von Gerüsten aus oft schon geringe, durch laufende Bauarbeiten (z. B. Betrieb von Kletterkränen) verursachte Erschütterungen nieder- und hochfrequente Schwingungen des Kompensators erzeugen, die keine Messung mehr zulassen.

Abbildung 13.4-7: Automatisches Zenitlot `Wild ZL` (links) (bzw. automatisches Nadirlot `Wild NL` (rechts)) von LEICA GEOSYSTEMS. Lotrechtstellung der Ziellinie durch zwei in rechtwinkligen Lotebenen wirkenden Kompensatoren. Genauigkeit 1:200 000. © Leica Geosystems AG

Bei solchen Einsatzgebieten benutzt man besser optische Lote mit Ausrichtung der Ziellinie durch Libellen (*Libellenlote*, Abb. 13.4-8 und 13.4-9), die diesen Schwingungseinflüssen weit weniger unterliegen. Die Lotungsgenauigkeit hängt bei diesen Geräten besonders von der Empfindlichkeit und der Einstellgenauigkeit der verwendeten Röhrenlibelle bzw. -libellen ab. Auf absolut einwandfreie Horizontierung, wozu die exakte Spielpunktbestimmung der Libelle Voraussetzung ist, muss größter Wert gelegt werden, da eine hierdurch bedingte Schiefstellung der Lotrichtung durch die Messungsanordnung nicht beseitigt werden kann. Je nach Aufgabenstellung und Instrumententyp kommen Geräte mit Genauigkeiten zwischen 1:30 000 bis 1:50 000 und 1:100 000 zum Einsatz.

Der *Messbereich der optischen Lote* liegt je nach Fabrikat zwischen 50 m und 150 m. Eine Ausnahme bildet das optische Lot `Telim` von BREITHAUPT (Abb. 13.4-9), welches z. B. im Bergbau oder beim Bau hoher Schornsteine und Türme eingesetzt werden kann. Es verfügt über ein sehr leistungsstarkes Fernrohr, mit dem, in Abhängigkeit von der Erkennbarkeit der Zieltafel und von dem atmosphärischen Zustand der Luft, Lotungen mit Zielweiten bis zu 600 m mit einer Genauigkeit von 1:100 000 möglich sind.

Ersetzt man das Okular eines optischen Lotes durch ein *Laserokular*, lässt sich die Lotlinie durch einen Laserstrahl sichtbar machen. Auf einer in den Laserstrahl gehaltenen Zieltafel zeigt sich ein roter Fleck von ca. 1 bis 2 cm Durchmesser, durch den die Lotlinie auf der Tafel markiert ist und jederzeit angemessen werden kann. Bei Instrumenten mit nur einem Kompensator muss daran gedacht werden, dass, wie zuvor ausgeführt, in zwei sich um 100 gon unterscheidenden Stellungen gelotet werden muss.

Abbildung 13.4-8: Zenit – Nadirlot `Wild ZNL` von LEICA GEOSYSTEMS. Lotrechtstellung der Ziellinie durch Wendelibelle. Genauigkeit 1:30 000. © Leica Geosystems AG

Abbildung 13.4-9: Optisches Präzisionslot `Telim` (Nadirlot) von BREITHAUPT. Lotrechtstellung der Ziellinie durch Kreuzlibelle. Genauigkeit 1:100 000.

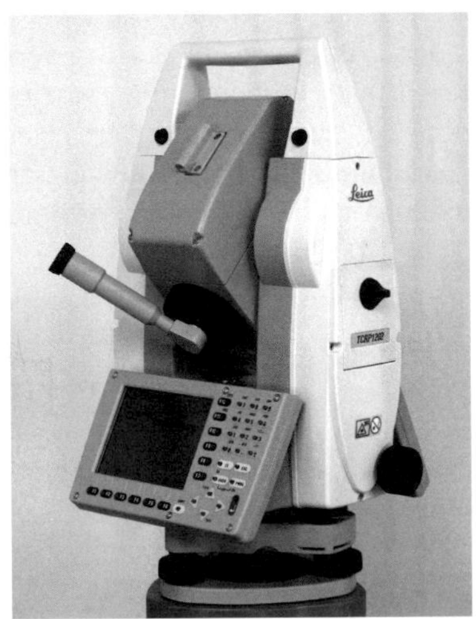

Abbildung 13.4-10: Tachymeter `TCRP1202` mit eingesetztem Steilsichtokular von LEICA GEOSYSTEMS

Eine *Zenitlotung mit zentrischer Ziellinie* ist auch mit einem *Theodolit/Tachymeter* möglich, wenn anstelle des Fernrohrokulars ein *Steilsichtokular* benutzt wird. Dieses gestattet den Einblick in das Fernrohr auch bei Steilzielungen zum Zenit (Abb. 13.4-10).

Zum *Abloten* stellt man das Instrument auf einem Bodenpunkt genähert unterhalb des Zenitpunktes auf und horizontiert sorgfältig. Das Fernrohr wird mithilfe des Vertikalkreises lotrecht gestellt und nach Lösen der Anzugschraube wird der Theodolit auf dem Stativteller parallel verschoben, bis das Strichkreuz mit dem Zielpunktzentrum zusammenfällt. Nach mäßigem Anziehen der Anzugschraube wird der Lotvorgang beginnend mit der Horizontierung so lange wiederholt, bis schrittweise die Zentrierung erreicht ist. Eine sich nach Drehen der Alhidade in die diametrale Stellung zeigende Abweichung ist auf eine Exzentrizität und Schiefe der Zielachse zur Stehachse zurückzuführen. Sie wird durch Verschieben des Instruments um die Hälfte der Abweichung eliminiert. Die Genauigkeit der Lotung mit Zenitokularen beträgt ca. 1:70 000 und hängt davon ab, wie genau der Vertikalwinkel eingestellt und die Horizontierung ausgeführt werden kann.

Anwendungsbeispiele zur zentrischen Lotung mit zentrischer Ziellinie:

Bei Bauwerken wie Silos, Treppenhauskernen, Brückenpfeilern, Schornsteinen, Fernsehtürmen usw., die in Gleitschalbauweise errichtet werden, müssen zur Steuerung der Gleitschalung im Gleitschaltakt von der Schalung aus Nadirlotungen zu den am Boden befestigten Zielmarken durchgeführt werden (Abb. 13.4-6). Meistens legt man die Lotpunkte in die Nähe der Bauwerksaußenseite an die vier Ecken bzw. bei rundem Grundriss gleichmäßig um das Bauwerk verteilt. An der Gleitschalung angebrachte Konsolen ermöglichen eine rasche Aufstellung des optischen Lotes und nach Durchführung der Lotung einen zügigen Wechsel zur nächsten Konsole.

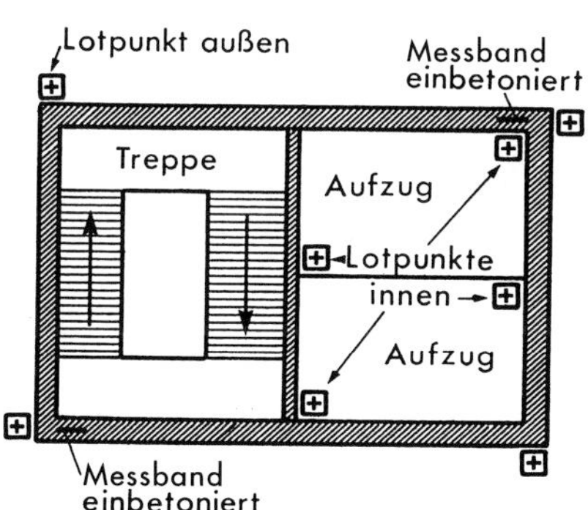

Abbildung 13.4-11: Lotpunkte beim Bau eines Treppenhauskerns mit Aufzugschächten

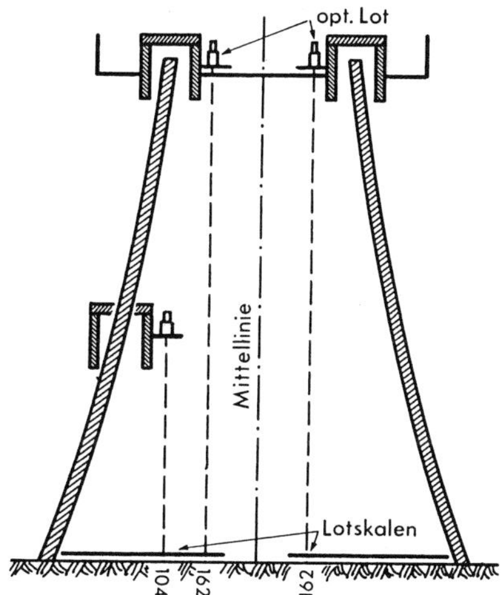

Abbildung 13.4-12: Optische Lotung über Lotskalen im Innern konischer Bauwerke (Gleitschalbauweise)

Die jeweilige Bauhöhe ergibt sich nach einem in der Praxis angewandten Verfahren auf einfache Weise, wenn an zwei Ecken auf dem Fundament befestigte, lotrecht nach oben geführte und über eine Rolle gespannte Messbänder mit einbetoniert werden. Die Höhen zu weiteren Punkten in der jeweiligen Bauhöhe lassen sich z. B. mit einer Schlauchwaage (Kap. 4.2) oder einem Rotationslaser (Kap. 13.3) rationell übertragen.

Bei der Errichtung von Aufzugschächten in Treppenhauskernen sind wegen der hohen Anforderungen an die geradlinige und lotrechte Bauausführung jeweils zwei weitere Lotpunkte im Inneren der Schächte erforderlich (Abb. 13.4-11). Von einer bestimmten Bauhöhe ab ist bei konischen Bauwerken die Lotung nur im Bauwerksinnern möglich. Dazu werden am Boden befestigte und ausgeleuchtete *Lotskalen* benutzt, auf denen die mit der Bauhöhe sich verändernde Lotpunktlage markiert ist (Abb. 13.4-12).

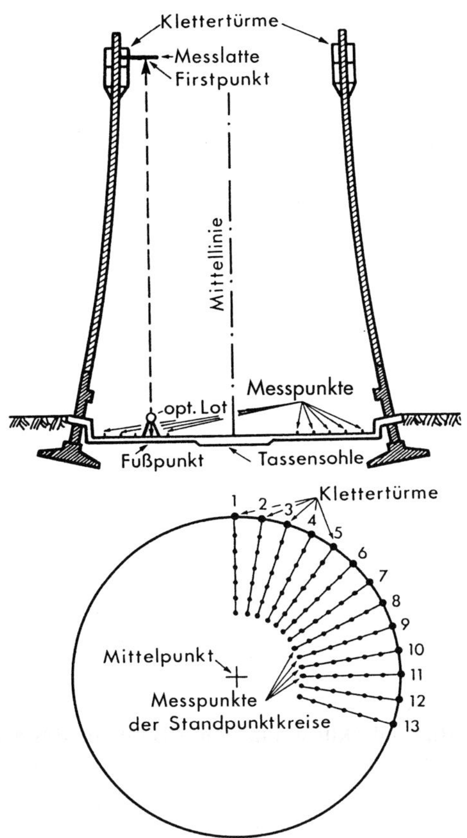

Abbildung 13.4-13: Optische Lotung beim Kühlturmbau mit Kletterschalung

Bei der Errichtung von Großkühltürmen ist der Radius des Bauwerks um ein Vielfaches größer als der eines Schornsteines. Es wird hier mit Kletterschalung gearbeitet, für deren Steuerung wesentlich mehr Lotpunkte erforderlich sind. Innerhalb des Bauwerks kann nicht wie z. B. beim Schornsteinbau mit der Gleitschalung die gesamte Öffnung geschlossen und damit begehbar gemacht werden. Folglich sind in der Höhe der Kletterschalung zwischen den hochgeloteten Punkten direkte Messungen nicht mehr uneingeschränkt möglich. Die Kühltürme werden in Hyperboloidform errichtet, wobei sich die Neigung und damit der Radius der Schale mit zunehmender Höhe ständig verändert. Mit einer Neigungswasserwaage, die entsprechend der für die jeweilige Bauhöhe vorausberechneten Sollneigung des 1 m bis 1,5 m hohen Schalungssatzes eingestellt ist, werden die Schalungshalter ausgerichtet. Unmittelbar nach dem Betonieren wird die Istneigung des Schalungsabschnittes durch optische Lotung überprüft.

Zu ihrer Durchführung werden zuvor in die Betonoberfläche der Trassensohle auf den radialen Richtungen vom Kühlturmmittelpunkt zu den Klettertürmen in bestimmten Abständen voneinander Messmarken (Plättchen aus rostfreiem Stahl) in die Betonoberfläche eingelassen und exakt gekörnt, sodass sich in entsprechender Anzahl Standpunktkreise um den Mittelpunkt herum bilden (Abb. 13.4-13). Die Anzahl ist abhängig von der Länge der bei der Lotung verwendeten Messlatten und der Verjüngung der Kühlturmschale, d. h. der Differenz der Sollradien. Will man bei einer Verjüngung des Radius um 16 m und einer 2 m langen Messlatte einen Überlappungsbereich von 0,4 m zwischen den Standpunktkreisen einhalten, benötigt man zehn Standpunktkreise. Das optische Zenitlot wird bei jedem Schalungsrhythmus nacheinander auf den Messpunkten des betreffenden Standpunktkreises aufgestellt. Mithilfe der auf dem Klettergerüst horizontal über das optische Lot gehaltenen Messlatte kann nach entsprechender Fokussierung der Abstand zwischen der Lotlinie und dem Schalungshalter abgelesen werden. Der Abstand der Bodenmarke vom Kühlturmmittelpunkt, die Ablesung an der Messlatte und der konstante Abstand zwischen Schalungshalter und Beton ergeben aufaddiert den Istradius. Der Vergleich mit dem Sollradius aus dem Absteckprotokoll liefert unmittelbar die Abweichung zwischen Soll- und Istneigung der Kühlturmschale, sodass evtl. erforderliche Korrekturen bei der Ausrichtung des nächsthöheren Schalungssatzes berücksichtigt werden können.

Anstelle des optischen Lotes kann auch ein *Laserlot* eingesetzt werden. Statt der Messlatte benutzt man dann eine ausschiebbare Teleskoplatte, an deren Spitze ein Detektor befestigt ist. Die Erfassung und genaue Einstellung des Laserstrahls wird durch ein optisches oder akustisches Signal angezeigt und anschließend der Abstand zwischen dem Laserstrahl und dem Schalungshalter an der Teleskoplatte abgelesen. Wegen der Divergenz und der Fluktuation des Laserstrahls wird die Verwendung des Laserlotes bei Bauhöhen über ca. 160 m jedoch problematisch.

Bei der hier beschriebenen Vorgehensweise folgt das Messpersonal mit dem optischen Lot bzw. dem Laserlot den Schalungs- und Betonierarbeiten und befindet sich somit nicht im durch herabfallendes Material akut gefährdeten Bereich. Beim Einsatz eines Laserlotes erübrigt sich auch während des Messvorganges das Personal am Instrument.

In der Mitte zwischen benachbarten hochgeloteten Punkten der Kletterschalung lässt sich, falls erforderlich, durch *Absetzen der Pfeilhöhe* von der durch eine gespannte Schnur realisierten Sehne aus jeweils ein *Zwischenpunkt einschalten* (Abb.13.7-18).

Die jeweilige Bauhöhe kann aus den Verschiebebeträgen der Kletterschalung abgeleitet werden. Zur Kontrolle führt man einige Male während der Bauzeit direkte Messungen der Höhe mit senkrecht hängenden Messbändern durch.

Bei der zentrischen Lotung mit exzentrischer Ziellinie fällt die Ziellinie nicht mit der Vertikalachse des Gerätes zusammen. Hierzu benutzt man ein Nivellier oder einen Theodolit, dessen Ziellinie durch ein aufgesetztes *Objektivprisma* rechtwinklig umgelenkt wird. Dieses Verfahren ist in den älteren Auflagen dieses Buches eingehend beschrieben.

13.4.2.2 Exzentrische Lotung

Bei der *exzentrischen Lotung* ergibt sich die *Lotlinie* als *Schnittlinie zweier vertikaler Ebenen* (Abb. 13.4-14). Richtet man von zwei Theodolitstandpunkten aus jeweils das Fernrohr auf einen Hochpunkt, kann dieser durch Drehen des Fernrohrs um die Kippachse als Schnittpunkt beider Zielungen am Boden bestimmt und vermarkt werden. Die Standpunkte sollten gleich weit, im Abstand des Eineinhalbfachen der Lothöhe so vermarkt werden, dass der Horizontalwinkel zwischen den Lotebenen ungefähr einen rechten Winkel bildet. Das Instrument ist sorgfältig zu horizontieren und das „Abloten“ sollte in beiden Fernrohrlagen erfolgen.

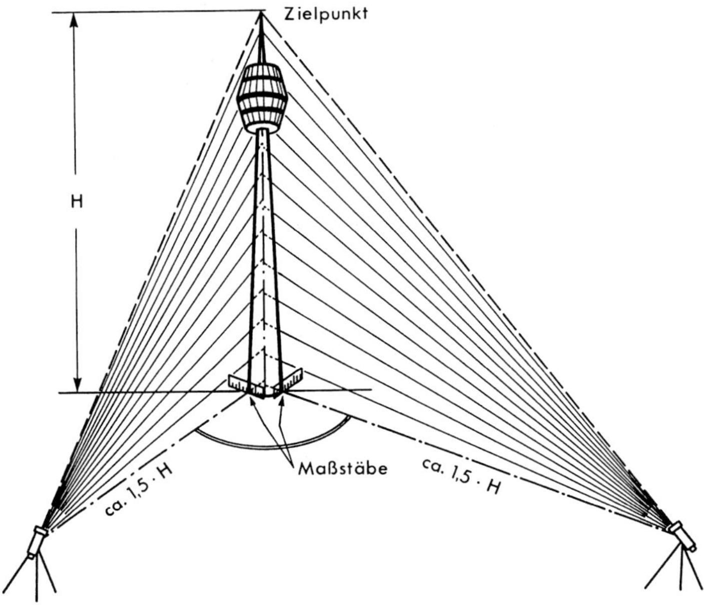

Abbildung 13.4-14: Exzentrische Lotung

Zum „Aufloten“, d. h. zur Übertragung der Lotrichtung nach oben auf ein Bauwerk, müssen die Richtungen von den Standpunkten zum Zentrum am Boden zuvor an der Außenfläche des Bauwerks durch Zielmarken festgelegt werden oder als Anschlussrichtungen bezogen auf andere Festpunkte gegeben sein. Nach Einstellung der Zielmarke mit dem Strichkreuz bzw. nach Absetzen der gegebenen Richtung wird das Fernrohr nach oben gekippt und am oberen Bauwerksrand ein Zielzeichen eingewiesen. Nach Wiederholung des Vorgangs in der zweiten Fernrohrlage liegt der Mittelwert der beiden Zieleinweisungen in der Vertikalebene über der Bodenmarke. Von vier jeweils rechtwinklig zueinander angeordneten Theodolitaufstellungen aus bestimmt man vier Punkte an den Bauwerksrändern, wenn das Zentrum nicht direkt sichtbar ist. Der Schnittpunkt der Verbindungslinien der diametralen Punkte definiert das gesuchte Zentrum. Als Lotgenauigkeit ist etwa 3 bis 5 mm bei 100 m Höhe erreichbar.

Vermessung von Windenergieanlagen

Die exzentrische Lotung kann auch zur Ermittlung der Schiefstellung von Windenergieanlagen (WEA) eingesetzt werden. So sind in der Richtlinie für WEA (DIBt 2012) Grenzwerte für die Schiefstellung des Bauwerks von 3 mm/m ohne äußere Einflüsse bzw. von 5 mm/m unter Berücksichtigung einseitiger Sonneneinstrahlung vorgegeben. Die vorgeschriebene Erfassung einer möglichen WEA-Schiefstellung wird bei den gegenwärtig typischen Höhen von etwa 100 m zweckmäßigerweise mit einem reflektorlos messenden Tachymeter (Kap. 5.2.1) ausgeführt. Im Prinzip ist dabei die relative Verschiebung der Mittelachspunkte in zwei unterschiedlichen Höhen des Bauwerks nach dem zuvor beschriebenen Verfahren der Ebenenlotung zu bestimmen (Abb. 13.4-14). Da die Lage der Mittelachspunkte unbekannt ist, lassen sich von den beiden Instrumentenstandpunkten aus jeweils nur die beiden Seitenkanten anzielen, die in einer Horizontalebene liegen müssen. Der sich daraus ergebende Horizontalwinkel wird gemittelt. Die Schiefstellung in einer Ebene kann nach der Formel $D = S$ (oberer Horizontalw. — unterer Horizontalw.) berechnet werden. S ist die horizontale Distanz vom Instrumentenstandpunkt bis zur Mittelachse der WEA. Die Schiefstellung des Bauwerks in der zweiten Lotebene wird in der gleichen Weise bestimmt wie die der ersten. Aus beiden Werten ergibt sich die resultierende Schiefstellung.

Eine rationelle Methode zur Ermittlung der Schiefstellung von WEA wird von *Resnik* beschrieben, für die nur ein einziger Instrumentenstandpunkt benötigt wird. Von diesem außerhalb des Bauwerks errichteten Tachymeterstandpunkt werden Winkel- und reflektorlose Distanzmessungen zu mindestens drei Punkten ausgeführt, die wie bei der Ebenenlotung in einer Horizontalebene der WEA liegen müssen (z. B. entlang eines Flansches) (Abb. 13.4-15). Werden so von mehr als drei Punkten die Koordinaten in einem lokalen System bestimmt, können durch eine Ausgleichung die Mittelpunktskoordinaten gegenüber der Drei-Punkte-Lösung genauer gewonnen werden. Die Berechnung erfolgt analog dem in Kap. 14.4.4 beschriebenen Lösungsweg für die nichtlineare Regression, die dort am Beispiel einer Parabel numerisch gezeigt wird.

Die Koordinaten seien mit der gleichen Genauigkeit bestimmt, d. h., für die A-priori-Genauigkeit gilt vereinfachend $\mathbf{P} = \mathbf{I}$, $\sigma_0 = 1.0$.

Gesucht ist ein ausgleichender Kreis mit dem Mittelpunkt $M(x_M, y_M)$ und dem Radius r, durch den die Punkte bestmöglichst approximiert werden. Die Funktionsbeziehung, die die Unbekannten und die Beobachtungen miteinander verknüpft, ist die Kreisgleichung:

$$(x_i - x_M)^2 + (y_i - y_M)^2 - r^2 = 0. \tag{13.14}$$

Diese Gleichung (Gl. 13.14) entspricht einer impliziten Funktion, die nach den Unbekannten x_M, y_M und r sowie nach den Beobachtungen zu linearisieren ist, weil beide Punktkoordinaten, also x und y, stochastische Größen sind und demzufolge nicht das übliche Ausgleichungsmodell nach Gauß-Markoff, sondern das nach Gauß-Helmert angewandt werden muss. Hier soll jedoch für die Auswertung vereinfachend das EDV-freundliche Gauß-Markoff-Modell genutzt werden, weil sich nach *Benning* (Statistik in Geodäsie, Geoinformation und Bauwesen, Kap. 6.8, S. 186), in beiden Modellen die Abweichungen e_i radial, somit orthogo nal zum Kreis auswirken und daher nur zu unerheblichen numerischen Differenzen führen.

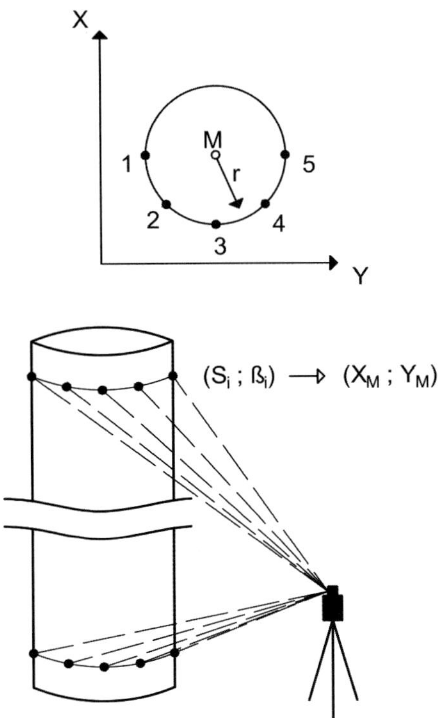

Abbildung 13.4-15: Bestimmung der Schiefstellung einer Windenergieanlage mithilfe eines reflektorlos messenden Tachymeters durch einen ausgleichenden Kreis

Die Beobachtungsgleichungen ergeben sich unter dieser Voraussetzung zu:

$$\begin{array}{rclcl} \mathbf{y} & = & \mathbf{X}\beta & + & \mathbf{e} \\ Y_1 & = & y_M + \sqrt{r^2 - (x_1 - x_M)^2} & + & e_1 \\ & \vdots & & & \\ Y_9 & = & y_M + \sqrt{r^2 - (x_9 - x_M)^2} & + & e_9. \end{array} \tag{13.15}$$

Die nichtlinearen Beobachtungsgleichungen sind mithilfe der Näherungswerte zu linearisieren. Mit den Bezeichnungen $\delta y_M^{(0)}$, $\delta x_M^{(0)}$ und $\delta r^{(0)}$ für die Zuschläge zu den Koordinaten und zum Radius entstehen die linearisierten Beobachtungsgleichungen:

$$\delta Y_i^{(0)} = \frac{\partial Y_i^{(0)}}{\partial y_M} \cdot \delta y_M^{(0)} + \frac{\partial Y_i^{(0)}}{\partial x_M} \cdot \delta x_M^{(0)} + \frac{\partial Y_i^{(0)}}{\partial r} \cdot \delta r^{(0)} + e_i. \tag{13.16}$$

Man erhält die partiellen Ableitungen

$$\frac{\partial Y_i^{(0)}}{\partial y_M} = 1 \; ; \quad \frac{\partial Y_i^{(0)}}{\partial x_M} = \frac{(x_i - x_M^{(0)})}{\sqrt{r^{(0)2} - (x_i - x_M^{(0)})^2}} \; ; \quad \frac{\partial Y_i^{(0)}}{\partial r} = \frac{r^{(0)}}{\sqrt{r^{(0)2} - (x_i - x_M^{(0)})^2}} \; , \tag{13.17}$$

die sich als Elemente der Koeffizientenmatrix **X** berechnen lassen.

Die notwendigen Näherungswerte für die Unbekannten lassen sich genau genug aus Lageplänen entnehmen.

Der weitere Lösungsweg sowie ein praktisches Beispiel für die Kreisausgleichung findet sich in der zuvor erwähnten Literaturstelle.

Schließlich kann die Schiefstellung der WEA dann aus der Differenz der in zwei unterschiedlichen Horizontalebenen berechneten Mittelpunktskoordinaten abgeleitet werden.

Wenn beide Verfahren bezüglich der erreichbaren Genauigkeit verglichen werden, dann lassen sich mit der Ebenenlotung genauere Ergebnisse erzielen, weil sich schon bei einer mäßigen Windgeschwindigkeit geringe Schwingungen des Bauwerks insbesondere im oberen Bereich stärker auswirken, die beim Anzielen durch den Beobachter ausgemittelt werden. Somit lassen sich durch die Beobachtung beider Seiten des Turms die maximalen Auslenkungen einheitlich erfassen.

13.5 Fluchtung (Alignement)

Mit *Fluchten* bezeichnet man das Einweisen von Punkten in eine Gerade oder das Bestimmen kleiner horizontaler Abweichungen von Punkten rechtwinklig zu einer Bezugsgeraden. Letzteres geschieht bei Deformationsmessungen, um Bewegungen von Punkten, z. B. von besonders ausgewählten und vermarkten Sicherungspunkten auf der Krone einer Staumauer, in gewissen Zeitabständen zu bestimmen. In diesem Zusammenhang bezeichnet man Fluchten auch als *Alignement*, worunter die Bestimmung horizontaler Punktabstände von einer vertikalen Bezugsebene verstanden wird. Die Fluchtgerade kann entweder in der Horizontalebene bzw. im Raum *direkt* realisiert werden (z. B. durch einen Laserstrahl) oder sie ergibt sich *indirekt* als Projektionslinie der durch Anfangs- und Endpunkt festgelegten Vertikalebene, wenn höhenmäßig unterschiedliche Zwischenpunkte festgelegt werden sollen.

Auf das einfache visuelle Einfluchten von Punkten in eine Gerade, wie es bei Lagemessungen angewandt wird, wurde bereits in Kapitel 2.1 eingegangen. Hier sollen die mechanischen und optischen Verfahren angesprochen werden, die bei höheren Genauigkeitsanforderungen und über größere Entfernungen infrage kommen.

13.5.1 Mechanische Fluchtung

Hierbei wird die *Fluchtgerade* durch eine *Schnur* oder einen *Draht* realisiert. Die Schnur oder der Draht werden gespannt und über den Endpunkten der Geraden zentriert. Zwischenpunkte lassen sich dann direkt bestimmen. Die einfachste Art dieser Fluchtung stellt das „Ausschnüren“ auf Baustellen dar (Kap. 13.2.3, Abb. 13.2-15). Bei Verwendung einer Perlonschnur erreicht man bei Längen bis 25 m eine Genauigkeit von $\sigma_q = 2$ mm in der Querabweichung.

Mit einem Draht und einer speziellen Drahtspannvorrichtung lässt sich diese Genauigkeit auch bei größeren Längen steigern ($\sigma_q \leq 1$ mm). Die Genauigkeit σ_q ist besonders von der

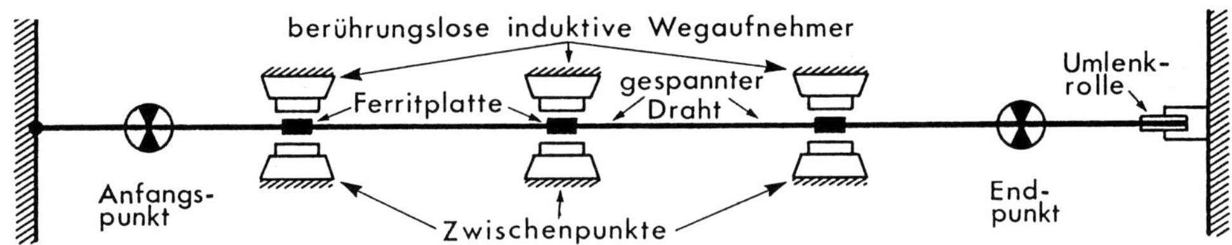

Abbildung 13.5-1: Elektromechanisches Alignement

Windstärke und -richtung abhängig. Die mechanische Fluchtung bietet sich z. B. zur Talsperrenüberwachung im Innern von Stauanlagen an. Wenn entlang des Drahtes elektrische Wegaufnehmer fest mit dem Bauwerk verbunden werden, ist eine automatische und kontinuierliche Messung der Veränderungen senkrecht zum Draht in vorgegebenen Zeitintervallen möglich (Kap. 13.6.2). Es können jedoch nur die relativen Bewegungen der Zwischenpunkte bezüglich der Endpunkte des Drahtes bestimmt werden. Zur Bestimmung der absoluten Bewegungen der Zwischenpunkte muss folglich die absolute Lage der Endpunkte des Drahtes bekannt sein.

13.5.2 Optische Fluchtung mit Messfernrohr

Die *Fluchtgerade* wird hierbei durch die *Ziellinie eines Theodolitfernrohrs* realisiert. Nachdem ein auf dem Anfangspunkt A aufgestellter Theodolit zu einem Zielzeichen auf dem Endpunkt E ausgerichtet ist, lassen sich Zwischenpunkte einweisen. Muss das Fernrohr gekippt werden, weil die Punkte in unterschiedlichen Höhen liegen, ist in beiden Fernrohrlagen zu beobachten und der Zwischenpunkt gegebenenfalls als Mittel aus beiden Fernrohrlagen abzustecken (Abb. 13.5-2 und 13.7-2).

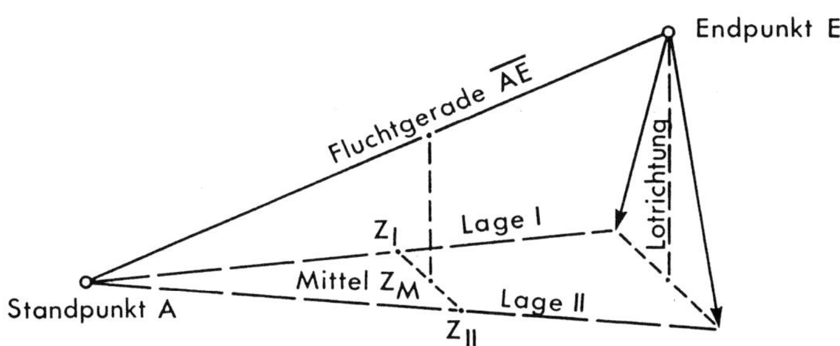

Abbildung 13.5-2: Einfluchten eines Zwischenpunktes Z mit einem Theodolit in die lotrechte Ebene durch die Fluchtgerade $\overline{AE}$

Bei hohen Genauigkeitsanforderungen kann auch ein Zielzeichen genähert in die Fluchtgerade eingewiesen werden. Anschließend wird das Zielzeichen mehrmals senkrecht zur Flucht verschoben und jeweils mit dem Theodolit der Winkel α_i zwischen dem Zielzeichen und dem Endpunkt E sowie beim Zielzeichen das Verschiebemaß d_i bestimmt. Die Verschiebemaße lassen sich an einem Messschlitten direkt ablesen. Bei kürzeren Entfernungen kann man auch eine horizontale Skala als Zielzeichen benutzen und die Winkel α_i zu mehreren

Skalenstrichen messen. Nach Berechnung der Regressionsgeraden $\hat{d}(\alpha_i) = a + b \cdot \alpha_i$ kann derjenige Skalenwert $\hat{d}(\alpha_i = 0 \text{ gon})$ bestimmt werden, der der Richtung zum Endpunkt E entspricht und der somit in der Flucht von A nach E liegt. Die Messwerte α_i und d_i werden wie bei der klassischen Regression an bestimmten Stellen ermittelt. Da jedoch sowohl die α_i als auch die d_i mit Messungenauigkeiten behaftet sind, kommt hier das „Regressionsmodell mit Fehlern in den Variablen" infrage (Kap. 14.4.2.3).

Beispiel 13.5.1: Optische Fluchtung mit Messfernrohr
Zur Einweisung eines Zwischenpunktes in die Fluchtgerade $\overline{AE}$ wurde ein senkrecht zur Fluchtgeraden verschiebbares Zielzeichen über dem Zwischenpunkt aufgestellt. Vom Anfangspunkt A aus wurden mit einem Theodolit die Winkel α_i zwischen dem Zielzeichen und dem Endpunkt E für verschiedene Stellungen des Zielzeichens bestimmt und die Verschiebemaße d_i an einer Maßstabskala abgelesen (Abb. 13.5-3). Die Standardabweichungen für die Winkelmessung und für die Verschiebemaße sind bezüglich des verwendeten Instrumentariums mit $\sigma_\alpha = 0{,}4$ mgon und $\sigma_d = 0{,}2$ mm a priori bekannt.

Messwerte	Ablesung Lage I					Ablesung Lage II				
α_i [mgon]	−12,7	−6,2	−0,9	+5,1	+11,6	+11,3	+5,8	+1,1	−5,3	−12,1
d_i [cm]	0,00	5,42	8,86	13,64	19,96	19,24	14,82	10,30	5,58	0,76

Nach Gl. (14.88) ergibt sich das Verhältnis der Genauigkeiten

$$\lambda = \frac{\sigma_d^2}{\sigma_\alpha^2} = \frac{(0{,}02 \text{ cm})^2}{(0{,}4 \text{ mgon})^2} = 0{,}0025 \,.$$

Bei der Berechnung von λ ist darauf zu achten, dass die *Dimensionen der Standardabweichungen und der Messwerte übereinstimmen.* Mit den Gl. (14.116) und (14.117) erhält man die Regressionsgerade $\hat{d}(\alpha_i)$ [cm] $= 10{,}043 + 0{,}803 \cdot \alpha_i$ [mgon]. An der Stelle $\alpha = 0$ gon beträgt für den Zwischenpunkt Z der Skalenwert $\hat{d}(\alpha = 0 \text{ gon})$ = 10,043 cm.

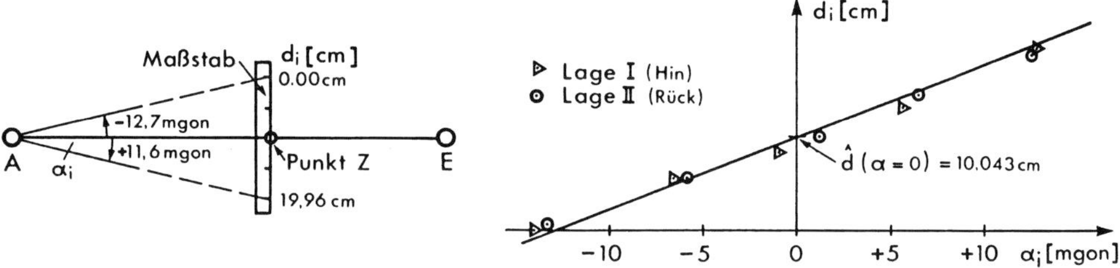

Abbildung 13.5-3: Bestimmung des Punktes Z in der Fluchtgeraden $\overline{AE}$ durch Ermittlung des Schnittpunktes auf einer Skala mithilfe einer Regressionsgeraden

Die optische Fluchtung lässt sich günstig beispielsweise im Großmaschinen- und Anlagenbau sowie zur Staumauerüberwachung bei Talsperren einsetzen, worauf anschließend eingegangen wird. Weitere Anwendungen speziell zum Abstecken langer Geraden werden in Kapitel 13.7 erläutert.

Bei der optischen Fluchtung ist jedoch zu beachten, dass der Einfluss der *Refraktion* schwer erfassbar ist. Daher sollte man bei Witterungsbedingungen messen, die nur einen geringen Refraktionseinfluss erwarten lassen (bedeckter Himmel, leichter Wind).

Wie einleitend ausgeführt, besteht bei *Deformationsmessungen* die Aufgabe nicht so sehr darin, Zwischenpunkte in eine Gerade einzufluchten, als vielmehr *Abweichungen der Zwischenpunkte* rechtwinklig zu einer Bezugsgeraden bzw. zu einer vertikalen Bezugsebene zu ermitteln. Durch ein derartiges, in bestimmten Zeitabständen durchgeführtes *Alignement* erhält man Informationen über eventuelle Bewegungen von vermarkten Zwischenpunkten und damit über die Deformationen des Bauwerks. Von den Bewegungen eines Zwischenpunktes interessieren besonders die Bewegungen senkrecht zur Bezugsgeraden, z. B. bei der Staumauer einer Talsperre, und zwar die horizontale Abweichung q und der lotrechte Höhenunterschied h. In den meisten Fällen wird in einem Alignement nur die Horizontalabweichung q gemessen, während die Höhenunterschiede h gewöhnlich nivellitisch bestimmt werden. Die Änderungen der Abstände l von den Endpunkten zu den Zwischenpunkten, also in Richtung der Bezugsgeraden, ermittelt man nur ausnahmsweise (Abb. 13.5-4).
Durch Kontrollmessungen muss überprüft werden, ob die Endpunkte der Bezugsgeraden ihre Lage und Höhe unverändert beibehalten. Dies kann durch die Einbeziehung der Endpunkte in Hilfsalignements, durch Distanzmessungen und Nivellements zu Sicherungspunkten erfolgen.

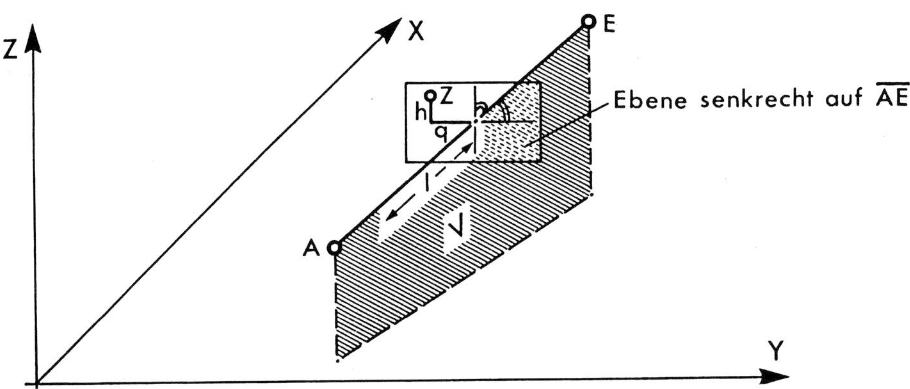

Abbildung 13.5-4: Lokales Koordinatensystem beim Alignement; der Punkt Z wird durch die lokalen Koordinaten l, q, h auf die Strecke $\overline{AE}$ bezogen

Die Messung der Abweichungen von der Bezugsgeraden kann direkt oder indirekt ausgeführt werden. Bei der *direkten Messung* zielt man mit einem auf dem Anfangspunkt A aufgestellten Alignierinstrument oder einem Sekundentheodolit den Endpunkt E der Bezugsgeraden exakt an und ermittelt anschließend mit einer Hilfsskala bei den Zwischenpunkten (Alignementspunkten) deren Abweichungen aus der Flucht. Ein *Alignierinstrument* unterscheidet sich von einem Theodolit dadurch, dass es weder Horizontal- noch Vertikalkreis, dafür jedoch ein stark vergrößerndes Fernrohr besitzt. Nach Anzielen des Endpunktes und Kippen des Fernrohres wird eine Vertikalebene durch A und E beschrieben.

1) Anzielen des Endpunktes E
2) Ablesung von q auf der Hilfsskala im Zwischenpunkt Z

Die Messgenauigkeit wird durch die Schätzgenauigkeit von einem Zehntel des Teilungsintervalls beschränkt.

Die *direkte* Messung kann auch durch *mechanisches Verschieben des Zielzeichens* auf dem Zwischenpunkt und Einweisung der Zielmarke mit dem Fernrohr in die Bezugsgerade erfolgen. Der Verschiebebetrag wird hierbei an einer Messspindel abgelesen (Abb. 13.5-5 und 13.5-6).

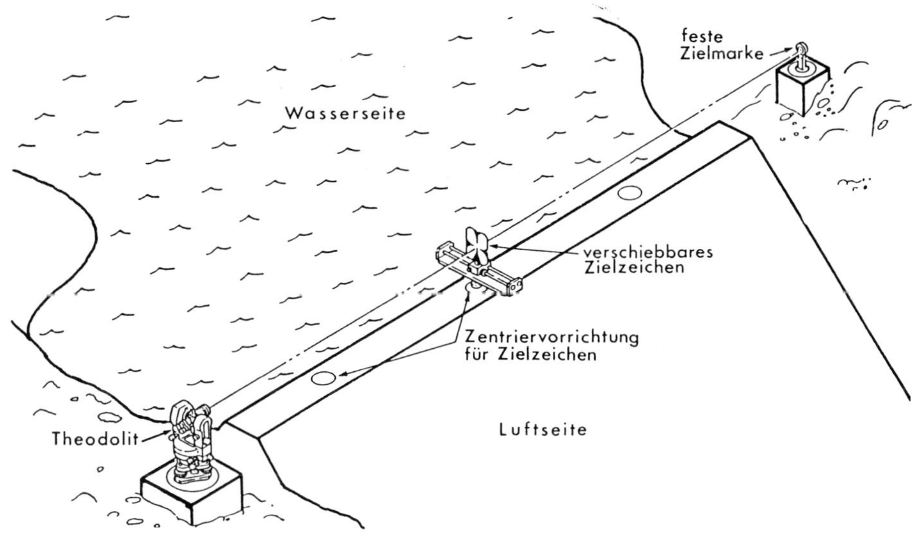

Abbildung 13.5-5: Optische Fluchtung zur Talsperrenüberwachung

Zur *indirekten Bestimmung* der Abweichung q von der Bezugsstrecke wird auf dem Anfangspunkt A der Winkel zwischen dem Endpunkt E und dem Zwischenpunkt (Alignementspunkt) Z mit einem Theodolit gemessen (Abb. 13.5-7). Diese Methode stellt keine besonderen Anforderungen an die Gestaltung der Zielmarken und -einrichtungen und lässt sich mit Präzisionstachymeter besonders rationell ausführen. Die Messwerte können automatisch gespeichert und mit entsprechenden Programmen ausgewertet werden.

Bestimmung der horizontalen Abweichung q durch Winkelmessung:

1. Anzielen des Endpunktes E und Ablesung a_1 am Horizontalkreis,
2. Anzielen des Zwischenpunktes Z und Ablesung a_2 am Horizontalkreis,
3. Abweichung $q = e \cdot \sin(a_2 - a_1)$;
   die horizontale Entfernung e vom Anfangs- zum Zwischenpunkt muss bekannt sein.
4. Eventuelle Wiederholungsmessungen zur Genauigkeitssteigerung.

Liegen die Punkte nicht in gleicher Höhe, muss in beiden Fernrohrlagen beobachtet werden.

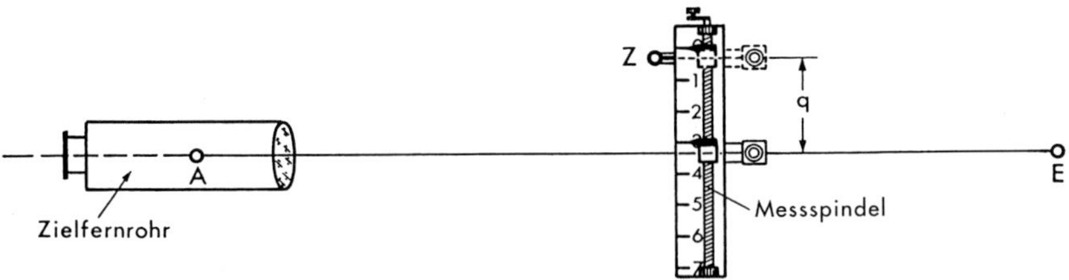

Abbildung 13.5-6: Direkte Bestimmung der horizontalen Abweichung q mithilfe einer Messspindel

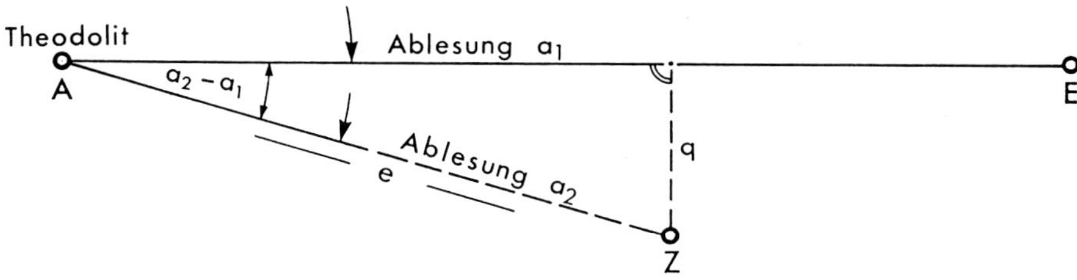

Abbildung 13.5-7: Indirekte Bestimmung der horizontalen Abweichung q durch Winkelmessung

13.5.3 Optische Fluchtung mit Lasergeräten

Mit einem *Laserstrahl* lässt sich eine *Fluchtgerade* bzw., bei Auffächerung oder Rotation eines Laserstrahls, eine *Bezugsebene* im Raum direkt realisieren. Daher eignet sich ein Lasergerät gut für die Steuerung von Bau-, Verlege- und Vortriebsmaschinen im Verkehrswege-, Leitungs- und Tunnelbau wie auch für die vertikale Steuerung im Gleitbau. Ebenso lassen sich die bei der optischen Fluchtung beschriebenen Aufgaben mit einem Lasergerät ausführen.

Es gibt spezielle, für Fluchtungsaufgaben gebaute Lasergeräte. Sie lassen sich horizontal ausgerichtet als *Nivellier-* bzw. senkrecht ausgerichtet als *Lotlaser* (Kap. 13.4.2) einsetzen. Jedoch können auch von diesen Hauptrichtungen abweichende Neigungen eingestellt werden. Die Horizontierung erfolgt entweder mit einem Kompensator automatisch oder mit einer Libelle durch Einstellen der Dreifußschrauben.

Sogenannte *Kanalbaulaser* lassen sich entweder direkt im ersten Rohr eines zu verlegenden Kanals oder, an einem Stativ befestigt, z. B. in einem Graben aufstellen. Nachdem der Laserstrahl auf den Endpunkt ausgerichtet bzw. am Gerät das projizierte Kanalgefälle eingestellt ist, kann man die zu verlegenden Rohre exakt und schnell ausrichten oder den Aushub eines Grabens steuern usw.

Das Okular eines Theodolits, Nivelliers oder optischen Lotes einiger Instrumentenhersteller kann durch ein *Laserokular* (z. B. Diodenlaser DL2 von LEICA GEOSYSTEMS) ersetzt werden. Der aus dem Fernrohr austretende Laserstrahl ist mit der Ziellinie identisch und kann, zu einem kleinen Punkt fokussiert, auf ein Ziel eingestellt oder mithilfe der Theodolitteilkreise ausgerichtet werden.

Durch ein vor ein Lasergerät oder Theodolit (usw.) vorgesetztes *Objektivprisma* (Abb. 13.4-10) lässt sich der Lichtstrahl rechtwinklig umlenken. Beim Drehen des Prismas bestreicht der Strahl eine Ebene.

Die *Ortung* bzw. Erfassung des ausgesandten Laserstrahls kann *visuell* oder mit einem *elektrooptischen Detektor* erfolgen. Zur visuellen Erfassung der Lage des Laserpunktes benutzt man bei geringen Entfernungen vom Lasergerät eine Auflichtzieltafel. Bei größeren Entfernungen kann man sich auch mit einer Durchlichtzieltafel durch Beobachtung der Laserpunktlage visuell von der Zieltafelrückseite aus selbst einfluchten, wobei jedoch die Augen des Beobachters durch eine Laserschutzbrille (Lichtfilter) zu schützen sind.

Die Ablesung der Lage der Laserstrahlränder an horizontalen und vertikalen Maßstäben und die Berechnung des Strahlzentrums kann nur mit begrenzter Genauigkeit durchgeführt werden, da der Laserstrahl infolge atmosphärischer Einflüsse ständigen Veränderungen unterworfen ist. Besser ist es, eine *Zieltafel mit Zielfigur* in den Laserstrahl einzurichten und die Tafelstellung an Maßstäben abzulesen.

Durch Verwendung von *elektrooptischen Detektoren* mit auf Laserlicht reagierenden mikroelektronischen Bauteilen (z. B. Siliziumdioden) erhöhen sich gegenüber der visuellen Ortung mit Durch- oder Auflichtzieltafeln die Sicherheit und Reichweite, die Genauigkeit und Objektivität sowie die Automatisierungsmöglichkeiten der Lasermesstechnologien. Mit Schritt- oder Servomotoren gekoppelt richten sich diese Dioden durch Erfassung von Intensitätsunterschieden selbstständig auf das Zentrum ein, wobei die zurückgelegte Wegstrecke elektrisch umgeformt und auf einem Display angezeigt wird.

Das Laserlicht unterliegt den optischen Gesetzen und wird deshalb durch *atmosphärische Einflussgrößen* wie Staub, Nebel, Refraktion (Kap. 4.3.2) und Luftturbulenzen beeinträchtigt. Turbulente Luftströmungen rufen lang- und kurzperiodische Schwankungen des Laserstrahls hervor. Das unterschiedliche Turbulenzverhalten in der bodennahen Luftschicht kann zu Ablenkungen, Helligkeitsänderungen über den Laserstrahlquerschnitt oder zur völligen Auflösung des Laserstrahls führen. Diese Erscheinungen sind am stärksten bei ungestörtem Strahlungswetter. Daher sollte man Messungen möglichst bei bedecktem Himmel und guter Luftdurchmischung (Wind) durchführen. Lasermessungen mit Detektor reagieren stärker auf Luftturbulenzen als visuelle Messungen mittels spezieller Zieltafeln.

Die maximale Reichweite hängt von der Laserleistung ab und wird sehr stark von den atmosphärischen Bedingungen und der Beschaffenheit der Zielfläche bzw. Art der Zielerfassung beeinflusst. Die Gesamtgenauigkeit der Fluchtung mit Lasergeräten hängt außer vom Instrumententyp und den atmosphärischen Bedingungen auch wesentlich von der Aufstell- und Ausrichtegenauigkeit sowie der Strahlerfassungsgenauigkeit ab. Sie liegt bei günstigen Bedingungen im Bereich von einigen Zehntel bis zwei Millimetern pro 100 m für Präzisionsmessungen. Mit einfachen Baulasern sind 5 bis 10 mm/100 m erreichbar.

13.6 Deformationsmessung

13.6.1 Grundlagen

Deformationsmessungen haben den Zweck, geometrische Veränderungen *(Deformationen)* an und von Bauwerken oder zwischen Bauwerksteilen zu erfassen. Zu den „Bauwerken" sollen hier neben den Bauwerken im engeren Sinne wie Hochbauten, Talsperren und Brücken auch Bauwerke im weiteren Sinne wie z. B. Erdbauwerke und maschinenbauliche Anlagen zählen. Die Deformationsmessungen, früher auch als Kontroll-, Prüf- oder Überwachungsmessungen bezeichnet, stellen einen Teil der Ingenieurvermessung dar und haben eine zunehmende Bedeutung erlangt. Mit ihnen sollen Informationen gewonnen werden, die zum Schutze von Bauwerken, zur Sicherung ihrer bestimmungsgemäßen langzeitigen Nutzung und zur Verhütung von Katastrophen genutzt werden können.

Der Begriff „Deformationsmessungen" umfasst nicht nur *Form-*, sondern auch *Lageänderungen.* Diese geometrischen Veränderungen sind:

a) Verschiebungen
   - vertikale Verschiebung (z. B. Hebung; Setzung durch Verformung des Baugrundes infolge Belastungsänderung oder Erschütterung; Senkung wegen Massenentzug im Untergrund)
   - horizontale Verschiebung

b) Verdrehungen

c) Neigungen (Kippungen)

d) Verformungen
   - Längenänderung
   - Biegung
   - Torsion

In Abhängigkeit von der zu erwartenden Größe der geometrischen Veränderungen und deren flächenmäßigen Ausdehnungen müssen zunächst geeignete Sensoren ausgewählt werden. Wenn für die zu lösende Aufgabe die klassischen Instrumente wie GNSS-Antennen, Tachymeter oder Nivelliere eingesetzt werden sollen, ist es unabdingbar, diskrete Punkte am Objekt dauerhaft zu vermarken, die die Deformationen in vollem Umfang erkennen lassen. Diese *Objektpunkte* müssen daher unmittelbar mit dem Bauwerk verbunden sein, z. B. als Bolzen oder aufgeklebte Plaketten. Sie können sowohl indirekt bestimmbare Zielpunkte sein, wie z. B. an einer Mauer befestigte Zielmarken, die durch Vorwärtsschnitt bestimmt werden, als auch Punkte, zwischen denen direkt gemessen wird, wie z. B. vermarkte Punkte beiderseits von Trennfugen unterschiedlicher Bauwerksteile. Anzahl und Lage der Objektpunkte beeinflussen sowohl die Beurteilungsmöglichkeiten des Bauwerksverhaltens als auch Planung und Ablauf der Kontrollmessungen in erheblichem Maße. Man spricht von

- *Relativmessungen*, wenn nur die relative, gegenseitige Lage der Objektpunkte zueinander überprüft wird,
- *Absolutmessungen*, wenn zusätzlich auch die Bewegungen der Objektpunkte gegenüber äußeren Festpunkten bestimmt werden.

Die *Festpunkte* sind Standpunkte und Orientierungspunkte (= Anschlusspunkte für die Winkelmessung) außerhalb der Bewegungszone, die als *unbeweglich* angenommen bzw. nachgewiesen sind. Ihre Lage wird auf *Sicherungspunkte* in ihrem Nahbereich aufgemessen, damit mögliche Eigenbewegungen der Festpunkte relativ zu den Sicherungspunkten sich einfach und genau aufdecken lassen. Da die Festpunkte häufig weitab vom Bauwerk liegen müssen, benutzt man für die Bestimmung der Vielzahl der Objektpunkte besondere *Beobachtungsstandpunkte* in der Nähe des Bauobjekts. Die Festpunkte und Beobachtungsstandpunkte sollten möglichst durch Pfeiler mit Zwangszentrierung (Kap. 13.2) vermarkt werden. Die Lage der Beobachtungsstandpunkte wird von den Festpunkten aus überprüft, weil eine Punktbewegung im Einflussbereich des Bauwerks nicht ausgeschlossen werden kann. Wenn sich keine Bewegungen der Beobachtungsstandpunkte zeigen, können auch sie als Festpunkte und die Bestimmung der Objektpunkte als Absolutmessungen angesehen werden.

Die Ermittlung von Veränderungen setzt die Kenntnis eines Bezugszustandes voraus. Diesen bestimmt man durch die erste Messung, die sogenannte *Nullmessung*, durch die erstmals Lage, Höhe, Dimension und Form eines Bauwerks nachgewiesen werden. Die Nullmessung

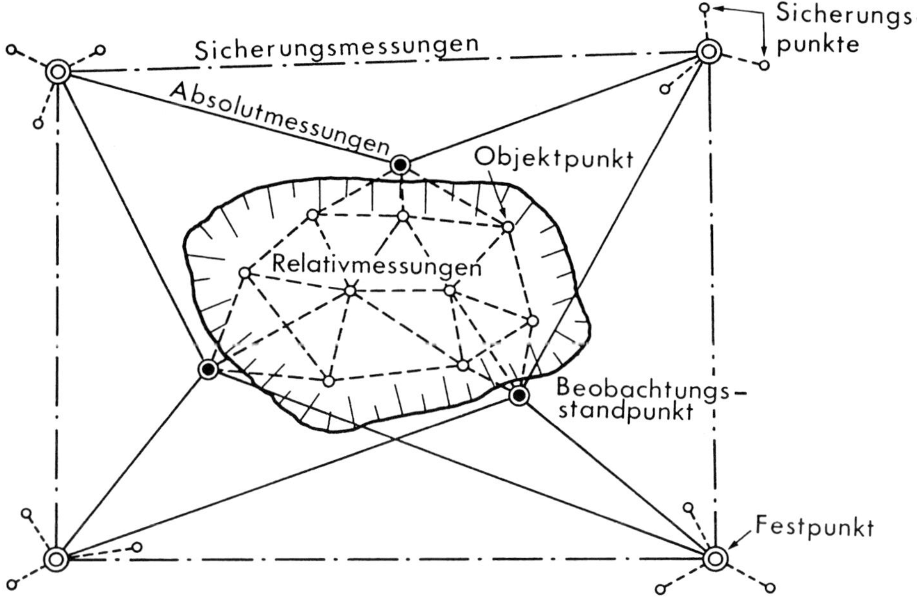

Abbildung 13.6-1: Festpunkte, Sicherungspunkte, Beobachtungsstandpunkte und Objektpunkte bei absoluten und relativen Deformationsmessungen

muss rechtzeitig erfolgen, zeitlich eindeutig definiert sein und bezüglich der Messgenauigkeit und -anlage so konzipiert sein, dass alle denkbaren Deformationsbewegungen nach ihrer Größe und nach ihrem zeitlichen Verlauf lückenlos erfasst werden können. Sie wird daher in der Regel umfassend und aufwendig angelegt sein müssen und sollte an ein örtliches oder übergeordnetes Festpunktnetz angeschlossen werden. Diese Forderung, die *Nullmessung als Absolutmessung* durchzuführen, bietet die Gewähr, dass bei unvorhergesehenem Bauwerksverhalten ursprünglich nicht für notwendig gehaltene Aussagen aus den Messungen gewonnen werden können. Besonders empfehlenswert ist es, die Nullmessung in Verbindung mit den *Abnahmemessungen* unmittelbar nach Fertigstellung des Bauwerks durchzuführen. Bei der Anlage des Absteckungsnetzes (Kap. 13.2.2) sollten die Erfordernisse der nach Fertigstellung und Inbetriebnahme des Bauwerks durchzuführenden Deformationsmessungen möglichst beachtet werden, damit das Festpunktnetz auch für diese Messungen benutzt werden kann. Dies erspart Aufwand und damit Kosten.

Nach der Nullmessung werden zu bestimmten späteren Zeitpunkten *Folgemessungen* durchgeführt, deren Berechnungsergebnisse mit denen der Nullmessung und denen der jeweils vorherigen Folgemessungen verglichen werden. Aus diesen Gegenüberstellungen muss der Ablauf eventuell auftretender Deformationen erkennbar sein. Nur im Falle günstig gewählter Messzeitpunkte erhält man ein richtiges Bild von dem Verlauf der Bewegungen (Abb. 13.6-4). Daher sollten die Zeitpunkte für die Folgemessungen in Zusammenarbeit mit fachkundigen Kollegen der zuständigen Disziplinen (z. B. Bauingenieure, Geologen) unter Berücksichtigung vorhandener Informationen über das zu erwartende bzw. bereits festgestellte Deformationsverhalten des Bauwerks und der bisherigen Messergebnisse gewählt werden.

Der *Aufbau* und die *Form eines Netzes* für Deformationsmessungen richtet sich z. B. nach der Gestalt des zu untersuchenden Objekts, nach den zu erwartenden Bewegungskomponenten sowie nach den anzuwendenden Messverfahren. Die Bewegungen der Spitze eines Turms lassen sich z. B. durch exzentrische Lotung (Abb. 13.4-14) von zwei Festpunkten aus erfassen. Vermarkt man an der Außenfläche des Turms in bestimmten Abständen senkrecht übereinander in zwei zu den Festpunkten hin ausgerichteten Reihen Objektpunkte (Zielpunkte), lässt sich die Biegelinie des ganzen Turms ermitteln.

Die Objektpunkte eines linear ausgedehnten Bauwerks, wie z. B. eines Dammes, beobachtet man günstigerweise durch Richtungs- und Streckenmessung von einem am Bauwerk entlanggeführten Polygonzug aus, dessen Endpunkte und Anschlussziele außerhalb der Bewegungszone liegen. Falls die für GPS-Messungen notwendige Horizontfreiheit vorliegt, kommt auch dieses Messverfahren in Betracht (Kap. 8). Die ungünstige Varianzfortpflanzung bei Polygonzügen (Querfehler) kann durch beidseitig des Bauwerks geführte Polygonzüge mit übergreifenden Verbindungsstrecken (siehe Abb. 13.2-2 und Text dazu) und andere geeignete Maßnahmen gemildert werden (Abb. 13.6-2).

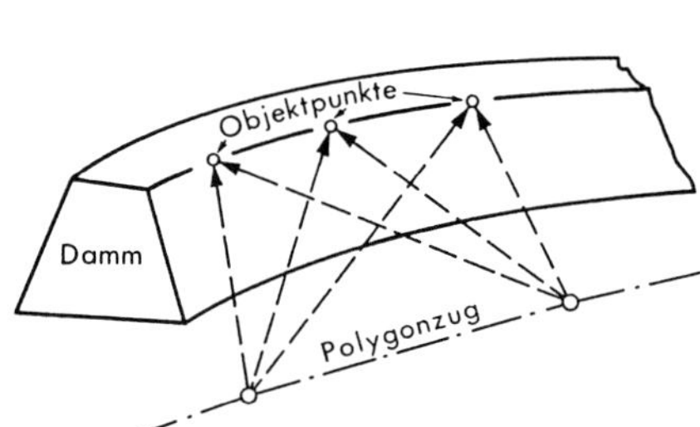

Abbildung 13.6-2: Lineares Deformationsnetz (Richtungs- und Streckenmessung vom Polygonzug aus)

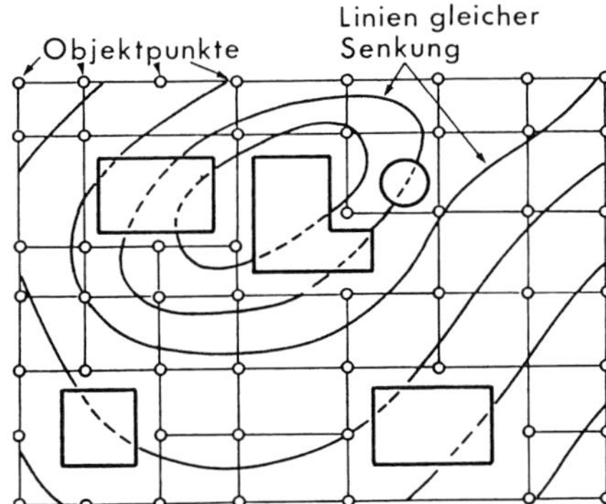

Abbildung 13.6-3: Flächenhaftes Deformationsnetz (Höhennetz) zur Erfassung einer Senkungsmulde

Durch flächenhaft angeordnete Höhenpunkte (Abb. 13.6-3) lassen sich die Senkungen eines Gebietes bestimmen und (ähnlich wie die Höhenlinien aus einer Geländeaufnahme) die *Linien gleicher Senkung* ableiten. Hier ist natürlich von besonderer Bedeutung, dass die Anschlusshöhenpunkte für das Nivellement in geologisch sicheren Gebieten liegen.

Falls sich die erwarteten Deformationen entgegen der getroffenen Annahme nicht auf die ausgewählten vermarkten Punkte im Objektpunktfeld auswirken, können die Deformationen nicht durch „klassische“ Vermessungen nachgewiesen werden. Mit terrestrischen Laserscannern lassen sich Veränderungen nicht nur an diskreten Punkten, sondern auch an jeder Stelle des Objekts erfassen, wenn dieses insgesamt gescannt wird. Das Ergebnis einer derartigen Messung ist eine Punktwolke (Kap. 5.4). Zur Feststellung von Deformationen muss das Objekt in mehreren Epochen gescannt werden und die in den einzelnen Epochen gewonnenen Daten in einen stabilen Bezugsrahmen überführt werden, wozu von den Herstellern der Instrumente entsprechende Algorithmen zur Verfügung gestellt werden. Die prinzipielle Auswertemethodik ist in Kap. 5.4 beschrieben.

13.6.2 Monitoring durch kontinuierliche Messungen

Die Bestimmung von Objektpunktbewegungen zur Ableitung der Deformationen kann außer mit den zuvor behandelten „klassischen“ sowie weiteren geodätischen Verfahren, wie z. B. die mechanische Lotung (Kap. 13.4.1), das Alignement (Kap. 13.5) und das hydrostatische Nivellement (Kap. 4.2), auch durch photogrammetrische (Kap. 9) und elektrische Messverfahren erfolgen. Für die Wahl des Messverfahrens ist entscheidend, ob das Objekt berührbar, begehbar oder nur anzielbar ist und mit welcher Geschwindigkeit die Objektdeformationen verlaufen bzw. welche Zeitspanne das Messprogramm, ohne den laufenden Betrieb zu stören, beanspruchen darf.

Ein unregelmäßiger und nicht vorhersehbarer Deformationsablauf durch unkontrollierbare Belastungsänderungen, z. B. durch Wind- oder Temperatureinfluss, lässt sich am besten durch *kontinuierliche Messungen*, die heute mit dem Begriff Monitoring bezeichnet werden, erfassen (Abb. 13.6-4). Damit Objektverformungen während des Messungsvorganges vernachlässigt werden können, müssen die kontinuierlichen Messungen kurze Messzeiten aufweisen. Außerdem soll der personelle Aufwand sowie der Aufwand für Auswertungsarbeiten gering sein.

Die in Kap. 5.2 beschriebenen Robottachymeter und die in Kap. 4.1.2 behandelten Digitalnivelliere sowie die in Kap. 5.4 erläuterten Laserscanner können mithilfe geeigneter Software

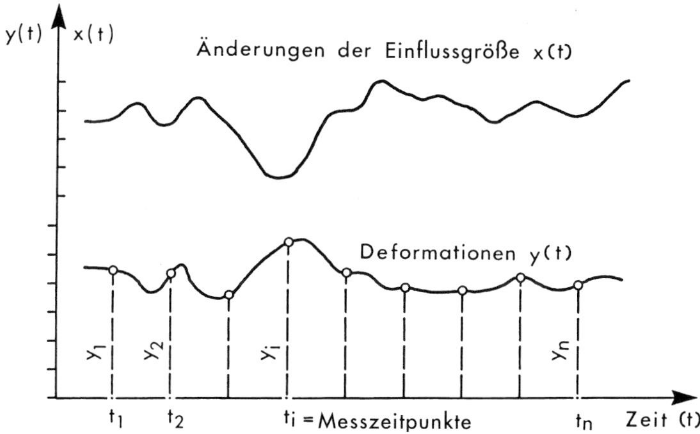

Abbildung 13.6-4: Erfassung von Deformationen $y(t)$, die durch unkontrollierbare Änderungen einer Einflussgröße $x(t)$ entstehen

auch ohne einen Bediener auskommen und automatisch Messwerte mit hohen Abtastfrequenzen zur Verfügung stellen. So sind diese Instrumente neben den GNSS-Empfängern (Kap. 9.3) und weiteren Sensoren bestens geeignet, kontinuierlich Messwerte zu liefern, sodass ein Monitoring z. B. von Bauwerken durchgeführt werden kann. Zunächst soll jedoch eine allgemein gebräuchliche Definition des Begriffs Monitoring, die aus Wikipedia übernommen ist, hier gegeben werden: „Monitoring beinhaltet alle Arten der systematischen Erfassung (Protokollierung), Beobachtung oder Überwachung eines Prozesses mittels technischer Hilfsmittel bzw. Beobachtungssysteme. Dabei ist die kontinuierliche und wiederholte Durchführung ein zentrales Element, um anhand von Ergebnisvergleichen Schlussfolgerungen ziehen zu können. Die Software ist bei einem Monitoringsystem das Kernstück, denn es spielt die Schlüsselrolle bei der Datenerfassung mit den damit verbundenen Messsensoren. Sie zeichnet die Daten auf, errechnet Ergebnisse, visualisiert mögliche Verschiebungen und die Betreiber können diese Ergebnisse jederzeit abrufen und beurteilen." Die Funktion des Monitorings besteht darin, bei einem beobachteten Ablauf bzw. Prozess steuernd einzugreifen, sofern dieser nicht den gewünschten Verlauf nimmt bzw. bestimmte Schwellenwerte unter- bzw. überschritten werden. Im Bereich der Bauwerksüberwachung gibt es viele verschiedene Monitoringsysteme. Angefangen beim tachymetrisch gestützten System bis hin zur Überwachung mithilfe von GNSS (Global Navigation Satellite Systems).

An dieser Stelle seien einige Monitoring-Systeme kurz vorgestellt: Die Abkürzung GOCA steht für „GNSS / LPS / LS Online Control and Alarm System". Entwickelt wurde dieses System an der Hochschule für Technik und Wirtschaft in Karlsruhe. Es befasst sich unter Einsatz globaler Satellitennavigationssysteme (GNSS) mit der Echtzeitüberwachung von Bewegungen der Erdoberfläche und der Online-Überwachung und Alarmierung sicherheitsempfindlicher Bauwerke. Die grafikunterstützte und fernwartungsfähige Software `GOCA` ermöglicht durch eine dreidimensionale Ausgleichung eine klassische Deformationsanalyse. Man erhält Daten zur Verschiebung, Geschwindigkeit und Beschleunigung, die kontinuierlich mit den kritischen Werten verglichen werden und bei Überschreitung der Grenzwerte einen Alarm auslösen.

Die Firma TRIMBLE bietet ein Monitoringsystem, bestehend aus `Trimble 4D Control-Software` und einem motorisierten Tachymeter (`Trimble S8 Totalstation`) mit spezieller Hard- und Software an. Die `Trimble 4D Control-Software` ist eine umfassende Lösung für Überwachungsaufgaben sowohl im Echtzeit- als auch im Post-Processing-Modus, womit das anschließende Berechnen und Auswerten der Messdaten gemeint ist. Das System eignet sich zur Überwachung von Staudämmen, Brücken, Gebäuden, Rohrleitungsstützen, großräumigen Baustellen, Aushubflächen, Rutschungen, Tunneln sowie anderen Bauwerken. Zu den neuen Funktionsmerkmalen von `Trimble 4D Control` gehören die Unterstützung geotechnischer Neigungssensoren und ein benutzerfreundliches Web-Modul. In der `Trimble 4D Control-Software` lassen sich Alarmmeldungen für vordefinierte Zeiträume konfigurieren, die die Anwender umgehend über alle Objektbewegungen informieren.

Grundbausteine bei LEICA GEOSYSTEMS sind automatisierte Tachymeter (Robottachymeter) oder GNSS-Empfänger. Dazu wird eine Monitoring-Software für den Datentransfer auf einem Rechner installiert, welche den Anschluss mehrerer Sensoren mit Zeitsteuerung unterstützt. Die erfassten Messdaten werden gespeichert, ausgewertet und analysiert. Die Software kann mit Datenloggern verbunden werden, die viele Sensoren unterstützen, wie z. B. Neigungssensoren, die die Neigung und Neigungsrichtung messen und so kleinste Bewegungen von Bauwerken erfassen können. Zusätzlich verfügbare Daten von meteorologischen und geotechnischen Sensoren tragen dazu bei, Deformationen besser zu interpretieren. Die LEICA GEOSYSTEMS `ComBox` unterstützt die Kommunikation der Sensoren vom Feld ins Internet. Durch einen integrierten Computer ermöglicht das System auch bei Kommunikationsausfall eine lückenlose Datensicherheit. Es können mehrere Sensoren, wie z. B. TPS, GNSS, Digitalnivelliere oder Distos (Kap. 4.1.2), an die Box angeschlossen werden. Die Datenübertragung erfolgt über GPRS/UMTS. Die Software LEICA GEOSYSTEMS `GeoMos Web` ermöglicht einen Fernzugriff des Betreibers auf die gemessenen Daten. Das System ist eine Monitoring-Lösung, die eine nahtlose Integration von Robottachymetern (Totalstationen), GNSS-Empfängern, geotechnischen Sensoren, Software und IT-Kommunikationsinfrastruktur ermöglicht.

Das von der Firma DR. BERTGES VERMESSUNGSTECHNIK entwickelte und vertriebene Multisensorsystem `AaNDos` ist ein umfangreiches Deformationsüberwachungssystem für eine automatisierte Deformationsanalyse, eine mehrstufige Alarmierung, eine webbasierte Datenpräsentation sowie eine Implementierung von Robottachymetern, GNSS, Neigungs- und Geosensoren. Für Talsperren gibt es die Version DC3 dam-Monitoring. Diese Version vereint die meist manuellen Verfahren mit modernen, vollautomatischen Messmethoden und ermöglicht die lückenlose Weiterführung und Erweiterung der Überwachungsmaßnahmen. Alternativ gibt es auch in anderen Bereichen des Monitorings spezielle DC3-Versionen für die Bereiche Tunnelbau, Schienenbau sowie für akut gefährdete Halden und Hänge. Für Überwachungsaufgaben in Kombination mit Robottachymetern werden Videotachymeter (Kap. 5.1.2.4) empfohlen, wie die `IS - Imaging Station` der Firma TOPCON, die mit zwei implementierten Digitalkameras ausgerüstet ist, die zu jeder Messung das zugehörige Bild erstellt, um eventuelle Mängel an den beobachteten Reflektoren erkennen bzw. den Grund für eine ERROR-Messung sehen zu können. Das Instrument hat eine Winkelgenauigkeit von 1 – 3 mgon sowie eine Entfernungsmessgenauigkeit von 2 mm + 2 ppm. Zum anderen bietet die Firma DR. BERTGES das Instrument `MS-Measuring Station` an. Hier liegen die Winkelmessgenauigkeit bei 0,15 – 0,3 mgon und die Genauigkeit bei der Entfernungsmessung bei 0,5 – 0,1 mm + 1 ppm. Zusätzliche Daten aus Alignements und anderen Messungen (auch aus vergangenen Jahren) sowie meteorologische Messdaten (Temperatur, Luftdruck etc.) können als einfache ASCII-Zeichenfolge in die Software integriert und bei der Auswertung mitberücksichtigt werden. So lassen sich Ablage- und Verschiebungsvektoren berechnen, wobei diese 1D-, 2D-, oder 3D-Ablagen, Quer- oder Längsneigungen, Richtungsverschiebungen oder Maßstabsänderungen sein können.

Im Folgenden werden einige *elektrische Messverfahren* vorgestellt. Sie weisen zwar in der Regel eine erheblich geringere Relativgenauigkeit auf, die sich aber dann nicht störend auswirkt, wenn man sich auf die Messung kleiner Differenzen beschränkt.

Messsensoren

Abstandsänderungen zwischen einzelnen Objektpunkten und die Veränderungen anderer Größen wie Neigungen und Höhen, die vielfach auf Wegmessungen zurückgeführt werden können, lassen sich mit *Wegaufnehmern*, auch *Weggeber* genannt, bestimmen. Bei *induktiven Wegaufnehmern* bewirkt eine Abstandsänderung die Verschiebung eines ferromagnetischen Kerns relativ zu einer Spule, wodurch sich die Induktivität der Spule ändert. Durch eine Kalibrierungsmessung bestimmt man die *Kennlinie* des Messwertaufnehmers, d. h. den Zusammenhang zwischen der Abstandsänderung und dem durch die Induktivitätsänderung entstehenden elektrischen Ausgangssignal.

Nach einem anderen Prinzip arbeiten *Schwingsaitenwegaufnehmer*, bei denen eine Abstandsänderung auf die mechanische Spannung einer auf einem festen Trägerkörper installierten, frei schwingenden dünnen Stahlsaite wirkt. Die Spannungsänderung ruft bei der mechanisch oder elektrisch in Schwingung versetzten Saite eine Änderung der Schwingungsfrequenz hervor, die gemessen wird.

Der erforderliche *Messbereich* der einzusetzenden Wegaufnehmer hängt nicht vom Abstand zwischen den Endpunkten einer Strecke ab, sondern von der Größe der zu messenden Abstandsänderungen. Der Abstand zwischen jeweils zwei Objektpunkten wird mit einem *längenkonstanten Übertragungsglied* überbrückt, das je nach Genauigkeitsanforderung aus Draht oder Gestänge aus Stahl bzw. Invar oder aus einem Quarzstab bestehen kann. Dieses Übertragungsglied ist an einem Endpunkt fest verankert und am anderen Ende frei beweglich, sodass eine sich hier zeigende Abstandsänderung mit dem Wegaufnehmer erfasst und zu automatischen Registrier- und Auswerteeinrichtungen übermittelt werden kann. Nach diesem Prinzip arbeiten z. B. die *Extensometer*, die in der Gebirgs- und Felsmechanik zur Erfassung von Gebirgs- und Bodenbewegungen Verwendung finden. Dazu werden sie als Einfach- oder Mehrfachstangen- oder -drahtextensometer in Bohrlöchern eingebaut, wie z. B. im Talsperrenbau, um vom Sohlkontrollgang aus Verformungen des Sperrenuntergrundes zu erfassen (Abb. 13.6-5).

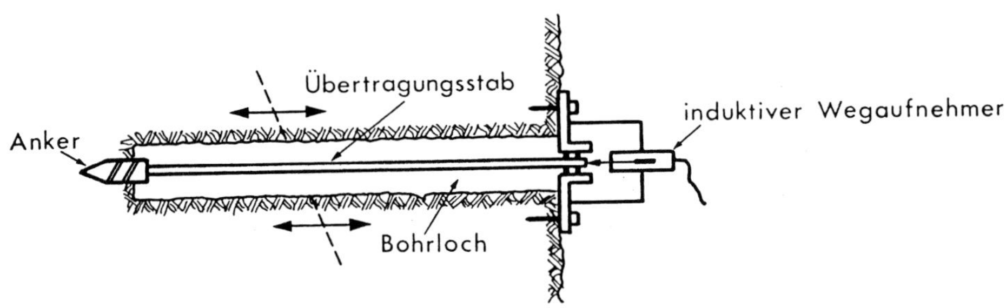

Abbildung 13.6-5: Einfachstangenextensometer mit induktivem Wegaufnehmer

Ein Drahtextensometer kann auch dann eingesetzt werden, wenn die Übertragungsrichtung nicht geradlinig, sondern wie ein Polygon verläuft. Der Draht (speziell Invardraht) wird hierzu über Umlenkrollen geführt, wie z. B. bei der Überwachung von rutschgefährdeten Böschungen.

Mit einem *Deflektometer*, das in ein Bohrloch eingeführt wird, ist die Messung von Versetzungen im Fels, Boden oder Mauerwerk senkrecht zur Bohrlochachse möglich. Das Einfach-Deflektometer besteht aus einem Kopfstück, einem Messglied und einem Endstück, die jeweils dreipunktgelagert in der Bohrlochverrohrung montiert und mit kardanisch gelagerten Distanzrohren untereinander verbunden sind. Ein exakt gelagerter und gespannter Messdraht verändert seine Richtung, wenn ein Arm des Messgerätes (Kopfstück-Messglied oder Messglied-Endstück) durch Druck auf die Bohrlochverrohrung verschoben wird. Diese Richtungsänderung des Drahtes wird von einem Wegaufnehmer im Messglied gemessen. Bei einem Kettendeflektometer sind mehrere Messglieder hintereinander geschaltet.

Weitere Anwendungsbeispiele für den Einsatz von Wegaufnehmern sind das elektromechanische Alignement (Abb. 13.5-1), bei dem mit Wegaufnehmern die Stellung des Drahtes bei mehreren, genähert in einer Geraden liegenden Objektpunkten ermittelt wird, sowie die Bestimmung von Höhenänderungen mit Präzisionsschlauchwaagen (Kap. 4.2, Abb. 4.2-2), deren Füllstandshöhen mit Wegaufnehmern abgegriffen werden können.

Neigungen lassen sich nicht nur indirekt über die Wegmessung ableiten, sondern mit *elektronischen Neigungsmessern* (Inclinometern) auch direkt bestimmen. Man kann bei den Sensoren unterscheiden zwischen

- *Flüssigkeitslibellen*, die den klassischen Libellen entsprechen.
  Bei Elektrolytlibellen sind in den Glaskörper drei Elektroden eingeschmolzen. Als Libellenflüssigkeit benutzt man ein Elektrolyt. Die in der Flüssigkeit fließenden Ströme sind von der Stellung der Libellenblase und damit von der Neigung der Libelle abhängig.
  Bei Libellen mit kapazitivem Abgriff wird als Libellenflüssigkeit wie bei den klassischen Libellen Alkohol bzw. Äther gewählt, die als Dielektrikum wirken, sodass Verlagerungen in der Stellung der Libellenblase zu Kapazitätsänderungen führen, die über außen anliegende Kondensatoren erfasst werden.
- *Pendelneigungsmesser*, bei denen die Stellung eines durch die Schwerkraft beeinflussten Vertikal- oder Horizontalpendels kontinuierlich bestimmt und angezeigt wird.

Neigungsgeber können beispielsweise eingesetzt werden, um die Biegelinie eines hohen Brückenpfeilers zu bestimmen, indem man an mehreren profilartig angeordneten Messpunkten die Neigungen ermittelt. Erfasst man kontinuierlich neben den Neigungen auch die Temperaturverhältnisse im Pfeiler, lässt sich der Zusammenhang zwischen den Temperaturverhältnissen und den Pfeilerbiegungen bestimmen. Damit kann man die aufgrund der Temperaturverhältnisse zu erwartenden Pfeilerbiegungen herleiten.

Als letztes Beispiel zur Anwendung elektrischer Messverfahren bei kontinuierlichen Messungen sei die Erfassung von Bewegungen durch *positionsempfindliche Dioden* genannt, die nach folgendem Prinzip funktionieren: Fällt Licht auf eine Diode, werden unterschiedliche Teilströme erzeugt, deren Größe von der Lage der Auftreffstelle abhängig ist. Mit der bekannten Detektorlänge L und den gemessenen Teilströmen I_1 und I_2 ergibt sich der Abstand x zwischen der zu bestimmenden Auftreffstelle und der Diodenmitte zu

$$x = \frac{L}{2} \cdot \frac{I_1 - I_2}{I_1 + I_2}.$$

Eingesetzt werden positionsempfindliche Dioden z. B. zur kontinuierlichen Erfassung eines Laserstrahls.

13.6.3 Diskontinuierliche Messungen

Wenn die zeitliche Änderung der verformenden Kräfte und die voraussichtliche Reaktion des Objekts wenigstens näherungsweise bekannt sind, lässt sich der zeitliche Verlauf der Objektverformung häufig prognostizieren, wie z. B. bei der Talsperrenüberwachung und bei Setzungsnivellements. Der Zustand des Objekts kann in solchen Fällen durch *diskontinuierliche Folgemessungen* in bestimmten zeitlichen Abständen erfasst werden, wobei in der Regel die klassischen geodätischen Messverfahren einschließlich der Photogrammetrie zur

Anwendung kommen. Man kann jedoch auch die mit den elektrischen Weg- bzw. Neigungsaufnehmern ausgerüsteten Messeinrichtungen „diskontinuierlich" einsetzen. Ist ein Extensometer zur Messung von Abstandsänderungen mit einer Messuhr ausgestattet, werden deren Messwerte nicht automatisch erfasst und übermittelt, sondern lediglich abgelesen.

Die diskontinuierlichen Messungen und Überwachungen mit Extensometern, Inclinometern, Schlauchwaagen u. ä. Messinstrumenten bieten sich bei Bauvorhaben wie Brücken, Schleusen, Gebäuden usw. an, bei denen die Installation kontinuierlicher Messeinrichtungen unverhältnismäßig teuer und damit unwirtschaftlich wäre. So können zur *Überwachung einer Brücke* an ausgewählten Stellen und auf ausgewählten Profilen bei der Nullmessung und den z. B. in Abständen von einem Jahr durchzuführenden Folgemessungen mit einem elektronischen Neigungsmesser und transportabler Messwerterfassungsanlage die Neigungen bestimmt werden. Der Neigungsmesser wird dabei auf Messmarken (Neigungsmessplatten) aufgesetzt, die vor der Nullmessung angebracht werden müssen, um ein reproduzierbares Wiedereinpassen der Neigungsmesser relativ zum Bauwerk bei jeder Messung zu gewährleisten. Während des Messvorgangs in einem Punkt werden Neigungsänderungen registriert, da die Brücke infolge der Verkehrslasten schwingt. Diese hoch- und niederfrequenten Schwingungen lassen sich durch Filter bei der Messwerterfassung und -auswertung eliminieren und man erhält die Neigung der Platte in dem betreffenden Messpunkt. Durch Auswertung der Messungen auf allen Punkten lässt sich die statische Verformung der Brücke gegenüber einer vorausgegangenen Messreihe bestimmen. Bei den Folgemessungen braucht man nun nicht auf allen Punkten zu messen, sondern man wählt typische, besonders deformationsgefährdete Punkte aus, z. B. in den Viertelspunkten der Brückenfelder. Nur wenn sich hier wesentliche Differenzen ergeben, werden zur vollständigen Erfassung der Deformationen die Messungen auch auf den weiteren Punkten durchgeführt. Dabei sind durch die Erfassung der Temperatur von Ober- und Unterkante des Überbaus die thermisch bedingten Deformationen von bleibenden Deformationen zu trennen.

13.6.4 Verknüpfung relativer und absoluter Messverfahren

Abgestimmt auf die speziellen Eigenarten des zu überwachenden Bauwerks und der äußeren Einflüsse empfiehlt sich die *kombinierte Anwendung* von relativen und absoluten Messverfahren. Die Messeinrichtungen mit Messwertaufnehmern, bei denen überwiegend nur kontinuierliche oder diskontinuierliche Relativmessungen möglich sind, werden entweder in Verbindung mit geodätischen Messverfahren eingesetzt (z. B. als Temperaturgeber, Weggeber oder Neigungsgeber), oder sie liefern zusätzliche Informationen zum Deformationsverhalten eines Bauwerks und erleichtern damit eine Interpretation der Bewegungsursachen (z. B. Fugenspaltgeber, Betontensometer, Ankerzuggeber, Druckdosen, Sohl- und Porenwasserdruckgeber). Alle wichtigen Messeinrichtungen sind so anzuordnen, dass ein Vergleich mit den Ergebnissen der statischen Berechnung direkt möglich ist. Es ist auf jeden Fall von Vorteil, wenn sich alle Messsysteme jeweils auf *eine* geodätische Grundlage beziehen. Die Sicherheit der Auswertung und der Interpretation der Beobachtungsergebnisse erhöht sich dadurch wesentlich. Durch die Verbindung von absoluten (geodätischen) Messverfahren mit Messungen, die relative Lage- und Höhenänderungen liefern, lassen sich aus den Ergebnissen der relativen Messungen „absolute" Lage- und Höhenänderungen ableiten.

Bestimmt man beispielsweise zur Überwachung einer Staumauer durch geodätische Messungen von den Festpunkten des Deformationsnetzes (Abb. 13.6-6) aus einen Punkt eines in

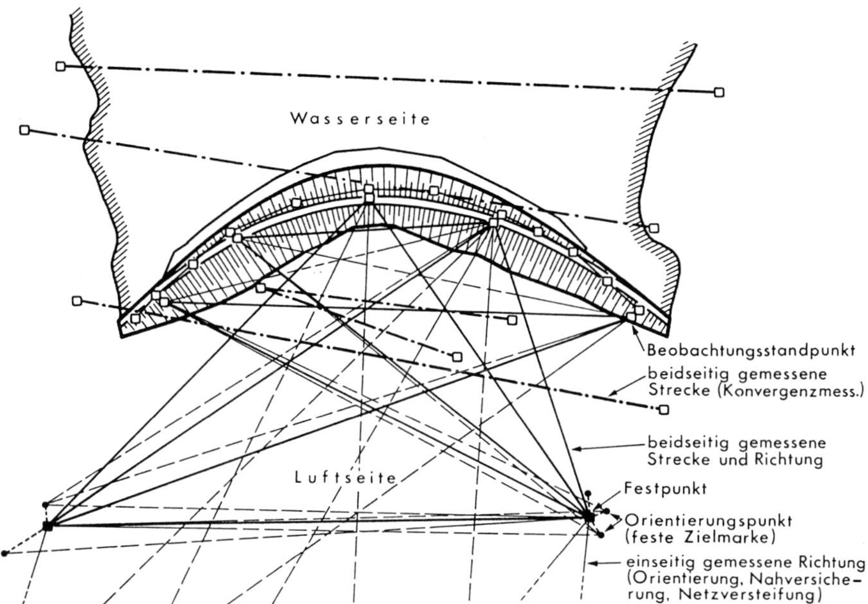

Abbildung 13.6-6: Geodätisches Deformationsnetz (Lagenetz) zur Bestimmung horizontaler Bewegungen bei einer Talsperre

der Staumauer installierten Lotes, sind auch alle anderen relativen Messungen entlang des Lotdrahtes in Bezug auf die Festpunkte „absolut" bestimmt. Die Anbindung der Lote an die geodätischen Messungen in Bezug auf das Festpunktnetz erfolgt über Lotablesestellen auf der Mauerkrone oder über Ausgänge an der Luftseite der Mauer. In den Kontrollgängen innerhalb der Staumauer können Polygonzüge gelegt und an die Lote angeschlossen werden.

Desgleichen kann eine höhenmäßige Verbindung zwischen den von den Höhenbolzen des Festpunktnetzes aus bis auf die Staumauer geführten Präzisionsnivellements und den in den Kontrollgängen der Staumauer durchgeführten geometrischen oder hydrostatischen Präzisionsnivellements durch sogenannte *Höhendrähte* geschaffen werden. Diese Höhendrähte sind Invardrähte, die in den Lotschächten aufgehängt und durch ein kleines Gewicht gespannt werden. In Abbildung 13.6-7 sind fest installierte Messeinrichtungen in einer Staumauer dargestellt.

Bei größeren Bauobjekten empfiehlt es sich, die geodätischen *Messprogramme zwei-* oder *dreistufig* anzulegen, d. h., neben dem vollständigen gibt es ein reduziertes Messprogramm und ein sogenanntes Miniprogramm, das jeweils durch Weglassen von Teilen des übergeordneten Programms entsteht. Die Messung des vollständigen Überwachungsprogramms ist bei normalem Verhalten des Bauwerks nur in größeren zeitlichen Abständen erforderlich. Den Messumfang des reduzierten Programms bestimmt der für die Sicherheit zuständige Fachmann, der durch einen Vermessungsingenieur in geodätischen Fragen beraten wird.

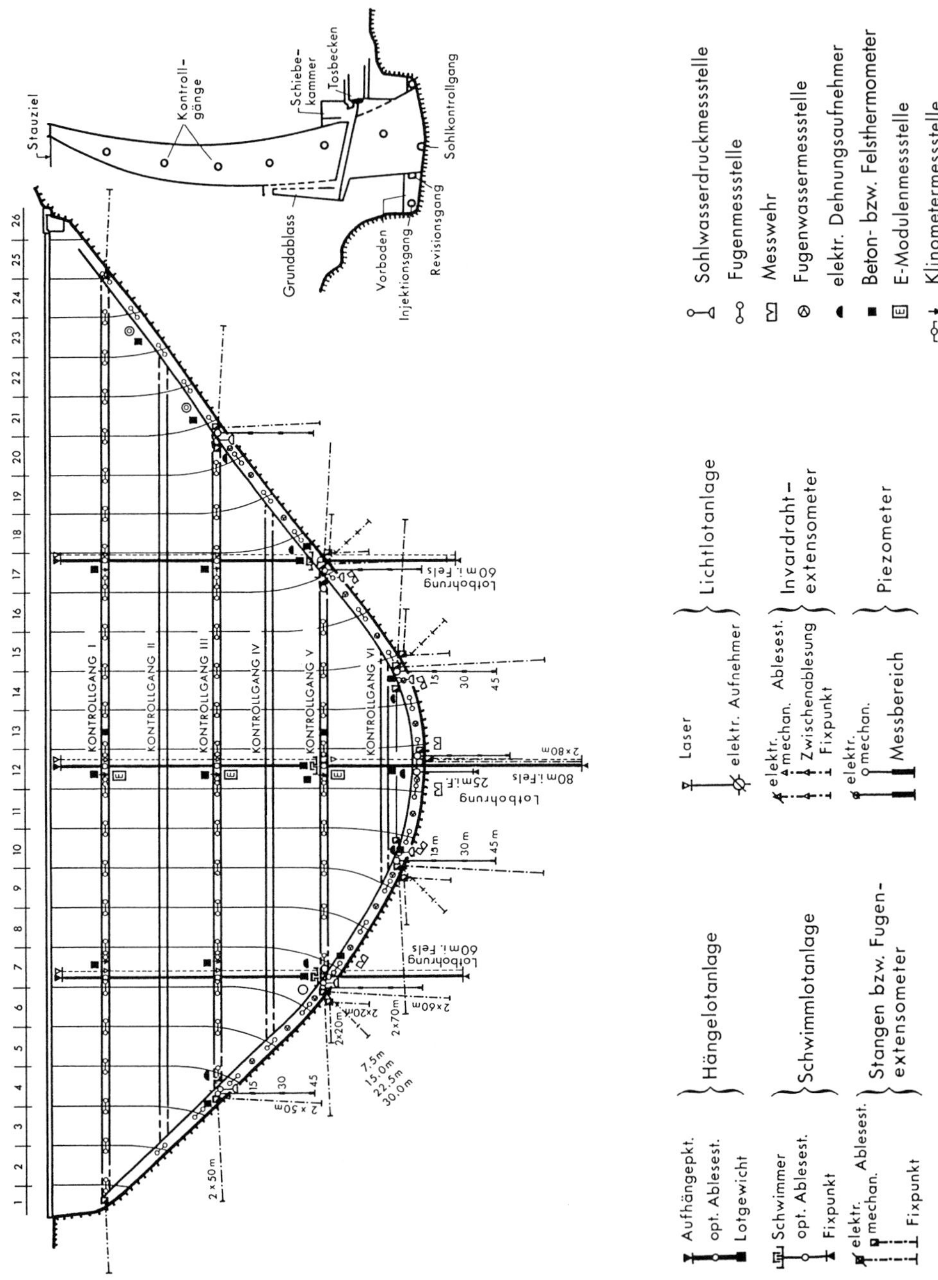

Abbildung 13.6-7: Fest installierte Messeinrichtungen in einer Staumauer

13.6.5 Erreichbare und erforderliche Messgenauigkeit

In den folgenden Tabellen 13.6-1 bis 13.6-6 sind die unter günstigen Bedingungen erreichbaren Genauigkeiten für einige Messverfahren zusammengestellt.

Tabelle 13.6-1: Messung von Distanzen und Distanzänderungen

Messverfahren	Optim. Genauigk. (Standardabw.)	Erläuterungen zur Messgröße
Elektroopt. Distanzmessung mit ausgesuchten Distanzmessern Präzisionsdistanzmessern	 1,0 mm $+d \cdot 10^{-6}$ 0,2 mm $+2d \cdot 10^{-7}$ [Distanz d in km]	Distanzen unter 2 km
Extensometermessung Drahtextensometer Stangenextensometer	 0,1 bis 1 mm 0,01 bis 0,1 mm (Auflösung je nach Extensometerlänge)	 Messlänge bis 100 m Messlänge bis 200 m

Tabelle 13.6-2: Neigungsmessungen

Messverfahren	Optim. Genauigk. (Standardabw.)	Erläuterungen zur Messgröße
Neigungsmessung mit elektronischen Libellen	$0,1''$	vertikale oder horizontale Bezugsrichtung
Kettendeflektometer	0,1 bis 0,01 mm (Auflösung je nach Messgliedabstand)	Messlänge bis 60 m Messbereich ±10 mm/m
Vertikal-Inklinometer mit Führungsvorrichtung	0,1 mm (Aufösung)	Neigungsänderung auf 1 m Messbasis

Die für eine Deformationsmessung *erforderliche Messgenauigkeit* richtet sich nach der Größe und der Art (periodisch, aperiodisch) der zu erwartenden Deformationen. Für die Standardabweichung σ_i $(i = 1, 2, \ldots m)$, mit der die Deformation D_i jedes der m Objektpunkte zu bestimmen ist, geht man in der Regel von folgenden Beziehungen aus:

$$\text{periodische Verformungen } \sigma_i \leq 0,1 \cdot A$$
$$\text{aperiodische Verformungen } \sigma_i \leq 0,03\ D_{max}$$

mit A = Verformungsamplitude und D_{max} = vermutliche maximale Verformung. In jedem Fall müssen zumindest als Grenzwerte die sog. „kritischen Deformationen“ D_{k_i} sicher erfasst werden. Diese beschränken den Bereich unkritischer geometrischer Veränderungen und lassen sich aus den konstruktiven und statischen Gegebenheiten ableiten. Damit diese Grenzwer-

Tabelle 13.6-3: Lagegenauigkeit einzelner Punkte in kleinen Netzen

Messverfahren	Optim. Genauigk. (Standardabw.)	Erläuterungen zur Messgröße
Winkel- und Distanzmessung mit Präzisionsinstrumenten	in x und $y < 0,5$ mm	mittl. Seitenl. < 500 m

Tabelle 13.6-4: Lotung

Messverfahren	Optim. Genauigk. (Standardabw.)	Erläuterungen zur Messgröße
Mechanische Lotung (spezielle Aufhängung bzw. Dämpfungseinrichtung)	0,4 mm	Drahtlänge z. B. 100 m
Optische Lotung mit Präzisionsgerät (zentrische Lotung)	1 mm	Höhendifferenz z. B. 100 m
Exzentrische Lotung mit Theodolit (mit Zweiachskompensator)	1 mm	Höhenwinkel $<$ 50 gon Entfernung $<$ 100 m

Tabelle 13.6-5: Höhenmessung

Messverfahren	Optim. Genauigk. (Standardabw.)	Erläuterungen zur Messgröße
Feinnivellement, einzelner Höhenunterschied gemittelt aus Hin- und Rückmessung	$< 0,1$ mm	Punktabstand etwa 50 m
Präzisionsschlauchwaagemessung (Höhenunterschied z. B. bis 10 cm)	0,02 mm	Punktabstand bis über 100 m möglich
Trigonometrische Höhenmessung	$<$ 1 mm	Zielweite bis 200 m Höhenwinkel $<$ 30 gon
Mechanische Höhenunterschiedsmessung (Bandablesung mittels Nivellier)	0,5 mm	Messbandlänge (z. B. 50 m)

Tabelle 13.6-6: Alignement

Messverfahren	Optim. Genauigk. (Standardabw.)	Erläuterungen zur Messgröße
Alignement mit opt. Zielung und Ablesung an Skalen	1 mm 3 mm	Bauwerksl. < 200 m Bauwerksl. < 400 m
Mechan.-elektr. Alignement	0,1 mm	Bauwerkslänge bis zu mehreren 100 m

te von den Messungenauigkeiten deutlich zu trennen sind, sollte man für die einzuhaltende Standardabweichung σ_i der Deformationsbestimmungen ausgehen von

$$\sigma_i \leq 0,2 \cdot D_{k_i}.$$

Lassen sich diese Genauigkeitsforderungen nicht oder nur mit unvertretbar hohem Aufwand einhalten, muss der Auftraggeber darauf hingewiesen werden.

Liegen über einen ausreichend großen Beobachtungszeitraum Messwerte in größerer Anzahl vor, kann man mithilfe einer multiplen linearen Regressionsanalyse eine Regressionsfunktion (Kap. 14.4.5 und 14.8) bestimmen, die eine Vorhersage über die aufgrund der bisherigen Messungen zu erwartenden zukünftigen Deformationen ermöglicht. Wichtig ist, dass die tatsächlich wirksamen Einflussgrößen im Regressionsmodell zur Bestimmung der unbekannten Parameter richtig berücksichtigt sind. Der Modellansatz ist folglich in Zusammenarbeit mit dem zuständigen Bauingenieur, Statiker, Geologen usw. aufzustellen. Bei einer Talsperre empfiehlt sich beispielsweise immer die Berücksichtigung der beiden äußeren Einflüsse Stauhöhe und Lufttemperatur.

13.7 Absteckung von Geraden, Kreisbögen und Übergangsbögen

13.7.1 Trassierung

Gerade, Kreis- und Übergangsbögen sind zusammen mit den Längs- und Querneigungen und den Ausrundungsbögen die wichtigsten geometrisch definierten *Trassierungselemente* zum Planen, Entwerfen und Abstecken einer *Trasse* (franz. „trace“), die man auch *Linienführung* nennt, weil damit die *Achse eines linienförmigen Bauobjekts* bezeichnet wird. Die Erfassung und Darstellung einer Trasse ist in den Kapiteln 7 und 9 beschrieben.

Bei der Planung der Trasse sind neben den topographischen Gegebenheiten und geologischen Eigenschaften des Baugrundes besonders die speziellen bautechnischen Erfordernisse zu berücksichtigen. So haben die Elemente Gerade, Kreis- und Übergangsbogen für die Trassen von Pipelines, Straßen, Eisenbahnen und Kanälen je nach Bauobjekt unterschiedliche Bedeutung. Beispielsweise gehen die „Richtlinien für die Anlage von Straßen (RAS-L)“ für den Bau großräumiger Verbindungsstraßen von folgenden Auswahlkriterien aus:

a) Eine *Gerade* kann vorteilhaft sein

- bei besonderen topographischen Verhältnissen, z. B. in der Ebene und in weiten Tälern,

- im Bereich von Knotenpunkten,
- zur Schaffung von Überholsichtweiten bei zweistreifigen Straßen,
- bei Trassierung entlang von Bahnlinien, Kanälen und Grenzen.

Nachteilig ist jedoch bei langen Geraden, dass sie

- das Abschätzen der Entfernungen und Geschwindigkeiten entgegenkommender und nachfolgender Kraftfahrzeuge erschweren,
- die Blendgefahr durch entgegenkommende Fahrzeuge bei Nacht erhöhen,
- den Kraftfahrer ermüden können und
- sich in hügeligem Gelände nur schwer an die Struktur der Landschaft anpassen lassen.

b) Für *Kreisbögen* sollen unter Berücksichtigung der Topographie möglichst große Radien gewählt werden, um

- kurze Baulängen und Fahrtwege,
- ausreichende Überholsichtweiten sowie
- eine gleichmäßige Fahrweise

zu erzielen.

Andererseits sollen die Radien nur so groß gewählt werden, dass sie

- in Größe und Abfolge die Struktur des Geländes und der landschaftsprägenden Elemente harmonisch aufnehmen und
- ein ausgewogenes Verhältnis zwischen der Entwurfsgeschwindigkeit und der späteren, bei nasser Fahrbahn mehrheitlich nicht überschrittenen Fahrgeschwindigkeit erwarten lassen.

In aufeinanderfolgenden Kurven sollen die Radien gleich- und gegensinniger Kreisbögen in einem ausgewogenen Verhältnis zueinander stehen.

c) Der *Übergangsbogen* soll

- beim Übergang von einer Krümmung auf eine andere eine stetige Änderung der bei der Kurvenfahrt auftretenden Zentrifugalbeschleunigung ermöglichen,
- als Übergangsstrecke für die Fahrbahnverwindung, d. h. die Änderung der Fahrbahnquerneigung bei Krümmungsänderung, dienen,
- durch seine allmähliche Krümmungsänderung einen stetigen Linienverlauf gewährleisten und damit eine gleichmäßige Geschwindigkeit ermöglichen sowie
- eine optisch befriedigende Linienführung bewirken.

Beim Bau anderer Straßentypen oder anderer Bauobjekte ist die Gewichtung bei der Auswahl der Trassierungselemente zum Teil wesentlich anders.

Ein Trassenentwurf wird üblicherweise programmgesteuert erstellt. Dazu ist Voraussetzung, dass das Gelände, durch das die Trasse gelegt werden soll, in ausreichend vielen Punkten tachymetrisch oder photogrammetrisch bzw. mit GNSS aufgenommen worden ist. Durch die im Rechner gespeicherten räumlichen Koordinaten x, y, z, der Flächenpunkte wird ein *Digitales Geländemodell (DGM)* realisiert. In diesem Modell lässt sich jeder beliebige Punkt der Geländeoberfläche ermitteln und somit können alle geometrischen Größen wie Trassen, Profile, Gefälle, Winkel, Krümmungen, Flächen und Volumen abgeleitet werden. Durch eine *programmgesteuerte Achsberechnung* wird der Vergleich mehrerer Varianten, die Berücksichtigung von Zwangspunkten, das Erstellen von Plänen und Profilen sowie die Berechnung der räumlichen Koordinaten x, y, z, der gleichabständigen Stationspunkte und der weiteren Zwischenpunkte mit den Längs- und Querprofilen ermöglicht. Weiterhin lässt sich mithilfe der Querprofile das Sichtfeld berechnen und perspektivisch darstellen, sodass die räumliche Linienführung aus der Sicht der Autofahrer beurteilt werden kann.

Die *baureif ausgearbeitete Trassierung* wird in einem großmaßstäbigen *Lageplan* (z. B. Maßstab 1:100 bis 1:1 000) dargestellt. Er enthält insbesondere die Achse des Bauobjekts mit den Trassierungselementen und die Stationierung mit allen Zwischenpunkten in Hekto- bzw. Kilometern. Der *Höhenplan (Längsprofil)* zeigt das Bauvorhaben im Aufriss (Abb. 7.2-12). Er erhält den gleichen Längenmaßstab wie der Lageplan; die Höhen werden gegenüber den Längen fünf- bis zehnfach vergrößert dargestellt. Im Höhenplan sind insbesondere der Geländeverlauf und der Verlauf der Gradiente des neuen Bauobjekts, die Höhen der Gradiente in den Stations- und Zwischenpunkten, die Gefällebrechpunkte mit den anschließenden Längsneigungen und den Ausrundungshalbmessern mit den zugehörigen Tangentenlängen dargestellt.

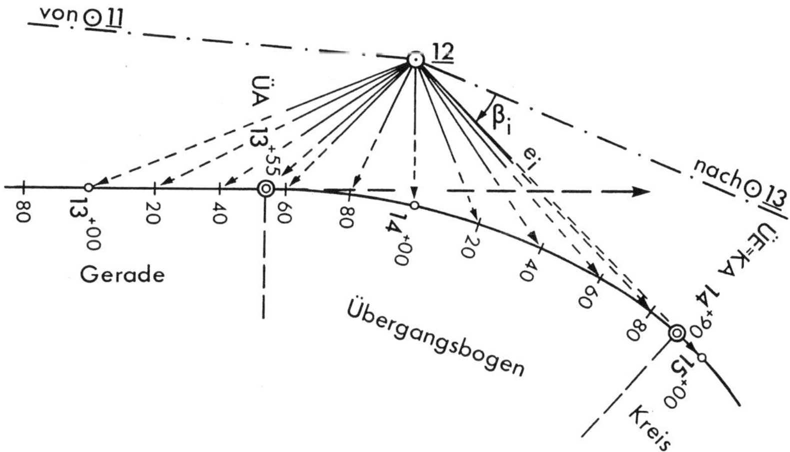

Abbildung 13.7-1: Polare Absteckung einer neuen Trasse von einem trassennahen Polygonzug aus

Die *Absteckung* (Abb. 13.7-1) des baureifen Trassenentwurfs ins Gelände erfolgt in zwei Schritten:

Erster Schritt : Messen eines trassennahen Polygonzuges oder von entsprechend mit GNSS bestimmten Punkten.

Zweiter Schritt : Absteckung der Trassenpunkte (Stationspunkte), üblicherweise polar von den Polygonpunkten bzw. von den mit GNSS bestimmten Punkten aus. Die Absteckelemente werden mithilfe der geometrischen Konstruktionsparameter berechnet.

13.7.2 Absteckung von Geraden

Im Zuge der Trassenabsteckung werden häufig die Endpunkte einer Geraden und weitere Zwischenpunkte bzw. Punkte in der Geradenverlängerung von günstig gelegenen Festpunkten oder Messungslinien aus mit den in Kapitel 13.2.3 bis 13.2.3.3 beschriebenen Methoden abgesteckt. Beim Einsatz der elektrooptischen Distanzmessung dürfte insbesondere die Absteckung nach der Polarmethode (Kap. 13.2.3.1) infrage kommen.

Im Folgenden sollen daher nur die Verfahren zum direkten *Einfluchten* von Zwischenpunkten in eine Gerade oder zum *Verlängern* der Geraden sowie das *indirekte Einrichten* von Zwischenpunkten beschrieben werden, bei denen wegen hoher Genauigkeitsforderungen (Einfluchtgenauigkeit besser als 1 cm) oder Entfernungen ab etwa 100 m der Einsatz eines Theodolits infrage kommt. Zum Einfluchten mit freiem Auge sei auf das Kapitel 2.1 verwiesen.

Es wird vorausgesetzt, dass die Geradenendpunkte örtlich bereits vorhanden sind. Die Kenntnis der Endpunktkoordinaten ist hier nicht notwendig. Mit diesen Verfahren können die von Festpunkten außerhalb der Geraden abgesteckten Zwischenpunkte einer Trasse durch direktes Durchfluchten kontrolliert oder andere Geradenabsteckungsaufgaben aus dem Bereich der Ingenieurvermessung ausgeführt werden.

13.7.2.1 Abstecken von Zwischenpunkten bei freier Sicht

Zum *Einfluchten* von Zwischenpunkten in eine Gerade *mit einem Theodolit* empfiehlt sich das in Kapitel 13.5.2 erläuterte Verfahren der *optischen Fluchtung*. Vorausgesetzt ist dabei, dass der Anfangspunkt *A* zugänglich ist und von ihm aus sowohl der Endpunkt *E* als auch die Zwischenpunkte sichtbar sind (Abb. 13.7-2). Auf die Notwendigkeit der Messung in beiden Fernrohrlagen bei unterschiedlich hohen Punkten ist bereits in Kapitel 13.5.2 hingewiesen worden (Abb. 13.5-2). Obwohl das Verfahren sehr einfach erscheint, kann das Einweisen von Fluchtstäben oder Zielzeichen über große Entfernungen schwierig und zu ungenau sein. Hier

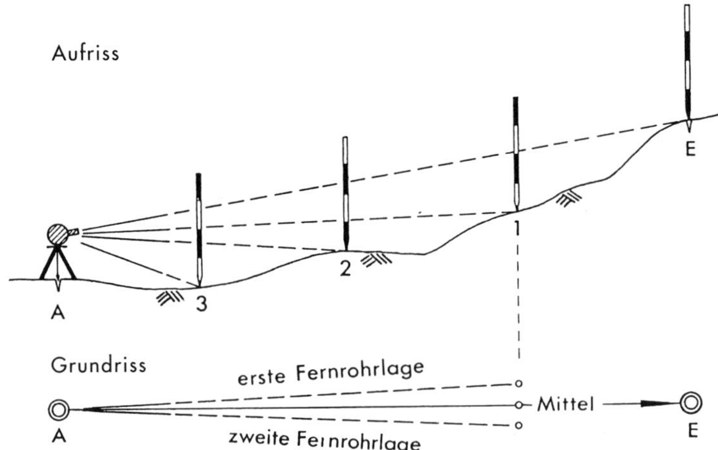

Abbildung 13.7-2: Direktes Einfluchten von Zwischenpunkten von einem Endpunkt aus

empfiehlt es sich, nicht alle Zwischenpunkte allein vom Anfangspunkt aus, sondern die in der entfernteren Hälfte liegenden Punkte vom Endpunkt aus abzustecken.

13.7.2.2 Abstecken von Zwischenpunkten bei Sichthindernissen

Besteht zwar freie Sicht vom Anfangs- zum Endpunkt, aber wegen verschiedener Sichthindernisse nicht zu einem in die Gerade einzuweisenden Zwischenpunkt Z, steckt man einen *Hilfspunkt* Z' vorläufig in der Nähe der Geraden ab (Abb. 13.7-3). Auf dem Anfangspunkt A misst man nun mit dem Tachymeter den Winkel α zwischen der Geraden und der Hilfsrichtung sowie die Distanz zu Z' und kann dann das *Absteckmaß* a rechtwinklig zu $\overline{AZ'}$ berechnen nach

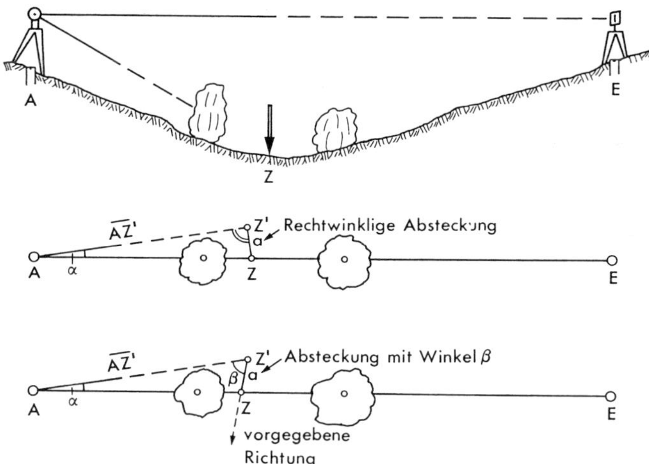

Abbildung 13.7-3: Abstecken eines Zwischenpunktes Z bei Sichthindernissen am Zwischenpunkt

$$a = \overline{AZ'} \cdot \tan\alpha. \tag{13.18}$$

Mit einem Rechtwinkelprisma (bzw. nach Augenmaß bei kleinem Absteckmaß) und einem Messband wird von Z' aus rechtwinklig zu $\overline{AZ'}$ der Zwischenpunkt Z abgesetzt.

Soll der Punkt Z von Z' aus in einer bestimmten Richtung abgesteckt werden, muss auf dem Hilfspunkt Z' der Winkel β zwischen dieser Richtung und der Richtung zum Anfangspunkt gemessen werden. Das *Absteckmaß* a ergibt sich hier nach dem Sinussatz zu

$$a = \overline{AZ'} \cdot \frac{\sin\alpha}{\sin(\alpha+\beta)}. \qquad \text{vgl. (2.47)}$$

Falls die gegenseitige Sicht der Endpunkte nicht gegeben ist oder auf den Geradenendpunkten kein Tachymeter aufgestellt werden kann, jedoch von der Mitte aus die Endpunkte A und E sichtbar sind, legt man in die Nähe der Geraden die zwei Hilfspunkte Z' und Z'' in der gleichen Anordnung wie in Abbildung 13.7-4. Hier misst man jeweils auf den Hilfspunkten Z' und Z'' die Brechungswinkel $\sphericalangle(AZ'E)$ und $\sphericalangle(AZ''E)$ den Abstand $a = \overline{Z'Z''}$. Soll die Absteckung von Z' aus unter einer bestimmten Richtung vorgenommen werden, ist auch der

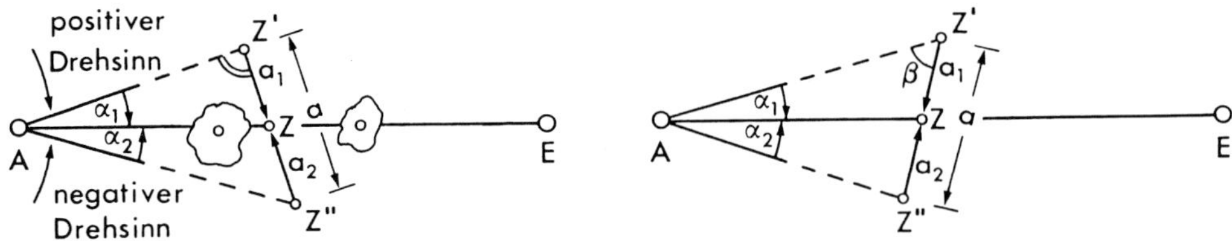

Abbildung 13.7-4: Abstecken eines Zwischenpunktes Z bei Sichthindernissen am Zwischenpunkt

Winkel β zwischen dieser Richtung $(Z'Z'')$ und der Richtung $(Z'A)$ zum Anfangspunkt zu messen (Abb. 13.7-5).

Subtrahiert man von beiden Brechungswinkeln 200 gon, erhält man die Winkel α_1 und α_2 zu

$$\begin{aligned}\alpha_1 &= \sphericalangle\,(AZ'E) - 200\text{ gon};\\ \alpha_2 &= \sphericalangle\,(AZ''E) - 200\text{ gon}.\end{aligned}$$

Mit deren positiven oder negativen Werten sowie mit dem Abstand a ergeben sich mit den Gl. (13.19) bzw. (13.20) die Absteckmaße a_1 und a_2.

	Rechtwinklige Absteckung		*Absteckung mit Winkel β*	
a_1	$= a \cdot \frac{\tan\alpha_1}{\tan(\alpha_1-\alpha_2)}$	(13.19)	$= a \cdot \frac{\sin(\alpha_1-\alpha_2+\beta)\cdot\sin\alpha_1}{\sin(\alpha_1-\alpha_2)\cdot\sin(\alpha_1+\beta)}$	(13.20)
a_2	$= a_1 - a$		$= a_1 - a$	
	Rechenprobe :		*Rechenprobe* :	
a_2	$= a \cdot \frac{\sin\alpha_2}{\sin(\alpha_1-\alpha_2)\cdot\cos\alpha_1}$		$= a \cdot \frac{\sin\beta\cdot\sin\alpha_2}{\sin(\alpha_1-\alpha_2)\cdot\sin(\alpha_1+\beta)}$	

Werden die Entfernungen $\overline{AZ'}$ und $\overline{Z'E}$ gemessen, genügt die Winkel- und Streckenmessung von einem einzigen Hilfspunkt aus. Mit dieser Methode der Winkel- und Streckenmessung können auch mehrere Zwischenpunkte einer Geraden abgesteckt werden. Günstig ist dies z. B. in Waldgebieten. Man legt hier möglichst dicht entlang der abzusteckenden Geraden einen *freien Polygonzug* (Kap. 6.3.1) und misst auf den Hilfspunkten H_i die Brechungswinkel β_i und zwischen den Punkten die Entfernungen e_i. Die Hilfspunkte H_i müssen vermarkt werden, weil der freie Polygonzug zunächst in seiner Gesamtheit gemessen und berechnet werden muss, bevor von den dann koordinatenmäßig bekannten Hilfspunkten aus die Absteckungen der Zwischenpunkte vorgenommen werden können (Abb. 13.7-6).

Wie bereits in Kapitel 6.3.3.3 ausgeführt wurde, erklärt man die erste Polygonseite von A nach H_1 zur x-Achse eines örtlichen Koordinatensystems (Abb. 6.3-11 und 13.7-6), sodass der Richtungswinkel $t_A^{H_1} = 0$ gon ist, und berechnet mit Gl. (6.44) die Richtungswinkel auf den weiteren Hilfspunkten. Ausgehend von den beliebig vorgegebenen Koordinaten des Punktes A im örtlichen System, z. B. $y_A = 0{,}00$ m und $x_A = 0{,}00$ m, erhält man die Koordinaten der Hilfspunkte H_i und des Geradenendpunktes E nach

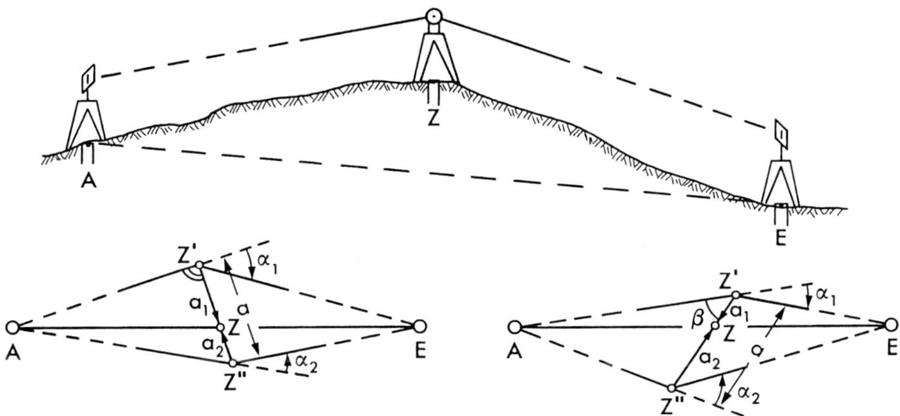

Abbildung 13.7-5: Absteckung eines Zwischenpunktes Z, wenn die gegenseitige Sicht der Endpunkte nicht möglich ist und die Entfernungen unbekannt sind

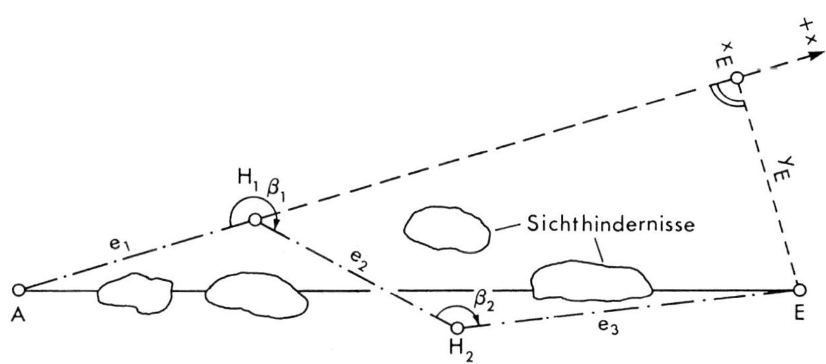

Abbildung 13.7-6: Freier Polygonzug zur Absteckung von Zwischenpunkten in einer Geraden

$$y_i = y_{i-1} + e_i \cdot \sin t_i^{i+1} \qquad \text{vgl. (2.13)}$$
$$x_i = x_{i-1} + e_i \cdot \cos t_i^{i+1}. \qquad \text{vgl. (2.14)}$$

Von jedem Hilfspunkt können ein oder mehrere Zwischenpunkte Z_j abgesteckt werden. Man muss dazu den Winkel zwischen der zurückliegenden Polygonseite und der gewünschten Absteckrichtung messen oder vorgeben und erhält nach Gl. (6.44) den Richtungswinkel vom Hilfspunkt zum Zwischenpunkt.

Absteckrichtung für $\beta_{Z_1} \neq 100$ gon (Abb. 13.7-7)

$$t_{H_1}^{Z_1} = t_A^{H_1} \pm 200 \text{ gon} + \beta_{Z_1} = t_{H_1}^{A} + \beta_{Z_1} \; .$$

Absteckrichtung für β_{Z_2} = 100 gon (Abb. 13.7-7)

$$t_{H_2}^{Z_2} = t_{H_1}^{H_2} \pm 200 \text{ gon} + \beta_{Z_2} = t_{H_2}^{H_1} + 100 \text{ gon}.$$

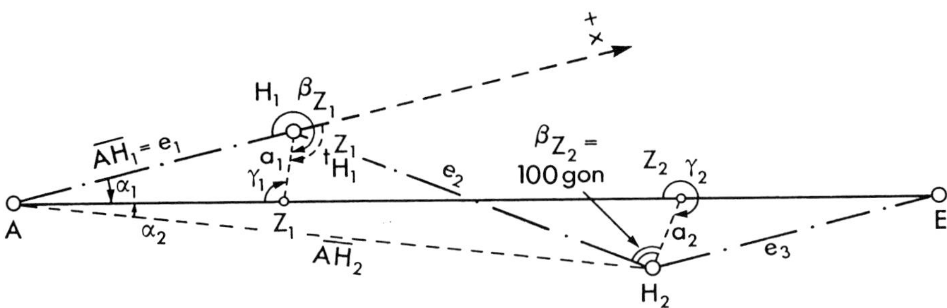

Abbildung 13.7-7: Absteckung zweier Zwischenpunkte Z_1 und Z_2 der Geraden $\overline{AE}$ von den Hilfspunkten H_1 und H_2 eines freien Polygonzuges aus

Mit den Koordinaten werden nach Gl. (2.15) und (2.16) die Entfernungen und Richtungswinkel von A aus zu allen Hilfspunkten H_i und zum Endpunkt E berechnet. Nun kann man mit den Winkeln

$$\begin{aligned} \sphericalangle (H_iAZ_j) &= \alpha_i = t_A^E - t_A^{H_i} \\ \sphericalangle (AZ_jH_i) &= \gamma_j = t_{Z_j}^{H_i} - t_{Z_j}^{A} = t_{H_i}^{Z_j} - t_A^E . \end{aligned} \qquad (13.21)$$

in den Dreiecken AH_iZ_j nach Sinussatz die Absteckmaße a_j bestimmen:

$$a_j = \overline{AH_i} \cdot \frac{\sin \alpha_i}{\sin \gamma_j} . \qquad (13.22)$$

Als Rechenkontrolle lassen sich mit den Absteckmaßen a_j und den Richtungswinkeln $t_{H_i}^{Z_j}$ von den Hilfspunkten H_i aus die Koordinaten der Zwischenpunkte Z_j und mit diesen die Richtungswinkel und Entfernungen entlang der Geraden von A nach Z_1 sowie weiter von Zwischenpunkt zu Zwischenpunkt bis zum Endpunkt E berechnen. Alle diese Richtungswinkel müssen bis auf Rundungsungenauigkeiten mit dem Richtungswinkel t_A^E und die Summe der Einzelstrecken mit der Gesamtstrecke $\overline{AE}$ übereinstimmen.

Da beim freien Polygonzug, wie bereits ausgeführt, wegen fehlender Einpassung keinerlei Kontrollmöglichkeiten gegeben sind, sollten die Messungselemente mit hoher Sorgfalt möglichst unabhängig bestimmt werden. Eventuell führe man die Absteckung der Zwischenpunkte von einem zweiten Polygonzug aus erneut durch.

13.7.2.3 Verlängern einer Geraden

Soll eine Gerade $\overline{AE}$ über den Endpunkt hinaus verlängert werden, stellt man den Theodolit über dem Endpunkt E sorgfältig zentriert und horizontiert auf, zielt den Anfangspunkt A an, schlägt das Fernrohr durch und liest mit dem Fernrohr an einem im abzusteckenden Zielpunkt aufgestellten Maßstab den Wert a_1 ab. Dann dreht man die Alhidade um ca. 200 gon und zielt erneut Punkt A an. Nach Durchschlagen des Fernrohres und Fokussierung auf den Maßstab im Zielpunkt führt man die Ablesung a_2 durch (Abb. 13.7-8). Der Mittelwert der Ablesungen

$$a = \frac{a_1 + a_2}{2} \tag{13.23}$$

ist frei von Justierabweichungen des Theodolits, wie z. B. Kipp- und Zielachsabweichung (siehe Kap. 3.4.2 bis 3.4.5).

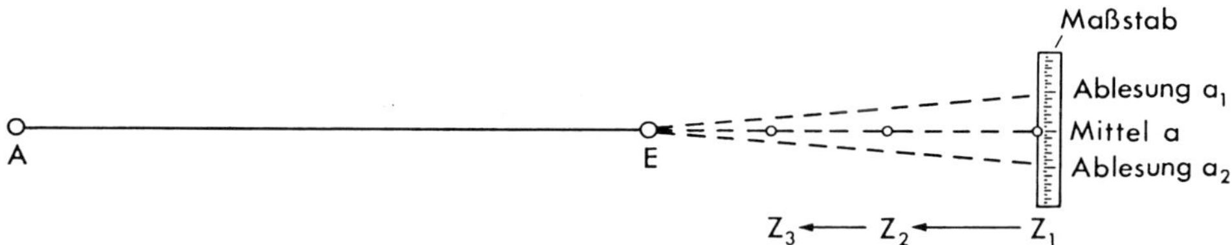

Abbildung 13.7-8: Verlängern einer Geraden mit Durchschlagen des Fernrohres und Ablesen an einem Maßstab

Bei einer anderen Methode stellt man im Zielpunkt Z_1 in genäherter Verlängerung ein Zielzeichen auf und misst in beiden Fernrohrlagen den Winkel $\beta = \sphericalangle\,(AEZ_1)$. Mit dem von 200 gon abweichenden Differenzwinkel und der Entfernung berechnet man sich das Verschiebemaß a in analoger Anwendung der im vorigen Kapitel 13.7.2.2 angegebenen Gl. (13.18) und verschiebt das Zielzeichen, wobei das Verschiebemaß beispielsweise an einem ausgelegten Maßstab abgelesen werden kann. Durch erneute Winkelmessung und Verschiebung lässt sich die Sollage iterativ finden.

Nachdem der entfernteste Zielpunkt Z_1 sorgfältig abgesteckt worden ist, können weitere Punkte als Zwischenpunkte durch Einfluchten von E nach Z_1 gefunden werden (Abb. 13.7-1).

13.7.3 Kreisbogenabsteckung

13.7.3.1 Grundlagen der Kreisbogenberechnung

Beachtet man, dass über dem gleichen Kreisbogen bzw. der zugehörigen Sehne

- alle Peripheriewinkel (Umfangswinkel) gleich groß sind,
- der Zentriwinkel doppelt so groß wie der zugehörige Peripheriewinkel ist,
- der Sehnentangentenwinkel gleich dem Peripherie- bzw. dem halben Zentriwinkel ist,

ergeben sich hieraus die nachfolgenden geometrischen Zusammenhänge (Abb. 13.7-9).

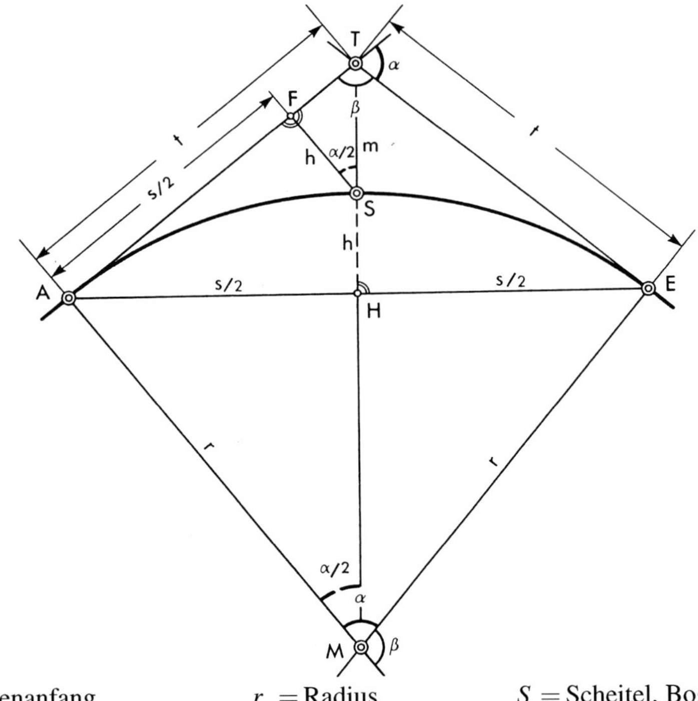

A = Bogenanfang	r = Radius	S = Scheitel, Bogenmitte
t = Tangente	E = Bogenende	s = Sehne
M = Kreismittelpunkt	m = Scheitelabstand	T = Tangentenschnittpunkt
h = Pfeilhöhe, Scheitelordinate	H = Sehnenmittelpunkt	β = Tangentenschnittwinkel

Abbildung 13.7-9: Geometrische Elemente des Kreisbogens

$$\text{Zentriwinkel } \alpha = 200 \text{ gon} - \beta \tag{13.24}$$

$$\text{Tangente } \overline{TA} = t = r \cdot \tan \alpha/2 \tag{13.25}$$

$$\text{Sehne } \overline{AE} = s = 2 \cdot r \cdot \sin \alpha/2 \tag{13.26}$$

$$\text{Scheitelabstand } \overline{TS} = m = \overline{TM} - r = r \cdot \left(\frac{1}{\cos \alpha/2} - 1 \right) \tag{13.27}$$

$$\text{Scheitelabszisse } \overline{AF} = \overline{AH} = \frac{1}{2} \cdot \overline{AE} = s/2 = r \cdot \sin \alpha/2 \tag{13.28}$$

$$\text{Scheitelordinate } \overline{SF} = \text{Pfeilhöhe } \overline{SH} = h = r \cdot (1 - \cos \alpha/2) \tag{13.29}$$

$$\text{Bogen } ASE = b = r \cdot \frac{\pi \cdot \alpha[\text{gon}]}{200[\text{gon}]} = r \cdot \frac{\alpha[\text{gon}]}{\rho[\text{gon}]} \tag{13.30}$$

Wird die Berechnung nicht mithilfe eines Computerprogramms durchgeführt, sind folgende Rechenproben zu empfehlen

$$m = \frac{h}{\sin\beta/2} \quad (13.31)$$

$$t = (m+r)\cdot\cos\beta/2 \quad (13.32)$$

$$s = 2\cdot t\cdot\sin\beta/2. \quad (13.33)$$

13.7.3.2 Bestimmung des Tangentenschnittwinkels

Zur Berechnung und Absteckung eines Kreisbogens kann meist aus dem Trassenentwurf der *Tangentenschnittwinkel* β und aus den Entwurfsrichtlinien der erforderliche *Radius* r des Kreisbogens entnommen werden. Falls der Tangentenschnittwinkel β in der Örtlichkeit gemessen werden muss, bestimmt man den *Tangentenschnittpunkt* T und misst auf ihm mit einem Tachymeter den Winkel β zwischen den gegebenen Tangentenrichtungen. Häufig ist der Schnittpunkt T jedoch nicht zugänglich. In diesem Fall legt man in die beiden Tangentenrichtungen zwei gegenseitig sichtbare *Hilfspunkte* H_1 und H_2, misst die Winkel γ_1 und γ_2 und ihren Abstand $\overline{H_1H_2}$ (Abb. 13.7-10).

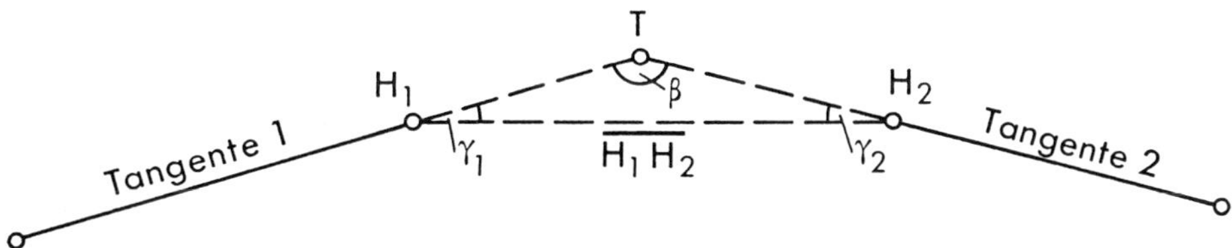

Abbildung 13.7-10: Bestimmung des Tangentenschnittwinkels durch Winkelmessung auf zwei Hilfspunkten

Mit der Winkelsummenbedingung im Dreieck H_1TH_2 ergibt sich der Tangentenschnittwinkel

$$\beta = 200\text{ gon} - (\gamma_1 + \gamma_2)$$

und mit dem Sinussatz erfolgt die Berechnung der Abstände von den Hilfspunkten zum Tangentenschnittpunkt

$$\overline{H_1T} = \frac{\overline{H_1H_2}}{\sin\beta}\cdot\sin\gamma_2 \qquad \text{und} \qquad \overline{H_2T} = \frac{\overline{H_1H_2}}{\sin\beta}\cdot\sin\gamma_1\ .$$

Ist eine direkte Sicht zwischen den Hilfspunkten H_1 und H_2 nicht möglich, verbindet man sie durch einen *Hilfspolygonzug* oder misst sie auf einen trassennahen Polygonzug auf. Der Tangentenschnittwinkel β ergibt sich dann als Differenz der aus Koordinaten zu berechnenden Richtungswinkel der Tangenten. Mit dem ebenfalls aus Koordinaten bestimmbaren Abstand $\overline{H_1H_2}$ lassen sich mit dem Sinussatz wie oben die Abstände zum Schnittpunkt T ableiten.

13.7.3.3 Kreisbogen durch einen Zwangspunkt bei vorgegebenen Tangentenrichtungen

Soll ein Kreisbogen durch einen *Zwangspunkt P* außerhalb der beiden vorgegebenen *Tangenten* gelegt werden, müssen der Anfangspunkt A, der Endpunkt E und der Kreisradius r bestimmt werden. Es gibt hier zwei mögliche Kreise mit den Radien r_1 und r_2, die durch den Punkt P gehen (Abb. 13.7-11).

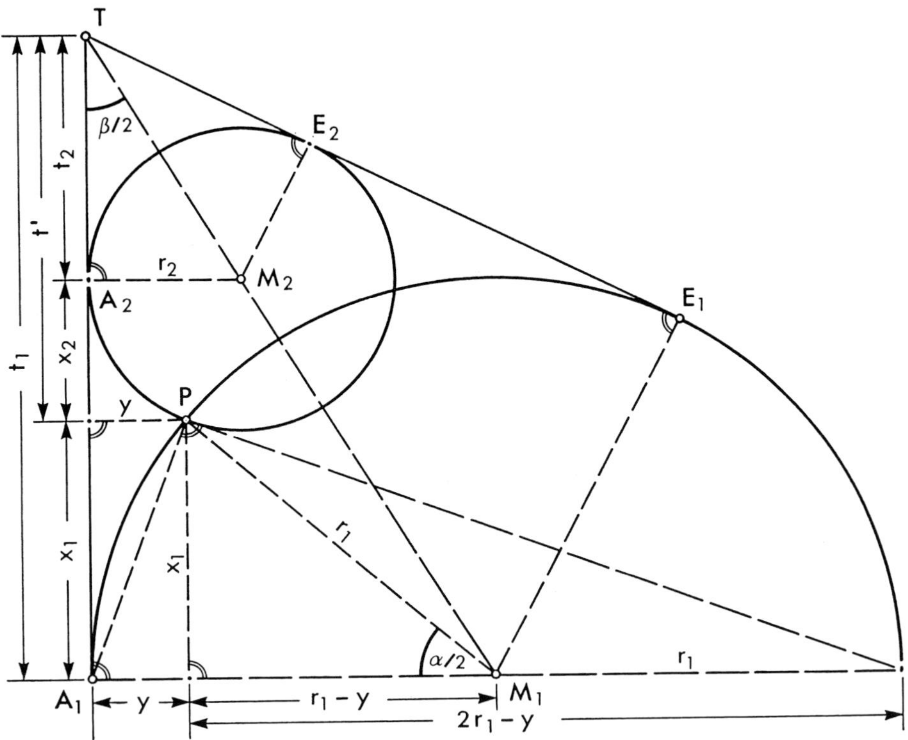

Abbildung 13.7-11: Kreis durch einen Zwangspunkt P bei gegebenen Tangenten

Mit den gemessenen oder aus Koordinaten berechneten orthogonalen Elemente y und t' des Punktes P bezüglich der Tangentenrichtung $\overline{AT}$ ergibt sich aus der Beziehung für x

$$x^2 = r^2 - (r-y)^2 = 2ry - y^2, \qquad (13.34)$$

in die man die Beziehung für r

$$r = t \cdot \tan\beta/2 = [t' + x] \cdot \tan\beta/2 \qquad \text{vgl. (13.25)}$$

einsetzt, die Lösung

$$x^2 = 2(t'+x) \cdot \tan\frac{\beta}{2} \cdot y - y^2 = 2x \cdot y \cdot \tan\frac{\beta}{2} + 2t' \cdot y \cdot \tan\frac{\beta}{2} - y^2$$

$$x_{1/2} = (y \cdot \tan\frac{\beta}{2}) \pm \sqrt{(y \cdot \tan\frac{\beta}{2})^2 + 2t' \cdot (y \cdot \tan\frac{\beta}{2}) - y^2} \quad (13.35)$$

$$t_{1/2} = t' + x_{1/2} \quad ; \quad r_{1/2} = t_{1/2} \cdot \tan\frac{\beta}{2}. \quad (13.36)$$

Rechenprobe: $x^2 + y^2 = 2ry$

Falls ein *Kreis durch einen Zwangspunkt P* gelegt werden soll und nur die *Richtung einer Tangente* gegeben sowie der *Kreisradius* bekannt ist, lassen sich mit dem gemessenen oder berechneten *Orthogonalabstand* y des Punktes P von der Tangente die beiden Lösungen x_1 und x_2 für den *Abszissenabstand* vom Lotfußpunkt zum Bogenanfangspunkt A_1 bzw. A_2 nach Gl. (13.34) berechnen.

Die *gemeinsame Tangente* $\overline{T_1T_2}$ *zwischen zwei gegensinnig gekrümmten Kreisbögen* mit den Radien r_1 und r_2 lässt sich ermitteln, wenn der Anfangspunkt A_1 und der Richtungswinkel $t_{A_1}^{T_1}$ der Anfangstangente sowie der Endpunkt E_2 und der Richtungswinkel $t_{E_2}^{T_2}$ der Endtangente gegeben sind (Abb. 13.7-12). Die Lage der gemeinsamen Zwischentangente mit dem Endpunkt E_1 des ersten und dem Anfangspunkt A_2 des zweiten Kreisbogens ist abhängig von der Lage der Kreismittelpunkte M_1 und M_2 sowie von den Radien r_1 und r_2.

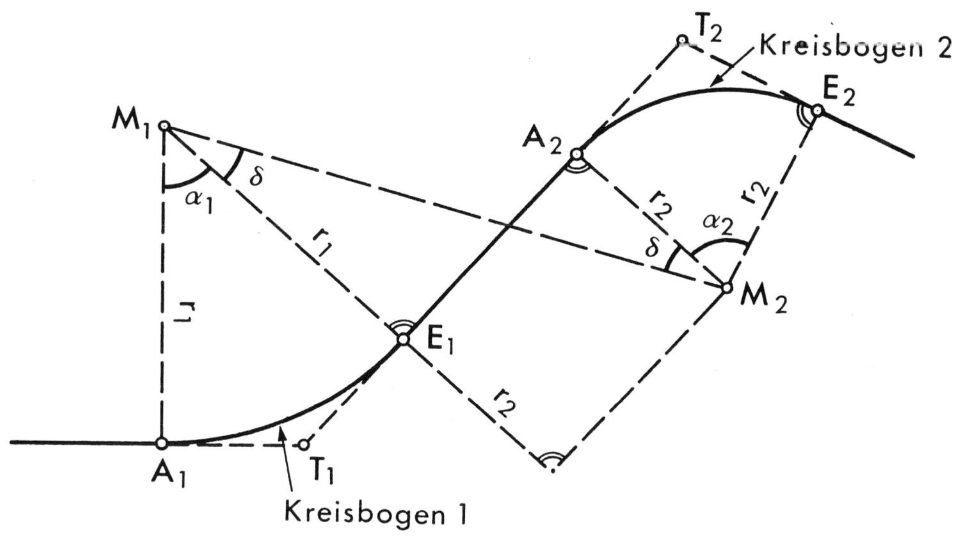

Abbildung 13.7-12: Gemeinsame Tangente $\overline{T_1T_2}$ an zwei gegensinnige Kreisbögen

Von den Punkten A_1 und E_2 aus berechnet man mit den Richtungswinkeln

$$t_{A_1}^{M_1} = t_{A_1}^{T_1} - 100 \text{ gon} \qquad \text{und} \qquad t_{E_2}^{M_2} = t_{E_2}^{T_2} - 100 \text{ gon}$$

sowie den Radien r_1 und r_2 die Koordinaten der Mittelpunkte M_1 und M_2 analog zu Gl. (2.13) und (2.14). Aus diesen Koordinaten ergeben sich durch Umrechnung analog zu Gl. (2.15) und (2.16) die Entfernung $\overline{M_1M_2}$ und der Richtungswinkel $t_{M_1}^{M_2}$.

Mit dem Winkel δ aus der Beziehung

$$\cos\delta = \frac{r_1 + r_2}{\overline{M_1M_2}}$$

erhält man die Richtungswinkel

$$t_{M_1}^{E_1} = t_{M_1}^{M_2} + \delta \quad \text{und} \quad t_{M_2}^{A_2} = t_{M_1}^{E_1} \pm 200 \text{ gon},$$

sodass mit den Radien r_1 und r_2 die gesuchten Tangentenpunkte E_1 und A_2 von M_1 bzw. M_2 aus analog zu Gl. (2.13) und (2.14) polar berechnet werden können.

$$y_{E_1} = y_{M_1} + r_1 \cdot \sin t_{M_1}^{E_1} \quad ; \quad y_{A_2} = y_{M_2} + r_2 \cdot \sin t_{M_2}^{A_2}$$
$$x_{E_1} = x_{M_1} + r_1 \cdot \cos t_{M_1}^{E_1} \quad ; \quad x_{A_2} = x_{M_2} + r_2 \cdot \cos t_{M_2}^{A_2}$$

13.7.3.4 Koordinatenberechnung zur polaren Kreisabsteckung vom trassennahen Polygonzug aus

Die *Kreisbogenabsteckung* erfolgt meist im Zuge der gesamten Trassenabsteckung nach der *Polarmethode* von den Polygonpunkten des trassennahen Polygonzuges oder -netzes aus. Um die polaren Absteckelemente berechnen zu können, benötigt man die Koordinaten der Bogenanfangs- und -endpunkte sowie aller weiteren dazwischenliegenden Stationspunkte. Man berechnet zunächst die Koordinaten der Tangentenschnittpunkte, wobei es unerheblich ist, ob diese Schnittpunkte in der Örtlichkeit auch wirklich abgesteckt werden. Die Tangenten sind entweder durch die Planung oder durch die die Tangentenrichtungen bestimmenden Zwangspunkte vorgegeben.
Damit bei einer automatisierten Achsberechnung *Rechts- und Linkskurven* eindeutig zu unterscheiden sind, wird dem *Radius* ein *positives* bzw. ein *negatives Vorzeichen* zugeordnet (Abb. 13.7-13). Definiert man als Tangentenschnittwinkel β die Differenz der Tangentenrichtungen rechts der Trasse in Stationierungsrichtung gesehen

$$\beta = t_{T_i}^{T_{i-1}} - t_{T_i}^{T_{i+1}} = t_{T_i}^{A_i} - t_{T_i}^{E_i}, \tag{13.37}$$

erhält β bei einer Linkskurve einen Wert zwischen 200 gon und 400 gon. Dadurch werden bei einer *Linkskurve* sowohl der *Zentriwinkel* α als auch die links der Trasse befindlichen Größen *Scheitelabstand m* und *Scheitelordinate h negativ*.

Vom jeweiligen Tangentenschnittpunkt aus lassen sich mit den Richtungswinkeln der Tangenten t_T^A bzw. t_T^E und der Tangentenlänge $\overline{TA} = \overline{TE} = t$ (Gl. (13.25)) die rechtwinkligen Koordinaten des Bogenanfangs- und -endpunktes berechnen, vgl. Gl. (2.11) bis (2.14)

$$\begin{aligned} y_A &= y_T + t \cdot \sin t_T^A \quad ; \quad y_E = y_T + t \cdot \sin t_T^E \\ x_A &= x_T + t \cdot \cos t_T^A \quad ; \quad x_E = x_T + t \cdot \cos t_T^E. \end{aligned} \tag{13.38}$$

Vom Bogenanfangspunkt A aus (oder analog vom Endpunkt E aus) ergeben sich mit den polaren Bestimmungsstücken

$$\begin{aligned} \textit{Richtungswinkel} \quad & t_A^M = t_T^A - 100 \text{ gon} \\ \textit{Radius} \quad & r \end{aligned} \tag{13.39}$$

die rechtwinkligen Koordinaten des Kreismittelpunktes M

$$\begin{aligned} y_M &= y_A + r \cdot \sin t_A^M; \\ x_M &= x_A + r \cdot \cos t_A^M. \end{aligned} \tag{13.40}$$

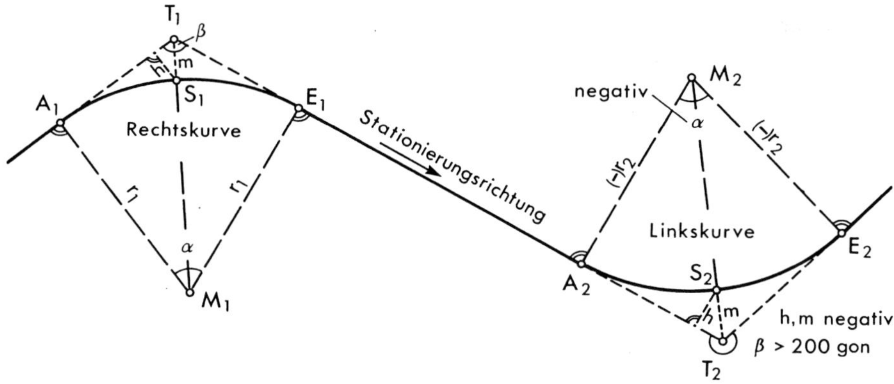

Abbildung 13.7-13: Vorzeichen des Radius r und Definition des Tangentenschnittwinkels β bei Rechts- und Linkskurven

Bei einer Linkskurve erhält man den Richtungswinkel t_A^M nach Gl. (13.39) zwar um 200 gon gedreht, was jedoch durch den negativen Radius r bei der Koordinatenberechnung behoben wird.

Mit den Bogenlängen b_i, die sich als Differenz der Stationierungsmaße der weiteren Bogenpunkte P_i zum Bogenanfangspunkt A ergeben, erhält man die zugehörigen Zentriwinkel ω_i im Kreismittelpunkt M nach Gl. (13.30) bzw. (1.16) zu

$$\omega_i[\text{gon}] = \frac{b_i}{r} \cdot \rho[\text{gon}]. \tag{13.41}$$

Bei Linkskurven werden, wegen des negativ definierten Radius, die Winkel ω_i ebenfalls negativ.

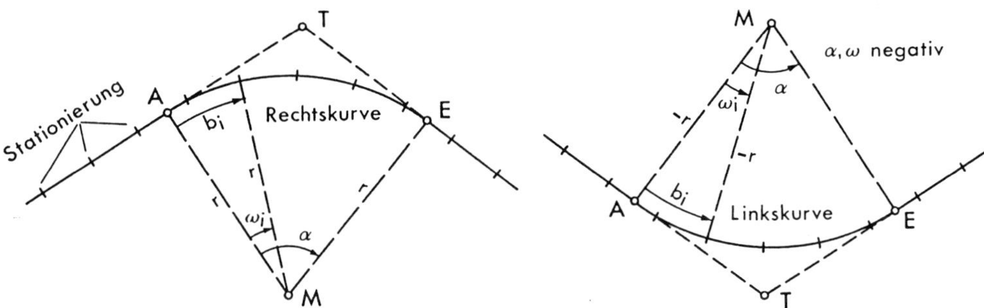

Abbildung 13.7-14: Kreisbogenlänge b_i und zugehöriger Innenwinkel ω_i der Stationspunkte P_i bezogen auf den Anfangspunkt A

Mit dem Richtungswinkel t_A^M nach Gl. (13.39) und den Winkeln ω_i nach Gl. (13.41) ergeben sich die Richtungswinkel

$$t_M^{P_i} = t_A^M \pm 200\text{ gon} + \omega_i = t_M^A + \omega_i \tag{13.42}$$

vom Kreismittelpunkt M zum jeweiligen Stationspunkt P_i auf dem Kreisbogen (bei Linkskurven wieder um 200 gon gedreht). Mit dem Radius r (bei Linkskurven negativ) berechnet man die rechtwinkligen Koordinaten der Stationspunkte

$$\begin{aligned} y_{P_i} &= y_M + r \cdot \sin t_M^{P_i}; \\ x_{P_i} &= x_M + r \cdot \cos t_M^{P_i}. \end{aligned} \quad (13.43)$$

Mit den Gl. (2.15) und (2.16) lassen sich die rechtwinkligen Koordinatendifferenzen von einem Polygonpunkt zu den Stationspunkten in polare Absteckelemente umrechnen.

13.7.3.5 Polare Absteckung von Kreisbogenpunkten von einer Tangente aus

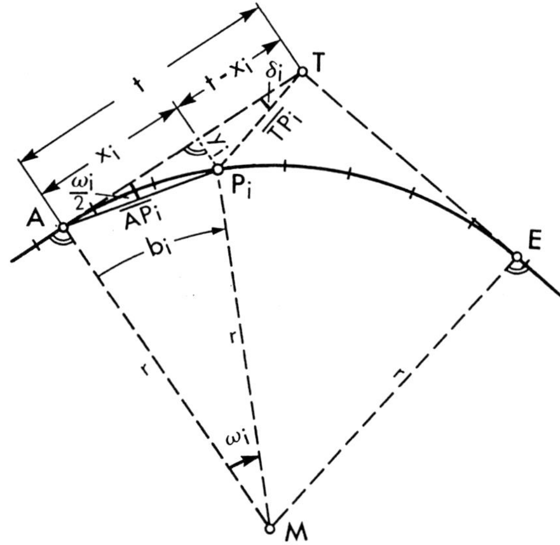

Abbildung 13.7-15: Orthogonale und polare Kreisbogenabsteckung bezogen auf eine Tangente

Die Absteckelemente lassen sich auch direkt auf die Bogenanfangs- und -endpunkte A und E oder den Tangentenschnittpunkt T bzw. auf die Tangenten $\overline{AT}$ und $\overline{ET}$ oder die Sehne $\overline{AE}$ beziehen, sodass sich eine Berechnung im Landeskoordinatensystem erübrigt. Dies bietet sich für Trassenabsteckungen bei kleineren Bauvorhaben oder zur Kontrolle einer von Polygonpunkten aus vorgenommenen Trassenabsteckung an. Berechnet man aus den Differenzen der Stationierungsmaße die *Bogenlänge* b_i mit den dazugehörigen *Zentriwinkeln* ω_i

$$b_i = Station\ P_i - Station\ A \quad (13.44)$$

$$\omega_i[\text{gon}] = b_i \cdot \frac{\rho[\text{gon}]}{r}, \quad \text{vgl. } (13.41)$$

ergeben sich die *polaren Absteckelemente*

Sehnen-Tangenten-Winkel $\sphericalangle(TAP_i) = \omega_i/2$ (13.45)

und die *Sehnenlänge* $\overline{AP_i} = 2 \cdot r \cdot \sin(\omega_i/2)$. (13.46)

Zur Absteckung der Stationspunkte P_i vom Kreisbogenendpunkt E aus bezieht man die Bogenlänge b_i = Station E – Station P_i auf diesen Endpunkt und berechnet hiermit die Winkel ω_i und die Absteckelemente wie zuvor.

Soll die *Absteckung vom Tangentenschnittpunkt T* aus vorgenommen werden, lassen sich die für den Bogenanfangspunkt A bzw. auf den Endpunkt E bezogenen orthogonalen Absteckelemente leicht auf T beziehen und mit den Gl. (2.15) und (2.16) in die *polaren Absteckelemente* Winkel $\delta_i = \sphericalangle (P_iTA)$ bzw. $\sphericalangle (ETP_i)$ und Strecke $\overline{TP_i}$ umrechnen (Abb. 13.7-15).

In einem *Tunnel* oder *Einschnitt* sind die Platzverhältnisse sehr beengt, sodass hier evtl. nur eine *fortlaufende Kreisbogenabsteckung* im Trassenverlauf mit polaren Absteckelementen analog zu den Gl. (13.45) und (13.46) infrage kommen kann. Zum Richtungsanschluss wird der zurückliegende Standpunkt benutzt. Die größte absteckbare Sehnenlänge $s = \overline{P_iP_{i+1}}$ und der zugehörige Zentriwinkel ω_i lassen sich aus der halben Stollenbreite $\frac{d}{2}$, die um den zur Vermeidung von Refraktionseinflüssen für Zielungen nicht nutzbaren Abstand a von den Strossen vermindert wird, sowie aus dem Radius r des Kreisbogens nach dem Pythagorassatz und Gl. (13.26) ableiten (Abb. 13.7-16)

$$\left(\frac{s}{2}\right)^2 = r^2 - [r - (\frac{d}{2} - a)]^2$$

;

$$\sin\frac{\omega_i}{2} = \frac{s}{2r}. \qquad \text{vgl. (13.26)}$$

Erfolgt die Absteckung von Standpunkten, die zwar auch im Tunnel, jedoch außerhalb der Trasse liegen, führt man die Berechnung der maximalen Absteckungsweite in analoger Weise durch.

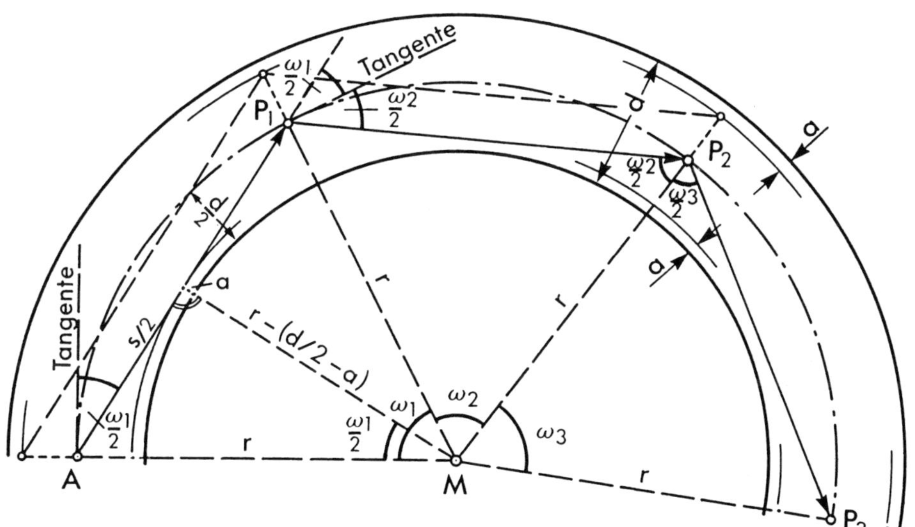

Abbildung 13.7-16: Maximal absteckbare Sehnenlänge eines Kreisbogens in einem Tunnel

13.7.3.6 Kreisbogenabsteckung ohne Tachymeter

Mit den in der Vermessungspraxis jetzt allgemein verwendeten Tachymetern besitzen die nachfolgend erläuterten Methoden keine praktische Bedeutung mehr. Da diese aber im Landschaftsbau benutzt werden, sollen diese einfachen Absteckungsverfahren noch vorgestellt werden.

Zur Absteckung von Kreisbögen z. B. bei Wegebauten steht häufig ein Theodolit nicht zur Verfügung, sodass der Tangentenschnittwinkel nicht direkt gemessen und das Verfahren der polaren Absteckung nicht angewandt werden kann. Sind die *beiden Tangentenrichtungen gegeben*, steckt man im Abstand des Kreisbogenradius r Parallelen ab, deren Schnittpunkt den Kreismittelpunkt M ergibt. Die mit dem Rechtwinkelprisma bestimmten Fußpunkte (Kap. 2.1) sind der Kreisbogenanfangspunkt A und der Endpunkt E. Zur Kontrolle werden die Tangenten $\overline{TA} = \overline{TE} = t$ gemessen und auf Gleichheit überprüft.

Wenn der Kreisradius r nicht gegeben ist, aber der Anfangspunkt A und die Tangentenrichtungen mit ihrem Schnittpunkt T festliegen, so misst man die Tangentenlängen $t = \overline{TA}$ und erhält den Endpunkt E durch Absetzen der Tangentenlänge $t = \overline{TE}$ auf der zweiten Tangente. Falls E vorliegt, bestimmt man A entsprechend. Der Schnittpunkt der in A und E mit dem Rechtwinkelprisma errichteten Lotrechten ergibt den Mittelpunkt M des Kreises mit dem Radius $r = \overline{MA} = \overline{ME}$ (Kontrolle). Auf dem mit dem Radius r vom Mittelpunkt M aus gezogenen „Schnurkreis" können beliebig viele Zwischenpunkte bestimmt werden (Abb. 13.7-17).

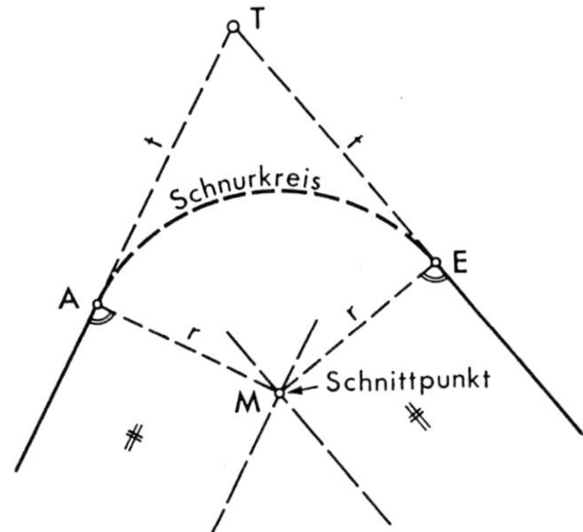

Abbildung 13.7-17: Schnurkreis

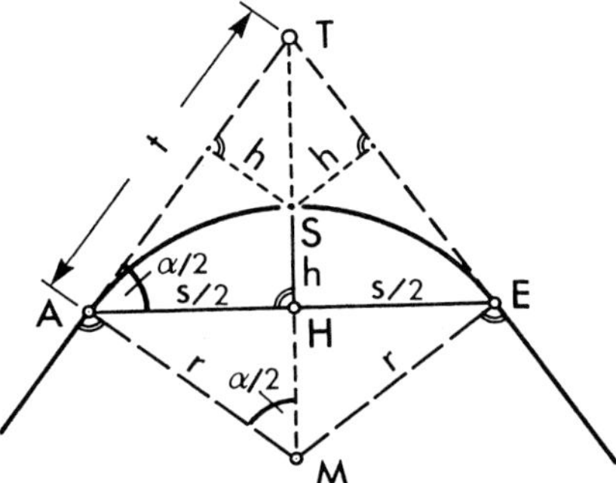

Abbildung 13.7-18: Bestimmen der Pfeilhöhe h und des Radius r bei nicht zugänglichem Mittelpunkt M

Häufig ist der *Kreismittelpunkt M nicht zugänglich* oder kann infolge Bewuchs zur Absteckung des Schnurkreises nicht genutzt werden. Man misst dann die Tangentenlänge $t = \overline{TA} = \overline{TE}$ und die Sehne $s = \overline{AE}$ und berechnet den Radius r nach (Abb. 13.7-18)

$$r = \frac{t \cdot s/2}{\sqrt{t^2 - (s/2)^2}}. \tag{13.47}$$

Die Pfeilhöhe h erhält man mit

$$h = r - \sqrt{r^2 - (s/2)^2} \quad \text{bzw.} \tag{13.48}$$

$$h = \frac{s}{2}\sqrt{\frac{t - s/2}{t + s/2}}. \tag{13.49}$$

Durch Absetzen der Pfeilhöhe h von H aus in Richtung T, d. h. lotrecht zur Sehne $\overline{AE}$, ergibt sich der Scheitel S. Zur Kontrolle wird S auf eine der Tangenten aufgewinkelt, wobei die Ordinatenlänge gleich der Pfeilhöhe h sein muss.

Die *orthogonalen Elemente x_i und y_i* zur Absteckung weiterer Zwischenpunkte P_i auf dem Kreisbogen können nach Berechnung des Zentriwinkels α bzw. γ mit Gl. (13.25) oder (13.26) und der Bogenlänge b mit Gl. (13.30) oder bezogen auf die Tangente $\overline{AT}$ bzw. $\overline{ET}$ (Abb. 13.7-15) bestimmt werden.

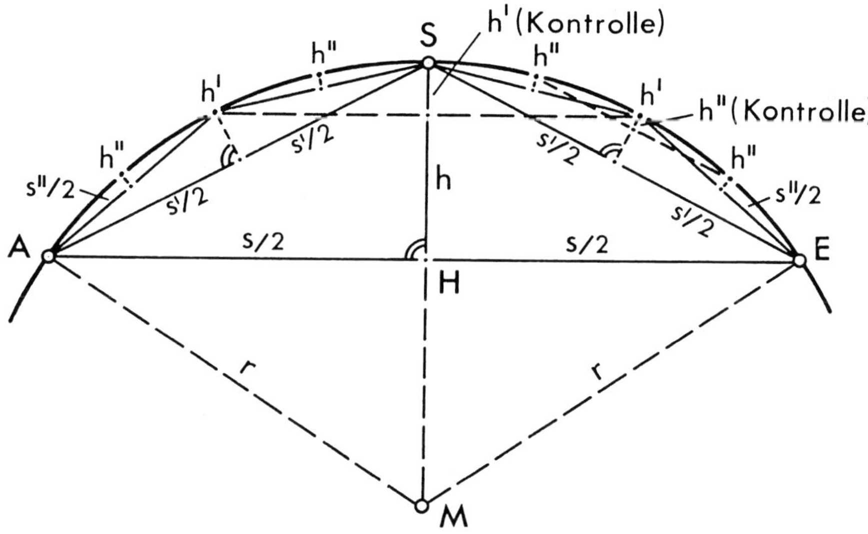

Abbildung 13.7-19: Absteckung und Kontrolle mit Pfeilhöhen

Eine andere Möglichkeit der regelmäßigen Absteckung weiterer Zwischenpunkte besteht darin, die *Sehne s* zwischen zwei benachbarten, bereits abgesteckten Kreisbogenpunkten zu messen, nach Gl. (13.48) die neue *Pfeilhöhe h* bezüglich dieser Sehne zu berechnen und orthogonal vom Sehnenmittelpunkt abzustecken und so fortlaufend zu verdichten. Die Sehnen innerhalb der einzelnen „Verdichtungsstufen" müssen gleich lang sein. Zur Kontrolle misst man die Pfeilhöhe eines zuvor bereits abgesteckten Punktes auf die Sehne zwischen den zwei benachbarten Punkten und prüft sie auf Übereinstimmung mit den Pfeilhöhen der neuen Punkte (Abb. 13.7-19).

Neben der strengen Berechnung der Pfeilhöhen nach der Gl. (13.48) können diese auch, falls $s < r/5$ ist, mit der *Näherungsformel*

$$h' \approx h/4, \qquad h'' \approx h'/4 \qquad \text{usw.} \tag{13.50}$$

nach der sogenannten „*Viertelsmethode*“ bestimmt werden.

Über der Sehnenmitte oder auch exzentrisch dazu ergibt sich die *Pfeilhöhe* h bei bekanntem Radius r mit den Abständen a und b auf der Sehne (Abb. 13.7-20) nach einer weiteren *Näherungsformel* zu

$$h \approx a \cdot b/(2 \cdot r). \qquad (13.51)$$

Diese Formel kann benutzt werden, um die auf die Sehne $\overline{AE}$ bezogenen *Orthogonalmaße* y_i zur Absteckung von Kreisbogenpunkten bei vorgegebenen x_i-Werten zu bestimmen oder um aufgemessene y_i-Werte zu kontrollieren. Mit den Bezeichnungen der orthogonalen Maße y und x und der Sehnenlänge s stellt sich Gl. (13.51) dar als

$$y_i \approx x_i \cdot (s - x_i)/(2 \cdot r). \qquad (13.52)$$

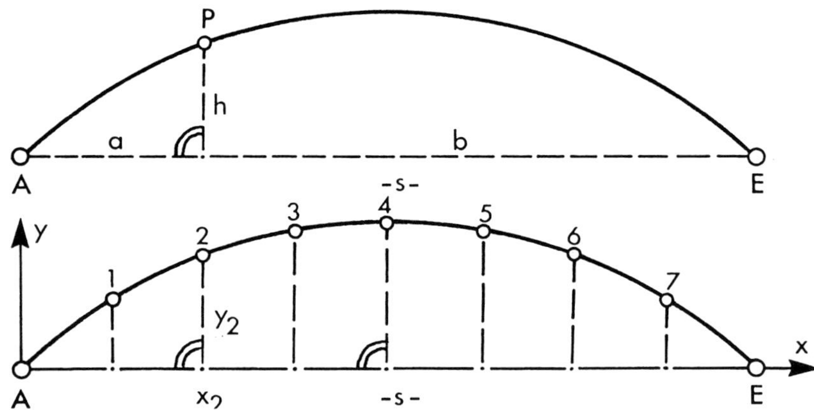

Abbildung 13.7-20: Exzentrische Pfeilhöhe und Orthogonalmaße von Kreisbogenpunkten

13.7.3.7 Korbbogen

Ein *Korbbogen* besteht aus zwei oder drei im gleichen Krümmungssinn aneinanderstoßende Kreisbögen mit verschiedenen Radien, aber jeweils gemeinsamer Tangente in den Stoßpunkten. Er kann angewandt werden, wenn technische Gründe die Verbindung beider Trassen durch einen einzigen Bogen nicht zulassen (Zwangspunkt) oder um den Krümmungssprung durch Vorschaltung eines Vorbogens vor dem eigentlichen Hauptbogen zu verkleinern. Im Allgemeinen wird jedoch bei einer Krümmungsänderung ein Übergangsbogen (Kap. 13.7.4) vorgesehen.

13.7.4 Übergangsbögen

13.7.4.1 Das Krümmungsbild

Das *Krümmungsbild* einer Trasse (Abb. 13.7-21) setzt die Krümmungsverhältnisse mit den Weglängen in Beziehung, d. h., es veranschaulicht die jedem Punkt der Trasse entsprechende Krümmung.

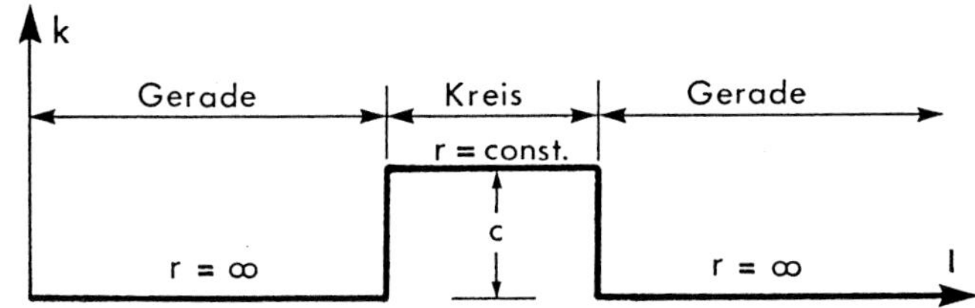

Abbildung 13.7-21: Krümmungsbild Gerade – Kreis – Gerade

Als *Krümmung* k bezeichnet man den reziproken Wert des Radius r

$$k = \frac{1}{r}, \tag{13.53}$$

sodass für die Gerade mit $r = \infty$ gilt: $k_G = \frac{1}{\infty} = 0$

und für den Kreisbogen mit $r = const.$ gilt: $k_K = \frac{1}{r} = c.$

Eine nur aus Geraden und Kreisen zusammengesetzte Trasse bewirkt beim Bogenanfang *BA* und Bogenende *BE* eine sprunghafte, plötzliche Krümmungsänderung, die beim Fahren als „Ruck", als unangenehme Zunahme der Seitenbeschleunigung empfunden wird. Der Ruck soll aus Gründen der Sicherheit und Bequemlichkeit einen Wert von 0,5 m/s^3 nicht überschreiten. Außerdem erscheint dem die Fahrspur vorausblickenden Fahrer eine plötzliche Krümmungsänderung als Knick. Zur Abhilfe schaltet man daher zwischen Gerade und Kreisbogen oder zwischen Kreisbögen mit unterschiedlichen Radien jeweils einen *Übergangsbogen* ein.

13.7.4.2 Klotoide

Eigenschaften einer Klotoide

Die *Klotoide* (griech. κλώϑειν = einen Faden spinnen) ist eine Spinnlinie, bei der mit fortschreitender Weglänge l die Krümmung von $k = 0$ linear auf $k = c$ zunimmt (Abb. 13.7-22).

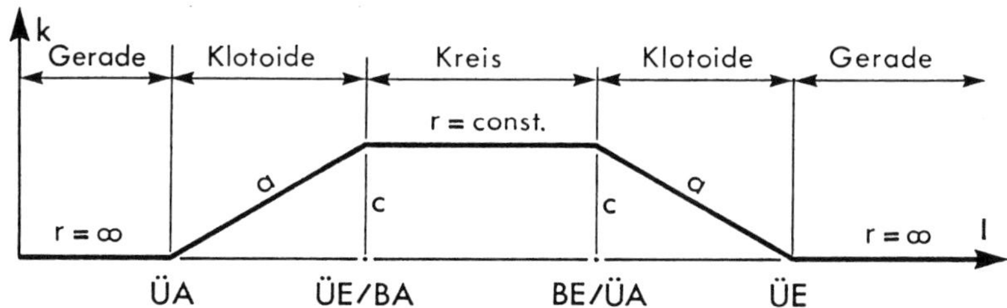

Abbildung 13.7-22: Krümmungsbild Gerade – Klotoide – Kreis – Klotoide – Gerade

Als Übergangsbogen entspricht die Klotoide folgenden fahrdynamischen Gesichtspunkten:

- Die Räder eines mit konstanter Geschwindigkeit fahrenden Wagens können in gleichen Zeitabständen um gleiche Winkel eingeschlagen werden.
- Aus der Sicht des Fahrers verläuft die zu durchfahrende Trasse kontinuierlich (ohne Knick), bei deutlicher Wahrnehmungsmöglichkeit der Richtungswechsel.
- Die Querneigung, die teilweise zur Aufnahme der Zentrifugalbeschleunigung dient, kann stetig auf den im Kreisbogen erforderlichen Wert geführt werden.

Durch Umstellung der Gleichung für die Krümmung

$$k = \frac{1}{r} = c \cdot l \qquad \text{vgl. (13.53)}$$

ergibt sich die Definitionsgleichung der Klotoide

$$r \cdot l = \frac{1}{c} = a^2, \qquad (13.54)$$

wobei der lineare *Maßstabsparameter a*, der ein Maß für die Krümmungsänderung je Längeneinheit ist, die gleiche Dimension wie der *Radius r* und die *Länge l* aufweist (Abb. 13.7-23).

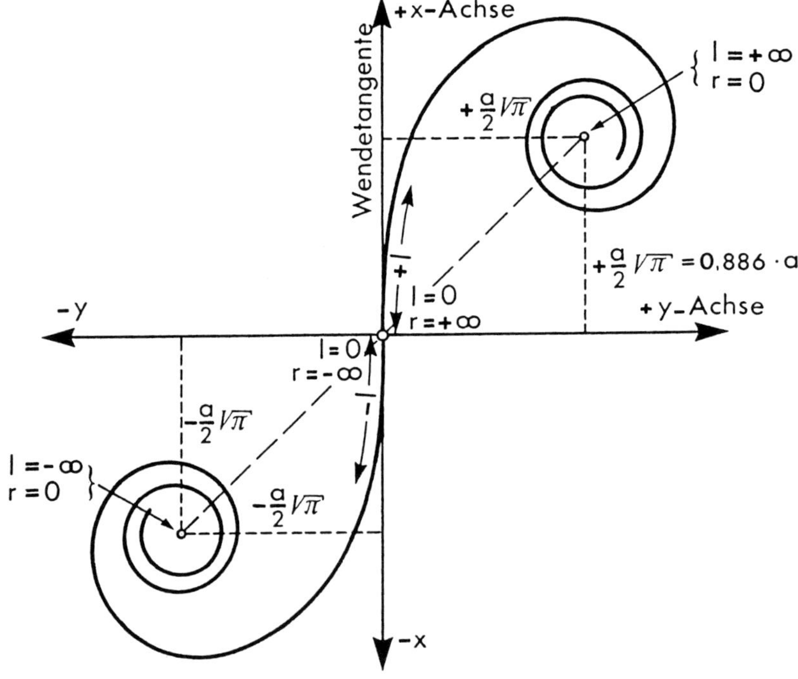

Abbildung 13.7-23: Schaubild der Klotoide (im geodätischen Koordinatensystem)

Die Größe des Parameters a kennzeichnet eine Klotoide eindeutig. Alle Klotoiden sind *zueinander ähnlich.* Daher lassen sich die Elemente einer Klotoide in die Elemente einer zweiten Klotoide mithilfe ihrer Parameter a_1 und a_2 als Vergrößerungsfaktoren umrechnen.

$$r_2 = \frac{a_2}{a_1} \cdot r_1;\; l_2 = \frac{a_2}{a_1} \cdot l_1;\; x_2 = \frac{a_2}{a_1} \cdot x_1;\; y_2 = \frac{a_2}{a_1} \cdot y_1;\; \Delta r_2 = \frac{a_2}{a_1} \cdot \Delta r_1;\; \ldots$$

Aus der speziellen *„Einheitsklotoide"* mit dem Parameter $a_1 = 1$ ergeben sich die Elemente einer zweiten Klotoide folglich zu

$$r_2 = a_2 \cdot r_1;\; l_2 = a_2 \cdot l_1;\; x_2 = a_2 \cdot x_1;\; y_2 = a_2 \cdot y_1;\; \Delta r_2 = a_2 \cdot \Delta r_1;\; \ldots \tag{13.55}$$

Die Werte der Einheitsklotoide lassen sich den Klotoidentafeln von *Kasper/Schürba/Lorenz* oder *Krenz/Osterloh* entnehmen und in die entsprechenden Werte der gewünschten Klotoide umrechnen. Zur Unterscheidung wurden früher die Größen der Einheitsklotoide mit kleinen Buchstaben ($a = 1$, r, l, y, x, ...) und die der anderen Klotoiden mit Parametern $a \neq 1$ mit großen Buchstaben (A, R, L, Y, X, ...) bezeichnet. Mit den heute verfügbaren Rechnern lassen sich zur direkten Berechnung der gewünschten Klotoidenwerte auch solche Verfahren der numerischen Mathematik anwenden, die früher nicht oder nur mit großem Aufwand nutzbar waren. Der „Umweg" über die Einheitsklotoide ist daher nicht mehr erforderlich, sodass diese an Bedeutung verloren hat. Demzufolge werden hier große Buchstaben (wie in der Geometrie üblich) den Punktbezeichnungen vorbehalten und die geometrischen Größen mit kleinen Buchstaben bezeichnet.

Wegen der Ähnlichkeit der Klotoiden bleiben die *Winkelwerte unverändert* erhalten. An der gleichen Formstelle treten gleiche Richtungswinkel und gleiche Form- bzw. Verhältniswerte r/a, l/a usw. auf. Diese charakteristischen *Kennstellen* werden nach den Krümmungsradien, welche die Einheitsklotoide an diesen Stellen jeweils aufweist, bezeichnet. An der Stelle $r_1 = 1{,}0$ ist wegen Gl. (13.55) $r_1 = a_1$ und somit wegen Gl. (13.54) $r_1 = l_1 = a_1$.

Die Klotoide ist neben Gerade und Kreisbogen ein weiteres Trassierungselement. Beim Straßenbau gelten nach den RAS-L für den anzuwendenden Klotoidenparameter a im Allgemeinen die Grenzen

$$\frac{r}{3} \leq a \leq r,$$

mit r [m] = Radius am Klotoidenende, wobei der Parameter a [m] in Abhängigkeit von der Entwurfsgeschwindigkeit V_e mindestens die nachfolgenden Werte annehmen soll:

V_e [km/h]	40	50	60	70	80	90	100	120
min.a [m]	30	50	70	90	110	140	170	270

Bestimmungsstücke der Klotoide

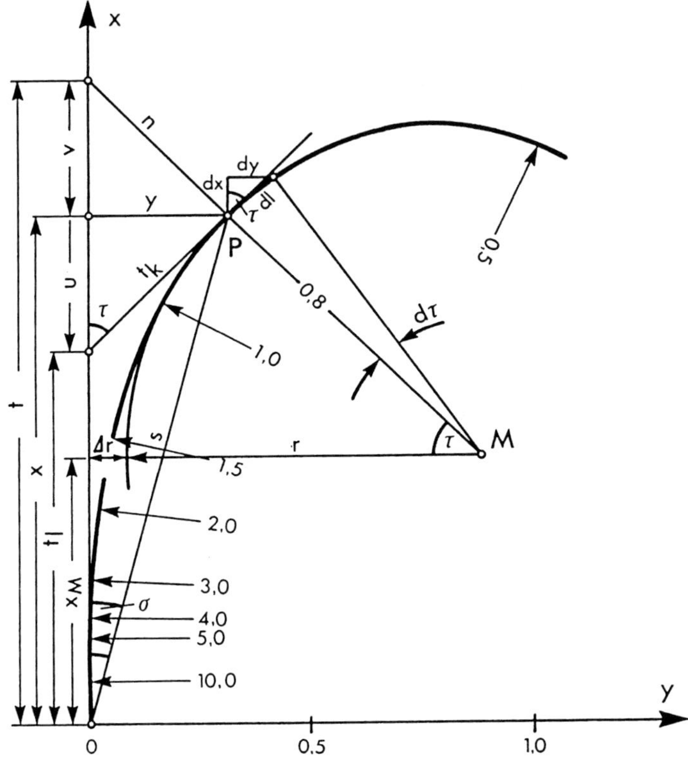

Abbildung 13.7-24: Bestimmungsstücke und Kennstellen der Einheitsklotoide (im geodätischen Koordinatensystem)

l = Bogenlänge der Klotoide bis zum laufenden Punkt P

O = Koordinatenursprung = Klotoidenwendepunkt

x, y = Koordinaten des laufenden Klotoidenpunktes, bezogen auf die Tangente im Wendepunkt (Wendetangente, Haupttangente)

r = Radius des Krümmungskreises in P

Δr = Tangentenabrückung

x_M, y_M = Koordinaten des Mittelpunktes M des Krümmungskreises im Punkt P

s = Klotoidensehne

τ = Tangentenrichtungswinkel der Tangente in P

σ = Richtungswinkel der Klotoidensehne von O nach P

t_k, t_l = kurze, lange Tangente

n = Klotoidennormale in P

u = zugehörige Subtangente

v = zugehörige Subnormale

$$\left.\begin{aligned}
x_M &= x - r\cdot\sin\tau \\
y_M &= y + r\cdot\cos\tau = r + \Delta r \\
\Delta r &= y_M - r = y + r\cdot\cos\tau - r \\
s &= \sqrt{x^2+y^2} \\
\tan\sigma &= \frac{y}{x}, \qquad \sigma = \arctan\frac{y}{x} \\
n &= \frac{y}{\cos\tau} = t_k\cdot\tan\tau \\
u &= y\cdot\cot\tau = t_k\cdot\cos\tau;\; v = y\cdot\tan\tau \\
t_k &= \frac{y}{\sin\tau};\, t_l = x - u = x - y\cdot\cot\tau
\end{aligned}\right\} \tag{13.56}$$

Überschlagsmäßig gilt für Näherungen sowie zur Beurteilung der richtigen zeichnerischen Darstellung

$$x \approx 2x_M \quad \text{und} \quad \Delta r \approx \frac{1}{4}y.$$

Darstellung der Klotoide im rechtwinkligen Koordinatensystem

In einem rechtwinkligen x-y-System mit dem Nullpunkt an der Stelle $l = 0$ bei $k = 0$ und der x-Achse als Wendetangente (Haupttangente) ergibt sich nach Abbildung 13.7-24 mit

$$d\tau = \frac{dl}{r} = \frac{l}{a^2}\cdot dl; \qquad dy = \sin\tau\cdot dl; \qquad dx = \cos\tau\cdot dl$$

durch Integration

$$\tau = \frac{l^2}{2a^2} = \frac{l}{2r}; \tag{13.57}$$

$$y = \int_0^l \sin\left(\frac{l^2}{2a^2}\right)\cdot dl, \qquad x = \int_0^l \cos\left(\frac{l^2}{2a^2}\right)\cdot dl. \tag{13.58}$$

Die als „Fresnelsche Integrale“ bekannten Ausdrücke für y und x in Gl. (13.58) lassen sich durch Entwicklung der Sin- und Cos-Funktion in Taylor-MacLaurin-Reihen und durch gliedweise Integration lösen. Es ergeben sich für die Koordinaten y und x Potenzreihen als Funktion der Bogenlänge l mit τ nach Gl. (13.57):

$$\begin{aligned}
y &= l\cdot\left[\frac{1}{3}\cdot\tau - \frac{1}{42}\cdot\tau^3 + \frac{1}{1320}\cdot\tau^5 - \ldots\right]; \\
x &= l\cdot\left[1 - \frac{1}{10}\cdot\tau^2 + \frac{1}{216}\cdot\tau^4 - \frac{1}{9360}\cdot\tau^6 + \ldots\right].
\end{aligned} \tag{13.59}$$

Die Beziehungen (Grundgleichungen) zwischen den vier Bestimmungsstücken α, τ, r und l ergeben sich aus der Definitionsgleichung (13.54) und aus Gl. (13.57):

$$\begin{aligned}
a^2 &= r\cdot l = \frac{l^2}{2\tau} = 2r^2\tau; \qquad & \tau &= \frac{l^2}{2a^2} = \frac{l}{2r} = \frac{a^2}{2r^2}; \\
r &= \frac{a^2}{l} = \frac{l}{2\tau} = \frac{a}{\sqrt{2\tau}}; \qquad & l &= \frac{a^2}{r} = 2r\cdot\tau = a\cdot\sqrt{2\tau}.
\end{aligned} \tag{13.60}$$

Durch freie Wahl von zwei Größen sind die beiden anderen eindeutig bestimmt.

Hier wie im Folgenden hat τ die Dimension „Radiant“, falls keine bestimmte Dimension angegeben wird. Mit dem Umwandlungsfaktor

$$\rho\ [\text{gon}] = 200\ [\text{gon}]/\pi \qquad \text{bzw.} \qquad \rho\ [^\circ] = 180\ [^\circ]/\pi \qquad \text{vgl. (1.16)}$$

kann für die weitere Rechnung oder für Absteckungsaufgaben vom Winkelmodus „Radiant“ in den Winkelmodus „Gon“ bzw. „Grad“ umgerechnet werden.

$$\tau\ [\text{gon}] = \tau\ [\text{rad}] \cdot \rho\ [\text{gon}] \qquad \text{bzw.} \qquad \tau\ [^\circ] = \tau\ [\text{rad}] \cdot \rho\ [^\circ].$$

Für die Berechnung von Klotoidenkoordinaten mit dem Taschenrechner erweist sich die folgende Näherungsformel als günstig, da auf die Eingabe von Klammern verzichtet werden kann:

$$y = (l^3/6a^2) \cdot (1 - U/56 \cdot (1 - 7U/880))$$

$$x = l \cdot (1 - U/40 \cdot (1 - U/86{,}4))$$

mit der Hilfsgröße $U = (l/a)^4$.

Zuerst sollte die Hilfsgröße U berechnet und abspeichert werden. Anschließend sind die Formeln von rechts her zu berechnen, damit die Klammereingabe entfällt.

Sind weitere Punkte auf der Klotoide zu berechnen (z. B. Stationspunkte), so ist für jeden Punkt eine neue Hilfsgröße U_i in Abhängigkeit von der Entfernung l_i zum Klotoidenanfangspunkt bzw. Klotoidenwendepunkt aus zu bestimmen.

Numerische Integration der Fresnelschen Integrale

Die Fresnelschen Integrale in Gl. (13.58) kann man jedoch auch nach dem Verfahren der numerischen Integration lösen, wozu sich z. B. bereits programmierbare Taschenrechner eignen. Manche Rechner haben außerdem ein Unterprogramm zur numerischen Integration implementiert, sodass nur noch vorab die zu integrierende Funktion definiert werden muss.

Für die numerische Integration ist die Verwendung der *Gaußschen Quadraturformel mit drei Stützstellen* (Abb. 13.7-25) besonders vorteilhaft. Nach diesem Verfahren wird die Bogenlänge $l_{P_j} - l_{P_{j-1}}$ (= Station P_j − Station P_{j-1}) zwischen zwei Klotoidenpunkten (Integrationsintervall) in eine geradzahlige Anzahl (n Doppelstückchen) gleich großer Bogenlängen Δl_j aufgeteilt:

$$\Delta l_j = (l_{P_j} - l_{P_{j-1}})/2\,n. \qquad (13.61)$$

Mit diesem Näherungsverfahren ist für alle in der Praxis vorkommenden Fälle bereits bei $n = 1$ die Abweichung eines Klotoidenpunktes vom exakten Wert $< 0{,}5$ mm. Bei $n = 2$ verringert sie sich sogar unter 0,01 mm, sodass die Koordinaten bereits als „exakte Werte“ angesehen werden können.

Zur Koordinatenberechnung von m Klotoidenpunkten P_j ($j = 1, 2, \ldots, m$) ermittelt man (mit $l_{P_{j-1}}$ = Station P_{j-1} − Station $\ddot{U}A$) für jedes Bogenstück zwischen P_j und P_{j-1} die Län-

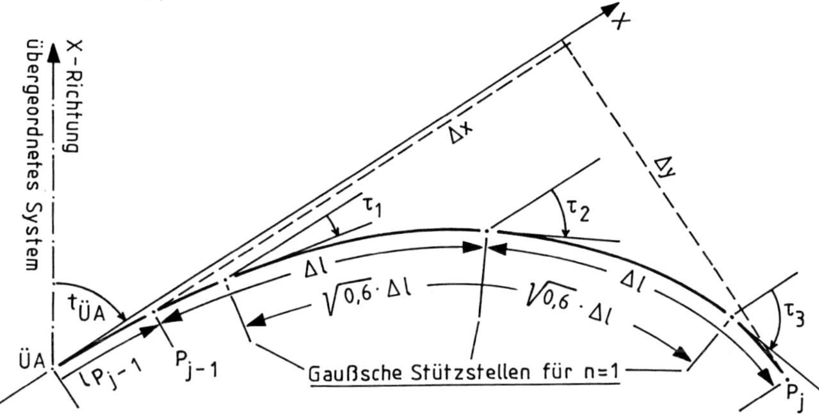

Abbildung 13.7-25: Berechnung von Klotoidenkoordinaten durch numerische Integration nach der Gaußschen Quadraturformel mit drei Stützstellen

gen l_{i1}, l_{i2} und l_{i3} vom Übergangsbogenanfang $ÜA$ (Krümmung $k_{ÜA} = 0$) bis zu den drei Gaußschen Stützstellen

$$\begin{aligned} l_{i1} &= l_{P_{j-1}} + ((2i+1) - \sqrt{0,6}) \cdot \Delta l_j \\ l_{i2} &= l_{P_{j-1}} + ((2i+1) \cdot \Delta l_j \\ l_{i3} &= l_{P_{j-1}} + ((2i+1) + \sqrt{0,6}) \cdot \Delta l_j , \end{aligned} \tag{13.62}$$

wobei $i = 0, 1, \ldots, (n-1)$ gilt.
Mit den Tangentenwinkeln an die Klotoide in diesen Stützstellen

$$\tau_{i1}\,[\text{rad}] = \frac{l_{i1}^2}{2a^2} \;\; ; \;\; \tau_{i2}\,[\text{rad}] = \frac{l_{i2}^2}{2a^2} \;\; ; \;\; \tau_{i3}\,[\text{rad}] = \frac{l_{i3}^2}{2a^2} \qquad \text{vgl. (13.57)}$$

lauten die Summationsformeln zur Berechnung der Klotoidenkoordinaten

$$\begin{aligned} y_{P_j} &= y_{P_{j-1}} + \frac{\Delta l_j}{9} \sum_{i=0}^{n-1} (5 \cdot \sin \tau_{i1} + 8 \cdot \sin \tau_{i2} + 5 \cdot \sin \tau_{i3}) \,; \\ x_{P_j} &= x_{P_{j-1}} + \frac{\Delta l_j}{9} \sum_{i=0}^{n-1} (5 \cdot \cos \tau_{i1} + 8 \cdot \cos \tau_{i2} + 5 \cdot \cos \tau_{i3}) \;. \end{aligned} \tag{13.63}$$

Für die zumeist ausreichende Anzahl $n = 1$ ist die Laufvariable $i = 0$, sodass in Gl. (13.62) der Klammerausdruck $(2i+1)$ entfällt und nur in den drei Stützstellen l_{01}, l_{02} und l_{03} die Tangentenwinkel τ_{01}, τ_{02}, τ_{03} zu berechnen sind. Außerdem erübrigt sich in Gl. (13.63) das Summenzeichen.

Im ersten Abschnitt bis zum Punkt P_1 gilt für den Punkt $P_{j-1} = P_0 = ÜA$ sowie $l_{P_{j-1}} = 0, y_{P_{j-1}} = 0$ und $x_{P_{j-1}} = 0$. Die auf die Wendetangente als x-Achse mit dem Nullpunkt an der Stelle $l = 0$ bei $k = 0$ bezogenen Klotoidenkoordinaten lassen sich durch Kleinpunktberechnung (Kap. 2.3.2) oder Koordinatenumformung (Kap. 2.3.3) in die Koordinaten eines übergeordneten Systems, z. B. Gauß-Krüger-Landeskoordinaten, umrechnen.

Die numerische Integration erlaubt jedoch auch die direkte Koordinatenberechnung im übergeordneten System, wenn zu den Tangentenwinkeln τ_{01}, τ_{02}, τ_{03} jeweils der (auf die x-Achse des übergeordneten Systems bezogene) Richtungswinkel $t_{\ddot{U}A}$ der Tangente an die Klotoide in $\ddot{U}A$ addiert wird. Für $n = 1$ ergeben sich analog Gl. (13.63) die Koordinaten des übergeordneten Systems

$$\begin{aligned} y_P &= y_{\ddot{U}A} + \frac{\Delta l_j}{9} \cdot \{5 \cdot \sin(\tau_{01} + t_{\ddot{U}A}) + 8 \cdot \sin(\tau_{02} + t_{\ddot{U}A}) + 5 \cdot \sin(\tau_{03} + t_{\ddot{U}A})\}; \\ x_P &= x_{\ddot{U}A} + \frac{\Delta l_j}{9} \cdot \{5 \cdot \cos(\tau_{01} + t_{\ddot{U}A}) + 8 \cdot \cos(\tau_{02} + t_{\ddot{U}A}) + 5 \cdot \cos(\tau_{03} + t_{\ddot{U}A})\}. \end{aligned} \tag{13.64}$$

Wird beispielsweise die Sehne zwischen zwei Punkten einer Trasse als x-Achse eines (übergeordneten) örtlichen Koordinatensystems aufgefasst, liefert Gl. (13.64) mit dem Sehnentangentenwinkel als Richtungswinkel (Vorzeichen beachten!) die orthogonalen Absteckelemente für die Zwischenpunkte.

Weiterhin können unabhängig vom Krümmungsverlauf die Bezeichnungen $\ddot{U}A$ und $\ddot{U}E$ in Trassenrichtung aufeinanderfolgend gewählt werden, da mit der numerischen Integration die Klotoidenberechnung auch in Richtung der abnehmenden Krümmung möglich ist. Mit

l_P = Länge von $\ddot{U}A$ bis P,
l_E = Länge von $\ddot{U}A$ bis $\ddot{U}E$,
$k_A = \frac{1}{r_A}$ bzw. $k_E = \frac{1}{r_E}$ = Krümmungen in $\ddot{U}A$ bzw. $\ddot{U}E$

beträgt der Tangentenwinkel τ_P eines Punktes P

$$\tau_P[\text{rad}] = \left(k_A + \frac{k_E - k_A}{2 \cdot l_E} \cdot l_P\right) \cdot l_P\,. \tag{13.65}$$

Mit jeweils l_{01}, l_{02}, l_{03} anstelle l_P in Gl. (13.65) erhält man $\tau_{01}, \tau_{02}, \tau_{03}$ und nach Gl. (13.63) die auf die Tangente in $\ddot{U}A$ als x-Achse bezogenen Klotoidenkoordinaten sowie durch Addition von $t_{\ddot{U}A}$ entsprechend Gl. (13.64) die Koordinaten im übergeordneten System.

Symmetrische und unsymmetrische Übergangsbögen

In der einfachsten Anwendungsform vermittelt die Klotoide den Übergang zwischen der Gerade und dem Kreisbogen. Von *symmetrischen Übergangsbögen* spricht man, wenn bei der Anordnung der Trassenelemente Gerade – Klotoide – Kreis – Klotoide – Gerade die Klotoiden gleich sind (Abb. 13.7-26). Ist die Trassenführung eingeschränkt, z. B. kann die zur Verfügung stehende Tangentenlänge t beschränkt sein, wird meist ein *unsymmetrischer Übergangsbogen*, d. h. ein Kreisbogen mit zwei unterschiedlichen Klotoidenästen, angewandt (Abb. 13.7-27).

Beispiel 13.7.1: Symmetrischer Übergangsbogen, runde Werte für a und r

Gegeben: Tangentenschnittwinkel β = 120,22 gon
Kreisbogenradius r = 200 m
Klotoidenparameter a = 110 m

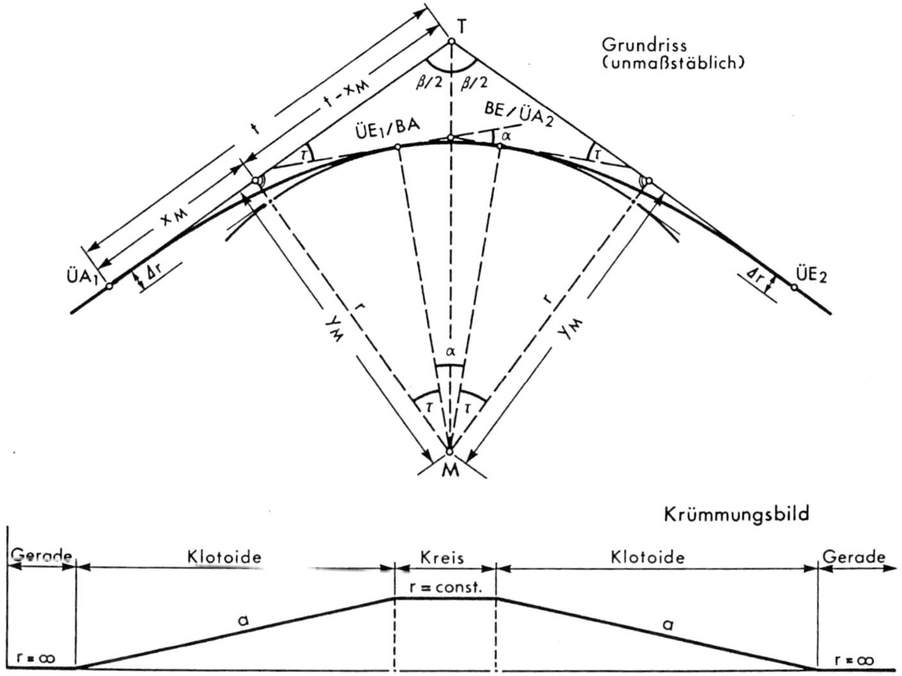

Abbildung 13.7-26: Symmetrischer Übergangsbogen mit Krümmungsbild

Gesucht : Klotoidenelemente $l, \Delta r, x_M, \ldots$, Tangentenlänge t, Zentriwinkel α und Länge b des Kreisbogens

Lösung : $l_E = 60,50$ m vgl. (13.60)

Zur Berechnung der Koordinaten des Endpunktes $P_j = \ddot{U}E$ durch numerische Integration nach der Gaußschen Formel ergibt sich mit $j = 1$, $P_{j-1} = \ddot{U}A$ sowie $l_{P_{j-1}} = 0$, $l_{P_j} = l_E$ und der für eine Genauigkeit ≤ 1 mm ausreichenden Anzahl $n = 1$ die Länge des Bogenstückchens zu

$$\Delta l = \frac{60,50}{2 \cdot 1} = 30,25 \text{ m} . \qquad \text{vgl. (13.61)}$$

Da der Laufindex i (= 0 bis $n-1$) wegen $n = 1$ nur den Wert $i = 0$ annimmt, ergeben sich für die drei Stützstellen die Klotoidenlängen

$$\begin{aligned} l_{01} &= 30,25 - \sqrt{\frac{3}{5}} \cdot 30,25 = 6,81845 \text{ m}; \\ l_{02} &= 30,25 \text{ m}; \\ l_{03} &= 30,25 + \sqrt{\frac{3}{5}} \cdot 30,25 = 53,68155 \text{ m} \end{aligned} \qquad \text{vgl. (13.62)}$$

und die Tangentenwinkel

$$\tau_{01} = \frac{6{,}81845^2}{2 \cdot 110^2} = 0,001921 \text{ rad};$$
$$\tau_{02} = \frac{30{,}25^2}{2 \cdot 110^2} = 0,037812 \text{ rad}; \qquad \text{vgl. (13.57)}$$
$$\tau_{03} = \frac{53{,}68155^2}{2 \cdot 110^2} = 0,119079 \text{ rad}.$$

Mit den Bogenstückchen Δl und den Tangentenwinkeln erhält man nach Gl. (13.63) die Endpunktkoordinaten

$$\begin{aligned} y_E &= \frac{30,25}{9} \sum_{i=0}^{0} (5 \cdot \sin \tau_{01} + 8 \cdot \sin \tau_{02} + 5 \cdot \sin \tau_{03}) \\ &= \frac{30,25}{9} (0,009606 + 0,302428 + 0,593988) = 3,045 \text{ m}; \\ x_E &= \frac{30,25}{9} \sum_{i=0}^{0} (5 \cdot \cos \tau_{01} + 8 \cdot \cos \tau_{02} + 5 \cdot \cos \tau_{03}) \\ &= \frac{30,25}{9} (4,999991 + 7,994282 + 4,964592) = 60,362 \text{ m}. \end{aligned} \qquad \text{vgl. (13.63)}$$

Bereits nach *einer* Summation über die drei Stützstellen erhält man die (hier auf mm gerundet angegebenen) Endpunktkoordinaten der Klotoide, die nur um +0,012 mm bei der y-Koordinate und −0,004 mm bei der x-Koordinate von den exakten Werten abweichen.

$$\tau_E = 0,1513 \text{ rad} \mathrel{\hat{=}} 9,6289 \text{ gon} \qquad \text{vgl. (13.60)}$$

$$\left.\begin{aligned} y_M = 200,76 \text{ m} \quad , \quad x_M &= 30,23 \text{ m} \\ \Delta r &= 0,76 \text{ m} \end{aligned}\right\} \qquad \text{vgl. (13.56)}$$

$$\left.\begin{aligned} t - x_M &= y_M \cdot \cot(\beta/2) &&= 145,33 \text{ m} \\ t &= (t - x_M) + x_M &&= 175,56 \text{ m} \\ \alpha &= (200 \text{ gon} - \beta) - 2\tau &&= 60,5223 \text{ gon} \end{aligned}\right\} \text{Abb. 13.7-24} \qquad (13.66)$$

$$b = 190,14 \text{ m}. \qquad \text{vgl. (13.30)}$$

Falls der Zentriwinkel α negativ wird, überschneiden sich beide Klotoidenäste. Die Berechnung muss dann mit verkleinertem Parameter a erneut durchgeführt werden.

Man kann auch den Zentriwinkel α vorgeben und erhält den Tangentenwinkel τ der beiden symmetrischen Klotoiden durch Umstellung der Gl. (13.66) nach

$$\tau = \frac{1}{2} \left(200 \text{ gon} - (\alpha + \beta)\right). \qquad (13.67)$$

Wählt man nun entweder für den Parameter a oder für den Kreisradius r einen runden Wert, lassen sich mit τ und a bzw. r der jeweilige andere, nicht gewählte Wert r bzw. a und die Länge l nach Gl. (13.60) ermitteln und der symmetrische Übergangsbogen wie zuvor berechnen.

Zur Berechnung eines symmetrischen Übergangsbogens mit *vorgegebener Tangentenlänge* t geht man zunächst von einem näherungsweise (z. B. grafisch) bestimmten Parameter a' und einem Radius r' aus oder gibt sich a' und r' in gewünschtem Verhältnis zueinander beliebig vor. Nun berechnet man, wie zuvor erläutert, vorläufige Werte für die Klotoidenelemente $\tau, l', y', x', \ldots$ und die Tangentenlängen $(t' - x'_M), t'$. Durch Multiplikation aller Größen mit dem Faktor

$$q = \frac{t}{t'} \tag{13.68}$$

erhält man die endgültigen Größen $a = a' \cdot q, r = r' \cdot q, y = y' \cdot q, x = x' \cdot q$ .... Die maßstabsunabhängigen Winkel sind in beiden Systemen gleich.

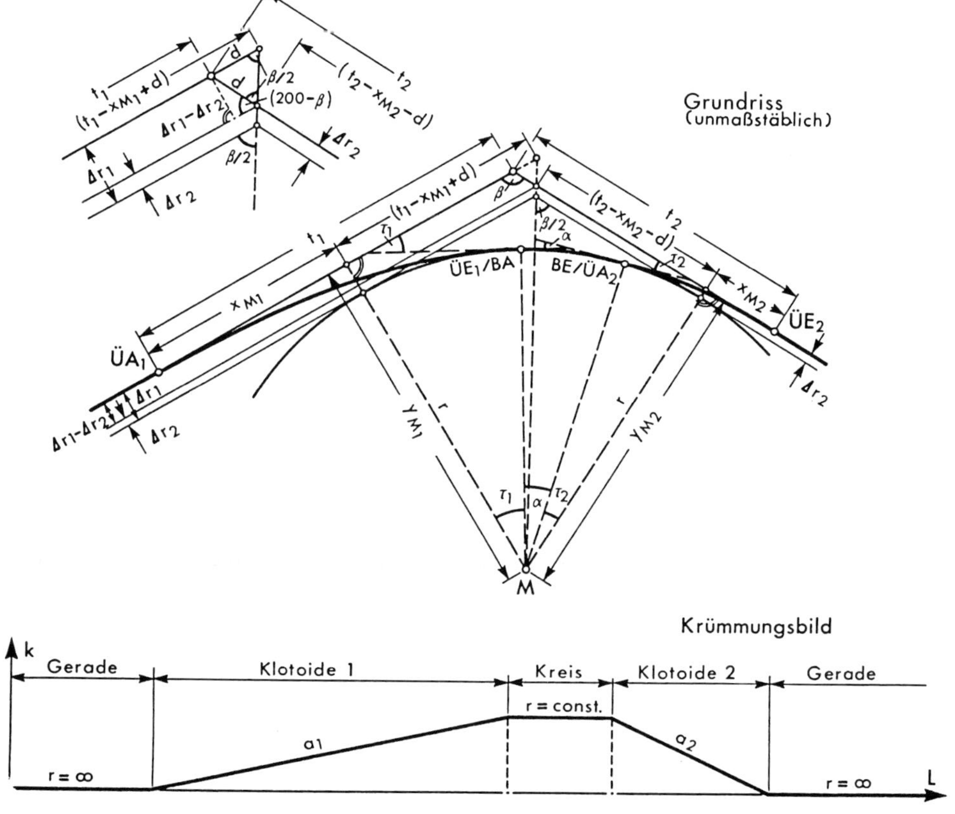

Abbildung 13.7-27: Unsymmetrischer Übergangsbogen mit Krümmungsbild

Beispiel 13.7.2: Unsymmetrischer Übergangsbogen mit runden Werten für a_1, a_2 und r. Bedingt durch eine stark eingeschränkte Tangentenlänge oder andere Beschränkungen kann es notwendig werden, einen Kreisbogen mit zwei unterschiedlichen Klotoidenästen zu trassieren.

Gegeben: Tangentenschnittwinkel $\beta = 120,22$ gon
Kreisbogenradius $r = 200$ m
Klotoidenparameter $a_1 = 150, a_2 = 100$ m
Der Radius und die Parameter sind vorab bestimmt worden.

Gesucht : Klotoidenelemente $l, \Delta r, x_M, \ldots$, Tangentenlänge t_1 und t_2, Zentriwinkel α und Länge b des Kreisbogens

Lösung : Berechnung der Elemente beider Klotoidenäste mit den Gl. (13.60), (13.61) bis (13.63), (13.56) und (13.66) analog zu Beispiel 13.7.1

$$\begin{aligned} l_1 &= 112{,}500 \text{ m} \\ x_1 &= 111{,}613 \text{ m} \\ y_1 &= 10{,}487 \text{ m} \\ \tau_1 &= 17{,}9049 \text{ gon} \\ x_{M_1} &= 56{,}102 \text{ m} \\ y_{M_1} &= 202{,}629 \text{ m} \\ \Delta r_1 &= 2{,}629 \text{ m} \\ (t_1 - x_{M_1} + d) &= y_{M_1} \cdot \cot(\beta/2) \\ &= 146{,}685 \text{ m} \end{aligned} \qquad \begin{aligned} l_2 &= 50 \text{ m} \\ x_2 &= 49{,}922 \text{ m} \\ y_2 &= 2{,}081 \text{ m} \\ \tau_2 &= 7{,}9577 \text{ gon} \\ x_{M_2} &= 24{,}987 \text{ m} \\ y_{M_2} &= 200{,}521 \text{ m} \\ \Delta r_2 &= 0{,}521 \text{ m} \\ (t_2 - x_{M_2} - d) &= y_{M_2} \cdot \cot(\beta/2) \\ &= 145{,}158 \text{ m} \end{aligned}$$

$$d = \frac{\Delta r_1 - \Delta r_2}{\sin(200 - \beta)} = \frac{2,629 - 0,521}{\sin 79,78 \text{ gon}} = 2,219 \text{ m} \tag{13.69}$$

$$\begin{aligned} t_1 &= x_{M_1} + (t_1 - x_{M_1} + d) - d \\ &= 200{,}567 \text{ m} \end{aligned} \qquad \begin{aligned} t_2 &= x_{M_2} + (t_2 - x_{M_2} - d) + d \\ &= 172{,}365 \text{ m} \end{aligned} \tag{13.70}$$

$$\alpha = (200 \text{ gon} - \beta) - (\tau_1 + \tau_2) = 53,9173 \text{ gon} \tag{13.71}$$

$$b = 169,386 \text{ m}$$

Scheitelklotoide

Wird bei der bisher dargestellten Folge Klotoide – Kreis – Klotoide der Kreisbogen fortgelassen, sodass die beiden Klotoidenäste direkt aneinanderstoßen und im Berührungspunkt gleichen Radius und eine gemeinsame Tangente besitzen, liegt eine *Scheitelklotoide* vor. Sie kann symmetrisch ($a_1 = a_2$) oder unsymmetrisch ($a_1 \neq a_2$) sein (Abb. 13.7-28). Bei vorgegebenem Radius r_{min} und Parameter a bzw. Parametern a_1 und a_2 erfolgt die Berechnung analog zu den zuvor behandelten Beispielen, wobei in den Gl. (13.66), (13.67) und (13.71) wegen des fehlenden Kreisbogens der Zentriwinkel $\alpha = 0$ gesetzt wird. Als Trassierungselement im Grundriss ist die Scheitelklotoide nicht zu empfehlen. Sie kann jedoch eventuell anstelle der quadratischen Parabel zur Kuppen- oder Wannenausrundung (Kap. 13.7.5) bei Hochgeschwindigkeitstrassen vorteilhaft sein.

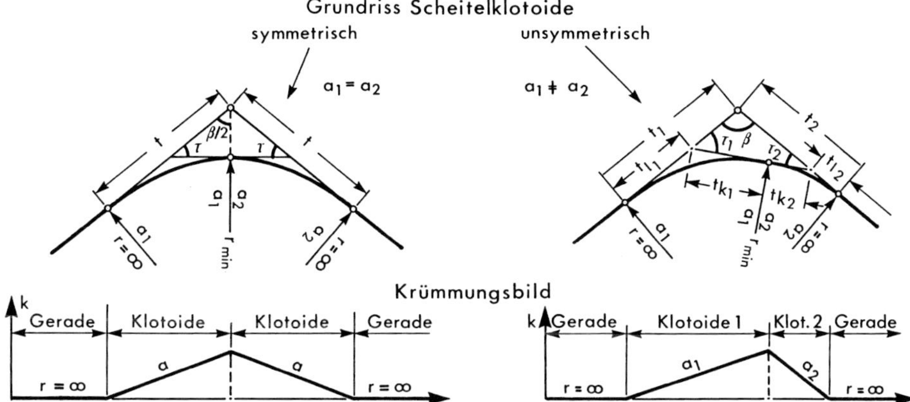

Abbildung 13.7-28: Symmetrische und unsymmetrische Scheitelklotoide mit Krümmungsbild

Wendeklotoide

Die Verbindung zweier gegensinniger Kreisbögen durch zwei, in ihren Ursprungspunkten unmittelbar aneinanderstoßende Klotoidenäste nennt man eine *Wendeklotoide*. Die symmetrische Form ($a_{W1} = a_{W2}$) wendet man bei nahezu gleich großen Kreisbogenradien r_1 und r_2 an, während bei unterschiedlichen Radien die unsymmetrische Form ($a_{W1} \neq a_{W2}$) benutzt wird. Fallen die Ursprungspunkte der beiden Klotoidenäste nicht zusammen, verbindet man sie durch eine Zwischengerade. In Abbildung 13.7-29 sind die geometrischen Beziehungen eines Übergangsbogens mit Wendeklotoide dargestellt. Die Berechnung hängt davon ab, welche Größen (Parameter, Radien, Tangentenlängen) vorgegeben werden und ob die Wendetangente oder die Kreismittelpunkte M_1 und M_2 festliegen.

Nach *Hubeny* (1980) ergibt sich bei gleichen Kreisbogenradien $r_1 = r_2$ für die *symmetrische Wendeklotoide* ($a_{W1} = a_{W2}$) der Tangentenwinkel ($\tau_{W1} = \tau_{W2}$) zu

$$\tau_W = c(1 + 0{,}019047619 \cdot c^2 + 0{,}000808037 \cdot c^4 + 0{,}000041741 \cdot c^6 + \ldots) \qquad (13.72)$$

mit der Hilfsgröße c aus dem Ausdruck

$$c^2 = \frac{3(\overline{M_1M_2}^2 - 4r^2)}{16r^2};$$

$\overline{M_1M_2}$ = Abstand der Kreisbogenmittelpunkte, r = Radius der Kreisbögen.
Den Parameter a_W der symmetrischen Wendeklotoide erhält man aus (vgl. Gl. (13.60))

$$a_W^2 = 2r^2 \cdot \tau_W. \qquad (13.73)$$

Sollen zwei Kreisbögen mit unterschiedlichen Radien $r_1 \neq r_2$ durch eine symmetrische Wendeklotoide verbunden werden, sind auch die Tangentenwinkel unterschiedlich ($\tau_{W1} \neq \tau_{W2}$). Man berechnet τ_{W1} nach

$$\tau_{W1} = d \cdot (1 - \frac{e_2}{2} \cdot d^2 + \frac{1}{8}(7e_2^2 - 4e_4) \cdot d^4 - \ldots) \qquad (13.74)$$

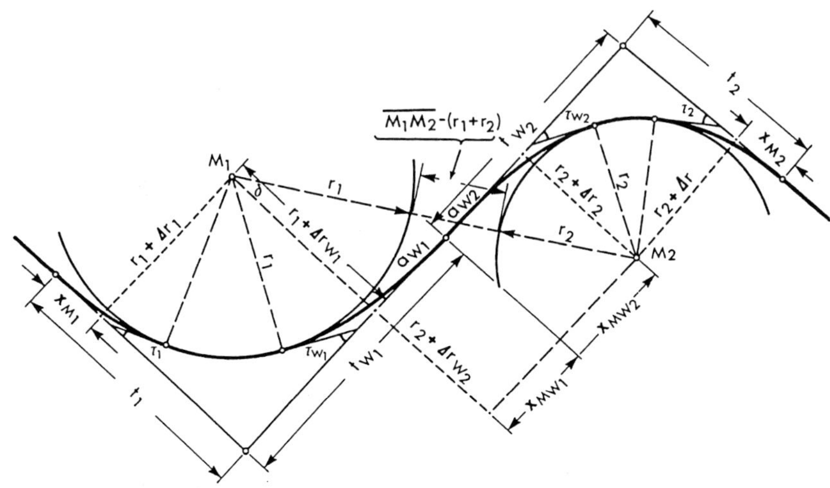

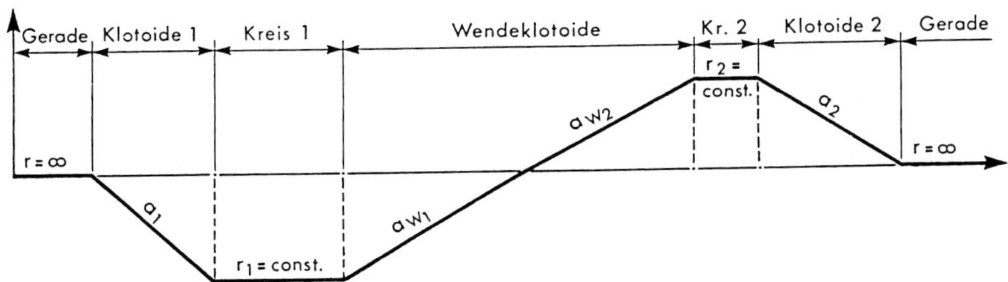

Abbildung 13.7-29: Übergangsbogen und Krümmungsbild mit Wendeklotoide

mit

$$d^2 = \frac{\overline{M_1M_2}^2 - f_0^2}{f_1^2 + 2f_0f_2}, \qquad e_2 = \frac{f_2^2 - 2f_0f_4 - 2f_1f_3}{f_1^2 + 2f_0f_2},$$

$$e_4 = \frac{f_3^2 + 2f_0f_6 + 2f_1f_5 - 2f_2f_4}{f_1^2 + 2f_0f_2}, \qquad f_0 = r_1 + r_2,$$

und den Koeffizienten f_i für $i = 1$ bis 6 mit $n = (r_1/r_2)^2$

$$f_i = (r_1 + n^i \cdot r_2)\frac{1}{(2i-1)\cdot i!}\,. \tag{13.75}$$

Der Parameter a_W und der Tangentenwinkel τ_{W2} werden dann entsprechend Gl. (13.60) gefunden zu

$$a_W^2 = 2r_1^2 \cdot \tau_{W1} \,, \qquad \tau_{W2} = \frac{a_W^2}{2r_2^2} \,. \tag{13.76}$$

Eiklotoide

Den Übergang zwischen zwei gleichsinnig gekrümmten Kreisbögen mit unterschiedlichen Radien $r_1 \neq r_2$ vermittelt eine *Eiklotoide* (Abb. 13.7-30). Die Kreisbögen müssen ineinander liegen, dürfen sich nicht schneiden und keinen gemeinsamen Mittelpunkt besitzen. Man kann auch hier nach Gl. (13.74) den Tangentenwinkel τ_{E1} berechnen, muss jedoch die Radien voneinander subtrahieren, also in Gl. (13.75) in der ersten Klammer ein negatives Vorzeichen einsetzen.

$$f_0 = r_1 - r_2 \quad \text{und} \quad f_i = (r_1 - n^i \cdot r_2)\frac{1}{(2i-1)\cdot i!} \quad \text{für} \quad i = 1 \text{ bis } 6. \tag{13.77}$$

Den Parameter a_E der Eiklotoide und den Tangentenwinkel τ_{E2} erhält man analog zu Gl. (13.76).

Liegen die zu verbindenden Kreisbögen nebeneinander, schneiden sie sich oder verfügen sie über einen gemeinsamen Mittelpunkt, kann zwischen beiden ein weiterer Kreisbogen so eingeschaltet werden, dass

- der mittlere Kreisbogen die beiden anderen einschließt,
- der mittlere Kreisbogen jeweils von den beiden anderen eingeschlossen wird oder
- bei aufeinanderfolgenden Kreisbögen der jeweils folgende den vorhergehenden einschließt bzw. von jenem eingeschlossen wird.

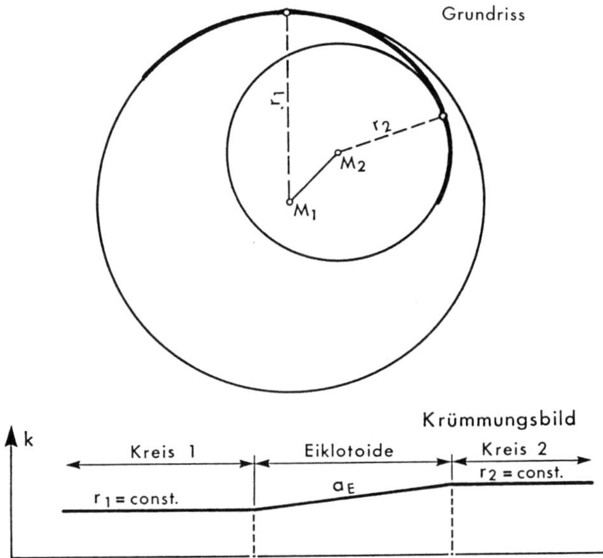

Abbildung 13.7-30: Grundriss und Krümmungsbild der Eiklotoide

Es handelt sich dabei um die Folge Kreisbogen 1 – Eiklotoide 1 – mittlerer Kreisbogen – Eiklotoide 2 – Kreisbogen 2. Für diese doppelte Anwendung der Eiklotoide gelten die Grundsätze der einfachen Klotoide.

Abstecken von Klotoiden

Häufig wird man von den im übergeordneten Landeskoordinatensystem (Kap. 1.4.4) oder örtlichen Koordinatensystem eines speziellen Absteckungsnetzes (Kap. 13.2.2.2) festgelegten Tangentenpunkten und -richtungen ausgehend auch die *Klotoidenkoordinaten ins übergeordnete System umformen* (Kap. 2.3.2 bzw. 2.3.4), sodass die Absteckung nach dem Polarverfahren analog zu der in Kapitel 13.7.3.5 dargestellten Kreisbogenabsteckung von den Punkten eines *trassennahen Polygonzugs* aus durchgeführt werden kann (siehe auch Abb. 13.7-1). Auch eine Absteckung nach der Methode der Freien Standpunktwahl (s. Kap. 13.2.3.3) ist möglich, wenn hinreichend viele Anschlusspunkte angemessen werden können.

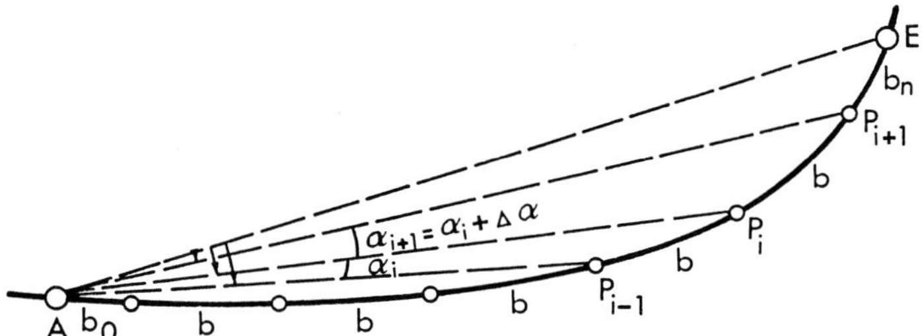

Abbildung 13.7-31: Polare Absteckung von Klotoidenzwischenpunkten nach der Sehnenwinkelmethode

Die Sehnenendpunkte A und E können auch als Stand- und Zielpunkt für die *polare Absteckung* nach der *Sehnenwinkelmethode* benutzt werden, die dem aus der Kreisbogenabsteckung her geläufigen Verfahren mit gleichen Sehnen und Umfangswinkeln (Kap. 13.7.3.5) entspricht. Wegen der Eigenschaften der Klotoide gehören zu gleichen Bögen *nicht gleiche Umfangswinkel*, jedoch ist speziell ihre *Differenz konstant*. Benachbarte, zu gleich langen Bögen gehörende Umfangswinkel können also durch fortlaufende Addition gebildet werden

$$\alpha_{i+1} = \alpha_i + \Delta\alpha.$$

Im Allgemeinen werden das erste und letzte Bogenstück (b_0, b_n) von den gewählten, gleich langen Bogenstücken b abweichende Längen aufweisen (Abb. 13.7-31).

Die polaren Absteckelemente lassen sich aus den rechtwinkligen Koordinaten umrechnen (Gl. (2.15) und (2.16)). Dabei ergibt sich durch die konstante Differenz $\Delta\alpha$ zwischen den aufeinanderfolgenden Winkeln eine Kontrollmöglichkeit. Sind die Koordinaten der Zwischenpunkte nicht bekannt und kennt man nur ihre Stationierung (mit der Stationierung des Klotoidenursprungs) und den Klotoidenparameter a, werden mit den Gl. (13.59) bzw. (13.61) bis (13.63) die Koordinaten im Klotoidensystem bestimmt, aus denen sich dann die polaren Werte ableiten lassen. Mit einem *Tachymeter* empfiehlt sich die *direkte polare Absteckung* der einzelnen Punkte vom Standpunkt aus. Die Messung der den Bogenlängen b_0, b und b_n zugeordneten Sehnen zwischen den Punkten kann dann mit einem Messband zur *Kontrolle der Absteckung* erfolgen.

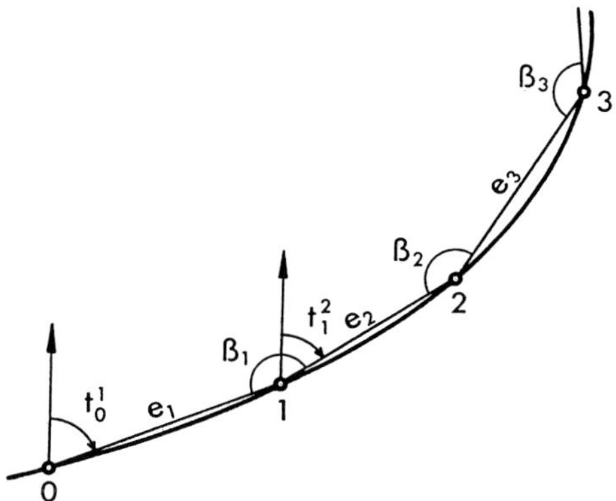

Abbildung 13.7-32: Absteckung der Klotoide durch ein Sehnenpolygon

Ein einfaches Absteckverfahren ergibt sich durch einen als Sehnenpolygon gemessenen Polygonzug. Hierfür werden die Strecken und Richtungswinkel aus Koordinaten gerechnet, die Brechungswinkel β_i ergeben sich als Differenzen entsprechender Sehnenrichtungswinkel (Abb. 13.7-32)

$$\beta_i = t_i^{i+1} - t_i^{i-1}.$$

Die Absteckung durch ein Sehnenpolygon kann bei beengten Verhältnissen angewandt werden, wie z. B. beim Tunnelvortrieb oder wenn die Trasse in einem Einschnitt liegt. Wegen der bei einseitig angeschlossenen Polygonzügen auftretenden ungünstigen Summierung der Absteckungenauigkeiten ist bei ausreichenden Platz- und Sichtverhältnissen die Absteckung von einem an beiden Endpunkten angeschlossenen trassennahen Polygonzug vorzuziehen. Jedoch kann ein Sehnenpolygonzug zur Kontrolle bereits abgesteckter Klotoidenpunkte dienen.

Tangentennormale und Parallelkurve zur Klotoide

Zur Absteckung von Querprofilen benötigt man die *Normale zur Tangente* in dem jeweiligen Klotoidenpunkt P. Die Koordinaten eines derartigen Normalenpunktes N im Abstand h (= Höhe, Ordinate) vom Klotoidenpunkt P (= Fußpunkt) erhält man mit

$$y_N = y_P + h \cdot \cos\tau \quad ; \quad x_N = x_P - h \cdot \sin\tau, \tag{13.78}$$

wobei die Höhe h nach rechts positives und nach links negatives Vorzeichen (vom Klotoidenursprung aus gesehen) bekommt (Abb. 13.7-33).

Hält man über eine bestimmte Klotoidenlänge l den Abstand h konstant, liegen die berechneten Normalenendpunkte auf einer *Parallelkurve zur Klotoide*. Solch eine Parallelkurve, die jedoch selbst keine Klotoide ist, benötigt man zur Absteckung von Fahrbahnrändern oder anderen Fahrspuren, die im festen Abstand zur Klotoide verlaufen sollen. Die Länge $\Delta l'$ des Bogens einer Parallelkurve ergibt sich mit der Länge $\Delta l = l_2 - l_1$ des zugeordneten Klotoidenbogens und mit der Differenz der Tangentenwinkel $\Delta\tau = \tau_2 - \tau_1$ [rad] zu

$$\Delta l' = \Delta l - h \cdot \Delta\tau. \tag{13.79}$$

Zur Berechnung der Tangentenwinkel τ_2 und τ_1 sei auf Gl. (13.60) verwiesen.

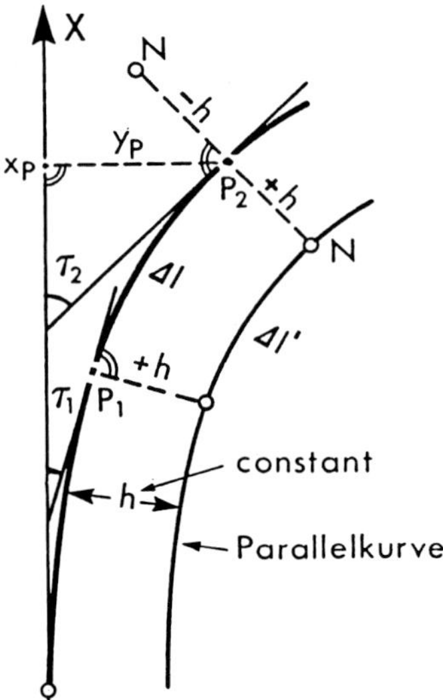

Abbildung 13.7-33: Seitwärts gelegener Punkt N und Parallelkurve zur Klotoide

Soll für einen seitwärts gelegenen Punkt N die *Normale auf die Klotoide* gefällt werden, muss der Klotoidenpunkt P so lange verschoben werden, bis der Richtungswinkel t_P^N sich um $(\pm)100$ gon von dem zugeordneten Tangentenwinkel τ unterscheidet. Ähnliches gilt für die von einem Punkt T *an die Klotoide gezogene Tangente*, bei der der Richtungswinkel t_P^T mit dem Tangentenschnittwinkel τ übereinstimmen muss.

13.7.4.3 Übergangsbögen für spurgebundene Hochgeschwindigkeitstrassen

Bei der Folge der Trassierungselemente Gerade – Kreis ändert sich an den Stoßstellen die Krümmung sprungartig (Abb. 13.7-21). Fordert man, dass die Resultierende aus Fliehkraft und Schwerkraft zu der Fahrbahn bzw. den Gleisen senkrecht steht, müsste sich deren Querneigung abrupt ändern. Eine Klotoide zwischen Gerade und Kreisbogen bzw. zwischen zwei Kreisbögen bewirkt, wie bereits ausgeführt, eine stetige Änderung der Krümmung. Da die Querneigung der Fahrbahn bzw. der Gleise den gleichen Funktionsverlauf wie die Krümmung haben soll, wird der Fahrbahnaußenrand im Verlauf des Übergangsbogens linear angehoben. Fahrdynamisch besser, jedoch aufwendiger in der Herstellung, ist eine Überhöhung, bei der durch eine Drehung um die Trassenmittelachse der Bogenaußenrand im gleichen Maße gehoben wie der Innenrand abgesenkt wird. Die lineare Änderung der Überhöhung von Klotoidenanfang ($\ddot{U}A$) bis -ende ($\ddot{U}E$) wird als *gerade Rampe* bezeichnet.

Durch einen derartigen Übergangsbogen werden zwar Sprünge im Krümmungs- und Überhöhungsverlauf vermieden, es treten jedoch bei $\ddot{U}A$ und $\ddot{U}E$ Knicke auf (Abb. 13.7-22 und 13.7-34). Dadurch entstehen die nachfolgenden fahrdynamischen Nachteile, die sich besonders bei spurgebundenen Fahrzeugen und hohen Geschwindigkeiten auswirken:

- Innerhalb des Übergangsbogens erfolgt der Einschlag der Radachsen bzw. der Drehgestelle mit konstanter Winkelgeschwindigkeit, sodass die Drehbewegung in $\ddot{U}A$ ruckartig begonnen und in $\ddot{U}E$ ruckartig beendet werden muss.

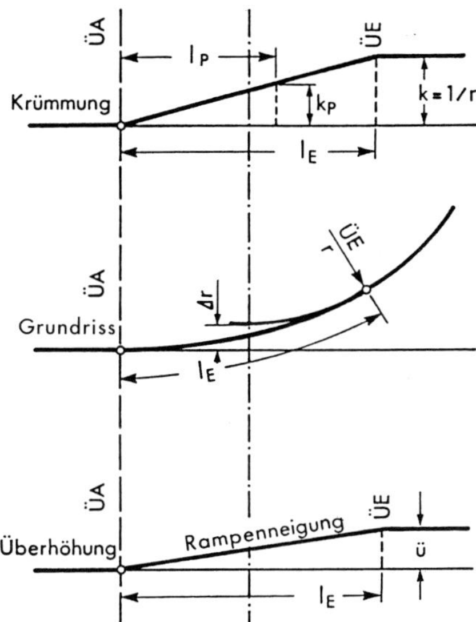

Abbildung 13.7-34: Klotoide, Übergangsbogen mit gerader Rampe

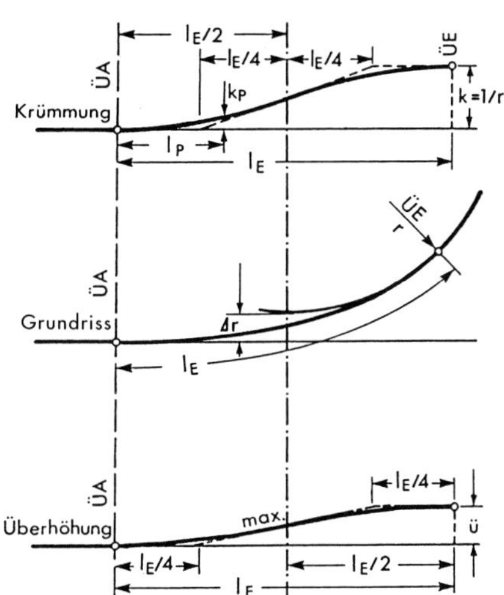

Abbildung 13.7-35: Übergangsbogen mit biquadratischer Rampe

- Die Knicke am Anfang und Ende der Überhöhungsrampe bewirken vertikale Stöße, die den Fahrkomfort beeinträchtigen und zu überhöhtem Verschleiß am Fahrzeug und den Gleisen führen.
- Durch die Seitenbeschleunigung tritt in *ÜA* ein Seitenruck plötzlich auf, der innerhalb des Übergangsbogens konstant bleibt und in *ÜE* ebenso plötzlich wieder verschwindet. Ein stetiger Verlauf des Seitenrucks (Abb. 13.7-37) würde einen ruhigeren Fahrverlauf ermöglichen.

Biquadratische Parabel von Helmert

Beseitigen lassen sich die Knicke nur, wenn anstelle der Klotoide als Übergangsbogen eine Funktion gewählt wird, deren Krümmungs- und Überhöhungsverlauf an den Übergangsstellen nicht nur stetig, sondern auch differenzierbar ist. Dies trifft für einen geschwungenen Übergangsbogen zu, bei dem die Krümmung und Überhöhung die Form von zwei entgegengesetzt gekrümmten Parabeln 2. Grades *(biquadratische Parabel)* annehmen (Abb. 13.7-35). Durch den tangentialen Übergang zu dem Krümmungs- und Überhöhungsverlauf der angrenzenden Trassierungselemente (Gerade oder Kreis) erreicht man im Vergleich zur Klotoide wesentliche fahrdynamische Verbesserungen:

- Die Drehgeschwindigkeit der Radachsen beginnt in *ÜA* allmählich, erreicht in der Mitte des Übergangsbogens ihren größten Wert und geht dann wieder allmählich bis *ÜE* auf null zurück.
- Die geschwungene Überhöhungsrampe hat keine Knicke in *ÜA* und *ÜE* und somit treten auch keine vertikalen Stöße auf.
- Die Seitenbeschleunigung hat einen stetigen Verlauf.

Demgegenüber treten im Verlauf des Seitenrucks (Abb. 13.7-37) noch Knicke in *ÜA*, Bogenmitte und *ÜE* auf. Die Tangentenabrückung ist mit

$$\Delta r \approx \frac{l_E^2}{48r} \tag{13.80}$$

nur halb so groß wie bei der Klotoide. Die nachfolgenden Definitionsgleichungen beziehen sich auf die Hälfte des Bogens, der jeweils bei einer Stelle mit konstanter Krümmung (*ÜA* oder *ÜE*) beginnt.

Mit l_P = Länge vom Bogenanfang bis zu einem Punkt P, l_E = Gesamtlänge des Übergangsbogens und r = Radius am Übergangsbogenende erhält man die Koordinaten und die Krümmung im Punkt P nach

x -Koordinate: $x_P \approx l_P$ (13.81)

	1. Hälfte $l_P \leq l_E/2$	2. Hälfte $l_E/2 < l_P < l_E$	
y -Koordinate:	$y_P \approx \dfrac{l_P^4}{6 \cdot r \cdot l_E^2}$	$y_P \approx \Delta r + \dfrac{(l_P - l_E/2)^2}{2r} - \dfrac{(l_E - l_P)^4}{6 \cdot r \cdot l_E^2}$	(13.82)
Krümmung:	$k_P = \dfrac{2 \cdot l_P^2}{r \cdot l_E^2}$	$k_P = \dfrac{1}{r} - \dfrac{2(l_E - l_P)^2}{r \cdot l_E^2}$	(13.83)

Dieser geschwungene Übergangsbogen empfiehlt sich für spurgebundene Bahnen bei Geschwindigkeiten von 120 bis 200 km/h.

Sinusoide

Überlagert man die gerade Rampe mit einer negativen Sinusschwingung der Periode 2π, kommt man zum *Übergangsbogen mit sinusförmiger Krümmungslinie* (Sinusrampe, Abb. 13.7-36). Diese Sinusoide kommt mit einer Tangentenabrückung von

$$\Delta r \approx \frac{l_E^2}{61{,}213 \cdot r} \tag{13.84}$$

aus, sodass Δr hier um 21,6 % bzw. 60,8 % kleiner ist als bei der biquadratischen bzw. geraden Rampe. Wenn beim Ausbau einer vorhandenen Trasse auf einem hohen Damm oder einer Brücke die seitliche Verschiebung Δr beibehalten werden muss, sind die Übergangsbögen der parabolischen Rampe um das 1,41-Fache und der sinusförmigen Rampe um das 1,6-Fache länger als bei der Klotoide.

Aus fahrdynamischer Sicht ist die Sinusrampe ideal, weil sich hier auch in der Vertikalen die Krümmung stetig ändert und im Verlauf des Seitenrucks keine Knicke auftreten (Abb. 13.7-37). Da jedoch im Grund- und Aufriss nur Unterschiede von einigen Millimetern zwischen den Übergangsbögen mit parabel- und sinusförmiger Rampe bestehen, wirkt sich die fahrdynamisch höhere Qualität nur bei hohen Geschwindigkeiten (ca. > 200 km/h) aus. Allerdings müssen bei der Gleisverlegung und der Gleisunterhaltung sehr enge Toleranzen eingehalten werden.

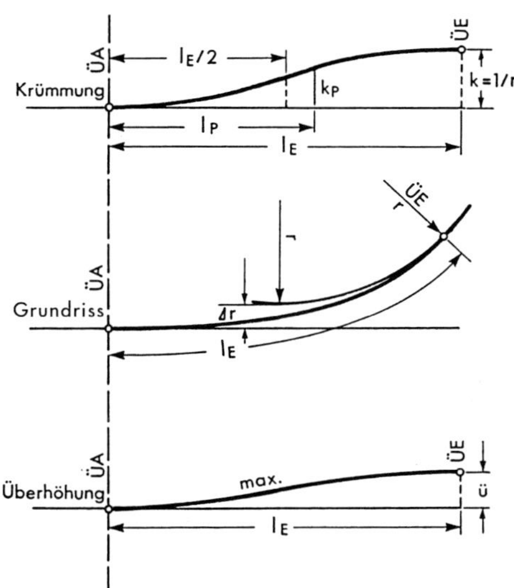

Abbildung 13.7-36: Übergangsbogen mit sinusförmiger Rampe

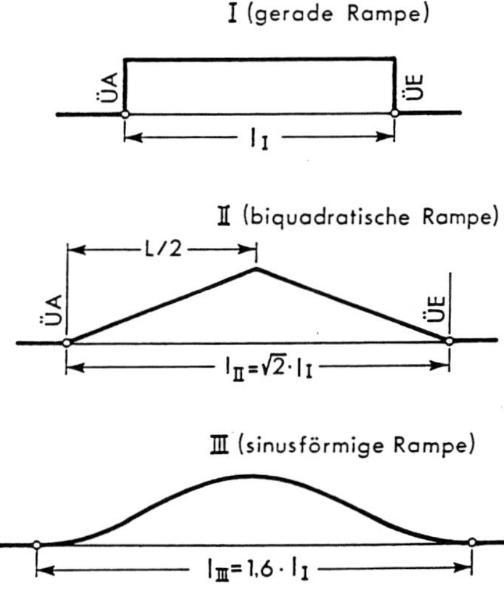

Abbildung 13.7-37: Rucklinien I, II, III zu den Übergangsbögen mit gerader, biquadratischer und sinusförmiger Rampe bei gleicher Tangentenabrückung Δr

Die Krümmung k_P in einem Zwischenpunkt P ergibt sich mit

l_P = Länge bis P,

l_E = Gesamtlänge des Übergangsbogens,

$k_A = \frac{1}{r_A}$ bzw. $k_E = \frac{1}{r_E}$ Krümmungen in $\ddot{U}A$ bzw. $\ddot{U}E$

für einen Übergangsbogen zwischen zwei Kreisen mit unterschiedlichen Radien zu

$$k_P = k_A + (k_E - k_A) \cdot \left(\frac{l_P}{l_E} - \frac{1}{2\pi} \cdot \sin \frac{2\pi \cdot l_P}{l_E} \right), \tag{13.85}$$

wobei die Krümmungen k_A und k_E für den Übergang zwischen zwei gleichgerichteten Kreisen durch eine *Eisinusoide* gleiches Vorzeichen und für den Übergang zwischen zwei Gegenbögen durch eine *Wendesinusoide* ungleiches Vorzeichen aufweisen.

Den Tangentenwinkel τ_P eines Punktes P erhält man aus:

$$\tau_P[\text{rad}] = k_A \cdot l_P + (k_E - k_A) \cdot \left[\frac{l_P^2}{2 \cdot l_E} - \frac{l_E}{(2\pi)^2} \cdot (1 - \cos \frac{2\pi \cdot l_P}{l_E}) \right]. \tag{13.86}$$

Mit $k_A = 0$ bzw. $k_E = 0$ ergibt sich mit Gl. (13.85) die Krümmung k_P für den Übergangsbogen zwischen Gerade und Kreis bzw. Kreis und Gerade. Beim Übergang von einer Geraden mit $k_A = 0$ in $\ddot{U}A$ in einen Kreis mit $k_E = \frac{1}{r_E}$ in $\ddot{U}E$ vereinfacht sich beispielsweise die Gl. (13.86) zu:

$$\tau_P[\text{rad}] = k_E \cdot \left[\frac{l_P^2}{2l_E} - \frac{l_E}{(2\pi)^2} \cdot \left(1 - \cos\frac{2\pi \cdot l_P}{l_E}\right)\right] \tag{13.87}$$

$$\tau_P[\text{gon}] = \tau_P[\text{rad}] \cdot \frac{200[\text{gon}]}{\pi} = \tau_P[\text{rad}] \cdot \rho[\text{gon}]. \tag{13.88}$$

Numerische Integration bei der Sinusoide

Die Berechnung der auf die Tangente bezogenen Koordinaten y_{P_j} und x_{P_j} von m Übergangsbogenpunkten P_j $(j = 1,2,\ldots,m)$ kann nach dem Verfahren der numerischen Integration mit der Gaußschen Formel erfolgen, welche bereits zur Klotoidenberechnung mit den Gl. (13.61) bis (13.63) eingesetzt und erläutert wurde. Für die abschnittsweise Berechnung jeweils von Punkt P_{j-1} bis Punkt P_j $(j = 1,2,\ldots,m)$ ergeben sich für die Differenzlängen $l_{P_j} - l_{P_{j-1}}$(= Station P_j− Station P_{j-1}) die Bogenstückchen Δl_j nach

$$\Delta l_j = \frac{l_{P_j} - l_{P_{j-1}}}{2\,n}, \qquad \text{vgl. (13.61)}$$

wobei die Anzahl $n = 2$ für Abweichungen $\leq 0{,}1$ mm für fast alle Praxisfälle ausreichend ist und nur zur Kontrolle oder um „exakte Werte" zu erhalten die Anzahl $n = 3$ benötigt wird. Im ersten Abschnitt bis P_1 gilt für die Länge $l_{P_{j-1}}$ (= Station P_{j-1}− Station $\ddot{U}A$) wegen $P_{j-1} = P_0 = \ddot{U}A$ der Wert $l_{P_0} = 0$. Mit den Längen l_{i1}, l_{i2}, l_{i3} nach Gl. (13.62), die sich wie die zur Berechnung benutzte Länge $l_{P_{j-1}}$ auf den Übergangsbogenanfang beziehen (wobei hier k_A nicht notwendigerweise gleich null sein muss), ergeben sich die Tangentenwinkel in den Gaußschen Stützstellen zu (vgl. Gl. (13.86))

$$\begin{aligned}
\tau_{i1}\,[\text{rad}] &= k_A \cdot l_{i1} + (k_E - k_A)\left[\frac{l_{i1}^2}{2\,l_E} - \frac{l_E}{(2\pi)^2} \cdot \left(1 - \cos\frac{2\pi \cdot l_{i1}}{l_E}\right)\right] \\
\tau_{i2}\,[\text{rad}] &= k_A \cdot l_{i2} + (k_E - k_A)\left[\frac{l_{i2}^2}{2\,l_E} - \frac{l_E}{(2\pi)^2} \cdot \left(1 - \cos\frac{2\pi \cdot l_{i2}}{l_E}\right)\right] \\
\tau_{i3}\,[\text{rad}] &= k_A \cdot l_{i3} + (k_E - k_A)\left[\frac{l_{i3}^2}{2\,l_E} - \frac{l_E}{(2\pi)^2} \cdot \left(1 - \cos\frac{2\pi \cdot l_{i3}}{l_E}\right)\right],
\end{aligned}$$

wobei für $i = 0,1,\ldots(n-1)$ und für $l_E =$ Station $\ddot{U}E$ − Station $\ddot{U}A$ gilt. Mit Δl_j und den Tangentenwinkeln τ_{i1}, τ_{i2} und τ_{i3} lassen sich die auf die Tangenten im $\ddot{U}A$ als x-Achse bezogenen Koordinaten y_{P_j} und x_{P_j} nach den Summationsformeln Gl. (13.63) berechnen. Die am Ende jeder abschnittsweisen Summation erhaltenen Koordinaten y_{P_j} und x_{P_j} dienen als Ausgangskoordinaten $(y_{P_{j-1}}, x_{P_{j-1}})$ für die Summation des nächsten Abschnitts.

Bezeichnet man mit P_m den Endpunkt $\ddot{U}E$ des Übergangsbogens, ergeben sich nach Durchlaufen der gesamten Bogenlänge l_E die Koordinaten y_E und x_E und mit $l_P = l_E$ in Gl. (13.86) eingesetzt der Tangentenwinkel zu

$$\tau_E[\text{rad}] = (k_A + k_E) \cdot \frac{l_E}{2}.$$

Mit diesen Werten lassen sich für die übergeordnete Achseinrechnung auch die Elemente x_M, y_M, Δr, t_k und t_l nach den in Gl. (13.56) zusammengefassten Klotoidenformeln bestimmen.

13.7.5 Kuppen- und Wannenausrundung

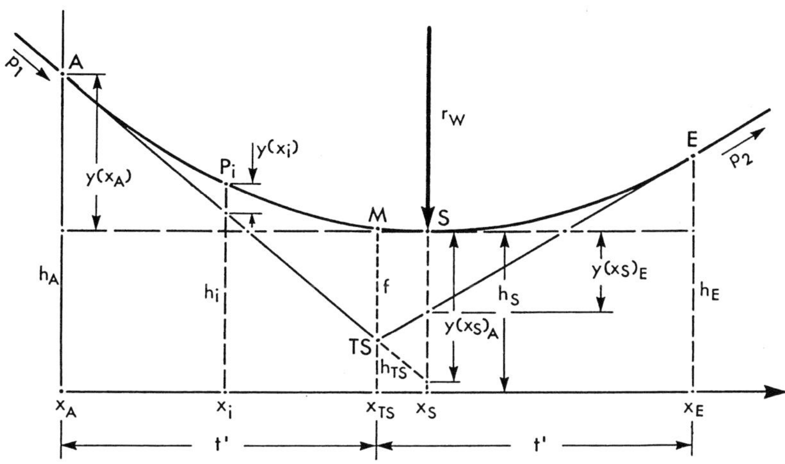

Abbildung 13.7-38: Wannenausrundung

t'[m] = auf die Horizontale reduzierte Tangentenlänge
p_1, p_2[%] = Längsneigungen der Gradiente in Stationierungsrichtung
Steigung: p_1, p_2 positiv
Gefälle: p_1, p_2 negativ
r[m] = Radius des Schmiegungskreises im Scheitelpunkt S der quadratischen Parabel (wird auch als Halbmesser H bezeichnet)
Radius r_W der Wannenausrundung positiv
Radius r_K der Kuppenausrundung negativ
$x_A, x_i, x_{TS}, x_M, x_S, x_E$[m] = Stationierung der Punkte A, P_i, TS, M, S, E
$h_A, h_i, h_{TS}, h_M, h_S, h_E$[m] = Höhen der Punkte A, P_i, TS, M, S, E
$y(x_i)$ [m] = Stichmaß zwischen Parabelpunkt P_i und Tangente
f [m] = Stichmaß zwischen Bogenmitte M und Tangentenschnittpunkt TS
$p(x_i)$ [%] = Längsneigung der Gradiente im Punkt P_i bei der Stationierung x_i

Im Verlauf der *Gradiente*, d. h. der Trasse im Aufriss, treten zwischen den Steigungs- und Gefällstrecken Knickstellen auf, die ausgerundet werden müssen. Dies geschieht im Allgemeinen durch *Kreisbögen* oder *quadratische Parabeln*. Da für die in der Praxis vorkommenden Fälle zwischen der Ausrundung mit einem Kreisbogen und derjenigen mit einer quadratischen Parabel nur vernachlässigbar geringe Abweichungen bestehen, die Grundformeln der quadratischen Parabel jedoch wesentlich einfacher sind, wird dieser der Vorzug gegeben.

Die *Parabelachse* wird *lotrecht* ausgerichtet. Somit lässt sich mit dem *horizontalen Abstand* (= Differenz der Stationierungen) zwischen einem Parabelpunkt P_i und dem Berührungspunkt A einer beliebigen Tangente an die Parabel das *lotrechte Stichmaß* $y(x_i)$ zwischen P_i und der Tangente aus der allgemeinen Parabelgleichung bestimmen.

$$y(x_i) = \frac{(x_i - x_A)^2}{2r} \tag{13.89}$$

Das Stichmaß f zwischen der Bogenmitte M und dem Tangentenschnittpunkt TS kann sowohl mithilfe der Tangente durch den Bogenanfang A als auch mit derjenigen durch E berechnet werden

$$f = \frac{(x_{TS} - x_A)^2}{2r} = \frac{(x_E - x_{TS})^2}{2r}. \tag{13.90}$$

Hieraus folgt, dass die *Tangenten gleich lang* sind

$$(x_{TS} - x_A) = (x_E - x_{TS}) = t'. \tag{13.91}$$

Zwischen dem Scheitelpunkt S und den Tangenten durch die Berührungspunkte A und E ergeben sich nach Gl. (13.89) die Stichmaße

$$y(x_S)_A = \frac{(x_S - x_A)^2}{2r} \quad \text{und} \quad y(x_S)_E = \frac{(x_E - x_S)^2}{2r}.$$

Differenziert man diese Parabelgleichungen nach x_A bzw. nach x_E, erhält man die Längsneigungen p_1, p_2 der Parabeltangenten in den Berührungspunkten A und E

$$\frac{dy(x_S)_A}{dx_A} = -\frac{(x_S - x_A)}{r} = \frac{p_1}{100} \quad \text{bzw.} \quad \frac{dy(x_S)_E}{dx_E} = \frac{(x_E - x_S)}{r} = \frac{p_2}{100}. \tag{13.92}$$

Subtraktion der linken von der rechten Gleichung führt nach Umordnen zu

$$(x_E - x_S) - (x_A - x_S) = (x_E - x_A) = 2t' = r\frac{(p_2 - p_1)}{100}.$$

Bei gegebenem *Ausrundungsradius* r und *Längsneigungen* p_1, p_2 kann somit die *Tangentenlänge* t' berechnet werden nach

$$t' = \frac{r}{2} \cdot \frac{(p_2 - p_1)}{100}. \tag{13.93}$$

Durch Umordnen erhält man

$$r = \frac{100}{(p_2 - p_1)} \cdot 2t' \tag{13.94}$$

$$p_1 = p_2 - \frac{2t'}{r} \cdot 100 \quad \text{bzw.} \quad p_2 = p_1 + \frac{2t'}{r} \cdot 100, \tag{13.95}$$

sodass aus den jeweils drei gegebenen Größen sich die vierte ergibt.
Mit dem Tangentenschnittpunkt $TS(x_{TS}, h_{TS})$ lassen sich der *Bogenanfang* A und das *-ende* E bestimmen:

$$\begin{aligned} x_A &= x_{TS} - t' \quad ; \quad h_A = h_{TS} - \frac{p_1}{100} \cdot t'; \\ x_E &= x_{TS} + t' \quad ; \quad h_E = h_{TS} + \frac{p_2}{100} \cdot t'. \end{aligned} \tag{13.96}$$

Ist nur A bzw. E gegeben, löst man Gl. (13.96) nach den Werten x_{TS} und h_{TS} für TS auf.

Denkt man sich den Scheitelpunkt S als Ausrundungsendpunkt, ergibt sich mit $p_2 = 0\,\%$ die Gl. (13.94) in der Form

$$r = \frac{100}{-p_1} \cdot (x_S - x_A),$$

woraus durch Umordnen die *Stationierung* x_S erhalten wird. Da die Tangente an den Scheitelpunkt S die Längen aller anderen Tangenten zwischen deren Berührungspunkt und der Parabelachse halbiert, sind die Stichmaße $y(x_A)$ bezogen auf die Scheiteltangente und $y(x_S)$ bezogen auf die Tangente durch A gleich lang. Somit lässt sich mit Gl. (13.89) die *Höhe* h_S des Scheitelpunktes bestimmen.

$$\begin{aligned} x_S &= x_A - \frac{p_1}{100} \cdot r \quad ; \quad h_S = h_A - \frac{1}{2r}(x_S - x_A)^2 \; ; \\ x_S &= x_E - \frac{p_2}{100} \cdot r \quad ; \quad h_S = h_E - \frac{1}{2r}(x_E - x_S)^2 \; . \end{aligned} \tag{13.97}$$

Die *Höhen* h_i von den Zwischenpunkten mit der Stationierung x_i ergeben sich bei Bezug auf die Scheiteltangente an S oder auf die Tangente an den Bogenanfang A nach Gl. (13.89) zu

$$h_i = h_S + \frac{1}{2r}(x_S - x_i)^2 = h_A + \frac{p_1}{100}(x_i - x_A) + \frac{1}{2r}(x_i - x_A)^2 \tag{13.98}$$

bzw. bei bekannter Höhe h_i liefert die Umstellung der Gl. (13.98) zu

$$x_{i_{1,2}} = x_S - \left(\pm\sqrt{(h_i - h_S) \cdot 2r} \right) \tag{13.99}$$

zwei Werte für die Stationierung symmetrisch zu x_S, da die Höhe h_i links und rechts des Scheitelpunktes S vorkommt. Falls ein Wert für die Stationierung außerhalb des Ausrundungsbereiches liegt ($x_i < x_A$ oder $x_i > x_E$), ist dieser zu streichen.

Die *Längsneigung* $p(x_i)$ der Parabeltangente für die Stationierung x_i beträgt entsprechend Gl. (13.95)

$$p(x_i) = p_A + \frac{(x_i - x_A)}{r} \cdot 100. \tag{13.100}$$

Bei der Berechnung ist darauf zu achten, dass die Längsneigungen p_1, p_2 und der Radius r mit den *richtigen Vorzeichen* eingesetzt werden.

Soll die *Gradiente durch einen Zwangspunkt* $B(x_B, h_B)$ gehen, beispielsweise durch den Schnittpunkt mit der Trasse einer kreuzenden Straße oder im festen Abstand unter einer Brücke, und sind außerdem die *Längsneigungen* p_1, p_2 und der *Bogenanfang* $A(x_A, h_A)$ gegeben, lässt sich nach Einsetzen der Gl. (13.94) in Gl. (13.98) und Umordnen die Tangentenlänge t' ermitteln mit

$$t' = \frac{\frac{p_2 - p_1}{100} \cdot (x_B - x_A)^2}{4(h_B - h_A - \frac{p_1}{100} \cdot (x_B - x_A))}, \tag{13.101}$$

sodass die weitere Rechnung mit den Gl. (13.96) bis (13.100) erfolgen kann.

Ist neben dem Zwangspunkt $B(x_B, h_B)$ und den Längsneigungen p_1, p_2 der *Tangentenschnittpunkt* $TS(x_{TS}, h_{TS})$ gegeben, berechnet man zunächst das Stichmaß $y(x_B)$ bezogen auf die Tangente mit der Steigung p_1 durch A nach der Gleichung

$$y(x_B) = h_B - \left(h_{TS} + \frac{p_1}{100}(x_B - x_{TS}) \right). \tag{13.102}$$

Ersetzt man in der allgemeinen Parabelgleichung

$$y(x_B) = (t' + (x_B - x_{TS}))^2/2r \tag{13.103}$$

den Radius r durch Gl. (13.94), ergeben sich nach Umordnung für die Tangentenlänge t' zwei Lösungen aus der quadratischen Gleichung

$$t'^2 + t'\left(2(x_B - x_{TS}) - 4 \cdot y(x_B) \cdot \frac{100}{(p_2 - p_1)}\right) + (x_B - x_{TS})^2 = 0, \tag{13.104}$$

von denen der größere Wert die gesuchte *Tangentenlänge* t' darstellt.

Beispiel 13.7.3: Berechnung einer Kuppenausrundung mit Zwangspunkt

Gegeben: Tangentenschnittpunkt TS ($x_{TS} = 1^{+627,32}; h_{TS} = 133,356$ m)
Zwangspunkt B ($x_B = 1^{+642,78}; h_B = 130,292$ m)
Längsneigungen $p_1 = +3\,\%; p_2 = -2\,\%$

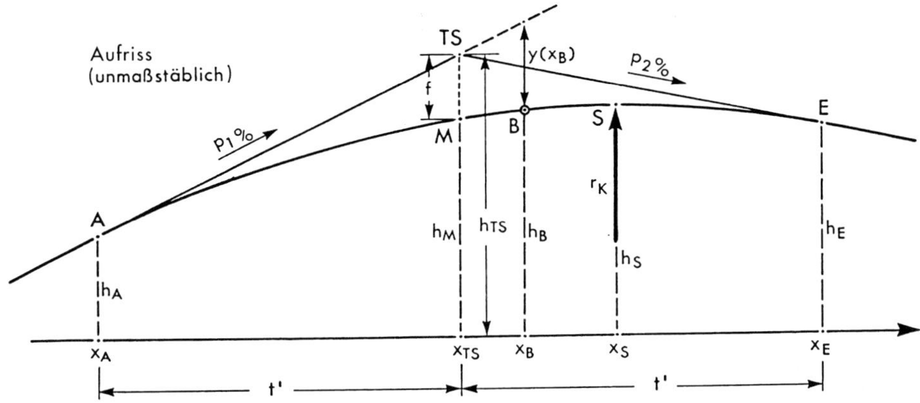

Abbildung 13.7-39: Kuppenausrundung mit Zwangspunkt $B(x_B, h_B)$

Lösung:

$y(x_B) = 130,292 - (133,356 + 0,03 \cdot (1642,78 - 1627,32))$

$= -3,528$ m — vgl. (13.102)

$t'^2 + t'(2 \cdot 15,46 - 4 \cdot (-3,528) \cdot 100/(-5)) + 15,46^2 = 0$ — vgl. (13.104)

$t'^2 - 251,3040t' + 239,0116 = 0$

$t'_{1,2} = \frac{1}{2}251,304 \pm \sqrt{(\frac{1}{2}251,304)^2 - 239,0116}$

$t'_1 = 250,35$ m gesuchte Tangentenlänge

$t'_2 = 0,95$ m unbrauchbar (x_B liegt außerhalb $x_{TS} \pm t'_2$)

$r = -10013,97$ m = r_K (Kuppenausrundung) — vgl. (13.94)

$x_A = 1^{+376,97}$; $h_A = 125,846$ m

$x_E = 1^{+877,67}$; $h_E = 128,349$ m — vgl. (13.96)

$f = -3,129$ m — vgl. (13.90)

$x_S = 1^{+677,39}$; $h_S = 130,352$ m — vgl. (13.97)

Probe: $p(x_S) = 0\,\%$ — vgl. (13.100)

13.8 Berührungslose Vermessung

Als die ersten *elektronischen Tachymeter* Eingang in die vermessungstechnische Praxis fanden, konnte wohl kaum jemand voraussehen, zu welchem Wandel der Aufnahme- und Auswerteverfahren diese Entwicklung beigetragen hat (Kap. 13.8.1). Die bislang bei den optisch-mechanischen Instrumenten verwendeten Ableseeinrichtungen wurden durch elektronische Sensorsysteme (Kap. 3.2) ersetzt, was neben einer wesentlich vereinfachten Handhabung eine Online-Verbindung zu Rechnern ermöglichte und so auch neue Anwendungsgebiete erschloss (Kap. 13.8.2).

13.8.1 Objekterfassung mit reflektorlos messenden Tachymetern

Als Objekt sei eine größere Einheit, z. B. ein Ensemble von Gebäuden verstanden; andererseits kann es auch ein zu extrahierendes Element eines Gebäudes sein, wie dies die Abbildung 13.8-1 verdeutlicht. Für die Objektvermessung, insbesondere für das Innenaufmaß und für die Fassadenvermessung, werden heute überwiegend Tachymeter (Kap. 5.2) und Laserscanner (Kap. 5.4), aber auch die Photogrammetrie (Kap. 9) eingesetzt. Die Kombination photogrammetrischer Verfahren mit den tachymetrischen Methoden bietet interessante Perspektiven, weil die Photogrammetrie flächendeckend arbeitet, aber Passpunkte benötigt, während die Tachymetrie bestens zur Erfassung von einzelnen markanten Punkten oder Profilen geeignet ist. Diese beschreiben üblicherweise die Charakteristika eines Bauwerks.

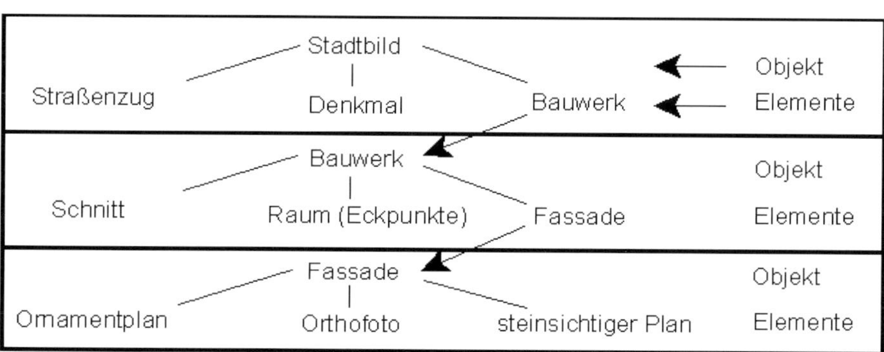

Abbildung 13.8-1: Objekthierarchie nach Scherer

Mit Tachymetern werden bekanntlich gleichzeitig Horizontalrichtung, Vertikalwinkel und Distanz bestimmt, wobei Tachymeter auch Strecken messen, ohne dass ein Reflektor aufgehalten werden muss (Kap. 5.2.1). Die angezielte Oberfläche muss dazu nur hinreichend reflexionsfähig sein. Üblicherweise verwenden die für diese Aufgabe benutzten Tachymeter bei der Distanzmessung rotes Laserlicht, sodass die Visurlinie für den Beobachter sichtbar wird und Messpunkte ohne Blick durch das Fernrohr angezielt werden können. Im Innenbereich sind reflektorlos messende Tachymeter effektiver einsetzbar als im Außenbereich, weil der Laserstrahl dort durch das Sonnenlicht überstrahlt werden kann, was die Sichtbarkeit des roten Lichtflecks auf dem Objekt stark einschränkt. Die Einzelpunktgenauigkeit ist mit wenigen Millimetern recht gut und homogen, praktisch unabhängig von der Objektgröße.

13.8.1.1 Innenraumaufmaß

Die Firma LEICA GEOSYSTEMS hat für das Aufmaß von Innenräumen und Treppenhäusern ein einem Tachymeter ähnliches, preiswertes Instrument entwickelt, den `3D Disto`. Er besteht im Wesentlichen aus einer Winkelmesseinheit, die um einen Distanzmesser, den `Disto` (Abb. 5.1-14 in Kap. 5.1.2), ergänzt wurde. Der 3D Disto weist viele Nutzungsmöglichkeiten für Entfernungen bis zu 50 m auf und soll hier als Beispiel für ähnliche Instrumente anderer Hersteller behandelt werden. Diese dienen alle der rationellen Lösung von Vermessungsaufgaben in Innenräumen. Im Gegensatz zu den üblichen reflektorlos messenden Tachymetern (Kap. 5.2.1) verfügt der `3D Disto` weder über ein mit dem Instrument verbundenes Display noch über ein Okular. An deren Stelle tritt ein kabelloses Handgerät mit Touchscreen. Er wird mit einer Infrarot-Fernbedienung auf das anzumessende Ziel ausgerichtet, welches von einem roten Laserpunkt repräsentiert wird. Die Winkel- und Distanzmessung erfolgt in Bezug auf diesen Punkt. Größere Genauigkeit kann bei Bedarf mit einer im Zielsucher integrierten Kamera mit bis zu 8-fachem Zoom erreicht werden. Das Instrument muss nicht manuell horizontiert werden, da es über einen Selbstnivellierungsbereich von 3° verfügt.

Die implementierten Programme, wie z. B. das Anwendungsprogramm „Raumaufmaß", bietet die Möglichkeit, vorgegebene Bereiche aller möglichen Flächen – ob horizontal oder vertikal – nach Festlegen des Messintervalls automatisch aufzumessen, wobei auch Details und Unebenheiten in Abhängigkeit vom gewählten Messintervall erfasst werden. Zum Veranschaulichen von bereits vermessenen Punkten und Flächen können Grund- und Aufriss im Aufklapp-Modus perspektivisch gezeigt werden (Abb. 13.8-2), sodass auch Details überprüft werden können. Darüber hinaus lassen sich auch Zeichnungen für den Export erstellen, die sich ohne Nachbearbeitungsaufwand ausdrucken lassen. Eine weitere Option „Neuer Standpunkt" gestattet es, von Raum zu Raum zu messen (Abb. 13.8-3), wozu mindestens drei Sicherungspunkte durch an Wänden, Decke oder Boden angebrachte selbstklebende Zielmarken zuvor bestimmt werden müssen. Eine weitere Applikation „Projektor" erlaubt wegen des roten Laserlichts die Kennzeichnung von Punkten auf Decken- und Wandflächen, die der Übertragung von Planungen dienen. So lassen sich z. B. Raster und Muster von Planungen auf Boden-, Decken- oder Wandflächen übertragen. Mit diesem Instrument, aber auch mit anderen Tachymetern, die über einen koaxial strahlenden Laser verfügen, können Punkte auf- oder abgelotet, Parallelen abgesteckt und Bezugspunkte in gleicher Höhe an Wänden und Schrägen markiert werden. Auch das Übertragen des Meterrisses in andere Gebäudeteile lässt sich leicht realisieren.

13.8.1.2 Auswertung von Objektvermessungen

Um die Ecken- und Kantenproblematik des reflektorlosen Messens (Kap. 5.2.1) zu umgehen, wird das Objekt in einzelne Ebenen zerlegt, die durch mindestens je drei Punkte repräsentiert werden. Die Ebene ist räumlich festgelegt, wenn für diese Punkte, die nicht in einer Geraden liegen dürfen, ihre räumlichen Koordinaten Y_i, X_i, H_i $(i = 1,2,3)$ bekannt sind. Diese lassen sich durch eine räumliche Polaraufnahme mit Richtung r_i, Zenitwinkel z_i und Distanz d_i bestimmen, wobei die Koordinaten des Standpunktes (Y_S, X_S, H_S) entweder bekannt sind oder nach der Methode der *Freien Standpunktwahl* (Kap. 13.2.3.3) gemessen und berechnet wurden. Zusätzlich sollte eine reine Richtungsmessung ohne Distanzermittlung zu den aufzunehmenden Ecken und Kanten durchgeführt werden.

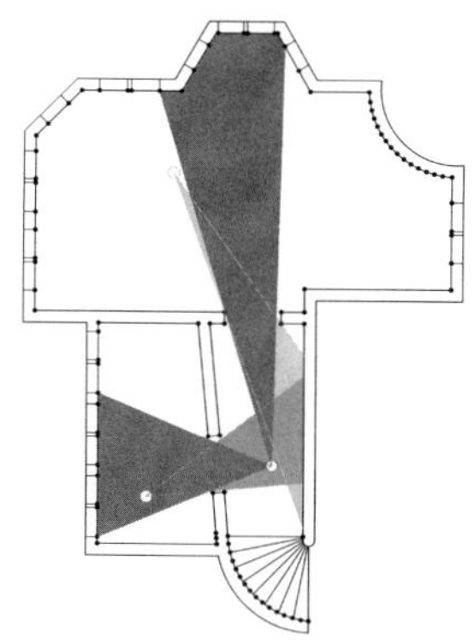

Abbildung 13.8-2: Mit dem `3D Disto` von LEICA GEOSYSTEMS aufgenommene Räume in perspektivischer Darstellung

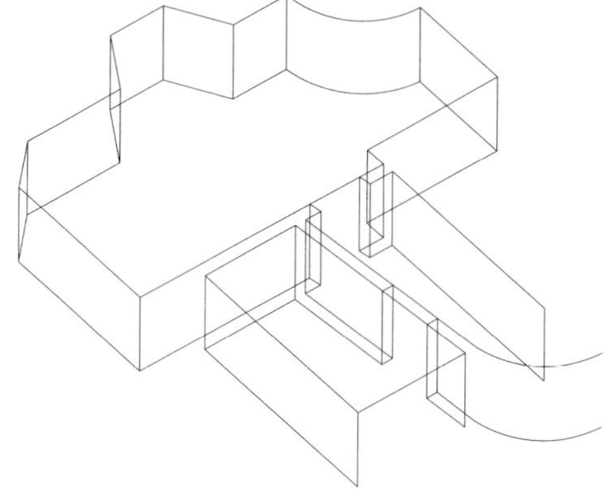

Abbildung 13.8-3: Beispiel einer Innenraumaufnahme mit unterschiedlichen, miteinander verknüpften Standpunkten, ausgeführt mit dem `3D Disto` von LEICA GEOSYSTEMS

Ausgleichsebene:
Ecken und Kanten lassen sich durch Ebenenschnitte rechnerisch herstellen, weshalb hier die mathematische Darstellung einer Ebene mit mehr als drei Punkten behandelt werden soll. Für diesen Fall muss eine Ausgleichung durchgeführt werden. Der einfacheren Darstellung wegen wird nachfolgend von relativen, auf den Instrumentenstandpunkt S zentrierten räumlichen Koordinaten ausgegangen:

$$\begin{array}{llll} y_1 = Y_1 - Y_S\,, & x_1 = X_1 - X_S\,, & h_1 = H_1 - (H_S + i)\,, & i = \text{Instrumentenhöhe} \\ \vdots & \vdots & \vdots & \\ y_n = Y_n - Y_S\,, & x_n = X_n - X_S\,, & h_n = H_n - (H_S + i). & \end{array} \tag{13.105}$$

Bei den gegebenen Punkten $P_1\,(y_1, x_1, h_1), \ldots, P_n\,(y_n, x_n, h_n)$ lautet analog Gl. (14.187) der Regressionsansatz für die Ebene

$$\mathbf{y} = \mathbf{X}\beta + \mathbf{e}\,, \tag{13.106}$$

wobei hier gilt:

$$\mathbf{y} = \begin{bmatrix} h_1 \\ h_2 \\ \vdots \\ h_n \end{bmatrix}, \quad \mathbf{X} = \begin{bmatrix} y_1 & x_1 & 1 \\ y_2 & x_2 & 1 \\ \vdots & \vdots & \vdots \\ y_n & x_n & 1 \end{bmatrix}, \quad \beta = \begin{bmatrix} \beta_2 \\ \beta_1 \\ \beta_0 \end{bmatrix}$$

und **e** = Vektor der unbekannten Störvariablen.
Die Schätzwerte $\mathbf{b} = [b_2\,,\, b_1\,,\, b_0]^T$ des Parametervektors β folgen analog Gl. (14.190):

$$\mathbf{b} = (\mathbf{X}^T\mathbf{X})^{-1}\mathbf{X}^T\mathbf{y}. \tag{13.107}$$

Die Gleichung für Punkte P_j in der Ebene lautet damit:

$$h_j = b_2 \cdot y_j + b_1 \cdot x_j + b_0. \tag{13.108}$$

Nach Umstellung der Ebenengleichung

$$b_0 = -b_2 \cdot y_j - b_1 \cdot x_j + 1 \cdot h_j \tag{13.109}$$

lässt sich der Normalenvektor **n** der Ausgleichsebene, der die Neupunkte P_j zugeordnet werden, ableiten:

$$\mathbf{n} = \begin{bmatrix} n_1 \\ n_2 \\ n_3 \end{bmatrix} = \begin{bmatrix} -b_2 \\ -b_1 \\ 1 \end{bmatrix}. \tag{13.110}$$

Aus Gründen der Überschaubarkeit ist es zweckmäßig, mit dem normierten Normalenvektor weiterzurechnen:

$$\mathbf{n_0} = \frac{\mathbf{n}}{||\mathbf{n}||}, \quad \text{wobei } ||\mathbf{n}|| = \sqrt{b_2^2 + b_1^2 + 1}. \tag{13.111}$$

Gl. (13.109) liefert mit den Koordinaten aller in der Ausgleichsebene befindlichen Punkte das gleiche Ergebnis, nämlich b_0, sodass mit den Koordinaten *eines* bekannten Ebenenpunktes durch Gleichsetzen die Koordinaten von Neupunkten definiert werden können. Da der Schwerpunkt (Mittelwert) P_M aller an der Ausgleichung beteiligten Messpunkte n, dessen Koordinaten im Vektor $\mathbf{x}_M$ zusammengefasst sind

$$\mathbf{x}_M = \begin{bmatrix} \bar{y} \\ \bar{x} \\ \bar{h} \end{bmatrix}, \text{ mit } \bar{y} = \frac{1}{n}\sum y_i, \quad \bar{x} = \frac{1}{n}\sum x_i, \quad \bar{h} = \frac{1}{n}\sum h_i, \tag{13.112}$$

in der Ausgleichsebene liegt, lässt sich definieren:

$$\mathbf{x}^T \cdot \mathbf{n} = \mathbf{x}_M^T \cdot \mathbf{n}. \tag{13.113}$$

Neupunktbestimmung durch Richtungsmessung ohne Distanzmessung:
Mit dem aus den gemessenen Richtungen r_i hergeleiteten Richtungswinkel t und dem gemessenen Zenitwinkel z zum Neupunkt sowie der unbekannten Schrägdistanz d lässt sich der Vektor **x** der Neupunktkoordinaten ersetzen:

$$\mathbf{x} = d \cdot \mathbf{r}, \quad \text{Richtungsvektor } \mathbf{r} = \begin{bmatrix} \sin t \cdot \sin z \\ \cos t \cdot \sin z \\ \cos z \end{bmatrix}. \tag{13.114}$$

Aus

$$d \cdot \mathbf{r}^T \cdot \mathbf{n} = \mathbf{x}_M^T \cdot \mathbf{n} \tag{13.115}$$

folgt

$$d = \frac{\mathbf{x}_M^T \cdot \mathbf{n}}{\mathbf{r}^T \cdot \mathbf{n}}. \tag{13.116}$$

(*Anmerkung: Nach den Regeln der Matrizenrechnung darf* **n** *nicht gekürzt werden.*)

Vektor der relativen Neupunktkoordinaten vom Standpunkt S zum Neupunkt N:

$$\mathbf{x} = \begin{bmatrix} y \\ x \\ h \end{bmatrix} = \frac{\mathbf{x}_M^T \cdot \mathbf{n}}{\mathbf{r}^T \cdot \mathbf{n}} \cdot \mathbf{r}. \tag{13.117}$$

Neupunktkoordinaten:

$$\begin{aligned} &Y_N = Y_S + y; \\ &X_N = X_S + x; \\ &H_N = H_S + h + i\,, \quad i = \text{Instrumentenhöhe}. \end{aligned} \tag{13.118}$$

Neupunktbestimmung durch Schnitt von drei Ebenen:
Für die Visualisierung von einfachen, durch glatte Wände begrenzten Räumen (Büros, Produktionsstätten) bietet sich auch die Bestimmung des jeweiligen Eckpunktes eines Raumes durch Schnitt der zugehörigen drei Ebenen an. Für jede Ebene j ($j = 1,2,3$) gilt mit den Gl. (13.110) bis (13.113):

$$\mathbf{x}^T \cdot \mathbf{n}_j = \mathbf{x}_{M,j}^T \cdot \mathbf{n}_j. \tag{13.119}$$

Der gemeinsame Schnittpunkt $N(y,x,h)$ lässt sich daher aus den drei Ebenengleichungen herleiten:

$$\begin{aligned} &\text{Ebene 1:} \quad y \cdot n_{1,1} + x \cdot n_{2,1} + h \cdot n_{3,1} = y_{M,1} \cdot n_{1,1} + x_{M,1} \cdot n_{2,1} + h_{M,1} \cdot n_{3,1} \\ &\text{Ebene 2:} \quad y \cdot n_{1,2} + x \cdot n_{2,2} + h \cdot n_{3,2} = y_{M,2} \cdot n_{1,2} + x_{M,2} \cdot n_{2,2} + h_{M,2} \cdot n_{3,2} \\ &\text{Ebene 3:} \quad y \cdot n_{1,3} + x \cdot n_{2,3} + h \cdot n_{3,3} = y_{M,3} \cdot n_{1,3} + x_{M,3} \cdot n_{2,3} + h_{M,3} \cdot n_{3,3} \end{aligned} \tag{13.120}$$

$$\mathbf{A} = \begin{bmatrix} n_{1,1} & n_{2,1} & n_{3,1} \\ n_{1,2} & n_{2,2} & n_{3,2} \\ n_{1,3} & n_{2,3} & n_{3,3} \end{bmatrix}, \quad \mathbf{l} = \begin{bmatrix} y_{M,1} \cdot n_{1,1} + x_{M,1} \cdot n_{2,1} + h_{M,1} \cdot n_{3,1} \\ y_{M,2} \cdot n_{1,2} + x_{M,2} \cdot n_{2,2} + h_{M,2} \cdot n_{3,2} \\ y_{M,3} \cdot n_{1,3} + x_{M,3} \cdot n_{2,3} + h_{M,3} \cdot n_{3,3} \end{bmatrix}$$

$$\mathbf{x} = \begin{bmatrix} y \\ x \\ h \end{bmatrix} = \mathbf{A}^{-1} \cdot \mathbf{l} \tag{13.121}$$

Die Eckpunkte eines Raumes (auch verdeckte) lassen sich folglich ohne präzises Anzielen berechnen, indem man lediglich einige nach Belieben leicht messbare Punkte an den Wänden koordinatenmäßig bestimmt, mit denen wiederum die einzelnen Ebenen beschrieben und zum Schnitt gebracht werden.

Extrapolationsstab zur Bestimmung verdeckter Punkte:
Bei verdeckten Wandbereichen ist auch die 2-Punkt-Stabmessung (Extrapolations- oder Kanalstab-Methode) anwendbar, bei der zunächst die Hilfspunkte P_1 und P_2 auf dem Stab (Abb. 13.8-4) mit Distanz, Richtung und Zenitwinkel anzumessen und koordinatenmäßig zu bestimmen sind, aus denen dann anschließend die Koordinaten des Ebenenpunktes P abgeleitet werden. Diese beiden Punkte beschreiben nämlich eine Raumgerade, auf der sich durch Messung des Abstandes zu einem Punkt jeder weitere Punkt koordinieren lässt, z. B. vom Punkt P_2 zur Stabspitze. So ergeben sich die Koordinaten des Wandpunktes N aus

$$P_N = P_2 + k \cdot \frac{\mathbf{a}}{||\mathbf{a}||}\,, \tag{13.122}$$

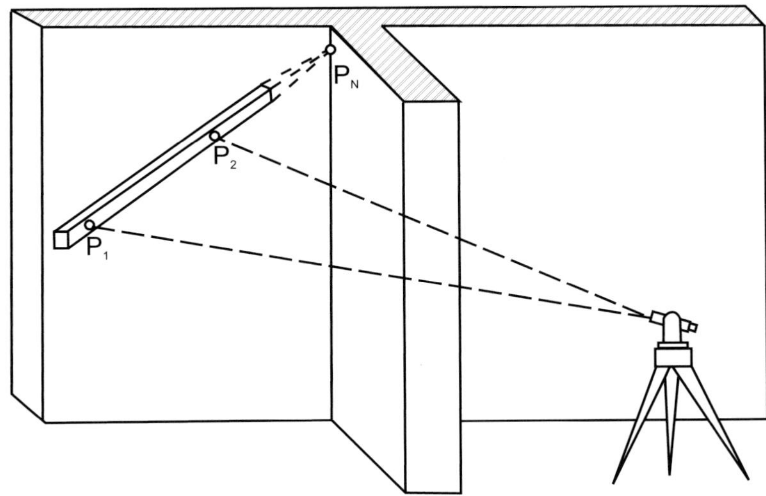

Abbildung 13.8-4: Extrapolationsstab zur Bestimmung verdeckter Punkte

wobei k das Maß der Verlängerung vom Punkt P_2 bis zur Stabspitze ist. Der Vektor **a** ist von P_1 nach P_2 gerichtet, d. h. er beinhaltet die Koordinatendifferenzen von P_1 nach P_2 und seine Norm $||\mathbf{a}||$ gibt den Abstand beider Punkte an:

$$\mathbf{a} = \begin{pmatrix} Y_2 - Y_1 \\ X_2 - X_1 \\ H_2 - H_1 \end{pmatrix}, \quad ||\mathbf{a}|| = \sqrt{(Y_2 - Y_1)^2 + (X_2 - X_1)^2 + (H_2 - H_1)^2}. \qquad (13.123)$$

13.8.2 Geodätische Industriemesssysteme

Messsysteme, die aus zwei oder mehreren Theodoliten bestehen und direkt mit einem Rechner verbunden sind, werden im Vermessungswesen als *Industriemesssysteme* bezeichnet. Konzipiert sind sie für industrielle Anwendungen im Maschinen- und Schiffsbau, in der Luft- und Raumfahrttechnik und natürlich auch für das Bauwesen. Die entscheidenden Vorteile ergeben sich aus der Möglichkeit, das System flexibel dem jeweiligen Objekt anzupassen und berührungslos mit einer Genauigkeit zu messen, die in Abhängigkeit von der Reichweite bis in den Submillimeterbereich reicht. Auch sei erwähnt, dass eine derartige Messausrüstung leicht transportiert und schnell aufgebaut werden kann, obwohl diese Eigenschaften für Messaufgaben im Bauwesen selbstverständlich sind. Bei den folgenden Ausführungen sollen jedoch die Anwendungen für die industrielle Messtechnik, insbesondere bei der Vermessung großer Werkstücke, wie z. B. Fahrgestelle und Karosserien, Flugzeuge und Schiffsteile, sowie die Messaufgaben zur Bestimmung der kinematischen Größen von Industrierobotern im Vordergrund stehen. Die Vermessung von Werkstücken oder Maschinen wurde bislang mit sehr leistungsfähigen, jedoch nur stationär anwendbaren dreidimensionalen Koordinaten-Messmaschinen durchgeführt.

13.8.2.1 Messverfahren

Abbildung 13.8-5 zeigt das Messprinzip: Zwei an frei wählbaren Standorten aufgestellte Präzisionstachymeter bilden die Endpunkte einer Basis und sind online mit einem Computer verbunden. Durch gleichzeitiges Anzielen eines Objektpunktes N (= Neupunkt) durch die Fernrohre und die Auswertung der Horizontal- und Vertikalwinkel werden die Raumkoordinaten (x_N, y_N, h_N) des Objektpunktes in einem örtlichen, kartesischen Koordinatensystem berechnet, wozu die Horizontalwinkel α und β sowie die Zenitwinkel z_{AN} und z_{BN} benutzt werden. Bei bekannter Basislänge e_{AB} können somit die auf den Instrumentenstandpunkt A als Nullpunkt des Koordinatensystems bezogenen Koordinaten des Objektpunktes bestimmt werden. Die auf beiden Instrumentenstandpunkten gemessenen Zenitwinkel beinhalten eine Überbestimmung, weil die Höhe des Objektpunktes (h-Koordinate) sich bei bekanntem Höhenunterschied zwischen den Kippachsen zweifach berechnen lässt.

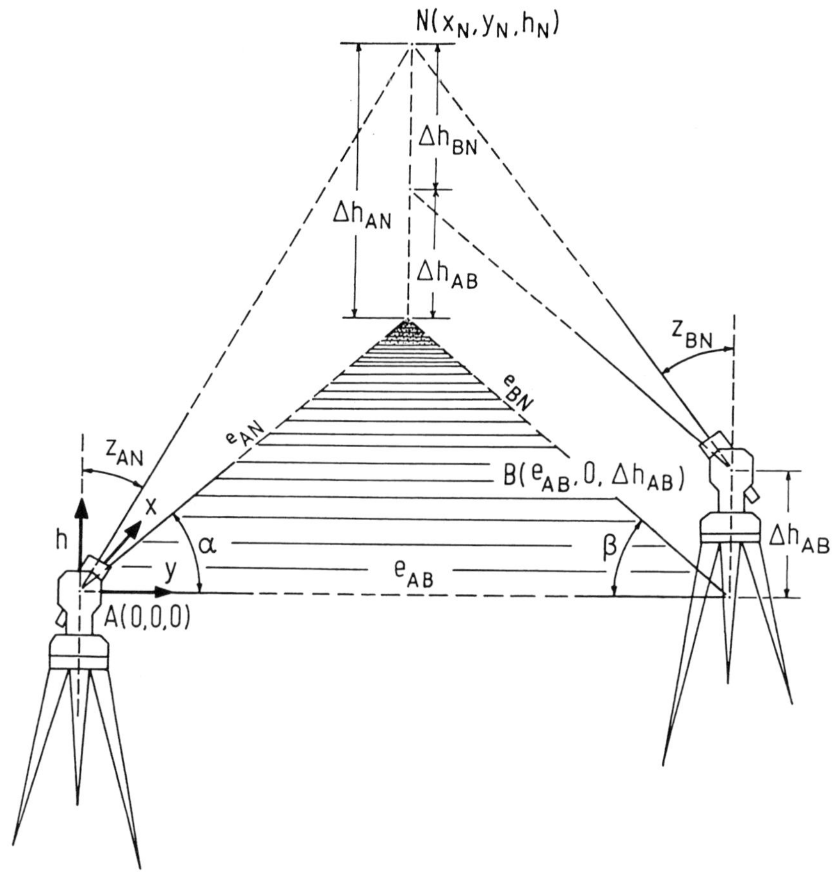

Abbildung 13.8-5: Messprinzip für die Bestimmung von Objektpunktkoordinaten

$$x_N = e_{AN} \cdot \sin\alpha = e_{AB} \frac{\sin\beta \sin\alpha}{\sin(\alpha+\beta)} \tag{13.124}$$

$$y_N = e_{AN} \cdot \cos\alpha = e_{AB} \frac{\sin\beta \cos\alpha}{\sin(\alpha+\beta)} \tag{13.125}$$

$$\begin{aligned} h_N &= \frac{1}{2}\left(\Delta h_{AN} + \Delta h_{BN} + \Delta h_{AB}\right) \\ &= \frac{1}{2}\left(e_{AB}\frac{\sin\beta \cot z_{AN} + \sin\alpha \cot z_{BN}}{\sin(\alpha+\beta)} + \Delta h_{AB}\right) \end{aligned} \tag{13.126}$$

Neben der Zielpunktmarkierung auf bzw. an den zu vermessenden Industrieobjekten stellt die Exaktheit der *relativen Orientierung* das Kriterium dar, welches die Genauigkeit und Zuverlässigkeit der Punktbestimmung entscheidend prägt. Unter der relativen Orientierung sei hier die Definition der Bezugsrichtung der Teilkreise in der gegenseitigen Verbindungslinie beider Instrumente verstanden.

Die *absolute Orientierung* ist festgelegt durch

- den Horizontalabstand zwischen beiden Instrumenten (Basislänge e_{AB}), der den Maßstab des Systems darstellt, und
- den Höhenunterschied Δh_{AB} zwischen den Kippachsen beider Instrumente.

Der Abstand und der Höhenunterschied zwischen den beiden Instrumenten lassen sich gemeinsam bestimmen, wozu beide Größen entweder direkt gemessen oder indirekt aus einer bekannten Strecke im Objektraum abgeleitet werden, für deren Realisierung früher eine spezielle Industriebasislatte gewählt wurde. Für diese indirekte Methode wird der Maßstab (analog zur „Hansenschen Aufgabe“) im Raum festgelegt.Heute wird die Strecke e_{AB} mithilfe der eingesetzten Präzisionstachymeter (Totalstationen) direkt gemessen. Der Distanzmesserteil dieser Instrumente muss allerdings auch für den Nahbereich kalibriert sein (Kap. 5.3.2.2, zyklische Korrektion und Additionskorrektion), damit sich die geforderte hohe Genauigkeit von $\leq 0,5$ mm einhalten läßt. Zusätzlich muss auch ein für kurze Distanzen geeignetes Präzisionsprisma verwendet werden.

Für die Bestimmung der Basis $\overline{AB}$ sei auf ältere Auflagen dieses Buches verwiesen.

13.8.2.2 Genauigkeitsfragen sowie optimale Mess- und Auswertekonfiguration

a) Gegenseitige Orientierung der Instrumente

Für die Festlegung der Nullrichtung der beiden Instrumente in der gegenseitigen Verbindungslinie der beiden Standpunkte lassen sich unter anderem die im Folgenden beschriebenen Verfahren anwenden, von denen zunächst zwei ausführlicher dargestellt werden. Gemeinsam ist beiden Verfahren, dass in einem ersten Schritt die *gegenseitige Kollimation* für beide Fernrohre herbeigeführt wird, wozu die Strichkreuze der zuvor auf unendlich fokussierten Fernrohre zur Deckung gebracht werden müssen. Die nunmehr parallelen Strahlen können jedoch um einen Ausschnitt der Objektivöffnung von der gegenseitigen Verbindungslinie der Standpunkte abweichen, weshalb die parallelen Strahlen in identische überführt werden müssen (Abb. 13.8-6).

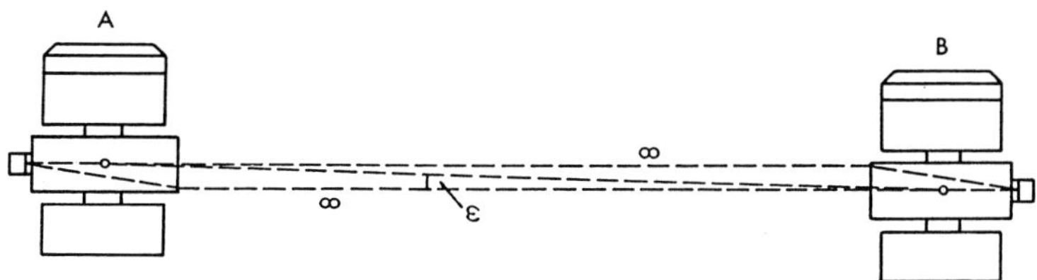

Abbildung 13.8-6: Gegenseitige Kollimation

Beim ersten Verfahren wird dazu ein Zielpunkt auf dem jeweiligen Fernrohr oder eine besondere Zielmarke im Fernrohr angezielt, wozu das bisher auf Unendlich fokussierte Fernrohr umfokussiert werden muss. Bei dieser Umfokussierung muss die Parallelität der Strahlen erhalten bleiben, was heute für gute Fernrohre ohne Einschränkung angenommen werden kann. Jetzt ist der Differenzwinkel ε (Abb. 13.8-6) zu bestimmen und gegebenenfalls zu beseitigen. Hierbei sollte eine eventuelle Exzentrizität des Zielpunktes mitbestimmt werden. Versuchsmessungen mit gegenseitiger Orientierung unter Anzielung eines Ziels auf dem Fernrohr führten zu einer Standardabweichung von $\leq 0,5$ mgon bei Verwendung einer internen Zielmarke. Jedoch ist noch zu beachten, dass eine eventuelle Exzentrizität des Zielpunktes zu systematischen Abweichungen führt.

Beim zweiten Verfahren wird in die Mitte zwischen beiden Instrumenten ein weißes Blatt Papier als Ziel für die Umfokussierung gehalten und anschließend das Blatt entfernt. Jetzt können die virtuellen Bilder der Strichkreuze zur Deckung gebracht werden. Der Differenzwinkel ε wird an beiden Instrumenten beseitigt. Untersuchungen zur Genauigkeit dieses Verfahrens ergaben eine Standardabweichung von 0,4 mgon für die Bestimmung von ε, wenn die Mitte mit Dezimetergenauigkeit eingehalten wird.

Neben diesen beiden Verfahren kann auch eine *Orientierung nach Festpunkten* erfolgen, falls im Objektraum – also dort, wo der zu vermessende Gegenstand sich befindet – entweder ein aus vorangegangenen Messungen vorgegebenes oder ein aus anderen Messungen stammendes Festpunktfeld vorhanden ist. Die gesuchten Orientierungsdaten können dann durch die Messung zu einigen Festpunkten und einer anschließenden Netzausgleichung berechnet werden.

Ein weiteres Verfahren, das gegenüber den bisher aufgeführten Methoden die genauesten Ergebnisse liefert, macht sich die Idee der *photogrammetrischen Bündelausgleichung* zunutze. Beide Instrumente zielen eine Anzahl von Objektpunkten an, deren Koordinaten unbekannt sein können. Eine gegenseitige Kollimation entfällt. Die Schnittpunkte der Instrumentenachsen lassen sich als perspektivisches Zentrum einer Zentralprojektion interpretieren. Die Richtungen der Projektionslinien sind durch die Winkelwerte an den Teilkreisen der der Präzisionstachymeter festgelegt. Die perspektivischen Bündel beider Instrumente werden iterativ so transformiert, dass mithilfe einer Bündelausgleichung nach der Methode der kleinsten Quadrate die „Restklaffung" gemeinsam angezielter Punkte minimiert werden. Die Bündelausgleichung liefert die Neupunktkoordinaten, die Orientierung zwischen beiden Instrumenten und die Koordinaten der Instrumentenstandpunkte.

b) Genauigkeitsbetrachtungen

Das unter Kapitel 13.8.2.1 vorgestellte Messverfahren mit der zugehörigen Auswertung, die nach Möglichkeit online mithilfe eines angeschlossenen Computers erfolgt, stellt im Prinzip eine Näherungslösung dar, weil Lage und Höhe getrennt, also nacheinander behandelt werden. Wegen der unmittelbar auszuführenden Berechnungen wird dieses Verfahren auch als Online-Triangulation bezeichnet. Die Kalibrierung, also die Messungen für die Bestimmung des Maßstabs und des Höhenunterschieds zwischen den beiden Instrumenten, ist von der eigentlichen Punktbestimmung funktional getrennt, beeinflusst jedoch die Objektpunktkoordinaten systematisch. Eine Mehrfachkalibrierung mit anschließender Mittelbildung ist daher wünschenswert.

Eine dreidimensionale Netzausgleichung oder eine Bündelausgleichung stellen dagegen eine strenge Lösung dar. Die Kalibrierelemente werden gemeinsam mit den Bestimmungsgrößen für die Objektpunkte ausgeglichen und beeinflussen diese nicht mehr systematisch. Eine Erweiterung der Messungsanordnung auf mehrere Standpunkte stellt kein Problem dar. Neben dem Vorteil der strengen Lösung bieten diese Verfahren den praktischen Nutzen, dass keine direkte Sichtverbindung zwischen den Instrumenten mehr notwendig ist, da die Orientierung der Teilkreise aus der Netz- bzw. Bündelausgleichung ermittelt wird. Dies ermöglicht eine flexiblere Gestaltung der Messanordnung, was bei den oftmals eingeengten Platzverhältnissen in Industriehallen von entscheidendem Vorteil sein kann.

Nachfolgend seien die Genauigkeitsbetrachtungen beispielhaft für den ebenen Vorwärtsschnitt zur Bestimmung der Koordinaten x und y verdeutlicht. Die Kovarianzmatrix der Koordinaten ergibt sich nach dem Kovarianzfortpflanzungsgesetz (auch allgemeines Fehlerfortpflanzungsgesetz genannt, Kap. 14.3.5)

$$\begin{bmatrix} \sigma_x^2 & \sigma_{xy} \\ \sigma_{xy} & \sigma_y^2 \end{bmatrix} = \begin{bmatrix} \frac{\partial x}{\partial \alpha} & \frac{\partial x}{\partial \beta} & \frac{\partial x}{\partial e_{AB}} \\ \frac{\partial y}{\partial \alpha} & \frac{\partial y}{\partial \beta} & \frac{\partial y}{\partial e_{AB}} \end{bmatrix} \cdot \begin{bmatrix} \sigma_\alpha^2 & 0 & 0 \\ 0 & \sigma_\beta^2 & 0 \\ 0 & 0 & \sigma_{e_{AB}}^2 \end{bmatrix} \cdot \begin{bmatrix} \frac{\partial x}{\partial \alpha} & \frac{\partial y}{\partial \alpha} \\ \frac{\partial x}{\partial \beta} & \frac{\partial y}{\partial \beta} \\ \frac{\partial x}{\partial e_{AB}} & \frac{\partial y}{\partial e_{AB}} \end{bmatrix} . \quad (13.127)$$

Damit die Genauigkeitsbetrachtungen nur von den Messungselementen und ihren Varianzen bzw. Kovarianzen beeinflusst werden und nicht auch vom frei zu wählenden Koordinatennullpunkt abhängig sind, werden die Bestimmungsgleichungen für die x- und y-Koordinaten sowohl bezogen auf den Standpunkt A als auch bezogen auf den Standpunkt B als Nullpunkt aufgestellt und daraus das Mittel gebildet. Dadurch liegt der Koordinatennullpunkt in der Basismitte. Für die x-Koordinate bleibt die Gl. (13.124) unverändert. Bei der y-Koordinate ist für diese Betrachtungen anstelle Gl. (13.125) jedoch auszugehen von

$$y = \frac{1}{2}\left(e_{AN} \cdot \cos\alpha + e_{BN} \cdot \cos(200-\beta)\right) = \frac{e_{AB}}{2} \cdot \frac{\sin(\beta-\alpha)}{\sin(\alpha+\beta)} . \quad (13.128)$$

Die in Gl. (13.127) einzusetzenden partiellen Ableitungen ergeben sich zu

$$\frac{\partial x}{\partial \alpha} = e_{AB} \frac{\sin^2\beta}{\sin^2(\alpha+\beta)} \quad ; \quad \frac{\partial y}{\partial \alpha} = -e_{AB} \frac{\sin\beta \cdot \cos\beta}{\sin^2(\alpha+\beta)} \quad (13.129)$$

$$\frac{\partial x}{\partial \beta} = e_{AB} \frac{\sin^2\alpha}{\sin^2(\alpha+\beta)} \quad ; \quad \frac{\partial y}{\partial \beta} = e_{AB} \frac{\sin\alpha \cdot \cos\alpha}{\sin^2(\alpha+\beta)} \quad (13.130)$$

$$\frac{\partial x}{\partial e_{AB}} = \frac{\sin\beta \cdot \sin\alpha}{\sin(\alpha+\beta)} \quad ; \quad \frac{\partial y}{\partial e_{AB}} = \frac{1}{2}\frac{\sin(\beta-\alpha)}{\sin(\alpha+\beta)} . \quad (13.131)$$

Unter der Annahme, dass die Winkel α und β gleichgenau ($\sigma_\alpha = \sigma_\beta = \sigma_\omega$) sowie untereinander und auch mit der Basis unkorreliert sind, ergeben sich die Varianzen der Objektpunktkoordinaten zu

$$\sigma_x^2 = \frac{\sin^4\alpha + \sin^4\beta}{\sin^4(\alpha+\beta)}\, e_{AB}^2 \cdot \sigma_\omega^2 + \frac{\sin^2\beta \cdot \sin^2\alpha}{\sin^2(\alpha+\beta)} \cdot \sigma_{e_{AB}}^2 \tag{13.132}$$

$$\sigma_y^2 = \frac{\sin^2\alpha\cos^2\alpha + \sin^2\beta\cos^2\beta}{\sin^4(\alpha+\beta)}\, e_{AB}^2 \cdot \sigma_\omega^2 + \frac{1}{4}\frac{\sin^2(\beta-\alpha)}{\sin^2(\alpha+\beta)} \cdot \sigma_{e_{AB}}^2. \tag{13.133}$$

Werden diese Varianzen der Koordinaten zusammengefasst zur Varianz eines Objektpunktes (Quadrat des sogenannten „Helmertschen Punktfehlers“)

$$\sigma_P^2 = \sigma_x^2 + \sigma_y^2 \tag{13.134}$$

wobei die Kovarianz σ_{xy} nicht berücksichtigt wird, ergibt sich

$$\sigma_P^2 = e_{AB}^2 \frac{\sin^2\alpha + \sin^2\beta}{\sin^4(\alpha+\beta)} \cdot \sigma_\omega^2 + \left(\frac{\sin^2\beta \cdot \sin^2\alpha}{\sin^2(\alpha+\beta)} + \frac{\sin^2(\beta-\alpha)}{4\sin^2(\alpha+\beta)}\right) \cdot \sigma_{e_{AB}}^2 \tag{13.135}$$

$$= \frac{e_{AN}^2 + e_{BN}^2}{\sin^2(\alpha+\beta)} \cdot \sigma_\omega^2 + \frac{e_{MN}^2}{e_{AB}^2} \cdot \sigma_{e_{AB}}^2 \tag{13.136}$$

Wenn die Basislänge e_{AB} mit übergeordneter Genauigkeit bestimmt wird und ihre Varianz $\sigma_{e_{AB}}^2$ daher vernachlässigbar klein ist, bleibt nur der erste Term auf der rechten Seite übrig, sodass dann die Varianz eines Objektpunktes nur von der Winkelgenauigkeit beeinflusst wird.

Achsabweichungen (Kap. 3.4) wirken sich systematisch auf die Winkelmessungen und damit auf die Ergebnisse aus. Es muss unbedingt vor der Vermessung geklärt werden, ob nur in einer Fernrohrlage oder in zwei Lagen gemessen werden sollen. Für die Einlagenmessung spricht die Wirtschaftlichkeit und die Schnelligkeit, mit der diese ausgeführt werden können. Bei geringeren Genauigkeitsforderungen wird man sich daher für die Einlagenmessung entscheiden. Dabei sind jedoch die Instrumentenachsabweichungen zu Beginn der Messung durch eine Zweilagenmessung zu bestimmen und anschließend rechnerisch zu berücksichtigen. Dies stellt allerdings keinen vollwertigen Ersatz einer Zweilagenmessung dar, da Instrumentenachsabweichungen oftmals zeitlichen Änderungen unterliegen. Bei Messungen höchster Genauigkeit sind Zweilagenmessungen unabdingbar, weil dadurch die restlichen Instrumentenachsabweichungen eliminiert werden. Der Einfluss der Stehachsschiefe kommt bei den üblicherweise verwendeten Präzisionstachymetern durch in zwei Richtungen wirkende Kompensatoren nicht zum Tragen.

Die Qualität der zur Verfügung stehenden Software ist entscheidend für den effektiven Einsatz des Systems am Messort. Die Bestimmung der Orientierung sollte nach verschiedenen Verfahren möglich sein, um eine flexible Verwendung bei unterschiedlichsten Bedingungen zu gewährleisten. Für die Auswertung der Messungen zu den Objektpunkten ist ein entsprechendes Programmsystem Voraussetzung, das über eine Koordinatendatei im Speicher und auch über eine Datei mit den Messungselementen verfügen sollte, damit sich nachträgliche Kontrollen oder weitere Berechnungen durchführen lassen.

Aus den sofort zur Verfügung stehenden Koordinaten können bereits einfache Grundgeometrien abgeleitet werden. Dreidimensionale Koordinatentransformationen sollten möglich sein, um die Objektpunktkoordinaten im Instrumentensystem durch drei Translationen und drei Rotationen in jedes beliebige, vom Auftraggeber vorgegebene Koordinatensystem überführen zu können.

Mit den Industriemesssystemen stehen dem Anwender Gerätesysteme zur Verfügung, die für die unterschiedlichsten Einsätze geeignet sind. Der hohe Automationsgrad ermöglicht auch nichtgeodätisch geschultem Personal die Bedienung, weil die Benutzerführung schon nach kurzer Einarbeitungszeit ein problemloses Messen und Auswerten gestattet. Motorisierte Video-Präzisionstachymeter erlauben eine berührungslose vollautomatische Objektvermessung. Für Industriemesssysteme, die mit solchen Instrumenten ausgestattet sind, gibt es eine Vielzahl von Applikationen, die bis zu dynamischen Messaufgaben reichen.

13.9 Baumaschinensteuerung mit satellitengestützten und robottachymetrischen Messsystemen

Unter Baumaschinensteuerung wird in der Ingenieurvermessung die Verknüpfung der Maschinentechnologie von Baumaschinen wie Raupen, Motorgradern oder Gleitschalungsfertigern mit Vermessungssystemen verstanden, wodurch die Effizienz und Produktivität von Baumaschinen gesteigert wird. Auch die Kosten für die Absteckung können eingespart werden, weil nur noch Kontrollpunkte in gewissen Abständen notwendig sind. Die Entwicklung begann mit lasergestützten Systemen, die es dem Maschinenführer der klassischen Erdbaumaschinen ermöglichte, ein möglichst genaues Feinplanum zu erhalten (Kap. 13.3.2.1). Für viele Bauunternehmen ist inzwischen der Einsatz von Baumaschinensteuerungen zum Standard geworden, auch weil die unterschiedlichen Baumaschinenhersteller ihre Baumaschinen optional ab Werk mit integralen Maschinensteuerungssystemen vorrüsten. Aus dem Spektrum der Baumaschinen, die mit Maschinensteuerungssystemen ausgestattet werden können, sollen hier die vollautomatischen dreidimensionalen Steuerungssysteme, die in Verbindung mit satellitengestützten oder robottachymetrischen Messsystemen (Tachymeter mit automatischer Zielerkennung und -verfolgung) arbeiten, behandelt werden. Früher wurden 3D-Maschinensteuerungen bei Großprojekten wie beim Autobahnbau benutzt, während derartige Maschinensteuerungen heute bereits bei kleinen Projekten wie bei der Erschließung von Wohn- und Gewerbegebieten erfolgreich eingesetzt werden. Zum Erreichen des Ziels, z. B. den Schild von Dozern und Gradern bei der Herstellung der vorgegebenen Geländekontur automatisch zu steuern, werden die vorhandenen CAD-Planungsdaten auf der Basis eines Digitalen Geländemodells genutzt. Unabhängig vom Grad der Automatisierung ist die Anordnung der Messsysteme zu wählen. So besteht zum einen die Möglichkeit, das Vermessungssystem auf der Baumaschine oder als von der Bewegung unabhängigen Einheit außerhalb des Arbeitsbereichs zu positionieren. Wird das System mit der zu steuernden Maschine fest verbunden, so wird dieses direkt durch die Bewegung des Fahrzeugs beeinflusst. Für den Einsatz einer derartigen Anordnung z. B. mit RTK-GNSS spricht, dass Bewegungen unbegrenzt beobachtet werden können. Auf der anderen Seite ist eine solche dauerhafte Navigation nicht immer möglich, da Abschattungen zu einer Unterbrechung führen können. Die verwendeten kinematischen Messsysteme müssen in der Lage sein, zeitvariable Positionen zu bestimmen, Verbesserungen in Echtzeit zu berechnen, in Abhängigkeit vom Baumaschinentyp Bahnparameter an die Maschine zu übermitteln und in Stellgrößen für die Steuerung der Baumaschine umzusetzen.

13.9.1 Baumaschinensteuerung mit GNSS-Systemen

Bei der Steuerung von Baumaschinen wird unterschieden, ob die Maschine mit zwei Masten oder nur mit einem ausgestattet ist. Auf diesen Masten werden entweder GNSS-Empfänger oder spezielle Prismen (Abb. 13.9-1) angebracht, die sich aus allen Richtungen anzielen lassen. Damit ein ungestörter Empfang der Satellitensignale gewährleistet wird bzw. keine Unterbrechung des vom Instrument abgestrahlten Messsignals eintritt, werden Empfänger bzw. Prisma möglichst hoch befestigt. Zwei Mastsysteme in Verbindung mit GNSS-Empfängern werden als Dual GPS-Steuerung bezeichnet, die insbesondere in Verbindung mit Gradern und Dozern (Abb. 13.9-2) bei Bauwerken eingesetzt werden, die starke Neigungen und/oder permanente Gefällewechsel aufweisen und wo beim Einschieben ständig vorwärts und rückwärts gefahren werden muss. Die automatische Schildsteuerung erfolgt hier bereits aus dem Stand. Es werden immer die exakten Eckenpositionen des Schildes bestimmt, indem der Vektor zwischen den beiden GNSS-Empfängern permanent berechnet und hierdurch eine genaue Querneigungssteuerung des Schildes ermöglicht wird.

Abbildung 13.9-1: Rundumprisma `MT900` der Firma TRIMBLE; aktive Zielverfolgung mit 16-facher Identifikationsmöglichkeit für bis zu 16 Anwender in einem Baufeld; Visuren sind bis zu 45° möglich

Abbildung 13.9-2: Dozer mit zwei GNSS-Empfängern

Es sei noch erwähnt, dass auch das punktgenaue Setzen von Bohrlöchern mit Drehbohrgeräten für Gründungsanker oder Sprengladungen sich mithilfe von zwei GNSS-Empfängern realisieren lässt (Abb. 13.9-3), wozu eine spezielle Software notwendig ist, wie beispielsweise die von der Firma Trimble entwickelte DPS900.

3D-Maschinensteuerungen mit einem GNSS-Empfänger, auch Single 3D-GNSS-Steuerung genannt, können bei linienförmigen Bauwerken im Straßen- und Erdbau mit Gradern, Dozern, Baggern und Walzen kombiniert werden. Der GNSS-Empfänger misst permanent die dreidimensionale Position, z. B. bei einem Grader auf der Schar mit einer Genauigkeit von $\pm 2,5$ cm. Die Bedieneinheit im Führerhaus vergleicht wie bei der Ausrüstung mit zwei Empfängern ständig die Isthöhe mit der Sollhöhe des Digitalen Geländemodells und zeigt dem Fahrer grafisch Draufsicht, Längs- und Querprofil an sowie numerisch Höhendifferenz, Querwert zur Achse und absolute Position (x, y, z). Bei Dozern wird bei einer Single GNSS-

Abbildung 13.9-3: Drehbohrgerät mit zwei GNSS-Empfängern

Steuerung üblicherweise ein Querneigungssensor implementiert, sodass mit der Bedieneinheit jede beliebige Sollquerneigung vorgewählt werden kann. Die Bedieneinheit vergleicht Soll- und Istwert und steuert automatisch die hydraulischen Ventile des Schildes an.

Wegen der hohen Höhengenauigkeitsforderungen bei Fertigern im Millimeterbereich werden diese üblicherweise mithilfe von Robottachymetern gesteuert. Allerdings bietet z. B. die Firma TOPCON ein von ihr als „mm-GPS“ bezeichnete Steuerung mit zwei auf Masten angebrachten GNSS-Empfängern an, die mit der Bohle des Fertigers verbunden sind. Die beispielweise für die Aufbringung von Asphaltbelag notwendige Höhengenauigkeit wird durch seitlich aufgestellte Zonenlaser (Rotationslaser, die nur in einem vorgegebenen Sektor abstrahlen) erreicht, während die GNSS-Empfänger für die Richtungssteuerung, d. h. für die Maschinenorientierung, verwendet werden. Die Kombination von einem GNSS-Empfänger mit zusätzlich einem Kreisel-, Kompass- und Inertialsensor sowie mit Zonenlasern und mit der entsprechenden Software kann auch bei Gradern und Dozern eingesetzt werden und wird ebenfalls „mm-GPS“ bezeichnet.

Um die geforderten Genauigkeiten von 1 – 2 cm zu erreichen, wird bei allen hier vorgestellten Verfahren als Beobachtungsmethode die differenzielle Phasenmessung (Kap. 8.2.1) in Verbindung mit einer Referenzstation verwandt. Als Referenzstation kann entweder eine eigene Station oder eine Station eines Referenznetzes (Kap. 8.4) gewählt werden, die entweder von den staatlichen Vermessungsverwaltungen, z. B. SA*POS*®, betrieben oder von den namhaften Herstellern geodätischer Instrumente selbst unterhalten werden. Stöße und Vibrationen während des Arbeiteinsatzes der Maschinen führen zu ständigen mehr oder weniger starken Schwankungen der Antenne auf den hohen Masten, ein Problem, das durch die auf der Basis einer Kalman-Filterung entwickelten Software gelöst wurde.

13.9.2 Baumaschinensteuerung mit Robottachymetern

Die 3D-Positionsinformationen zur millimetergenauen Steuerung von Fertigern (Asphalt- oder Gleitschalunsfertiger) werden mit Ausnahme des Systems der Firma TOPCON ausschließlich mithilfe von Robottachymetern gewonnen, die das Ziel, zwei spezielle Reflektoren (Abb. 13.9-1), ständig anmessen und die Messwerte an den Computer in der Kabine des Maschinenführers übermitteln (Abb. 13.9-5). Hier werden mit diesen Daten und mit speziellen Programmen permanent die Positionen berechnet, die der autonomen Navigation der

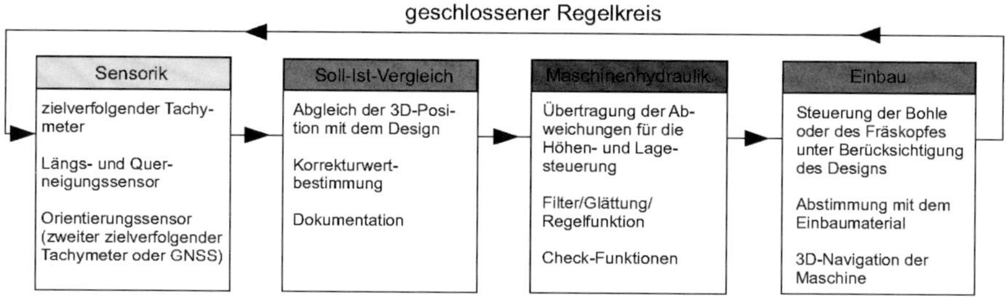

Abbildung 13.9-4: Geschlossener Regelkreis einer vollautomatischen 3D-Steuerung für einen Gleitschalungsfertiger

Maschine dienen, d. h. sowohl der Höhen- als auch der Richtungssteuerung. Der 3D-Soll-Ist-Vergleich definiert hierbei die hydraulischen Stellgrößen, sodass vom Maschinenfahrer nur noch die Geschwindigkeit reguliert wird. Diese Anwendungen mit Genauigkeitsanforderungen in der Größenordnung von 5 mm stellen hohe Forderungen an das Gesamtsystem, die nur erfüllt werden können, wenn alle Sensoren ausreichend synchronisiert sind. Ein geschlossener Regelkreis bildet hierfür die Grundlage (Abb. 13.9-4). Die in dieser Abbildung beschriebenen Teilschritte werden in der Software sequentiell abgearbeitet.

Bei den zu verwendenden Robottachymetern ist zunächst darauf zu achten, dass die Instrumente wegen des kinematischen Einsatzes (bei bewegten Objekten sind alle Messdaten von der Zeit abhängig) bezüglich der Tot- und Latenzzeiten sowie der systematischen Zeitverzögerungen entsprechend kalibriert wurden. So sollten Strecken- und Winkelmessungen auf den gleichen Zeitpunkt bezogen sein, weil eine Nichtbeachtung dieser Bedingung zu einer falschen Position führt. Auch müssen die Ziel- und Kippachsabweichungen (Kap. 3.4) der Instrumente genau bekannt sein, da nur in einer Lage gemessen werden kann und diese systematischen Abweichungen zuvor als Korrektionen anzubringen sind. Neben den systematischen Abweichungen treten wie bei jeder Messung auch zufällige Messabweichungen auf, die über eine Zeitreihenanalyse berücksichtigt werden. Da aber kinematisch gewonnene Messergebnisse Zeitreihen darstellen, sind im Allgemeinen keine Redundanzen vorhanden. Wenn die Messfrequenz in Abhängigkeit von der Geschwindigkeit des Objekts erhöht wird, werden die Intervalle zwischen den einzelnen Positionen der Maschine kleiner, und es ergeben sich so „überschüssige" Positionen, die als zeitvariable Redundanzen angesehen werden können. Diese werden durch Auswertemethoden der Zeitreihenanalyse, wie den linearen Filtertechniken, in Echtzeit ausgewertet. Bewährt hat sich z. B. der Kalman-Filter. Daher sollten die vorgesehenen Robottachymeter über eine Messfrequenz von $>$ 10 Hz, ein stabiles Zielverfolgungssystem, d. h. über einen schnellen Suchalgorithmus bei Zielverlust, und über ein System zur eindeutigen Prismenidentifikation verfügen. Instrumente, die diese Kriterien erfüllen, werden z. B. von den Firmen LEICA, TRIMBLE und TOPCON angeboten. So misst die z. B. von der Firma TRIMBLE speziell für den Einsatz der Baumaschinensteuerung weiterentwickelte UTS-Totalstation SPS930 20-mal je Sekunde Höhenwinkel und Richtungen auf 0,3 mgon genau und die Distanzen auf 1 mm bei Entfernungen von bis zu 200 m unter Einhaltung der zuvor aufgeführten Forderungen. Neben dem verschleißfreien elektromagne-

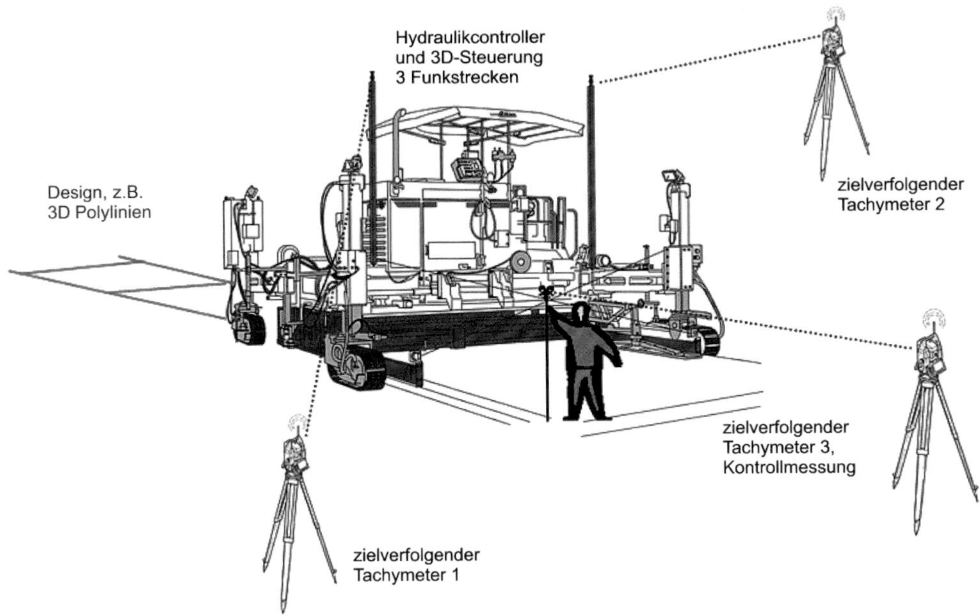

Abbildung 13.9-5: 3D-Verfahren zur Steuerung von Gleitschalungsfertiger nach Stempfhuber, hier mit einem zusätzlichen Robottachymeter für Kontrollmessungen

tischen Antrieb für beide Drehachsen besitzt das Instrument einen Zweiachskompensator, der die Stehachsschiefe automatisch berücksichtigt (Kap. 5.1.2).

Bei langen Straßen oder Rollfeldern werden entlang der Strecke mehrere Robottachymeter aufgebaut und mit fortschreitender Fertigstellung der Asphaltdecke umgebaut, um jeweils solch einen Abstand zu den Maschinenprismen aufzuweisen, dass Refraktionseinflüsse sich nicht auswirken können, um z. B. die Bohle eines Asphaltfertigers höhenmäßig im Millimeterbereich steuern zu können.

Auch die anderen Baumaschinen (Grader, Dozer, Bagger, Fräse, Walze) lassen sich sowohl bei einfachen als auch bei komplexen Geländekonturen (Kurven, Klotoiden, Überhöhungen, Verziehungen, Gefällewechsel), die in einem Digitalen Geländemodell vorhanden sind, mit einer 3D-Steuerung auf der Basis eines Robottachymeters realisieren. Diese 3D-Steuerungen können überall eingesetzt werden, insbesondere wenn GNSS-Signale nicht empfangen werden können. Mithilfe des Robottachymeters wird die dreidimensionale Position für das anzuzielende Prisma z. B. auf einem Bagger mit hoher Genauigkeit bestimmt. Die mit den einzelnen Bauteilen des Baggers verbundenen Sensoren liefern zusätzliche Messwerte, die zusammen mit denen des Robottachymeters benutzt werden, um die Position der Löffelschneide zu berechnen. Die Steuerung vergleicht ständig diese Position mit dem gespeicherten 3D-Geländemodell und zeigt dem Fahrer neben der Position auch die Höhe und Querneigung an sowie weitere Informationen.

14 Statistische Auswerteverfahren

Die Ursachen von Fehlern und Abweichungen sind im Kapitel 1.5 ausführlich dargestellt, weshalb an dieser Stelle auf eine erneute Behandlung der Begriffe *Fehler*, *systematische Abweichung*, die auch als funktionale Komponente einer Abweichung angesehen werden kann, und *zufällige Abweichung* verzichtet wird. Andere statistische Begriff wie das arithmetische Mittel oder die Standardabweichung werden im Folgenden nochmals, jetzt aber ausführlich vorgestellt.

14.1 Grundbegriffe der mathematischen Statistik

Zur statistischen Beurteilung zufälliger Abweichungen und zur Ableitung günstiger Werte für die Messungsgrößen geht man vom mathematischen Modell der *Grundgesamtheit* aus. Damit bezeichnet man die endliche oder (gedachte) unendliche Menge der gleichartigen, ausschließlich mit zufälligen Abweichungen behafteten Ergebnisse von Messungen oder Beobachtungen, die zur Ermittlung einer als *Zufallsvariable* bezeichneten Größe durchgeführt werden. Die Zufallsvariablen werden mit großen Buchstaben gekennzeichnet; der entsprechende kleine Buchstabe bezeichnet die möglichen Werte, welche eine Zufallsvariable annehmen kann.

Ordnet man die Messungsergebnisse x_j ihrer Größe nach, so werden diese entsprechend den Gesetzen der Wahrscheinlichkeitsrechnung um einen (theoretischen) Mittelwert schwanken, der in der Sprache der mathematischen Statistik der *Erwartungswert*

$$E\{X\} = \mu \tag{14.1}$$

genannt wird. Er ist der Durchschnittswert für alle möglichen Werte der Variablen, der mit Berücksichtigung ihrer Wahrscheinlichkeiten gebildet wird.

Der *wahre Wert* $\tilde{X}$ einer Zufallsvariablen kann vom Erwartungswert um den *Nichtzentralitätsparameter* δ (engl. „bias“) abweichen. Es gilt

$$\mu = \tilde{X} + \delta. \tag{14.2}$$

Der Nichtzentralitätsparameter δ wird hauptsächlich durch die systematischen Messabweichungen verursacht. Für eine statistisch gesicherte Aussage müssen die funktionale und zufällige Komponente der Abweichungen getrennt werden, da man sonst verzerrte Schätzungen für die zu bestimmenden Größen erhält. Werden die Messungsgrößen nur von zufälligen Abweichungen beeinflusst, ist der Nichtzentralitätsparameter $\delta = 0$, sodass der wahre Wert $\tilde{X}$ und der Erwartungswert μ zusammenfallen. Man spricht dann von *unverzerrten Zufallsvariablen*, die für die folgenden Betrachtungen unterstellt werden.
Die Differenzen

$$\varepsilon_j = x_j - \mu \tag{14.3}$$

der Messungen x_j zum Erwartungswert μ variieren zufällig nach Vorzeichen und Größe. Zur Abschätzung ihres Verhaltens in ihrer Gesamtheit bedient man sich der Wahrscheinlichkeitsrechnung.

Jedes Resultat einer Zählung oder Messung lässt sich als Ereignis auffassen. Ein Ereignis, dessen Eintreten unter gegebenen Bedingungen ungewiss oder möglich ist, das also weder sicher noch unmöglich ist, wird als *Zufallsereignis* bezeichnet (z. B. Würfeln einer Sechs). Jedem Zufallsereignis X kann eine bestimmte Zahl, die *Wahrscheinlichkeit* $P(X)$ (engl. „probability") für das Eintreten des Zufallsereignisses zugeordnet werden. $P(X)$ ist stets eine Zahl zwischen null und eins, einschließlich dieser Grenzen.

Es gelten folgende Axiome der *Wahrscheinlichkeit nach Kolmogoroff*:

Axiom 14.1 *Die Wahrscheinlichkeit ist nicht negativ*

$$P(X) \geq 0. \tag{14.4}$$

Axiom 14.2 *Die Wahrscheinlichkeit ist normiert, d. h. die Wahrscheinlichkeit des sicheren Ereignisses ist gleich eins*

$$P(\text{„}sicheresEreignis\text{“}) = 1. \tag{14.5}$$

Axiom 14.3 *Die Wahrscheinlichkeit ist additiv. Für eine Folge von endlich vielen oder abzählbar unendlich vielen Ereignissen* $(X_1, X_2, \ldots)$, *die sich gegenseitig ausschließen, gilt*

$$P(X_1 \; oder \; X_2 \; oder \; \ldots) = P(X_1) + P(X_2) + \ldots \tag{14.6}$$

Diese axiomatische Definition ist jedoch nicht geeignet, um für konkrete Fragestellungen Wahrscheinlichkeiten zu bestimmen.

Lässt sich mit den Rechenregeln der Kombinatorik die Anzahl k der Fälle bestimmen, in denen ein Ereignis X bei insgesamt n sich gegenseitig ausschließenden und gleichmöglichen Fällen vorkommen kann (wie das z. B. beim Würfeln mit einem regelmäßigen Würfel der Fall ist), so kann mithilfe der *klassischen Definition nach Laplace* die Wahrscheinlichkeit $P(X)$ für das Eintreten des Ereignisses x berechnet werden durch:

$$P(X) = \frac{k}{n}. \tag{14.7}$$

Beispiel 14.1.1: Wahrscheinlichkeit nach Laplace

P (*Würfeln einer „5"*) = 1/6
P (*Ziehen einer Kreuzkarte aus einem Skatspiel*) = 8/32 = 1/4

Für zahlreiche praktische Fragestellungen lassen sich jedoch nicht im Vorhinein, sondern erst nach der Ausführung von n Versuchen die k Fälle abzählen, in denen das Ereignis X eingetroffen ist. Hier ergibt sich mit der relativen Häufigkeit

$$h(X) = \frac{k}{n} \tag{14.8}$$

ein Näherungswert der Wahrscheinlichkeit („empirische Wahrscheinlichkeit"). Nach der *statistischen Definition* stellt der Grenzwert der relativen Häufigkeiten $h(X)$ bei unendlich häufiger Durchführung des Zufallsexperimentes die Wahrscheinlichkeit

$$P(X) = \lim_{n \to \infty} h_n(X)$$

für das Auftreten des Ereignisses X dar.

Nimmt eine *diskrete Zufallsvariable* X mit den Wahrscheinlichkeiten $P(X=x_1)$, $P(X=x_2),\ldots,P(X=x_n)$ die Werte $x_1,x_2,\ldots,x_n$ an, so schreibt man für $P(X=x_j)$ meist $f_X(x_j)$ und nennt $f_X(x_j)$ die *Dichte* oder die *Verteilung* von X an der Stelle x_j. (Anstelle dieser kurzen Bezeichnungen sind auch Dichtefunktion, Wahrscheinlichkeitsdichte oder Wahrscheinlichkeitsverteilung gebräuchlich).

Anmerkung: Wenn keine Verwechslung zu befürchten ist, kann $f_X(x)$ auch verkürzt mit $f(x)$ bezeichnet werden.

Die Dichte einer Zufallsvariablen X kann entweder in tabellarischer Form oder auch in Form einer funktionalen Abhängigkeit (wird weiter unten erläutert) dargestellt werden. Aus der Definition der Wahrscheinlichkeit folgt, dass die *Dichtefunktion einer diskreten Zufallsvariablen* die folgenden beiden Eigenschaften besitzt:

$$0 \le f_X(x_j) \le 1 \qquad \text{und} \qquad \sum_{j=1}^{n} f_X(x_j) = 1. \tag{14.9}$$

Beispiel 14.1.2: Dichte in tabellarischer Form
Zufallsvariable X als Augensumme beim Wurf zweier echter Würfel

X	$f(x_i)$	X	$f(x_i)$	X	$f(x_i)$
$x_1=2$	$1/36$	$x_5=6$	$5/36$	$x_9=10$	$3/36$
$x_2=3$	$2/36$	$x_6=7$	$6/36$	$x_{10}=11$	$2/36$
$x_3=4$	$3/36$	$x_7=8$	$5/36$	$x_{11}=12$	$1/36$
$x_4=5$	$4/36$	$x_8=9$	$4/36$		

Mit der Wahrscheinlichkeit $f(x_7)=5/36$ nimmt die Augensumme (Zufallsvariable X) den Wert $x_7=8$ an. Die Wahrscheinlichkeit für eine Augensumme kleiner als 2 oder größer als 12 ist $f(x)=0$, da es nicht möglich ist, dass die Augensumme diese Werte annehmen kann. In Abbildung 14.1-1 ist die Dichtefunktion als Stabdiagramm (durchgezogene Striche) und als Säulendiagramm (gestrichelte Säulen) dargestellt.

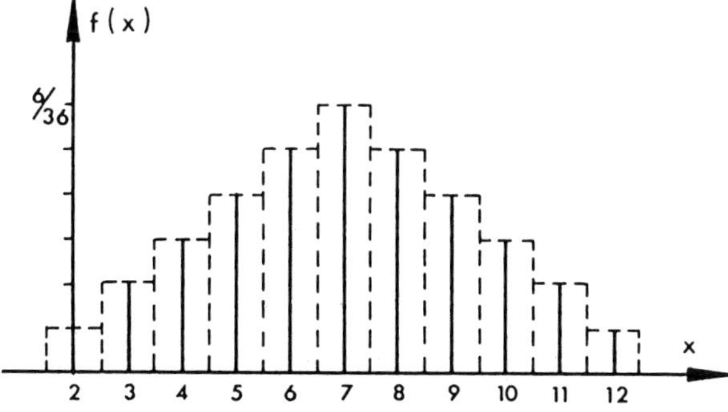

Abbildung 14.1-1: Dichtefunktion $f(x)$ einer diskreten Zufallsvariablen X

Bei einer *stetigen Zufallsvariablen* besitzt die Dichtefunktion die Eigenschaften:

$$\int_{-\infty}^{\infty} f_X(x) \cdot dx = 1 \quad \text{sowie} \quad f_X(x) \geq 0. \tag{14.10}$$

Die Fläche zwischen der Dichtefunktion und der x-Achse wird gleich 1 gesetzt. Die Dichtefunktion $f_X(x)$ selbst kann jedoch durchaus Werte über 1 annehmen, wenn der Kurvenverlauf sehr schlank und steil wird; sie gibt die Wahrscheinlichkeit dafür an, dass die Zufallsvariable X in das differenzielle Intervall dx um den Wert x fällt (Abb. 14.1-2).

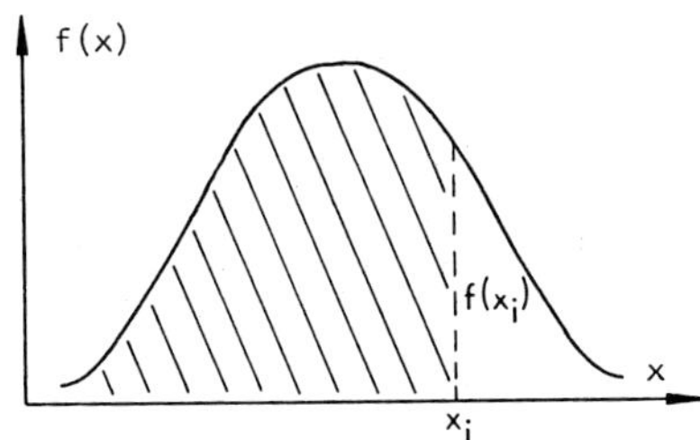

Abbildung 14.1-2: Dichtefunktion $f(x)$ einer stetigen Zufallsvariablen X. Gestrichelte Fläche = Wahrscheinlichkeit für einen Wert $< x_i$.

Addiert bzw. integriert man die Wahrscheinlichkeitsdichten $f_X(x)$ einer Zufallsvariablen X bis zu einem bestimmten Wert x_i, so erhält man die *Verteilungsfunktion*

$$F_X(x_i) = P(X \leq x_i). \tag{14.11}$$

Sie gibt die Wahrscheinlichkeit dafür an, dass die Zufallsvariable X irgendeinen Wert kleiner als x_i, d. h. in dem unendlichen Intervall $(X \leq x_i)$ annimmt (Abb. 14.1-3 und 14.1-4).
Anmerkung: Wenn keine Verwechslung zu befürchten ist, kann $F_X(x)$ auch verkürzt mit $F(x)$ bezeichnet werden.

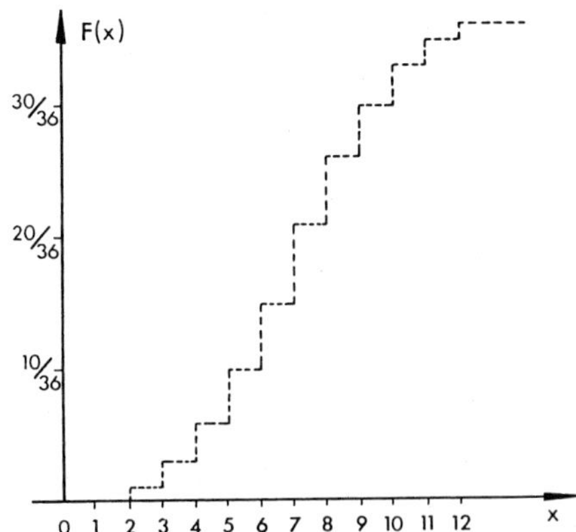

Abbildung 14.1-3: Verteilungsfunktion $F(x)$ einer diskreten Zufallsvariable X. Die einzelnen Stab- bzw. Säulenhöhen der Dichtefunktion werden addiert.

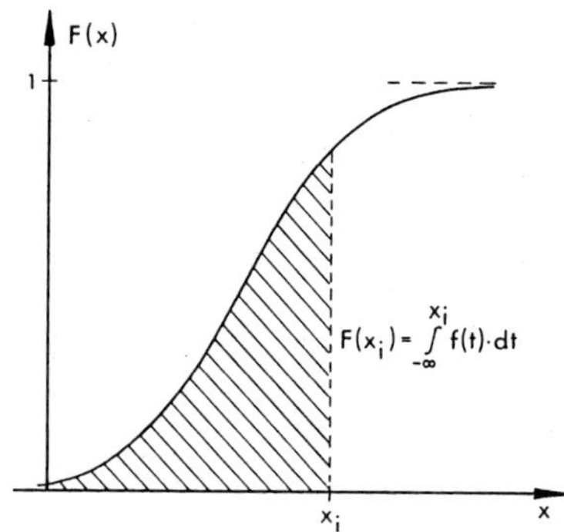

Abbildung 14.1-4: Verteilungsfunktion $F(x)$ einer stetigen Zufallsvariable X. Die Fläche zwischen Dichtefunktionskurve und x-Achse wird (von links) bis zur Ordinate des Wertes x_i integriert.

Die Wahrscheinlichkeit dafür, dass die Zufallsvariable X irgendeinen Wert x_i innerhalb eines Intervalls $a < X \leq b$ annimmt, ergibt sich als Differenz der Werte der Verteilungsfunktion an den Grenzen a und b. Für eine stetige Zufallsvariable X ist die Wahrscheinlichkeit (Abb. 14.1-5):

$$\begin{aligned} P\{a < X \leq b\} &= P\{X \leq b\} - P\{X \leq a\}; \\ &= F_X(b) - F_X(a) = \int_a^b f_X(x) \cdot dx. \end{aligned} \tag{14.12}$$

Zur Charakterisierung von Wahrscheinlichkeitsverteilungen benutzt man *Parameter*, auch Kenngrößen genannt. Die beiden wichtigsten sind der Erwartungswert und die Varianz.

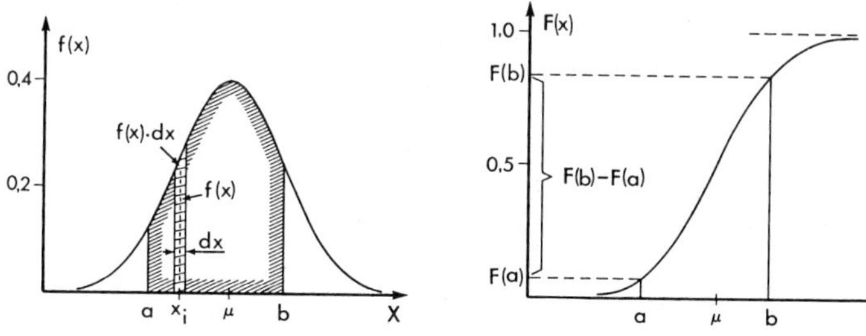

Abbildung 14.1-5: Wahrscheinlichkeit dafür, dass sich ein Messwert x_i zwischen den Grenzen a und b ergibt

Der *Erwartungswert* $E(X) = \mu$ ist das gewichtete Mittel aller Werte x_j, die eine Zufallsvariable X annehmen kann, wobei $f_X(x_j)$ bzw. $f_X(x) \cdot dx$ die *Gewichte* darstellen (siehe Kap. 14.3.6).

Diskrete Zufallsvariable	Stetige Zufallsvariable
$\mu = \sum_{j=1}^{n} x_j \cdot f_X(x_j)$	$\mu = \int_{-\infty}^{+\infty} x \cdot f_X(x) \cdot dx$

(14.13)

Die *Varianz* $V(X) = E((X-\mu)^2) = \sigma^2$ ist das gewichtete Mittel der Quadrate der Differenzen aller Werte x_j der Zufallsvariablen X zum Erwartungswert μ und stellt daher ein Maß für die „Streuung" aller Werte x_j um den Erwartungswert μ dar.

Diskrete Zufallsvariable	Stetige Zufallsvariable
$\sigma^2 = \sum_{j=1}^{n} (x_j - \mu)^2 \cdot f_X(x_j)$	$\sigma^2 = \int_{-\infty}^{+\infty} (x-\mu)^2 \cdot f_X(x) \cdot dx$

(14.14)

Die positive Quadratwurzel der Varianz heißt *Standardabweichung* σ

$$\sigma = {}_{+}\sqrt{\sigma^2}. \tag{14.15}$$

Sie besitzt die gleiche Dimension wie die Messwerte x_j.

14.2 Wahrscheinlichkeitsfunktionen

14.2.1 Binomialverteilung

Nach den Gesetzen der Kombinatorik ist die Wahrscheinlichkeit dafür, dass ein zufallsabhängiges Ereignis (mit der Wahrscheinlichkeit p bei der Einzelausführung) bei n unabhängigen Ausführungen eines Experimentes genau x-mal eintrifft:

$$f(x) = \binom{n}{x} p^x \cdot (1-p)^{n-x}, \tag{14.16}$$

wobei $x = 0, 1, \ldots, n$ ist.
Die durch diese Wahrscheinlichkeitsdichte bestimmte *diskrete Verteilung* heißt *Binomialverteilung*. Sie beschreibt das Auftreten von Zufallsgrößen bei der „Entnahme mit Zurücklegen" (dieser Ausdruck ist abgeleitet vom sogenannten „Urnenmodell", mit dem zufallsbedingte Massenerscheinungen approximativ durch die Entnahme von Kugeln aus einer Urne interpretiert werden können). Sie hat den

$$\textit{Erwartungswert} \quad \mu = n \cdot p \tag{14.17}$$

und die

$$\textit{Varianz} \quad \sigma^2 = n \cdot p \cdot (1-p). \tag{14.18}$$

Da die Binomialverteilung (besonders für große Werte von n) unhandlich ist, kann der Binomialkoeffizient

$$\binom{n}{x} = \frac{n!}{x! \cdot (n-x)!}$$

mithilfe der *Stirlingschen Formel*

$$n! \approx \sqrt{2 \cdot \pi \cdot n} \cdot \left(\frac{n}{e}\right)^n$$

umgewandelt werden.

Wächst die Anzahl $n \to \infty$, so lässt sich nach einem Grenzwertsatz von de Moivre und Laplace zeigen, dass die diskrete Binomialverteilung asymptotisch angenähert wird durch die *stetige Normalverteilung*. In der Praxis ist die Annäherung sehr gut, wenn $n \cdot p$ und $n \cdot (1-p)$ beide größer als 5 sind.

14.2.2 Normalverteilung

Eine normalverteilte Zufallsvariable X hat die *Wahrscheinlichkeitsdichte*

$$f_X(x) = \frac{1}{\sigma \cdot \sqrt{2\pi}} \cdot e^{-\frac{1}{2}((x-\mu)/\sigma)^2}, \tag{14.19}$$

wobei $x - \mu = \varepsilon =$ zufällige Abweichung, $\sigma =$ Standardabweichung, $e =$ Basis der natürlichen Logarithmen, $\pi = 3,14\ldots$. Die Normalverteilung wird auch Gauß-Verteilung oder Gaußsches Fehlergesetz genannt.

Werden die Werte der Dichtefunktion berechnet und in ein Koordinatensystem eingetragen, so ergibt sich die sogenannte *Gaußsche Glockenkurve*. Sie ist symmetrisch bezüglich μ und die zufälligen Abweichungen ε vom Erwartungswert μ sind ebenso oft positiv wie negativ, wobei die kleinen Abweichungen häufiger als große vorkommen (Abb. 14.2-1).

Sind der Erwartungswert μ und die Varianz σ^2 bzw. die Standardabweichung σ einer normalverteilten Zufallsvariablen $X \sim N(\mu, \sigma^2)$ bekannt, lässt sich die Wahrscheinlichkeitsdichte an jeder Stelle x bestimmen. Daher werden μ und σ^2 als die *Parameter der Normalverteilung* bezeichnet, wobei μ als *Lageparameter* (weil er die Lage des Scheitelpunktes der Glockenkurve auf der x-Achse angibt) und σ als *Formparameter* (weil σ den Abstand der Wendepunkte der Glockenkurve von der Mittelachse angibt und dadurch die Höhe und Schlankheit der Normalverteilung festlegt) bezeichnet werden.

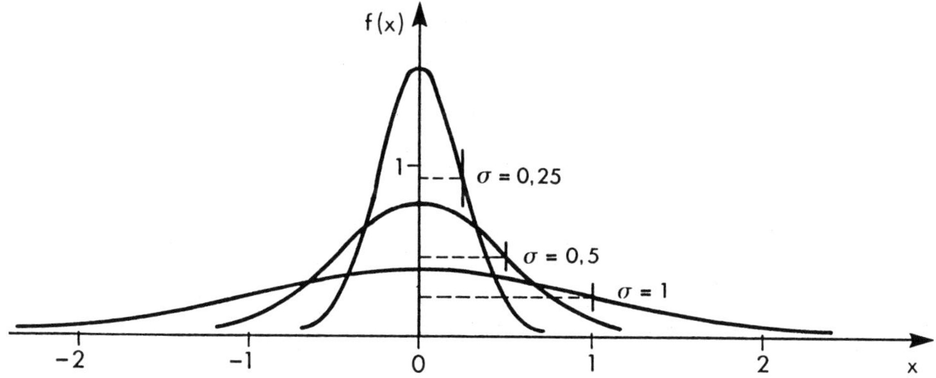

Abbildung 14.2-1: Dichtefunktion $f(x)$ der Normalverteilungen mit dem Erwartungswert $\mu = 0$ und den Standardabweichungen $\sigma = 0,25; \sigma = 0,5$ und $\sigma = 1$

Durch Integration ergibt sich die *Verteilungsfunktion* der Normalverteilung:

$$F_X(x) = \frac{1}{\sigma \cdot \sqrt{2\pi}} \int_{-\infty}^{x} e^{-\frac{1}{2}\left\{\frac{\xi-\mu}{\sigma}\right\}^2} d\xi. \tag{14.20}$$

Zentraler Grenzwertsatz

In der Wahrscheinlichkeitstheorie und in der Statistik spielen normalverteilte Zufallsvariable eine herausragende Rolle. Einerseits findet man in der Praxis häufig Verteilungen, die der Gaußschen Glockenkurve sehr ähnlich sind, wie das zufällige Streuen von Beobachtungen um einen unbekannten Erwartungswert. Andererseits treten in den Anwendungen als auch bei den Verfahren der Induktiven Statistik oft Summen von Zufallsvariablen auf, wobei die Summen vieler identisch verteilter Zufallsvariablen eine Verteilung aufweist, die sich approximativ mit der Gaußschen Glockenkurve beschreiben lässt. Dies ist ein Resultat, das sich mathematisch beweisen lässt und als sogenannter „Zentraler Grenzwertsatz" bekannt ist.

Der Zentrale Grenzwertsatz besagt, dass eine Summe von sehr vielen unabhängigen, identisch verteilten Zufallsvariablen mit endlicher Varianz approximativ normalverteil ist. Die Approximation gelingt umso besser, je größer die Anzahl der Summanden ist. In vielen Fällen ist eine Anzahl von 30 Summanden ausreichend, was die Beispiele der Abbildung 14.2-2 deutlich illustrieren.

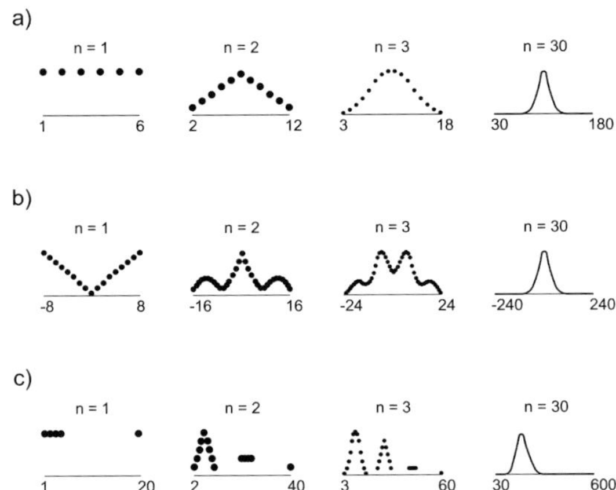

a) Die Gleichverteilung eines Würfels ist bei $n = 1$ dargestellt. Die Verteilung der Summe (der Augenzahl) von n Würfeln weist bereits für $n = 3$ den glockenförmigen Verlauf auf.

b) Bei $n = 1$ ist eine v-förmige Verteilung von -8 bis $+8$ dargestellt. Die Summe von 30 v-förmig verteilten, unabhängigen Zufallsvariablen ist glockenförmig.

c) In diesem Beispiel wurde die Augenzahl 6 des Würfels durch den Wert 20 ersetzt. Auch hier erhält man für $n = 30$, trotz vorhandenem Ausreißer, die typische Glockenform.

Abbildung 14.2-2: Beispiele zum Zentralen Grenzwertsatz

14.2.3 Standardnormalverteilung

Eine normalverteilte Zufallsvariable X lässt sich durch lineare Transformation in eine standardnormalverteilte Zufallsvariable Z umrechnen:

$$Z = \frac{X - \mu}{\sigma}. \tag{14.21}$$

Die lineare Transformation liefert eine *standardisierte* (= zentrierte und normierte) *Normalverteilung*, die den Erwartungswert $\mu = 0$ und die Standardabweichung $\sigma = 1$ besitzt (Abb. 14.2-3). Deren *Wahrscheinlichkeitsdichte*

$$f_Z(z) = \frac{1}{\sqrt{2\pi}} \cdot e^{-\frac{1}{2} \cdot z^2} \tag{14.22}$$

und deren *Verteilungsfunktion*

$$F_Z(z) = \frac{1}{\sqrt{2\pi}} \int_{-\infty}^{z} e^{-\frac{1}{2} \cdot t^2} dt \tag{14.23}$$

sind in Tabellen für positive z-Werte aufgeführt. Für negative z gelten die Werte:

$$f(-z) = f(z) \qquad \text{und} \qquad F(-z) = 1 - F(z). \tag{14.24}$$

Mit der linearen Transformation

$$x = \mu + z \cdot \sigma \tag{14.25}$$

lassen sich die Werte z einer standardisierten Zufallsvariablen $Z \sim N(0;1)$ in die x-Werte einer beliebigen normalverteilten Zufallsvariablen $X \sim N(\mu, \sigma^2)$ umrechnen. Dementsprechend ergeben sich die *Wahrscheinlichkeitsdichte*

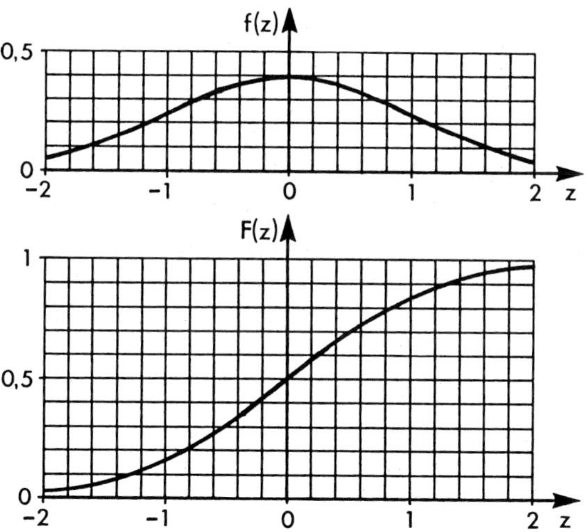

Abbildung 14.2-3: Wahrscheinlichkeitsdichte $f(z)$ und Verteilungsfunktion $F(z)$ der standardisierten Normalverteilung $N(\mu = 0; \sigma^2 = 1)$

$$f_X(x) = \frac{1}{\sigma} \cdot f_Z(z) \tag{14.26}$$

und die *Verteilungsfunktion*

$$F_X(x) = F_Z(z) \tag{14.27}$$

einer beliebigen Normalverteilung $X \sim N(\mu; \sigma^2)$ aus der Standardnormalverteilung $Z \sim N(0; 1)$.

14.2.4 Weitere Wahrscheinlichkeitsverteilungen

Die Normalverteilung ist die grundlegende Verteilung sowohl für die Wahrscheinlichkeitsrechnung als auch für die statistische Auswertung von Versuchs-, Beobachtungs- und Messergebnissen. Neben der Binomial- und der Normalverteilung gibt es noch weitere Wahrscheinlichkeitsverteilungen für spezielle Anwendungen.

Erwähnt werden soll hier noch die *diskrete Poissonverteilung*, die auch „Verteilung der seltenen Ereignisse" genannt wird. Sie nähert sich der Binomialverteilung sehr gut an, wenn die Erfolgswahrscheinlichkeit p beim einzelnen Experiment klein, während die Anzahl n der Ausführungen sehr groß ist. In der Praxis ist das der Fall, wenn die Anzahl $n \geq 50$ und $n \cdot p < 5$ ist. Die Poissonverteilung hat die

Wahrscheinlichkeitsdichte $$f(x) = \frac{\mu^x}{x!} \cdot e^{-\mu} \tag{14.28}$$

mit dem *Erwartungswert* $$\mu = n \cdot p \tag{14.29}$$

und der *Varianz* $$\sigma^2 = \mu. \tag{14.30}$$

Sie findet Anwendung bei der Bedienungstheorie (z. B. bei der Verkehrssteuerung durch Ampeln) und der Zuverlässigkeitstheorie. Weitere Einzelheiten über die Poissonverteilung und über andere diskrete oder stetige Verteilungen mit ihren Spezialanwendungen können der statistischen Literatur entnommen werden. Auf drei Verteilungen, die speziell als Testverteilungen benutzt werden, wird in Kapitel 14.5 eingegangen.

Alle Verteilungen haben jedoch gemein, dass sie sich mit wachsender Anzahl n der Experimente (mehr oder weniger schnell) asymptotisch der Normalverteilung annähern, folglich ab einer bestimmten Anzahl n durch diese ersetzt werden können. Dadurch sei die Wichtigkeit der Normalverteilung noch einmal unterstrichen.

14.2.5 Beispiele zur Binomial- und Normalverteilung

Beispiel 14.2.1: Bei Festigkeitsprüfungen habe sich herausgestellt, dass 10 % der unabhängig produzierten Prüflinge den Anforderungen nicht genügen. Wie groß ist die Wahrscheinlichkeit, dass von *sechs* zufällig ausgewählten Prüflingen

1) genau *ein*,
2) höchstens *zwei*

unbrauchbar sind.
Lösung: Da es sich um diskrete Werte handelt, ist die Binomialverteilung zu benutzen.

Zu 1) Die Wahrscheinlichkeit, genau *einen* unbrauchbaren Prüfling zu produzieren, beträgt $p = 0,1$. Folglich ist

$$f(1) = \binom{6}{1} \cdot 0,1 \cdot (1-0,1)^{6-1} = 0,3543,$$

d. h., mit der Wahrscheinlichkeit von 35,4 % ist von *sechs* Prüflingen genau *ein* Prüfling unbrauchbar.

Zu 2) Wenn höchstens *zwei* Prüflinge unbrauchbar sein dürfen, sind *drei* Fälle möglich und zwar entweder $x_1 = 0$ bzw. $x_2 = 1$ bzw. $x_3 = 2$ Prüflinge sind unbrauchbar. Daher ergibt sich die gesuchte Wahrscheinlichkeit als Verteilungsfunktion.

$$F(2) = \sum_{x_j \leq 2} f(x_j) = \binom{6}{0} \cdot 0,1^0 \cdot (1-0,1)^{6-0} + \binom{6}{1} \cdot 0,1^1 \cdot (1-0,1)^{6-1}$$
$$+ \binom{6}{2} \cdot 0,1^2 \cdot (1-0,1)^{6-2}$$
$$= 0,5314 + 0,3543 + 0,0984 \ = \ 0,984 \ ,$$

d. h., mit der Wahrscheinlichkeit von 98,4 % sind von *sechs* Prüflingen höchstens *zwei* unbrauchbar.

Beispiel 14.2.2: Eine stetige Zufallsvariable X sei normalverteilt mit $\mu = 4$ und $\sigma = 2$. Mit welcher Wahrscheinlichkeit ist die Zufallsvariable

1) $X < x_1 = 6$

2) $X > x_2 = 0$

3) $0 < X < 6$

Lösung: Zuerst müssen die Werte der Zufallsvariablen X in Werte der Standardnormalvariablen $Z(\mu = 0; \sigma^2 = 1)$ umgeformt werden mit $z = \frac{x-\mu}{\sigma}$.

$$z_1 = \frac{6-4}{2} = 1; \quad z_2 = \frac{0-4}{2} = -2$$

Die gesuchten Wahrscheinlichkeiten können nun der Tabelle 14.5-2 für die Verteilungsfunktion der Standardnormalverteilung entnommen werden.

Zu 1) Für $P(Z < z_1)$ ergibt sich an der Stelle $z_1 = 1$ der Wert der Verteilungsfunktion $F(1) = 0,8413$, d. h., mit 84,13 % Wahrscheinlichkeit ist die Variable $X < 6$.

Zu 2) Mit $P(Z > z_2) = 1 - P(Z < z_2 = -2)$ und $F(-z) = 1 - F(z)$ ergibt sich $P(Z > z_2) = 1 - (1 - F(+2)) = F(2) = 0,9772$, d. h. mit 97,72 % Wahrscheinlichkeit ist die Variable $X > 0$.

Zu 3) Die Wahrscheinlichkeit $P(x_2 < X < x_1)$ ergibt sich aus

$$\begin{aligned} P(z_2 < Z < z_1) &= P(Z < z_1) - P(Z < z_2) \\ &= F(+1) - F(-2) = F(+1) - (1 - F(+2)) \\ &= 0,8413 - 0,0228 = 0,8185, \end{aligned}$$

d. h. mit $81,85\ \%$ Wahrscheinlichkeit gilt $0 < X < 6$.

Beispiel 14.2.3: Eine standardnormalverteilte Zufallsvariable Z ist mit etwa $95,45\ \%$ Wahrscheinlichkeit

1) kleiner als der Wert $z_1 = 1,69$;
2) innerhalb des Intervalls $z_2 = -2 < Z < z_3 = +2$.

Welche Werte x_j ergeben sich für eine normalverteilte Zufallsvariable X mit $\mu = 100$ und $\sigma = 10$?

Lösung: Aus $z = \dfrac{x-\mu}{\sigma}$ folgt $x = \mu + z \cdot \sigma$ und damit für:

Zu 1) $x_1 = 100 + 1,69 \cdot 10 = 116,9$

Zu 2) $x_2 = 100 - 2 \cdot 10 = 80; x_3 = 100 + 2 \cdot 10 = 120$

Beispiel 14.2.4: Zur Erläuterung der Annäherung einer diskreten Binomialverteilung durch eine stetige Normalverteilung bestimme man die Wahrscheinlichkeit, bei $n = 10$ Würfen einer echten Münze zwischen vier- und siebenmal „Kopf“ zu erhalten, und zwar sowohl bei Verwendung der Binomialverteilung als auch der Normalverteilung.

Lösung: Die Wahrscheinlichkeit, bei einem Wurf „Kopf“ zu erhalten, beträgt $p = 0,5$, sodass sich für $P(4 \leq X \leq 7)$ ergibt:

1) Binomialverteilung

$$\begin{aligned} P(4 \leq X \leq 7) &= F(7) - F(4) = \sum_{x_j \leq 7} f(x_j) - \sum_{x_j < 4} f(x_j) \\ &= f(4) + f(5) + f(6) + f(7) \\ &= \binom{10}{4} \cdot 0,5^4 \cdot 0,5^6 + \binom{10}{5} \cdot 0,5^5 \cdot 0,5^5 \\ &\quad + \binom{10}{6} \cdot 0,5^6 \cdot 0,5^4 + \binom{10}{7} \cdot 0,5^7 \cdot 0,5^3 \\ &= 0,2052 + 0,2461 + 0,2051 + 0,1172 \\ &= 0,7734 \quad \hat{=} \quad 77,34\ \% \end{aligned}$$

2) Bei Verwendung der Normalverteilung behandelt man die Daten so, als seien sie stetig. Daraus folgt, dass vier- bis siebenmal „Kopf“ als 3,5- bis 7,5-mal „Kopf“ aufgefasst werden muss. Die Binomialverteilung hat den

$$Erwartungswert \quad \mu = n \cdot p = 10 \cdot \frac{1}{2} = 5$$

und die

$$\textit{Standardabweichung} \quad \sigma = \sqrt{n \cdot p \cdot (1-p)} = \sqrt{10 \cdot \frac{1}{2} \cdot \frac{1}{2}} = 1{,}58.$$

Mit $z = \frac{x-\mu}{\sigma}$ werden die Werte $3{,}5$ und $7{,}5$ in Standardeinheiten umgerechnet.

$$z_1 = \frac{3{,}5-5}{1{,}58} = -0{,}95 \qquad \text{und} \qquad z_2 = \frac{7{,}5-5}{1{,}58} = 1{,}58.$$

Die gesuchte Wahrscheinlichkeit ist somit die Fläche zwischen $z_1 = -0{,}95$ und $z_2 = 1{,}58$.

$$\begin{aligned} P(3{,}5 \le X \le 7{,}5) &= P(-0{,}95 \le Z \le 1{,}58) = F(1{,}58) - F(-0{,}95); \\ &= 0{,}9429 - 0{,}1711 = 0{,}7718 \mathrel{\hat{=}} 77{,}18\ \%. \end{aligned}$$

Die Übereinstimmung mit der exakten Wahrscheinlichkeit $77{,}34\ \%$ der Binomialverteilung ist recht gut und wird für große Anzahlen n noch besser.

14.3 Parameterschätzung

14.3.1 Stichprobe

Bisher haben wir gesehen, dass die *Grundgesamtheit* der Zufallsexperimente einer Zufallsvariablen durch die Dichtefunktion beschrieben werden kann. Die Parameter dieser Funktion sind jedoch meist unbekannt und die Grundgesamtheit selbst kann aus finanziellen, zeitlichen oder prinzipiellen Gründen nicht als Ganzes untersucht werden, da sich nur eine begrenzte Menge von Messungen (Experimente) ausführen lässt. Hat man ein bestimmtes Experiment, z. B. eine Streckenmessung, n-mal ausgeführt, so liegen als Ergebnis die Messwerte $x_i, (i = 1, 2, \ldots, n)$ vor, die *Realisierungen* der Zufallsvariablen X darstellen. Sie werden als aus der Grundgesamtheit entnommene *Stichprobe* vom Umfang n aufgefasst.

Die Aufgabe der Statistik besteht nun darin, die Eigenschaften der Grundgesamtheit anhand der Stichprobe mit möglichst guter Annäherung zu bestimmen, also *Schätzwerte für die Parameter* der Wahrscheinlichkeitsfunktion der Grundgesamtheit abzuleiten. Voraussetzung ist, dass die Stichprobe eine Zufallsauswahl darstellt und die n Ausführungen des Experimentes voneinander unabhängig sind, d. h., kein Experiment darf das Ergebnis eines anderen Experimentes beeinflussen. Die Parameter der Grundgesamtheit werden mit griechischen Buchstaben bezeichnet, für Schätzwerte benutzt man lateinische Buchstaben oder versieht die Parametersymbole mit einem Dach (ˆ); z. B. wird der Schätzwert für die Standardabweichung mit den Symbolen s bzw. $\hat{\sigma}$ bezeichnet.

14.3.2 Klassenbildung und Häufigkeitsfunktion

Die Stichprobenwerte werden zuerst in einer *Urliste* erfasst, die noch nicht numerisch geordnet ist. Ordnet man die Daten nach ihrer Größe in steigender oder fallender Reihenfolge, so erhält man eine *Verteilungstafel*. Sämtliche Stichprobenwerte liegen innerhalb eines bestimmten Intervalls $a \le x_i \le b$. Die Differenz zwischen der größten und der kleinsten Zahl wird als *Spannweite* R (engl. „Range“) bezeichnet. Kommen in einer Stichprobe sehr viele zahlenmäßig verschiedene Werte vor, so kann die Stichprobe zur besseren Übersichtlichkeit durch *Gruppierung* oder *Klassenbildung* vereinfacht werden. Dazu wird der Wertebereich in m Klassenintervalle der Breite Δx eingeteilt und mit k_j die Klassenhäufigkeit (Anzahl der Messwerte) in der j-ten Klasse mit der Klassenmitte x_j bezeichnet, wobei gilt

$$0 \leq k_j \leq n \qquad \text{und} \qquad \sum_{j=1}^{m} k_j = n. \tag{14.31}$$

Die Klassenhäufigkeit ermittelt man am besten in einer Strichliste. Das Verhältnis der Klassenhäufigkeit k_j zum Stichprobenumfang n ist die *relative Häufigkeit* oder *Häufigkeitsfunktion*

$$h(x_j, \Delta x) = \frac{k_j}{n} \tag{14.32}$$

wobei $j = 1, 2, \ldots, m$. Es gilt

$$0 \leq h(x_j, \Delta x) \leq 1 \qquad \text{und} \qquad \sum_{j=1}^{m} h(x_j, \Delta x) = \frac{1}{n} \cdot \sum_{j=1}^{m} k_j = 1. \tag{14.33}$$

Falls eine Klassenbildung durchgeführt wird, muss beachtet werden, dass die ursprüngliche Feinheit der Daten zerstört und die Auswertungsergebnisse verfälscht werden können, und zwar um so stärker, je geringer die Anzahl der Klassen und je geringer die Anzahl der Messungen ist. Bei zu großer Anzahl der Klassen vergrößert sich der Rechenaufwand. Außerdem ergeben die zufälligen Schwankungen der beobachteten Häufigkeiten dann eine sehr stark zerklüftete Häufigkeitsverteilung. Nach einer Faustregel lässt sich die *Klassenzahl m* bestimmen nach:

$$m \leq 5 \cdot \lg n, \tag{14.34}$$

wobei $6 \leq m \leq 20$ gelten soll. Daraus ergibt sich die *Klassenbreite* $\Delta x \approx \frac{R}{m}$, wobei $R (= x_{max} - x_{min})$ die Spannweite ist. Die Klassenbreite Δx sollte konstant sein. Die Frage, zu welcher Klasse solche Messwerte gehören, die auf die Klassenränder fallen, umgeht man in der Statistik üblicherweise dadurch, dass die Klasseneinteilung durch rechtsoffene Intervalle festgelegt wird (z. B. $42 \leq x < 44$, alle Werte von 42 bis unter 44 gehören zum Intervall). Eine Klasseneinteilung wird häufig nicht deswegen vorgenommen, um Schätzwerte zu ermitteln, sondern um die Messwerte darstellen zu können.

Will man eine Klasseneinteilung für bereits vorliegende Messwerte vornehmen, so lassen sich die Klassenränder auch so legen, dass die Messwerte nicht mit ihnen zusammenfallen können. Dazu rundet man die nach $\frac{R}{m} \approx \Delta x$ genähert berechnete Klassenbreite auf den nächstgrößeren Wert auf, der die gleiche Stellenzahl wie die Messwerte (in Einheiten des kleinsten Messwertsprunges) besitzen. Die Klassenränder werden nun so in die Zwischenräume gelegt, dass sie um die halbe Einheit des kleinsten Messwertsprunges von zwei benachbarten möglichen Messwerten entfernt sind und untereinander den Abstand Δx haben.

Zweckmäßigerweise baut man aus Symmetriegründen die gesamte Klasseneinteilung von der Mitte des Messwertbereichs $\{= (x_{max} + x_{min})/2\}$ aus auf. Bei gerader Klassenzahl m legt man hierhin den mittleren Klassenrand, wobei jedoch darauf zu achten ist, dass die Klassenränder, wie gesagt, in der Mitte zwischen den möglichen Messwerten liegen sollen. Der durch $(x_{max} + x_{min})/2$ erhaltene Wert wird folglich maximal bis zu einem halben Messwertsprung nach oben oder unten gerundet. Falls der Zahlenwert $(x_{max} + x_{min})/2$ genau einem möglichen

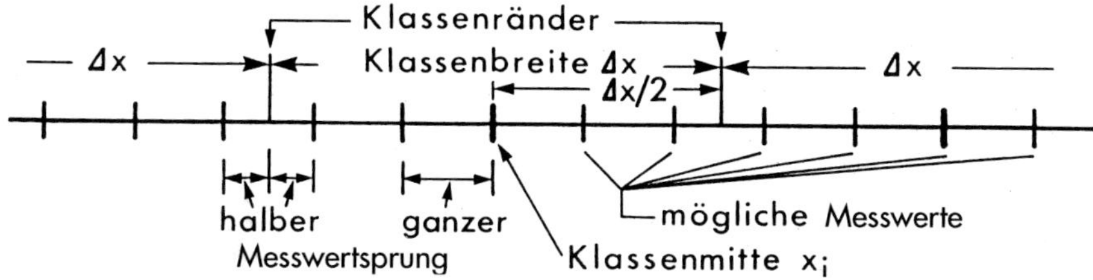

Abbildung 14.3-1: Klasseneinteilung mit Klassenrändern zwischen den Messwerten

Messwert entspricht, kommen beide Entscheidungen (aufrunden oder abrunden) infrage. In diesem Fall rundet man zu der Seite hin, auf der auch der Mittelwert aller Messwerte liegt (oder vermutet wird). Mit $((x_{max} + x_{min})/2 + \Delta x/2)$ berechnet man bei ungerader Klassenanzahl m den Ausgangswert für den rechten Klassenrand der mittleren Klasse. Zur genauen Festlegung dieses Klassenrandes verfährt man analog der obigen, für gerade Klassenanzahl gemachten Ausführungen.

Beispiel 14.3.1: Ganzzahlige Messwerte mit „1" als dem kleinsten Messwertsprung, d. h., jede ganze Zahl zwischen x_{max} und x_{min} ist ein möglicher Messwert.

$x_{max} = 21$; $x_{min} = 5$; $R = 21 - 5 = 16$; $n = 70$ Messwerte;
$m \leq 5 \cdot \lg 70 = 9,23 \rightarrow m = 9$ (ungerade Klassenzahl);
$\Delta x \approx 16/9 = 1,78 \rightarrow \Delta x = 2$; $(x_{max} + x_{min})/2 = 13$ ($\hat{=}$ möglicher Messwert);
$\bar{x} = 13,12$ (Mittel aller Messwerte); $(x_{max} + x_{min})/2 + \Delta x/2 = 14$;
rechter Klassenrand der mittleren Klasse: $14 + 0,5 = 14,5$ (Addition des halben Messwertsprungs wegen $\bar{x} > (x_{max} + x_{min})/2$);
linker Klassenrand: $14,5 - \Delta x = 12,5$;
mittlere Klassenmitte: $14,5 - \Delta x/2 = 13,5$.

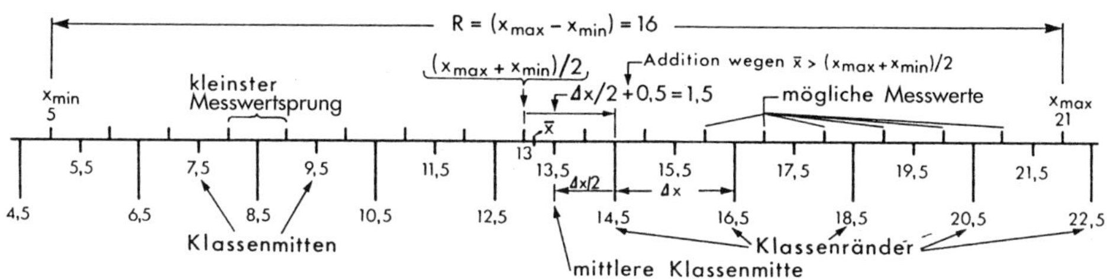

Abbildung 14.3-2: Klasseneinteilung bei ungerader Klassenanzahl m

Die Häufigkeitsfunktion $h(x_j, \Delta x)$ ist ein Schätzwert für die Wahrscheinlichkeitsdichte $f(x)$ der Grundgesamtheit. Die grafische Darstellung der Häufigkeitsfunktion wird als *Histogramm* bezeichnet und besteht aus Rechtecken, deren Flächen proportional zu den Klassenhäufigkeiten sind. Haben alle Klassen die gleiche Breite, so entsprechen die Höhen den Klassenhäufigkeiten (Abb. 14.3-3 links).

Durch die fortlaufende Addition der relativen Häufigkeiten $h(x_j, \Delta x)$ erhält man die *Summenhäufigkeitsfunktion*

$$H(x_i, \Delta x) = \sum_{j=1}^{i} h(x_j, \Delta x) \tag{14.35}$$

mit den Grenzen $0 \leq H(x_i, \Delta x) \leq 1$. Sie ist ein Schätzwert für die Verteilungsfunktion $F(x)$ und wird in der Regel als *Summenhäufigkeitspolygon* dargestellt. Die Werte der Summenhäufigkeitsfunktion $H(x_i)$ werden an der Stelle $x_i + \Delta x/2$, also an den rechten Klassenrändern abgetragen (Abb. 14.3-3 rechts).

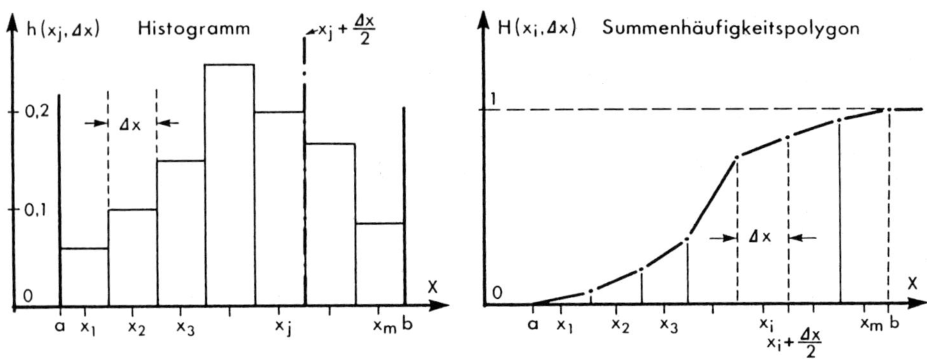

Abbildung 14.3-3: Histogramm und Summenhäufigkeitspolygon einer stetigen Zufallsvariablen

Beispiel 14.3.2: Darstellung von Häufigkeitsverteilungen
An 40 Probewürfeln wurden folgende Betondruckfestigkeiten x_j [N/mm²] ermittelt. Die Betondruckfestigkeit ist hier die Zufallsvariable X.

$$x_j = \begin{matrix} 52,6 & 49,8 & 52,3 & 47,4 & 46,3 & 44,5 & 46,1 & 48,3 & 44,5 & 50,8 \\ 43,8 & 49,7 & 50,4 & 54,6 & 42,1 & 50,4 & 53,9 & 51,3 & 55,1 & 46,7 \\ 50,2 & 55,2 & 49,6 & 57,0 & 51,8 & 52,8 & 49,4 & 49,2 & 48,1 & 53,1 \\ 48,9 & 46,1 & 51,5 & 53,6 & 47,1 & 51,1 & 48,5 & 47,1 & 50,8 & 48,6 \end{matrix}$$

$$x_{max} = 57,0; x_{min} = 42,1 \text{ ; Spannweite } R = 57,0 - 42,1 = 14,9$$

Faustformel: Klassenanzahl $m \leq 5 \cdot \lg 40 = 5 \cdot 1,6 = 8$
Klassenbreite $\Delta x \approx \frac{R}{m} = 14,9/8 = 1,86 \rightarrow \Delta x = 1,9$

Die Messwerte besitzen *eine* Dezimalstelle nach dem Komma mit $0,1$ Messwertsprung, daher wird $\Delta x = 1,9$ als Dezimalzahl gewählt. Die Klassenränder sind um $\Delta x/2 = 0,95$ von den Klassenmitten entfernt. Die Mitte des Wertebereichs liegt bei $(x_{max} + x_{min})/2 = 49,55$, wo gleichzeitig der mittlere Klassenrand ist (weil m geradzahlig ist).

Klassen Nr.		1	2	3	4	5	6	7	8
Klassenmitte		42,90	44,80	46,70	48,60	50,50	52,40	54,30	56,20
Klassenränder	41,95	43,85	45,75	47,65	49,55	51,45	53,55	55,25	57,15

Klassen Nr.	Klassen-mitte	Klassen-grenzen	Strich-liste	Absolute Häufig-keit k_j	Relative Häufig-keit $h(x_j, \Delta x)$	Absolute Summen-häufig-keit	Relative Summen-häufig-keit $H(x_i, \Delta x)$
1	42.9	42.0 - 43.8	//	2	5%	2	5%
2	44.8	43.9 - 45.7	//	2	5%	4	10%
3	46.7	45.8 - 47.6	### //	7	17.5%	11	27.5%
4	48.6	47.7 - 49.5	### //	7	17.5%	18	45%
5	50.5	49.6 - 51.4	### ###	10	25%	28	70%
6	52.4	51.5 - 53.3	### /	6	15%	34	85%
7	54.3	53.4 - 55.2	###	5	12.5%	39	97.5%
8	56.2	55.3 - 57.1	/	1	2.5%	40	100%
				40	100%		

Trägt man die absoluten bzw. relativen Häufigkeiten auf, so erhält man das Histogramm als Schätzung für die Dichtefunktion der Grundgesamtheit (Abb. 14.3-4 links). Entsprechend ergeben die absoluten bzw. relativen Summenhäufigkeiten aufgetragen das Summenhäufigkeitspolygon, eine Schätzung für die Verteilungsfunktion. Beim Konstruieren der Letzteren beginnt man am linken Rand der untersten Klasse mit dem Wert „null" und trägt die weiteren Summenhäufigkeitswerte an den rechten Klassenrändern ab. Die Verbindung der Punkte liefert dann das Summenhäufigkeitspolygon (Abb. 14.3-4 rechts).

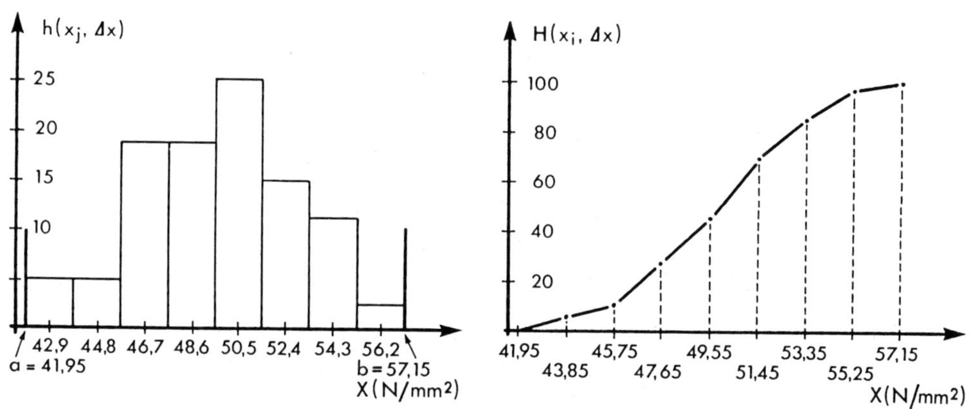

Abbildung 14.3-4: Histogramm und Summenhäufigkeitspolygon zu Beispiel 14.3.2

14.3.3 Box-Plot

Box-Plots sind Diagramme oder Darstellungsformen der sogenannten explorativen Datenanalyse. Der Box-Plot oder Box-Whisker-Plot bietet einen direkten Überblick über die Verteilung aller relevanten Werte und der damit verbundenen Lage und Streuungsmaße. Aus diesem Grund eignet er sich besonders zum Vergleich verschiedener Verteilungen. Ein Box-Plot vermittelt einen Eindruck, in welchem Bereich die Daten liegen, und wie sie über diesen

Bereich verteilt sind. Er nutzt dazu die bekannte Fünf-Punkte-Zusammenfassung: den Median, die zwei Quartile und die beiden Extremwerte. Zudem ermöglicht der Box-Plot die Identifikation (ohne numerischen Nachweis) eventueller Ausreißer.

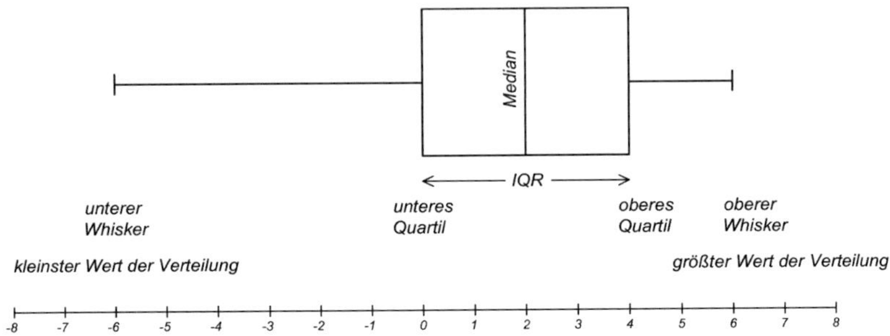

Abbildung 14.3-5: Aufbau eines Box-Plots

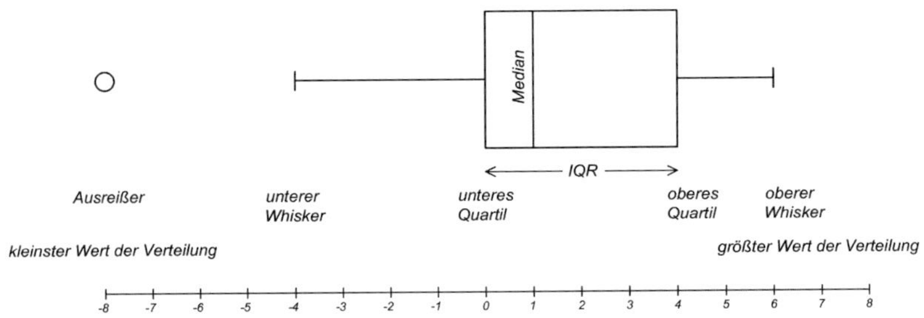

Abbildung 14.3-6: Ausreißer

Der prinzipielle Aufbau ist aus Abbildung 14.3-5 ersichtlich. Im Rechteck des Box-Plots befinden sich die mittleren 50 % der Daten. Innerhalb dieses Rechtecks befindet sich der durch einen durchgehenden Strich eingezeichnete Median, das bekannte mittlere (50 %) Quantil. Die Lage des Medians innerhalb des Rechtecks ist von der Form der Verteilung abhängig und liegt nur im Ausnahmefall genau mittig. Die Box wird durch das untere (25 %) und obere (75 %) Quartil bzw. den unteren und oberen Viertelwert begrenzt. So entspricht die Länge der Box dem Interquartilsabstand IQR (interquartile range). Seitlich der Box befinden sich zwei Linien, die sogenannten Antennen oder „Whisker“, die durch kleine Striche abgeschlossen werden. Es sei an dieser Stelle darauf hingewiesen, dass die Definition der Antennen nicht einheitlich geführt wird: So soll z. B. die Länge der Whisker auf maximal das 1,5-fache des Interquartilsabstandes beschränkt werden. Liegen die Daten, beziehungsweise die Extremwerte, innerhalb dieses 1,5-fachen Wertes oder fallen genau mit ihm zusammen, so enden die Whisker an den Extremwerten. Die kleinen Striche stellen dann die Extremwerte, d. h. den kleinsten und den größten Datenwert, des Datensatzes dar. Die Daten, die außerhalb der Whisker liegen, sind entweder als Ausreißer zu identifizieren oder zumindest ausreißerverdächtig. Sie werden als solche auch im Diagramm, z. B. mit dem Kreis-Symbol, gekennzeichnet. Stark unsymmetrische Box-Plots mit vielen Ausreißern deuten u. U. auf Daten hin, die nicht normalverteilt sind.

Eine Abwandlung der Box-Plots besteht darin, dass der arithmetische Mittelwert (als nichtrobustes Lagemaß) mit in der Darstellung eingetragen wird, z. B. mit einem Stern-Symbol.

14.3.4 Numerische Methoden zur Parameterschätzung

14.3.4.1 Schätzfunktion und Punktschätzung

Es sei X eine Zufallsvariable, deren Wahrscheinlichkeitsverteilung (siehe Kap. 14.2) P_ϑ einen unbekannten Parameter ϑ enthält. Eine Funktion $\hat{\vartheta}(\cdot)$, die den Realisierungen (Messwerten, Beobachtungen) $x_1, \ldots, x_n$ von n unabhängigen Wiederholungen $X_1, \ldots, X_n$ von X einen festen Zahlenwert $\hat{\vartheta} = \hat{\vartheta}(x_1, \ldots, x_n)$ zuordnet, heißt *Schätzfunktion*, *Schätzer* oder *Schätzstatistik*. Der Wert $\hat{\vartheta}$ nach Einsetzen der Realisierungen $x_1, \ldots, x_n$ heißt *Schätzwert* oder *Punktschätzung* für ϑ.

- *Vor* der Beobachtung (a priori) ist $\hat{\vartheta}(X_1, \ldots, X_n)$ eine Zufallsvariable.
- *Nach* der Beobachtung ist $\hat{\vartheta}(x_1, \ldots, x_n)$ eine feste Zahl.

Eine Schätzfunktion gibt folglich an, wie aus Eingangsvariablen die Ergebnisvariable (Schätzvariable) abzuleiten ist. Die Eigenschaften einer Schätzfunktion $\hat{\vartheta}_n$ (n = Anzahl der zugrunde liegenden Beobachtungen) sind über das Wahrscheinlichkeitsverhalten der Zufallsvariablen $\hat{\vartheta}(X_1, \ldots, X_n)$ zu charakterisieren. Am Beispiel der Mittelwertvariablen $\bar{X}$ sei überprüft und verdeutlicht, ob diese Schätzfunktion *erwartungstreu (unverzerrt)* ist. Weitere Eigenschaften können *konsistent (übereinstimmend)*, *effizient (wirksam)*, *erschöpfend (hinreichend)* und *robust* sein, auf deren Nachweis hier nicht eingegangen werden kann (siehe hierzu z. B. *Benning* (2011, Kap. 5.2.2)).

Sind alle n Wiederholungen $X_1, \cdots, X_n$ von X paarweise stochastisch unabhängig und haben sie alle denselben Erwartungswert $E(X_i) = \mu$ und dieselbe Varianz $V(X_i) = \sigma^2$, liefert die Schätzfunktion die Zufallsvariable (*Schätzvariable, Ergebnisvariable*)

$$\bar{X} = \frac{1}{n}(X_1 + X_2 + \ldots + X_n) = \frac{1}{n}\sum_{i=1}^{n} X_i \tag{14.36}$$

mit dem Erwartungswert

$$E(\bar{X}) = E\left(\frac{1}{n}\sum_{i=1}^{n} X_i\right) = \frac{1}{n}\sum_{i=1}^{n} E(X_i) = \frac{1}{n} \cdot n \cdot \mu = \mu\,. \tag{14.37}$$

Folglich ist $\bar{X}$ eine erwartungstreue Schätzfunktion für den Parameter μ.

Durch Einsetzen der Realisierungen (Messwerte x_i) liefert die Schätzfunktion Gl. (14.36) den Schätzwert $\bar{x}$ der Schätzvariablen $\bar{X}$ (siehe Kap. 14.3.4.2):

$$\bar{x} = \frac{1}{n}(x_1 + x_2 + \ldots + x_n) = \frac{1}{n}\sum_{i=1}^{n} x_i. \tag{14.38}$$

Wie im Beispiel 14.3.11 in Kapitel 14.3.5 noch gezeigt wird, besitzt die Schätzvariable $\bar{X}$ die Varianz

$$V(\bar{X}) = \sigma_{\bar{X}}^2 = \frac{\sigma^2}{n}\,. \tag{14.39}$$

Mit der empirischen Varianz s^2 als Schätzwert für die Varianz σ^2 der Zufallsvariablen X (siehe Kap. 14.3.4.3) ergibt sich als Schätzwert für die Varianz $\sigma_{\bar{X}}^2$ Zufallsvariablen $\bar{X}$ die empirische Varianz

$$s_{\bar{X}}^2 = \frac{s^2}{n} . \tag{14.40}$$

Die a priori-Varianz $\sigma_{\bar{X}}^2$ und ihr Schätzwert $s_{\bar{X}}^2$ sind der Schätz*variablen* $\bar{X}$ und nicht dem Schätz*wert* $\bar{x}$ zugeordnet. Daher ist in Gl. (14.39) und in Gl. (14.40) die Zufallsvariable $\bar{X}$ als Index angegeben.

Anmerkung:
Die Varianz σ^2 nach Gl. (14.14) kennzeichnet das Streuen *aller* wahrscheinlichkeitstheoretisch möglichen Werte einer Zufallsvariablen X um ihren Erwartungswert μ. Ebenso kennzeichnet die Varianz $\sigma_{\bar{X}}^2$ nach Gl. (14.39) und ihr Schätzwert $s_{\bar{X}}^2$ nach Gl. (14.40) das Streuen *aller* wahrscheinlichkeitstheoretisch möglichen Werte der Schätzvariablen $\bar{X}$ um den Erwartungswert μ.

Der Schätzwert $\bar{x}$ hingegen ist, wie oben dargelegt, eine feste, reelle Zahl. Das bedeutet, $s_{\bar{x}}$ kennzeichnet *nicht* die Standardabweichung des Schätzwertes $\bar{x}$, da der Schätzwert als feste Zahl kein Streuverhalten besitzt. Die übliche Schreibweise der Standardabweichung $s_{\bar{x}}$ mit dem Schätzwert $\bar{x}$ als Index ist folglich missverständlich und muss im vorgenannten Sinne verstanden werden.

Der Übersichtlichkeit wegen werden in den folgenden Kapiteln (entgegen der üblichen Kennzeichnung zufälliger Variablen durch Großbuchstaben) sowohl die zufälligen Schätzvariablen als auch die aus dem Experiment (d. h. aus den n Messwerten $x_1, \ldots, x_n$ bzw. (x_1, y_1), $\ldots$, (x_n, y_n)) ermittelten (realisierten) Schätzwerte mit denselben Kleinbuchstaben bezeichnet.

14.3.4.2 Schätzwerte für den Erwartungswert

Aus einer Stichprobe vom Umfang n (Messwerte x_i; $i = 1, \ldots, n$) ergibt sich durch die Bildung des *arithmetischen Mittels* das *empirische Mittel*[1]

$$\bar{x} = \frac{x_1 + x_2 + \cdots + x_n}{n} = \frac{1}{n} \sum_{i=1}^{n} x_i \tag{14.41}$$

als *Schätzwert für den Erwartungswert* μ.

Beispiel 14.3.3: Empirisches Mittel $\bar{x}$ der im Beispiel 14.3.2, Kapitel 14.3.2 angegebenen Betondruckfestigkeiten von 40 Probewürfeln

$$n = 40; \qquad \sum_{i=1}^{40} x_i = 1990,3; \qquad \bar{x} = \frac{1990,3}{40} = 49,76 \text{ [N/mm}^2\text{]}.$$

Sind die Stichprobenwerte x_i geordnet und in Klassen eingeteilt, berechnet man das empirische Mittel $\bar{x}$ als *allgemeines arithmetisches Mittel*[2] zu:

[1] In Matrixnotation: vgl. Gl. (14.157)
[2] In Matrixnotation: vgl. Gl. (14.162)

$$\bar{x} = \frac{\sum_{j=1}^{m} k_j \cdot x_j}{\sum_{j=1}^{m} k_j} = \sum_{j=1}^{m} h(x_j, \Delta x) \cdot x_j \tag{14.42}$$

k_j = Klassenhäufigkeit in der j-ten Klasse;
x_j = Klassenmitte der j-ten Klasse;
$h(x_j, \Delta x) = \frac{k_j}{n}$ = relative Häufigkeit der Messwerte der j-ten Klasse;
m = Anzahl der Klassen; n = Gesamtzahl der Messwerte x_i.

Man spricht hierbei auch vom „gewogenen" oder „gewichteten Mittel", mit den „absoluten Gewichten" k_j bzw. den „relativen Gewichten" $h(x_j, \Delta x)$ für die Klassenmitten x_j.

Beispiel 14.3.4: Empirisches Mittel $\bar{x}$ als allgemeines (gewogenes) arithmetisches Mittel aus gruppierten Daten (Betondruckfestigkeiten, Beispiel 14.3.2, Kap. 14.3.2).

Klassenmitte x_j	Absolute Häufigkeit k_j	$k_j \cdot x_j$
42,9	2	85,8
44,8	2	89,6
46,7	7	326,9
48,6	7	340,2
50,5	10	505,0
52,4	6	314,4
54,3	5	271,5
56,2	1	56,2
	$\sum k_j = n = 40$	$\sum k_j \cdot x_j = 1989{,}6$

$$\bar{x} = \frac{1989{,}6}{40} = 49{,}74 \text{ [N/mm}^2\text{]}$$

Die durch die Gruppierung verursachte Datenvereinfachung bewirkt eine (geringe) Abweichung zu dem aus Einzeldaten berechneten Wert $\bar{x} = 49{,}76$ [N/mm^2].

14.3.4.3 Schätzwerte für die Varianz und die Standardabweichung

Bei der Herleitung der *Schätzwerte für die Varianz* σ^2 und die *Standardabweichung* σ aus einer Stichprobe muss unterschieden werden, ob der Erwartungswert μ der Grundgesamtheit bekannt ist oder nicht.

a) Erwartungswert μ bekannt

Ist der Erwartungswert μ einer Zufallsvariablen (Messungsgröße) bekannt, ergibt sich die *empirische Varianz*[3]

$$s^2 = \frac{1}{n} \sum_{i=1}^{n} (x_i - \mu)^2 \tag{14.43}$$

[3] In Matrixnotation: vgl. Gl. (14.163)

als arithmetisches Mittel der Quadrate der Differenzen zwischen den Messwerten x_i und dem Erwartungswert μ. Da μ bereits bekannt ist, sind eigentlich alle Messungen x_i „überflüssig". Die Anzahl dieser „überflüssigen, überschüssigen" Messungen nennt man *Freiheitsgrad* f. Die Differenzquadratsumme wird durch den Freiheitsgrad $f = n$ dividiert. Die positive Quadratwurzel der Varianz s^2 wird *Standardabweichung* s genannt:

$$s = {}_{+}\sqrt{s^2}. \tag{14.44}$$

Man beachte jedoch, dass die Varianz s^2 der eigentliche Schätzwert ist.

Zuweilen wird anstelle des unbekannten Erwartungswertes μ in Gl. (14.43) der *wahre Wert* einer Messgröße eingesetzt, welcher jedoch kein Begriff der Statistik ist, sondern der Metrologie. Folglich ist die Gleichsetzung des wahren Wertes mit dem Erwartungswert nur dann zulässig, wenn beide den Messanforderungen entsprechend ausreichend genau übereinstimmen. Da der wahre Wert nur selten bekannt ist (als wahrer Wert exakt bekannt ist z. B. die Winkelsumme im ebenen Dreieck = 200 gon), wird gelegentlich das Ergebnis einer sehr genauen Messung zur Beurteilung einer mit ungenaueren Methoden und Geräten ausgeführten Messung als quasi-wahrer Näherungswert, als „richtig geltender Wert" oder kurz *richtiger Wert* x_r angenommen. Beispielsweise ist die Streckenmessung mit elektrooptischem Entfernungsmesser wesentlich genauer als die mit einfachem Rollmessband, sodass erstere zur Genauigkeitsbeurteilung der Rollbandmessung als richtiger Wert x_r, als Ersatz für den wahren Wert x_w benutzt wird (siehe auch Kap. 15.1 „Messgenauigkeit"). Die Messwerte x_i und der richtige Wert x_r dürfen jedoch nicht durch unterschiedliche *systematische Messabweichungen* verfälscht sein, d. h., es muss $\sum_{i=1}^{n}(x_i - x_r) \approx 0$ gelten, da sonst der Schätzwert der Varianz (und damit weitere abgeleitete Schätzwerte, siehe z. B. Gl. (14.93)) verzerrt ist.

b) Erwartungswert μ unbekannt

Meist ist der Erwartungswert μ nicht bekannt. Man muss sich dann mit seinem Schätzwert, dem empirischen Mittel $\bar{x}$ begnügen. Statt der Differenzen $(x_i - \mu)$ sind nun die Differenzen $(x_i - \bar{x})$ zu quadrieren und zu addieren.

Wegen

$$\begin{aligned}\sum_{i=1}^{n}(x_i - \mu) &= \sum_{i=1}^{n}[(x_i - \bar{x}) + (\bar{x} - \mu)] \\ &= \sum_{i=1}^{n}(x_i - \bar{x}) + \sum_{i=1}^{n}(\bar{x} - \mu) = 0 + n \cdot (\bar{x} - \mu)\end{aligned}$$

wird

$$(\bar{x} - \mu) = \frac{1}{n}\sum_{i=1}^{n}(x_i - \mu).$$

Weiterhin ist

$$\begin{aligned}(\bar{x} - \mu)^2 &= \left[\frac{1}{n}\sum_{i=1}^{n}(x_i - \mu)\right]^2 \\ &= \frac{1}{n^2}[(x_1 - \mu) + (x_2 - \mu) + \cdots + (x_n - \mu)]^2 \approx \frac{1}{n^2}\sum_{i=1}^{n}(x_i - \mu)^2,\end{aligned}$$

da die Summe der Mischprodukte wegen der Unabhängigkeit der Messwerte untereinander als gegen null gehend angenommen werden kann. Damit ergibt sich

$$\begin{aligned}\sum_{i=1}^{n}(x_i-\mu)^2 &= \sum_{i=1}^{n}\left[(x_i-\bar{x})^2+2(x_i-\bar{x})(\bar{x}-\mu)+(\bar{x}-\mu)^2\right]\\ &= \sum_{i=1}^{n}(x_i-\bar{x})^2+2(\bar{x}-\mu)\cdot\underbrace{\sum_{i=1}^{n}(x_i-\bar{x})}_{=0}+n\cdot(\bar{x}-\mu)^2\\ &= \sum_{i=1}^{n}(x_i-\bar{x})^2+\frac{1}{n}\cdot\sum_{i=1}^{n}(x_i-\mu)^2\,.\end{aligned}$$

Die Gleichung mit n multiplizieren und ordnen zeigt:

$$(n-1)\cdot\sum_{i=1}^{n}(x_i-\mu)^2=n\cdot\sum_{i=1}^{n}(x_i-\bar{x})^2$$

$$\frac{\sum_{i=1}^{n}(x_i-\mu)^2}{n}=\frac{\sum_{i=1}^{n}(x_i-\bar{x})^2}{n-1}. \tag{14.45}$$

Werden folglich die Differenzen nicht zum Erwartungswert μ, sondern zu seinem Schätzwert $\bar{x}$ gebildet, gilt für den Freiheitsgrad f (Anzahl der „überschüssigen Messungen")

$$f=n-1. \tag{14.46}$$

Daraus folgt die *empirische Varianz*[4]

$$s^2=\frac{1}{n-1}\sum_{i=1}^{n}(x_i-\bar{x})^2\,. \tag{14.47}$$

Zur Berechnung mit einem Taschenrechner empfiehlt sich die identische Formel[5]

$$s^2=\frac{1}{n-1}\left(\sum_{i=1}^{n}x_i^2-\frac{1}{n}\left(\sum_{i=1}^{n}x_i\right)^2\right). \tag{14.48}$$

Da in dieser Formel eine kleine Differenz zweier großer Summenwerte gebildet werden muss, dürfen diese nicht gerundet sein. Es ist daher unbedingt darauf zu achten, dass keine Überschreitungen der Rechnerkapazität auftreten. Man kann dem vorbeugen durch eine *lineare Transformation* der Messwerte x_i in

$$x_i'=\frac{1}{c_1}\cdot(x_i-c_2). \tag{14.49}$$

Die Konstanten c_1 und c_2 wählt man dabei so, dass die transformierten Werte x_i möglichst einfache Zahlen sind. Danach ergeben sich:

$$\text{empirischer Mittelwert}\quad \bar{x}=c_1\cdot\bar{x}'+c_2; \tag{14.50}$$

$$\text{empirische Varianz}\quad s^2=c_1^2\cdot s'^2; \tag{14.51}$$

$$\text{empirische Standardabweichung}\quad s=c_1\cdot s'. \tag{14.52}$$

[4]In Matrixnotation: vgl. Gl. (14.165)

[5]In Matrixnotation: vgl. Gl. (14.165)

Beispiel 14.3.5: Schätzung des Mittelwertes und der Varianz mit Transformation der Messwerte. Der Erwartungswert μ ist unbekannt.

Gemessen: Bei einer Brückenabsteckung wurde eine Richtung X zur Genauigkeitssteigerung 8-mal mit einem Theodolit gemessen.

Gesucht: Da der Erwartungswert μ unbekannt ist, wird zunächst sein Schätzwert, das empirische Mittel $\bar{x}$, und anschließend die Varianz s^2 und die Standardabweichung s berechnet.

Messwerte x_i [gon]	Messwerte x'_i [mgon]	x'^2_i [mgon^2]
112,3876	1,6	2,56
112,3863	0,3	0,09
112,3866	0,6	0,36
112,3875	1,5	2,25
112,3869	0,9	0,81
112,3868	0,8	0,64
112,3872	1,2	1,44
112,3871	1,1	1,21
	8,0	9,36

Die Messwerte x_i wurden mit $c_1 = 1/1\,000$ (Änderung der Dimension gon in mgon) und $c_2 = 112,3860$ gon in die Werte x'_i umgewandelt.

Empirisches Mittel:

$$\bar{x}' = \frac{1}{n} \cdot \sum_{i=1}^{n} x'_i = \frac{8,0}{8} = 1,0 \text{ mgon}$$

Empirisches Mittel:

$$\bar{x} = c_2 + c_1 \cdot \bar{x}' = 112,3860 \text{ gon} + 0,0010 \text{ gon} = 112,3870 \text{ gon}$$

Freiheitsgrad: $f = n - 1 = 7$

Empirische Varianz:

$$s'^2 = \frac{1}{n-1} \left(\sum_{i=1}^{n} x'^2_i - \frac{1}{n} \left(\sum_{i=1}^{n} x'_i \right)^2 \right) = \frac{1}{7} \left[9,36 - \frac{1}{8} (8,0)^2 \right] = 0,194 \text{ mgon}^2$$

Standardabweichung:

$$s' = {}_{+}\sqrt{s'^2} = 0,44 \text{ mgon}$$

$$s = c_1 \cdot s' = 0,00044 \text{ gon}$$

Wird nur die Dimension der Messwerte geändert (c_1 glatter Wert), ist es zur Vermeidung unnötig vieler Nachkommastellen sinnvoll, die Varianz und die Standardabweichung nicht wieder zurückzutransformieren und die Kennzeichnung ($'$) fortzulassen ($s^2 = 0{,}194$ mgon^2, $s = 0{,}44$ mgon).

Liegt die *Stichprobe in Klassen eingeteilt* vor, wird die empirische Varianz berechnet nach[6]

$$s^2 = \frac{1}{n-1}\left[\sum_{j=1}^{m}(k_j \cdot x_j^2) - \frac{1}{\sum_{j=1}^{m} k_j}\left(\sum_{j=1}^{m} k_j \cdot x_j\right)^2\right] \quad (14.53)$$

x_j = Klassenmitte; k_j = Klassenhäufigkeit der j-ten Klasse;
m = Klassenzahl; $n = \sum_{j=1}^{m} k_j$ = Gesamtzahl der Messwerte x_i
Relative Häufigkeiten lassen sich durch $n \cdot h(x_j, \Delta x) = k_j$ in absolute Klassenhäufigkeiten umrechnen.

Beispiel 14.3.6: Schätzung der Varianz und der Standardabweichung aus Einzeldaten und aus gruppierten Daten (Fortsetzung der Beispiele 14.3.3 und 14.3.4 sowie des Beispiels 14.3.2 aus Kapitel 14.3.2). Der Erwartungswert μ ist unbekannt.

a) Schätzwerte aus $n = 40$ Einzeldaten:

Mit $\sum_{i=1}^{40} x_i = 1990,3$ und $\sum_{i=1}^{40} x_i^2 = 99474,05$ ergibt sich als empirische Varianz nach Gl. (14.48)

$$s^2 = \frac{1}{39}\left(99474,05 - \frac{1}{40}1990,3^2\right) = 11,33\ [\text{N/mm}^2]^2$$

und die empirische Standardabweichung

$$s = {}_{+}\sqrt{11,33} = 3,37\ [\text{N/mm}^2]$$

b) Schätzwerte aus gruppierten Daten:

Klassenmitte x_j	Absolute Häufigkeit k_j	$k_j \cdot x_j$	$k_j \cdot x_j^2$
42,9	2	85,8	3680,82
44,8	2	89,6	4014,08
46,7	7	326,9	15266,23
48,6	7	340,9	16533,72
50,5	10	505,0	25502,50
52,4	6	314,4	16474,56
54,3	5	271,5	14742,45
56,2	1	56,2	3158,44
	$n = 40$	1989,6	99372,80

Nach Gl. (14.53) ergibt sich die empirische Varianz

$$s^2 = \frac{1}{39}\left(99372,8 - \frac{1}{40}\cdot 1989,6^2\right) = \frac{1}{39}(410,096) = 10,515[\text{ N/mm}^2]^2$$

[6]In Matrixnotation: vgl. Gl. (14.168)

und die empirische Standardabweichung

$$s = {}_{+}\sqrt{10,515} = 3,24[\,\text{N/mm}^2].$$

Weil durch die Klasseneinteilung die Datenstruktur vereinfacht wird, sind diese Schätzwerte etwas ungenauer als die aus den Einzeldaten ermittelten.

c) Erwartungswert gleichgenauer Differenzen von Doppelbeobachtungen $\mu_{d_i} = 0$ bekannt

Weisen Doppelmessungen x_{i1} und x_{i2} paarweise gleiche (aber nicht notwendigerweise bekannte) Erwartungswerte $\mu_{i1} = \mu_{i2}$ auf, dann besitzen die Differenzen $d_i = x_{i1} - x_{i2}$ die Erwartungswerte $\mu_{d_i} = 0$. (Bei unterschiedlich genauen Doppelmessungen siehe Kap. 14.3.6.2). Lässt sich zudem begründen, dass die einzelnen Messwerte x_{i1} und x_{i2} gleichgenau sind, d. h. gleiche Varianz σ^2 aufweisen, kann man deren Schätzwert s^2 aus n Paaren von Doppelmessungen berechnen nach:

$$s^2 = \frac{1}{2n}\sum_{i=1}^{n} d_i^{\,2} \quad ; \qquad \text{Freiheitsgrad } f = n\,. \tag{14.54}$$

Es ist hierbei sehr wichtig, darauf zu achten, dass die Doppelmessungen x_{i1} und x_{i2} eines jeweiligen Beobachtungspaares nicht von unterschiedlichen systematischen Abweichungen verfälscht (verschoben) sind, weil ansonsten die Voraussetzung $\mu_{i1} = \mu_{i2}$ bzw. $\mu_{d_i} = 0$ nicht erfüllt ist und sich ein verzerrter Schätzwert ergibt. Beispielweise können die in zwei Fernrohrlagen mit einem Theodolit gemessenen Richtungen durch systematische Abweichungen (Zielachsabweichung, Kippachsabweichung usw.) mit entgegengesetztem Vorzeichen verfälscht sein (Kap. 3.5.3). Während in diesem Falle der Mittelwert der Messwertpaare (Satzmittel) die systematischen Abweichungen nicht enthält, sind sie in den Differenzen der Messwerte mit doppeltem Betrag enthalten. Die Varianzberechnung mit diesen Differenzen nach Gl. (14.54) würde ein verfälschtes Ergebnis liefern.

Beispiel 14.3.7: Schätzung der Varianz und der Standardabweichung aus den gleichgenauen Differenzen von Doppelmessungen. Der Erwartungswert der Differenzen $\mu_{d_i} = 0$ ist bekannt.

Sechs Horizontalwinkel wurden in je zwei Sätzen gemessen (siehe Kap. 3.5.3). Die Sätze sind jeweils als Mittelwerte der Messwerte aus zwei Fernrohrlagen berechnet worden, wodurch die zuvor erwähnten systematischen Messabweichungen als eliminiert angesehen werden können. Daher ist die Annahme paarweiser gleicher Erwartungswerte berechtigt. Da die Winkel mit demselben Theodolit gemessen wurden und Genauigkeit einer Winkelmessung nicht von der Größe des Winkels abhängig ist, kann auch von gleichgenauen Messwerten ausgegangen werden. Daher ist die Verwendung der Gl. (14.54) zur Varianzberechnung zulässig.

Nr.	Winkel [gon] 1. Satz	2. Satz	d_i [mgon]	d_i^2 [mgon^2]
1	151,5495	151,5510	−1,5	2,25
2	103,3486	103,3469	1,7	2,89
3	146,6509	146,6475	3,4	11,56
4	122,2498	122,2529	−3,1	9,61
5	144,4057	144,4034	2,3	5,29
6	153,6087	153,6102	−1,5	2,25
		Summe	1,3	33,85

Varianz s^2 und Standardabweichung s der einzelnen Satz-Messwerte:

$$s^2 = \frac{33,85}{12} = 2,82 \text{ mgon}^2 \quad ; \qquad s = 1,7\,\text{mgon}.$$

Die Summe der Differenzen $\sum d_i$ wird für die Varianzberechnung nicht benötigt, bietet aber Hinweise zur Kontrolle der Daten auf systematische Abweichungen zwischen den Messwertpaaren. Da für den Erwartungswert der Differenzen $\mu_{d_i} = 0$ vorausgesetzt wird, muss die Summe der Differenzen in der Nähe von null, d. h. im Streubereich der einzelnen Differenzen d_i, bleiben und darf nicht wegdriften. Das kann in diesem Beispiel mit $\sum d_i = 1,3\,\text{mgon}$ als erfüllt angesehen werden.

14.3.5 Varianz-Kovarianzfortpflanzungsgesetz

Werden Größen nicht direkt gemessen, sondern von anderen gemessenen, nur mit zufälligen Abweichungen behafteten Größen abgeleitet (z. B. ist die Fläche eines Rechtecks das Produkt der Seitenlängen), so interessiert man sich dafür, wie sich die *Varianzen* und *Kovarianzen* der Ausgangswerte auf die berechnete Größe *„fortpflanzen"*[7].

Eine Zufallsvariable Y setze sich aus einer Linearkombination von m Zufallsvariablen X_i mit bekannten Koeffizienten a_i zusammen:

$$Y = a_1 \cdot X_1 + a_2 \cdot X_2 + \ldots + a_m \cdot X_m \,. \tag{14.55}$$

Wenn in diese funktionale Beziehung die gegebenen Werte der Koeffizienten a_i sowie die Messwerte x_i der Zufallsvariablen X_i eingesetzt werden, ergibt sich für die Zufallsvariable Y der Ergebniswert y

$$y = a_1 \cdot x_1 + a_2 \cdot x_2 + \ldots + a_m \cdot x_m \,. \tag{14.56}$$

Sind die Varianzen σ_i^2 der X_i und die Kovarianzen σ_{ij} der X_i und X_j $(i \neq j)$ (siehe Kap. 14.4.2.2) bekannt, folgt die Varianz der Linearkombination nach dem *Varianz-Kovarianzfortpflanzungsgesetz* zu:

$$\begin{aligned} \sigma_Y^2 \;=\; & a_1^2 \cdot \sigma_1^2 + a_2^2 \cdot \sigma_2^2 + \ldots + a_m^2 \cdot \sigma_m^2 \\ & + 2\,(a_1 \cdot a_2 \cdot \sigma_{12} + a_1 \cdot a_3 \cdot \sigma_{13} + \ldots + a_{m-1} \cdot a_m \cdot \sigma_{(m-1)m}) \,. \end{aligned} \tag{14.57}$$

[7] Früher sprach man vom „Fehlerfortpflanzungsgesetz".Diese Bezeichnung sollte nicht mehr verwendet werden, da sie missverständlich sein kann. Fehler (im Sinne von „falsch" und „Irrtum") pflanzen sich linear fort, Varianzen und Kovarianzen folgen dem quadratischen Fortpflanzungsgesetz.

Wenn die Zufallsvariablen X_i untereinander stochastisch unabhängig sind ($\sigma_{ij} = 0$), vereinfacht sich Gl. (14.57) zum *Varianzfortpflanzungsgesetz:*

$$\sigma_Y^2 = a_1^2 \cdot \sigma_1^2 + a_2^2 \cdot \sigma_2^2 + \ldots + a_m^2 \cdot \sigma_m^2 \,. \tag{14.58}$$

Falls die Zufallsvariable Y aus einer nichtlinearen Funktion der m Zufallsvariablen X_i gebildet wird

$$Y = \varphi(X_1, X_2, \ldots, X_m)\,,$$

muss sie zuvor linearisiert werden. Dazu bildet man das totale Differenzial

$$dY = \frac{\partial \varphi}{\partial X_1} \cdot dX_1 + \frac{\partial \varphi}{\partial X_2} \cdot dX_2 + \cdots + \frac{\partial \varphi}{\partial X_m} \cdot dX_m \,. \tag{14.59}$$

Man leitet hierzu die Funktion φ nacheinander nach den mit den Varianzen $\sigma_i^2 \neq 0$ behafteten Variablen X_i partiell ab. Ist für eine Komponente X_i die Varianz $\sigma_i^2 = 0$, besitzt diese kein Streuverhalten und wird als Konstante behandelt, d. h. ihre partielle Ableitung ist null.

Wird in Gl. (14.55) Y durch dY, a_i durch $\frac{\partial \varphi}{\partial X_i}$ und X_i durch dX_i ersetzt, folgt die Varianz σ_Y^2 nach Gl. (14.57) bzw. Gl. (14.58)[8]. Einsetzen der Messwerte x_i der Variablen X_i in das Fortpflanzungsgesetz Gl. (14.57) bzw. Gl. (14.58) liefert den Wert der Varianz σ_Y^2.

Gl. (14.57) und Gl. (14.58) sind bezüglich der Varianzen σ_i^2 und der Kovarianzen σ_{ij} der Grundgesamtheiten definiert. Falls diese unbekannt sind, werden in der Praxis auch deren Schätzwerte s_i^2 bzw. s_ij in die Beziehung eingesetzt, wodurch sich eine angenäherte Abschätzung ergibt.

Da bei der praktischen Anwendung die Kovarianzen zumeist unbekannt sind und man deshalb das (einfache) Varianzfortpflanzungsgesetz Gl. (14.58) anwendet, muss aber unbedingt darauf geachtet werden, dass die Funktionsgrößen X_i, besonders wenn es sich nicht um ursprüngliche Messgrößen handelt, *auch wirklich unabhängig sind.* Beispielsweise sind Funktionsgrößen, die aus gemeinsamen dritten Messgrößen hergeleitet wurden, abhängig voneinander. Dies trifft auf die Höhe h und die Höhenfußpunktabschnitte p und q zu, die mithilfe der gemessenen Dreiecksseiten a, b und c berechnet wurden. Bei der Aufstellung der Funktionsgleichung ist in diesen Fällen bis auf die ursprünglichen Messgrößen zurückzugehen, d. h., statt der berechneten Größen setzt man deren Berechnungsformeln mit den ursprünglichen Messgrößen in die Funktion ein und bildet dann das totale Differenzial bezüglich dieser Messgrößen.

In den weiteren Betrachtungen und Beispielen wird nur von *unabhängigen Funktionsgrößen* ausgegangen und daher nur das *Varianzfortpflanzungsgesetz* für voneinander unabhängige Variablen X_i angewandt.

Weiterhin ist zu beachten, dass die Dimensionen aller Messwerte auf die Dimension der zu bestimmenden Größe umgeformt werden müssen, z. B. ist eine *Winkelumformung* von Gon in Radiant mit ρ [gon]= $\frac{200\,[\text{gon}]}{\pi}$ erforderlich (siehe Kap. 1.6.2), wenn für eine aus Winkeln und Strecken abgeleitete Strecke die Varianz berechnet werden soll.

Anmerkung:

Das Modell der Varianz-Kovarianzfortpflanzung geht von den (mit großen Buchstaben gekennzeichneten) Zufallsvariablen Y, X_i aus. Durch Einsetzen der (mit kleinen Buchstaben gekennzeichneten) Messwerte (Realisierungen) in die Modellgleichungen erhält man die Werte

[8] In Matrixnotation: vgl. Gl. (14.174)

der gesuchten Variablen. Bei den nachfolgenden Beispielen wird des besseren Verständnisses wegen zuweilen von dieser definierten Unterscheidung abgewichen und die im allgemeinen Sprachgebrauch übliche Bezeichnungsweise der Messelemente gewählt.

Beispiel 14.3.8: Fläche eines Rechtecks
Die Genauigkeit der Fläche eines Rechtecks ist zu bestimmen, wenn die Messwerte der beiden Seiten a und b mit den Standardabweichungen σ_a bzw. σ_b behaftet sind.

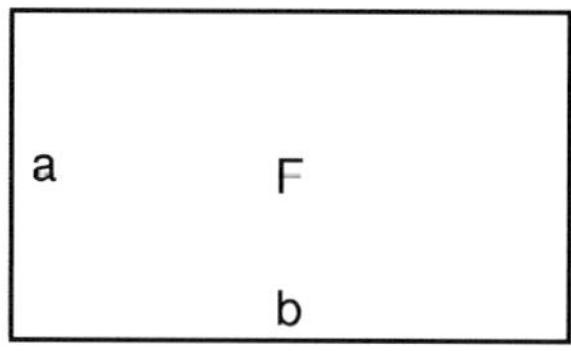

Abbildung 14.3-7: Fläche eines Rechtecks

Gegeben: $a = 30$ m; $b = 50$ m; $\sigma_a = 2$ cm; $\sigma_b = 3$ cm

Funktion (Flächeninhalt): $F = a \cdot b = 1\,500\ \mathrm{m}^2$

Partielle Ableitungen: $\dfrac{\partial F}{\partial a} = b = 50,00$ m; $\dfrac{\partial F}{\partial b} = a = 30,00$ m

Varianz der Fläche:

$$\begin{aligned}\sigma_F^2 &= b^2 \cdot \sigma_a^2 + a^2 \cdot \sigma_b^2; \\ &= 50^2 \cdot 0,02^2 + 30^2 \cdot 0,03^2 = 1,81\ \left[\mathrm{m}^2\right]^2\end{aligned}$$

Standardabweichung der Fläche: $\sigma_F = 1,35\ \mathrm{m}^2$

Beispiel 14.3.9: Länge einer Dreiecksseite
In einem Dreieck sind die Seite c und die Winkel α und γ mit den Standardabweichungen σ_c, σ_α, σ_γ gegeben. Welche Varianz besitzt die abgeleitete Seite a?

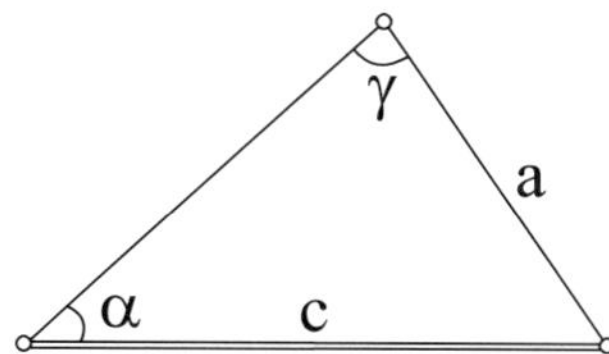

Abbildung 14.3-8: Länge einer Dreiecksseite

$$a = c \cdot \frac{\sin\alpha}{\sin\gamma}$$

Zur leichteren Differenziation wird die Gleichung logarithmiert.

$$\begin{aligned}
\ln a &= \ln c + \ln \sin \alpha - \ln \sin \gamma; \\
\frac{1}{a} \cdot da &= \frac{1}{c} \cdot dc + \frac{\cos \alpha}{\sin \alpha} \cdot \frac{d\alpha}{\rho} - \frac{\cos \gamma}{\sin \gamma} \cdot \frac{d\gamma}{\rho} \\
da &= \frac{a}{c} \cdot dc + a \cdot \cot \alpha \cdot \frac{d\alpha}{\rho} - a \cdot \cot \gamma \cdot \frac{d\gamma}{\rho}
\end{aligned}$$

$$\sigma_a^2 = \left(\frac{a}{c}\right)^2 \cdot \sigma_c^2 + (a \cdot \cot \alpha)^2 \cdot \left(\frac{\sigma_\alpha}{\rho}\right)^2 + (-a \cdot \cot \gamma)^2 \cdot \left(\frac{\sigma_\gamma}{\rho}\right)^2$$

Beispiel 14.3.10: Summe von m gleichgenauen Beobachtungen

Modell $Y = X_1 + X_2 + \ldots + X_m$; Realisierung $y = x_1 + x_2 + \ldots + x_m$

$$\sigma_Y^2 = \sigma_1^2 + \sigma_2^2 + \cdots + \sigma_m^2$$

wegen $\sigma_1 = \sigma_2 = \cdots = \sigma_m \Rightarrow \sigma$ ist

$$\sigma_Y^2 = m \cdot \sigma^2 \quad \text{bzw.} \quad \sigma_Y = \sqrt{m} \cdot \sigma \tag{14.60}$$

oder entsprechend $\quad s_Y^2 = m \cdot s^2 \quad$ bzw. $\quad s_Y \sqrt{m} \cdot s$

In Worten: Werden die Werte von m Messgrößen addiert, deren Genauigkeit gleich ist, wächst die Varianz mit der Anzahl der Summanden und dementsprechend die Standardabweichung mit der Quadratwurzel der Anzahl der Summanden.

Beispiel 14.3.11: Einfaches arithmetisches Mittel:

Modell $\bar{X} = \frac{1}{n} \cdot (X_1 + X_2 + \ldots + X_n)$; Realisierung $\bar{x} = \frac{1}{n} \cdot (x_1 + x_2 + \ldots + x_n)$

$$\sigma_{\bar{X}}^2 = \frac{1}{n^2} \cdot (\sigma_1^2 + \sigma_2^2 + \ldots + \sigma_n^2)$$

Wegen $\sigma_1 = \sigma_2 = \cdots = \sigma_n \Rightarrow \sigma$ ist[9]

$$\sigma_{\bar{X}}^2 = \frac{n \cdot \sigma^2}{n^2} = \frac{\sigma^2}{n} \quad \text{bzw.} \quad \sigma_{\bar{X}} = \frac{\sigma}{\sqrt{n}} \tag{14.61}$$

oder entsprechend $\quad s_{\bar{X}}^2 = s^2/n \quad$ bzw. $\quad s_{\bar{X}} = s/\sqrt{n}$

In Worten: Wird aus einer Anzahl von n Messwerten das arithmetische Mittel gebildet, ergibt sich die Varianz der Mittelwertvariablen $\bar{X}$, indem man die Varianz der Einzelwerte durch die Anzahl der Messwerte dividiert.

[9] In Matrixnotation: vgl. Gl. (14.169)

14.3.6 Gewichte

14.3.6.1 Schätzwerte aus gewichteten Messwerten

Soll die Mittelwertvariable $\bar{X}$ aus n Zufallsvariablen X_i bestimmt werden, die untereinander unterschiedliche Varianzen σ_i^2 aufweisen, müssen in Abhängigkeit von den Varianzen Gewichte g_i hergeleitet werden. Mit ihrer Hilfe ergibt sich die *allgemeine* bzw. *gewogene arithmetische Mittelvariable*

$$\bar{X} = \sum_{i=1}^{n} (g_i \cdot X_i) \tag{14.62}$$

mit den *relativen Gewichten* g_i. Hier ist $\sum_{i=1}^{n} g_i = 1$.
Nach dem Varianzfortpflanzungsgesetz Gl. (14.58) ergibt sich die Varianz

$$\sigma_{\bar{X}}^2 = \sum_{i=1}^{n} \left(g_i^2 \cdot \sigma_i^2\right). \tag{14.63}$$

Aus der Forderung, dass die Varianz $\sigma_{\bar{X}}^2$ minimal sein soll mit der Nebenbedingung $\sum g_i = 1$, ergibt sich das Bildungsgesetz: Die *Gewichte* $g_1, g_2, \ldots, g_n$ sind umgekehrt proportional zu den Varianzen $\sigma_1^2, \sigma_2^2, \ldots, \sigma_n^2$ zu wählen:

$$g_i = \frac{c}{\sigma_i^2}. \tag{14.64}$$

Die *Konstante* c kann beliebig so gewählt werden, dass sich rechentechnisch bequeme Gewichte ergeben, z. B. $c = 1$; jedoch darf ihr Wert innerhalb einer zusammenhängenden Berechnung nicht verändert werden. Darauf ist besonders zu achten, wenn die Berechnungen etappenweise erfolgen.
Stehen die Varianzen σ_i^2 der Grundgesamtheiten nicht zur Verfügung, werden in der Praxis die Schätzwerte s_i^2 zur Gewichtsbildung benutzt:

$$g_i = \frac{c}{s_i^2}. \tag{14.65}$$

Für die Bestimmung der Gewichte braucht man jedoch die genannten Varianzen nicht zu kennen, sondern nur die Verhältnisse zwischen ihnen. Definiert man

$$\sigma_i^2 = \frac{\sigma_0^2}{c_i}, \tag{14.66}$$

kann σ_0^2 eine unbekannte Konstante sein, während die Faktoren $c_1, \ldots, c_n$ bekannt sein müssen[10]. Ebenso kann es rechentechnisch günstiger sein, die Bedingung

$$\sum_{i=1}^{n} g_i = 1$$

fallen zu lassen, also statt der relativen *absolute Gewichte* zu benutzen und das *gewogene empirische Mittel* zu berechnen mit[11]

$$\bar{X} = \frac{g_1 \cdot X_1 + g_2 \cdot X_2 + \cdots + g_n \cdot X_n}{g_1 + g_2 + \cdots + g_n} = \frac{\sum_{i=1}^{n} (g_i \cdot X_i)}{\sum_{i=1}^{n} g_i}. \tag{14.67}$$

[10] In Matrixnotation: vgl. Gl. (14.177)
[11] In Matrixnotation: vgl. Gl. (14.183)

Setzt man anstelle der Zufallsvariablen X_i deren Realisierungen (Messwerte) x_i in Gl. (14.67) ein, ergibt sich der konkrete Mittelwert

$$\bar{x} = \frac{g_1 \cdot x_1 + g_2 \cdot x_2 + \cdots + g_n \cdot x_n}{g_1 + g_2 + \cdots + g_n} = \frac{\sum_{i=1}^{n} (g_i \cdot x_i)}{\sum_{i=1}^{n} g_i} \,. \tag{14.68}$$

Wird das Mittel $\bar{x}$ aus Messwerten x_i berechnet, die ihrerseits Mittelwerte aus den Anzahlen m_i von *gleichgenauen Messwerten* l_{ij} darstellen, sind die Gewichte $g_i = m_i$ zu setzen (siehe Beispiel 14.3.13).

Beispiel 14.3.12: Gewichte von Messwerten
Ein Winkel wurde mit drei Theodoliten unterschiedlicher Genauigkeit gemessen. Gesucht sind die Gewichte der Beobachtungen.

Theodolit Nr.	Standard-abweichung σ_i	Gewicht $g_i = \frac{c}{\sigma_i^2}$, $c = 1\ \text{mgon}^2$
1	$\sigma_1 = 0{,}5$ mgon	$g_1 = \frac{1\ \text{mgon}^2}{0{,}25\ \text{mgon}^2} = 4$
2	$\sigma_2 = 0{,}8$ mgon	$g_2 = \frac{1\ \text{mgon}^2}{0{,}64\ \text{mgon}^2} = 1{,}56$
3	$\sigma_3 = 2{,}0$ mgon	$g_3 = \frac{1\ \text{mgon}^2}{4{,}00\ \text{mgon}^2} = 0{,}25$

Zur Berechnung von Varianzschätzwerten wird zunächst die *Varianz der Gewichtseinheit* s_0^2 einer (gedachten) Beobachtung mit dem Gewicht $g = 1$ ermittelt, die als Umrechnungsgröße bei der Berechnung der weiteren Varianzen benutzt wird. Aus den mit unterschiedlichen Gewichten g_i behafteten Messwerten x_i ergibt sich die
Varianz der Gewichtseinheit[12]:

$$s_0^2 = \frac{1}{n} \cdot \sum g_i\,(x_i - \mu)^2 \qquad (\textit{Erwartungswert } \mu \textit{ bekannt}) \tag{14.69}$$

bzw.

$$\begin{aligned} s_0^2 &= \frac{1}{n-1} \sum g_i\,(x_i - \bar{x})^2 \quad (\textit{Erwartungswert } \mu \textit{ unbekannt}) \\ &= \frac{1}{n-1} \left(\sum g_i \cdot x_i^2 - \frac{1}{\sum g_i} \left(\sum g_i \cdot x_i \right)^2 \right) \end{aligned} \tag{14.70}$$

mit $n =$ Anzahl der gewichteten Messwerte x_i. (Bei der Varianzberechnung aus gruppierten Daten ist n jedoch nicht die Anzahl der Klassenmittenwerte, sondern es gilt hier $n =$ Gesamtzahl der Einzelmesswerte.)

[12]In Matrixnotation: vgl. Gl. (14.184)

Durch Umrechnung mit den entsprechenden Gewichten erhält man:
Varianz $s^2_{X_i}$ *einer Zufallsvariablen* X_i mit dem Gewicht g_i

$$s^2_{X_i} = \frac{s^2_0}{g_i} \tag{14.71}$$

Varianz $s^2_{\bar{X}}$ *der gewogenen Mittelwertvariablen* $\bar{X}$ mit dem Gewicht $g_{\bar{X}} = \sum_{i=1}^n g_i$ nach[13]

$$s^2_{\bar{X}} = \frac{s^2_0}{\sum_{i=1}^n g_i} \tag{14.72}$$

Beispiel 14.3.13: Gewogenes empirisches Mittel und Varianzbestimmung.

Ein Winkel wurde an drei verschiedenen Tagen von einem Beobachter mit dem gleichen Theodolit verschieden oft gemessen. Die Messungen wurden zu Tagesmittelwerten x_i zusammengefasst. Gesucht sind die Gewichte g_i der Mittelwerte x_i und das allgemeine arithmetische Mittel $\bar{x}$.
Lösung: Da alle Messungen unter gleichen Bedingungen gemessen wurden, können sie als gleichgenau angesehen werden. Daher gilt $g_i = m_i$.

Gegebene Messungsdaten				Auswertung		
Tag	Anzahl	Tagesmittel x_i [gon]	transf. Werte x_i^* [mgon]	Gewichte g_i	$g_i \cdot x_i^*$ [mgon]	$g_i \cdot x_i^{*2}$ [mgon^2]
1	$m_1 = 3$	$x_1 = 92{,}5128$	$x_1^* = 2{,}8$	$g_1 = m_1 = 3$	8,4	23,52
2	$m_2 = 4$	$x_2 = 92{,}5136$	$x_2^* = 3{,}6$	$g_2 = m_2 = 4$	14,4	51,84
3	$m_3 = 2$	$x_3 = 92{,}5130$	$x_3^* = 3{,}0$	$g_3 = m_3 = 2$	6,0	18,00
	$n = 3$	$c_x = 92{,}5100$		$\sum g_i = 9$	$\sum g_i x_i^* = 28{,}8$	$\sum g_i x_i^{*2} = 93{,}36$

$\bar{x}^* = \dfrac{28{,}8}{9}$ mgon $= 3{,}2$ mgon;

$\bar{x} = c_x + \bar{x}^* = 92{,}5100$ gon $+ 3{,}2$ mgon $= 92{,}5132$ gon

Gegenüber den Einzelmessungen besitzt $\bar{x}$ das Gewicht $\sum g_i = 9$.

$$s^2_0 = \frac{1}{n-1}\left(\sum g_i \cdot x_i^{*2} - \frac{1}{\sum g_i}\left(\sum g_i \cdot x_i^*\right)^2\right) = \frac{1{,}2}{2} = 0{,}6 \text{ mgon}^2;$$

[13] In Matrixnotation: vgl. Gl. (14.185)

$$s^2_{\bar{X}} = \frac{s_0^2}{\sum g_i} = \frac{0,6}{9} = 0,067 \text{ mgon}^2 \quad ; \quad s_{\bar{X}} = 0,26 \text{ mgon}$$

$$s^2_{X_1} = \frac{s_0^2}{g_1} = \frac{0,6}{3} = 0,20 \text{ mgon}^2 \quad ; \quad s_{X_1} = 0,45 \text{ mgon}$$

$$s^2_{X_2} = \frac{s_0^2}{g_2} = \frac{0,6}{4} = 0,15 \text{ mgon}^2 \quad ; \quad s_{X_2} = 0,39 \text{ mgon}$$

$$s^2_{X_3} = \frac{s_0^2}{g_3} = \frac{0,6}{2} = 0,30 \text{ mgon}^2 \quad ; \quad s_{X_3} = 0,55 \text{ mgon}$$

Falls auch die Standardabweichungen s_{X_i} der aus n Messreihen berechneten Mittelwerte x_i und die Anzahlen m_i der Messungen der einzelnen Messreihen bekannt sind, erhält man die *Standardabweichungen der Einzelwerte jeder Messreihe* nach (vgl. Gl. (14.61))

$$s_i = s_{X_i} \cdot \sqrt{m_i}.$$

Diese Standardabweichungen s_i lassen sich zu einer *gemeinsamen Standardabweichung s der Einzelwerte* aller Messreihen zusammenfassen durch

$$s = \sqrt{\frac{\sum_{i=1}^{n} (m_i - 1) \cdot s_i^2}{\sum_{i=1}^{n} (m_i - 1)}} \quad , \quad \text{Freiheitsgrad} f = \sum_{i=1}^{n} (m_i - 1) \ . \tag{14.73}$$

Mit der Gesamtzahl $\sum_{i=1}^{n} m_i$ der Einzelwerte aller Messreihen ergibt sich die *Standardabweichung $s_{\bar{X}}$ der Mittelwertvariablen $\bar{X}$* zu

$$s_{\bar{X}} = \frac{s}{\sqrt{\sum_{i=1}^{n} m_i}} \ . \tag{14.74}$$

Nach diesen Gl. (14.73) und (14.74) ergeben sich bessere Schätzwerte für die Standardabweichungen, da die Standardabweichungen der Einzelwerte bekannt sind und deren Streuverhalten nicht, wie bei den Gl. (14.70) bis (14.72), aus den Abweichungen der Mittelwerte untereinander abgeleitet werden muss.

Beispiel 14.3.14: Für die im Beispiel 14.3.13 genannten Theodolitmessungen wurden nicht nur die Tagesmittel x_i, sondern auch die Standardabweichungen $s_{X_1} = 0,50$ mgon, $s_{X_2} = 0,38$ mgon, $s_{X_3} = 0,56$ mgon berechnet. Mit $m_1 = 3$, $m_2 = 4$, und $m_3 = 2$ ergeben sich die Standardabweichungen der Einzelwerte der drei Messreihen zu $s_1 = 0,50 \cdot \sqrt{3} = 0,866$ mgon, $s_2 = 0,38 \cdot \sqrt{4} = 0,76$ mgon, $s_3 = 0,56 \cdot \sqrt{2} = 0,792$ mgon.
Die für alle Einzelmesswerte zusammengefasste Standardabweichung ist

$$s = \sqrt{\frac{2 \cdot 0,866^2 + 3 \cdot 0,76^2 + 1 \cdot 0,792^2}{2+3+1}} = \sqrt{\frac{3,86}{6}} = 0,80 \text{ mgon} \ .$$

Die Gesamtmittelvariable $\bar{X}$ hat die Standardabweichung

$$s_{\bar{X}} = \frac{0,80}{\sqrt{9}} = 0,27 \text{ mgon} .$$

14.3.6.2 Spezielle Gewichte

Für manche Messverfahren lassen sich die Genauigkeiten vorab schätzen, sodass man mit *vorgegebenen Gewichten* arbeiten kann.

Streckenmessung: $g = \frac{l_E}{e}$; (l_E = Bandlänge; e = Gesamtstrecke)
Nivellement: $g = \frac{c}{e}$; (e = Nivellementlänge in km, c = Konstante in km)
Trig. Höhenmess.: $g = \frac{c^2}{e^2}$; (e = Entfernung in km, c = Konstante in km)

Beispiel 14.3.15: Ein Höhenpunkt H_N ist von drei bekannten Höhenpunkten aus durch geometrisches Nivellement bestimmt worden. Gesucht ist seine gemittelte Höhe.

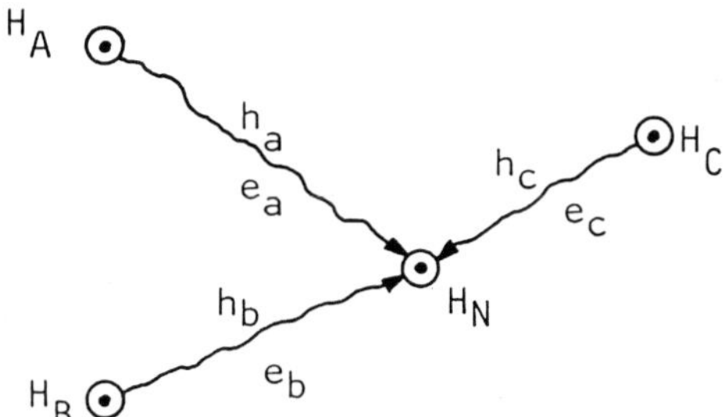

Abbildung 14.3-9: Von drei Anschlusspunkten aus bestimmter Höhenpunkt

vorläufige Höhe H_{N_i} [m]	$H^*_{N_i}$ [mm]	Niv.-länge e_i [km]	Gewicht $g_i = 1/e_i$	$g_i \cdot H^*_{N_i}$	$g_i \cdot H^{*2}_{N_i}$
$H_{N_A} = 185,213$	13	3,3	0,3	3,9	50,7
$H_{N_B} = 185,219$	19	1,2	0,8	15,2	288,8
$H_{N_C} = 185,209$	9	4,9	0,2	1,8	16,2
$c_H = 185,200$			$\sum g_i = 1,3$	20,9	355,7

Gewichtetes Mittel $H^*_N = \frac{\sum g_i \cdot H^*_{N_i}}{\sum g_i} = \frac{20,9}{1,3} = 16,1$ mm

Neupunkthöhe $H_N = 185,200 \text{ m} + 16 \text{ mm} = 185,216 \text{ m}$

Die Varianz s_0^2 der Gewichtseinheit ist gleich der Varianz für 1 km Nivellementlänge, wenn der Gewichtskonstanten der Wert $c = 1$ gegeben wird, da dann bei 1 km Nivellementlänge das Gewicht $g = 1$ ist.

$$
\begin{aligned}
s_0^2 &= \frac{1}{n-1}\left(\sum g_i \cdot H_{N_i}^{*2} - \frac{1}{\sum g_i}\left(\sum g_i \cdot H_{N_i}^{*}\right)^2\right) \\
&= \frac{1}{2}\left(355,7 - \frac{1}{1,3} \cdot 20,9^2\right) = 9,85 \text{ mm}^2
\end{aligned}
$$

Varianz $s_{H_N}^2$ der gemittelten Neupunkthöhe H_N

$$s_{H_N}^2 = \frac{s_0^2}{\sum g_i} = \frac{9,85}{1,3} = 7,6 \text{ mm}^2$$

Standardabweichung $\quad s_{H_N} = \sqrt{7,6} = 2,8$ mm

In Kapitel 14.3.4.3c ist die Varianzberechnung aus *gleichgenauen* Doppelbeobachtungen dargestellt worden. Falls die Differenzen d_i der Doppelbeobachtungen unterschiedliche Genauigkeit aufweisen, zeigt sich analog die *gewichtete Varianzberechnung der Gewichtseinheit aus Doppelbeobachtungen*:

$$s_0^2 = \frac{1}{2n} \sum_{i=1}^{n} g_i \cdot d_i^2 \quad ; \qquad \text{Freiheitsgrad } f = n. \tag{14.75}$$

Die Varianz s_i^2 der unterschiedlich gewichteten Einzelmessungen ergibt sich wiederum mit Gl. (14.71).

Beispiel 14.3.16: Aus $n = 4$ Hin- und Rücknivellements ergaben folgende Höhenunterschiede h_i [m] über die Nivellementlängen e_i [km]. Die Standardabweichungen der Einzelnivellements und der Mittel aus Hin- und Rückmessung sind bezogen auf 1 [km] Nivellementlänge zu berechnen. Da die Nivellementwege relativ homogen waren und nicht zu starke Höhenunterschiede aufweisen, kann davon ausgegangen werden, dass keine wesentlich unterschiedlichen systematischen Abweichungen zwischen Hin- und Rückmessung auftraten.

Nr.	Hinmessung	Rückmessung	e_i [km]	$g_i = 1/e_i$	d_i [mm]	$g_i \cdot d_i$	$g_i \cdot d_i^2$
1	+8,379 m	+8,375 m	2,1	0,48	+4	+1,90	7,62
2	−4,639 m	−4,633 m	0,6	1,67	−1	−1,67	1,67
3	+7,489 m	+7,490 m	1,2	0,83	−3	−2,50	7,50
4	−9,763 m	−9,771 m	3,4	0,29	+8	+2,35	18,82
					Summe	+0,09	35,61

Varianz der Gewichtseinheit: $\quad s_0^2 = \frac{35,61}{8} = 4,45\,\text{mm}^2$

Standardabweichung: $\quad s_0 = 2,1\,\text{mm}$

Die Varianz und die Standardabweichung beziehen sich auf eine Einzelmessung über 1 km Nivellementlänge, da bei dieser Länge das Gewicht $g = 1$ beträgt.
Mittel aus Hin- und Rückmessung über 1 km Nivellementlänge:

Varianz: $s_0^2(Mittel) = \frac{s_o^2}{2} = 2,23\,\text{mm}^2$, Standardabweichung: $s_0(Mittel) = 1,5\,\text{mm}$.

Wie in Beispiel 14.3.7 bereits erläutert, wird $\sum(g_i \cdot d_i) = +0{,}09$ zur Varianzberechnung nicht benötigt, liefert aber Informationen zur Kontrolle auf systematische Abweichungen zwischen den Doppelbeobachtungen. Diese Summe sollte den Streubereich der Einzelwerte nicht übersteigen, was hier der Fall ist.

14.3.7 Mittelwerte aus transformierten normalverteilten und aus nichtnormalverteilten Messwerten

14.3.7.1 Mittelwerte transformierter normalverteilter Messwerte

Das arithmetische Mittel gibt die mittlere Lage normalverteilter Messwerte x_i an. Werden die Messwerte so transformiert, dass sie nicht mehr normalverteilt sind, bleibt zwar die arithmetische Mittelwertbildung das Grundprinzip, zur Berechnung des empirischen Mittels müssen jedoch den Messwerttransformationen entsprechend geänderte Mittelwertformeln benutzt werden. Zu ihnen gehören der geometrische und der harmonische Mittelwert.

Der *geometrische Mittelwert* wird berechnet, wenn anstelle der positiven Messwerte x_i die logarithmierten Werte

$$x_i' = \log x_i$$

arithmetisch gemittelt werden. Dann ergibt sich der Logarithmus des geometrischen Mittels $\bar{x}_G$ zu

$$\log \bar{x}_G = \bar{x}' = \frac{1}{n} \sum_{i=1}^{n} \log x_i .$$

Somit ist der *geometrische Mittelwert*

$$\bar{x}_G = \sqrt[n]{x_1 \cdot x_2 \cdot x_3 \cdot \dots \cdot x_n} . \tag{14.76}$$

Diese Mittelwertbildung ist vor allem dann anzuwenden, wenn ein Durchschnitt von Verhältniszahlen $q_1, q_2, q_3, \dots, q_n$ (z. B. Zuwächse, Wachstumsraten), die Veränderungen in gleichen zeitlichen Abständen angeben, bestimmt werden soll.

Beispiel 14.3.17: Produktionsmengensteigerungen in fünf Jahren jeweils gegenüber den Vorjahren von 33 %, 25 %, 19 %, 46 % ($q_1 = 1{,}33$; $q_2 = 1{,}25$; $q_3 = 1{,}19$; $q_4 = 1{,}46$).

$$\bar{x}_G = \sqrt[4]{1{,}33 \cdot 1{,}25 \cdot 1{,}19 \cdot 1{,}46} = 1{,}304$$

Der *harmonische Mittelwert* wird berechnet, wenn anstelle der (positiven) Werte x_i die zugehörigen Kehrwerte $x_i' = \frac{1}{x_i}$ arithmetisch gemittelt werden. Dann ergibt sich der Kehrwert des einfachen harmonischen Mittelwertes $\bar{x}_H$ zu

$$\frac{1}{\bar{x}_H} = \bar{x}' = \frac{1}{n} \sum_{i=1}^{n} \frac{1}{x_i} .$$

Somit ist der *einfache harmonische Mittelwert*

$$\bar{x}_H = \frac{n}{\sum_{i=1}^{n} \frac{1}{x_i}} . \tag{14.77}$$

Sind den Einzelwerten x_i Gewichte g_i zugeordnet, wird der *gewichtete harmonische Mittelwert* berechnet nach

$$\bar{x}_H = \frac{\sum_{i=1}^{n} g_i}{\sum_{i=1}^{n} \frac{g_i}{x_i}} \,. \tag{14.78}$$

Diese Mittelwertbildung kann angewandt werden, wenn zueinander umgekehrt proportionale Größen betrachtet werden.

Beispiel 14.3.18: Die durchschnittliche Leistung von fünf Arbeitern soll berechnet werden unter der Annahme, dass vier Arbeiter acht Stunden, der fünfte Arbeiter vier Stunden arbeitet.

Leistung x_i [Minuten/Stück]	Arbeitszeit g_i [Minuten]	Fertigung $\frac{g_i}{x_i}$ [Stück]
$x_1 = 0,8$	$g_1 = 480$	$g_1/x_1 = 600$
$x_2 = 1,0$	$g_2 = 480$	$g_2/x_2 = 480$
$x_3 = 1,2$	$g_3 = 480$	$g_3/x_3 = 400$
$x_4 = 1,5$	$g_4 = 480$	$g_4/x_4 = 320$
$x_5 = 2,0$	$g_5 = 240$	$g_5/x_5 = 120$
	$\sum g_i = 2160$	$\sum g_i/x_i = 1920$

$$\bar{x}_H = \frac{\sum g_i}{\sum \frac{g_i}{x_i}} = \frac{2160}{1920} = 1,12 \text{ Minuten/Stück}$$

14.3.7.2 Mittelwerte nichtnormalverteilter Messwerte

Entstammen die Messwerte x_i einer Stichprobe nicht einer normalverteilten, sondern einer schiefen, eingipflig verteilten Grundgesamtheit, sodass der größte Teil der Werte auf der einen Seite des arithmetischen Mittelwertes liegt, während eine geringe Anzahl von Werten weit auseinanderliegend über die andere Seite verteilt ist (wie z. B. bei der Häufigkeitsverteilung der Einkommen), gibt der *Median* (Zentralwert, Halbwert) $\bar{x}_M$ einen zutreffenden empirischen Mittelwert an. Der Median ist der Wert in einer nach der Größe der Einzelwerte geordneten Reihe, der „in der Mitte" liegt und die Reihe halbiert. Man kann ihn folglich „durch Abzählen" ermitteln. Im Gegensatz zum arithmetischen Mittelwert bleibt er somit vollkommen unbeeinflusst von Extremwerten.

Seine Formel lautet:

$$\bar{x}_M = x_{\left(\frac{n+1}{2}\right)} \qquad \text{(bei ungerader Anzahl n)} \tag{14.79}$$

$$\bar{x}_M = \frac{1}{2}\left(x_{\left(\frac{n}{2}\right)} + x_{\left(\frac{n}{2}+1\right)}\right) \qquad \text{(bei gerader Anzahl n)} \,. \tag{14.80}$$

Unter Beachtung seiner Eigenschaft

$$\sum_{i=1}^{n} |x_i - \bar{x}_M| = Min.$$

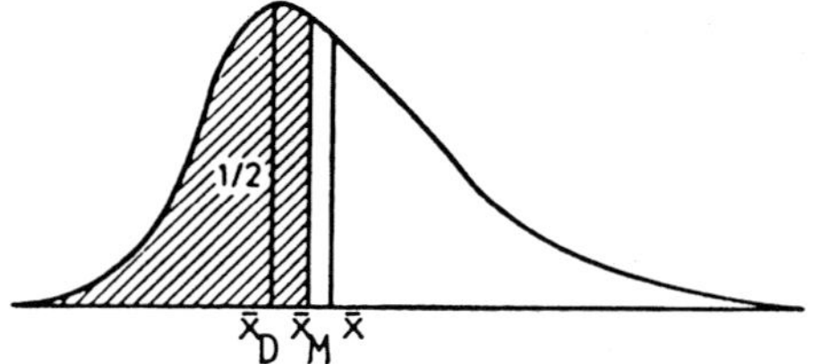

Abbildung 14.3-10: Schiefe Verteilung (Dichtemittel $\bar{x}_D$, Median $\bar{x}_M$ und arithmetisches Mittel $\bar{x}$)

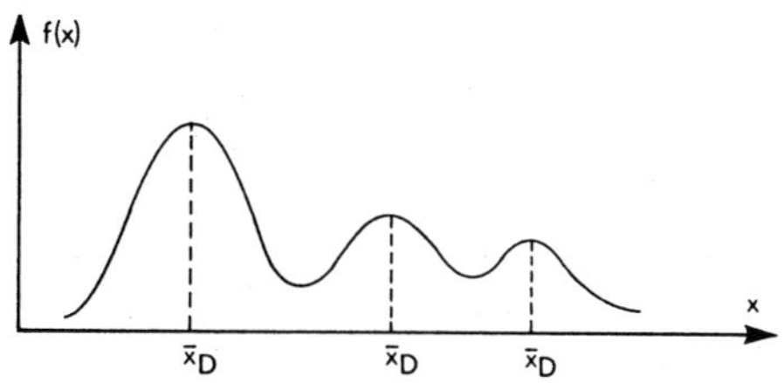

Abbildung 14.3-11: Relative Dichtemittel einer mehrgipfligen Verteilung

kann der Median $\bar{x}_M$ auch nach dem Ausgleichungsprinzip „Minimierung der Absolutsumme der Abweichungen" berechnet werden.

Ebenfalls folgt aus der Definition des Median, dass er die relative Summenhäufigkeit $F(x_j) = 0,5 = 50\,\%$ besitzt. Liegt nun eine in Klassen eingeteilte Reihe von Einzelwerten vor, lässt sich der Median schätzen durch lineare Interpolation innerhalb der Klasse, die den Wert $F(x_j) = 0,5$ und somit den Median enthält, nach

$$\bar{x}_M = x^*_{k-1} + \frac{\Delta x}{f(x_k)} \cdot \left[0,5 - F(x^*_{k-1})\right] \tag{14.81}$$

x^*_{k-1} = untere Klassengrenze der Medianklasse
Δx = Breite der Medianklasse
$f(x_K)$ = relative Häufigkeit der Medianklasse
$F(x^*_{k-1})$ = relative Summenhäufigkeit der unteren Medianklassengrenze

Neben dem Median wird als Mittelwert auch noch das *Dichtemittel* (Modalwert) $\bar{x}_D$ benutzt. Er ist der Wert einer Zufallsvariablen, der in einer Stichprobe am häufigsten vorkommt, der also die größte Dichte aufweist. Bei einer mehrgipfligen Verteilung treten außerdem *relative Dichtemittel* auf (Werte, die häufiger auftreten als ihre Nachbarwerte). Für mehrgipflige Verteilungen sind Dichtemittel die geeigneten Mittelwerte. Bei einer symmetrischen, eingipfligen Verteilung fallen das arithmetische Mittel $\bar{x}$, der Median $\bar{x}_M$, und das Dichtemittel $\bar{x}_D$ zusammen.

14.4 Regression und Korrelation

14.4.1 Funktionale und stochastische Abhängigkeit

Bisher wurde untersucht, wie man aus einer Stichprobe für *eine* Zufallsvariable Schätzwerte für die Parameter ihrer Grundgesamtheit ableiten kann. Die dabei behandelten statistischen Methoden sind nun für die Fälle zu erweitern, in denen nicht nur eine, sondern *mehrere Variable gleichzeitig* behandelt werden müssen. Zunächst sei von zwei Variablen (X und Y) ausgegangen und untersucht, ob irgendeine Beziehung zwischen den Variablen besteht und welcher Art diese ist. Die hierzu entwickelten Formeln können leicht auf den mehrdimensionalen Fall erweitert werden.

Besteht zwischen zwei veränderlichen Variablen eine strenge Beziehung, so spricht man von einem *funktionalen Zusammenhang*. Beispielsweise ist die Fläche F eines Kreises eine Funktion des Radius r ($F = \pi \cdot r^2$). Tritt anstelle des funktionalen Zusammenhangs eine mehr oder weniger lose Verkettung der Variablen, wird von einem *stochastischen Zusammenhang* gesprochen. Wenn die Kreisfläche z. B. mit einem Polarplanimeter (Kap. 2.4.2) und der Radius mit einem Maßstab bestimmt werden, besteht infolge der unvermeidlichen Messungenauigkeiten kein funktionaler, sondern nur noch ein stochastischer Zusammenhang zwischen dem Radius und der Kreisfläche.

Durch die Bestimmung einer Regressionsfunktion im Zuge einer *Regressionsanalyse* lässt sich ein stochastischer Zusammenhang aufzeigen. Durch eine *Korrelationsanalyse* wird entweder das Ausmaß der stochastischen Abhängigkeit der Variablen untereinander oder die Güte der Anpassung der Regressionsfunktion an die Stichprobendaten ermittelt. Wenn auch letztlich gleiche Rechenformeln zur Bestimmung von Schätzwerten benutzt werden, sind doch verschiedene Modelle zu unterscheiden, von denen die uns interessierenden nachfolgend vorgestellt werden sollen.

14.4.2 Lineare Regressions- und Korrelationsmodelle

14.4.2.1 Klassische lineare Regression

Den Werten einer beobachteten *unabhängigen festen Variablen* X (d. h., die Variable kann systematisch oder „kontrolliert" variiert werden) können die Werte einer von ihr *abhängigen* beobachtbaren *Zufallsvariablen* Y zugeordnet werden. Beispielsweise sind die auf einer Eichstrecke für elektrooptische Distanzmesser mit dem zu prüfenden Instrument ermittelten Messwerte $y(x_i)$ den festen Messpfeilerabständen x_i zugeordnet. Es lässt sich als Modellvorstellung annehmen, an jeder Stelle x_i existiere eine Wahrscheinlichkeitsverteilung für die Zufallsvariable $Y(x_i)$. Die Erwartungswerte $E\{Y(x_i)\}$ der Grundgesamtheit liegen bei linearer Abhängigkeit auf der Regressionsgeraden von Y aus X

$$E\{Y(x_i)\} = \mu_{Y(x_i)} = \alpha_{yx} + \beta_{yx} \cdot x_i\ . \tag{14.82}$$

Fasst man die Abweichungen der Y-Werte vom jeweiligen Erwartungswert $\mu_{Y(x_i)}$ als nicht beobachtbare Zufallsvariable e *(Störvariable)* auf, lässt sich für die *Regression von Y aus X* der individuelle Y-Wert auch angeben in der Form[14]

$$Y(x_i) = \mu_{Y(x_i)} + e_i = \alpha_{yx} + \beta_{yx} \cdot x_i + e_i\ . \tag{14.83}$$

Für das klassische Modell der linearen Regression gelten nun verschiedene Annahmen, die in der Tabelle 14.4-1 zusammengestellt sind. In diesem Modell lassen sich nach der „Methode der kleinsten Quadrate" die Schätzwerte a_{yx} und b_{yx} für die unbekannten Parameter α_{yx} und β_{yx} der Regressionsgleichung angeben. Für die unbekannten Erwartungswerte $\mu_{Y(x_i)}$ erhält man die Schätzwerte $\hat{y}(x_i)$ durch die *empirische lineare Regression*

$$\hat{y}(x_i) = a_{yx} + b_{yx} \cdot x_i. \tag{14.84}$$

Die Art der Wahrscheinlichkeitsverteilung der Zufallsvariablen e ist nicht festgelegt, sodass keine Möglichkeit besteht, über die Schätzung der Parameter und ihrer Varianzen hinaus auch

[14] In Matrixnotation: vgl. Gl. (14.187)

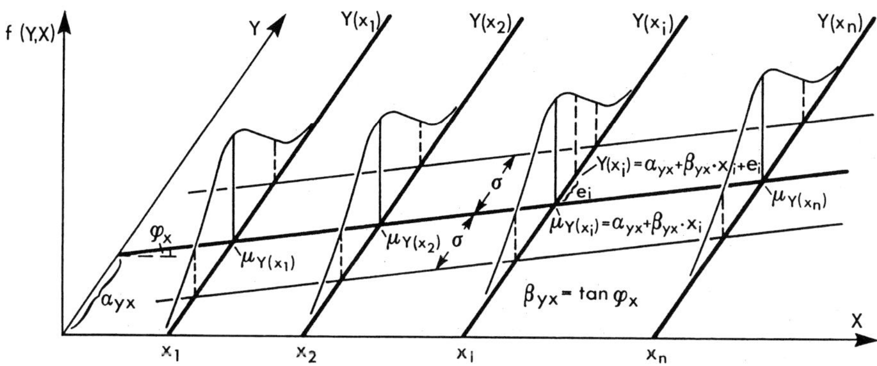

Abbildung 14.4-1: Regressionsgerade mit Achsabschnitt α_{yx} und Regressionskoeffizient (Steigung) β_{yx}

Tabelle 14.4-1: Modellannahmen bei der klassischen linearen Regression

Annahme	Erläuterung
$E\{e\} = 0$	Der Erwartungswert der Zufallsvariablen e ist null.
$V\{e\} = \sigma^2$	Die Varianz σ^2 ist für alle e konstant (Homoskedastizität) und wird als *Restvarianz* bezeichnet, da e die stochastischen Abweichungen von Y bezüglich der Erwartungswerte $\mu_{Y(x_i)}$ zeigt. Es gilt $V\{Y\} = V\{e\} = \sigma^2$.
$E\{e_i \cdot e_j\} = 0$ für $i \neq j$	Die e_i und e_j und somit auch Y_i und Y_j sind stochastisch unabhängig.
X	Die Variable X ist keine Zufallsvariable. Sie nimmt eine feste Menge von Werten x_i an, die bei Versuchswiederholungen unverändert bleiben.
$n > k$	Die Anzahl n der Beobachtungen muss größer als die Anzahl k der Koeffizienten der Regressionsfunktion sein, um Koeffizientenschätzungen durchführen zu können (z. B. $n > 2$ für eine Regressionsgerade mit $k = 2$).

Intervallschätzungen und Tests (siehe Kap. 14.6 und 14.7) vorzunehmen. Fügt man jedoch den bisherigen Modellannahmen noch die Annahme hinzu, die Zufallsvariable e und somit auch die Zufallsvariable Y seien *normalverteilt*, dann sind auch die Stichprobenverteilungen der Schätzwerte a_{yx} und b_{yx} normalverteilt. Für diesen hauptsächlich interessierenden Typ der klassischen linearen Regression lassen sich weitere statistische Untersuchungen (Intervallschätzungen, Tests) durchführen. Da die Art der Wahrscheinlichkeitsverteilung bekannt ist, können die Parameter α_{yx} und β_{yx} der Regressionsgleichung mittels der „Maximum-Likelihood-Methode" (Methode der maximalen Mutmaßlichkeit) geschätzt werden. Auf die Normalverteilung angewandt, liefert diese Methode jedoch die gleichen Berechnungsformeln für die Schätzwerte a_{yx} und b_{yx} wie die „Methode der kleinsten Quadrate". Daher wird auf eine Erläuterung der Maximum-Likelihood-Methode verzichtet.

14.4.2.2 Korrelationsmodelle

Gegenüber der Modellannahme der unter Kapitel 14.4.2.1 besprochenen Regression, dass der Variablen X feste Werte x_i entsprechen, betrachten wir hier den Fall, dass *X und Y Zufallsvariablen* sind, die beide gemeinsam variieren, und zwar jeweils um ihre Erwartungswerte (vgl. Gl. (14.13))

$$E\{X\} = \mu_x \qquad \text{und} \qquad E\{Y\} = \mu_y \; .$$

Folglich haben wir es mit einer *zweidimensionalen Wahrscheinlichkeitsverteilung* zu tun. Weiterhin wollen wir auch hier zusätzlich den Spezialfall annehmen, beide Zufallsvariablen seien (zweidimensional) normalverteilt, sodass Intervallschätzungen und Hypothesentests (Kap. 14.6 und 14.7) möglich sind (Abb. 14.4-2).

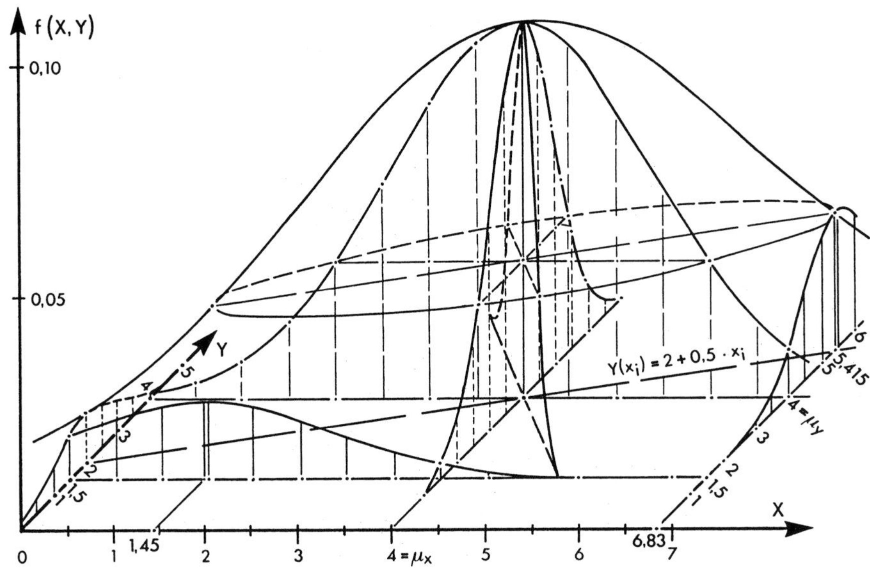

Abbildung 14.4-2: Zweidimensionale Verteilung zweier Zufallsvariablen

Die *Varianzen* der zweidimensionalen Grundgesamtheit der Zufallsvariablen X und Y sind definiert als die *Erwartungswerte der Differenzquadrate* (vgl. Gl. (14.14))

$$\sigma_x^2 = E\left\{(X-\mu_x)^2\right\} \quad ; \quad \sigma_y^2 = E\left\{(Y-\mu_y)^2\right\} \; .$$

In Erweiterung definieren wir nun als *Erwartungswert der Differenzprodukte* beider Zufallsvariablen X und Y die *Kovarianz* σ_{xy} zwischen beiden Variablen

$$\sigma_{xy} = E\left\{(X-\mu_x)\cdot(Y-\mu_y)\right\} \; . \tag{14.85}$$

Falls X und Y *stochastisch unabhängige Zufallsvariablen* sind, zeigt sich, dass wegen

$$\sigma_{xy} = E\left\{(X-\mu_x)\cdot(Y-\mu_y)\right\} = E\left\{X-\mu_x\right\}\cdot E\left\{Y-\mu_y\right\} = 0$$

die Kovarianz σ_{xy} verschwindet. Sie kann somit als Maß für die Kovariabilität, für die lineare Abhängigkeit zwischen X und Y dienen.

Zweckmäßigerweise normiert man jedoch die Kovarianz und erhält dann den *linearen Korrelationskoeffizienten*

$$\rho = \frac{\sigma_{xy}}{\sigma_x \cdot \sigma_y} \tag{14.86}$$

als Maß für die *lineare Abhängigkeit beider Zufallsvariablen* voneinander. Er liegt stets zwischen den festen Grenzwerten

$$-1 \leq \rho \leq +1 \ .$$

Die Grenzen $\rho = +1$ bzw. $\rho = -1$ gelten für streng lineare (funktionale) Abhängigkeit zwischen X und Y. Bei $\rho = 0$ sind beide Variable stochastisch unabhängig, sie sind dann *unkorreliert*.

Die Korrelationsanalyse untersucht (wechselseitige) *stochastische Zusammenhänge* zwischen gleichwertigen Zufallsvariablen anhand einer vorliegenden Stichprobe. Sie behandelt die Daten symmetrisch und ist im Hinblick auf die Richtung der Abhängigkeit neutral. In Verbindung mit der Regressionsanalyse hat die Korrelationsanalyse noch einen zweiten Aspekt. Wie bei der Ableitung der Schätzwerte noch gezeigt wird, geben der Korrelationskoeffizient ρ und das Bestimmtheitsmaß ρ^2 das *Ausmaß der Anpassung* der Regressionslinie an die Verteilung der Werte der Variablen an.

Handelt es sich nicht um eine zweidimensionale Grundgesamtheit, sondern wie bei der unter Kapitel 14.4.2.1 besprochenen klassischen linearen Regression um eine Ansammlung von Y-Teilgesamtheiten an festen Stellen x_i, gibt der Korrelationskoeffizient ρ das *Ausmaß der Anpassung* der Regressionsgeraden $\mu_{Y(x_i)} = \alpha_{yx} + \beta_{yx} \cdot x_i$ an die $Y(x_i)$-Werte sowie den *Grad der Linearität* der Punktstreuung an. Neben diesen Aspekten drückt das Bestimmtheitsmaß ρ^2 auch noch direkt das *Ausmaß der Reduzierung der Differenzquadratsumme* der y-Werte aus, wenn die Differenzen nicht zum Mittelwert $\bar{y}$, sondern zur Regressionsgeraden gebildet werden.

Da bei der Regressionsanalyse die Art der Abhängigkeit einer abhängigen Variablen von der zweiten als unabhängig angesehenen Variablen beschrieben wird, sind in dem hier behandelten Korrelationsmodell zweier Zufallsvariablen zwei Regressionen möglich, und zwar:

- die *Regression von Y aus X* (Y wird als abhängig von X betrachtet) (vgl. Gl. (14.82))

$$\mu_{Y(x_i)} = \alpha_{yx} + \beta_{yx} \cdot x_i \, ,$$

- die *Regression von X aus Y* (X wird als abhängig von Y betrachtet)

$$\mu_{X(y_i)} = \alpha_{xy} + \beta_{xy} \cdot y_i \, . \tag{14.87}$$

Die Richtung der Abhängigkeit wird durch die Indizes $_{yx}$ bzw. $_{xy}$ bei α und β angegeben, wobei sich die Achsabschnitte α_{yx} bzw. α_{xy} auf die Y-Achse bzw. X-Achse beziehen. Die Regressionskoeffizienten β_{yx} bzw. β_{xy} geben die Steigung der Geraden bezüglich der X-Achse bzw. der Y-Achse an. Folglich haben die Koeffizienten unterschiedliche Werte und die Regressionsgleichungen sind, wie auch noch gezeigt werden wird, *mathematisch nicht umkehrbar*!

14.4.2.3 Regression im „Fehler-in-den-Variablen-Modell“ (FVM)

Neben den bisher besprochenen Regressionsmodellen existieren weitere Modelle, je nachdem welche Modellannahmen getroffen werden. Der Begriff „Fehler“ in dem hier vorgestellten Modell ist im Sinne von „unvermeidbaren zufälligen Messungenauigkeiten“ zu verstehen.

Wenn neben der abhängigen Variablen Y auch die unabhängige Variable X mit Messungenauigkeiten behaftet ist und mit gutem Gewissen nicht mehr zu vertreten ist, dass die Ungenauigkeiten der x-Werte relativ zu denen der y-Werte vernachlässigbar klein sind, müssen am klassischen linearen Regressionsmodell zum Teil wesentliche Änderungen vorgenommen werden. Kennt man von vornherein das Verhältnis λ der Varianzen der (nicht beobachtbaren) Zufallsvariablen (Störvariablen) ε und δ der y- bzw. x-Werte

$$\lambda = \frac{\sigma_\varepsilon^2}{\sigma_\delta^2}, \tag{14.88}$$

lassen sich Formeln zur Schätzung der Parameter α'_{yx} und β'_{yx} der Regressionsgeraden von Y aus X

$$Y(x_i) = \alpha'_{yx} + \beta'_{yx} \cdot (x_i - \delta_i) + \varepsilon_i \tag{14.89}$$

angeben. Zur Unterscheidung von den vorher behandelten Regressionen sind die Parameter hier mit einem Beistrich ($'$) gekennzeichnet. Da diese Regression *mathematisch umkehrbar* ist, ergibt sich mit

$$\beta'_{xy} = \frac{1}{\beta'_{yx}} \quad \text{und} \quad \alpha'_{xy} = -\frac{\alpha'_{yx}}{\beta'_{yx}} \tag{14.90}$$

die Regressionsgerade von X aus Y zu

$$X(y_i) = \alpha'_{xy} + \beta'_{xy} \cdot (y_i - \varepsilon_i) + \delta_i. \tag{14.91}$$

Falls die Variablen X und Y gleichen Einfluss bei der Bestimmung der Regressionsgeraden haben sollen und ihre Messgenauigkeiten die gleiche Größenordnung besitzen, ergibt sich mit $\lambda = 1$ die sogenannte *„Orthogonale Regression“*. Hierbei wird die Summe der Abstandsquadrate orthogonal zur Regressionsgeraden minimiert. Weitere Erläuterungen hierzu folgen bei der Ableitung der Schätzwerte.

14.4.3 Schätzwerte für die lineare Regression und Korrelation

Um Schätzwerte für die lineare Regression ableiten zu können, müssen Messwerte als Stichprobe ermittelt werden. Das soll sagen, in den unter Kapitel 14.4.2.1 und 14.4.2.3 beschriebenen Modellen ermittelt man jeweils einen oder mehrere y_i-Werte für die festen Werte x_i. Im Korrelationsmodell (Kap. 14.4.2.2) entspricht immer nur jeweils einem x_i-Wert ein y_i-Wert und diese schwanken zufällig jeweils um ihre theoretischen Erwartungswerte $E(X) = \mu_X$ und $E(Y) = \mu_Y$ (zweidimensionale Normalverteilung). Werden aus den Messwerten „empirische“ Varianzen als Schätzwerte ermittelt, kennzeichnen diese folglich *nur beim Korrelationsmodell die Messgenauigkeit*, während sie in den übrigen Modellen nur ein *Maß für den Streubereich* der Daten sind.

Anmerkung:
A priori (d.h. vor dem Experiment) sind, wie zuvor dargelegt, die Schätzfunktionen als Funktionen der Zufallsgrößen $Y(x_i)$ selbst Zufallsvariable. Der Übersichtlichkeit wegen sollen in

den folgenden Kapiteln entgegen der sonst üblichen Kennzeichnung zufälliger Größen durch Großbuchstaben sowohl die (zufälligen) *Schätzfunktionen* als auch die aus dem Experiment (d. h. aus $(x_1,y_1),\dots,(x_n,y_n)$) ermittelten (realisierten) *Schätzungen* mit demselben Kleinbuchstaben bezeichnet werden.
Empirische Varianzen s_x^2 und s_y^2 als Schätzwerte für σ_x^2 und σ_y^2 :

$$s_x^2 = \frac{1}{n-1}\left(\sum_{i=1}^{n} x_i^2 - \frac{1}{n}\left(\sum_{i=1}^{n} x_i\right)^2\right) \; ; \qquad s_y^2 = \frac{1}{n-1}\left(\sum_{i=1}^{n} y_i^2 - \frac{1}{n}\left(\sum_{i=1}^{n} y_i\right)^2\right)$$

(vgl. 14.48)

Empirische Kovarianz s_{xy} als Schätzwert für σ_{xy}^2 :

$$s_{xy} = \frac{1}{n-1}\left(\sum_{i=1}^{n} x_i \cdot y_i - \frac{1}{n}\left(\sum_{i=1}^{n} x_i \cdot \sum_{i=1}^{n} y_i\right)\right) \tag{14.92}$$

Empirischer linearer Korrelationskoeffizient r als Schätzwert für ρ:

$$r = \frac{s_{xy}}{s_x \cdot s_y} \tag{14.93}$$

mit den *empirischen Standardabweichungen* s_x und s_y als Schätzwerte für σ_x und σ_y:

$$s_x = +\sqrt{s_x^2} \qquad \text{und} \qquad s_y = +\sqrt{s_y^2} \qquad \text{(vgl. 14.44)}$$

Der Korrelationskoeffizient stellt die normierte Kovarianz dar und liegt folglich im Bereich

$$-1 \le r \le +1 \,.$$

Man bezeichnet als:

schwache	Korrelation	$0 \le \lvert r\rvert \le 0{,}25$
mittlere	Korrelation	$0{,}25 \le \lvert r\rvert \le 0{,}75$
starke	Korrelation	$0{,}75 \le \lvert r\rvert \le 1$

14.4.3.1 Schätzwerte für den Achsabschnitt und den Regressionskoeffizienten

Die Schätzwerte für die Regressionsgerade Y aus X ergeben sich nach der „Methode der kleinsten Quadrate“. Durch die Punkte x_i, y_i einer Stichprobe wird die Regressionsgerade so gelegt, dass die Quadratsumme der Differenzen e_i zwischen den Punkten und der Geraden zum Minimum wird.

Die Abweichung e_i eines Punktes in y-Richtung von der Geraden lässt sich ausdrücken durch die Gleichung

$$e_i = y_i - \hat{y}(x_i) = y_i - (a_{yx} + b_{yx} \cdot x_i) \,. \tag{14.94}$$

Um die Quadratsumme

$$\sum_{i=1}^{n} e_i^2 = \sum_{i=1}^{n} [y_i - (a_{yx} + b_{yx} \cdot x_i)]^2$$

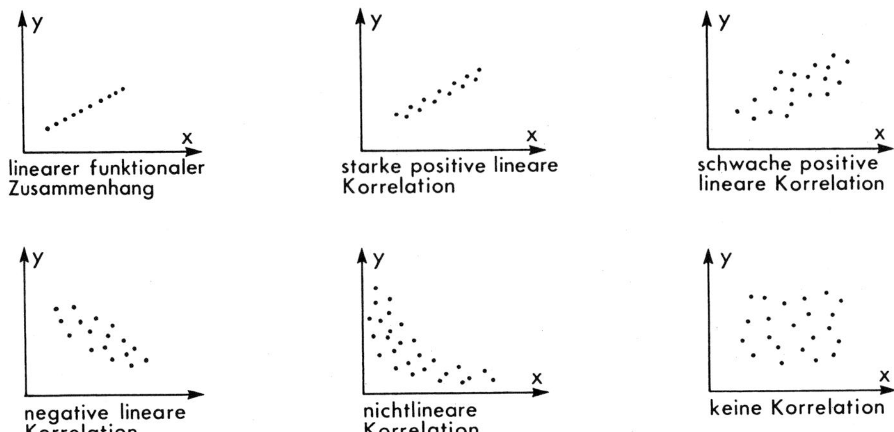

Abbildung 14.4-3: Grafische Darstellung von Stichproben mit verschiedenen Korrelationen

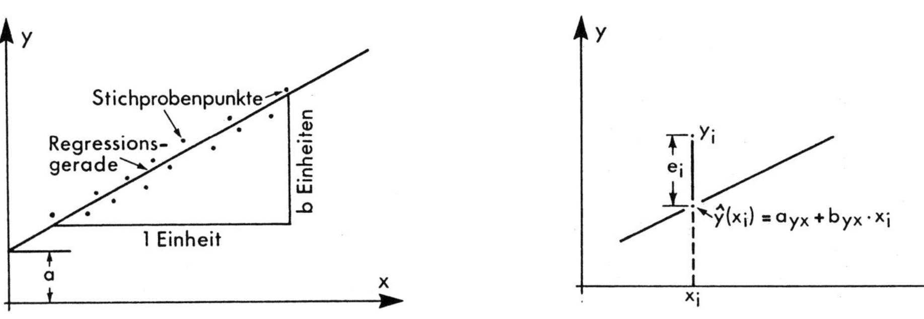

Abbildung 14.4-4: Regressionsgerade $\hat{y}(x_i) = a_{yx} + b_{yx} \cdot x_i$

Abbildung 14.4-5: Differenz e_i in y-Richtung zwischen Messwert y_i und Schätzwert $\hat{y}(x_i)$

zu minimieren, werden die partiellen Ableitungen nach a_{yx} und b_{yx} zu null gesetzt.

$$\frac{\partial(\sum e^2)}{\partial a_{yx}} = -2\sum_{i=1}^{n}(y_i - a_{yx} - b_{yx} \cdot x_i) = 0;$$

$$\frac{\partial(\sum e^2)}{\partial b_{yx}} = -2\sum_{i=1}^{n}[x_i(y_i - a_{yx} - b_{yx} \cdot x_i)] = 0\,.$$

Daraus folgt

$$\sum_{i=1}^{n} y_i = n \cdot a_{yx} + b_{yx} \cdot \sum_{i=1}^{n} x_i;$$

$$\sum_{i=1}^{n}(x_i \cdot y_i) = a_{yx} \cdot \sum_{i=1}^{n} x_i + b_{yx} \cdot \sum_{i=1}^{n} x_i^2\,.$$

Diese beiden linearen Gleichungen (die sogenannten „Normalgleichungen") haben für den *Achsabschnitt* a_{yx} (auf der y-Achse) und die Steigung b_{yx} (den *Regressionskoeffizienten*) die eindeutige Lösung[15]

$$b_{yx} = \frac{n \cdot \sum(x_i \cdot y_i) - \sum x_i \cdot \sum y_i}{n \cdot \sum x_i^2 - (\sum x_i)^2} = \frac{s_{xy}}{s_x^2} = r \cdot \frac{s_y}{s_x}; \tag{14.95}$$

$$a_{yx} = \frac{\sum y_i - b_{yx} \cdot \sum x_i}{n} = \bar{y} - b_{yx} \cdot \bar{x}\,. \tag{14.96}$$

Folglich lassen sich die y-Werte in Abhängigkeit von den x-Werten schätzen durch die Regressionsgerade

$$\hat{y}(x_i) = a_{yx} + b_{yx} \cdot x_i\,. \tag{14.97}$$

Wir kennzeichnen die y-Schätzwerte hier mit dem Symbol ($\hat{}$) zur Unterscheidung von den entsprechenden Werten der Stichprobe.

Die Regressionsgerade geht durch den Schwerpunkt der Stichprobe (gebildet durch die arithmetischen Mittel $\bar{x}$ und $\bar{y}$). Je nach Vorzeichen von b_{yx} spricht man von *positiver bzw. negativer Regression.*

Die Stichprobenwerte $(x_1, y_1), \ldots, (x_n, y_n)$ liegen dann und nur dann genau auf einer Geraden, wenn der zugehörige Korrelationskoeffizient den Wert $r = +1$ oder $r = -1$ hat.

14.4.3.2 Restvarianz und Bestimmtheitsmaß

Die nach der Bestimmung der Regressionsgeraden übrig bleibenden Abweichungen e_i der Stichprobenwerte y_i von den Schätzwerten $\hat{y}(x_i)$ sind die Realisierungen der Störvariablen e (siehe Tab. 14.4-1). Sie sind für alle x normalverteilt mit dem Erwartungswert $E\{e\} = 0$ und der endlichen bedingten Varianz $V\{e\} = \sigma^2 = const.$, die nicht von x abhängt (Homoskedastizität).

Ist die Restvarianz σ^2 unbekannt, ergibt sich als Schätzwert die *empirische Restvarianz* s_e^2 zu[16]

$$s_e^2 = \frac{\sum e_i^2}{n-2} = \frac{\sum y_i^2 - (a_{yx} \cdot \sum y_i + b_{yx} \cdot (\sum x_i \cdot y_i))}{n-2} \tag{14.98}$$

$(i = 1, \ldots, n)$ mit n = Punktanzahl und $n-2$ = Freiheitsgrad (2 unbekannte Parameter geschätzt). Die Restvarianz ist ein Maß für die Streuung der Datenpunkte um die Stichprobenregressionslinie.

Die Streuung oder Abweichung eines individuellen Wertes y_i vom Mittelwert $\bar{y}$ aller y-Werte lässt sich zerlegen in

$$\underbrace{y_i - \bar{y}}_{Gesamtstreuung} = \underbrace{(y_i - \hat{y}(x_i))}_{Ungekl\ddot{a}rte\ Reststreuung} + \underbrace{(\hat{y}(x_i) - \bar{y})}_{Erkl\ddot{a}rter\ Anteil\ der\ Streuung}\,.$$

Die Differenz zwischen dem Wert $\hat{y}(x_i)$ der Regressionslinie und dem Mittelwert $\bar{y}$ wird als *erklärter Anteil der Streuung* bezeichnet, weil nach Anpassung der Regressionslinie an die Punkte sich die *Gesamtstreuung* um diesen Anteil vermindert. Die übrig bleibende *unerklärte*

[15] In Matrixnotation: vgl. Gl. (14.190)

[16] In Matrixnotation: vgl. Gl. (14.191)

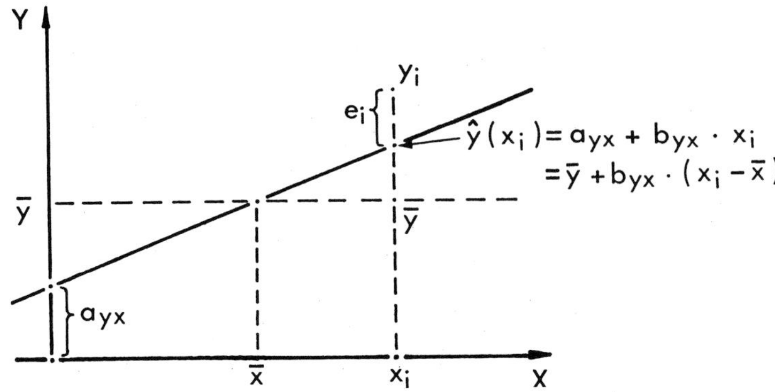

Abbildung 14.4-6: Streuungszerlegung

Reststreuung $e_i = y_i - \hat{y}(x_i)$ ist, wie schon gesagt, eine Realisierung der nicht beobachtbaren Störvariablen e (Abb. 14.4-6).

Mit der Regressionsgleichung

$$\hat{y}(x_i) = \bar{y} + b_{yx} \cdot (x_i - \bar{x}) \tag{14.99}$$

ergibt sich die Quadratsumme der Reststreuungen e_i

$$\begin{aligned}\sum_{i=1}^{n} (y_i - \hat{y}(x_i))^2 &= \sum_{i=1}^{n} [y_i - \bar{y} - b_{yx} \cdot (x_i - \bar{x})]^2 \\ &= \sum_{i=1}^{n} (y_i - \bar{y})^2 + b_{yx}^2 \cdot \sum_{i=1}^{n} (x_i - \bar{x})^2 - 2b_{yx} \cdot \sum_{i=1}^{n} (y_i - \bar{y}) \cdot (x_i - \bar{x}) \ ,\end{aligned}$$

woraus mit (vgl. Gl. (14.95))

$$b_{yx} = \frac{\sum (x_i - \bar{x}) \cdot (y_i - \bar{y})}{\sum (x_i - \bar{x})^2}$$

folgt

$$\begin{aligned}\sum_{i=1}^{n} (y_i - \hat{y}(x_i))^2 &= \sum_{i=1}^{n} (y_i - \bar{y})^2 + b_{yx}^2 \cdot \sum_{i=1}^{n} (x_i - \bar{x})^2 - 2b_{yx}^2 \cdot \sum_{i=1}^{n} (x_i - \bar{x})^2 \\ &= \sum_{i=1}^{n} (y_i - \bar{y})^2 - b_{yx}^2 \cdot \sum_{i=1}^{n} (x_i - \bar{x})^2 \ .\end{aligned}$$

Weiterhin ergibt sich mit

$$\hat{y}(x_i) - \bar{y} = b_{yx} \cdot (x_i - \bar{x})$$

die Quadratsummenzerlegung

$$\sum (y_i - \hat{y}(x_i))^2 = \sum (y_i - \bar{y})^2 - \sum (\hat{y}(x_i) - \bar{y})^2$$

und nach Umordnung schließlich

$$\underbrace{\sum (y_i - \bar{y})^2}_{Gesamtquadratsumme} = \underbrace{\sum (y_i - \hat{y}(x_i))^2}_{Unerklärte\ Quadratsumme} + \underbrace{\sum (\hat{y}(x_i) - \bar{y})^2}_{Erklärte\ Quadratsumme} . \tag{14.100}$$

Nach Division durch die Gesamtquadratsumme zeigt sich

$$1 = \frac{\sum (y_i - \hat{y}(x_i))^2}{\sum (y_i - \bar{y})^2} + \frac{\sum (\hat{y}(x_i) - \bar{y})^2}{\sum (y_i - \bar{y})^2} . \tag{14.101}$$

Definiert man den zweiten Summanden als *empirisches Bestimmtheitsmaß*

$$r^2 = \frac{\sum (\hat{y}(x_i) - \bar{y})^2}{\sum (y_i - \bar{y})^2} = \frac{erklärte\ Quadratsumme}{Gesamtquadratsumme} , \tag{14.102}$$

gibt r^2 die durch Anpassung einer Regressionslinie an die Stichprobendaten entstehende relative Reduzierung der Gesamtquadratsumme der y-Werte und somit das Ausmaß der Verbesserung an. Beispielsweise bedeutet $r^2 = 0,85$ eine 85 %ige Reduzierung der Gesamtquadratsumme, sodass die Quadratsumme der Reststreuungen (unerklärte Quadratsumme) 15 % der Gesamtquadratsumme ausmacht. Gl. (14.102) lässt sich mit den Gl. (14.48), (14.98) und (14.101) auch ausdrücken in der Form

$$r^2 = 1 - \frac{(n-u) \cdot s_e^2}{(n-1) \cdot s_y^2} , \tag{14.103}$$

wobei $(n-u)$ und $(n-1)$ die Freiheitsgrade der (erwartungstreuen) Varianzschätzungen bedeuten. Dabei ist $n =$ Anzahl der y-Messwerte und $u =$ Anzahl der unbekannten, geschätzten Parameter der Regressionslinie, d. h. $u = 2$ für die Regressionsgerade (mit a_{yx} und b_{yx}). Das Bestimmtheitsmaß r^2 liegt im Bereich

$$0 \leq r^2 \leq 1 .$$

Bei $r^2 = 1$ besteht ein funktionaler Zusammenhang zwischen X und Y, alle Stichprobenpunkte liegen auf der Regressionslinie und s_e^2 ist null („X erklärt alles") bzw. bei $r^2 = 0$ liefert X keinen Anteil zur Variabilität von Y. Je kleiner r^2 ist, desto größer ist der Einfluss des Zufalls auf die Variabilität der Beobachtungswerte und desto weniger wird die abhängige Variable Y durch die unabhängige Variable X „bestimmt".

Die Quadratwurzel des Bestimmtheitsmaßes r^2 ist identisch mit dem nach der Gl. (14.93) berechneten empirischen linearen Korrelationskoeffizienten

$$r = \sqrt{r^2} ,$$

wobei r das Vorzeichen des Regressionskoeffizienten b_{yx} besitzt. Durch Quadrieren des Korrelationskoeffizienten ergibt sich für eine Regressionsgerade folglich nicht nur das Bestimmtheitsmaß r^2, sondern auch leicht die *Restvarianz* s_e^2 durch Umstellung der Gl. (14.103) zu[17]

$$s_e^2 = \left(1 - r^2\right) \cdot \frac{(n-1) \cdot s_y^2}{(n-u)} . \tag{14.104}$$

[17]In Matrixnotation: vgl. Gl. (14.191)

14.4.3.3 Varianzen der Koeffizienten, der Erwartungswerte und der Vorhersagewerte linearer Regressionen

Bei großer Restvarianz werden auch die möglichen Regressionslinien der Stichprobe um die Regressionslinie der Grundgesamtheit, wie z. B. um die Regressionsgerade $\mu_{Y(x_i)} = \alpha_{yx} + \beta_{yx} \cdot x_i$, schwanken. Dies drückt sich in mehr oder weniger großen Varianzen für den Regressionskoeffizienten β_{yx} und für die Erwartungswerte $\mu_{Y(x_i)}$ aus. Die empirische *Varianz* s_b^2 als Schätzwert für die Varianz σ_b^2 wird berechnet nach[18]

$$s_b^2 = \frac{s_e^2}{\sum\limits_{i=1}^{n}(x_i - \bar{x})} = \frac{s_e^2}{(n-1) \cdot s_x^2} \,. \tag{14.105}$$

Der mithilfe der Stichproben-Regressionsgleichung sich ergebende (Mittel-)Wert (vgl. Gl. (14.97), (14.99))

$$\hat{y}(x_j) = a_{yx} + b_{yx} \cdot x_j = \bar{y} + b_{yx} \cdot (x_j - \bar{x})$$

stellt einen *Schätzwert für den Erwartungswert* $\mu_{Y(x_j)}$ an der Stelle x_j dar. Weil $\bar{y}$ und b_{yx} unabhängig sind, ergibt sich die empirische *Varianz* $s^2_{\hat{y}(x_j)}$ nach den Formeln (14.61) und (14.99) mit (14.58) zu[19]

$$s^2_{\hat{y}(x_j)} = \frac{s_e^2}{n} + s_b^2 \cdot (x_j - \bar{x})^2 \,. \tag{14.106}$$

Diese Varianz ist ein Maß für die Zuverlässigkeit der Schätzung von $\mu_{Y(x_j)}$. Da an der Stelle $x_j = 0$ der Erwartungswert $\mu_{y(0)}$ dem Achsabschnitt α_{yx} entspricht, ergibt sich nach Formel (14.106) hier die empirische Varianz $s^2_{\hat{y}(0)} = s_a^2$ zu:

$$s_a^2 = \frac{s_e^2}{n} + s_b^2 \cdot \bar{x}^2 \,. \tag{14.107}$$

Für die *Vorhersage über einen zukünftigen Wert* $Y(x_j)_{n+1}$ an der Stelle x_j (zusätzlich mit dem Index $_{n+1}$ versehen, weil er nicht zu den n Stichprobenwerten gehört, die zur Bestimmung der Regressionsfunktion maßgeblich waren)

$$Y(x_j)_{n+1} = \alpha_{yx} + \beta_{yx} \cdot x_{j_{n+1}} + e_{j_{n+1}} \tag{14.108}$$

liegt die „Schätzung“

$$\hat{y}(x_j)_{n+1} = a_{yx} + b_{yx} \cdot x_j = \bar{y} + b_{yx}(x_j - \bar{x})$$

mit $\bar{y}$ und $\bar{x}$ nach Gl. (14.41) nahe. Man erhält folglich mithilfe der Regressionsfunktion an der Stelle x_j sowohl für den Mittelwert wie auch für den Vorhersagewert zahlenmäßig den gleichen $\hat{y}$-Schätzwert. Die Varianz $s^2_{\hat{y}(x_j)_{n+1}}$ des Vorhersagewertes ist jedoch wegen der

[18] In Matrixnotation: vgl. Gl. (14.192)
[19] In Matrixnotation: vgl. Gl. (14.193)

zusätzlichen Variabilität von $e_{j_{n+1}}$ größer als die Varianz $s^2_{\hat{y}(x_j)}$ des Mittelwertes $\hat{y}(x_j)$. Sie ergibt sich wegen der Unabhängigkeit der neuen Schätzung von der Stichprobe nach[20]

$$s^2_{\hat{y}(x_j)_{n+1}} = s^2_{\hat{y}(x_j)} + s^2_e \,. \tag{14.109}$$

Benötigt werden die Varianzen s^2_b, s^2_a, $s^2_{\hat{y}(x_j)}$ und $s^2_{\hat{y}(x_j)_{n+1}}$ zur Ermittlung von Konfidenzintervallen und zur Durchführung von Hypothesentests, worauf in den Kapiteln 14.6 und 14.7 eingegangen wird.

14.4.3.4 Regression im Korrelationsmodell

Im *Korrelationsmodell* ist neben der bisher erwähnten Regression von Y aus X auch die Regression von X aus Y möglich. Man fasst hierzu die Variable X als abhängig von der als unabhängig angenommenen Variablen Y auf. Die entsprechenden Koeffizienten a_{xy} und b_{xy} der Regressionsgeraden

$$\hat{x}(y_i) = a_{xy} + b_{xy} \cdot y_i \tag{14.110}$$

ergeben sich durch Umbezifferung der entsprechenden Gl. (14.95) und (14.96) zu

$$b_{xy} = \frac{s_{xy}}{s^2_y} = r \cdot \frac{s_x}{s_y}; \tag{14.111}$$

$$a_{xy} = \bar{x} - b_{xy} \cdot \bar{y} \,. \tag{14.112}$$

Es gilt somit die als Rechenkontrolle verwendbare Beziehung

$$r^2 = b_{yx} \cdot b_{xy} \,. \tag{14.113}$$

Die Schätzung von $\hat{y}$ aus x-Werten ist nicht die Umkehrung der Schätzung von $\hat{x}$ aus y-Werten, weil im ersten Fall die Quadratsumme der Abstände e_i (in y-Richtung) und im zweiten Fall die Quadratsumme der Abstände d_i (in x-Richtung) zum Minimum gemacht wird.
Die empirische *Restvarianz* s^2_d als Schätzwert der Restvarianz σ^2_d

$$s^2_d = \frac{\sum d^2_i}{n-2} = \frac{\sum x^2_i - (a_{xy} \cdot \sum x_i + b_{xy} \cdot (\sum x_i \cdot y_i))}{n-2} \tag{14.114}$$

$(i = 1, \ldots, n)$ gibt hier die Schätzungenauigkeit der $\hat{x}(y_i)$-Werte an.
Beide Regressionsgeraden $\hat{y}(x_i)$ und $\hat{x}(y_i)$ schneiden sich im Schwerpunkt $(\bar{x}, \bar{y})$ und bilden eine Schere (siehe Abb. 14.4-11). Je enger diese „Regressionsschere" ist, desto mehr geht der lineare Korrelationskoeffizient r gegen $+1$ oder -1 und desto straffer ist der stochastische Zusammenhang. Die „Regressionsschere" schließt sich, wenn ein funktionaler Zusammenhang besteht, also $r = +1$ oder $r = -1$ ist.

14.4.3.5 Regression im „Fehler-in-den-Variablen-Modell" (FVM)

Für dieses in Kapitel 14.4.2.3 eingeführte Modell gelten folgende Formeln zur Berechnung der Schätzwerte, die zur Unterscheidung der zuvor behandelten Regressionen mit einem Beistrich ($'$) versehen werden.

[20] In Matrixnotation: vgl. Gl. (14.194)

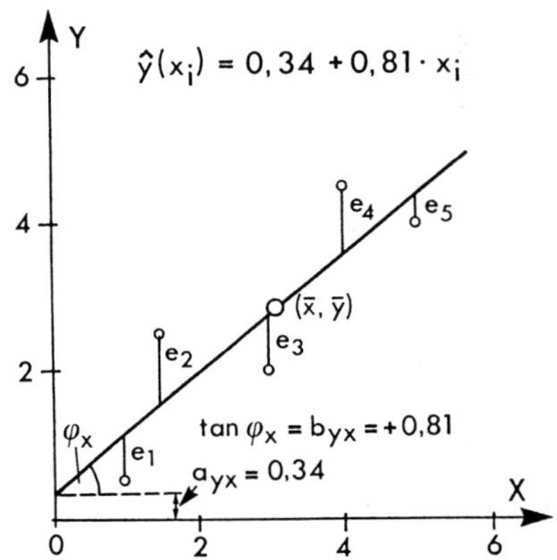

Abbildung 14.4-7: Regressionsgerade $\hat{y}(x_i)$, hier wird $\sum e_i^2$ minimiert

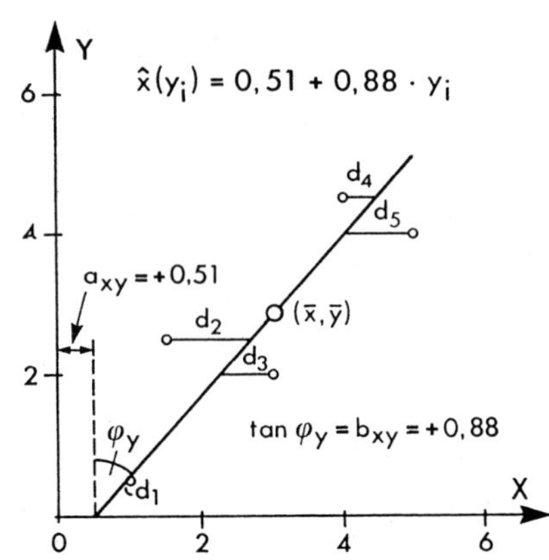

Abbildung 14.4-8: Regressionsgerade $\hat{x}(y_i)$, hier wird $\sum d_i^2$ minimiert

Ist das *Verhältnis* λ der Varianzen der y-Werte und der x-Werte (vgl. Gl. (14.88))

$$\lambda = \frac{\sigma_\varepsilon^2}{\sigma_\delta^2}$$

bekannt, ergibt sich für die Regressionsgerade

$$\hat{y}(x_i) = a'_{yx} + b'_{yx} \cdot x_i \tag{14.115}$$

der *Regressionskoeffizient* b'_{yx} nach

$$b'_{yx} = \frac{s_y^2 - \lambda \cdot s_x^2 + \sqrt{\left(s_y^2 - \lambda \cdot s_x^2\right)^2 + \lambda \cdot (2 \cdot s_{xy})^2}}{2 \cdot s_{xy}} , \tag{14.116}$$

wobei $s_{xy} \neq 0$ gelten muss (für $s_{xy} = 0$ gilt $b'_{yx} = 0$) und der *Achsabschnitt* a'_{yx} nach

$$a'_{yx} = \bar{y} - b'_{yx} \cdot \bar{x} . \tag{14.117}$$

Alle diese für unterschiedliche λ möglichen Regressionsgeraden im FVM laufen durch den Schwerpunkt $(\bar{x}, \bar{y})$. Sie liegen zwischen den beiden oben genannten Regressionsgeraden (Abb. 14.4-7 und 14.4-8) im Bereich der Regressionsschere (Abb. 14.4-11) und gehen bei den Grenzübergängen „$\lambda \to \infty$“ und „$\lambda \to 0$“ jeweils gegen die entsprechenden begrenzenden Regressionsgeraden Y aus X bzw. X aus Y. Die Regression im FVM ist jedoch im Gegensatz zu den anderen beiden Regressionen mathematisch umkehrbar, d. h., für die Regressionsgerade

$$\hat{x}(y_i) = a'_{xy} + b'_{xy} \cdot y_i \tag{14.118}$$

erhält man die Koeffizienten

$$b'_{xy} = \frac{1}{b'_{yx}} \quad ; \quad a'_{xy} = -\frac{a'_{yx}}{b'_{yx}} . \tag{14.119}$$

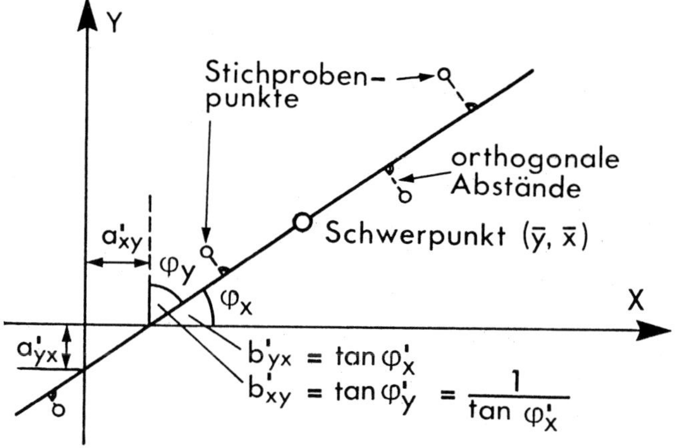

Abbildung 14.4-9: Orthogonale Regressionsgerade im „Fehler-in-den-Variablen-Modell" ($\lambda = 1$)

Sind die beiden Variablen X und Y mit Genauigkeiten in der gleichen Größenordnung behaftet, sodass man für ihr Genauigkeitsverhältnis den Wert $\lambda = 1$ annehmen kann, ergibt sich die sogenannte *„Orthogonale Regression"*, bei der die Quadratsumme der orthogonalen Lotabstände von der Geraden zu den Stichprobenpunkten minimiert wird (Abb. 14.4-9).

14.4.3.6 Zahlenbeispiele zu den Regressionsmodellen

Beispiel 14.4.1: Klassische Regression
Für acht Werte einer unabhängigen Variablen X wurde jeweils ein Messwert der abhängigen Variablen Y bestimmt. Gesucht sind die Schätzwerte der Regressionsgeraden von Y aus X.

Pkt. Nr.	x_i	y_i	x_i^2	y_i^2	$x_i \cdot y_i$
1	0	2	0	4	0
2	1	1	1	1	1
3	2	0	4	0	0
4	3	0	9	0	0
5	4	1	16	1	4
6	5	1	25	1	5
7	6	3	36	9	18
8	7	4	49	16	28
$n = 8$	28	12	140	32	56

Schwerpunkt: $\bar{x} = \frac{28}{8} = 3{,}5$; $\bar{y} = \frac{12}{8} = 1{,}5$
Varianzen und Standardabweichungen zur Kennzeichnung des Streubereichs der Daten (Freiheitsgrad $f = n - 1 = 7$):

Varianz $s_x^2 = \frac{1}{7}\left(140 - \frac{1}{8} \cdot 28^2\right) = 6;\ s_x = 2{,}45$

Varianz $s_y^2 = \frac{1}{7}\left(32 - \frac{1}{8} \cdot 12^2\right) = 2;\ s_y = 1{,}41$

Kovarianz $s_{xy} = \frac{1}{7}\left(56 - \frac{1}{8} \cdot 28 \cdot 12\right) = +2$

Linearer Korrelationskoeffizient $r = \dfrac{s_{xy}}{(s_x \cdot s_y)} = \dfrac{+2}{(2,45 \cdot 1,41)} = +0,58$

Bestimmtheitsmaß $r^2 = \frac{1}{3} = 0,33\ldots$

Regressionskoeffizient $b_{yx} = s_{xy}/s_x^2 = \frac{1}{3}$

Achsabschnitt $a_{yx} = \bar{y} - b_{yx} \cdot \bar{x} = 1,5 - \frac{1}{3} \cdot 3,5 = \frac{1}{3}$

Restvarianz $s_e^2 = (1 - r^2) \cdot \frac{(n-1) \cdot s_y^2}{(n-2)} = (1 - \frac{1}{3}) \cdot \frac{7 \cdot 2}{6} = 1,55\ldots$

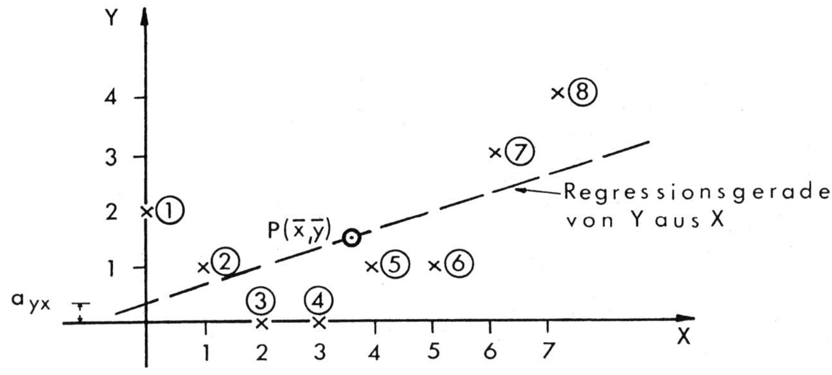

Abbildung 14.4-10: Regressionsgerade $\hat{y}(x_i) = \frac{1}{3} + \frac{1}{3} \cdot x_i$

Die berechnete Regressionsgerade

$$\hat{y}(x_i) = \frac{1}{3} + \frac{1}{3} \cdot x_i$$

approximiert die Daten nicht gut genug, da das Bestimmtheitsmaß mit $r^2 = 1/3$ im unteren Teil seines Wertebereichs $0 \leq r^2 \leq 1$ ist, sodass sich die Restvarianz s_e^2 nicht wesentlich kleiner als die Varianz s_y^2 der y-Werte ergibt. Wie im Beispiel 14.4.4 des Kapitels 14.4.4 noch gezeigt wird, approximiert eine nichtlineare Regressionslinie diese Daten wesentlich besser.

Beispiel 14.4.2: Korrelationsmodell
Im Rahmen einer Untersuchung wurden 15 Paare von Messwerten x_i und y_i ermittelt, die jeweils um ihre unbekannten Erwartungswerte $E\{X\} = \mu_x$ und $E\{Y\} = \mu_y$ normalverteilt streuen. Es ist festzustellen, ob zwischen den Daten eine Korrelation besteht, und weiterhin sind die Regressionen von Y aus X und von X aus Y zu schätzen.

y_i	5,16	4,95	4,79	5,22	4,73	5,04	4,59	4,67	5,41	5,67	4,91	5,09	4,90	5,09	5,00
x_i	3,30	3,32	2,99	3,31	3,00	3,21	2,99	3,01	3,42	3,53	3,18	3,33	3,15	3,31	3,13

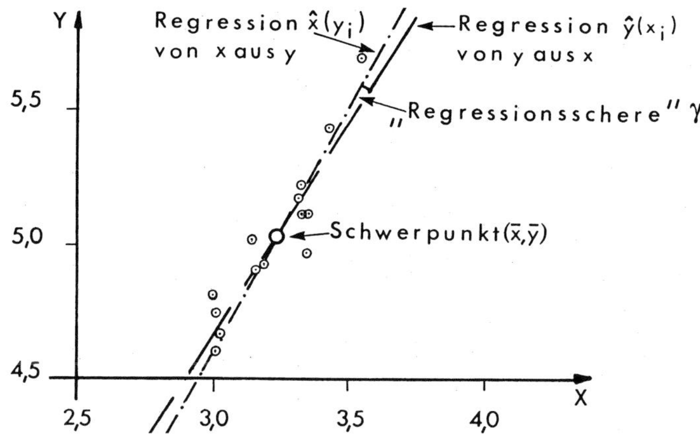

Abbildung 14.4-11: Lineare Regressionen im Korrelationsmodell

Anzahl $n = 15$; Freiheitsgrad $f = n - 1 = 14$
$\sum y_i = 75,22$; $\sum x_i = 48,18$; $y = 5,0146\ldots$; $\bar{x} = 3,212$
$\sum y_i^2 = 378,3234$; $\sum x_i^2 = 155,1470$; $\sum x_i y_i = 242,2252$
$s_y^2 = 0,080$; $s_y = 0,2829$
$s_x^2 = 0,028$; $s_x = 0,1675$ $s_{xy} = +0,044$

Korrelationskoeffizient $r = \dfrac{s_{xy}}{s_x \cdot s_y} = \dfrac{+0,044}{0,28 \cdot 0,17} = +0,93$

Bestimmtheitsmaß $r^2 = 0,87$

Regressionskoeffizient $b_{yx} = \dfrac{s_{xy}}{s_x^2} = +1,5746$

Achsabschnitt $a_{yx} = \bar{y} - b_{yx} \cdot \bar{x} = -0,043$

Regressionsgerade y aus x: $\hat{y}(x_i) = a_{yx} + b_{yx} \cdot x_i = -0,043 + 1,5746 \cdot x_i$

Restvarianz $s_e^2 = (1 - r^2) \cdot \dfrac{(n-1) \cdot s_y^2}{n-2} = (1 - 0,87) \cdot \dfrac{14 \cdot 0,08}{13} = 0,011$

Freiheitsgrad $f = n - 2 = 13$

Regressionsgerade x aus y (Freiheitsgrad $f = n - 2 = 13$):

$b_{xy} = \dfrac{s_{xy}}{s_y^2} = +0,5522$; $a_{xy} = \bar{x} - b_{xy} \cdot \bar{y} = +0,443$

$\hat{x}(y_i) = 0,443 + 0,5522 \cdot y_i$

Restvarianz $s_d^2 = (1 - r^2) \cdot \dfrac{(n-1) \cdot s_x^2}{n-2} = (1 - 0,87) \cdot \dfrac{14 \cdot 0,028}{13} = 0,004$

Das Bestimmtheitsmaß $r^2 = 0,87$ gibt an, dass durch die Regressionsgeraden $\hat{y}(x_i)$ bzw. $\hat{x}(y_i)$ die Gesamtquadratsummen $\sum(y_i - \bar{y})^2$ bzw. $\sum(x_i - \bar{x})^2$ um 87 % reduziert worden sind. In diesem Ausmaß wird die abhängige Variable von der unabhängigen „bestimmt". Der starke Zusammenhang zwischen den Variablen wird ebenfalls durch den linearen Korrelationskoeffizienten $r - +0,93$ verdeutlicht.

Beispiel 14.4.3: Klassische Regression oder orthogonale Regression
Zur Bestimmung der Druckfestigkeit von Betonfertigteilen wurden Probewürfel unterschiedlicher Druckfestigkeit hergestellt. Bei der Schlagprüfung wurden mit dem Rückprallhammer Schläge auf die Würfelfläche ausgeführt und dabei die Rückprallstrecken x [Skalenteile] für jeden Würfel ermittelt. Anschließend sind die Druckfestigkeiten y [N/mm^2] der Würfel bestimmt worden.

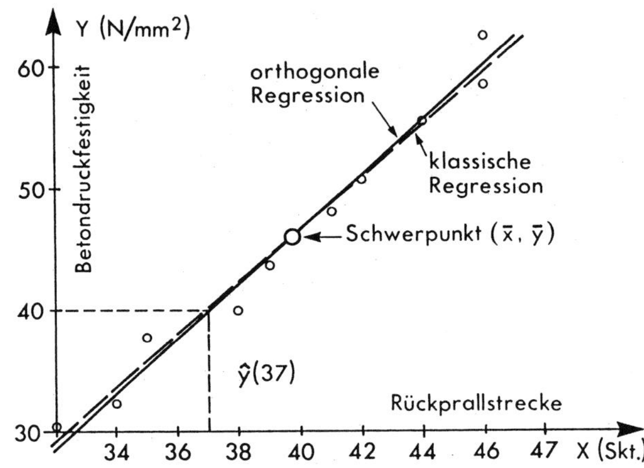

Abbildung 14.4-12: Klassische und orthogonale Regression

Messwerte:

x [Skalenteile]	32	34	35	38	39	41	42	44	46	46
y [N/mm^2]	30,4	32,3	37,7	39,8	43,6	48,0	50,7	55,7	58,5	62,6

Auswertung:
$n = 10$; $\sum x_i = 397$; $\sum x_i^2 = 15983$; $\sum y_i = 459,3$; $\sum y_i^2 = 22191,73$; $\sum x_i y_i = 18722,1$

$$\bar{x} = \frac{397}{10} = 39,7; \quad \bar{y} = \frac{459,3}{10} = 45,93$$

$$s_x^2 = \frac{1}{9}\left(15983 - \frac{1}{10}\cdot 397^2\right) = 24,68; \quad s_x = 4,97 \text{ (Skt.)}$$

$$s_y^2 = \frac{1}{9}\left(22191,73 - \frac{1}{10}\cdot 459,3^2\right) = 121,79; \quad s_y = 11,04 (\text{N/mm}^2)$$

$$s_{xy} = \frac{1}{9}\left(18722,1 - \frac{1}{10}\cdot 397\cdot 459,3\right) = +54,21$$

$$r = \frac{54,21}{4,97\cdot 11,04} = +0,9888; \quad r^2 = 0,9777$$

$$s_e^2 = (1 - 0,9888^2)\cdot\frac{9\cdot 121,79}{8} = 3,05$$

Fasst man die Messdaten so auf, als ob für feste Messwerte x [Skt.] Druckfestigkeiten y [N/mm^2] ermittelt worden seien, lässt sich im Modell der *„Klassischen Regression“* die Regressionsgerade von y aus x bestimmen. Mit ihrer Hilfe kann dann die Druckfestigkeit von

Betonfertigteilen aus gemessenen Rückprallstrecken abgeleitet werden. Nach Gl. (14.95) und (14.96) erhält man:

Regressionskoeffizient $b_{yx} = \frac{54,21}{24,68} = 2,1967$

Achsabschnitt $a_{yx} = 45,93 - 2,1967 \cdot 39,7 = -41,28$.

Mit der *(klassischen) Regressionsgeraden* $\hat{y}(x_i) = -41,28 + 2,1967 \cdot x_i$ ergibt sich beispielsweise für eine Rückprallstrecke von $x = 37$ Skalenteilen der Schätzwert $\hat{y}(37) = 40,0$ [N/mm^2] für die Druckfestigkeit eines Betonfertigteils.

Ist man jedoch der Meinung, auch die Messwerte der Rückprallstrecken seien mit zufallsbedingten Unsicherheiten behaftet, lässt sich die Regression im *„Fehler-in-den-Variablen-Modell"* bestimmen. Unterschiedliche Genauigkeiten zwischen beiden Variablen X und Y werden nach den Gl. (14.88) und (14.116) durch ihr Verhältnis λ berücksichtigt. Kann nun aufgrund umfangreicher vorausgegangener Untersuchungen angenommen werden, die Messunsicherheiten sowohl der Rückprallstrecken als auch der Druckfestigkeiten hätten die gleiche Größenordnung, ergibt sich mit der Verhältniszahl $\lambda = 1$ als Sonderfall die *„Orthogonale Regression"*. Mit den Gl. (14.116) und (14.117) berechnet man den Regressionskoeffizienten

$$\begin{aligned} b'_{yx} &= \frac{s_y^2 - s_x^2 + \sqrt{(s_y^2 - s_x^2)^2 + (2s_{xy})^2}}{2s_{xy}} \\ &= \frac{97,109 + \sqrt{97,109^2 + 108,42^2}}{108,42} = 2,23815 \end{aligned}$$

und den Achsabschnitt

$$a'_{yx} = 45,93 - 2,23815 \cdot 39,7 = -42,92 \ .$$

Orthogonale Regression *von y aus x*:

$$\begin{aligned} \hat{y}(x_i) &= -42,92 + 2,23815 \cdot x_i \\ \hat{y}(37) &= 39,9 \ [\text{N/mm}^2] \end{aligned}$$

Orthogonale Regression *von x aus y* mit Gl. (14.118) und (14.119):

$$b'_{xy} = \frac{1}{2,23815} = 0,4468 \quad ; \quad a'_{yx} = \frac{-42,924}{2,23815} = 19,18$$

$$\begin{aligned} \hat{x}(y_i) &= 19,18 + 0,4468 \cdot y_i \\ \hat{x}(39,9) &= 37 \ [\text{Skt.}] \end{aligned}$$

Wegen der mathematischen Umkehrbarkeit lässt sich sowohl die Regression von y aus x als auch die von x aus y bestimmen.

Die lineare Korrelation ist in diesem Beispiel mit $r = +0,99$ so stark, dass fast ein linearer, funktionaler Zusammenhang zwischen den Variablen besteht. Daher weichen die klassische und die orthogonale Regression nur geringfügig voneinander ab, wie auch an den Schätzwerten $\hat{y}(37) = 40,0$ [N/mm^2] bzw. 39,9 [N/mm^2] erkennbar ist. Bei anderem Zahlenmaterial können sich durchaus deutliche Unterschiede ergeben. Welches Regressionsmodell als zutreffend anzusehen ist, hängt davon ab, welchen Modellannahmen die Stichprobenwerte am besten entsprechen.

14.4.3.7 Korrelationsarten

Bei der Untersuchung von Korrelationen zwischen Variablen ist unbedingt zu bedenken, dass die Existenz eines funktionalen Zusammenhangs nichts aussagt über den kausalen Zusammenhang. Die sachliche Deutung gefundener statistischer Zusammenhänge liegt außerhalb der statistischen Methodenlehre. Nicht nur durch direkte kausale Zusammenhänge zwischen zwei Variablen X und Y kann eine Korrelation bedingt sein, sondern auch durch eine gemeinsame Abhängigkeit von dritten Größen, durch Heterogenität des Materials oder rein formal.

Kausale Korrelation bedeutet, dass die Änderung einer Variablen (Y) durch die zweite Variable (X) *verursacht* ist. Sie existiert z. B. zwischen Begabung und Leistung, zwischen Arbeitszeit und Preis von Produkten.

Eine *Gemeinsamkeitskorrelation* liegt bei einer Abhängigkeit beider Variablen von äußeren Einflüssen vor, z. B. der Zusammenhang zwischen Körpermaßen (Länge des rechten und linken Armes) sowie die Korrelation zwischen Zeitreihen (Abnahme der Zahl X der Störche und der Geburtenziffer Y während eines Zeitraumes).

Bei der *Inhomogenitätskorrelation* besteht das Material aus verschiedenen Teilmassen, die in verschiedenen Bereichen des Koordinatensystems liegen. Unterscheidet man die Teilmassen nicht, wird durch die Lageunterschiede der Punktwolken ein Korrelationseffekt erzielt, der die Korrelationsverhältnisse innerhalb der Teilmassen völlig verändern kann.

Formale Korrelation (Scheinkorrelation) besteht z. B. bei zwei Prozentsätzen X und Y, die sich zu 100 % ergänzen. Zwischen ihnen muss zwangsläufig eine negative Korrelation auftreten.

Zur *Erkennung einer echten, kausalen Korrelation* hat man zuerst zu prüfen, ob die anderen Möglichkeiten ausgeschlossen werden können. Die Größe des Korrelationskoeffizienten spielt dabei nur selten eine Rolle.

14.4.4 Nichtlineare Regression

In den bisherigen Ausführungen wurde immer eine lineare Korrelation der Messwerte (x_i, y_i) angenommen. Wenn jedoch keine Linearität vorliegt, kann es sein, dass der lineare Korrelationskoeffizient klein ist, obwohl in Wirklichkeit eine starke nichtlineare Korrelation vorliegt. In vielen Fällen zeigt schon die grafische Darstellung der Stichprobenpunkte, dass die interessierende Beziehung nicht durch eine Regressionsgerade beschrieben werden kann (Abb. 14.4-10). Man muss dann zur *nichtlinearen* Regression übergehen und statt der Geraden eine Kurve höherer Ordnung bestimmen. Man erhält die Normalgleichungen hier ebenfalls durch Nullsetzen der partiellen Ableitungen der Quadratsummengleichung nach den einzelnen Parametern, wie bei der Regressionsgeraden erläutert wurde. Folglich ergeben sich ebenso viele Normalgleichungen wie Parameter zu bestimmen sind, sodass man für die Lage der Kurve eine eindeutige Lösung erhält (Tab. 14.4-2). Die Frage, welche Kurve sich am besten den Stichprobenwerten anpasst, kann entweder anhand der grafischen Darstellung oder durch statistische Tests überprüft werden.

Benutzt man ein Polynom als Regressionskurve, so hat man zu entscheiden, welcher Polynomgrad der geeignetste ist. Bei zu geringem Polynomgrad passt sich die Kurve nicht eng genug den Punkten der Stichprobe an, während bei zu hohem Grad nicht nur der Rechenaufwand wesentlich ansteigt, sondern auch die Regressionskurve immer mehr in die Interpolationskurve übergeht. Sie verliert dabei zunehmend ihren glatten Verlauf und neigt zu einem unkontrollierten Funktionsverlauf zwischen den Punkten der Stichprobe (den sog. „Stützpunkten"). Als Beurteilungskriterium für die Wirksamkeit einer Polynomgraderhöhung kann das Ausmaß der Abnahme der Quadratsumme der Restabweichungen $e_i^2 = [y_i - \hat{y}(x_i)]^2$ herangezogen werden.

Dividiert man die Restfehlerquadratsumme durch die Anzahl der übrig bleibenden Freiheitsgrade $f = n - u$ (n = Punktanzahl; u = Anzahl der unbekannten, zu bestimmenden Parameter $b_0, b_1, \ldots, b_{m-1}$), erhält man die Restvarianz s_e^2 des jeweiligen Polynoms:

$$\begin{aligned} s_e^2 &= \frac{\sum[y_i - \hat{y}(x_i)]^2}{n-u} \\ &= \frac{\sum y_i^2 - b_0 \sum y_i - b_1 \cdot \sum(x_i \cdot y_i) - \ldots - b_{m-1} \cdot \sum\left(x_i^{m-1} \cdot y_i\right)}{n-u} . \end{aligned} \qquad (14.120)$$

Erhöht man nacheinander den Polynomgrad und berechnet jeweils die Restvarianz s_e^2, wird diese bis zu einem Minimum absinken, um danach wieder anzuwachsen. Das Polynom, welches die kleinste Restvarianz besitzt, kann als bestangepasstes angesehen werden.

Der Korrelationskoeffizient r ergibt sich als Quadratwurzel des Bestimmtheitsmaßes r^2 nach Gl. (14.103) zu

$$r = \sqrt{1 - \frac{(n-u) \cdot s_e^2}{(n-1) \cdot s_y^2}} . \qquad (14.121)$$

Das Vorzeichen $\pm$ für r ist bei der nichtlinearen Regressionsgleichung ohne Bedeutung. Der Wert des Korrelationskoeffizienten r bzw. des Bestimmtheitsmaßes r^2 kennzeichnet das Ausmaß des Zusammenhangs in Beziehung zum Gleichungstyp, d. h. die *Güte der Anpassung* der benutzten Ausgleichungskurve an die Stichprobenpunkte.

Beispiel 14.4.4: Wie man schon der Abbildung 14.4-10 (Bsp. 14.4.1, Kap. 14.4.3.6) für die klassische lineare Regression entnehmen kann, lassen sich die Daten wahrscheinlich besser durch die Parabelgleichung $\hat{y}(x_i) = b_0 + b_1 x_i + b_2 x_i^2$ ausgleichen. Dies soll durch Berechnung überprüft werden.

Pkt. Nr.	x	y	x^2	y^2	$x \cdot y$	$x^2 \cdot y$	x^3	x^4
1	0	2	0	4	0	0	0	0
2	1	1	1	1	1	1	1	1
3	2	0	4	0	0	0	8	16
4	3	0	9	0	0	0	27	81
5	4	1	16	1	4	16	64	256
6	5	1	25	1	5	25	125	625
7	6	3	36	9	18	108	216	1296
8	7	4	49	16	28	196	343	2401
n=8	28	12	140	32	56	346	784	4676

Tabelle 14.4-2: Normalgleichungen einiger wichtiger Regressionskurven

Funktionsgleichungen	Normalgleichungen
$y = b_0 + b_1 x$	$b_0 \cdot n + b_1 \sum x_i = \sum y_i$ $b_0 \sum x_i + b_1 \sum x_i^2 = \sum (x_i y_i)$
$\lg y = b_0 + b_1 x$	$b_0 \cdot n + b_1 \sum x_i = \sum \lg y_i$ $b_0 \sum x_i + b_1 \sum x_i^2 = \sum (x_i \cdot \lg y_i)$
$y = b_0 + b_1 \cdot \lg x$	$b_0 \cdot n + b_1 \sum \lg x_i = \sum y_i$ $b_0 \sum \lg x_i + b_1 \sum (\lg x_i)^2 = \sum (y_i \cdot \lg x_i)$
$\lg y = b_0 + b_1 \cdot \lg x$	$b_0 \cdot n + b_1 \sum \lg x_i = \sum \lg y_i$ $b_0 \sum \lg x_i + b_1 \sum (\lg x_i)^2 = \sum (\lg x_i \cdot \lg y_i)$
$y = b_0 \cdot b_1^x$ bzw. $\lg y = \lg b_0 + x \cdot \lg b_1$	$\lg b_0 \cdot n + \lg b_1 \sum x_i = \sum \lg y_i$ $\lg b_0 \sum x_i + \lg b_1 \sum x_i^2 = \sum (x_i \cdot \lg y_i)$
$y = b_0 + b_1 x + b_2 x^2$	$b_0 \cdot n + b_1 \sum x_i + b_2 \sum x_i^2 = \sum y_i$ $b_0 \sum x_i + b_1 \sum x_i^2 + b_2 \sum x_i^3 = \sum (x_i y_i)$ $b_0 \sum x_i^2 + b_1 \sum x_i^3 + b_2 \sum x_i^4 = \sum (x_i^2 y_i)$
$y = b_0 + b_1 x + b_2 \sqrt{x}$	$b_0 \cdot n + b_1 \sum x_i + b_2 \sum \sqrt{x_i} = \sum y_i$ $b_0 \sum x_i + b_1 \sum x_i^2 + b_2 \sum \sqrt{x_i^3} = \sum (x_i y_i)$ $b_0 \sum \sqrt{x_i} + b_1 \sum \sqrt{x_i^3} + b_2 \sum x_i = \sum (y_i \sqrt{x_i})$
$y = b_0 \cdot b_1^x \cdot b_2^{x^2}$ bzw. $\lg y = \lg b_0 + x \cdot \lg b_1$ $+ x^2 \cdot \lg b_2$	$n \cdot \lg b_0 + \lg b_1 \sum x_i + \lg b_2 \sum x_i^2 = \sum \lg y_i$ $\lg b_0 \sum x_i + \lg b_1 \sum x_i^2 + \lg b_2 \sum x_i^3 = \sum (x_i \cdot \lg y_i)$ $\lg b_0 \sum x_i^2 + \lg b_1 \sum x_i^3 + \lg b_2 \sum x_i^4 = \sum (x_i^2 \cdot \lg y_i)$

Anmerkung: Bei den logarithmierten Funktionsgleichungen wird durch die hier angegebenen Normalgleichungen jeweils die Quadratsumme der logarithmierten Abweichungen $e_i = \lg[y_i - \hat{y}(x_i)]$ minimiert! Sollen die Abweichungen $e_i = [y_i - \hat{y}(x_i)]$ bezogen auf die ursprüngliche Funktionsgleichung minimiert werden, kann dies durch entsprechende Gewichtung erreicht werden.

Nach der „Methode der kleinsten Quadrate“ wird die Quadratsumme

$$\sum_{i=1}^{n} e_i^2 = \sum_{i=1}^{n} \left[y_i - \left(b_0 + b_1 \cdot x_i + b_2 \cdot x_i^2\right)\right]^2$$

partiell nach b_0, b_1 und b_2 abgeleitet. Setzt man die Ableitungen zu null und ordnet um, ergeben sich die drei Normalgleichungen (siehe auch Tab. 14.4-2)

$$\begin{aligned} b_0 \cdot n + b_1 \cdot \sum x_i + b_2 \cdot \sum x_i^2 &= \sum y_i \\ b_0 \cdot \sum x_i + b_1 \cdot \sum x_i^2 + b_2 \cdot \sum x_i^3 &= \sum x_i y_i \\ b_0 \cdot \sum x_i^2 + b_1 \cdot \sum x_i^3 + b_2 \cdot \sum x_i^4 &= \sum x_i^2 y_i \end{aligned}$$

mit der Summierung über i von 1 bis n.
Die Auflösung des Gleichungssystems liefert

$$\begin{aligned} b_2 &= \frac{\left(\sum x^2 y - \frac{1}{n}\sum x^2 \cdot \sum y\right) \cdot \left(\sum x^2 - \frac{1}{n}(\sum x)^2\right) - \left(\sum x^3 - \frac{1}{n}\sum x^2 \cdot \sum x\right) \cdot \left(\sum xy - \frac{1}{n}\sum x \cdot \sum y\right)}{\left(\sum x^4 - \frac{1}{n}(\sum x^2)^2\right) \cdot \left(\sum x^2 - \frac{1}{n}(\sum x)^2\right) - \left(\sum x^3 - \frac{1}{n}\sum x^2 \cdot \sum x\right)^2} \\ b_1 &= \frac{\left(\sum xy - \frac{1}{n}\sum x \cdot \sum y\right) - \left(\sum x^3 - \frac{1}{n}\sum x^2 \cdot \sum x\right) \cdot b_2}{\left(\sum x^2 - \frac{1}{n}(\sum x)^2\right)} \\ b_0 &= \frac{\left(\sum y - b_1 \cdot \sum x - b_2 \cdot \sum x^2\right)}{n}, \end{aligned}$$

wobei aus Platzgründen der Index i bei den x_i und y_i weggelassen wurde.
Durch Einsetzen der Zahlenwerte erhält man

$$b_2 = 0,22619 \quad ; \quad b_1 = -1,25 \quad ; \quad b_0 = 1,9166\ldots,$$

sodass sich die Regressionsparabel ergibt zu:

$$\hat{y}(x_i) = 1,9167 - 1,25 \cdot x_i + 0,22619 \cdot x_i^2 .$$

Die Restvarianz s_e^2 zu dieser Parabel erhält man mit Gl. (14.120) aus

$$\begin{aligned} s_e^2 &= \frac{\sum y_i^2 - b_0 \sum y_i - b_1 \cdot \sum x_i y_i - b_2 \sum x_i^2 y_i}{n-u} \\ &= \frac{32 - b_0 \cdot 12 - b_1 \cdot 56 - b_2 \cdot 346}{8-3} = \frac{0,7381}{5} = 0,1476 . \end{aligned}$$

Mit der Varianz $s_y^2 = 2$ (siehe Beispiel 14.4.1, Kap. 14.4.3.6) ergibt sich der Korrelationskoeffizient

$$r = \sqrt{1 - \frac{(n-u)s_e^2}{(n-1)s_y^2}} = \sqrt{1 - \frac{0,7381}{14}} = 0,97 .$$

Wie man sieht, passt sich die Regressionsparabel mit der Restvarianz $s_e^2 = 0,15$ wesentlich besser den Daten der Stichprobe an als die Regressionsgerade mit $s_e^2 = 1,56$.

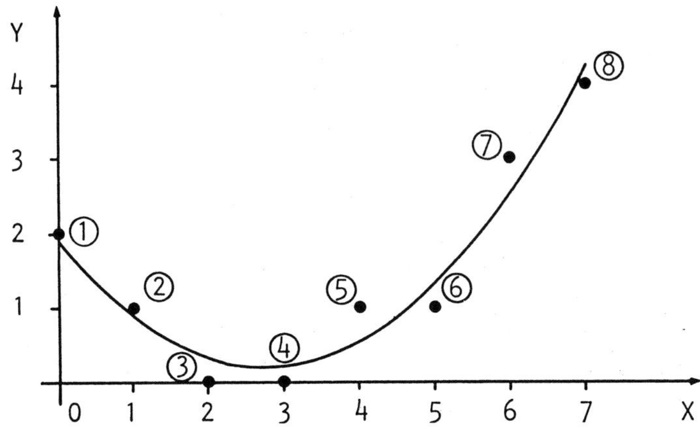

Abbildung 14.4-13: Regressionsparabel $\hat{y}(x_i) = b_0 + b_1x_i + b_2x_i^2$

14.4.5 Mehrfache (multiple) Regression

Ist eine gleichzeitige Gesetzmäßigkeit zwischen *einer* abhängigen Zufallsvariablen (Y) und mehreren unabhängigen Variablen $(X_1, X_2, \ldots, X_n)$ aufzufinden, spricht man von *mehrfacher oder multipler Regression*

$$\hat{y}(x_i) = b_0 + b_1x_1 + b_2x_2 + \cdots + b_mx_m \; .$$

Man unterscheidet hierbei ebenfalls lineare und nichtlineare Regression, je nachdem, ob die aufzufindende Regressionsfunktion eine lineare Form aufweist oder nicht. Die Parameter b_0, b_1, b_2,... , b_m dieser Regressionsfunktion sind nun so zu bestimmen, dass die Quadratsumme der Abstände in y-Richtung $e_i = y_i - \hat{y}(x_i)$ zum Minimum wird („Methode der kleinsten Quadrate"). Dazu wird die Quadratsumme $\sum_{i=1}^{n} e_i^2$ (mit n = Anzahl der Stichprobenpunkte) partiell nach den unbekannten, zu bestimmenden Parametern $(b_0, b_1, b_2, \ldots, b_m)$ differenziert und die einzelnen Ableitungen zu null gesetzt:

$$\frac{\partial(\sum e_i^2)}{\partial b_0} = 0, \; \frac{\partial(\sum e_i^2)}{\partial b_1} = 0, \; \frac{\partial(\sum e_i^2)}{\partial b_2} = 0, \; \ldots \; \frac{\partial(\sum e_i^2)}{\partial b_m} = 0.$$

Aus diesen Bedingungen ergeben sich ebenso viele Normalgleichungen wie unbekannte Parameter zu bestimmen sind, sodass sich eine eindeutige Lösung ergibt. Der Rechenaufwand steigt jedoch mit der Anzahl der beeinflussenden Variablen X_i und mit der Kompliziertheit der Regressionsfunktion erheblich.

Es lassen sich auch hier Korrelationskoeffizienten berechnen, und zwar misst der *multiple Korrelationskoeffizient* die Abhängigkeit der Zufallsvariablen Y von mehreren Variablen X_i gleichzeitig und der *partielle Korrelationskoeffizient* misst die Abhängigkeit von einer der Variablen X_i unter Ausschluss des Einflusses der übrigen Variablen $X_{j \neq i}$.

14.5 Testverteilung (Prüfverteilung)

Die als Funktion der Stichprobenwerte abgeleiteten Parameterschätzwerte (z. B. Mittelwert $\bar{x}$, Varianz s^2) und die Kombination von Schätzwerten (z. B. das Verhältnis s_1^2/s_2^2) können zur Beurteilung von Stichproben als Prüfgrößen benutzt werden. Da die Prüfgrößen ebenso wie die Stichprobenelemente als Zufallsvariable aufgefasst werden können, lassen sich ihre Wahrscheinlichkeitsverteilungen ableiten, welche dann die Grundlage für die auf diesen Prüfgrößen basierenden Tests bilden. Daher werden die Prüfverteilungen auch *Testverteilungen* genannt.

Für vorgegebene Freiheitsgrade und Wahrscheinlichkeiten $F(x)$ von Prüfverteilungsfunktionen sind die entsprechenden *Grenzwerte* der Prüfverteilungen berechnet und in Tabellen erfasst. Diese Grenzwerte werden *Quantile* oder auch *Fraktile* genannt und geben diejenigen Werte einer stetigen Prüfverteilung an, bei denen die Wahrscheinlichkeit für einen kleineren Wert genau $F(x)$ und für einen größeren Wert genau $(1-F(x))$ beträgt. Bei einer diskreten Verteilung ersetzt man „genau" durch „höchstens". Spezialfälle der Quantile ergeben sich für $F(x) = 1/2$ (*Median*), $F(x) = 1/4$ (*unteres Quartil* oder Q_1), $F(x) = 3/4$ (*oberes Quartil* oder Q_3), $F(x) = q/10$ mit $q = 1,2,\ldots,9$ (*q-tes Dezil*), $F(x) = r/100$ mit $r = 1,2,\ldots,99$ (*r-tes Perzentil* oder *r-tes Prozentil*).

14.5.1 Standardnormalverteilung

Sind für die Messwerte x_i die Parameter μ und σ der zugrunde liegenden Normalverteilung bekannt, kann man nach der Transformation

$$\boxed{z_i = \frac{x_i - \mu}{\sigma}} \tag{14.122}$$

für die entsprechenden standardnormalverteilten Größen $z_i \sim N(0;1)$ ihre Wahrscheinlichkeiten nach der Gl. (14.22)

$$f(z) = \frac{1}{\sqrt{2\pi}} e^{-z^2/2}$$

berechnen oder aus einer Tabelle entnehmen (Abb. 14.2-3 und Tab. 14.5-2). Die Normalverteilung kann somit auch als Testverteilung benutzt werden.

14.5.2 χ^2-Verteilung (Helmert-Pearson-Verteilung)

Ebenso wie für die Messwerte selbst, lassen sich auch die Wahrscheinlichkeiten für die Summe ihrer Quadrate berechnen. Die Summe wird mit χ^2 (Chi-Quadrat) bezeichnet. Ihre Verteilung wurde von F. R. Helmert (1876) und Pearson (1900) eingeführt.

$$\chi_f^2 = \sum_{i=1}^{f} z_i^2 = \sum_{i=1}^{f} \left(\frac{x_i - \mu}{\sigma}\right)^2,$$

wobei f = Freiheitsgrad. Mit Gl. (14.43) ergibt sich

$$\boxed{\chi_f^2 = f \cdot \frac{s^2}{\sigma^2}} \; . \tag{14.123}$$

Wenn μ zur Schätzung von s^2 nach Gl. (14.43) benutzt wurde, ist der *Freiheitsgrad* $f = n$, bzw. wenn $\bar{x}$ zur Schätzung von s^2 nach Gl. (14.47) bzw. (14.48) benutzt wurde, ist der *Freiheitsgrad* $f = n - 1$.

Mit der χ^2-Verteilung lassen sich Varianzen bzw. Differenzquadratsummen prüfen. Die Form der χ^2-Verteilung hängt vom Freiheitsgrad ab. Bei geringem Freiheitsgrad ist sie stark unsymmetrisch, nähert sich jedoch mit wachsendem f asymptotisch der Normalverteilung (Abb. 14.5-1).

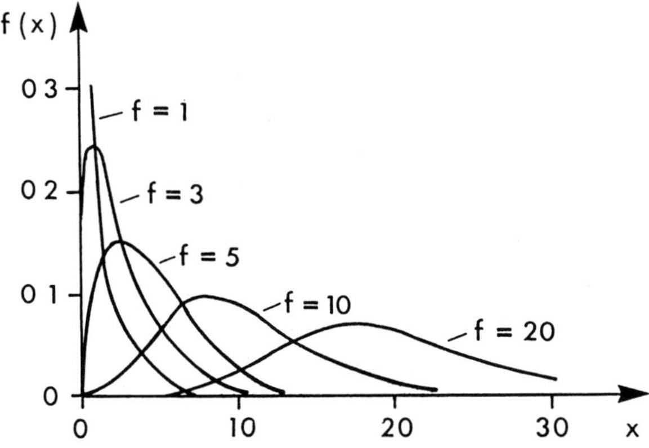

Abbildung 14.5-1: Wahrscheinlichkeitsdichte $f(x)$ der χ^2-Verteilung für verschiedene Freiheitsgrade f

14.5.3 t-Verteilung (Student-Verteilung)

Die Zufallsvariablen (vgl. (14.122))

$$z_i = \frac{x_i - \mu}{\sigma}$$

sind standardnormalverteilt. Ist die Standardabweichung σ der Grundgesamtheit für die Messwerte x_i nicht bekannt, sodass für die Division nur der Schätzwert s benutzt werden kann, erhält man die Zufallsvariable

$$\boxed{t_f = \frac{x_i - \mu}{s}}\,. \tag{14.124}$$

Ihre Verteilungsfunktion wurde von W. S. Gosset bestimmt, der sie 1908 unter dem Pseudonym „Student" veröffentlichte.

Die t-Verteilung ist (wie die Normalverteilung) symmetrisch und glockenförmig. Ihre Form hängt jedoch vom Freiheitsgrad f ab. Je kleiner der Freiheitsgrad ist, umso stärker ist die Abweichung von der Normalverteilung, umso flacher verläuft die t-Verteilung, d. h., im Gegensatz zur Normalverteilung hat die t-Verteilung, bedingt durch die Unsicherheit der Schätzung der Standardabweichung, mehr Wahrscheinlichkeit in den Ausläufen und weniger im zentralen Teil konzentriert. Mit größer werdendem Freiheitsgrad nähert sich die t-Verteilung immer mehr der Normalverteilung an und ist beim Freiheitsgrad $f = \infty$ mit ihr identisch (Abb. 14.5-2). Hauptanwendungsgebiet ist die Prüfung von Mittelwerten.

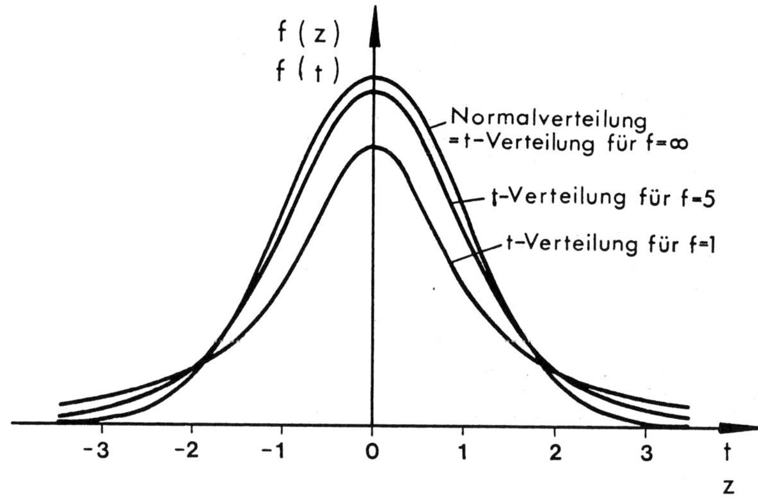

Abbildung 14.5-2: Wahrscheinlichkeitsdichte der t-Verteilung für verschiedene Freiheitsgrade

14.5.4 F-Verteilung (Fisher-Verteilung)

Dividiert man zwei χ^2-Werte durch ihre Freiheitsgrade f_1 und f_2 und bildet dann die Quotienten dieser beiden Größen, erhält man die Zufallsvariable

$$F = \frac{\chi_1^2/f_1}{\chi_2^2/f_2} = \frac{s_1^2/\sigma_1^2}{s_2^2/\sigma_2^2} = \frac{s_1^2}{s_2^2} \cdot \frac{\sigma_2^2}{\sigma_1^2} \tag{14.125}$$

mit den Freiheitsgraden f_1 und f_2. Ihre Verteilungsfunktion wurde von R. A. Fisher 1924 untersucht und trägt nach ihm den Namen F-Verteilung. Wenn zwei normalverteilte Grundgesamtheiten gleiche Varianz haben ($\sigma_1^2 = \sigma_2^2$), folgt die Zufallsvariable

$$\boxed{F_{f_1,f_2} = \frac{s_1^2}{s_2^2}} \tag{14.126}$$

der F-Verteilung. Sie eignet sich daher zur Prüfung von Varianzschätzwerten untereinander.

Tabelle 14.5-1: Wahrscheinlichkeitsdichte $f(z)$ der standardisierten Normalverteilung

$$f(z) = \frac{1}{\sqrt{2\pi}} e^{-z^2/2} \tag{14.127}$$

z	,00	,01	,02	,03	,04	,05	,06	,07	,08	,09
,0	,3989	,3989	,3989	,3988	,3986	,3984	,3982	,3980	,3977	,3973
,1	,3970	,3965	,3961	,3956	,3951	,3945	,3939	,3932	,3925	,3918
,2	,3910	,3902	,3894	,3885	,3876	,3867	,3857	,3847	,3836	,3825
,3	,3814	,3802	,3790	,3778	,3765	,3752	,3739	,3725	,3712	,3697
,4	,3683	,3668	,3653	,3637	,3621	,3605	,3589	,3572	,3555	,3538
,5	,3521	,3503	,3435	,3467	,3448	,3429	,3410	,3391	,3372	,3352
,6	,3332	,3312	,3292	,3271	,3251	,3230	,3209	,3187	,3166	,3144
,7	,3123	,3101	,3079	,3056	,3034	,3011	,2989	,2966	,2943	,2920
,8	,2897	,2874	,2850	,2827	,2803	,2780	,2755	,2732	,2709	,2685
,9	,2661	,2637	,2613	,2589	,2565	,2541	,2515	,2492	,2468	,2444
1,0	,2420	,2396	,2371	,2347	,2323	,2299	,2275	,2251	,2227	,2203
1,1	,2179	,2155	,2131	,2107	,2033	,2059	,2036	,2012	,1989	,1965
1,2	,1942	,1919	,1895	,1872	,1849	,1826	,1804	,1781	,1758	,1736
1,3	,1714	,1691	,1669	,1647	,1626	,1604	,1582	,1561	,1539	,1518
1,4	,1497	,1476	,1456	,1435	,1415	,1394	,1374	,1354	,1334	,1315
1,5	,1295	,1276	,1257	,1238	,1219	,1200	,1182	,1163	,1145	,1127
1,6	,1109	,1092	,1074	,1057	,1040	,1023	,1006	,0989	,0973	,0957
1,7	,0940	,0925	,0909	,0893	,0878	,0863	,0848	,0833	,0818	,0804
1,8	,0790	,0775	,0761	,0748	,0734	,0721	,0707	,0694	,0681	,0669
1,9	,0656	,0644	,0632	,0620	,0608	,0596	,0584	,0573	,0562	,0551
2,0	,0540	,0529	,0519	,0508	,0498	,0488	,0478	,0468	,0459	,0449
2,1	,0440	,0431	,0422	,0413	,0404	,0396	,0387	,0379	,0371	,0363
2,2	,0355	,0347	,0339	,0332	,0325	,0317	,0310	,0303	,0297	,0290
2,3	,0283	,0277	,0270	,0264	,0258	,0252	,0246	,0241	,0235	,0229
2,4	,0224	,0219	,0213	,0208	,0203	,0198	,0194	,0189	,0184	,0180
2,5	,0175	,0171	,0167	,0163	,0158	,0154	,0151	,0147	,0143	,0139
2,6	,0136	,0132	,0129	,0126	,0122	,0119	,0116	,0113	,0110	,0107
2,7	,0104	,0101	,0099	,0096	,0093	,0091	,0088	,0086	,0084	,0081
2,8	,0079	,0077	,0075	,0073	,0071	,0069	,0067	,0065	,0063	,0061
2,9	,0060	,0058	,0056	,0055	,0053	,0051	,0050	,0048	,0047	,0046
3,0	,0044	,0043	,0042	,0040	,0039	,0038	,0037	,0036	,0035	,0034
3,1	,0033	,0032	,0031	,0030	,0029	,0028	,0027	,0026	,0025	,0025
3,2	,0024	,0023	,0022	,0022	,0021	,0020	,0020	,0019	,0018	,0018
3,3	,0017	,0017	,0016	,0016	,0015	,0015	,0014	,0014	,0013	,0013
3,4	,0012	,0012	,0012	,0011	,0011	,0010	,0010	,0010	,0009	,0009
3,5	,0009	,0008	,0008	,0008	,0008	,0007	,0007	,0007	,0007	,0006
3,6	,0006	,0006	,0006	,0005	,0005	,0005	,0005	,0005	,0005	,0004
3,7	,0004	,0004	,0004	,0004	,0004	,0004	,0003	,0003	,0003	,0003
3,8	,0003	,0003	,0003	,0003	,0003	,0002	,0002	,0002	,0002	,0002
3,9	,0002	,0002	,0002	,0002	,0002	,0002	,0002	,0002	,0001	,0001

Beispiel 14.5.1: Für $z = 0,54$ ist die Wahrscheinlichkeitsdichte $f(z) = 0,3448$

Tabelle 14.5-2: Verteilungsfunktion F(z) der standardisierten Normalverteilung

$$F(z) = \frac{1}{\sqrt{2\pi}} \int_{-\infty}^{z} e^{-x^2/2} dx \tag{14.128}$$

z	,00	,01	,02	,03	,04	,05	,06	,07	,08	,09
,0	,5000	,5040	,5080	,5120	,5160	,5199	,5239	,5279	,5319	,5359
,1	,5398	,5438	,5478	,5517	,5557	,5596	,5636	,5675	,5714	,5753
,2	,5793	,5832	,5871	,5910	,5940	,5987	,6026	,6064	,6103	,6141
,3	,6179	,6217	,6255	,6293	,6331	,6368	,6406	,6443	,6480	,6517
,4	,6554	,6591	,6628	,6664	,6700	,6736	,6772	,6808	,6844	,6879
,5	,6915	,6950	,6985	,7019	,7054	,7088	,7123	,7157	,7190	,7224
,6	,7257	,7291	,7324	,7357	,7389	,7422	,7454	,7486	,7517	,7549
,7	,7580	,7611	,7642	,7673	,7704	,7734	,7764	,7794	,7823	,7852
,8	,7881	,7910	,7939	,7967	,7995	,8023	,8051	,8078	,8106	,8133
,9	,8159	,8186	,8212	,8238	,8264	,8289	,8315	,8340	,8365	,8389
1,0	,8413	,8438	,8461	,8485	,8508	,8531	,8554	,8577	,8599	,8621
1,1	,8543	,8665	,8685	,8708	,8729	,8749	,8770	,8790	,8810	,8830
1,2	,8849	,8869	,8888	,8907	,8925	,8944	,8962	,8980	,8997	,9015
1,3	,9032	,9049	,9066	,9082	,9099	,9115	,9131	,9147	,9162	,9177
1,4	,9192	,9207	,9222	,9236	,9251	,9265	,9279	,9292	,9306	,9319
1,5	,9332	,9345	,9357	,9370	,9382	,9394	,9406	,9418	,9429	,9441
1,6	,9452	,9463	,9474	,9484	,9495	,9505	,9515	,9525	,9535	,9545
1,7	,9554	,9564	,9573	,9582	,9591	,9599	,9608	,9616	,9625	,9633
1,8	,9641	,9649	,9656	,9664	,9671	,9678	,9686	,9693	,9699	,9706
1,9	,9713	,9719	,9726	,9732	,9738	,9744	,9750	,9756	,9761	,9767
2,0	,9772	,9778	,9783	,9788	,9793	,9798	,9803	,9808	,9812	,9817
2,1	,9821	,9826	,9830	,9834	,9838	,9842	,9846	,9850	,9854	,9857
2,2	,9861	,9864	,9868	,9871	,9875	,9878	,9881	,9884	,9887	,9890
2,3	,9893	,9896	,9898	,9901	,9904	,9906	,9909	,9911	,9913	,9916
2,4	,9918	,9920	,9922	,9925	,9927	,9929	,9931	,9932	,9934	,9936
2,5	,9938	,9940	,9941	,9943	,9945	,9946	,9948	,9949	,9951	,9952
2,6	,9953	,9955	,9956	,9957	,9959	,9960	,9961	,9962	,9963	,9964
2,7	,9965	,9966	,9967	,9968	,9969	,9970	,9971	,9972	,9973	,9974
2,8	,9974	,9975	,9976	,9977	,9977	,9978	,9979	,9979	,9980	,9981
2,9	,9981	,9982	,9982	,9983	,9984	,9984	,9985	,9985	,9986	,9986
3,3	,9987	,9987	,9987	,9983	,9988	,9989	,9989	,9989	,9990	,9990
3,1	,9990	,9991	,9991	,9991	,9992	,9992	,9992	,9992	,9993	,9993
3,2	,9993	,9993	,9994	,9994	,9994	,9994	,9994	,9995	,9995	,9995
3,3	,9995	,9995	,9995	,9996	,9996	,9996	,9996	,9996	,9996	,9997
3,4	,9997	,9997	,9997	,9997	,9997	,9997	,9997	,9997	,9997	,9998

Beispiel 14.5.2: Die Wahrscheinlichkeit, dass der Wert einer normalverteilten Zufallsvariablen zwischen $z_1 = -1,28$ und $z_2 = +0,89$ liegt, wird berechnet nach:
$F(z_2) - F(z_1) = 0,8133 - (1 - 0,8997) = 0,7130 = 71,30$ %.

Beispiel 14.5.3: Für die Irrtumswahrscheinlichkeit $\alpha = 5$ % ergeben sich die Quantile $z_{(1-\alpha)} = z_{0,95} = 1,65$ und $z_{(1-\frac{\alpha}{2})} = z_{0,975} = 1,96$.

Tabelle 14.5-3: Verteilungsfunktion $F(x)$ der χ^2-Verteilung, Freiheitsgrad $f = m$

$$F(x) = \frac{1}{2^{m/2} \cdot \Gamma(\frac{m}{2})} \cdot \int_0^x u^{(m-2)/2} \cdot e^{-u/2} \cdot du \qquad (14.129)$$

F / m	0,005	0,010	0,025	0,050	0,100	0,250	0,500	0,750	0,900	0,950	0,975	0,990	0,995
1	$,0^4393$	$,0^3157$	$,0^3982$	$,0^2393$	,0158	,102	,455	1,32	2,71	3,84	5,02	6,63	7,88
2	,0100	,0201	,0506	,103	,211	,575	1,39	2,77	4,61	5,99	7,38	9,21	10,6
3	,0717	,115	,216	,352	,584	1,21	2,37	4,11	6,25	7,81	9,35	11,3	12,8
4	,207	,297	,484	,711	1,06	1,92	3,36	5,39	7,78	9,19	11,1	13,3	14,9
5	,412	,554	,831	1,15	1,61	2,67	4,35	6,63	9,24	11,1	12,8	15,1	16,7
6	,676	,872	1,24	1,64	2,20	3,45	5,35	7,84	10,6	12,6	14,4	16,8	18,5
7	,989	1,24	1,69	2,17	2,83	4,25	6,35	9,04	12,0	14,1	16,0	18,5	20,3
8	1,34	1,65	2,18	2,73	3,49	5,07	7,34	10,2	13,4	15,5	17,5	20,1	22,0
9	1,73	2,09	2,70	3,33	4,17	5,90	8,34	11,4	14,7	16,9	19,0	21,7	23,6
10	2,16	2,56	3,25	3,94	4,87	6,74	9,34	12,5	16,0	18,3	20,5	23,2	25,2
11	2,60	3,05	3,82	4,57	5,58	7,58	10,3	13,7	17,3	19,7	21,9	24,7	26,8
12	3,07	3,57	4,40	5,23	6,30	8,44	11,3	14,8	18,5	21,0	23,3	26,2	28,3
13	3,57	4,11	5,01	5,89	7,04	9,30	12,3	16,0	19,8	22,4	24,7	27,7	29,8
14	4,07	4,66	5,63	6,57	7,79	10,2	13,3	17,1	21,1	23,7	26,1	29,1	31,3
15	4,60	5,23	6,26	7,26	8,55	11,0	14,3	18,2	22,3	25,0	27,5	30,6	32,8
16	5,14	5,81	6,91	7,96	9,31	11,9	15,3	19,1	23,5	26,3	28,8	32,0	34,3
17	5,70	6,41	7,56	8,67	10,1	12,8	16,3	20,5	24,8	27,6	30,2	33,4	35,7
18	6,26	7,01	8,23	9,39	10,9	13,7	17,3	21,6	26,0	28,9	31,5	34,8	37,2
19	6,84	7,63	8,91	10,1	11,7	14,6	18,3	22,7	27,2	30,1	32,9	36,2	38,6
20	7,43	8,26	9,59	10,9	12,4	15,5	19,3	23,8	28,4	31,4	34,2	37,6	40,0
21	8,03	8,90	10,3	11,6	13,2	16,3	20,3	24,9	29,6	32,7	35,5	38,9	41,4
22	8,64	9,54	11,0	12,3	14,0	17,2	21,3	26,0	30,8	33,9	36,8	40,3	42,8
23	9,26	10,2	11,7	13,1	14,8	18,1	22,3	27,1	32,0	35,2	38,1	41,6	44,2
24	9,89	10,9	12,4	13,8	15,7	19,0	23,3	28,2	33,2	36,4	39,4	43,0	45,6
25	10,5	11,5	13,1	14,6	16,5	19,9	24,3	29,3	34,4	37,7	40,6	44,3	46,9
26	11,2	12,2	13,8	15,4	17,3	20,8	25,3	30,4	35,6	38,9	41,9	45,6	48,3
27	11,8	12,9	14,6	16,2	18,1	21,7	26,3	31,5	36,7	40,1	43,2	47,0	49,6
28	12,5	13,6	15,3	16,9	18,9	22,7	27,3	32,6	37,9	41,3	44,5	48,3	51,0
29	13,1	14,3	16,0	17,7	19,8	23,6	28,3	33,7	39,1	42,6	45,7	49,6	52,3
30	13,8	15,0	16,8	18,5	20,6	24,5	29,3	34,8	40,3	43,8	47,0	50,9	53,7

Beispiel 14.5.4: Quantile der χ^2-Verteilung für den Freiheitsgrad $f = 15$ bei der Irrtumswahrscheinlichkeit $\alpha = 5\ \%$

$\chi^2_{f;\alpha/2} = 6,26$; $\chi^2_{f;\alpha} = 7,26$; $\chi^2_{f;1-\alpha} = 25,0$; $\chi^2_{f;1-\alpha/2} = 27,5$

Tabelle 14.5-4: Verteilungsfunktion $F(t)$ der t-Verteilung von „Student“ beim Freiheitsgrad $f = m$

$$F(t) = \frac{\Gamma\left(\frac{m+1}{2}\right)}{\sqrt{m \cdot \pi}\Gamma\left(\frac{m}{2}\right)} \int_{-\infty}^{t} \frac{dx}{\left(1 + \frac{x^2}{m}\right)^{(m+1)/2}} \tag{14.130}$$

F / m	0,75	0,90	0,95	0,975	0,99	0,995	0,9995
1	1,000	3,078	6,314	12,706	31,821	63,657	636,619
2	,816	1,886	2,920	4,303	6,965	9,925	31,598
3	,765	1,638	2,353	3,182	4,541	5,841	12,941
4	,741	1,533	2,132	2,776	3,747	4,604	8,610
5	,727	1,476	2,015	2,571	3,365	4,032	6,859
6	,718	1,440	1,943	2,447	3,143	3,707	5,959
7	,711	1,415	1,895	2,365	2,998	3,499	5,405
8	,706	1,397	1,860	2,306	2,896	3,355	5,041
9	,703	1,383	1,833	2,262	2,821	3,250	4,781
10	,700	1,372	1,812	2,228	2,764	3,169	4,587
11	,697	1,363	1,796	2,201	2,718	3,106	4,437
12	,695	1,356	1,782	2,179	2,681	3,055	4,318
13	,694	1,350	1,771	2,160	2,650	3,012	4,221
14	,692	1,345	1,761	2,145	2,624	2,977	4,140
15	,691	1,341	1,753	2,131	2,602	2,947	4,073
16	,609	1,337	1,746	2,120	2,583	2,921	4,015
17	,689	1,333	1,740	2,110	2,567	2,898	3,965
18	,688	1,330	1,734	2,101	2,552	2,878	3,922
19	,688	1,328	1,729	2,093	2,539	2,861	3,883
20	,687	1,325	1,725	2,086	2,528	2,845	3,850
21	,686	1,323	1,721	2,080	2,518	2,831	3,819
22	,686	1,321	1,717	2,074	2,508	2,819	3,792
23	,685	1,319	1,714	2,069	2,500	2,807	3,767
24	,685	1,318	1,711	2,064	2,492	2,797	3,745
25	,684	1,316	1,708	2,060	2,485	2,787	3,725
26	,684	1,315	1,706	2,056	2,479	2,779	3,707
27	,684	1,314	1,703	2,052	2,473	2,771	3,690
28	,683	1,313	1,701	2,048	2,467	2,763	3,674
29	,683	1,311	1,699	2,045	2,462	2,756	3,659
30	,683	1,310	1,697	2,042	2,457	2,750	3,646
40	,681	1,303	1,684	2,021	2,423	2,704	3,551
60	,679	1,296	1,671	2,000	2,390	2,660	3,460
120	,677	1,289	1,658	1,980	2,358	2,617	3,373
∞	,674	1,282	1,645	1,960	2,326	2,576	3,291

Beispiel 14.5.5: Quantile der t-Verteilung für den Freiheitsgrad $f = 9$ bei der Irrtumswahrscheinlichkeit $\alpha = 1\ \%$

$t_{f;\alpha/2} = -\,3{,}25$; $t_{f;\alpha} = -\,2{,}821$

$t_{f;1-\alpha/2} = 3{,}25$; $t_{f;1-\alpha} = 2{,}821$

Tabelle 14.5-5: Verteilungsfunktion $G(F)$ der F-Verteilung (Freiheitsgrad $f_1 = m_1$ im Zähler und Freiheitsgrad $f_2 = m_2$ im Nenner)

G	m2 \ m1	1	2	3	4	5	6	7	8	9	10	12	15	20	30	60	120	∞
0,90		39,9	49,5	53,6	55,8	57,2	58,2	58,9	59,4	59,9	60,2	60,7	61,2	61,7	62,3	62,8	63,1	63,3
0,95		161	200	216	225	230	234	237	239	241	242	244	246	248	250	252	253	254
0,975	1	648	800	864	900	922	937	948	957	963	969	977	985	993	1000	1010	1010	1020
0,99		4050	5000	5400	5620	5760	5860	5930	5980	6020	6000	6110	6160	6210	6260	6310	6340	6378
0,995		16200	20000	21600	22500	23100	23400	23700	23900	24100	24200	24400	24600	24800	25000	25200	25400	25500
0,90		8,53	9,00	9,16	9,24	9,29	9,33	9,35	9,37	9,38	9,39	9,41	9,42	9,44	9,46	9,47	9,48	9,49
0,95		18,5	19,0	19,2	19,2	19,3	19,3	19,4	19,4	19,4	19,4	19,4	19,4	19,5	19,5	19,5	19,5	19,5
0,975	2	38,5	39,0	39,2	39,2	39,3	39,3	39,4	39,4	39,4	39,4	39,4	39,4	39,4	39,5	39,5	39,5	39,5
0,99		98,5	99,0	99,2	99,2	99,3	99,3	99,4	99,4	99,4	99,4	99,4	99,4	99,4	99,5	99,5	99,5	99,5
0,995		199	199	199	199	199	199	199	199	199	199	199	199	199	199	199	199	199
0,90		5,54	5,46	5,39	5,34	5,31	5,28	5,27	5,25	5,24	5,23	5,22	5,20	5,18	5,17	5,15	5,14	5,13
0,95		10,1	9,55	9,28	9,12	9,01	8,94	8,89	8,85	8,81	8,79	8,74	8,70	8,66	8,62	8,57	8,55	8,53
0,975	3	17,4	16,0	15,4	15,1	14,9	14,7	14,6	14,5	14,5	14,4	14,3	14,3	14,2	14,1	14,0	13,9	13,9
0,99		34,1	30,8	29,5	28,7	28,2	27,9	27,7	27,5	27,3	27,2	27,1	26,9	26,7	26,5	26,3	26,2	26,1
0,995		55,6	49,8	47,5	46,2	45,4	44,8	44,4	44,1	43,9	43,7	43,4	43,1	42,8	42,5	42,1	42,0	41,8
0,90		4,54	4,32	4,19	4,11	4,05	4,01	3,98	3,95	3,93	3,92	3,90	3,87	3,84	3,82	3,79	3,78	3,76
0,95		7,71	6,94	6,59	6,39	6,26	6,16	6,09	6,04	6,00	5,96	5,91	5,86	5,80	5,75	5,69	5,66	5,63
0,975	4	12,2	10,6	9,98	9,60	9,36	9,20	9,07	8,98	8,90	8,84	8,75	8,66	8,56	8,46	8,36	8,31	8,26
0,99		21,2	18,0	16,7	16,0	15,5	15,2	15,0	14,8	14,7	14,5	14,4	14,2	14,0	13,8	13,7	13,6	13,5
0,995		31,3	26,3	24,3	23,2	22,5	22,0	21,6	21,4	21,1	21,0	20,7	20,4	20,2	19,9	19,6	19,5	19,3
0,90		4,06	3,78	3,62	3,52	3,45	3,40	3,37	3,34	3,32	3,30	3,27	3,24	3,21	3,17	3,14	3,12	3,11
0,95		6,61	5,79	5,41	5,19	5,05	4,95	4,88	4,82	4,77	4,74	4,68	4,62	4,56	4,50	4,43	4,40	4,37
0,975	5	10,0	8,43	7,76	7,39	7,15	6,98	6,85	6,76	6,68	6,62	6,52	6,43	6,33	6,23	6,12	6,07	6,02
0,99		16,3	13,3	12,1	11,4	11,0	10,7	10,5	10,3	10,2	10,1	9,89	9,72	9,55	9,38	9,20	9,11	9,02
0,995		22,8	18,3	16,5	15,6	14,9	14,5	14,2	14,0	13,8	13,6	13,4	13,1	12,9	12,7	12,4	12,3	12,1
0,90		3,78	3,46	3,29	3,18	3,11	3,05	3,01	2,98	2,96	2,94	2,90	2,87	2,84	2,80	2,76	2,74	2,72
0,95		5,99	5,14	4,76	4,53	4,39	4,28	4,21	4,15	4,10	4,06	4,00	3,94	3,87	3,81	3,74	3,70	3,67
0,975	6	8,81	7,26	6,60	6,23	5,99	5,82	5,70	5,60	5,52	5,46	5,37	5,27	5,17	5,07	4,96	4,90	4,85
0,99		13,7	10,9	9,78	9,15	8,75	8,47	8,26	8,10	7,98	7,87	7,72	7,56	7,40	7,23	7,06	6,97	6,88
0,995		18,6	14,5	12,9	12,0	11,5	11,1	10,8	10,6	10,4	10,2	10,0	9,81	9,59	9,36	9,12	9,00	8,88
0,90		3,59	3,26	3,07	2,96	2,88	2,83	2,78	2,75	2,72	2,70	2,67	2,63	2,59	2,56	2,51	2,49	2,47
0,95		5,59	4,74	4,35	4,12	3,97	3,87	3,79	3,73	3,68	3,64	3,57	3,51	3,44	3,38	3,30	3,27	3,23
0,975	7	8,07	6,54	5,89	5,52	5,29	5,12	4,99	4,90	4,82	4,76	4,67	4,57	4,47	4,36	4,25	4,20	4,14
0,99		12,2	9,55	8,45	7,85	7,46	7,19	6,99	6,84	6,79	6,62	6,47	6,31	6,16	5,99	5,82	5,74	5,65
0,995		16,2	12,4	10,9	10,1	9,52	9,16	8,89	8,68	8,51	8,38	8,18	7,97	7,75	7,53	7,31	7,19	7,08

Tabelle 14.5-5: (Fortsetzung)

$$G(F)=\frac{\Gamma\left(\frac{m_1+m_2}{2}\right)}{\Gamma\left(\frac{m_1}{2}\right)\cdot\Gamma\left(\frac{m_2}{2}\right)}\cdot m_1^{\frac{m_1}{2}}\cdot m_2^{\frac{m_2}{2}}\int_0^F\frac{x^{(m_1-2)/2}}{(m_2+m_1\cdot x)^{(m_1+m_2)/2}}\cdot dx \qquad (14.131)$$

G	m2 \ m1	1	2	3	4	5	6	7	8	9	10	12	15	20	30	60	120	∞
0,90		3,46	3,11	2,92	2,81	2,73	2,67	2,62	2,59	2,56	2,54	2,50	2,46	2,42	2,33	2,34	2,31	2,29
0,95		5,32	4,46	4,07	3,84	3,69	3,58	3,50	3,44	3,39	3,35	3,28	3,22	3,15	3,08	3,01	2,97	2,93
0,975	8	7,57	6,06	5,42	5,05	4,82	4,65	4,53	4,43	4,36	4,30	4,20	4,10	4,00	3,89	3,73	3,73	3,67
0,99		11,3	8,65	7,59	7,01	6,63	6,37	6,18	6,03	5,91	5,81	5,67	5,52	5,36	5,20	5,03	4,95	4,86
0,995		14,7	11,0	9,60	8,81	3,30	7,95	7,69	7,50	7,34	7,21	7,01	6,31	6,61	6,40	6,18	6,06	5,95
0,90		3,36	3,01	2,81	2,69	2,61	2,55	2,51	2,47	2,44	2,42	2,38	2,34	2,30	2,25	2,21	2,18	2,16
0,95		5,12	4,26	3,86	3,63	3,48	3,37	3,29	3,23	3,18	3,14	3,07	3,01	2,94	2,86	2,79	2,75	2,71
0,975	9	7,21	5,71	5,08	4,72	4,48	4,32	4,20	4,10	4,03	3,95	3,87	3,77	3,67	3,56	3,45	3,39	3,33
0,99		10,6	8,02	6,99	6,42	6,06	5,80	5,61	5,47	5,35	5,23	5,11	4,96	4,31	4,65	4,48	4,40	4,31
0,995		13,6	10,1	8,72	7,96	7,47	7,13	6,88	6,69	6,54	6,42	6,23	6,03	5,33	5,62	5,41	5,30	5,19
0,90		3,29	2,92	2,73	2,61	2,52	2,46	2,41	2,33	2,35	2,32	2,23	2,24	2,20	2,15	2,11	2,08	2,06
0,95		4,96	4,10	3,71	3,48	3,33	3,22	3,14	3,07	3,02	2,93	2,91	2,84	2,77	2,70	2,62	2,58	2,54
0,975	10	6,94	5,46	4,83	4,47	4,24	4,07	3,95	3,85	3,78	3,72	3,62	3,52	3,42	3,31	3,20	3,14	3,08
0,99		10,0	7,56	6,55	5,99	5,64	5,39	5,20	5,06	4,94	4,85	4,71	4,56	4,41	4,25	4,08	4,00	3,91
0,995		12,8	9,43	8,08	7,34	6,87	6,54	6,30	6,12	5,97	5,35	5,66	5,47	5,27	5,07	4,86	4,75	4,64
0,90		3,18	2,81	2,61	2,48	2,39	2,33	2,28	2,24	2,21	2,19	2,15	2,10	2,06	2,01	1,96	1,93	1,90
0,95		4,75	3,89	3,49	3,26	3,11	3,00	2,91	2,85	2,80	2,75	2,69	2,62	2,54	2,47	2,38	2,34	2,30
0,975	12	6,55	5,10	4,47	4,12	3,89	3,73	3,61	3,51	3,44	3,37	3,28	3,13	3,07	2,96	2,85	2,79	2,72
0,99		9,33	6,93	5,95	5,41	5,06	4,82	4,64	4,50	4,39	4,30	4,16	4,01	3,86	3,70	3,54	3,45	3,36
0,995		11,8	8,51	7,23	6,52	6,07	5,76	5,52	5,35	5,20	5,09	4,91	4,72	4,53	4,33	4,12	4,01	3,90
0,90		3,07	2,70	2,49	2,36	2,27	2,21	2,16	2,12	2,09	2,06	2,02	1,97	1,92	1,87	1,82	1,79	1,76
0,95		4,54	3,68	3,29	3,06	2,90	2,79	2,71	2,64	2,59	2,54	2,48	2,40	2,33	2,25	2,16	2,11	2,07
0,975	15	6,20	4,77	4,15	3,80	3,58	3,41	3,29	3,20	3,12	3,06	2,96	2,36	2,76	2,64	2,52	2,46	2,40
0,99		8,68	6,36	5,42	4,89	4,56	4,32	4,14	4,00	3,89	3,80	3,67	3,52	3,37	3,21	3,05	2,96	2,87
0,995		10,8	7,70	6,48	5,80	5,37	5,07	4,85	4,67	4,54	4,42	4,25	4,07	3,88	3,69	3,48	3,37	3,26
0,90		2,97	2,59	2,38	2,25	2,16	2,09	2,04	2,00	1,96	1,94	1,89	1,84	1,79	1,74	1,68	1,64	1,61
0,95		4,35	3,49	3,10	2,87	2,71	2,60	2,51	2,45	2,39	2,35	2,28	2,20	2,12	2,04	1,95	1,90	1,84
0,975	20	5,87	4,46	3,86	3,51	3,29	3,13	3,01	2,91	2,84	2,77	2,68	2,57	2,46	2,35	2,22	2,16	2,09
0,99		8,10	5,85	4,94	4,43	4,10	3,87	3,70	3,56	3,46	3,37	3,23	3,09	2,94	2,78	2,61	2,52	2,42
0,995		9,94	6,99	5,82	5,17	4,76	4,47	4,26	4,09	3,96	3,35	3,68	3,50	3,32	3,12	2,92	2,31	2,69
0,90		2,88	2,49	2,28	2,14	2,05	1,98	1,93	1,88	1,85	1,32	1,77	1,72	1,67	1,61	1,54	1,50	1,46
0,95		4,17	3,32	2,92	2,69	2,53	2,42	2,33	2,27	2,21	2,16	2,09	2,01	1,93	1,84	1,74	1,68	1,62
0,975	30	5,57	4,18	3,59	3,25	3,03	2,87	2,75	2,65	2,57	2,51	2,41	2,31	2,20	2,07	1,94	1,87	1,79
0,99		7,56	5,39	4,51	4,02	3,70	3,47	3,30	3,17	3,07	2,98	2,84	2,70	2,55	2,39	2,21	2,11	2,01
0,995		9,18	6,35	5,24	4,62	4,23	3,95	3,74	3,58	3,45	3,34	3,18	3,01	2,82	2,63	2,42	2,30	2,18

Tabelle 14.5-5: (Fortsetzung)

G	m2 \ m1	1	2	3	4	5	6	7	8	9	10	12	15	20	30	60	120	∞
0,90		2,79	2,39	2,18	2,04	1,95	1,87	1,82	1,77	1,74	1,71	1,66	1,60	1,54	1,48	1,40	1,35	1,29
0,95		4,00	3,15	2,76	2,53	2,37	2,25	2,17	2,10	2,04	1,99	1,92	1,84	1,75	1,65	1,53	1,47	1,39
0,975	60	5,29	3,93	3,34	3,01	2,79	2,63	2,51	2,41	2,33	2,27	2,17	2,06	1,94	1,82	1,67	1,58	1,48
0,99		7,08	4,98	4,13	3,65	3,34	3,12	2,95	2,82	2,72	2,63	2,50	2,35	2,20	2,03	1,84	1,73	1,60
0,995		8,49	5,80	4,73	4,14	3,76	3,49	3,29	3,13	3,01	2,90	2,74	2,57	2,39	2,19	1,96	1,83	1,69
0,90		2,75	2,35	2,13	1,99	1,90	1,82	1,77	1,72	1,68	1,65	1,60	1,54	1,48	1,41	1,32	1,26	1,19
0,95		3,92	3,07	2,68	2,45	2,29	2,18	2,09	2,02	1,96	1,91	1,83	1,75	1,66	1,55	1,43	1,35	1,25
0,975	120	5,15	3,80	3,23	2,89	2,67	2,52	2,39	2,30	2,22	2,16	2,05	1,94	1,82	1,69	1,53	1,43	1,31
0,99		6,85	4,79	3,95	3,48	3,17	2,96	2,79	2,66	2,56	2,47	2,34	2,19	2,03	1,86	1,66	1,53	1,38
0,995		8,18	5,54	4,50	3,92	3,55	3,28	3,09	2,93	2,81	2,71	2,54	2,37	2,19	1,98	1,75	1,61	1,43
0,90		2,71	2,30	2,08	1,94	1,85	1,77	1,72	1,67	1,63	1,60	1,55	1,49	1,42	1,34	1,24	1,17	1,00
0,95		3,84	3,00	2,60	2,37	2,21	2,10	2,01	1,94	1,88	1,83	1,75	1,67	1,57	1,46	1,32	1,22	1,00
0,975	∞	5,02	3,69	3,12	2,79	2,57	2,41	2,29	2,19	2,11	2,05	1,94	1,83	1,71	1,57	1,39	1,27	1,00
0,99		6,63	4,61	3,78	3,32	3,02	2,80	2,64	2,51	2,41	2,32	2,18	2,04	1,88	1,70	1,47	1,32	1,00
0,995		7,88	5,30	4,28	3,72	3,35	3,09	2,90	2,74	2,62	2,52	2,36	2,19	2,00	1,79	1,53	1,36	1,00

Beispiel 14.5.6: Quantile der F-Verteilung für die Freiheitsgrade $f_1 = 10$ und $f_2 = 13$ bei der Irrtumswahrscheinlichkeit $\alpha = 5\ \%$

a) zweiseitige Fragestellung:
Mit $F_{10,12;(1-\alpha/2)} = 3,37$ und $F_{10,15;(1-\alpha/2)} = 3,06$ folgt durch Interpolation $F_{10,13;(1-\alpha/2)} = 3,27$.

b) einseitige Fragestellung:
Mit $F_{10,12;(1-\alpha)} = 2,75$ und $F_{10,15;(1-\alpha)} = 2,54$ folgt durch Interpolation $F_{10,13;(1-\alpha)} = 2,68$.

14.6 Konfidenzintervall (Vertrauensintervall)

Die aus einer Stichprobe heraus berechneten Schätzwerte (z. B. Mittelwert $\bar{x}$, Varianz s^2) stimmen mehr oder weniger gut mit den Parametern der Grundgesamtheit (z. B. Erwartungswert μ, Varianz σ^2) überein. Fasst man den Schätzwert und den zugehörigen Parameter als Punkte auf einer Zahlengeraden auf, bildet der Schätzwert eine *Punktschätzung* für den Parameter.

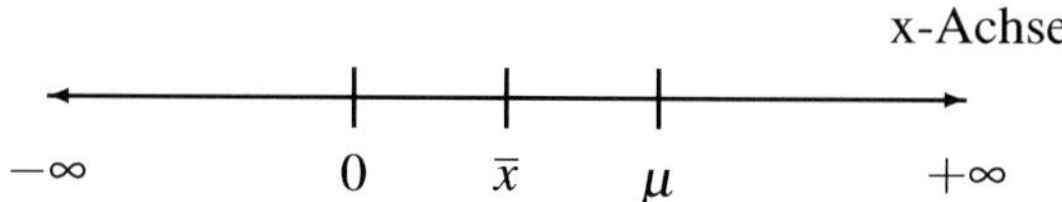

Abbildung 14.6-1: Mittelwert $\bar{x}$ als Punktschätzung auf der x-Achse für den Erwartungswert μ (dessen wirkliche Lage unbekannt ist).

Über die Güte dieser Schätzung, d. h. den Abstand zwischen Schätzwert und Parameter, gibt die Punktschätzung keine Auskunft. Wir wissen, dass der Parameter mit Sicherheit, d. h. mit der Wahrscheinlichkeit 1, irgendwo im Intervall von $-\infty$ bis $+\infty$ auf der Geraden liegt. Eine hilfreiche Auskunft über die Güte der Punktschätzung erhalten wir jedoch nur, wenn wir statt des unendlichen ein möglichst kleines Intervall für die Lage des unbekannten Parameters angeben können (z. B. das Intervall $a < \mu < b$ für den Parameter μ mit den Grenzen a und b). Dazu müssen wir an den Rändern der Wahrscheinlichkeitsverteilung der Zufallsvariablen diejenigen Punktlagen außer Acht lassen, die außerhalb der Intervallgrenzen, also von $-\infty$ bis a und von b bis $+\infty$, liegen. Wir nehmen dabei bewusst in Kauf, dass wir uns in diesen Fällen (die zwar möglich, jedoch „unwahrscheinlich" sind, weil die Wahrscheinlichkeitsdichte zu den Rändern hin sehr klein wird) irren können, und bezeichnen daher diese außer Acht gelassenen Wahrscheinlichkeitsflächen zusammen als *Irrtumswahrscheinlichkeit* α. Mit der *Sicherheitswahrscheinlichkeit* $S = 1 - \alpha$ ist nun zu erwarten, dass der unbekannte Parameter innerhalb der Intervallgrenzen liegt, z. B.

$$P\{a < \mu < b\} = 1 - \alpha \; . \tag{14.132}$$

Man erhält so eine *Intervallschätzung* für den unbekannten Parameter, die informativer als die Punktschätzung ist (Abb. 14.6-2).

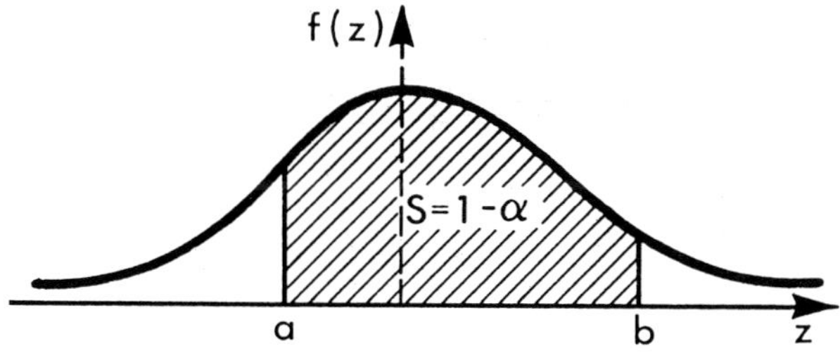

Abbildung 14.6-2: Intervallgrenzen für eine standardnormalverteilte Zufallsvariable

Nun muss noch die Lage der Grenzen bestimmt werden. Das Intervall lässt sich, bei gleichbleibender Fläche der Wahrscheinlichkeit S, verschieben, sodass sich theoretisch eine unendliche Anzahl von Werten für die Grenzen ergeben. Aus Abbildung 14.6-2 ist jedoch zu ersehen, dass eine Verschiebung der oberen Grenze b nach links eine geringere Verschiebung der Grenze a zur Folge hat, weil $f(a) > f(b)$ ist. Dadurch verkleinert sich beim weiteren Verschieben des Intervalls nach links der Abstand der Grenzen und zwar so lange, bis $f(a) = f(b)$ ist und das Intervall seine kleinste Länge angenommen hat. Werden folglich die Intervallgrenzen a und b so gelegt, dass $f(a) = f(b)$ ist, hat man bei gleicher Sicherheitswahrscheinlichkeit die *kleinste Intervallschätzung* für den unbekannten Parameter. Bei *symmetrischen Prüfverteilungen* erhält man diese Grenzen durch Halbierung der Irrtumswahrscheinlichkeit α und Benutzung der Quantile der Verteilungsfunktion an den Stellen $\alpha/2$ und $1-\alpha/2$ (z. B. $z_{\alpha/2}$ und $z_{1-\alpha/2}$ in Abb. 14.6-3).

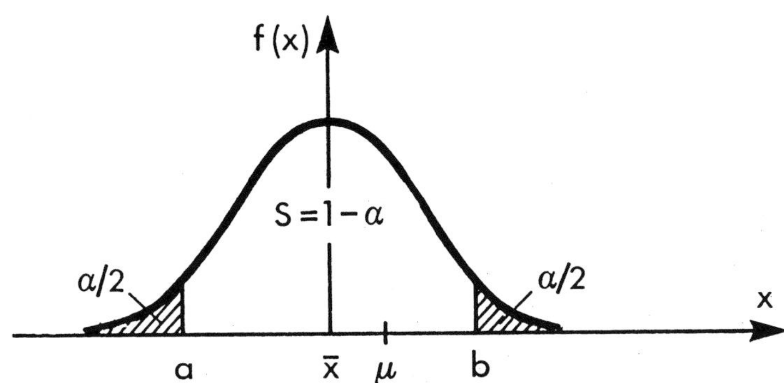

Abbildung 14.6-3: Konfidenzgrenzen a und b für den Erwartungswert μ einer Normalverteilung

Bei *unsymmetrischen Prüfverteilungen* müssten die Grenzen für das kleinste Intervall erst durch Berechnungen aus der Verteilungsfunktion abgeleitet werden, was meist erhebliche numerische Schwierigkeiten mit sich bringt. Daher verteilt man in der Praxis auch bei unsymmetrischen Prüfverteilungen die Irrtumswahrscheinlichkeit α je zur Hälfte auf die Ränder und benutzt z. B. bei der χ^2-Verteilung die Quantile $\chi^2_{\alpha/2}$ und $\chi^2_{1-\alpha/2}$. Man erhält dann jedoch nicht das kleinstmögliche Intervall, was aber in der Praxis meist hingenommen wird. Mit der Zunahme des Freiheitsgrades werden auch diese Prüfverteilungen symmetrischer. Auf die Berechnung eines minimalen Konfidenzintervalls mithilfe der χ^2-Verteilung wird in Kapitel 14.6.2 eingegangen.

Bei Halbierung und Aufteilung der Irrtumswahrscheinlichkeit lässt sich die in Gl. (14.132) angeführte Wahrscheinlichkeitsgleichung präzisieren zu

$$P\{\mu < a\} = P\{\mu > b\} = \alpha/2 . \qquad (14.133)$$

Anmerkung:
A priori (d. h. vor dem Experiment) sind, wie zuvor dargelegt, die Schätzfunktionen als Funktionen der Zufallsgrößen X_i bzw. $Y(x_i)$ selbst Zufallsvariable. Der Übersichtlichkeit wegen sollen in den folgenden Kapiteln entgegen der sonst üblichen Kennzeichnung zufälliger Größen durch Großbuchstaben (bzw. durch die griechischen Kleinbuchstaben α und β) sowohl die (zufälligen) *Schätzfunktionen* als auch die aus dem Experiment (d. h. aus $x_1, \ldots, x_n$ bzw.

aus $(x_1,y_1),\ldots,(x_n,y_n))$ ermittelten (realisierten) *Schätzungen* mit den entsprechenden (lateinischen) Kleinbuchstaben bezeichnet werden.

14.6.1 Konfidenzintervall für den Erwartungswert μ

Man hat hier zu unterscheiden, ob die Standardabweichung σ der Grundgesamtheit der Messwerte a priori bekannt ist oder nicht.

a) *Standardabweichung* σ der einzelnen Messwerte *bekannt*

Mit dem aus n Messwerten berechneten Mittelwert $\bar{x}$ und der Standardabweichung (vgl. Gl. (14.61))

$$\sigma_{\bar{x}} = \frac{\sigma}{\sqrt{n}}$$

ergibt sich die standardnormalverteilte Zufallsvariable (vgl. Gl. (14.122))

$$\hat{z} = \frac{\bar{x}-\mu}{\sigma_{\bar{x}}} \ .$$

Die Wahrscheinlichkeit, dass sie zwischen die Quantile der Standardnormalverteilung für die Irrtumswahrscheinlichkeit $\alpha/2$ bzw. $(1-\alpha/2)$ fällt, ist

$$P\left\{z_{\alpha/2} \le \frac{\bar{x}-\mu}{\sigma_{\bar{x}}} \le z_{1-\alpha/2}\right\} = 1-\alpha \ . \tag{14.134}$$

Wir formen die Ungleichung in der Klammer so um, dass der unbekannte Erwartungswert μ in der Mitte allein steht, und erhalten

$$P\left\{\bar{x}-z_{1-\alpha/2}\cdot\sigma_{\bar{x}} \le \mu \le \bar{x}-z_{\alpha/2}\cdot\sigma_{\bar{x}}\right\} = 1-\alpha \tag{14.135}$$

sowie wegen der Symmetrie der Normalverteilung $(z_{\alpha/2} = -z_{1-\alpha/2})$

$$P\{\underbrace{\bar{x}-z_{1-\alpha/2}\cdot\sigma_{\bar{x}}}_{a} \le \mu \le \underbrace{\bar{x}+z_{1-\alpha/2}\cdot\sigma_{\bar{x}}}_{b}\} = 1-\alpha \ . \tag{14.136}$$

Damit ergeben sich die Konfidenzgrenzen a und b bei bekannter Standardabweichung σ symmetrisch zum empirischen Mittelwert $\bar{x}$

$$a = \bar{x}-z_{1-\alpha/2}\cdot\sigma_{\bar{x}} \quad \text{und} \quad b = \bar{x}+z_{1-\alpha/2}\cdot\sigma_{\bar{x}} \ .$$

Beispiel 14.6.1: Aus der Tabelle der standardisierten Normalverteilung ergibt sich bei der Irrtumswahrscheinlichkeit $\alpha = 5\ \% \mathrel{\hat=} 0{,}05$ (d. h. $1-\alpha/2 = 0{,}975$) der Quantilwert $z_{1-\alpha/2} = z_{0,975} = 1{,}96$. Der unbekannte Erwartungswert μ liegt somit zu $S = 1-\alpha = 95\ \%$ Wahrscheinlichkeit innerhalb der Intervallgrenzen

$$a = \bar{x}-1{,}96\cdot\sigma_{\bar{x}} \quad \text{und} \quad b = \bar{x}+1{,}96\cdot\sigma_{\bar{x}}.$$

b) *Standardabweichung σ unbekannt*
Wir berechnen die empirische Standardabweichung s und daraus die Standardabweichung $s_{\bar{x}}$ (vgl. Gl. (14.61))

$$s_{\bar{x}} = \frac{s}{\sqrt{n}} \,.$$

Der Quotient

$$\hat{t} = \frac{\bar{x} - \mu}{s_{\bar{x}}} \qquad (14.137)$$

folgt der t-Verteilung mit $f = n - 1$ Freiheitsgraden (vgl. Gl. (14.124)). Analog zu den oben durchgeführten Umformungen ergibt sich hier das Konfidenzintervall

$$P\left\{t_{f;\alpha/2} \le \frac{\bar{x} - \mu}{s_{\bar{x}}} \le t_{f;1-\alpha/2}\right\} = 1 - \alpha$$

$$P\{\underbrace{\bar{x} - t_{f;1-\alpha/2} \cdot s_{\bar{x}}}_{a} \le \mu \le \underbrace{\bar{x} + t_{f;1-\alpha/2} \cdot s_{\bar{x}}}_{b}\} = 1 - \alpha \qquad (14.138)$$

ebenfalls symmetrisch zu $\bar{x}$, wobei $t_{f;1-\alpha/2}$ das Quantil der t-Verteilung beim Freiheitsgrad f darstellt.

Beispiel 14.6.2: Berechnet man aus einer Messreihe mit $n = 8$ Messwerten den Mittelwert $\bar{x}$ und die Standardabweichung $s_{\bar{x}}$, kann man der Tabelle der t-Verteilung mit $f = n - 1 = 7$ Freiheitsgraden und der Irrtumswahrscheinlichkeit $\alpha = 0{,}05$ an der Stelle $(1 - \alpha/2)$ den Quantilwert $t_{7;0,975} = 2{,}37$ entnehmen. Der unbekannte Erwartungswert μ liegt folglich hier zu $S = 1 - \alpha = 95\ \%$ Wahrscheinlichkeit innerhalb der Intervallgrenzen

$$a = \bar{x} - 2{,}37 \cdot s_{\bar{x}} \quad \text{und} \quad b = \bar{x} + 2{,}37 \cdot s_{\bar{x}} \,.$$

Wegen der Verwendung des Schätzwertes $s_{\bar{x}}$ anstelle der a priori Standardabweichung $\sigma_{\bar{x}}$ ist das Konfidenzintervall hier deutlich größer als in Beispiel 14.6.1.

14.6.2 Konfidenzintervall für die Standardabweichung σ

Hat man aus n Messwerten die empirische Varianz s^2 nach Gl. (14.43) mit $f = n$ Freiheitsgraden (Erwartungswert μ bekannt, siehe hierzu auch Bemerkungen zu „richtiger Wert“ in Kapitel 14.3.4.3 Fall a) bzw. nach Gl. (14.48) mit $f = n - 1$ Freiheitsgraden (Erwartungswert μ unbekannt) berechnet, stellt diese eine Punktschätzung für die unbekannte Varianz σ^2 dar. Sind die Messwerte normalverteilt, folgt die Prüfgröße (vgl. Gl. (14.123))

$$\hat{\chi}^2 = f \cdot \frac{s^2}{\sigma^2}$$

der χ^2-Verteilung.

a) Zweiseitiges Konfidenzintervall
Für ein *zweiseitiges Konfidenzintervall* lautet die Wahrscheinlichkeitsgleichung

$$P\left\{\chi^2_{f;\alpha/2} \le f \cdot \frac{s^2}{\sigma^2} \le \chi^2_{f;1-\alpha/2}\right\} = 1 - \alpha \,, \qquad (14.139)$$

wobei $\chi^2_{f;\alpha/2}$ und $\chi^2_{f;1-\alpha/2}$ die Quantile der χ^2-Verteilung beim Freiheitsgrad f an der Stelle $\alpha/2$ bzw. $(1-\alpha/2)$ sind. Die Ungleichung in der geschweiften Klammer wird so umgeformt, dass in der Mitte die unbekannte Standardabweichung σ allein steht. Bezeichnet man die Intervallgrenzen mit a und b, ergibt sich die Wahrscheinlichkeitsgleichung in der Form

$$P\{a \leq \sigma \leq b\} = 1-\alpha$$

$$\text{mit} \quad a = \sqrt{\frac{f}{\chi^2_{f;1-\alpha/2}}} \cdot s \quad \text{und} \quad b = \sqrt{\frac{f}{\chi^2_{f;\alpha/2}}} \cdot s\,. \tag{14.140}$$

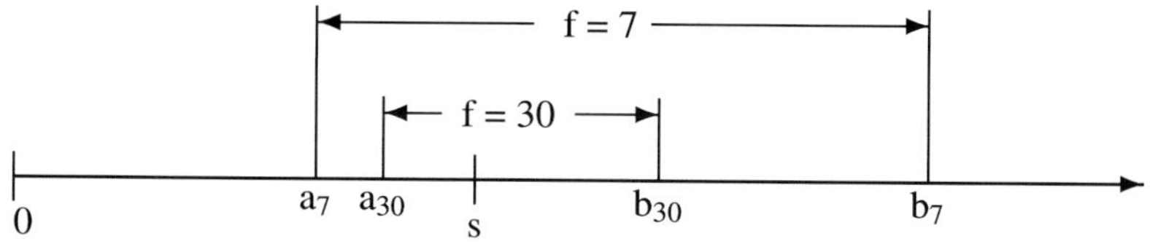

$$a_7 = \sqrt{\frac{7}{16,0}} \cdot s = 0,66 \cdot s \quad ; \quad b_7 = \sqrt{\frac{7}{1,69}} \cdot s = 2,03 \cdot s$$

$$a_{30} = \sqrt{\frac{30}{47,0}} \cdot s = 0,80 \cdot s \quad ; \quad b_{30} = \sqrt{\frac{30}{16,8}} \cdot s = 1,34 \cdot s$$

Abbildung 14.6-4: Zweiseitige Konfidenzintervalle für die Standardabweichung σ bei der Irrtumswahrscheinlichkeit $\alpha = 5\ \%$ $(\alpha/2 = 0,025;\ 1-\alpha/2 = 0,975)$ und den Freiheitsgraden $f = 7$ bzw. $f = 30$.

Da die χ^2-Verteilung bei kleinen Freiheitsgraden stark unsymmetrisch ist, liegen auch die Intervallgrenzen a und b stark unsymmetrisch zum Schätzwert s. Mit zunehmender Anzahl von Freiheitsgraden wird das Konfidenzintervall kleiner und liegt symmetrischer zum Wert der Standardabweichung s (Abb. 14.6-4).

b) Einseitiges Konfidenzintervall

Häufig interessiert nur die Abschätzung einer Obergrenze für die Standardabweichung σ, was mithilfe eines einseitigen Konfidenzintervalls erfolgen kann. Dabei wird die Irrtumswahrscheinlichkeit α nicht aufgeteilt, sondern ganz auf eine Seite verlagert. Durch Umformung der Wahrscheinlichkeitsgleichung

$$P\left\{\chi^2_{f;\alpha} \leq f \cdot \frac{s^2}{\sigma^2}\right\} = 1-\alpha \tag{14.141}$$

ergibt sich die Obergrenze b des einseitigen Konfidenzintervalls

$$P\{\sigma \leq b\} = 1-\alpha \quad \text{mit} \quad b = \sqrt{\frac{f}{\chi^2_{f;\alpha}}} \cdot s\,. \tag{14.142}$$

Vergleichend mit dem in Abbildung 14.6-4 dargestellten Beispiel ergeben sich für die Freiheitsgrade $f = 7$ bzw. $f = 30$ die Obergrenzen des einseitigen Konfidenzintervalls zu:

$$b_7 = \sqrt{\frac{7}{2,17}} \cdot s = 1,80 \cdot s \quad \text{bzw.} \quad b_{30} = \sqrt{\frac{30}{18,5}} \cdot s = 1,27 \cdot s.$$

Gegenüber dem zweiseitigen Intervall sind die Obergrenzen, besonders bei wenigen Freiheitsgraden, deutlich kleiner, was eine engere Abschätzung erlaubt.

c) Minimales zweiseitiges Konfidenzintervall

Mit den in *Schmidt* (1994, Kap. 6.3) berechneten und in Tabelle 14.6-1 angegebenen Quantilen der χ^2-Verteilung, dem *unteren Quantil* $\chi^2_{f;u}$ und dem *oberen Quantil* $\chi^2_{f;o}$, lässt sich ein *minimales zweiseitiges Konfidenzintervall für die Standardabweichung* σ angeben mit der Wahrscheinlichkeitsgleichung:

$$P\left\{\chi^2_{f;u} \leq f \cdot \frac{s^2}{\sigma^2} \leq \chi^2_{f;o}\right\} = 1 - \alpha \tag{14.143}$$

$$P\{a \leq \sigma \leq b\} = 1 - \alpha$$

$$\text{mit} \quad a = \sqrt{\frac{f}{\chi^2_{f;o}}} \cdot s \quad \text{und} \quad b = \sqrt{\frac{f}{\chi^2_{f;u}}} \cdot s\,. \tag{14.144}$$

Dieses Intervall ist kleiner und symmetrischer als das unter a) genannte herkömmliche zweiseitige Intervall. Da seine Obergrenze zudem nur unwesentlich größer als bei dem unter b) genannten einseitigen Intervall ist, besitzt es fast die gleiche Schärfe wie das einseitige Intervall, erlaubt jedoch zusätzlich eine Abschätzung nach unten.
Diese Aussage verdeutlicht der Vergleich mit dem unter a) in Abbildung 14.6-4 dargestellten und unter b) fortgeführten Beispiel. Für die Freiheitsgrade $f = 7$ bzw. $f = 30$ ergeben sich die Unter- und Obergrenzen des minimalen zweiseitigen Konfidenzintervalls zu:

$$a_7 = \sqrt{\frac{7}{23,79}} \cdot s = 0,54 \cdot s \quad ; \quad b_7 = \sqrt{\frac{7}{2,147}} \cdot s = 1,81 \cdot s;$$

$$a_{30} = \sqrt{\frac{30}{51,80}} \cdot s = 0,76 \cdot s \quad ; \quad b_{30} = \sqrt{\frac{30}{18,03}} \cdot s = 1,29 \cdot s\,.$$

14.6.3 Konfidenzintervalle für die Parameter der Regressionsgeraden und für den Korrelationskoeffizienten

Jede gegebene Regressionsgerade erfährt durch Veränderung des Mittelwertes $\bar{y}$ eine *Parallelverschiebung* nach oben oder nach unten und durch Veränderung des Regressionskoeffizienten b eine *Rotation* um den Schwerpunkt $(\bar{x}, \bar{y})$, (siehe Abb. 14.6-5).

Von der Genauigkeit der Punktschätzung dieser Werte, die wir anstelle der uns unbekannten Parameter μ_Y und β_{yx} der (X,Y)-Grundgesamtheit benutzen, hängt folglich die Genauigkeit der durch die Regressionsgerade geschätzten Werte $\hat{y}(x_i) = a_{yx} + b_{yx} \cdot x_i$ ab. (Um Verwechslungen mit dem Achsabschnitt α zu vermeiden, wird bei der Behandlung der Regression die *Irrtumswahrscheinlichkeit* mit γ bezeichnet.) Erweitern wir die Punktschätzungen zu

Tabelle 14.6-1: Unteres Quantil $\chi^2_{f;u}$ und oberes Quantil $\chi^2_{f;o}$ der χ^2-Verteilung für das *minimale Konfidenzintervall* der Standardabweichung σ nach Gl. (14.143) und Gl. (14.144) bei den Sicherheitswahrscheinlichkeiten $P = 1 - \alpha = 90$ %, 95 % und 99 % nach *Schmidt* (1994, Kap. 6.3).

Freiheits-	$P = 90\,\%$		$P = 95\,\%$		$P = 99\,\%$	
grad f	$\chi^2_{f;u}$	$\chi^2_{f;o}$	$\chi^2_{f;u}$	$\chi^2_{f;o}$	$\chi^2_{f;u}$	$\chi^2_{f;o}$
1	0,015790	21,69	0,003932	26,44	0,000157	37,12
2	0,21045	18,01	0,10254	21,48	0,02010	29,14
3	0,5821	17,64	0,3512	20,74	0,1148	27,51
4	1,0561	18,11	0,7082	21,06	0,2969	27,46
5	1,5938	18,91	1,1392	21,80	0,5534	28,03
6	2,175	19,87	1,623	22,74	0,870	28,89
7	2,788	20,93	2,147	23,79	1,235	29,92
8	3,426	22,04	2,703	24,91	1,640	31,05
9	4,084	23,18	3,284	26,08	2,078	32,24
10	4,758	24,35	3,886	27,27	2,543	33,47
11	5,447	25,53	4,505	28,47	3,034	34,72
12	6,147	26,72	5,141	29,69	3,545	36,00
13	6,858	27,91	5,790	30,92	4,074	37,28
14	7,579	29,11	6,451	32,15	4,621	38,57
15	8,308	30,31	7,123	33,38	5,182	39,87
16	9,045	31,51	7,804	34,62	5,756	41,17
17	9,788	32,71	8,495	35,86	6,342	42,47
18	10,54	33,91	9,193	37,09	6,940	43,77
19	11,29	35,11	9,899	38,33	7,548	45,08
20	12,06	36,31	10,61	39,56	8,165	46,38
21	12,82	37,51	11,33	40,79	8,792	47,67
22	13,59	38,71	12,06	42,02	9,426	48,97
23	14,37	39,90	12,79	43,25	10,07	50,27
24	15,15	41,09	13,52	44,48	10,72	51,56
25	15,94	42,28	14,26	45,71	11,37	52,85
26	16,72	43,47	15,01	46,93	12,03	54,14
27	17,51	44,66	15,76	48,15	12,70	55,43
28	18,31	45,84	16,51	49,37	13,38	56,71
29	19,11	47,03	17,27	50,58	14,06	57,99
30	19,91	48,21	18,03	51,80	14,74	59,27
40	28,06	59,93	25,82	63,83	21,82	71,91
50	36,42	71,50	33,86	75,70	29,22	84,34
60	44,92	82,95	42,06	87,42	36,86	96,59
70	53,53	94,30	50,41	99,02	44,68	108,69
80	62,23	105,57	58,86	110,53	52,64	120,66
90	71,01	116,77	67,40	121,96	60,72	132,53
100	79,85	127,91	76,02	133,32	68,90	144,31

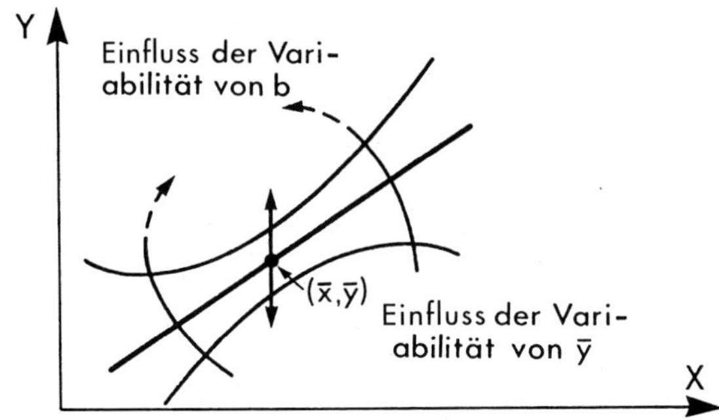

Abbildung 14.6-5: Konfidenzbereich für die lineare Regression

Intervallschätzungen, lassen sich mit deren Hilfe auch *Bereichsschätzungen* für die Regressionsgerade ableiten.
Mit der Restvarianz s_e^2 lassen sich nach Gl. (14.105) und (14.106) aus Kapitel 14.4.3.3 die Varianz s_b^2, die Varianzen $s^2_{\hat{y}(x_j)}$ und die Varianzen $s^2_{\hat{y}(x_j)_{n+1}}$ berechnen. Da die y-Werte nach Voraussetzung normalverteilt sein sollen, sind auch die daraus abgeleiteten Schätzwerte normalverteilt. Folglich lassen sich für die unbekannten Parameter Konfidenzintervalle bzw. -bereiche schätzen, wie z. B. für den Regressionskoeffizienten β_{yx} oder den Erwartungswert (Mittelwert) $\mu_{y(x_j)}$ der Regressionsgeraden an der Stelle x_j oder auch für einen vorherzusagenden Einzelwert $Y(x_j)_{n+1}$. Da die Varianzen meist nicht von vornherein bekannt sind und man sich daher mit ihren Schätzwerten s_e^2, s_b^2 usw. begnügen muss, benutzt man wie beim Konfidenzintervall für den Erwartungswert μ (Kap. 14.6.1 Fall a) die t-Verteilung.

14.6.3.1 Konfidenzintervall für den Regressionskoeffizienten

Das *Konfidenzintervall für den Regressionskoeffizienten* β_{yx} liefert eine Information darüber, wie „wacklig" die Steigung b_{yx} der Regressionsgeraden ist:

$$P\{b_{yx} - t_{f;1-\gamma/2} \cdot s_b \leq \beta_{yx} \leq b_{yx} + t_{f;1-\gamma/2} \cdot s_b\} = 1-\gamma. \qquad (14.145)$$

Beispiel 14.6.3: Aus Beispiel 14.4.1 des Kapitel 14.4.3 ergibt sich $b_{yx} = 1/3$ und mit $s_e^2 = 1,55\ldots$, $s_x^2 = 6$ und $n = 8$ nach Gl. (14.105) die empirische Varianz s_b^2

$$s_b^2 = \frac{1,55\ldots}{(8-1)\cdot 6} = 0,037\ ; \quad s_b = 0,19\ .$$

Da zwei unbekannte Parameter für die Regressionsgerade geschätzt werden, beträgt der Freiheitsgrad $f = 8-2 = 6$. Für die Irrtumswahrscheinlichkeit $\gamma = 5\,\%$ ergibt sich das Quantil der t-Verteilung $t_{6;0,975} = 2,447$.

Konfidenzintervall für β_{yx}:

$$P\{1/3 - 2,447\cdot 0,19 \leq \beta_{yx} \leq 1/3 + 2,447\cdot 0,19\} = 0,95$$
$$P\{-0,14 \leq \beta_{yx} \leq 0,80\} = 0,95\ .$$

14.6.3.2 Konfidenzintervalle für die Erwartungswerte einer Regression

Mit dem Schätzwert $\hat{y}(x_j)$ nach Gl. (14.97) und der Varianz $s^2_{\hat{y}(x_j)}$ nach Gl. (14.106) ergibt sich das *Konfidenzintervall für einen Erwartungswert* $\mu_{Y(x_j)}$ der Regressionsgeraden an der Stelle x_j nach der Wahrscheinlichkeitsgleichung

$$P\left\{\hat{y}(x_j) - t_{f;1-\gamma/2} \cdot s_{\hat{y}(x_j)} \leq \mu_{Y(x_j)} \leq \hat{y}(x_j) + t_{f;1-\gamma/2} \cdot s_{\hat{y}(x_j)}\right\} = 1 - \gamma\,. \qquad (14.146)$$

An der Stelle $x_j = 0$ ist dies wegen $\hat{y}(0) = a_{yx}$ gleichzeitig das *Konfidenzintervall für den Achsabschnitt* α_{yx}.

Beispiel 14.6.4: An der Stelle $x_j = \bar{x} = 3,5$ erhält man bei der Irrtumswahrscheinlichkeit $\gamma = 5\ \%$ und dem Freiheitsgrad $f = n - 2 = 6$:

Schätzwert $\hat{y}(3,5) = 1/3 + 1/3 \cdot 3,5 = 1,5$
Varianz $s^2_{\hat{y}(3,5)} = 1/8 \cdot 1,55\ldots = 0,194\ldots$
Standardabweichung $s_{\hat{y}(3,5)} = +\sqrt{0,194\ldots} = 0,44$

Konfidenzintervall für $\mu_{Y(x_j=\bar{x})}$:

$$P\{1,5 - 2,447 \cdot 0,44 \leq \mu_{Y(3,5)} \leq 1,5 + 2,447 \cdot 0,44\} = 0,95$$
$$P\{0,42 \leq \mu_{Y(3,5)} \leq 2,58\} = 0,95$$

Beispiel 14.6.5: An der Stelle $x_j = 0$ erhält man:

Schätzwert $\hat{y}(0) =$Achsabschnitt $a_{yx} = 1/3$
Varianz $s^2_{\hat{y}(0)} = s^2_a = \frac{1,55\ldots}{8} + 0,0037 \cdot (-3,5)^2 = 0,648$
Standardabweichung $s_{\hat{y}(0)} = s_a = +\sqrt{0,648} = 0,805$

Konfidenzintervall für $\mu_{Y(x_j=0)} = \alpha_{yx}$:

$$P\{1/3 - 2,447 \cdot 0,805 \leq \alpha_{yx} \leq 1/3 + 2,447 \cdot 0,805\} = 0,95$$
$$P\{-1,64 \leq \alpha_{yx} \leq 2,30\} = 0,95$$

Man kann erkennen, wie die Unsicherheit der Schätzung $\hat{y}(x_j)$ mit wachsendem Abstand $(x_j - \bar{x})$ vom Schwerpunkt größer wird.

14.6.3.3 Konfidenzintervall für einen vorherzusagenden Einzelwert einer Regression

Zur *Vorhersage eines Einzelwertes* $Y(x_j)_{n+1}$ benutzt man auch die aus den n Werten der Stichprobe ermittelte Regressionsgerade. Der zahlenmäßige Wert stimmt folglich mit der Mittelwertschätzung $\hat{y}(x_j)$ an der gleichen x-Stelle überein. Er besitzt als Einzelwert jedoch eine größere Varianz und damit ebenso ein größeres Konfidenzintervall.

$$P\{\hat{y}(x_j) - t_{f;1-\gamma/2} \cdot s_{\hat{y}(x_j)_{n+1}} \leq Y(x_j)_{n+1} \leq \hat{y}(x_j) + t_{f;1-\gamma/2} \cdot s_{\hat{y}(x_j)_{n+1}}\} = 1 - \gamma. \qquad (14.147)$$

Beispiel 14.6.6: An der Stelle $x_j = \bar{x} = 3,5$ erhält man bei der Irrtumswahrscheinlichkeit $\gamma = 5\,\%$ und dem Freiheitsgrad $f = 6$ (vgl. Gl. (14.109)):

Schätzwert $\hat{y}(3,5)$ $= 1,5$:
Varianz $s^2_{\hat{y}(3,5)_{n+1}}$ $= 0,194 + 1,55\ldots = 1,75$
Standardabweichung $s_{\hat{y}(3,5)_{n+1}}$ $= +\sqrt{1,75} = 1,32$
Konfidenzintervall für $Y(x_{j_{n+1}} = \bar{x})$:

$$P\{1,5 - 2,447 \cdot 1,32 \leq Y(3,5)_{n+1} \leq 1,5 + 2,447 \cdot 1,32\} = 0,95$$
$$P\{-1,74 \leq Y(3,5)_{n+1} \leq 4,74\} = 0,95$$

Beispiel 14.6.7: An der Stelle $x = 0$ erhält man:

Schätzwert $\hat{y}(0) = a_{yx}$ $= 1/3$
Varianz $s^2_{\hat{y}(0)_{n+1}}$ $= 0,648 + 1,55\ldots = 2,204$
Standardabweichung $s_{\hat{y}(0)_{n+1}}$ $= +\sqrt{2,204} = 1,48$

Konfidenzintervall für $Y(x_{j_{n+1}} = 0)$:

$$P\{1/3 - 2,447 \cdot 1,48 \leq Y(0)_{n+1} \leq 1/3 + 2,447 \cdot 1,48\} = 0,95$$
$$P\{-3,30 \leq Y(0)_{n+1} \leq 3,97\} = 0,95$$

Verbindet man die Endpunkte mehrerer Intervallschätzungen miteinander, erhält man zwei hyperbelartige Linien, zwischen denen der *Konfidenzbereich* für eine Einzelwertschätzung liegt (Abb. 14.6-6).

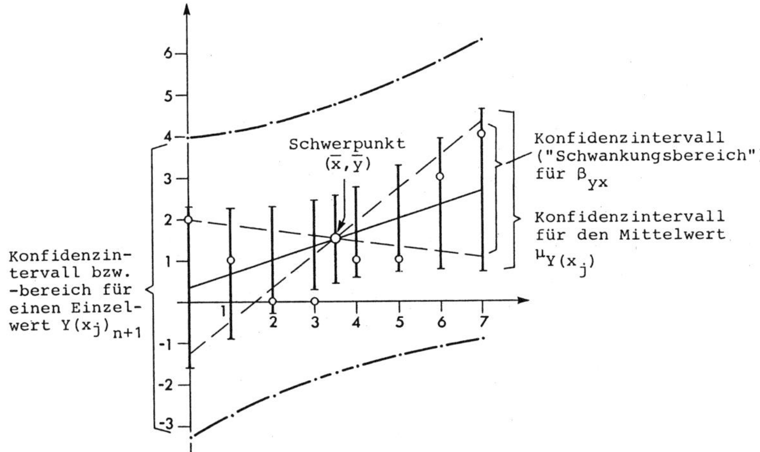

Abbildung 14.6-6: Konfidenzintervalle einer Regressionsgeraden

Anmerkung: Wie in den Beispielen der Kapitel 14.4.3.6 und 14.4.4 deutlich geworden ist, werden die Daten dieses Beispiels wesentlich besser durch eine Regressionsparabel approximiert. Die große Restvarianz s_e^2 der Regressionsgeraden bedingt hier die sehr großen Konfidenzintervalle. Sie lassen jedoch die Unterschiede zwischen den verschiedenen Intervallen bzw. Bereichen in Abbildung 14.6-6 gut erkennen.

14.6.3.4 Konfidenzintervall für den Korrelationskoeffizienten ρ

Unterscheidet sich der *Korrelationskoeffizient* signifikant von null, dann weicht seine Verteilung umso stärker von der Normalverteilung ab, je kleiner die Anzahl der Beobachtungspaare n und je größer sein Absolutwert ist, weil seine Grenzen $(-1,+1)$ nicht mit den Grenzen $(-\infty,+\infty)$ der Normalverteilung übereinstimmen.

Wenn die betrachteten Messgrößen selbst jedoch normalverteilt sind, kann die Intervallschätzung mit den folgenden Formeln gelöst werden. Nach R. A. Fisher folgt die Hilfsvariable

$$z^* = \frac{1}{2}\cdot\ln\frac{1+r}{1-r} \quad ; \quad -\infty \leq z^* \leq +\infty \tag{14.148}$$

asymptotisch, d. h. für wachsenden Stichprobenumfang n immer besser einer Normalverteilung $z^* \sim N(\mu_{z^*};\sigma_{z^*})$ mit

$$\mu_z^* = \frac{1}{2}\cdot\ln\frac{1+\rho}{1-\rho} \quad \text{und} \quad \sigma_{z^*} = \sqrt{\frac{1}{n-3}}\,. \tag{14.149}$$

Die Umkehrfunktion lautet

$$r = \tanh z^* \left(= \frac{e^{z^*} \quad e^{-z^*}}{e^{z^*}+e^{-z^*}} \right) \quad \text{mit} \quad -1 \leq r \leq +1\,. \tag{14.150}$$

Das Intervall $-1 \leq r \leq +1$ ist somit geweitet zu $-\infty \leq z^* \leq +\infty$. (Das Symbol z^* der Hilfsvariablen darf nicht mit dem Symbol z der Standardnormalvariable verwechselt werden).
Das Konfidenzintervall für μ_{z^*} ist

$$P\{z^* - z_{1-\gamma/2}\cdot\sigma_{z^*} \leq \mu_{z^*} \leq z^* + z_{1-\gamma/2}\cdot\sigma_{z^*}\} = 1-\gamma\,, \tag{14.151}$$

wobei $z_{1-\gamma/2}$ = Quantil der standardisierten Normalverteilung ist. Mit

$$\rho = \tanh\mu_{z^*} \tag{14.152}$$

ergibt sich das Konfidenzintervall für ρ

$$P\{\tanh\left(z^* - z_{1-\gamma/2}\cdot\sigma_{z^*}\right) \leq \rho \leq \tanh\left(z^* + z_{1-\gamma/2}\cdot\sigma_{z^*}\right)\} = 1-\gamma\,. \tag{14.153}$$

Beispiel 14.6.8: Konfidenzintervall für den Korrelationskoeffizienten ρ, der aus einer Stichprobe von $n = 52$ Wertepaaren (X,Y) mit $r = 0,4$ geschätzt wurde. Die Werte der unteren und oberen Intervallgrenzen sind der nachfolgenden Tabelle 14.6-2 entnommen.
Mit $f = n-2 = 50$ und $\gamma = 5\,\%$ ergibt sich das Konfidenzintervall zu:

$$P\{0,14 \leq \rho \leq 0,61\} = 0,95\,.$$

Bei einer geringeren Anzahl von Freiheitsgraden z. B. $f = 10$ ergäbe sich bei gleichen Werten $r = 0,4$ und $\gamma = 5\%$ das Konfidenzintervall zu:

$$P\{-0,31 \leq \rho \leq 0,82\} = 0,95\,.$$

Tabelle 14.6-2: Intervallgrenzen für den Korrelationskoeffizienten ρ

	r = 0,0		r = 0,1		r = 0,2		r = 0,3		r = 0,4	
n	a	b	a	b	a	b	a	b	a	b
6	–,81	,81	–,77	,84	–,73	,87	–,68	,89	–,61	,91
7	–,75	,75	–,71	,79	–,65	,83	–,59	,86	–,51	,89
8	–,70	,70	–,65	,75	–,59	,79	–,51	,83	–,42	,86
9	–,66	,66	–,60	,72	–,54	,76	–,45	,80	–,36	,84
10	–,63	,63	–,57	,69	–,49	,74	–,41	,78	–,31	,82
12	–,57	,57	–,50	,64	–,42	,69	–,33	,75	–,23	,79
14	–,53	,53	–,45	,60	–,37	,66	–,27	,72	–,17	,77
16	–,50	,50	–,42	,57	–,33	,63	–,23	,69	–,12	,75
18	–,47	,47	–,38	,54	–,29	,61	–,19	,67	–,08	,73
20	–,44	,44	–,36	,52	–,27	,59	–,16	,66	–,05	,72
25	–,40	,40	–,31	,48	–,21	,55	–,11	,62	,01	,69
30	–,36	,36	–,27	,44	–,17	,52	–,07	,60	,05	,66
35	–,33	,33	–,24	,42	–,14	,50	–,04	,58	,08	,65
40	–,31	,31	–,22	,40	–,12	,48	–,01	,56	,10	,63
50	–,28	,28	–,18	,37	–,08	,45	,02	,53	,14	,61
60	–,25	,25	–,16	,35	–,06	,43	,05	,51	,16	,59
70	–,23	,23	–,14	,33	–,04	,42	,07	,50	,18	,58
80	–,22	,22	–,12	,31	–,02	,40	,09	,49	,20	,57
90	–,21	,21	–,11	,30	–,01	,39	,10	,48	,21	,56
100	–,20	,20	–,10	,29	,00	,38	,11	,47	,22	,55

	r = 0,5		r = 0,6		r = 0,7		r = 0,8		r = 0,9	
n	a	b	a	b	a	b	a	b	a	b
6	–,52	,93	–,41	,95	–,26	,96	–,03	,98	,33	,99
7	–,41	,91	–,28	,93	–,11	,95	,12	,97	,46	,99
8	–,32	,89	–,18	,92	–,01	,94	,22	,96	,53	,98
9	–,25	,87	–,11	,90	,07	,93	,29	,96	,59	,98
10	–,19	,86	–,05	,89	,13	,92	,34	,95	,62	,98
12	–,10	,83	,04	,87	,21	,91	,42	,94	,67	,97
14	–,04	,81	,10	,86	,27	,90	,47	,93	,71	,97
16	,01	,80	,15	,84	,31	,89	,50	,93	,73	,97
18	,04	,78	,18	,83	,35	,88	,53	,92	,75	,96
20	,07	,77	,21	,82	,37	,87	,55	,92	,76	,96
25	,13	,75	,27	,80	,42	,86	,59	,91	,78	,96
30	,17	,73	,31	,79	,45	,85	,62	,90	,80	,95
35	,20	,71	,33	,78	,48	,84	,64	,89	,81	,95
40	,22	,70	,35	,77	,50	,83	,65	,89	,82	,95
50	,26	,68	,39	,75	,52	,82	,67	,88	,83	,94
60	,28	,67	,41	,74	,54	,81	,69	,88	,84	,94
70	,30	,66	,42	,73	,56	,80	,70	,87	,84	,94
80	,31	,65	,44	,72	,57	,80	,70	,87	,85	,93
90	,33	,64	,45	,72	,58	,79	,71	,86	,85	,93
100	,34	,63	,46	,71	,58	,79	,72	,86	,85	,93

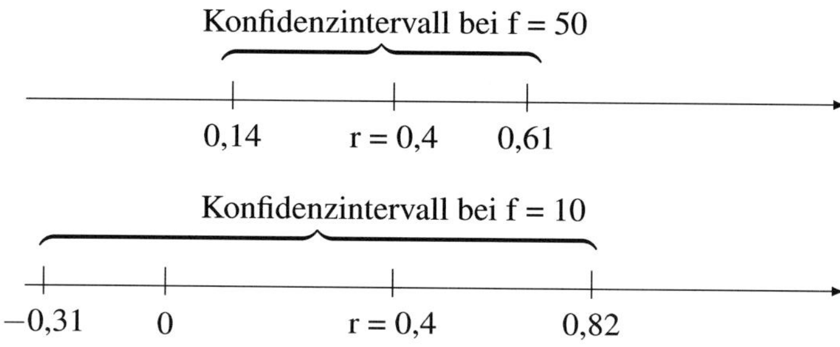

Abbildung 14.6-7: Konfidenzintervalle für den Korrelationskoeffizienten ρ

In der Tabelle 14.6-2 sind für die Korrelationskoeffizienten von $r = 0,0$ bis $r = 0,9$ und die Anzahlen $n = 6$ bis $n = 100$ die Werte der unteren und oberen Intervallgrenzen (mit a und b bezeichnet) bei der Sicherheitswahrscheinlichkeit $S = 1 - \gamma = 95\,\%$ zusammengestellt. Man erkennt, dass bei geringem Stichprobenumfang n das Konfidenzintervall sehr weit ist und sehr unsymmetrisch zum empirischen Korrelationskoeffizienten r liegt. Da dieser (bei positivem r) stets in der rechten Hälfte des Konfidenzintervalls liegt, besteht demnach eine Tendenz zur Überschätzung der bestehenden Korrelation. Enthält das Konfidenzintervall auch den Wert $\rho = 0$ (in der Tabelle alle Werte oberhalb der Treppenlinie), kann im Rahmen der bestehenden Sicherheitswahrscheinlichkeit nicht von einer echten Korrelation ($\rho = 0$) gesprochen werden, da die Möglichkeit besteht, dass r nur zufällig von null abweicht.

14.7 Testen von Hypothesen

In der mathematischen Statistik dienen (neben Punktschätzungen und Bereichsschätzungen) *Testverfahren* dazu, weitere Informationen über die Eigenschaften einer Grundgesamtheit aus den Merkmalswerten einer Stichprobe zu gewinnen. Es wird hierbei festgestellt, ob die Daten der Stichprobe mit einer aufgestellten Hypothese (= Annahme über die Wahrscheinlichkeitsverteilung einer Zufallsvariablen) verträglich sind oder nicht, d. h., ob die Hypothese angenommen werden kann oder verworfen werden muss. Im Folgenden wird die Theorie in ihren Grundgedanken dargelegt und die Anwendung einiger wichtiger Testverfahren erläutert.

14.7.1 Nullhypothese und Alternativhypothese

Die Hypothese, dass die Merkmalswerte zweier Stichproben übereinstimmen, wird *Nullhypothese* H_0 genannt. Es wird angenommen, dass eine gefundene Differenz zwischen den Stichproben nur zufällig von null abweicht, die wirkliche Differenz also null ist (z. B. die Differenz der empirischen Mittel $\bar{x}_1$ und $\bar{x}_2$ zweier Messreihen wird als zufällig vorhanden angesehen und die Differenz ihrer Erwartungswerte $\mu_1 - \mu_2 = 0$ angenommen). Meist wird die Nullhypothese aufgestellt, um verworfen zu werden, da statistische Tests nur Unterschiede und keine Übereinstimmung zwischen den verglichenen Stichproben feststellen können. Dazu wird eine *Alternativhypothese* (oder kurz *Alternative*) H_1 formuliert, die akzeptiert wird, wenn der Unterschied zwischen beiden Stichproben nicht mehr durch den Zufall erklärt werden kann, also die Gültigkeit der Nullhypothese unwahrscheinlich ist und diese als „null und nichtig“

verworfen werden muss. Was als „unwahrscheinlich“ anzusehen ist, muss (Normalverteilung vorausgesetzt) genau festgelegt werden. Man definiert z. B. die

$$\textit{Nullhypothese} \quad H_0 : \mu_1 = \mu_2 ,$$

d. h., man stellt die Behauptung auf, dass die Erwartungswerte μ_1 und μ_2 gleich groß sind, obwohl deren Schätzungen $\bar{x}_1$ und $\bar{x}_2$ voneinander verschieden ausfallen.

Zur Ausführung des Tests wählt man nun eine *Testverteilung*, welche neben der bzw. den Zufallsvariablen auch die durch die Nullhypothese festgelegten Parameter direkt oder indirekt enthält, und berechnet die *Prüfgröße*, auch *Teststatistik* T_S genannt. Liegt diese in jenem Bereich, in dem gemäß der Testverteilung z. B. 95 % aller Prüfgrößen liegen sollten (*Annahmebereich*), dann hat man keinen Grund, die Nullhypothese zu verwerfen.

Liegt dagegen die Prüfgröße in dem äußeren Wertebereich, in den z. B. nur 5 % aller Prüfgrößen fallen (*Verwerfungsbereich*), dann betrachtet man dieses an sich mögliche Ereignis als unwahrscheinlich und lehnt die Nullhypothese ab. Eine richtige Nullhypothese wird mit der Wahrscheinlichkeit $S = 1 - \alpha$ (= *statistische Sicherheit*) beibehalten und mit der Wahrscheinlichkeit α (= *Irrtumswahrscheinlichkeit* oder *Signifikanzniveau*) verworfen. Die Grenzen des Wertebereichs, auch kritische Werte genannt, sind die schon erwähnten Sicherheitsgrenzen (die tabellierten *Quantile*) der Testverteilung.

Will man feststellen, ob zwischen den Parametern zweier Grundgesamtheiten, z. B. den Erwartungswerten μ_1 und μ_2, ein Unterschied besteht, stellt man die

$\textit{Nullhypothese } H_0 : \mu_1 = \mu_2$

auf. Man behauptet also, die Parameter μ_1 und μ_2 stimmen überein, und versucht, diese Behauptung durch einen Test zu widerlegen. Kann man über die Richtung des zu erwartenden Unterschiedes keine begründete Voraussage machen, lautet die

$\textit{Alternativhypothese } H_1 : \mu_1 \neq \mu_2 .$

Man spricht hierbei von einem *zweiseitigen Test*, weil ein Abweichen in beiden Richtungen möglich ist. Die Irrtumswahrscheinlichkeit α wird halbiert und man benutzt zum Testen die Quantile der Prüfverteilung an den Stellen $\alpha/2$ und $1-\alpha/2$. (Die bei der Intervallschätzung zur Aufspaltung der Irrtumswahrscheinlichkeit angestellten Überlegungen gelten hier sinngemäß).

Hat man Anhaltspunkte über die Richtung des zu erwartenden Unterschiedes, lautet die

$\textit{Alternativhypothese } H_1 : \mu_1 > \mu_2$ bzw.

$H_1 : \mu_1 < \mu_2 .$

Dann ist die entsprechende

$\textit{Nullhypothese } H_0 : \mu_1 \leq \mu_2$ bzw.

$H_0 : \mu_1 \geq \mu_2 .$

Da nur die Abweichung in einer Richtung geprüft wird, spricht man vom *einseitigen Test* (z. B. interessiert bei Festigkeitsuntersuchungen nur, ob eine Mindestfestigkeit unterschritten wird). Der Verwerfungsbereich mit der Irrtumswahrscheinlichkeit α liegt ganz an einem „Schwanz“ der Prüfverteilung und man benutzt entweder den Quantilwert an der Stelle α oder den Quantilwert an der Stelle $1-\alpha$.

14.7.2 Testgüte sowie Fehler 1. und 2. Art

Die Wahrscheinlichkeit für die Ablehnung der Nullhypothese und die Annahme der Alternativhypothese ist $1-\beta$ und wird mit *Testgüte* oder *Teststärke* bezeichnet. Mit der Wahrschein-

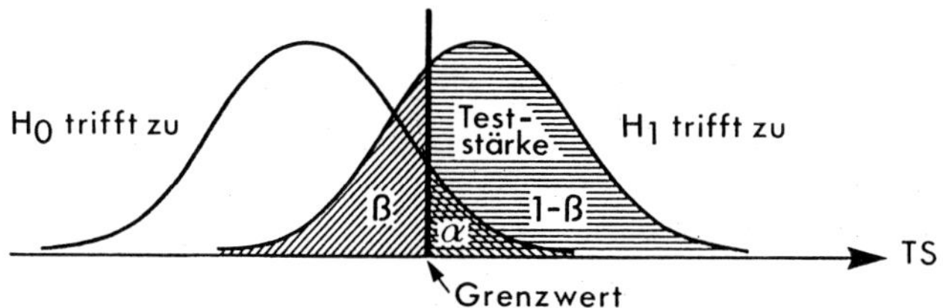

Abbildung 14.7-1: Annahme- und Verwerfungsbereich für die Teststatistik T_S (Prüfgröße), wie Stärke des Tests

lichkeit β wird die Alternativhypothese abgelehnt. Je kleiner bei gegebenen α die Wahrscheinlichkeit β ist, desto schärfer trennt der Test H_0 und H_1 (Abb. 14.7-1).
Von den vier Entscheidungsmöglichkeiten beim Prüfen von Hypothesen (Nullhypothese annehmen oder verwerfen; Alternativhypothese annehmen oder verwerfen) können zwei Fehlentscheidungen sein:

Fehler 1. Art: Die Nullhypothese H_0 wird verworfen, obwohl sie wahr ist (Irrtumswahrscheinlichkeit α).

Fehler 2. Art: Die Nullhypothese H_0 wird beibehalten, obwohl sie falsch ist, und die wahre Alternativhypothese H_1 wird verworfen (Wahrscheinlichkeit β).

Entscheidung des Tests	Unbekannte Wirklichkeit	
	H_0 wahr	H_0 falsch
H_0 abgelehnt	Fehler 1. Art $P = \alpha$	Richtige Entscheidung $P = 1 - \beta$
H_0 beibehalten	Richtige Entscheidung $P = 1 - \alpha$	Fehler 2. Art $P = \beta$

Durch eine andere Wahl der Irrtumswahrscheinlichkeit α (d. h. durch eine Verschiebung des Grenzwertes der Teststatistik) lässt sich die Wahrscheinlichkeit für einen Fehler 1. oder 2. Art beeinflussen. Dabei zeigt sich dann aber, dass mit abnehmender Irrtumswahrscheinlichkeit α des Tests auch die Teststärke $(1 - \beta)$ abnimmt und die Wahrscheinlichkeit β für einen Fehler 2. Art wächst. Man müsste daher im Einzelfall die verschiedenen Risiken gegeneinander abwägen und α und β entsprechend wählen. Dies ist in der Praxis jedoch sehr schwierig, weil man nur selten in der Lage ist, eine konkrete Alternativhypothese H_1 der Nullhypothese gegenüberzustellen. Aus diesem Grund begnügt man sich, für die Irrtumswahrscheinlichkeit α feste, durch Tabellen vorgegebene Werte zu wählen, z. B. $\alpha = 0{,}05$ oder 0,01 usw.

Bei naturwissenschaftlichen und technischen Fragestellungen verwendet man häufig den Wert $\alpha = 0{,}05$ und nennt den entsprechenden Grenzwert *Signifikanzschwelle* für die Prüfgröße. Die Teststärke sollte dabei mindestens 70 %, besser 80 % sein. Wenn die Prüfgröße auch den Grenzwert für $\alpha = 0{,}01$ überschreitet, wird häufig auch von einer *hochsignifikanten Widerlegung* der Nullhypothese gesprochen.

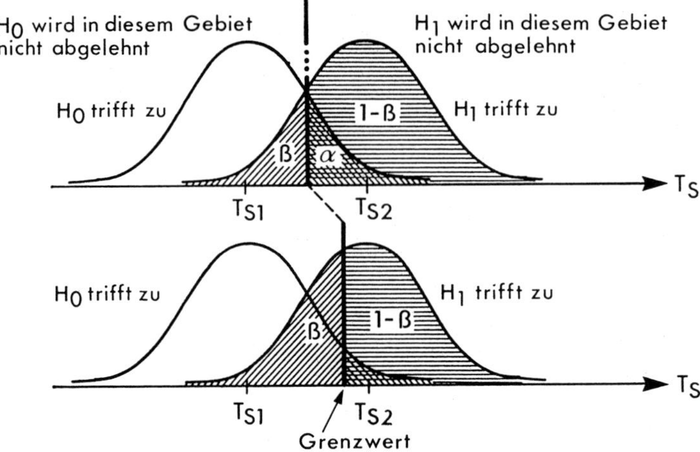

Abbildung 14.7-2: Grenzwert der Teststatistik T_S (Prüfgröße) in Abhängigkeit von α und β

Ein Test heißt *trennscharf*, wenn er im Vergleich zu anderen möglichen Tests bei vorgegebenem α eine relativ hohe Teststärke aufweist. Zur Erzielung einer guten Teststärke sollten möglichst große Stichprobenumfänge verwendet werden. Ist der Stichprobenumfang klein, dann sollte das Signifikanzniveau (die Irrtumswahrscheinlichkeit α) nicht zu klein sein, da sich sowohl eine kleine Stichprobe als auch ein kleines Signifikanzniveau durch eine unerwünschte Senkung der Teststärke bemerkbar machen.

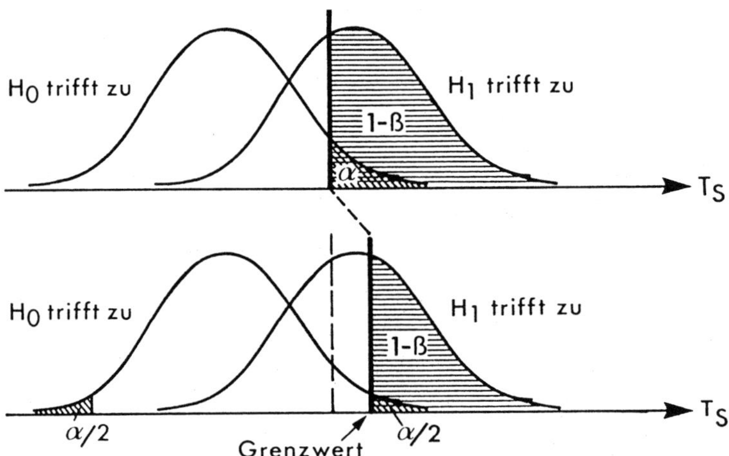

Abbildung 14.7-3: Abhängigkeit der Teststärke von der ein- oder zweiseitigen Fragestellung

Ebenso vermindert sich die Teststärke beim Übergang vom einseitigen auf den zweiseitigen Test. Die Irrtumswahrscheinlichkeit α wird halbiert, der Grenzwert der Teststatistik erhöht sich, β wird größer und die Teststärke kleiner. Bei gleichem Stichprobenumfang ist der einseitige Test stets trennschärfer als der zweiseitige (Abb. 14.7-3).

Tabelle 14.7-1: Gebräuchliche Tests

Name des Tests	Nullhypothese H_0 gegen Alternativhypothese H_1 Annahmebereich { } für die Nullhypothese Zweiseitiger Test	Einseitiger Test	Voraus-setzung	Prüfgröße (^)
χ^2 – *Streuungstest* Test einer unbekannten Varianz σ^2	$H_0 : \sigma^2 = \sigma_0^2$ gegen $H_1 : \sigma^2 \neq \sigma^2$ $P\{\chi^2_{f;\alpha/2} \leq \hat{\chi}^2 \leq \chi^2_{f;1-\alpha/2}\} = 1-\alpha$	$H_0 : \sigma^2 \leq \sigma_0^2$ gegen $H_1 : \sigma^2 > \sigma_0^2$ $P\{\hat{\chi}^2 \leq \chi^2_{f;1-\alpha}\} = 1-\alpha$ ——— $H_0 : \sigma^2 \geq \sigma_0^2$ gegen $H_1 : \sigma^2 < \sigma_0^2$ $P\{\chi^2_{f;\alpha} \leq \hat{\chi}^2\} = 1-\alpha$	Normalverteilung mit Varianz σ^2	$\boxed{\hat{\chi}^2 = f \cdot \frac{s^2}{\sigma_0^2}}$ mit $f =$ Freiheitsgrad $f = n$, wenn $s^2 = \frac{1}{n}\sum_{i=1}^n (x_i - \mu)^2$ $f = n-1$, wenn $s^2 = \frac{\sum_{i=1}^n (x_i-\bar{x})^2}{n-1}$
χ^2 – *Anpassungstest* Test einer unbekannten Verteilungsfunktion F	$H_0 : F = F_0$ gegen $H_1 : F \neq F_0$ $P\{\chi^2_{f;\alpha/2} \leq \hat{\chi}^2 \leq \chi^2_{f;1-\alpha/2}\} = 1-\alpha$	$H_0 : F = F_0$ $P\{\hat{\chi}^2 \leq \chi^2_{f;1-\alpha}\} = 1-\alpha$	Stetige Funktion F	$\boxed{\hat{\chi}^2 = \sum_{j=1}^m \frac{(k_j - n \cdot p_j)^2}{n \cdot p_j}}$ $m =$ Klassenanzahl $k_j =$ beobachtete absolute Klassenhäufigkeit $n \cdot p_j =$ theoretische absolute Klassenhäufigkeit der vorgegebenen Verteilungsfunktion F_0 $f = m-1-u$, wobei $u =$ Anzahl der unbekannten, für F_0 geschätzen Parameter
Einfacher t-Test Test eines unbekannten Erwartungswertes μ	$H_0 : \mu = \mu_0$ gegen $H_1 : \mu \neq \mu_0$ $P\{\lvert\hat{t}\rvert \leq t_{f;1-\alpha/2}\} = 1-\alpha$	$H_0 : \mu \leq \mu_0$ gegen $H_1 : \mu > \mu_0$ $P\{\hat{t} \leq t_{f;1-\alpha}\} = 1-\alpha$ ——— $H_0 : \mu \geq \mu_0$ gegen $H_1 : \mu < \mu_0$ $P\{-t_{f;1-\alpha} \leq \hat{t}\} = 1-\alpha$	Normalverteilung mit Erwartungswert μ und der unbekannten Varianz σ^2	a) σ^2 unbekannt $\boxed{\hat{t} = \frac{\bar{x}-\mu_0}{s_{\bar{x}}}}$ $s_{\bar{x}} = \frac{s}{\sqrt{n}}$ $f = n-1$
	$H_0 : \mu = \mu_0$ gegen $H_1 : \mu \neq \mu_0$ $P\{\lvert\hat{z}\rvert \leq z_{1-\alpha/2}\} = 1-\alpha$	$H_0 : \mu \leq \mu_0$ gegen $H_1 : \mu > \mu_0$ $P\{\hat{z} \leq z_{1-\alpha}\} = 1-\alpha$ ——— $H_0 : \mu \geq \mu_0$ gegen $H_1 : \mu < \mu_0$ $P\{-z_{1-\alpha} \leq \hat{z}\} = 1-\alpha$	Wie oben, aber Varianz σ^2 bekannt	b) σ^2 bekannt $\boxed{\hat{z} = \frac{\bar{x}-\mu_0}{\sigma_{\bar{x}}}}$ $\sigma_{\bar{x}} = \frac{\sigma}{\sqrt{n}}$ $z_{1-\alpha/2}$ bzw. $z_{1-\alpha}$ = Quantile der Standardnormalverteilung

Tabelle 14.7-1: (Fortsetzung)

Name des Tests	Nullhypothese H_0 gegen Alternativhypothese H_1 Annahmebereich { } für die Nullhypothese: Zweiseitiger Test	Einseitiger Test	Voraussetzung	Prüfgröße ()
Doppelter t-Test Test zweier unbekannter Erwartungswerte μ_1 und μ_2	$H_0: \mu_1 = \mu_2$ gegen $H_1: \mu_1 \neq \mu_2$ $P\{\lvert\hat{t}\rvert \leq t_{f;1-\alpha/2}\} = 1-\alpha$	$H_0: \mu_1 \leq \mu_2$ gegen $H_1: \mu_1 > \mu_2$ $P\{\hat{t} \leq t_{f;1-\alpha}\} = 1-\alpha$ $H_0: \mu_1 \geq \mu_2$ gegen $H_1: \mu_1 < \mu_2$ $P\{-t_{f;1-\alpha} \leq \hat{t}\} = 1-\alpha$	X_1 und X_2 normalverteilt mit den Erwartungswerten μ_1 und μ_2 sowie den unbekannten Varianzen σ_1^2 und σ_2^2	a) $\sigma_1^2 = \sigma_2^2$ $\boxed{\hat{t} = \frac{\bar{x}_1 - \bar{x}_2}{s_{(\bar{x}_1-\bar{x}_2)}}}$ $s_{(\bar{x}_1-\bar{x}_2)} = \sqrt{\left(\frac{f_1 \cdot s_1^2 + f_2 \cdot s_2^2}{f_1+f_2}\right) \cdot \left(\frac{1}{n_1} + \frac{1}{n_2}\right)}$ $f = f_1 + f_2, f_1 = n_1 - 1, f_2 = n_2 - 1$ b) $\sigma_1^2 \neq \sigma_2^2$ Behrens-Fisher-Problem, Lösung nach Welch-Satterthwaite $\boxed{\hat{t} = \frac{\bar{x}_1 - \bar{x}_2}{s_{(\bar{x}_1-\bar{x}_2)}}}$ $f = \frac{(s_{\bar{x}_1}^2 + s_{\bar{x}_2}^2)^2}{\frac{(s_{\bar{x}_1}^2)^2}{f_1} + \frac{(s_{\bar{x}_2}^2)^2}{f_2}}$ $s_{(\bar{x}_1-\bar{x}_2)} = \sqrt{s_{\bar{x}_1}^2 + s_{\bar{x}_2}^2}$; $s_{\bar{x}_i}^2 = s_i^2/n_i$
	$H_0: \mu_1 = \mu_2$ gegen $H_1: \mu_1 \neq \mu_2$ $P\{\lvert\hat{z}\rvert \leq z_{1-\alpha/2}\} = 1-\alpha$	$H_0: \mu_1 \leq \mu_2$ gegen $H_1: \mu_1 > \mu_2$ $P\{\hat{z} \leq z_{1-\alpha}\} = 1-\alpha$ $H_0: \mu_1 \geq \mu_2$ gegen $H_1: \mu_1 < \mu_2$ $P\{-z_{1-\alpha} \leq \hat{z}\} = 1-\alpha$	Wie oben, aber Varianzen σ_1^2 und σ_2^2 bekannt	c) $\sigma_1^2 = \sigma_2^2$ bekannt $\boxed{\hat{z} = \frac{\bar{x}_1 - \bar{x}_2}{\sigma_{(\bar{x}_1-\bar{x}_2)}}}$ $\sigma_{(\bar{x}_1-\bar{x}_2)} = \sqrt{\sigma_{\bar{x}_1}^2 + \sigma_{\bar{x}_2}^2}$; $\sigma_{\bar{x}_i}^2 = \sigma_i^2/n_i$ $z_{1-\alpha/2}$ bzw. $z_{1-\alpha}$ = Quantile der Standardnormalverteilung
F-Test Test zweier unbekannter Varianzen σ_1^2 und σ_2^2	$H_0: \sigma_1^2 = \sigma_2^2$ gegen $H_1: \sigma_1^2 \neq \sigma_2^2$ $P\{F_{f_1,f_2;\alpha/2} \leq \hat{F} \leq F_{f_1,f_2;1-\alpha/2}\} = 1-\alpha$ $F_{f_1,f_2;\alpha/2} = \frac{1}{F_{f_2,f_1;1-\alpha/2}}$	$H_0: \sigma_1^2 \leq \sigma_2^2$ gegen $H_1: \sigma_1^2 > \sigma_2^2$ $P\{\hat{F} \leq F_{f_1,f_2;1-\alpha}\} = 1-\alpha$ $H_0: \sigma_1^2 \geq \sigma_2^2$ gegen $H_1: \sigma_1^2 < \sigma_2^2$ $P\{F_{f_1,f_2;\alpha} \leq \hat{F}\} = 1-\alpha$	X_1 und X_2 normalverteilt mit den Varianzen σ_1^2 und σ_2^2	$\boxed{\hat{F} = \frac{s_1^2}{s_2^2}}$ f_1 = Freiheitsgrad im Zähler f_2 = Freiheitsgrad im Nenner

14.7.3 Praktische Ausführung statistischer Tests

Folgender Arbeitsgang wird durchgeführt:

1) Nullhypothese H_0 und Alternativhypothese H_1 aufstellen.
2) Zutreffende Testverteilung auswählen und die Prüfgröße aus dem Beobachtungsmaterial berechnen.
3) Irrtumswahrscheinlichkeit α festlegen und die Testgrenzen zwischen dem Annahmebereich und dem Verwerfungsbereich aus einer Tabelle für den einseitigen oder zweiseitigen Test bestimmen.
4) Prüfen, ob die Testgröße im Annahmebereich oder im Verwerfungsbereich liegt und die entsprechende Testentscheidung dokumentieren.

14.7.4 Unterscheidung verschiedener statistischer Testarten

Stellt man nur eine einzige Hypothese, die Nullhypothese, auf und dient der durchgeführte Test nur dazu, zu prüfen, ob diese Hypothese nicht verworfen werden soll, spricht man von einem *Signifikanztest.* Eine Alternativhypothese wird hierbei nicht aufgestellt und beachtet, insbesondere interessiert man sich auch nicht für einen Fehler 2. Art. Es besteht ein sehr enger Zusammenhang zwischen Signifikanztests und Bereichsschätzungen.

Als *Parametertest* bezeichnet man einen solchen statistischen Test zur Prüfung einer Hypothese über unbekannte Parameter einer vorliegenden, dem Typ nach bekannten Wahrscheinlichkeitsverteilung, der diese Kenntnis über den Verteilungstyp wesentlich benutzt (z. B. ist der Signifikanztest zur Prüfung einer Hypothese über den Erwartungswert der Normalverteilung ein Parametertest).

Zum Unterschied dazu spricht man von einem *verteilungsfreien, parameterfreien* oder *nicht parametrischen Test*, wenn die Kenntnis über den Typ der vorliegenden Wahrscheinlichkeitsverteilung nicht verwendet wird. Solch ein Test ist z. B. der Signifikanztest zur Prüfung der Hypothese, dass eine vorliegende Wahrscheinlichkeitsverteilung zur Familie der Normalverteilungen gehört (*Anpassungstest* genannt).

Verteilungsfreie Tests haben gegenüber den parametrischen Tests eine geringere Teststärke.

In der Tabelle 14.7-1 sind einige Anwendungen des χ^2-Tests, des t-Tests und des F-Tests dargestellt. Trifft die Alternativhypothese zu, wird die Nullhypothese (beim gewählten Signifikanzniveau α) abgelehnt. Die Prüfgröße (in der Tabelle mit ^ gekennzeichnet) wird nach der angegebenen Formel aus der konkreten Stichprobe berechnet; die Quantile können den entsprechenden Tabellen entnommen werden (mit f = Anzahl der Freiheitsgrade).

14.7.5 Praktische Zahlenbeispiele

Beispiel 14.7.1: Test eines Erwartungswertes μ bei unbekannter Standardabweichung σ der Grundgesamtheit.

Bei der 5-maligen Messung einer Strecke mit einem Invarmessband ergab sich eine Abweichung des Mittelwertes $\bar{x}$ von 1,1 mm zu dem mit einem Interferometer hoch genau bestimmten „richtigen Wert“ x_r = Sollwert μ_0 (Kap. 14.3.4.3 Fall a). Die Standardabweichung der Messungen wurde zu $s = 0,2$ mm ermittelt. In statistischer Schreibweise sind also gegeben:

$$|\bar{x} - \mu_0| = 1,1 \text{ mm}; \quad s = 0,2 \text{ mm}; \quad n = 5; \quad f = n - 1 = 4 .$$

Frage: Lässt sich die Abweichung des Mittelwertes von der „richtigen" Interferometermessung (quasi-wahrer Wert) durch Zufallsschwankungen der Messungen erklären, sodass die Annahme einer Übereinstimmung des Erwartungswertes μ der Messungen mit dem Sollwert μ_0 nicht verworfen wird, oder ist eine systematische Abweichung nachweisbar, die bei weiteren Invarbandmessungen zu berücksichtigen ist?

Hypothese $H_0 : \mu = \mu_0$; $\quad H_1 : \mu \neq \mu_0$ (zweiseitiger Test)

$$P\left\{-t_{f;1-\alpha/2} \leq \hat{t} \leq t_{f;1-\alpha/2}\right\} = P\left\{|\hat{t}| \leq t_{f;1-\alpha/2}\right\} = 1-\alpha$$

Prüfgröße $|\hat{t}| = \dfrac{(|\bar{x}-\mu_0|)}{s_{\bar{x}}} = \dfrac{1,1}{0,2/\sqrt{5}} = \dfrac{1,1}{0,09} = 12,3$

Der Quantilwert der t-Verteilung für $\alpha = 5$ % und $f = 4$ ist $t_{4;0,975} = 2,776$. Wegen $|\hat{t}| > t_{4;0,975}$ wird die Hypothese $\mu = \mu_0$ auf dem 5-%-Niveau verworfen. Die Abweichung ist signifikant und nicht allein durch Zufall erklärbar. Die Systematik ist bei weiteren Messungen zu berücksichtigen.

Anmerkung: Ein Test bei bekannter Standardabweichung σ wäre in analoger Weise unter Benutzung der Standardnormalverteilung durchzuführen.

$$P\left\{|\hat{z}| = \frac{|\bar{x}-\mu_0|}{\sigma_{\bar{x}}} \leq z_{1-\alpha/2}\right\} = 1-\alpha$$

Beispiel 14.7.2: Test einer Standardabweichung
Bei einer sehr genauen Bauabsteckung sollen Entfernungen bis 20 m mit einer Standardabweichung $\sigma_0 = 2$ mm abgesteckt werden. Um zu überprüfen, ob das vorgesehene Messverfahren diese hohe Genauigkeit gewährleistet, wurde zuvor eine Probestrecke 10-mal gemessen. Daraus ergab sich als Schätzwert die Standardabweichung $s = 2,2$ mm. In der statistischen Schreibweise sind also gegeben:

$$s = 2,2 \text{ mm} \quad ; \quad f = n-1 = 9 \quad ; \quad \sigma_0 = 2 \text{ mm}\,.$$

Frage: Ist die festgestellte Abweichung auf nicht ausreichende Messgenauigkeit zurückzuführen oder zufällig? Hat also die Grundgesamtheit der Messungen beim vorgesehenen Messverfahren die Standardabweichung $\sigma = 2$ mm?

Hypothese $H_0 : \sigma \leq \sigma_0$ (= 2 mm) ; $\quad H_1 : \sigma > \sigma_0$ (einseitiger Test)

$$P\left\{\hat{\chi}^2 \leq \chi^2_{f;1-\alpha}\right\} = 1-\alpha$$

Prüfgröße $\hat{\chi}^2 = f \cdot \dfrac{s^2}{\sigma_0^2} = \dfrac{9 \cdot 2,2^2}{2^2} = 10,9$

Der Quantilwert der χ^2-Verteilung für $\alpha = 5$ % und $f = 9$ ist $\chi^2_{9;0,95} = 16,9$. Wegen $\hat{\chi}^2 < \chi^2_{9;0,95}$ wird die Hypothese $\sigma = 2$ mm auf dem 5-%-Niveau nicht verworfen. Die Abweichung deutet nicht auf eine signifikant schlechtere Messgenauigkeit hin.

Anmerkung: Wenn der „richtige Wert" x_r (Kap. 14.3.4.3 Fall a) der Probestrecke bekannt gewesen und als Erwartungswert μ bei der Berechnung des Schätzwertes der Standardabweichung s benutzt worden wäre, hätte man den Freiheitsgrad $f = n = 10$ beim Test einsetzen müssen.

Beispiel 14.7.3: Test zweier Varianzen σ_1^2, σ_2^2 und Test zweier Mittelwerte μ_1, μ_2
Von einem bodensicheren Höhenfestpunkt aus wurde der Höhenunterschied zu einem Höhenbolzen an einem Brückenbauwerk 6-mal durch Präzisionsnivellement bestimmt. Es ergaben sich der Mittelwert $\Delta h_1 = 2,3145$ m sowie die Varianz $s_1^2 = 0,09$ mm^2 für die Einzelmessungen. Nach 4 Monaten wurde der gleiche Höhenunterschied ebenfalls 6-mal bestimmt mit dem Mittelwert $\Delta h_2 = 2,3131$ m und der Varianz $s_2^2 = 0,25$ mm^2 für die Einzelmessungen. In statistischer Schreibweise sind gegeben:

	Mittelwert	Varianz	Freiheitsgrad
1. Messung	$\Delta h_1 = 2,3145$ m	$s_1^2 = 0,09$ mm^2	$f_1 = n_1 - 1 = 5$
2. Messung	$\Delta h_2 = 2,3131$ m	$s_2^2 = 0,25$ mm^2	$f_2 = n_2 - 1 = 5$

Frage: Hat sich in dem Zeitraum zwischen den Messungen der Höhenunterschied zum Höhenbolzen an der Brücke signifikant verändert, sodass entweder auf eine Setzung der Brücke oder auf systematische Einflüsse in den Messungen geschlossen werden kann, oder ist die Differenz zwischen den beiden Messungen durch Zufallsschwankungen erklärbar? Zunächst ist zu testen, ob von der Gleichheit der Varianzen $\sigma_1^2 = \sigma_2^2$ in beiden Messreihen ausgegangen werden kann.

Test zweier Varianzen σ_1^2 und σ_2^2:

Hypothese: $H_0 : \sigma_1^2 = \sigma_2^2$; $\qquad H_1 : \sigma_1^2 \neq \sigma_2^2$ (zweiseitiger Test)

$$P\left\{F_{f_1,f_2;\alpha/2} \leq \hat{F} \leq F_{f_1,f_2;1-\alpha/2}\right\} = 1 - \alpha$$

Prüfgröße $\hat{F} = s_1^2/s_2^2 = 0,09/0,25 = 0,36$

Die Quantile der F-Verteilung für $\alpha = 5$ %; $f_1 = f_2 = 5$ sind

$$F_{f_1,f_2;\alpha/2} = \frac{1}{F_{f_2,f_1;1-\alpha/2}} = \frac{1}{F_{5,5;0,975}} = \frac{1}{7,15} = 0,14$$

und

$$F_{f_1,f_2;1-\alpha/2} = F_{5;5;0,975} = 7,15\,.$$

Wegen $F_{f_1,f_2;\alpha/2} < \hat{F} < F_{f_1;f_2;1-\alpha/2}$ wird die Hypothese $\sigma_1^2 = \sigma_2^2$ auf dem 5-%-Niveau nicht verworfen. Die Varianzschätzwerte widersprechen nicht der Annahme, dass beide Messungsreihen mit gleichen Genauigkeiten gemessen wurden.

Test zweier Erwartungswerte μ_1 und μ_2:

Hypothese $H_0 : \mu_1 = \mu_2$; $\qquad H_1 : \mu_1 \neq \mu_2$ (zweiseitiger Test)

Da beide Messungsreihen nach gleicher Methode und mit gleichem Gerät ausgeführt wurden und der zuvor ausgeführte Varianztest nicht verworfen wurde, wird von der Gleichheit ($\sigma_1^2 =$

σ_2^2) der unbekannten Varianzen der Grundgesamtheiten bei der Durchführung des doppelten t-Tests ausgegangen.

$$P\left\{|\hat{t}| \leq t_{f;1-\alpha/2}\right\} = 1-\alpha$$

Prüfgröße $|\hat{t}| = (|\Delta h_1 - \Delta h_2|)/s_{(\Delta h_1 - \Delta h_2)}$

$$s_{(\Delta h_1 - \Delta h_2)} = \sqrt{\frac{(n_1-1)\cdot s_1^2 + (n_2-1)\cdot s_2^2}{(n_1-1)+(n_2-1)} \cdot \left(\frac{1}{n_1}+\frac{1}{n_2}\right)}$$

$$= \sqrt{\frac{5\cdot 0,09 + 5\cdot 0,25}{5+5} \cdot \left(\frac{1}{6}+\frac{1}{6}\right)} = 0,24 \text{ mm}$$

$$|\hat{t}| = \frac{|2,3145 \text{ m} - 2,3131 \text{ m}|}{0,24 \text{ mm}} = \frac{1,4 \text{ mm}}{0,24 \text{ mm}} = 5,9$$

Der Quantilwert der t-Verteilung für $\alpha = 5$ % und $f = f_1 + f_2 = 10$ ist $t_{10;0,975} = 2,228$. Wegen $|\hat{t}| > t_{10;0,975}$ wird die Hypothese $\mu_1 = \mu_2$ verworfen. Damit ist auf dem Niveau von 5 % erwiesen, dass eine signifikante Abweichung vorliegt. Falls andere Einflüsse ausgeschlossen werden können, muss sich der Brückenteil beim Höhenbolzen abgesenkt haben.
Anmerkung: In den folgenden Beispielen wird das Testen der Regressionsparameter α und β und des Korrelationskoeffizienten ρ behandelt. Damit das Symbol α für den Achsabschnitt der Regressionsgeraden nicht mit der Irrtumswahrscheinlichkeit verwechselt wird, bezeichnen wir Letztere hier mit dem Symbol γ.

Beispiel 14.7.4: Test eines Achsabschnitts α_{yx}
Der Achsabschnitt α_{yx} ergibt sich als (Mittel-)Wert $\mu_{y(x_j)}$ der Regressionsgeraden an der Stelle $x_j = 0$. Man berechnet daher den Schätzwert an dieser Stelle und führt einen Test für den Mittelwert $\mu_{y(x_j=0)}$ durch.

Gegeben: Der Achsabschnitt a_{yx} einer Regressionsgeraden wurde nach Gl. (14.96) geschätzt zu $a_{yx} = \hat{y}(0) = -0,8$ mit einer Standardabweichung $s_a = s_{\hat{y}(0)} = 2,2$ nach Gl. (14.106) aus fünf Wertepaaren (Freiheitsgrad $f = 5-2 = 3$).

Frage: Kann die Abweichung des Schätzwertes $a_{yx}(=-0,8)$ von null als zufällig betrachtet werden? Ist also der wahre Wert $\alpha_{yx} = 0$?

Hypothese $H_0 : \alpha_{yx} = \alpha_0 (= 0)$; $\quad H_1 : \alpha_{yx} \neq \alpha_0$ (zweiseitiger Test)

$$P\left\{-t_{f;1-\alpha/2} \leq \hat{t} \leq t_{f;1-\alpha/2}\right\} = P\left\{|\hat{t}| \leq t_{f;1-\alpha/2}\right\} = 1-\alpha$$

Prüfgröße $|\hat{t}| = (|a_{yx} - \alpha_0|)/s_a = \frac{|-0,8|}{2,2} = 0,37$

Der Quantilwert der t-Verteilung für $\gamma = 5$ % und $f = 3$ ist $t_{3;0,975} = 3,18$. Wegen $|\hat{t}| < t_{3;0,975}$ wird die Hypothese $\alpha_{yx} = \alpha_0$ auf dem 5-%-Niveau nicht verworfen. Die Abweichung des errechneten Achsabschnitts $a_{yx} = -0,8$ von null wird als zufällig angesehen. Eine Systematik kann infolge des zu geringen Freiheitsgrades bei großer Standardabweichung s_a nicht nachgewiesen werden.

Beispiel 14.7.5: Test der Linearität einer (klassischen) Regression
Die Prüfung der Nullhypothese „es liegt eine lineare Regression vor" ist möglich, wenn die Gesamtzahl n der y-Werte größer ist als die Anzahl m der x-Werte, also zu jedem Wert $x_i (i = 1, \ldots, k)$ mehrere y-Werte vorliegen. Ist eine Regression linear, müssen die Gruppenmittelwerte $\bar{y}_i$ angenähert auf einer Geraden liegen, d. h., ihre Abweichung von der Regressionsgeraden darf nicht zu groß sein im Verhältnis zur Abweichung der einzelnen Werte einer Gruppe von ihrem zugehörigen Mittelwert. Erreicht oder übersteigt somit das Verhältnis

$$\frac{\textit{Abweichung der Mittelwerte von der Regressionsgeraden}}{\textit{Abweichung der y-Werte von ihrem Gruppenmittelwert}},$$

d. h. die Prüfgröße

$$\hat{F} = \frac{\frac{1}{k-2} \sum_{i=1}^{k} n_i (\bar{y}_i - \hat{y}(x_i))^2}{\frac{1}{n-k} \sum_{i=1}^{k} \sum_{j=1}^{n_i} (y_{ij} - \bar{y}_i)^2} \qquad (14.154)$$

mit $f_1 = k - 2$ und $f_2 = n - k$ Freiheitsgraden die Signifikanzschranke, muss die Linearitätshypothese verworfen werden.

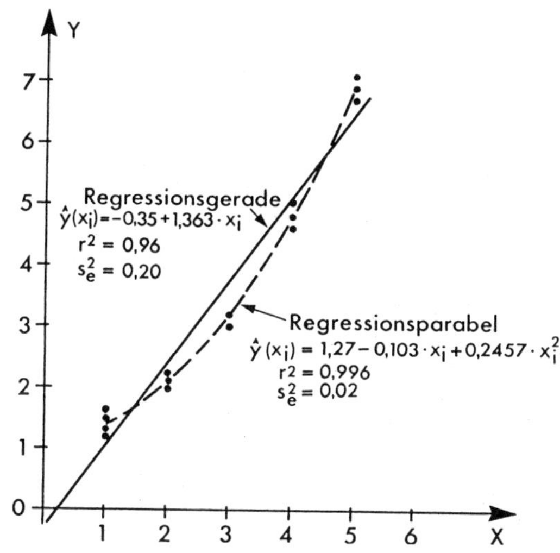

Abbildung 14.7-4: Linearität einer Regression

Gegeben: Aus $n = 17$ Beobachtungen in $k = 5$ Gruppen von (X, Y)-Wertepaaren wurde eine Regressionsgerade zu $\hat{y}(x_i) = -0,35 + 1,363 \cdot x_i$ geschätzt (x, y-Werte siehe Tab. 14.7-2 und Abb. 14.7-4). Das Bestimmtheitsmaß ergab sich zu $r^2 = 0,96$, d. h., durch die Anpassung der Regressionsgeraden an die Stichprobendaten erhält man eine relative Reduzierung der Gesamtquadratsumme der Abweichungen der y-Werte von ihrem Gesamtmittel $\bar{y}$ um 96 %.
Frage: Kann die Abweichung der Schätzwerte $\hat{y}(x_i)$ von den Gruppenmitteln $\bar{y}(x_i)$ als zufällig betrachtet werden? Ist also die Regression der Grundgesamtheit linear, sodass sie durch die Regressionsfunktion $\hat{y}(x_i) = \alpha_{yx} + \beta_{yx} \cdot x_i$ ausgedrückt werden kann?

Tabelle 14.7-2: Regressionsdaten und Testauswertung

x_i	y_{ij}				n_i	$\bar{y}_i$	$\hat{y}(x_i)$	$(\bar{y}_i - \hat{y}(x_i))$	$(\bar{y}_i - \hat{y}(x_i))^2$	$n_i \cdot (\bar{y}_i - \hat{y}(x_i))^2$
1	1,2	1,6	1,3	1,5	4	1,4	1,01	0,39	0,1512	0,6047
2	2,1	2,0	2,2		3	2,1	2,37	−0,27	0,0753	0,2258
3	3,2	3,0			2	3,1	3,74	−0,64	0,4064	0,8127
4	4,6	4,8	5,0	4,8	4	4,8	5,10	−0,30	0,0904	0,3615
5	6,7	6,9	7,1	6,9	4	6,9	6,46	0,44	0,1903	0,7613
	$n = \sum n_i =$				17				$\sum_{i=1}^{k} n_i(\bar{y}_i - \hat{y}(x_i))^2 =$	2,7659

x_i	y_{ij}				$\bar{y}_i$	$(y_{ij} - \bar{y}_i)$				$(y_{ij} - \bar{y}_i)^2$				$\sum_{j=1}^{n_i} (y_{ij} - \bar{y}_i)^2$
1	1,2	1,6	1,3	1,5	1,4	−0,2	0,2	−0,1	0,1	0,04	0,04	0,01	0,01	0,10
2	2,1	2,0	2,2		2,1	0,0	−0,1	0,1		0,00	0,01	0,01		0,02
3	3,2	3,0			3,1	0,1	−0,1			0,01	0,01			0,02
4	4,6	4,8	5,0	4,8	4,8	−0,2	0,0	0,2	0,0	0,04	0,00	0,04	0,00	0,08
5	6,7	6,9	7,1	6,9	6,9	−0,2	0,0	0,2	0,0	0,04	0,00	0,04	0,00	0,08
										$\sum_{i=1}^{k} \sum_{j=1}^{n_i} (y_{ij} - \bar{y}_i)^2 =$				0,30

Hypothese: H_0: „Es liegt eine lineare Regression vor".

$$P\left\{\hat{F} \leq F_{f_1;f_2;1-\gamma}\right\} = 1 - \gamma \qquad \textit{(einseitiger Test)}$$

Prüfgröße $\hat{F} = \frac{2{,}7659/(5-2)}{0{,}30/(17-5)} = 36{,}9$

Der Quantilwert der F-Verteilung für $\gamma = 5\ \%$, $f_1 = 3, f_2 = 12$ ist $F_{3;12;0,95} = 3{,}49$. Wegen $\hat{F} > F_{3;12;0,95}$ wird die Linearitätshypothese verworfen. Wie man schon an der Abbildung 14.7-4 erkennen kann, ist die Regression nicht linear. Für eine Regressionsparabel ergibt sich ein größeres Bestimmtheitsmaß und vor allem eine wesentlich kleinere Restvarianz s_e^2.

Beispiel 14.7.6: Test eines Regressionskoeffizienten gegen null
Spricht ein Linearitätstest (siehe Beispiel 14.7.5) nicht gegen die Linearität einer Regression, kann als nächstes getestet werden, ob der Regressionskoeffizient null sein kann.

Gegeben: Aus einer Stichprobe von $n = 65$ Wertepaaren (X,Y) wurde der Regressionskoeffizient $b_{yx} = 0{,}397$ mit der Standardabweichung $s_b = 0{,}183$ geschätzt.

Frage: Kann die Abweichung des Regressionskoeffizienten von null als zufällig betrachtet werden? Besteht zwischen den Wertepaaren der Stichprobe keine Abhängigkeit, die sich durch eine Regressionsfunktion ausdrücken ließe?

Hypothese $H_0 : \beta_{yx} = \beta_0 (= 0)$; $\qquad H_1 : \beta_{yx} \neq \beta_0$ (zweiseitiger Test)

$$P\left\{-t_{f;1-\gamma/2} \leq \hat{t} \leq t_{f;1-\gamma/2}\right\} = P\left\{|\hat{t}| \leq t_{f;1-\gamma/2}\right\} = 1 - \gamma$$

Prüfgröße $|\hat{t}| = (|b_{yx} - \beta_0|)/s_b = \frac{0{,}397}{0{,}183} = 2{,}17$

Der Quantilwert der t-Verteilung für $\gamma = 5\ \%$ und $f = n - 2 = 63$ ist $t_{63;0{,}975} = 2{,}00$. Wegen $|\hat{t}| > t_{63;0{,}975}$ wird die Hypothese $H_0 : \beta_{yx} = 0$ auf dem 5-%-Niveau verworfen, d. h., der zugrunde liegende Parameter β_{yx} unterscheidet sich signifikant von null.

Beispiel 14.7.7: Test des Korrelationskoeffizienten gegen null
Die Existenz einer Korrelation, d. h. die Hypothese, ob der der Stichprobe zugrunde liegende Korrelationskoeffizient ρ der Grundgesamtheit zufällig von der Korrelation $\rho_0 = 0$ abweicht, testet man nach R. A. Fisher anhand der t-Verteilung mit $n - 2$ Freiheitsgraden.

Gegeben: Aus einer Stichprobe von 25 Wertepaaren (X, Y) wurde der Korrelationskoeffizient geschätzt zu $r = 0{,}25$. Freiheitsgrad $f = n - 2 = 23$.

Frage: Existiert zwischen den Variablen X und Y eine Korrelation ($\rho \neq 0$) oder weicht der Schätzwert r nur zufällig vom Wert $\rho_0 = 0$ ab?

Hypothese $H_0 : \rho = 0$; $H_1 : \rho \neq 0$ (zweiseitiger Test)

$$P\left\{-t_{f;1-\gamma/2} \leq \hat{t} \leq t_{f;1-\gamma/2}\right\} = P\left\{|\hat{t}| \leq t_{f;1-\gamma/2}\right\} = 1 - \gamma$$

Prüfgröße $|\hat{t}| = |\sqrt{\frac{(n-2)\cdot r^2}{1-r^2}}| = |\sqrt{\frac{23\cdot 0{,}25^2}{1-0{,}25^2}}| = 1{,}238$

Der Quantilwert der t-Verteilung für $\gamma = 5\ \%$ und $f = 23$ ist $t_{23;0{,}975} = 2{,}069$. Wegen $|\hat{t}| < t_{23;0{,}975}$ besteht kein Grund, die Hypothese $H_0 : \rho = 0$ auf dem 5-%-Niveau zu verwerfen. Die Abweichung des Schätzwertes $r = 0{,}25$ von null wird als eine zufällige aufgefasst.

Beispiel 14.7.8: Test eines Korrelationskoeffizienten gegen einen Sollwert $\rho_0 \neq 0$
Wie schon unter Kapitel 14.6.3 bei der Konfidenzintervallschätzung für den Korrelationskoeffizienten ausgeführt wurde, weicht seine Verteilung umso stärker von der Normalverteilung ab, je kleiner die Anzahl der Beobachtungspaare n und je größer sein Absolutwert ist.
Daher sei wieder die z^*-Transformation angewandt (vgl. Gl. (14.148), (14.149)).

$$z_1^* = \frac{1}{2}\ln\frac{1+r_1}{1-r_1}; \quad \sigma_{z_1^*} = \frac{1}{\sqrt{n_1 - 3}}; \quad z_0^* = \frac{1}{2}\ln\frac{1+\rho_0}{1-\rho_0}$$

Gegeben: Aus einer Stichprobe von 35 Wertepaaren (X, Y) wurde der Korrelationskoeffizient geschätzt zu $r_1 = 0{,}42$.

Frage: Weicht der Schätzwert r_1 signifikant von dem Sollwert $\rho_0 = 0{,}5$ bei Sicherheitswahrscheinlichkeit $S = 1 - \gamma = 95\ \%$ ab?

Hypothese $H_0 : \rho_1 = \rho_0 (= 0{,}5)$; $H_1 : \rho_1 \neq \rho_0$ (zweiseitiger Test)

$$P\left\{-z_{1-\gamma/2} \leq \hat{z} \leq z_{1-\gamma/2}\right\} = P\left\{|\hat{z}| \leq z_{1-\gamma/2}\right\} = 1 - \gamma$$

Tabelle 14.7-3: Umrechnungstabelle für den Korrelationskoeffizienten r und die Hilfsvariablen z^*

z^*	0,00	0,01	0,02	0,03	0,04	0,05	0,06	0,07	0,08	0,09
0,0	0,0000	0,0100	0,0200	0,0300	0,0400	0,0500	0,0599	0,0699	0,0798	0,0898
0,1	0,0997	0,1096	0,1194	0,1293	0,1391	0,1489	0,1586	0,1684	0,1781	0,1877
0,2	0,9740	0,2070	0,2165	0,2260	0,2355	0,2449	0,2543	0,2636	0,2729	0,2821
0,3	0,2913	0,3004	0,3095	0,3185	0,3275	0,3364	0,3452	0,3540	0,3627	0,3714
0,4	0,3800	0,3885	0,3969	0,4053	0,4136	0,4219	0,4301	0,4382	0,4462	0,4542
0,5	0,4621	0,4699	0,4777	0,4854	0,4930	0,5005	0,5080	0,5154	0,5227	0,5229
0,6	0,5370	0,5441	0,5511	0,5580	0,5649	0,5717	0,5784	0,5850	0,5915	0,5980
0,7	0,6044	0,6107	0,6169	0,6231	0,6291	0,6351	0,6411	0,6469	0,6527	0,6584
0,8	0,6640	0,6696	0,6751	0,6805	0,6858	0,6911	0,6963	0,7014	0,7064	0,7114
0,9	0,7163	0,7211	0,7259	0,7306	0,7352	0,7398	0,7443	0,7487	0,7531	0,7574
1,0	0,7616	0,7658	0,7699	0,7739	0,7779	0,7818	0,7857	0,7895	0,7932	0,7969
1,1	0,8005	0,8041	0,8076	0,8110	0,8144	0,8178	0,8210	0,8243	0,8275	0,8306
1,2	0,8337	0,8367	0,8397	0,8426	0,8455	0,8483	0,8511	0,8538	0,8565	0,8591
1,3	0,8617	0,8643	0,8668	0,8692	0,8717	0,8741	0,8764	0,8787	0,8810	0,8832
1,4	0,8854	0,8875	0,8896	0,8917	0,8937	0,8957	0,8977	0,8996	0,9015	0,9033
1,5	0,9051	0,9069	0,9087	0,9104	0,9121	0,9138	0,9154	0,9170	0,9186	0,9201
1,6	0,9217	0,9232	0,9246	0,9261	0,9275	0,9289	0,9302	0,9316	0,9329	0,9341
1,7	0,9354	0,9366	0,9379	0,9391	0,9402	0,9414	0,9425	0,9436	0,9447	0,9458
1,8	0,94681	0,94783	0,94884	0,94983	0,95080	0,95175	0,95268	0,95359	0,95449	0,95537
1,9	0,95624	0,95709	0,95792	0,95873	0,95953	0,96032	0,96109	0,96185	0,96259	0,96331
2,0	0,96403	0,96473	0,96541	0,96609	0,96675	0,96739	0,96803	0,96865	0,96926	0,96986
2,1	0,97045	0,97103	0,97159	0,97215	0,97269	0,97323	0,97375	0,97426	0,97477	0,97526
2,2	0,97574	0,97622	0,97668	0,97714	0,97759	0,97803	0,97846	0,97888	0,97929	0,97970
2,3	0,98010	0,98049	0,98087	0,98124	0,98161	0,98197	0,98233	0,98267	0,98301	0,98335
2,4	0,98367	0,98399	0,98431	0,98462	0,98492	0,98522	0,98551	0,98579	0,98607	0,98635
2,5	0,98661	0,98688	0,98714	0,98739	0,98764	0,98788	0,98812	0,98835	0,98858	0,98881
2,6	0,98903	0,98924	0,98945	0,98966	0,98987	0,99007	0,99026	0,99045	0,99064	0,99083
2,7	0,99101	0,99118	0,99136	0,99153	0,99170	0,99186	0,99202	0,99218	0,99233	0,99248
2,8	0,99263	0,99278	0,99292	0,99306	0,99320	0,99333	0,99346	0,99359	0,99372	0,99384
2,9	0,99396	0,99408	0,99420	0,99431	0,99443	0,99454	0,99464	0,99475	0,99485	0,99495

Prüfgröße ist die Standardnormalvariable

$$|\hat{z}| = \frac{|z_1^* - z_0^*|}{\sigma_{z_1^*}} = |0,4477 - 0,5493| \cdot \sqrt{35-3} = 0,57\ .$$

Die Werte $z_1^* = 0,4477$ für $r_1 = 0,42$ und $z_0^* = 0,5493$ für $\rho = 0,5$ ergeben sich durch Berechnung nach den angegebenen Formeln oder durch Interpolation aus der Tabelle 14.7-3. Der Quantilwert der Standardnormalverteilung für $\gamma = 5\ \%$ ist $z_{0,975} = 1,96$. Wegen $|z| < z_{0,975}$ besteht kein Grund, die Hypothese $H_0 : \rho_1 = \rho_0$ auf dem 5-%-Niveau zu verwerfen, und die Abweichung des Wertes $r_1 = 0,42$ von $\rho_0 = 0,5$ wird als zufällig aufgefasst.

Beispiel 14.7.9: Test zweier Korrelationskoeffizienten ρ_1 und ρ_2
Aus zwei Stichproben $n_1 = 35$ und $n_2 = 28$ wurden die Korrelationskoeffizienten geschätzt mit $r_1 = 0,42$ und $r_2 = 0,58$.

Frage: Kann angenommen werden, dass beide Korrelationskoeffizienten sich nur zufällig voneinander unterscheiden oder ist der Korrelationskoeffizient der zweiten Grundgesamtheit größer als der erste?

Hypothese $H_0 : \rho_1 = \rho_2$; $\quad H_1 : \rho_1 \neq \rho_2$ (zweiseitiger Test)

$$P\left\{-z_{1-\gamma/2} \leq \hat{z} \leq z_{1-\gamma/2}\right\} = P\left\{|\hat{z}| \leq z_{1-\gamma/2}\right\} = 1-\gamma$$

Prüfgröße $$|\hat{z}| = \frac{|z_1^* - z_2^*|}{\sqrt{\dfrac{1}{n_1-3} + \dfrac{1}{n_2-3}}} = \frac{|0,4477 - 0,6616|}{\sqrt{\dfrac{1}{35-3} + \dfrac{1}{28-3}}} = 0,80$$

Der Quantilwert der Standardnormalverteilung für $\gamma = 5\ \%$ ist $z_{0,975} = 1,96$. Wegen $|\hat{z}| < z_{1-\gamma/2}$ besteht kein Grund, die Hypothese $H_0 : \rho_1 = \rho_2$ auf dem 5-%-Niveau zu verwerfen. Die Abweichung der Schätzwerte voneinander wird als zufällig aufgefasst.

Die Berechnung des gemeinsamen Korrelationskoeffizienten $\bar{r}$ erfolgt nun als gewichtetes Mittel mit $g_1 = \dfrac{1}{\sigma^2_{z_1^*}} = n_1 - 3$ und $g_2 = \dfrac{1}{\sigma^2_{z_2^*}} = n_2 - 3$ nach

$$\bar{z}^* = \frac{z_1^* \cdot (n_1-3) + z_2^* \cdot (n_2-3)}{(n_1-3)+(n_2-3)} \tag{14.155}$$

$$= \frac{0,4477 \cdot 32 + 0,6616 \cdot 25}{57} = 0,5415, \tag{14.156}$$

sodass sich nach Gl. (14.150) bzw. aus der Tabelle 14.7-3 der mittlere Korrelationskoeffizient $\bar{r} = 0,494$ ergibt.

14.8 Darstellung in Matrizenschreibweise

Aus didaktischen Gründen ist in den vorigen Kapiteln zur Statistik die übliche mathematische Darstellung verwandt worden. Hier soll für die mit der Matrizenrechnung vertrauten Leser an einigen Teilgebieten verdeutlicht werden, wie sich die statistischen Berechnungen mithilfe von Matrizen einfacher darstellen und übersichtlicher durchführen lassen. Die Ausführungen müssen jedoch beschränkt bleiben, da sonst der Rahmen des Buches gesprengt würde. Der in der Matrizenrechnung nicht kundige Leser kann dieses Kapitel übergehen.

Zu Kapitel 14.3.4: Numerische Methoden zur Parameterschätzung
Das *arithmetische (empirische) Mittel* $\bar{x}$ (vgl. Gl. (14.41)) aus einer Stichprobe vom Umfang n wird berechnet nach

$$\bar{x} = \frac{1}{n}\mathbf{1}^T\mathbf{x} \tag{14.157}$$

mit dem *Beobachtungsvektor* $\mathbf{x}$ und dem *Eins-* oder *Summationsvektor* $\mathbf{1}$

$$\mathbf{x}^T = [x_1, x_2, \ldots, x_n]; \tag{14.158}$$

$$\mathbf{1}^T = [1, 1, \ldots, 1]\,. \tag{14.159}$$

Bei einer in m Klassen eingeteilten Stichprobe vom Umfang n ergibt sich mit dem *Vektor* $\mathbf{x}$ *der Klassenmitten* x_j und den im *Vektor* $\mathbf{p}$ zusammengefassten *Klassenhäufigkeiten* k_j

$$\mathbf{x}^T = [x_1, x_2, \ldots, x_m]; \tag{14.160}$$

$$\mathbf{p}^T = [k_1, k_2, \ldots, k_m] \tag{14.161}$$

das *allgemeine arithmetische Mittel* (vgl. Gl. (14.42)) als empirisches Mittel

$$\bar{x} = \frac{\mathbf{p}^T\mathbf{x}}{\mathbf{1}^T\mathbf{p}}\,. \tag{14.162}$$

Hier ist das „Gewicht" des Mittels $\mathbf{1}^T\mathbf{p} = n$ gleich dem Gesamtumfang der Messwerte. Das allgemeine arithmetische Mittel bei nichtgleichgewichtigen Messwerten ist in den Gl. (14.180) und (14.181) angegeben.

Der *Schätzwert* s^2 für die *Varianz* σ^2 der Einzelwerte einer Stichprobe vom Umfang n wird berechnet:

- bei bekanntem Erwartungswert μ nach (vgl. Gl. (14.43))

$$s^2 = \frac{1}{n}(\mathbf{x} - \mathbf{1}\,\mu)^T(\mathbf{x} - \mathbf{1}\,\mu)\,, \tag{14.163}$$

- bei unbekanntem Erwartungswert, mit den im *n-dimensionalen Verbesserungsvektor* $\mathbf{v}$ zusammengefassten Differenzen v_i der einzelnen Beobachtungen x_i gegenüber dem arithmetischen Mittel $\bar{x}$

$$\mathbf{v} = \begin{bmatrix} v_1 \\ v_2 \\ \vdots \\ v_n \end{bmatrix} = \begin{bmatrix} \bar{x} - x_1 \\ \bar{x} - x_2 \\ \vdots \\ \bar{x} - x_n \end{bmatrix} = \mathbf{1}\bar{x} - \mathbf{x}, \tag{14.164}$$

- bei dem Freiheitsgrad $f = n - 1$ nach der Formel (vgl. Gl. (14.47), (14.48))

$$s^2 = \frac{1}{n-1}\mathbf{v}^T\mathbf{v} = \frac{1}{n-1}(\mathbf{x}^T\mathbf{x} - \frac{1}{n}\mathbf{x}^T\mathbf{1}\mathbf{1}^T\mathbf{x}). \tag{14.165}$$

Für eine in *m Klassen eingeteilte Stichprobe* vom Umfang n erhält man mit dem *m-dimensionalen Vektor*

$$\mathbf{v} = \mathbf{1}\bar{x} - \mathbf{x}, \tag{14.166}$$

bei dem hier statt der n Messwerte x_i wie in Gl. (14.164) die m Klassenmitten x_j den Vektor $\mathbf{x}$ nach Gl. (14.160) bilden, und den in der *Diagonalmatrix* $\mathbf{P}$ zusammengefassten *Klassenhäufigkeiten*

$$\mathbf{P} = \begin{bmatrix} k_1 & & & \\ & k_2 & & \\ & & \ddots & \\ & & & k_m \end{bmatrix} \tag{14.167}$$

die empirische Varianz s^2 der Einzelwerte der Stichprobe (vgl. Gl. (14.53))

$$s^2 = \frac{1}{n-1}\mathbf{v}^T\mathbf{P}\mathbf{v}. \tag{14.168}$$

Die Varianz $s_{\bar{x}}^2$ aus in Klassen eingeteilten Daten wird berechnet nach (vgl. Gl. (14.61), (14.185))

$$s_{\bar{x}}^2 = \frac{s^2}{n} = \frac{s^2}{\mathbf{1}^T\mathbf{P}\mathbf{1}}\,. \tag{14.169}$$

Zu Kapitel 14.3.5: Varianzfortpflanzung und Schätzwerte aus gewichteten Messwerten

Während in Kapitel 14.3.5 dargelegt wird, wie sich nach dem *Varianz-Kovarianzfortpflanzungsgesetz* bzw. nach dem *Varianzfortpflanzungsgesetz* die Varianzen und Kovarianzen von m Ausgangsgrößen X_j, $(j = 1, \ldots, m)$ auf *eine* daraus abgeleitete Größe y „fortpflanzen", seien hier die Matrizengleichungen für den allgemeineren Fall angegeben, bei dem die Komponenten $Y_i, (i = 1, \ldots, n)$ eines n-dimensionalen Zufallsvektors $\mathbf{Y}$ (im Allgemeinen nichtlineare) Funktionen des m-dimensionalen Zufallsvektors $\mathbf{X}$ sind:

$$\mathbf{Y} = \varphi(\mathbf{X}) = \begin{bmatrix} \varphi_1(\mathbf{X}) \\ \varphi_2(\mathbf{X}) \\ \vdots \\ \varphi_n(\mathbf{X}) \end{bmatrix}. \tag{14.170}$$

Durch Anwendung des nichtlinearen *Operators* φ auf einen Beobachtungsvektor $\mathbf{x}$ des Zufallsvektors $\mathbf{X}$ entsteht als Realisierung des Zufallsvektors $\mathbf{Y}$ ein n-dimensionaler Funktionsvektor

$$\mathbf{y} = \varphi(\mathbf{x}) = \begin{bmatrix} \varphi_1(\mathbf{x}) \\ \varphi_2(\mathbf{x}) \\ \vdots \\ \varphi_n(\mathbf{x}) \end{bmatrix}. \tag{14.171}$$

Zur Linearisierung entwickelt man diese funktionale Beziehung nach Taylor. Die partiellen Ableitungen des Operators $\varphi(X)$ nach den Komponenten X_j des Zufallsvektors $\mathbf{X}$ werden zusammengefasst in der *Funktionsmatrix* (Jacobische Matrix)

$$\mathbf{F} = \begin{bmatrix} \frac{\partial \varphi_1(\mathbf{X})}{\partial X_1} & \frac{\partial \varphi_1(\mathbf{X})}{\partial X_2} & \cdots & \frac{\partial \varphi_1(\mathbf{X})}{\partial X_m} \\ \frac{\partial \varphi_2(\mathbf{X})}{\partial X_1} & \frac{\partial \varphi_2(\mathbf{X})}{\partial X_2} & \cdots & \frac{\partial \varphi_2(\mathbf{X})}{\partial X_m} \\ \vdots & \vdots & & \vdots \\ \frac{\partial \varphi_n(\mathbf{X})}{\partial X_1} & \frac{\partial \varphi_n(\mathbf{X})}{\partial X_2} & \cdots & \frac{\partial \varphi_n(\mathbf{X})}{\partial X_m} \end{bmatrix} . \tag{14.172}$$

Mit dieser Funktionsmatrix $\mathbf{F}$ und der symmetrischen *Kovarianzmatrix*

$$\begin{aligned} \Sigma_{\mathbf{XX}} &= \begin{bmatrix} \sigma_1^2 & \sigma_{12} & \cdots & \sigma_{1m} \\ \sigma_{21} & \sigma_2^2 & \cdots & \sigma_{2m} \\ \vdots & \vdots & & \vdots \\ \sigma_{m1} & \sigma_{m2} & \cdots & \sigma_m^2 \end{bmatrix} \\ &= \begin{bmatrix} \sigma_1^2 & \rho_{12}\sigma_1\sigma_2 & \cdots & \rho_{1m}\sigma_1\sigma_m \\ \rho_{21}\sigma_2\sigma_1 & \sigma_2^2 & \cdots & \rho_{2m}\sigma_2\sigma_m \\ \vdots & \vdots & & \vdots \\ \rho_{m1}\sigma_m\sigma_1 & \rho_{m2}\sigma_m\sigma_2 & \cdots & \sigma_m^2 \end{bmatrix} , \end{aligned} \tag{14.173}$$

in der die Varianzen $V(X_j) = \sigma_j^2$ und die Kovarianzen $C(X_j, X_k) = \sigma_{jk} = \rho_{jk}\sigma_j\sigma_k$ (mit dem Korrelationskoeffizienten ρ_{jk} und den Standardabweichungen σ_j, σ_k bei $j,k = 1,\ldots,m$) des Zufallsvektors $\mathbf{X}$ zusammengefasst sind, ergibt sich die *Kovarianzmatrix* $\Sigma_{\mathbf{YY}}$ der Funktion $\mathbf{Y}$ eines Zufallsvektors $\mathbf{X}$ (vgl. Gl. (14.57))

$$\Sigma_{\mathbf{YY}} = \mathbf{F}\,\Sigma_{\mathbf{XX}}\,\mathbf{F}^T = \begin{bmatrix} \sigma_1^2 & \sigma_{12} & \cdots & \sigma_{1n} \\ \sigma_{21} & \sigma_2^2 & \cdots & \sigma_{2n} \\ \vdots & \vdots & & \vdots \\ \sigma_{n1} & \sigma_{n2} & \cdots & \sigma_n^2 \end{bmatrix} . \tag{14.174}$$

mit den Varianzen $V(Y_i) = \sigma_i^2$ und die Kovarianzen $C(Y_i, Y_l) = \sigma_{il}$ bei $i, l = 1,\ldots,n$. Diese Beziehung wird *Kovarianzfortpflanzungsgesetz* genannt (früher „allgemeines Fehlerfortpflanzungsgesetz“).

Bei *unabhängigen Komponenten* X_j verschwinden die Kovarianzen, sodass die Kovarianzmatrix $\Sigma_{\mathbf{XX}}$ nur auf der Hauptdiagonalen mit den Varianzen $V(X_j) = \sigma_j^2,\ j = 1,\ldots,m$ besetzt ist

$$\Sigma_{\mathbf{XX}} = \begin{bmatrix} \sigma_1^2 & 0 & \cdots & 0 \\ 0 & \sigma_2^2 & \cdots & 0 \\ \vdots & \vdots & & \vdots \\ 0 & 0 & \cdots & \sigma_m^2 \end{bmatrix} . \tag{14.175}$$

Für diesen Fall der unabhängigen Komponenten X_j mit der Kovarianzmatrix nach Gl. (14.175) stellt die Beziehung

$$\boldsymbol{\Sigma}_{\mathbf{YY}} = \mathbf{F}\,\boldsymbol{\Sigma}_{\mathbf{XX}}\,\mathbf{F}^T = \begin{bmatrix} \sigma_1^2 & 0 & \cdots & 0 \\ 0 & \sigma_2^2 & \cdots & 0 \\ \vdots & \vdots & & \vdots \\ 0 & 0 & \cdots & \sigma_n^2 \end{bmatrix} \qquad \text{(vgl. 14.58)}$$

mit den Varianzen $V(Y_i) = \sigma_i^2, i = 1,\ldots,n$ das *Varianzfortpflanzungsgesetz* dar (früher „einfaches Fehlerfortpflanzungsgesetz" genannt).

Häufig lassen sich jedoch die Koeffizienten der Kovarianzmatrix $\boldsymbol{\Sigma}_{\mathbf{XX}}$ nur bis auf eine *Multiplikationskonstante* σ_0^2 angeben

$$\boldsymbol{\Sigma}_{\mathbf{XX}} = \sigma_0^2 \mathbf{Q}_{\mathbf{XX}}, \tag{14.176}$$

sodass man anstelle von $\boldsymbol{\Sigma}_{\mathbf{XX}}$ nur die (symmetrische) *Kofaktormatrix*

$$\mathbf{Q}_{\mathbf{XX}} = \frac{1}{\sigma_0^2}\boldsymbol{\Sigma}_{\mathbf{XX}} = \begin{bmatrix} q_{11} & q_{12} & \cdots & q_{1m} \\ q_{21} & q_{22} & \cdots & q_{2m} \\ \vdots & \vdots & & \vdots \\ q_{m1} & q_{m2} & \cdots & q_{mm} \end{bmatrix} \tag{14.177}$$

mit $q_{jj} = \frac{\sigma_j^2}{\sigma_0^2}$ und $q_{jk} = \rho_{jk} \cdot \sqrt{q_{jj} \cdot q_{kk}}$ kennt.

Im Falle der Kovarianzmatrix bei unabhängigen Komponenten X_j nach Gl. (14.175) ergibt sich für die Kofaktormatrix

$$\mathbf{Q}_{\mathbf{XX}} = \frac{1}{\sigma_0^2}\boldsymbol{\Sigma}_{\mathbf{XX}} = \begin{bmatrix} \frac{\sigma_1^2}{\sigma_0^2} & 0 & \ldots & 0 \\ 0 & \frac{\sigma_1^2}{\sigma_0^2} & \ldots & 0 \\ \vdots & \vdots & & \vdots \\ 0 & 0 & \ldots & \frac{\sigma_1^2}{\sigma_0^2} \end{bmatrix}. \tag{14.178}$$

Die Inverse der Kofaktormatrix ist die (symmetrische) *Gewichtsmatrix*

$$\mathbf{P} = \mathbf{Q}_{\mathbf{XX}}{}^{-1}. \tag{14.179}$$

Im Falle der Gl. (14.178) ist die Inverse $\mathbf{P}$ ebenfalls eine Diagonalmatrix

$$\mathbf{P} = \begin{bmatrix} p_{11} & & & \\ & p_{22} & & \\ & & \ddots & \\ & & & p_{mm} \end{bmatrix} \tag{14.180}$$

(vgl. 14.64)

$$\text{mit den Gewichten} \quad p_{jj} = \frac{1}{q_{jj}} = \frac{\sigma_0^2}{\sigma_j^2}, \quad j = 1,2,\ldots,m. \tag{14.181}$$

Eine Komponente X_k, deren Varianz σ_k^2 gleich der Konstante σ_0^2 ist, erhält folglich das Gewicht $p_{kk} = 1$. Daher wird die Konstante σ_0^2 auch als *Varianz der Gewichtseinheit* bezeichnet.

Ist die Gewichtsmatrix **P** entsprechend Gl. (14.180) nur auf der Diagonalen besetzt, lässt sie sich auch angeben als Gewichtsvektor

$$\mathbf{p} = \mathbf{P}\,\mathbf{1}, \tag{14.182}$$

mit dem sich aus den im Beobachtungsvektor **x** zusammengefassten gewichteten Messwerten das *gewogene Mittel* $\bar{x}$ ergibt (vgl. Gl. (14.67))

$$\bar{x} = \frac{\mathbf{P}^T\mathbf{x}}{\mathbf{1}^T\mathbf{p}}. \tag{14.183}$$

Das Gewicht des Mittels $\bar{x}$ ist $p_{\bar{x}} = \mathbf{1}^T\mathbf{p}$. Im Falle der Mittelbildung aus in m Klassen eingeteilten Messdaten mit den Gl. (14.160) bis (14.162) ist das Gewicht des Mittelwertes $\bar{x}$ gleich der Gesamtanzahl n der gleichgewichtigen Einzelwerte.

Mit dem Verbesserungsvektor **v** analog der Gl. (14.164) und der Gewichtsmatrix **P** erhält man bei dem Freiheitsgrad $f = n - 1$ den Schätzwert für die *Varianz der Gewichtseinheit* nach (vgl. Gl. (14.168, 14.70))

$$s_0^2 = \frac{\mathbf{v}^T\mathbf{P}\mathbf{v}}{n-1} \tag{14.184}$$

und damit weiter den Schätzwert $s_{\bar{x}}^2$ für die *Varianz* $\sigma_{\bar{x}}^2$ nach (vgl. Gl. (14.72))

$$s_{\bar{x}}^2 = \frac{s_0^2}{\mathbf{1}^T\mathbf{P}\mathbf{1}}. \tag{14.185}$$

Zu Kapitel 14.4: Regression und Korrelation

Damit bei der Darstellung der Verfahren der Regression und Korrelation in der üblichen mathematischen Formelschreibweise die Übersichtlichkeit erhalten bleibt, sind in Kapitel 14.4 die Ausführungen zunächst auf die Beschreibung der Abhängigkeiten von zwei Variablen X und Y beschränkt geblieben (einfache Regression). Erst in Kapitel 14.4.5 ist die mehrfache (multiple) Regression kurz angesprochen. In der Matrizenschreibweise lässt sich nun die Mehrfachregression sehr leicht darstellen, ohne dass die Übersichtlichkeit verloren geht. Die einfache Regression ergibt sich als Spezialfall der Mehrfachregression mit zwei Regressionskoeffizienten (Achsabschnitt und Steigung der Geraden).

Während die *einfache lineare Regressionsgleichung* für den Stichprobenumfang $i = 1, \ldots, n$ lautete

$$Y(x_i) = \alpha_{yx} + \beta_{yx} \cdot x_i + e_i, \tag{vgl. 14.83}$$

seien bei der *linearen Mehrfachregression*

$$Y(X) = \beta_0 \cdot X_0 + \beta_1 \cdot X_1 + \ldots + \beta_u \cdot X_u + e_i \tag{14.186}$$

Beziehungen zwischen einer *abhängigen Variablen* Y (auch Zielvariable, endogene Variable, Regressand genannt) und u *unabhängigen Variablen* $X_1, X_2, \ldots, X_u$ (auch exogene Variable, Regressoren genannt) angenommen. Die unbekannten *Regressionskoeffizienten* werden hier mit β_0, β_1, …, β_u bezeichnet. Bei $u = 1$ ergibt sich die lineare Einfachregression. Außerdem

ist zur einfacheren Matrizenschreibweise eine „Hilfsvariable" X_0 eingeführt, die durchweg die Werte $x_{i0} \equiv 1$ zugewiesen bekommt.
Für die Messwerte der unabhängigen Variablen sei eine der beiden folgenden Annahmen zutreffend:

- den Variablen $X_1, \ldots, X_u$ entsprechen feste Werte $x_{i1}, \ldots, x_{iu}$ (*klassisches Regressionsmodell*, analog Kap. 14.4.2.1);
- nicht nur die abhängige Variable Y, auch die unabhängigen Variablen $X_1, \ldots, X_u$ sind Zufallsvariablen (*Korrelationsmodell* oder *lineares Modell mit stochastischen Regressoren*, analog Kap. 14.4.2.2).

Überdies seien, besonders bezüglich der Störvariablen e, die Modellannahmen der Tabelle 14.4-1 gültig und die Zufallsvariablen e und Y normalverteilt.

Da beim klassischen Regressionsmodell die kontrollierten Größen nicht dem Zufall unterliegen, kann man Funktionen von ihnen ohne Weiteres als zusätzliche Größen in den linearen Ansatz mit hineinnehmen. So fällt z. B. auch die sogenannte polynomiale (nichtlineare) Regression in Kapitel 14.4.4 mit

$$x_{i0} = 1, x_{i1} = x_i, x_{i2} = x_i^2, \ldots, x_{iu} = x_i^u \qquad (i = 1, \ldots, n),$$

d. h.

$$y(x_i) = \beta_0 x_{i0} + \beta_1 x_{i1} + \ldots + \beta_u x_{iu} + e_i \qquad (i = 1, \ldots, n)$$

unter das „Lineare Modell".

Fasst man die $n \cdot u$ Messwerte der unabhängigen Variablen (mit den n Werten $x_{i0} \equiv 1$ für die Hilfsvariable) in der *Koeffizientenmatrix* $\mathbf{X}$, die n Messwerte der abhängigen Variablen im *Beobachtungsvektor* $\mathbf{y}$, die $(u+1)$ unbekannten Regressionskoeffizienten der Grundgesamtheit im *Parametervektor* β und die n unbekannten Größen der *Störvariablen* im *Vektor* $\mathbf{e}$ zusammen,

$$\begin{aligned}
\mathbf{X} &= \begin{bmatrix} x_{10} & x_{11} & \ldots & x_{1u} \\ x_{20} & x_{21} & \ldots & x_{2u} \\ \vdots & \vdots & & \vdots \\ x_{n0} & x_{n1} & \ldots & x_{nu} \end{bmatrix} \quad \text{mit } x_{i0} \equiv 1, \\
\beta^T &= \begin{bmatrix} \beta_0 & \beta_1 & \cdots & \beta_u \end{bmatrix}, \\
\mathbf{y} &= \begin{bmatrix} Y_1 \\ Y_2 \\ \vdots \\ Y_n \end{bmatrix}, \quad \mathbf{e} = \begin{bmatrix} e_1 \\ e_2 \\ \vdots \\ e_n \end{bmatrix},
\end{aligned}$$

dann ergibt sich die lineare Mehrfachregression nach Gl. (14.186) in der Form

$$\mathbf{y} = \mathbf{X}\beta + \mathbf{e} \tag{14.187}$$

mit $E(\mathbf{e}) = 0$ und $\mathbf{\Sigma_e} = \sigma^2 \cdot \mathbf{I}$ ($\mathbf{I} = n * n-$Einheitsmatrix).
Im Vektor

$$\mathbf{b}^T = [b_0, b_1, \ldots, b_u]$$

seien die Schätzwerte für die unbekannten Regressionsparameter $\beta_0, \beta_1, \ldots, \beta_u$ zur Berechnung der Schätzwerte der Regressionsfunktion

$$\hat{y}(x_i) = b_0 x_{i0} + b_1 x_{i1} + b_2 x_{i2} + \ldots b_u x_{iu} \tag{14.188}$$

zusammengefasst.

Fasst man die Elemente der *Normalgleichungen* in Matrizen zusammen

$$\begin{bmatrix} n & \sum x_{i1} & \sum x_{i2} & \cdots & \sum x_{iu} \\ \sum x_{i1} & \sum x_{i1}^2 & \sum x_{i1}x_{i2} & \cdots & \sum x_{i1}x_{iu} \\ \sum x_{i2} & \sum x_{i2}x_{i1} & \sum x_{i2}^2 & \cdots & \sum x_{i2}x_{iu} \\ \vdots & & & & \\ \sum x_{iu} & \sum x_{iu}x_{i1} & \sum x_{iu}x_{i2} & \cdots & \sum x_{iu}^2 \end{bmatrix} \begin{bmatrix} b_0 \\ b_1 \\ b_2 \\ \vdots \\ b_u \end{bmatrix} = \begin{bmatrix} \sum y_i \\ \sum x_{i1}y_i \\ \sum x_{i2}y_i \\ \vdots \\ \sum x_{iu}y_i \end{bmatrix},$$

wobei $\sum x_{ij}x_{ik} = \sum x_{ik}x_{ij}$ (Symmetrie) gilt, ergibt sich

$$(\mathbf{X}^T\mathbf{X})\mathbf{b} = \mathbf{X}^T\mathbf{y}. \tag{14.189}$$

Wird die symmetrische *Normalgleichungsmatrix* $(\mathbf{X}^T\mathbf{X})$ auf die rechte Seite gebracht, d. h. die Inverse gebildet, ergeben sich die Schätzwerte für die *Regressionskoeffizienten* (vgl. Gl. (14.95), (14.96))

$$\mathbf{b} = (\mathbf{X}^T\mathbf{X})^{-1}\mathbf{X}^T\mathbf{y}. \tag{14.190}$$

Zur Matrixinvertierung gibt es für die verschiedensten Anwendungsfälle fertige Rechenprogramme, mit denen sich nicht nur die Parameterschätzwerte, sondern auch die nachfolgend behandelten Genauigkeitsmaße einschließlich der Konfidenzintervalle und Hypothesentests bestimmen lassen.

Den Schätzwert s_e^2 für die *Restvarianz* σ_e^2 berechnet man nach (vgl. Gl. (14.98) und (14.104))

$$s_e^2 = \frac{\mathbf{y}^T\mathbf{y} - \mathbf{y}^T\mathbf{X}\mathbf{b}}{(n-u-1)} \tag{14.191}$$

und damit weiter die empirische *Kovarianzmatrix* der Regressionskoeffizienten (vgl. Gl. (14.105))

$$\mathbf{S_{bb}} = s_e^2(\mathbf{X}^T\mathbf{X})^{-1} = s_e^2 \begin{bmatrix} c_{00} & c_{01} & \cdots & c_{0u} \\ c_{10} & c_{11} & \cdots & c_{1u} \\ \vdots & \vdots & & \vdots \\ c_{u0} & c_{u1} & \cdots & c_{uu} \end{bmatrix}. \tag{14.192}$$

Wegen der Symmetrie der inversen Matrix $(\mathbf{X}^T\mathbf{X})^{-1}$ gilt $c_{ij} = c_{ji}$, sodass sich die einzelnen, in der Kovarianzmatrix enthaltenen *Varianzen* und *Kovarianzen* der Parameterschätzwerte ergeben nach

$$s_{b_0}^2 = c_{00} \cdot s_e^2; \qquad s_{b_1}^2 = c_{11} \cdot s_e^2; \qquad \ldots; \qquad s_{b_u}^2 = c_{uu} \cdot s_e^2$$

$$s_{b_0b_1} = s_{b_1b_0} = c_{01} \cdot s_e^2; \qquad s_{b_0b_2} = s_{b_2b_0} = c_{02} \cdot s_e^2; \ldots$$

Mit dem Vektor $\mathbf{b}$ und dem Vektor $\mathbf{x}_k$, der *k-ten Zeile der Koeffizientenmatrix* $\mathbf{X}$, ergibt sich der Schätzwert $\hat{y}(x_k)$ des Erwartungswertes $\mu_{Y(x_k)}$. Die empirische *Varianz des Erwartungswertes* $s^2_{\hat{y}(x_k)}$ wird berechnet nach (vgl. Gl. 14.106))

$$s^2_{\hat{y}(x_k)} = \mathbf{x}_k^T \mathbf{S_{bb}} \mathbf{x}_k = s_e^2 \mathbf{x}_k^T \left(\mathbf{X}^T \mathbf{X}\right)^{-1} \mathbf{x}_k \; . \tag{14.193}$$

Die empirische *Varianz eines Vorhersagewertes* $Y(x_l)_{n+1}$ ist (vgl. Gl. (14.109))

$$s^2_{\hat{y}(x_l)_{n+1}} = s^2_{\hat{y}(x_l)} + s_e^2 \; . \tag{14.194}$$

Zu Kapitel 14.6: Konfidenzintervalle für Regressionsparameter und Prognosewerte

Die Konfidenzintervalle für die *einzelnen Regressionsparameter* β_j $(j = 0, \ldots, u)$ ergeben sich mit dem Freiheitsgrad $f = n - u - 1$ nach (vgl. Gl. (14.145))

$$P\left\{b_j - t_{f;1-\alpha/2} \cdot s_{b_j} \leq \beta_j \leq b_j + t_{f;1-\alpha/2} \cdot s_{b_j}\right\} = 1 - \alpha \tag{14.195}$$

mit $s_{b_j} = \sqrt{c_{jj} \cdot s_e^2}$ nach Gl. (14.192).
Konfidenzintervall für einen *Erwartungswert* $\mu_{Y(k)}$ (vgl. Gl. (14.146)):

$$P\{\hat{y}(x_k) - t_f \cdot s_{\hat{y}(x_k)} \leq \mu_{Y(k)} \leq \hat{y}(x_k) + t_f \cdot s_{\hat{y}(x_k)}\} = 1 - \alpha \tag{14.196}$$

mit der Standardabweichung des Schätzwertes $s_{\hat{y}(x_k)} = \sqrt{s^2_{\hat{y}(x_k)}}$ nach Gl. (14.193).
Das Konfidenzintervall für einen *Vorhersagewert* $Y(x_k)_{n+1}$ (vgl. Gl. (14.147)) ergibt sich wie Gl. (14.196), nur wird anstelle $s_{\hat{y}(x_k)}$ die Standardabweichung des Vorhersagewertes $s_{\hat{y}(x_k)_{n+1}} = \sqrt{s^2_{\hat{y}(x_k)_{n+1}}}$ nach Gl. (14.194) benutzt.

Zu Kapitel 14.7: Hypothesentests für Regressionsparameter

Test für einen bestimmten Regressionskoeffizienten:

$H_0 : \beta_j = \beta_0$; $\quad H_1 : \beta_j \neq \beta_0$ $\quad$ (zweiseitiger t-Test)
Die Nullhypothese wird verworfen, falls gilt

$$\left| \frac{b_j - \beta_0}{s_{b_j}} \right| > t_{f;1-\alpha/2} \tag{14.197}$$

mit dem Quantilwert $t_{f;1-\alpha/2}$ der t-Verteilung beim Freiheitsgrad $f = n - u - 1$ und der Irrtumswahrscheinlichkeit α.

Im *Spezialfall* Sollwert $\beta_0 = 0$ wird getestet, ob die j-te unabhängige Variable in der Grundgesamtheit einen Effekt auf die abhängige Variable hat, d. h., ob der wahre (aber unbekannte) Wert des Regressionskoeffizienten β_j von null verschieden ist.

Overall-F-Test:

Soll überprüft werden, ob die unabhängigen Variablen überhaupt zur Erklärung der abhängigen Variablen beitragen, wird getestet

$$H_0 : \beta_1 = \beta_2 = \ldots \beta_u = 0\ ; \quad H_1 : \beta_j \neq 0 \text{ für mindestens ein } j.$$

Die Nullhypothese wird verworfen, falls gilt

$$\frac{\mathbf{b}^T\mathbf{X}^T\mathbf{X}\mathbf{b} - n \cdot \bar{y}^2}{\mathbf{y}^T\mathbf{y} - \mathbf{b}^T\mathbf{X}^T\mathbf{X}\mathbf{b}} \cdot \frac{n-u-1}{u} > F_{u;n-u-1;1-\alpha} \tag{14.198}$$

mit dem Quantilwert $F_{u;n-u-1;1-\alpha}$ der F-Verteilung bei den Freiheitsgraden $f_Z = u$ (im Zähler) und $f_N = n-u-1$ (im Nenner).

15 Messgenauigkeit und Toleranzen

15.1 Kriterien der Messgenauigkeit

15.1.1 Präzision und Richtigkeit

Der Begriff *Messgenauigkeit* beinhaltet nach DIN 55350-13 zwei Kriterien, die *Präzision* und die *Richtigkeit*. Da die Varianzdefinition sich ausschließlich auf zufällige Messabweichungen bezieht, kann eine *Standardabweichung* σ per definitionem nur ein *Maß für die Präzision* der Messwerte darstellen, d. h. ein Maß für das Zufallsstreuen der Messwerte x_i einer Messgröße X (Zufallsvariable) um ihren Erwartungswert μ_x. Die Berechnung der Varianz-Kovarianzschätzwerte darf sich nur auf die Schätzwerte der Erwartungswerte (siehe Kap. 14.3.4) beziehen, d. h., die Zufallsabweichungen dürfen nicht mit systematischen Messabweichungen überlagert sein. Erwartungswert, Varianz, Kovarianz und Standardabweichung sind Begriffe der Statistik (siehe Kap. 14.1).

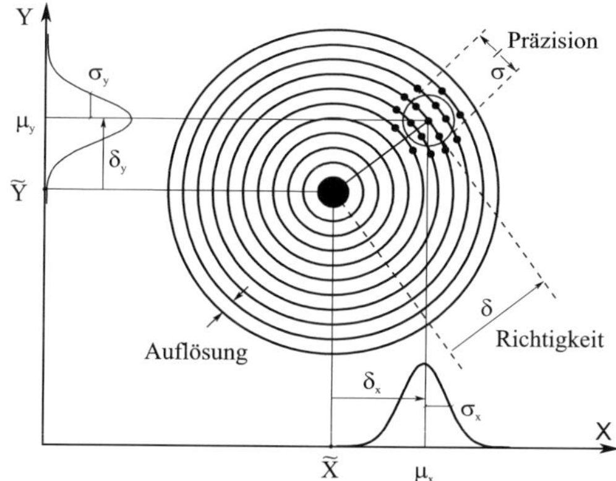

Abbildung 15.1-1: Präzision und Richtigkeit als Kriterien der Genauigkeit bei der mehrfachen Bestimmung der Koordinaten eines Messpunktes

Beispielsweise ist die Präzision eines Schützen durch das Streuen der Treffer auf der Zielscheibe um den Mittelwert der Treffer in Abbildung 15.1-1 gekennzeichnet. Der Abstand zwischen dem Mittelwert der Treffer und dem Mittelpunkt der Zielscheibe kennzeichnet die Unrichtigkeit (Dejustierung) des Gewehrs. Die Treffer können auch die Koordinaten (y_i, x_i) eines Vermessungspunktes verdeutlichen, der mehrfach polar bestimmt wurde. Das Streuen der Punktlage ist durch die Präzision der Vermessung und die Unrichtigkeit, d. h. die Abweichung vom Sollwert (vom Mittelpunkt der Zielscheibe), durch die Dejustierung des Instrumentariums und der weiteren systematischen Einflüsse während der Messungen verursacht.

Der *wahre Wert* $\tilde{X}$ ist kein Begriff der Statistik, sondern der Messtechnik (Metrologie) (siehe DIN 18709-4, Nr. 2.2.5). Er ist definiert als der *tatsächliche Wert* einer Messgröße unter

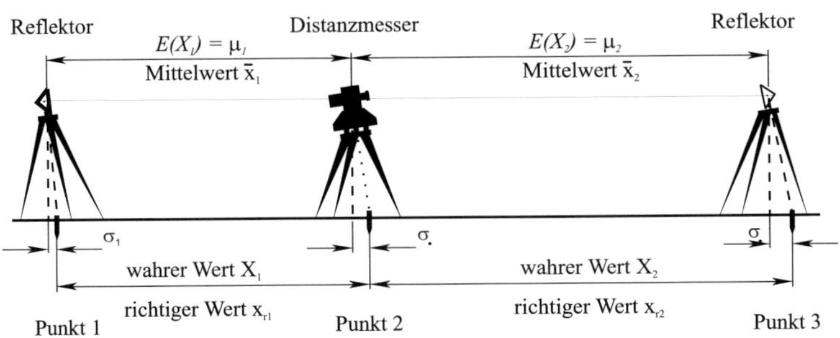

Abbildung 15.1-2: Erwartungswert μ und Mittelwert $\bar{x}$, wahrer Wert $\tilde{X}$ und richtiger Wert x_r sowie durch systematische Zentrierabweichung δ_i verursachte Verfälschung bei Distanzmessungen

den bei der Ermittlung herrschenden Bedingungen. Beispielsweise hat die Länge einer vermarkten Strecke einen tatsächlichen wahren Wert. Er ist der Strecke zugewiesen, unabhängig davon, ob er bekannt oder unbekannt ist. Das Ergebnis der Messungen dieser Strecke repräsentiert nur dann den tatsächlichen Wert der Messgröße, wenn alle systematischen Messabweichungen vor der Auswertung eliminiert worden sind, sodass der wahre Wert und der Erwartungswert der Messwerte zusammenfallen. Beispielweise weicht der Erwartungswert von Distanzmesswerten (Abstand vom Distanzmesser zum Reflektor) vom wahren Wert der Messgröße (Abstand der Punktvermarkungen am Boden) um die systematischen Zentrierabweichungen $\Sigma\delta_i$ ab, wodurch die Richtigkeit des Messergebnisses beeinflusst wird (siehe Abb. 15.1-2).

Die *systematische Messabweichung*

$$\delta_x = \mu_x - \tilde{X} \tag{15.1}$$

ist als Differenz zwischen dem Erwartungswert und dem wahren Wert definiert (Abb. 15.1-3). Dadurch wird der Unterschied zwischen den Ergebnissen, welche die Ausgleichungsrechnung und Statistik zu liefern vermag, und der physikalischen Wirklichkeit verdeutlicht.

Außer in den Fällen, in denen wahre Werte durch mathematische Bedingungen a priori vorgegeben sind, entzieht sich der wahre Wert grundsätzlich der Bestimmung, weil es keine Messmethode ohne Messabweichungen gibt. Da er (wie auch der Erwartungswert) ein ideeller Wert ist, muss man sich für Vergleichmessungen mit einem Näherungswert abfinden,

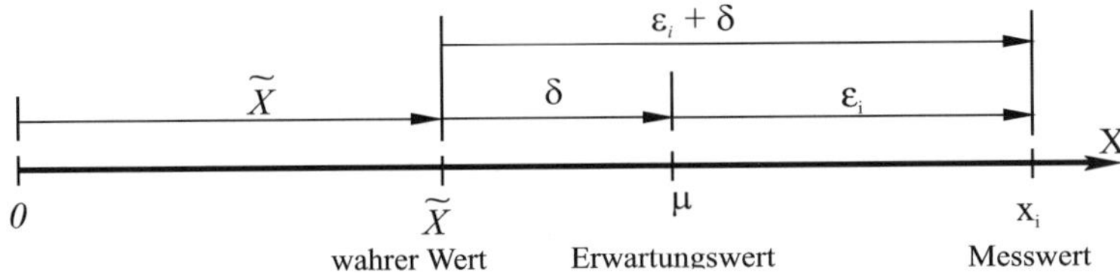

Abbildung 15.1-3: Zufällige Messabweichung ε_i und systematische Messabweichung δ zwischen Messwert x_i, Erwartungswert μ und wahrem Wert $\tilde{X}$ einer Messgröße X

den man allerdings durch entsprechenden Messaufwand sehr nahe an den unbekannten wahren Wert „heranschieben" kann. Er wird in der Messtechnik als *richtiger Wert* x_r bzw. als *quasi-wahrer Wert* bezeichnet. Beispielsweise erhält man durch die Messung der Messpfeilerabstände einer Vergleichstrecke mit einem hoch genauen Vergleichnormal quasi-wahre Werte, die zur Kalibrierung von Distanzmessern benötigt werden. Voraussetzung für die Bestimmung des Näherungswertes für den wahren Wert ist folglich ein Messgerät, welches als Vergleichnormal (Sollwert) dienen kann.

Da sich die Ausgleichungsrechnung und Statistik ausschließlich auf Zufallsabweichungen bezieht, sind die Mess- und Auswerteverfahren so zu gestalten, dass sich die systematische Messabweichung bei der Berechnung der Messergebnisse und deren Varianzen, Kovarianzen und Korrelationen nicht verfälschend auswirken können. Je höher die geforderte Messgenauigkeit ist und je präziser die Messungen durchzuführen sind, umso mehr muss auf die ausreichende Eliminierung der systematischen Messabweichungen geachtet werden.

15.1.2 Messunsicherheit

Durch den Leitfaden zur Angabe der Unsicherheit beim Messen (DIN V ENV 13005 (1999)), die übersetzte Fassung des Guide to the Expression of Uncertainty of Measurement (GUM), wurde der Begriff Messunsicherheit, einer der heute wichtigsten Genauigkeitsbegriffe, eingeführt. Entscheidend für die Verwendung dieses neuen Begriffs in der Metrologie (Lehre vom Messen) vor etwa 20 Jahren war der Fortschritt in der Messtechnik, durch den bei Präzisionsmessungen, z. B. im Maschinenbau, der Einfluss zufälliger Messabweichungen soweit reduziert werden konnte, dass im Vergleich dazu die beim Messprozess verbleibenden unbekannten systematischen Effekte nicht mehr unberücksichtigt bleiben durften.

Oft wird jedoch trotz berücksichtigter Korrektionen und Reduktionen, wie z. B. der Einfluss der Atmosphäre bei der elektrooptischen Distanzmessung, ein Ergebnis erzielt, bei dem ein unbekannter, aber kleiner Restbetrag verbleibt, der vernachlässigt wird, weil für diesen kein quantifizierbarer Wert vorliegt. Es kann daher eine Aufteilung in bekannte und unbekannte nicht erfassbare systematische Messabweichungen vorgenommen werden. Streng genommen kann es unverzerrte Messwerte, wie von der Statistik gefordert, bei realistischer Betrachtung eines Messvorgangs nicht geben. Wäre dies so, dann würden die statistisch begründeten Genauigkeitsmaße (Kap. 1.5 u. 14) hinreichend sein.

Im GUM wird die Messunsicherheit u_C als der dem Messergebnis zugeordnete Parameter bezeichnet, der die Streuung der Werte kennzeichnet, die vernünftigerweise der Messgröße zugeordnet werden können. Nach dem GUM besteht die Messunsicherheit aus zwei Komponenten, die – Unabhängigkeit der beiden Komponenten vorausgesetzt – nach dem Varianz-Kovarianzfortpflanzungsgesetz (Kap. 14.3.5) über quadratische Addition erhalten wird:

$$u_C = \sqrt{u_A^2 + u_B^2}\,.$$

Die Komponente u_A, die als Standardunsicherheit bezeichnet wird, beschreibt als Standardabweichung den Teil der Messunsicherheit, der unter Wiederholbedingungen gewonnen wird, während die Komponente u_B die Unsicherheit wiedergibt, die mit der Bestimmung von Korrektionen und Reduktionen und deren Berücksichtigung verbunden ist. Diese in der Messpraxis unbekannten oder unzureichend modellierbaren Einflüsse tragen einen nicht unerheblichen Teil zur Vergrößerung der Messunsicherheit u_C bei. Da keine statistischen Informationen über diese Einflüsse vorliegen, kann ihr quantitativer Beitrag statistisch auch nicht erfasst werden. Allerdings lässt sich die quadratische Addition der beiden Komponenten nur unter der Voraussetzung rechtfertigen, dass die verbleibenden unbekannten systematischen Effekte als klein und unregelmäßig streuend angesehen werden können. Üblicherweise sollte die Komponente u_B deutlich kleiner als die Komponente u_A sein, was sich durch eine gute Kenntnis des Messprozesses und sorgfältiges Kalibrieren der verwendeten Messinstrumente erreichen lässt. Die Unsicherheiten für die Komponente u_B werden, wie zuvor dargelegt, nicht aufgrund einer statistischen Analyse erhalten. Stattdessen werden Unsicherheitsangaben aus vorherigen Messungen, Expertenwissen, Herstellerangaben, Kalibrierergebnisse und dergleichen verwendet. Diese Vorgehensweise erfordert Kenntnisse des jeweiligen Messprozesses. Es muss also eine realistische Abschätzung der tatsächlich erreichbaren Genauigkeit vorgenommen werden. Diese so gewonnenen Unsicherheiten können ebenso zuverlässig sein wie die aus Berechnungen stammenden für die Komponente u_A.

Falls keine Informationen über die Komponente u_B vorliegen, kann diese auch zu null angenommen werden, was jedoch zu optimistischen Genauigkeitsangaben führt. Als Faustformel kann gelten, dass dies nur dann zulässig ist, wenn u_B kleiner als die Hälfte von u_A ist.

Auch ist zu beachten, dass Einflussgrößen, die bei der Bestimmung der Komponente u_B verwandt werden, nicht normalverteilt sind, sondern einer Gleich- oder Dreiecksverteilung oder anderen Verteilungen folgen. Diese Situation ist bei der Einführung von Erweiterungsfaktoren k, die für die Angabe einer **erweiterten Messunsicherheit**

$$U = k \cdot u_C$$

benötigt werden, zu berücksichtigen. Die erweiterte Messunsicherheit dient dazu ein Intervall anzugeben, in dem der wahre Wert mit einer hohen Wahrscheinlichkeit enthalten ist. Für den Schätzwert y des wahren Wertes gilt:

$$y - U \leq y \leq y + U \ .$$

Wenn die Einflussgrößen in etwa normalverteilt sind, kann näherungsweise $k = 2$ gewählt werden, was einem Konfidenzintervall mit einem Vertrauensniveau von 95 % entspricht.

15.1.3 Veranschlagung einer systematischen Messabweichung

Da die Eliminierung der systematischen Messabweichungen niemals vollständig, sondern immer nur in relativem Umfang möglich ist, können in den Messwerten x_i noch *unbekannte systematische Messabweichungen* δ_u vorhanden sein, die entweder prinzipiell nicht erfassbar sind oder durch Korrektionen nicht genügend genau eliminiert wurden. Besonders bei hoch genauen Ingenieurvermessungen ist eine Abschätzung dieser Restsystematiken bereits vor Durchführung der Vermessungen erforderlich, damit durch entsprechende Maßnahmen bei der Auswahl der Instrumente, der Messanordnung und der Auswertung die geforderte Messgenauigkeit gewährleistet werden kann.

Im Allgemeinen lassen sich die unbekannten systematischen Messabweichungen δ_u nur anhand umfangreicher experimenteller Erfahrungen abschätzen und sind folglich in der Praxis zahlenmäßig kaum zu bestimmen. Um sich die Auswirkungen auf das Messergebnis zu verdeutlichen, lässt sich nur ein *Betrag* Δ_u *veranschlagen*, von dem zu erwarten ist, dass er unter den aktuellen Bedingungen nicht überschritten wird (siehe Beispiel 15.1.1). Dieser stellt ein *Maß für die Richtigkeit* des Messergebnisses dar, d. h., der Betrag Δ_u gibt an, in welchem Ausmaß das Messergebnis unrichtig sein kann.

$$-\Delta_u \leq \delta_u \leq \Delta_u \,. \tag{15.2}$$

Für eine aus m Messgrößen X_j abgeleiteten Ergebnisgröße X_E kann ein Betrag Δ_{uE} direkt veranschlagt werden. Jedoch lässt sich Δ_{uE} auch analog dem Fortpflanzungsgesetz für systematische Abweichungen (DIN 18709-4, Nr. 2.9.6) mit den für die einzelnen ursprünglichen Messgrößen veranschlagten Beträgen Δ_{uj} berechnen.

$$\Delta_{uE} = \left| \sum_{j=1}^{k} \frac{\partial \varphi_j(X)}{\partial X_j} \cdot \Delta_{u_j} \right| + \sum_{j=k+1}^{m} \left| \frac{\partial \varphi_j(X)}{\partial X_j} \right| \cdot \Delta_{u_j}, \text{ mit } 0 \leq k \leq m. \tag{15.3}$$

Erster Term der rechten Seite von Gl. (15.3):
Kann davon ausgegangen werden, dass die unbekannten systematischen Messabweichungen δ_{uj} jeweils gleiches Vorzeichen aufweisen (z. B. weil die jeweiligen Messgrößen mit demselben Messinstrument bestimmt worden sind), gehen die partiellen Ableitungen mit ihren Vorzeichen in die Berechnung ein (Summation von 1 bis k). Dadurch können sich die einzelnen unbekannten systematischen Messabweichungen gegenseitig aufheben, wie dies z. B. an der Differenz zweier Distanzmesswerte deutlich wird, welche durch eine gleich große unbekannte Additionskonstante verfälscht sind. Die Anzahl k der Variablen, auf die diese Annahme zutrifft, liegt folglich zwischen 0 und der Gesamtzahl m.

Zweiter Term der rechten Seite von Gl. (15.3):
Falls sich für bestimmte Messgrößen die Annahme gleicher Vorzeichen bei den unbekannten systematischen Messabweichungen nicht begründen lässt (wie z. B. bei Distanzmesswerten zu entgegengesetzten Zielrichtungen, bei denen sich Einfluss der Stehachsschiefe des Tachymeters mit entgegengesetztem Vorzeichen auswirkt), sind deren partielle Ableitungen einzeln betragsmäßig einzusetzen (Summation von $k+1$ bis m). Dadurch wird in der Abschätzung die maximal mögliche Verfälschung durch unbekannte systematische Messabweichungen berücksichtigt.

Beispiel 15.1.1: Veranschlagung einer unbekannten systematischen Messabweichung
Je nach Messbedingungen und Topographie kann bei der Messung mit einem elektrooptischen Distanzmesser die auf dem Anfangspunkt einer Strecke ermittelte Lufttemperatur bis zu 3 °C von der Lufttemperatur entlang des Messweges abweichen. Bei einer Messwertänderung von 1 mm/km pro 1 °C lässt sich für eine Entfernung $e = 504,219$ m die unbekannte systematische Messabweichung Δ_u veranschlagen zu:

$$\Delta_u = 3\,^\circ\text{C} \cdot 1 \frac{\text{mm}}{\text{km} \cdot {}^\circ\text{C}} \cdot 0,504\,\text{km} = 1,5\,\text{mm} \,.$$

Beispiel 15.1.2: Standardabweichung $\sigma_{\hat{x}}$ und systematische Messabweichung $\Delta_{u_{\hat{x}}}$ eines Mittelwertes $\hat{x}$

$$\hat{x} = \frac{1}{n}(x_1 + x_2 + \ldots + x_n) \,; \qquad d\hat{x} = \frac{1}{n}(dx_1 + dx_2 + \ldots + dx_n) \,;$$

$$\sigma_{\hat{x}}^2 = \frac{1}{n^2}\left(\sigma^2 + \sigma^2 + \ldots + \sigma^2\right) = \frac{\sigma^2}{n}; \qquad \sigma_{\hat{x}} = \frac{\sigma}{\sqrt{n}}.$$

Für die Einzelmesswerte x_j können gleich große Beträge Δ_{u_j} veranschlagt werden:

$$\Delta_{u_{\hat{x}}} = \frac{1}{n}|\Delta_{u_1} + \Delta_{u_2} + \ldots + \Delta_{u_n}| = \Delta_{u_j}.$$

Während sich die Standardabweichung σ der Einzelmessungen um das $\sqrt{n}$-fache verringert, gilt die unbekannte systematische Messabweichung Δ_{u_j} der Einzelmessungen unverändert auch für den Mittelwert. Durch Wiederholungsmessungen und deren Mittelbildung erhöht sich die Präzision, nicht aber die Richtigkeit eines Messergebnisses.
Damit die Standardabweichung $\sigma_{\hat{x}}$ als alleiniges Kriterium der Messgenauigkeit des Messergebnisses $\hat{x}$ angesehen werden kann, muss durch entsprechende Vorkehrungen (Instrumentenauswahl, Messanordnung und -auswertung) dafür gesorgt werden, dass nach der in Kapitel 15.1.1 genannten Faustformel für die in den Messwerten und im Mittelwert noch zu vermutende unbekannte systematische Messabweichung gilt:

$$\Delta_{u_j} = \Delta_{u_{\hat{x}}} < \frac{\sigma_{\hat{x}}}{2} = \frac{1}{2} \cdot \frac{\sigma}{\sqrt{n}}.$$

15.2 Toleranzbegriffe

Die geometrische Gestalt eines Bauwerks wird durch die Bemaßung aufgrund der konstruktiven und sonstigen Vorgaben festgelegt. Während des Bauprozesses zeigen sich bei der Bauteilherstellung, der Montage usw. mehr oder weniger große Abweichungen, deren Größe von der Sorgfalt der Ausführung und dem die Kosten der Bauausführung beeinflussenden Aufwand abhängig sind. Da sich diese Abweichungen nie ganz vermeiden lassen, wurden für die verschiedenen Bereiche des Bauwesens *Toleranzen* für zulässige Abweichungen vereinbart, von denen man bei der Vertragsgestaltung ausgehen kann, d. h., von den Normen abweichende Toleranzen müssen besonders vereinbart werden. Die Toleranzdefinitionen für die verschiedenen Baubereiche gehen von den grundlegenden Begriffen der DIN 18202 aus. Den Toleranzbegriffen sind hier zur Kennzeichnung in den nachfolgenden Gleichungen die Kurzbezeichnungen N, S, I, A_i, G_o, G_u, A_o, A_u, T hinzugefügt.

Nennmaß N (Sollmaß S): Maß, das zur Kennzeichnung von Größe, Gestalt und Lage eines Bauteils oder Bauwerks angegeben und in Zeichnungen eingetragen wird.

Istmaß I: Durch Messung festgestelltes Maß.

Maßabweichung A_i: Differenz zwischen Ist- und Nennmaß ($A_i = I - N$).

Höchstmaß G_o: Größtes zulässiges Maß.

Mindestmaß G_u: Kleinstes zulässige Maß.

Grenzabweichung für Maße: Grenzwert für die (Längen-)Maßabweichung

Differenz zwischen Höchstmaß und Nennmaß (*obere Grenzabweichung* (+) $A_o = G_o - N$) oder zwischen Mindestmaß und Nennmaß (*untere Grenzabweichung* (−) $A_u = G_u - N$).

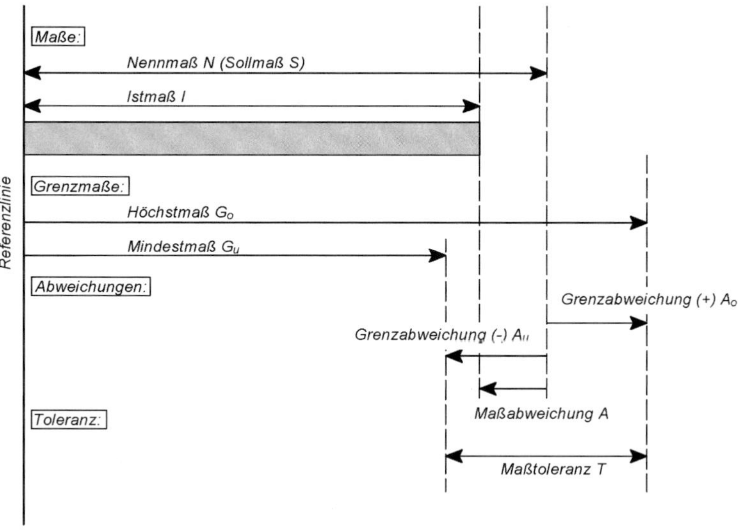

Abbildung 15.2-1: Begriffe nach DIN 18202

Maßtoleranz T: Differenz zwischen Höchstmaß und Mindestmaß ($T = G_o - G_u$).

Stichmaß: Abstand eines Punktes von einer Bezugslinie, sodass die Ebenheits- und die Winkelabweichung als einseitige Toleranzen definiert sind (siehe Abb. 15.2-3).

Winkelabweichung: Differenz zwischen Ist- und Nennwinkel, angegeben als Stichmaß, bezogen auf ein Nennmaß.

Grenzwert für die Winkelabweichung: Stichmaß als Grenzabweichung vom Winkel.

Ebenheitsabweichung: Istabweichung einer Fläche von der Ebene, angegeben als Stichmaß bezogen auf einen Messpunktabstand.

Grenzwert für die Ebenheitsabweichung: Stichmaß als Grenzabweichung von der Ebene.

Flucht: Verbindungslinie zwischen zwei Punkten.

Fluchtabweichung: Istabweichung eines Punktes von der Flucht, angegeben als Stichmaß, bezogen auf ein Nennmaß.

Grenzwert für die Fluchtabweichung: Stichmaß als Grenzabweichung von der Flucht.

Die Nichteinhaltung von Toleranzen führen zu:

- Mehrkosten infolge von Anpass- und Nacharbeiten,
- Qualitätsminderung,
- Behinderung des Bauablaufs z. B. wegen Stillstandszeiten.

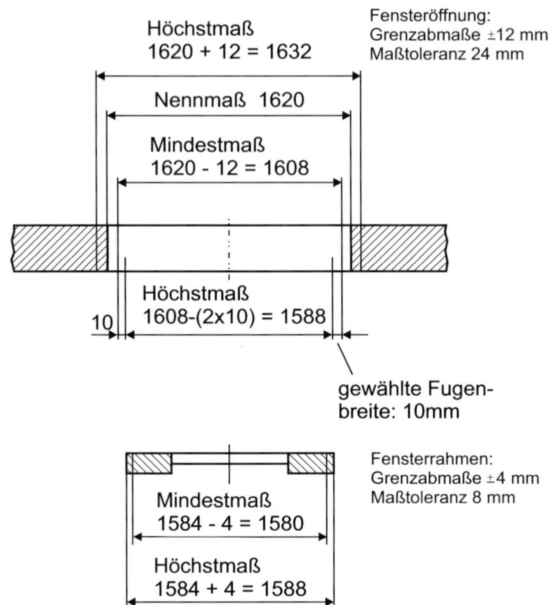

Abbildung 15.2-2: Anwendung der Begriffe und der Passung am Beispiel eines Fensters (Maße in [mm])

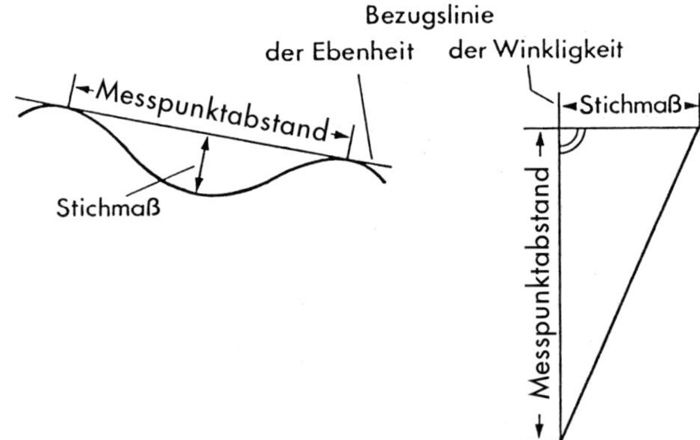

Abbildung 15.2-3: Stichmaß zur Ermittlung der Istabweichung von der Ebenheit (links) und von der Winkligkeit (rechts)

Messpunkte für lichte Maße im Grund- und Aufriss sowie für lichte Öffnungsmaße sollen im Abstand von etwa 10 cm von den Ecken und Kanten des zu vermessenden Bauteils liegen, damit nicht singuläre Maßabweichungen am Rand eines Bauteils, die nicht charakteristisch für die Maßhaltigkeit des gesamten Bauteils sind, das Messergebnis verfälschen. Davon kann abgewichen werden, wenn solche singulären Effekte nicht zu erwarten sind.

Die Begrenzung der Abmaße durch Toleranzen gilt nicht für zeit- und lastabhängige Verformungen. In Passungsberechnungen müssen zeit- und lastabhängige Verformungen und funktionsbezogene Anforderungen, z. B. die Grenzwerte für die zulässige Dehnung einer Fugendichtung, einbezogen werden.

Auf Bauwerke, die nicht zum allgemeinen Hochbau zählen, wie Brücken und Tunnel, wird diese Norm nich angewandt.

15.3 Prüfung auf Toleranzüberschreitung

Die Einhaltung von Toleranzen ist zu prüfen, weil bei deren Nichteinhaltung die erbrachte Leistung fehlerhaft ist. Es müssen daher Istmaße ermittelt und mit den entsprechenden Nennmaßen verglichen werden.

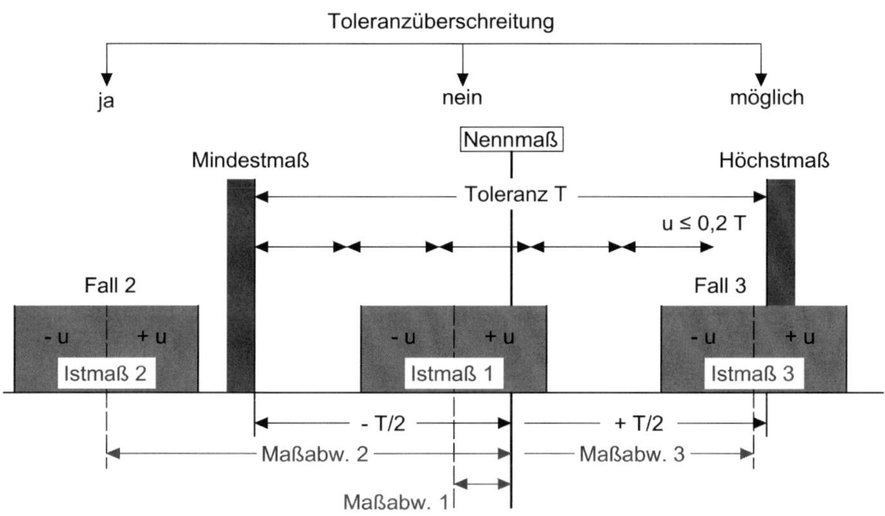

Abbildung 15.3-1: Prüfung auf Toleranzüberschreitung nach Heunecke

Die Wahl der Messinstrumente und des Messverfahrens bleibt dem Prüfenden überlassen. Diese sind jedoch zu dokumentieren. Die damit zu erwartende Messunsicherheit ist anzugeben und nach DIN 18202 bei der Beurteilung zu berücksichtigen.

Nach Beendigung der Messungen sind die Ergebnisse zu werten. Dabei sind drei Fälle zu unterscheiden, die in der Abb. 15.3-1veranschaulicht sind:

- Das Istmaß liegt mit seiner Messunsicherheit innerhalb des Toleranzbereichs (Fall 1).
- Das Istmaß liegt mit seinem Unsicherheitsbereich außerhalb des Toleranzbereichs (Fall 2). Die Leistung ist fehlerhaft.

- Das Istmaß liegt zwar innerhalb des Toleranzbereichs, aber auch innerhalb des Bereichs der Messunsicherheit (Fall 3). Es muss daher ein Messverfahren mit höherer Genauigkeit gewählt werden.

In der Praxis wird üblicherweise für das Verhältnis von Messunsicherheit u_C zur Toleranz T ein Wert von kleiner gleich 0,2 angesetzt:

$$u_C/T \leq 0,2 \,.$$

Bei Anwendung dieser Relation auf den Fall 3 in Abb. 15.3-1 zeigt sich, dass sich mit $u_C \leq 0,2\ T$ nicht eindeutig entscheiden lässt, ob eine Toleranzüberschreitung vorliegt. Bei einer Toleranzüberschreitung für einen derartigen Fall müsste die Wiederholungsmessung so exakt durchgeführt werden, dass eine bessere Trennschärfe erreicht wird, wozu zweckmäßigerweise $u_C \leq 0,1\ T$ zu wählen wäre (vgl. auch Kap. 15.5.2).

Wird die zulässige Toleranz als eine vorgegebene und akzeptierte Größe angesehen, so muss bei der Wahl eines geeigneten Messverfahrens darauf geachtet werden, dass für die Toleranzprüfung die üblicherweise angewandte Beziehung $u_C \leq 0,2\ T$ hinreichend ist. Bei höheren Genauigkeitsforderungen an das Messverfahren sollte $u_C \leq 0,1\ T$ gewählt werden.

15.4 Zusammenhang zwischen Messgenauigkeit und Toleranz

15.4.1 Zweiseitige symmetrische Toleranz

Bei Nichteinhaltung einer Toleranz ist eine Leistung fehlerhaft. Daher kann der Zusammenhang zwischen der Toleranz T und der Standardabweichung $\sigma_{\hat{x}}$ des Messergebnisses $\hat{x}$ analog dem Ausreißertest mithilfe der Irrtumswahrscheinlichkeit α (Fehler 1. Art) und der Wahrscheinlichkeit β (Fehler 2. Art, siehe Kap. 14.7.2) definiert werden (siehe Abb. 15.4-1).
Damit die durch eine unbekannte systematische Messabweichung verursachte Verfälschung des Messergebnisses nicht zu einer Überschreitung der zulässigen Toleranz führt, kann vorab ein nach Kapitel 15.1.3 zu veranschlagender Betrag Δ_u von der vorgegebenen Toleranz subtrahiert werden. In den nachfolgenden Gleichungen ist dann unter T die Differenz $T - \Delta_u$ zu verstehen.

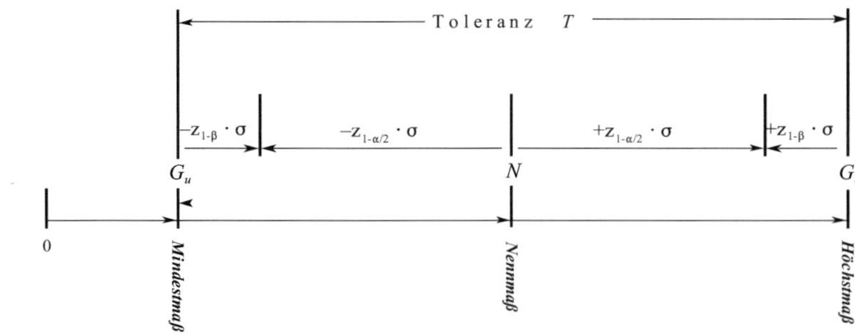

Abbildung 15.4-1: Zweiseitige symmetrische Toleranz

Die *minimale symmetrische Toleranz* T, die bei einer vorgegebenen Standardabweichung $\sigma_{\hat{x}}$ noch eingehalten werden kann, ergibt sich nach:

$$Toleranz\ T = 2 \cdot (z_{1-\beta} + z_{1-\alpha/2}) \cdot \sigma_{\hat{x}}\ . \tag{15.4}$$

Dementsprechend beträgt die zur Einhaltung einer vorgegebenen Toleranz T *maximal zulässige Standardabweichung des Messergebnisses*:

$$Standardabweichung\ \sigma_{\hat{x}} = \frac{T}{2(z_{1-\beta} + z_{1-\alpha/2})}\ . \tag{15.5}$$

Im Regelfall kann von $\alpha = 5\,\%$ und $\beta = 30\,\%$ ausgegangen werden, sodass nach Gl. (15.4) und Gl. (15.5) mit den Quantilen $z_{1-\alpha/2} = 1{,}96$ und $z_{1-\beta} = 0{,}52$ (siehe Tab. 14.5-2) folgt:

$$\begin{aligned} &Minimal\ einzuhaltende\ Toleranz\ T = 5 \cdot \sigma_{\hat{x}} \\ &Maximal\ zulässige\ Standardabweichung\ \sigma_{\hat{x}} = \frac{T}{5} \\ &Mindestmaß\ G_u = Nennmaß\ N - T/2 \\ &Höchstmaß\ G_o = Nennmaß\ N + T/2\ . \end{aligned} \tag{15.6}$$

Wenn eine mögliche Überschreitung der Toleranz mit sehr hohem Risiko verbunden ist, sollten kleinere Wahrscheinlichkeiten für α und β vereinbart werden.

15.4.2 Zweiseitige unsymmetrische Toleranz

Eine *zweiseitige unsymmetrische Toleranz*, bei der die Differenzen zwischen dem Nennmaß N und dem Höchstmaß G_o sowie dem Mindestmaß G_u unterschiedlich groß sind, wird durch zwei unterschiedliche Wahrscheinlichkeiten $\beta_o \neq \beta_u$ definiert. Die kleinere (bzw. größere) Differenz ergibt sich mit der größeren (bzw. kleineren) Wahrscheinlichkeit β (siehe Tab. 14.5-2).

$$\begin{aligned} Toleranz\ T &= (z_{1-\beta_u} + z_{1-\beta_o} + 2z_{1-\alpha/2}) \cdot \sigma_{\hat{x}} \\ Höchstmaß\ G_o &= Nennmaß\ N + (z_{1-\beta_o} + z_{1-\alpha/2}) \cdot \sigma_{\hat{x}} \\ Mindestmaß\ G_u &= Nennmaß\ N - (z_{1-\beta_u} + z_{1-\alpha/2}) \cdot \sigma_{\hat{x}}\ . \end{aligned} \tag{15.7}$$

Beispielsweise ergibt sich mit $\alpha = 5\,\%$, $\beta_u = 35\,\%$ und $\beta_o = 25\,\%$, d. h. $z_{1-\alpha/2} = 1{,}96$, $z_{1-\beta_u} = 0{,}39$ und $z_{1-\beta_o} = 0{,}68$ (siehe Tab. 14.5-2):

$$\begin{aligned} Toleranz\ T &= 5 \cdot \sigma_{\hat{x}} \\ Mindestmaß\ G_u &= Nennmaß\ N - 2{,}35 \cdot \sigma_{\hat{x}} \\ Höchstmaß\ G_o &= Nennmaß\ N + 2{,}64 \cdot \sigma_{\hat{x}}\ . \end{aligned} \tag{15.8}$$

15.4.3 Einseitige Toleranz

Wird die Einhaltung einer *einseitigen Toleranz* T_e gefordert, wie beispielsweise bei den zulässigen Stichmaßen für die Winkel- bzw. Ebenheitsabweichung(siehe Kap. 15.2), kann die einseitige Toleranz T_e wie die Hälfte einer zweiseitigen Toleranz aufgefasst und die Berechnungen mit der Toleranz $T = 2T_e$ nach Gl. (15.4) und Gl. (15.5) durchgeführt werden.

15.4.4 Abschätzung einer Vermessungstoleranz aus vorgegebener Gesamttoleranz

Wenn die Ingenieurvermessung Teil einer von mehreren Gewerken zu erbringenden Gesamtfertigung ist, wie beispielweise bei der Bauteilefertigung, der Vermessung und der Montage komplexer Bauvorhaben aus Fertigteilen, wird der Vermessung meist ein prozentualer Anteil $p_V\%$ der vorgegebenen Gesamttoleranz T als Vermessungstoleranz T_V zugewiesen. Die hierbei angewandte lineare Toleranzfortpflanzung schließt zwar das Risiko einer Überschreitung der Gesamttoleranz aus, kann aber unwirtschaftliche, hohe Genauigkeitsanforderungen zur Folge haben.

Wird dagegen die quadratische Toleranzfortpflanzung angewendet, muss sichergestellt sein, dass die den einzelnen Gewerken jeweils zugewiesene Einzeltoleranz nicht wirtschaftlicher Vorteile wegen „ausgeschöpft“ und dass nicht systematisch vom Nennmaß abgewichen wird, da sonst trotz Einhaltung der Einzeltoleranzen eine Überschreitung der Gesamttoleranz möglich ist, was der auftraggebende Architekt zu verantworten hätte.

Da bei Ingenieurvermessungen von zufällig um den vorgegebenen Sollwert streuenden Messergebnissen ausgegangen werden kann, lässt sich zur Abschätzung der Vermessungstoleranz die Anwendung der quadratischen Toleranzfortpflanzung begründen (siehe Tab. 15.4-1).

$$\begin{aligned} \textit{Vermessungstoleranz}\ T_V &= T \cdot \sqrt{1-(1-p_V)^2} \\ p_V &= \frac{p_V\%}{100} = \text{linearer Anteil an der Gesamttoleranz } T \end{aligned} \quad (15.9)$$

Die Abschätzung der zur Einhaltung dieser Vermessungstoleranz maximal zulässigen Standardabweichung $\sigma_{\hat{x}}$ erfolgt nach Gl. (15.5). Es ist immer zu prüfen und gegebenfalls mit dem Auftraggeber abzustimmen, ob sich eine vom vermessungstechnischen und wirtschaftlichen Standpunkt aus realisierbare Genauigkeitsanforderung ergibt.

Tabelle 15.4-1: Prozentuale Anteile $p_V\,\%$ an der Gesamttoleranz T sowie Vermessungstoleranz T_V nach quadratischer Toleranzfortpflanzung

prozentuale Anteile $p_V\,\%$	Vermessungstoleranz
10 %	$T_V = 0{,}44 \cdot T$
20 %	$T_V = 0{,}60 \cdot T$
30 %	$T_V = 0{,}71 \cdot T$

Ein gebräuchlicher Wert für den prozentualen Anteil an der Gesamttoleranz ist $p_V = 10\,\%$. Bei mittleren bis sehr geringen Genauigkeitsanforderungen können hiervon abweichende Werte vereinbart werden.

Beispiel 15.4.1: Vermessungstoleranz und maximal zulässige Standardabweichung
Bei einem Bauvorhaben sind für ein Grundrissmaß (Achsmaß) bis 30 m die Grenzabmaße ± 24 mm zulässig (siehe DIN 18202, Tab. 1 Zeile 1), sodass die Toleranz $T = 48$ mm beträgt. Für die Absteckungsvermessung wird ein Anteil von $p_V = 10\,\%$ an der Gesamttoleranz zugestanden. Mit Gl. (15.9) bzw. nach Tabelle 15.4-1 ergibt sich die Vermessungstoleranz

$T_V = 0,44 \cdot T = 21$ mm. Nach Gl. (15.6) ergibt sich die maximal zulässige Standardabweichung des Messergebnis $\sigma_{\hat{x}} = 4$ mm.

Falls das Achsmaß indirekt polar abgesteckt werden soll, ist durch eine Überschlagsrechnung nach dem Varianzfortpflanzungsgesetz zu prüfen, ob die geforderte Messgenauigkeit mit dem vorgesehenen Tachymeter erreichbar ist.

15.5 Messgenauigkeit von Kontroll- und Überwachungsvermessungen

15.5.1 Prüfung auf Einhaltung von Toleranzen

Die (gutachterliche) Prüfung auf Einhaltung vorgegebener Toleranzen kann sich auf das Ergebnis einer Ingenieurvermessung (z. B. Prüfung einer Absteckungsvermessung), auf eine Bauteilefertigung bzw. eine Bauausführung (Soll-Ist-Vergleich durch eine Bauwerksaufnahme) oder auf eine sonstige messbare Größe beziehen. Das Istmaß der zu überprüfenden Größe ergibt sich aus der Kontrollvermessung, wobei von zufällig streuenden (normalverteilten) Istmaßen ausgegangen wird. Der Vertrauensbereich der Kontrollvermessung muss deutlich kleiner als die Toleranz der zu überprüfenden Größe sein, damit klar entschieden werden kann, ob ein zu überprüfendes Istmaß innerhalb oder außerhalb der Toleranz liegt (siehe Abb. 15.4-1). Daher sollte die maximal zulässige Standardabweichung σ_P der Kontrollvermessungen veranschlagt werden nach:

$$\sigma_P \leq \frac{T}{15} \,. \tag{15.10}$$

Dabei ist T = Toleranz der zu überprüfenden Größe. Die Standardabweichung σ_P der Kontrollvermessungen ist folglich um den Faktor 3 kleiner als die nach Gl. (15.5) zu veranschlagende, maximal zulässige Standardabweichung σ der zu überprüfenden Messgröße. Zur Prüfung auf Einhaltung einer einseitigen Toleranz T_e kann analog Kapitel 15.4.3 die Standardabweichung σ_P der Kontrollvermessung nach Gl. (15.10) veranschlagt werden, wenn $T = 2T_e$ eingesetzt wird.

Beispiel 15.5.1: Erforderliche Standardabweichung zur Überprüfung der Ebenheit
In einer Halle soll die Ebenheit des Estrichbodens durch ein Flächennivellement mit Rasterabständen von 2 m überprüft werden. Als Grenzwert der Ebenheitsabweichung gilt für den Abstand $l = 4$ m (doppelter Rasterabstand) nach DIN 18202 Tabelle 3, Zeile 4 das Stichmaß $t_{\max} = 9$ mm. Da dieser Grenzwert eine einseitige Toleranz darstellt, ist in Gl. (15.10) von $T = 18$ mm auszugehen. Die maximal zulässige Standardabweichung für die Stichmaße t beträgt

$$\sigma_t \leq 18/15 = 1,2 \text{ mm.}$$

Die Stichmaße ergeben sich aus der Differenz der Höhe eines Rasterpunktes zum Mittelwert der Höhen seiner beiden Nachbarpunkte.

$$\text{Stichmaß } t = h_2 - (h_1 + h_3)/2$$

$$\text{Varianzfortpflanzung } \sigma_t^2 = \sigma_{h_2}^2 + \frac{1}{4}\sigma_{h_1}^2 + \frac{1}{4}\sigma_{h_3}^2 = 1,5\sigma_h^2$$

$$\text{Standardabweichung der Rasterhöhen } \sigma_h = \frac{\sigma_t}{\sqrt{1,5}} = \frac{\sigma_t}{1,2} = 1 \text{ mm}$$

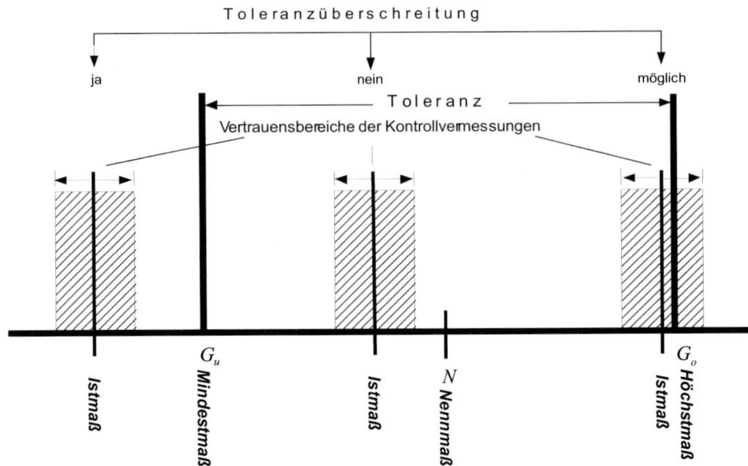

Abbildung 15.5-1: Toleranz der zu überprüfenden Größe (Sollmaß S, Höchstmaß G_o und Mindestmaß G_u) sowie Vertrauensbereiche der Kontrollvermessungen

Werden alle Rasterpunkte von einem Instrumentenstandpunkt aus erfasst, ist hauptsächlich nur die Einstellgenauigkeit der Ziellinie und die Ablesegenauigkeit entscheidend. Bei angenommenen Zielweiten bis 30 m liefert bereits ein Baunivellier die erforderliche Einstellgenauigkeit ($\leq 6''$). Wegen der erforderlichen Ablesegenauigkeit sollte jedoch ein Nivellier mit Planplattenmikrometer oder ein Digitalnivellier benutzt werden.

15.5.2 Prüfung auf Einhaltung kritischer Grenzen bzw. Nachweis mutmaßlicher Deformationen

Bei Kontrollvermessungen an gefährdeten Bauwerken oder an maschinentechnischen Anlagen u. Ä. soll festgestellt werden, ob bestimmte Messgrößen vorgegebene kritische Grenzen (obere Grenze KG_o und untere Grenze KG_u) über- bzw. unterschreiten oder noch innerhalb dieser Grenzen liegen.

Normalverteilte Istmaße:
Weisen die durch die Kontrollvermessung festzustellenden Istmaße kein Driftverhalten auf und liegen sie im Mittelbereich der kritischen Grenzen verstreut, ist die Standardabweichung σ_P der Kontrollvermessung analog Gl. (15.10) festzulegen mit:

$$\text{Standardabweichung } \sigma_P \leq \frac{KG_o - KG_u}{15} \,. \tag{15.11}$$

Gleichverteilte Istmaße:
Bei abklingenden oder anwachsenden Deformationserscheinungen kann von einem Streuen der Istmaße im Mittelbereich der kritischen Grenzen nicht ausgegangen werden. Die Standardabweichung σ_P sollte hier um den Faktor 3 kleiner als nach Gl. (15.11) veranschlagt werden:

$$\text{Standardabweichung } \sigma_P \leq \frac{KG_o - KG_u}{45} \,. \tag{15.12}$$

Erfassung eines Objektzustands:
Nach Gl. (15.11) und Gl. (15.12) lässt sich die Standardabweichung σ_P auch für eine Überwachungsvermessung zur Erfassung eines Objektzustands veranschlagen, wenn der Bereich $(KG_o - KG_u)$ als mutmaßliche Maximaldeformation zwischen einem Anfangs- und einem Endzustand aufgefasst wird.

15.5.3 Trennschärfe einer Überwachungsvermessung

Soll eine vorgegebene Minimaldifferenz d (Maß für die erforderliche Trennschärfe eines Messverfahrens, z. B. als Ankündigungsverhalten oder Trendindikator) zwischen zwei Deformationszuständen hinreichend sicher voneinander unterschieden werden, kann die erforderliche Standardabweichung σ_P der Überwachungsvermessung analog Gl. (15.6) festgelegt werden:

$$\sigma_P = \frac{d}{5} \,. \qquad (15.13)$$

Da die Messgenauigkeit von der Größe der geforderten Trennschärfe d abhängt, ist immer zu prüfen und gegebenfalls mit dem Auftraggeber abzustimmen, ob die veranschlagte Standardabweichung σ_P vom vermessungstechnischen und wirtschaftlichen Standpunkt aus realisierbar ist.

Literaturverzeichnis

Kapitelübergreifende Literatur

Deumlich, F. und Staiger, R.: Instrumentenkunde der Vermessungstechnik. H. Wichmann Verlag, Heidelberg 2002

Freeden, W. und Rummel, R. (Gesamthrsg.): Handbuch der Geodäsie, gegliedert in 6 Einzelbänden: Erdmessung und Satellitengeodäsie (Hrsg. Rummel, R.); Photogrammetrie und Fernerkundung (Hrsg. Heipke, C.); Ingenieurgeodäsie (Hrsg. Schwarz, W.); Geoinformationssysteme (Hrsg. Sester, M.); Bodenordnung und Landmanagement (Hrsg. Kötter, T.); Mathematische Geodäsie (Hrsg. Freeden, W.). Springer Spektrum, Springer-Verlag, Berlin 2018

Gruber, F. J. und Joeckel, R.: Formelsammlung für das Vermessungswesen. B. G. Teubner Verlag, Wiesbaden 2011

Hake, G., Grünreich, D. und Meng, L.: Kartographie. Walter de Gruyter, Berlin/New York 2002

Heck, B.: Rechenverfahren und Auswertemodelle der Landesvermessung: Klassische und moderne Methoden. H. Wichmann Verlag, Heidelberg 2003

Kahmen, H.: Angewandte Geodäsie: Vermessungskunde. Walter de Gruyter, Berlin/New York 2018

Kohlstock, P.: Topographie – Methoden und Modelle der Landesaufnahme. Walter de Gruyter, Berlin/New York 2011

Lelgemann, D.: Die Erfindung der Messkunst: Angewandte Mathematik im antiken Griechenland. Wissenschaftliche Buchgesellschaft, Darmstadt 2010

Resnik, B. und Bill, R.: Vermessungskunde für den Planungs-, Bau- und Umweltbereich. H. Wichmann Verlag, Berlin/Offenbach 2018

Schlemmer, H.: Grundlagen der Sensorik – Eine Instrumentenkunde für Vermessungsingenieure. H. Wichmann Verlag, Heidelberg 1996

Spezielle und weiterführende Literatur

zu Kapitel 1

Bretterbauer, K.: Wie Eratosthenes die Erde gemessen hat. Vermessungswesen und Raumordnung 61 (1999), S. 73 – 81

Ehlert, D.: Methoden der ellipsoidischen Dreiecksberechnung. Deutsche Geodätische Kommission, Reihe B, Heft Nr. 292. Verlag des Instituts für angewandte Geodäsie, Frankfurt am Main 1993

Feldmann-Westendorff, U. u. a.: Das Projekt zur Erneuerung des DHHN: Ein Meilenstein zur Realisierung des integrierten Raumbezuges in Deutschland. Zeitschrift für Vermessungswesen 141, 2016, S. 354 – 367

Heck, B.: Rechenverfahren und Auswertemodelle der Landesvermessung: Klassische und moderne Methoden. H. Wichmann Verlag, Heidelberg 2003

Lelgemann, D.: Eratosthenes von Kyrene und die Messtechnik der alten Kulturen. Chmielorz Verlag, Wiesbaden 2001

Torge, W.: Geodäsie. Walter de Gruyter, Berlin/New York 2003

Riecken, J. und Ziem, E.: Im kommunalen Kontext: Der bundeseinheitliche geodätische Raumbezug. Allgemeine Vermessungs-Nachrichten 124 (2017), S. 220 – 226

zu Kapitel 2

Benning, W.: Programmsystem KAFKA, Komplexe Analyse flächenhafter Kataster-Aufnahmen, Modell und Anwendung der Ausgleichung hybrider Lagemessungen. Veröffentlichung des Geodätischen Instituts der RWTH Aachen, Nr. 44 (1988)

Theißen, R.: Berechnung des Richtungswinkels *t* ohne Quadrantenabfrage. Zeitschrift für Vermessungswesen 115 (1990), S. 193 – 195

zu Kapitel 3

Dzierzega, A. und Scherrer, R.: Kompakte Methode zum Testen von Tachymetern – Labor-Methode als Nachweis der Winkel- und Distanzmessgenauigkeit. Der Vermessungsingenieur 52 (2002), S. 346 – 349

Sparla, P.: Zur Definition der Ziellinie, Zielachse und des anallaktischen Punktes bei geodätischen Meßfernrohren. In: Veröffentlichung des Geodätischen Instituts der RWTH Aachen, Nr. 40 (1986), S. 16.1 – 16.20

Zeiske, K.: TPS1100 Professional Series – Eine neue Tachymetergeneration von Leica. Vermessungswesen und Raumordnung 61 (1999), S. 82 – 90

zu Kapitel 4

Bahnert, G.: Zur Genauigkeit der geodätischen Refraktionsbestimmung. Vermessungstechnik 34 (1986), S. 345 – 348

Feist, W., Gürtler, K., Marold, T. und Rosenkranz, H.: Die neuen Digitalnivelliere DiNi 10 und DiNi 20. Vermessungswesen und Raumordnung 57 (1995), S. 65 – 78

Fröhlich, H., Schauerte, W. und Schuler, D.: Praxistipps zum Präzisionsnivellement mit Digitalnivellieren. Selbstverlag Fröhlich, Lichtweg 16, 53757 St. Augustin, 2003

Gottwald, R.: Zur Genauigkeitssteigerung und Erstellung eines automatisierten Datenflusses beim trigonometrischen Nivellement mit kurzen Zielweiten. Veröffentlichung des Geodätischen Instituts der RWTH Aachen, Nr. 37 (1985)

Ingensand, H.: Das WILD NA2000, das erste Digitalnivellier der Welt. Allgemeine Vermessungs-Nachrichten 97 (1990), S. 201 – 210

Kukkamäki, T. J.: Formeln und Tabellen zur Berechnung der nivellitischen Refraktion. In: Veröffentlichungen des Finnischen Geodätischen Instituts, Nr. 27, Helsinki (1939)

Näbauer, M.: Vermessungskunde. Springer-Verlag, Berlin 1949

Pelzer, H.: Systematic Instrumental Errors in Precise Levelling. In: *Pelzer, H. (Hrsg.)*: Precise Levelling. Ferd. Dümmlers Verlag, Bonn 1984, S. 3 – 17

Schauerte, W.: Digitalnivelliere des Typs LEICA NA 3000 und ihr Einsatz beim Präzisionsnivellement. BDVI-Forum 19 (1993), S. 125 – 138

Schauerte, W.: Leistungsmerkmale des Digitalnivelliers TOPCON DL 101. Vermessungswesen und Raumordnung 59 (1997), S. 94 – 108

Schmidt, H. und Sparla, P.: Anmerkungen zu „Ein verallgemeinertes Feldverfahren zur Überprüfung von Nivelliergeräten". Allgemeine Vermessungs-Nachrichten 111 (2004), S. 405 – 408

Sparla, P.: Experimentelle Untersuchungen zur Ermittlung des Brechungsindex der Atmosphäre mit Hilfe von elektronischen Sensoren. Veröffentlichung des Geodätischen Instituts der RWTH Aachen, Nr. 50 (1993)

zu Kapitel 5

Bayoud, F. A.: LEICA GEOSYSTEMS's Pinpoint EDM Technology with Modified Signal Processing and Novel Optomechanical Features, XXIII FIG Congress, München 2006

Breuer, P.: Laserscanning bei der Aufnahme historischer Bauwerke. Forschungsbericht des Joseph-von-Egle-Instituts der HfT Stuttgart (2002)

Ehrhart, M. and Lienhart, W.: Object tracking with robotic total stations: Current technologies and improvements based on image data. Journal on Applied Geodesy 11 (2017), S. 131 – 142

Favre, C. und Hennes, M.: Zum Einfluss der geometrischen Ausrichtung von 360°-Reflektoren bei Messungen mit automatischer Zielerfassung. Vermessung, Photogrammetrie, Kulturtechnik 98 (2000), S. 72 – 78

Fröhlich, C.: Aktive Erzeugung korrespondierender Tiefen- und Reflektivitätsbilder und ihre Nutzung zur Umgebungserfassung. Diss. Techn. Univ. München, 1996

Gálvez, A. u. a.: Elitist clonalselection algorithm for optional choice of free knots in B-Spline data fitting. Applied Soft Computing 26 (2015) S. 90 – 106

Gottwald, R., Heister, H. und Staiger, R.: Zur Prüfung und Kalibrierung von terrestrischen Laserscannern – eine Standortbestimmung. Schriftenreihe des Deutschen Vereins für Vermessungswesen, Bd. 54, Terrestrisches Laserscanning (TLS 2008), S. 91 – 110, Wißner Verlag, Augsburg

Grimm, D. E. und Zogg, H.-M.: Leica Nova MS 50 — Die neue Dimension in der Messtechnologie. White paper, Leica Geosystems, 9/2013

Heinz, E. u. a.: Zum Einfluss der räumlichen Auflösung und verschiedener Qualitätsstufen auf die Modellierungsgenauigkeit einer Ebene beim terrestrischen Laserscanning. Allgemeine Vermessungs-Nachrichten 126 (2019), S. 3 – 12

Heister, H.: Terrestrisches Laserscanning — Prüfen und Kalibrieren. Vortrag Intergeo 2009, http://cms5.hinte-e-services.com/share/public/Intergeo/Archiv/2009/Heister.pdf

Holst, C. u. a.: Empirische Ergebnisse von TLS-Prüffeldern: Gibt es Auffälligkeiten? In: Schriftenreihe des Deutschen Vereins für Vermessungswesen, Bd. 93, Terrestrisches Laserscanning 2018 (TLS 2018), S. 9 – 40, Wißner Verlag, Augsburg

Holst, C.: Terrestrisches Laserscanning 2019: Von großen Chancen, großen Herausforderungen und großen Radioteleskopen, Zeitschrift für Geodäsie, Geoinformation und Landmanagement 144 (2019), S. 94 – 108

Huep, W.: Scannen mit der Trimble Spatial Station. Zeitschrift für Geodäsie, Geoinformation und Landmanagement 135 (2010), S. 330 – 336

Joeckel, R., Stober, M. und Huep, W.: Elektronische Entfernungs- und Richtungsmessung und ihre Integration in aktuelle Positionierungsverfahren. 5. Auflage. H. Wichmann Verlag, Heidelberg 2008

Juretzko, M.: Tachymeterprüfung nach DVW-Merkblatt und Alternativen. In: Schriftenreihe des Deutschen Vereins für Vermessungswesen, Bd. 95, Qualitätsicherung geodätischer Mess- und Auswerteverfahren 2019, S. 107 – 123

Kern, F.: Automatisierte Modellierung von Bauwerksgeometrien aus 3D-Laserscanner-Daten. Geodätische Schriftenreihe der TU Braunschweig, Nr. 19 (2003)

Köhler, M.: Die Trimble S6 Totalstation – Neue Technologien in der Tachymeterentwicklung. Allgemeine Vermessungs-Nachrichten 113 (2006), S. 97 – 106

Köhler, M.: Distanzmessverfahren elektrooptischer Tachymeter -- Stand der Trimble Technik. Allgemeine Vermessungs-Nachrichten 119 (2012), S. 291 – 299

Köhler, M.: Vermessung und Photogrammetrie mit dem Trimble V10 Multi-Kamera Rover, Trimble 2014

Kowalczyk, K. and Rapinski, J.: Investigating the Error Sources in Reflectorless EDM. Journal of Surveying Engineering of the American Society of Civil Engineers, 2014, S. 06014002-1 – 06014002-6

Kuhlmann, H. und Holst, C.: Flächenhafte Abtastung mit Laserscanning: Messtechnik, flächenhafte Modellierungen und aktuelle Entwicklungen im Bereich des terrestrischen Laserscanning. In: Handbuch der Geodäsie, Bd. Ingenieurgeodäsie, Hrsg. Schwarz W., 2017, S. 167 – 212, Springer-Verlag, Berlin/Heidelberg

Lichtenstein, M. und Benning, W.: Registrierung von Punktwolken auf der Grundlage von Objektprimitiven. Allgemeine Vermessungs-Nachrichten 117 (2010), S. 202 – 207

Mayer, J. und Metzler, B.: Simultane Lokalisierung und Kartenerstellung (SLAM) im terrestrischen Laserscanning. In: Schriftenreihe des Deutschen Vereins für Vermessungswesen, Bd. 93, Terrestrisches Laserscanning 2018 (TLS 2018), S. 109 – 115, Wißner Verlag, Augsburg

Neitzel, F., Gordon B. und Wujanz, D.: Verfahren zur standardisierten Überprüfung von terrestrischen Laserscannern (TLS). DVW-Merkblatt 7-2014

Neuner, H., Holst, C. und Kuhlmann, H.: Overview on Current Modelling Strategies of Point Clouds for Deformation Analysis. Allgemeine Vermessungs-Nachrichten 123 (2016), S. 328 – 339

Paffenholz, J. A., Huge, J. und Stenz, U.: Integration von Lasertracking und Laserscanning zur optimalen Bestimmung von lastinduzierten Gewölbeverformungen. Allgemeine Vermessungs-Nachrichten 125 (2018), S. 75 – 90

Piegl, L. und Tiller, N.: The NURBS Book. 2nd Edition (Monographes in Visual Communication). Springer-Verlag, Berlin/Heidelberg 1997

Rüeger, I. M.: Electronic Surveying Instruments. Monograph 18, School of Surveying and Spatial Information Systems, UNSW Sydney NSW 2052 (2003)

Schauerte, W. und Faßbender, H.: Anpassung der Maßstabskalibrierung auf „rechnende“ EDM-Instrumente. Vermessungswesen und Raumordnung 59 (1997), S. 416 – 436

Scherer, M.: Ein System zur Erfassung geometrischer und bildhafter Daten. Vermessungswesen und Raumordnung 61 (1999), S. 285 – 298

Scherer, M.: Nahe Verwandte der Laserscanner: Intelligente Totalstation und 3D-Kamera. In: Schriftenreihe des Deutschen Vereins für Vermessungswesen, Bd. 53, Terrestrisches Laserscanning (TLS 2007), S. 27 ff., Wißner Verlag, Augsburg

Schulz, T. und Ingensand, H.: Terrestrial Laser Scanning – Investigations and Applications for High Precision Scanning. FIG Working Week 2004, TS 26.1, S. 1 – 15

Schwarz, W.: Einflussgrößen bei elektro-optischen Distanzmessungen und ihre Erfassung. Allgemeine Vermessungs-Nachrichten 119 (2012), S. 323 – 335

Staiger, R.: Laserscanning-Sensoren, Aufnahme- und Auswertemethoden aus geodätischer Sicht. Geomessdiskurs Jena 2003

Staiger, R.: Terrestrisches Laserscanning – eine neue Universalmethode? In: Terrestrisches Laserscanning (TLS), Ein geodätisches Messverfahren mit Zukunft. Beiträge zum 65. DVW-Seminar in Fulda, Bd. 48/2005 der Schriftenreihe des DVW

Staiger, R.: Zur Bedeutung der Messtechnik oder gibt es die Kunst des Messens noch. Allgemeine Vermessungs-Nachrichten 116 (2009), S. 106 – 114

Trimble: TRIMBLE Magdrive-Servo Technologie, Technik & mehr, (2005), S. 8 – 9

Wasmeier, P.: Videotachymetrie – Sensorfusion mit Potential. Allgemeine Vermessungs-Nachrichten 116 (2009), S. 261 – 267

Wujanz, D.: Araneo: Bestimmung eines erweiterten Unsicherheitsbudgets für die Deformationsmessung basierend auf terrestrischen Laserscans. Allgemeine Vermessungs-Nachrichten 126 (2019), S. 53 – 63

Wunderlich, T.: Der Anwendungsreichtum des terrestrischen Laserscannings. Flächenmanagement und Bodenordnung 68 (2006), S. 170 – 174

zu Kapitel 7

Bundesministerium für Verkehr und Infrastruktur, Abteilung für Straßenbau: Richtlinien zum Planungsprozess und für die einheitliche Gestaltung von Entwurfsunterlagen im Straßenbau. FGSV-Verlag, Nr. 2070, Köln 2012.

Forschungsgesellschaft für das Straßenwesen: Sammlung der Regelungen für die elektronische Bauabrechnung (Sammlung REB), Köln 2013

REB 20.003 Querprofilbestimmung durch Interpolation

REB 20.073 Bestimmung von Begrenzungslinien in Querprofilen

REB 20.103 Auswertung von Nivellements

REB 20.203 Auswertung von Tachymeteraufnahmen

REB 20.303 Terrestrische Querprofilaufnahme

REB 20.314 Auswertung elektrooptischer Querprofilaufnahmen

REB 21.003 Massenberechnung aus Querprofilen

REB 21.013 Massenberechnung zwischen Begrenzungslinien

REB 21.033 Oberflächenberechnung aus Querprofilen

REB 22.013 Massen und Oberflächen aus Prismen

REB 23.003 Allgemeine Bauabrechnung

REB 27.003 Massen und Böschungsflächen von Grabenaushub

Schwarze, M.: Geländeaufmaße für die Bauabrechnung. VDV-Schriftenreihe Bd. 24 – Bauabrechnung von A bis Z, Klemp, D., Hrsg., Chmielorz Verlag, Wiesbaden 2005, S. 101 – 112

VDV-Schriftenreihe: Band 3: Aktuelle Aufmaße und Abrechnungen. Chmielorz Verlag, Wiesbaden 1991

zu Kapitel 8

Altiner, Y.: Spuren der Satellitengeodäsie in Deutschland. Zeitschrift für Geodäsie, Geoinformation und Landmanagement 144 (2019), S. 331 – 342

AdV: Ergebnisbericht der Expertengruppe GPS-Referenzstationen im Arbeitskreis Raumbezug. Arbeitsgemeinschaft der Vermessungverwaltungen der Länder der Bundesrepublik Deutschland, April 2004, www.sapos.de

Bauer, M.: Vermessung und Ortung mit Satelliten. H. Wichmann Verlag, Berlin/Offenbach 2018

DVW – Arbeitskreis 3, Messmethoden und Systeme: GNSS 2017 – Kompetenz für die Zukunft, Beiträge zum 157. DVW-Seminar, Schriftenriehe des DVW, Bd. 87/2017

Fröhlich, H., Tenhaef, M. und Körner, H.: Geodätische Koordinatentransformationen – Ein Leitfaden. Selbstverlag Fröhlich, Lichtweg 16, 53757 St. Augustin, 2001

Görres, B.: Die GNSS-Empfangsantenne und ihre Wechselbeziehung mit der Stationsumgebung, Schriftenreihe des DVW 87 (2017), S. 71 – 84

Grünreich, D.: Die Beiträge des IfaG und des BKG zum amtlichen Vermessungswesen nach der Wiedervereinigung. Allgemeine Vermessungs-Nachrichten 119 (2012), S. 227 – 236

Draken, W.: Funktion und Nutzung des SAPOS-Deutschland-Netzes. Flächenmanagement und Bodenordnung 67 (2005), S. 21 – 32

Hofmann-Wellenhof, B., Lichtenegger, H. und Wasle E.: GNSS – Global Navigation Satellite Systems, Springer-Verlag, Wien 2007

Hofmann-Wellenhof, B., Kienast, G. und Lichtenegger, H.: GPS in der Praxis. Springer-Verlag, Wien 1994

Hopfield, H. S.: Two Quartic Tropospheric Refractivity Profile for Correcting Satellite Data, J. Geophys. Res. 74 (18), S. 4487 – 4499, 1969

Kuttner, W. u. a.: Arbeitsabläufe bei Liegenschaftsvermessungen mit SAPOS. Arbeitsgemeinschaft „Anwendung satellitengeodätischer Verfahren“, Bezirksregierung Köln, Dezernat 33, 20006

Leick, A.: GPS Satellite Surveying. John Wiley 2004

Riecken, J. und Kurtenbach, E.: Der Satellitenpositionierungsdienst der deutschen Landesvermessung SAPOS. Zeitschrift für Geodäsie, Geoinformation und Landmanagement 142, 2017, S. 293 – 300

Saastamoinen, J.: Contribution to the Theory of Atmospheric Refraction. Bull. Géod. 107, S. 13 – 34, 1973

Seeber, G.: Satellite Geodesy. Walter de Gruyter, Berlin/New York 2003

Theunissen, P. I. G. and Kleusberg, A.: GPS for Geodesy. Springer-Verlag, Wien 1998

Wanninger, L.: Virtuelle GPS-Referenzstationen für großräumige kinematische Anwendungen. Zeitschrift für Vermessungswesen 128 (2003), S. 196 – 202

zu Kapitel 9

Bähr, H.-P. und Vögtle, T.: Digitale Bildverarbeitung. Anwendungen in Photogrammetrie, Kartographie und Fernerkundung. H. Wichmann Verlag, Heidelberg 1998

Bartelme, N.: Geoinformatik: Modelle, Strukturen, Funktionen. Springer-Verlag, Berlin 2005

Bay, H., Tuytelaars, T. and Van Gool, L.: SURF: Speeded Up Robust Features. Proceedings of the 9th European Conference on Computer Vision. Springer-Verlag, Berlin 2006

Bernhardsen, T.: Geographic Information Systems. An introduction. J. Wiley & Sons Inc., New York 1999

Bill, R.: Grundlagen der Geo-Informationssysteme. 6. Auflage. H. Wichmann Verlag, Berlin/Offenbach 2016

Bill, R. und Zehner, M. L.: Lexikon der Geoinformatik. H. Wichmann Verlag, Heidelberg 2001

Eisenbeiß, H.: UAV Photogrammetry. Mitteilungen des Instituts für Geodäsie und Photogrammetrie der Eidgenössischen Technischen Hochschule Zürich, Nr. 105, 2009

Eisenbeiß, H., Stempfhuber, W. und Kolb, M.: Genauigkeitsanalyse der 3D-Trajektorie von Mini-UAVs. DGPF Tagungsband 18, Jena 2009

Hildebrandt, G.: Fernerkundung und Luftbildphotogrammetrie. H. Wichmann Verlag, Heidelberg 1996

Hirschmüller, H.: Stereo Processing by Semiglobal Matching and Mutual Information. IEEE Transactions on Pattern Analysis and Machine Intelligence 30, 2008

Kraus, K. und Schneider, W.: Fernerkundung I (1988) und II (1990). Ferd. Dümmlers Verlag, Bonn

Kraus, K.: Photogrammetrie, Band 1: Geometrische Informationen aus Photogrammetrie und Laserscannerdaten, Walter de Gruyter Verlag, Berlin/New York (2004), Band 2: Verfeinerte Methoden und Anwendungen, Ferd. Dümmlers Verlag, Bonn (1996)

Kummer, K. und Frankenberger, J.: Das deutsche Vermessungs- und Geoinformationswesen 2012. H. Wichmann Verlag, Berlin/Offenbach 2011

Lowe, D. G.: Distinctive Image Features from Scale-Invariant Keypoints. International Journal of Computer Vision, Band 60, 2004

Luhmann, T.: Nahbereichsphotogrammetrie. Grundlagen – Methoden – Beispiele. H. Wichmann Verlag, Berlin/Offenbach 2018

LuftverkehrsVO: Verordnung zur Regelung des Betriebs von unbemannten Fluggeräten vom 30. März 2017. Bundesgesetzblatt Jahrgang 2017 Teil I Nr. 17, Bonn

Rothermel, M., Wenzel, K., Fritsch, D. und Haala, N.: SURE: Photogrammetric Surface Reconstruction from Imagery. Proceedings LC3D Workshop, Berlin 2012

Sandau, R.: Digitale Luftbildkamera. Einführung und Grundlagen. H. Wichmann Verlag, Heidelberg 2005

Saurer, H. und Behr, F. J.: Geographische Informationssysteme. Eine Einführung. Wissenschaftliche Buchgesellschaft, Darmstadt 1997

zu Kapitel 10

AdV: Dokumentation zur Modellierung der Geoinformationen des amtlichen Vermessungswesens (GeoInfoDok). V. 7.0.3., 2018. `http://www.adv-online.de/GeoInfoDok/GeoInfoDok-NEU/`

Bartelme, N.: Geoinformatik: Modelle, Strukturen, Funktionen. Springer-Verlag, Berlin 2005

Bill, R.: Grundlagen der Geo-Informationssysteme. 6. Auflage. H. Wichmann-Verlag, Berlin/Offenbach 2016

Blankenbach, J.: Handbuch der mobilen Geoinformation. H. Wichmann Verlag, Heidelberg 2007

Booch, G., Rumbaugh, J. und Jacobson, I.: Das UML-Benutzerhandbuch. Addison-Wesley 1999

Clementini, E., Sharma, J. and Egenhofer, M. J.: Modelling topological spatial relations, Strategies for query processing. Computers & Graphics 18 (6), 1994, S. 815 – 822. doi:10.1016/0097-8493(94)90007-8

Coors, V., Andrae, C. und Böhm, K.-H.: 3D-Stadtmodelle: Konzepte und Anwendungen mit CityGML. H. Wichmann Verlag, Berlin/Offenbach 2016

De Lange, N.: Geoinformatik – in Theorie und Praxis. Springer-Verlag, Berlin 2013

Dijkstra, E. W.: A note on two problems in connexion with graphs. Numerische Mathematik 1, 1959, S. 269 – 271

Freund, P., Müller, M. und Pfannkuche, R.: Das Copernicus-Programm – Systemvorstellung und Datennutzung. Allgemeine Vermessungs-Nachrichten 126 (8-9), 2019, S. 214 – 224

Geary, R. C.: The Contiguity Ratio and Statistical Mapping. The Incorporated Statistician 5 (3), 1954, S. 115 – 145. doi: 10.2307/2986645

GeoZG: Gesetz über den Zugang zu digitalen Geodaten (Geodatenzugangsgesetz – GeoZG). 2009. `https://www.gesetze-im-internet.de/geozg/index.html`

INSPIRE: Richtlinie 2007/2/EG des Europäischen Parlaments und des Rates vom 14. März 2007 zur Schaffung einer Geodateninfrastruktur in der Europäischen Gemeinschaft (INSPIRE). 2007

Moran, P. A. P.: Notes on Continuous Stochastic Phenomena. Biometrika 37 (1), 1950, S. 17 – 23. doi:10.2307/2332142

Nagel, C., Stadler, A. and Kolbe, T. H.: Conceptual Requirements for the Automatic Reconstruction of Building Information Models from Uninterpreted 3d Models. In: Proc. of the Academic Track of the Geoweb 2009 Conference on Cityscapes, 27-31 July, Vancouver, Canada. International Archives of the ISPRS XXXVIII-3-4/C3, 2009

OGC: OpenGIS Geography Markup Language (GML) Encoding Standard, Version 3.2.1. OGC project document: OGC 07-036. 2007

OGC: OGC City Geography Markup Language (CityGML) Encoding Standard, Version 2.0.0. OGC project document: OGC 12-019. 2012

Oliver, M. A. and Webster, R.: Kriging: a method of interpolation for geographical information systems. International Journal of Geographical Information Science 4 (1990), S. 313 – 332

Reinhardt, W.: Handbuch Ingenieurgeodäsie: Raumbezogene Informationssysteme. H. Wichmann Verlag, Heidelberg 2004

Webseiten

AdV: Arbeitsgemeinschaft der Vermessungsverwaltungen der Länder der Bundesrepublik Deutschland. 2020. `http://www.adv-online.de/` (03/2020)

Copernicus: Copernicus-Portal Deutschland. 2020. `https://www.d-copernicus.de/` (03/2020)

European Commission: INSPIRE – Infrastructure for Spatial Information in Europe. 2020. `https://inspire.ec.europa.eu/` (02/2020)

GDI-DE: Geodateninfrastruktur Deutschland. 2020. `https://www.gdi-de.org/` (03/2020)

GeoportalNRW: Geodatenportal des Landes NRW. 2020. `https://www.geoportal.nrw/` (03/2020)

OGC: Open Geospatial Consortium. 2020. `http://www.opengeospatial.org/` (02/2020)

OSM: OpenStreetMap. 2020. `https://www.openstreetmap.de/` (03/2020)

XLeitstelle: Leitstelle zur Pflege und Weiterentwicklung der Standards XPlanung und XBau. 2020. `http://xleitstelle.de/`

zu Kapitel 11

AdV: Maßgeschneiderte EPSG-Codes für GIS-Anwendungen, 2012. `http://www.adv-online.de/AdV-Produkte/binarywriterservlet?imgUid=93730140-3898-e931-6b1e-502172e13d63&uBasVariant=11111111-1111-1111-1111-111111111111` (07.2019)

AK NRW: Architektenkammer NRW, 2019. `https://www.aknw.de/fileadmin/user_upload/Publikationen-Broschueren/Broschuere_BIM_final.pdf`

Anderson, K.: IFC Road Expert Panel – A short introduction to the IFC Road project and buildingSMART, 2019

Arbeitsgruppe Hochbau: BIM im Hochbau – Technisches Positionspapier der Arbeitsgruppe Hochbau im Arbeitskreis Digitalisiertes Bauen im Hauptverband der Deutschen Bauindustrie e.V., 2019

Becker, R. u. a.: Enabling BIM for Property Management of Existing Buildings Based on Automated As-is Capturing. (2019) In: Proceedings of the 36th ISARC, Banff, Alberta, Canada. doi: https://doi.org/10.22260/ISARC2019/0028

Becker, R., Clemen, C. und Wunderlich, T.: BIM in der Ingenieurvermessung. In: Leitfaden Geodäsie und BIM, Herausgeber: Kaden, R., Clemen, C., Seuß, R., Blankenbach, J., Becker, R., Eichhorn, A., Donaubauer, A., Kolbe, T. und Gruber, U., DVW – Gesellschaft für Geodäsie, Geoinformation und Landmanagement e. V., Runder Tisch GIS e. V., Version 2.0, September 2019, DVW-Merkblatt 11-2019, S. 87 – 102

Becker, R. u. a.: BIM – Towards the entire lifecycle. International Journal of Sustainable Development and Planning, 13(1), 2018, S. 84 – 95

Becker, R., Kaden, R. und Blankenbach, J.: Building Information Modeling (BIM) – neue Perspektiven für Geodäten // Building Information Modeling (BIM) – new perspectives for Geodesists. gis.Business 5/2017, S. 50 – 57

BCF: 2019. https://technical.buildingsmart.org/standards/bcf/

BIM4INFRA2020: 2019. https://bim4infra.de/was-ist-bim/anwendungen/

BIMFORUM: 2019 LEVEL OF DEVELOPMENT SPECIFICATION, 2019. http://bimforum.org/lod/ (März 2020)

BLB NRW: Bau- und Liegenschaftsbetrieb NRW: BIM-Richtlinie des BLB NRW – Auftraggeber-Informations-Anforderungen für die BIM-Projekte, Version: 1.01 – 30.11.2018

Blut, C. und Görtz, A.: BIM im Bestand – Entwicklung einer optimierten Methode für die parametrische Modellierung auf Grundlage des tachymetrischen Gebäudeaufmaßes. In: Real Ehrlich, C. M. und Blut, C. (Hrsg.): Bauinformatik 2015 – Beiträge zum 27. Forum Bauinformatik. H. Wichmann Verlag. Berlin/Offenbach 2015

BMUB: Bundesministerium für Umwelt, Naturschutz, Bau und Reaktorsicherheit: BMUB Runderlass 16.01.2017. Berlin

BMVI: Bundesministerium für Verkehr und digitale Infrastruktur: Reformkommission: Stufenplan Digitales Planen und Bauen, 2015. https://www.bmvi.de/SharedDocs/DE/Publikationen/DG/stufenplan-digitales-bauen.pdf?__blob=publicationFile (Juli 2017)

BMVI: (2015a) Bundesministerium für Verkehr und digitale Infrastruktur: Reformkommission Bau von Großprojekten – Endbericht, 2015. https://www.bmvi.de/SharedDocs/DE/Publikationen/G/reformkommission-bau-grossprojekte-endbericht.pdf (März 2020).

BMVI: (2015b) Bundesministerium für Verkehr und digitale Infrastruktur: Stufenplan Digitales Planen und Bauen, 2015. https://www.bmvi.de/SharedDocs/DE/Publikationen/DG/stufenplan-digitales-bauen.pdf?__blob=publicationFile (März 2020)

BMVI: Bundesministerium für Verkehr und digitale Infrastruktur: Strategiepapier Digitale Souveränität – Innovationsführerschaft beim digitalen Planen und Bauen übernehmen!, 2017 https://www.bmvi.de/SharedDocs/DE/Anlage/DG/Digitales/strategiepapier-masterplan-bauen.pdf?__blob=publicationFile (08/2019)

BMVI: Masterplan Bauen 4.0, 2017. https://www.bmvi.de/SharedDocs/DE/Anlage/Digitales/strategiepapier-masterplan-bauen.pdf?__blob=publicationFile

bS Australasia: buildingSMART Australasia: Model Setup IDMVol 3: Case Studies, 2017. https://buildingsmart.org.au/wp-content/uploads/Vol-3-Case-Studies_v0.3.pdf (07.2019)

BSI: PAS 1192-2:2013. Specification for information management for the capital/delivery phase of construction projects using building information modelling, 2013. http://bim-level2.org/en/standards/

Borrmann, A., Beetz, J., Koch, C., und Liebich, T. (Hrsg.): Building Information Modeling – Technologische Grundlagen und industrielle Praxis. Springer-Vieweg, Wiesbaden 2015

buildingSMART InfraRoom: buildingSMART InfraRoom Project Proposal Template, Draft version, Project Name: IFC Tunnel, General Information, 2017 https://syncandshare.lrz.de/open/MktrQlVFTm1CTHBLS3lNcW5MQVdz/IFC%20Rail%2BRoad/2017-05-05_IfcRail%26Road/bSI%20Summit%20Barcelona%20-%20Infrastructure%20Room/Documentation/Draft%20Project%20Proposals/IR_Draft_Project_Proposal_IFC_Tunnel_20170405.pdf

DB Station&Service AG: BIM-Vorgaben – BIM-Methodik Digitales Planen und Bauen, 2019. https://www1.deutschebahn.com/resource/blob/1786332/054e18a2bb1da993bd37f8680c39706c/Vorgaben-zur-Anwendung-der-BIM-Methodik-data.pdf

DIN: 2018, https://www.din.de/de/mitwirken/normenausschuesse/nabau/projekte/wdc-proj:din21:259218776

Eastman, C., Teicholz, P., Sacks, R. and Liston, K.: BIM Handbook. A guide to building information modeling for owners, managers, designers, engineers and contractors, 2008

Egger, M., Hausknecht, K., Liebich, T. und Przyblo, J.: BIM-Leitfaden für Deutschland – Information und Ratgeber – Endbericht, Bundesinstitut für Bau-, Stadt- und Raumforschung (BBSR) im Bundesamt für Bauwesen und Raumentwicklung (BBR), 2013. https://www.bbsr.bund.de/BBSR/DE/FP/ZB/Auftragsforschung/3Rahmenbedingungen/2013/BIMLeitfaden/Endbericht.pdf;jsessionid=6E92293D7F9507A9DA8F835E07314027.live21301?__blob=publicationFile&v=2 (August 2019)

Gierlich, W., Leipold, C. und Leonhardt, G.: Neue Perspektiven für die Absteckung – modellbasierte Absteckung mit BIM. In: Leitfaden Geodäsie und BIM, Herausgeber: Kaden, R., Clemen, C., Seuß, R., Blankenbach, J., Becker, R., Eichhorn, A., Donaubauer, A., Kolbe, T. und Gruber, U., DVW – Gesellschaft für Geodäsie, Geoinformation und Landmanagement e. V., Runder Tisch GIS e. V., Version 2.0, September 2019, DVW-Merkblatt 11-2019, S. 132 – 134

Herle, S., Becker, R., Wollenberg, R., und Blankenbach, J.: GIM and GIM. How to obtain interoperability between geospatial and building information modeling? PFG – Journal of Photogrammetry, Remote Sensing and Geoinformation Science. 3D city models (Special Issue), 2020

Hijazi, I. and Donaubauer, A.: Integration of Building and Urban Information Modeling – Opportunities and Integration Approaches. In: Kolbe, T. H. u. a. (Hrsg.): Geoinformationssysteme 2017 – Beiträge zur 4. Münchner GI-Runde

ISO (2002) ISO 10303-21:2002: Industrial automation systems and integration – Product data representation and exchange – Part 21: Implementation methods: Clear text encoding of the exchange structure, International Organization for Standardization, Genf

IFC: 2019. http://www.buildingsmart-tech.org/specifications/ifc-overview

König, M. u. a.: Wissenschaftliche Begleitung der BMVI Pilotprojekte zur Anwendung von BIM im Infrastrukturbau, 2016. http://www.bmvi.de/SharedDocs/DE/Anlage/Digitales/bim-materialsammlung.html (Juni 2017)

Kolbe, T. H.: Digitale Modelle der bebauten Umwelt und ihre Anwendungen, 2016. https://www.uibk.ac.at/vermessung/veranstaltung/vortraege_pdf_dateien/dateien_ws_2016_2017/kolbe_folien.pdf

May, I.: BIM in planen-bauen 4.0. In: Scherer, R. J. und Opitz, F. (Hrsg.): Bauinformatik – Baupraxis 2015: Leitlinien – Richtlinien – Normen – Ergebnisse aus dem VDI-Koordinierungskreis BIM, Tagungsband 6. Fachkonferenz Bauinformatik Baupraxis, Dresden

McAuley, B., Hore, A. and West, R.: BICP Global BIM Study – Lessons for Ireland's BIM Programme Published by Construction IT Alliance (CitA) Limited, 2017. doi:10.21427/D7M049

McGraw Hill Construction: The Business Value of BIM for Construction in Global Markets. McGraw Hill Construction, Bedford MA, United States 2014

NATSPEC: BIM and LOD, Building Information Modeling and Level of Development. Australien: Construction Information Systems Limited, 2013, ABN 20 117 574 606

NBIM: National BIM Standard-United States®(NBIM-USTM), 2015. https://www.nationalbimstandard.org/files/NBIMS-US_FactSheet_2015.pdf (Dezember 2018)

NBS: National BIM Report. NBS, RIBA, London 2016

PAS 1192-2:2013: British Standards Institution: Specification for information management for the capital/delivery phase of construction projects using building information modelling. https://shop.bsigroup.com/SearchResults/?q=PAS%201192

PAS 1192-3:2014: British Standards Institution: Specification for information management for the operational phase of assets using building information modelling. https://shop.bsigroup.com/SearchResults/?q=PAS%201192

PAS 1192-5:2015: British Standards Institution: Specification for security-minded building information modelling, digital built environments and smart asset management. https://shop.bsigroup.com/SearchResults/?q=PAS%201192

PAS 1192-6:2018: British Standards Institution: Specification for collaborative sharing and use of structured Health and Safety information using BIM. URL: https://shop.bsigroup.com/SearchResults/?q=PAS%201192

Reif, M.: Building Information Modeling (BIM) – Grundlagen und Vertragsgestaltung in Pilotprojekten des BBR. 4. Oldenburger BIM-Tag, BIM-Baumeister-Akademie, 30./31. März 2017

Tulke, J.: Bauen digital – Stand und Entwicklung der BIM Einführung in Deutschland, 2017

Tulke, J.: BIM-basierter Bauantrag, 2018. `http://geoportal-hamburg.de/xleitstelle_webseite_veranstaltung/downloads/06_BIM-basierter_Bauantrag.pdf` (Juli 2019)

USIBD: Level Of Accuracy (LOA) Specification Version 2.0, 2016. `http://www.usibd.org/products/level-accuracy-loa-specification-version-20`

Van Nederveen, G. A. and Tolman, F. P.: Modelling multiple views on buildings. Automation in Construction, 1(3), 1992, S. 215 – 224. `https://doi.org/10.1016/0926-5805(92)90014-B`

VDI: Verein Deutscher Ingenieure. `https://www.vdi.de/tg-fachgesellschaften/vdi-gesellschaft-bauen-und-gebaeudetechnik/vdi-koordinierungskreis-building-information-modeling-kk-bim` (Juli 2019)

Wollenberg, R.: BIM für das Bestandsimmobilienmanagement. In: Steiner, M., Theiler, M. und Mirboland, M. (Hrsg.): 30. Forum Bauinformatik. Bauhaus-Universität Weimar 2018. `https://doi.org/10.25643/bauhaus-universitaet`

zu Kapitel 12

AdV: AdV-Produkte Liegenschaftskataster. `http://www.adv-online.de/AdV-Produkte/Liegenschaftskataster/` (07.06.2019)

Bäcker, S.: 40 Jahre Bund-Länder-Arbeitsgemeinschaft nachhaltige Landentwicklung (ArgeLandentwicklung) in Deutschland – Rückblick und neue Herausforderungen. In: BUND – LÄNDER – ARBEITSGEMEINSCHAFT NACHHALTIGE LANDENTWICKLUNG, Schriftenreihe Heft 27, 2017

Constantin, P.: Liegenschaftskataster und Grundbuch. In: Flächenmanagement und Bodenordnung 3/2012, S. 117 ff.

Diverse: Bodenrichtwertrichtlinie – BRW-RL vom 11. Januar 2011

Diverse: Ertragswertrichtlinie – EW-RL vom 12. November 2015

Diverse: GEOINFODOK Dokumentation zur Modellierung der Geoinformationen des amtlichen Vermessungswesens; Erläuterungen zu ALKIS®, Version 6.0, 2008

Dresbach, D. und Kriegel, O.: Kataster ABC. H. Wichmann Verlag, Heidelberg 2007

Kötter, T. u. a.: Land- und Immobilienmanagement – Begriffe, Handlungsfelder und Strategien. Zeitschrift für Geodäsie, Geoinformation und Landmanagement 3/2015, S.136 ff.

Krause, K. und Munske, M.: Geostandards XPlanung und XBau. Zeitschrift für Geodäsie, Geoinformation und Landmanagement 5/2016, S. 336 – 342

Schäfer, V.: ALKIS® – das Amtliche Liegenschaftskataster-Informationssystem der Vermessungsverwaltungen in Deutschland, www.alkis.info, 2005

Schlegel, B.: Tatsächliche Nutzung – Harmonisierung von Geotopographie und Liegenschaftskataster. In: *Meinel, G., Schumacher, U. und Behnisch, M. (Hrsg.):* Flächennutzungsmonitoring VI. Innenentwicklung – Prognose – Datenschutz. Berlin, IÖR Schriften 65, S. 131–136, 2014

zu Kapitel 13

Bäumker, M., Fitzen, H. P. und Backhausen, D.: Dreidimensionale permanente Überwachung der Edertalsperre mit GPS. In: *Schnädelbach und Schilcher (Hrsg.)*: Ingenieurvermessung 2000, XIII. International Course on Engineering Surveying, S. 155 – 165. K. Wittwer Verlag, Stuttgart 2000

Benning, W.: Zur Analyse von Staumauerdeformationen. Vermessungswesen und Raumordnung 46 (1984), S. 259 – 265

Bill, R.: Automatische Meß- und Berechnungssysteme für den Industriebereich. Allgemeine Vermessungs-Nachrichten 92 (1985), S. 205 – 210

Birmann, F.: Gleisgeometrie und Konstruktion des Oberbaues von Schnellfahrstrecken. Eisenbahntechnische Rundschau 1968, S. 513 – 532

Brunn, A. und Karl, G.: Erfassung von äußeren Schäden an Windenergieanlagen, VDV Geodäsie und Geoinformatik (2016), S. 32 – 39

Busch, W.: Ein mechanisch-elektrisches Alignementsystem zur Erfassung zweidimensionaler dynamischer Verformungen. In: Veröffentlichung des Geodätischen Instituts der RWTH Aachen, Nr. 40 (1986), S. 3.1 – 3.23

Caspary, W. und Geiger, A.: Untersuchungen zur Leistungsfähigkeit elektronischer Neigungsmesser. Schriftenreihe des wissenschaftlichen Studiengangs Vermessungswesen der Hochschule der Bundeswehr, Heft 3, München 1978

Cyrklaff, G.: Zur Genauigkeit der Baukontrollmessungen beim Großkühlturmbau. Vermessungstechnik 28 (1980), S. 132 – 133

DIN 1076: Ingenieurbauwerke im Zuge von Straßen und Wegen. 1999 - 11

DIN 4107: Baugrund, Setzungsbeobachtungen an entstehenden und fertigen Bauwerken. 2010

DIN 18710-4: Ingeniuervermessung Teil 4: Überwachung. 2010

DIBt: Richtlinie für Windenergieanlagen — Einwirkungen und Standsicherheitsnachweise für Turm und Gründung. Deutsches Institut für Bautechnik (DIBt), Berlin, Oktober 2012, Reihe B, Heft 8

Dröge, L. und Stephan, H.-U.: Anwendung des Schwingsaitenmeßverfahrens zur Untersuchung und Überwachung des Verhaltens von Staubauwerken an Talsperren. Vermessungstechnik 34 (1986), S. 157 – 161

Fabiankowitsch, J., Kahmen, H. und Matt, P.: Evaluation of the vibrational spectrum of high slim towers with wind electrical turbines. Österreichische Zeitschrift für Vermessung und Geoinformation (VGI) 91 (2003), S. 77 – 84

Forschungsgesellschaft für das Straßen- und Verkehrswesen: Richtlinien für die Anlage von Straßen, Teil: Linienführung (RAS-L). Richtlinien für die Anlage von Landstraßen, Teil III: Knotenpunkte (RAL-K)

Gomaco: Baumaschinensteuerung, 2015, www.gomaco.com

Grafarend, E.: Fehlertheoretisch günstiges Vorwärtseinschneiden. Zeitschrift für Vermessungswesen 93 (1968), S. 414 – 419

Haag, R., Ryf, A. und Stengele, R.: Grundlagennetze für extrem lange Tunnel am Beispiel des Gotthard-Basistunnels (Länge 57 km). In: *Brandstätter, Brunner und Schelling (Hrsg.)*: Beiträge zum XII. Internationalen Kurs für Ingenieurvermessung, S. E9/1 – 12. Ferd. Dümmlers Verlag, Bonn 1996

Hallermann, L. u. a.: Zur vertraglichen Regelung von Vermessungsarbeiten beim Errichten von Ingenieurbauten und zu bestehenden Genauigkeitsanforderungen. Sonderheft 19 der Zeitschrift für Vermessungskunde 1976

Heitkamp: Kühlturmbau 1964 – 1984. Der Weg zu neuen Dimensionen. Firmenschrift, Herne/Wanne-Eickel

Helmert, F. R.: Die Übergangskurven für Eisenbahn-Geleise. V. Baumgärtner, Leipzig 1872

Heunecke, O. u. a.: Handbuch Ingenieurgeodäsie – Auswertung geodätischer Überwachungsmessungen. 2. Auflage. H. Wichmann Verlag, Berlin/Offenbach 2013

Heunecke, O. und Liebl, W.: Zur Orientierungskontrolle von Vortriebsnetzen mit Vermessungskreiseln. Zeitschrift für Geodäsie, Geoinformation und Landmanagement 142 (2017), S. 317 – 326

Hoppe, H. und Staiger, R.: Strenge Auswertung bei der Echtzeittriangulation mit Industriemeßsystemen. Allgemeine Vermessungs-Nachrichten 95 (1988), S. 241 – 256

Hubeny, K.: Die Klotoide (Formeln, Tafeln und Beispiele). Mitteilungen der geodätischen Institute der Technischen Universität Graz, Folge 34, 1980

Interfels GmbH: Überwachung von Erd- und Felsböschungen. Firmenschrift, Bad Bentheim

Jacobs, E.: Die Sinusoide als neuzeitliches Trassierungselement. Der Vermessungsingenieur 38 (1987), S. 3 – 9

Kahler, D.: Die Anwendungen des Übergangsbogens im Ingenieurbau. Vermessungswesen und Raumordung 47 (1985), S. 87 – 98

Kahmen, H. u. a.: Ein modulares Konzept zur Absteckung von Hochgeschwindigkeitstrassen. Zeitschrift für Geodäsie, Geoinformation und Landmanagement 123 (1998), S. 115 – 121

Kasper, H., Schürba, W. und Lorenz, H.: Die Klotoide als Trassierungselement. Ferd. Dümmlers Verlag, Bonn 1968

Keppler, A., Meissl, A. und Naterop, D.: Automatische Bauwerksüberwachung mit motorisierten Digitalnivellieren. In: *Brandstätter, Brunner und Schelling (Hrsg.)*: Beiträge zum XII. Internationalen Kurs für Ingenieurvermessung, S. A9/1 – 10. Ferd. Dümmlers Verlag, Bonn 1996

Kersting, N.: Optimale Konfiguration beim Vorwärtseinschneiden mit Industriemeß-Systemen. Allgemeine Vermessungs-Nachrichten 94 (1987), S. 169 – 178

Knabenschuh, H.: Zur Auswertung und Interpretation von Verformungsmessungen an einer hohen Talbrücke. Der Vermessungsingenieur 33 (1982), S. 118 – 124

Kovári, K. und Amstad, Ch.: Ein Beitrag zum Problem der Deformationsmessungen hoher Präzision der Geotechnik. In: *Conzett, R., Matthias, H. J. und Schmid, H. (Hrsg.)*: Ingenieurvermessung 80, S. A2/1 – 15. Ferd. Dümmlers Verlag, Bonn 1981

Krenz, A. und Osterloh, H.: Klothoiden-Taschenbuch. Bauverlag, Berlin 1986

Krüger, J.: Absteckungsnetze, speziell für Tunnelabsteckungen. In: *Pelzer, H. (Hrsg.)*: Geodätische Netze in Landes- und Ingenieurvermessung II. Konrad Wittwer Verlag, Stuttgart 1985

Loesekraut, H.: Aufbau und Leistungsfähigkeit elektromechanischer Lotanlagen. In: Veröffentlichung des Geodätischen Instituts der RWTH Aachen, Nr. 28 (1980), S. 83 – 100

Meyer, R.: Theodolitindustriemeßsysteme im Automobilbau. Allgemeine Vermessungs-Nachrichten 97 (1990), S. 176 – 184

van Mierlo, J.: Hypothesentests und Zuverlässigkeitsaussagen in Tunnelnetzen. In: *Conzett, R., Matthias, H. J. und Schmid, H. (Hrsg.)*: Ingenieurvermessung 80, S. B11/1 – 10. Ferd. Dümmlers Verlag, Bonn 1981

Milev, G.: Geodätische Methoden zur Untersuchung von Deformationen. Konrad Wittwer Verlag, Stuttgart 1985

Möhlenbrink, W.: Zur Entwicklung eines Meßverfahrens für die Bestimmung von Bauwerksverformungen aus Neigungs- und Beschleunigungsmessungen. Deutsche Geodätische Kommission, Reihe C, Heft 307. München 1984

Möser, M. u. a. (Hrsg.): Handbuch Ingenieurgeodäsie, Grundlagen. 4. Auflage. H. Wichmann Verlag, Berlin/Offenbach 2012

Möser, M. u. a. (Hrsg.): Handbuch Ingenieurgeodäsie, Ingenieurbau. H. Wichmann Verlag, Heidelberg 2008

Möser, M. u. a. (Hrsg.): Handbuch Ingenieurgeodäsie, Strassenbau. H. Wichmann Verlag, Heidelberg 2002

Möser, M. u. a. (Hrsg.): Handbuch Ingenieurgeodäsie, Maschinen- und Anlagenbau. H. Wichmann Verlag, Heidelberg 2002

Naguib, F. D.: Computation of Constrained Vertikal Curves. Surveying and Mapping 46 (1986), S. 293 – 301

Niemeier, W. u. a.: Bestimmung von 3D-Verformungen einer Brücke mit motorisierten Tachymetern – Anforderungen, Systemaufbau und Ergebnisse. In: *Schnädelbach und Schilcher (Hrsg.)*: Ingenieurvermessung 2000, XIII. International Course on Engineering Surveying, S. 122 – 132. K. Wittwer Verlag, Stuttgart 2000

Pelzer, H. u. a.: Deformationsmessungen. Sonderheft 19 der Zeitschrift für Vermessungswesen 1976, S. 31 – 62

Pelzer, H.: Besonderheiten der Auswertung kontinuierlicher Messungen und Probleme ihrer Interpretation. In: Veröffentlichung des Geodätischen Instituts der RWTH Aachen, Nr. 28 (1980), S. 151 – 171

Pelzer, H.: Grundsatzfragen bei ingenieur-geodätischen Messungen zur Kontrolle und Überwachung maschinentechnischer Anlagen. Vermessungswesen und Raumordnung 43 (1981), S. 1 – 14

Pelzer, H. (Hrsg.): Ingenieurvermessung – Deformationsmessungen Massenberechnungen. Konrad Wittwer Verlag, Stuttgart 1988

Resnik, B.: Realisierung und Analyse von Schwingungsmessungen im Rahmen des Monitorings am Beispiel eines Brückenbauwerkes in Armenien. Allgemeine Vermessungs-Nachrichten 117 (2010), S. 227 – 232

Resnik, B.: Kontrolle der Türme von Windenergieanlagen im Rahmen von periodischen Untersuchungen. BDVI-Forum 40 (2014), S. 4 – 13

Richter, R.: Objektbestimmung mit berührungslosem Aufmaß. Vermessungswesen und Raumordnung 62 (2000), S. 104 – 112

Rinner, K.: Über die zweckmäßige Anlage von Tunnelnetzen. In: VII. Internationaler Kurs für Ingenieurvermessungen, Darmstadt 1976, S. 579 – 617. THD Schriftenreihe für Wissenschaft und Technik, Darmstadt 1977

Rinner, K. und Schelling, G.: Bericht über Tunnelabsteckungen in Österreich. In: *Conzett, R., Matthias, H. J. und Schmid, H. (Hrsg.)*: Ingenieurvermessung 80, S. D11/1 – 26. Ferd. Dümmlers Verlag, Bonn 1981

Schäti, I. und Ryf, A.: Hochpräzise Lotung im Schacht Sedrun des Gotthard-Basistunnels. Geomatik Schweiz 102 (2004), S. 424 – 427

Schauerte, W., Rhode, U. und Schwarz, S.: Schwingungsmessungen zur Bestimmung der Lagestabilität geodätischer Meßpunkte. Meßtechnische Briefe 21 (1985), S. 29 – 34

Scherer, M.: Objekterfassung, Was? – Wie? – Wozu? – Eine Analyse mit Schwerpunkt bei der Bauaufnahme. Flächenmanagement und Bodenordnung 63 (2001), S. 188 – 199

Schirmer, W.: Zur Vermessung von Industrierobotern mit geodätischen Methoden. Robotersysteme 6. Springer-Verlag, Berlin 1990, S. 153 – 160

Schlemmer, H. und Welsch, W.: Berührungslose geodätische Meßsysteme für die Industrievermessung – ein Überblick. Allgemeine Vermessungs-Nachrichten 96 (1989), S. 397 – 411

Schmidt, H.: Übergangsbogenberechnung durch numerische Integration mit einer Quadraturformel von Gauß. Vermessungswesen und Raumordnung 53 (1991), S. 361 – 372

Schuhr, P.: Reihenentwicklungen für die Einrechnung des Übergangsbogen mit sinusförmig modulierter Krümmungslinie. Zeitschrift für Vermessungswesen 105 (1980), S. 426 – 440

Schwarz, W. (Hrsg.): Vermessungsverfahren im Maschinen- und Anlagenbau. Wittwer Verlag, Stuttgart 1995

Schwarz, W. (Hrsg.): Ingenieurgeodäsie. Springer Spektrum, Berlin 2017

Siemssen, K. H.: Grundzüge der Tunnelbauvermessung bei verschiedenartigen Tunnelbauverfahren. Zeitschrift für Vermessungswesen 108 (1983), S. 417 – 437

SITECH: Maschinensteuerung für Bagger, Dozer und Grader von Caterpiollar, Information der Firma SITECH, www.sitech.de

Stempfhuber, W.: 1D and 3D Systems in Machine Automation. FIG 3rd IAG 12th Symposium, Baden 2006

Stempfhuber, W. und Ingensand, H.: Baumaschinenführung und -steuerung – Von der statischen zur kinematischen Absteckung. Zeitschrift für Vermessungswesen 133 (2008), S. 36 – 44

Stempfhuber, W.: Herausforderung der 3D-Baumaschinensteuerung. In: *Brunner, F. (Hrsg.)*: Ingenieurvermessung 2007, Beiträge zum 15. Internationalen Ingenieurvermessungskurs, H. Wichmann Verlag, Heidelberg

Strauß, H. J.: Beweissicherungsmaßnahmen bei Ingenieurbauten – aufgezeigt am Beispiel Tunnelbau. Zeitschrift für Vermessungswesen 108 (1983), S. 437 – 446

Wagener, M.: Aktuelle Entwicklungen im Bereich der Baumaschinensteuerung. Allgemeine Vermessungs-Nachrichten 121 (2014), S. 63 – 66

Wedderwille-Lafuge, K. und Wolf, V.: Das Kanalmesssystem `SMP 2000` für Kanalaufnahme und Kanalkataster. Vermessungswesen und Raumordnung 54 (1992), S. 143 – 149

Wöhner, R.: Brückenkontrollmessungen aus der Sicht eines Straßenbauamtes. Der Vermessungsingenieur 32 (1981), S. 8 – 11

zu Kapitel 14

Benning, W.: Statistik in Geodäsie, Geoinformation und Bauwesen. 4. Auflage. H. Wichmann Verlag, Berlin/Offenbach 2011

Bock, H. H.: Formelsammlung zur Vorlesung Statistik I/II. Vorlesungsskript SS 2004 und WS 2004/05, Institut für Statistik und Wirtschaftsmathematik der RWTH Aachen

Hartung, J. u. a.: Statistik. R. Oldenbourg Verlag, München 2002

Koch, K. R.: Parameterschätzung und Hypothesentests in linearen Modellen. Ferd. Dümmlers Verlag, Bonn 1997

Masing, M.: Handbuch der Qualitätssicherung. Carl Hanser Verlag, München/Wien 1988

Pelzer, H.: Grundlagen der mathematischen Statistik und Ausgleichsrechnung. In: *Pelzer, H. (Hrsg.)*: Geodätische Netze in Landes- und Ingenieurvermessung II. Konrad Wittwer Verlag, Stuttgart 1985

Sachs, L.: Angewandte Statistik. Springer-Verlag, Berlin/Heidelberg/New York 2003

Schach, S. und Schäfer, T.: Regressions- und Varianzanalyse. Springer-Verlag, Berlin/Heidelberg/New York 1978

Schmidt, H.: Lineare Regressionsmodelle. In: Veröffentlichung des Geodätischen Instituts der RWTH Aachen Nr. 40 (1986), S. 14.1 – 14.25

Schmidt, H.: Zur Problematik von Korrelationsschätzungen und Genauigkeitsangaben in der Meßtechnik. Allgemeine Vermessungs-Nachrichten 103 (1996), S. 225 – 232

Schmidt, H.: Zur Bestimmung und Anwendung von Kalibrier- und Korrektionsfunktionen. Allgemeine Vermessungs-Nachrichten 111 (2004), S. 141 – 146

Schmidt, H.: Von der Zufallsvariablen zum Schätzwert. Allgemeine Vermessungs-Nachrichten 112 (2005), S. 104 – 109

Weigand, C.: Statistik mit und ohne Zufall. 2. Auflage. Physica-Verlag, Springer-Verlag, Heidelberg 2009

Wolf, H.: Ausgleichungsrechnung. Ferd. Dümmlers Verlag, Bonn 1997

Wolf, H.: Ausgleichungsrechnung II. Ferd. Dümmlers Verlag, Bonn 1997

zu Kapitel 15

DIN 18202: Toleranzen im Hochbau. 2013

Heunecke, O.: Eignung geodätischer Messverfahren zur Maßkontrolle im Hochbau. Zeitschrift für Vermessungswesen 139 (2014), S. 241 – 251

Heunecke, O. u. a.: Handbuch Ingenieurgeodäsie – Auswertunge geodätischer Überwachungsmessungen. 2. Auflage. H. Wichmann Verlag, Berlin/Offenbach 2013

Kuhlmann, H., Hesse, C. und Holst, C.: Standardabweichung vs. Toleranz. DVW-Merkblatt 12-2017

Neumann, I.: Messunsicherkeit bei elektrooptisch bestimmten Strecken. Allgemeine Vermessungs-Nachrichten 119 (2012), S. 369 – 379

Schmidt, H.: Meßunsicherheit und Vermessungstoleranz bei Ingenieurvermessungen. Veröffentlichung des Geodätischen Instituts der RWTH Aachen, Nr. 51 (1994)

Schmidt, H.: Meßabweichungen, Korrelationen und Meßunsicherheit. Zeitschrift für Vermessungswesen 120 (1995), S. 545 – 555

Stichwortverzeichnis

Alle **fett** gedruckten Seitenzahlen sind Referenzen auf die Definition des jeweiligen Begriffs. Demgegenüber geben normal gedruckte Seitenzahlen die Seiten der Verwendung des jeweiligen Begriffs wieder.

Symbole

A

B

C

D

E

H

I

J

K

L

O

P

Q

R

S

T

U

Z